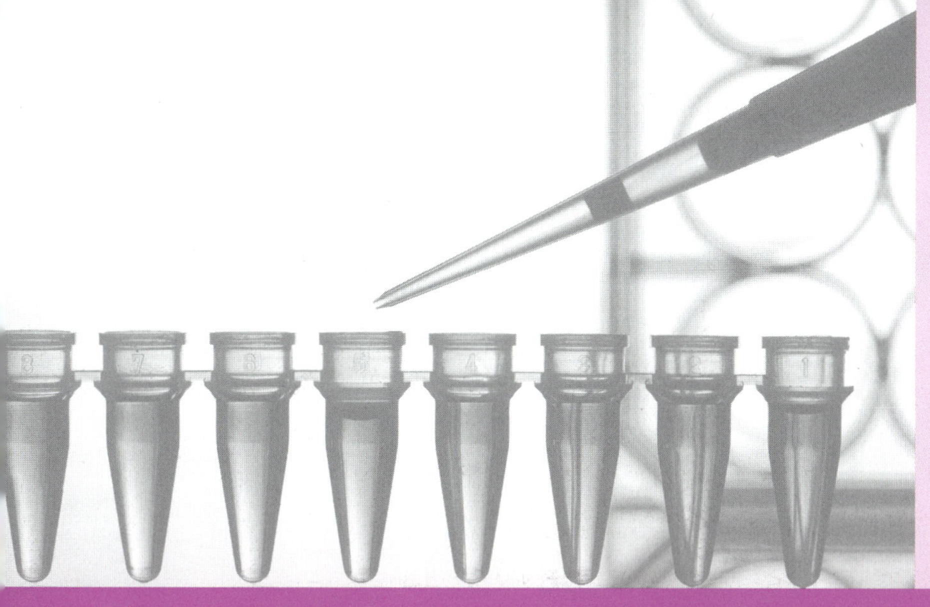

Analyse Chimique

Méthodes et techniques instrumentales 9e

Francis Rouessac | Annick Rouessac

with the collaboration of Daniel Cruche and Arnaud Martel

제9판

현대기기분석

김정권 · 김진효 · 김혁한 · 윤혜란 · 이승호 · 이인호 · 최현철 옮김

자유아카데미

서문

이 교재는 정성적, 정량적, 구조적 화학 분석에서 만나게 되는 일반적인 방법들에 대한 기본 지식을 제공하기 위한 목적으로 집필되었다. 이런 방법들은 화학, 제약, 식품 산업뿐만 아니라 환경 문제나 기타 다양한 규제 분야에서 사용되고 있다.

분석 기술은 분리 방법, 분광학적 방법, 그 외의 방법으로 분류하였으며 먼저 각 방법의 기본 개념을 설명한 후, 기기의 주요 기술들을 설명하였다. 설명을 위해 나오는 모식도, 그림, 사진 등은 대부분 실제 기기와 제조사에서 얻은 자료들이다. 교재의 분량을 적당히 유지하기 위하여, 이제는 거의 사용되지 않거나 실제 사용하지 않는 방법들은 다루지 않았다.

이 교재는 기술 대학(화학, 물리적 측정, 응용 생물학 등)이나 고급 기술 과정의 학부생들부터 초기에 단편적으로 배운 기본지식을 보완하거나 복습하고자 하는 학사 및 석사 과정 학생들까지를 대상으로 쓰였다. 또한 평생교육을 받는 학생, 화학 분석 문제에 직면하거나 시험을 준비하는 산업계의 기술자에게도 유용할 것이다. 화학 분석의 필요성은 점점 증대되고 있고, 사용 가능한 기술 및 기기도 늘어나는 추세이다. 이는 분석 기술에 대한 지식을 새로 배우거나 다시 배울 필요가 커지고 있음을 시사한다.

이 교재를 이해하는 데 필요한 지식은 학부 1학년생 수준으로 저자들은 물리적인 현상이나 수학에 관한 독자의 수준이 다양함을 고려하여 기본 원리 정도만 제시하였으며, 독자의 흥미를 잃지 않기 위하여 문제의 현상에 대한 몇 가지 이론적 검토를 포함했다. 더 심도 있게 다루기를 원하는 독자는 본 교재를 통해 현재 사용되는 방법과 그 응용에 관한 개요를 확실하게 습득한 후, 더욱 전문적인 교재를 읽으면 될 것이다.

600쪽 정도의 분량에 연습문제(정답 포함)와 함께 20개 이상의 분석 방법을 전부 담아내기는 어려운 일이다. 따라서 저자들은 기기의 모든 활용을 설명하기보다는 기기 자체에 대한 설명에 집중하였다. 추가로 마지막 장에서는 분석으로 얻은 자료들을 처리하는 통계의 기본사항을 다룬다.

본 교재는 르망의 IUT(공과대) 학생들에게 제공되는 강의와 실험 내용으로 제작되었다. 본 판에서는 전 판의 내용에 최신 내용을 추가하였다. 본 교재의 3판과 5판은 *Chemical Analysis, Modern Instrumentation Methods and Techniques*, John Wiley & Sons Ltd.

Analysis, Modern Instrumentation Methods and Techniques, John Wiley & Sons Ltd. (Chichester, 2002년, 2007년)라는 제목으로 영문 번역되었다. 또한, 5판은 *Anàlisis Quimico. Methodology Técnicas Instrumentales Modernas*, McGraw-Hill Interamericana de Espana, S.A.U (2003)라는 제목으로 스페인어로 번역되었다. 6판은 한국어로 번역되었다(Dunod, 2009).

우리는 교정에 협력하고 신판에 추가된 부분의 작성에 도움을 준 명예교수 Daniel Cruché에게 감사드린다. 또한 실용적인 정보를 담으려는 우리의 요청에 항상 친절하게 답변해준 모든 프랑스와 외국 기업에 감사드린다. 분석기기 분야는 다양한 분야에서의 기술적 발전이 복합적으로 적용되는데, 그들의 도움을 통해 수월히 진행할 수 있었다.

마지막으로 함께 작업할 수 있어서 즐거웠던 Dunod Editions의 편집팀, 특히 본 신판을 출판한 Laetitia Herin과 이 책의 제작에 노력한 Johan Dillar에게도 감사드린다.

또한 저자들은 1992년부터 발행되는 동안 본 교재의 발전을 지켜본 전 프랑스 과학원장 故 Guy Ourisson 교수에게 감사를 표한다. 그는 초판의 서문을 썼으며, 이는 우리에게 큰 영광이었다. 마지막으로 곧 8판이 나올 것이라고 7판의 서문에서 언급해주신 프랑스 과학원 회원이자 CNRS 금메달 수상자인 故 Ferey 교수에게 심심한 감사를 전한다.

2019년 2월 Le Mans에서, F. Rouessac & A. Rouessac

본 교재에 실린 정보와 자료를 친절하게 제공한 업체의 전체 목록은 다음과 같다:

AB-Sciex, Agilent Technologies, American Gas & Chemical Co., American Stress Technologies, Amptek Inc, Analytik Jena, ATI, Bio-Rad, Bosch, Bruker, Camag, Chrompack, Desaga, Dionex, Edinburgh Instruments, EG&G Ortec, ETP ScientiFic Inc., Eurolabo, Foxboro, Graseby-Electronics, Hamamatsu, Hamilton, Hellma-Analytics, Hitachi, HORIBA-Jobin-Yvon, Imaging & Sensing Technology Corp., Inficon, JEOL, Jenway, Kratos Analytical, Leeman Labs., Leybold, Malvern Panalytical, Merck, Metorex, Metrohm, Mettler-Toledo, Microsensor Technology, Ocean Optics, Oriel, Ortec, Oxford Instruments, Perkin-Elmer, PE-Sciex, Pharmacia-Biotech, Philips, Photovac, Pike Technologies, Rheodyne, Rigaku, RTI, Safas SA, ScienTec, Servomex, Shimadzu, Siemens, Specac, Starna Scientific Ltd., Supelco, Tekmar, Teledyne Technologies, Thermo Fisher Scientific, Thermo Jarrell Ash, Torion Technologies, Tosohaas, VG Instruments, Vidac, Waters, Wilmad-LabGlass, Wyatt Technology.

역자 서문

분석 기술들은 화학, 생활과학, 임상 및 의학, 식품, 농업, 환경 등 다양한 분야에 적용되고 있습니다. 이렇게 각 분야에서 활용되는 물질들은 정확한 화학적 구조 분석과 정성 · 정량 분석이 필요합니다. 미량으로 존재하더라도 인체에 치명적인 타격을 가할 수 있는 물질들이 발견됨에 따라, 미량의 물질을 취급해야 하는 분석 기술도 매우 중요하게 다루어지고 있습니다. 이를 위해 지속해서 새로운 분석 기술들이 개발되고 있으며, 여러 가지 분석 기술들이 결합하여 더 복잡한 양상을 띠고 있습니다. 이처럼 복잡한 기기들을 올바르게 사용하기 위해서는 각 장치의 기본적인 원리에 대한 이해가 필요합니다.

이 교재는 수년 동안 프랑스 르망대학교 공과대학에서 기기분석을 주제로 강의 되었던 내용을 취합하여 분리 방법, 분광 방법, 그 외의 방법 등 세 부분으로 분류하여 제작된 것입니다. 고등학생부터 대학생, 대학원생, 연구 지원 기관이나 산업체 교육 기관 등에 종사하는 전문 기술자들까지도 활용할 수 있도록, 각 분석 방법에 대한 이론적 개념과 확장성, 개발 과정을 설명하고 있습니다. 그리고 각 분석 방법의 원리와 기기에 관한 기술을 어떻게 적용하는지 이해하기 쉽게 설명하고 있습니다. 광범위한 분야의 독자들을 대상으로 제작된 교재이지만, 분석화학을 전공하는 학생들이 관심을 두고 자신들의 연구 내용을 이해하는 데 활용할 수 있는 도구로 제작되었습니다.

특히 본 교재는 기기분석의 주요 원리를 제시하고, 기기의 발전 단계를 설명합니다. 또한, 분석 기술의 개발 단계에서 적용된 물리, 수학적 접근 방법을 설명하였으며, 되도록 최소한의 이론적 내용을 토대로 광범위한 분야의 독자들이 관심을 잃지 않고 기술적 내용을 얻을 수 있도록 하였습니다. 기술적 내용에 관심이 있는 독자들에게 어려움 없이 특정 분석 기술에 대한 지식을 얻게 해주는 입문서의 역할을 할 수 있을 것이라고 생각합니다.

번역에 참여한 모든 역자는 저자들의 의도를 충실히 반영하기 위해 노력하였으며, 용어의 혼동을 피하고자 대한화학회 화학술어집을 참조하여 용어를 통일하였습니다. 그러나 간혹 용어가 일치하지 않거나 잘못된 번역이 있을 것입니다. 이런 부분에 대하여는 강의하시는 교수님 및 강사님들의 지적과 충고를 부탁드립니다. 출간 후 발견되는 수정사항은 자유

아카데미 홈페이지 자료실(www.freeaca.com)을 통해 제공할 예정입니다.

끝으로 이 교재가 출판되도록 애써주신 자유아카데미 여러분께 깊은 감사를 드립니다.

2023년 1월

역자 대표

서론

분석화학은 물리화학과 밀접한 관계가 있다. 분석화학은 다양한 조건에서 순수한 물질이나 용액 내 화합물의 화학적 물리적 거동을 연구한다.

물질을 식별하고, 특성과 양을 분석하고, 분석 방법을 개발하는 응용 측면에서만 분석화학을 바라보는 경우가 있다. 분석화학의 이러한 환원주의적인 측면이 바로 이 책의 주제인 화학 분석이다.

화학 분석의 연구에서는 다양한 분야의 지식을 다룬다. 원하는 목표에 도달하기 위해서는 일반적인 의미의 화학과 동떨어진 분야의 개념도 필요하다. 분석화학은 모든 실험 과학에 영향을 미치는 다학제 과학이다.

화학 분석은 두 개의 영역으로 나뉜다. 첫 번째는 분석물(분석 대상 물질)과 시약의 반응을 기반으로 하는 화학적 방법, 두 번째는 분석물의 물리-화학적 특성을 이용하는 물리적 방법이다.

현재 가장 많이 사용되는 방법은 두 번째 영역의 방법으로 이는 분석화학의 기원인 '습식 분석'을 대체하였다. 따라서 본 교재는 소형센서, 디지털화, 향상된 컴퓨터 성능으로 인해 지난 수십 년간 크게 발전한 현대 기술을 설명하는 데에 중점을 두고 있다. 이러한 발전으로 인하여 매우 효율적인 수학 도구와 작은 크기의 장비를 사용할 수 있게 되었다. 예를 들어, 1960년대에 사용된 거대한 라만 분광광도계와 현재 다양한 분야에서 품질관리를 위해 사용되는 휴대용 라만 분광광도계를 비교해 보라.

이처럼 현재의 기기분석은 놀라운 프로세스와 장치를 갖추었으며, 우리가 흔히 볼 수 있는 전통적인 분석실험실 밖에도 설치되어 다양하게 활용되고 있다.

기술의 발전은 새로운 가능성을 열어주었고, 효과적인 결합 방법과 비파괴 방법의 도입은 더욱 효율적인 기기의 탄생으로 이어졌다. 이런 방법은 측정하기 전에 극히 적은 양의 시료만을 사용한다. 현재 분석은 소형화, 휴대용 기기, 특정 또는 자동 분석 등이 포함되는 경향이 있다.

일반적인 분석법의 단계는 먼저 물리적 값을 측정한 후, 이 측정값(장치 신호)과 분석물의 농도 사이의 간단한 관계를 설정하는 것이다. 이 관계를 찾는 일은 장치의 신호와 분석물 농도 사이에 수학적 선형화를 포함한다. 이 관계는 단순하고 직접적일 수 있지만(장치 신호가 농도에 비례), 복잡할 수도 있다.

신호와 농도 간 관계를 설정하는 데 사용된 도구가 무엇이든, 정량 한계를 결정해야 한다. 정량 한계 이하에서는 정량 분석이 불가능하고, 더 높은 상태에서는 선형성이 적용되지 않는다.

이런 연구를 수행하기 위해서 분석자는 다양한 기술에 대한 교육을 받아야 한다. 특히 혼합물이 다양한 방법으로 분석될 수 있으므로 화학의 기본 개념도 알아야 한다. 적절한 분석 방법 또는 가장 좋은 분석 방법을 선택하기 위한 다양한 매개변수도 파악해야 한다. 따라서 새로운 분석 목표가 정해지면 문제를 체계적으로 해결해 나가야 한다. 먼저 분광법, 전기화학법, 분리법 등 올바른 분석법을 선택해야 한다. 분석법을 선택한 후, 시료 수집과 시료 전처리에 대한 방법을 선택한다. 마지막 단계는 프로토콜의 선택이다. 일반적으로 프로토콜은 국내 또는 국제 표준에 의해 확립되고 관리되는 프로세스이며, 선택된 운영 절차로 수행한다. 이 방식은 시료 준비부터 측정까지 모든 단계를 표준화하는 데 중점을 둔다. 마지막으로 기존 표준에 따라 결과를 확립해야 한다. 또한 컴퓨터 파일로 보존되는 초기 데이터는 변경해서는 안 된다. 이 전체 접근방식은 GLP(Good Laboratory Practice)로 알려진 공식 문서의 주제이다.

분석적 문제를 해결하려는 방법으로 화학계량학(chemometrics)이 있다. 그 목적은 최소 샘플링 계획, 적절한 방법, 데이터 처리 및 결과 해석과 같은 요구사항 및 목표를 위해 분석자를 돕는 것이다. IT 도구를 활용한 통계적인 방법으로 올바른 결과를 예상하고, 이를 통해 분석 횟수를 줄임으로써 비용과 시간을 절약할 수 있다.

이러한 방법으로 사용자는 인증을 획득하거나 공식적으로 인정받는 실험실을 가지는 데 필요한 정밀도 및 품질 표준을 충족하는 장치를 가질 수 있다. 이러한 인증 절차는 현재 전 세계의 많은 관리기구에서 시행하고 있다.

따라서 분석화학은 기존의 화학이나 화학공학 이외의 다양한 분야에서 필수적이다. 의약, 식품, 생화학, 환경(오염), 안전(화약, 약품, 화학물질), 예술 등 다양한 분야에서 찾아볼 수 있다. 이처럼 우리 생활에서 그 어느 때보다 널리 사용되는 분석화학은 우리 모두에게 도움이 될 것이다.

차례

1장 크로마토그래피의 일반적인 관점

2장 기체 크로마토그래피

3장 고성능 액체 크로마토그래피

4장 이온 크로마토그래피

5장 얇은 층 크로마토그래피

6장 초임계 유체 크로마토그래피

7장 크기 배제 크로마토그래피

8장 고성능 모세관 전기 이동

9장 자외선과 가시선 흡수 분광법

10장 적외선 분광법과 Raman 분광법

11장 형광과 화학발광 분석법

12장 X-선 형광 분광법

13장 원자 흡수 분광법

14장 원자 방출 분광법

15장 핵자기 공명 분광법

16장 질량 분석법

17장 동위 원소 분석 및 표지 방법

18장 특정 분석

19장 전위차법과 이온 검출법

20장 전압전류법

21장 시료 처리

22장 기초적인 통계적 매개변수

1장

크로마토그래피의 일반적인 관점

서론

크로마토그래피는 혼합물의 구성 성분을 분리할 수 있으며, 화합물을 정량하거나 규명할 수 있는 주요 분석 방법의 하나이다. 기본적인 원리는 섞이지 않는 두 상 사이에서 구성 성분들의 농도 평형을 기초로 하고 있다. 두 상 중 하나는 정지상이라고 하는데 칼럼 안에서 움직이지 않도록 고정되거나 지지체에 고정되어 있기 때문이다. 다른 상은 이동상이라고 하며 정지상을 통과한다. 각 상에서 시료의 성분들이 서로 다른 용해도를 갖도록 정지상과 이동상을 선택한다. 화합물들이 서로 다른 이동 속도를 갖게 되면 서로 분리될 수 있다. 발견 이후 끊임없이 진화해 온 이러한 유체역학적 과정은 그 응용이 무궁무진하기 때문에 분자 분석에 관련된 독보적인 분석 방법이 되었다.

학습목표

- **복습** 크로마토그래피 원리
- **구분** 분리와 크로마토그래피 분석
- **설명** 크로마토그래피 분석 방법
- **이용** 크로마토그램과 신호
- **서술** 다양한 머무름 인자
- **논의** 분리의 유체역학적 측면
- **정의** 분리 효율에 영향을 미치는 인자
- **구분** 다양한 크로마토그래피 기술
- **서술** 크로마토그래피 정량 단계

1.1 분석적 크로마토그래피의 일반적인 개념

크로마토그래피는 증류, 재결정, 분획 추출법 등과 같은 물리화학적 방법의 일종으로, 액체 또는 기체 혼합물을 분리하는 방법이다. 크로마토그래피의 응용은 매우 다양한데 많은 수의 불균일한 혼합물 또는 고체 형태의 불균일 혼합물이 적합한 용매에 의해 용해될 수 있기 때문이다(물론 추가적으로 혼합물의 성분이 될 수 있음). 기본적인 크로마토그래피 과정은 다음과 같이 설명할 수 있다(그림 1.1).

1. 수직으로 세운 유리관(**칼럼(column)**)을 적당한 미세 고체 입자, 즉 **정지상(stationary phase)**으로 채운다.
2. 이 칼럼의 맨 꼭대기에 분리해야 하는 성분의 시료 혼합물을 넣는다.
3. 그 칼럼에 **이동상(mobile phase)**을 지속적으로 첨가하여, 다양한 성분의 혼합물이 중력에 의해 칼럼을 통해서 운반되게 된다. 이 과정을 **용출(elution)**이라고 한다. 만일 구성 성분이 이동하는 속도가 다르면 성분들은 서로 분리될 수 있고 이동상과 혼합되어 회수될 것이다.

크로마토그래피는 처음 도입된 이래 계속해서 사용되고 있지만, 특히 성분 확인을 위해 화합물들의 이동 시간을 측정하는 방법이 고안되면서 독립적인 분석 방법이 되었다. 이를 위해 특정 매개변수(유량, 온도 등)를 제어하는 것이 필수적이 되었으며 이동상에서의 조성 변화를 식별하기 위해 검출기를 칼럼의 출구에 배치하였다. 단순히 성분을 회수하는 것이 아니라 머무름 시간을 측정하는 것이 목적인 이러한 형태의 크로마토그래피는 천천히 발전해 왔다.

크로마토그래피에서 화합물은 비교 과정을 통하여 성분을 확인한다. A 또는 B일 수 있는 화합물을 크로마토그래피를 사용하여 식별하기 위해, 얻어진 **머무름 시간(retention time)**을 동일한 장치 및 동일한 실험 조건을 사용하여 이미 기록된 두 개의 기준 화합물 A 및 B에

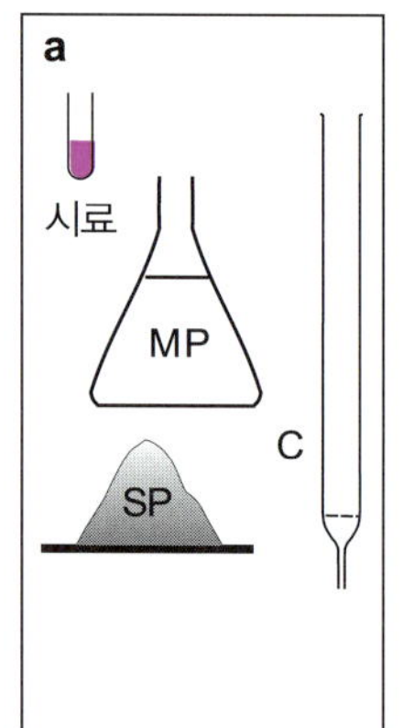

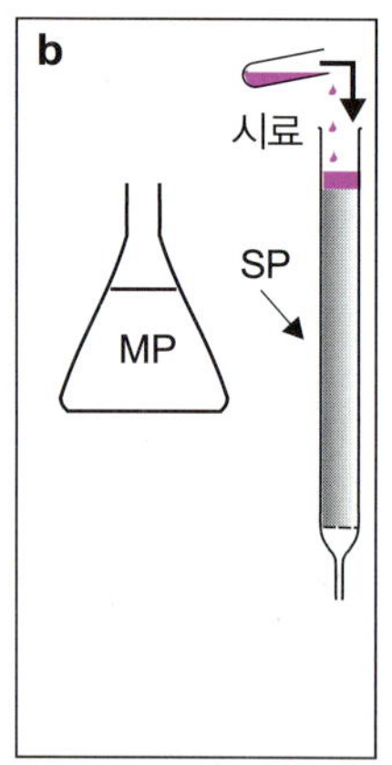

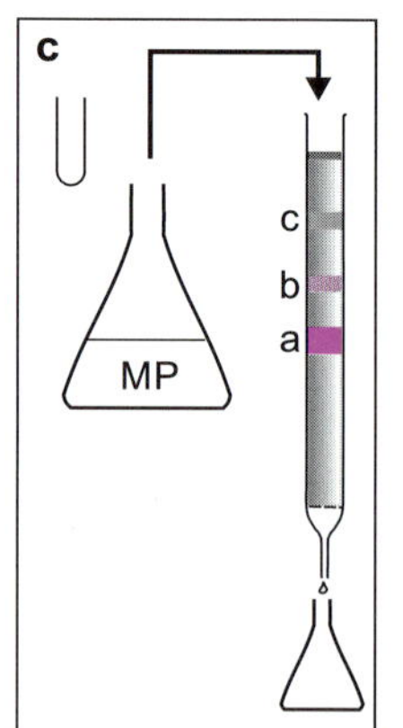

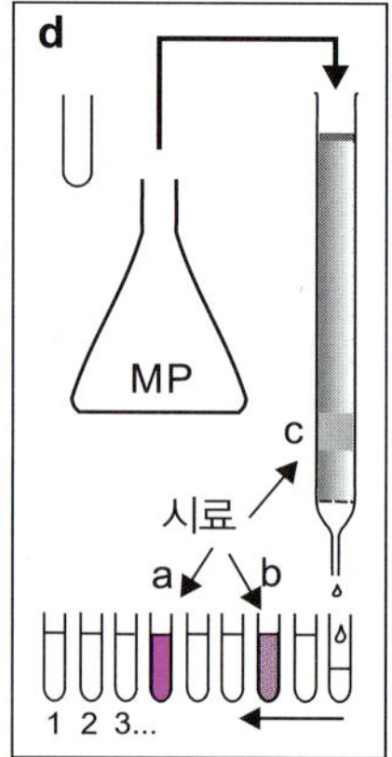

그림 1.1 **기본적인 크로마토그래피 실험** (a) 필수 요소 C(column, 칼럼), SP(stationary phase, 정지상), MP(mobile phase, 이동상), (b) 시료의 주입, (c) 용출의 시작, (d) 분리에 따른 회수

대한 머무름 시간과 비교한다.

이런 실험은 (A 또는 B의 순수한 물질이므로) 실제 분리를 수행한 것이 아니고 간단하게 머무름 시간만을 이용한 것이다. 하지만 이러한 방법에는 다음과 같은 3가지 단점이 있다. (1) 과정이 대부분 느리다. (2) 머무름 시간으로 절대적인 성분을 확인할 수 없다. (3) 시료와 정지상 사이의 물리적 접촉으로 인해 머무름 시간 등 시료 자체의 성질이 변화될 수 있다.

현대의 크로마토그래피 분리 방법은 20세기 초 식물학자 Michael Tswett에 의해 고안되었다. 그는 **크로마토그래피(chromatography)**와 **크로마토그램(chromatogram)**이라는 용어를 만들어냈다.

이 기술은 초창기와 비교하여 상당히 개선되었다고 할 수 있다. 최근 크로마토그래피 기술은 컴퓨터 소프트웨어로 조절하며, 나노량만큼의 시료를 분리할 수 있는 고효율의 소형 칼럼을 사용한다. 이 기기는 다른 분리 변수들을 완벽하게 제어하여 연속된 실험의 재현성을 얻도록 설계된 완전한 부속품 형태로 구성되어 있다. 이러한 특성에 의하여 몇 시간 동안의 연속적인 분석에서 재현성 있는 결과를 얻을 수 있다(그림 1.2).

각 분리를 통하여 얻어진 기록을 **크로마토그램(chromatogram)**이라고 하는데 이것은 시간이 경과함에 따라 칼럼에서 용출되어 나오는 이동상의 성분 변화를 나타낸 그림이다. 크로마토그램을 얻기 위해서는 **검출기(detector)**를 칼럼의 출구에 위치하도록 하는데, 검출기는 매우 다양한 종류가 존재한다.

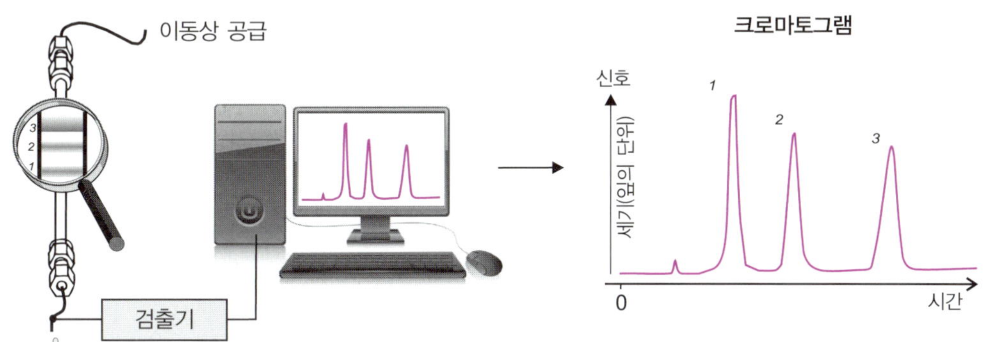

그림 1.2 크로마토그래피에 의한 분석의 원리 모든 크로마토그래피 분석에서 중요한 그래프인 크로마토그램은 시간이 경과함에 따라 검출기에 나타내는 전기적 신호의 변화를 나타낸다. 크로마토그램은 실시간으로 얻어지거나, 디지털화되어 저장된 값을 나중에 재현할 수도 있다. 크로마토그래피 프로그램은 이들 신호들을 활용하여 원하는 형태로 나타낼 수 있도록 도움을 준다. 위 그림의 크로마토그램은 세 가지 성분으로 구성된 혼합물의 분리를 보여준다. 크로마토그램에서 각 성분이 나타나는 순서를 통하여 칼럼에서 해당 성분의 상대적인 위치를 알 수 있다.

크로마토그램을 이용하여 분자 화합물을 확인하는 것은 때때로 위험할 수 있다. 더 좋은 방법은 2개의 상호 보완적인 방법을 연결하여 구성하는 것으로, 예를 들면 크로마토그래피에 질량 분석기(mass spectrometer) 혹은 적외선 분석기(infrared spectrometer) 등과 같은 2차 기기를 연결하는 것이다. 이렇게 연결된(coupled) 이차원적인(two dimensional) 기술은 두 가지 독립적인 정보(머무름 시간과 스펙트럼)를 제공해준다. 그러므로 복잡한 혼합물의 성분과 농도를 명확하게 결정할 수 있으며, 이때 화합물의 농도는 나노그램까지도 정량할 수 있다.

1.2 크로마토그램

크로마토그램(**chromatogram**)은 시간에 따라 크로마토그래피 칼럼에서 나오는 분석 물질 양의 변화를 나타낸다(그림 1.3). 시간(또는 매우 드물게 **용출 부피**(**elution volume**))은 수평 축에 표시되며, 여기서 시간 원점은 주입 시스템에 시료가 도입되는 시간과 일치한다. 검출기의 신호는 수직 축에 표시된다. **바탕선**(**baseline**)은 용출될 화합물이 존재하지 않을 때의 검출기 응답에 해당한다. 어떤 크로마토그램이 바탕선으로 되돌아오는 두 개의 **크로마토그래피 피크**(**chromatographic peak**)를 나타낼 때 두 화합물 사이의 분리가 완료되었다고 한다.

각 성분들은 **머무름 시간**(**retention time**, t_R)을 이용하여 구분하는데, 머무름 시간은 시료가 도입될 때부터 크로마토그램의 봉우리 크기가 최대가 될 때까지 걸린 시간을 나타낸다. 이상적인 t_R은 주입한 양에 의해 영향을 받지 않는다. 머무름 시간이 길어질수록 봉우리는 옆으로 퍼지게 된다.

칼럼 내에서 머무름이 없는 성분이 칼럼으로부터 용출되는 시간을 t_M이라고 표기하며 **불감 시간**(**hold-up time**) 혹은 **무용 시간**(**dead time**)(t_0로 나타냄)이라고 한다.[1] 머무름 시간과

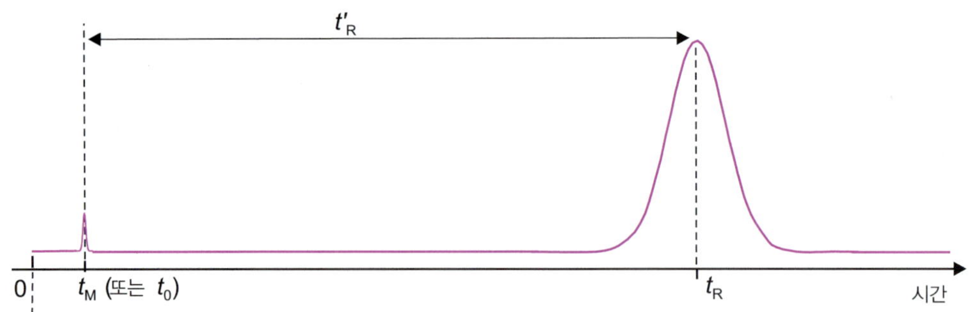

그림 1.3 크로마토그래피 용출 곡선 식 (1.1)의 예시 곡선

1. 사용된 기호는 IUPAC 권장 사항을 따른다. *Pure and Applied Chemistry*, 65(4), 819 (1993).

불감 시간 사이의 차이를 **보정 머무름 시간(adjusted retention time t_R')**이라고 부른다.

정량 분석을 위해서 혼합물은 각각의 성분으로 분리된다. 검출기가 나타내는 신호가 분석물 농도에 선형으로 변한다면 크로마토그램에서 나타나는 봉우리 면적도 같은 비율로 변할 것이다.

1.3 Gauss 모양의 용출 봉우리

크로마토그램에서 이상적인 용출 봉우리는 우연 오차(random error)를 포함하는 Gauss 모양의 정규 분포 그래프와 같은 모양을 지닌다. 고전적 기록에서 μ는 용출 봉우리의 머무름 시간에 상응하며, σ는 봉우리의 표준 편차(standard deviation, σ^2은 **분산(variance)**)이다. y는 칼럼 출구에 위치하는 검출기로부터 얻어지는 시간 x에 대한 신호의 함수이다(그림 1.4). 이러한 이유로 인하여 이상적인 용출 봉우리는 보통 확률 밀도 함수에 의해 기술된다(식 1.2).

식 1.1은 x 변수에 대한 Gauss 함수를 설명하는 수학적 관계를 나타내고 있다. 이 식에서 σ는 피크의 폭을 나타내며, μ는 Gauss 곡선의 수평축(이 경우, 머무름 시간 t_R)에 해당한다. 피크 대칭축을 새로운 시간 원점(μ 또는 $t_R = 0$)과 일치시키면 식 1.2를 얻는다.

$$y = \frac{1}{\sigma\sqrt{2\pi}} \cdot \exp\left[-\frac{(x-\mu)^2}{2\,\sigma^2}\right] \tag{1.1}$$

$$y = \frac{1}{\sqrt{2\pi}} \cdot \exp\left[-\frac{x^2}{2}\right] \tag{1.2}$$

이 함수는 $x = \pm 1$(그림 1.4)에서 두 개의 변곡점이 있는 대칭 곡선($x = 0$에서 최대, $y = 0.399$)으로, 변곡점에서 y 값이 0.242(즉, 최대값의 60.6%)인 것이 특징이다. 변곡점에서 곡선의 너비는 2σ와 같다($\sigma = 1$).

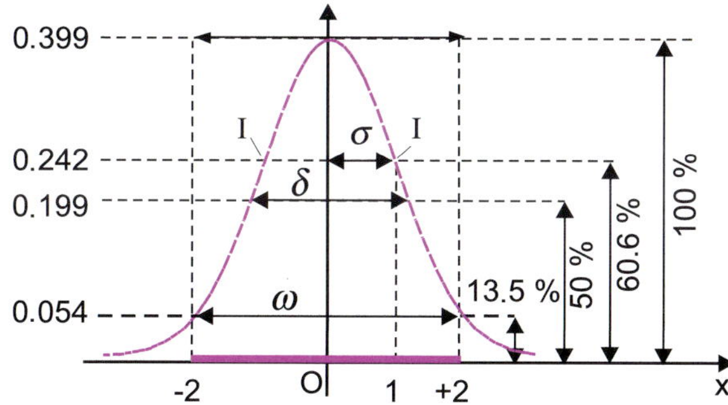

δ = 2.35 σ
ω = 4 σ
ω = 1.7 δ

−2와 +2 사이의 면적이 곡선과 x축으로 둘러싸인 전체 면적의 95.4%에 해당한다.

그림 1.4 이상적인 크로마토그래피 피크의 특성 Gauss 곡선의 특성 요약과 세 가지 고전적인 파라미터의 의미

크로마토그래피에서 δ는 봉우리 높이의 절반이 되는 곳에서 봉우리의 너비(반높이폭, full width at half-maximum, FWHM, $\delta = 2.35\sigma$)를 나타내며, 여기서 σ^2는 봉우리의 분산이다. '밑면에서' 봉우리의 너비는 w로 나타내며, 이 값은 Gauss 곡선의 변곡점 I에서 만들어지는 접선으로부터 형성된 삼각형의 밑면에 해당한다. 봉우리 너비는 봉우리 높이의 13.5%에서 측정된다. 이 위치에서 Gauss 곡선의 경우 $w = 4\sigma$로 정의된다.

실제 크로마토그래피 봉우리는 이상적인 Gauss 곡선에서 상당히 벗어나기도 한다. 여기에는 몇 가지 원인이 존재한다. 특히, 변곡점에서 봉우리의 반높이폭은 칼럼에서의 용출뿐만 아니라 주입 및 검출에 의해서도 영향을 받으며, 이는 다음 식으로 나타낼 수 있다.

$$\sigma_{tot}^2 = \sigma_{inj}^2 + \sigma_{col}^2 + \sigma_{\mathrm{det}}^2 \tag{1.3}$$

여기에서 σ_{tot}^2, σ_{inj}^2, σ_{col}^2, σ_{det}^2는 각각 (실험적으로 관찰되는) 전체 분산, (시료가 칼럼까지 침투하는 데 소요되는 시간에 의한) **주입 분산(injection variance)**, (용출에서 유래되는) **칼럼 분산(column variance)**, (칼럼 출구부터 검출기까지의 무용 부피(dead volume)에 의한) **검출 분산(detection variance)**을 나타낸다.

1.4 단이론

반세기 이상 동안 크로마토그래피 현상을 설명하기 위하여, 새로운 이론들이 지속적으로 제안되어 왔다. 그중 가장 널리 알려진 이론들은 통계학적 접근 방법이나 이론단 모델 이용 방법 혹은 분자 동력학적 접근 방법 등이다.

칼럼에서 화합물의 분리나 이동에 대한 메커니즘을 설명하기 위해 오래전부터 알려진 모델로, Craig의 **이론단 모델(theoretical plate model)**이 있다. 이 모델은 현재는 쓸모없는 것으로 간주되는 정적 접근 방식이지만, 분리를 간단한 방식으로 설명할 수 있다.

크로마토그래피는 연속적인 현상이지만, Craig의 정적 모형에서는 각 분석물이 점진적으로 별개의 단계들을 순차적으로 이동한다고 간주한다. 여기서 기본적인 과정은 흡착과 탈착의 반복이다. 이러한 과정이 지속되어 칼럼에서 화합물이 이동하는 것으로 나타나며, 마치 고정된 그림을 순차적으로 보여주어 움직이는 것처럼 보이는 만화와 같은 형태로 나타난다. 각각의 과정은 전체 칼럼을 고려할 때 새로운 평형 상태에 해당한다.

이들 연속적인 평형은 **단이론(plate theory)**의 기초를 제공하는데, 길이가 L인 칼럼을 같은 높이의 작은 판 모양의 가상 디스크 N개로 수평으로 자르고, 가상 디스크에 1부터 n번까지 번호를 매긴다. 각각의 디스크에서 이동상의 용질의 농도는 정지상의 용질의 농도와 평형을 이룬다. 각각의 새로운 평형에서 용질은 한 원형판(또는 단)의 길이에 해당하는 거리를 이동하며, 이것을 **이론 단이론(theoretical plate theory)**이라 한다.

이론단 한 개당 높이(height equivalent to a theoretical plate, HETP 또는 H)는 다음과 같다.

$$H = \frac{L}{N} \tag{1.4}$$

이 접근법은 주어진 판에 대해 존재하는 두 상 사이에 분포하는 분석물의 질량을 계산하기 위해 다항식 확장 규칙을 사용한다. 이 이론은 화합물의 확산으로 인한 칼럼의 분산을 고려하지 않았다는 큰 단점이 있다.

> **단이론(theoretical plate)**이라는 용어는 Martin과 Synge(1952년 노벨 화학상)가 제안한 증류를 모델로 하여 크로마토그래피를 설명하는 오래된 접근법에서 유래되었다. 역사적 이유로 고정된 이 용어는 증류 컬럼의 성능을 측정하는 데 사용되는 것과 동일한 물리적 의미를 갖지는 않는다. 따라서, 다른 이름 예를 들어 Tswett이라는 이름을 붙이는 것이 더 좋았었을 수도 있다!

칼럼 내에서 용질의 머무름 시간 t_R은 2개의 항으로 나눌 수 있다. 즉 이동상에 녹아서 이동상과 같은 속도로 이동하는 불감 시간 t_M과, 이동하지 않고 정지상에 머무르는 시간 t_S이다. 한 상에서 다른 상으로 연속적으로 이동하는 사이에는 농도가 다시 평형에 도달할 때까지 시간이 필요하다.

> 크로마토그래피에서 상에 관한 계에는 최소한 3가지의 평형이 있다. 즉 용질/이동상, 용질/정지상, 그리고 이동상/정지상의 평형이다. 최근의 크로마토그래피 이론은 정지상에 의해 분자들이 움직이지 않는 것이 아니라, 인접하여 통과할 때 단순히 속도가 줄어드는 것으로 여긴다.

다양한 물리적 현상에 의하여 실제 크로마토그래피 봉우리는 비대칭적으로 나타나기도 한다. 특히 칼럼의 헤드 주입 부분에서 농도의 불균일한 분포가 존재한다. 더구나, 이동상의 속도는 칼럼의 벽에서는 0이고, 칼럼의 중심에서 최대가 된다. 관찰되는 봉우리의 비대칭성은 2개의 매개변수에 의해 표현될 수 있다. 하나는 봉우리의 10% 높이에서 측정되는 **봉우리 비대칭 인자(peak asymmetry factor**, F_a)이고(식 1.5), 나머지 하나는 봉우리의 5% 높이에서 측정되는 **꼬리끌기 인자(tailing factor**, F_t)이다(식 1.6)(이들 식에서 a와 b의 의미는 그림 1.5 참조).

$$F_a = \frac{b}{a} \tag{1.5}$$

$$F_t = \frac{a+b}{2a} \tag{1.6}$$

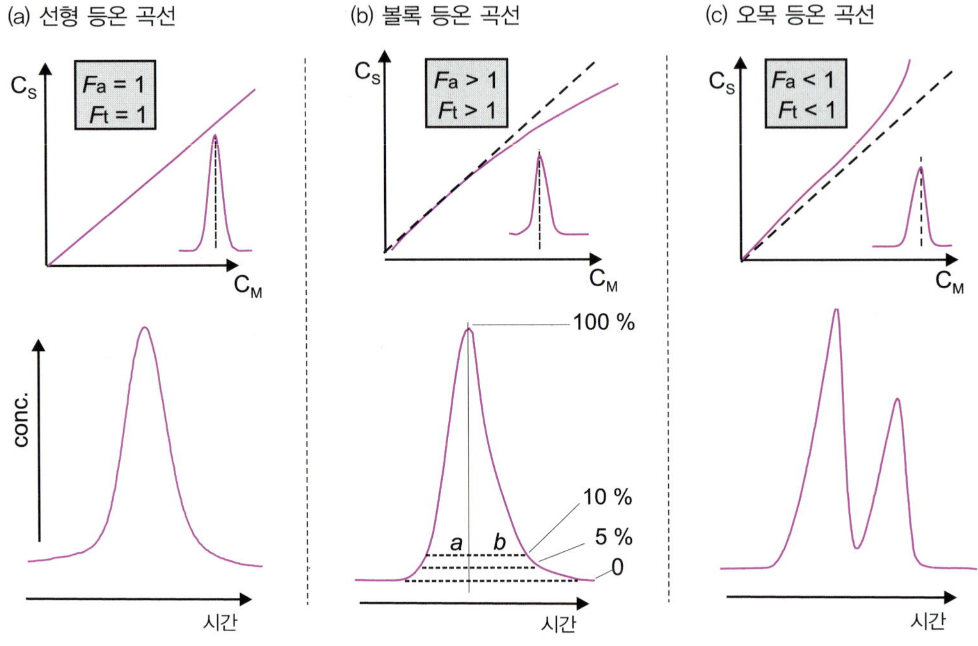

그림 1.5 분배 등온선 (a) 농도의 등온선이 변하지 않는 이상적인 경우, (b) 정지상이 포화된 경우 – 그 결과 봉우리의 상승 속도가 감소 속도보다 빠름, (c) 반대의 경우: 구성 성분이 정지상에 너무 오랜 시간 머무르게 되어 머무름 시간이 증가하게 되고, 봉우리의 상승 속도가 감소 속도보다 느림. 각 칼럼의 제조사는 봉우리 변형이 일어나기 전까지의 용량 한계(단위: ng/화합물)를 표시한다. 위 세 개의 크로마토그램은 실제 크로마토그램에 근거한다.

1.5 Nernst 분포 계수(*K*)

크로마토그래피의 기본적인 물리화학적 매개변수는 **분배 계수(partition coefficient)**라고 불리는 평형 상수 *K*로서 두 상 사이의 화합물의 농도비를 정량화한 것이다.

$$K = \frac{C_S}{C_M} = \frac{\text{정지상에 있는 용질의 몰농도}}{\text{이동상에 있는 용질의 몰농도}} \tag{1.7}$$

*K*는 매우 다양한 값을 지닌다. *K* 값이 클수록 용질은 더 많이 머무르게 된다. 액체 크로마토그래피의 경우, 다음과 같은 세 가지 형태의 상호작용에 의해 *K* 값이 결정된다. 즉, 정지상/용질, 이동상/용질, 그리고 이동상/정지상의 상호작용이다.

다른 평형 상수와 마찬가지로, *K* 값도 온도에 따라 변한다. *K* 값과 자유 에너지, 표준 엔탈피, 표준 엔트로피 등의 변화의 관계는 다음 식과 같다.

$$\Delta G_T^0 = -RT \ln K_T = \Delta H_T^0 - T\Delta S_T^0 \tag{1.8}$$

만약 표준 엔탈피와 엔트로피 변화가 이 두 온도 사이에서 사실상 동일하게 유지된다고 가정하면, 두 가지 다른 온도에서 K_T를 실험적으로 결정하여 이들의 변화값을 계산할 수 있다. 다음은 그 관계식이다.

$$\ln K_{T_1} = -\frac{\Delta H_T^0}{RT_1} + \frac{\Delta S_T^0}{R} \approx -\frac{a}{T_1} + b \tag{1.9}$$

만약 두 온도에서 K_T 값을 알고 있다면, 식 1.9에 의해서 a 값과 b 값을 계산할 수 있다.

$$a = \frac{\Delta H_T^0}{R} \tag{1.10}$$

$$b = \frac{\Delta S_T^0}{R} \tag{1.11}$$

일반적으로 표준 엔탈피 변화는 음의 값이다. 용질이 정지상에 고정이 되면 질서도가 증가하여 표준 엔트로피 변화도 감소하게 된다.

1.6 칼럼 효율

1.6.1 이론 효율(이론단수)

분석물이 칼럼을 통해 이동하면서 지속적으로 확장 영역을 넓혀간다(그림 1.6). 통계적 분산 σ^2에 의해 측정된 선형 편차 σ_L는 이동 거리에 따라 증가한다. 칼럼의 총길이인 L만큼 분석물이 이동하였을 때, 분산은 다음과 같다.

$$\sigma_L^2 = H \cdot L \tag{1.12}$$

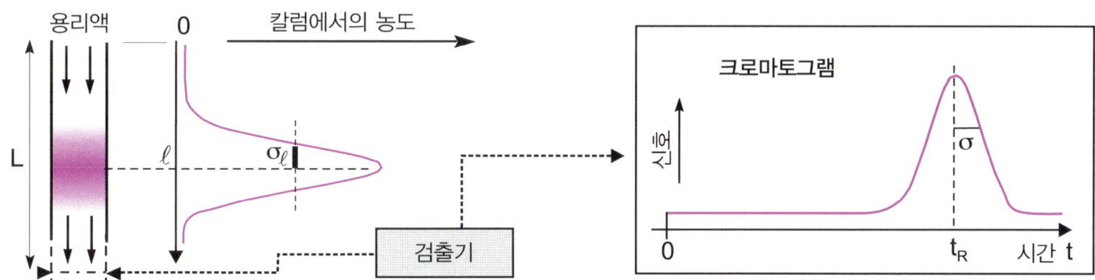

그림 1.6 칼럼에서 용질의 분산 왼쪽의 그래프는 특정 시간에 용출되는 화합물의 농도에 대한 일반적인 이미지이다. 오른쪽 크로마토그램은 시간에 따른 칼럼의 끝에서의 농도 변화를 나타낸다. t_R과 σ는 L과 σ_L의 비와 같다. 따라서 효율 N은 크로마토그램에서 σ을 직접 측정하여 계산할 수 있다. 위 그래프는 약 100개의 이론단수를 지닌다.

이론단 모델에 근거하여 위의 접근 방법으로부터 이론단 한 개당 높이(height equivalent to one theroretical plate) H와 이론단수 $N(N = L/H)$을 이끌어낼 수 있다.

따라서, 시간적 분산 $\sigma^2(\sigma = \sigma_L/\upsilon$, 여기서 υ는 용질의 평균 용출 속도)을 갖는 화합물의 용출 봉우리를 보여주는 크로마토그램에 대해, 우리는 **이론 효율(theoretical efficiency)** N을 머무름 시간 t_R의 함수로 결정할 수 있으며(식 1.13), $H = L/N$을 안다면 H의 값도 얻을 수 있다.

$$N = \frac{L^2}{\sigma_L^2} = \frac{L^2}{\sigma^2\upsilon^2} = \frac{t_R^2}{\sigma^2} \tag{1.13}$$

이들 두 매개변수는 화합물의 용출 봉우리로부터 얻을 수 있다. 여기서, t_R과 σ의 비율은 L과 σ_L의 비율과 동일하다(식 1.13).

크로마토그램에서 σ는 60.6% 높이에서 봉우리 너비의 반이며, t_R은 화합물의 머무름 시간이다. t_R과 σ는 같은 단위로 측정되어야 한다(시간, 거리, 또는 유속이 일정할 때의 용출 부피). 만일 σ가 부피의 단위로 나타낸다면 4σ는 주입된 화합물의 95% 정도를 포함하는 '봉우리의 부피'에 해당한다. Gauss 곡선의 성질($\omega = 4\sigma$)에 의해 식 1.14의 결과를 얻을 수 있다. 그러나 대부분의 봉우리 모양이 바탕선에서 일그러지기 때문에, 식 1.14는 거의 사용되지 않고 식 1.15이 흔히 사용된다.

N은 용질과 작동 조건에 따라 바뀌기 때문에 상대적인 매개변수이다. 칼럼에서 분리가 성공적으로 수행될지를 미리 알기 어려우므로, 일반적으로 N의 기준값을 얻기 위해 크로마토그램의 끝에 나타나는 성분을 선택한다.

$$N = 16\frac{t_R^2}{\omega^2} \tag{1.14}$$

$$N = 5{,}54\frac{t_R^2}{\delta^2} \tag{1.15}$$

종종 만나게 되는 비대칭 봉우리의 경우, 칼럼의 효율성을 계산하기 위해 식 1.16이 사용되곤 한다.

$$N = 41{,}7\frac{\left(\dfrac{t_R}{\omega_{0,1}}\right)^2}{\left(\dfrac{a}{b} + 1{,}25\right)} \tag{1.16}$$

여기서, $\omega_{0.1}$은 10% 높이에서 측정된 봉우리의 폭이다(그림 1.5).

1.6.2 유효 단수(실제적 효율)

특정 화합물에 대하여 서로 다르게 설계된 칼럼의 성능을 비교하거나 기체 크로마토그래피

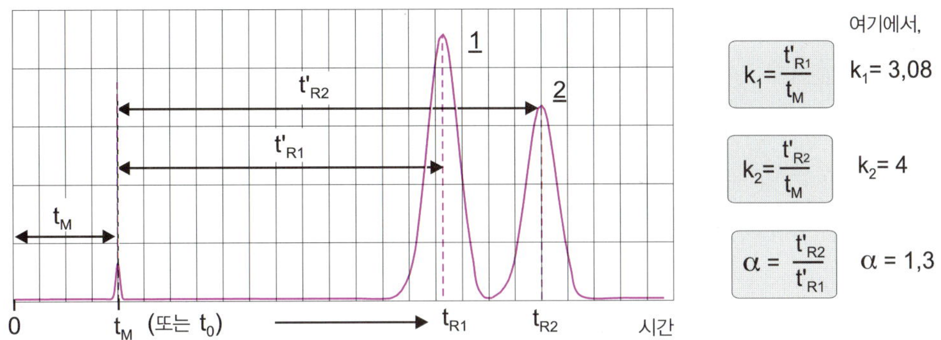

그림 1.7 두 인접한 화합물 간의 머무름 인자와 분리 인자(혹은 선택 인자) 각 화합물은 고유한 머무름 인자를 가진다. 그림에서 분리 인자는 약 1.3 정도 된다. 분리 인자 값만으로는 실제로 분리가 가능한지를 결정하기에 충분하지 않다.

에서 모세관 칼럼과 충전 칼럼 사이의 성능을 비교하기 위하여, 식 1.13~1.15에 나타난 **총 머무름 시간(total retention time,** t_R) 대신에, 불감 시간(t_M)을 포함하지 않는 **보정 머무름 시간(adjusted retention time,** t_R')(그림 1.7)을 사용하면, 보다 더 실제적인 값을 얻을 수 있다 ($t_R' = t_R - t_M$). 이전의 세 식(식 1.13~1.15)은 다음과 같이 된다.

$$N_{eff} = \frac{t_R'^2}{\sigma^2} \tag{1.17}$$

$$N_{eff} = 16\frac{t_R'^2}{\omega^2} \tag{1.18}$$

$$N_{eff} = 5{,}54\frac{t_R'^2}{\delta^2} \tag{1.19}$$

요즘에는 이 세 가지 식이 유용하게 사용되지는 않는다.

1.6.3 단높이

식 1.4를 통해 이미 정의된 **이론단 한 개당 높이**(H)는 서로 다른 길이의 칼럼을 비교하기 위하여 기준 물질을 사용해 계산한다. 하지만, H는 선택된 화합물과 실험 조건에 의존하므로 일정한 값을 갖지 않는다.

오랫동안 기체 크로마토그래피에서는 이론 효율 대신에 실제 효율을 이용하여 계산된 **유효 단높이(effective plate height,** H_{eff})라고 불리는 조정된 값이 사용되었다.

실제 효율로부터 얻어지는 H_{eff}은 식 1.20을 이용한다.

$$H_{eff} = \frac{L}{N_{eff}} \tag{1.20}$$

조정된 단높이

칼럼이 구형 입자로 채워져 있는 액체 크로마토그래피에서는 조정된 단높이 h가 자주 사용된다. 이 매개변수는 입자의 평균 지름 d_{m}을 고려한다. 이렇게 하면 입자 크기의 효과가 제거되어 평균 지름 값이 다른 칼럼을 더 잘 비교할 수 있다. 동일한 조정된 단높이를 갖는 칼럼들은 유사한 성능을 나타낸다.

$$h = \frac{H}{\bar{d}_{\mathrm{m}}} = \frac{L}{N \cdot \bar{d}_{\mathrm{m}}} \tag{1.21}$$

1.7 머무름 매개변수

1.7.1 머무름 시간

머무름 시간은 이미 1.2절에서 정의하였다.

1.7.2 머무름 부피(또는 용출 부피) V_R

분석 물질의 **머무름 부피(retention volume)** V_{R}은 칼럼의 입구로부터 출구까지 분석 물질이 이동할 때 필요한 이동상의 부피를 나타낸다. 이 부피를 측정하기 위해서 이동상의 물리적인 상태에 의존하는 (직접적 혹은 간접적) 다른 방법들이 사용될 수 있다. 이 부피는 크로마토그램에서 주입 시간과 봉우리가 최대 지점에 도달하는 시간 사이에 흐르는 이동상의 부피에 해당한다. 흐름 속도 F가 일정하다면 V_{R}은 식 1.22에 의해 계산된다.

$$V_R = t_R \cdot F \tag{1.22}$$

봉우리 부피 V_{peak}는 용질의 95%가 희석되는 칼럼 출구에서의 이동상 부피에 해당한다. 이것의 정의는 다음과 같다.

$$V_{pic} = \omega \cdot F \tag{1.23}$$

1.7.3 불감 부피(V_M)

칼럼 속 이동상 부피(무용 부피(dead volume)로도 알려짐) V_{M}은 접근 가능한 틈새 부피에 해당한다. 그것은 정지상에 머무르지 않는 용질의 크로마토그램으로부터 계산된다. 이러한 무용 부피는 t_{M}과 유속 F로부터 알아낼 수 있다.

$$V_M = t_M \cdot F \tag{1.24}$$

1.7.4 정지상 부피

V_s로 표시되는 정지상 부피는 크로마토그램에서 직접 얻어질 수 없다. 단순한 경우, 칼럼의 총 내부 부피에서 이동상의 부피를 제거하여 계산된다. 각각의 칼럼은 설계에 관계없이 항상 다음과 같이 정의되는 상비(phase ratio β)를 그 특성으로 나타낸다.

$$\beta = \frac{V_M}{V_S} \tag{1.25}$$

1.7.5 머무름(또는 용량) 인자 *k*

총질량이 m_T인 화합물이 칼럼에 주입될 때, m_T는 이동상에서의 질량 m_M과 정지상에서의 질량 m_S로 분리된다. 용질이 칼럼을 이동하는 동안에 이들 두 양은 일정하다. **머무름 인자 (retention factor)** k라고 불리는 그들의 비는 일정하며, m_T에는 무관하다.

$$k = \frac{m_S}{m_M} = \frac{C_S \cdot V_S}{C_M \cdot V_M} = K\frac{V_S}{V_M} = \frac{K}{\beta} \tag{1.26}$$

용량 인자(capacity factor)로도 알려진 머무름 인자 k는 칼럼의 성능을 정의하기 위해 크로마토그래피에서 매우 중요한 매개변수이다. 비록 유속과 칼럼 길이에 따라 변하지는 않지만, k는 실험 조건에 의존하기 때문에 일정하지는 않다. k는 K(Nernst 분포 법칙)에 의해 용질–정지상 상호작용의 세기에 따라 변화하며, 또한 칼럼 설계에 따라서 바뀐다. 이러한 이유로 용량 인자는 k가 아닌 k'로 표기한다.

이 매개변수는 각각의 화합물을 많이 또는 적게 머물게 하는지에 대한 칼럼의 능력을 나타낸다. k 값은 10을 넘기지 말아야 한다. 이상적으로는 k 값은 대략 5 정도여야 한다. 그렇지 않으면 분석 시간이 너무 오래 걸릴 것이다.

> 용량 인자의 표현은 칼럼의 **용량(capacity)**과 혼동을 나타낼 수 있는데, 칼럼 용량은 칼럼이 포화되지 않고 포함할 수 있는 용질의 최대 질량을 일컫는다. 용량 인자는 제조사가 칼럼을 설명할 때 제공한다.

머무름 인자 *k*의 실험적 접근 방법

Craig의 모델에 의하면 각각의 분자는 (칼럼 아래 쪽으로 진행하는) 이동상에서 (이동하지 않는) 정지상으로 번갈아 가면서 이동한다고 생각할 수 있다. 정지상에 머무는 시간이 길어지면 칼럼 아래로 이동하는 평균 속도는 느려진다. 이와 같은 동일한 화합물 분자가 n개 있다고 가정하자(질량이 m_T인 시료). 만일 각각의 순간에 정지상에 머무르는 분자수 n_S(질량 m_S)와 이동상에 존재하는 분자수 n_M(질량 m_M)의 비는 한 분자가 각각의 상에서 머무르는 시간(t_S와 t_M)의 비와 같다고 가정하면 다음의 세 가지 비는 동일할 것이다.

$$\frac{n_S}{n_M} = \frac{m_S}{m_M} = \frac{t_S}{t_M} = k$$

분자가 75%의 시간을 정지상에 머무른다고 가정하자. 그것의 평균 속도는 분자가 이동상에만 머무는 경우보다 4배가 느릴 것이다. 결과적으로 4 μg의 화합물이 칼럼에 주입되었다면 이동상에는 평균 1 μg이, 그리고 정지상에는 평균 3 μg이 존재하게 될 것이다.

어떤 화합물의 머무름 시간 t_R이 $t_R = t_M + t_S$라는 것을 알고 있다면 k 값은 크로마토그램으로 얻을 수 있다($t_S = t'_R$). 그림 1.7을 참조하라.

$$k = \frac{t'_R}{t_M} = \frac{t_R - t_M}{t_M} \tag{1.27}$$

이 중요한 관계식은 다음과 같이 쓸 수 있다.

$$t_R = t_M(1 + k) \tag{1.28}$$

식 1.16과 1.18을 기억한다면 용질의 머무름 부피 V_R은 다음과 같이 쓸 수 있다.

$$V_R = V_M(1 + k) \tag{1.29}$$

또는

$$V_R = V_M + KV_S \tag{1.30}$$

실험적인 매개변수를 열역학적 분포 계수 K와 연결시킨 이 최종적인 표현식은 이상적인 크로마토그래피에서 유효하다.

1.8 두 용질 사이의 분리(또는 선택) 인자

분리 인자 α(식 1.31)를 통해 하나의 크로마토그램 상에 인접한 두 봉우리 1과 2를 비교할 수 있다(그림 1.7). 분리 인자는 식 1.31 혹은 1.32과 같이 정의된다. 정의에 의하면 α는 1보다 크다.

$$\alpha = \frac{t'_{R2}}{t'_{R1}} \tag{1.31}$$

혹은

$$\alpha = \frac{k_2}{k_1} = \frac{K_2}{K_1} \tag{1.32}$$

분리 인자 α를 두 용질의 Nernst 분포 계수에 연결하는 표현은 분리 인자가 상호 작용 정도, 온도 등의 값에 의해서만 결정되고 길이 및 지름 등 칼럼의 기하학적 모양 또는 충진제 형태(충진제 입자의 지름 혹은 정지상의 양)에 의해 결정되지 않음을 나타내고 있다. 인접하지 않은 봉우리들의 분리 인자 역시 유사한 방법으로 계산 가능하며 1보다 작을 수 없다.

1.9 두 봉우리 사이의 분해능 인자

두 화합물 사이의 분리를 정량화하기 위해서 **분해능 인자(resolution factor)** R이라는 값이 크로마토그램으로부터 계산된다(그림 1.8).

$$R = 2\frac{t_{R2} - t_{R1}}{\omega_1 + \omega_2} \tag{1.33}$$

두 개의 인접한 피크의 경우, 이 관계는 두 개의 매개변수를 포함하는데, 하나는 두 봉우리 사이의 거리에 해당하는 머무름 시간 사이의 차이($t_{R2} - t_{R1}$)이고, 다른 하나는 두 봉우리가 모두 이등변 삼각형이라고 가정할 때 바탕선에서의 반 너비($\frac{1}{2}(\omega_2 + \omega_1)$)이다(그림 1.8).

앞의 식으로부터 유도되고 한 매개변수를 다른 매개변수로 치환하거나 간소화한 또 다른 표현식들이, 분해능을 표현하기 위해 사용될 수 있다. 그러므로 식 1.34~1.36이 흔히 사용된다. 식 1.35는 분해능이 효율, 용량 인자, 선택 인자 등에 의해 어떻게 영향을 받는지를 보여주고 있다. 그림 1.9의 크로마토그램들은 이들의 실험적 검증을 나타낸다.

$$R = 1.177\frac{t_{R2} - t_{R1}}{\delta_1 + \delta_2} \tag{1.34}$$

$$R = \frac{1}{4}\sqrt{N_2} \cdot \frac{\alpha - 1}{\alpha} \cdot \frac{k_2}{1 + k_2} \tag{1.35}$$

$$R = \frac{\sqrt{N}}{2} \cdot \frac{k_2 - k_1}{k_1 + k_2 + 2} \tag{1.36}$$

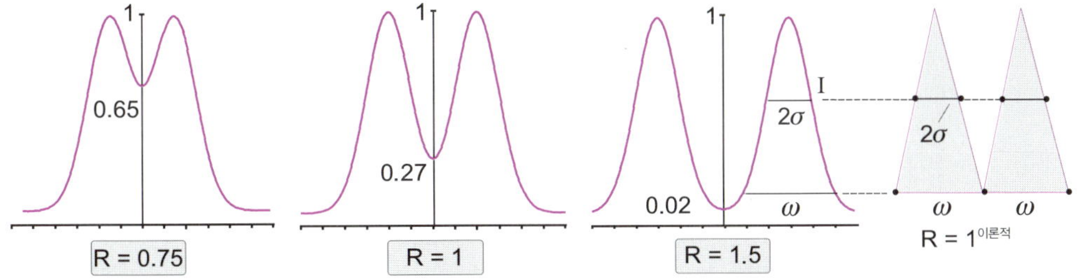

그림 1.8 **분해능 인자** 두 개의 동일한 Gauss 곡선을 어느 정도 나란히 나열하여 얻은 크로마토그래피 봉우리의 시뮬레이션. R 값에 해당하는 시각적 양상이 그림에 표시되었다. $R = 1.5$일 때 봉우리들은 바탕선에서 분리가 되었다고 간주할 수 있고, 이때 봉우리 사이의 골은 전체 크기의 약 2% 정도에 해당한다.

1.10 이동상 속도의 영향

이전의 모든 논의, 특히 분리를 특징짓는 다양한 방정식에서, 칼럼에서의 이동상 속도(유속 함수)는 고려되지 않았다. 하지만, 칼럼에서 분석물의 진행 속도를 결정짓는 이동상 속도가 너무 커지면 이동상과 정지상에 존재하는 용질의 평형을 교란시키고, 그것들의 분포에 영향을 미쳐서 진행 중인 분석의 품질에 영향을 미친다(그림 1.9).

Van Deemter는 충전된 칼럼을 이용한 기체 크로마토그래피를 이용하여 이러한 이동상 속도의 영향을 소개하였으며, 최초의 속도론 식을 제안하였다.

1.10.1 Van Deemter 식

1956년 Van Deemter에 의해 제안된 단순한 형태의 이 식은 충전된 GC 칼럼에서 매우 잘 알려져 있다(식 1.37). 이 식은 단높이 H를 칼럼 내 이동상의 평균 선형 속도 $\bar{u}$와 연관짓는다(그림 1.10).

$$H = A + \frac{B}{\bar{u}} + C \cdot \bar{u} \tag{1.37}$$

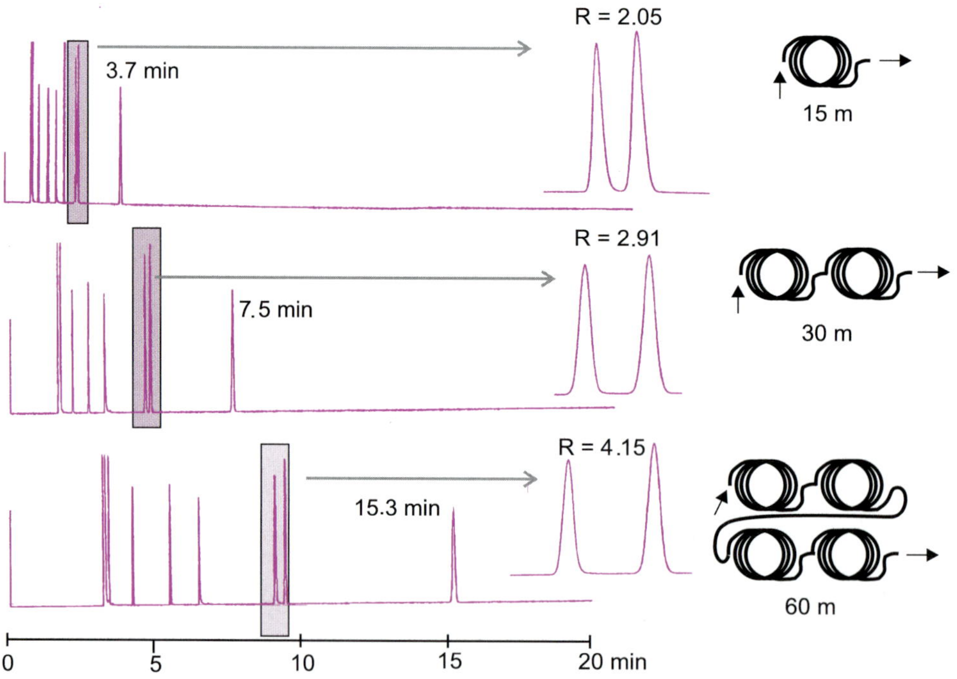

그림 1.9 칼럼 길이가 분리능에 미치는 영향 GC 기기에서 모세관 칼럼의 길이를 2배로 증가시켰을 때 분해능은 1.41배 증가함으로 나타내는 크로마토그램.

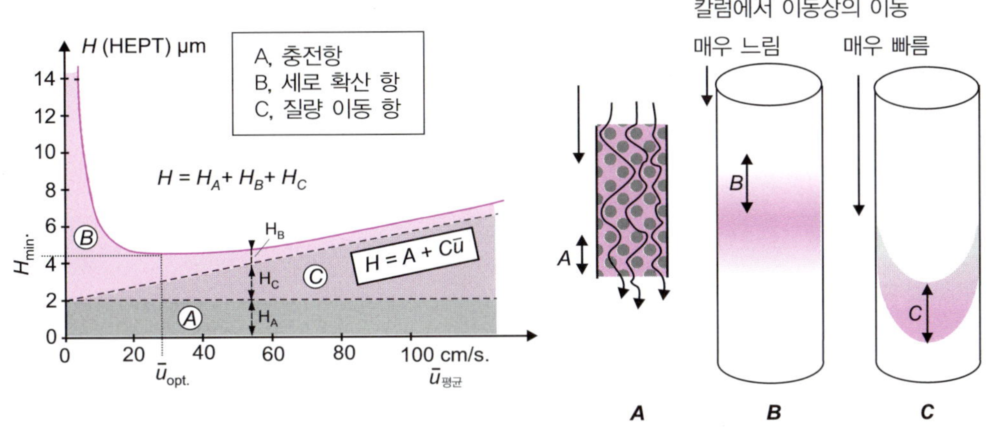

그림 1.10 A, B, C의 고유 영역을 나타내는 기체 크로마토그래피에서의 Van Deemter 곡선 Van Deemter 식과 유사하지만 유속 대신에 온도(T)를 고려한 다음 식도 존재한다. $H = A + B/T + CT$

매우 빠름이 방정식은 이 방정식이 나타내는 곡선에서 볼 수 있듯이 각 칼럼에 대해 H가 최솟값이 되는 **최적의 유속(optimal flow rate)**이 있음을 보여준다. 이동상의 흐름 속도가 증가하면 칼럼 효율이 감소하는 것이 분명한데 크로마토그래피 분리를 빨리하고자 이동상의 유속을 증가시키면 어떤 현상이 일어나는지 명확히 나타내고 있다. 그러나 유속이 매우 느릴 때 일어나는 칼럼 효율의 손실은 이해하기 쉽지 않다. 이러한 현상을 설명하기 위해서 A, B, C 항에 대하여 다시 상기하여야 한다. 이들 각각의 매개변수들은 그래프에서 파악될 수 있는 영역을 나타낸다(그림 1.10).

세 가지 실험 계수 A, B, C는 칼럼의 다양한 물리화학적 매개변수 및 실험 조건과 관련이 있다. 만일 H의 단위를 cm로 나타낸다면 A는 cm이고, B는 cm^2/s이고, C는 s가 될 것이다. 여기서 속도는 cm/s로 측정된다. Van Deemter 식을 나타내는 곡선은 아래 조건에서 최소점(H_{min})을 통과하는 쌍곡선이다.

$$\bar{u}_{opt.} = \sqrt{\frac{B}{C}} \tag{1.38}$$

충전과 관련된 항 $A = 2\lambda \cdot d_p$

A 항은 정지상을 통과하는 이동상의 흐름 종단면도(flow profile)에 관련이 있다. 입자 크기(지름 d_p), 입자 크기 분포, 충전 균질성(충전 인자 특성 λ) 등은 흐름 경로 차이가 발생하는 근원이 되며, 이것들은 두 상 사이에서 불규칙한 교환을 유발할 수 있다. 난류(turbulent) 또는 소용돌이 확산(eddy diffusion)으로도 알려진 이러한 현상은 액체 크로마토그래피에서

는 중요하게 기여하지 않으며, 기체 크로마토그래피의 벽면 코팅 열린관(wall-coated open tubular, WCOT) 모세관 칼럼들에는 존재하지 않는다(A 항이 없는 Golay 식, 1.10.2절을 참조).

기체(이동상) 확산 항 $B = 2\gamma D_G$

B 항은 기체상에서 분석 물질의 확산 계수 D_G와 굴곡률(tortuosity) 인자 γ로 나타내며 이동상이 기체일 때 특히 중요하다. 칼럼에서 이러한 세로 확산(longitudinal diffusion)은 빠르게 일어난다. 이것은 엔트로피의 결과이며, 물 위에 떨어진 잉크 방울이 더 큰 무질서도 방향으로 자발적으로 확산한다는 것을 상기시켜준다. 결과적으로 유속이 매우 느리면 화합물이 분리되어 이동하는 것보다 더 빠르게 혼합될 것이다. 따라서, 진행 중인 크로마토그래피의 효율성이 떨어질 위험성이 있기 때문에 절대로 일시적으로 중단되지 않아야 한다는 점에 유의해야 한다.

액체(정지상)항 $C = C_G + C_L$

이동상과 정지상 두 상 사이에서 용질의 질량이 이동하여 평형에 도달하기 위해서는 시간이 필요하다. 이때 유속이 너무 빨라서 평형에 도달하지 못할 때의 영향을 C 항으로 나타낸다. 이동상 내에서의 소용돌이 확산과 농도 기울기는 평형 과정($C_S \Leftrightarrow C_M$)을 느리게 한다. 따라서 두 상 사이에서 용질의 확산이 충분히 빨리 일어나지 않기 때문에 평형에 도달하지 못한 상태에서 용질이 이동하게 된다. C 항과 연관된 여러 가지 요소들을 간단하게 설명하는 식이 있는 것은 아니다. C_G 항은 기체 이동상에서 용질의 확산 계수에 영향을 받고, C_L 항은 액체 정지상에서 용질의 확산 계수에 의해 결정된다.

> 실제로 유속과 평균 선형 속도가 관련되기 때문에 A, B 및 C의 계수값들은 같은 화합물에 대하여 다른 유속에서 효율을 여러 번 측정하여 구할 수 있다. 그리고 실험값들을 가장 잘 만족하는 쌍곡선 함수를 다중 선형 회귀 방법 등을 이용하여 계산할 수 있다.

1.10.2 Golay 식

1958년 Golay는 모세관 칼럼을 이용한 기체 크로마토그래피에서 사용되는 변형된 관계식을 제안하였다.

$$H = \frac{B}{\bar{u}} + C_L \cdot \bar{u} + C_G \cdot \bar{u} \tag{1.39}$$

만일 특정 화합물의 머무름 인자를 알고 있다면, 식 1.39는 반지름이 r인 칼럼에 대한

HETP의 최소값을 알려준다. **코팅 효율(coating efficiency)**도 계산할 수 있는데 식 1.39에서 얻어진 H 값과 실제 크로마토그램의 효율로부터 유도된 값($H=L/N$)의 비율에, 100을 곱하면 된다.

$$H_{\text{이론,min}} = r\sqrt{\frac{1+6k+11k^2}{3(1+k)^2}} \tag{1.40}$$

1.10.3 Knox 식

또 다른 최근의 식(1977년)은 Knox 식으로 여러 형태의 액체 크로마토그래피에 적용할 수 있으며, 조정된 단높이 h를 포함한다(식 (1.21) 참조).

$$h = A\bar{u}^{1/3} + \frac{B}{\bar{u}} + C\bar{u} \tag{1.41}$$

1.11 크로마토그래피 분석의 최적화

분석 크로마토그래피의 중요한 점은 분석물을 분리한 후, 식별하거나 정량화하는 능력에 있다. 정량화를 위해서는 봉우리의 면적이 정밀하게 결정되어야 한다. 많은 매개변수가 크로마토그래피 결과의 품질에 영향을 나타내는데, 분석할 봉우리 사이의 분해능(resolution)에 영향을 미치는 요구 사항은 다음과 같은 것이 있다. (최종 조건이 초기 조건과 다를 때, 초기 조건으로 돌아가는 데 필요한 시간을 포함한) 분석 속도와 (칼럼이 포화되는 것을 막기 위한) 칼럼 용량(capacity). 이를 위해, 소프트웨어를 사용하여 온도, 유량, 이동상 구성 등과 같은 다양한 물리화학적 요인을 조정하여 분리를 모의실험한다.

다양한 요인들이 상호작용을 하기 때문에, 크로마토그래피 사용자는 **분해능(resolution)**, **속도(speed)**, **용량(capacity)** 간의 절충안을 찾아야 하는데, 이를 위해 각 꼭짓점에 이들 변수가 자리잡고 있는 삼각형 그림을 흔히 사용한다(그림 1.11). 최적화의 목적은 가장 짧은 시간에 원하는 화합물들을 효과적으로 분리하는 것이다. 따라서, **분해능(resolution)**과 **용출 시간(elution time)**은 고려해야 할 가장 중요한 두 가지 종속 변수이다. 하지만, 크로마토그래피는 느린 분석 방법인데, 그 이유는 모든 화합물이 용출될 때까지 기다려야 하고 다음 분석을 시작하기 위해 초기 조건으로 돌아갈 때까지 기다려야 하기 때문이다. 분해능이 매우 좋다면 분석 시간을 줄이는 방향으로 최적화하여야 하며, 이를 위해 더 짧은 칼럼을 선택할 수 있다. 분해능은 칼럼 길이의 제곱근에 비례한다는 것을 기억하라(식 1.35와 그림 1.9에서 매개변수 N 참조).

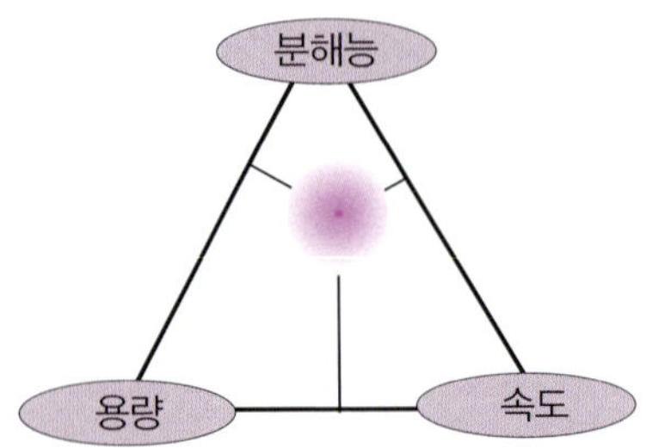

그림 1.11 분해능, 속도, 용량 사이의 절충 삼각형 모든 크로마토그래피 분석은 세 가지 상반된 기준을 따른다. 이 세 가지 기준 중에서 하나를 우선시하면 다른 두 가지 기준은 불충분하게 된다. 좋은 선택성을 원한다면, 이 삼각형의 분해능 꼭짓점에 가깝게 위치해야 한다. 그림에서 그림자가 진 영역이 이에 해당하는 분석 크로마토그래피 영역을 나타낸다. 이것은 K, N, k, α, R의 5가지 매개변수를 활용해서 얻어진 것이다.

시료 속에 존재하는 하나 또는 두 개의 화합물만을 크로마토그래피 분석하고자 하는 경우가 있다. 만약 해당 분석물에 적합한 검출기를 보유하고 있다면, 얻어지는 크로마토그램이 크게 단순화되기 때문에 최적화 단계가 용이해진다. 그렇지 않은 경우에는, 초기 혼합물로부터 가능한 한 많은 수의 화합물을 분리하는 데 중점을 두게 된다.

1.12 크로마토그래피 기술의 분류

크로마토그래피 기술들은 이동상 혹은 정지상의 **물리적 성질**(**physical nature**), 사용된 **과정**(**process**), 분리가 진행되는 동안의 **물리화학적 현상**(**physico-chemical phenomena**) 등으로 분류할 수 있다. 다음 분류는 두 상들의 물리적 성질을 고려하여 확립된 것이다.

1.12.1 액체 크로마토그래피 (LC)

이동상이 액체인 액체 크로마토그래피는 가장 오래된 형태의 크로마토그래피로서, 초기에는 준비용 크로마토그래피로 사용되었고 현재까지도 이런 목적으로도 사용되고 있다.

정지상의 특징(용질의 분리를 결정하는 상호작용의 특징)에 따라서 액체 크로마토그래피는 **액체/고체 크로마토그래피**(**liquid/solid chromatography**, **LSC**), **액체/액체 크로마토그래피**(**liquid/liquid chromatography**, **LLC**), **이온 크로마토그래피**(**ion chromatography**, **IC**), **크기 배제 크로마토그래피**(**size exclusion chromatography**, **SEC**, 정지상의 특성에 따라서 **젤 투과**(**gel permeation**) 혹은 **젤 여과**(**gel filtration**) 크로마토그래피라고도 불림) 등으로 구분할 수 있다.

액체/고체 크로마토그래피(LSC)

LSC에서 정지상은 고체 매질로, 여기에 물리적 흡착과 화학적 흡착의 이중 효과를 통해 용질 분자들이 흡착된다. 여기에 관여하는 물리화학적 매개변수는 **흡착 계수(adsorption coefficient)**이다. LSC는 LC의 시초라고 생각할 수 있다. 얇은 층 크로마토그래피(TLC)는 LSC와 정지상의 분포 방식은 다르지만 동일한 분리 원리로 작동하기 때문에 LSC에 포함될 수 있다.

액체/액체 크로마토그래피(LLC)

LLC에서는 정지상과 이동상이 모두 액체이다. 정지상은 일반적으로 불활성 지지대에 고정된 고분자인데, 이는 고분자의 활성 부분을 공유 결합으로 지지대에 접목하여 만들며, 이것들은 칼럼이 긴 수명을 갖도록 한다. 분리는 정지상과 이동상 사이의 용질의 분배 계수에 의해 결정된다(실험실에서 잘 알려진, 분별 깔때기를 이용한 액체–액체 추출과 비슷한 현상). 이 범주에는 준비용 크로마토그래피로 사용되는 원심 분리 크로마토그래피도 포함된다.

이온 크로마토그래피(IC)

IC에서 정지상은 고체이지만 분리 원리는 LSC와 다르다. 이온의 분리에 특화된 IC는 LSC가 이용하는 흡착 현상을 이용하는 것이 아니고 분리하고자 하는 이온과 정지상(양이온 혹은 음이온 교환 수지)에 존재하는 이온 간의 교환을 이용한다. 이러한 형태의 분리는 **이온 분포 계수(ionic distribution coefficient)**와 연관이 있는 이온 교환 평형에 의해 결정된다.

크기 배제 크로마토그래피(SEC)

SEC에서 정지상은 동공(pore)이 있는 물질로, 동공의 크기는 분리하려는 화학종들의 크기에 따라 선택된다. 이 방법은 합성 거대 분자 혹은 천연 거대 분자를 분리하는 데 사용된다. SEC에서 이동상이 수용성(예를 들어 단백질과 같은 천연 거대 분자의 분리)이면 **젤 여과(gel filtration)**라고 하고, 이동상이 유기 용매(예를 들어, 합성 거대 분자의 분리)이면 **젤 투과(gel permeation)**라고 한다. 이와 같이 SEC은 분자 단위에서 선택적 투과를 수반한다. SEC에서 분포 계수는 **확산 계수(diffusion coefficient)**라고 불린다.

친화 크로마토그래피

친화 크로마토그래피는 크로마토그래피와 추출 사이의 중간쯤 되는 기술로, 분석 목적으로는 많이 사용되지 않고 생화학에서 정제 방법으로 사용된다. 정지상은 특정 분자 리간드를 가능한 한 많은 위치에 접목시켜서 제조한다. 리간드와 친화력이 있는 분자는 칼럼에 머무르게 된다. 정지상에 존재하는 원하지 않는 화합물들을 용출시킨 후, 용출 용액을 이용하여 원하는 분자를 회수한다. 수득률은 정지상에 존재하는 작동하는 부위의 수와 관련이 있으며 분리 선택성은 리간드의 선택에 기초하는데, 리간드는 매우 순수해야 한다.

1.12.2 기체상 크로마토그래피(GC)

GC에서 이동상은 정지상 및 분리될 용질에 대해 활성이 없는 기체이다. 3개의 이동상 기체가 대부분의 용도에서 사용된다. 질소(매우 비효율적, Van Deemter 곡선 참조), 헬륨(고가이고 효율적), 수소(효율적이지만, 위험함). 정지상의 물리적 상태에 따라, 기체/고체 크로마토그래피(GSC) 및 기체/액체 크로마토그래피(GLC)를 구분한다.

기체/고체 크로마토그래피(GSC)

GSC는 가장 오래된 형태의 GC이다. LSC와 마찬가지로, 정지상은 고체(예, 흑연, 실리카 겔 또는 알루미나)이며 분리는 정지상에서의 선택적 흡착에 의해서 일어난다. 이러한 형태의 기체 크로마토그래피는 휘발성 화학종(기체 혹은 끓는점이 낮은 액체)을 분리하는 데 매우 효율적이다.

기체/액체 크로마토그래피(GLC)

Martin과 Synge가 LLC에서의 액체 이동상을 기체로 대체시킬 것을 제안하였다. 앞에서 언급한 것과 같이, 정지상은 지지체(충전 칼럼의 불활성 실리카 입자 혹은 모세관 칼럼의 내부 벽)에 접목 과정에 의해 고정화된 액체이다. 용액 내에 존재하는 분자의 경우, 시료는 주입 전이나 혹은 주입 시점에서 기화되어야 한다. 따라서, 본 기술은 끓는점이 매우 높지 않은 화합물 혹은 열분해 과정을 거친 화합물에 이용된다.

1.12.3 초임계 유체 크로마토그래피(SFC)

SFC의 이동상은 약 50°C와 150 bar(15 MPa) 이상의 이산화 탄소와 같은 초임계 상태의 유체이다. 정지상은 액체 또는 고체이다. SFC 방법은 기체 크로마토그래피와 액체 크로마토그래피의 장점들을 결합시킨 것이다. 본 기술은 복잡한 장비가 필요하지만 많은 응용성을 지닌다.

크로마토그래피를 이용한 정량 분석

정량 분석에서 크로마토그래피가 중요한 기술로 발전한 것은 본질적으로 그 신뢰성과 정확성에 기인한다. 칼럼에 주입된 분석물의 질량과 얻어진 크로마토그램의 해당 봉우리 면적 사이의 관계는 많은 표준화된 분석 방법에서 사용되는 비교 방법으로 연결된다. 데이터 처리 소프트웨어와 함께 분리의 재현성을 통해 이러한 분석과 관련된 모든 계산을 자동화할 수 있다. 특히 환경 분석을 위한 EPA 방법에서는, 고비용에도 불구하고 미량 및 초미량 분석을 위해 크로마토그래피가 사용된다. 가장 널리 사용되는 세 가지 방법이 가장 간단한 구성과 함께 위에서 설명되었다.

1.13 원리와 기초 관계

시료의 조성을 계산하거나 크로마토그램의 봉우리에 해당하는 분석물을 분석하려면 두 가지 기본 조건이 충족되어야 한다. 첫째, 분석하려는 화합물에 대한 검출기의 민감도를 결정하기 위해, 측정해야 할 **분석물의 신뢰성 있는 시료(authentic sample of the anlayte)**를 이용할 수 있어야 한다. 둘째, 관심 있는 다른 용출 피크의 면적(area)[또는 높이(height)]을 계산할 수 있는 소프트웨어도 필요하다. 크로마토그래피에서 모든 정량적 방법은 비교법이다(비교법은 매우 흔히 정량 분석에 사용된다).

기기 조절을 위해, 전체 농도 범위에서 시료의 주입으로 나타나는 크로마토그램의 각 봉우리의 면적(또는 높이)과 해당 봉우리를 나타내는 분석물의 양 사이에 선형 관계(선형성)가 있다고 가정한다. 이 선형 관계는 낮은 농도 범위에서 존재하는 **검출 가능량(detectable quantity)** 한계로부터 높은 농도 범위에서 관찰되는 **선형성(linearity)** 한계까지로 설정되는 농도 범위를 결정하는 데 사용될 수 있다. 이러한 가정은 다음과 같은 식으로 표현될 수 있다.

$$m_i = K_i A_i \tag{1.42}$$

여기서, m_i는 칼럼에 주입된 화합물 i의 질량이고, K_i는 화합물 i가 나타내는 **절대 반응 인자(absolute response factor)**이며, A_i는 화합물 i가 나타내는 용출 봉우리의 면적이다.

절대 반응 인자 K_i (분배 계수와 혼동하지 말 것)는 화합물이 나타내는 고유의 매개변수가 아니고, 크로마토그래피의 조절에 의해서 결정되는 것이다. 분석물의 반응 인자 K_i를 계산하기 위해서, 위의 식이 나타난 바와 같이, 봉우리 면적 A_i와 칼럼에 주입된 화합물 i의 질량 m_i를 아는 것이 필수적이다. 하지만, 주입된 질량 값을 정확히 하는 것은 매우 어렵다. 따라서, 많은 크로마토그래피 방법이 정량적 분석을 위해서 절대 반응 인자 K_i를 사용하지 않고 미리 프로그래밍된 소프트웨어를 이용한다.

1.14 크로마토그래피 소프트웨어

식 1.42는 크로마토그래피 봉우리 면적을 결정해야 하는 필요성을 강조하고 있다. 이를 위해 크로마토그래피 소프트웨어가 개발되어 크래마토그래피를 제어하고, 크로마토그램을 획득하고, 관찰된 봉우리의 다양한 정보(예를 들어, 반높이폭(FWHM) δ, 바탕선 폭(base width) ω, 봉우리 높이, 봉우리 면적 등)를 결정하는 데 사용되고 있다. 이러한 소프트웨어를 사용하면 바탕선을 보정하고, 필요 시 적분을 위해 각 봉우리의 시작과 끝을 선택할 수 있으며, 정량 분석에서 가장 중요한 정량화 방법을 선택할 수 있다. 마지막으로, 이러한 소프트웨어는 기준 용액(교정 용액)의 조성을 고려하여 시료의 조성을 계산할 수 있다.

크로마토그래피에 사용되는 세 가지 정량화 방법(때로는 시료의 조성과 측정기기의 반응 사이의 비례성을 이용하는 다른 분석법에서도 사용됨)을 다음 절부터 설명할 것이다.

1.15 외부 표준물 방법

모든 정량적 분석 방법에 공통으로 사용되는 외부 표준물 방법(external standard method)은 크로마토그램에 분리되어 나타나는 하나 이상의 분석물의 농도(또는 질량 백분율)를 계산할 수 있으며, 이는 관심이 없는 다른 화합물의 봉우리의 존재하에서도 적용할 수 있다.

이 방법은 크로마토그래피의 설정 조건을 변화시키지 않고 연속적으로 얻어진 두 개의 크로마토그램의 비교를 통해 수행된다(그림 1.12). 첫 번째 크로마토그램은 분석물의 농도 C_{ref}를 알고 있는 표준 용액(기준 용액)을 이용하여 얻어진다. 부피가 V인 이 용액을 주입한 후, 얻어지는 크로마토그램에서 분석물이 나타내는 봉우리의 면적 A_{ref}를 측정한다. 두 번째 크로마토그램은 동일한 부피(same volume) V의 분석 시료를 주입하여 얻어지는데, 분석 시료는 미지 농도 C_{unk}의 측정하고자 하는 화합물을 포함하고 있다. 이때 얻어지는 크로마토그램에서 화합물로부터 유래되는 봉우리의 면적 A_{unk}을 얻을 수 있다. 동일한 부피의 두 시료가 주입되었기 때문에, 면적 비율은 농도 비율에 비례하게 되고, 농도 비율은 주입된 질량($m_i = C_i \cdot V$)에 의해 결정된다. 두 크로마토그램에 적용하면, 식 1.42는 식 1.43이 된다.

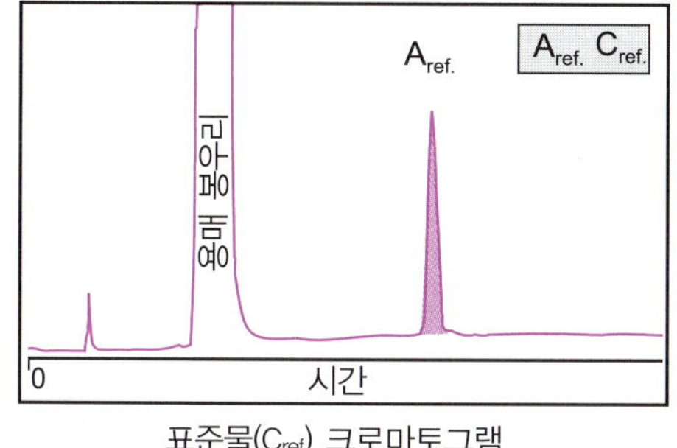

표준물(C_{ref}) 크로마토그램

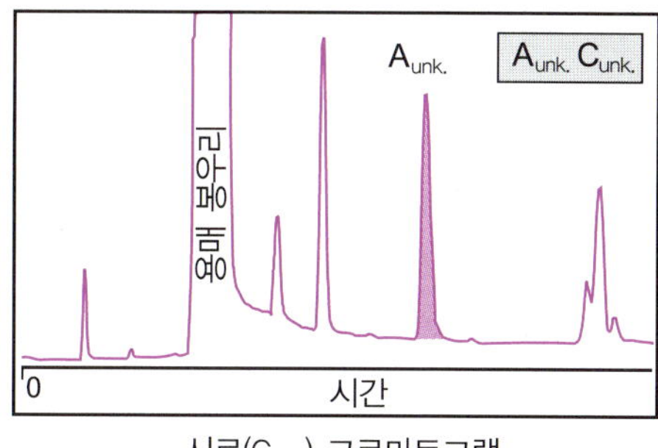

시료(C_{unk}) 크로마토그램

그림 1.12 외부 표준물 방법을 이용한 분석 이 분석 방법의 정밀도는 여러 농도의 용액을 사용하여 검정 곡선을 만들 때 향상된다. 액체 크로마토그래피에 의한 미량 분석의 경우, 봉우리 면적을 봉우리 높이로 대체하는 것이 바람직할 수 있는데 이는 봉우리 높이가 이동상 유속 변화에 덜 민감하기 때문이다.

$$m_{\text{ref}} = C_{\text{ref}} \cdot V = K \cdot A_{\text{ref}} \qquad \text{그리고} \qquad m_{\text{unk}} = C_{\text{unk}} \cdot V = K \cdot A_{\text{unk}}$$

$$C_{\text{unk}} = C_{\text{ref}} \frac{A_{\text{unk}}}{A_{\text{ref}}} \tag{1.43}$$

그림 1.12에 표시된 단일 지점 교정 방법은 검정 곡선이 원점을 통과하는 것으로 가정한다. 기준 용액과 시료 용액의 농도가 유사할 경우 더 정확한 결과가 얻어질 것이다. 즉, 주입 간에 장치 설정을 변경할 필요가 없다는 것이다.

절대 반응 인자(absolute response factor)를 사용하는 이 기술은 자동 시료 주입 장치(회전식 시료 홀더와 자동 주입기의 조합으로 이루어짐)가 장착된 현재의 고성능 크로마토그래피를 이용하면 매우 신뢰할 수 있는 결과를 산출한다. 이것은 인간의 개입 없이 수많은 측정을 제공한다. 단일 기준 용액을 사용한 프로그램화된 제어 재주입으로 기기의 잠재적 흔들림을 보정할 수 있다.

항상 동일한 부피를 사용하여 시료와 기준 용액을 여러 번 주입하여 봉우리의 평균 면적을 계산하면 분석의 정밀도를 향상시킬 수 있지만, 여러 번의 측정을 하려면, 일련의 표준 용액을 동일한 부피로 주입하는 다단계 교정을 수행하는 것이 바람직하다. 그러면, 분석 결과는 검정 곡선 $A = f(C)$에서 직접 얻어진다.

외부 표준물 방법은 크로마토그래피에 사용되는 세 가지 정량화 방법 중에서 기체 시료에 적합하지만 LC에도 적용 가능한 유일한 방법으로 실행이 용이하고 신속하다는 장점이 있다. 그러나 이를 위해서는 주입 부피의 완전한 재현성이 필요한데, 이는 자동 시료 주입 장치에 의해 가능하다.

1.16 내부 표준물 방법

두 번째 방법으로 소개되는 내부 표준물 방법(internal standard method)은 기준으로 첨가되는 지표 물질에 대한 측정 화합물의 **상대 반응 인자(relative response factor)**를 이용한다. 이 방법은 위에서 설명한 외부 표준물 방법의 주요 단점인 주입 부피가 재현성이 부족할 때 생기는 문제들을 극복할 수 있게 해 준다.

위와 같이, 신뢰성이 향상된 내부 표준물 방법은 두 개의 크로마토그램을 필요로 하는데, 하나는 분석하고자 하는 화합물의 상대 반응 인자를 계산하기 위한 것이고 다른 하나는 시료를 분석하기 위한 것이다.

정량화할 봉우리의 면적은 시료 용액에 첨가된 농도를 알고 있는 **내부 표준물(internal standard**, IS)의 면적과 비교된다.

1.16.1 상대 반응 인자의 계산

시료가 화합물 **1**과 화합물 **2** 등 2개의 화합물을 포함하고 있고 화합물 IS는 내부 표준물로 사용되는 추가적인 화합물이라고 생각해 보자(그림 1.13).

내부 표준물 방법의 처음 단계는 화합물 1의 농도가 C_1이고, 화합물 2의 농도가 C_2이며, 내부 표준물의 농도가 C_{IS}인 용액을 준비하여 크로마토그래피 장비에 주입하는 것이다. 세 개 화합물로부터 얻어지는 크로마토그램의 세 개 봉우리의 면적은 각각 A_1, A_2, A_{IS}이다. 칼럼에 주입되는 세 화합물의 실제 양이 m_1, m_2, m_{IS}이라고 하면, 식 1.42 형태의 식 3개를 아래와 같이 쓸 수 있다.

$$m_1 = K_1 \cdot A_1$$
$$m_2 = K_2 \cdot A_2$$
$$m_{IS} = K_{IS} \cdot A_{IS}$$

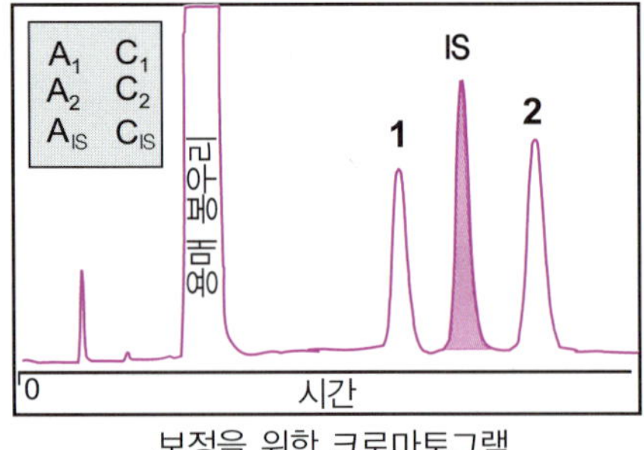

보정을 위한 크로마토그램

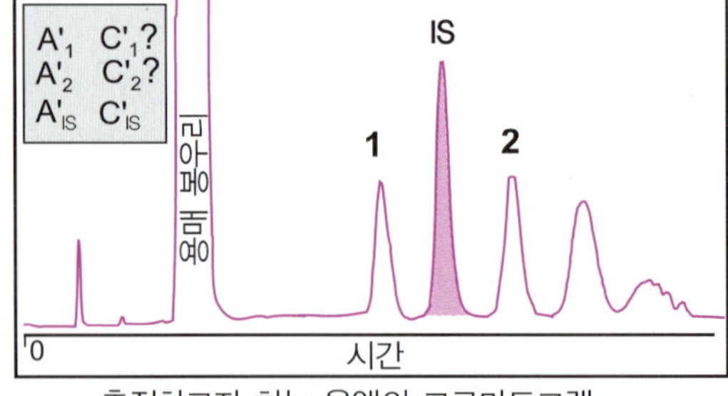

측정하고자 하는 용액의 크로마토그램

그림 1.13 내부 표준물 방법을 이용한 분석

따라서: $$\frac{m_1}{m_{IS}} = \frac{K_1 \cdot A_1}{K_{IS} \cdot A_{IS}} \quad \text{그리고} \quad \frac{m_2}{m_{IS}} = \frac{K_2 \cdot A_2}{K_{IS} \cdot A_{IS}}$$

위의 비를 이용하여 IS에 대한 1과 2의 상대 반응 인자 $K_{1/\mathrm{IS}}$와 $K_{2/\mathrm{IS}}$를 구할 수 있다.

$$K_{1/IS} = \frac{K_1}{K_{IS}} = \frac{m_1 \cdot A_{IS}}{m_{IS} \cdot A_1} \quad \text{그리고} \quad K_{2/IS} = \frac{K_2}{K_{IS}} = \frac{m_2 \cdot A_{IS}}{m_{IS} \cdot A_2}$$

주입된 질량 m_i는 질량 농도 $C_i(m_i = C_i V)$에 비례하므로, 위 식은 다음과 같이 변형해서 쓸 수 있다.

$$K_{1/IS} = \frac{C_1 \cdot A_{IS}}{C_{IS} \cdot A_1} \quad \text{그리고} \quad K_{2/IS} = \frac{C_2 \cdot A_{IS}}{C_{IS} \cdot A_2}$$

1.16.2 시료의 크로마토그램 – 농도 계산

내부 표준물 방법의 두 번째 단계는 시료와 내부 표준물 IS을 포함하는 용액을 준비하여 크로마토그램을 얻는 것인데, 이 용액은 정량 분석하고자 하는 시료를 포함하고 있으며 알고 있는 양의 내부 표준물 IS이 첨가된 용액으로 이 용액의 일정 부피를 주입하여 크로마토그램을 얻는다. 위와 동일한 작동 조건에서 새로운 크로마토그램을 얻게 되고 이때 각각의 면적은 A'_1, A'_2, A'_{IS}이다. 주입된 1, 2, IS의 양을 각각 m'_1, m'_2, m'_{IS}이라고 하면, 다음 식을 얻을 수 있다.

$$\frac{m'_1}{m'_{IS}} = K_{1/IS}\frac{A'_1}{A'_{IS}} \quad \text{그리고} \quad \frac{m'_2}{m'_{IS}} = K_{2/IS}\frac{A'_2}{A'_{IS}}$$

첫 번째 실험과 시료 속에 존재하는 내부 표준물의 농도 C'_{IS}로부터 다음 식을 얻을 수 있다.

$$C'_1 = C'_{IS} K_{1/IS}\frac{A'_1}{A'_{IS}} \quad \text{그리고} \quad C'_2 = C'_{IS} K_{2/IS}\frac{A'_2}{A'_{IS}}$$

만약 n개의 화합물이 존재한다고 가정하면, 식 1.44를 이용하면 용질 i의 질량 농도를 쉽게 계산할 수 있다.

$$C'_i = C'_{IS} K_{i/IS}\frac{A'_i}{A'_{IS}} \tag{1.44}$$

더불어, i의 백분율 농도는 식 1.45를 이용하여 표현될 수 있다.

$$x_i\,\% = \frac{C'_i}{\text{주입한 시료의 질량}} \times 100 \tag{1.45}$$

이 방법은 여러 가지 표준 용액 또는 시료 용액을 주입하면 더욱 정확해진다. 결론적으로, 이 일반적이고 재현 가능한 방법은 내부 표준물의 적절한 선택을 요구하며, 그 특성은 다음과 같이 요약될 수 있다.

- 안정적이고 순수하며 초기 시료 속에 존재하지 않을 것
- 크로마토그램에서 측정할 수 있는 잘 분리된 봉우리를 나타낼 것
- 정량 분석하고자 하는 용질의 머무름 시간과 유사할 것
- 농도가 분석물의 농도와 유사하거나 커서 검출기의 선형 반응 범위에 포함될 것
- 시료 속의 화합물들과의 반응성이 없을 것

이 방법의 장점은 주입에 완벽한 재현성이 필요하지 않다는 것이고 이 때문에 자동 주입 장치가 장착되어 있지 않은 경우 수동 주입이 가능하다. 단, 내부 표준물을 선택해야 하기 때문에 분석 개발 시간이 연장되는 단점이 있다. 그러나 완벽한 분해능이 필요하지 않은 질량 분석기를 사용하면, 내부 표준물과 정량 분석하고자 하는 용질이 함께 용출되더라도, 혼합물의 질량 스펙트럼에서 두 화합물로부터 유래되는 피크들을 구분할 수만 있다면 정량 분석이 가능하다.

1.17 내부 정규화 방법

백분율 정규화 방법이라고도 불리는 내부 정규화 방법(internal normalization method)은 크로마토그램에서 혼합물을 구성하는 모든 화학종의 봉우리들이 잘 분리되어 확인될 때 적용할 수 있다. 본 방법은 내부 표준물 방법처럼 상대 반응 인자를 이용한다. 본 방법의 가장 큰 차이는 상대 반응 인자를 계산하기 위해 첨가되어 사용되었던 물질이 정량화할 혼합물 속에 포함된 물질이라는 것이다.

혼합물 속 세 화합물 1, 2, 3의 질량 농도를 알아내고자 한다고 가정하자(그림 1.14). 분석은 마찬가지로 두 단계로 진행된다.

1.17.1 상대 반응 인자의 계산

농도가 C_1, C_2, C_3인 3개의 화합물 **1**, **2**, **3**을 포함하고 있는 표준 용액을 준비한다. 이 표준 용액을 V 부피만큼 주입하여 얻어진 크로마토그램은 세 개 봉우리를 나타내고 각각의 면적

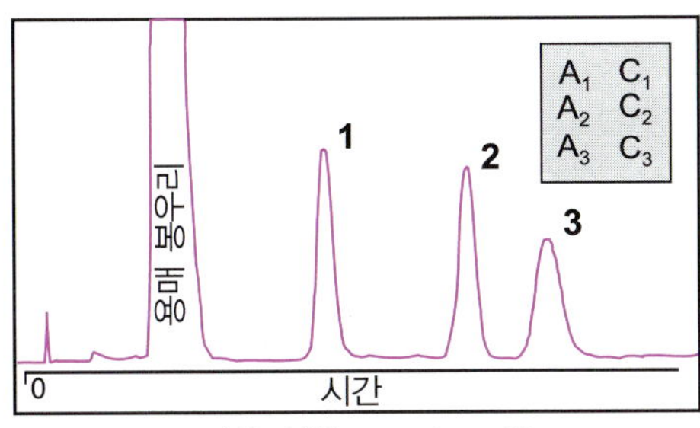

보정을 위한 크로마토그램

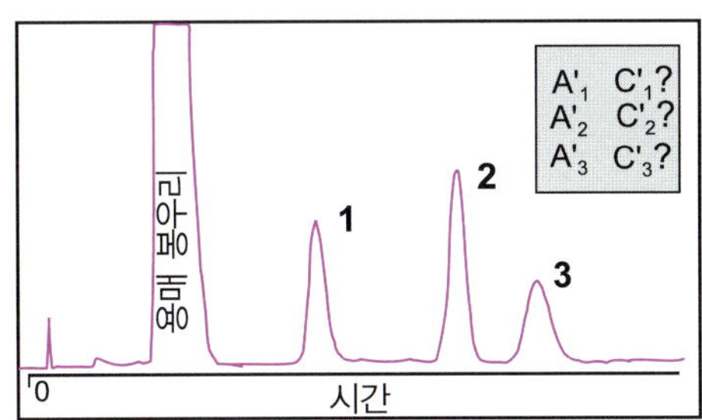

측정하고자 하는 용액의 크로마토그램

그림 1.14 내부 정규화 방법을 이용한 분석

은 A_1, A_2, A_3이다. 이 면적은 칼럼에 주입된 세 화합물의 질량 m_1, m_2, m_3과 연관이 있으며, 식 1.42 형태의 식 3개로 표현할 수 있다.

화합물 중의 하나인 3을 내부 정규화를 위해서 선택해 보자. 화합물 3을 이용하여 화합물 3에 대한 화합물 1과 2의 상대 반응 인자 $K_{1/3}$과 $K_{2/3}$를 계산할 수 있다. 위에서 유도한 것 같이 다음을 얻을 수 있다.

$$K_{1/3} = \frac{K_1}{K_3} = \frac{m_1 \cdot A_3}{m_3 \cdot A_1} \quad \text{그리고} \quad K_{2/3} = \frac{K_2}{K_3} = \frac{m_2 \cdot A_3}{m_3 \cdot A_2}$$

$m_i = C_i \cdot V$이므로, $K_{1/3}$과 $K_{2/3}$에 대한 다음 식이 얻어진다.

$$K_{1/3} = \frac{C_1 \cdot A_3}{C_3 \cdot A_1} \quad \text{그리고} \quad K_{2/3} = \frac{C_2 \cdot A_3}{C_3 \cdot A_2}$$

1.17.2 시료의 크로마토그램 – 농도의 계산

다음 단계는 측정하고자 하는 화합물 **1**, **2**, **3**을 포함하는 혼합물을 주입하는 것이다. 관찰되는 봉우리의 면적을 A'_1, A'_2, A'_3이라고 지정하면 x_1, x_2, x_3로 표현되는 혼합물의 백분율 질량 조성을 다음의 세 개 식을 이용하여 얻을 수 있다.

$$x_i\ \% = \frac{K_{i/3} \cdot A'_i}{K_{1/3} \cdot A'_1 + K_{2/3} \cdot A'_2 + A'_3} \times 100 \quad (i = 1 \text{ 또는 } 2 \text{ 또는 } 3\text{에서})$$

정규화 조건은 $x_1 + x_2 + x_3 = 100$이다.

화합물 j(내부 기준물)에 대하여 정규화된 n개의 화합물에 대하여 위의 과정이 확대된다고 하면, 주어진 화합물 i에 대한 반응 인자의 일반적인 표현식은 다음과 같다.

$$K_{i/j} = \frac{C_i \cdot A_j}{C_j \cdot A_i} \tag{1.46}$$

각각의 용질에 대하여 농도-반응 곡선을 도식하여 $K_{i/j}$를 결정하는 것도 가능하다.

n개의 용질을 포함하는 혼합물의 경우, A'_i가 화합물 i 봉우리의 면적을 나타내고 내부 표준물이 j라고 하면, 화합물 i는 다음식을 만족시킬 것이다.

$$x_i\,\% = \frac{K_{i/j} \cdot A'_i}{\sum_{i=1}^{n} K_{i/j} \cdot A'_i} \times 100 \tag{1.47}$$

이 방법은 화학 반응의 진행 속도를 모니터링하고 동시에 변환 속도를 확인하는 데 적합한 방법이다.

이 장의 요점

1. 크로마토그래피는 분리 방법이자 분석 방법이다. 이것은 화학종을 분리, 정제, 식별하고, 정량화하기 위해 지속적으로 혁신되고 있는 매우 신뢰할 수 있는 방법이다.
2. 크로마토그래피는 다양한 매개변수와 상호 작용에 따라 두 개의 섞이지 않는 상인 **정지상(stationary phase)**과 **이동상(mobile phase)** 사이에서 화학 물질들이 나타내는 흡착 또는 분배를 기반으로 한다.
3. 크로마토그래피에는 매우 다양한 종류가 존재하는데, 사용되는 과정, 정지상 및 이동상의 성질, 물리화학적 평형, 물리적 상태 등으로 구분하고, 또한 선택된 기준에 따라 다양한 분류가 가능하다.
4. 각 화합물에 대해 정지상과 이동상 사이에 존재하는 농도의 함수인 분배 인자 $K = C_S/C_M$를 지정할 수 있다. 각 유형의 크로마토그래피에는 열역학적 관계가 적용된다. (상수가 아닌) K로부터, 관심을 두는 분리의 ΔH, ΔS, ΔG 등을 계산할 수 있다.
5. 어떤 크로마토그래피 분석에도 항상 존재하는 문서인 **크로마토그램(chromatogram)** 혹은 용출 곡선은 시간의 경과에 따른 농도의 도형 기록을 나타낸다. 이것은 분석된 시료와 진행 중인 분리 품질에 대한 정보를 제공한다.
6. 이상적인 상황은 하나의 봉우리 = 하나의 화합물이다. 칼럼 출구에서는 이상적인 피크를 Gauss 피크(따라서 매개변수 σ, δ, ω)로 간주하지만 현실은 다를 수 있다. 이상적인 크로마토그램은 봉우리들이 서로 겹치지 않으며 최소한 어느 정도 간격을 두고 존재한다. 봉우리만으로는 화합물의 절대적인 식별을 할 수 없다.
7. **효율(efficiency)**, **머무름(retention)**, **분리(separation)**, **분해능(resolution)** 등과 같은 여러 매개변수를 사용하여 각 분리의 특성을 더욱 잘 파악할 수 있다. 이동상의 유속은 효율에 영향을 미친다. 이 장에서 보고되지 않은 많은 실험적 수식은 기울기를 갖는 용출 동안 분석물의 행동을 수학적으로 정의하기 위해 제공되고 있다.

8. 정지상에 대한 이동상의 진행 속도는 분리 품질에 필수적인 영향을 미친다. Van Deemter 식으로 알려진 세 개의 독립 항을 이용하여 만들어진 쌍곡선 함수는 HETP가 최솟값이 되는 최적의 선형 속도가 존재함을 보여준다.
9. Van Deemter 식은 초기에는 GC에 대해서 확립되었고, 나중에는 HPLC에 적용되었는데, 이 식에서 사용되는 세 개 항은 우선 경로(난류 확산), 세로 확산, 질량 이동 저항을 의미한다.
10. 크로마토그래피를 이용한 분석물의 정량화는 주입된 분석물 양과 크로마토그램의 해당 봉우리 면적의 관계에 기초한다. 분석물의 정량화를 위한 방법으로는 외부 표준물 방법, 내부 표준물 방법, 내부 정규화 방법 등 세 가지 방법이 있다. 첫 번째 방법이 단연코 많은 수의 분석을 처리할 때 가장 빠르기 때문에 가장 많이 사용된다. 회전식 시료 홀더와 자동 주입 장치를 이용하여 얻어진 크로마토그램은 이 방법을 매우 신뢰할 수 있게 한다.

문제

1. 주어진 용질에 대하여 분석 시간(가장 오랫동안 머무는 화합물의 머무름 시간과 같다고 가정)이 칼럼 길이 L, 이동상의 평균 선형 속도 $\bar{u}$, 정지상과 이동상의 부피 V_S와 V_M에 의존함을 보이시오.
2. 머무름 부피가 각각 6 mL과 7 mL인 두 화합물 1과 2 사이의 분리 인자(선택 인자)를 계산하시오. 사용된 칼럼의 불감 부피는 1 mL이다. 이 인자는 이들 화합물의 분포 계수의 비 K_2/K_1와 같다는 것을 보이시오(단, $t_{R(1)} < t_{R(2)}$).
3. 식 (2)는 때때로 N_{eff}를 계산하기 위해 이용된다. 이 식이 보다 더 고전적인 식 (1)과 같다는 것을 보이시오.

$$N_{\text{eff}} = 5.54\,\frac{(t_R - t_M)^2}{\delta^2} \quad (1) \qquad\qquad N_{\text{eff}} = N\,\frac{k^2}{(1+k^2)} \quad (2)$$

4. 용출 봉우리가 인접해 있는 두 용질 1과 2의 분해능 인자 R은 때때로 식 (1)로 표현된다.

$$R = 2\frac{t_{R(2)} - t_{R(1)}}{\omega_1 + \omega_2} \tag{1}$$

$$R = \frac{1}{4}\sqrt{N_2}\,\frac{\alpha - 1}{\alpha}\,\frac{k_2}{1+k_2} \tag{2}$$

   a. 만일 두 인접한 봉우리가 바탕선에서 같은 너비를 갖는다면($\omega_1 = \omega_2$), 분해능을 나타내는 식 (2)와 (1)이 서로 같아짐을 보이시오.
   b. 유효 단수를 나타내는 N_{eff}는 주어진 분해능 R과 분리 인자 α의 함수로 계산될 수 있다. 이들의 관계식을 유도하시오.

$$N_{\text{eff}} = 16\,R^2\,\frac{\alpha^2}{(\alpha-1)^2}$$

5. 만일 두 인접한 화합물 1과 2의 이론단수 N이 같다면, 아래에 있는 분해능에 대한 고전적인 표현은 다음과 같음을 보이시오.

$$R = \frac{\sqrt{N}}{2} \frac{k_2 - k_1}{k_1 + k_2 + 2} \tag{1}$$

다음으로, 만일 $\bar{k} = \frac{k_1 + k_2}{2}$라면, (1)과 (2)는 서로 같은 식임을 보이시오.

$$R = \frac{1}{2} \sqrt{N} \frac{\alpha - 1}{\alpha + 1} \frac{\bar{k}}{1 + \bar{k}} \tag{2}$$

6. 초고속 HPLC에 사용되는 어떤 C-18 칼럼의 특징이 제조사에 의해서 다음과 같이 제공되었다.
길이: 50 mm, 지름: 2 mm, 입자 직경: 2 μm,
이 칼럼을 이용한 시험 분석 크로마토그램은 2분 내에 잘 분리된 6개의 봉우리를 나타내었다.

용질 번호	0	1	2	3	4	5
t_R (min)	0.21	0.31	0.42	0.76	1.14	1.58

크로마토그래피 보고서에 다음과 같은 정보가 발견되었다.
용질 5번에 대하여, $N = 106{,}000$ 개/미터, 10% 높이에서 비대칭성 $A = 1.07$.
비대칭 봉우리에 대해서 이론단수 N은 다음 식으로 계산될 수 있음을 기억하시오.

$$N = 41.7\left(\frac{t_R}{\omega_{0.1}}\right)^2 \Big/ \left(\frac{a}{b} + 1.25\right) \quad \text{그리고} \quad A = \frac{a+b}{2a}$$

a. 5번 봉우리에 대해서 10% 높이(바탕선으로부터)에서 계산된 폭 $\omega_{0.1}$와 a, b 값을 계산하시오.

b. 0번 봉우리가 머무르지 않는 용질에 해당한다고 할 때, 용질 4, 5에 대해 머무름 인자 k_4와 k_5, 분리 인자 α, 두 봉우리 사이의 분리능 R를 계산하시오. 여기서, 두 용질은 동일한 N 값을 갖는다고 가정하시오.

c. 칼럼의 상 비율은 다음과 같이 표현된다고 한다.

$$\beta = 0.6 \frac{SA}{\text{SV} + 0.45}$$

여기서, SA는 칼럼이 포함하는 물질의 면적이고, SV는 동공(pore)의 고유 부피일 때, $SA = 330\ \text{m}^2 \cdot \text{g}^{-1}$이고, $SV = 1\ \text{mL g}^{-1}$인 경우 (여기서, 단위는 β를 나타내는 관계식에 직접적인 적용이 적합한 단위임), 상 비율을 계산하시오.

참고. 위 식에서 0.6은 칼럼이 실리카에 의해 충전된 비율에 해당하며, 0.45는 1그램 실리카에 포함된 실리카의 부피에 해당한다.

d. 상 비율을 안다면, 용질 4와 5에 대하여 Nernst 분포 인자를 계산하시오. 이 두 값들은 얻어지는 용출 순서와 연관이 있는가?

7. 내부 표준물 방법을 이용하여, 네 가지 뷰틸산 에스터로 이루어진 시료의 질량 조성을 결정하고자 한다. 네 가지 뷰틸산 에스터를 포함하고 있는 기준 용액에서 뷰틸 에스터(BE)에 대한 메틸 에스터(ME), 에틸 에스터(EE), 프로필 에스터(PE)의 상대 반응 인자는 다음과 같다.

$$k_{ME/BE} = 0.919;\ k_{EE/BE} = 0.913;\ k_{PE/BE} = 1.06$$

분석하고자 하는 시료의 크로마토그램으로부터 얻어진 다음과 같은 정보를 이용하여 이 혼합물의 질량 조성을 결정하시오.

봉우리 번호	t_R	화합물	면적(임의 단위)
1	2.54	ME	2,340.1
2	3.47	EE	2,359.0
3	5.57	PE	4,077.3
4	7.34	BE	4,320.7

8. 내부 표준물 방법을 이용하여 세로토닌 *S*(serotonin *S*)(5-하이드로드록시트립타민)를 분석하려고 한다. 분석하기 위해 용액 1 mL를 취하고, 여기에 3 ng *N*-메틸세로토닌(*N*-methylserotonin, NMS)을 포함하고 있는 용액 1 mL를 첨가하였다. 그리고, 이 용액 속에 포함된 다른 불순물을 모두 제거하였다. 고체상 추출법을 이용하여 세로토닌과 메틸세로토닌을 분리해 내고, 적절한 용액으로 묽혔다.

a. 추출하기 전에 내부 표준물을 첨가한 이유는 무엇인가?

b. 검정 크로마토그램이 다음과 같은 결과를 나타낼 때, *N*-메틸세로토닌에 대한 세로토닌의 반응인자를 계산하시오.

– 세로토닌 면적 30,885,982 μV · s 주입 양: 5 ng

– *N*-메틸세로토닌 면적 30,956,727 μV · s 주입 양: 5 ng

시료 용액의 크로마토그램을 근거로 하여, 초기 용액 속에 포함된 세로토닌의 농도를 구하시오. 단, 시료 용액이 나타내는 세로토닌의 면적은 2,573,832 μV · s이고, *N*-메틸세로토닌의 면적은 1,719,818 μV · s이었다.

2장 기체 크로마토그래피

서론

기체 크로마토그래피(GC)는, 가열했을 때 분해되지 않고 증기 상태로 전환될 수 있는 화합물을 분리하는 데 사용된다. 이를 위해 분석 물질은 기체인 이동상과 접촉하여 때때로 고온이 된다. 칼럼에 갇혀 있는 정지상의 경우에도 마찬가지이다. GC는 다양한 검출 방법과 결합하여 사용되는데, 특히 질량 분석법과 결합할 경우, 쉽게 분석물을 식별할 수도 있다. 이 다재다능하고 감도가 높은 기술은 분석 조건을 빠르게 최적화하는 것으로 알려졌으며, 고속 크로마토그래피 혹은 다차원 크로마토그래피와 같은 현재 개발된 분석 기술과 결합되어 휘발성 화합물 연구에 매우 매력적이고 대체할 수 없는 기술이 되었다.

학습목표

- **소개** GC 장치
- **선택** 이동상
- **선택** 칼럼
- **비교** 정지상
- **지식** 주입 방법
- **나열** 주요 검출기
- **최적화** 분리
- **검토** 마이크로 GC와 고속 GC
- **설명** 머무름 인자와 정지상 상수

2.1 GC 설치의 구성 요소

기체 크로마토그래피 장비는 한 구조체 안에 주입기, 칼럼, 검출기의 세 가지 요소로 구성되어 있다. 검출기에는 고온에 도달할 수 있는 온도 조절 장치도 포함되어 있다(그림 2.1). 칼럼을 통과하며 분석 물질을 옮겨주는 이동상을 **운반 기체(carrier gas)**라고 한다. 정밀하게 조정되는 운반 기체의 흐름은 재현성 있는 머무름 시간을 제공한다.

소량의 시료가 액체나 기체 상태로 주입기에 도입되면서 분석이 시작되며, 주입기는 시료를 기화시키고, 칼럼의 머리 부분에서 운반 기체와 혼합시켜 주는 두 가지 기능을 한다. 칼럼은 보통 구멍이 좁게 난 관으로, 정지상을 내부에 포함하고 있으며 길이는 경우에 따라 1 m에서 100 m 이상으로 다양하다. 수천 개의 연속되는 주입이 시행되는 칼럼은 자동으로 온도가 조절되는 오븐 안에 위치한다. 칼럼의 끝에서 이동상(운반 기체)이 대기로 나가기 전에 검출기를 통과한다. 일부 소형화된 모델의 기체 크로마토그래피 장비는 자체 전원공급장치가 있어서 현장에서 별도의 전원 공급 없이 작동할 수도 있다(그림 2.1).

GC에는 정지상에 대한 4가지 매개변수가 있다. 칼럼의 길이 L, 이동상의 속도(이론상의 효율 N에 영향을 미침) u, 칼럼의 온도 T, 그리고 상의 비율 β(머무름 인자 k에 영향을 미침). 크로마토그래피 실험의 조건인 T와 u를 변경시키면 칼럼의 효율과 머무름 인자 모두 영향을 받는다.

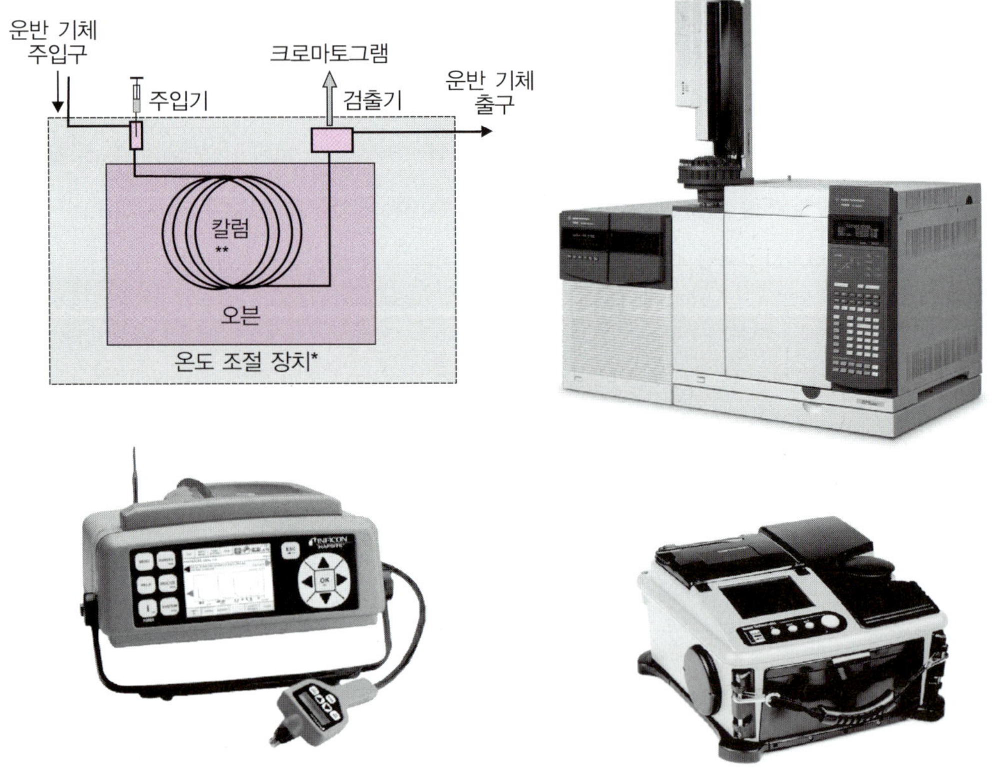

그림 2.1 기체 크로마토그래피의 작동 모식도와 실제 사용 다목적 분석 크로마토그래피 장비(Agilent Technologies사의 모델 7000C). 소개된 기기에는 회전식 시료 홀더, 주입기, 자동 시료 채취기 및 질량 분석기(GC–MS) 시스템이 장착되어 있다. 나머지 두 장치는 현장 분석(휘발성 유기 화합물, 독성 산업 물질)을 위한 휴대용 모델(5~15kg)이다. 왼쪽은 Inficon사의 Hapsiteer이고 오른쪽은 Torion Technologies사의 Tridion 9이다.

2.2 운반 기체와 흐름 조절

이동상은 기체(헬륨, 수소, 질소)이다. 이들 기체는 시판되는 기체 실린더에서 얻거나 수소와 질소의 경우는 순도 높은 기체를 발생시키는 발생기로부터 얻는다(H_2의 경우는 물의 전기 분해를 통해서 얻고, N_2의 경우는 공기로부터 분리해서 얻는다). 운반 기체는 극성 정지상을 오염시키지 말아야 하고, 검출기의 감도를 저하시키는 수증기, 산소 등이 전혀 포함되어 있지 않아야 하므로 주입기 전에 건조제와 환원제를 포함하는 이중 필터가 설치된다.

운반 기체는 용질과의 상호작용이 거의 완전히 없으므로 이동상과 정지상 사이에서의 화합물의 분포 계수 K 값에 큰 영향을 주지 않는다. 반면에 운반 기체의 점도와 흐름 속도는 칼럼 도입부에서의 유속 및 압력과 연관이 있으며, 정지상에서 분석 물질의 분산과 이동상에서 분석 물질의 확산에 영향을 미친다(1.10절 Van Deemter의 방정식 참조). 이 두 인자는 칼럼 효율에 영향을 미치는 것이다(그림 2.2).

칼럼 머리 부분의 압력(수십에서 수백 kPa)은 흐름 속도가 최적의 상태로 일정하게 유지될 수 있도록 **전기적 압력 조절기(electronic pressure control, EPC)**를 이용하여 안정화되어 최적의 유속에서 일정하게 유지된다. 온도 프로그래밍을 이용하여 온도를 증가시키면서 분석이 실행되면 정지상의 점도와 칼럼에서의 압력 손실이 온도와 함께 증가하기 때문에 EPC 장치는 필요하다. 압력을 조절하여, 일정하고 최적화된 이동상의 속도를 유지할 수 있다. 이를 통하여 효율이 동일하면서도 빠른 분석을 수행할 수 있다.

세 개의 Van Deemeter 곡선을 비교한 결과, 다양한 선형 속도에서 최적의 효율을 나타내

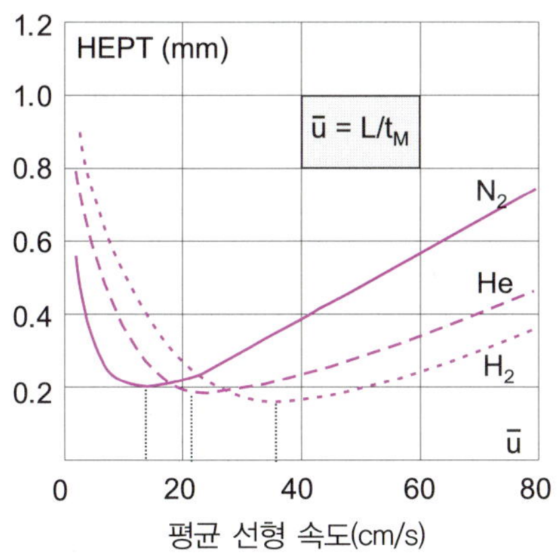

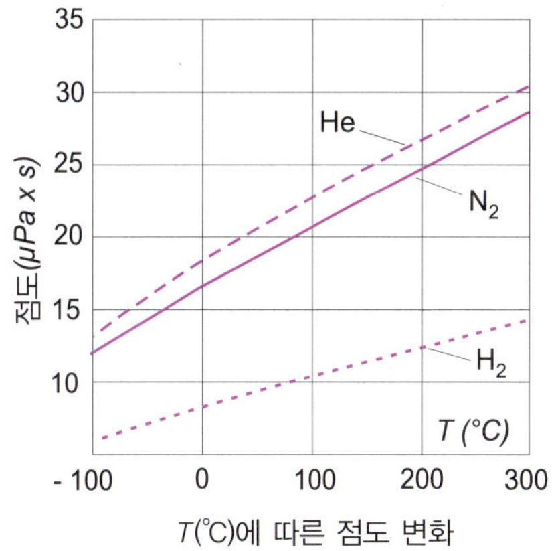

그림 2.2 운반 기체 종류와 선형 속도에 따른 효율 변화 동일 화합물에 대한 이동 기체의 HEPT와 선형 속도의 관계를 나타내는 Van Deemter 곡선 및 이 세 가지 기체의 점도 비교. 점도는 온도에 따라 증가한다는 점에 유의하라.

는 최소의 HETP가 관찰되었다. 최적의 유속은 질소가 가장 느린 유속을 나타냈고, 헬륨이 그다음이었으며, 수소가 가장 빠른 유속을 나타내었다. 이는 수소 기체를 이용하면 분석 시간이 단축된다는 것을 의미한다. 또한 수소의 경우, 최저점 이후에 곡선의 성장은 다른 두 기체에 비해 빠르지 않기 때문에 칼럼의 효율에 영향을 미치지 않고 운반 기체의 속도를 선택할 수 있는 더 많은 자유가 주어진다(그림 2.2). 온도 T에 대한 이 세 개 기체들의 점도를 나타내는 세 곡선은 수소가 다른 두 개의 운반 기체보다 낮은 점도를 가지고 있음을 보여준다. 점도가 낮다는 것은 압력 강하가 낮고 칼럼 수명이 연장된다는 것을 의미한다.

2.3 시료 주입부

2.3.1 시료 주입

액체 혹은 고체 상태의 분석 시료가 그 자체로 크로마토그래피 장비에 도입되는 경우는 없으며, 고도로 희석된 용액 상태로 도입된다. 우리는 미세주사기(또는 루프 인젝터) 혹은 휘발성 화합물용 **헤드스페이스(headspace)** 샘플러와 같은 장치를 사용하여 시료를 농축시키고 크로마토그래피 장비에 도입한다.

미세주사기와 격막

가장 일반적인 주입 방법은 매우 적은 양(1 μL 혹은 그 이하)의 시료 용액을 미세주사기(그림 2.3)를 이용하여 주입하는 것으로 미세주사기를 주입부를 밀봉하는 **격막(septum)**을 통과

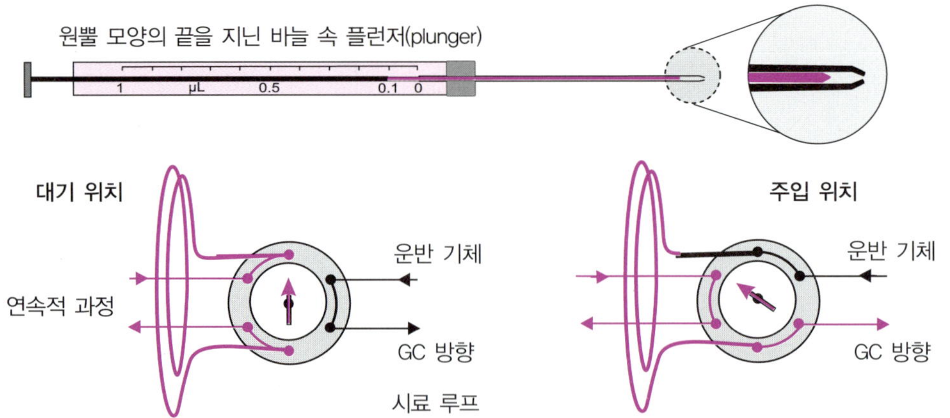

그림 2.3 **GC용 미세주사기와 연속 과정에 설치된 시료 주입 루프** 이 예시를 위해 선택된 모델은 원뿔 모양을 갖고 있어서 격막 또는 자동 시료 주입기에 적합하다. 이 모델에서, 피스톤은 바늘 안으로 들어가서 전체 시료를 전달하고 무용 부피(dead volume)을 방지한다. 그림 아래는 기체 또는 액체를 주입을 위한 시료 주입 루프의 예를 보여주고 있다(그림 3.5 참조).

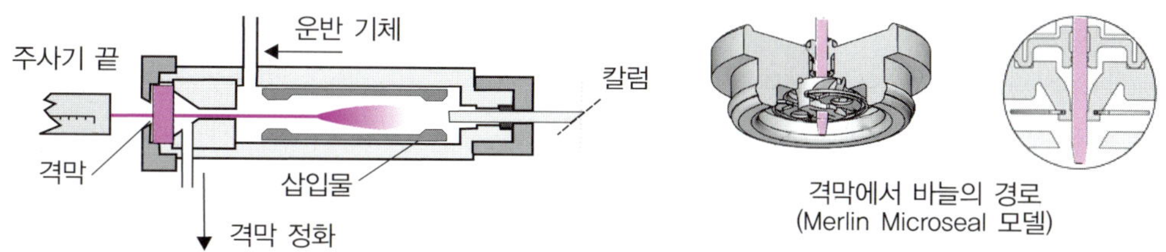

그림 2.4 충전 칼럼을 위한 직접 기화 주입구 전형적인 격막은 탄성 중합체 디스크이지만 더 많은 정교한 것들도 있으며, 수천 번을 사용할 수도 있다. (출처: Courtesy of Agilent Technologies.)

시켜서 주입하는 것이다. 매우 정교한 다양한 격막이 개발되어(그림 2.4), 대부분의 현재 기기의 자동 시료 주입기의 필수 부분이 되었다(그림 2.1).

회전 시료 홀더가 있는 자동 시료 주입기를 **자동샘플러(autosampler)**라고 한다. 그중 일부를 사용하여 주입 방법(액체, 헤드스페이스, SPME(21장 참조))을 선택할 수 있으며, 필요한 경우 짧은 시료 준비 단계(희석, 내부 표준물 첨가, 유도체화 등)를 사전에 수행할 수 있다. 이러한 장치는 크로마토그램을 완성하고 결과를 개선하며 분석 시간을 단축한다. 이것들은 환경 분석(PAHs, 마이코톡신, 살충제 등의 확인)에서 다중 분석 방법에 필수적으로 사용되고 있다.

> 만약에 시료가 검출하기에 매우 적거나(검출 한계) 혹은 정량 분석하기에 매우 소량만 존재한다면(정량 한계), 우리는 농축의 단계를 거쳐야 한다. 이를 위해서 고체상 미세 추출법(solid phase micro-extraction, SPME) 혹은 교반 막대 흡착 추출(stir bar sorptive extraction, SBSE) 등의 방법을 이용한다. 이러한 방식을 위해서는 분석물이 고체상에 흡착된 후, 주입기에서 가열되면 탈착되는 현상을 이용한다(제21장 참조).

시료 주입 루프

공정 제어와 같은 일부 용도에서는 루프를 포함하는 기체 혹은 액체용 주입기를 사용하기도 한다. 이 주입기의 경우 밸브가 회전하고 소량의 부피를 주입할 준비가 되어 있다(그림 2.3). 액체 크로마토그래피에서도 동일한 원리를 발견할 수 있다(3.3절 참조).

2.3.2 주입기

주입기는 크로마토그래피 장비에 시료를 주입하는 관문이다. 주입기는 두 가지 역할을 하는데 하나는 시료를 기화시키는 것이고 나머지는 기화된 시료를 운반 기체와 혼합하여 칼럼 머리 부분으로 옮기는 것이다. 주입 방식과 속도에 따라 분석의 품질이 결정된다.

주입기의 특성은 주입 방식뿐만 아니라 칼럼의 형태에 따라 다르다. 역사적으로 첫 번째 주입기는 **직접 기화(direct vaporization)** 방법으로, 충전 칼럼 혹은 거대직경(macrobore) 칼럼에 사용되었던 것이며 운반 기체의 유속이 최소 6~7 mL/min인 경우에 사용되었다. 이런 종류의 모델은 유리 슬리브(**삽입물(insert)**이라 불림)를 갖는 금속관으로 이루어지며, 운반 기체에 의해 휩쓸려 시료의 휘발성이 가장 낮은 용액도 증기 상태로 전환될 수 있도록 충분한 온도로 가열된다. 시료는 주입기 입구(그림 2.4)에 격막을 뚫는 미세주사기로 도입된다. 가열된 반대쪽 끝은 칼럼에 직접 연결되어 있다. 시료가 모두 주입되었을 때 바로 휘발되고, 운반 기체와 섞여서 칼럼 내로 완전히 들어간다.

분할/비분할 주입기

모세관 칼럼(capillary column)은 아주 적은 양의 시료만 다룰 수 있어, 미세주사기로 주입 가능한 가장 적은 부피(0.1 μL)로도 칼럼을 포화시킬 수 있다. 따라서, 흐름을 분할하는 방식과 분할하지 않는(**분할** 또는 **비분할**) 두 가지 방식이 사용되어 주입된 전체 시료량 중에서 일부만을 칼럼으로 보내도록 한다.

분할 방식(split mode)에서는 운반 기체의 흐름(약 100 mL/min)이 기화 챔버(vaporization chamber)에 도착하여 주입된 시료와 혼합된다(그림 2.5). 배출 밸브가 이 흐름을 2개로 나누는데, 도입된 대부분의 시료는 주입기에서 밖으로 배출된다. 그리고, **분할 비율(split ratio)**(20에서 500 사이)에 해당하는 작은 부분의 시료량만큼이 칼럼 내로 도입된다.

$$\text{분할 비율} = (\text{분할 배출구 흐름 속도})/(\text{칼럼 흐름 속도})$$

비분할 방식(splitless mode)은 매우 묽은 시료에 대하여 사용한다. 미세주사기 속의 내용물은 배출 밸브 2(그림 2.5)가 닫힌 상태에서 매우 느리게 0.5분에서 1분 동안 주입되어, 용매와 함께 기화된 화합물이 칼럼의 머리 부분 10 cm 내에서 농축되도록 한다. 이때 칼럼의 온도는 용매의 끓는점보다 낮게 설정한다. 밸브 2를 개방하면 주입부로부터 과량으로 존재하는 시료를 제거한다. 용매는 칼럼과 크로마토그램에서 다른 화합물보다 앞서서 나타난다. 두 주입 방식 모두, 매개변수(유속과 압력)는 소프트웨어에 의해 조절되며, 소프트웨어는 주입 단계 후 분할 비율을 감소시키는 **'가스 세이버(gas saver)'** 기능을 가지고 있다.

분할 주입기는 서로 다른 휘발성을 지닌 화합물들을 차별하기 때문에, 혼합물의 구성을 잘못 평가할 수 있다. 칼럼에 들어가는 성분의 조성비는 제거된 조성비와 같지 않다. 따라서 이는 정량 분석에서 문제가 있어서, 외부 표준물 방법이 권장되지 않는다.

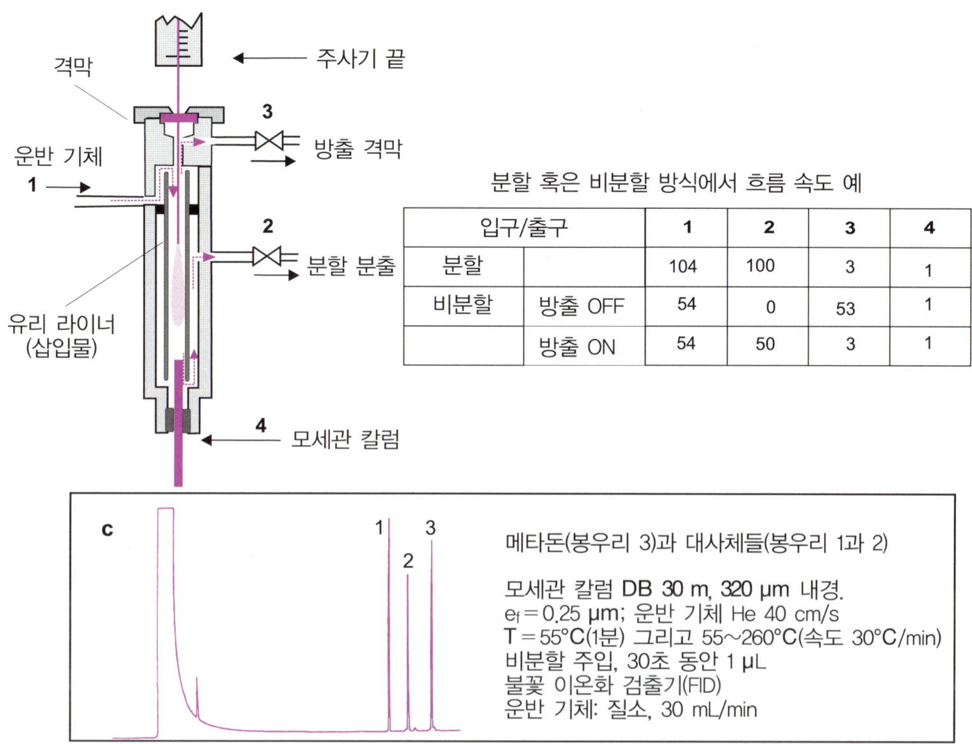

분할 혹은 비분할 방식에서 흐름 속도 예

입구/출구		1	2	3	4
분할		104	100	3	1
비분할	방출 OFF	54	0	53	1
	방출 ON	54	50	3	1

그림 2.5 **주입기** 왼쪽 위, 분할기가 설치된 주입함(2번 밸브가 분할을 조절). 아래, 비분할 방식에서 얻은 전형적인 크로마토그램. 용매 봉우리가 다른 화합물과 겹쳐 있으므로, 용매를 '검출되지 않게' 하는 선택적인 검출기 사용이 권장된다.

냉각 칼럼 내 주입

냉각 칼럼 내 주입(**cold on-column** 또는 **COC**)에서 시료는 직접 칼럼 안으로 주입된다. 주입된 후 시료는 증발한다. 시료를 칼럼에 주입하기 위해서 바늘의 지름(철 또는 실리카)이 0.15 mm에 불과한 미세주사기가 필요하다. 칼럼은 40°C로 냉각된 후 시료가 주입되고 다시 정상 작동 온도가 된다. 이 과정은 열적으로 불안정한 화합물에 대해서는 유용하지만 용매를 올바르게 제거하기는 어렵다. 이 기술은 휘발성이 다른 화합물 간에 차이가 별로 나지 않는 것으로 알려져 있다(그림 2.5). 주입기에는 오리 부리(duckbill) 모양의 격막이 있다. 본 기술은 열적으로 불안정한 화합물에는 유용하지만, 휘발성이 없는 화합물이 존재할 경우 칼럼이 오염될 수 있다는 문제점이 있다.

온도를 프로그램할 수 있는 기화 주입기

온도를 프로그램할 수 있는 기화 주입기(programmed temperature vaporizer, PTV)는 가장 보편적인 주입기로 간주된다. 이 주입기는 냉각 칼럼 내 주입 방식과 분할/비분할 주입 방

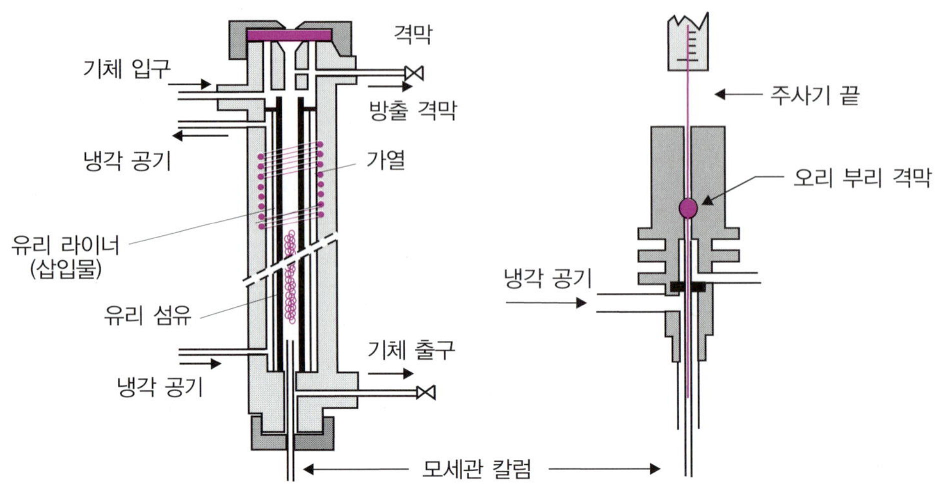

그림 2.6 PTV 주입기로 온도를 프로그램할 수 있고 냉각 칼럼 내 주입기가 설치됨 온도를 매우 빨리 조절하기 위하여 주입기는 가열 장치로 둘러싸여 가열되고 냉각 기체 순환하여 냉각된다.

식을 순차적으로 연속적으로 사용될 수 있다. 본 장치에서는 주입기 함의 온도를 수십 초 내에 20~300℃까지 기울기 변화를 나타낼 수 있도록 프로그램할 수 있다(그림 2.6). 따라서, 분할/비분할 주입기의 장점과 냉각 칼럼 내 주입기의 장점을 결합시킨 것이다. 본 장치의 장점은 다음과 같다.

- 주사기 바늘 때문에 생기는 차이 배제
- 표준형 주사기 사용 가능
- 낮은 끓는점을 갖는 화합물 혹은 용매 제거
- 큰 주입 부피

세 가지 주요 작동 방식은 분할 냉각 주입, 비분할 냉각 주입, 그리고 용매를 제거한 주입이다.

분할 냉각 주입(split cold injection): 시료가 냉각 기화 챔버에 주입된다. 그리고, 곧바로 배출 밸브가 열리고 주입기가 가열된다. 시료가 즉시 기화되지 않으면, 용매와 다른 화합물들은 끓는점 순으로 칼럼 내로 들어간다. 이러한 방법에 의해서 칼럼은 과부하가 걸리지 않는다.

비분할 냉각 주입(splitless cold injection): 이 방식은 미량 성분 분석에 사용된다. 배출 밸브는 주입하는 동안에 닫혀 있다. 차게 유지되어 있는 칼럼으로 시료를 옮기기 위해 주입기 함을 가열한다.

용매를 제거한 주입(Injection with elimination of solvent): 시료가 냉각 주입기로 들어간

후, 배출 밸브가 열린다. 배출 흐름 속도는 매우 높으며, 모든 용매를 제거하기 위해서 1000 mL/min까지 높여 주기도 한다. 휘발성이 낮은 화합물을 칼럼 내로 운반하기 위해 주입기는 가열되고, 배출 밸브는 닫힌다(비분할 방식). 이 방법은 한 번의 주입으로 50 μL 주입이 가능하고, 여러 번 주입할 때는 500 μL까지 시료 용액을 주입할 수 있다. 이 방법은 주입 전 시료의 사전 농축 과정을 제외할 수 있다.

열분해 후 주입(injection after pyrolysis). 용매에 용해되지 않는 고체 시료라 할지라도 GC를 이용하여 분석할 수 있다. 이 경우, 주입구 상단의 시료 온도를 **600℃**로 올려서 작은 분자로 열분해시키고, 분해된 작은 분자를 이용하여 원래 시료를 식별할 수 있다. 이와 관련된 주입기는 일반적으로 PTV 형식이다. 이 방법은 중합체, 페인트, 고무, 첨가제, 직물 등에 사용된다.

2.4 자동 온도 조절 오븐

기체 크로마토그래피 장비에서 칼럼은, 온도 조절 및 통풍이 가능한 공간에 위치해 있다. 칼럼은 골고루 가열되며, 필요 시 400℃ 이상까지 가열될 수 있다. 그 공간은 약한 열적 관성을 지니고 있어서 제어되고 빠른 온도 상승이 가능해야 한다(가능한 온도 상승 속도는 130~140℃/min이고, 안정성은 0.05℃이다). 액체 상태의 N_2나 CO_2를 주입하는 극저온 밸브를 설치해서 낮은 온도로 오븐을 조절할 수 있어야 한다. 이 밸브는 자동 주입 장치와 온도를 증가시키면서 작업할 때 필수적인데, 그 이유는 두 주입 사이의 온도 변화 주기가 몇 분 간격으로 반복되기 때문이다.

2.5 칼럼

GC에는 성능이 다른 두 가지 유형의 칼럼이 있다. 하나는 점진적으로 폐기되는 **충전 칼럼(packed column)**이고, 다른 하나는 지름이 매우 작은 **모세관(capillary)** 또는 **열린 관(open tube)** 칼럼이다(그림 2.7). 이들의 성능 수준은 다르다. 충전 칼럼의 경우 정지상은 다공성 지지체 안에 침투시키거나 공유 결합으로 붙여서 고정화된다. 모세관 칼럼의 경우 정지상의 얇은 층이 칼럼 내부 표면에 증착되거나 접목된다.

2.5.1 충전 칼럼

오늘날 흔히 사용되지 않는 이 칼럼의 지름은 1/8 또는 1/4인치(3.18과 6.35 mm)이며, 길

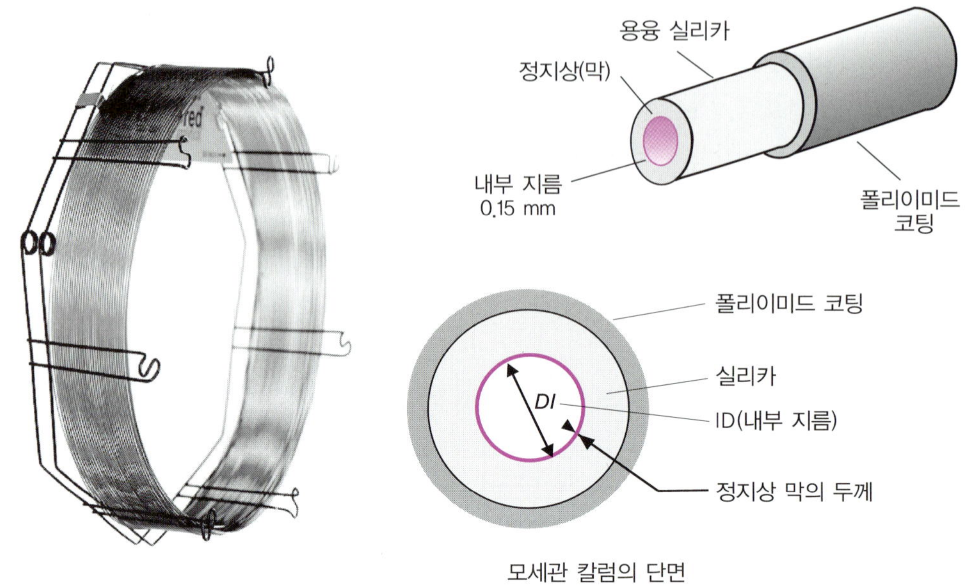

그림 2.7 **모세관 칼럼** 금속 지지체 주위를 감은 50 m 길이의 상용 모세관 칼럼과 확대 그림. 위의 척도에 의하면 정지상의 두께가 거의 보이지 않는다.

이는 1~3 m이다. 강철로 만들어졌고, 관의 내벽은 시료와의 촉매 작용을 피하도록 처리되어 있다. 운반 기체의 흐름 속도는 10~40 mL/min이다.

- 기체-액체 크로마토그래피에서의 칼럼은 비활성 다공성 지지체 위에 정지상을 침투시키거나 접목시킨다. 사용 목적에 따라 정지상 3~5%를 결합시킨다.
- 기체-고체 크로마토그래피에서의 정지상은 흡착 고체(분자체(molecular sieve), 유리 카본, 다공성 중합체 등)이다.

충전 칼럼의 성능이 모세관 칼럼보다 좋지는 않지만, 우대 경로(Van Deemter 곡선에서 Eddy 인자) 때문에 여전히 표준화된 일상적인 분석에 사용된다. 하지만 미량 분석에는 적합하지 않으며, GC-MS 결합의 점진적인 일반화로 인해 사용이 급격히 감소했다.

고체 지지체는 지름이 대략 0.2 mm인 구형의 입자들로 구성되어 있다. 이것들은 규산염 화석(규조토, 트라이폴리암)에서 얻어지며, 골격의 화학적 구조가 비결정 실리카와 비교된다. 가장 흔한 이름은 Chromosorb®이다. 표면적은 가변적인데 2~8 m^2/g 사이이다.

2.5.2 모세관(열린관) 칼럼

모세관 칼럼은 보통 산소가 많은 대기 속에서 사염화 규소($SiCl_4$)의 연소 과정에 의해서 얻어진 높은 순도의 **용융 실리카(fused silica)**로 만들어진다. 이 칼럼에 사용되는 관의 내부 지름은 100~530 μm 정도이다. 이 기술은 완벽하게 원통형 칼럼을 얻어야 하기 때문에 매우 섬세한 기술이다. 칼럼의 두께는 약 50 μm이며, 길이는 최대 100 m까지 가능하다(그림 2.7). 이 칼럼은 열적으로 안정한 고분자 화합물인($T_{max} = 370°C$) 폴리이미드(polyimide)로 외부를 코팅하여 화학적 · 물리적으로 깨지기 어렵게 만든다. 이것들은 가벼운 금속 원형 지지체에 감길 수 있다. 일부 제작업자는 금속(알루미늄, 니켈, 철 등)으로 만들어진 모세관 칼럼을 제공하는데, 이것들은 450°C의 고온에서도 작동이 가능한 정지상의 안정성을 제공한다. 칼럼의 내부 표면은 정지상의 결합이 유리하도록 처리되곤 한다. 예로는 화학적으로 처리하거나 알루미나 또는 실리카 젤의 얇은 층을 접착시키는 것이 있다.

정지상의 일반적인 두께는 0.05~5 μm 사이로 다양하다. 정지상은 단순히 **접착(deposited)**되거나 화학 결합으로 더 잘 **접목(grafted)**된 후, 벽면에 가교 결합으로 중합되어 있다. 이러한 접착은 용액을 증발시키고 내벽의 접촉 현장에서 중합시킴으로써 얻어진다. 이들은 사용된 정지상의 본질이 무엇인가에 따라 WCOT(**내벽 코팅 열린관(wall-coated open tubular)**) 또는 PLOT(**다공성막 열린관(porous layer open tubular)**) 칼럼으로 나뉜다. 이 칼럼들은 특히 안정적이고, 용매로 주기적으로 씻어주기만 하면 원래의 성능을 나타낼 수 있다.

모세관 칼럼의 행동을 예측하거나 비교하기 위해, **상 비율(phase ratio)** $\beta = V_M/V_S$을 아는 것이 유용하다. *ID*를 칼럼의 내경이라고 하고, d_f를 접착된 막의 두께라고 하면, 상 비율의 대략적인 계산식은 다음과 같다.

$$\beta = \frac{ID}{4d_f} \tag{2.1}$$

칼럼의 용량은 상 비율과 관련이 있지만 k는 이에 반비례하기 때문에 각 용질의 머무름 시간과도 관련이 있다. 칼럼의 물리적 특성에서 얻을 수 있는 상 비율 β와 크로마토그램에서 확인할 수 있는 k(**머무름 인자(retention factor)**)는 이동상(기체)의 특성으로 인해 일반적으로 값이 상당히 높은 값을 지닌(예: 1,000) 용질의 분배 계수 K를 계산하는 데 도움이 된다.

WCOT 칼럼은 질량 분석 검출에 매우 적합하므로 자주 사용된다. 특정 두께의 필름을 접착하기 위해서 특정 농도(예, 에터 중 0.2%)의 정지상 용액으로 칼럼을 채우고 용매를 증발시킨다. 그러면 이 층은 과산화물 또는 γ 조사에 의해 가교 결합을 형성할 수 있다. 이 과정은 우수한 접착력을 얻기 위해 사전 처리된 표면에 페인트를 바르는 것과 유사하다.

2.6 정지상

충전 칼럼의 경우, 스며들거나 접착시키는 방법으로 저휘발성 유기 화합물을 다양하게 선택하여 매우 다양한 정지상을 만들 수 있다. 반면에 모세관 칼럼은 제조상의 한계로 인하여 매우 제한적인 화합물만이 사용될 수 있다. 원리적으로 현재 사용되고 있는 정지상들은 크게 세 종류로 나뉜다. **폴리실록세인(polysiloxanes)**, **폴리에틸렌 글리콜(polyethylene glycols)**, **이온성 액체(ionic liquids)**. 각 종류에서 또한 많은 구조적 변형이 있을 수 있다. 광학 이성질체 화합물을 연구하기 위해서 특별한 정지상이 사용되기도 한다.

각각의 상들은 특정한 온도 범위에서만 사용할 수 있다. 최소 온도보다 낮은 온도에서는 농도 평형이 너무 느리게 일어나고, 최고 온도보다 높은 온도에서는 분해 반응이 일어나기 때문이다. 최고 온도는 정지상 막의 성질과 두께에 의해 결정된다.

스쿠알란(squalane)은 완벽하게 정의된 유일한 상이기 때문에 기준 상으로 사용된다. McReynolds 척도에 의하면 스쿠알란의 극성은 0이다(2.10.3절 참조). 이 포화 탄화수소($C_{30}H_{62}$)는 상어 간에서 추출한 천연 테르펜인 스쿠알렌(squalene)에서 얻어진다. 20~120℃ 사이에서 사용할 수 있는 이 정지상에서 화합물들은 끓는점의 순서대로 용출된다(머무름 시간은 증기압에 반비례함). 폴리알킬실록세인을 기반으로 만들어진 다양한 결합형 정지상들도 거의 대부분 무극성이다.

2.6.1 폴리실록세인

모세관 칼럼에서 폴리실록세인(또한 실리콘 오일과 고무로 알려짐)은 가장 흔히 사용되는 정지상이다. 폴리실록세인은 실리콘 원자 1개당 2개의 탄화수소로 구성된 반복 구조를 하고 있다(그림 2.8). 수십 가지의 다른 조성물이 유기 작용기(예: 사이아노프로필(cyanopropyl), 트라이플루오로프로필(trifluoropropyl))를 포함하는 알킬 또는 아릴 사슬(메틸 또는 페닐)의 형태로 판매되고 있다. 다양한 비율의 단량체 조합은 이들 정지상의 극성과 안정성 영역을 조절할 수 있게 한다. 따라서 다이메틸폴리실록세인은 −50℃에서 300/325℃까지 매우 광범위한 온도 범위를 가진다.

2.6.2 폴리에틸렌글리콜(PEG)

폴리실록세인보다 극성인 물질로 가장 잘 알려진 대표적인 물질은 Carbowax®(Carbowax 20M의 $M_r = 1,500$~$20,000$)라고 하는 에틸렌 옥사이드 고분자인데, 종류에 따라 260℃를 초과하지 않는 온도에서 침착, 침윤 또는 이식 등에 사용될 수 있다.

칼럼 카탈로그는 황 생성물, 염소화 살충제, 영구 기체, 트라이글리세라이드, PAH, 석유 제품, 지방산 에스터의 분리 등과 같은 특수 응용 분야에 최적화된 상을 제공한다. 일부 칼럼은 최대 450℃의 고온을 허용한다. 원래의 응용 분야는 석유 산업의 모의 증류였는데, 분석당 최대 100시간이 소요될 수 있는 기존 증류를 대체할 수 있었다.

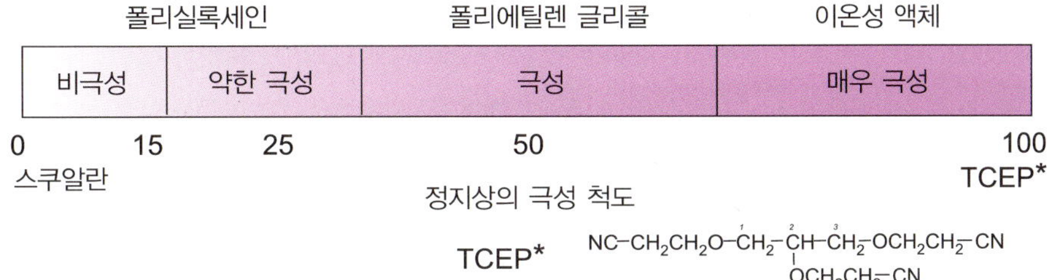

TCEP* NC–CH₂CH₂O–CH₂–CH–CH₂–OCH₂CH₂–CN
OCH₂CH₂–CN

ⓐ 접목된 폴리실록세인

다양한 치환기를 가진 많은 예들

$(CH_2)_3$-CN 또는 C_2H_4-CF_3 ...

ex. R_1과 R_2 = Ph m = 95%, n = 5%

결합된 상을 형성하는 반응의 예

T > 400°C

실리카 벽

($-CH_4$)

고분자

실리카 벽

ⓑ 접목된 폴리에틸렌

ⓒ 접착된 이온성 액체

ammonium

phosphonium

triflate

imide

IL60 1,12-(tripropylphosphonium)dodecane, bis(trifluoromethylsulfonyl)imide

그림 2.8 GC에서 사용되는 정지상의 극성 척도와 세가지 형태의 정지상 요약. 극성 척도는 스쿠알란(정의상 극성 0)으로부터 극성이 100인 TCEP(tricyanoethoxypropane)까지이다. (**a**) 폴리실록세인(polysiloxane) 구조(실리콘, silicones), (**b**) 폴리에틸렌 글리콜(polyethylene glycols). 이런 형태의 정지상은 침윤 또는 결합에 많이 사용된다. (**c**) 이미드(imide)와 tetraalkylphosphonium 양이온이 결합하여 형성한 이온성 액체(여기서는 IL60). 최고 온도는 300°C이다.

2.6.3 이온성 액체(Ionic liquid, IL)

최근에 개발된 이온성 액체 정지상은 설폰산(sulfonate) 또는 이미드(imide) 유형 유기 음이온과 양이온(암모늄 또는 포스포늄) 2개 또는 3개가 결합된 염의 형태로 만들어진다(그림 2.8). GC의 경우 녹는점이 낮은 점성의 이온성 액체를 사용하는데, 이는 이온성 액체가 가열 관점에서 안정적이고 산소에 그다지 민감하지 않기 때문이다. 칼럼 표면에 달라붙기만 하고 접목되지 않는 이러한 극성 정지상은 중성, 염기성 또는 다양한 화합물(지방산 에스터 등)의 분석에 적합하다. 용출 도표는 Carbowax로 얻은 도표와 다르므로 2차원 GC에서 유용하다. 증기압이 거의 0에 가까워 GC 질량 분석에 유용하기 때문이다.

2.6.4 카이랄 정지상

유기 화합물이 비대칭 탄소를 지니고 있다면 R과 S 두 개의 거울상 이성질체(enantiomer)의 혼합물을 나타내게 된다. 두 이성질체의 물리적 성질은 동일하지만 편광된 빛에 대해서는 다르게 행동하며, 이 때문에 광학 활성(optical activity)을 지닌다. 이 두 광학 이성질체(optical isomer)는 공간적으로 겹쳐지지 않는다. 한 광학 이성질체의 거울상은 다른 광학 이성질체와 같다.

광학 이성질체들의 분리는 크로마토그래피의 중요한 응용 분야이다. 다른 크로마토그래피 기술(4, 5, 6장 참조)보다 더 빠르게 최적화를 진행할 수 있는 GC 분리 기술은 비록 광학 이성질체 쌍 분리의 선택 인자(selectivity factor)가 1에 가깝지만 광학 이성질체 분리에 있어서 중요한 위치를 차지한다.

두 분리 방법은 **직접 과정(direct process)**과 **간접 과정(indirect process)**으로 진행된다.

직접 과정

두 거울상 이성질체(R과 S)로 이루어진 분석물은 단일 거울상 이성질체(예. R-형태)로 이루어진 카이랄(chiral) 정지상에서 분리된다. 이때, 거울상 이성질체 분석물들과 정지상 사이에서 R(분석물)/R(정지상) 그리고 S(분석물)/R(정지상) 등의 안정성에 약간의 차이가 있는 가역적 상호작용이 만들어진다. 따라서, 두 거울상 이성질체는 서로 다른 이동 속도를 나타내면서 이동한다. 결국, 분석물은 크로마토그램에서 두 개의 봉우리를 나타내게 되며(그림 2.9), 봉우리의 면적이 R 형태와 S 형태의 존재비를 나타내어 분석물의 광학 순도를 계산할 수 있게 된다.

분석물의 **광학 순도(optical purity)**는 다음 식으로 계산되는 광학 이성질체의 과량(enantiomeric excess, e.e.)을 의미하는데, 여기서 S_R과 S_S는 두 광학 이성질체 봉우리의 면적을 의미한다.

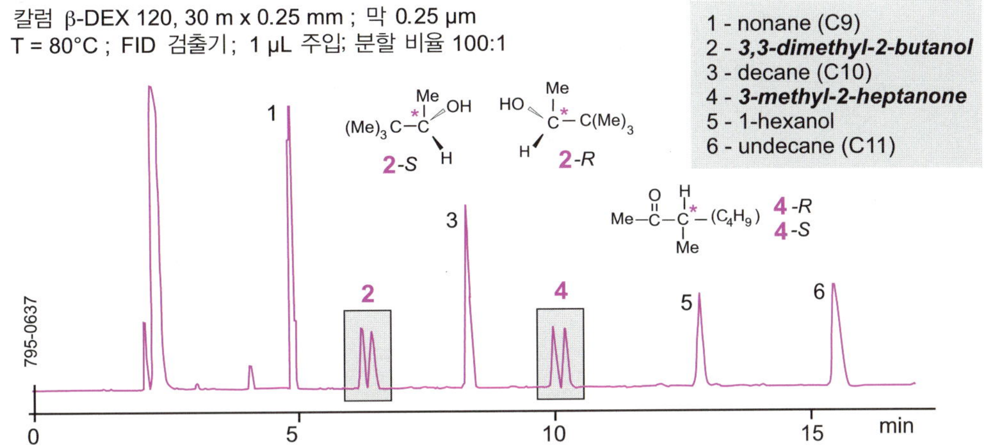

그림 2.9 사이클로덱스트린이 결합된 카이랄 정지상의 분리 예 라셈 혼합물을 분리하기 위해 카이랄 칼럼을 사용하여 알코올 2와 4가 명확하게 분리된 것을 볼 수 있다. 등온 조건에서의 크로마토그램에서는 분리된 화합물에 대한 머무름 지수를 계산할 수 있다.

$$\text{광학 순도}(e.e.\,\%) = 100\frac{|S_R - S_S|}{S_R + S_S} \tag{2.2}$$

식 2.2에 의하면, 두 광학 이성질체가 같은 양 존재하는 라셈 혼합물(racemic mixture)은 동일한 크기의 두 개 봉우리를 나타낼 것이며, 각각의 봉우리가 각 광학 이성질체에 해당하게 된다. 따라서, 이 경우, 광학 순도는 0이 된다.

간접 방식

직접 방식과는 달리, 간접 방식에서는 입체 이성질체 시료와 카이랄 작용제를 화학 반응시켜서 **부분 입체 이성질체(diastereomer)**를 만드는 과정이 시료 주입 전에 행해진다. 이렇게 해서 생성된 물질들은 서로 다른 물리적 성질을 지니기 때문에 일반적인 정지상에서 분리할 수 있다. 이 방식은 시간이 오래 걸리기 때문에 직접 방식만큼 자주 사용되고 있지는 않다. 또한 분석물의 부분적인 라셈화(racemization)도 일어날 수 있다.

GC에서 카이랄 정지상은 대부분 사이클로덱스트린(cyclodextrin)으로 이루어지는데(그림 2.10), 사이클로덱스트린은 여섯, 일곱, 혹은 아홉 개의 *D*(+)-글루코스 단위체로 이루어진 고리 모양의 거대분자이다. 이것은 고깔 모양으로, 가운데 소수성 공동(cavity)이 존재하여 부분 입체 이성질체 착물과 같은 다양한 종류의 화합물들을 선택적으로 그리고 가역적으로 내포할 수 있다.

가능한 화학적 변형 후, 사이클로덱스트린은 모세관 칼럼의 내부 표면에 접착되거나 폴리(다이메틸실록세인) 중합체에 포함되며, 혹은 짧은 탄소 사슬을 통해 실리카의 실란올 작용기에 결합된다. 이것들은 200℃에서까지 사용할 수 있으며 이보다 높은 온도에서는 분석

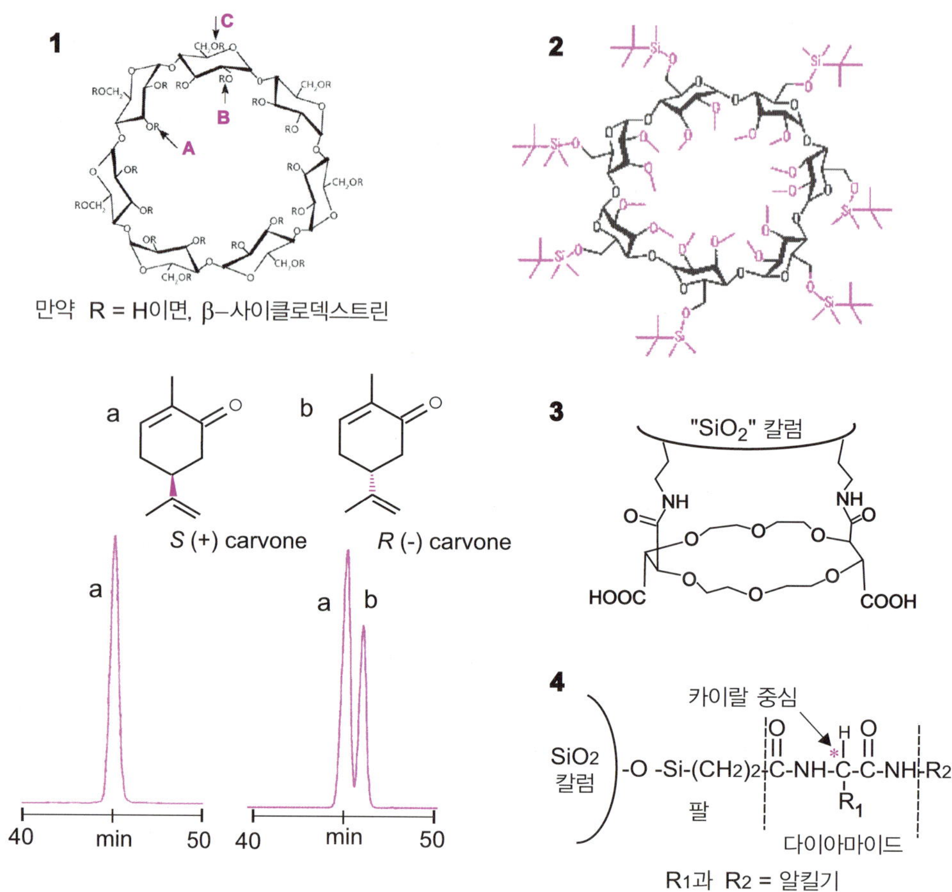

그림 2.10 **GC에서 카이랄 정지상** GC에서 사용되는 3개의 카이랄 벡터(**1** 및 **2**: *β*-사이클로덱스트린, **3**: 크라운 에터, **4**: 다이아마이드) 중에서 사이클로덱스트린이 가장 광범위하게 사용된다. 이것들은 3가지 형태의 부위(**A**: 축 방향 하이드록실, **B**: 적도 방향 하이드록실, **C**: 하이드록시메틸 등)를 가지고 있는데, 이들 부위의 반응성은 매우 달라서, 선택적 반응이 가능한 50개의 다른 정지상(예: 2는 Chromoptic의 비접목 cycloSil-B 정지상이다)을 얻을 수 있다. 천연 추출물의 부분 크로마토그램으로, 광학 이성질체 carvone의 분리를 보여주고 있다.

물이 라셈화된다.

참고로, GC의 크라운 에터나 일부 비대칭 다이아마이드 같은 다른 카이랄 벡터(그림 2.10)는 사용 빈도가 훨씬 낮으며, 점차 사용되지 않고 있다.

2.6.5 고체 정지상

이 정지상들은 다양한 흡착제 물질로 이루어져 있다. 실리카 또는 광물염에 의해 탈활성화된 알루미나, 분자체 5Å(0.5 nm), 다공성 유리 혹은 중합체, 흑연(예: Chromosorb® 100, Porapak®) 등. 미세한 다공성 균일층의 형태로 된 이들 물질의 접착(deposition)에 의해서 만

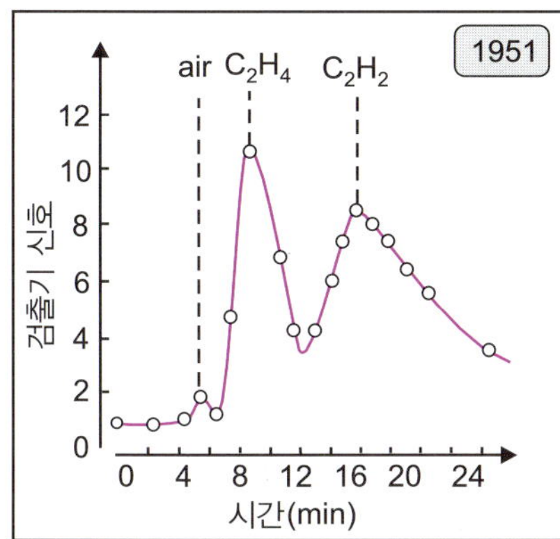

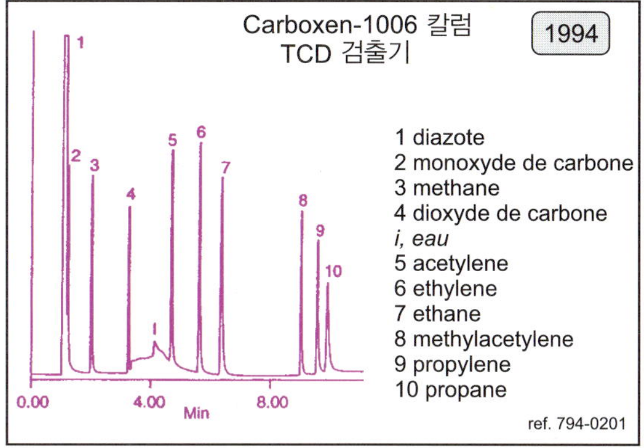

그림 2.11 기체 분석 왼쪽: 공기, 에틸렌, 아세틸렌의 혼합물을 실리카 젤에서 분리하여 점과 점으로 연결하여 얻은 초창기의 크로마토그램 중 하나(E. Cremer and F. Prior, Z. Electrochem. 1951, 55, 66). 오른쪽: 현재의 PLOT 칼럼에서 기체의 분석(reproduced courtesy of Supelco).

들어진 모세관 칼럼을 PLOT라고 하며, 기체 또는 고휘발성 시료의 분리에 사용한다. 흑연화된 탄소 검정(graphitized carbon black)을 포함하는 칼럼은 N_2, CO, CO_2 및 매우 가벼운 탄화수소의 분리용으로 개발되어 왔다. 이들 칼럼의 효율은 매우 높다(그림 2.11).

역사적으로는 열적으로 안정하지만 산소에 대해 둔감한 실리카 젤은 GC 칼럼용 고체 정지상으로 사용된 첫 번째 화합물 중의 하나였다(그림 2.11). 오늘날 고체상들은 훨씬 더 정교해졌다.

2.7 주요한 검출기

시료가 칼럼을 지나면, 크로마토그래피 장비의 마지막 장치인 검출기에 도달한다. 여기서는 각 분석물이 통과할 때 신호를 제공한다. 모든 신호가 크로마토그램을 형성할 것이다. 검출기는 운반 기체와 용질이 존재하므로 나타나는 물리적 진폭의 변동을 이용하여 측정한다. 어떤 검출기는 보편적(universal)이어서 실제로 존재하는 모든 용질에 대해 감응하지만 어떤 검출기는 선택적(selective)이어서 특정 화합물에만 선택적으로 감응한다(그림 2.14). 가장 효율적인 것은 질량 분석과 같은 분광학 방법을 이용하는 것인데, 이렇게 할 경우, 일반적인 크로마토그램을 가질 뿐만 아니라 각 용질을 식별할 수도 있다(16장의 질량 분석 참조). 그렇지만 질량 분석기는 값이 비싸서, 실험실에는 여전히 기존의 검출기들을 많이 사용하고 있다.

2.7.1 보편적 혹은 준보편적 검출기

불꽃 이온화 검출기(Flame ionization detector, FID)

유기 화합물에 보편적으로 적용하려고 고려한다면 불꽃 이온화 검출기는 탁월한 GC 검출기이다. 칼럼으로부터 나오는 기체는 수소와 공기의 혼합물을 연료로 공급하는 작은 버너의 불꽃을 통해 흐르게 된다. 유기 화합물이 나오게 되면, 연소 반응이 일어나서 전하를 지닌 이온과 입자들을 방출하며, 두 전극(100 V~300 V의 전위차) 사이에서 매우 약한 전류(10^{-12} μA)가 흐르게 된다. 신호는 전위계(electrometer)에 의해 측정 가능한 전압으로 변환된다(그림 2.12). 접지 전위(ground potential)를 유지하는 버너의 한쪽 끝에 있는 전극은 편극 전극으로 작용하는 반면에, 고리 모양의 두 번째 전극은 불꽃 주변에 위치한다.

할로젠 원소와 같은 다른 원소들이 존재할 때를 제외하면, 유기 화합물에 대한 신호의 세기는 탄소의 **질량 흐름(mass flow)**에 비례한다고 할 수 있다. 다른 원소들의 존재는 검출기의 반응성을 변화시킬 수 있고, 물, 이산화 탄소, 암모니아 등과 같은 간단한 화합물은 아무 신호도 나타내지 않는다. 봉우리 면적(봉우리의 시작과 끝 사이를 dm/dt 적분)은 용출된 화합물의 질량 m에 해당한다. FID 검출기는 다른 검출기에서 오차를 발생시킬 수 있는 흐름 속도의 변화에 영향을 받지 않는다. 검출기 감도는 Coulombs/g 탄소로 나타내며, 검출기의 무용 부피는 0이다. 검출 한계는 2 또는 3 pg/s이고, 선형 동적 범위는 10^8인데, 농축된 용액은 최고의 분해능을 나타내는 것은 아니다.

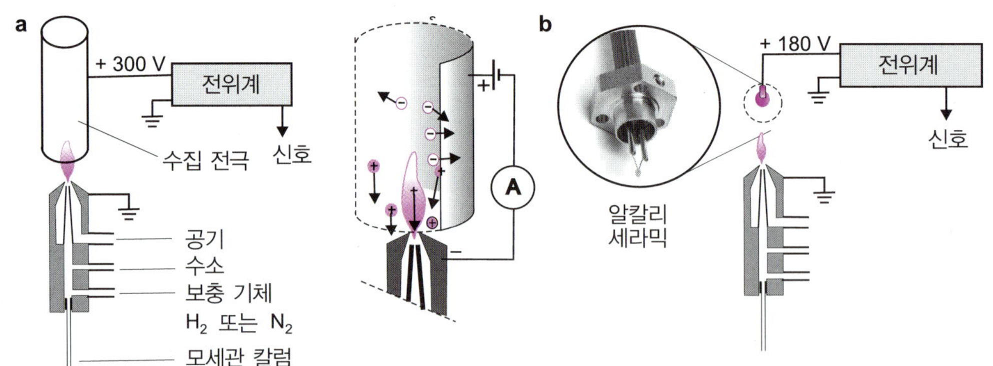

그림 2.12 (a) **FID** 검출기와 (b) **NPD** 검출기 보충 기체(make-up gas)(또는 충전 기체 (filling gas))는 모세관 칼럼의 유속이 너무 작을 때 유용하다. 전위계(electrometer)는 갈바노미터(galvanomer)가 측정하기에 너무 낮은 세기의 전위를 측정할 수 있게 해준다. 제조업체에 따라 여러 가지 변형이 있다. (출처: (a): Modified from Cremer, E. and Prior, F. (1951). Anwendung der chromatographischen Methode zur Trennung von Gasen und zur Bestimmung von Adsorptionsenergien. Zeitschrift fur Elektrochemie und angewandte physikalische Chemie, **55**, 66–70. https://doi.org/10.1002/bbpc.19510550115. (b): Courtesy of Supelco.)

오염된 공기 중에 휘발성 유기 화합물(VOCs)이 얼마나 존재하는지를 평가하기 위해서, 크로마토그래피로 분리하지 않고 대기 중의 **탄소 함량(carbon factor)**을 측정할 수 있는 불꽃 이온화 검출기가 장착된 소형 휴대용 기기가 있다.

열전도도 검출기(TCD)

TCD 검출기는 GC 초창기에 충전 칼럼용으로 계발된 범용 검출기로 현재까지 사용되고 있다. 제조하기가 쉽기 때문에 다양한 변형이 존재하는데(그림 2.13), 모세관 칼럼용으로 소형화된 형태(μ-TCD)가 한 예이다.

작동 원리는 기체 혼합물의 조성에 따른 열전도도에 근거한다. TCD 검출기의 주요 부분은 **케더로미터(katharometer)**인데 이것은 칼럼 온도보다 약간 높은 온도를 유지하는 온도 조절 금속 블록으로, 작은 공동 속에 있는 서미스터(thermistor)를 포함한다. 주어진 그림에서 케더로미터는 4개의 서미스터를 포함하고 있으며, 두 개씩 짝지어 위치하는데, 한 쌍은 주입기로부터 주입되는 운반 기체에 연결되고 나머지 쌍은 칼럼으로부터 나오는 이동상에 연결된다. 용질이 용출될 때는 혼합물(운반 기체 + 화합물)의 열전도도가 운반 기체만 존재할 때보다 감소하게 된다. 이때 열평형은 깨지게 되어 필라멘트 1개의 저항이 바뀌게 되는데, 이 변화는 운반 기체 중에 존재하는 화합물의 농도(concentration)에 비례하게 된다. 이 검출기의 동적 범위는 약 6자리 수까지 확장되며 감도는 보통 수준(ng부터 mg까지)이지만, 마이크로 GC 덕분에 자주 사용되고 있다(9.2절 참조).

질량 분석 검출기

최근 몇 년 동안 질량 분석(mass spectrometry)의 성장은 기체 크로마토그래피에 질량 분석기(저해상도 질량 분석기, 자세한 내용은 16장 참조)를 연결하는 GC/MS이라는 결합 기술

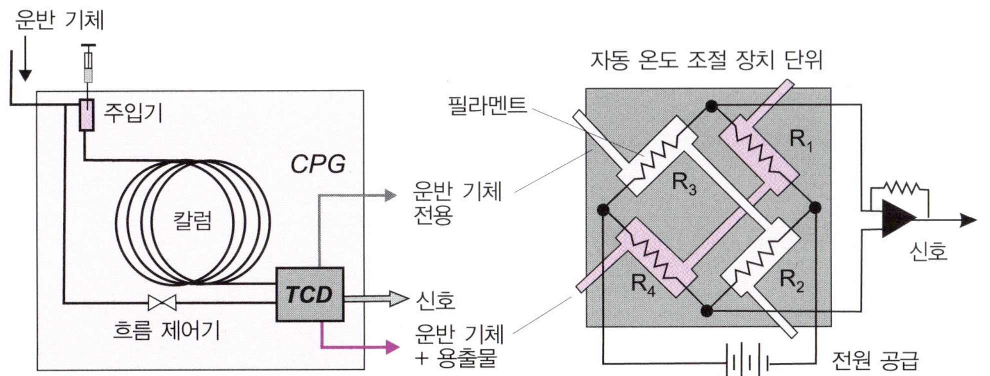

그림 2.13 **열전도도 검출기** 왼쪽: 운반 기체의 이중 경로를 도식으로 나타냄. 오른쪽: 휘스톤 브리지 형태 장치를 작동 원리로 하는 케더로미터(katharometer) 단위

의 대중화를 촉진시켰다. 질량 분석기가 모세관 GC용 범용 검출기로 사용되는 가장 큰 장점은, 무엇보다도 선택된 화합물의 파편 스펙트럼을 제공하기 때문이다. 이를 스펙트럼 라이브러리에 검색하면 화합물을 식별할 수 있다. 크로마토그래피 장비와 질량 분석기를 연결하는 몇 가지 이온화 방식이 있다. 가장 발전된 이온화 방식은 전자 충돌(electron impact, EI) 방식이다. 이 방식으로 **전체 이온 전류(total ion current**, TIC)로부터 용출되는 전체 화합물을 나타내는 크로마토그램을 그릴 수 있게 된다. 특정 이온을 선택하여(**선택 이온 모니터링(selected ion monitoring, SIM)**) 특정 이온에 대한 크로마토그램을 만들 수도 있다. GC/MS 방식은 환경 분석을 포함하여 많은 분야에서 대체 불가한 방식이 되었다. 하지만, 이를 위해서는 고성능 칼럼(내경 = 0.1~0.2 mm)이 필요하다.

2.7.2 선택 검출기

질소 인 검출기(NPD)

NPD 검출기는 질소(N) 또는 인(P)을 포함하는 화합물의 검출에 민감하게 반응한다. 이 검출기는 알칼리염(예, 황산 루비듐)을 입힌 작은 세라믹 실린더로 이루어져 있으며, 이 실린더에 전압이 가해져서 공기/수소 혼합 기체의 연소를 통해 구동되는 작은 플라즈마(800°C)가 유지된다(그림 2.12). FID와 비교하면 NPD 검출기의 불꽃은 매우 작다. N 또는 P를 함유하는 화합물은 상당히 특징적으로 음이온으로 변환되는 분해 파편을 형성한다. 형성된 음이온들은 수집 전극(collector electrode)에서 받아들여진다.

일반 공기 중에 존재하는 질소는 이온을 생성하지 못한다. 질소 또는 인을 포함하는 분석물질에 대한 검출 감도는 0.1 pg/s 사이이고, 선형 범위는 10^5이다. 다만, 설정값에 따라 이 값이 바뀌기도 한다.

전자 포획 검출기(ECD)

ECD 검출기는 할로젠을 포함하는 탄소(halocarbon)들에 대해 매우 감도가 좋기 때문에 선택성이 있다고 간주된다. 매우 낮은 에너지의 β-방사성 에너지원(아주 작은 mCi의 ^{63}Ni)으로부터 발생된 전자에 의해 질소 기체가 이온화되어, 약 100 V의 전압 차를 유지하는 두 전극 사이를 흐르게 된다(그림 2.14). 이때 활동성이 좋은 자유 전자에 의해 기본 전류 I_0가 발생하게 된다. 만일 할로젠(F, Cl, Br)을 포함하는 분자(M)가 두 전극 사이를 통과하면, 그것들은 열적으로 들뜬 전자를 포획하여 무거운 음이온을 형성하여 이동성이 낮아진다.

$$N_2 \xrightarrow{\beta^-} N_2^+ + e^-$$
$$M + e^- \longrightarrow M^-$$

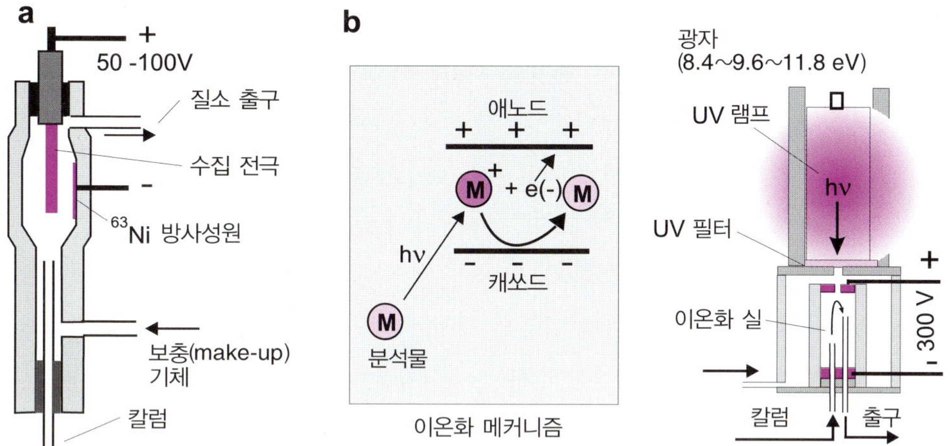

그림 2.14 **(a) 전자 포획 검출기(ECD)와 (b) 광-이온화 검출기(PID)** PID는 광자의 에너지를 선택할 수 있는 필터(예: 11.8 eV의 LiF 또는 8.4 eV의 사파이어)를 가지고 있어 운반 기체를 제거한 분석물만이 이온화된다. 이온화 과정은 가역적이다.

$$M^- + N_2^+ \longrightarrow M + N_2$$

측정된 세기는 $I = I_0 \exp[-kc]$의 법칙에 의해 지수적으로 감소한다. 선형 범위는 보충 기체(make-up gas)로 질소를 사용했을 때 약 10^4 정도이다. 이 검출기에는 방사성원(radioactive source)이 존재하므로 특별 규정(검사 방문, 위치, 유지관리 등)이 적용된다. 이 검출기는 염소 처리 살충제(chlorinated pesticide)와 비페닐폴리염화물(polychlorinated biphenyl)의 분석에 자주 사용된다.

보충(Make-up) 기체. 앞서 설명한 마지막 두 검출기는 정확한 응답을 제공하고 감도를 높이기 위해 최소한 20 mL/min의 기체 유량이 흘러야 하는데, 이는 모세관 칼럼의 유속보다 훨씬 높은 유속이다. 이 유속은 칼럼의 출구에서 나오는 운반 기체와 보충 기체를 혼합하여 얻는다. 이 보충 기체는 운반 기체와 동일한 기체일 수도 있고 다른 기체(값싼 질소 기체)일 수도 있다.

광-이온화 검출기(photo-ionization detector, PID)

PID 검출기는 매우 선택적이나 그 적용 범위는 매우 좁다. 이 검출기는 S 또는 P 유도체뿐만 아니라 탄화수소의 분석에는 적합하다. 작동 원리는 고에너지(8.4~11.8 eV)의 광자를 방출하는 UV 램프에 의한 복사선을 분석 물질에 조사함으로써 이온화시키는 방법이다. 광-이온화는 광자 에너지가 화합물의 첫 번째 이온화 에너지보다 더 클 때 발생한다(그림 2.14). 예를 들어, 9.26 eV의 광자는 벤젠($PI_1 = 9.2$ eV)을 이온화시킬 수 있지만, 아이소프로판올(PI_1 = 10.2 eV)을 이온화시키지 못하므로, 크로마토그램에서 관찰되지 않을 것이다. 전위계에 연결된 전극에서 발출되는 전자를 수집하여 농도를 측정할 수 있다.

이 검출기는 400℃ 이상에서 작동할 수 있고 이온화가 가역적이며, 검출기를 통과하는 화합물 중에서 적은 수의 분자들에게만 영향을 주기 때문에 비파괴적이다.

2.7.3 구조적 자료를 제공하는 검출기

앞에서 설명한 검출기들은 용출된 화합물의 본질에 대한 어떠한 정보도 제공하지 못하며, 기껏해야 화합물의 특정 범주에만 선택적이다. 화합물의 식별은 머무름 시간을 근거로 내부 검정을 사용하거나 머무름 지수(retention index)(2.10절 참조)를 알아야 한다. 크로마토그램이 매우 복잡할 때는 식별하는 데 혼란을 겪을 수 있다.

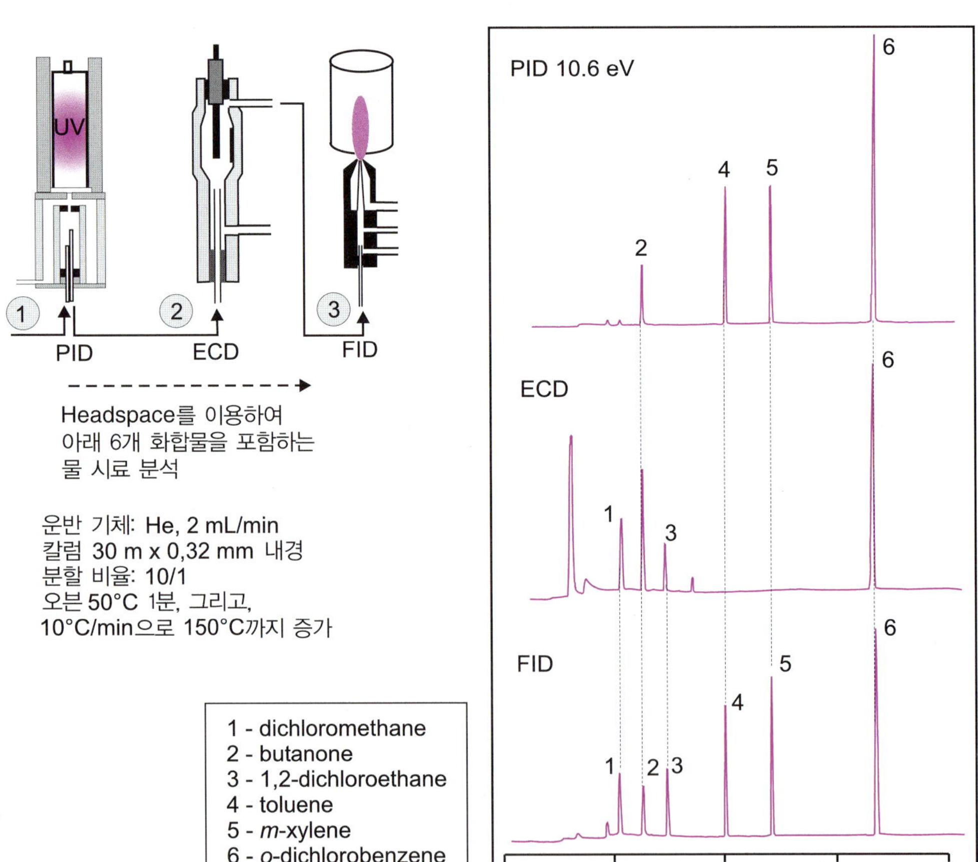

그림 2.15 연속으로 연결된 3개의 검출기 모세관 칼럼 출구에 검출기가 시료를 파괴하는지에 따라서 다른 원리의 여러 검출기를 직렬 또는 병렬로 설치할 수 있다. 주입된 혼합물의 크로마토그램은 각 검출기로부터 얻어진다. 선택성은 검출기마다 크게 다르다는 것을 알 수 있다.

이것을 보완하기 위해서, 몇몇 상호보완적인 검출기를 연결하여 사용하거나(그림 2.15), 분석 물질의 원소 조성 또는 분광학적 자료를 근거로 구조적인 정보를 제공할 수 있는 검출기를 사용할 수 있다. 그렇게 하면, 각각의 화합물에 대한 머무름 시간과 특성 정보를 알 수 있다. 이를 위해서 질량 분석기가 가장 좋은 검출기 예이지만 다른 조합 기술도 시도되고 있다. 플라스마 토치를 사용한 원자 방출에 의한 검출이 한 예이다. 칼럼 출구에서 나오는 화합물은 플라스마(14장 참조)로 흘러가는데, 이곳의 온도는 들뜬 상태에 존재하는 원자 또는 이온 집단을 증가시키기에 충분한 온도이다. 들뜬 상태에서 바닥 상태로 돌아오면서 이들 원자 또는 이온은 특정 복사선을 방출하여 식별될 수 있다. GC와 적외선 분광기를 결합하려는 시도(GC−IR)도 수행되고 있다. 이 결합을 통해 원칙적으로 용출된 분석물의 중적외선 스펙트럼을 얻을 수 있다. 이 같은 기술적 적용은, 각각의 응용 프로그램을 개별적으로 채택할 때보다 결합되어 사용될 때 더 많이 응용할 잠재력이 있다는 것을 보여 준다.

2.8 분리의 최적화

만약 최적의 정지상을 선택했다고 가정한다면, 모세관 칼럼의 길이, 내경(ID) 및 정지상의 필름 두께(d_f) 등을 고려해야 한다. 분석 시간을 늘리지 않으면서 연구 대상인 분석물을 잘 분리하기 위한 조건을 찾는 것이 중요하다. 실제로, GC에서는 온도와 운반 기체 유속만을 변경할 수 있다. 두 경우 모두 머무름 인자 k와 선택도 α는 거의 바뀌지 않는다. 운반 기체의 경우, 속도가 Van Deemter 곡선의 최적값에 가깝도록 유속을 선택한다. 휘발성 화합물의 경우 낮은 상 비율($\beta < 100$)을 가진 칼럼을 선택하여 두꺼운 필름을 사용하고, 그 반대의 경우로 휘발성이 낮은 화합물의 경우 얇은 막의 박막 칼럼을 선택한다.

그러나, GC−MS 연계가 크로마토그래피 피크 분리의 철저한 최적화(충분한 분해능)를 반드시 필요로 하는 것은 아니기 때문에, 상당한 시간을 절약한다는 것을 잊어서는 안 된다. 또한 일련의 분석에서 온도 기울기의 사용을 피할 수 있다면 다음 분석을 위해 초기 조건으로 돌아가는 데 필요한 시간을 줄일 수 있다.

2D GC. 최적화는 때때로 두 개의 다른 정지상(예: 극성과 비극성)을 지닌 이중 크로마토그래피를 수반하는데, 이때는 단일 설치의 동일한 운반 기체를 두 개의 칼럼이 공유하게 된다. 첫 번째 칼럼에서 먼저 분리를 수행한 뒤, 분리되지 않는 혼합물을 두 번째 칼럼에서 분리할 수 있다.

2.9 빠른 크로마토그래피와 마이크로크로마토그래피

2.9.1 '빠른' 그리고 '매우 빠른' 크로마토그래피

전통적인 크로마토그래피 분석 방법은 느린 편이다. 적용 범위의 이유(제어 분석, 반응 후속 조치 등등)로 인해 분석 시간을 단축하는 것이 유익할 수 있다. 분석 시간을 줄이기 위해서 짧은 칼럼을 사용하는데, 이는 머무름 시간이 칼럼의 길이에 비례하기 때문이다(표 2.1). 칼럼 효율이 떨어지지 않도록 얇은 막의 정지상 필름($ID = 100$ μm, 필름 $= 0.1$ μm, $\beta = 250$)을 사용하여 상 비율 β 값을 증가시켜야 한다. 이때는 수소 기체가 운반 기체로 사용되어야 한다(Van Deemter 곡선 참조). 쉽게 조절 가능한 마지막 요소는 오븐의 온도이다(온도가 높을수록 분석 시간이 짧아진다). 하지만 낮은 온도에서 좋은 분리를 나타내는 첫 번째 봉우리가 있다면, 주의를 기울일 필요가 있다. 따라서, 해결책은 온도 기울기(temperature gradient)일 것이다. GC 장치는 온도 증가가 100°C/min까지 가능하다. 열 저항성 외피로 덮여 있는 다양한 형태의 칼럼을 휘발성 화합물에 대해 이용할 경우, 온도를 매우 빠르게 증가(200°C/20 s)시킬 수 있다. 이 결과로 머무름 시간은 상당히 줄어들 수 있다(그림 2.16). 이러한 형태를 **빠른 크로마토그래피**(**fast chromatography**) 혹은 **고속 GC**(**high-speed GC**)라고 하고 제어 분석에 사용된다.

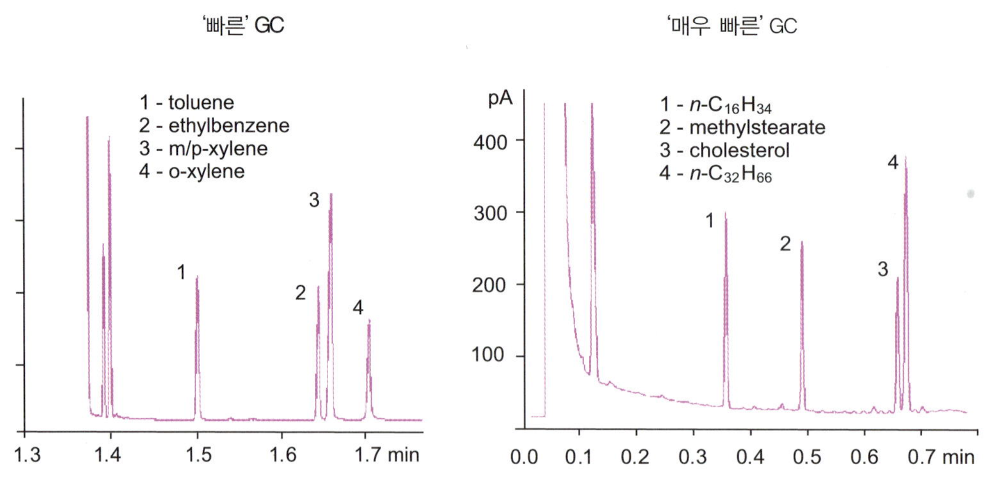

그림 2.16 '매우 빠른' 크로마토그램 왼쪽: 몇몇 방향성 화합물, 오른쪽: '매우 빠른' 크로마토그래피로 얻은 크로마토그램의 예(document from Aviv Analytical.)

표 2.1 일반적인, 빠른, 매우 빠른 GC 형식의 비교

GC 형식	기울기(°C/min)	분석 시간(min)	봉우리 폭(s)	칼럼 길이(m)	내경(μm)
일반적인	일반적인 오븐 (1~20)	~30	5~10	15~100	250~320
빠른 크로마토그래피	일반적인 오븐 (20~100)	5~10	0.5~5	5~15	100~250
매우 빠른 크로마토그래피	저항성 가열 (60~1200)	~1	0.05~0.2	2~5	50~100

검출기는 각각의 분석 물질이 용출되는 순간에 농도의 빠른 변화를 즉시 추적할 수 있어야 한다. 질량 분석기로 검출하는 경우에 m/z비의 주사 속도에 세심한 주의를 기울여야 하는데, 너무 느린 순차 스캔 속도는 이온화 실 속에 존재하는 농도가 기록의 처음과 끝에서 다르게 나타날 수 있기 때문이다. TOF는 이러한 단점을 나타내지 않는다.

2.9.2 마이크로 기체 크로마토그래피

실험실 장비의 개발과 함께, 현장에서 신속한 분석을 수행하기 위한 휴대용 장치(μ-GC)가 개발되고 있다(그림 2.1). 때때로 '코(noses)'라고 하는 이러한 장비는 비록 자동으로 사용되는 운반 기체를 충분히 확보해야 함에도 가볍고 작아야 한다. 가장 많이 사용되는 검출기는 검출 한계와 정량 한계가 있는 케더로미터(katharometer) 또는 보다 구체적인 변형(μ-케더로미터)이다. 추가 기체 소스가 필요한 불꽃 이온화 검출기(flame ionization detector)나 질량 분석기는 너무 무겁고 복잡한 장치로 이어진다. 이러한 현장 장치에는 병렬로 작동하는 여러 분석 모듈이 포함될 수 있어 다중 및 동시 분석이 가능하다. 각 모듈에 대해 서로 다른 극성과 다른 온도 조건을 선택하기만 하면 된다. 실제로 각 칼럼은 전류로 구동되는 금속 상자로 둘러싸여 있어 온도 프로그래밍이 가능하다.

2.10 머무름 지수와 정지상 상수

머무름 지수(retention index)와 정지상 상수(stationary phase)는 적어도 3가지 목적을 추구하기 위해서 개발되어 왔다.

- 미리 정해진 조건에서 얻어지는 화합물의 머무름 시간보다 더 일반적인 특성에 의해서 화합물을 식별하기. 결과적으로 **머무름 지수계(system of retention index)**는 어떤 화합물을 확인하는 데 있어서의 오차를 피하는 효율적이고 값싼 방법으로 개발되어 왔다.

- 시간에 따라 향상되는 칼럼 성능 확인하기
- 특정 종류의 분리 문제 해결을 위해 이용되는 가장 좋은 칼럼의 선택을 단순화하기 위해서 모든 정지상 분류하기. 각 정지상들의 화학적 성질과 극성만으로는 주어진 분리 문제에 대하여 어떤 칼럼이 최적의 칼럼일지 예측할 수 없다. 이것을 예측하기 위해서는 여러 기준 화합물들에 관한 정지상의 머무름 거동을 조사해야 하고, **정지상 상수(stationary phase constant)**를 구해야 한다.

2.10.1 Kovats의 직선 관계

주어진 정지상에 관한 머무름 지수는 다음과 같이 결정한다. *n*-알케인 계열에 속하는 화합물들의 혼합물이 등온 상태로 유지되는 칼럼에 주입될 때, 결과적으로 나타나는 크로마토그램은 *n*-알케인에 존재하는 탄소 원자의 수 *n*에 따라 보정 머무름 시간(adjusted retention time) $t'_{R(n)}$의 로그값이 직선적으로 증가한다는 것이다(그림 2.17).

탄소의 수 *n*과 $\log t'_{R(n)}$ 관계를 나타내는 그래프는 다음과 같은 관계식을 만족시키는 좋은 직선 관계를 나타낸다.

$$\log (t_{R(n)} - t_M) = \log t'_{R(n)} = a \cdot n + b \tag{2.3}$$

보정 머무름 시간 $t'_{R(n)}$은 *n*개의 탄소 원자를 갖는 알케인의 머무름 시간 t_R에서 운반 기체의 머무름 시간에 해당하는 불감 시간 t_M을 뺀 것과 일치한다. *a*와 *b*는 계수이다. 그래프에서 얻어진 기울기는 전체적인 칼럼의 성능과 크로마토그래프의 작동 조건에 의존한다.

이 관계는 자유 엔탈피의 변화와 평형 상수 $K(\Delta G = -RT \ln K)$ 사이의 열역학에서 알려진 또 다른 선형 관계에서 유도되며, 유사한 화합물에 대해, 각각의 항목은 추가로 붙는 CH_2 만큼 차이를 나타내게 된다. $K = k\beta$이고 $t'_R = Kt_M/\beta$이므로 $\ln t'_R = \ln K + (\ln t_M/\beta)$이 되어, $\log t'_R$은 동종류 화합물에 대하여 $\ln K$만큼 증가한다.

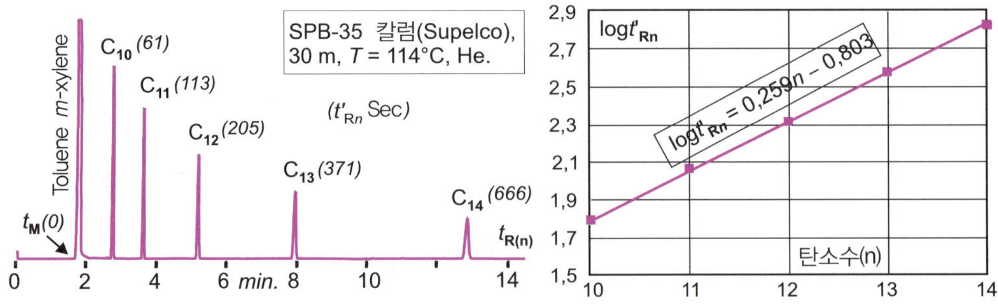

그림 2.17 **Kovats의 직선 그래프** 왼쪽: 5종의 *n*-알케인류(C_{10}–C_{14})에 대한 등온 크로마토그램. 오른쪽: 선택된 정지상과 미리 결정된 분석 조건에서 Kovat 관계를 나타내는 그래프

2.10.2 Kovats의 머무름 지수

이제 기기의 설정값을 변경하지 않고 화합물(X)을 칼럼에 주입한다. 얻어지는 크로마토그램으로 사용된 특정 칼럼과 X에 대하여 **Kovats의 머무름 지수(Kovats retention index, I_x)**를 계산할 수 있다. 이것은 X와 같은 보정 머무름 시간을 갖는 '이론적 알케인(theoretical alkane)'의 보정 머무름 시간의 100배와 같다. 이론적 알케인이 포함하는 탄소 원자수 n_x를 구하는 데는 다음 두 방법을 사용할 수 있다.

첫 번째는 이미 얻어진 Kovats의 관계식에 근거하는데(그림 2.17), 예를 들어, 스프레드시트(spreadsheet)를 사용하여, n_x(따라서 I_x)를 계산하는 것이다.

두 번째는 크로마토그램상에 있는 화합물 X를 사이에 둔 두 개의 선형 알케인(n개 탄소와 $n+1$개 탄소를 포함)의 보정 머무름 시간으로부터 I_x를 직접 계산하는 것이다.

$$I_X = 100n + 100\frac{\log t'_{R(X)} - \log t'_{R(n)}}{\log t'_{R(n+1)} - \log t'_{R(n)}} \qquad (2.4)$$

Kovats의 직선과는 달리, 머무름 지수는 단지 정지상에 의해서만 결정되고, 크로마토그래피의 설정 조건에 의해 결정되지 않는다. 특히 머무름 시간은 관여하지 않는다.

실제로 동일한 실험 조건에서 실험을 진행하기 위해서 화합물 X와 n-알케인 혼합물을 동시에 주입할 수 있다(그림 2.9와 그림 2.18).

주어진 정지상에 대한 Kovats 관계를 나타내는 크로마토그램은 칼럼의 성능 평가에 사용할 수 있다. 이것을 위해서 **trennzahl 수(trennzahl number**, TZ)라고도 하는 **분리 계수**

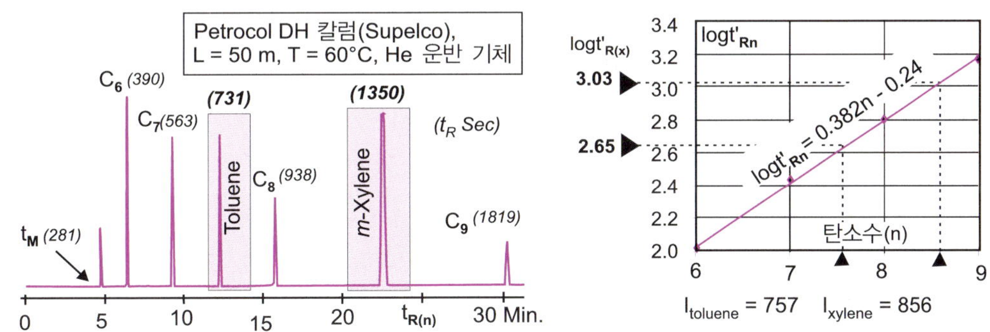

그림 2.18 등온 조건에서 칼럼에 대한 **Kovats** 머무름 지수(**I = 100 n_X**) 화합물 X의 보정 머무름 시간 t'_R의 로그값을 이용하여, n_X에 해당하는 탄소 원자수를 찾을 수 있다. 위 크로마토그램은 4종의 n-알케인 화합물과 두 종의 방향족 탄화수소의 혼합물을 주입하여 얻은 것이다. 이탤릭체로 보이는 값은 초단위의 머무름 시간이다. 주기적으로 이 혼합물을 주입함으로써 이들 탄화수소류의 Kovats 지수 값 변화를 통해 칼럼의 성능 변화를 알 수 있다. 머무름 지수의 계산은 등온 조건에서 측정된다. 온도 프로그래밍하에서 수정된 공식을 사용하여 여전히 직선을 그릴 수 있지만 정확도는 떨어진다.

(**separation number**)는 식 2.5 또는 식 2.6으로 계산할 수 있다. 이들 관계식의 2개의 머무름 시간은 탄소수 1개가 다른 연속되는 두 알케인(n과 $n+1$ 탄소 원자) 또는 유사한 종류의 두 화합물의 머무름 시간이다. 분리 계수는 칼럼으로 분리를 수행할 때 이들 두 기준 화합물의 임의의 머무름 시간 범위 내에서 얼마나 많은 화합물이 적절하게 분리될 것인지를 나타낸다. 분석하고자 하는 화합물의 머무름 시간을 포함하는 머무름 시간을 지닌 두 개의 알케인을 선택한다. 그림 2.18의 크로마토그램에서 TZ는 30 정도이다.

$$TZ = \frac{t_{R2} - t_{R1}}{\delta_1 + \delta_2} - 1 \tag{2.5}$$

$$TZ = \frac{R}{1.18} - 1 \tag{2.6}$$

가장 일반적으로 사용하는 정지상에서 얻어지는 화합물의 머무름 지수에 대한 표들이 있다. 같은 화합물에 대하여 다른 정지상에서 얻어진 머무름 지수들이 존재한다면, 이들 고유한 값들을 이용하여 해당 화합물을 보다 정확하게 특성화할 수 있다. 유일한 값들을 모으는 것은 보다 더 정밀하게 화합물을 특정하는 것이다. 하지만, 머무름 지수를 이용한 화합물 식별을 GC/MS와 같은 결합된 기술(coupled techniques)을 사용하는 것보다 더 신뢰할 수는 없다(2.7.1절 참조). 물론, GC/MS는 매우 비싸다.

머무름 지수에 관한 위의 계산이 등온 조건에서 측정이 행해진다는 것을 암시한다는 것을 기억해야 한다. 온도 프로그래밍을 이용해도 여전히 좋은 결과를 제공하는데, 이는 식 2.4에서 해당하는 로그에 대한 머무름 시간을 치환하면 된다.

머무름 시간 고정(retention time locking). 머무름 시간이 서로 매우 비슷하며, 그것의 질량 스펙트럼도 거의 비슷한 화합물(몇몇 형태의 이성질체)의 확인은 분명히 어려운 일이다. 현재 사용되고 있는 방법은 내부 표준 물질 또는 분석하려는 모든 시료 중에 존재하는 구조를 알고 있는 화합물을 선택하는 것이다. 또한 컴퓨터 소프트웨어를 통해서 다른 분석 방법들에 대한 머무름 시간 값을 고정하도록(변하지 않도록) 하는 방법이 있다. 이 방법은 같은 종류의 정지상으로 다른 장비에서 측정한 경우에 대하여 적용된다. 이 방법은 결과적으로 혼합물 내 다른 화합물들의 머무름 시간을 같도록 유지하여, 이들의 식별을 용이하게 한다. 머무름 지수를 사용하지 않는 이 방법은 **머무름 시간 고정법(retention time locking**, RTL)으로 알려져 있으며, 현대 GC 기기에서 사용할 수 있다.

2.10.3 정지상에 대한 McReynolds 상수

어떤 정지상의 행동을 평가하기 위해 다른 구조적 유형에 속하는 5개의 기준 화합물이 나타내는 Kovats 지수값들을 스쿠알란(squalane) 정지상이 나타내는 5개 화합물의 Kovats 지수값들과 비교하게 된다. 스쿠알란은 여기서 기준 정지상으로 선택되었으며, 순수한 물질로 형성된 것이기 때문에 극성 정지상인 스쿠알란 칼럼에 대한 5개의 지수는 모두 한 번에 확립되며 재현성이 있다(표 2.2).

주어진 정지상에 대한 5개의 McReynolds 상수는 시험한 각 물질들에 대하여 해당 정지상의 Kovats 지수(I_{Phase})와 스쿠알란에서의 Kovats 지수($I_{squalane}$)의 차이로 계산된다.

$$\text{McReynolds 상수} = \Delta I = (I_{phase} - I_{Squalane}) \tag{2.7}$$

식 2.7을 사용하여 5개의 계산된 값을 합쳐서, 연구 대상이 되는 정지상의 전체 극성을 정의하는 데 사용한다.

표 2.2 스쿠알란으로 일반화된 여러 정지상에 대한 McReynolds 상수(ΔI)

정지상	벤젠(X')	1-뷰탄올(Y')	2-펜탄온(Z')	나이트로프로페인(U')	피리딘(S')
스쿠알란	0	0	0	0	0
SPB-Octyl	3	14	11	12	11
SE-30 (OV-1)	16	55	44	65	42
Carbowas 20M	322	536	368	572	510
OV-210	146	238	358	468	310
스쿠알란에 대한 위의 5개의 기준 화합물의 Kovats 지수					
Isqualane	653	590	627	652	699

각각의 화합물은 정지상에 대한 특정 정보를 제공한다. 벤젠은 유도 효과, 피리딘은 양성자 받개 역할, 뷰탄올은 수소 결합, 피리딘은 H^+(양성자) 받개, 뷰탄올은 수소 결합, 나이트로프로페인은 쌍극자 상호작용 등에 대한 정보를 제공한다.

분자 구조와 관련된 이들 상수는 몇 가지 주요 화합물에 대한 정지상과 용질 사이의 상호작용 힘을 평가할 수 있도록 한다. 값이 큰 지수는 해당하는 유기 화합물을 정지상에 강하게 머무르게 한다는 것을 나타낸다. 이것은 이런 종류의 화합물에 대한 선택성을 증대시킨다. 같은 방법으로 케톤 혼합물로부터 방향족 탄화수소를 분리하기 위해서 벤젠의 McReynolds 상수가 펜탄온의 McReynolds 상수와 많이 차이 나는 정지상을 선택해야 한다. 머무름 지수에 대한 이들의 차이는 공급업자에 의해 제공된다(표 2.2). McReynolds 상수와 같은 원리에 근거하지만 다른 기준 화합물을 사용하는 Rohrschneider 상수도 있었지만, McReynolds 상수로 대체되는 수순이다.

이 장의 요점

1. GC 크로마토그래프는 설정을 변경하지 않으면 연속 주입되는 화합물에 대한 머무름 시간을 재현할 수 있다. 이는 운반 기체의 온도, 유속, 압력 및 순도 등 모든 매개변수를 완벽하게 제어할 때 얻을 수 있다.
2. GC 사용 한계는 화합물의 휘발성에 의해 결정되는데, 휘발성은 분자량이 500 Da 경계를 초과하는지, 수소 결합 또는 쌍극자 상호작용이 존재하는지 등에 따라 달라진다.
3. 동일한 휘발성을 지닌 화합물은 정지상에 대한 분배 계수의 순서에 따라 칼럼을 빠져나온다. 이때 운반 기체는 농도 평형에 관여하지 않는다. 따라서, 분석물의 행동을 결정하는 두 가지 주요 요인은 분석물의 휘발성과 분석물–정지상 간의 상호작용이다.
4. 운반 기체는 오븐 장치의 높은 온도에서 분해되기 쉬운 분석물이 손상되지 않도록 산소를 포함하지 않아야 한다. 일반적인 운반 기체로는 수소 기체가 선택된다. 수소 기체는 **분리 효율(efficiency**, N)을 바꾸지 않고 질소나 헬륨보다 더 빠르게 분석할 수 있게 한다.
5. 일반 용도 혹은 특수 용도로 다양한 GC 모세관 칼럼이 판매되고 있다. 이것들은 McReynolds 상수로 정의되는 머무름 지수와 극성에 따라 분류된다. GC–MS 분석을 위해, 분리될 분자와 상호작용할 수 있는 접목되고(grafted), 가교되며(cross-linked) 출혈이 적은(low-bleed) 칼럼이 선택되어 사용된다.
6. 새로운 칼럼에는 **효율(efficiency**, N)을 명시하는 문서가 실험 조건과 함께 첨부되며, 5개의 시험 화합물에 대한 머무름 지수가 화합물들의 보편적 화학 성질들과 함께 제공된다.
7. 검출기는 일반 검출기와 특수 검출기로 나뉜다. 일반 검출기의 경우 범용으로 사용되며, 감도와 선형성이 좋다. 가장 흔히 사용되는 것은 FID이다. 특수 검출기의 경우 일정 범주의 화합물 혹은 단일 화합물의 검출을 위해 사용된다. 매트릭스가 복잡할 때 크로마토그램을 단순화하고 관심 분석물의 더 나은 정량화를 가능하게 한다.
8. 화합물의 Kovats 지수는 인접한 n-알케인의 머무름 시간들을 이용하여 계산한다. Kovats 지수는 정지상에 의해서만 결정되고 칼럼 혹은 장치의 다른 특성은 관여하지 않는다. 머무름 지수는 가변적인 머무름 시간과 상관이 없으므로 Kovats 지수를 나타내는 표를 이용하면 머무름 지수만을 비교하여 화합물을 식별하는 데 도움이 된다.

문제

1. 모세관 칼럼에서의 평균 유속이 다음 식으로부터 계산됨을 보이시오.

$$D_{\mathrm{mL/min}} = \bar{u}_{\mathrm{cm \cdot s^{-1}}} \times 0.47\, ID^2_{(\mathrm{mm})}$$

여기서, $\bar{u}$는 내부 지름이 ID인 칼럼에서의 평균 선형 속도이다.

2. 유속이 3 mL/min으로 일정한 GC에서, n-운데케인(n-undecane)과 n-트라이데케인(n-tridecane)의 머무름 지수의 변화를 연구한 결과가 다음과 같다.

$$\text{n-decane}: \quad \log k_1 = -6.58 + 2\,450 \cdot T^{-1}$$
$$\text{n-tridecane}: \quad \log k_2 = -7.91 + 3\,010 \cdot T^{-1}$$

a. 다음 일반 형태의 식이 도출되는 근거를 제시하시오: $\log k = -a + b/t$
b. 두 용질이 함께 용출되는 온도 T_1는 몇 도인가? 만약, 온도 T가 T_1보다 작다면 둘 중에서 어떤 용질이 먼저 용출되는가? 또한 T가 T_1보다 크면 어떻게 되는가?
c. 어떤 온도 T_2에서 분리 계수가 2와 같아 지는가?
d. 칼럼의 상 비율이 250과 같다면, 150℃에서 두 용질에 대한 Nernst 분배 인자 K_1과 K_2를 계산하시오.

3. 다음과 같이 특성을 지닌 모세관 칼럼의 최대 효율을 결정하고자 한다.
$L = 12$ m, $ID = 200$ μm, 정지상: 메틸-페닐 폴리실록세인(methyl-phenyl polysiloxane), $d_f = 0.33$ μm
작동 조건: H_2 운반 기체, 주입기 온도: 250℃, 오븐 온도: 100℃, FID 온도: 250℃, 분할 흐름: 30 mL/min.
운반 기체의 유속을 바꿔가면서 펜테인(pentane)에 용해된 *n*-운데케인(*n*-undecane)(주입 부피: 0.5 μL)을 몇 차례 주입한다. 계산 소프트웨어는 다음과 같은 Golay 곡선 식을 제공한다.

$$H = 5.44/u + 0.004\,u$$

여기서 H의 단위는 mm이고, u의 단위는 mm/s이다.

a. 이론단 한 개 해당 높이(HETP)가 최소가 되는 u의 값은 무엇인가? 또한, 그때 H_{min}는 무엇인가?
b. 최대 효율 N_{max}를 구하시오.
c. 효율이 0.95 N_{max}보다 큰 값을 가지려면, 어떤 범위의 u 값을 사용해야 하는가?

4. 아래 표는 3개의 다른 온도에서 동일한 모세관 칼럼(길이 $L = 30$ cm, 내부 지름 = 250 μm)을 이용하여 얻은 4개의 정제된 기체에 대한 머무름 인자 k값들을 포함하고 있다. 정지상은 SE-30형이다. 크로마토그래피 장비는 극저온 장치를 지니고 있다.

	k 값			
화합물	b.p.(℃)	−35	25	40
에텐(ethene)	−104	0.249	0.102	0.0833
에테인(ethane)	−89	0.408	0.148	0.117
프로펜(propene)	−47	1.899	0.432	0.324
프로페인(propane)	−42	2.123	0.481	0.352

a. 화합물의 용출 순서로부터 정지상 SE-30이 극성인지 비극성인지를 유추할 수 있는가?
b. 세 온도에서 프로펜-프로페인 쌍에 대한 선택 인자 α를 계산하시오.
c. 각각의 화합물에 대하여 온도가 증가함에 따라 k값은 왜 감소하는가?
b. 40℃에서 프로펜-프로페인 쌍에 대한 분해능 인자가 2라고 하면 프로페인에 대한 칼럼의 이론 단수는 얼마인가? 이때, 해당하는 HETP 값을 구하시오.

e. 40℃에서 프로페인에 대한 HETP의 최소 이론값은 얼마인가?

5. 일련의 GC 분석에서 칼럼 길이가 크로마토그램의 몇몇 매개변수에 미치는 영향을 결정하고자 한다. 모든 실험은 동일한 온도와 운반 기체의 동일한 유속 조건에서 수행된다.

L (m)	a = $\sqrt{L}$	t_R(min)	t_R/L	R	R/a
15		3,7		2,05	
30		7,5		2,91	
60		15,3		4,15	

a. 표를 완성하시오.
b. 측정의 불확실성이 존재하는 상황에서, 머무름 시간과 칼럼 길이 사이의 어떤 간단한 관계를 생각할 수 있는가?
c. 측정의 불확실성이 존재하는 상황에서, 분해능과 칼럼 길이의 제곱근 사이의 어떤 간단한 관계를 생각할 수 있는가?
d. 분해능을 결정하는 두 봉우리가 동일한 반높이폭(FWHM)을 가질 때, FWHM과 칼럼 길이 사이의 관계와, 칼럼의 이론 효율과 칼럼 길이 사이의 관계를 유추하시오.
e. R 계산에 사용된 두 봉우리의 머무름 시간이 각각 8.3 min과 9.7 min이고, 칼럼의 길이가 60 m이다. 두 봉우리의 FWHM 값을 계산하고(문제 d에서의 가정 사용), 머무름 시간이 8.3 m인 용질에 대하여 칼럼의 이론 효율을 계산하시오.
f. 동일한 용질에 대하여 칼럼의 길이가 15 m와 30 m일 때 이론 효율을 계산하시오.

6. 무연 휘발유의 크로마토그래피 분석은 다음과 같은 조건에서 수행된다.

칼럼: L = 150 m, ID = 0.25 mm, d_f = 0.25 μm, 비극성 정지상 'PDH 150'.
주입기, 100:1 분할(split) 비율, T = 200℃; FID 검출기, T = 200℃; 오븐 T = 35℃; 운반 기체, He; u = 20 cm/s; 칼럼 입구 압력, 2.5 bar; 주입 부피 = 1 μL.

다음 표는 주어진 실험 온도에서 얻어진 크로마토그램에서 관찰되는 용해 자유 엔탈피의 변화가 나열되어있다.

용질	2,3-다이메틸 펜테인 (2,3-dimethyl pentane)	2,4-다이메틸 펜테인 (2,4-dimethyl pentane)	2-메틸 헥세인 (2-methyl hexane)	3-메틸 헥세인 (3-methyl hexane)	벤젠(benzene)
ΔG^0_{308}(kJ/mol)	−17.79	−16.80	−17.73	−18.05	−17.27

다양한 용질의 봉우리 번호에 따른 머무름 시간은 다음과 같이 주어진다.

봉우리 번호	10	11	12	13	14
t_R(min)	48.00	55.17	63.90	64.59	68.28

a. 이 분석에서 관찰되는 불감 시간(hold-up time) t_M을 계산하시오. 메테인(methane)은 위 정지상에 머무르지 않는다는 것을 고려할 때, 실험 온도에서 메테인의 자유 엔탈피 변화를 예측하시오.
b. 각 봉우리에 해당하는 용질을 지정하고, 그렇게 지정한 근거를 제시하시오.

c. 2,3-다이메틸 펜테인 봉우리의 FWHM 값이 25 s일 때, 이 칼럼의 이론단수를 결정하시오.

d. 이 칼럼의 상 비율을 계산하시오.

e. 벤젠의 분배 계수 K를 다음와 같은 두 가지 방법으로 계산하시오.

i. 용해 자유 엔탈피의 변화를 이용하여

ii. 머무름 인자(retention factor)를 이용하여

7. 불감 시간 t_M을 평가하는 가장 좋은 방법은 칼럼에 머무르지 않는 화합물의 머무름 시간을 측정하는 것이다. 여기서는 머무름 인자(retention factor)를 구하는 데 사용되는 관계식으로부터 불감 시간을 계산하는 또 다른 방법을 설명하려 한다. 동종 계열의 유기 화합물에 대한 머무름 인자를 알고 칼럼의 온도가 일정하다면 다음 식과 같이 쓸 수 있다.

$$\log(t_R - t_M) = a \cdot n + b$$

(여기서, t_R은 탄소 원자수 n개를 갖는 화합물의 총 머무름 시간이고, a와 b는 선택된 용질과 정지상에 의해 결정되는 상수이다).

a. 불감 시간 t_M을 알기 위해 필수적인 크로마토그래피 매개변수를 쓰시오. t_M을 결정하는 데 일반적으로 사용되는 화합물은 무엇인가?

b. 위의 방법을 이용하여 다음의 실험 결과로부터 t_M을 계산하시오. 탄소 원자가 각각 6, 7, 8개로 이루어진 선형 알케인 혼합물을 크로마토그래프에 주입시켰을 때 이들 화합물의 머무름 시간은 80℃의 일정한 온도에서 각각 271 s, 311 s, 399 s이다(칼럼의 길이는 25 m, $ID = 0.2$ mm, $d_f = 0.2$ μm, 그리고 정지상은 폴리실록세인으로 만들어졌다).

c. 만일 스쿠알란에 대한 피리딘의 Kovats 머무름 지수가 695이고, 실험 조건에서 머무름 시간이 346 s라고 하면 실험 중에 있는 이 칼럼에서 이 화합물의 McReynolds 상수는 얼마인가?

8. GC 실험에서 n-알케인(n개의 탄소 원자까지 고려하고 n은 변수이다)과 1-뷰탄올($CH_3CH_2CH_2CH_2OH$)의 혼합물을 일정한 온도로 유지되는 칼럼에 주입하였다. 정지상은 다이메틸폴리실록세인(dimethylpolysiloxane) 형태의 물질이다. 크로마토그램으로부터 얻어진 Kovats 직선식은 다음과 같다.

$$\log t_R = 0.39\ n - 0.29 \quad \text{(여기서 조정된 머무름 시간 } t_R\text{의 단위는 초이다.)}$$

뷰탄올의 보정 머무름 시간은 168 s이었다. 만일 스쿠알란 칼럼에서 뷰탄올의 머무름 지수가 590 s로 알려져 있다면 이 칼럼에 대한 뷰탄올의 McReynolds 상수를 구하시오.

9. 다음 실험 조건에서 얻어진 크로마토그램을 연구하고자 한다.

칼럼: DB-WAX, $L = 30$ m, $ID = 0.321$ mm, $d_f = 0.25$ μm; 오븐 온도 = 210℃; 이동상: H_2, $u = 50$ cm/s; 주입 부피 0.2 μL; 검출기: FID, 온도 = 220℃.

크로마토그램은 다음 특성을 지닌 3개의 봉우리를 나타낸다.

봉우리 1: $t_{R1} = 1.01$ min; $\delta = 0.151$ min.

봉우리 2: $t_{R2} = 1.95$ min; $\delta = 0.0277$ min.

봉우리 3: $t_{R3} = 2.01$ min; $\delta = 0.0284$ min.

a. 칼럼의 불용 부피(dead volumn)를 계산하시오. 이것으로부터 무엇을 결론내릴 수 있는가?

b. 이동상의 유속을 mL/min 단위로 추론하시오.

c. 칼럼의 상 비율을 계산하시오.

d. 2번 봉우리의 HETP(H)를 계산하시오.
e. 2번과 3번 봉우리의 머무름 인자 k 값을 계산하시오.
f. 위 문제의 두 봉우리에 대한 분배 계수 K를 추론하시오.
g. 2번 화합물과 3번 화합물 사이의 선택 인자 α를 계산하시오.
h. 위 두 봉우리 사이의 분해능을 계산하시오. 분해능은 충분한가? 분해능을 향상시키기 위한 방법은 무엇인가?
i. 동일한 칼럼을 이용한 Kovats 머무름 인자 값들은 옥테인(octane), 톨루엔(toluene), 펜탄산 메틸(methyl pentanoate)에 대해 각각 800, 850, 985이다. 이 정지상을 이용할 때, 이 세 용질의 머무름 시간이 증가하는 순서대로 나열하시오.
j. 이 정지상의 극성은 무엇인가? 그렇게 판단한 이유는 무엇인가?

고성능 액체 크로마토그래피

서론

이동상이 액체인 모든 크로마토그래피 방법 중에서 고성능 액체 크로마토그래피(high-performance liquid chromatography, HPLC)가 가장 널리 알려져 있다. HPLC의 응용은 기체 크로마토그래피와 많은 부분이 겹치지만, 열적으로 불안정하거나 분자량이 큰 많은 생체 분자를 추가로 분석할 수 있다. 정지상은 매우 작은 입자 혹은 다공성 단일체(porous monolith)로 구성되며 이동상이 흐르기 위해 고압의 펌프가 사용되어야 한다. HPLC 칼럼의 **효율**(**efficiency**)은 GC의 효율보다 낮지만, 정지상, 이동상, 용질 사이의 가능한 상호 작용들은 **선택성**(**selectivity**)을 높여 준다. 칼럼의 발전을 통해서 더욱 얇은 칼럼의 사용이 가능해졌고 현재는 모세관 칼럼의 사용도 가능해져서 초고성능 액체 크로마토그래피(ultra-HPLC, UHPLC, UPLC)와 나노-HPLC도 가능해져서 빠른 분석과 이동상의 절약이 가능해졌다. 마지막으로, HPLC와 질량 분석과의 결합(HPLC−MS/MS)은 많은 분석, 연구 및 생화학 실험실의 필수적인 도구 중 하나가 되었다.

학습목표

소개 HPLC 장치의 조성	**설명** 주입 루프의 원리
이해 이동상의 역할	**서술** 주요 검출기
비교 정지상	**최적화** 분리
선택 분리에 사용되는 정지상	**소개** HPLC의 현재 방향

3.1 HPLC 장치의 설계

HPLC는 칼럼을 이용한 가장 오래된 형태의 액체 크로마토그래피에서 유래된 것으로, 소형화, 전체 과정의 컴퓨터 제어, 정지상 선택 과정 등을 통하여 그 성능이 점진적으로 향상되고 있다. 정지상은 지름 2~10 μm의 구형 마이크로 입자 또는 다공성 단일체(porous monolith)로 구성되는데, 매우 밀집된 구조이기 때문에 칼럼 머리 부분에 수백 bar의 저항 압력(counterpressure)이 생기게 되어 이동상의 충분한 흐름을 만들려면 고압의 펌프를 사용하여야 한다.

이러한 특징 때문에 액체 크로마토그래피 시스템은 각각의 역할을 하는 분리된 몇 가지 특수화된 모듈을 이용하거나, 아니면 하나로 통합된 형태를 이용하여 경로를 줄여서 이동상의 불용 부피를 줄이거나 작은 크기로 만들어서 시연의 목적을 달성하게 된다(그림 3.1).

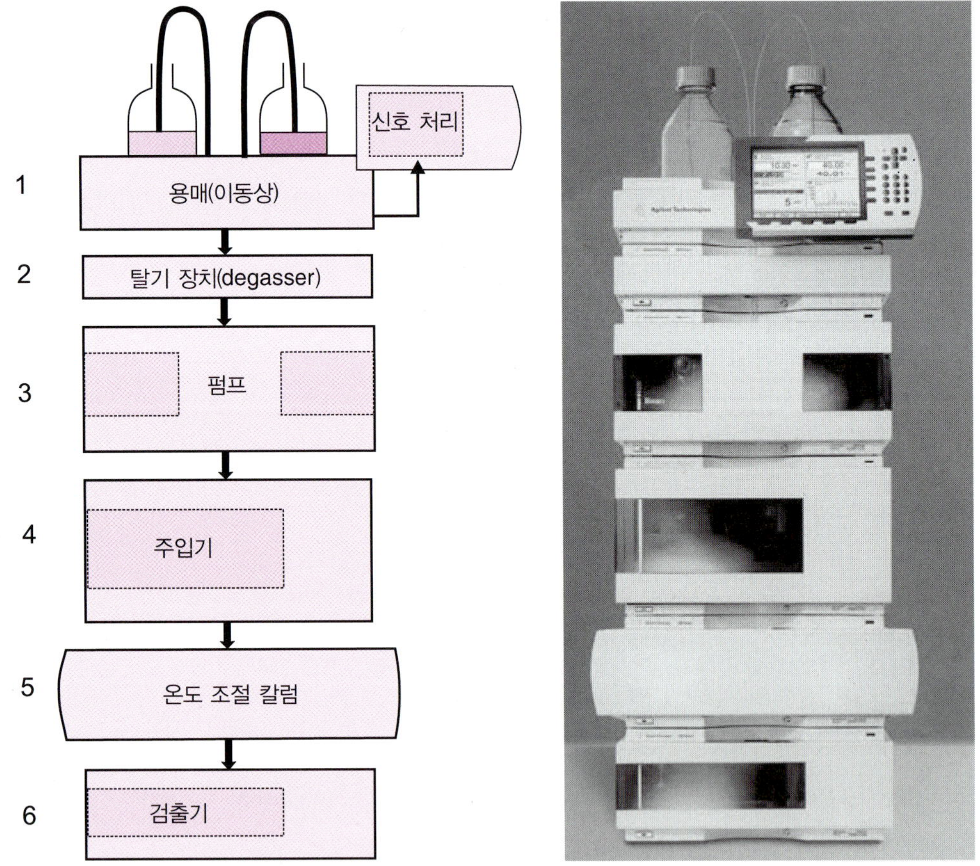

그림 3.1 **HPLC 설치 다이어그램. 모듈식 구성의 예** 대다수의 경쟁 모델들에서 다양한 모듈의 칼럼 표시가 공통적이다. 여기서는 Agilent 사의 1200 모델 크로마토그래피를 나타내었다(Agilent Technologies 사의 승인을 받아 재생산함). 자동 주입기를 통해 연속 작동을 가능하게 하며, 온도 조절 칼럼을 통해 분리의 재현성을 개선할 수 있다.

이동상의 순환을 보장하기 위해, 이러한 모듈은 매우 작은 내경(약 0.1 mm 정도)의 관으로 연결된다. 이들 관은 강철 혹은 고압(350 bar)에서 HPLC 용매 저항성이 강하고 유연 고분자인 PEEK(polyether ether ketone)으로 연결된다.

낮은 유속은 Poiseuille의 법칙을 따른다. 이동상의 속도는 배관의 중심에서 최대이고 벽과 접촉할 때 0이다. 따라서 화합물의 분산이 생겨서 필연적으로 봉우리의 확장이 초래된다. 분리를 개선하기 위해서는 칼럼 외부의 이동상 부피가 가능한 한 최소화되도록(칼럼 불용 부피의 10%) 한다.

3.2 펌프와 기울기 용리

3.2.1 펌프

모든 HPLC 장치는 충전물이 조밀하게 채워진 칼럼을 통해 이동상을 흐르게 하기 위하여 적어도 1개 이상의 펌프를 가지고 있다. 따라서 이동상의 흐름 속도, 이동상의 점도, 정지상 특성에 따라 주입기에 걸리는 압력은 40 MPa(400 bar)까지 증가한다.

여기에 관여하는 다양한 인자는 식 3.1에서 발견되는데, 식 3.1을 이용하면 HPLC 장치 입구와 출구(출구의 압력은 대부분의 경우 대기압이다.) 사이의 압력 차이(ΔP)를 대략적으로 계산할 수 있다.

$$\Delta P = \Phi \frac{\eta \cdot L \cdot \bar{u}}{d_P^2} \tag{3.1}$$

여기서 ϕ는 칼럼 충전제에 따른 유속 저항 인자, η는 이동상의 점성, L은 칼럼의 길이, $\bar{u}$는 이동상의 평균 유속, d_P는 충전 입자의 지름이다.

펌프는 이동상의 조성이 변하더라도 맥동(pulsation) 없이 안정한 흐름 속도를 유지하도록 설계되어 있다. 이들 펌프는 일반적으로 연속적으로 연결된 서로 반대 방향으로 작동하는 2개의 피스톤이 있어 흐름 속도의 끊김을 줄여 준다(그림 3.2). 피스톤의 움직임 범위는 특정 형식의 단계별 모터에 의해 제어된다.

용매에 상당량 용해되어 있는 대기의 기체(N_2, O_2, CO_2 등)는 이동상의 압축 정도를 변화시켜 기포를 발생시켜 분리를 방해할 수 있다. 특히 산소는 칼럼의 수명을 감소시키고, 전기화학적 및 광도법 UV 검출기의 작동을 방해할 수 있다. 따라서 초음파, 헬륨 기포 발생기 또는 막처럼 작용하는 작은 지름의 기체 투과성 고분자 관을 통과시키는 방법으로 용매를 탈기(degas)해야 한다(그림 3.2).

완벽하게 흐름 속도를 조절하려면 펌프와 주입기 사이에 압력(또는 맥류(펄스, pulse)) 감쇠기(damper)를 설치해야 한다. 압력 감쇠기는 역학적 밸러스트(압력 완충 주머니)의 원리로 작동한다. 가장 간단한 역학적 밸러스트는 펌프와 주입기 사이에 매우 작은 구경의 관을 수 미터 길이로 코일처럼 감아서 연결하는 것이다. 용매 파동의 영향하에서 관이 약간 풀리면서 내부 부피가 증가하면 압력 변화가 상쇄된다.

충전 모세관 칼럼에 필요한 마이크로 흐름 속도(예를 들어, 1 μL/min)를 얻으려면, 같은 펌프를 사용하되 펌프 출구에서 흐름을 두 분획으로 나누어 그중 작은 분획을 칼럼으로 보낸다. 압력이 높을 경우 부식성이 더 클 수도 있는 낮은 pH의 많은 용리액 혼합물에 견디기 위하여, 이동상과 접촉하는 성분과 표면은 비활성이어야 한다. 따라서, 펌프의 피스톤과 밸브는 사파이어, 마노(agate), 테플론 또는 특수 합금으로 제조된다.

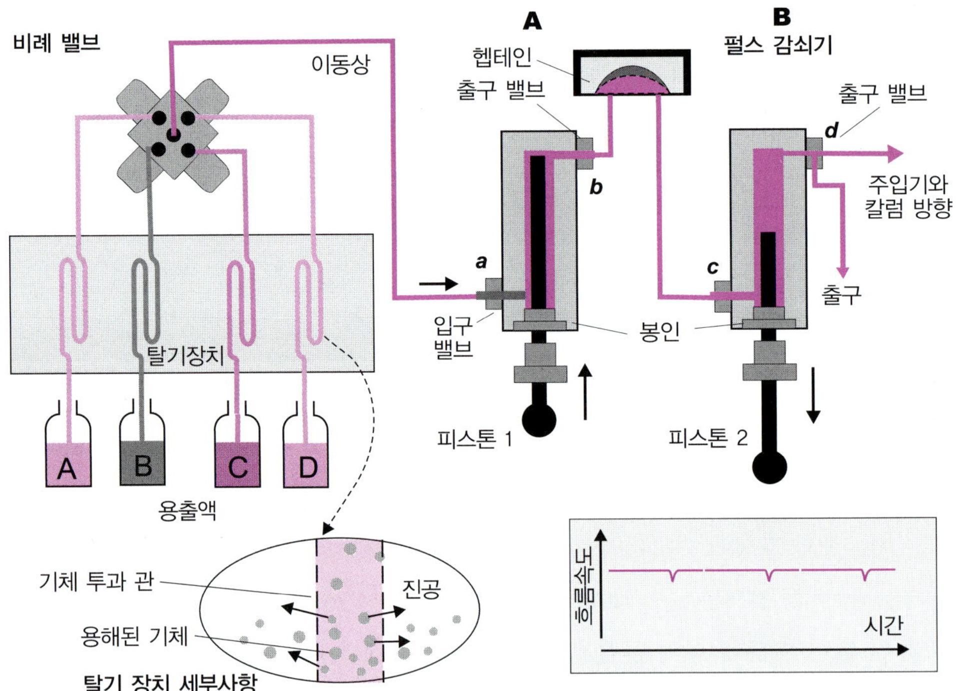

그림 3.2 이중 피스톤 왕복 펌프의 개략도 실린더 A의 출구 밸브 *b*가 닫히고 입구 밸브 *a*가 열린 뒤부터 A의 피스톤은 뒤로 이동하며, 용매실이 채워진다. 그 사이 입구 밸브 *c*가 닫히고, 출구 밸브 *d*가 열린다. B의 피스톤이 앞으로 움직여 이동상을 칼럼 쪽으로 밀어낸다. 피스톤 B가 밀어낸 부피는 A 피스톤실 내 부피의 반이다. 이 움직임이 끝날 때, *a*는 닫히고, *b*와 *c*는 열린다. A의 피스톤이 앞으로 움직여 A 피스톤실 내의 용매를 밀어낸다(그림에서 보는 바와 같다). 이 부피의 반이 제거되어 칼럼으로 직접 방출되고, 나머지 반은 B의 피스톤이 뒤로 물러나면서 생긴 실린더 B의 공간을 채운다. 펄스 흡수기는 두 실린더 사이에 위치한다. 아래: 시간에 따른 피스톤의 운동에 따른 흐름 속도의 변화를 보여 주는 그래프와 탈기 장치(degasser)의 원리

디자인에 따라 HPLC 기기는 하나 이상의 펌프를 지닌다. 이들 펌프는 혼합실(mixing chamber) 바로 앞이나 바로 뒤에 연결되어 있으며, 고정된 양(**등용매 용리 방식**(**isocratic mode**))이나 **용리 기울기**(**elution gradient**)를 만들기 위하여 가변 조성의 용리액을 운반할 수 있다. 두 번째 경우 설정한 조성이 만들어지도록 용매 압축성의 차이가 보상되어야 한다.

3.2.2 고압 및 저압 기울기

시간에 따라 이동상의 조성이 변화하는 이동상 기울기(mobile phase gradient)를 만들려면, 극성이 다른 몇 개의 용매가 있어야 한다. 장비에 펌프가 한 대인 경우 전자적으로 작동하는 솔레노이드 밸브(solenoid valve)가 프로그램화된 조성으로 용매를 공급해 주는 저압(low-pressure) 혼합실이 펌프 앞에 있어야 한다. 반대로, 고압(high pressure) 이동상 기울기를 하려면 용매의 수에 따라 2개 이상의 펌프가 있어야 한다. 펌프와 칼럼 사이에 위치한 T자 관에서 최종적으로 얻고자 하는 조성이 나온다(그림 3.3).

> 다수의 분석이 성공적으로 수행되려면 되도록 기울기의 사용을 피하고, 고정된 조성의 단일 용리액을 사용하는 것이 좋다. 이것은 초기 상태로 재평형하는 데 걸리는 분석 후의 평형 시간을 줄일 수 있다. 기울기 후 두 상을 초기 조성으로 재평형화하려면 불감 부피(hold-up volume)의 적어도 10배에 해당하는 이동상을 흘려주어야 한다.

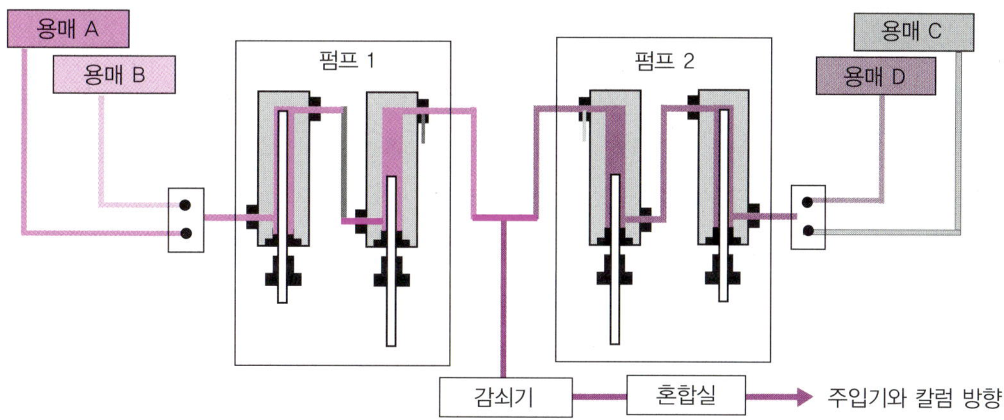

그림 3.3 고압 기울기 용리 시스템의 예 펌프는 함께 혼합될 수 있는 용매의 갯수에 따라 2차, 3차, 혹은 4차라고 불린다(이 예시는 4차 시스템이다).

3.3 주입기

HPLC에서는 칼럼에서 검출기로 가는 이동상의 흐름의 방해를 최소화하면서, 안정한 흐름을 얻기 위하여 가능한 한 빨리 정확한 부피의 시료를 칼럼 머리에 주입해야 한다. 수동 또는 자동으로 작동하며, 여러 개의 흐름 경로를 가지고 있고, 칼럼 바로 앞에 위치한 특수 고압 밸브를 사용하여 시료를 주입한다(그림 3.4). 주입기는 30,000 kPa보다 큰 압력을 견딜 수 있는 정밀 부품이다. 주입 밸브는 두 가지 다른 위치에서 작동한다.

- **채우기**(**load**) 위치에서는 펌프와 칼럼 사이로 흐름이 연결된다(그림 3.5). 용액 속에 포함된 시료는 대기압에서 주사기를 사용하여 **고리**(**loop**)라고 하는 곡선의 짧은 관 속으로 도입된다. 각 고리는 일정 부피를 가지며, 밸브의 로터 안에 들어 있거나 밸브 케이스의 바깥에 연결되어 있다.
- **주입**(**inject**) 위치에서는 밸브를 60° 돌려 시료 고리와 이동상 흐름이 연결됨으로써 고리 안에 든 시료를 이동상 흐름 속으로 주입한다. 고리에 시료를 완전히 채워서 주입하는 것이 재현성이 매우 높다.

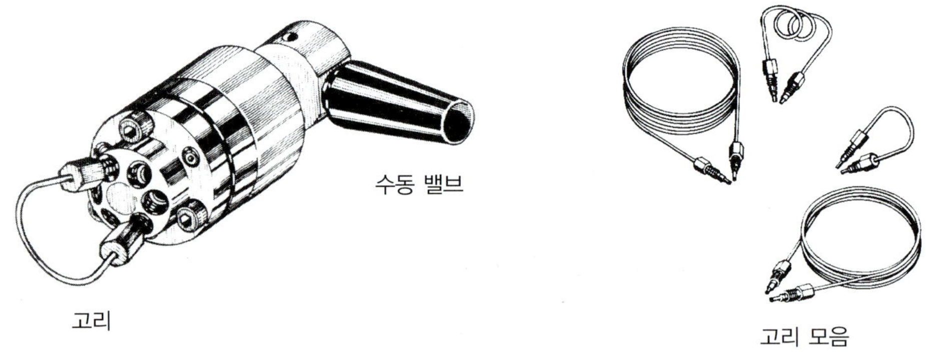

그림 3.4 **HPLC 주입 밸브와 여러 가지 고리** 왼쪽: 주입 밸브의 후면 (고리가 연결되어 있고 6개의 입구/출구가 보임). 오른쪽: 부피가 다른 여러 가지 고리.

3.4 칼럼

HPLC가 꾸준히 개발되고 있지만, 정지상은 두 소결된 디스크(sintered disc)가 앞뒤에 위치한 강철 칼럼 안에 존재하거나 또는 나노-HPLC의 경우 GC에서보다 매우 많이 짧은 실리

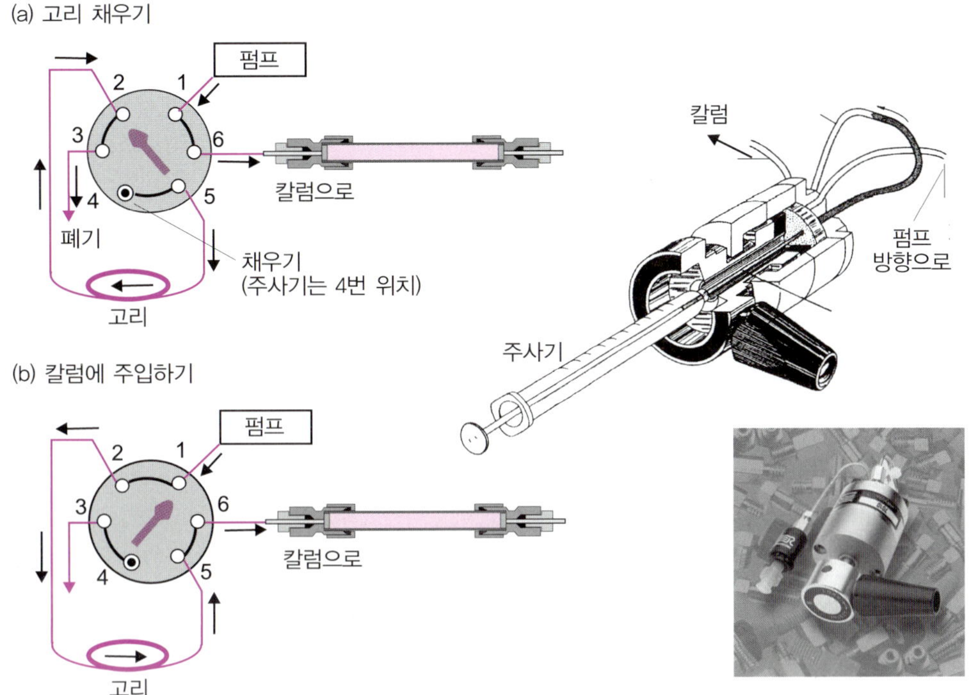

그림 3.5 고리를 이용한 주입 (a) 고리에 시료 넣기. 이 단계에서 주사기가 4번 위치에 삽입된다. (b) 칼럼에 주입하기 (손잡이 위치가 바뀌었음에 유의하자). 밸브들은 자동화될 수 있다.

카 칼럼 안에 존재한다(그림 3.6). 이러한 칼럼들은 포함하고 있는 유용한 부피가 명시되는데, 이는 해당 정지상이 수용할 수 있는 부피이다. 따라서 원래부터 존재하던 HPLC 칼럼은 내부 지름이 4.6 mm이고 길이는 10~25 cm이다. 하지만 점차적으로 칼럼의 지름이 작아지고 있다. 결과적으로 현재는 다양한 종류의 칼럼이 존재하는 지름이 1.5 mm인 것과 길이가 5 cm인 것도 있으며, 나노-HPLC의 경우 모세관 칼럼을 사용하기도 한다. 이러한 개선은 정지상 영역의 발전으로 가능해졌으며 다음과 같은 장점들이 존재한다.

- **더욱 빠른 분리(faster separation)** 더 짧은 칼럼을 사용하면 분석 시간을 줄이게 되는데, 이때 동일한 효율(efficiency) N을 가지려면 정지상 입자의 지름 d_p가 작아져서 L/d_p 비율이 일정하게 유지되어야 한다. 현재 가장 작은 지름 d_p는 1.5 μm이다. 대신, d_p^2에 반비례(식 3.1)하는 압력 강하 ΔP 값이 매우 증가하게 된다. 따라서, 현재 펌프는 800 bar까지 도달할 수 있다. 또한, 칼럼의 온도를 증가시키면 이동상의 점성이 감소해서 빠르게 농도 평형에 도달할 수 있어서 분석 속도를 빠르게 할 수 있다.
- **향상된 효율(better efficiency)** 얇은 칼럼은 감도를 향상시킨다. 얇은 칼럼을 상용하면 필요한 이동상의 부피를 감소시켜서 칼럼에서 분석물의 농도를 증가시켜서 검출기의

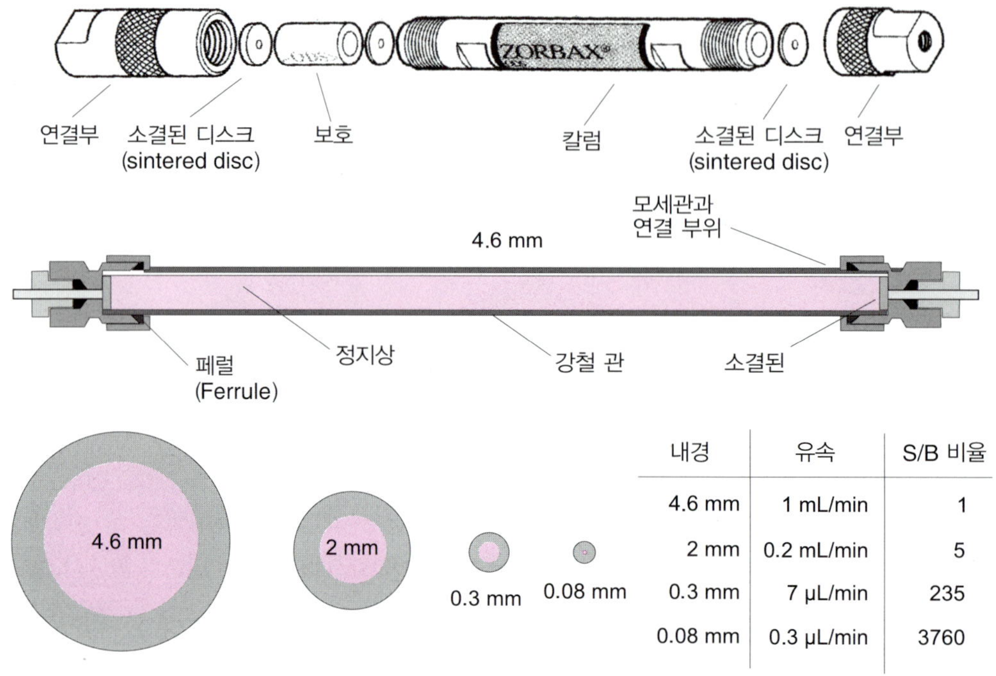

내경	유속	S/B 비율
4.6 mm	1 mL/min	1
2 mm	0.2 mL/min	5
0.3 mm	7 μL/min	235
0.08 mm	0.3 μL/min	3760

그림 3.6 **HPLC용 표준 칼럼과 보호 칼럼 ZORBAX®** 칼럼과 그 분해도. 정지상은 두 개의 다공성 디스크 사이에서 유지된다. 관의 내부 표면은 적절한 불활성화 처리가 된다. 보호 칼럼은 주기적으로 교체되어 칼럼이 막히는 것을 막는다. 위 그림에서는 다른 지름을 갖는 4개의 칼럼이 소개되었다. 이 4개 칼럼의 충전제가 동일한 특성을 지니고 동일한 다공성(porosity)를 지닌다고 하면, 일반적인 HPLC(왼편)에서 모세관 HPLC 혹은 나노-HPLC(오른편)으로 전환하면 장점이 있다. 칼럼의 지름의 작아지면, 이동상의 소비가 줄어들게 되고, 감도가 증가하게 된다.

반응을 향상시킨다. 따라서, 감도가 좋아지게 된다. U-HPLC(ultra-high-performance liquid chromatography)에서 얻어지는 크로모토그래피 봉우리는 일반적인 HPLC에서보다 좁아서 신호/바탕 잡음 비율이 향상된다(그림 3.6).

- **이동상 소비 감소(less consumption of mobile phases)** 적은 양의 이동상 사용은 절약의 근원이자 HPLC를 '녹색 화학(green chemistry)' 분야로 이끄는 목표이다. 그 대신, 모세관 크로마토그래피와 나노 크로마토그래피에서 사용되는 매우 좁은 칼럼을 사용하기 위해서는 장치가 설치되어 이동상의 미세 유속을 제어하거나, 기울기 용리용 혼합실로부터 검출기 셀 부피까지 전체 경로에 존재하는 불감 부피을 최소화하여야 한다.
- **질량 분석에 의한 향상된 검출(better detection by mass spectrometry)** 이동상의 유속이 감소하면, 질량 분석과 결합이 용이해진다. 또한, 호환 가능한 이동상을 사용하면 LC/MS 연결 기술을 돕게 되었고 단백질체학과 같은 새로운 분야를 개척하게 하였다.

분석 칼럼 앞에 분석 칼럼의 정지상과 같은 정지상으로 채워진 짧은(0.4~1 cm) 전치 칼럼(precolumm) 혹은 **보호 칼럼(guard columm)**을 두기도 한다(그림 3.6). 이것은 분석 칼럼이 막힐 수도 있는 불순물들을 잡아주어, 칼럼의 성능을 유지시키고 수명을 연장시킨다.

3.5 정지상

정지상은 칼럼 안에 존재하는데, 구형의 미세입자 혹은 다공성 고체로 되어 있으며, 이동상과 접촉하는 표면적은 수백 m^2/gram까지 될 수 있다. 따라서, 존재하는 다양한 용질들과 분배 메커니즘을 선호한다.

3.5.1 기본 정지상 재료인 실리카 젤

정지상으로 사용되어 온 알루미나(alumina), 산화 지르코늄(zirconium oxide), 유기 고분자 등 다양한 재료 중에서, **실리카 젤(silica gel)**은 매우 중요한 역할을 한다. 실리카 젤의 본질적인 특징은 그 중요한 상업적 발전의 근원이 된다.

이것은 $SiO_2(H_2O)_n$의 조성(n은 0에 아주 가까움)을 갖는 무정형의 단단한 고체로 그 전구체인 천연 결정성 실리카(SiO_2)와는 아주 다르다. 후자는 테트라알콕시실레인(tetraethoxysilane)를 **솔-젤(sol-gel)** 중합하여 만든다.

실리카 젤은 결정성 실리카와 같은 매우 규칙적인 구조를 가지지는 않지만, 실리콘 원자당 4개의 공유 결합을 가지는 사면체 배열을 가지고 있다. 실리카 젤은 그물구조의 무기 중합체(그림 3.7)이며, 다양한 수의 **실란올기(silanol group)**를 가지고 있어서 최종 소성 과정을 어렵게 한다. 이 실란올기는 페놀과 유사한 pK_a 값(10)을 가지기 때문에 산성 촉매 작용을 일으키기도 한다. 실란올기의 농도는 ^{29}Si NMR을 사용하거나 공유 결합된 정지상의 탄소 함량을 정량하여 알 수 있다.

실리카 젤은 다양한 크기의 동공(pore)을 지닌다. 균일하게 칼럼을 충전하기 위해서는 구형의 미세입자(microparticle)를 이용하거나 다공성 단일체(porous monolith, 그림 3.7)를 이용한다. 실제로, 이동상 및 용해되는 화합물에 대한 선호 경로 형성을 방지할 필요가 있다.

- 미세 구(nicrosphere)는 일반적으로 주어진 칼럼에 따라 일정한 지름을 갖는데, 크기는 1 μm에서 12 μm이다.
- 단일체(monolith)는 최근에 소개되었는데 칼럼 자체에 한 덩어리의 실리카 젤에 의해 형성되기 때문에 그렇게 명명되었다(그림 3.7). 단일체는 흥미로운 대안을 제공하는데

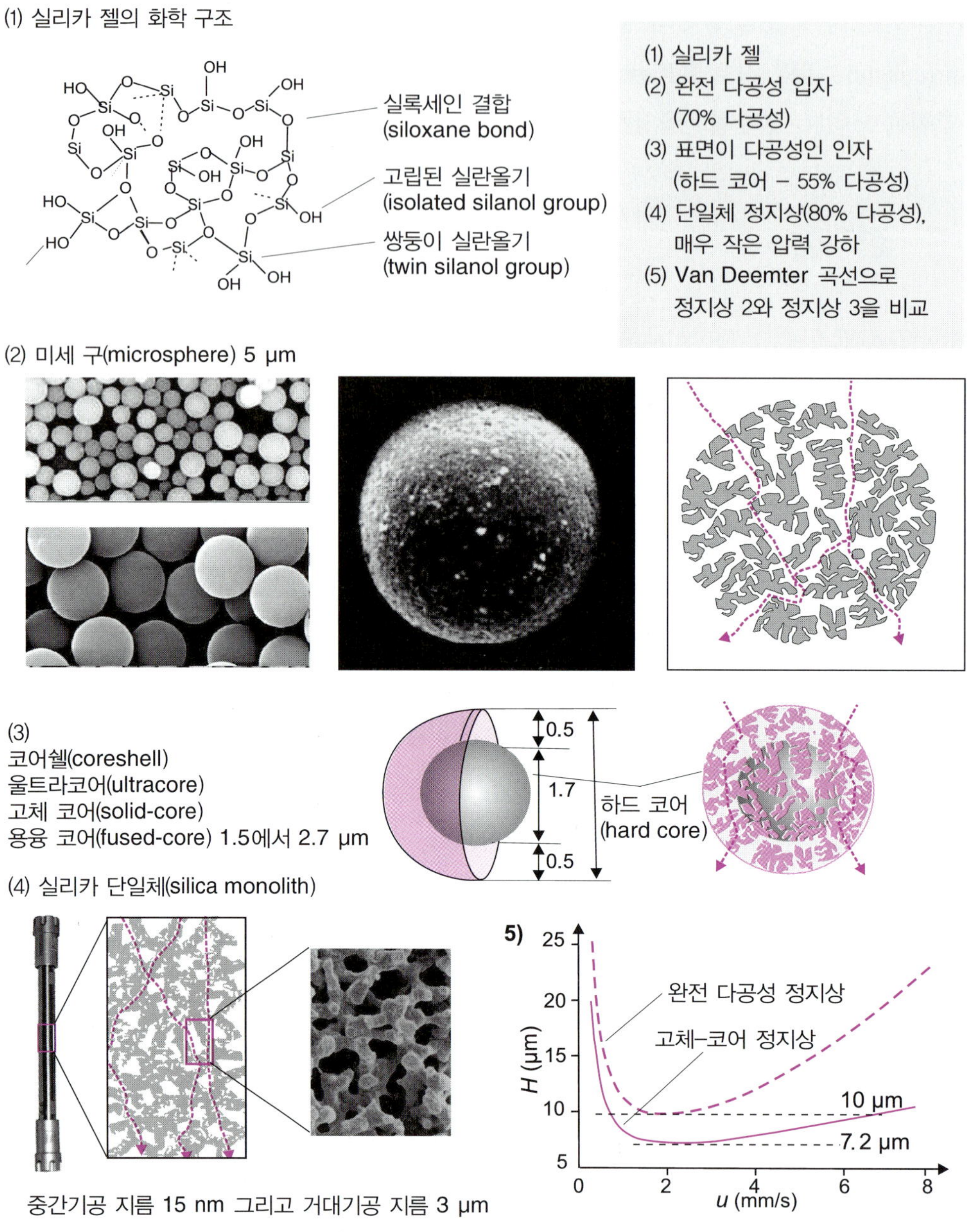

(1) 실리카 젤의 화학 구조

실록세인 결합 (siloxane bond)
고립된 실란올기 (isolated silanol group)
쌍둥이 실란올기 (twin silanol group)

(1) 실리카 젤
(2) 완전 다공성 입자 (70% 다공성)
(3) 표면이 다공성인 인자 (하드 코어 – 55% 다공성)
(4) 단일체 정지상(80% 다공성), 매우 작은 압력 강하
(5) Van Deemter 곡선으로 정지상 2와 정지상 3을 비교

(2) 미세 구(microsphere) 5 μm

(3)
코어쉘(coreshell)
울트라코어(ultracore)
고체 코어(solid-core)
용융 코어(fused-core) 1.5에서 2.7 μm

0.5
1.7
0.5
하드 코어 (hard core)

(4) 실리카 단일체(silica monolith)

중간기공 지름 15 nm 그리고 거대기공 지름 3 μm

5)
완전 다공성 정지상
고체–코어 정지상
10 μm
7.2 μm
H (μm)
u (mm/s)

그림 3.7 HPLC용 실리카 젤 위 그림의 Van Deemter 곡선이 나타내고 있는 정지상 2와 정지상 3에서 볼 수 있듯이, 하드코어(hard core) 정지상은 주목할만한 성능 향상을 나타낸다. 단일체 칼럼(monolithic column)의 거대기공(macropore)과 중간기공(mesopore)은 이동상의 순환을 원활하도록 하고 미세기공(micropore)은 농도 균형을 유지한다.

그 이유는 더 투과성이 있기 때문에 칼럼에 의한 압력 강하 효과가 크기 않기 때문이다(그림 3.8).

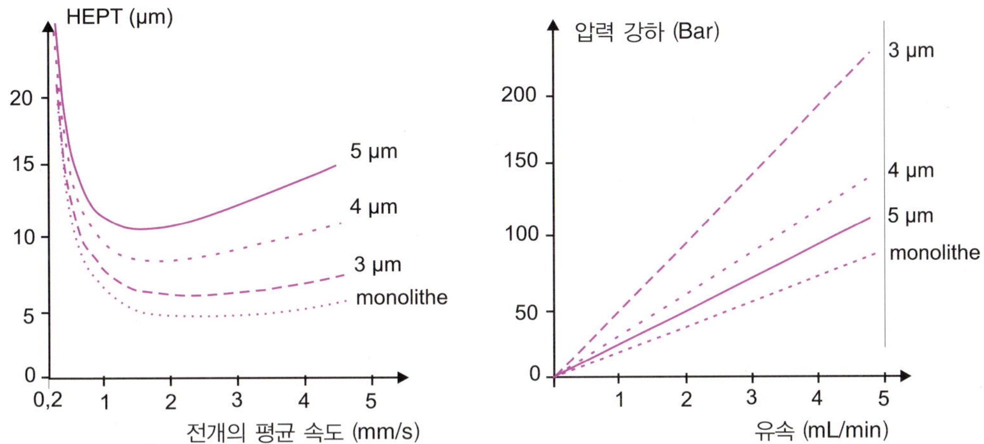

그림 3.8 정지상 특성과 효율 동일한 유속에서 입자의 크기가 커짐에 따라 HETP 값은 감소하고 압력 강하는 증가한다. 단일체 칼럼(monolithic column)은 상 사이의 질량 이동이 증가하여 성능이 향상된다. 실험은 동일한 제조사의 RP-18 정지상으로 충전된 5 cm 칼럼에서 수행되었고 시험 물질로는 나프탈렌을 사용하였다.

실리카 젤의 특성은 **내부 구조(internal structure)**, **개방 다공성(open porosity**, 동공의 크기와 분포), **비표면적(specific surface area)**, **압착 내구성(resistance to crushing)** 및 **극성(polarity)** 등과 같은 여러 매개변수에 의해 정해진다. HPLC에 쓰이는 실리카 젤은 m^2당 보통 약 5개의 실란올기를 가진다. 비표면적은 350 m^2/g 정도이며, 동공의 크기는 보통 10 nm이다. 구형 입자의 경우, 칼럼 내 공극에 존재하는 이동상의 부피는 칼럼 전체 부피의 30~70%이다.

단일체 정지상을 이용하면 전통적인 칼럼보다 더 큰 이동상의 흐름이 가능해진다. 동공(pore) 지름이 3 μm인 거대기공은 칼럼의 투과성(전체 다공성 80%)을 보장하고, 평균 동공 지름이 12 nm인 중간기공은 미세한 다공성 구조를 형성하여 분자의 흡착이 일어나는 상당히 큰 비표면적을 형성한다(그림 3.7).

20세기 초 Tswett가 사용하였던 분필 가루 또는 분말 설탕이 정지상으로 사용되었던 때와 비교하면 지금은 많은 것이 바뀌었다. 실리카를 화학 처리하여 마술 모래(magic sand)를 만드는 셈이다.

준비용 크로마토그래피(preparative chromatography)에서 사용하는 무정형 형태의 실리카 젤을 만들기 위해 수열(hydrothermal) 과정을 이용한다. 먼저 염기 용해 과정으로 얻어진 정제된 모래에서 얻은 규산 소듐[Na_2SiO_3](옛 이름: 물유리(water glass))을 산성화하여 불안정한 오쏘규산(orthosilicic acid, $Si(OH)_4$)(1)을 만든다. 이 오쏘규산은 우선 이합체화(2)한 다음 점차 다중 축합 반응을 진행하여, 수산화기로 이루어진 표면을 갖는 콜로이드 입자가 된다. 응집을 통해 젤라틴성 실리카의 **하이드로젤(hydrogel)**이 되고, 이를 소성(calcination)시키면 밀도가 높은 실리카 젤(**제로젤(xerogel)**) 알갱이가 생긴다.

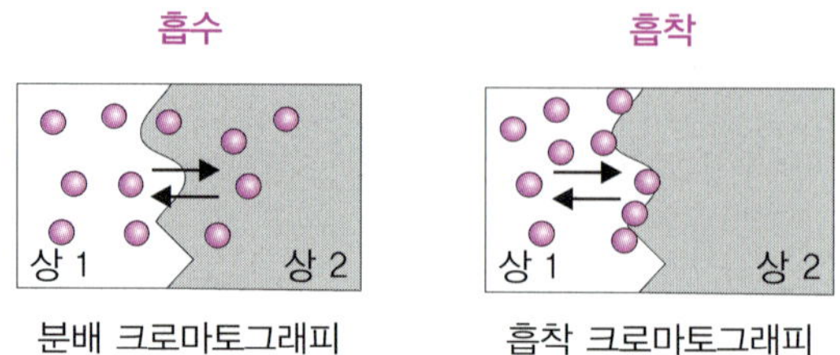

그림 3.9 **흡착(adsorption) 및 분배(partition) 현상** 흡수(absorption)와 달리 흡착(adsorption)은 경계면에서 발생하는 현상이다.

$$SiO_2 + NaOH \longrightarrow Na_2SiO_3 + H_2O$$

$$Na_2SiO_3 \xrightarrow{H_3O^+} \underset{\text{오쏘규산 1}}{\left[Si(OH)_4\right]} \xrightarrow{-H_2O} \underset{\text{오쏘규산 2}}{\left[(OH)_3SiOSi(OH)_3\right]} \xrightarrow{-nH_2O} \underset{\text{«실리카 젤»}}{(SiO_2)_n,\ (H_2O)_x}$$

실리카 젤의 작용 방식은 흡착에 기반을 두고 있으며(그림 3.9), 화합물이 정지상과 이동상 사이의 경계면에서 축적되는 현상이다. 더 간단하게 설명하자면, 단일층(Langmuir 등온선으로 알려짐)이 형성되며, 흡착된 분자와 용액 속에 있는 분자 사이에 인력과 상호 작용이 일어나기도 한다. 이 현상은 용리 봉우리가 비대칭성이게 한다. 다른 이론에서는 이동상/정지상 경계면에서 각 분석 물질이 단순히 서로 다른 정도로 (지속적으로) 흘려 내려가서 분리 현상이 일어나는 것으로 설명한다.

3.5.2. 실리카 젤의 화학 변화

위에서 기술한 많은 실리카 젤은 친수성 상호 작용 크로마토그래피(hydrophilic interaction chromatography)(3.7.3절)를 제외한 다른 분석 크로마토그래피에서는 사용되고 있지 않다. 이는 시간이 지남에 따라 실리카 젤의 성질이 변하여 분리의 재현성을 떨어뜨리기 때문이다.

실리카 젤의 과도한 극성과 흡착 용량을 줄이기 위해, 표면을 화학적으로 변형시켜 소수성(hydrophobic)을 갖도록 한다. 지난 수십 년 동안 분리 능력을 향상시키고자 다양하고 특별한 기술과 화학이 개발되었다(그림 3.10).

겔 표면에 존재하는 실란올 작용기(단위 nm^2당 대략 5개 실란올)를 화학 반응시켜서 유기 분자를 공유 결합으로 붙이게 된다. 사이트의 약 절반만 접근할 수 있다. 각 변형된 상에 대해 고정된 탄소의 %를 계산하는 것이 일반적인데, 여기는 10%에서 25% 사이의 값을 갖는다. 이런 방법으로 개질한 결합상 실리카는 고정화된 액체처럼 거동하여, 분리 메커니즘이 **흡착 계수(adsorption coefficient)** 대신 **분포 계수(partition coefficient)**에 따라 정해진다. 이런 공유 결합 상들은 그 극성을 쉽게 조절할 수 있으며, 대다수의 HPLC 분리에 사용되는

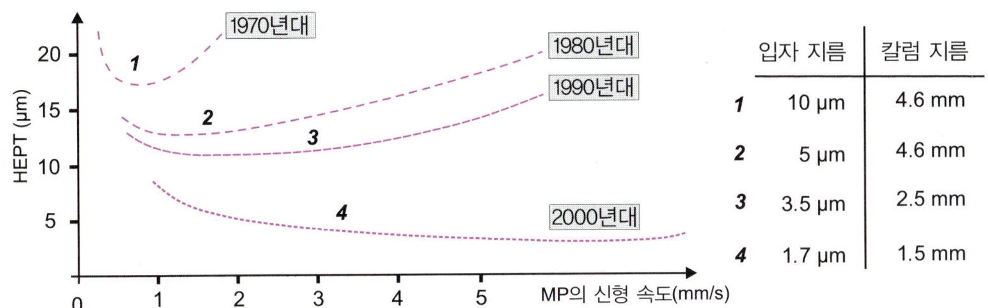

	입자 지름	칼럼 지름
1	10 μm	4.6 mm
2	5 μm	4.6 mm
3	3.5 μm	2.5 mm
4	1.7 μm	1.5 mm

그림 3.10 액체 크로마토그래피 성능의 진화 여기에 나타난 4개의 Van Deemter 곡선은 지난 수십년간 나타난 정지상의 기술적 발달을 나타내고 있다. 칼럼은 적은 양의 이동상을 이용하면서 신속한 분석을 수행할 수 있는 방향으로 효율성을 높여 왔다.

역상 분배 크로마토그래피(reversed-phase partition chromatography, RP-HPLC)의 정지상으로 널리 사용된다. 이렇게 젤 표면을 변형시키는 방법에는 단위체 결합 상을 만드는 방법과 중합체 결합상을 만드는 방법이 있다.

- **단위체 결합 상(monomeric grafted phase**, 두께 10~15 m): 알칼리 시약 존재하에서 알킬-모노클로로실레인(alkyl-monochlorosilane)을 표면의 실란올기와 반응시켜 얻는다(그림 3.11). RP-8(다이메틸옥틸실레인(dimethyloctylsilane))이나 RP-18(다이메틸옥타데실실레인(dimethyloctadecylsilane), ODS)은 이 방법으로 제조한다. 그러나 일부 반응하지 않고 남는 실란올기는 방해 역할을 하는 극성 상호 작용의 원인이 된다. 클로로트라이메틸실레인(chlorotrimethylsilane, $ClSiMe_3$)이나 헥사메틸다이실라젠(hexamethyldisilazane, $Me_3SiNHSiMe_3$) 같은 다른 실레인을 반응시켜 더 완결된 반응을 얻는다. 이렇게 하고도 미반응으로 남은 실란올 자리에는 분석 물질 분자도 접근할 수가 없다.
- **중합체 결합 상(polymeric grafted phases**, 두께 25 m 이상): 수증기 존재하에 다이클로로실레인(dichlorosilane) 또는 트라이클로로실레인(trichlorosilane)을 사용하여 용액 내의 반응물을 중합한 다음, 실리카에 결합시켜서 그물 모양의 중합체층을 얻는다. 분자 수준에서 표면층의 골격 구조를 상상하여 나타내기는 어렵다. 단일층 또는 다중층 등으로 분자 수준에서 추측할 뿐이다.
- **다른 결합 상(other grafted phases)**: 앞에서 논의한 실리카 젤은 알킬 사슬이 8에서 18개 탄소까지 결합되어 있다. 이것들은 다용도로 매우 유용하게 사용할 수 있지만(현재 분리의 80%가 C-18 결합에서 수행되고 있음), 특정 부류의 화합물의 분리를 개선하기 위하여 특정 선택성을 지닌 다른 정지상을 사용하는 경향이 늘어나고 있다. 아미노프로

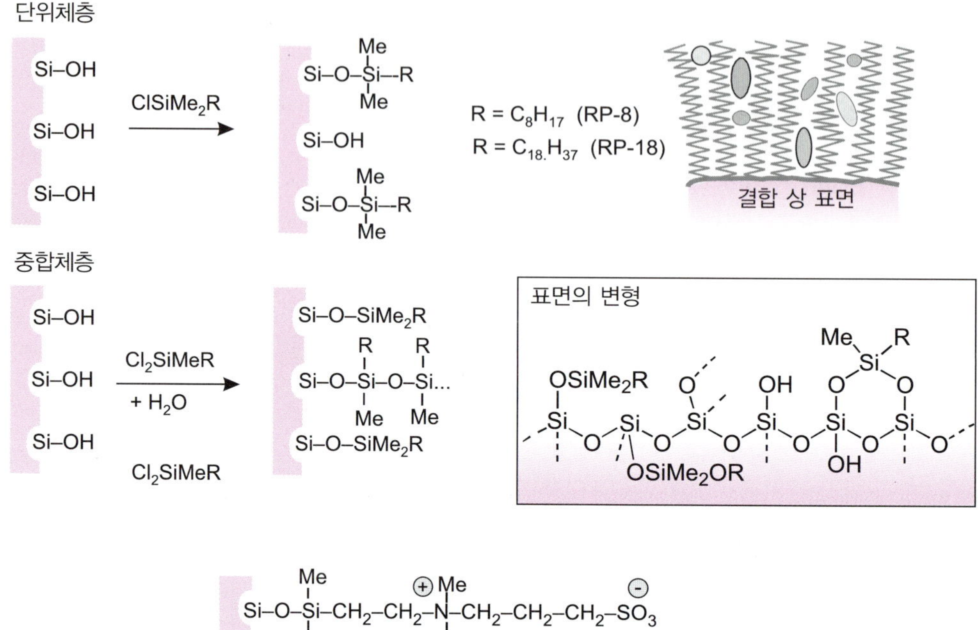

그림 3.11 실리카 젤 경계면에 결합된 유기실레인(**organosilane**) 결합 상 형성 실리카 젤 표면에서 유기 단위체와 중합체의 모식도. 긴 머리카락 모양을 가지는 입자의 확대 그림. Si–O–Si–C 배열이 Si–O–C 배열보다 더 안정하다. 중합체 층의 경우 15% 이상의 탄소 함량을 얻을 수 있다. 아래: 쯔비터 이온을 함유하는 상(HILIC 상)의 예이다. 다른 반응(특히 하이드로실레인화(hydrosilylation))이 사용되기도 한다.

필(aminopropyl), 사이아노프로필(cyanopropyl), 벤질기(benzyl group) 혹은 양쪽성 이온(쯔비터 이온, zwitterion)을 실리카에 결합시키면 정지상이 중간 정도의 극성을 나타내게 된다. 이들 정지상은 물 함량이 높은 이동상을 사용해야 하는 극성 분자와 비극성 분자를 모두 포함하는 혼합물의 분리를 향상시킨다. 예를 들어, 당, 펩타이드와 그 외 친수성 화합물을 이 조건에서 분리할 수 있다.

3.5.3. 실리카를 이용하지 않는 정지상

산화 알루미늄(Al_2O_3)이나 산화 지르코늄(ZrO_2)도 뷰타다이엔, 스타이렌/다이바이닐벤젠 또는 하이드록시메틸스타이렌 등의 중합체를 그물상으로 접착된 정지상의 지지체로 사용된다.

이러한 정지상은 Si–O–C 결합이 안정하지 않는 염기성 또는 산성 조건에서도 안정하게 유지된다. 마찬가지로, 완전 소수성을 지닌 구형 다공성 흑연은 높은 머무름 인자를 지닌 화합물에 사용된다.

3.5.4. 친수성 상호 작용 크로마토그래피를 위한 혼합 정지상

친수성 상호 작용 크로마토그래피(hydrophilic interaction chromatography, HILIC)의 경우, 조절 가능한 극성을 달성하기 위해 다양한 리간드가 결합된 구형 실리카 젤(지름 2~5 μm)이 사용된다(그림 3.11). 이는 아민, 아마이드, 다이올 등 극성 작용기와 이보다 더 극성인 4차 암모늄, 인산 이온 또는 황산 이온 등과 극성 작용기이다(5.7절 참조). HILIC 정지상은 소수성과 극성의 두 가지 특성을 동시에 지닌 결합물을 지니며 여기에는 두 개(또는 그 이상)의 머무름 메커니즘이 존재한다.

3.5.5. 카이랄 HPLC를 위한 정지상

GC와 마찬가지로, HPLC는 카이랄(chiral) 선택기를 포함하고 있는 칼럼을 이용하여 직접 거울상 이성질체(enantiomer)를 분리할 수 있다(2.6.4절 참조). 반면, GC와는 달리, 이러한 칼럼들은 고온을 견딜 필요가 없다.

분석 문제 해결을 위해서 어떤 카이랄 선택기를 선택할 것인지 예측하는 것은 어렵다. 각 거울상 이성질체와 카이랄 선택기 사이의 상호 작용은 선택한 칼럼에 따라 바뀐다. 이러한 상호 작용에는 입체적 측면, 화학적 측면, 전자쌍 주개/받개 측면이 존재하고, 더불어 약한 상호 작용도 존재한다. 일반적으로, 여러 가지 조합으로 형성되는 부분 입체 이성질체(diastereomer)는 불안정하고 가역적인 착물을 형성한다. 이러한 착물들은 서로 다른 용해도를 지녀서, 결국에는 덜 안정적인 부분 입체 이성질체가 먼저 용출되게 된다.

현재 사용 중인 카이랄 칼럼은 선택기에 따라서 몇 가지 범주로 구분된다.

- 단백질(혈청 알부민)과 당펩타이드, 실리카 젤에 고정화되어 정교한 화학("스페이서(spacer)" 및 앵커 포인트(anchor point)의 선택)이 필요.
- 다당류(polysaccharide), 셀룰로스 또는 아밀로스로부터 유래됨.
- 작은 분자, 캄포(camphor), 에틸 락테이트(ethyl lactate), 아미노산 유도체(다이나이트로벤조일-페닐(dinitrobenzoyl-phenyl), 카바메이트(carbamates)(이 범주가 가장 오래됨. Pirkle-type 칼럼, 그림 3.12)
- 사이클로덱스트린(cyclodextrin, 6개, 7개, 8개의 글루코피라노스(glucopyranose) 단위체와 함께), 실리카 젤 표면에 몇 개의 탄소 원자를 지닌 팔(arm)을 통해 실리카 젤에 결합됨(그림 3.12).

거울상 이성질체(enantiomer)를 HPLC로 분리하기 위해, 이동상에 적절한 카이랄 첨가제를 도입하여 분석물이 칼럼 내에서 상호 작용하기 쉬운 착물을 형성하도록 하는 방

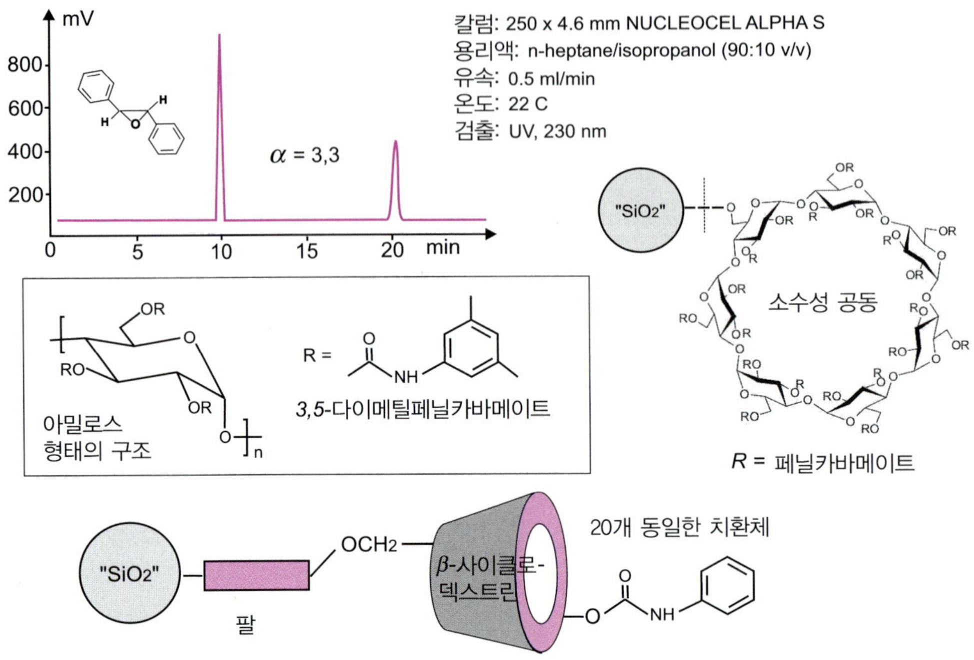

그림 3.12 **HPLC에서 카이랄 전지상의 예** trans-stilbene oxide 거울상 이성질체의 분리. 카바메이트(carbamate) 형태로 치환된 아밀로스 또는 *β*-사이클로덱스트린에 기초한 카이랄 선택기.

법이 사용되기도 한다. 이런 방법으로 형성된 화학종들은 서로 다른 물리적 성질을 가지고 있어서 원칙적으로 초기에 존재하는 거울상 이성질체의 비율과 동일한 면적 비율을 지니는 두 개의 구분된 봉우리를 형성하게 된다. 이온성 거울상 이성질체에 적용 가능한 카이랄 벡터는 분석 물에 비해 매우 과량 존재한다. 이러한 시약에는 (*S*)(+)-ethyl lactate와 (+)-10-camphorsulfaonic acid 등이 있다.

이러한 특정 분석은 독물학, 향료 산업, 특히 제약 산업에서 진위 확인을 위해 일반화되었으며, 카이랄 크로마토그래피도 예비적인 규모의 분리 방법으로 사용되고 있는데, 그 단순성 때문에 '우아함(elegant)'이라고 불리고 있다.

3.6 이동상

일반적인 원칙에 따르면, 극성 정지상은 비극성 이동상과 연결되어 사용되며, 그 반대도 마찬가지이다. 첫 번째 경우를 **정상 크로마토그래피(normal-phase chromatography)**라고 하고 두 번째 경우를 **역상 크로마토그래피(reversed-phase chromatogrpahy, RP-HPLC)**라고 한다.

현재의 대부분의 응용 분야에서 다소 소수성 성질의 극성이 거의 없는 변형된 실리카 젤

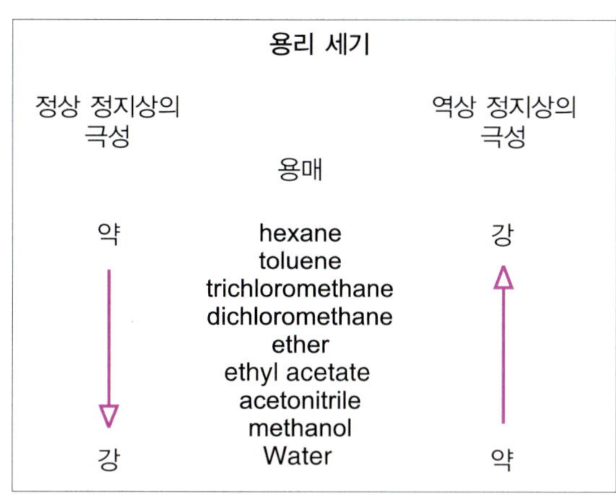

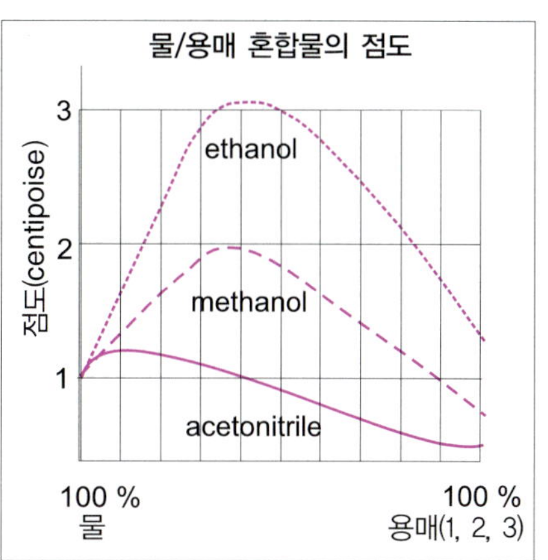

그림 3.13 이동상으로 사용되는 용매의 용리 세기 여러 가지 용매를 혼합하여 이동상의 용리 세기를 조절할 수 있다. 이동상의 조성에 따라 점도가 변하고 그에 따라 칼럼 입구 압력이 변한다.

을 사용하고 있어서, 물에 메탄올 또는 아세토나이트릴 등을 첨가한 극성 용액을 이동상으로 선택한다. 이동상의 조성을 변화시켜 극성을 변화시키면 분석 물질의 분포 계수 $K(C_S/C_M)$에 영향을 미쳐 머무름 인자 k를 변화시킨다(그림 3.13). 분리할 화합물에 따라 최적의 이동상을 선택하는 것이 크로마토그래피에서 주요 어려움이다(그림 3.14).

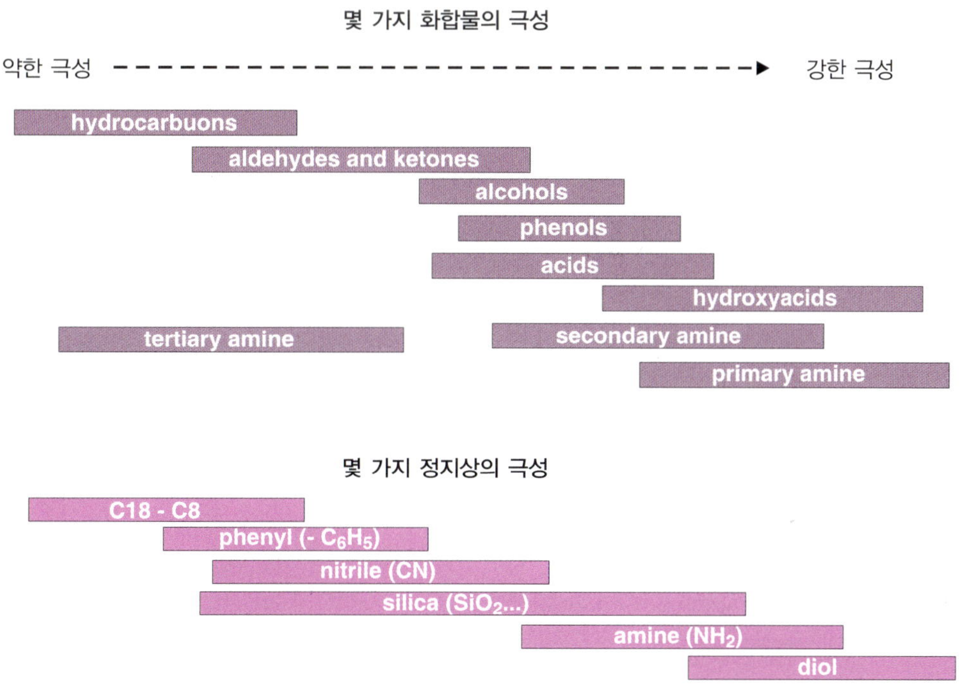

그림 3.14 현재 사용 중인 일부 주요 정지상 형태에 따른 몇 가지 유기 화합물의 상대적 극성

역상 정지상에서 용리 순서는 정상 정지상에서의 순서의 반대이다. 극성 용리액을 사용하면 극성 화합물은 비극성 화합물보다 더 빠르게 이동한다. 이 조건에서 탄화수소는 아주 강하게 머무르나, 극성 화합물은 분리하기 어렵다. 이 문제를 해결하기 위하여 점차적으로 물의 농도(극성)를 줄이고, 개질 용매(덜 극성)를 늘리는 용리 기울기(elution gradient)를 사용한다. 예를 들어, 80/20% 물/아세토나이트릴 혼합물로 용리를 시작하여 40/60% 물/아세토나이트릴 혼합물로 용리를 마친다. 이것이 친수성 상호 작용 크로마토그래피(hydrophilic interaction chromatography, HILIC)에서 수행되는 것 이다.

용매 분자와 분석 물질 사이에는 4가지 형태의 상호 작용이 가능하다.

- 분석 물질과 용매 모두 쌍극자 모멘트를 가질 때 **이온(ion)** 상호 작용
- 가까이 있는 분자들 사이의 인력에 의한 **분산(dispersion)** 상호 작용
- 극성 용매에서 이온 화학종들의 용해도를 증가시키는 **유전체(dielectric)** 상호 작용
- 하나는 양성자 주개이고, 다른 하나는 양성자 받개인 용매–분석 물질 사이의 **수소 결합(hydrogen bonding)**

RP-18 형태의 정지상에서 아주 극성이 큰 화합물을 분리하려면 물이 풍부한 이동상을 사용해야 한다. 이 조건에서 소수성인 정지상은 갑자기 비습윤성(nonwettable) 상태가 되어 분리를 제대로 못 하게 된다. 이러한 이유로 분석 물질과 이동상 내 물과의 상호 작용이 유지되도록 잔여 극성이 있는 정지상을 사용하는 것이 유리하다(그림 3.15).

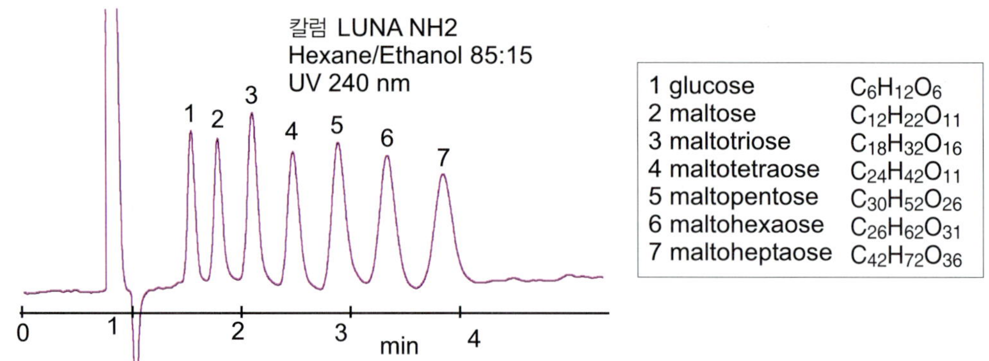

그림 3.15 **아민 정지상에서 당의 분리** 7가지 동족계열 당의 용리 순서를 보면, 이 정지상이 극성이고, 분자량이 증가할수록 이동상의 용리 세기가 약해짐을 알 수 있다.

3.7 특별한 칼럼

특정 범주의 화합물(산, 단백질 등)의 분리를 개선하거나 분석 물질의 광학적 순도를 결정하기 위해 액체 이동상이 보조제에 의해 변형되거나 특정 칼럼이 선택된다. 그 세 가지 예를 설명한다.

3.7.1 이온쌍 크로마토그래피

이온쌍 크로마토그래피(paired-ion chromatography, PIC)는 비극성 정지상에는 전혀 머무르지 않는 아미노산이나 유기산 같은 극성이 아주 큰 화합물을 분리할 수 있도록 RP-HPLC를 개선한 방법이다(그림 3.16). 머무름을 증가시켜서 분리를 향상시키려면 용질의 이온성 혹은 극성을 줄여야 한다. 이를 위해서 분석 물질과 반대의 전하를 띠는 작용기(알킬암모니움(alkylammonium) 또는 알킬설포네이트(alkylsulfonate))를 포함하고 탄소 사슬(약한 극성)을 지닌 화합물이 이동상에 첨가된다. 이 물질은 극성이 큰 분석 물질과 비교적 안정한 **이온 쌍(ion pair)**을 형성한다. 이러한 원리를 이용하면 역상 정지상에서 무기 양이온 혹은 음이온을 분리할 수 있다.

3.7.2 소수성 상호 작용 크로마토그래피(HIC)

소수성 상호 작용 크로마토그래피(hydrophobic interaction chromatography, **HIC**)는 소수성 아미노산, 단백질, 펩타이드 등을 변성 없이 분리하기 위해 HPLC를 개조한 기술이다. 수용액 상태에서 이들 생체 분자의 표면에 위치한 소수성 부위와 RP-8 상과 같은 무극성 형태의 고정상 사이의 가역적 상호 작용을 기반으로 한 것이 HIC이다(그림 3.17). 고정화는 높은 염 농도 조건에서 이루어지고, 점차로 염 농도를 감소시키면(역염 기울기(reverse salt gradient)), 순차적인 용리가 나타난다.

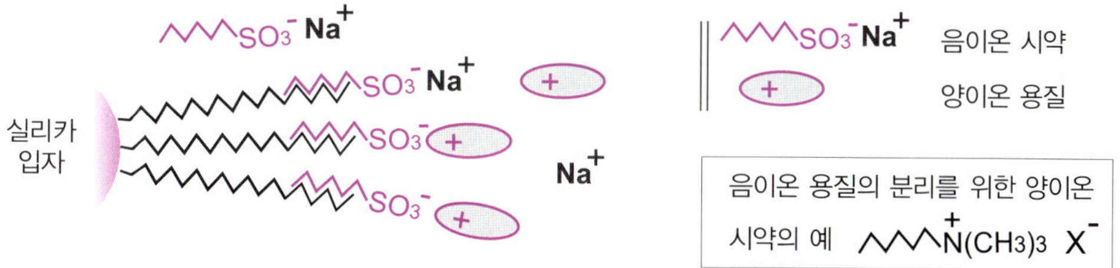

그림 3.16 역상 RP-18 형태 칼럼에서 이온쌍 형성이 분리에 미치는 영향 비누처럼 작용하는 헥세인 설포네이트(hexane sulfonate)의 소수성 부분은 고정상의 C18 사슬과 결합하여 표면이 음이온 전하의 운반체가 되게 하거나 용질과 결합한다. 이런 방법으로 하전된 화학종의 분리가 개선된다.

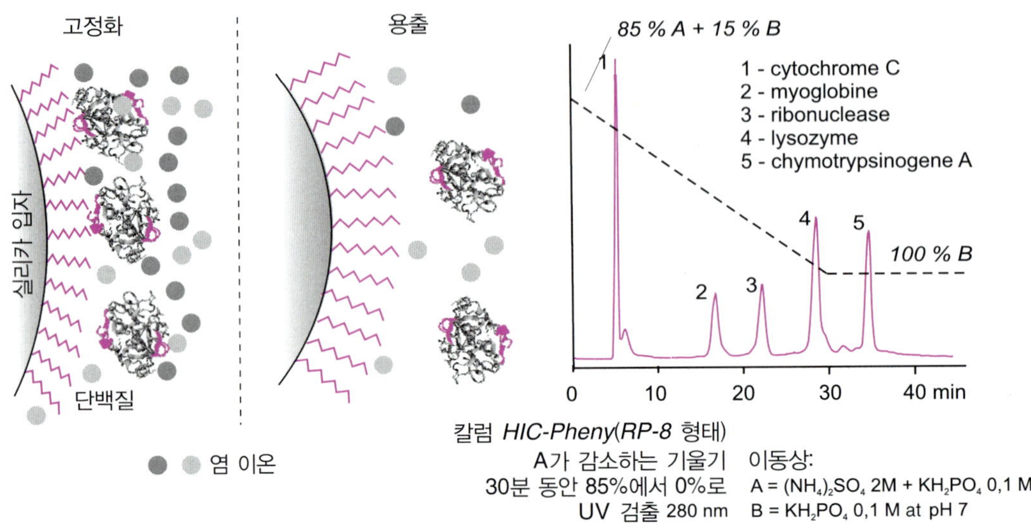

그림 3.17 **소수성 상호 작용의 원리에 의한 분리** 염의 농도를 점차 감소시켜서 얻어진 단백질 혼합물의 크로마토그램. 친수성이 높은 단백질이 오랫동안 머물렀다.

높은 염 농도 조건에서 단백질 표면의 소수성 부분과 비극성 정지상 사이의 상호 작용에 의해 단백질의 머무름이 일어난다. 이동상의 염 농도를 감소시키면 친수성 부분의 형태 변화를 초래하여 용출이 관찰된다. 분석 물질은 이동상으로 이동하여 소수성이 커지는 순서대로 용출된다.

3.7.3 친수성 상호 작용 크로마토그래피(HILIC)

친수성 상호 작용 크로마토그래피(hydrophilic interaction chromatography, HILIC)는 바로 전에 설명된 HIC와 혼동되어서는 안 된다. HILIC는 매우 극성인 분자를 분리하는 데 사용된다. 이것을 위해서 실리카 젤 표면에 친수성 리간드가 결합된 정지상이 사용되며, 이동상은 아세토나이트릴(acetonitrile)과 같은 유기 화합물을 포함하는 수용액이다. 정지상의 극성 부위는 물을 거의 움직이지 않는 층에 고정시켜서 분석 물질들과 여러 종류의 상호 작용(이온성, 극성, 분배 등)을 가능하게 한다(그림 3.18). 이것들의 분리는 이동상 속 물 농도를 증가(극성 증가)시켜 이러한 평형들을 변경함으로써 이루어진다. 주요 응용 분야로는 유기산, 뉴클레오사이드, 당, 펩타이드 및 지용성 비타민의 분리에 관련된 것들이다.

HILIC 형태의 정지상은 극성 분석물에 적합하다. 소수성 화합물은 잘 분리하지 못한다. 이는 옥탄올과 물 사이의 고려되는 분석물의 분배 계수 $K_{\text{octanol/water}}(=K_{\text{ow}})$를 고려하면 이해할 수 있다. $\log K_{\text{ow}} < -1$이면 역상 정지상보다 HILIC 정지상이 유리하다. 하지만 HILIC 정지상을 이용할 경우 친수성 상호 작용이 크게 다르지 않기 때문에 인접 구조의 화합물을 분리하는 데 다소 불리한 단점이 있다.

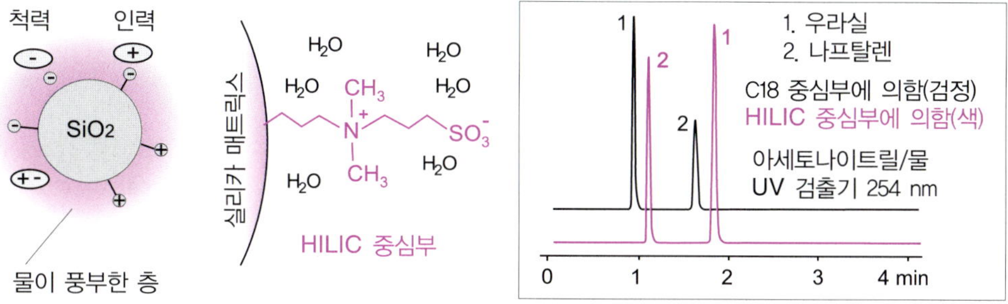

그림 3.18 친수성 상호 작용 크로마토그래피를 이용한 분리 C18 정지상과 HILIC 정지상에서 무용 시간(dead time) 마커 역할을 하는 2가지 화합물 혼합물(C18 정지상에서 매우 극성인 우라실, HILIC 정지상에서 극성이 작은 나프탈렌)의 크로마토그램. 두 화합물의 용출 순서가 바뀌는 것에 유의하여라. H_2O는 정지상의 표면에 물 층이 존재함을 나타낸다. HILIC 크로마토그래피에서 톨루엔도 무용 시간 마커 역할을 한다.

3.8 주요 검출기

일상적인 분석의 경우 가장 일반적인 검출 모드는 분석물의 광학 특성을 기반으로 한다. 그 예는 다음과 같다. 광 흡수(UV−Visible), 발광(형광 또는 인광), 굴절률(굴절) 및 광산란. 이러한 일반적인 검출기 외에도 편광계(광회전 측정) 또는 방사능(α 또는 β 방출 검출)을 기반으로 하는 다른 특정 검출기가 있다. 이러한 기술은 미량 수준으로 존재하는 분석 물질을 식별할 만큼 충분히 민감하지 않기 때문에 GC에서 사용할 수 없다.

복잡한 혼합물의 경우 질량 분석기와 크로마토그래프를 결합하는 것이 매우 일반적이다. 이 **결합 기술(coupled technique)**은 감도가 매우 좋고 분석물을 즉각적으로 식별 가능하기 때문에 필수적인 분석 방법이 되었다.

3.8.1 분광광도법 검출기

분광광도법 검출은 Beer−Lambert 법칙($A_\lambda = \varepsilon_\lambda lC$)에 따라 검출이 이루어진다. 칼럼 출구에서 자외선 또는 가시선 영역의 한 가지 파장 또는 여러 가지 파장에서 이동상의 흡광도 A_λ를 측정한다(9장 참조). 이동상은 흡광을 하지 않거나 아주 낮은 흡광도를 가져야 한다(그림 3.19). 흡광 세기는 검출되는 화학종의 몰흡광 계수 ε_λ에 따라 정해지는데, 이는 크로마토그램을 단순히 관찰만 해서는 아무리 대략적으로라도 식별된 종의 농도를 파악할 수 없게 한다.

어떤 파장에서는 용질의 흡광도가 용질이 녹아 있는 이동상의 흡광도보다 작을 수 있다. 이런 경우, 화합물이 검출기를 지나감에 따라서 흡광도는 감사하게 되고 거꾸로 된 봉우리를 나타내게 된다(음의 검출).

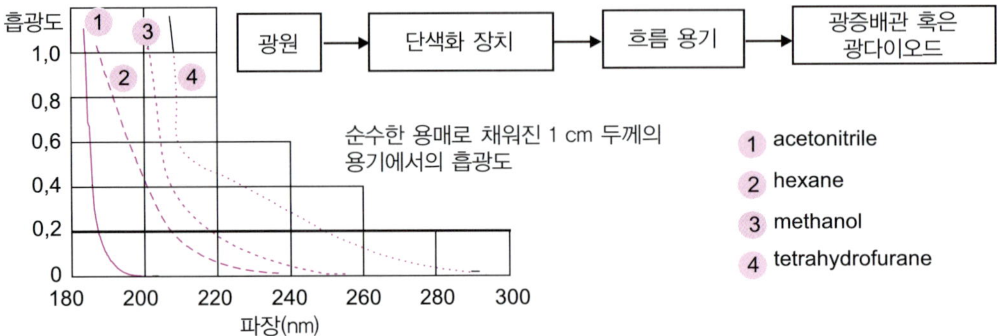

그림 3.19 **광도법 검출** 광도법 검출기의 원리와 액체 크로마토그래피에서 사용되는 몇몇 용매의 흡수 스펙트럼. 용매의 투명도 한계는 광투과 경로가 1 cm일 때 흡광도가 0.2인 경우에 해당한다.

이와 같이 UV 검출은 선택적 검출이다. 측정 가능한 흡수 스펙트럼을 갖지 않은 화합물은 칼럼 후 유도체화를 해야 한다.

해당 검출기는 용리 기울기 방식에서도 가용 가능하다.

단색광 검출(monochromatic detection)

단색광 검출 기본 모델은 중수소 또는 수은 증기 광원, 좁은 띠 너비(10 nm) 또는 특성 분광선(수은등이 광원일 경우 254 nm)을 분리하는 단색화 장치, 수 μL 부피(광학 경로 0.1 cm에서 1 cm)의 흐름 용기 그리고 광학 검출 장치 등으로 이루어져 있다.

> 생화학과 같은 생명공학이 발전하면서 아미노산(단백질 가수분해물) 분석에 대한 수요를 증가시켰다. 측정 용기를 통과하기 전에 닌하이드린(ninhydrin) 등과 같은 화학 물질과 칼럼 후 반응이 수행되는 경우 광도 측정기를 사용할 수 있다(8장 참조).

다색광 검출(polychromatic detection)

더 좋은 검출기는 분석하는 동안에 파장을 변화시키거나, 거의 동시에 여러 파장에서 흡광도를 기록하거나, 1초 미만의 시간 동안에 칼럼 내의 흐름을 단절시키지 않고 전체 파장 범위를 측정할 수 있다(그림 3.20~3.22). 다이오드 배열 검출기(diode array detector, DAD)는 크로마토그램뿐만 아니라 분리된 화합물의 확인에 사용될 수 있는 분광 정보도 제공해 준다. 이를 **확실성 분석(certainty analysis)**이라고 한다(9장 참조).

> 모든 기록된 자료는 순차적으로 처리되어 스펙트럼에 근거한 크로마토그램을 만드는 데 이용된다(그림 3.21). 단일 분석 도중에 수천 개의 스펙트럼을 기록하는 능력은 이 검출 장치의 잠재력을 증가시켜서, 분리의 지형도, $A = f(\lambda, t)$(등흡수 도표)와 같은 다수의 용도에 사용될 수 있게 한다.

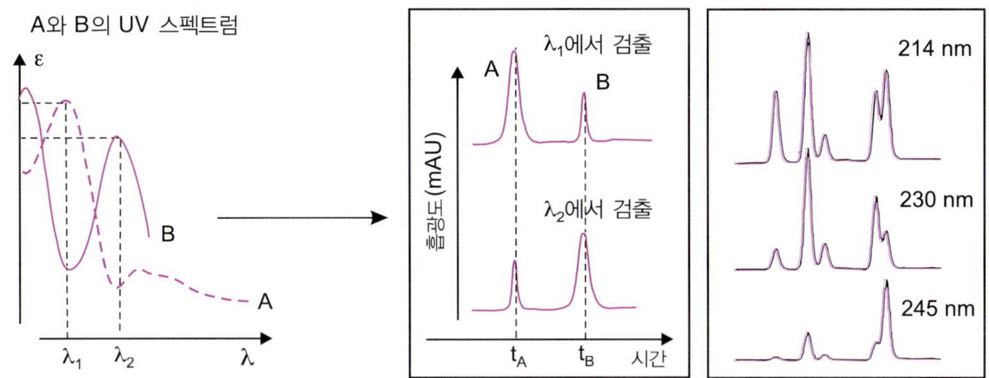

그림 3.20 UV 스펙트럼이 다른 두 화합물 A와 B를 함유한 시료의 크로마토그램 검출 파장의 선택에 따라 크로마토그램은 같은 양상을 보이지 않을 수도 있다. 오른쪽의 크로마토그램은 몇 가지 살충제 혼합물을 세 가지 다른 파장에서 측정한 것으로 이 현상을 잘 보여 주고 있다. 그러므로 정량 분석에서는 분석하기 전에 각 화합물의 응답 인자를 결정해야 한다(정량 분석, 1장 참조).

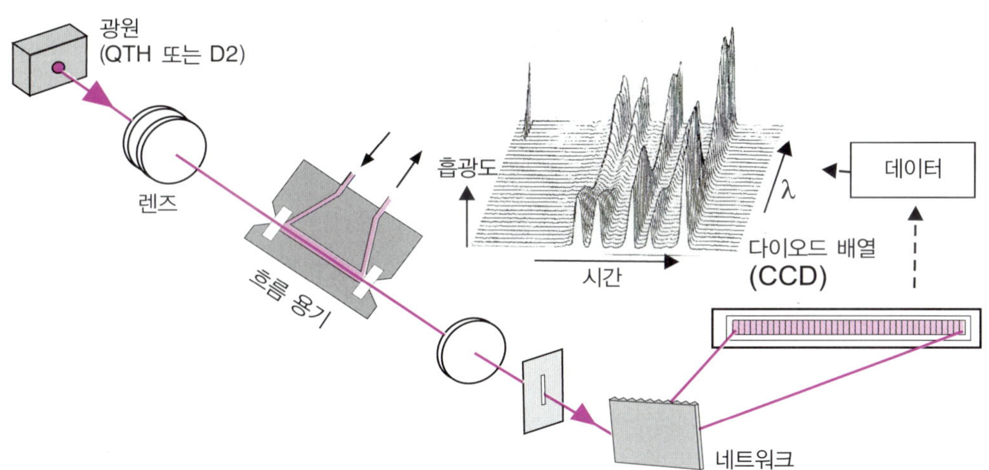

그림 3.21 다이오드 배열 검출기의 원리 단색광 검출기와는 달리, 다이오드 배열 검출기는 순서가 바뀐 광 장착을 하고 있어서 광원으로부터 발생하는 모든 빛을 순간마다 흐름 용기가 모두 수신한다. 용출이 진행됨에 따라, 크로마토그램의 y-축 값은 각 다이오드(예를 들어, 1024개)가 내보내는 신호의 합과 같다. 기록된 데이터는 분리된 각 분석물에 해당하는 UV 스펙트럼을 후에 계산할 수 있게 한다.

3.8.2 형광 검출기

어떤 화합물은 들뜸 광원으로부터 흡수한 복사선의 상당 부분을 다시 방출하는데, 방출 복사선의 파장이 들뜸 광원의 파장보다 커질 때의 복사선을 형광이라고 부른다(11장 참조). 분석 물질의 농도가 낮을 경우 이 형광의 세기는 분석 물질의 농도에 비례한다. 감도와 선

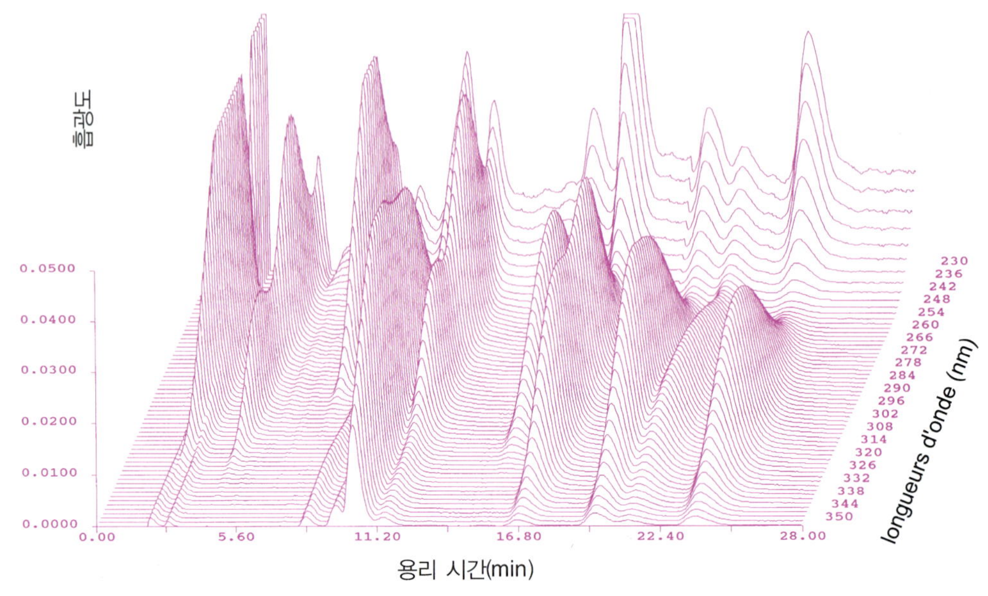

그림 3.22 빠른 기록 방법으로 얻어진 크로마토그래피 분리의 3차원적 표현. $i = f(t, \lambda)$

택성이 매우 좋은 형광 검출은 자연적으로 형광을 나타내는 화합물에 사용되거나, 검출 전에 처리를 통하여 형광을 지닐 수 있는 화합물에 사용된다(그림 3.23).

분석하고자 하는 화합물을 칼럼 전 또는 칼럼 후 유도체화를 하기 위해 자동 시약 공급기를 칼럼 앞에 두거나 칼럼과 검출기 사이에 두어 한 가지 또는 여러 가지 반응이 일어나게 하여 분석 물질이 형광을 나타내도록 한다.

3.8.3 굴절률(refractive index(RI)) 검출기

RI 검출기는 시차 굴절계를 사용하여 칼럼 통과 전과 후 이동상의 굴절률 차이를 연속적으로 측정한다. 이를 위해서 빛살(단색 혹은 다중 파장)은 2개의 방을 포함하는 시료 용기를 통과하는데, 1개의 방은 순수한 이동상, 다른 하나는 칼럼에서 용출되어 나오는 이동상으로 채워져 있다(그림 3.24). 화합물이 이동상과 혼합되어 나올 때 발생하는 두 액체 사이의 굴절률 차이는 굴절 반경 각도의 변화를 초래한다. 실제로 신호는 반사 빔의 편차를 보상하기 위해 광학 소자에 제공되어야 하는 피드백의 연속 측정에 해당한다.

RI 검출기는 범용으로 사용되지만, UV 검출기보다 감도가 매우 낮고 주변 온도 변화의 영향을 아주 많이 받는다. 따라서, 검출기의 온도를 온도 조절 장치로 정밀하게 조절해야 한다(±0.001℃). 이 검출기는 양의 봉우리와 음의 봉우리를 모두 나타낼 수 있다(그림 3.24). 이 검출기는 등용매(isocratic) 용리에서만 사용할 수 있다. 기울기 용리에서는 이동상

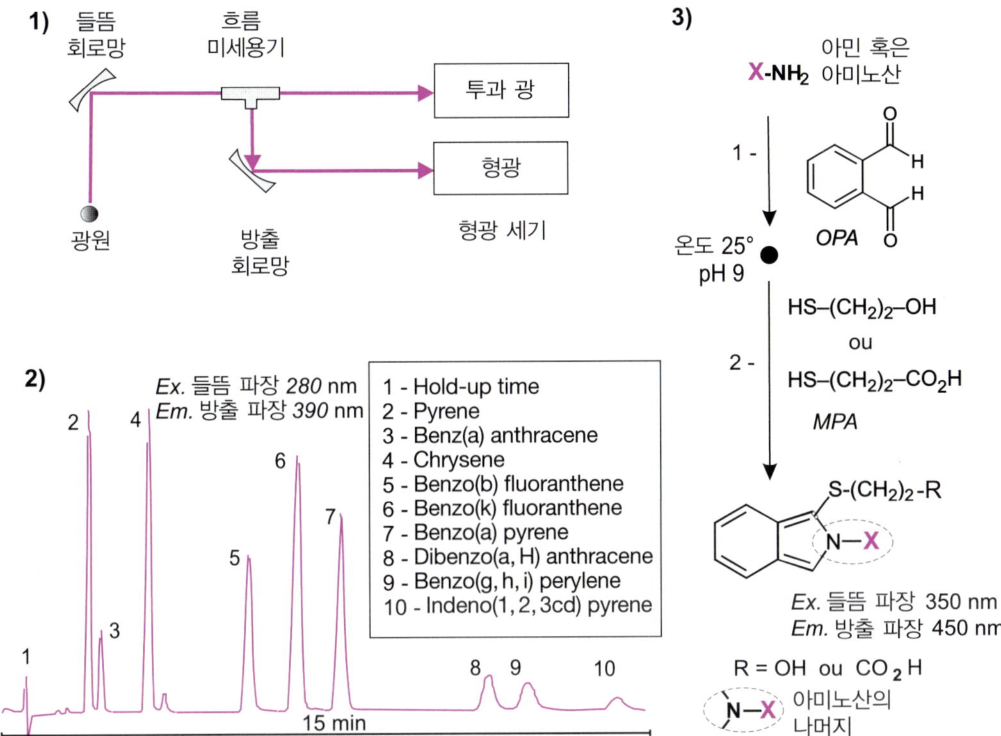

그림 3.23 형광 검출기 1) 형광 검출기 도식, 2) 몇 가지 다중고리 방향족 탄화수소(polycyclic aromatic hydrocarbon, PAH) 혼합물의 크로마토그램. 형광(390 nm) 세기는 화합물 별로 다른데, 이는 형광이 화합물의 구조에 의해 결정될 때 가해지는 들뜸 광원이 모든 화합물에 대해 최적일 수는 없기 때문이다. 3) 1차 아민 혹은 아미노산은 화학적 변환을 통해 형광을 지닌 물질로 바뀔 수 있다(11.6절 참조). 1차 아민 혹은 아미노산을 우선 *o*-프탈알데하이드(*o*-phthalaldedyde, OPA)와 반응시킨 후, 모노싸이오글리콜(monothioglycol) 혹은 3-머캅토프로피온산(3-mercaptopropionic acid, MPA)과 반응시키면 형광을 나타내는 헤테로고리 화합물이 만들어진다. MPA는 극성이 더욱 큰 화합물을 만들어서 RP-형 칼럼($R = CO_2H$)을 더욱 빨리 통과하도록 한다. 유도체화 과정은 자동 시약 공급기를 이용하여 자동화될 수 있다.

의 조성이 시간에 따라 변하여 굴절률이 변하기 때문이다.

이동상의 조성이 일정하게 유지되면 바탕 신호의 흔들림을 쉽게 보정할 수 있지만 칼럼 주입구와 출구에서의 조성이 서로 다를 경우에는 보정할 수가 없다. 따라서 RI 검출기는 UV–Visible 영역에서 흡수되지 않는 화합물의 검출에 이용되거나 혹은 다른 검출기와 직렬로 연결될 수 있는 경우에 사용된다.

3.8.4 증발 광 산란 검출기(Evaporative Light Scattering Detector, ELSD)

ELSD는 고체 혹은 액체 입자에 의해 빛이 산란되는 현상을 이용한다. 이를 위해서, 칼럼을 통과해 나오는 이동상은 우선 질소와 같은 비활성 기체에 의해서 균일한 크기는 작은 방울

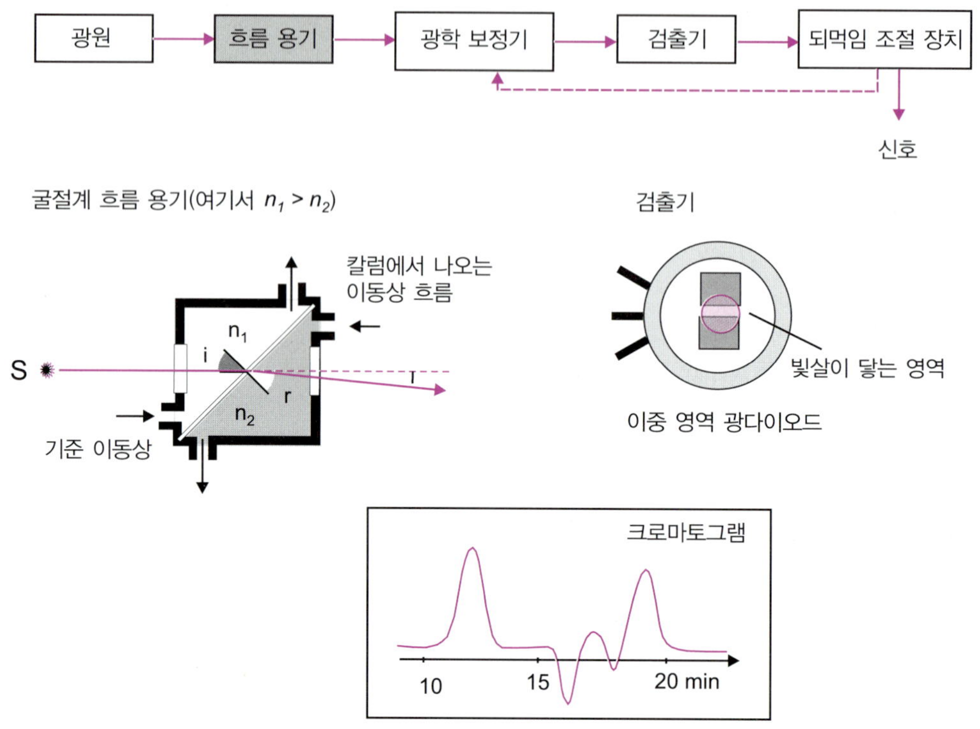

그림 3.24 시차 굴절률 검출기의 개략도. 시료 용기 수준에서의 광학 경로 작동 원리는 굴절률이 n인 투명 매질에서 빛의 전달에 관한 Fresnel 법칙에 근거한다. 시료가 한 켠으로 용리함에 따라 변화하는 굴절각이 빛살을 이동시키고, 이에 따라 이중 영역 광다이오드에서 발생하는 광전류의 변화가 일어나 균형이 깨진다. 두 영역의 응답은 광학 어셈블리(그림에 나타내지 않음)에 의해 동일하게 유지된다. 이 검출기로 얻은 당 혼합물의 크로마토그램.

로 분무된다(그림 3.25). 그다음으로, 분무된 방울은 고온으로 가열된 관 안을 통과해 지나간다. 분석물이 없을 경우, 휘발성 용매의 혼합물인 이동상 방울은 증기 상태로 모두 변환된다. 반면, 증발이 잘되지 않거나 전혀 불가능한 분석물이 이동상에 포함되어 있으면, 이 방울은 고체와 액체가 혼합된 마이크론 이하의 고농도 에어로솔 상태로 존재한다. 다음으로, 이 에어로솔이 시료 용기 안으로 주입되는데, 여기서 레이저 혹은 LED 광의 흐름과 만나게 된다. 광증폭기(photomultiplier)가 투사광의 광학적 축으로부터 벗어난 위치(보통 45°)에 놓여서 입자에 의해 산란되는 빛을 검출한다.

ELSD는 거의 모든 시료에 적용할 수 있지만, 분석물의 휘발성이 이동상 용매의 휘발성보다 작아야만 이용이 가능하다는 제약이 있다. 장점으로는 용매 봉우리가 관찰되지 않는 것, 스펙트럼의 특성과 상관 없는 높은 감도(분석물의 수 나노그램 수준), 신호의 로그값과 log [C] 사이의 직선성, 등용매 용리와 용리 기울기 등의 사용 가능성 등이 있다. 하지만,

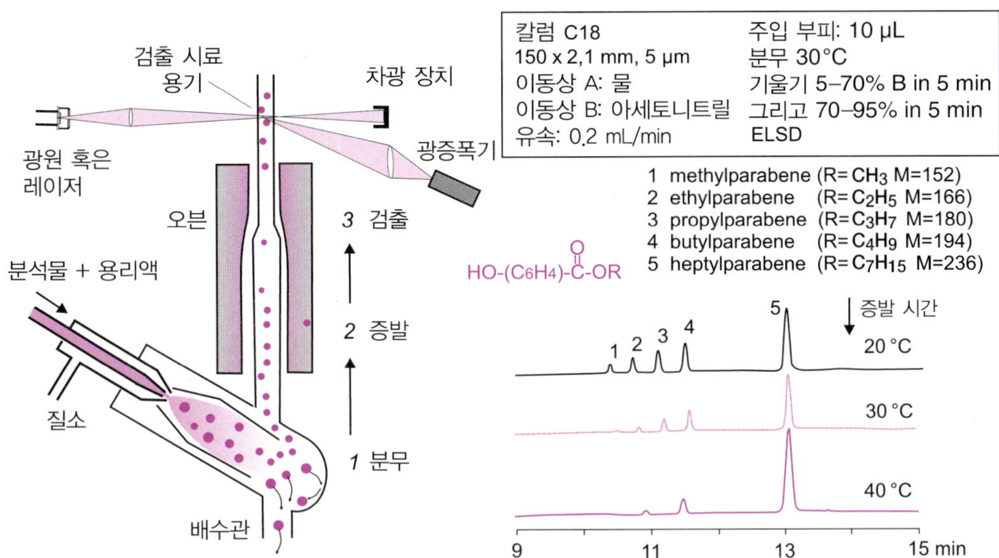

그림 3.25 **증발 광 산란 검출기** 분무, 증발, 광 검출 등 세 가지 연속적인 단계를 거쳐서, 이동상에 존재하는 분석물은 광원으로부터 주입되는 빛을 산란시킬 수 있는 에어로솔 형태로 변환된다. 고온 영역의 온도가 감도에 크게 영향을 나타내는 것을 크로마토그램을 통해서 알 수 있다. 봉우리가 나타내는 세기와 분자량 사이의 관계가 명확히 나타나 있다.

신호가 용질의 농도와 직접적으로 비례하는 것이 아니기 때문에 정량 분석을 하려면 매우 정교한 교정이 필요하다.

3.8.5 편광 검출기(polarimetric detector)

편광 검출기는 카이랄 화학종에 특이적으로 작용하는 장점이 있어서, 카이랄 칼럼(2.6.4절 참조)을 이용하지 않고 광학 활성 혹은 광학 순도를 결정할 수 있다. 따라서, 편광 검출기는 거울상 이성질체(enantiomer)들을 식별하거나 대칭면을 지닌 방해 화학종 혹은 라셈 혼합물(racemic mixture)의 간섭을 피할 수 있다.

편광 검출기는 편광기를 포함하는데 편광기의 작동 원리는 거울상 이성질체의 농축을 통해 얻어지는 카이랄 화학종이 편광 빛을 특이적으로 한쪽으로만 회전시키는 것에 근거한다(그림 3.26).

편광기는 카이랄 화학종의 분석과 그것들의 특이 광학 회전(specific optical rotation)을 결정하는 데 이용된다. 오랫동안 광학 회전의 측정은 화합물의 광학 순도를 결정하는 유일한 방법이었다. 하지만, 카이랄 크로마토그래피(3.5.4절 참조)가 이 방법을 상당 부분에서 대체하여 거울상 이성질적으로 농축된 화합물에서 각 거울상 이성질체의 존재비를 결정하는 데 사용되고 있다.

편광 검출기는 기술의 발달로 편광 평면의 회전을 미세 수준까지 측정할 수 있어서 어떤 화합물의 경우 마이크로그램 수준에서 측정이 가능하지만 감도가 낮은 것은 아직 편광 검출기의 주요 단점이다.

원형 이색성 검출기(circular dichrosim(CD) detector). 축을 따라 이동하는 편광은 왼쪽과 오른쪽으로 회전하는 편광이 합쳐진 결과이다. 하지만, 카이랄 화합물은 몰 흡광 계수의 왼쪽 성분(ε_g)과 오른쪽 성분(ε_d)이 서로 다르다. CD 검출기는 파장 변화에 따른 이 차이를 기록하여, 각 거울상 이성질체에 대해 x-축에 대해 대칭적인 스펙트럼을 제공한다. CD 검출기는 많이 사용되지는 않지만, 거울상 이성질체를 식별하기 위한 추가 정보를 제공한다.

3.8.6 그 외 검출기

공정 분석과 같이 반복적인 관리에 의해 수행될 경우를 제외하고는 머무름 시간만으로 화합물을 식별하는 것은 정확하지 않다. 일반적으로 인증된 시료가 있어야지만 비교를 통한 식별이 가능하다. 하지만, GC에서 설명한 바와 같이, 칼럼을 빠져나오는 화합물에 관한 추가 정보를 제공할 수 있는 검출기가 존재하면 식별이 가능하다. 검출기 자체가 2차적으로 정성적 정보를 제공해 주면 식별이 확실해지는 것이다. 고전적 검출기(크로마토그램 습득)로 작동하는 동시에 분리된 화학종의 효율적인 식별 도구(예를 들어 질량 분석)로 작동하는 분광광도계가 바로 이런 검출기이다(16.5절 참조). 새로운 연결 방법의 도입과 MS 이온화 방식의 개발을 통하여 HPLC 기기와 질량 분석기가 연결된 장비(HPLC−MS)가 많은 분야(환경, 약물 심사, 제약 연구 등)에서 필수적인 도구가 되었다. 이 방식은 찾고자 하는 화합물의 적절한 스펙트럼 데이터베이스가 있기만 하면, 현재 화합물을 식별하는 최고의 기술이다. 양성자 NMR을 HPLC에 연결한 장치(HPLC−^{1}H NMR)는 미지 화합물로 구성된 혼합물 연구에 큰 도움을 주고 있다(15장 및 16장 참조).

3.9 HPLC의 최적화

GC에서와 마찬가지로, HPLC에서의 최적화는 효과적인 분리와 빠른 분석 시간 사이의 타협점을 찾는 것이다.

분리와 관련이 있는 변수는 분해능(resolution)과 선택 인자(selectivity factor)이다. 최적화는 다음에 의해 결정된다.

1. **칼럼의 특성** 첫째로, 분석하고자 하는 용질에 맞춘 정지상의 선택이다. 하지만 현재 대부

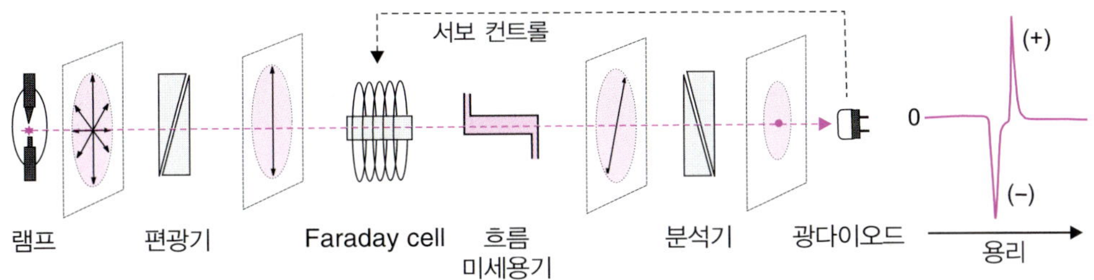

그림 3.26 **편광 검출기** 편광 검출기의 주요 부분을 보여 주는 그림. 그리고 광원과 광다이오드 검출기 사이 빛에 미치는 영향. 광원으로부터 발산되는 빛은 우선 편광되어 칼럼의 상부에 위치한 측정 미세용기를 통과해 간다. 두 번째 편광기 혹은 분석기는 첫 번째 편광기와는 수직인 편광 축을 지녀서 광다이오드에 감지되는 빛 신호가 소멸되도록 한다. 측정 용기를 통과해 가면서 빛의 회전축이 α 각도만큼 바뀌게 된다. 그림 장치의 Faraday rotator는 코일 축에 존재하는 광학 물질에 자기장을 유도시켜 α 각도를 바로 잡아서 빛의 신호를 소멸되도록 한다. 이때 유도되는 전류가 검출기 신호가 된다.

분의 분리에서 역상 C-18 형태의 칼럼에서 수행되고 있으므로, 길이 L, 내부 지름 ID, 입자 크기 d_p 등이 선택 사항이다.

2. **이동상과 크로마토그래피 조절 방식 변수** GC와는 달리, HPLC에서의 이동상은 매우 중요한 역할을 한다. 그 조성(극성과 pH)은 일정할 수도 있고(**등용매 방식(isocratic mode)**) 혹은 분석이 진행되면서 바뀔 수도 있다(**용리 기울기 방식(elution gradient)**). 칼럼의 효율은 또한 적절한 유속을 선택하는 것에 의해서도 결정된다.

   그림 3.27은 이동상의 조성을 변화시키면서 방향족 탄화수소 혼합물의 분리를 최적화하는 과정을 보여 주고 있다. 이러한 최적화 과정은 분석 시간의 상당히 큰 증가를 수반함을 알 수 있다.

3. **온도** GC에서는 온도가 칼럼을 바꾸지 않고 분리 효율을 향상시킬 수 있는 매우 중요한 인자인 것이 잘 알려져 있지만, HPLC에서는 이 효과가 확실하지 않다. 그 이유는 아마도 60°C 이상에서 결합 실리카 정지상이 손상되기 때문일 것이다. 온도 효과가 있다고 하면, 칼럼의 온도를 35°C로 유지할 경우 실험실의 온도 변화에 영향을 받지 않아서 분리의 재현성을 향상시킨다는 것이다. 모든 용질에 대해서 머무름 인자 k는 온도에 따라 변화하는데 이는 평형 상수 혹은 분배 인자 K가 온도에 따라 변화하고(식 1.8), k는 K를 상 비율(phase ratio) β로 나누면 구할 수 있기 때문이다(식 1.26). 서로 다른 온도에서 얻어진 두 개의 크로마토그램을 비교해 보면, 온도가 증가함에 따라 B 항(칼럼의 확산 현상을 반영)은 증가하는 반면에 C 항(질량 이동을 반영)은 감소함을 알 수 있다(그림 3.28). 높은 온도가 이동상과 정지상 간의 확산을 촉진시키기 때문에 높은 온도는 분리를 향상시킨다.

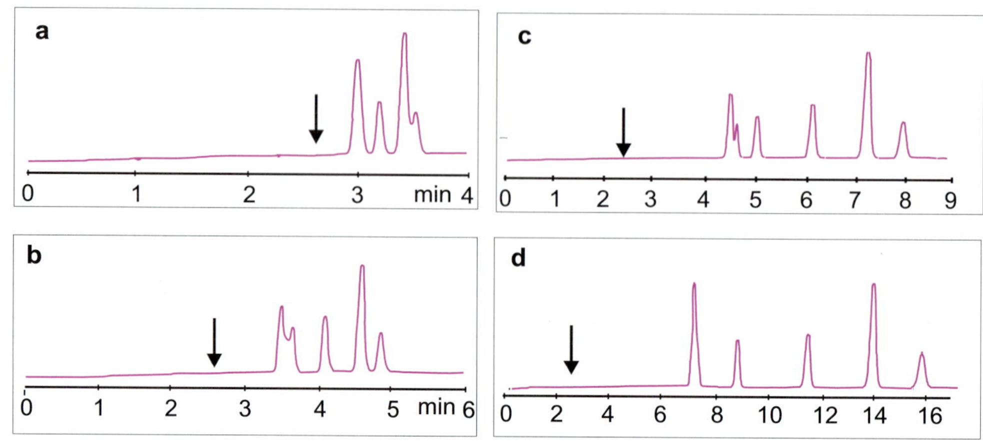

그림 3.27 **분리 크로마토그램** 이동상은 물/아세토나이트릴 이성분 혼합물이고, (a) 50/50; (b) 55/45; (c) 60/40; (d) 65/35이다. 화살표는 불감 시간(hold-up time) t_M(min)을 나타낸다.

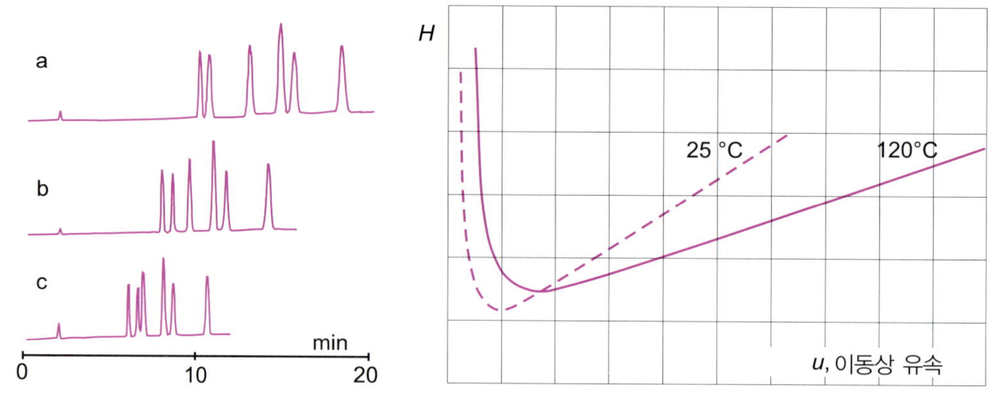

그림 3.28 **칼럼 온도가 분리에 미치는 영향** 보기는 동일한 혼합물을 동일한 이동상 유속에서 세 가지 다른 온도 (a) 25 °C, (b) 35 °C, (c) 45 °C 에서 분리할 때 나타난 결과이다.

만약 고온에서 정지상과 용질이 분해되지 않고 서로 화학 반응하지 않는다면, 액체 크로마토그래피는 120℃에서 수행될 수 있다. 이때 장점은 시간을 절약할 수 있다는 것과 대칭성이 향상된 봉우리를 얻는다는 것이다. 또한 기울기 용리를 온도 조절 방식으로 대체할 수도 있다.

3.10 HPLC의 새로운 발전

분석 시간의 감소, 이동상 절약, 극소량 시료 분석, 용출 화합물의 분리 및 식별 능력 향상 등은 모두 기존 HPLC를 진전시키고 다양한 기회를 제공하도록 도움을 주고 있다. 이러한 특징들을 실현하고자 하는 제조사들의 노력으로, 장비들은 계속 향상되어 더욱 효율적인 장치들이 소개되고 있다. 이러한 장비는 새로운 크로마토그래피의 형태는 아니지만, 이들 장비를 지칭하기 위해서 새로운 약어가 소개되었다. 이들 용어로는 **U-HPLC**(**ultra-high-performance liquid chromatography**)와 **UFLC**(**ultra-fast liquid chromatrography**)가 있다.

값비싼 비용이 들지 않으면서 HPLC의 성능을 개선할 수 있는 시작은 해당 분석에 적합한 칼럼과 작업 절차가 있는지 확인하는 것이다. 당, PAH, 아민, 뉴클레오타이드 등의 분석이 이에 해당한다.

3.10.1 분석 시간의 단축

분석 시간을 줄이기 위해서는 원하는 분리 효율과 선택성을 유지하면서 분석 시간을 분리 단계에 이용해야 한다. 이를 위해서 짧은 칼럼(2~5 cm)이나 단일체 칼럼(monolithic column), 지름이 작은(2 μm 이하) 비다공성 입자로 구성된 칼럼을 이용한다. 하지만, 후자를 이용할 경우 압력 강하가 크게 일어나게 된다. 더구나, 펌프는 80 MPa 이상까지 도달할 수 있어야 한다. 칼럼을 가열하면 분석 속도를 증가시킬 수 있는데, 이는 이동상의 점성을 감소시켜 농도 평형에 빠르게 도달하도록 도와주기 때문이다. 이렇게 하면 머무름 인자를 10배나 작게 할 수 있다. 이는 UFLC 분야이다(그림 3.29).

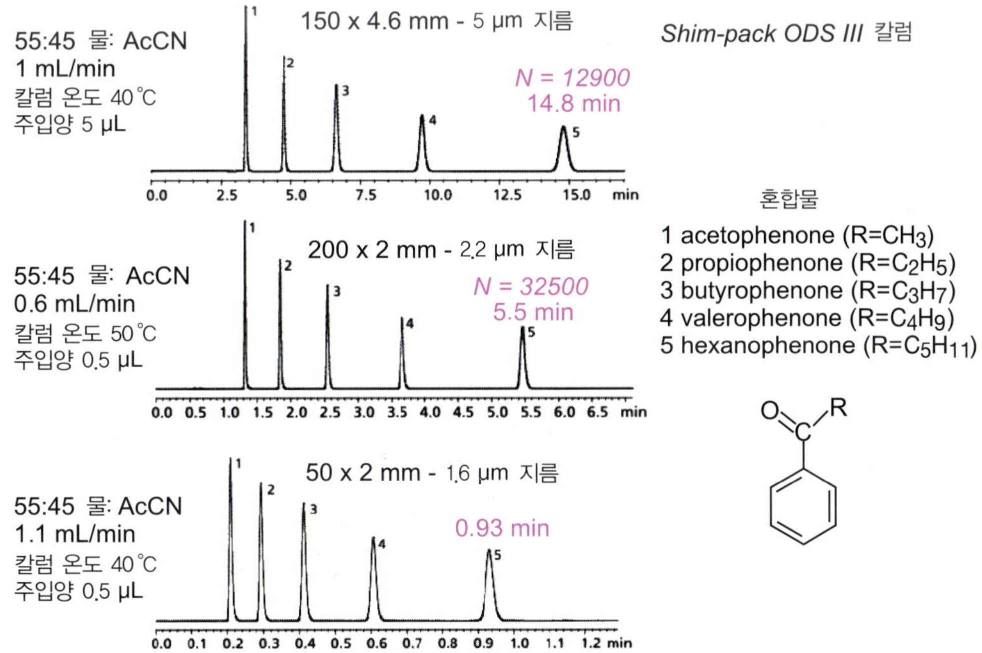

그림 3.29 고속 크로마토그래피(**fast chromatography**) 각 보기는 칼럼과 분석 조건을 적절히 선택하면, 분해능 및 효율의 손실 없이 상당한 시간을 절약할 수 있음을 보여 준다.

그림 3.30 내부 지름이 서로 다른 칼럼에서의 유속의 비료 이들 네 칼럼 안의 충전 물질은 유사한 성질을 지니고 있지만, 종래의 HPLC(왼쪽)에서 모세관 HPLC 또는 나노 HPLC(오른쪽)으로 갈수록 장점이 커진다. 칼럼이 얇아질수록, 이동상의 사용을 줄일 수 있다. 하지만 이 단계에서는 용리 기울기의 재현성을 이루기 어렵다.

3.10.2 이동상 부피의 단축

이동상의 사용을 줄이면 분리 비용도 줄어들고, 감도는 증가하여 매우 작은 양의 시료만을 가지고도 분석이 가능해지는데 이를 위해서는 내부 지름이 75 μm인 칼럼에 기존의 정지상을 충전하거나 혹은 단일체 정지상 칼럼을 만들어 사용한다(그림 3.30).

하지만, 모세관 액체 크로마토그래피 혹은 나노크로마토그래피를 수행하는 데는 요구 사항들이 있다. 매우 작은 이동상의 유속과 또한 매우 작은 불감 부피가 이동상 혼합실로부터 검출 용기까지의 과정에서 계속 유지되어야만 한다. 여기에 장비는 다시 조정되어야 한다. 이것은 U-HPLC의 영역이다.

3.10.3 HPLC 소형화에 관련된 기술

나노-HPLC는 시료의 양이 매우 제한적인 생화학 분야 혹은 단백질 혹은 펩타이드 식별 분야에서 사용된다. 화합물은 이동상에 의해서 적게 묽혀지게 되어 더욱 강한 봉우리를 나타내어 검출이 쉽게 된다. 가늘고(< 2 mm) 짧은 칼럼에 지름이 2 μm보다 작은 입자를 채우

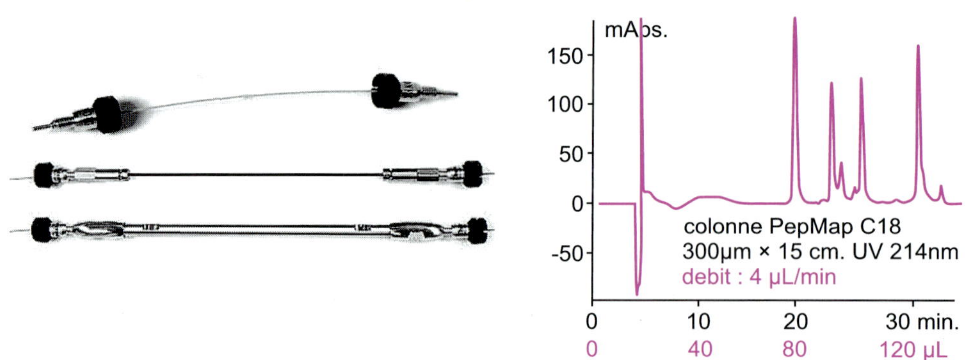

그림 3.31 U-HPLC를 위한 칼럼. 나노크로마토그래피 내부 지름이 75 μm과 300 μm인 모세관 칼럼. 그리고 내부 지름이 2 mm인 칼럼. 이동상(0.12 mL)을 이용하여 40 ng 단백질 혼합물 시료(리보뉴클레이스, 인슐린, 사이토크롬 C, 미오글로빈)를 분리한 예

거나 혹은 단일체 칼럼을 이루도록 준비하여 이용하면, 동일한 길이의 칼럼에 5 μm 지름 입자가 충전된 기존 표준 칼럼에서 얻는 분해능과 유사한 분해능이 시간이 10배 감소된 상태에서 관찰된다(그림 3.31).

이동상의 유속이 매우 작지만, 나노-HPLC를 직접 질량 분석기에 접목시킬 수는 없다. 대기 상태 이온화를 통한 이동상의 제거를 위한 소형화된 장치가 두 기기 사이에 추가되어야 한다.

이 장의 요점

1. HPLC 기기는 펌프, 주입 장치, 온도 조절 칼럼, 검출기, 데이터 습득 시스템 등 5가지 구성 성분으로 이루어진다.
2. HPLC는 분자가 이동상에 녹기만 하면 해당 분자를 분리할 수 있다. 상온에서 이용할 수 있기 때문에 열적으로 불안정한 분자의 훼손을 피할 수 있다. 이는 생물학, 단백질체, 생분자 등에 필수 사항이다.
3. HPLC 기기의 핵심은 칼럼이다. 분석물의 화학적 성질(길이, 내부 지름 등)은 칼럼 선택에 기준을 제공하는데, 특히 정지상 선택에 중요한 기준이 된다.
4. 칼럼의 **효율(efficiency)**은 Van Deemter 식에서 보는 바와 같이 입자 크기가 작아질수록 증가한다. GC에서보다 HPLC에서의 효율이 낮은데 이는 HPLC 크로마토그램의 넓은 봉우리에서 알 수 있다.
5. 단일체 칼럼에 대한 관심이 커지고 있는데 이는 그 안에 큰 동공 부분이 존재하기 때문에 압력 강하가 줄어들어서 성능의 변화 없이 빠른 유속 상태에서 분리가 가능해져 분석 시간을 감소시킬 수 있기 때문이다.
6. 어떤 검출기는 범용으로 사용되지만 어떤 검출기는 분석 물질의 물리화학적 특성에 의해 결정된다.
7. HPLC-MS 결합은 두 기기 사이에서 이동상을 제거해야 하는데, 이것은 대기압 이온화(atmospheric pressure ionization, API)로 가능하다. 이 부드러운 방법은 파편을 거의 형성하지 않아서 분석물의 구조적 정보를 많이 얻지는 못한다.
8. HPLC의 성공은 **용리액(eluent)**, **정지상(stationary phase)**, **분석상(analytes)** 사이의 다양한 상호 작용을 활용하는 분석 조건의 최적화에 기인한다.
9. HPLC의 두 가지 단점은 긴 분석 시간(분석 사이의 평형 시간을 고려할 때)과 이동상(값이 비쌈) 소비이다.
10. 칼럼을 잘 선택하는 것만으로도 분석을 향상시킬 수 있다. 이때 고려할 세 가지 인자는 칼럼 길이, 내부 지름, 그리고 정지상을 이루는 고체–중심 구형 입자의 크기와 특성이다.

문제

1. 어떤 HPLC 장치는 내부 지름(ID)이 300 μm인 칼럼을 사용할 수 있으며, 이때 최적 흐름 속도는 4 μL/분이다.
   a. 간단한 계산으로 이 흐름 속도는 지름이 4.6 mm이고, 흐름 속도가 1 mL/min인 표준 칼럼에서와 실제적으로 같은 선형 속도로 이동상을 운반할 수 있음을 보이시오.
   b. 16개 다방향족 탄화수소(polyaromatic hydrocarbon, PAH)를 포함하고 있는 시료의 분석이 RP-18 형태 칼럼($L_c = 25$ cm, $ID = 300$ μm)에서 수행되었다. 이동상(아세토나이트릴/물)의 흐름 속도는 4 μL/min이다. PAH 중 하나의 머무름 시간은 48분이었다. 이 화합물의 머무름 부피를 계산하시오. 이로부터 얻을 수 있는 결론은 무엇인가?
   c. 실험을 위해서 두 개의 칼럼을 동일한 정지상으로 충전하였다. 두 칼럼은 동일한 길이와 동일한 충전 비율(V_S/V_M)을 지니며, 한 칼럼의 내부 지름은 4.6 mm이고 다른 칼럼은 300 μm였다. 동일한 장비를 이용하여 위에 기술된 동일한 조건에서 연속적으로 실험을 수행하였다. 동일한 시료가 동일한 양만큼 주입되었다.
      i) 한 칼럼에서 다른 칼럼으로 바꿀 때, 화합물의 머무름 부피(혹은 용리 부피)는 달라질까?
      ii) 두 실험 사이에서 검출기의 감도를 조절하지 않으면 두 용리 봉우리의 세기는 서로 다를까?

2. 이동상은 폼산 완충 용액($C = 200$ mM, pH 9)이고, 정지상은 C18인 HPLC 칼럼에서 다음 산들의 용리 순서는?

   혼합물:

   1. 리놀레산 $CH_3(CH_2)_4CH=CHCH_2CH=CH(CH_2)_7CO_2H$
   2. 아라키드산 $CH_3(CH_2)_{18}CO_2H$
   3. 올레산 $CH_3(CH_2)_7CH=CH(CH_2)_7CO_2H$

3. 아래의 각 크로마토그래피 기법에서 분석 물질과 정지상 사이의 상호 작용을 가장 잘 나타내는 항을 찾아 연결하시오.

   1. 역상 — a. 분자량
   2. 젤 투과 — b. 친수성
   3. 이온 크로마토그래피 — c. 소수성
   4. 정상 — d. 양성자 첨가/이온화

4. RP-18형 칼럼을 이용하여 두 가지 화합물 A와 B의 HPLC 분리 연구를 수행하였다. 이동상은 물과 아세토나이트릴의 이성분 혼합물이다. 머무름 인자의 로그값과 이성분 혼합물 내 아세토나이트릴 백분율(%) 사이에 직선 관계가 나타난다.

   물/아세토나이트릴 비가 70/30 v/v인 이동상과 30/70 v/v인 이동상에서 각각 이들 화합물을 분리하여 두 가지 크로마토그램을 얻었다. 이 실험 결과로부터 얻은 두 직선의 식은 아래와 같다.

   화합물 A: $\log k_A = -6.075 \times 10^{-3}\ (\%CH_3CN) + 1.3283$

   화합물 B: $\log k_B = -0.0107 \times 10^{-3}\ (\%CH_3CN) + 1.5235$

   a. 선택 인자(selectivity factor)가 1이 되는 이성분 이동상의 조성을 찾으시오.
   b. 이동상이 바뀌어도 각 화합물 봉우리의 반높이 너비(FWHM)는 같고, 칼럼의 효율은 변하지 않는다고 가정하자. 위의 두 가지 이동상 조성 중 어느 것에서 더 좋은 분해능을 제공하는가?

그 실용적 이유를 설명하시오.

5. 강 표면으로부터 얻은 물 시료 속 사이머진(simazine)과 아트라진(atrazine)의 조성을 결정하고자 한다. 물 1리터를 취하여 아래와 같은 처리 과정을 거치고자 한다.

다이클로로메테인(dichloromethane)을 이용한 사이머진과 아크라진 추출
회전 증발기를 이용한 다이클로로메테인의 증발
메탄올 10 mL를 이용한 마른 잔여물의 용해

이를 통해 미지 용액 S_{unk}을 얻었다. 이 용액을 RP-형 칼럼을 이용하여 동일한 조건에서 3회 연속 주입하여 분석을 수행한다. 그 결과는 아래 표에 나온 바와 같다.

용질	봉우리 면적	용질	봉우리 면적
아트라진	3,021 2,989 2,897	사이머진	2,505 2,432 2,317

메탄올 100 mL에 아트라진과 사이머진이 각각 10 mg(S1 용액), 15 mg(S2 용액), 20 mg(S3 용액)씩 포함된 3개의 표준 용액을 준비한다. 각 표준 용액은 2회씩 주입된다. 이때 얻어진 면적은 다음과 같다.

용액	1회째 주입	2회째 주입
S1	875(Atrazine) 912(Simazine)	880(Atrazine) 924(Simazine)
S2	1,308(Atrazine) 1,362(Simazine)	1,319(Atrazine) 1,371(Simazine)
S3	1,698(Atrazine) 1,792(Simazine)	1,730(Atrazine) 1,852(Simazine)

a. 각 표준물 주입에 대하여, 아트라진과 사이머진 대한 검출기의 반응 인자를 mg/면적 단위로 구하시오.

b. 각 용질에 대하여, 아트라진과 사이머진 대한 검출기의 평균 반응 인자를 mg/면적 단위로 구하시오.

c. 각 미지 용액 S_{unk}의 주입에 대하여, 알코올 용액 속 아트라진과 사이머진의 질량 농도를 유도하시오. 채집된 강물 속 아트라진과 사이머진의 질량 농도를 구하시오.

6. 용리 곡선 이론(elution curve theory)에 따르면, 크로마토그래피 봉우리의 최대 지점에서 용질의 농도는 다음 식으로 구할 수 있다.

$$C_{max} = \frac{C_0 V_{inj}}{V_R}\sqrt{\frac{N}{2\pi}}$$

여기서, C_0는 주입된 용액 속 용질의 농도이고, V_{inj}는 주입된 용액의 부피이며, N는 칼럼 효율이다.

칼럼 특성: $L = 20$ cm, $N = 3000$
실험 조건: 등용매 조건, 흐름 속도 $D = 0.5$ mL/min, 불감 시간 $= 0.8$ min
주입 용액: $C_0 = 0.5$ g/L, $V_{inj} = 20$ μL

a. 봉우리 최고점에서의 농도 C_{max}가 $0.75C_0$와 같을 때, 용질의 부피와 머무름 시간을 계산하시오.
b. 이 조건에서 용질의 머무름 인자 값을 계산하시오.
c. 칼럼의 길이가 2배가 되면 머무름 시간은 어떻게 되겠는가? 또한, C_{max}는 어떻게 되겠는가? 단, 칼럼의 HETP는 일정하다.
d. 검출기가 용질을 검출할 수 있는 한계가 0.5 mg/L라고 가정한다면, 칼럼의 최대 길이는 어떻게 될것인가? 단, 주입 부피는 동일하다.

7. 크로마토그래피에 사용되는 실리카 젤은 단위 표면적이 370 m^2/g이다. 단위 면적 nm^2당 접근 가능한 실란올기의 평균 수를 계산하기 위해서, 0.2 g 실리카 젤을 취하고 과량의 메틸 리튬(CH_3Li)을 적절한 실험 장치를 이용하여 첨가하였다. 그리고 12.5 mL 메탄올을 (보통 온도와 압력 조건에서) 얻었다. 단위 면적 nm^2당 잔여 실란올기의 평균 농도를 계산하시오.

8. 트랜스-아네톨(trans-1-methoxy-4-(1*E*)-1-propenyl-benzene, TA)은 아니스(anise) 향 알코올에 첨가제로 사용된다. 과량 섭취하면 해롭기 때문에 그 함유량은 정기적으로 GC의 방법으로 확인되고 있다. 하지만, 이러한 분석은 가끔 HPLC로도 수행된다. HPLC로 수행된 분석 조건은 다음과 같다.

Lichosorb CN 칼럼(205×7 mm, 5 μm), *n*-헥세인 이동상, 20℃ 온도, 254 nm UV 검출

a. 정지상과 이동상의 극성이 어떻게 되는가? 이들의 작동 방식은 무엇인가?
b. 아니스 향 음료에 포함된 TA의 양을 알아내기 위하여, 다음의 실험을 수행하였다. 이때, 2.5 g TA를 250 mL *n*-헥세인(*n*-hexane)에 용해시켜서 모액을 얻고 모액으로부터 넓은 범위의 표준 용액을 준비하였다.
   i) 모액의 농도는 어떻게 되겠는가?

   100 mL 눈금 플라스크를 이용하여 모액으로부터 0.1, 0.2, 0.3, 0.4, 0.5 g/L의 표준 용액을 준비하였다.

   ii) 이 범위의 표준 용액을 준비하기 위해서 취해야 할 부피는 각각 어떻게 되겠는가?

   준비된 표준 용액으로부터 20 μL씩을 취하여 주입하였다. 얻어진 크로마토그램을 통하여 결정된 TA의 면적은 아래 표와 같이 취합되었다.

표준 용액 (g/L)	봉우리 면적
0.1	6,110
0.2	12,257
0.3	18,404
0.4	24,551
0.5	30,698

   iii) 검정 곡선 $A = f(C)$를 결정하시오. 보정 인자(correction factor)를 구하시오.

c. 판매용 아니스 향 음료 0.7 L 병 속에 포함된 TA의 정량 분석을 위해, 10 mL를 취하여 100 mL 플라스크에 놓고 *n*-헥세인으로 눈금선까지 채웠다. 이렇게 하여 S1 용액을 준비하고, 이 용액 20 μL를 주입하였다. TA 봉우리 면적은 15,662였다.
   S1 속에 포함된 TA의 질량 농도를 구하시오. 아니스 향 음료 속에 포함된 TA 함유량을 알아내시오.

4장 이온 크로마토그래피

서론

이온-교환 크로마토그래피(IEC)는 이온 크로마토그래피(IC)의 주요한 기법인데, 여기에는 이온-쌍 크로마토그래피(IPC)와 이온-배제 크로마토그래피도 포함된다. IEC는 극성 유기 화합물의 분리에 이용된다. IEC는 HPLC와 여러 가지 공통점을 갖지만, 분리 원리는 다르다. 이동상은 이온성 수용액이며, 정지상은 이온-교환체로 작용하는 고체이다. 다양한 검출 방법 중에서 용액의 전도도에 기초한 검출 방법이 주로 사용된다. 현재 IC의 응용(환경 및 생화학 분석)은 애초에 알려진 단순한 이온들의 분리보다 훨씬 광범위하다.

학습목표

- **이해** 정지상의 역할(양이온 및 음이온)
- **이해** 이동상과 첨가제의 역할
- **설명** 전도도 검출기의 특징
- **탐색** 물 봉우리와 시스템 봉우리의 기원
- **서술** 용리액 재생기의 역할
- **비교** 화학적 및 전해 이온 억제기
- **구별** 이온-배제 크로마토그래피와 IEC

4.1 이온 크로마토그래피의 기초

이온-교환 크로마토그래피는 유-무기 극성 화합물들을 그들의 전하를 이용하여 분리하는 데 가장 널리 사용된다. 정지상으로는 고분자나 유기 수지 혹은 실리카 젤이 사용되는데, 이들의 표면은 이온화된 작용기가 공유 결합되어 시료에 존재하는 전하를 띠는 화학종들과 가역적으로 교환될 수 있다. 만약 화합물이 큰 전하 밀도를 가진다면, 정지상에서 더 오래 머무를 것이다. 이러한 이온 교환 과정은 다른 형태의 크로마토그래피에 비해 훨씬 느리다.

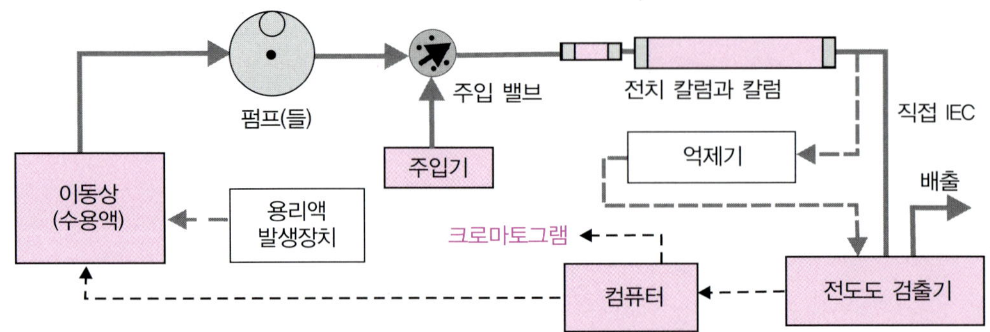

그림 4.1 이온-크로마토그래피 기기의 개략도 액체 크로마토그래피의 전통적인 구성이지만, 차이점은 두 가지 부품(용리액 발생장치와 억제기)과 용액의 전도도에 기초한 검출기이다. '억제기'는 칼럼과 검출기 사이에 위치한다. 억제기는 용리액의 산-염기 반응으로부터 생성되는 이온들을 제거한다. 고농도 이온의 용리액을 사용할 때 권장된다.

IEC 기기는 HPLC(그림 4.1)와 같은 부품으로 구성되어 있으며, 산성 또는 알칼리성 이동상에 의한 부식을 견딜 수 있는 재질로 제작된다.

시료 중의 화합물들은 이온-교환 현상에 의해 분리가 일어나며, 다음과 같은 두 가지 경우가 있다.

- 양이온 화학종들(M^+ 형태)을 분리하려면, 양이온 교환이 가능한 정지상으로 채워진 **양이온**(cationic) 교환 칼럼(양이온들을 분리하기 위한)을 사용해야 한다. 예를 들면, 이런 정지상은 설폰산($-SO_3H$)기를 포함하는 고분자로 구성되어 있다. 결과적으로 정지상은 다가 음이온과 같다.
- 음이온 화학종들(A^- 형태)을 분리하려면, 음이온을 교환하는 **음이온**(**anionic**) 교환 칼럼을 사용해야 한다. 예를 들면, 암모늄기를 포함하는 고분자를 사용한다.

분리 메커니즘을 이해하기 위해서 탄산 음이온(즉, 상대 이온) 용액으로 구성된 이동상과 평형을 이루고 있는 사차 암모늄기를 포함하고 있는 음이온 칼럼을 생각해 보자. 정지상의 모든 양이온 자리는 이동상의 음이온들과 짝을 이룬다(그림 4.2).

시료 중의 음이온 A^-는 이동상에 의해 끌려가면서, 일련의 가역 평형이 일어나게 되는데, 이는 정지상(SP)과 이동상(MP) 간에 이온의 분포를 나타내는 식으로 나타낼 수 있다.

식 4.1에서 화살표 1은 음이온 A^-가 정지상에 부착되는 것이며, 화살표 2는 이동상으로 되돌아오는 것이므로 이 과정을 통해서 칼럼 아래로 진행하게 된다.

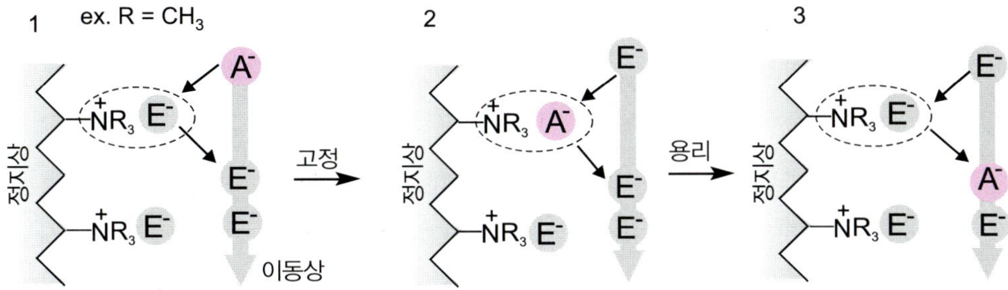

그림 4.2 암모늄 정지상과 접촉하고 있는 음이온 A^-의 진행 개략도 이온 E^-(일반적으로 중탄산 이온)는 이동상의 상대 음이온이며, 정지상에 붙어 있다. 이동상에 존재하는 분석 물질인 음이온 A^-(예를 들면, 염소 이온)는 이온 E^-의 자리를 차지한다. 용리가 진행되면, 처음 상태(이온 E^-나 같은 형태의 다른 이온의 결합)로 정지상을 재생시키게 된다. 칼럼을 통과하는 A^-의 진행 속도는 칼럼의 이온 자리에 대한 친화도에 따라 달라진다.

$$A^-_{MP} + [HCO_3^-]_{SP} \underset{2}{\overset{1}{\rightleftharpoons}} [HCO_3^-]_{MP} + A^-_{SP}$$

$$\frac{[A^-_{SP}] \cdot [[HCO_3^-]_{MP}]}{[A^-_{MP}] \cdot [[HCO_3^-]_{SP}]} = \text{Cste} \tag{4.1}$$

이 평형은 정지상의 양이온에 대한 두 음이온의 선택성(selectivity, α)을 나타낸다.

양이온 칼럼에서도 유사하게 설명할 수 있다(예를 들면, 정지상 SP는 강한 산성인 polym$-SO_3H$이다):

$$M^+_{MP} + H^+_{SP} \underset{2}{\overset{1}{\rightleftharpoons}} M^+_{SP} + H^+_{MP}$$

극성 화학종들이 교환 수지에서 머무는 현상은 **고체상 추출법(solid phase extraction)**(그림 4.3)으로 설명할 수 있다. 2개 이온 X와 Y를 포함하는 시료에서, $K_Y > K_X$이면 Y는 X보다 칼럼에서 더 오래 머물게 될 것이다.

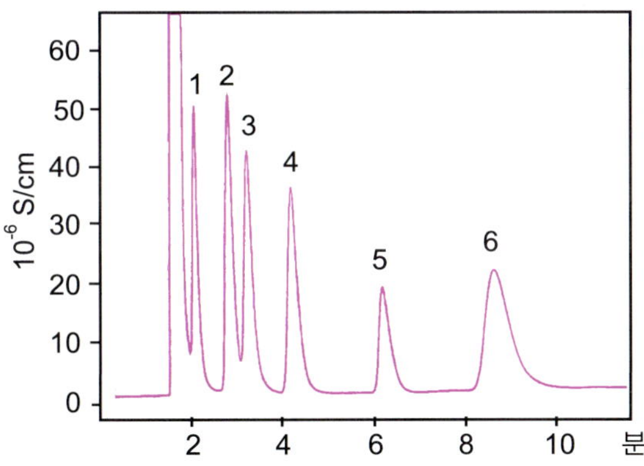

그림 4.3 양이온 칼럼을 이용한 유기산들의 분리

4.2 IEC의 정지상

분석하려는 이온의 종류와 억제기 부착 여부에 따라 선택할 수 있는 정지상이 다양하다. 이러한 상들을 이용하여 다음과 같은 분석 물질들을 분석할 수 있다: 당류, 유기산류, 단백질류 등. 정지상은 좁은 입자-분포(단순 분산), 크고 분명한 표면적, 기계적 저항성, 산과 염기 pH 영역에서의 안정성 및 빠른 이온 이동과 같은 여러 가지 조건들을 충족시켜야 한다.

4.2.1 합성 고분자

가장 일반적인 정지상은 스타이렌과 다이바이닐 벤젠의 공중합체인데, 이들은 내압성의 가교-결합 상이다. 이들은 지름이 수 μm인 구형 입자(그림 4.4)로 제조된다. 이 입자들은 음이온들이나 양이온들을 부착할 수 있다.

즉, 진한 황산을 공중합체 표면의 방향족 고리와 반응시켜 SO_3H 작용기를 부착할 수 있다. 강한 산성(강한 양이온성) 정지상은 음이온을 공중합체에 결합시켜 얻어지며, 양이온은 이동상에 존재하는 다른 양이온 화학종들과 가역적으로 교환될 수 있다. 이것은 수 mmol/g의 교환 용량을 가지며, pH에 따라 변하지 않는다.

동일한 공중합체로부터 음이온 교환수지를 합성할 수 있다. 먼저 $-CH_2Cl$(Merrifield 수지)을 결합하는 염소메틸화 반응 후에, 정지상의 원하는 염기도에 따라 2차 또는 3차 아민과 반응시킨다.

> Polym-NMe_2와 같은 약한 염기성 정지상은 물과 접촉하면, 매질이 중성일 때 약하게 이온화된 상인 $(polym\text{-}NMe_2H)^+OH^-$를 생성한다. 반면에 산성 용액에서는 활성 표면이 강하게 이온화되어 $(polym\text{-}NMe_2H)^+Cl^-$형태의 강한 염기성 형태가 된다. 이 수지들의 교환 용량은 pH에 따라 변한다.

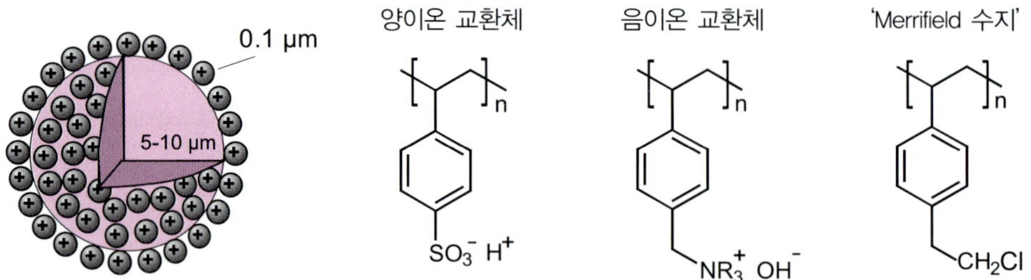

그림 4.4 IC에서 정지상, 양이온 교환체로 사용된 폴리스타이렌의 구형 입자의 단면도 폴리스타이렌 매트릭스는 양이온(예, DOWEX®4)이나 음이온(예, DOWEX®MSA -1, 또는 permutite, R = Me인 경우) 교환 수지로 변형된다.

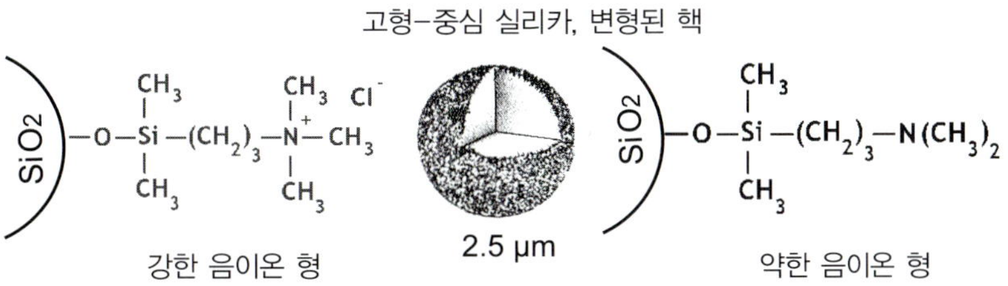

고형-중심 실리카, 변형된 핵

SiO_2 —O—Si(CH_3)_2—(CH_2)_3—N^+(CH_3)_3 Cl^-

2.5 µm

SiO_2 —O—Si(CH_3)_2—(CH_2)_3—N(CH_3)_2

강한 음이온 형 약한 음이온 형

그림 4.5 고형-중심 실리카를 변형시켜 얻은 음이온 정지상. 비다공성 균일 입자 실리카 젤

4.2.2 변형 실리카

실리카 젤은 공유 결합을 통해서 설폰기나 4차 암모늄기를 포함하는 알킬 사슬의 지지체로 사용될 수 있다(그림 4.5). 이 단계는 HPLC에서 결합 실리카 정지상을 얻는 과정과 유사하다. 이들 정지상 중 일부는 이온 크로마토그래피와 HPLC 정지상의 성질을 모두 갖는다. 분리는 이온 계수와 분배 계수에 모두 의존한다.

4.2.3 다당류

IEC(그림 4.6)에서 사용할 수 있도록, 두 종류의 다당류, 셀룰로스와 아가로스(세파로스)가 다양한 산이나 염기를 부착할 수 있는 지지체로 사용된다. 따라서 이 두 형태의 선형 고분자는 화학적 변화를 통해 '수지'로 변형시킨다. 이들은 지름이 5~100 µm인 구형이다. 친수성이고 압력에 매우 강한 이들 정지상은 용액의 pH에 매우 민감하여 양이온과 음이온을 모두 함유하는 단백질류의 분리와 정제에 자주 이용된다.

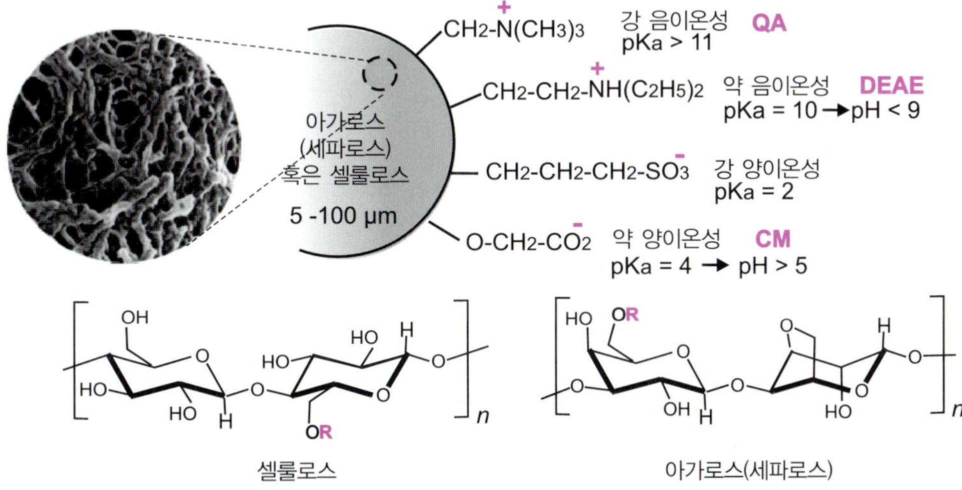

그림 4.6 다당류로부터 만들어진 정지상, 셀룰로스 혹은 아가로스로부터 만들어진 상업적 수지 현미경(50,000+)(출처: interchim. 제공)

4.3 이동상

이동상으로 사용되는 용리액은 무기 또는 유기 이온들을 포함하는 수용액이며, 특정 시료를 용해시키기 위해 필요에 따라 소량의 메탄올이나 아세톤이 사용되기도 한다. 칼럼의 형태(양이온 혹은 음이온)에 따라 용리액의 이온 성분으로 유기산(과염소산, 벤조산, 프탈산, 메탄설폰산 등)이나 염기(수산화 소듐이나 포타슘, 탄산/중탄산 소듐 또는 포타슘 등)를 사용한다. 후자의 경우, 불행히도 용리액이 공기 중의 이산화 탄소를 흡수하여 탄산을 생성시키는 경향이 있어 점차적으로 머무름 시간에 영향을 주게 된다.

이러한 오염을 피하기 위해, 수산화 포타슘(KOH) 발생장치가 사용되기도 한다(산성이나 염기성에서). 이것은 이온 크로마토그래피의 펌프와 주입기 사이에 보조 장치로 장착된다(그림 4.7). 물의 유속과 전해질 전류의 세기를 안다면, 용리액의 KOH 농도는 정밀하게 측정될 수 있으며, 농도 기울기도 수행할 수 있다.

4.4 전도도 검출기

UV/Vis 복사선의 흡수나 형광에 기초한 분광학적 검출기 외에도 이동상이 측정 영역에서 인지할 정도의 흡수가 없을 때 사용되는, 전해질의 전도도에 기초한 다른 형태의 검출 방법이 있다. 즉, 칼럼 출구에서 이동상의 전도도(저항값의 역수)가 두 미세전극 사이에서 측정

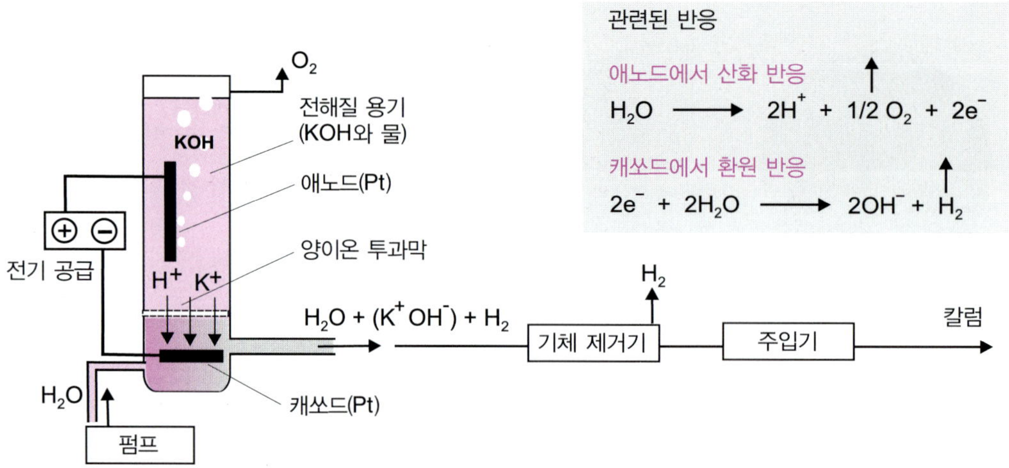

그림 4.7 수산화 이온(OH^-) 발생장치가 장착된 이온 크로마토그래피 물을 전기 분해시킴으로써 캐쏘드에서 수산화 이온이 발생하고, 수소는 모세관 기체 제거기에서 제거된다. KOH는 NaOH나 LiOH로 대체될 수 있다. 이 발생기는 주입기 앞쪽에 위치한다. (출처: Dionex)

된다. 직접 측정하기 위해서는 이동상의 이온 전하는 가능하면 낮아야 하며, 측정 용기는 전도도의 높은 온도 의존성(~5%/℃) 때문에 0.01℃ 이내의 정밀한 온도 조절이 필요하다. 칼럼 뒤에 위치하는 측정 셀은 부피가 매우 작아야 한다(약 2 μL).

이온 X(원자가 z이고 몰농도 C)에 대한 검출기의 감도는 이온의 당량 전도도(Λ_X)과 용리액 이온 E의 전도도(Λ_E)을 알면, 예측이 가능하다. 부호에 따라 봉우리가 양이나 음이라는 것을 알 수 있고, ΔK는 식 4.2에 의해 계산될 수 있다.

$$\Delta K = C \cdot z \cdot (\Lambda_X - \Lambda_E) \tag{4.2}$$

용액의 전도도

저항 R의 역수에 해당하는 **전도도(conductance)** $G = 1/R$은 전위차를 유지하는 전도도 용액에 담긴 2개의 전극 사이에서 측정된다. G는 지멘스(Siemens, S)라는 단위로 표현된다. 주어진 이온에 대해서 용액의 전도도는 전해질의 농도에 따라서 변한다. 이런 관계는 매우 묽은 용액에 대해서 선형적이다. **고유 전도도(specific conductance**, S/mol) 또는 **전도율(conductivity)** k는 검출 셀 설정에 독립적으로 측정할 수 있다:

$$k = G \cdot K_{cell} \tag{4.3}$$

$K_{cell} = d/A$는 **셀 상수(cell constant**, 면적 A와 간격 d)이다. 이 값은 직접 측정할 수 없으며, 전도도 k를 알고 있는 표준 용액으로부터 구할 수 있다.

마지막으로, **당량 이온성 전도도(equivalent ionic conductance**, Sm^2/mol)는 몰농도 C(mol/L)가 0에 가까워질 때, 25°C 수용액에서 원자가 z인 이온의 전도도를 의미한다(표 4.1).

$$\Lambda_0 = 1\,000\, k/C \cdot z \tag{4.4}$$

표 4.1 25℃ 물에서 무한히 묽은 이온들의 당량 전도도

양이온	Λ_0^+ ($mS \cdot m^2 \cdot mol^{-1}$)	음이온	Λ_0^- ($mS \cdot m^2 \cdot mol^{-1}$)
H^+	35	OH^-	19.8
Na^+	5.0	$^1/_2\ SO^{2-}{}_4$	8.0
K^+	7.3	Cl^-	7.6
NH_4^+	7.3	$HCO^-{}_3$	4.5
$^1/_2\ Ca^{2+}$	6.0	$NO^-{}_3$	7.1

4.5 물 봉우리와 시스템 봉우리

두 개의 특정 봉우리가 분석하는 시료의 크로마토그램에서 종종 나타나는데, 억제기가 없을 때 나타난다.

4.5.1 물 봉우리

크로마토그램에서 나타나는 첫 번째 봉우리는 주입한 시료에 존재하는 화학종 중에서 칼럼에 머무르지 않는 화학종들에 의해 나타난다. GC나 HPLC에서와 마찬가지로, 용매나 공기에 의한 봉우리가 나타날 수 있다. IEC에서 칼럼은 동적 평형 상태에 있는데, 주입된 시료로 인해 이온이 갑작스럽게 도입되면, 그중 일부는 정지상에 결합함으로써 교환된다. 나머지는 이동상에 남아 있게 된다. 예를 들어, 양이온을 분리하는 칼럼을 사용하면, 양이온만이 동등한 수의 반대 이온을 대체하여 정지상에 결합하며, 이들 반대 이온들은 용액으로 들어가고 시료의 음이온과 동행한다. 시료 용액 전체는 이동상의 속도로 칼럼을 통과하며, 이로 인해 크로마토그램에 주입 봉우리 또는 **물 봉우리(water peak)**라고 하는 신호가 나타난다. 전도도 검출기를 사용하면, 이 봉우리는 전도도와 이들 이온의 양에 따라 양 또는 음의 봉우리로 나타난다. 이 봉우리는 칼럼의 **불감 시간(hold-up time)**을 의미한다(그림 4.8).

4.5.2 시스템 봉우리

음이온을 용리시키기 위해 약한 유기산을 사용하고 크로마토그래피에 이온 억제기가 장착되어 있지 않은 경우, 산이 해리되지 않은 형태로 용리되는 봉우리가 나타나는데, 이를 **시스템 봉우리(system peak)**라 한다(그림 4.8). 소수성이 커질수록 머무름 시간은 길어진다. 이것의 용리는 이온과 경쟁적으로 이루어지는데, 용리 메커니즘은 HPLC처럼, SP/MP 분배 계

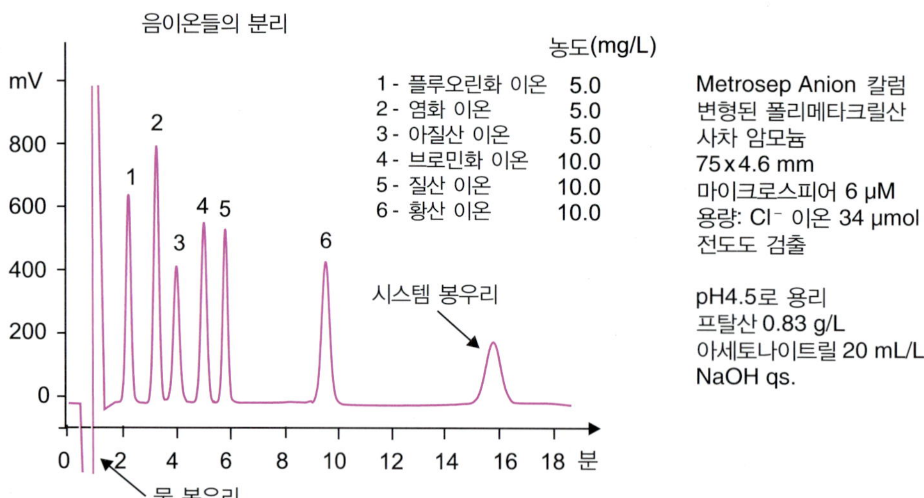

그림 4.8 **물 봉우리(1분)와 시스템 봉우리(16분) 및 음이온 분리의 예** 프탈산(용리액)은 유기 이염기산(pK_{a1} = 2.9, pK_{a2} = 5.5)이다. 선택된 pH 값이 이 두 값 사이(pH < 4.5)이기 때문에, 이염기산의 해리되지 않은 형태가 유지된다. (출처: Metrohm 제공)

수에 의해 제어된다. 이것은 항상 마지막 봉우리로 나타나는 것은 아니므로 봉우리의 위치를 인지해야 분석 물질의 봉우리와 혼동하지 않는다. 또한, 이 봉우리의 존재는 이온화되지는 않지만, 극성인 분자를 분리하기 위해 SP가 이용될 수 있음을 알려준다(4.7절 참조).

4.6 전해질의 이온 억제기

이온의 농도가 높은 용리액에서, 낮은 농도의 분석 물질 이온의 신호를 측정하는 것이 어려울 수 있다. 이러한 경우 검출 감도를 향상시키기 위해, 억제기라고 하는 장치를 칼럼과 검출기 사이에 설치하는데, 이것은 전해질에 의해 생긴 이온들을 포획하여 교환시킨다. 이 억제기는 두 가지 역할을 한다. 첫 번째는 용리액의 바탕 전도도를 현저하게 감소시키고, 음이온 분석에 사용되는 산(메탄설폰산, CH_3SO_3H 또는 황산, H_2SO_4) 또는 염기(수산화 포타슘(KOH) 또는 중탄산 소듐($NaHCO_3$))를 중화시킴으로써 바탕 잡음을 감소시킨다. 두 번째 역할은 양이온을 이온 전도도가 훨씬 높은(표 4.1) H^+ 이온으로 대체하여 신호 대 잡음 비를 높혀 감도를 향상시킨다.

두 가지 억제 기술이 개발되었다: **화학적 억제기(chemical suppressor)**와 **전해 억제기(electrolytic suppression)**

4.6.1 화학적 억제기

억제기의 가장 간단한 형태는 하나 이상의 음이온 교환 수지를 함유한다. 이 기술은 현재 음이온과 유기산을 분석하는 데 성공적으로 사용된다. 이 경우 음이온 분석에 사용되는 전통적인 용리액은 중탄산 소듐 희석액이다. 설폰산 수지로 채워진 억제기는 먼저 중탄산 이온과 반응하여 이산화 탄소를 생성하며, 이는 투과성 막을 **통해** 억제기에서 제거된다. 이 첫 번째 반응은 용리액의 바탕 전도도를 낮춘다.

$$Na^+HCO_3^- + RSO_3H \rightleftarrows RSO_3^-Na^+ + H_2CO_3 \rightleftarrows H_2O + CO_2g$$

이온-교환 수지의 양이온은 훨씬 높은 전도성을 갖는 H^+ 이온과 교환됨으로써 감도가 높아진다. 다음 예에서, 분석하려는 Cl^- 이온과 동반하는 Na^+ 이온은 H^+ 이온과 교환된다:

$$Na^+Cl^- + RSO_3H \rightleftarrows RSO_3^-Na^+ + H^+Cl^-$$

최근에는 묽은 황산 용액으로 연달아 재생되는 몇 개의 수지 카트리지를 결합하여 사용한다.

반대로, 양이온을 분리하기 위해 칼럼의 끝에, 용리액에 포함된 양이온을 중화시키기 위

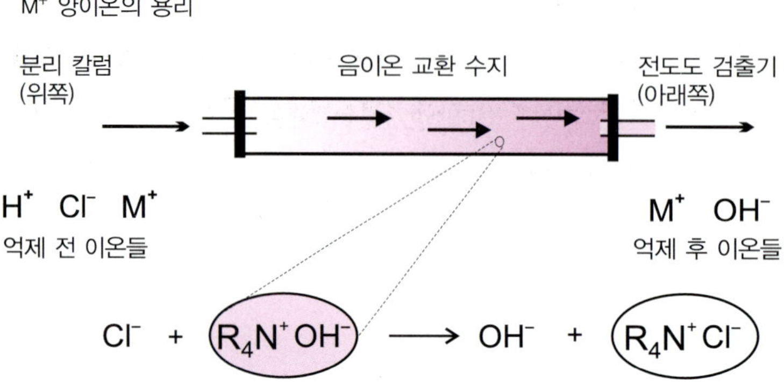

그림 4.9 양이온 교환 칼럼을 위한 화학적 억제기 여기에서 음이온 억제기는 이동상의 H^+ 이온과 Cl^- 이온을 제거하여, 양이온 M^+의 검출을 용이하게 한다. 이 억제기는 음이온 교환 수지(즉, $ArCH_2(NR)_3^+OH^-$)로 채워지며, 이는 수산화 이온을 방출함으로써 H^+ 이온을 중화하여 물 분자를 형성한다.

해 음이온 수지가 채워진 억제기를 설치할 수 있다(그림 4.9).

이 억제기의 단점은 불감 부피가 상당히 크다는 것인데, 이는 검출 전에 이온들이 재혼합하게 되어 분리 효율을 감소시킨다.

따라서 미세막 억제기가 개발되었는데, 이것은 50 μL의 매우 작은 불감 부피를 가지며 농도 기울기 용리가 가능하다.

그림 4.10(a)는 음이온 칼럼에 사용되는 전형적인 전해질 용액에서 음이온 A^-가 용리되고, 중탄산 소듐계 용리액이 양이온 투과 막 억제기를 지나는 것을 보여준다.

4.6.2 전해 억제기

이 억제기는 음이온 또는 양이온 투과성 막을 통해 제자리(*in situ*)에서 물을 전기 분해함으로써 스스로 재생된다.

그림 4.10b는 양이온을 분리하기 위해 칼럼 아래쪽에 설치된 억제기의 작용 원리를 보여준다. 여기에서, 음이온 투과 막을 사용하여 묽은 염산과 함께 용리되는 양이온이 통과하는 것을 볼 수 있다. Cl^- 이온은 막의 애노드로 이동한다. 반면에, OH^- 이온은 용액의 전기 중성을 유지하기 위해 캐쏘드에서 나와, H^+ 이온과 반응하여 물을 형성한다. 용리액의 바탕 전도도가 현저히 감소되어, 분석 물질 및/또는 양이온의 검출이 향상된다.

그림 a는 음이온을 분리하도록 설계된 막 화학 억제기인데, 전해 방법으로 변형할 수 있다. 유일한 차이점은 물을 전기 분해하여 H^+ 이온이 생성된다는 것이다.

억제기의 이러한 반응들은 전도도 측정기에서 용액의 전도도를 1 μS 이하로 낮추어 줌으로써 칼럼에서 분리된 이온들의 검출을 개선할 수 있다.

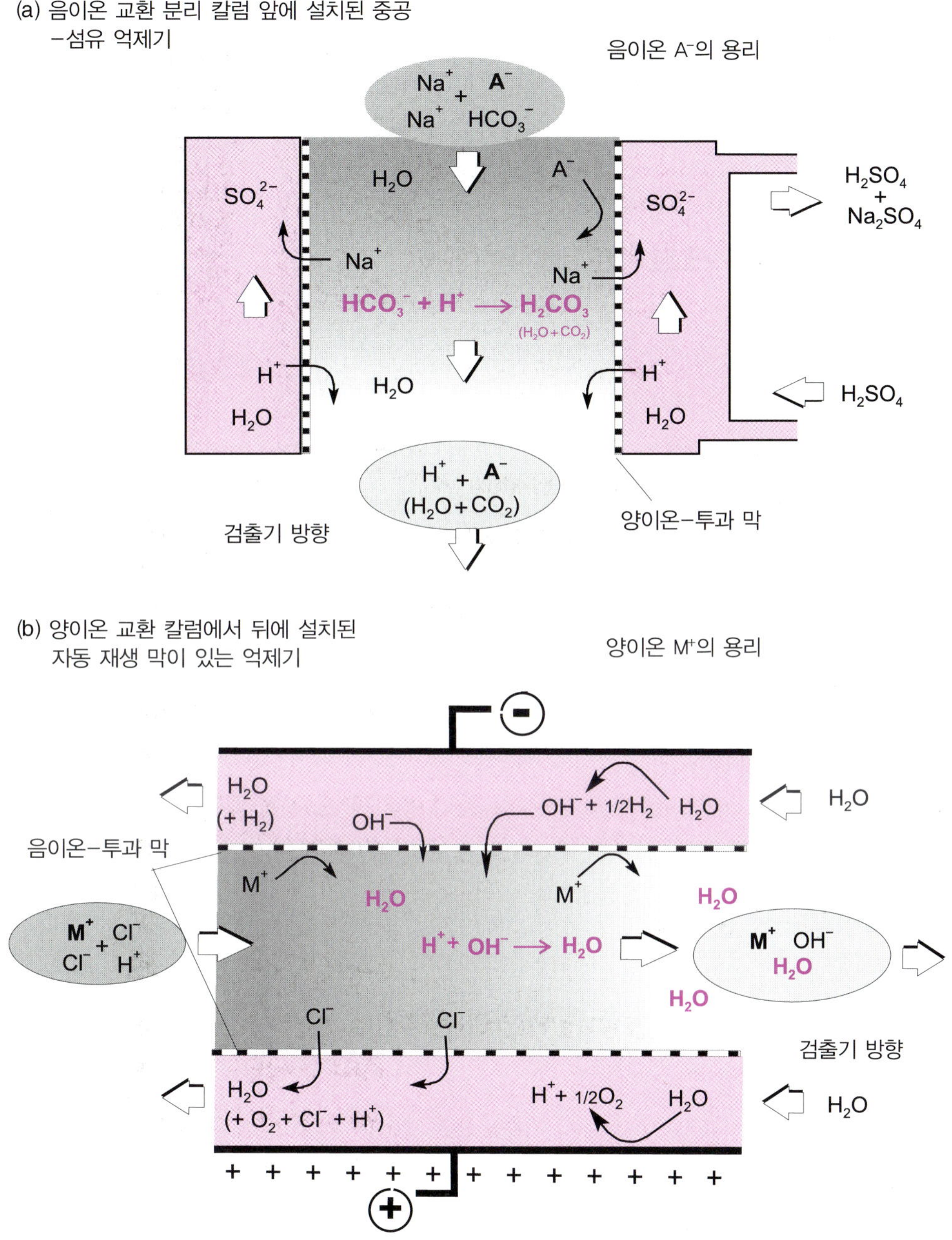

그림 4.10 막 억제기와 전기화학적 재생 억제기 두 가지 형태의 막이 있는데 한 가지 형태는 양이온으로 투과할 수 있는 것이며(H^+와 여기서는 Na^+), 다른 한 가지는 음이온(OH^-와 여기서는 Cl^-)을 투과하는 것이다. (**a**) **양이온 막(cationic membrane)**은 음이온 용리에 사용된다. 막은 용액으로부터 음이온들은 배제시키는 고정된 다중음이온성 벽이다. (**b**) 양이온 용리에 적합한 **음이온 막(anionic membrane)**을 이용한 전해 모델(전극 이온화)(앞의 예와는 반대로). 이온들은 물의 전기 분해에 의해 재생된다. 두 경우 모두 용리된 상과 억제기의 용액 사이의 역류 순환에 유의해야 한다.

특정 시료의 경우, 존재하는 탄산염을 제거하기 위해 회로에 추가 모듈을 설치하고, 분석 물질을 분리한다. **CRD(Carbonate Removal Device)**라고 하는 이 부품은 자체-재생 막 억제기로, 그림 4.10에서 설명된 원리에 따라 작동한다(그림 b의 이온과 막을 그림 a의 이온과 막으로 대체함으로써).

4.7 이온-배제 크로마토그래피

이온 크로마토그래피는 무기 이온이나 강산의 존재하에 극성 성질을 가진 화합물들(유기 염기 또는 산, 설탕 등)을 분리하거나 정제한다.

그러므로 유기산을 정제하기 위해서는 설폰화시킨 수지와 같은 양이온 교환기와 양성자가 반대 이온의 역할을 할 수 있는 수용성 산성 이동상을 선택한다. 이러한 조건에서, 칼럼의 음이온성 작용기는 옥소늄 이온(H_3O^+)과 결합하여 정지상의 표면에 **도난 막(Donnan membrane)**이라고 하는 일종의 막을 형성하며, 이는 용액의 나머지 부분과 구별된다(그림 4.11). 이것은 용액에 존재하는 음이온을 밀어낸다. 그러나, 물이나 약산은 그들의 pK_a보다 훨씬 산성인 매질에서 해리되지 않으므로 이 막을 가로지를 수 있다. 시료에 여러 개의 약산이 포함되어 있으면, pK_a가 증가하는 순서로 분리된다. 따라서, 메탄산(HCOOH, pK_a = 3.75)은 에탄산(CH_3COOH, pK_a = 4.76)보다 빨리 용리될 것이다.

4.8 아미노산 분석기

아미노산 혼합물의 분리 및 분석은 비색법과 결합된 이온 크로마토그래피의 고전적인 응용

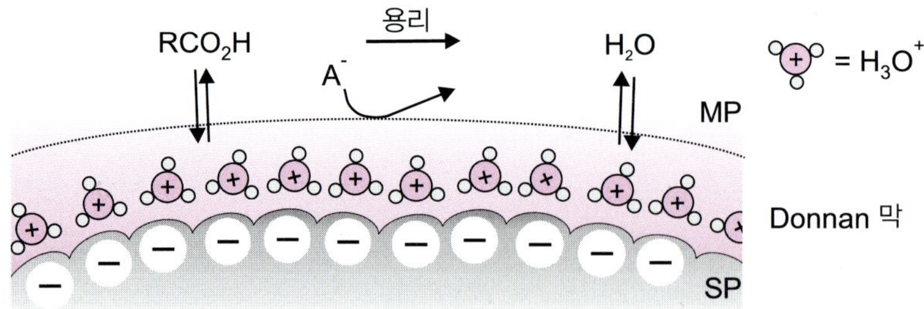

그림 4.11 이온-배제 크로마토그래피 Donnan 배제되는 이온은 칼럼의 불감 부피 내에 머무르는 반면, 약한 산은 수지에 부착되어 공동 안으로 들어갈 수도 있다. 약산의 분리에 사용되는 이 방법은 사차 암모늄 수지와 묽은 수산화 소듐이나 탄산 소듐 이동상으로 당이나 약한 염기들의 분리에 적용될 수 있다. 이러한 유형의 분리에 적합한 칼럼을 사용하는 것이 좋다.

이다. 아미노산은 UV 흡수로 직접 확인할 수 없으므로, 칼럼 출구에서 닌하이드린과 반응시켜 어떤 아미노산이든 동일한 색상의 유도체를 형성한다. 이렇게 색깔을 가진 유도체는 분광 광도계에 의해 쉽게 검출된다.

아미노산을 분리하기 위해, 설폰산기가 리튬 염 형태가 될 수 있도록 수산화 리튬 용액으로 평형화된 양이온 교환 칼럼(설폰화 폴리스타이렌)을 사용한다(그림 4.12). 분석될 시료는 pH가 2이므로, 아미노산은, 양이온 형태로, 정지상의 Li^+ 이온을 치환하고, 그들의 이온화 정도에 따라 다소 강하게 부착된다. 용리는 이동상의 pH 및 염의 농도를 점진적으로 증

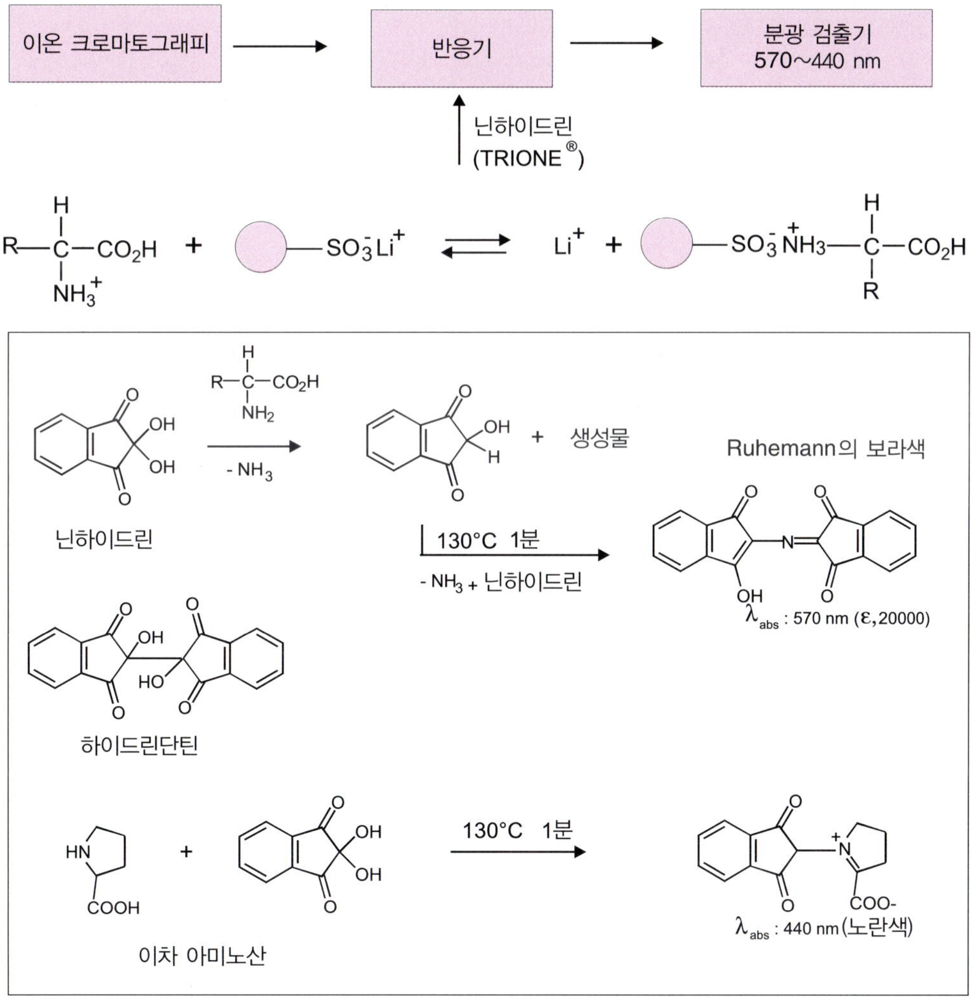

이온 크로마토그래피 → 반응기 → 분광 검출기 570~440 nm

닌하이드린 (TRIONE®)

$R-CH(NH_3^+)-CO_2H$ + ●$-SO_3^-Li^+$ ⇌ Li^+ + ●$-SO_3^-\overset{+}{N}H_3-CH(R)-CO_2H$

닌하이드린

$R-CH(NH_2)-CO_2H$, $-NH_3$

\+ 생성물

130°C 1분

$-NH_3$ + 닌하이드린

Ruhemann의 보라색

λ_{abs} : 570 nm (ε,20000)

하이드린단틴

이차 아미노산

130°C 1분

λ_{abs} : 440 nm(노란색)

그림 4.12 아미노산의 분석, 칼럼에서의 교환 반응 및 닌하이드린과의 유도체 반응 아미노산에서 분자의 나머지 부분인 R이 무엇이든, Ruhemann의 보라색이 형성된다. 최대 흡수 파장은 570 nm이다. 두 개의 닌하이드린 분자의 결합에 의해 형성되는 하이드린단틴은 반응의 촉매제이다. 대안으로는 *o*-프탈산알데하이드 및 싸이올 유도체의 존재하에 각 아미노산을 인돌의 형광 유도체로 변형시키는 것이다.

가시키면서 진행된다. 칼럼 출구에서, 아미노산은 닌하이드린을 함유하는 시약과 혼합된 다음, 가열된다. 노란색(440 nm에서 검출)을 띠는 2차 아미노산(R−NH−R′ 유형)을 제외하면, 모든 일차 아미노산($R-NH_2$ 유형)은 모두 보라색(570 nm에서 검출됨)을 나타낸다. 색의 강도는 반응 매질에 존재하는 아미노산의 양에 비례한다. 주어진 조건에서, 각 아미노산에 대한 570 nm/440 nm에서의 광학 흡수 비는 명확하다. 검출 한계는 약 30 피코몰이다.

> 아미노산 분석은 일반적으로 동물이든 식물이든 살아있는 종으로부터 채취한 단백질 및 폴리펩타이드 시료에 대해 수행된다. 크로마토그래피 분석 전에, 이들은 가수 분해되어야 한다. 매우 안정한 펩타이드 결합은 다소 과격한 조건이 필요하다. 이러한 영향으로 아미노산은 라셈화되고 시스테인이나 트립토판과 같은 것들은 일부 파괴된다.

4.9 IEC에서 Ultra-IEC까지

IC의 개발은 필수적으로 속도와 분리 성능 향상이라는 두 가지 목표에 중점을 둔다. 이를 바탕으로 Ultra−IEC 또는 HP−IEC가 탄생했다.

두 번의 연속적인 분석 사이에서, 정지상은 초기 평형 상태로 돌아가야 한다. IEC에서, 평형은 HPLC에 비해 느리며, 분석이 기울기 용리로 수행된다면 더욱 느려진다. 해결 방법은 작은 입자의 장점을 충분히 활용하기 위해 더 미세한 입자(4 μm)로 채워진 더 짧은 칼럼(예: 5 cm)의 개발에 있다. 그러나 이동상이 직면하는 저항으로 인한 압력 강하에는 하드웨어 변경, 특히 펌프 및 파쇄되지 않는 입자의 개발이 필요하다. 따라서 칼럼이 견딜 수 있는 최대 압력을 알아야 한다(그림 4.13).

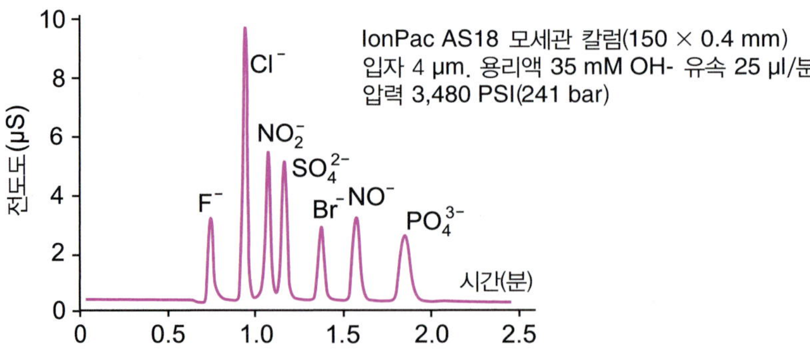

그림 4.13 2분 이내에 7개 음이온의 분리

이 장의 요점

1. IEC에서 정지상은 고분자로 구성되는데, 합성(폴리스타이렌), 천연(다당류) 또는 광물(실리카) 중 하나이다. 이 고분자는 화학적으로 결합된 극성 그룹에 의해 기능화된다. 이동상은 수용성 이온 용액이다.
2. 평형 상태, 즉 전기적으로 중성인 칼럼의 모든 자리는 이동상에 의해 제공된 반대 이온이 달라붙게 된다. 이온의 이동 속도는 친화력에 따라 달라지며, 친화력은 자체의 선택성 계수에 달려 있다.
3. 칼럼의 반응성 자리에 대한 이온 친화도가 클수록 이동 속도가 느려진다. 결과적으로, 이중 하전된 이온은 단일 전하 이온이 용리된 후에 크로마토그램에 나타날 것이다.
4. 음이온 교환 크로마토그래피에서, 용리액은 음이온 E^-를 포함해야 한다. 반대로, 양이온 교환 크로마토그래피의 경우, 용리액은 양이온 E^+를 포함한다. 두 경우 모두에서, 음이온이나 양이온은 사용된 검출 방법에 호환되어야 한다.
5. 억제기의 역할은 용리액의 바탕 전도도를 줄이고 분석물 이온의 전도도를 증가시키는 것이다. 따라서 음이온 분석을 위해 음이온을 포함하는 용리액을 사용하며, 억제기는 음이온으로 인한 전도도를 줄일 수 있는 H^+ 양이온 교환 칼럼이 사용된다.
6. 가장 일반적인 검출기는 용액의 전도도를 기반으로 한다. 분광 광도계 검출기(UV−Vis, 형광)는 HPLC와 동일하다.
7. 이온 교환 크로마토그래피에서 용리액 pH는 분석물의 해리 정도를 결정하고, 그에 따라 머무름을 결정한다. 가장 자주 사용되는 용리액은 묽은 황산(UV에서 투명)으로, 두 가지 검출 방법(전도 측정 및 광도계)에 모두 사용될 수 있다.
8. 생화학에서 IEC는 단백질을 분리하는 데 사용된다. 단백질은 수지에 치환될 반대 이온과 동일한 부호의 순 전하를 가져야 한다. 단백질의 수지에 대한 친화력은 용액의 pH에 달려 있는데, 이는 단백질의 순 전하가 pH에 따라 다르기 때문이다.

문제

1. 단백질의 혼합물은 카복시메틸화 셀룰로스의 정지상을 갖는 칼럼에서 분리된다. 칼럼의 내부 지름(ID)은 0.75 cm이고 길이는 20 cm이다. 이동상의 pH는 4.8로 조절된다. 이동상의 유속은 1 mL/분이다. 불감 부피는 3 mL이다. 크로마토그램에서 용출 부피 V_1, V_2, V_3가 각각 12 mL, 18 mL, 34 mL에 해당하는 지점에서 3개의 봉우리가 나타났다.
   a. 이 실험은 음이온 정지상에서 수행되었는가 아니면 양이온 정지상에서 수행되었는가? 그렇게 대답한 이유를 설명하시오.
   b. 이동상의 pH를 증가시킬 때 왜 세 화합물의 용출 시간이 변화되는가? 이들의 용출 시간은 증가하는지, 감소하는지 예측하시오.
2. 소듐이 제거된 염에 존재하는 포타슘과 칼슘 이온은 이온 크로마토그래피에 의해 정량할 수 있다.

1.007 g의 소듐이 제거된 염을 채취하여 200 mL 눈금 플라스크에 넣고, 초순수로 용해시킨다. 용액 S_1이 얻어지고, 이 용액은 칼슘 이온을 분석하는 데 사용될 것이다. 포타슘 이온을 분석하기 위해, 용액 S_2는 용액 S_1을 1:25로 희석하여 제조된다.

포타슘 및 칼슘 이온을 포함하는 일련의 표준 용액은 이러한 양이온 각각에 대해 1 g/L를 함유한 모액으로 제조된다.

a. 이 모액 1 L를 조제하기 위해 필요한 질산 포타슘과 질산 칼슘의 질량을 계산하시오. 표준 용액과 용액 S_1 및 S_2는 동일한 조건의 크로마토그래피로 분석한다. 크로마토그래피에서 얻어진, Ca^{2+}와 K^+에 상응하는 봉우리 면적이 기록된다.

모든 결과는 다음 표에 나타내었다:

K^+			Ca^{2+}		
용액	Conc. mg/L	면적	용액	Conc. mg/L	면적
표준 용액 1	10	2.51	표준 용액 1	10	4.22
표준 용액 2	20	4.88	표준 용액 2	20	8.64
표준 용액 3	50	12.31	표준 용액 3	50	21.48
표준 용액 4	100	24.48	표준 용액 4	100	43.19
S_2		19.62	S_1		25.87

b. 선형 회귀를 사용하여 각 이온에 대한 검정선 식을 구하시오.

c. 용액 S_1 및 S_2의 질량 농도와 소듐이 제거된 염에서 포타슘과 칼슘의 질량 퍼센트를 구하시오.

3. 3개의 아미노산(H_2N-CHR-COOH 형)은 HSO_3기를 갖는 폴리스타이렌 칼럼을 사용하여 IEC에 의해 분리된다. 이 세 화합물의 등전 pH(pH_i)를 알고 있을 때(아래 표 참조) 다음 질문에 답하시오.

a. pH_i란 무엇인가?

b. $pH < pH_i$인 경우, 존재하는 주요 형태가 무엇인가?

c. $pH > pH_i$인 경우, 존재하는 주요 형태는 무엇인가?

d. 아래 표를 완성하시오.

e. 이 화합물들을 잘 분리하려면, 어떤 pH(2, 7 또는 11)를 선택해야 할까?

f. 용리 순서를 예측하시오.

아미노산	pH_i	pH 2에서의 전하	pH 7에서의 전하	pH 11에서의 전하
글루탐산(Glu)	3.22			
류신(Leu)	5.98			
라이신(Lys)	9.74			

5장 얇은 층 크로마토그래피

서론

평면 크로마토그래피로도 알려진 얇은 층 크로마토그래피(TLC)는 액체 크로마토그래피의 하나로 정지상을 평평한 지지체 표면에 고착시킨 것이다. 분리의 원리와 상의 본질은 HPLC와 동일하지만, 실험 방법에서 차이가 난다. 이동상은 모세관 현상에 의해 정지상을 통과하여 이동한다. 실험하기 빠르고 쉬우며, 전처리 없이 여러 시료를 동시에 분석할 수 있으므로, 더 정확하게 정량해야 할 것들을 선택할 수 있다. 현재 TLC의 발전된 형태들은 이차원 TLC, nano-TLC 및 질량 분석법 또는 분광학적 방법과 결합시킨 TLC 등이다.

학습목표

설명 TLC의 과정
서술 정지상과 이동상
선택 검출 방식
정의 TLC의 분리 매개변수
비교 TLC와 HPLC의 매개변수
취급 정량적 TLC
지식 2차원 TLC

5.1 얇은 층 크로마토그래피(TLC)의 원리

시료 성분의 분리는 정지상의 얇은 층(100~200 μm)에서 이루어지는데, 이는 일반적으로 폭이 몇 cm인 유리나 플라스틱 혹은 알루미늄 직사각형 판에 고착시킨 실리카 젤이다. 지지체의 정지상을 유지하고 입자의 응집력을 높이기 위해, 유기 결합재를 정지상에 혼합시켜서 판을 제조한다.

두 상(정지상 및 이동상) 사이에서 용질의 분배 원리는 HPLC와 유사하다. 그러나 TLC

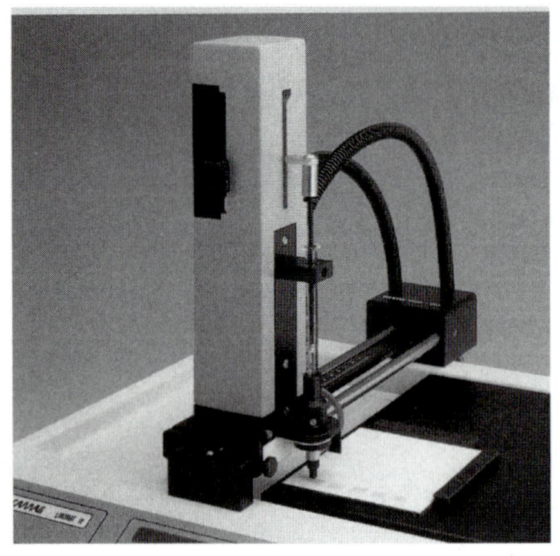

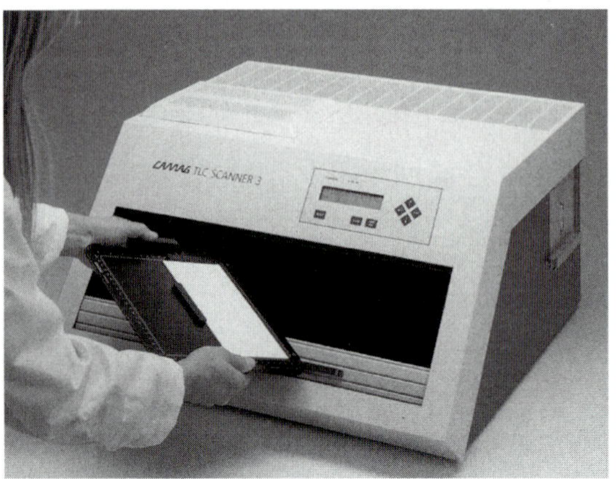

그림 5.1 **TLC에서 자동 시료 증착기와 판을 '판독하는' 장비** 왼쪽: 프로그램 가능한 증착 장치(applicator) Linomat IV. 오른쪽: 판에 의한 빛의 굴절이나 투과된 양을 측정하는 농도계(Camag. 의 모델 Scanner 3. 허가를 받아 복제). 광학 장치는 UV/Vis 분광계와 유사하다.

분석은 다르게 진행된다. TLC를 이용한 분리는 세 가지 과정을 거친다: 시료 증착, 판에서 전개 및 점적의 확인.

5.1.1 시료 증착

적절한 용매에 용해한 소량의 시료(수 nL~μL)를 모세관 작용 또는 분무시켜 판의 아랫부분에 증착한다. **모세관 작용에 의한 증착(application by capillary action)**은 1~3 mm의 지름을 갖는 점적으로 평평한 모세관 튜브를 사용하여 수동 또는 자동으로 수행된다(그림 5.1). 이 방법은 점적 주위로 시료의 확산이 일어나기 때문에, 복잡한 성분 분리는 어렵다.

분무 증착(spray application)은 질소를 흘려주면서 증착하는 것으로, 시료로부터 희석 용매를 제거하고 전체 길이를 따라 균일 농도의 작은 수평 띠로 증착하는 데 도움이 된다. 이 증착 방법은 재현성이 높아 정량 분석에 필수적이다.

5.1.2 판에서 전개

판이 준비되면, 판을 전개함(developing chamber, 다양한 모델이 있음)에 넣는다. 일반적으로 전개함에는 덮개가 있으며 용리액으로 사용되는 소량의 이동상이 들어있다(그림 5.2). 시료가 점적된 부분은 용액에 잠기지 않도록 해야 한다. 이동상은 모세관 현상에 의해 정지상을 타고 위로 올라가면서 용리액의 증기와 평형을 이루며, 시료 성분들은 용매에 대한 용해도와 매트릭스와의 상호 작용 차이로 인하여 다른 속도로 이동한다. 분리는 몇 분 이내에 끝나는데, 여러 가지 매개변수에 의해 영향을 받는다. 용매 선이 충분한 거리(수 cm)를 이

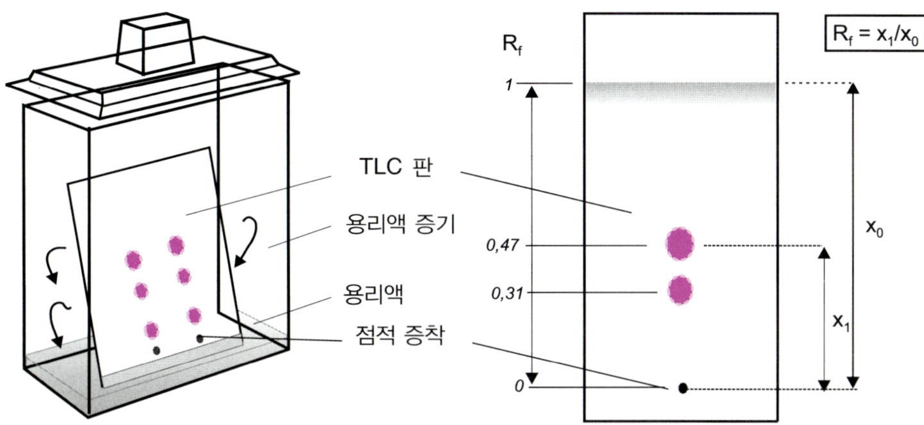

그림 5.2 **수직 전개함과 TLC 판** 왼쪽: 판의 크기(5×5에서 20×20 cm)에 따라서 함의 크기는 다르며, 유리로 만들어지고, 잘 맞는 덮개로 밀폐된다. 이동상이 수평 이동할 수 있는 함도 있다. 오른쪽: 이동한 점적이 마른 후 판의 전형적인 모양. R_f의 계산(4.4절 참조). x_0는 이동상의 이동 거리를 나타낸다.

동하였을 때, 판을 함에서 꺼내고 이동상이 도달한 지점을 곧바로 표시한 후 용매를 증발시킨다.

역상 판(RP-18 타입)을 사용하는 경우에는 이동상에 물이 포함되어 있다. 이 경우에는 염화 리튬과 같은 염을 첨가해 줌으로써 확산 현상을 제한하여 분해능을 증가시킬 수 있다.

5.1.3 전개 후 점적의 확인

용질들은 이동하여 판 위에 위치하게 되는데, 육안이나 농도계(그림 5.1)로 확인할 수 있다. 이를 위해 정지상은 일반적으로 규산 아연(또는 다른 무기 색소)을 함유하여, 판에 수은 증기 램프로 254 nm나 366 nm의 빛을 조사하였을 때 밝은 녹색이나 파란색 형광을 방출한다. 용질이 없는 영역에서 방출되는 형광은 바탕 신호를 나타내며, 그 강도는 화합물이 어두운 점의 형태로 나타나는 지점에서 감소한다. 농도계는 크로마토그램에서 나타난 바와 같이 반점 색의 질음을 시각적으로 표현한다(그림 5.3). 형광성 분석 물질은 판에 366 nm의 빛을 비추면 확인할 수 있다.

이동 후 화합물을 확인하기 위해 사용되는 여러 가지 방법 중 하나로, 일반적인 시약(포스포몰리브데넘산, 바닐린) 또는 특별한 시약(예: 아미노산의 경우 닌하이드린)을 판에 분무하거나 판을 시약에 담근다. 발색단이나 형광을 도입하기 위해 수백 종의 시약이 사용되고 있다.

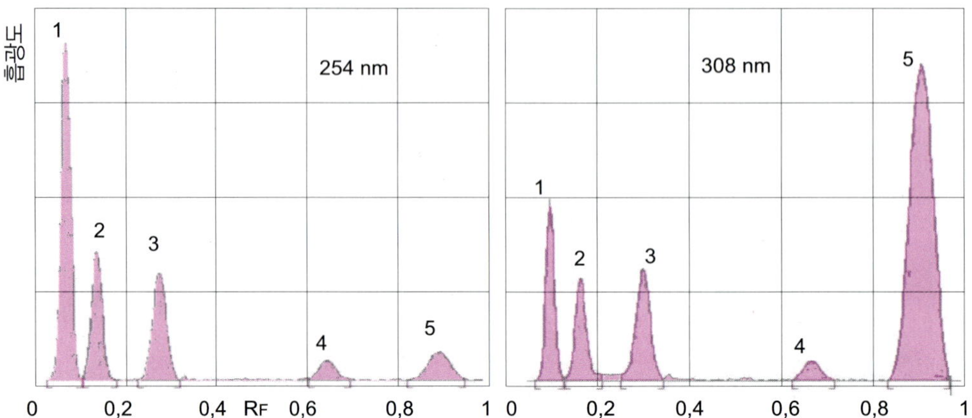

그림 5.3 TLC 판의 스캐닝 주어진 TLC 판의 흡광도는 254 nm와 308 nm에서 조사하였는데, 측정 감도는 선택한 파장에 따라 달라진다(5개 설폰아마이드의 분리, 문헌 제공: Camag).

수질 오염 물질에 관한 연구에서, 이동시키고 건조한 TLC 판에, 예를 들어 유전자 변형 효모를 함유한 용액을 뿌려주어 생체 활성 오염 물질과만 반응하도록 특정하는 기술이 있다. 이는 농도계나 형광 측정으로 이어진다. 분리 및 활성 시험을 모두 포함하는 이 기술은 TLC-EDA(**thin-layer chromatography-effect directed analysis**)로 알려져 있다.

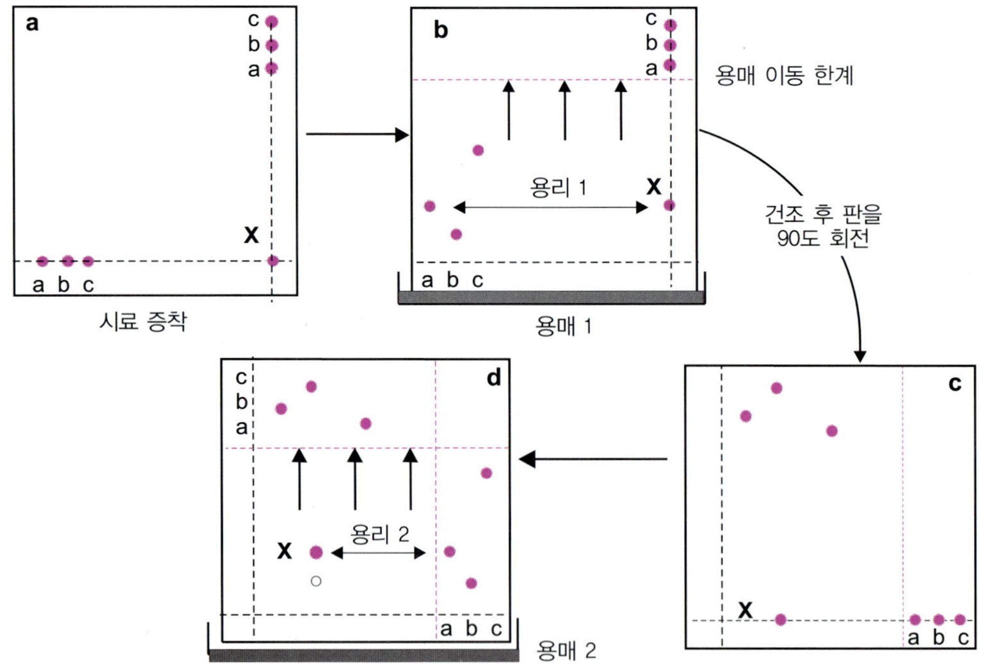

그림 5.4 2차원 TLC 2개의 다른 용매를 사용하여 두 직각 방향으로 전개하면, 화합물 X가 성분 화합물이 두 개 이상이며, 그 성분 중 하나는 기준 화합물 a(두 용매에서 모두 동일한 R_f)이고, 제2 화합물은 2차 용리에서 동일한 R_f를 갖더라도 b는 아니라는 결론을 내릴 수 있다.

사각 TLC 판을 사용하여 2차원 크로마토그래피를 수행할 수 있는데, 이것은 2개의 다른 이동상을 연속적으로 용리시키는 것이다(그림 5.4). 이 방법은 전형적으로 아미노산의 분리에 응용된다.

5.1.4 질량 분석법을 이용한 분석 물질의 확인

이동 후에 분석 물질들이 판에서 뚜렷이 나타나는 경우, 이들 영역에 극소량의 화합물이 존재하더라도 질량 분석법을 이용하여 분석할 수 있다. 이를 위해 불순물 없는 판이 판매된다. 분석 물질들은 수동이나 자동 추출 시스템을 사용하여 회수할 수 있다. 수동 방법은 지지체에서 분석 물질 영역을 떼어내어 용매로 추출한다(그림 5.5). 이 용액은 질량 분석법의 시료로 사용된다. 자동 추출 시스템으로 추출과 추출 시료의 질량 분석법으로의 도입이 결합되어 있다. TLC와 질량 분석법의 결합으로 분석 물질들을 완벽하게 식별할 수 있게 되었다.

핵자기 공명(NMR)(15장 참조)은 분석용 TLC와 직접 결합시킬 만큼 민감하지 않다. 그러나, 최대 2 mm의 정지상 두께를 갖는 분취용 TLC 판를 사용함으로써, 더 많은 양(즉, 100 mg)의 시료를 증착할 수 있다. 그런 다음, 이동 후에 충분한 양의 분석 물질들을 얻을 수 있으므로 NMR 분석이 가능하다.

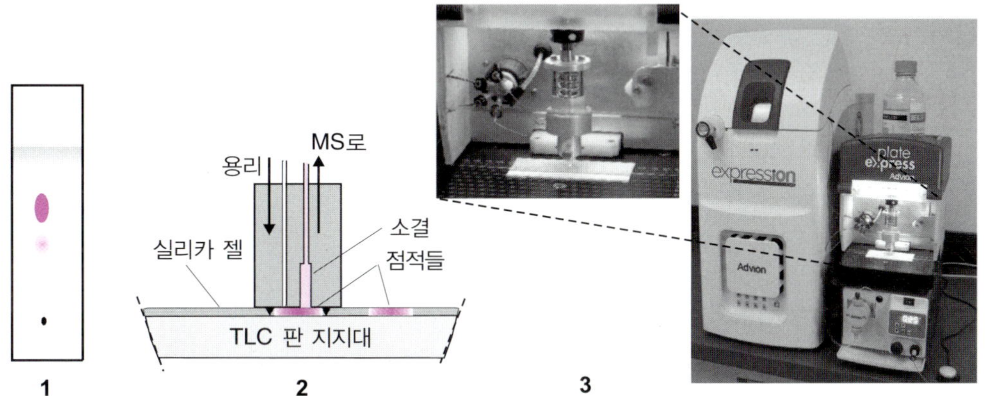

그림 5.5 얇은 층 크로마토그래피/질량 분석법(TLC/MS) TLC 판(1)은 분석 물질의 이동 후에 추출기(2)에 넣는데, 여기에서 용매로 용리시켜 분석 물질을 회수하고 이를 MS로 주입하여 분석한다(3). 몇몇 회사는 이러한 장치를 판매한다(출처: Advion의 S Expression 모델. 작동 패널은 없지만, Plate Express 판 추출기가 장착되어 있다). 중앙은 추출기의 그림이다.

5.2 TLC의 특징

TLC는 HPLC보다 더 복잡한 물리-화학적 현상이 관여한다. 실제로, 평형이 이루어지는 뚜렷한 3개의 상이 존재한다: 정지상, 액체 이동상 및 증기 이동상.

- 정지상은 화합물이 이동하기 전에는 액체상과 부분적으로 평형을 이룬다. 분리가 이루어지는 방식에 따라, 이동상은 증기상과 평형을 이룰 수도 있고 그렇지 않을 수도 있다. 이동 속도는 이에 따라 달라진다.
- 흡착 부위의 많은 자리가 채워지면, 표면 흡착 능력은 실질적으로 감소한다. 이로 인해 점적이 긴 형태로 나타난다. 결과적으로, 순수한 상태에서 화합물의 R_f(지연 인자)는 혼합물 속 동일한 화합물의 R_f와 약간 차이가 생기게 된다. 이것은 분리 과정에서 포화가 진행됨에 따라 더욱 감소할 것이다.
- 분리 효율을 향상시키기 위해서 이동상의 흐름 속도를 조절할 수 없다. 이 점을 보완하기 위해서는 다중-전개 방식을 사용하는데, 전개 후 판을 건조한 뒤 새로운 용액 전개를 진행한다. 실제로 다양한 용리액 조성으로 여러 번의 연속적인 이동을 실행할 수 있는 자동화된 장치가 있다. 이것은 HPLC에서 기울기 용리 효과와 같다.
- 용매선의 이동 속도는 일정하지 않고, 정지상 입자의 크기가 관여되는 복잡한 함수이다. 이동 속도는 2차 방정식으로 표현될 수 있으며, $x^2 = kt$로 나타난다. 여기서 x는 이동 선단의 거리, t는 시간, k는 상수이다. 결과적으로 두 점적 간의 분해능은 화합물의 R_f값에 크게 의존한다. 일반적으로 R_f가 약 0.3일 때 최대 분해능을 얻을 수 있다.

정리하면 TLC 판의 효율 N은 변화가 매우 심하다. HPLC와 같이 해당 이론단 높이(HETP)는 최적화된 값을 갖는다.

5.3 정지상

사용되는 정지상의 약 80%는 개질되지 않은 실리카 젤로 이루어져 있다. 나머지 20%는 비정질 셀룰로스(개질되거나 아님)와 처리된 알루미나(Al_2O_3, 실리카보다 덜 산성)이다. 이러한 재료들의 성질을 규정하는 공통된 주요 특성은 입자 크기 분포(지름, 불규칙한 또는 구형 입자, 단분산), 고유 표면적(500 m^2/g), 동공 크기(6 nm) 및 동공 부피(0.75 ml/g)이다. 이것들은 고착제(고분자)로 지지체에 고정되며, 일반적으로 형광성을 가진다(그림 5.6).

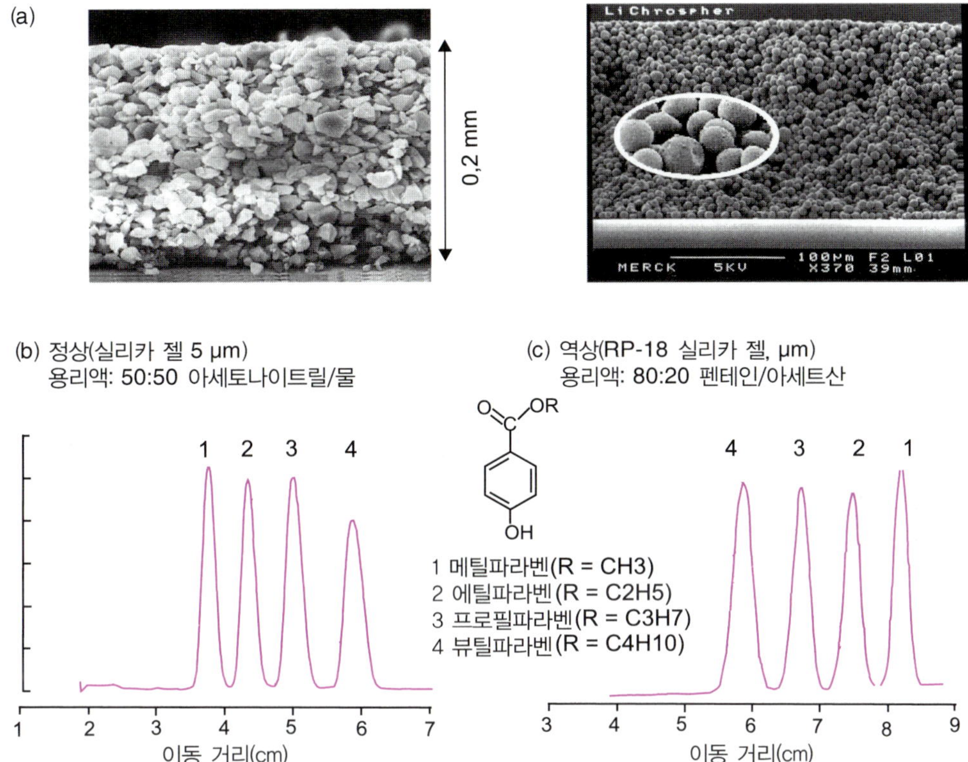

그림 5.6 TLC 판의 현미경 사진 및 다양한 상에서 4개 파라벤의 분리 (**a**) 왼쪽은 실리카 젤 알갱이(10~15 μm)를 나타낸 표준 TLC 판이며, 오른쪽은 Merck 사의 LiChrospher 판(지름 8~10 μm)이다. (**b**) 비극성 용리액을 사용하는 극성 상에서, 이동 순서(가장 작은 변위에서 가장 큰 변위까지)는 극성이 감소하는 순서이다(가장 극성이 작은 화합물인 뷰틸파라벤은 더 빨리 이동한다). (**c**) 반대로 극성 용리액을 사용하는 비극성 역상에서는 이동 순서가 극성이 증가하는 순서와 같다.

크로마토그래피에 사용되는 알루미나는 수산화 알루미늄을 소성하여 만든다. 실리카 젤과 마찬가지로, 이렇게 얻어진 알루미나 표면은 하이드록시기(-OH)로 덮여 친수성을 띤다. 이것은 구조가 단단하여 **루이스 염기(Lewis base)** 및 **루이스 산(Lewis acid)**의 분리에 모두 사용된다. 실리카 젤(약 10의 pK_a를 가짐)보다 더 염기성인 알루미나는 산성 화합물을 머물게 하고, 높은 pH에서도 안정하다. 이것의 활성은 수증기의 존재하에 하이드록시기를 중화시킴으로써 감소된다.

개질되지 않은 실리카 젤의 경우, 실란올과 실록세인 기 사이의 비에 의해 상의 친수성 세기가 결정된다.

HPLC처럼 다양한 구조의 사슬을 실리카에 결합시킬 수 있다. 일부 정지상은 알킬 사슬(RP-2, RP-8, RP-18)을 포함한다. 그림 5.6은 개질되지 않은 실리카 젤 표준 상과 R-18 상에서 주어진 혼합물에 대해 얻은 결과를 비교하여 나타낸 것이다. 다음과 같은 작용기를 결합시킴으로써 극성 정지상을 만들 수 있다: 나이트릴(−CN), 아민(−NH_2) 또는 알코올(−OH). 이것들은 카이랄 선택기의 수와 관계없이 광학 이성질체의 분리를 위해 이용될 수 있다.

이온−교환성을 갖는 상들은 친수성 성질을 가지며, 양쪽성 물질들의 분리에 사용될 수 있다. 가장 널리 알려진 것은 다이에틸아미노에틸기를 포함하는 염기성 상인 DEAE−셀룰로스이다.

HP-TLC, U-TLC. HPLC에서 정지상의 향상된 성능은 TLC에도 영향을 주었다. 더 미세한 입자 크기 분포(평균 6 μm) 및 더 얇은 판(150~200 μm)은 확산을 줄이면서 분해능(판 높이 감소) 및 감도를 향상시켜 더 빠른 분석이 가능해졌다. 기기 판매사는 U-TLC 또는 HP-TLC(**ultra or high-performance thin-layer chromatography**)라는 약어를 만들어 고성능 TLC의 영역을 나타내고 있다.

5.4 분리 및 머무름 매개변수

정지상에서 이동상의 진행은 두 가지 상반된 제약에 의해 지배된다: 모세관 작용과 질량 이동에 대한 저항. 이동 거리 x_0(그림 5.2)는 시간 t의 함수로서 다음 식에 따른다.

$$x_0 = \sqrt{kt} \tag{5.1}$$

여기서 k는 판의 고유한 매개변수이다. 따라서 용매 전면은 더 천천히 상승한다.

각 화합물은 용매에 대한 화합물의 상대 이동에 해당하는 **지연 인자(retardation factor)** R_f(단위 없음)로 규정된다(그림 5.2).

$$R_f = \frac{\text{용질의 이동 거리}}{\text{용매선의 이동 거리}} = \frac{x}{x_0} \tag{5.2}$$

이동 거리가 x이고, 점적의 지름이 w인 화합물에 대한 판의 효율 N은 식 5.3으로 주어지며, H(HETP)는 식 5.4로 주어진다.

$$N = 16\frac{x^2}{w^2} \tag{5.3}$$

$$H = \frac{x}{N} \tag{5.4}$$

화합물의 머무름 인자 k 또는 두 화합물 간의 선택 계수를 계산하기 위해, 판에서 이동한 거리는 크로마토그램에 나타난 이동 시간과 일치한다. $\bar{u}$와 $\bar{u}_0$의 이동 속도의 비는 칼럼에서와 마찬가지로 판 위에서도 동일하다고 가정하면(이것은 실제로 근사치이다), R_f와 k의

관계는 다음과 같다:

$$R_f = \frac{x}{x_0} = \frac{\overline{u}}{\overline{u}_0} = \frac{t_0}{t} = \frac{1}{k+1}$$

따라서

$$k = \frac{1}{R_f} - 1 \tag{5.5}$$

마지막으로 식 1.33과 비교함으로써 분해능은 다음과 같이 주어진다.

$$R = 2\frac{x_2 - x_1}{w_1 + w_2} \tag{5.6}$$

여기에서 x_1과 x_2는 이동 거리이다. R_f값이 약 0.3일 때 분해능은 최대가 된다.

5.5 정량 TLC

TLC를 사용하여 정량 분석을 하기 위해서는 일반적인 모든 매개변수(특이성, 선형 구간, 정밀도 등)에 대한 정의에 따라서 점적을 정량하는 것이 원칙이다(그림 5.1, 그림 5.7). 이것은 농도계(densitometer 또는 scanner)의 렌즈 아래에 판을 위치시켜서 1개 또는 여러 파장에서 흡광도나 형광을 측정할 수 있도록 한다. 이 기기는 면적이 측정된 봉우리를 지닌 유사-크로마토그램을 생성한다(그림 5.4). 실제로 이것은 분리의 마지막 순간과 같은 시간의 이미지이다. TLC에서 UV 흡수가 있는 화합물 몇 ng이 있으면 점적으로 검출이 가능하다.

> β^- 방사성 동위 원소에 의한 표지 화합물을 밝혀내기 위해서, 판 위의 방사성 분포 이미지를 나타내주는 비디오카메라를 갖춘 농도계도 있다. 젤 전기 이동법에서도 사용되는 Charpak 기기(Charpak machines)로 알려진 새로운 농도계는 mm^2 당 수 베크렐까지 활동도를 감지하기에 충분한 감도를 가지고 있다.

다양한 응용 분야에서 TLC는 HPLC와 질적으로 견줄 만한 결과를 내고 있다. 비록 TLC는 HPLC보다는 수동적인 작동과정이 더 필요하지만, 완벽한 점적을 위한 새로운 도구, 기울기 용리를 이용한 전개 및 판의 기록 등으로 재현성 있는 결과를 제공한다. 최근의 진보된 기술은 용리액을 일정한 속도로 이동하게 할 수 있는데, 이것은 특별하게 제작된 전개함 내에 과량의 기체로 압력을 가하거나 전기장을 걸어줌으로써 가능하다.

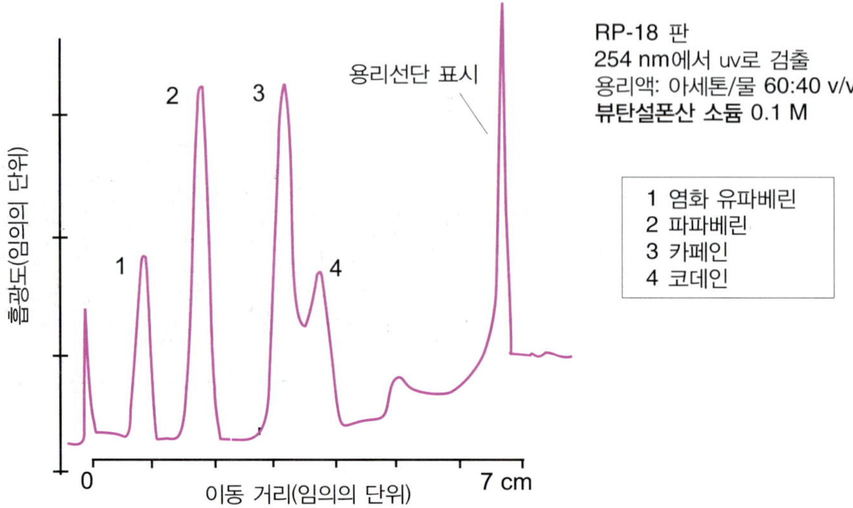

그림 5.7 **이온-쌍을 이용한 TLC에서 TLC 카테콜아민들의 분리** 여기에서 역상이 사용된다. 충분히 머무르지 않을 수 있는 이들 극성 화합물의 분리를 개선하기 위해, 알킬설포네이트가 MP에 첨가된다(3.7.1절 참조). 이러한 유사 크로마토그램은 TLC 판을 스캐닝함으로써 얻어진다(Merck application note에 따름).

다중 전개(multiple development). 개질시키지 않은 극성 실리카 판에서, 다소 극성인 MP로 여러 번의 이동을 연속적으로 수행하는 테스트를 하는데, 각 이동 사이에 판을 건조시켜 주었다. 첫 번째 전개 후에 두 개의 화합물이 약간 분리되어 있다고 가정하면, 작은 R_f 값을 갖는 화합물은 두 번째 전개에서도 덜 이동하게 되어, 두 점적 간의 차이는 더욱 두드러지게 됨으로써 분리는 잘 이루어질 것이다. 이것은 지루하고 다소 비효율적인데, HPLC의 기울기 용리와 유사하다.

최신 개발(고압 또는 고속)된 HPLC와 비교할 때, TLC는 동일한 판 위에서 평행하게 분석이 가능하여 같은 시간 동안 더 많은 시료를 처리할 수 있다. 시료 준비는 판이 일회용이기 때문에 HPLC에서보다 제약이 적다. 매트릭스의 성질은 중요하지 않은데 이는 점적에 흡착되기 때문이며, 따라서 생물학적 시료에 매우 유용하다. 또한 생성물이 분리된 TLC 판은 잠정적으로 추출 후 다른 분석(예를 들어, 질량 분석법)에 쓰일 수 있는 매우 작은 시료를 보존하는 수단이기도 하다.

이 장의 요점

1. TLC는 비용면에서 매우 효율적인 방법으로, 시료 증착, 이동, 드러남 및 판의 분석 물질 식별의 네 가지 주요 단계로 진행된다. 값비싼 장비는 필요하지 않으면서, 자동 증착기 및 농도계를 편하게 이용할 수 있다.

2. 목표가 정해진 상황에서, 분석 물질 식별은 표준 화합물과 이동 거리를 비교하여 이루어진다.
3. 다양한 경로로 이동 후 부가적인 식별 방법을 배치하여 분석 물질을 검색하면 더 나은 식별을 할 수 있다. 이를 위해 더 두꺼운 정지상 층을 가진 판을 사용하면 더 많은 양의 시료를 수용할 수 있다.
4. 충분히 큰 판을 사용하면, 여러 번의 분석을 동시에 동일한 조건에서 수행할 수 있다.
5. HPLC와 같이, 분리는 정지상 및 용리액으로 사용되는 이동상의 적절한 선택을 통해 성공적으로 이루어진다.
6. TLC 판은 일회용이므로 매트릭스(원시 시료)에 분산된 화합물들을 전처리 없이 분석할 수 있다.
7. TLC는 심층 분석의 대상이 되는 특정 분석 물질을 가진 시료를 신속하게 선택하기 위한 긍정적/부정적 시험으로 사용될 수 있다. 이는 이러한 분석과 관련된 시간 및 비용 절감으로 이어진다.
8. 유기 합성에서 TLC는 종종 반응의 진행을 추적하기 위해 일정한 간격으로 사용된다: 출발 물질의 사라짐, 새로운 화합물의 출현, 반응 속도론 및 관련 생성물 형성.

문제

1. 두 화합물 A와 B의 혼합물이 다음 특성(이동 거리 x, 점적 지름 w)을 가지고 원점으로부터 이동한다.

$$x_A = 27\ \text{mm},\ w_A = 2.0\ \text{mm}$$
$$x_B = 33\ \text{mm},\ w_B = 2.5\ \text{mm}$$

   이동상의 선단은 출발선으로부터 60 mm이다.
   a. 각 화합물에 대한 지연 인자 R_f, 효율 N, HETP H를 계산하시오.
   b. 두 화합물 A와 B 사이의 분해능 인자를 계산하시오.
   c. 두 화합물의 선택 인자와 R_f 사이의 관계를 설정하고 그 값을 계산하시오.
2. 그림 p5.1은 정상(이동상: 헥세인 아세톤 80/20)에서 TLC 판을 스캔한 결과이다. 3개의 화합물의 구조는 A, B, C이다.
   a. 나타난 3개의 주 봉우리에 대해서 화합물 A, B, C가 어느 것인지 표시하시오.
   b. 동일한 형태의 정지상과 이동상을 포함하고 있는 HPLC에 의한 분석에서 이들 화합물의 용리 순서는 어떻게 되는가?
   c. 정지상이 RP-18이며, 이동상이 아세토나이트릴/에탄올(80/20)인 HPLC에서 이들 화합물의 용리 순서는 어떻게 되는가?
   d. 판에서 가장 빠르게 이동하는 화합물의 R_f를 계산하시오.
   e. 기록으로부터, TLC 판의 효율과 상응하는 HETP를 계산하시오(칼럼 크로마토그래피로부터 유도된 식을 사용하시오. 특히 FWHM δ에 따라, 이동 거리 x에 따른 효율이 주어진다).

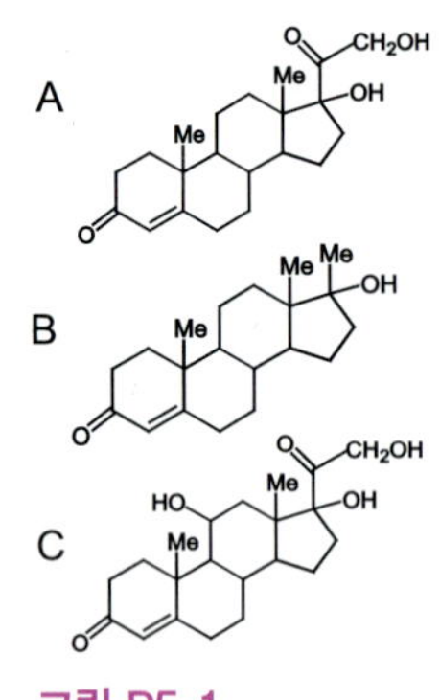

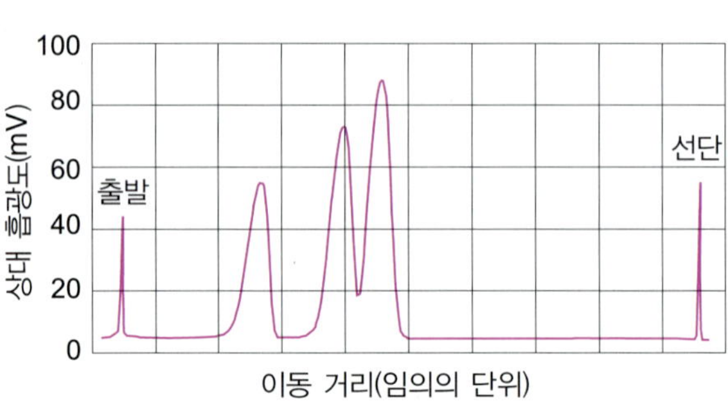

그림 P5_1

3. 머무름 인자 k에 미치는 이동상(MP)의 조성 변화의 영향을 예측하기 위해, Snyder는 MP로 사용하는 각 용매를 매개변수 P와 연관시켰다. P는 정상인지 역상인지에 따라 두 식에서 사용된다. 표의 데이터와 표시된 관계로부터, MP No. 2에 대해 두 가지 유형의 액체 크로마토그래피(정상 및 역상)에서 새로운 k 값을 계산하시오.

정상에서 $k_2/k_1 = 10^{(P1-P2)/2}$이고, 역상에서 $k_2/k_1 = 10^{(P2-P1)/2}$

	아세토나이트릴	물	메탄올	k
P	5.8	10.2	5.1	
MP No. 1 (%)	40 (%)	50 (%)	10 (%)	6
MP No. 2 (%)	55 (%)	40 (%)	5 (%)	?

4. TLC와 HPLC가 동일한 상(이동상 및 정지상)을 사용하는 경우, 분석 물질이 용리하는 데 필요한 불감 부피가 R_f의 역과 같다는 것을 증명하시오.

5. 다음 서술에 예 또는 아니오로 대답하고, 설명하시오.
   a. 두 화합물 사이의 선택 인자는 1보다 작을 수 있다.
   b. 화합물의 머무름 인자는 1보다 작을 수 없다.
   c. 머무름 인자는 용량 인자와 다르다.
   d. 이동상의 유속은 분리 효율에 영향을 미친다.
   e. HPLC의 비극성 칼럼에서, 이동상의 pH가 충분히 커지면 유기산의 머무름 시간이 증가한다.
   f. GC에서 온도는 머무름 인자에 영향을 미치지 않는다.
   g. RP-18 칼럼에서 기울기 용리를 진행할 때, 이동상 극성은 일반적으로 시간이 지남에 따라 감소된다.
   h. 선택 인자가 1에 가까우면 분리도가 떨어진다는 것을 의미한다.
   i. GC에서 상 비 β만 다르고 모든 것이 동일한 두 칼럼을 비교할 경우에, 한 화합물에 대한 두 칼럼의 머무름 인자는 동일할 것인가?
   j. GC에서, 화합물 A의 1% 용액(vol / vol) 1 μL를 주입한다. 분할 비율은 100:1로 설정한다. 용액 밀도는 0.9 g/mL이다. 칼럼으로 이동하는 질량 A는 90 μg이다.
   k. 분리에서, 모든 화합물은 이동상에서 동일한 시간을 소비한다.
   l. 유속의 변화는 봉우리 면적에는 영향을 미치지만, 봉우리 높이에는 영향을 미치지 않는다.
   m. 정상 TLC에서, 비극성 화합물은 이동상에 의해 끌려간다.

초임계 유체 크로마토그래피

서론

초임계 유체 크로마토그래피(SFC)는 이름에서 알 수 있듯이, 초임계 또는 아임계 상태의 유체를 이동상으로 사용한다. 실제로는 이산화 탄소(CO_2)를 사용하는데, 독성과 고유 점도 및 확산도가 낮아 적절한 칼럼을 선택하면 광학 이성질체와 같이 유사한 구조를 갖는 화합물들을 신속하게 분리할 수 있다. 기기는 HPLC와 유사한데, 칼럼 및 검출기는 이동상의 특성에 맞게 조정된다. 유기 공용매를 극소량만 사용하므로 친환경 기술로 간주되는데, 이러한 특성은 질량 분석법과의 결합을 가능하게 한다. GC와 HPLC의 혼성으로 여겨지는 SFC의 발전은 다소 느리지만, 소수성 화합물, 지질, 고분자 및 열불안정성 화합물의 연구에 보완적으로 이용된다.

학습목표

복습 기체의 상도표가 나타내는 것	**소개** 특성적 SFC 구성
제시 CO_2를 선택하는 이유	**비교** SFC, GC 및 HPLC
서술 SFC에서 CO_2의 유용한 특징	**적용** SFC를 활용한 거울상 이성질체 분리

6.1 초임계 유체: 복습

순수한 화합물의 액체에서 기체 상태로, 또는 기체에서 액체 상태로의 상변화는 압력이나 온도의 제한된 범위 안에서 일어난다. 예를 들면, 기체 상태의 순수한 물질은 적용한 압력과 관계없이 임계 온도(T_C)라고 하는 온도 이상에서는 액화될 수 없다. 임계 온도에서 기체가 액화되기 위한 최소의 압력을 임계 압력(P_C)이라고 한다. 이러한 한계점들은 순수한 상

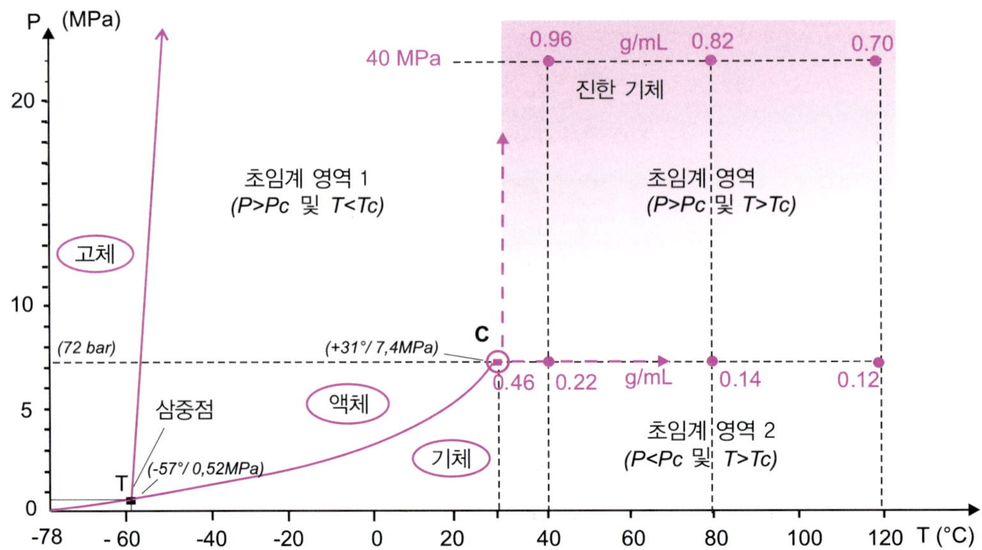

그림 6.1 이산화 탄소의 상 도표 각 순수한 물질에는 상태를 결정하는 온도 *T*, 압력 *P* 및 부피의 세 가지 변수 간의 관계가 존재한다. 이 그림에 CO_2의 압력/온도가 투영되어 있다. 임계점은 31℃, 7.4 MPa(1 MPa = 10^6 Pa, 혹은 10 bar)이다. 임계점 주변에서는 액체 상태에서 기체 상태로 상의 불연속적인 변화 없이 갈 수 있다.

태에서의 상 도표의 정해진 경계들이다. 기체와 액체 영역을 구분하는 이 선은 임계점(*C*)에서 멈춘다(그림 6.1). 이러한 상태(임계점)에서 기체와 액체 상태는 동일한 밀도를 갖는다. 이러한 온도와 압력 이상에서 화합물은 초임계(또는 아임계) 유체가 된다.

크로마토그래피에서 이동상으로 초임계 유체를 사용하는 것은 몇 가지 이점이 있다. 이는 초임계 유체의 물리적 특성이 액체와 기체의 중간이라는 점과 관련이 있다. 구체적으로 살펴보면, 초임계 유체의 점도는 일반적인 액체상보다 10~20배 낮다. 더욱이, 이들의 용매화 특성(분배 계수 *K*에 의해 지배됨)은 낮은 극성 유기 용매의 것과 유사하다. 이러한 측면에서, 300 bar 및 40℃의 이산화 탄소는 크로마토그래피 응용 측면에서 벤젠과 비슷하다. 온도와 압력의 선택에 따라 초임계 유체의 거동은 때로는 밀도가 높은 기체처럼, 때로는 액체처럼 보일 수 있다(그림 6.1).

초임계 상태의 이산화 탄소는 실험실 규모에서 복잡한 매트릭스로부터 불안정한 화합물을 추출하는 데 사용할 수 있다. 다양한 산업 응용 분야에서는 이 방법을 식품의 추출(예: 카페인 제거, 아로마 및 향신료 회수, 지방 제거)이나 의류용 드라이클리닝제로 사용한다.

6.2 이동상으로서의 이산화 탄소

이산화 탄소(CO_2)는 초임계 상태에서 이동상으로 사용되는 유일한 화합물이다. '녹색 화학'의 일부로 간주되는 이 화합물은 독성이 낮고 불연성이며 부식성이 없다. 임계점은 T_C = 31℃ 및 P_C = 7.4 MPa이다(그림 6.1). 이 값 이상에서 이산화 탄소는 초임계 유체로 유지되는데, 이는 기술적으로 비교적 쉽게 도달할 수 있는 조건이다. 16 MPa 및 60℃에서 이산화 탄소의 밀도는 0.7 g/mL이다. 이것이 '진한 기체(dense gas)'라는 표현이 사용되는 이유이다. 열불안정성 화합물 또는 거울상 이성질체의 분리에는 31℃ 이하의 온도인 임계 영역 1(그림 6.1)의 CO_2가 사용된다.

임계점이 이산화 탄소와 유사한 아산화 질소(N_2O)와 암모니아(NH_3)는 사용하지 않는다.

온도에 따라 점도가 증가하는 기체와 달리 초임계 유체는 반대로 나타난다. 따라서 이산화 탄소의 경우, 분석 물질의 확산 인자(확산도)는 고전적 HPLC 용매에 대해 관찰된 것보다 고압에서도 훨씬 높게 유지되어 분리 속도가 증가한다. 초임계 유체의 밀도, 즉 용매화 능력은 그들이 받는 압력에 따라 달라진다. 결과적으로, SFC에서의 압력 구배는 HPLC에서의 기울기 용리나 GC에서의 온도 프로그래밍과 동일하다.

이산화 탄소는 쌍극자 모멘트를 갖지 않기 때문에, 초임계 상태에서 극성은 매우 약하다(60℃ 및 160 bar에서 헥세인과 유사하다). 따라서, 공용매 없이는 극성 분석 물질을 포함하는 시료에 사용할 수 없다. 이러한 이유로 종종 **개질제(modifier)**를 첨가하는데, 30%의 비율까지 사용하여 이러한 화합물을 분석한다. 가장 일반적인 개질제는 알코올(메탄올, 에탄올 또는 아이소프로판올)이다. 이들은 양성자성 용매, 즉 수소 주개이며, 따라서 SP에서 극성기와 극성 용질간의 상호 작용을 최소화한다. 비양성자성 용매인 아세토나이트릴은 거의 사용되지 않는다(그림 6.2). 이동상에 개질제가 포함되면 점도와 확산도는 크게 영향을 받지 않지만, 임계점이 이동하므로 분리가 아임계 영역에서 이루어진다.

6.3 SFC의 기기장치

SFC의 기기장치는 HPLC와 유사하다(그림 6.3). 초임계 유체의 유속을 안정적으로 유지시키기 위해, 주사기 펌프(이동상의 조성이 고정된 경우) 또는 왕복 펌프가 사용된다. 펌프 본체는 약 0℃로 조절되는 냉각 장치를 이용하여 임계 온도 이하로 유지된다. 유기 개질제가 첨가되는 경우, 두 번째 펌프 또는 두 개의 피스톤을 가진 왕복 펌프를 사용하는데, 하나는

	헥세인	톨루엔	아이소프로판올	아세토나이트릴	메탄올	물
쌍극자 모멘트(D)	0	0.43	1.65	3.45	1.74	1.85
Snyder의 극성 지수	0.1	2.4	4.3	6.2	6.6	9

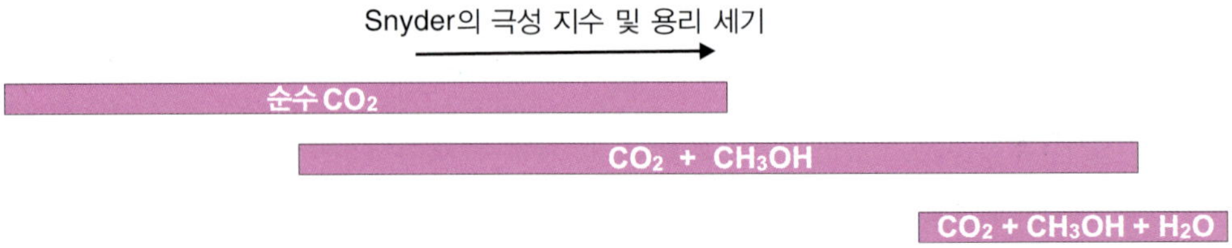

Snyder의 극성 지수 및 용리 세기 →

순수 CO_2

CO_2 + CH_3OH

CO_2 + CH_3OH + H_2O

그림 6.2 몇 가지 개질제에 대한 쌍극자 모멘트와 Snyder의 실험 수치 개질제는 분석 물질의 머무름 인자 k와 선택성 α에 대해 매우 정밀하게 작용한다. 개질제의 양(0∼30% 사이)이나 출구의 압력과 온도에 따라 MP의 용리 세기는 변한다. 이러한 이유로 각 개질제에 대해 극성 범위를 정의한다. 극성이 큰 화합물의 경우, 개질제에 폼산 암모늄이나 아세트산 암모늄과 같은 첨가제를 넣어준다.

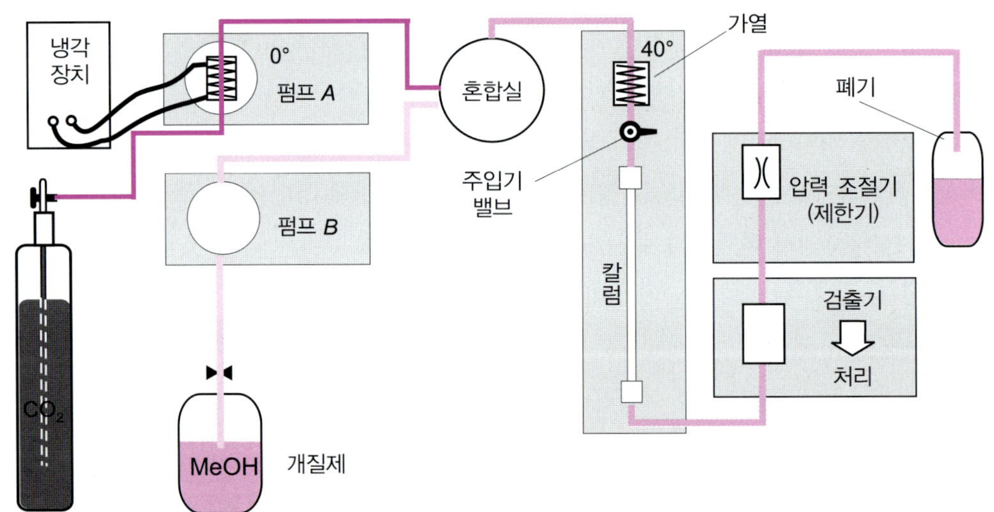

그림 6.3 HPLC 충전 칼럼을 이용한 SFC 장치의 개략도 이산화 탄소는 펌프와 주입기 사이에서 초임계 상태로 도달한다. 압력 조절기(restrictor)는 형태에 따라 칼럼 다음, 혹은 검출기 앞이나 뒤에 둔다. 이것은 이동상이 칼럼 밖으로 빠져나올 때까지 초임계 조건을 유지한다(개략도는 Vydac의 문서에 기초하였음).

초임계 유체용이고 다른 하나는 개질제용이다. 그런 다음 액체는 임계 온도 이상으로 유지되는 가열된 코일을 통과하여 초임계(또는 아임계) 유체로 변환된다.

BPR라고도 하는 **후방 압력 조절기(back-pressure regulator)**는 유형에 따라 펌프에서 칼럼 끝까지 또는 심지어 검출기의 배출구까지 초임계 상태로 이동상을 유지한다. 또한 이 압력 조절 장치는 초임계 상태에서 대기압의 기체 상태로 전환될 때 MP가 팽창하며 형성된 기체 부피뿐만 아니라 중요한 냉각 과정을 정확하게 조절해야 한다.

초창기의 SFC는 검출기로 모세관 칼럼과 FID를 사용하여 GC와 매우 유사하였다(2.7.2절 참조). 그러나 MP에 개질제의 양이 많아 분석물 봉우리를 가릴 수 있는 경우에는 FID를 사용할 수 없다. 게다가, 요즘에는 일반적으로 충전된 HPLC 칼럼을 사용하는데, 이는 이러한 유형의 검출기를 사용하기에는 MP의 유속이 너무 크다.

기술적 진보와 Ultra-HPLC의 출현으로 SFC는 UV 흡수(3.8.1절 참조) 또는 형광(3.8.2절 참조) 또는 광 확산(3.8.4 절 참조)을 기반으로 한 검출기와 초소형 입자로 충전된 작은 지름의 칼럼을 사용한다. 확산 증발 검출기는 MP에서 증발하기 쉬운 고농도의 이산화 탄소 덕분에 HPLC에서보다 더 민감하다. 하지만 GC 또는 HPLC와 마찬가지로, SFC와 결합된 질량 분석법은 분석의 특이성과 민감도를 향상시킨다(16.1.1절 참조). 이러한 결합은 이산화 탄소의 용이한 제거와 적은 용매량에 의해 가능하게 되었다. 다양한 이온화 원은 차별화된 이온화 방식으로 이어져 광범위한 극성의 분석 물질을 처리할 수 있게 되었다.

6.4 HPLC, GC와 SFC의 비교

SFC는 액체 또는 기체 크로마토그래피와 같은 다른 고전적인 기술들을 보완한다. 용질의 이동은 비극성 정지상과 약한 극성 이동상 사이의 분포 작용으로부터 기인한다. 따라서 머무름 현상은 HPLC와는 다르다(그림 6.4). 이동상의 용매화 용량은 초임계 유체의 온도와 압력에 의해 정해진다. 이동상에서 용질의 확산은 약 10배 정도 크므로, 정지상과 이동상

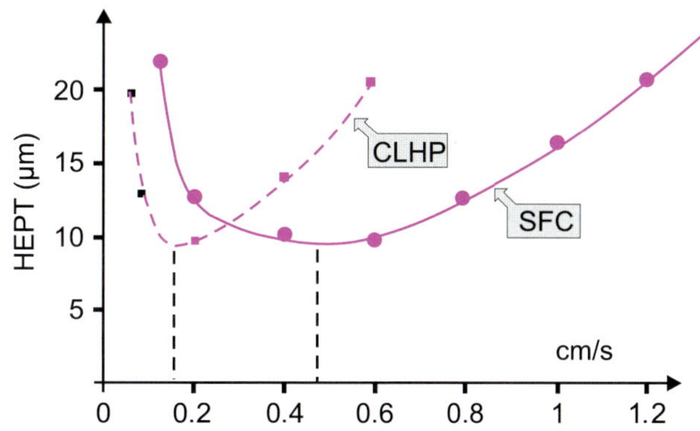

그림 6.4 **HPLC와 SFC의 비교** 두 실험 곡선 모두 동일한 칼럼에서 동일한 화합물을 사용하여 얻었지만, 이동상으로 HPLC는 고전적 액상을, SFC는 초임계 상태의 이산화 탄소를 사용하였다. HETP 값은 비슷하지만, SFC를 사용하면 최대 세 배 빨리 분리할 수 있으므로 분석 시간이 절약된다.

사이의 질량 이동에 대한 저항은 HPLC에서보다 더 작다.

Van Deemter 식에서 C 인자가 작아지면, 이동상의 속도를 증가시켜도 효율의 감소하지 않는다. 또한, 이동상의 점도가 기체의 점도와 비슷해지면, GC 모세관 칼럼을 사용할 수 있다. 하지만 칼럼 내에서의 압력 강하는 칼럼을 통과하는 동안 화합물의 분포 계수를 변화시킨다. 이것은 봉우리를 넓게 하는 원인이 된다. 이러한 이유로, SFC의 효율은 모세관 GC보다는 떨어진다.

제한기는 이동상(MP) 유속과 독립적으로 일정한 압력을 유지한다. MP가 압축 가능한 기체와 유사하기 때문에, 압력은 밀도와 극성에 영향을 준다. 압력 기울기를 수행하기 위해 제한기를 제어해야 하는 경우, 칼럼으로 인한 압력 강하가 MP 속도에 영향을 미친다. 따라서, 압력이 감소하면 MP의 밀도는 감소하고, 머무름 시간과 관련된 머무름 인자 k는 SP와 용질이 무엇이든 증가한다(그림 6.5). 일정한 압력에서 칼럼 온도를 높여도 마찬가지이다. MP의 밀도를 감소시키는 것도 머무름 인자를 증가시킨다.

HPLC에서, 유속에 따라 칼럼 입구에서 특정 압력이 발생된다. 이 압력은 MP와 흐름을 방해하는 칼럼에 따라 달라진다. 액체는 본질적으로 압축이 되지 않으므로 MP의 밀도는 압력에 의존하지 않는다. 결과적으로 이동상이 칼럼을 통과하는 속도는 일정하다. SFC에서는 MP를 압축할 수 있기 때문에 용리 중에 이동상의 진행 속도가 증가한다.

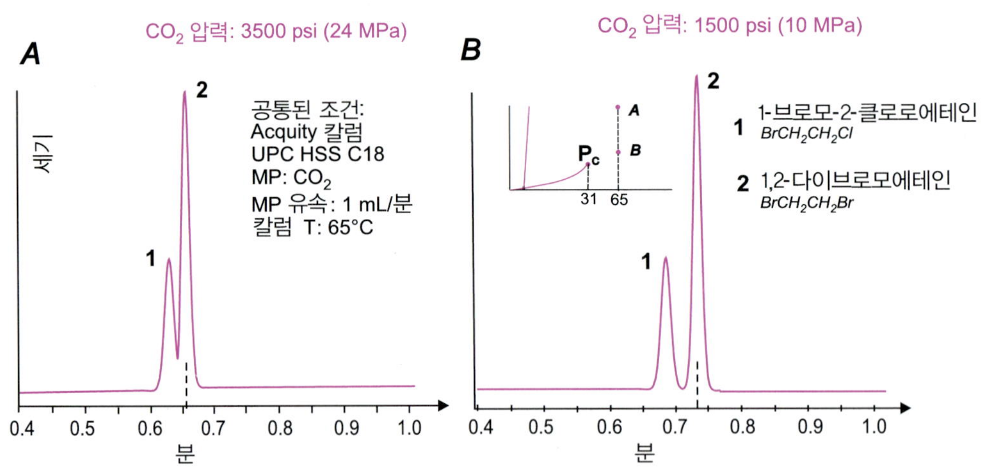

그림 6.5 **SFC에서 압력의 효과** 비극성 C18 칼럼에서 얻어진 두 크로마토그램[(**a**) – 고압, (**b**) 저압]은, 제한기를 사용하여 출구 압력을 감소시킴으로써 MP의 극성이 감소하여, 머무름 시간 및 분리 인자(선택성)를 증가시킨다는 것을 보여준다. 1보다 덜 극성인 화합물 2는 비극성 SP에 조금 더 머무른다. 분석 시간이 총 50초 미만인 것을 주목하라. (출처: A. Morand, Pharma-Physic 제공)

6.5 SFC를 이용한 거울상 이성질체의 분리

거울상 이성질체의 분리는 항상 예측하기 어렵고 구현하기가 어려웠다. 다른 크로마토그래피 기술과 마찬가지로 SFC도 이러한 목적으로 사용될 수 있다(그림 6.6).

다양한 카이랄 셀렉터 중에서 개질된 셀룰로스계 및 아밀로스계 상을 실리카 젤 지지체에 고정시키면 다음과 같은 다양한 장점을 갖는다.

- 상 평형 시간이 짧아 HPLC보다 빠른 분리.
- GC보다 낮은 온도에서 분리를 수행할 수 있으므로, 분석 중 거울상 이성질체의 잠재적인 라셈화를 피할 수 있음.
- 오염 용매의 배출 감소(녹색 화학).
- 이산화 탄소를 쉽게 제거할 수 있으므로 질량 분석법과의 결합이 더 쉬움.

> 화학 분석의 분야는 아니지만, 약리학에서 SFC를 사용할 때의 우선적으로 간주되는 큰 이점은 대형 칼럼에서 조제용 규모로 확장할 수 있다는 것이다. 그 결과 광학적으로 순수한 화합물을 모을 수 있다.

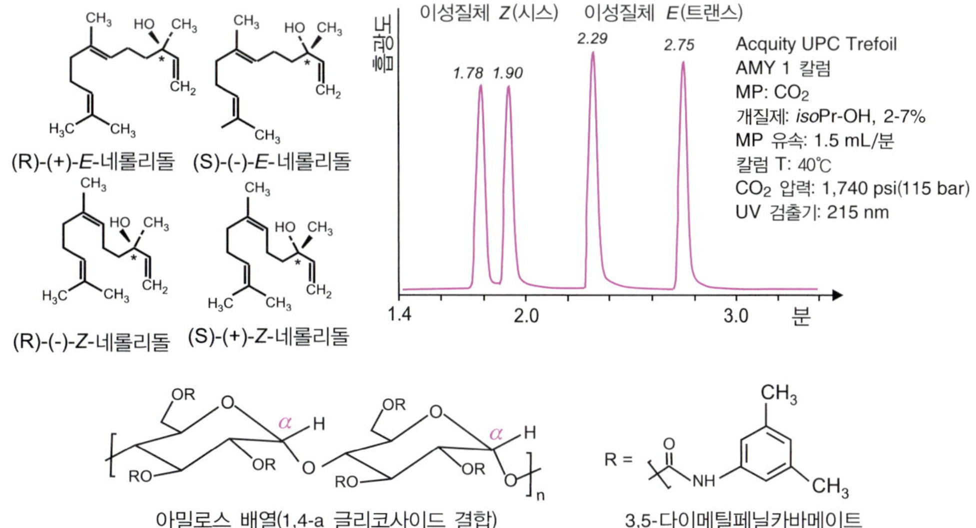

그림 6.6 카이랄 칼럼에서 분리의 예 네롤리돌의 두 시스/트랜스 이성질체 혼합물은 표시된 조건에서 네 개의 봉우리로 나타난다(Waters의 문서에 따라 구성된 그림). 분석은 단 3분이면 끝나는데, 25-mcyclodextrin 모세관 칼럼의 기존 GC에서는 230°C에서 약 30분이 필요하다. 아래는 실리카 지지체 상에서 카바메이트의 형태로 유도체화된 아밀로스계 상의 분자 구조이다.

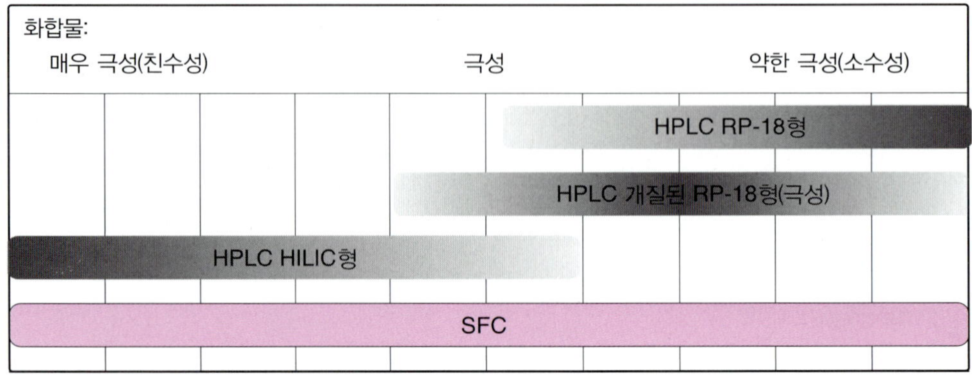

그림 6.7 **SFC와 HPLC 변형들의 비교** SFC 영역은 HPLC 및 그 변형의 전체 범위를 포괄하는 동시에 더 빠른 분리가 가능하고 이동상의 소비가 작다.

6.6 크로마토그래피 기술에서 SFC

SFC는 다양한 분야에 유용하게 응용할 수 있는 방법이다. SFC의 가장 큰 특징은 용리액의 화학 조성을 변화시키지 않고, P(압력)와 T(온도)를 프로그래밍하여 선택성을 변화시킬 수 있다는 것이다. 또한 이동상의 점도가 낮아 HPLC 칼럼 몇 개를 직렬로 연결하여 사용할 수도 있다. GC보다 더 큰 분자량의 화합물(>1,000)을 HPLC보다 더 좋은 분해능으로 분석할 수 있다. SFC에 의해 분석할 수 있는 화합물의 범위는 지질과 오일, 유화제, 올리고머, 고분자들이다(그림 6.7).

분리가 빠르게 이루어지기 때문에, 이 기술을 현장에서 사용할 수 있다. 마지막으로, 이산화 탄소를 이동상으로 사용하면 적외선 분광 광도계 또는 NMR과도 연결할 수 있다(15장).

> SFC는 더 높은 압력이 필요한 지름 3 μm보다 작은 입자로 채워진 칼럼에서 더욱 효율적이다. **초고압 초임계 유체 크로마토그래피(ultra-high-pressure supercritical fluid chromatography**, UHPSFC)는 극성의 불안정하거나 비휘발성 화합물을 빠르게 분리할 수 있다.

이 장의 요점

1. SFC는 초임계 상태 또는 이 상태에 가까운(아임계) 유체를 이동상으로 사용한다. 실제로는 이산화 탄소(독성이 낮고 부식성이 없는 친환경 용매, $T_c = 31°C$)만이 순수하게 사용되거나 극성 용매와 혼합되어 사용된다.
2. 이동상으로 사용되는 초임계 유체는 여러 가지 장점이 있는 GC 또는 HPLC와 유사한 분리를 수행한다. 작은 압력 또는 온도 변화는 밀도를 변화시켜, 분리의 **선택성(selectivity)**에 심각한 문제

를 일으킨다.

3. 밀도가 액체와 비슷하고 점도가 기체의 점도와 유사한 초임계 유체를 이동상으로 선택하면 HPLC와 비교하여 분석 시간이 단축되거나 GC보다 낮은 온도에서 분리된다.
4. **용질**(**solute**), **정지상**(**stationary phase**) 및 **이동상**(**mobile phase**) 사이의 세 가지 상호 작용은 초임계 상 이산화 탄소의 극성을 변화시킬 수 있는 알코올과 같은 공용매를 첨가함으로써 개선되어 **효율**(**efficiency**)이 증가한다.
5. SFC에서 칼럼의 압력 기울기를 사용하여 이동상의 용리 능력을 변화시킬 수 있다. 이는 GC에서의 온도 프로그래밍이나 HPLC의 기울기 용리와 유사하다.
6. 실제로 GC보다 긴 칼럼을 사용해도 압력 강하가 크게 일어나지 않는다. 또한, 이산화 탄소는 GC(특히 FID) 및 HPLC 검출기와 호환된다. 그러나 이산화 탄소는 쌍극자 모멘트가 없어, 극성 분자를 용해하지 못한다.
7. HPLC와 달리 SFC는 칼럼에 압력을 가해야 한다. 검출기의 선택에 따라, 대기압으로의 복귀는 검출 전(FID를 사용하는 경우)이나 이후(광도계 검출기를 선택하는 경우)에 이루어진다.
8. 실제로 SFC에 사용되는 칼럼은 HPLC에서 사용되는 칼럼과 유사하지만, 상 간의 평형이 더 빠르고, 연속되는 두 분리 사이의 칼럼 재평형 시간이 짧아 분리가 더 빠르다.
9. 라셈화 없이 거울상 이성질체를 분리하기 위해, 생체고분자 기반 카이랄 정지상을 포함하는 칼럼이 선택되고, 분리는 적당한 온도에서 수행된다.

문제

1. 하나의 비대칭 탄소를 갖는 순수한 화합물은 카이랄 칼럼에서 분리되어 크로마토그램 A와 같이 나타난다(그림 P6.1). 라셈 상태의 두 번째 화합물(순수한 메톨라클로르)을 카이랄 칼럼에서 분리하여, 크로마토그램 B를 얻었다.
   a. 화합물 A의 광학 순도 또는 거울상 이성질체 과잉(e.e.)을, 식 2.2(2장)를 사용하여 계산하시오. 여기서 SR 및 SS는 각각 두 거울상 이성질체의 봉우리 면적에 해당한다. 계산은 봉우리 높이를 기준으로 한다.
   b. 화합물 B의 구조를 고려하여, 이들 네 개의 봉우리를 설명하시오.

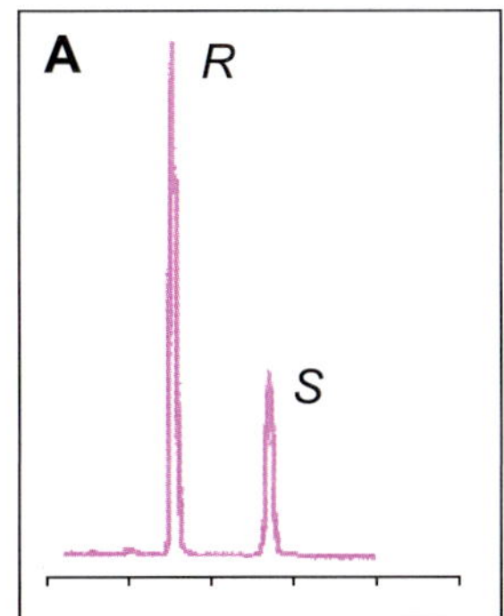

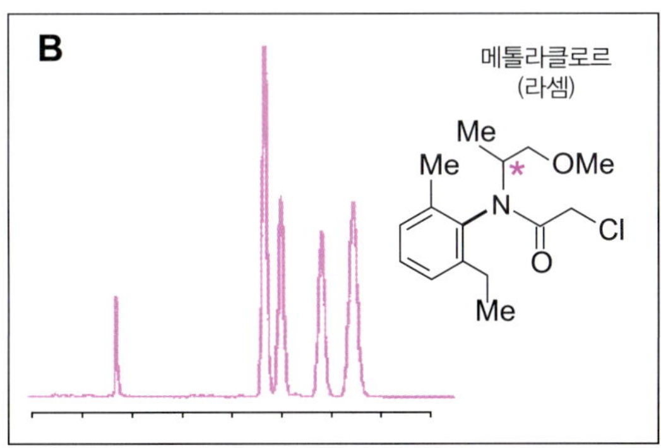

그림 P6_1

7장

크기 배제 크로마토그래피

서론

크기 배제 크로마토그래피(SEC)는 합성(젤 투과) 및 천연(젤 여과) 고분자 물질의 전용 분리 방법이다. 이 방법은 용질/용매/정지상의 상호 작용 없이 크기에 따라 분리를 수행한다. 이를 위해 정지상에는 용액에서 화합물의 부피에 따라 확산해 들어갈 수 있는 동공들이 있다. 기본 장비를 공유하는 HPLC와 마찬가지로 SEC는 단일 시도로 소형 및 대형 분자를 모두 포함하는 혼합물을 분리할 수 있다. 또한 여러 가지 검출 방법을 결합함으로써 SEC는 천연 또는 합성 고분자 및 고분자의 주요 물리 화학적 특성에 대한 정보를 제공한다. SEC의 이러한 측면은 이 장의 부록에서 논의된다.

학습목표

- **설명** SEC에서의 분리 원리
- **나열** 사용하는 매개변수
- **구분** 젤 투과(gel permeation)와 젤 거르기(gel filtration)
- **연결** 고분자 특성에 따른 검출 방법
- **분류** 사용되는 정지상
- **설명** 칼럼(변동 또는 고정 다공성)
- **비교** 완전 배제(exclusion)와 투과(permeation)

7.1 SEC의 원리

크기 배제 크로마토그래피(SEC)는 시료 분자가 정지상으로 침투하는 능력에 기초한다. 정지상은 이동상 용액에 존재하는 화학종의 크기와 맞먹는 지름을 가진 동공을 갖고 있다(그림 7.1). 이 방법은 정지상이 친수성인 경우(이동상이 수용액) **젤 거르기 크로마토그래피(gel**

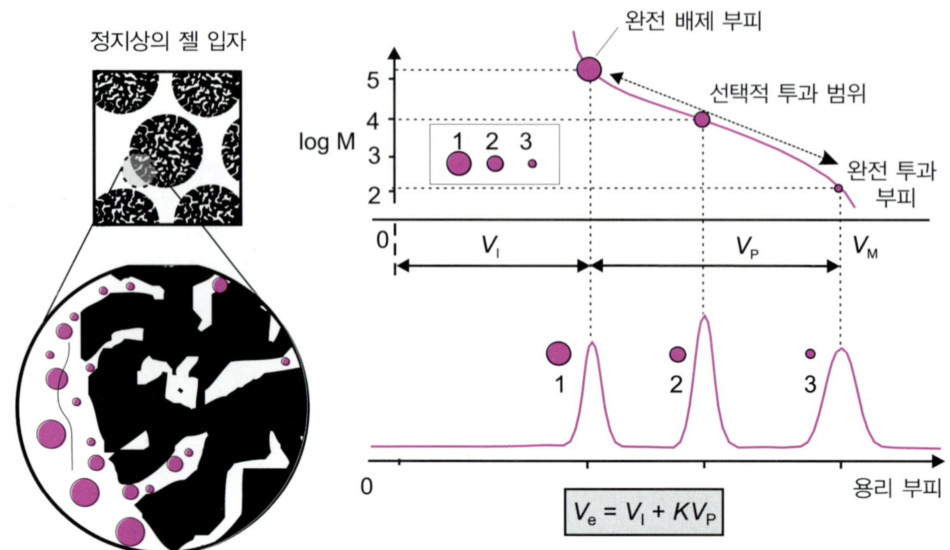

그림 7.1 정지상 충전제를 통한 이동 용액에서 서로 다른 크기의 3종(1, 2, 3)을 분리한 크로마토그램 가장 큰 분자 1은 첫 번째로 용리되고, 중간 크기의 분자 2가 뒤따르고, 마지막으로 가장 작은 3이 용리된다. 용리 부피는 V_I와 $V_M = V_P + V_I$ 사이에 위치한다. 다공성 젤의 그림은 동공 크기에 따른 분리의 개념을 보여준다.

filtration chromatography, GFC), 정지상이 소수성인 경우(이동상은 유기 용매) **젤 투과 크로마토그래피(gel permeation chromatography**, GPC)라고 한다.

칼럼 내 이동상의 전체 부피, V_M은 $V_M = V_I + V_P$ 두 값의 합으로 나타낼 수 있는데, 여기서 V_I는 틈새 부피(동공 외부)이고 V_P는 동공의 부피이다. SEC에서 **불감 부피(void volume)** 라고도 불리는 V_I는 동공으로부터 배제될 것으로 예상되는 큰 분자들을 운반하는 데 필요한 이동상의 부피를 나타내며, V_M은 충전제의 모든 동공 안으로 들어갈 수 있는 작은 분자들이 접근 가능한 부피이다.

그러므로 용리 부피 V_e는 V_I와 V_M 사이이다.

$$V_e = V_I + KV_P \tag{7.1}$$

또는

$$K = \frac{V_e - V_I}{V_M - V_I} \tag{7.2}$$

확산 계수 K는 화학종이 동공 부피 V_P에 침투하는 정도를 나타낸다($0 < K < 1$). 최근 사용되는 대부분의 충전제에서 V_I와 V_P는 모두 빈 칼럼 부피의 40% 정도이다.

V_e/V_M이 1보다 큰 경우, 칼럼 내 화합물은 크기 배제의 원리를 더 이상 따르지 않고, HPLC처럼 충전제와 물리 · 화학적 상호 작용을 하게 된다. SEC는 온전히 엔트로피 현상을

유지해야 하기 때문에 이러한 상황은 SEC에서 피해야 한다.

실제로, 지름이 가장 큰 동공보다 큰 분자는 정지상에서 배제된다($K=0$). 이것이 **크기 배제(size exclusion)**라는 표현을 사용하는 이유이다. 이때 분자들은 머무름 없이 칼럼을 통과한다. 이들은 크로마토그램에서 완전 배제 부피로 알려진 위치 V_I에서 단일 봉우리로 나타난다(그림 7.1). 이것이 **크기 배제 크로마토그래피(size-exclusion chromatography)**라는 이름의 기원이다. 대조적으로 매우 작은 분자들의 머무름 부피 V_M은 완전 투과 부피라고 한다. 따라서 각 정지상은 상-하한 질량 한계에 의해 규정된 분리 범위를 갖는다. 상-하한 질량 한계의 위나 아래에서는 분리가 되지 않는다. 이 두 부피 사이의 차이에 의해 고정되는 분리 범위를 넓히기 위해 서로 다른 다공성을 가진 2~3개의 칼럼을 직렬로 연결하여 전체 칼럼의 길이를 늘린다.

효율은 저점도 용매와 고온에서 분리가 이루어질 때 최적이다. 확산 계수 K는 온도와 무관하다.

7.2 정지상과 이동상

SEC 정지상은 지름이 3~10 μm인 구슬 형태로 제조된다. 동공의 지름은 4~200 nm 범위이다. 일반적으로 **젤(gel)**이라고 부르는 충전제는 압력에 견딜 수 있는데, 칼럼 앞부분에 걸리는 압력은 약 250 bar로 제한된다. 이러한 젤에는 두 가지 유형이 있다.

- **젤 투과 크로마토그래피(gel permeation chomatography**, GPC)를 위한 **거대다공성 고분자(macroporous polymers)**. 가장 흔히 사용되는 충전제는 **스타이렌-다이바이닐벤젠(styrene-divinylbenzene)**의 공중합체(PS-DVB)이며, 용해도가 낮은 시료에는 테트라하이드로퓨란, 톨루엔 또는 트라이클로로벤젠 같은 **유기 이동상(organic mobile phase)**을 사용한다. 각각의 성능은 주어진 이동상뿐만 아니라 합성 고분자들의 분리를 위해 제공된다: 폴리스타이렌, 폴리에틸렌 옥사이드, 전분 등(그림 7.3 및 표 7.1).
- **젤 거르기 크로마토그래피(gel filtration chromatography**, GFC)를 위한 **폴리 하이드록실화(polyhydroxylated)** 또는 **다당류 매트릭스(polysaccharide matrices)**, 예를 들어 **가교 덱스트란(Sephadex)**, **아가로스/폴리아크릴아마이드(Ultra-Gel)** 또는 **폴리바이닐 알코올/폴리메타아크릴레이트(polyvinyl alcohols/polymethacrylates)** 또는 심지어 다공성 실리카 입자. 후자의 표면은 하이드록실화된 기로 덮여 있다. 이들은 **수용액 이동상(aqueous mobile phases)**을 사용한다. 동공은 거의 모든 정지상 부피를 차지한다. 이들 상은 생체고분자

(예를 들어 폴리사카라이드)를 분리하거나 완충된 수용액 이동상을 필요로 하는 생물학적 거대분자(예를 들어 단백질, 펩타이드나 올리고뉴클레오타이드)를 분석 및 연구하는 데 사용된다.

일단 정지상이 선택되고, 이동상과 용질 사이에 화학적 상호 작용이 없다면, 분리의 개선은 칼럼의 온도 변화와 동공 부피 V_p에 달려 있다. 이 때문에 많은 상용 칼럼이 크기(전형적으로 7.5×300 mm)가 크고 서로 다른 다공성을 가진 2~4개의 칼럼을 직렬로 연결한다. 따라서 효율 N은 30,000 단수/m 이상이 될 수 있다. 입자 지름을 감소시키면 크로마토그래피 효율이 증가되고, 틈새 통로가 감소하며 배제된 큰 분자의 이동이 어렵게 된다.

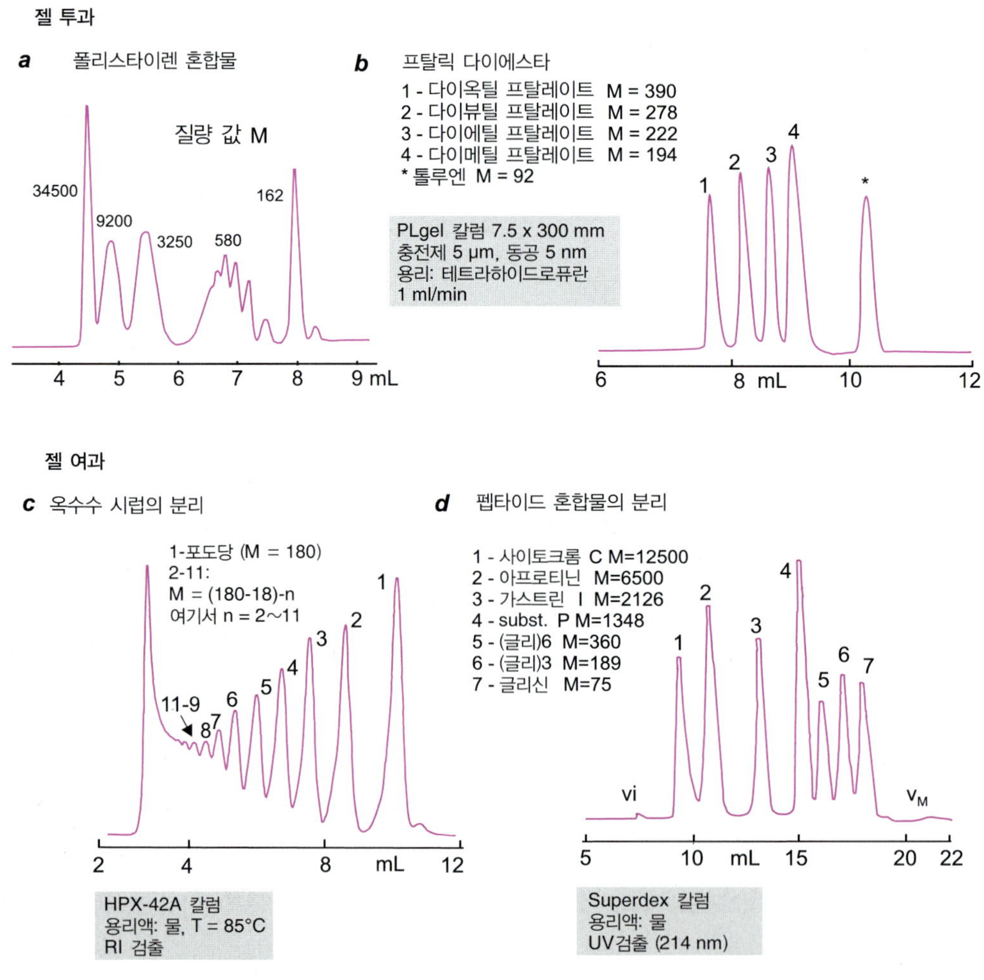

그림 7.2 **젤 투과와 젤 여과의 비교** 작은 동공(5 nm) 젤 투과 SP를 사용함으로써, 저분자량 분자를 분리할 수 있다(톨루엔 봉우리로 V_m을 계산할 수 있다). 용매로 물을 사용하는 젤 여과 칼럼은 당 또는 덱스트란, 즉 천연 거대분자의 분리에 적용된다. (출처: Varian Polymer Laboratories 제공)

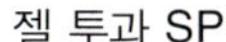

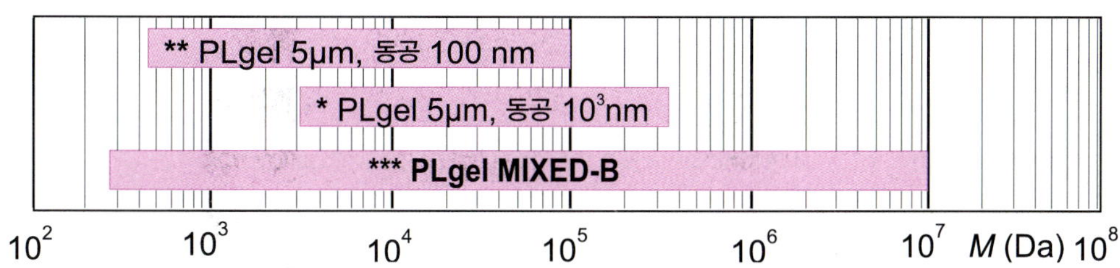

그림 7.3 3개 젤 투과 상들의 비교

표 7.1 다양한 표준 물질에 대한 3가지 젤의 침투 범위(Da)

표준 물질	G2000: 12.5nm 동공	G3000: 25nm 동공	G4000: 45nm 동공
구형 단백질	5,000−100,000	10,000−500,000	20,000−7,000,000
덱스트란	1,000−30,000	2,000−70,000	4,000−500,000
폴리에틸렌 글리콜	500−15,000	1,000−35,000	2,000−250,000

7.3 기기장치

칼럼의 크기가 더 크다는 점을 제외하면 SEC의 기기장치는 HPLC와 비슷하다. 일반적으로 분해능을 증가시키기 위해 동공 크기가 다른 2~3개의 칼럼을 직렬로 연결한다.

목적이 고전적인 크로마토그래피 해석일 경우에는 두 개의 검출기가 사용된다. 이들은 HPLC에서 사용되는 것과 동일한 다이오드를 이용한 광도 검출기(UV) 또는 굴절률 검출기(refractive index detector, RI) 중 하나이다(3.8.1 및 3.8.3절 참조). 이러한 전위차 검출기는 존재하는 화합물에 해당하는 유체역학적 부피를 기록한다. 굴절률 검출기는 매우 민감하지는 않지만, 일반적으로 신호가 분자량과 무관하게, 용액의 고분자 농도에 비례하기 때문에 자주 사용한다.

SEC는 상기 검출기 중 하나를 점도계 또는 광산란 장치(동적 또는 정적)와 결합하여 합성 또는 천연 고분자 및 다른 거대분자의 다양한 매개변수를 결정하는 데 사용될 수 있다. 이들은 검출기로 사용하기 위해 측정에 지속적으로 적용된다. 현장에서는, 이들은 이러한 물리 화학적 매개변수를 설정하기 위해 전용 소프트웨어와 함께 결합하여 사용된다.

> 젤 여과(단백질 연구와 관련된 주요 응용 중 하나)는 분석 물질을 변성시키지 않기 위해 수용성 이동상을 사용한다. 칼럼 표면에서 특정 단백질이 고착되는 것을 막기 위해, 이동상에 아르기닌이 첨가된다.

7.4 SEC의 응용

SEC는 200에서 10^7 Da 이상의 분자량을 갖는 물질을 분리할 수 있으므로, 주요 응용 분야는 고분자 분석(중합 반응의 분석 및 추적), 생체고분자(단순 단백질, 공액 단백질 또는 올리고머 상태, 다당류), 천연 또는 합성 나노 입자를 포함한 기타 거대분자의 분석이다. 일반적으로 HPLC 또는 GC를 사용하여 분석되는 유기 화합물의 경우 SEC로 저분자량 분자를 분리하려면 질량이 두 배 이상 차이가 나야 하므로 많이 시도되지 않는다.

정지상과의 화학적 상호 작용의 부재, 짧은 머무름 시간 및 모든 분석 물질을 회수할 수 있다는 것은 많은 이점으로 작용한다. 용질/이동상 상호 작용이 없기 때문에 기울기 용리를 사용하지 않으므로 분석이 신속하게 진행된다.

SEC는 다당류, 전분 또는 펄프와 같은 많은 상업적 또는 산업적 제품 및 제약 제품의 경우, 고분자 및 작은 분자를 모두 함유할 가능성이 있으면서 조성이 알려지지 않은 시료를 분석하는 데 유용하다. 마지막으로, 분석적 응용 외에도 SEC는 대구경 칼럼으로 제조용 분리에 사용된다.

거대분자의 특성

SEC를 이용하면 산업용 고분자를 포함한 천연 또는 합성 거대분자의 물리·화학적 특성과 관련된 몇 가지 매개변수를 결정할 수 있다. 이러한 크기에 대한 접근은 전용 소프트웨어가 갖추어진 2~3개의 특정 검출기의 조합이 필요한데, 이를 이용해 분자 분포, 평균 질량(수 평균, 중량 평균 또는 절대)뿐만 아니라 거대분자의 회전 반경 및 유체 역학 반경을 결정할 수 있다.

분자량이 매우 큰 거대분자는 종종 하나 이상의 패턴이 반복됨으로써 생긴다. 거시적인 수준에서 거대분자 화합물은 천연이든, 인공(합성 고분자)이든 단일 구조(일부 예외가 있음)로 구성되지 않고 분자 질량이 평균값 주위에 분포하는 거대분자의 단일 계열로 구성된다.

결과적으로, 다른 크로마토그래피 방법(GC, HPLC, ICE 또는 SFC)과는 달리, SEC 크로마토그램의 봉우리는 고유한 무게의 단일 거대분자에 해당하는 것이 아니라, 봉우리의 시작과 끝 사이에 크기가 다른 거대분자 세트에 해당한다. 이것은 단량체의 중합에 의해 생성되는 합성 고분자의 경우이고 단순히 중합도 또는 가지화(branching)의 존재에 있어서 상이하다.

머무름 부피나 머무름 시간은 각각 크로마토그램에서 분자 질량에 상응한다. 봉우리를 연속적인 단면으로 나눌 때, 각 단면은 평균 질량 M_i에 상응한다; 그리고 단면의 표면에는 질량 M_i의 분자 집단 N_i가 있다. 이들 분자는 동일한 용액 내에 있기 때문에 M_i는 C_i, 또는 질량 농도로 대체될 수 있다. 소프트웨어를 사용하면 크로마토그래피 봉우리는 **수 평균 분자량(number-average molecular weight)** $\overline{M}_n$(거대분자의 총 질량을 총수로 나눈 값), **무게 평균 분자량(weight-average molecular weight)** $\overline{M}_w$ 및 **다분자 지수(polymolecularity index)** $\bar{I}$와 연관될 수 있다. 이 지수는 대상 고분자가 얼마나 질량 분산이 되는지를 나타낸다(모든 분자가 완벽히 동일한 고분자의 경우, $\bar{I} = 1$). 관계는 다음과 같다:

$$\overline{M}_n = \frac{\sum C_i}{\sum C_i/M_i} = \frac{\sum N_i M_i}{\sum N_i} \tag{7.3}$$

$$\overline{M}_W = \frac{\sum M_i C_i}{\sum C_i} = \frac{\sum N_i M_i^2}{\sum N_i M_i} \tag{7.4}$$

$$\bar{I} = \frac{M_W}{\overline{\overline{M_n}}} \tag{7.5}$$

7.5 고분자 특성

7.5.1 기존의 검정

감응이 농도 C(UV 또는 더 자주 RI)에 비례하는 하나의 검출기(one detector)만 사용하는 것이 구현하기 쉽다.

분자 질량을 찾기 위해 시료에 존재하는 것과 동일한 성질의 단분산 고분자의 다양한 표준 물질을 사용한다. 이 표준 물질 집단은 머무름 부피가 완전 배제 부피와 완전 투과 부피 사이에 있어야 한다. 이러한 표준 물질들은 머무름 부피를 찾기 위해 주입된다. 다항식 회귀를 통해 log M_w를 머무름 부피와 연결하는 수식이 만들어진다(그림 7.4). 그런 다음, 시료 용액이 주입된다. 봉우리 최대치에서의 용리 부피를 검정 곡선에 대입하여 평균 분자 질량을 구할 수 있다.

기존 검정의 주요 단점은 단지 상대적인 분자 질량만을 제공한다는 것이다. 예를 들어, 검정이 폴리스타이렌으로 수행된다면, 알려지지 않은 고분자의 분자 질량은 폴리스타이렌의 등가 질량으로 얻어진다. 예를 들어, 가지화로 인해 고분자의 구조가 변화한다면, 주어진 상대 분자 질량은 부정확하다. 따라서, 이러한 검정은 고분자 구조에 대한 어떠한 정보도 제공하지 않는다.

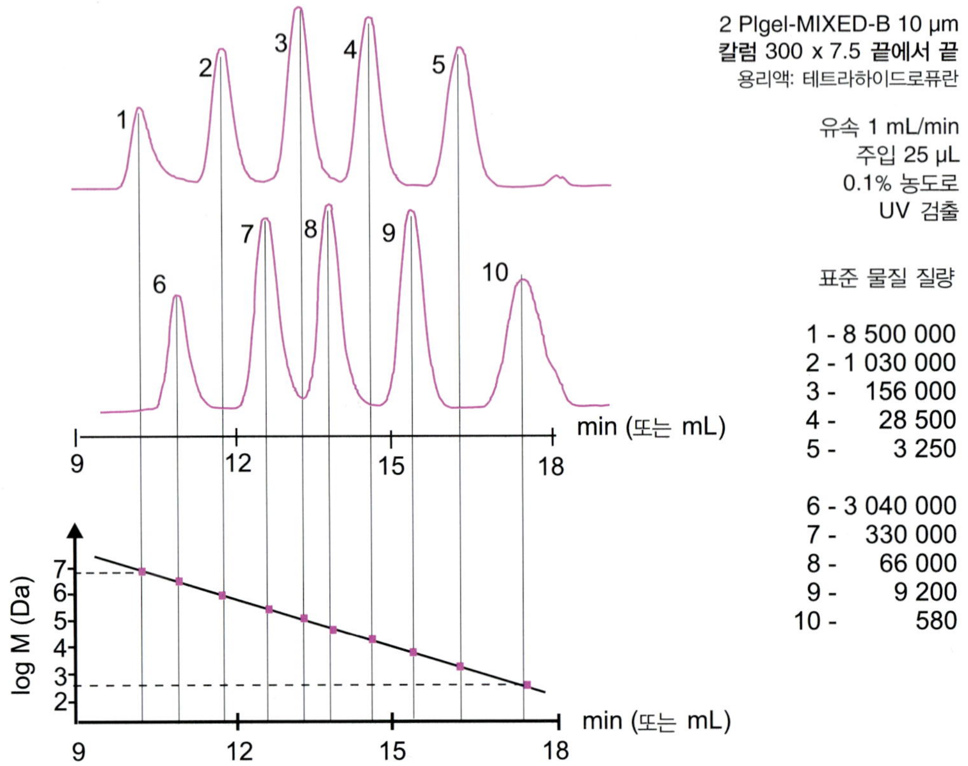

그림 7.4 젤 투과 칼럼의 선형 검정 곡선 칼럼은 충분한 질량을 갖는 폴리스타이렌 표준 물질의 두 혼합물을 사용하여 검정할 수 있다. 이 곡선은 혼합 정지상을 사용하여 광범위한 질량에 걸쳐 선형이다. 이것은 알려지지 않은 폴리스타이렌의 분자 질량을 결정하는 데 도움이 된다.

소프트웨어와 식 7.3 및 7.5를 사용하면, 검정을 통해 **수 평균 분자량(number-average molecular weight)** $\overline{M_n}$, **무게 평균 분자량(weight-average molecular weight)** $\overline{M_w}$, 및 **다분자 지수(polymolecularity index)** $\overline{I}$를 구할 수 있다.

7.5.2 범용 검정 – 점도 검출기

고분자의 화학적 특성과 독립적인 이 검정은 굴절계 검출기와 이에 연결된 점도 검출기라는 **두 개의 검출기(two detectors)**가 필요하다. 검정 단계는 앞서 설명한 것과 동일하다. 하지만 log([η]M)의 그래프는 머무름 부피의 함수로서 도시되는데, 이것은 중량 평균 분자량을 곱한 고유 점도(용매 없는 점도)가 용액 중 그것의 부피(**유체역학적 부피(hydrodynamic volume)**라고 함)에 비례한다는 것에 기초한다. 따라서 표준 물질로 사용되는 고분자의 화학적 성질과 구조가 무엇이든 모든 곡선은 주어진 칼럼에 대해 일치한다(그림 7.5).

이 검정 방법은 몇 가지 이점이 있다. 하나는 **평균 분자 질량(average molecular mass)**(**점도**

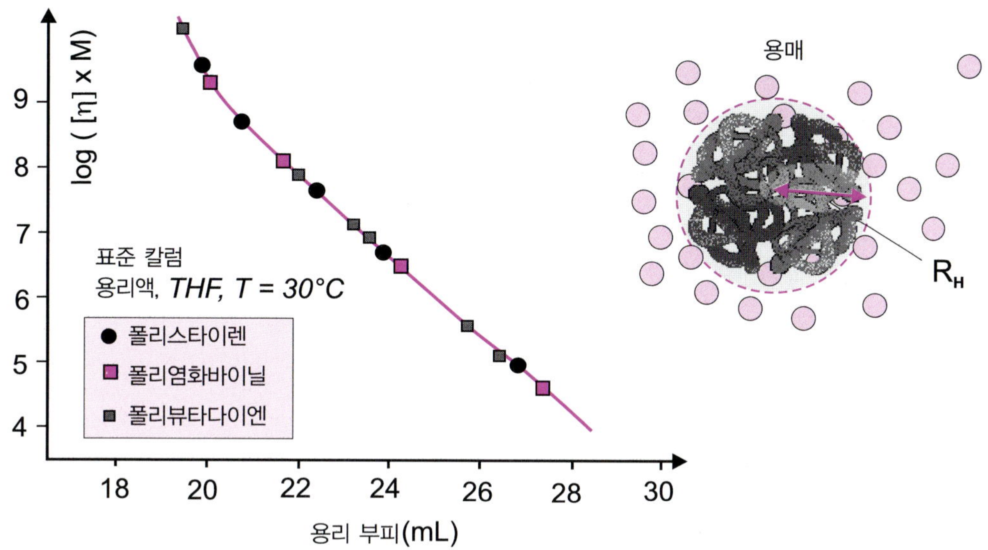

그림 7.5 범용 검정 곡선 혼합되지 않는 용매에서 고분자의 유체역학적 반경을 나타내었다. 고분자 볼의 반지름은 용매가 침투하지 않는 구의 반경에 해당한다.

질량, viscometric mass)과 고유 점도를 유도하여 경험적 Mark–Houwink 식(식 (7.6))의 계수 a 및 K를 구할 수 있고, 대상 고분자의 구조 및 가지화에 대한 정보를 알 수 있다.

$$[\eta] = K \cdot M_w^a \tag{7.6}$$

점도 검출기

분자량에 따라 변하는 점도는 점도 검출기(그림 7.6)에 의해 측정되며, 다음과 같은 관계가 있다.

$$\text{감응} = K \cdot [\eta] \cdot C \tag{7.7}$$

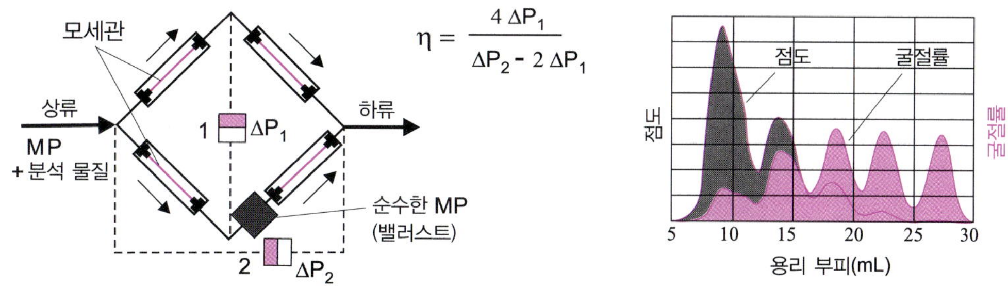

그림 7.6 점도 검출 점도 검출기의 도식. 네 개의 모세관은 참조 경로에 순수한 이동상 탱크가 있는 두 개의 경로로 분산된다. 순간(및 고유) 점도는 센서 1 및 2에 의한 압력 측정으로 구한다. 동일한 고분자 혼합물로부터 얻어진 두 크로마토그램(굴절 및 점도 검출)의 비교.

여기서 K는 검출기 상수이고 $[\eta]$은 용질의 고유 점도인데 용액 중 입자의 밀도에 반비례한다. 따라서, 공 모양의 거대분자는 막대처럼 뻗어있는 거대분자보다 더 큰 밀도를 갖는다. 농도 검출기와 결합된 이 검출기는 중량 평균 분자량 및 유체역학적 반경 *R*h(용매에서 '차지하는 공간')를 구할 수 있다. 이것은 범용 검정에 사용된다.

7.5.3 삼중 검출–광-산란 검출기

굴절(또는 UV) 검출기를 점성 검출기, 단일 또는 다중 각도 광–산란 검출기와 함께 세 개의 검출기(three detectors)를 결합함으로써 유체역학적 반경 및 회전 반경(*R*h 및 *R*g)뿐만 아니라 구조적 정보(분기, 형태, 볼 또는 막대 모양 및 응집체의 존재)도 얻을 수 있다. 단일 장치에 통합된 삼중 검출은 생물학적 거대분자에 대한 많은 정보를 얻을 수 있어 의약적 연구에 매우 유용하다.

광–산란 검출기

입자에 의해 산란된 빛의 세기는 입자의 크기, 모양, 질량뿐만 아니라 용매와 용매의 굴절률에 따라 달라진다. Rayleigh의 이론에 따르면, 빛을 받으면 큰 분자가 작은 분자보다 더 많은 빛을 분산시키고, **다양한 농도(용리 곡선)에서 분산된 세기를 조사하여 절대 분자량을 구할 수 있다.**

광–산란 검출기에는 두 종류가 있다(증발 검출기와 다른 점은 3.8.4절 참조). 하나는 정적(**다중 각도 광 산란(multi-angle light scattering**, MALS))이고 다른 하나는 동적(**동적 광 산란(dynamic light scattering**, DLS))이다. 후자는 용질 농도에 비례적으로 감응할 뿐만 아니라, 용질의 중량 평균 분자량 M_w 및 굴절률로부터 얻은 dn/dC에도 비례적으로 감응한다.

유체역학적 반경 *R*h가 15 nm 미만인 고분자의 경우에 산란은 실제로 모든 방향에서 균일하다. 따라서, 예를 들어 90° 각도에서 한번 측정하여 사용될 수 있다(그림 7.7).

아주 큰 고분자의 경우, 산란이 균일하지 않으므로 제로–각도 산란의 세기를 측정해야 하는데, 이는 실험적으로 불가능하다. 다중 각도 검출기는 이러한 어려움을 피한다. 이를 위해 여러 각도(10~20 사이)에서 용액에 의해 산란된 빛을 약 10~150° 사이에서 측정한다(그림 7.8). 적절한 소프트웨어를 이용해 외삽으로 제로–각도 산란 값을 계산한다. 따라서, 절대 분자량은 검정 방법을 **사용하지 않고** 결정할 수 있다. 또한, 이 검출기는 회전 반경 *R*g(용매가 없는 상태에서 거대분자 질량의 중심에서 맨 끝까지 거리의 이차 평균)를 계산하여 거대분자가 '차지하는 공간'에 대한 정보를 제공한다.

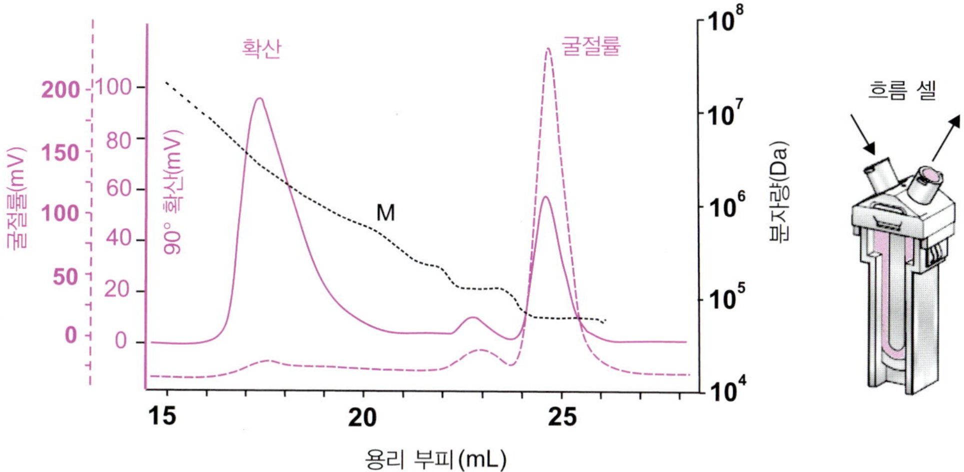

그림 7.7 단백질을 예로 한 90° 산란 두 검출기의 조합(굴절률 및 직각에서의 산란)으로 사전 검정 없이 응집체의 형성을 관찰하고 절대 질량을 계산할 수 있다(출처: Malvern 제공). 18 mL에 위치한 봉우리는 가변 질량을 갖는 단백질 군에 상응하는 반면, 25 mL에서의 봉우리는 단일 질량의 화합물에 의한 것이다.

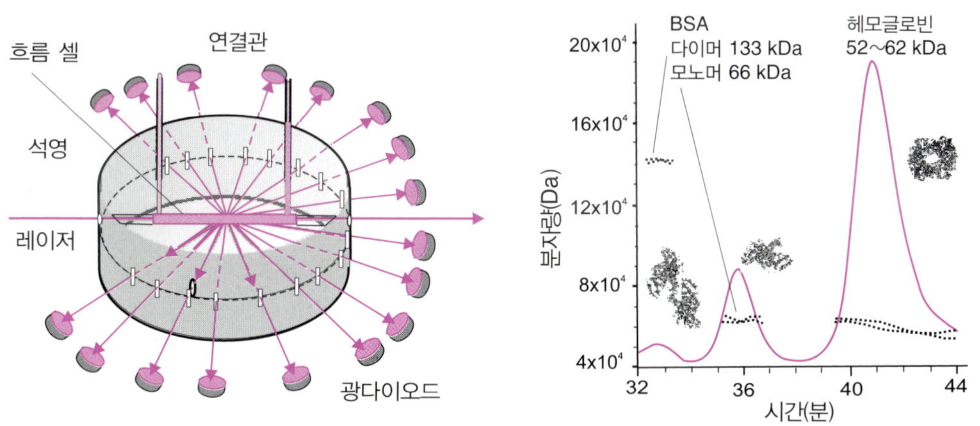

그림 7.8 다중-각도 광산란(MALS) 검출기의 측정 셀 흐름 셀(40 μL)은 사방이 창문으로 막힌 석영관 안에 미세한 중공 채널로 만들어진다. 레이저 빔은 축을 따라 셀을 지나간다. 광다이오드는 사방에 배치되어 산란된 빛을 특정 각도에서 감지한다. 두 단백질 혼합물의 크로마토그램으로 각 봉우리의 용리를 통해 반복적으로 계산된 절대 질량을 함께 나타낸다. (출처: Wyatt 제공)

동적 광 산란(DLS) 검출기는 덜 사용된다. 레이저 원이 파장보다 작은 입자를 비추면 모든 방향에서 탄성 산란이 발생하는데, 이 장치는 주어진 각도(예: 90°)에서 시간에 따라 측정한다. 열 운동(Brown 운동)으로 인해 입자가 움직임으로써, 입자 간의 거리는 끊임없이 변하여 속도와 크기(Rh 계산)에 관한 정보를 얻는 데 방해가 된다.

7.6 흐름 분획법(FFF)

장 흐름 분획법(FFF)은 거대분자를 분리하는 또 다른 방법이며, 이를 이용하여 위에서 설명한 다양한 매개변수를 얻을 수 있다. 정지상이 없으므로 **단일 상 크로마토그래피(single-phase chromatography)**라고도 불린다. 몇 가지 다른 점이 있다. 예를 들어, 기존 칼럼은 두 판 사이의 층상 공간으로 대체된다(그림 7.9). 그것은 길이가 몇 데시미터, 너비가 2~3 cm, 내부 두께가 0.1~0.3 mm인 중공 테이프의 형태이다. 이동상의 흐름에 대해 가로지르는 힘(전기적, 열적, 중력 등)이 작용하는데, 이는 분석 물질에 작용할 수 있어야 한다. 시료가 주입되고 이동상이 정지되면, 가로지르는 힘은 시료를 반대쪽 벽으로 밀어 넣지만, 분석 물질 분자는 분산(Brown 운동)되어 축적된 벽을 벗어나 10 μm 두께로 액체층으로 확산된다. 확산은 분자량이 작으면 더 크게 발생한다. 그런 다음 이동상을 흘려주는데, 흐름은 포물선 형태를 갖는다. 벽에서 가장 멀리 떨어진 분자는 더 빨리 이동한다. 이 두 개의 횡방향 및 종방향 힘의 조합은 층상 공간 전체에 걸쳐 계속되어 경로 전체에서 분리를 촉진한다. SEC와 달리, 더 가벼운 화학종이 검출기에 먼저 도달한다. 분석 물질에 대해 수집되는 정보는 앞서 설명한 것과 동일하다.

몇몇 회사는 현재 이 원리에 다양한 기술을 적용한 기기를 판매한다.

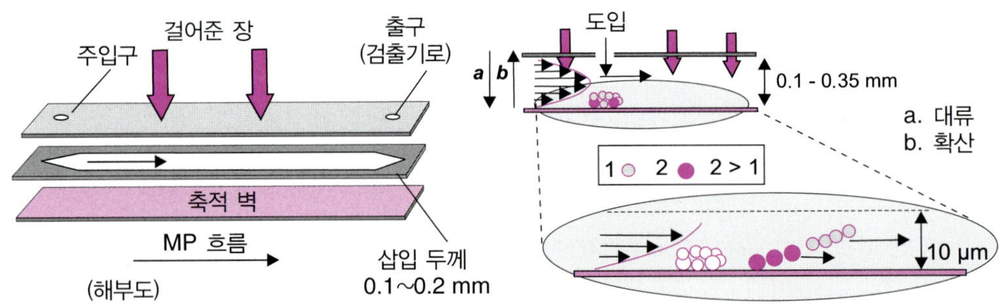

그림 7.9 장 흐름 분획법(FFF) 원리에 기초한 두 거대분자 혼합물의 이동 상부 벽의 온도를 축적 벽보다 더 높게 함으로써 얻은 열적 구배에 의해 가로지르는 힘이 생성된다. FFF 분리는 유체역학적 특성에만 의존하며, 정지상과는 어떤 상호 작용도 하지 않는다.

이 장의 요점

1. 거대분자와 관련된 기본 개념의 검토: 거대분자는 평균 몰 질량 또는 절대 질량, 질량 분

포 및 모양(가닥, 공 등)을 포함한 다양한 매개변수로 특징지어진다. 이들의 **유체역학적 반경(hydrodynamic radius)** 및 **회전 반경(radius of gyration)**은 사용된 용매의 성질에 따라 변할 수 있다.

2. SEC는 천연 또는 합성이든 관계없이 거대분자(단백질, 다당류) 또는 고분자의 분리에 적용된다. 정지상에는 분석 물질이 어느 정도 침투할 수 있는 동공이 있다. 용액에서 부피(유체역학적 부피)가 클수록, 더 빨리 용리된다.
3. 일반적으로, 정지상의 동공보다 큰 모든 분자(용액 중)는 분리 없이 배제되고 용리된다. 그들은 검출기에 가장 먼저 도착할 것이다(크로마토그램의 첫 번째 봉우리).
4. 반대로, 특정 크기 이하의 분자는 동공 속으로 침투하여 칼럼에 더 오래 머무른다(크로마토그램의 마지막 봉우리). 분리를 개선하기 위해 서로 다른 다공성의 여러 칼럼을 직렬로 연결하거나 다공성이 다른 칼럼을 사용한다.
5. SEC에는 젤 투과(유기 이동상)와 젤 여과(수용성 이동상)의 두 종류가 있다. 질량을 아는 표준 물질과 다양한 검출 방법을 통해 얻은 구조적 정보를 이용하여 분석 물질의 상대 분자량을 결정한다.
6. 많은 검출 방법이 있다. **광도 검출기(photometric detector)**(예: UV)는 감응이 농도에 비례하며, 기존의 검정(상대 질량)에 사용된다. 감응이 점도 지수와 관련된 **점도계(viscometer)**는 범용 검정(평균 분자량을 제공)과 관련이 있다. **광-산란(light-scattering)** 검출기는 절대 질량을 제공한다. 서로 다른 원리에 기초한 2~3개의 검출기를 결합함으로써, 대상 고분자에 대해 더 많은 정보를 얻을 수 있다.

문제

1. 분자량을 아는 폴리스타이렌의 혼합물을 테트라하이드로퓨란(THF)에서 투과 범위가 400~30,000 Da(그림 7.2)인 칼럼(ID = 7.5 mm, L = 300 mm)에서 분리하였다. UV 검출은 254 nm에서 진행한다. 그림 7.2의 크로마토그램 a에 기초하여:
   a. 완전 배제 부피(틈새 부피)와 사용된 칼럼의 동공 부피를 계산하시오.
   b. 분자량 3,250 Da 화합물에 대한 분배 계수 K를 계산하시오.
   c. 때로는 SEC에서 K값이 1보다 크다. 이 현상을 해석하시오.
2. 젤 투과 크로마토그래피를 이용하여 다음과 같은 분자량을 갖는 4개의 폴리스타이렌 표준 물질 혼합물을 분리하고자 한다: 9,200, 76,000, 1.1×10^6, 3×10^6 Da. 칼럼 3개(A, B, C)가 이 실험에 이용된다.

   A: 70,000~4×10^5 Da
   B: $10^5 \sim 1.2 \times 10^6$ Da
   C: $10^6 \sim 4 \times 10^6$ Da

   위의 칼럼 중 2개를 직렬로 연결하여, 한 번의 실험으로 4개의 혼합물을 모두 분리하고자 한다면 어떻게 해야 하겠는가?

3. 크기 배제 크로마토그래피에서 폴리스타이렌 표준 물질을 주입하면, 분자량과 머무름 시간 사이의 관계는 다음과 같다:

$$\log M = 5.865 + 1.411\, t_R - 0.333\, t_R^2 + 0.016\, t_R^3 \qquad (P7.1)$$

여기서 M은 Da 단위의 분자량이고, t_R은 분 단위의 머무름 시간이다. 이 식으로부터,

a. 이 고분자가 단일 질량을 갖는다면, 위 식을 이용하여 7.48분과 동일한 머무름 시간에 용리되는 용질의 몰질량을 계산하시오.

b. 실제로 단일 질량 고분자는 거의 존재하지 않는다(표준 물질 제외). 평균 분자량 M_N(식 (P7.2)) 및 가중 평균 질량 M_W(식 (P7.3))가 다음과 같이 정의된다:

$$M_N = \frac{\sum_i N_i M_i}{\sum_i N_i} \qquad (P7.2)$$

$$M_W = \frac{\sum_i N_i M_i^2}{\sum_i N_i M_i} \qquad (P7.3)$$

여기서 M_i는 시간 차이를 두고 용리되는 크로마토그래피 봉우리에 해당하는 고분자의 몰 질량이고, N_i는 고분자의 몰수이다. 소프트웨어를 이용하여 크로마토그래피 봉우리를 단면으로 자르고 관련된 몰질량 및 각 단면의 면적을 계산한다. 크로마토그래피 봉우리가 나오는 동안 검출기의 감응 계수 k가 일정하게 유지된다고 가정하고, 기본 식 $m_i = N_i \cdot M_i = k \cdot A_i$를 사용하고, 식 (P7.2) 및 (P7.3)을 A_i만 이용하여, 필요한 경우, M_i도 사용하여 변환하시오.

c. 크로마토그램에 의한 결과는 다음과 같다:

t_R	6.95	7.05	7.15	7.25	7.35	7.45	7.55	7.65	7.75	7.85	7.95	8.05
A_i	0	0	1.77	8.53	17.74	40.36	19.44	9.32	2.03	0	0	0
M_i												

식 (P7.1)을 사용하여 이 표를 완성하고, 식 (P7.2) 및 (P7.3)을 사용하여 몰질량 M_N과 M_W를 계산하시오.

4. 폴리에틸렌 글리콜(에틸렌 옥사이드의 고분자)의 집단(1과 2)과 상응하는 사량체(3)의 혼합물을 젤 여과로 분리하였다(그림 P7.1).

a. 마지막 봉우리가 다른 두 봉우리보다 좁은 이유를 설명하시오. 이 분리 조건에서 칼럼의 효율성을 구하시오.

b. $V_M = 23$ mL 및 $V_i = 10$ mL라고 가정하면, 동공 부피 V_p와 크로마토그램의 봉우리 1 및 2의 분배 계수를 계산하시오.

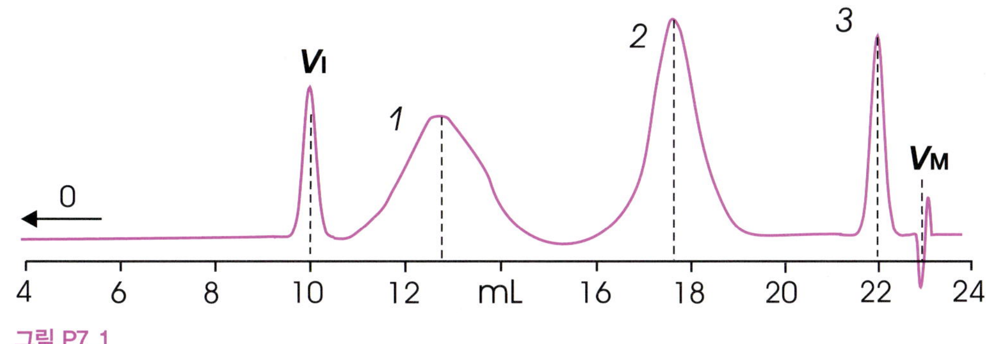

그림 P7_1

5. 크로마토그램(젤 투과 칼럼에서)에서 여러 거대분자의 분자 질량 및 용리 부피는 다음과 같다: 덱스트란 500~1,000 kDa, V(e) = 4.8–5 mL; 피브리노겐 340 kDa, V(e) = 6 mL; 카탈레이스 60 kDa, V(e) = 9 mL; β-락토글로불린 18 kDa, V(e) = 11 mL; 이량체 36 kDa V(e) = 10.5 mL. V(e) = 7.2 mL인 P-gp(당단백질 P)의 근사 질량(Da)을 구하시오.

8장 고성능 모세관 전기 이동

서론

고성능 모세관 전기 이동(high-performance capillary electrophoreses, HPCE)은 HPLC에서 얻은 경험을 바탕으로 개발된 매우 예민한 분리 분석법이다. 생체 분자를 분리하기 위한 생화학자의 필요로 개발되었으며, 점점 더 많은 분석 프로토콜이 약전에서 언급된다. 또한 저분자 화합물을 정량하기 위한 화학 분석 방법으로 자리를 잡았다. IEC와 HPCE의 이점들을 결합한 **모세관 전기 크로마토그래피(capillary electrochromatography**, CEC)라는 하이브리드 기법도 개발되었다. 이것은 HPLC의 **효율(efficiency)**을 넘어설 잠재력이 있다.

학습목표

검토 전기 이동의 원리	**설명** 모세관 벽의 역할
서술 HPCE에서 분석 물질의 이동	**표현** 사용되는 매개변수
선택 시료 주입 방법	**지식** 다른 HPCE 기술
비교 정압 및 전기 이동 주입	**표현** 전기 크로마토그래피의 원리

8.1 모세관 전기 이동의 원리

모세관 전기 이동은 시료 용액 속의 화학종이, 총 전하와 상관없이 전기장의 영향에서 매질을 이동하는 속도가 다르다는 것을 이용하여 분리하는 것이다. 이것은 일반적인 전기 이동 방법을 개선한 것이다.

8.1.1 띠 전기 이동

생-분석에 주로 사용되는 고전적인 전기 이동법은 전해질 완충 용액으로 적신 다공성 물질로 덮인 작은 플라스틱 조각(스트립)을 사용한다(처음에는 종이 스트립을 사용하였다). 젤의 양 끝은 같은 전해질이 든 2개의 독립된 저장조에 담긴다. 전극은 각 저장조에 담그는데, 하나는 직류 발전기의 양극에 연결되고 다른 하나는 음극에 연결된다(그림 8.1).

시료는 가로띠의 형태로 스트립에 놓이고, 냉각된 다음(Joule 효과에 의한 가열 방지를 위해), 2개의 격리된 판 사이에 놓는다(보호를 위해). 시료 띠에 존재하는 수화된 이온성 종들은 서로 다른 속도로 이동하므로 서로 다른 시간(몇 초에서 몇 시간까지)에 스트립의 한쪽 끝에서 다른 끝으로 이동한다(전하에 따라: 부호, 다중 또는 단일 전하, 부피 및 이동도). 용매 선이 없으므로 화합물의 이동 거리는 내부 표지자를 사용하여 구한 물질의 이동 거리에 대한 상대적인 이동 거리로 나타낸다.

이동 후 화학종의 검출을 위해 접촉하여 막으로 옮긴 다음, Coomassie Blue®와 같은 특정한 은 염 시약을 사용하여 검출한다.

8.1.2 모세관 전기 이동

모세관 전기 이동에서는 전통적인 젤 판 대신에 소구경의 열린 용융-실리카 모세관(지름 15~150 μm)을 사용한다. 모세관 길이 L은 20~80 cm이며, 전해질 완충 수용액으로 채워

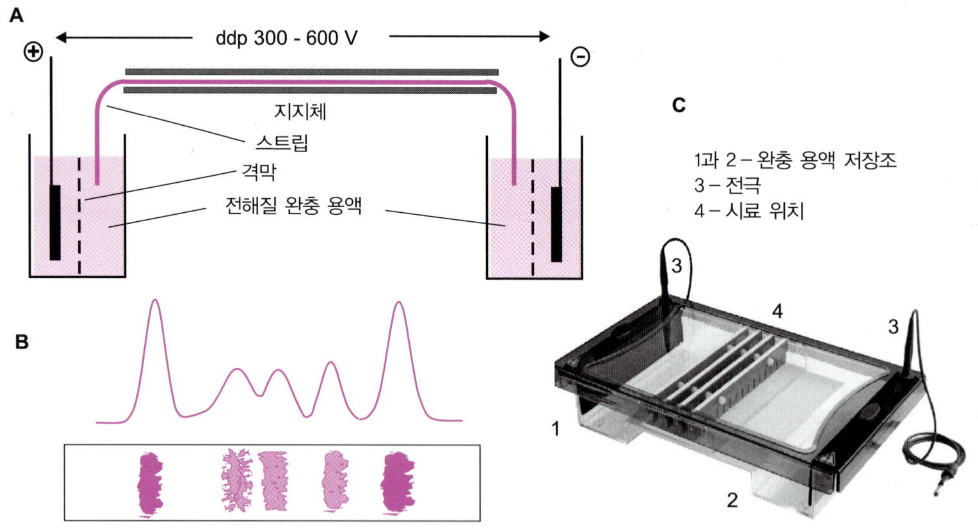

그림 8.1 띠 전기 이동: 장치의 원리 (a) 각 구획은 전극과 접촉하는 동안 형성되는 부수물에 의한 이동 완충액의 오염을 방지하기 위해 격막으로 분리된다. 이것은 정전류 또는 정전압 또는 정전력에서 작동된다. (b) 이동 후, 스트립은 적절한 시약을 사용하여 분석 물질이 '드러나게' 하여 농도계로 검사 할 수 있다. (c) 수평 이동 모델

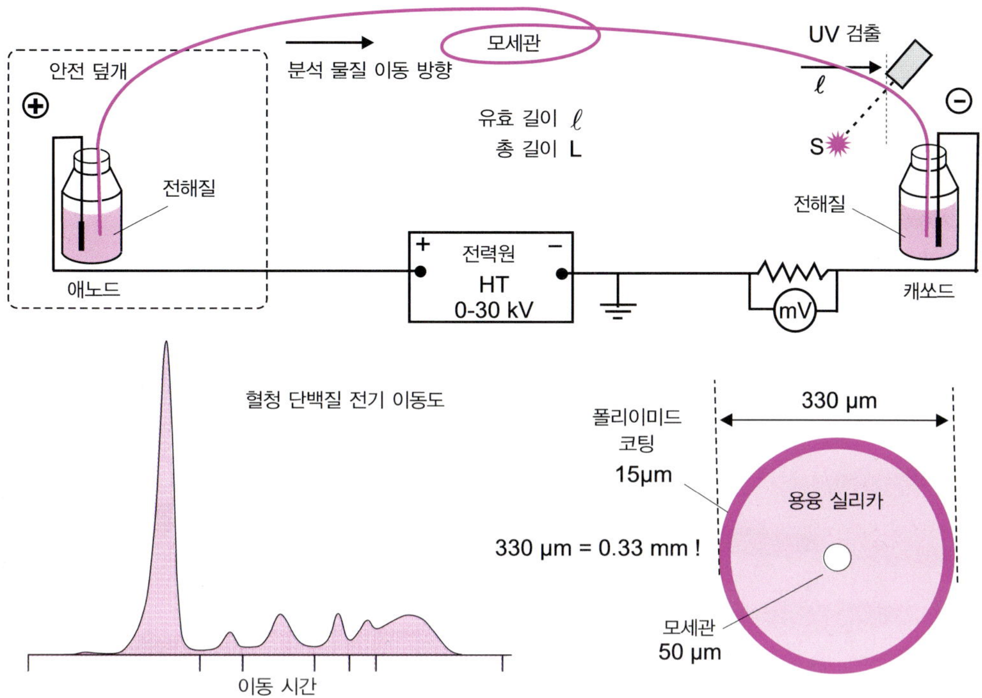

그림 8.2 **모세관 전기 이동. 전해질은 이온 수용액이다.** 작은 부피의 시료를 모세관의 애노드 쪽 끝으로 주입한다(8.3절 참조). 전압이 500~600 V/cm(L = 50 cm인 경우 30 kV)보다 크면 안전을 위해 절연해야 한다. 전기 이동도는 생물학 실험실에서 일상적으로 행한다. 일반적인 크기의 모세관 단면도. 용액이 통과하는 채널이 좁다는 사실에 유의하라.

진다(그림 8.2). 이 모세관의 끝은 각각 전해질 완충액이 담겨 있는 용기, 예를 들어 플라스크에 잠겨 있다: 모세관의 '입구'에는 공급 플라스크를, 모세관의 '출구'에는 목적 플라스크를 배치한다. DC 전압 공급 단자에 연결된 전극을 각 플라스크에 담가, 최대 600 V/cm의 전기장을 생성한다. 그러나, 전류는 Joule 효과에 의한 모세관의 가열을 최소화하기 위해 몇 mA를 초과해서는 안 된다. 이동 시간은 온도에 따라 달라지기 때문에 모세관은 온도 제어함에 설치된다.

검출기는 모세관 머리로부터 길이 l만큼 떨어진 캐쏘드 근처에 둔다. 얻어지는 신호는 **전기 이동도**(electropherogram)(그림 8.2)의 바탕선이 되며, 시료의 조성에 관한 정보를 준다.

8.2 모세관에서 분석 물질의 이동

시료 용액에 존재하는 화학종(음이온, 양이온, 중성 분자)은 여러 가지 상호 작용으로 모세관 입구에서 출구로 이동하게 된다. 이러한 상호 작용은 정전기력을 비롯하여 모세관에서 전체 전해질의 이동과 점도로 인한 마찰에 이르기까지 다양하다.

일반적으로, 크기가 작고 전하가 큰 입자가 더 빠르게 이동한다. 이와 같은 현상은 두 가지 효과로 설명할 수 있는데, 이들이 복합적으로 작용하여 분석 물질의 이동을 유발한다: **전기 이동 이동도(electrophoretic mobility)**와 **전기 삼투 흐름(electroosmotic flow)**.

각 이온의 **한계 이동 속도(limiting migration velocity)** ν_{EP}는 전하 q인 입자에 작용하는 전기장 $\vec{E}$에 의해 생기는 전기적 힘 $\vec{F}$와 용액의 점도 η로부터 야기되는 힘 사이의 평형으로부터 나온다.

8.2.1 전기 이동 이동도

전하를 띤 입자가 전기장 $\vec{E}$에 놓이면 전기력을 받는다:

$$\vec{F} = q\vec{E} \tag{8.1}$$

양이온의 경우, $\vec{F}$와 $\vec{E}$는 동일한 방향을 갖는다. 음이온의 경우, $\vec{F}$와 $\vec{E}$는 반대 방향이다. 전기력만 있다면 입자의 이동 속도는 지속적으로 증가할 것이다. 그러나, 전해질의 점도에 의한 마찰력으로 인해 균일해진다.

주어진 전해질에 대해, 전기 이동 속도, υ_{EP}는 이온의 크기(이온은 구형으로 간주한다)와 전하에 따라 달라진다. 따라서, 낮은 전하를 갖는 큰 이온들은 높은 전하를 가진 작은 이온들보다 느린 전기 이동 속도를 가질 것이다. 움직이지 않는 전해질의 경우, Hückel은 다음 두 가지 요인의 영향을 고려하여 식 (8.2)를 제안하였다:

$$\upsilon_{EP} = \frac{qE}{6\pi\eta r} \tag{8.2}$$

여기서 η는 전해질의 동적 점도이고 r은 구체로 간주한 이온의 반경이다.

따라서, 이온은 그 자체의 특성적 전기 이동 이동도 μ_{EP}를 갖는다. 이것(8.2.3절 참조)은 화합물의 전기 이동 이동 속도 및 전기장 E에 의해 정의된다:

$$\mu_{EP} = \frac{\upsilon_{EP}}{E} = \upsilon_{EP}\frac{L}{V} \tag{8.3}$$

여기서 V는 모세관 길이 L의 두 말단 사이에 부과된 전위차이고, E는 전위차 V로부터 기인하는 전기장의 세기이다.

이러한 이동도는 분석 물질의 양이온성 또는 음이온성 성질에 따라 + 또는 − 부호를 갖는다. 이것은 $cm^2/V \cdot s$로 표현된다. 중성 화학종의 경우에는 제로이다.

중성 또는 음전하를 띤 종들이 캐쏘드로 이동하는 것(그림 8.3)은 **전기 삼투 흐름(electroosmotic flow)**이라는 또 다른 현상으로부터 비롯된다.

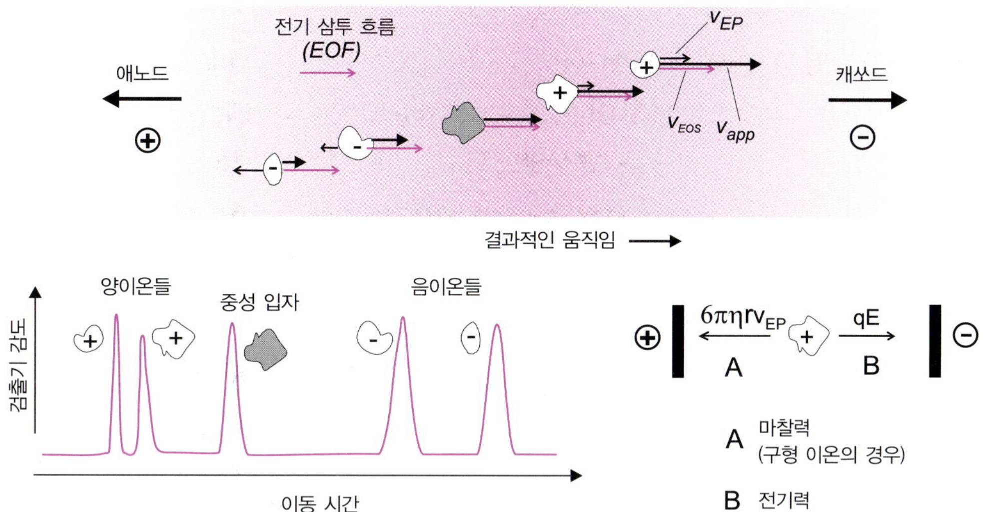

그림 8.3 모세관에서 분석 물질의 이동 전해질에서 이동 속도에 대한 이온의 순 전하, 전기장 및 유체 역학 반경의 영향과 용액의 점도(8.2.2절 참조). 전기 이동도는 양이온, 중성 분자 및 음이온이 전기 삼투 흐름(모세관의 입구에서 출구 쪽으로 배향된 전기장)의 방향으로 칼럼에서 이동하는 것을 보여준다. 분리는 대략 각 화학종의 질량/전하 비율에 달려 있다. 중성 물질들은 분리되지 않는다. 작은 음이온들은 일반적으로 전기 삼투 흐름이 없을 경우에는 애노드 쪽으로 이동하기 때문에 마지막으로 모세관 출구에 도착한다.

8.2.2 전기 삼투 흐름(EOF)

용질의 이동을 조절하는 두 번째 요인인 **전기 삼투 흐름**(**electroosmotic flow**)은 모세관에서 전해질의 벌크 이동에 해당한다(입자, 양이온 또는 음이온, 중성 화학종 및 용매). 이동 방향과 속도는 모세관 내부 벽의 특성에 따라 다르다.

다른 처리를 하지 않은 용융 실리카로 만들어진 모세관은 내부 표면에 다수의 실란올 작용기(Si-OH)를 가지며, 이 작용기는 전해질(또는 이동 완충액)의 pH가 3보다 높아지면 이온화하여 실란올 음이온($Si\text{-}O^-$)이 된다. 이 조건에서 전해질 속의 양이온을 끌어당기는 고정된 다중 음이온층이 형성된다. 이들 양이온은 내벽에 부착되는 층(고정층)과 약간의 이동성이 있는 층(확산, 이동층)의 두 층으로 배열된다(그림 8.4). 이들 두 층 사이에 전위차(Zeta 전위)가 생기는데, 그 값은 전해질의 농도와 pH에 따라 정해진다. 전기장을 걸어주면 이동상의 양이온은 모세관의 음전하 쪽으로 이동한다. 이들 양이온은 물 분자에 의해 용매화되기 때문에, 이들은 전해질과 함께 용액의 흐름을 발생시킨다. 캐쏘드 쪽으로의 이러한 이동은 전기 삼투 흐름이라 한다. 이러한 흐름은 이중층의 두께에 비례하기 때문에 가변적이며, 이중층의 두께는 전해질 완충액 농도에 따라 달라진다.

일반적으로, 모세관의 내부 표면은 음의 전하를 띠는데, 이는 캐쏘드 쪽으로 향하는 전해

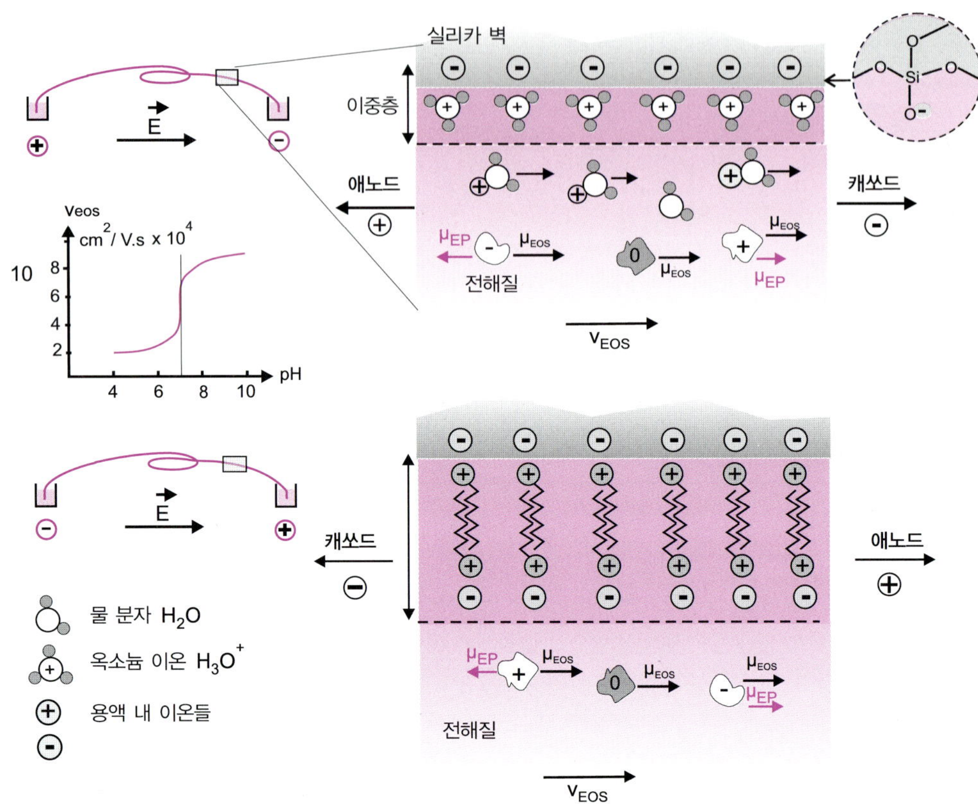

그림 8.4 전해질로 채워진 모세관에서 전기 삼투 흐름 상단: 실리카 벽(다가 음이온 벽)이 처리되지 않은 경우, 전해질은 애노드에서 캐쏘드로 이동한다: 이것이 전기 삼투 흐름이다. 전기 삼투 흐름은 적용된 전기장과 pH에 따라 달라진다(pH 7과 8 사이, 35%만큼 증가할 수 있음). 이것은 벽 표면에 존재하는 전기장 때문이다. 벽 표면을 비극성 필름(예: 친수성 폴리하이드록시비이닐 또는 옥타데실 필름)으로 덮으면 전위가 없어지고 흐름은 사라진다. 하단: 양이온성 계면활성제를 이용한 실리카 벽의 동적 변형. 검출기가 있는 쪽으로 이동이 생겨야 하므로 장치의 극성을 역으로 해야 한다.

질의 전기 삼투 흐름을 발생시킨다. 이와는 대조적으로 내벽의 극성을 반대로 만들 수 있는 테트라알킬암모늄과 같은 계면 활성제를 첨가하면, 전기 삼투 흐름은 애노드 쪽으로 바뀐다(그림 8.4). 주어진 분석 물질에 대해, **전기 삼투 흐름**(**electroosmotic flow**) μ_{EOS}는 전기 이동 이동성 μ_{EP}과 동일한 방식으로 정의된다:

$$\mu_{EOS} = \frac{\upsilon_{EOS}}{E} = \upsilon_{EOS}\frac{L}{V} \tag{8.4}$$

위 식에서 E, L 및 V는 식 (8.3)과 동일한 의미를 갖는다.

μ_{EOS}를 계산하려면, 먼저 전기 삼투 유속 υ_{EOS}를 결정해야 한다. 전기 삼투 유속은 전해질에서 전하가 없는 화학종의 속도에 해당한다. 전기 삼투 유속은 **중성 표지자**(**neutral**

marker)가 모세관 입구에서 검출기까지의 거리 l을 이동하는 데 걸린 시간 t_{nm}을 측정하여 결정한다:

$$v_{\mathrm{EOS}} = \ell / t_{\mathrm{mn}} \tag{8.5}$$

중성 표지자는 전해질 완충액의 pH에서 이온화되지 않고 검출기에 의해 쉽게 검출되는 유기 분자(예: 아세톤, 산화 메시틸, 페놀 등)이다. 검출은 음으로 나타날 수 있다.

> 벽을 알킬실레인으로 처리하여 소수성으로 만들면 단백질을 분리할 수 있으며, 처리하지 않는다면 표면에 흡착된 상태로 남아 있게 된다. 적용된 전기장의 방향에 따라 적어도 한 범주의 이온들은 분석할 수 있다.

8.2.3 겉보기 이동도

앞 절에서 설명한 바와 같이, 각 이온은 전기 이동 속도와 전기 삼투 흐름 속도에 따라 정해지는 겉보기 이동 속도 v_{app}를 갖는다:

$$v_{\mathrm{app}} = v_{\mathrm{EP}} + v_{\mathrm{EOS}} \tag{8.6}$$

v_{app}는 전기 이동도로부터 쉽게 계산할 수 있다. 모세관의 유효 길이 l, 이동 시간 t_{m}을 사용하여 v_{app}를 나타내면 다음과 같다:

$$v_{\mathrm{app}} = \ell / t_m$$

겉보기 전기 이동 이동도 μ_{app}는 식 8.3 또는 8.4와 유사하게 다음과 같이 정의된다:

$$\mu_{\mathrm{app}} = \frac{v_{\mathrm{app}}}{E} = v_{\mathrm{app}} \frac{L}{V}$$

결론적으로

$$\mu_{\mathrm{app}} = \frac{\ell \cdot L}{t_m \cdot V} \tag{8.7}$$

전기 삼투 흐름과 겉보기 이동도를 결합하면 전하를 띠는 화학종의 참 전기 이동 이동도를 계산할 수 있다. 식 8.6으로부터 다음과 같이 쓸 수 있다:

$$\mu_{\mathrm{EP}} = \mu_{\mathrm{app}} - \mu_{\mathrm{EOS}} \tag{8.8}$$

또는 다음과 같이 나타낼 수 있다.

$$\mu_{\mathrm{EP}} = L \cdot \ell / V \left(\frac{1}{t_m} - \frac{1}{t_{mn}} \right) \tag{8.9}$$

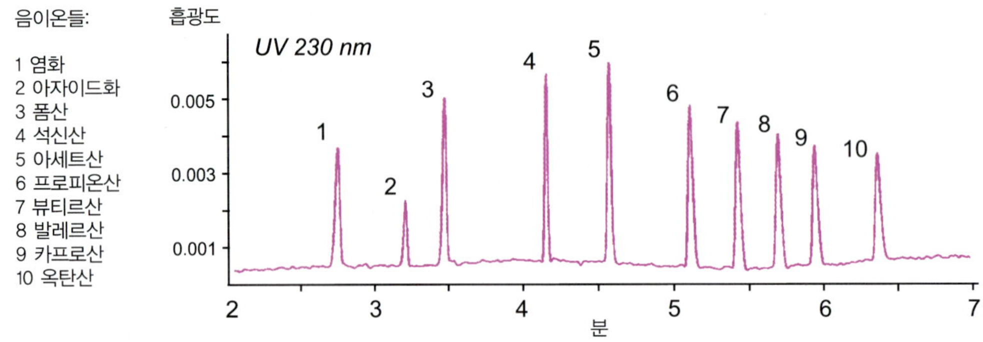

그림 8.5 **음이온 시험 혼합물의 전기 이동도** 음이온의 혼합물을 PAGE 기술로 분리하고 UV에 의한 검출.(출처: Beckman-Coulter 제공)

HPCE는 음이온성 화학종의 분리에 흔히 쓰인다. 일반적으로 검출기의 위치를 모세관의 캐쏘드 쪽 끝에서 애노드 쪽 끝으로 변경하여 기기의 극성을 역으로 바꾼다. 그 결과, 전기 삼투 흐름의 방향도 역으로 바뀐다. μ_{EP}값이 μ_{EOS}보다 큰 음이온만이 검출될 수 있다(그림 8.5).

8.3 기기장치

8.3.1 주입 방식

주입되는 시료의 부피는 분해능을 유지하기 위하여 모세관의 유효 길이의 1%를 초과하지 않아야 하며, 두 가지 방법이 사용된다.

- **정역학 주입** 모세관의 끝을 시료와 전해질을 함유한 용액 속에 담그고 반대쪽 끝에 약간의 진공을 걸어준다. 시료 용액 쪽에 약 50 mbar의 압력을 걸어줌으로써 시료 주입 과정을 향상시킬 수 있다.
- **전기 이동 주입** 젤 전기 이동에 사용되는 이 방법은 시료 용액 쪽에 적당한 극성의 전압을 걸고 모세관을 잠깐 담근다. 정역학 주입과는 대조적으로 시료 내에 존재하는 성분들이 다른 이동도로 주입될 수 있으므로, 대표성이 결여된 조성의 시료가 주입될 수 있다. 이 방법은 각 혼합물에 대해 최적화된다.

정역학 주입은 5~50 nL 부피의 주입 루프가 있는 HPLC보다 덜 정밀하다. 모세관으로 들어가는 양은 동적 점도가 η인 액체의 관 내 흐름 속도를 나타내는, Poiseuille 식에 포함된 여러 가지 매개변수에 따라 달라진다. 이 식을 적용하면 모세관에서 '주입 흐름 속도' F의 근사치를 얻을 수 있다.

$$F = \Delta P \frac{\pi r^4}{8\eta L}$$

이 식에서 모세관의 반지름을 두 배로 하면 주입되는 부피는 16배가 됨을 알 수 있다. 주입 부피는 압력차 ΔP에도 비례한다. 모세관 길이 L을 증가시키면 반대 효과가 나타난다. HPCE의 정량적 성능을 향상시키기 위해서는 내부 표준 물질을 사용해야 한다. 내부 표준 물질을 포함하는 희석 용액으로 모든 용액을 제조하거나, 정확한 부피의 표준 용액을 첨가하여 용액을 제조한다.

8.3.2 검출법

- **직접 UV/Vis 검출(Direct UV/Vis detection)**(9장 참조). 모세관을 보호하는 폴리이미드를 제거하고, 모세관을 가로질러 통과하는 광 세기를 측정한다. 광원에서 광전 증배관까지의 광 경로가 모세관에 국한된다(그림 8.6). 이렇게 하면 불감 부피를 없앨 수 있다. 이 검출 방법은 광학 경로가 매우 짧아 용액이 많이 흡수하지 않는 경우, 특히 매트릭스가 흡수성이 있는 경우에는 민감하지 않다.

반전 모드 UV/Vis 검출

이 방법은 어떤 복사선도 흡수하지 않는 무기 이온의 검출에 사용한다: 크로뮴산 이온이나 프탈산 이온을 함유하는 전해질을 사용하면 높은 흡광 계수를 나타낸다. 이러한 조건에서 시료가 검출기에 도착하면 흡광도가 감소하여 음의 봉우리가 나타난다(그림 8.6). 이러한 흡광도 변화는 검출된 이온의 농도와 선형적으로 비례한다.

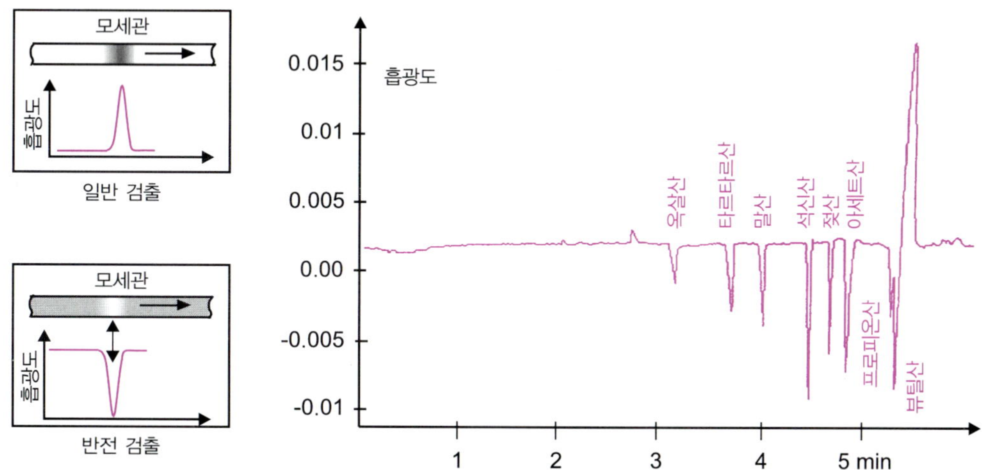

그림 8.6 UV 간접 UV 검출에 의한 백포도주에서 주요 유기산의 분리 말산과 젖산은 말로락틱 발효의 지표이다. (출처: TSP의 이미지 제공)

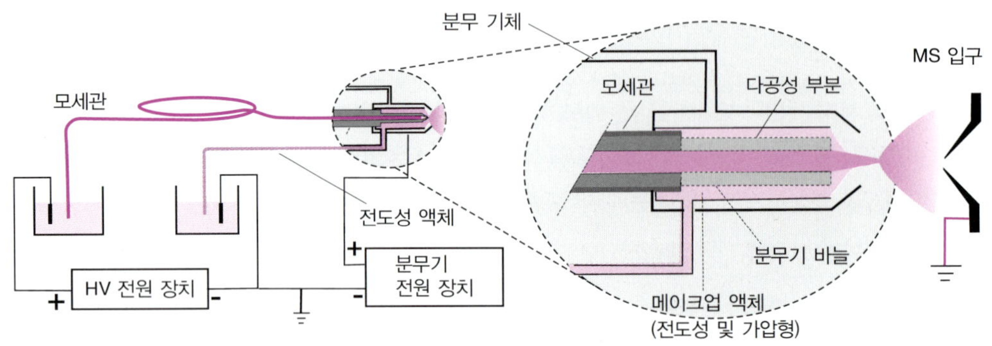

그림 8.7 **HPCE와 MS 사이의 접속 장치** 용액은 선택한 이온화 모드와 추가 전해질의 존재 여부에 따라 다르다. 모세관 말단은 HPCE 회로의 연결을 보장하기 위해 전해질 용액에 담겨야 한다. 그러나 질량 분석계의 입구로 연결되는 분무기의 금속 끝은 양의 전위가 걸려야 한다.

- **형광 검출(fluorescence detection)** 아주 강한 레이저 광원을 사용하면 감도가 증가한다. 이 검출의 적용 분야를 확장하기 위해, 분석 물질을 사전 유도체화 또는 사후 유도체화 시켜 형광단을 갖도록 한다.
- **전기화학적 검출(electrochemical detection)** 이 검출은 모세관에 작은 전극을 삽입하여 수행할 수 있다.
- **질량 분석법 검출(mass spectrometry detection)** 모세관의 매우 낮은 유속은 대기압에서의 이온화 방법에 적합하다(16장 참조). 주로 제약 분석에 사용되는 이 방법은 단백질 및 당의 구조를 결정하는 데 유용하다. 이러한 생체 분자 분석은 모세관 전기 이동의 주요한 응용 분야이다.

질량 분석법과의 연결은 매우 낮은 유속과 이동 완충액의 무기물 염의 존재라는 특정 제약 조건이 따른다. 또한 모세관의 끝은 전기 회로의 연속성을 유지하면서 검출기로 향해야 한다(그림 8.7). 이온화 방법(ESI, APCI, 16.4.2절 참조)의 기능으로써, 유기 용매가 회로에 첨가되어 모세관 출구에서 낮은 유량을 증가시키고 조절된다. 분무 이온화는 가장 일반적으로 사용되는 방법이다.

8.4 전기 이동 기법

8.4.1 모세관 띠 전기 이동(CZE)

전해질이 모세관 안을 이동하는 이 전기 이동 방식은 가장 널리 사용된다. 이 전해질은 분리 응용에 따라 산성(인산염 또는 시트르산염) 또는 염기성(붕산염), 또는 양쪽성 물질(산성과 염기성 작용기를 둘 다 가진 분자)이 될 수 있다. 전기 삼투 흐름은 액체상의 pH가 증가함에 따라 증가하며 나타나지 않게 할 수도 있다. 이 과정은 CGE와는 다르게 자유 용액 전기 이동이라고도 한다(8.4.3절 참조).

8.4.2 마이셀 동전기 모세관 크로마토그래피(MEKC)

CZE를 변형한 이 방식에서는 도데실 황산 소듐과 같은 양이온 또는 음이온성 계면 활성제를 이동 완충액에 과량으로 첨가하여 전하를 띤 마이셀을 형성시킨다. 용액에 섞이지 않는 이들 하전된 작은 화학종 집단(그림 8.8)은 중성의 화합물을 효율적으로 끌어들일 수 있는 유사정지상을 형성한다. 분석 물질의 분리는 크로마토그래피에서와 같이 친수성/소수성 친화 상호 작용을 통한 분배 메커니즘에 의해 수행된다. 이러한 유형의 전기 이동은 분리되지 않고 이동하는 경향이 있는 소수성 화합물에 사용된다.

수용액에 첨가된 계면 활성제가 과황산염 사이클로덱스트린과 같은 광학적으로 활성인 경우, 거울상 이성질체는 다양한 안정도를 가지는 내포 착물을 형성한다. 이를 통해 광학적 순도를 알 수 있다(2.6.3절 및 그림 8.10 참조).

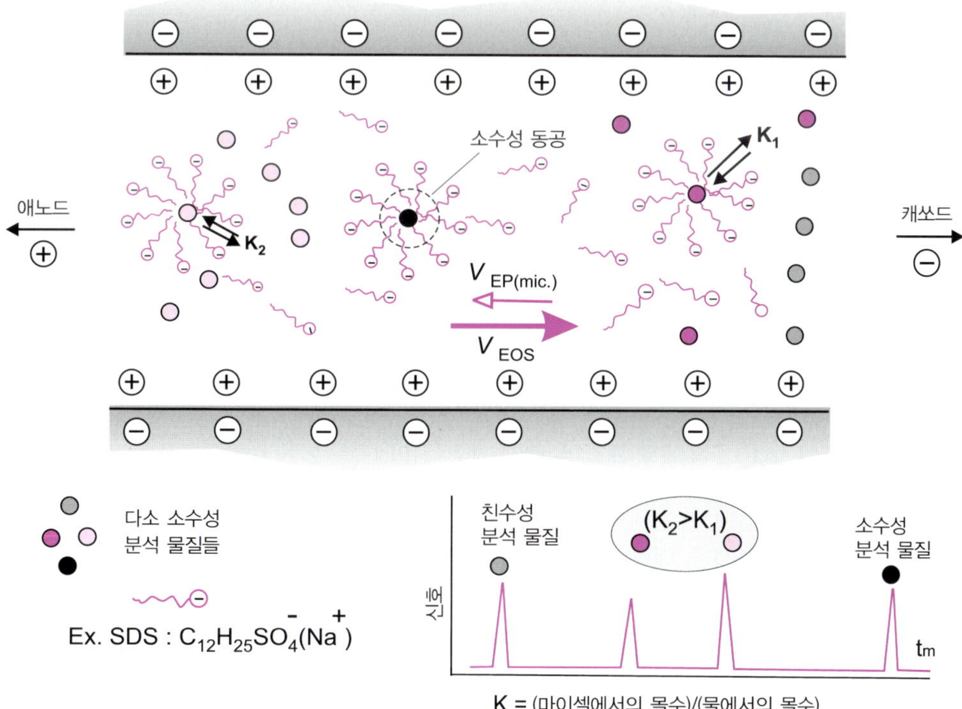

그림 8.8 계면활성제를 이용한 중성 화합물의 분리(MEKC 기법) 다가 음이온성 계면 활성제(예: 황성 도데실 소듐)가 이동 완충액에 첨가된 개질되지 않은 모세관에서 다양한 분석 물질들의 연속적인 가역 평형에 의한 머무름(여기서는 $K_2 > K_1$). 다가 음이온성 마이셀은 준-정지상 역할을 하며, 캐쏘드를 향해 매우 천천히 이동한다. 각 마이셀의 내부는 소수성이다. 이론적인 전기 이동도는 분석 물질과 계면활성제 간의 상호 작용을 보여준다.

8.4.3 모세관 젤 전기 이동(CGE)

이 방법은 모세관 속에 전통적인 아가로스 또는 폴리아크릴아마이드(PAGE) 젤을 채우고 수행하는 전기 이동이다. 모세관을 전해질로 적신 젤로 채운다. 이렇게 하면 거르기 효과를 일으켜 전기 삼투 흐름을 감소시키고, 대류와 확산 현상을 최소화한다. 부서지기 쉬운 올리고뉴클레오티드를 이 방법으로 분리할 수 있다. 전기 삼투 흐름은 낮게 유지된다.

> 판 전기 이동에서는 이동이 일어나는 지지체에 전해질로 적신 젤(전분이나 아직은 더 나은, 폴리아크릴아마이드)이 함유되어 있다. 전해질에 황산 도데실 소듐(SDS)이 함유되면 이 전기 이동은 약어로 SDS-PAGE라고 부른다. 분리는 전기장과 거르기 현상이 겹쳐짐으로써 개선된다. 이 방법은 세 가지 큰 생체 분자 분석에 주로 사용된다: 폴리펩타이드(단백질), 올리고뉴클레오타이드(DNA 또는 RNA 단편), 단당류 및 다당류(탄수화물).

8.4.4 모세관 등전 집중(CIEF)

이 방법은 표면 처리한 모세관에 채워진 양쪽성 물질을 함유한 용액의 pH를 선형적으로 변화시키며 수행한다. 애노드 쪽의 모세관은 H_3PO_4 용액에 담기고, 캐쏘드 쪽은 NaOH 용액에 담긴다. 전하를 띤 분석 물질은 pH가 등전점(pI에서 성분의 알짜 전하는 0)에 이르는 영역에 도달할 때까지 매질 속을 이동한다. 그런 다음 전기장을 유지하면서 정수압을 사용하면 이들 분리된 화학종들은 검출기 쪽으로 이동한다. 이 과정은 분해능이 높아서 pI 값의 차이가 0.02 pH 단위인 펩타이드를 분리할 수 있다.

8.5 CE의 성능

다양한 크기와 낮은 확산 계수를 갖는 단백질과 같은 생체 분자에 대한 CE의 분리 성능은 HPLC와 비슷하다. CE의 유체역학적 흐름 분포는 HPLC는 포물선형인 반면 거의 완벽하게 평평하다(그림 8.9). 그러나, 전기장으로 인한 모세관의 가열은 이상적인 흐름을 변성시킨다. 따라서 분석의 재현성을 위해서는 온도-제어 시스템을 갖추어야 한다.

감도는 아주 높다: 유도체화를 시킨 후, 레이저-유도 형광(LIF) 검출을 사용하면 수천 개의 분자까지 관측할 수 있다. 분리의 성공 여부는 분석에 사용된 완충액 매질의 선택에 달려 있다. 아주 소량의 시료가 필요하고, 시약과 용매의 소비도 무시할 수 있을 정도이다.

그러나 주입 부피의 정밀도에 영향을 끼치는 인자들 때문에 분석의 재현성은 HPLC보다 낮다. 정역학 주입의 경우 내부 표준 물질을 사용할 때 상대 표준 편차(CV)는 2% 정도이다.

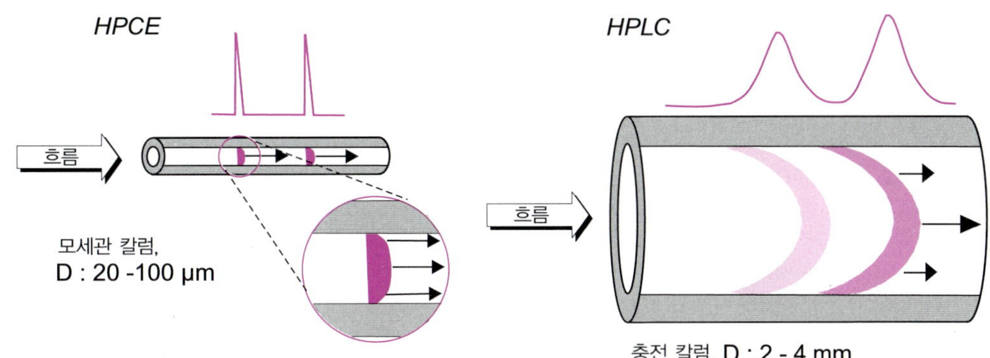

그림 8.9 HPCE와 HPLC에서 이동상의 진행 방식의 비교 HPCE에서 전해질과 분석 물질은 모세관 벽에 의해 당겨지는 반면, HPLC에서는 밀려난다. 확산은 HPLC에서보다 낮고, 따라서 효율(N)은 더 크다. HPLC 칼럼의 지름은 전기 이동에서 모세관의 지름보다 적어도 20배 더 클 것이다.

8.5.1 거울상 이성질체의 분리

HPCE에서 거울상 이성질체의 분리를 위해 두 가지 방법이 고려될 수 있다. 하나는 전치 칼럼 유도체화이며, 다른 하나는 사이클로덱스트린과 같은 이동 완충액에 카이랄 선택기의 첨가이다. 일반적으로 후자가 사용된다(그림 8.10). HPLC는 선택기의 소모량이 많은 반면,

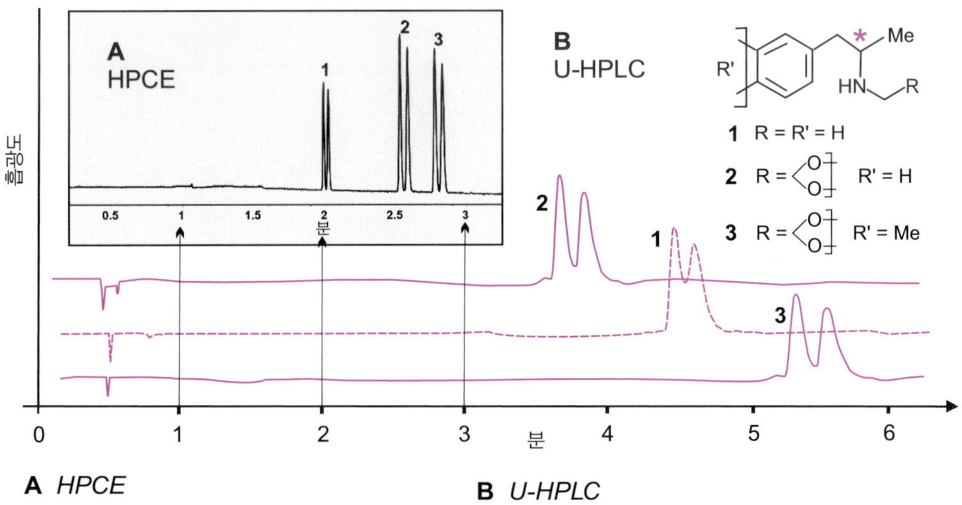

그림 8.10 거울상 이성질체의 분리 HPCE용 분리 완충액과 U-HPLC의 이동상에 동일한 카이랄 선택기를 첨가하여 세 개의 라셈 암페타민(농도: 25 μg/mL)을 분리하는 HPCE와 U-HPLC 간의 비교 연구. 전기 이동은 가장 진화된 형태의 액체 크로마토그래피와 경쟁할 수 있을 정도로 빠른 분석이 가능하다. (출처; G. Bonvin, Geneva 대학 논문, 2014.)

CE는 모세관 내의 유속이 낮으므로(단지 몇 μL) 필요한 선택기의 양은 적다.

8.5.2 분리 인자

분리 인자(효율, 머무름 인자, 선택성, 분해능)는 전기 이동도로부터 결정될 수 있다. 크로마토그래피에서 선형 분산 관계와 이론적 단수의 개념(1.6절 참조)은 Einstein의 법칙($\sigma^2 = 2D \cdot t_m$)을 이용하여 변환할 수 있다. D는 m^2/s로 표현되는 확산 계수이다.

효율 N과 분산, 즉 $N = L/H$ 및 $\sigma^2 = HL$(1장 참조)에 대한 크로마토그래피에 사용된 식들을 전기 이동에 적용하면, 유효 길이 l은 다음과 같다.

$$N = \frac{\ell^2}{\sigma^2} = \frac{\ell^2}{2Dt_m} \tag{8.10}$$

$t_m(v_{app} = \frac{\ell}{t_m})$을 제거하고 식 (8.7)을 사용하면, 다음과 같다.

$$N = \frac{\mu_{app}}{2D} \cdot V \cdot \frac{\ell}{L} \tag{8.11}$$

또는 근사적으로:

$$N = \frac{\mu_{app}}{2D} \cdot V \tag{8.12}$$

이것은 확산을 기반으로 하는 고전적인 식으로, 효율 N은 모세관에 대해 10^6 단/m 정도로 주어진다.

효율은 적용된 전위차인 V에 비례한다. 거대분자의 경우 효율이 더 높은데, 이는 확산 계수가 작은 분자보다 작기 때문이다(그림 8.9).

크로마토그래피 분리의 동역학적 측면과 관련된 Van Deemter 모델(1.10절 참조)은 때때로 모세관 전기 이동에 사용된다. 식 (1.37)의 세 가지 계수 A, B 및 C 중에서, 단지 B항(이동상에서 용질의 확산)만이 CE에서 고려된다.

마지막으로, 크로마토그래피에서와 마찬가지로 HPCE에서 분리는 몇 가지 인자들에 영향을 받는데, 선택성(식 (8.9)에 근거하여)은 다음과 같이 쓸 수 있다.

$$\alpha = \frac{\mu_{EP(2)}}{\mu_{EP(1)}} \tag{8.13}$$

두 봉우리 사이의 분해능 R은 효율 N, 두 용질의 이동 속도의 차이와 두 용질의 평균 속도(식 (8.14)) 또는 이동도(식 (8.15))로부터 계산할 수 있다. N과 마찬가지로 분해능 R은 V에 따라 달라진다.

$$R = \frac{1}{4}\sqrt{N}\frac{\Delta \upsilon}{\bar{\upsilon}} \tag{8.14}$$

$$R = \frac{1}{4}\sqrt{N}\frac{\Delta \mu_{EP}}{\mu_{EPavy} + \mu_{EOS}} \tag{8.15}$$

8.6 모세관 전기크로마토그래피

모세관 전기크로마토그래피(CEC)는 전기 이동에서 이온의 전기 이동과 크로마토그래피의

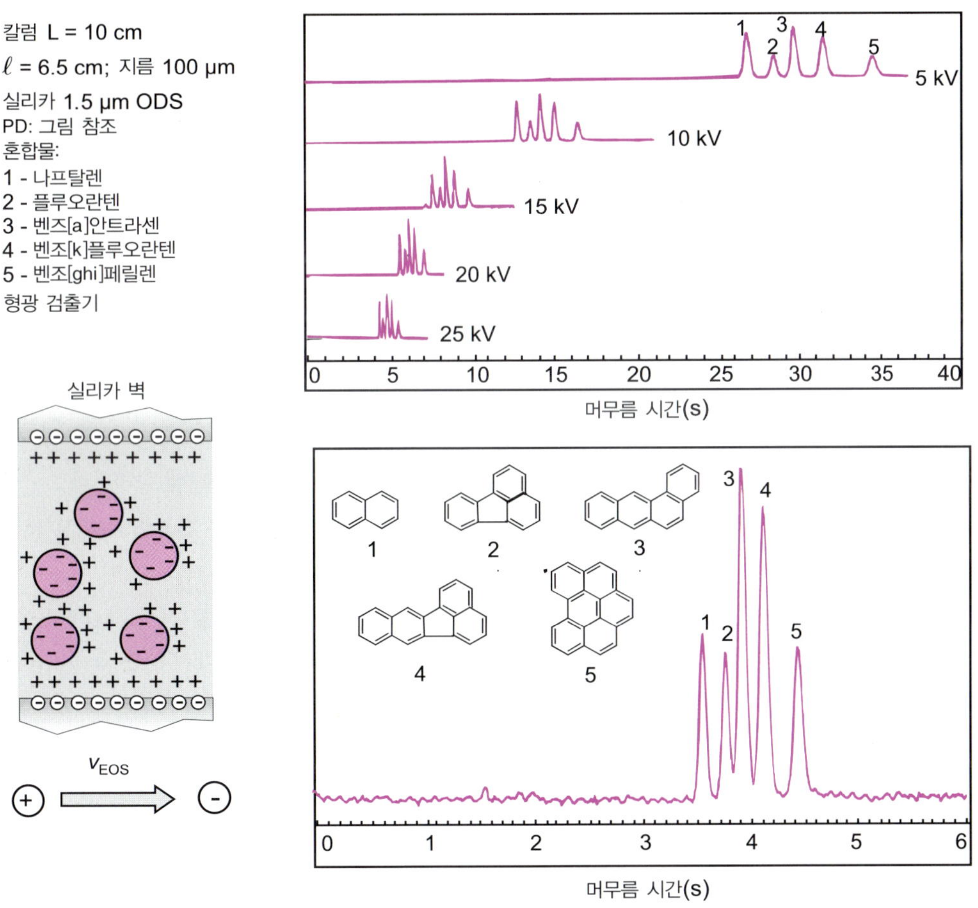

그림 8.11 전기크로마토그래피에 의한 방향족 탄화수소의 분리 및 충전된 모세관 그림 전압을 변화시켜 중성 화합물들의 혼합물을 분리하려는 다양한 시도를 함으로써, 전압과 전기 삼투 흐름 속도 사이의 관계를 알 수 있다. 여기에서 매우 짧은 칼럼과 고전압을 사용하여 몇 초 안에 이온화되지 않는 화합물들의 혼합물을 높은 분해능으로 분리할 수 있다(V = 28 KV의 경우). 효율도 매우 높다(Anex, D.S.et al. Anal. Chem. 1998, 70, 4787-4792). 모세관 충전 물질은 메타크릴레이트 또는 아크릴아마이드의 고분자를 함유하는 연속적인 고분자 구조를 갖는다.

상 사이의 분배를 결합하여 생체 분자에 매우 효율적인 소형화된 복합적인 분리 방법이다.

분리 계수는 매우 높지만 몇 가지 문제가 있는데, 이것은 전기 삼투 흐름에 대한 유기 개질제의 효과 및 모세관에 주입되는 시료 부피의 정밀한 조절이다.

이 방법은 지름이 매우 작은 입자(1~3 μm)의 정지상으로 채워진 모세관이 필요하다. 이들은 실리카계 입자, 극성 고분자 또는 다양한 연속 다공성 구조물(단량체 칼럼)이다. 정지상은 두 가지 역할을 한다. 첫째, 화합물을 어느 정도 머물게 하고(예: RP-18), 둘째, 전해질 이동에 도움이 된다(그림 8.11). 따라서, 충전물이 개질되지 않은 모세관 벽과 유사하게 전기 삼투 흐름을 발생시키기 위해서는 극성이 큰 작용기(즉, 실란올)가 입자의 외부 표면에 존속해야 한다.

전기 크로마토그래피에서는 압력 강하가 없다. 각 H_3O^+ 이온은 전기장의 영향으로 이동하므로 펌프가 필요하지 않다. 액체 크로마토그래피에서 이와 같은 칼럼을 통해 이동상을 밀어내기 위해서는 1,000 bar 정도의 압력이 필요하다.

이동상의 조성 변화는 전기 삼투 흐름 및 선택성에 모두 영향을 미친다.

이 장의 요점

1. 종래의 전기 이동에서 평평한 판 표면의 분석 물질들이 다른 속도로 이동하는 것은 모세관 전기 이동의 모세관 내부에서 재현되는데, 분석 물질은 전기장의 영향으로 전해질에 끌려간다.
2. 시료를 모세관에 주입하기 위해서는 정역학 주입 및 전기 이동의 두 가지 특유의 방법을 사용할 수 있다: 후자는 화학종들이 차별적으로 도입될 수 있다.
3. 관 내의 유체역학적 흐름이 포물선 모양으로 진행하는 것과는 달리(HPCE 참조), HPCE에서는 모세관 벽에 의한 견인력으로 발생하는 흐름은 좁은 흐름 폭을 갖는다. 따라서 다른 크로마토그래피 방법보다 봉우리의 넓어짐이 덜하다. 결과적으로, **효율**(efficiency, N)이 좋아진다.
4. 대부분의 상용 장치에는 UV 흡수를 기반으로 한 검출기가 포함되어 있다. 흡광도 값은 측정 셀 없이 모세관 '라인에서' 직접 측정하여 얻어진다.
5. 전기 이동 이동도(μ_{EP})와 전기 이동 속도(v_{EP})는 pH와 완충액의 조성(이온 세기, 점도 등)에 따라 달라진다. 이온이 구형이라면, Hückel은 마찰력은 다음 식과 같다고 제안했다: $6\pi\eta r$
6. 개질되지 않은 실리카 모세관의 내부 표면의 실란올은 산성이다($pK_a = 4 - 5$). 따라서, 전기 삼투 흐름(EOF)은 pH가 높아지면(염기성 pH) 더 커질 것이다.
7. 예를 들면 양이온성 계면 활성제를 사용하여, 모세관의 내부 표면을 화학적 변형하면 EOF의 방향을 바꿀 수 있다.
8. **효율**(N) 매개변수, 온도, 주입 부피 및 분석 물질과 지지 전해질 간의 전도도 차이를 포함한 몇 가지 요인이 분리에 영향을 미친다.

9. 크로마토그래피에서 정의된 주요 분리 매개변수는 전기 이동에도 적용된다.

문제

1. 모세관 띠 전기 이동(CZE) 장치에서 길이 $L = 32$ cm, 유효 길이 $l = 24.5$ cm의 모세관을 사용하였고 걸어준 전압은 30 kV였다. 이 조건에서 얻은 전기 이동도에서 중성 표지자의 봉우리가 $t_{nm} = 3$분에 나타났다.
   a. 이동 시간이 2.5분인 화합물의 전기 이동 이동도, μ_{EP}를 계산하시오. 답의 단위를 정확히 표시하시오.
   b. 이론 단수 $N = 80,000$일 경우, 이 조건에서 이 화합물의 확산 계수를 계산하시오.
2. 개질되지 않은 '원래 벽' 용융 실리카 모세관의 총 길이 $L = 1$ m이고, 유효 모세관 길이 $l = 90$ cm(검출기까지)인 장치를 구성하여 20 kV의 전압을 걸어주었다. 검출기는 캐쏘드 쪽에 두었고 전해질은 pH 5의 완충액이다. 시료에 존재하는 어떤 화합물의 이동 시간 $t_m = 10$분이다.
   a. 주어진 자료로부터 화합물의 알짜 전하가 양인지 음인지 알 수 있는가?
   b. 이 화합물의 겉보기 전기 이동 이동도 μ_{app}를 계산하시오.
   c. 전하를 띠지 않는 작은 분자의 이동 시간 $t_{nm} = 5$분일 때 전기 삼투 이동도 μ_{EOS}를 구하시오.
   d. 이 화합물의 전기 이동 이동도 μ_{EP}를 계산하시오. 이 화합물이 띠는 알짜 전하의 부호는?
   e. 모세관 벽을 처리하여 중성으로 만들면 어떤 일이 생기는가?
   f. 전해질의 pH를 3으로 내릴 때 pI가 4인 어떤 화합물의 알짜 전하의 부호는?
   g. 용질의 확산 계수 $D = 2 \times 10^{-5}$ cm^2/s일 때 이론 단수 N을 계산하시오.
   h. 효율 N과 확산 계수 D 사이의 관계로부터 작은 분자가 큰 분자보다 분리가 나쁜 이유와 모세관의 안지름이 작아질수록 분리가 훨씬 좋아지는 이유를 설명하시오.
3. 모세관 전기 이동 실험에서 모세관 내에 전해질 뿐만 아니라 아크릴아마이드 젤이 들어있을 때, 젤을 통한 거르기 효과에 의해 이동 속도가 느려지는 것이 관찰된다. 이것은 큰 분자의 경우 특히 중요하다. 다음의 관계식이 증명되었다:

   $$\log M = a \cdot \upsilon + b$$

   여기에서 a와 b는 상수이고, M은 속도 υ로 이동하는 분자의 분자량(Da)을 나타낸다.

   이 관계식을 사용하여 미지 단백질의 분자량을 구하기 위하여 이동 속도가 각각 1.5 cm/min, 5.5 cm/min인 두 가지 표준 물질 오브알부민($M = 45,000$ Da)과 미오글로빈($M = 17,200$ Da)을 사용하였다. 같은 실험에서 미지 단백질은 3.25 cm/min의 속도로 이동한다. 이 단백질의 분자량을 Da으로 계산하시오.
4. 모세관의 길이는 $L = 57$ cm이다. 열의 방출은 0.04 W/cm를 초과할 수 없으며 세기는 100 μA로 제한된다.
   a. 최대 허용 가능한 전위차를 계산하시오.

   Cl^-, SO_4^{2-} 및 NO_3^-의 세 음이온의 혼합물을 분리하기 위해, 전해질은 5 mmol/L의 $K_2Cr_2O_7^{2-}$ 및 0.5 mmol/L의 브로민화 헥사메토늄를 함유하는 용액이다. pH는 수산화 소듐 용액으로 8로 조정된다. 검출 방법은 254 nm에서 UV 흡광도이다.

b. 이러한 선택 사항들을 설명하시오.

5. 다음 식을 따라 정역학 주입 방법을 사용한다.

$$V = \frac{P.d^4\pi.t}{128.\eta.L}$$

V는 주입된 부피(m^3), P는 모세관 외부에 가해지는 양압(Pa), d는 모세관 내부 지름(m), t는 압력이 가해지는 시간, η는 완충액의 동적 점도(kg/m/s), L은 모세관의 총 길이(m)이다.

a. 부피 V가 1 nL인 시료를 수용할 수 있는, 지름 d가 50 μm인 모세관의 길이 l(mm)을 계산하시오.

b. 부피 V가 1 nL인 시료를 모세관에 넣기 위해 $t = 2s$ 동안 시료 용액에 가해야 하는 압력 P(Pa)는 얼마인가? $\eta = 0.001\ kg \cdot m^{-1} \cdot s^{-1}$ 및 $L = 0.75$ m라고 가정한다.

자외선과 가시선 흡수 분광법

서론

근자외선에서 근적외선 영역(180~1100 nm)의 전자기 복사선과 물질의 반응은 광범위하게 연구되어 왔다. 사람의 눈으로 인식할 수 있는 400~700 nm를 포함하는 이 영역의 전자기 복사선은 물질의 구조적 정보 분석보다는 물질의 정량적 측정에 유용하게 사용된다. 용액 중 분석 물질의 농도는 특정 파장의 흡광도를 측정한 후, Beer-Lambert 법칙을 적용함으로써 구할 수 있다. 비색법으로 알려진 이 방법은 많은 연구실에서 편리하게 활용되고 있다. 비색법은 가시선 영역의 흡광 스펙트럼을 갖는 물질뿐만 아니라, 특성 시약에 의해 흡광 스펙트럼을 갖도록 변형될 수 있는 모든 화합물에 대해 동일하게 적용할 수 있으며, 여기에는 단순한 비색계부터 고분해능 분광분석기까지 다양한 장비를 활용할 수 있다.

학습목표

- **정의** 관련된 분광 영역
- **설명** 흡광 기원
- **연결** 전이와 구조
- **식별** UV-Visible 분광스펙트럼으로 물질
- **표현** 서로 다른 장비의 설계
- **비교** 장비의 성능
- **복습** 정량 분석에서 Beer-Lambert 법칙
- **입증** 파생 분광학에 대한 관심
- **제공** 비색분석 개요

9.1 자외선/가시광선부터 근적외선까지의 분광 영역

이 영역의 스펙트럼은 일반적으로 **근자외선(near UV**, 185~400 nm)과 **가시광선(visible**, 400~700 nm), **근적외선(very near infrared**, 700~1100 nm)의 3개 세부 영역으로 구분할 수

있으며, 수많은 분광분석이 이 영역에서 수행되고 있다. 여기에는 2500 nm에 해당하는 근적외선도 포함된다. 이 영역보다 더 짧은 파장 영역($\leq$190 nm)에 대한 분석한계는 기기 구성요소의 특성에 의존하며, 190 nm 이하 영역에서 일어나는 산소와 물의 흡광 특성을 고려하여 광학 통로상 존재하는 대기를 제거함으로써 120 nm까지 측정할 수 있다. **진공 자외선(vacuum ultraviolet)** 혹은 **원자외선(far ultraviolet)**으로 알려진 이 영역은 일반적인 분석이 아닌 기초연구에서 활용되고 있다.

분광광도계는 나노미터(nm)로 표현되는 파장 혹은 cm^{-1}로 나타내는 파수(기호 $\bar{\nu}$, $\bar{\nu}=1/\lambda$, λ는 cm로 표시됨)를 **투광도(transmittance)** 혹은 **흡광도(absorbance)**와 함께 나타낸 물질의 **스펙트럼(spectrum)**을 보여준다(그림 9–1).

분광학에서 **투광도(transmittance)** T는 단색광인 투과광(I)과 입사광(I_o)의 감쇠를 측정하여 결정하는데, 이는 광원과 검출기 사이의 시료의 존재 여부에 따른다. T는 분율 혹은 %로 나타낸다.

$$T = \frac{I}{I_0} \quad \text{혹은} \quad \%T = \frac{I}{I_0} \times 100 \tag{9.1}$$

흡광도(absorbance)는 다음과 같이 나타낸다.

$$A = -\log T \tag{9.2}$$

일반적으로, 농축되거나 순수한 상태 혹은 용액 상태 물질의 스펙트럼에서는 흡수띠가 잘 나타나지 않지만, 낮은 압력의 기체 상태 시료와 원자 구성이 매우 단순한 화합물에서

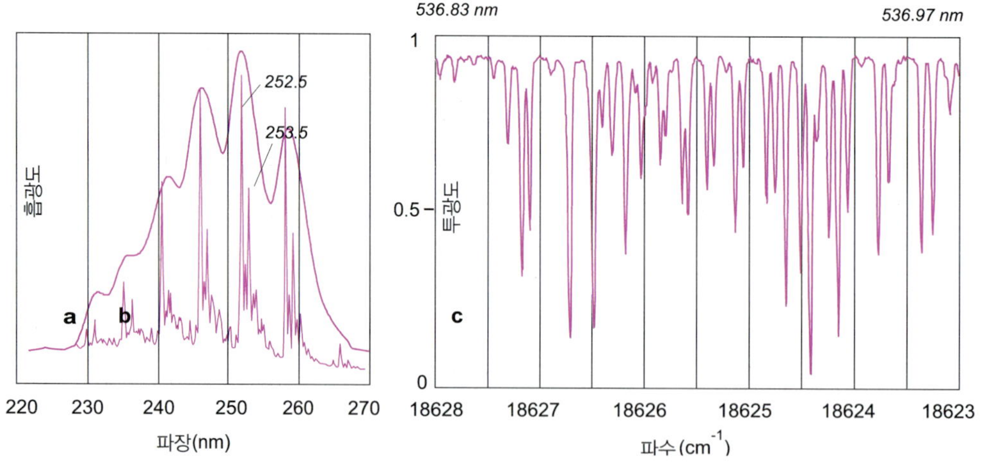

그림 9.1 UV/Visible에서 만나는 세 가지 유형의 스펙트럼 벤젠의 스펙트럼 (**a**) 용액 상태(띠 스펙트럼), (**b**) 증기 상태(미세 구조의 스펙트럼), (**c**) 고분해능 아이오딘 증기 스펙트럼 중 536.83에서 536.97 nm까지 부분을 확대한 것(총 0.14 nm 간격, 5 cm^{-1})

얻은 스펙트럼은 '미세 구조'를 보인다(그림 9–1). 분광광도계의 분해능이 매우 높으면 기본 전이(9.2절 참조)가 드러나며, 이러한 극단적인 상황에서의 흡수는 nm로 나타내기보다는 cm^{-1}로 나타내는 것이 더 적절하다.

> 증기 상태 혹은 농축된 액체 또는 고체 상태의 모든 화합물은 하나가 아니라 상당한 수의 유사한 분자로 구성된다. 이들은 근접 상호 작용의 결과로 분자들은 모두 동일한 에너지 상태에 있지 않으며 어떠한 분광광도계도 모든 개별 전이를 보여주는 스펙트럼을 생성할 수는 없다. 스펙트럼의 그래프는 개별 흡수의 합에 해당한다. UV 스펙트럼은 아이오딘 증기와 같은 기체 상태의 단순 분자를 제외하면, 넓은 범위에서 적은 수의 흡수띠 스펙트럼을 나타낸다.

9.2 흡수의 원인

자외선/가시광선 영역에서 광 흡수는 광원으로부터 나오는 광자와 시료 내 대부분의 분자를 구성하는 화학종의 '원자 결합 전자(electrons resposible for atomic bonds)'의 상호 작용으로 나타난다.

양자역학에서는, 개개의 모든 분자가 가지는 정량화된 내부 에너지를 전자 에너지($E_{elec.}$)와 진동 에너지($E_{vib.}$), 그리고 회전 에너지($E_{rot.}$)의 합으로 설명하고 있다. 에너지 준위의 계층적 배열은 각 전자 수준 E에서 여러 회전 수준 J를 포함하는 진동 수준 V에 해당한다.

정리하면, 가능한 에너지 준위는 상당히 많음에도 불구하고 선택 규칙에 따른 제한이 있다(그림 9–2). 따라서 분자 내 전이가 가능한 에너지에 해당하는 광자가 분자에 흡수되면 내부 에너지가 증가한다.

$$\Delta E_{tot.} = \Delta E_{elec.} + \Delta E_{vib.} + \Delta E_{rot.} \tag{9.3}$$

여기서, $\Delta E_{elec.} > \Delta E_{vib.} > \Delta E_{rot.}$이다.

분자 오비탈(orbital)의 양자 이론은 흡광 메커니즘을 보다 적절히 설명할 수 있다. 이 모형에서 결합을 만드는 **원자가 전자(valence electron)**는 결합(σ 혹은 π)과 비결합 전자쌍(n)으로 분포하는데, 각각은 고유의 에너지 준위를 갖고 있어 분류할 수 있다(그림 9–2). 이 이론에 따르면 결합 전자는 광자가 흡수되기 전 **HOMO(highest occupied molecular orbital**, 최고 점유 분자 오비탈)라는 높아진 에너지의 분자 오비탈에 분포한다. 이 오비탈을 넘어선 더 높은 에너지 준위는 들뜬 상태에 해당하며, 일반적으로 비어 있고, 비어 있는 첫 번째 오비탈은 일반적으로 **LUMO(lowest unoccupied molecular orbital**, 최저 비점유 분자 오비탈)라고 불린다. 여기서 두 오비탈 사이의 에너지 차이에 해당하는 전자기 복사선의 광자는 흡

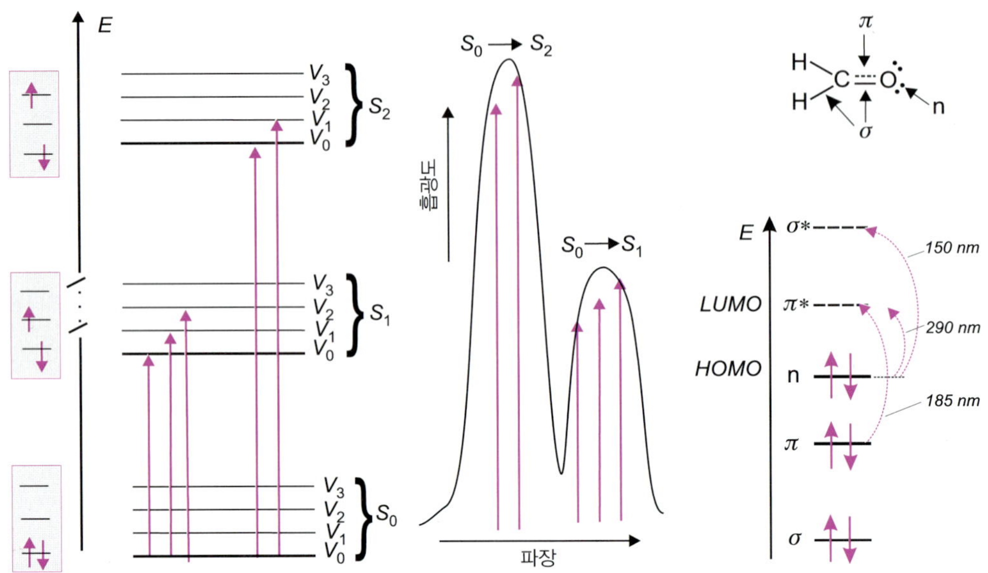

그림 9.2 분자의 에너지 다이어그램과 전자 전이 왼쪽 그림은 3개의 전자 수준 S와 관련된 진동 수준을 나타낸다(S는 전자 상태를 지정하며, 종종 E가 아닌 전자 상태를 나타내어 단일항 상태임을 상기시키는 데 쓰인다). 각 수평선은 분자의 에너지 준위에 해당한다. 바닥 상태에서 S_0는 채워져 있고, Boltzmann 분포에 따라 V_0이 가장 많이 채워져 있다. 전자 전이는 진동 전이 보다 약 20배 더 많은 에너지가 필요하며, S_0에서 S_2로의 전이는 S_0에서 S_1 전이의 고조파에 해당한다. 가운데 그림은 S_1과 S_2로의 2가지 형태의 전이에 대한 UV 스펙트럼이다. 오른쪽 그림은 바닥 상태 폼알데하이드(methanal)의 다양한 분자 오비탈의 에너지 준위를 나타내었다. 각 준위에는 두 개의 짝지어진 전자를 가지며 이 분자의 nm 단위 평균 흡수 영역 값을 나타내었다.

수될 수 있고, 이러한 복사선의 흡수는 채워진 오비탈의 전자를 처음 비어 있던 오비탈로 뛰어오르게 한다(그림 9.2).

유기 화합물에서 발견되는 가벼운 원자는 **단일항–단일항**(**singlet-singlet**)이라 부르는 유형에서 전이의 원인이며, 상세한 내용은 아래에서 설명하였다.

> 전자 전이는 분자 결합의 진동 운동보다 1000배 더 빠르게 진행되며, 진동 에너지는 흡수 후에도 Frank와 Condon 원리에 따라 동일하게 유지된다. 광자 흡수 이후 들뜬 상태에서는 다양한 일들이 일어난다. 받은 에너지를 방출하여 바닥 상태로 돌아가는 다양한 경로가 공존하며, 다른 발광 형태인 형광이나 인광(제11장 참고)이 없는 경우, 흡수된 모든 에너지는 진동 완화(10^{-12}초) 혹은 내부 변환(10^{-8}초)에 의한 이완을 통해 열의 형태로 에너지계에 반환된다. 이러한 10^{-6}초 미만의 매우 빠른 들뜸과 회복 과정으로 인해 우리가 관찰할 때는 흡수 세기가 처음부터 포화 없이 안정적인 것으로 나타난다.

9.3 유기 물질의 전자 전이

유기 화합물에서 가장 많이 발견되는 C, H, N, O는 σ와 π 결합을 제공하며, 이는 비결합 이중항 n과 함께 전자 전이로 이어져 근자외선의 흡수를 유발한다(그림 9.2와 그림 9.3). 이들 각각은 중앙 위치의 파장(nm)과 사용된 용매에 의해 산출된 **몰흡광 계수(molar absorption coefficiency)** ε(L mol^{-1} cm^{-1})에 의해 규명된다(9.9절 참고).

- **$\sigma \rightarrow \sigma^*$ 전이($\sigma \rightarrow \sigma^*$ transition)**는 가장 많은 에너지를 필요로 하며, 일반적인 장비의 한계를 벗어난 원자외선(far UV)에서 관찰된다(예, 기체 상태의 **헥세인(hexane)**: λ_{max} = 135 nm, ε = 10000). 이러한 이유로 오직 이 결합 한 가지만 갖는 사이클로헥세인이나 헵테인과 같은 포화 탄화수소류가 근자외선 분석 용매로 사용된다. 헵테인은 200 nm에서 l이 1 cm인 경우 A = 1이다. 다만, 안타깝게도 이 종류의 용매는 다양한 극성 물질을 용해시키기에는 용매화 능력이 충분하지 못하다.
- **$\pi \rightarrow \pi^*$ 전이($\pi \rightarrow \pi^*$ transition)**는 이중 결합을 갖는 물질에서 나타나며, 분리된 이중 결합인 경우 170 nm 부근에서 매우 강력한 흡수띠를 갖는다(예, 기체 상태의 **에틸렌(ethylene)**: λ_{max} = 171 nm, ε = 15,000; **에탄알(ethanal)**: λ_{max} = 180 nm, ε = 10,000, 헥세인을 용매로 사용한 경우).
- **$n \rightarrow \sigma^*$ 전이($n \rightarrow \sigma^*$ transition)**는 알콜의 경우 약 180 nm, 에터 또는 할로젠화 유도체인 경우 190 nm, 아민은 약 220 nm에서 낮은 세기의 흡수를 나타낸다(그림 9.4)(예, **메탄올(methanol)**: λ_{max} = 183 nm, ε = 50; **에터(ether)**: λ_{max} = 190 nm, ε = 2,000; **브로모메테인(bromomethane)**: λ_{max} = 205 nm, ε = 200; **에틸아민(ethylamine)**: λ_{max} = 210 nm, ε = 800, 모두 헥세인을 용매로 사용하였음).

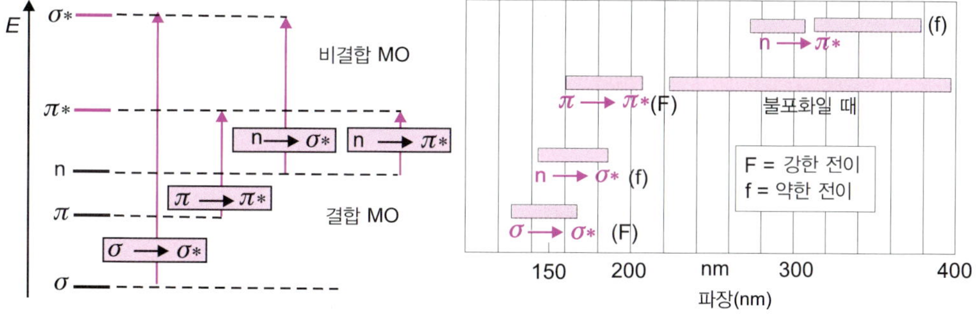

그림 9.3 전이는 유기 화합물에서 가장 자주 발생한다. 이 에너지 다이어그램에 제시된 4개의 전이 중 가장 강한 2개는 분자 오비탈 이론에서 허용하는 전이에 해당하고, 가장 약한 전이는 '금지(prohibited)'라고 한다. 파장 단위에서 해당 흡수띠의 평균 위치.

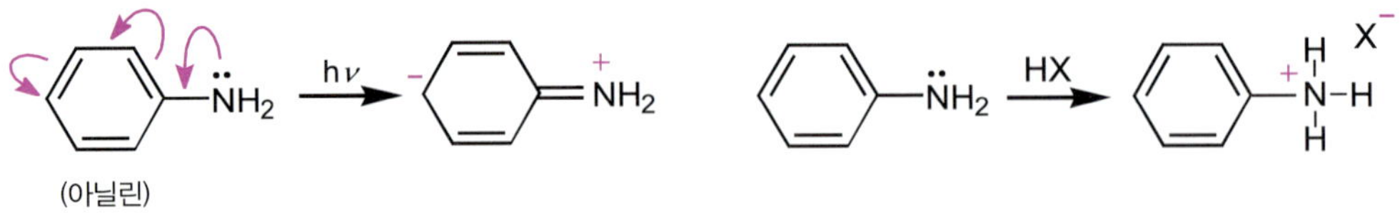

(아닐린)

그림 9.4 아닐린의 $n \rightarrow \sigma^*$ 전이 이 전이는 극성 메소머(mesomer) 형태의 '무게' 증가에 해당한다. 아닐린 내부 질소 원자의 비공유 전자쌍으로 인한 이 전자 전이는 양성자산인 HX를 첨가하게 되면 암모늄염을 생성하여 고정되기 때문에 이 전이에 해당하는 아닐린의 흡수띠는 사라진다.

> $\sigma \rightarrow \sigma^*$와 $n \rightarrow \sigma^*$ 전이가 모두 가능한 물은 근자외선에서 투명하다($\lambda = 190$ nm에서 l이 1 cm인 경우 $A = 0.01$임).

- **$n \rightarrow \pi^*$ 전이($n \rightarrow \pi^*$ transition**, 선택 규칙에 의해 금지됨)는 매우 낮은 세기로 C=O 혹은 N=O의 이중 결합에서 270~295 nm에 나타난다(예, **에탄알(ethanal)**: $\lambda = 290$ nm, $\varepsilon = 15$, 헥세인 용매; **나이트로메테인(nitromethane)**: $\lambda = 275$ nm, $\varepsilon = 17$, 에탄올 용매). 예를 들어 카보닐 C=O의 경우 비결합 전자 n은 탄소의 절반과 산소의 절반에 위치한 π^* 궤도로 이동하며, 그 결과 쌍극자 모멘트가 3에서 5 Debye로 증가한다. 이 현상은 이러한 유형의 전자 스펙트럼에 주어진 표현 전하 이동 스펙트럼의 원인이 된다(그림 9.5).

> 전자 주개인 물질과 전자 받개인 두 물질이 용액 상태로 혼합되어 있는 경우, 주개의 결합 오비탈에 속하는 전자는 받개의 가까운 에너지 준위에 속하는 빈 오비탈로 이동한다(그림 9.5). 전자 주개(라디칼 양이온이 됨)와 전자 받개(라디칼 음이온이 됨) 사이에 형성된 부가 물질이 갖는 경계 오비탈 사이의 에너지 간격은 각각의 물질에서 생성되는 에너지 간격에 비해 감소한다. 이에 따라 전하 전달 복합체의 흡수띠의 위치는 장파장으로 이동하고 몰흡광 계수 ε는 일반적으로 매우 높다.

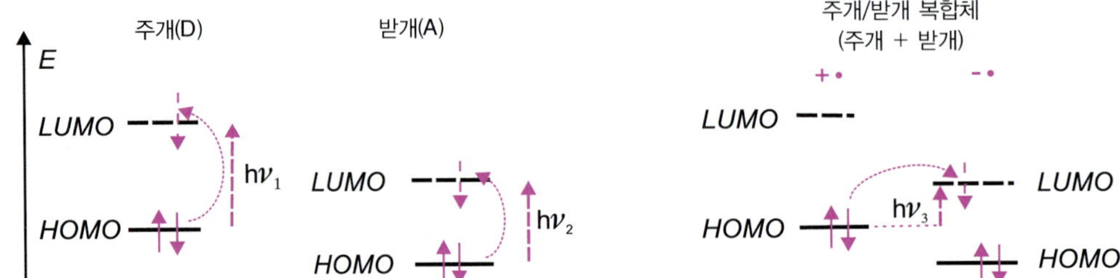

그림 9.5 전자 주개와 전자 받개 간의 상호 작용 $h\nu_3$가 일어나는 복합체의 흡광은 $h\nu_1$과 $h\nu_2$에 비해 장파장으로 이동하며, 그 파장은 주개의 이온화 전위와 받개의 전자 친화도에 따라 달라진다. 이것은 다른 원자들의 분자 오비탈들 사이에서 일어나는 전자 전이다.

- **d → d 전이(d → d transition)**는 d 오비탈 내 전자가 참여하는 많은 무기염들의 특징이다. 이 저강도 전이는 가시광선 영역의 흡수를 초래한다. 이로 인해, 금속염 수용액인 타이타늄 수용액 $[Ti(H_2O)_6]^{3+}$이나 구리 수용액 $[Cu(H_2O)_6]^{2+}$은 파란색, 과망간산염 이온 $[MnO_4]^-$은 보라색, 크로뮴 이온 $[CrO_4]^{2-}$은 노란색 등을 나타내게 된다.

9.4 발색단

자외선/가시광선의 흡수가 일어나는 유기 화합물의 작용기(케톤, 아민, 질소 유도체 등)를 **발색단(chromophore)**이라 부른다(표 9.1). 근자외선은 투과하는 탄소 구조를 가지며 하나 이상의 발색단을 가진 화학종이 **색원체(chromogene)**를 구성한다.

- **분리된 발색단(isolated chromophores)**: 동일한 발색단을 갖는 일련의 분자에서 흡수띠의 위치와 세기는 일정하다. 분자가 여러 개의 분리된 발색단이 있는 경우, 즉 분자 구조에서 두 개 이상의 단일 결합으로 분리되어 서로 상호 작용하지 않는 경우 각 개별 발색단의 효과는 중첩되어 나타난다.
- **컨쥬게이션 발색 단계**: 발색단이 상호 작용할 때 흡수 스펙트럼은 장파장으로 이동하고(**장파장 효과, bathochromic effect**), 흡수 세기는 증가한다(**흡광 증가 효과, hyperchromic effect**). 이 특별한 경우는 컨쥬게이션 계를 갖는 분자, 즉 단일 결합에 의해 서로 분리된 불포화 발색단 여러 개를 포함하는 유기 분자의 경우다. 흡수 스펙트럼은 분리된 발색단에 의해 생성된 효과의 단순한 중첩과 비교하면 크게 다르다. 컨쥬게이션 계의 탄소 원자 수가 많을수록 에너지 준위 사이의 간격이 더 많이 줄어 들며, 그 결과 더 큰 장파장 효과가 나타난다(그림 9.6).

표 9.1 질소를 포함하는 작용기의 특징적인 발색단

작용기명	발색단	λ_{max}(nm)	ε_{max}(L·mol^{-1}·cm^{-1})
아민(amine)	$-NH_2$	195	3000
옥심(oxime)	$=NOH$	190	5000
나이트로(nitro)	$-NO_2$	210	3000
아질산(nitrite)	$-ONO$	230	1500
질산(nitrate)	$-ONO_2$	270	12
나이트로소(nitroso)	$-N{=}O$	300	100

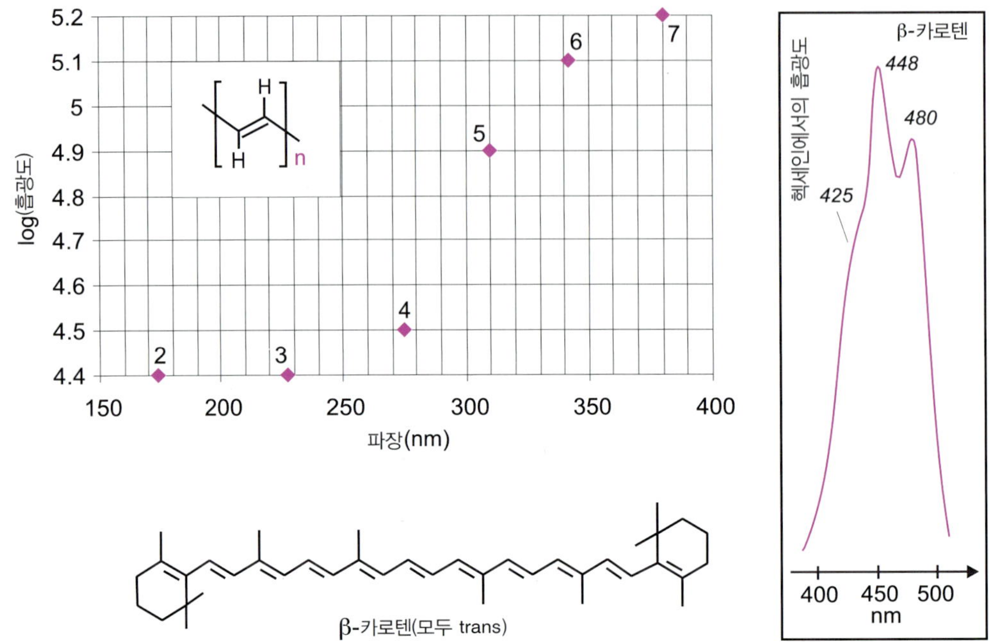

그림 9.6 *E*-2개가 치환된 폴리엔 물질의 컨쥬게이션 이중 결합 수에 따른 λ_{max} 값 이 효과는 11개의 컨쥬게이션 이중 결합이 모두 trans인 β-카로텐과 같은 천연물 색의 원인이 된다.

9.5 용매 효과

각 용매는 고유의 특징적인 극성을 갖고 있다. 모든 전자 전이는 용액 안에 있는 화합물의 전하분포를 변형시킨다는 것이 알려져 있기 때문에, 사용하는 용매의 성질에 따라 흡수띠의 위치와 세기는 일부 달라질 수 있다. 용매와 용질의 상호 작용은 관련된 전자 전이의 유형을 구분할 만큼 충분히 명확하여, 용매 변색의 두 가지 대조적인 효과는 구분된다(그림 9.7).

9.5.1 청색 이동 효과(hypsochromic effect, blue shift)

관찰되는 전이를 일으키는 발색단이 들뜸 상태일 때 보다 바닥 상태일 때 더 극성이라면, 극성 용매는 광자를 흡수하기 전에 용매화에 의해 발색단의 형태를 안정화시킬 것이다. 따라서, 관련 전자 전이를 일으키는 데 더 많은 에너지가 필요하게 되므로 비극성 용매에서보다 더 짧은 파장으로 최대 흡광도값이 변하게 된다. 이것을 **청색 이동 효과(hypsochromic effect)**라고 한다.

이런 현상은 용액 중에서 케톤 카보닐의 $n \rightarrow \pi^*$ 전이와 비슷하다. $C^+ - O^-$ 형태(쌍극자

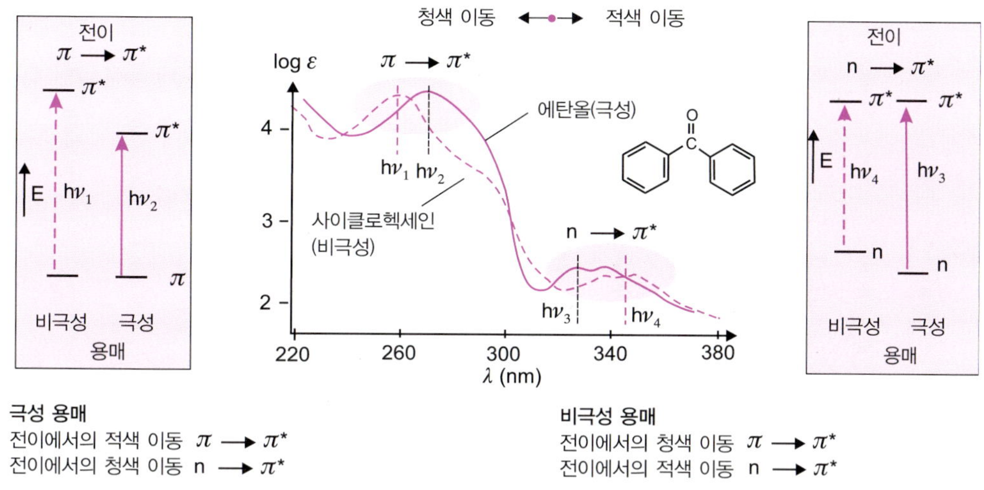

그림 9.7 **사이클로헥세인(---)과 에탄올(–)에서 벤조페논의 스펙트럼** 두 가지 서로 다른 용매와 두 종류의 전이 형태에 따라 장파장 및 청색 이동 효과가 관찰된다.

모멘트 μ를 가지는)는 용매의 극성이 더 커짐에 따라 더욱 더 안정화될 것이다. 따라서, 카보닐 주위의 용매 껍질이 재배열하면서 들뜬 상태에 매우 빨리 도달하게 되므로, 광자의 흡수를 수반하는 안정화를 이룰 시간이 없다. 이와 같은 효과는 $n \rightarrow \sigma^*$ 전이에서도 관찰되며, 이때 계수 ε의 변화가 관찰된다.

방향족 화합물은 에틸렌(C−C 이중 결합)보다 복잡한 스펙트럼을 생성한다. $\pi \rightarrow \pi^*$ 전이는 '미세 구조'의 원인이 되며, 벤젠 구조로의 변환은 흡수띠의 큰 변화를 일으킨다.

9.5.2 적색 이동 효과(bathochromic effect, red shift)

극성이 작은 화합물에서 용매 효과는 약하게 나타나지만, 전이되는 동안 발색단의 쌍극자 모멘트가 증가한다면 최종 상태는 더 많이 용매화될 수 있다. 따라서 극성 용매는 들뜬 형태를 안정화시킬 수 있게 되어 보다 적은 에너지를 통해 전이를 용이하게 한다. 즉, 비극성 용매에서 얻은 스펙트럼과 비교하면 더 긴 파장 쪽으로 흡수 스펙트럼이 이동한 것이 관찰된다. 이 현상을 **적색 이동 효과(bathochromic effect)**라고 한다(그림 9.7). 예를 들면, 이중 결합의 극성이 매우 약한 알켄 탄화수소의 $\pi \rightarrow \pi^*$ 전이가 이런 경우이다.

9.5.3 pH 효과

분석 물질이 용해되어 있는 용액의 pH는 스펙트럼에 상당한 영향을 미칠 수 있다. 화학 지시약은 이런 pH 효과가 크게 나타나며, pH에 따른 색깔 변화가 큰 물질 중에서 pH 적정에

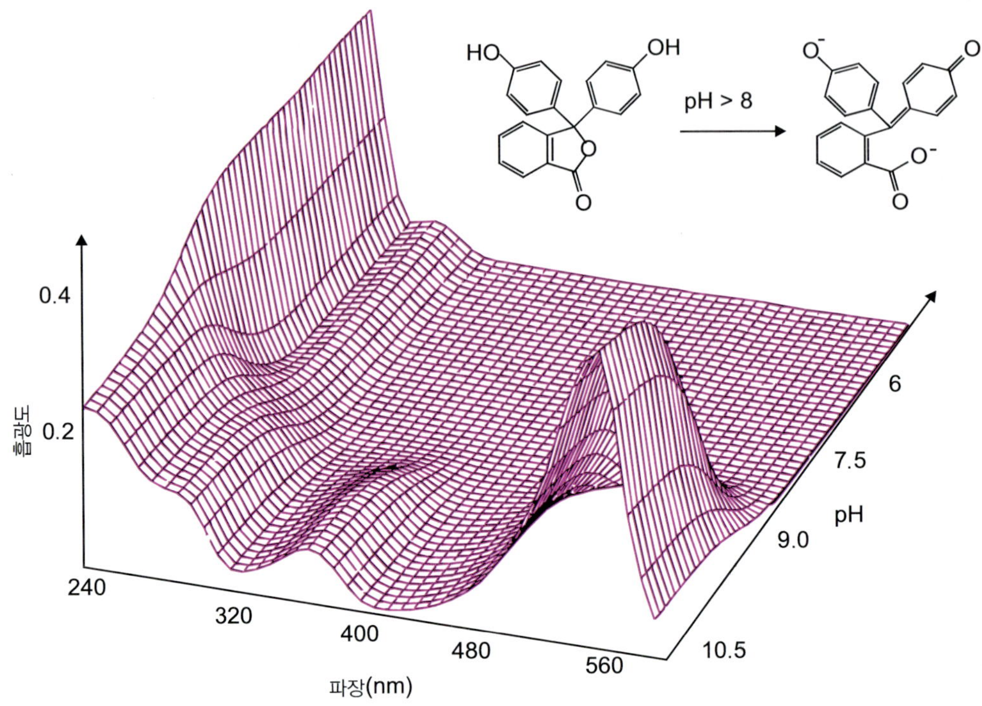

그림 9.8 페놀프탈레인 용액에 대한 pH의 영향 이 화합물은 pH 8 이하에서는 무색이고, pH 9.5 이상에서는 밝은 분홍색이다. 여기서 3차원 투시법으로 나타낸 그래프는 산성 pH에서 스펙트럼의 가시선 영역에서는 빛이 흡수되지 않는 것을 보여 준다. 반대로, pH가 염기성이 되었을 때는 500 nm 근처에서 흡수가 나타나고, 이 화합물의 잘 알려진 색을 띠게 된다. 이 예에서 중요한 것은 pH에 따라 화학 결합이 변형된다는 것이다.

사용되는 유색 지시약을 찾는다(그림 9.8). 이를 통해 당량점을 찾을 수 있다.

> 전자 스펙트럼을 활용한 구조 분석은 스펙트럼이 비교적 단순하다는 점에서 다소 문제가 될 수 있다. 하지만, 현재 알려진 우수한 구조 분석 방법이 알려지기 전 자외선/가시선 분광분석법을 사용한 물질의 구조와 최대 흡광도값 간의 상관관계가 일부 구명되었고, 이들 중 가장 잘 알려진 것은 Fieser와 Scott 그리고 Woodward가 만든 경험 법칙으로 불포화 카보닐 화합물과 이중 결합 물질 및 스테로이드 물질들에 관한 것이다.

9.6 자외선/가시광선 기기

분광광도계는 **광원**(**source**)과 **분산 시스템**(**dispersive system**, 단색화 장치와 결합됨) 그리고 **검출 시스템**(**detection system**)이라고 하는 세 가지 기본단위로 구성되어 있다(그림 9.9). 이 구성요소들은 화학 분석이 가능한 분광계를 만들기 위해 보통 하나의 틀에 넣어 만든다. 시료 용기는 기기의 구성에 따라 분산 시스템 이전이나 이후의 광학 통로에 위치한다.

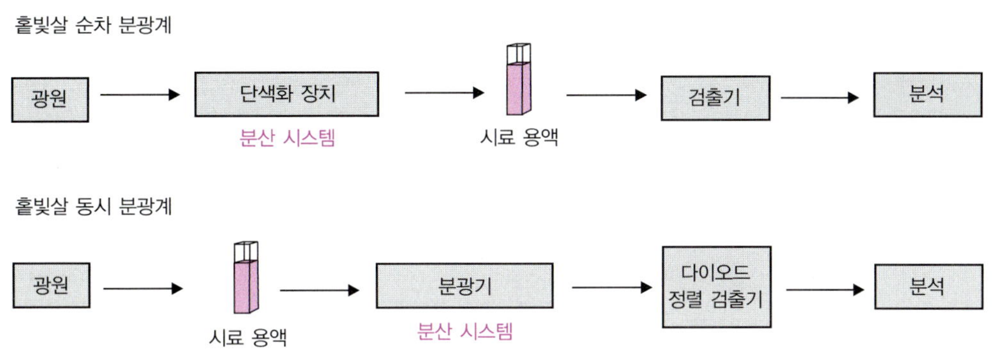

그림 9.9 홑빛살 분광기의 두 가지 구성

고분해능을 요구하지 않는 일상적인 분석에 사용되는 일부 기기를 사용하여 얻은 스펙트럼에서는 용액 중 포함된 많은 화합물에 대한 미세띠는 관찰할 수 없다. 그러나 이들 기기로도 몇 단위의 흡광도 범위 안에서 정밀한 정량적인 결과를 얻을 수 있다.

9.6.1 광원

근자외선에서 근적외선까지 전체 범위에 사용할 수 있는 강력한 연속 광원은 없다. 그래서 많은 분광기는 근자외선 광원과 가시선 및 근적외선 방출 광원 두 종류를 일반적으로 사용한다(그림 9.10).

- 350 nm 이하의 자외선 영역에는 가시광선 영역의 특징적인 2개의 좁은 방출광띠를 가지며, 연속 방출을 유지하기 위한 중간 압력 **중수소 아크 램프(detrium arc lamp)**를 사용한다(단, 빛의 세기 변화가 매우 크다).
- 350 nm 이상의 가시광선 영역에는 텅스텐 필라멘트와 석영관으로 둘러싸인 **백열등(incandescent lamp)**이 있다. 이 등에는 수명 연장을 위해 약간의 아이오딘이 포함되기도 한다(**QTH 램프, quartz tungsten halogen**). 이 광원은 300~1100nm 영역에 사용할 수 있는 더 강한 단일 광원인 **제논 아크 램프(xenon arc lamp)**로 대체할 수 있다.

중수소 램프는 중수소로 채워져 있고, 2개의 전극을 포함하고 있다(수소보다 중수소를 통해 더 강한 복사선을 얻을 수 있다). 전극 사이에 지름이 약 1 mm인 둥근 구멍이 뚫린 금속막이 놓여 있다(그림 9.10). 애노드 쪽으로 전자가 이동해서 애노드 앞에 있는 이 구멍에서 강력한 아크를 만드는 전류 방전을 일으킨다. 이러한 전자 충격은 중수소 분자를 해리하고, 160~700 nm 파장 영역에서 광자를 연속적으로 방출한다. 하지만, 충분한 세기를 갖는 350 nm 미만에서 사용된다.

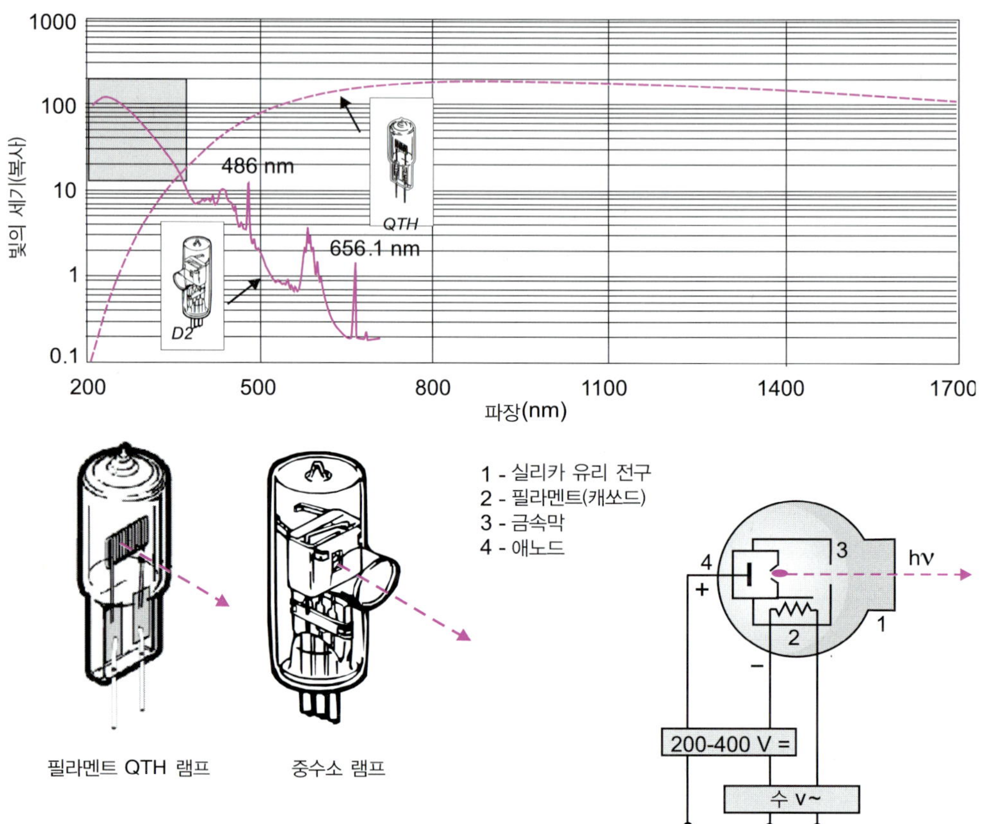

그림 9.10 **석영 텅스텐–할로젠(QTH) 램프와 중수소 램프의 방출광 그래프** 로그 눈금은 파장에 대한 빛 세기의 차이가 큰 것을 나타낸다. 회색 박스는 중수소 램프의 유용한 범위를 나타낸다. 오른쪽 아래는 중수소 램프의 일반도 및 평면도이다. 램프는 300~400 V 전압으로 작동하며, 캐쏘드는 전자를 방출하는 금속 산화물 필라멘트로 수 볼트가 공급된다. 중수소 램프가 방출하는 486.0 nm와 656.1 nm 방출광은 분광계 파장 단위를 조정하는 데 사용된다.

9.6.2 분산 시스템

분산 시스템은 두 가지 형태로 구별한다.

- **순차 분광계(direct assembly)**. 광원에서 방출된 빛으로부터 좁은 대역의 단색광을 분리하기 위해 평면 또는 오목한 형태의 회절발이라고 하는 단색화 장치를 통한다. 이를 통해 얻어지는 좁은 대역의 단색광은 회절발의 선형분산과 슬릿 너비에 따라 달라진다(그림 9.11). 스펙트럼을 얻기 위한 파장 변경은 회절발을 천천히 회전시켜 진행한다. 긴 초첨 거리(0.2~0.5 m)와 특정 파장에 맞게 조정된 2개 또는 3개의 회절발로 구성된 단색화 장치로부터 최상의 분해능을 얻을 수 있다.

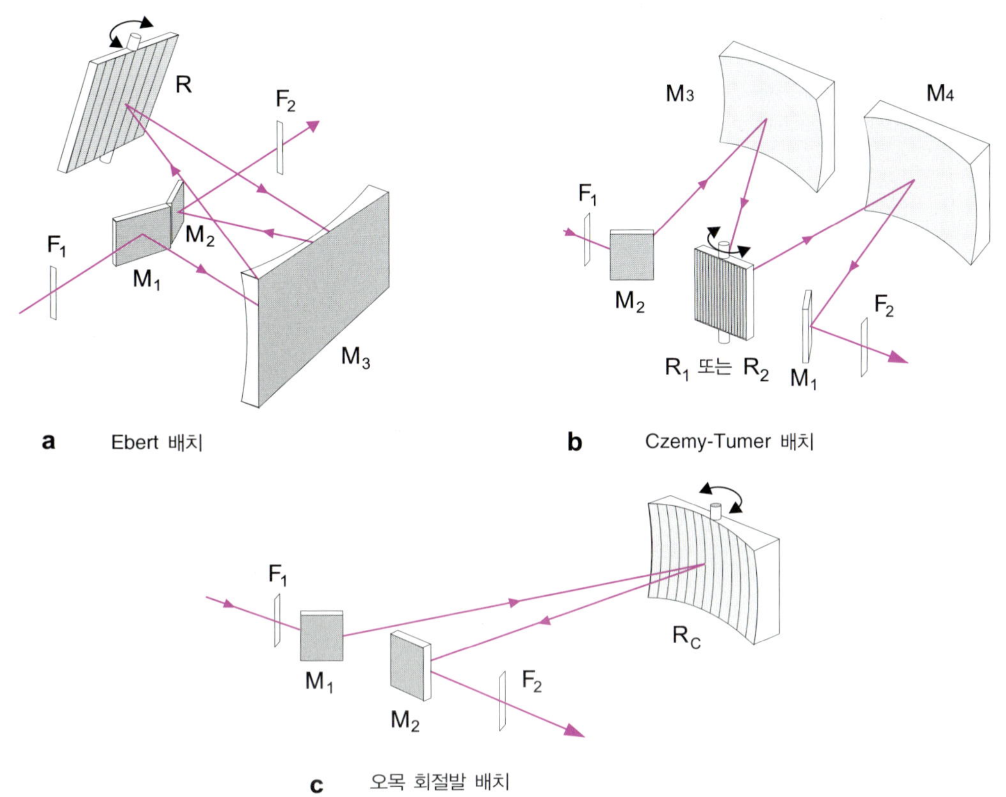

그림 9.11 단색화 장치 회절발 (a) 1개의 오목 거울 M_3가 포함된 Ebert 배치. 이상값에 대한 보상을 할 수 있어, 이 단색화 장치는 영상의 품질이 좋다. (b) 두 개의 오목 거울 M_3와 M_4 및 두 개의 회절발 R_1과 R_2가 있는, Ebert 배치와 유사한 Czemy–Turner 배치는 스펙트럼의 더 나은 분해능을 제공한다. (c) 이 구조에 있는 오목한 회절발 R_c를 통해 복사선의 분산과 초점 맞추기를 모두 할 수 있다.

- **동시 분광계(reversed assembly)**. 이 장치는 광원 바로 뒤에 시료가 배치되고 단색화 장치는 **분광기(spectrograph)**라는 장치로 대체된다. 시료 뒤에 회절발이 배열하지만, 광원의 모든 복사선이 통과하는 출구 슬릿이 없다는 것이 특징이다. 이 장치에는 광다이오드 배열 검출기(photodiode array detector, PDA) 혹은 **전하 결합 검출기(charge coupled device**, CCD)가 장착된다(9.7.2절과 그림 9.14 참고). 움직이는 부품이 없어 분석의 안정성이 높아졌으며, 개별 스펙트럼의 축적을 통해 신호 대 잡음비를 개선하였다.

9.6.3 검출기

검출기는 도달하는 빛의 세기에 비례하는 전기적 신호를 만드는 것을 목적으로 하며(그림 9.12), 이후 간단한 단위 변수를 사용하여 측광 신호로 변환하게 된다. 여기에는 광전증배관(photomultiplier, PM) 혹은 광다이오드가 사용될 수 있고, 제조사에서는 순차 분석 혹은

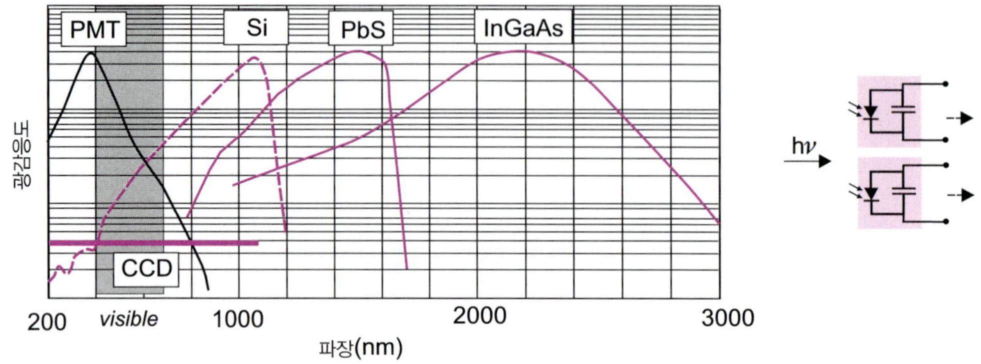

그림 9.12 **200~3000 nm** 범위에서 사용되는 검출기의 응답 곡선 광전증배관(PMT), 실리콘(Si), 황화 납(PbS), 갈륨-인듐 비소(근적외선 측정용) 및 실리콘 CCD. 오른쪽은 광변압 모드에서 픽셀로 사용되는 CCD의 광다이오드

동시 분석(9.7절 참고)에 따른 장치의 구성에 따라 혹은 분석 용도에 따라 다르게 선택할 수 있다. 광다이오드가 순차 분광계의 검출기로 사용되는 경우 광전지 모드로 사용된다(편극이 없으면 전지 같이 작동한다).

한편, 분광계 유형 중 단색화 장치가 없고 분산 시스템만 있는 동시 분광계(9.7.2절)의 경우 픽셀과 같은 수백(또는 2,000~3,000) 개의 미세한 다이오드로 구성된 센서를 **다이오드 어레이(diode array)**에 정렬하며, 각 다이오드(Si, PbS 또는 InGaAs)는 '광전류' 모드에서 작동하는 축전기와 연결되어 CCD(charged coupled device) 센서를 구성하게 된다. 충전된 축전기와 연결된 다이오드를 복사선에 노출시키게 되면 광자의 영향으로 다이오드는 전도성이 되어 축전기를 방전하게 되며, 각 다이오드의 측정 주기(수 ms)는 축전기의 충전과 방전 주기로 결정된다. 축전기를 재충전하는 데 필요한 전류의 양으로 복사광(빛 에너지, J)을 산출하게 되며, 이때 다이오드는 광 적분기로 기능하게 된다. 모든 파장의 빛을 동시에 관찰하게 되므로 스펙트럼 획득 시간은 상당히 단축된다.

파장에 따라 감도가 달라지는 광전증배관은 광캐쏘드의 효율(예: 750 nm에서 0.1 e^-/광자) 및 다이오드 단계에서 얻어진 신호 증폭(예: 6×10^5 증폭)에 의존한다. 광전증배관에서는 기준 빛살에서 나오는 빛의 세기와 시료에서 나오는 빛의 세기가 크게 다른 경우, 두 빛살의 세기를 정밀하게 비교하기가 어렵다. 반면, 떠돌이빛이 0.01 퍼센트(퍼센트 투광도로 측정할 때)인 기기에서는 용액의 농도가 증가하더라도 흡광도가 4보다 클 때는 신호가 거의 변하지 않는다. 따라서 분석에서는 일반적으로 용액의 흡광도가 1을 초과하지 않도록 배열 시험한다(9.9절 참조).

9.7 UV/Vis 분광광도계의 구성

자외선/가시선 분광계는 크게 두 가지로 분류할 수 있다.

- 홑빛살 장치: 순차 분광계와 동시 분광계로 한 번 더 분류된다.
- 이중빛살 장치 분광계

9.7.1 홑빛살 단일 채널 광학 분광계

많은 일상적인 측정은 교체할 수 있는 간섭 필터나 간단한 회절발 단색화 장치가 들어 있는 기본적인 광도계를 사용하여 고정된 파장에서 측정한다. 투과도(또는 흡광도)의 측정은 시료 용액을 통과하기 전과 후에 동일한 파장에 대한 광원의 신호를 비교한다. 따라서, 용매 단독 또는 분석 시약을 포함하는 용액(분석할 화합물이 포함되지 않은 **분석 바탕(analytical blank)** 용액)에 해당하는 대조군을 광학 경로에 배치하여 측정한 후 미지 농도의 시료 용액을 측정한다. 일부 기기는 **빛살 분리기(beam splitter)**라고 알려진, 광원의 세기가 변하는 것에 대해 전기적으로 보상하는 장치를 갖추고 있다(그림 9.13). 엄밀히 말하면, 실제 기준 빛살은 아니지만, 빛의 일부를 시료에 도달하기 전 검출기로 편향시켜 광원의 강도를 보정하게 된다. 이러한 장치를 통해 흡광도를 측정하고, 분석 물질의 농도를 구한다.

9.7.2 홑빛살 동시 분광계

이 유형의 장치는 500~3,000픽셀(그림 9.14)로 구성된 다이오드 스트립(CCD 센서)을 사용

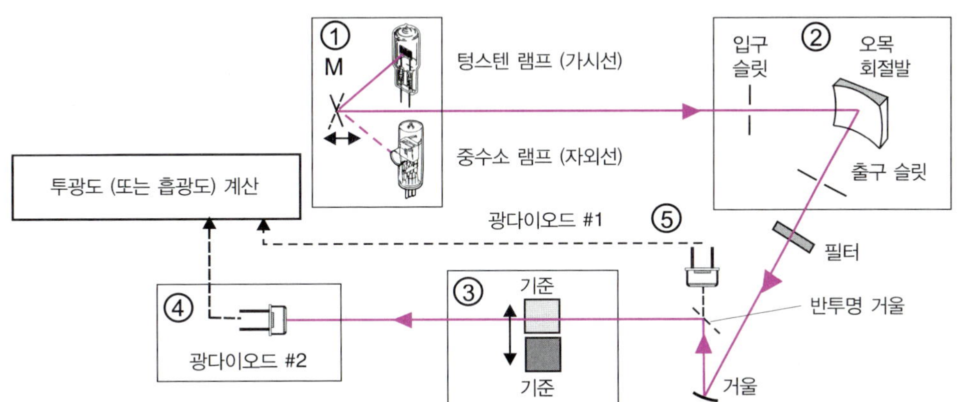

그림 9.13 홑빛살, 연속 모두 분광광도계의 광학 통로에 대한 개략도 1. 측정할 때는 두 개의 광원 중 하나만 선택된다. 2. 단색화 장치는 측정 파장을 선택한다. 3. 시료나 기준 바탕 용액을 포함하는 측정 용기를 광학 통로에 둔다. 4와 5. 다이오드 검출기와 기준 다이오드

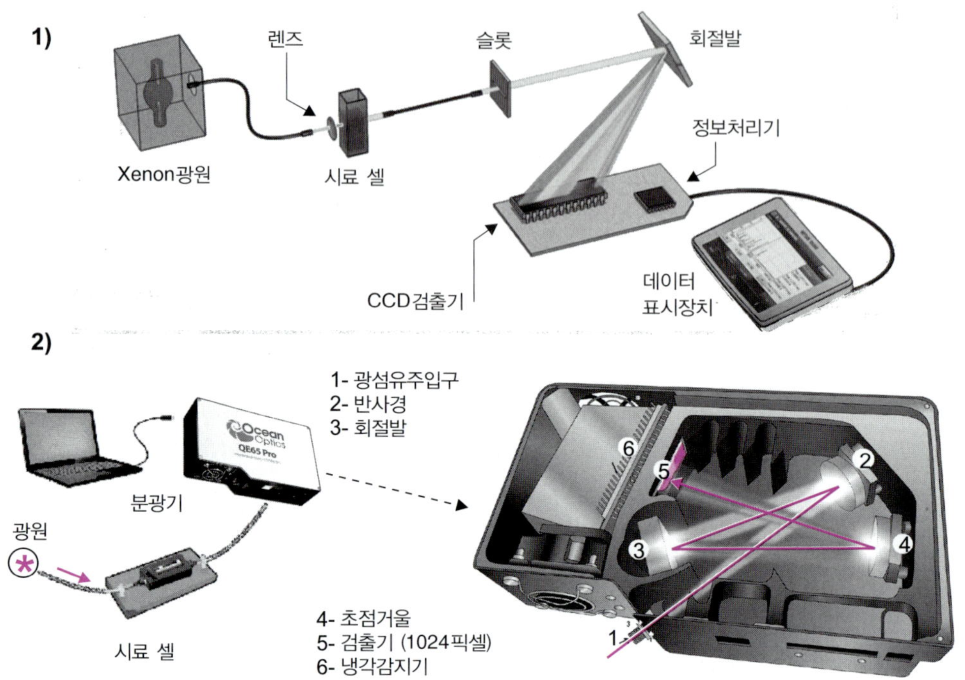

그림 9.14 CCD 스트립 감지 기능이 있는 홑빛살 분광광도계
1) UV7 "Fast Touch" 모델의 구성(Mettler Toledo). 2) 광원(텅스텐 또는 제논), 다이오드 어레이 분광기와 광섬유 경로에 삽입된 시료 분석 셀이 결합된 휴대용 장치(Ocean Optics)의 모듈 형태.

하여 스펙트럼 범위를 거의 동시에 관찰할 수 있다. 스펙트럼은 수 ms 내에 탐색되며(9.6.3절 참조), 단색화 장치가 없는 이 장치의 분해능은 다이오드의 크기에 의해 제한된다.

9.7.3 겹빛살 광학 분광계

겹빛살 구조는 시료와 용매의 투광도를 거의 동시에 측정하므로 홑빛살 기기의 절차를 크게 간소화시킨다. 하나의 빛살은 시료를 통과해 지나가고, 다른 빛살은 기준 용액을 통과해 지나간다. 대부분의 분광계는 빛살을 시료 용기와 기준 용기로 교대로 방향을 바꾸기 위해 하나(또는 2개)의 거울이 붙은 회전 단색화 장치를 사용한다. 이렇게 하면 검출기에서 기준 용액이나 시료 용액에서 투과된 2개의 빛의 세기를 동일한 파장에서 비교할 수 있다(그림 9.15). 조정된 신호를 증폭하면 대부분의 떠돌이빛은 제거된다. 전자 회로는 광전증배관이 받은 빛의 세기에 대해 역으로 광전증배관의 감도를 조절한다. 더 간단한 장치는 반투명 거울과 2개가 연결된 광다이오드를 사용한다. 신호는 일정한 검출기 감응(**되먹임 계**(**feedback system**)의 원리)을 유지하기 위한 전위차에 해당한다. 이 기기들은 주사 속도

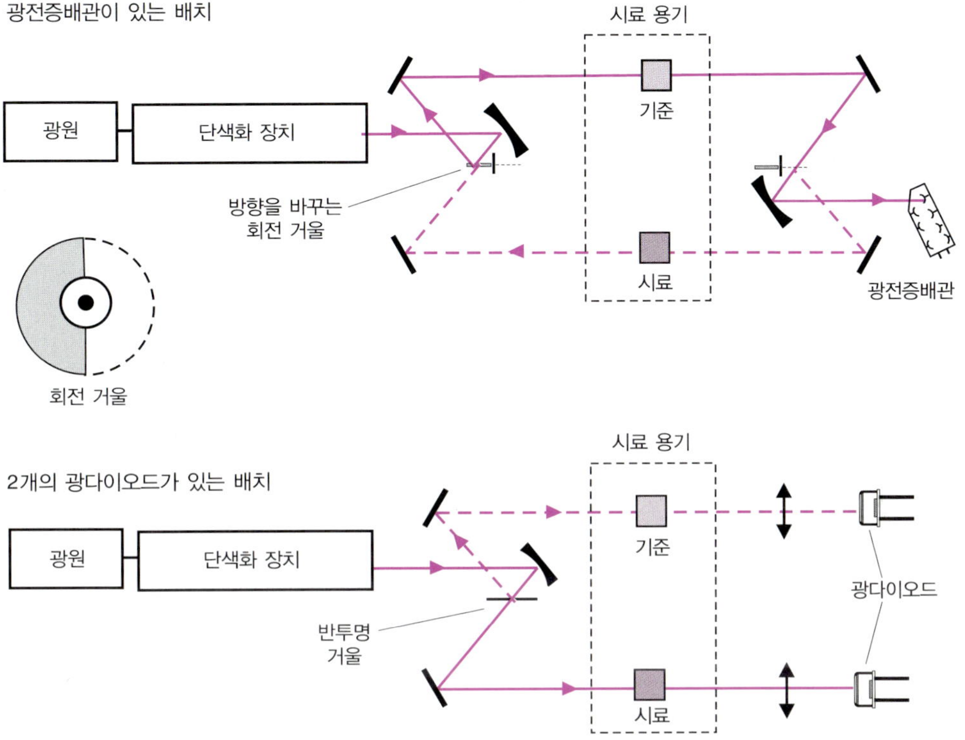

그림 9.15 두 종류의 겹빛살 기기에서 단색화 장치의 출구로부터 검출기까지의 광학 통로(2개의 회전 거울이 있는 모형과 반투명 거울이 있는 모형) 회전 거울이 있는 기기의 배치는 광원에서 나온 빛이 시료에 닿기 전에 먼저 단색화 장치를 통과한다는 점에서 IR 분광광도계의 배치와 비슷하다. 이런 방법으로 광원에서 나온 전체 복사선에 과다하게 노출되어 일어날 수도 있는 광반응이 최소화된다. 홑빛살을 사용한 더 작고 간단한 배치가 2개의 검출기와 연결되어 있다. 반투명하고 고정된 거울이 동시, 회전 거울의 복잡한 메커니즘을 대신한다.

가 빠르고(30 nm/s), 작은 수 단위의 흡광도 측정이 가능한 특징이 있다.

분광계의 파장 눈금을 보정하기 위해 10% v/v 과염소산에 녹인 4% w/v의 산화 홀뮴(Ho_2O_3) 용액을 사용한다. 이 용액은 많은 수의 좁은 흡수띠가 전 파장에 퍼져있고, 각 파장에서 서로 다른 최대 흡수값이 알려져 있다. 이 값들은 스펙트럼 띠너비에 따라 거의 변하지 않는다. 실제로 스펙트럼의 흡수띠는 대칭적이지 않다. 따라서 시각화하기 위해 선택한 스펙트럼의 띠너비가 검출기에 도달하는 에너지에 영향을 주고, 신호의 세기에 대해 차례로 반사가 일어나서, 결국 기록된 스펙트럼에 영향을 준다. 예를 들면, 슬릿 크기를 0.1 nm에서 3 nm로 바꾸면 536.47 nm에서의 최대가 537.50 nm로 옮겨진다.

겹빛살 광학 분광계를 사용하여 시료와 분석 바탕 용액 사이의 차등 측정이 가능하며, 탁도가 높은 시료에서 홑빛살 분광계보다 우수한 성능을 보인다. 고성능 기기의 띠너비는 0.01 nm까지 가능하다.

형광 화합물 연구하는 화합물이 형광 화합물일 때는 재방출된 빛이 실제 흡수된 빛에 대해 부정확한 값을 제공하여 흡수 스펙트럼이 약하게 나타난다. 동시 분광계 배치를 이용하여 관찰하면 (광원의 전 복사선에 노출된) 시료의 형광은 방출이 나타나는 스펙트럼 영역에서 흡광도를 감소시킨다. 또한, 전통적인 광학 배치에서도 단색화 장치가 들뜸에 해당하는 영역을 선택할 때 형광이 나며, 이로인해 화합물이 형광을 나타내는 영역에서 흡광도는 세기가 약해질 것이다. 그러나 형광은 모든 방향으로 나오고, 흡수 분광법 실험에서 광학 통로를 지나는 광자는 방출된 빛의 매우 작은 부분이기 때문에 너무 심각하게 생각할 필요는 없다.

9.8 측정 용기 및 장치

분광계의 광학 경로에는 분석 시료의 물리적 상태(기체, 액체, 고체)와 분석 파장 범위에 적합한 시료 용기 및 관련된 다른 장치를 배치하기 위한 여유 공간이 필요하다.

스펙트럼 분석과 흡광도 측정은 용액 상태에서 진행되며, 희망하는 정밀도에 따라 정육면체 시료 용기부터 단순한 작은 원통형 튜브와 마이크로웰 플레이트 등을 선택하여 사용

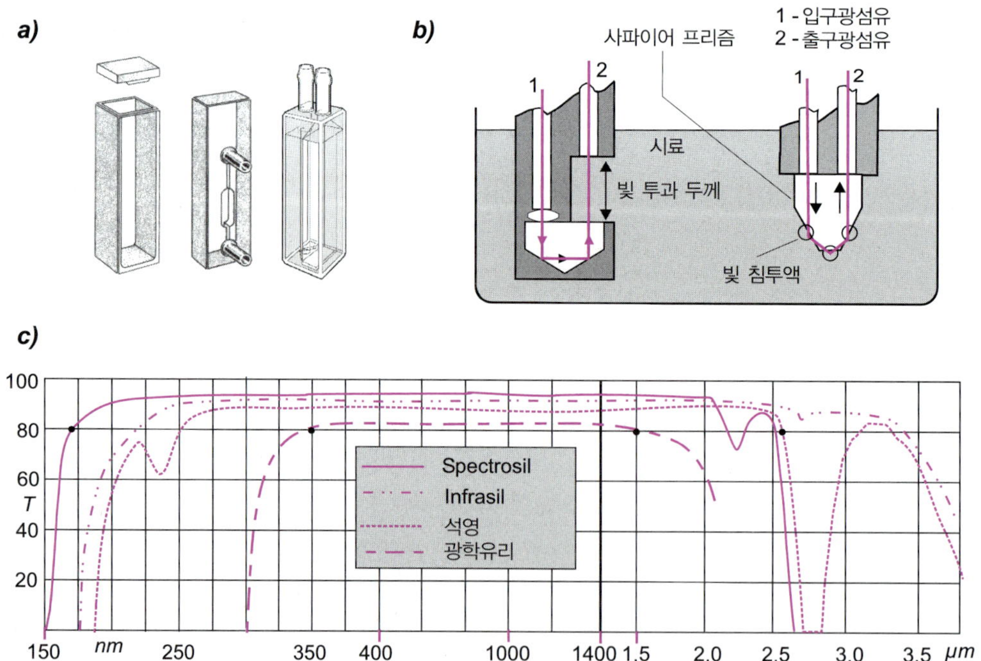

그림 9.16 **시료 용기 및 주요 시료 분석 장치** a) 용액 분석을 위한 표준 시료 용기 및 플로우셀(Flow cell). b) 침지 프로브 모델. 일반적인 침지 프로브와 ATR 유형 프로브의 끝. 분광기의 단색광은 침지 프로브를 통해 검출기로 들어간다. 바탕 시료 분석광 경로는 다른 광섬유를 통해 진행된다. 사파이어 프리즘은 분석 용액보다 반사 지수가 더 크다. c) 자외선–가시선 범위에서 4가지 소재의 파장별 투과율 곡선

할 수 있다(그림 9.16). 다양한 응용 분야에 따라 특정 모양의 시료 용기가 필요하기도 하며, 광학 경로는 수 μm(HPLC 검출기용)에서 수백 m(기체 및 개방 경로 측정용)까지 사용될 수 있다.

시료용기에는 3가지 재료가 사용된다.

- 200 nm에서 사용가능한 투명한 석영
- 320 nm에서 사용가능한 광학 유리(규산염, 붕규산염 등)
- 300 nm부터 사용가능한 다양한 종류의 일회용 플라스틱류(Plexiglas, 폴리스타이렌류 등)

표면 검사의 경우 적외선(10.9.3절 참조)과 같이 정반사 장치를 갖는다(그림 9.16). 생산라인에서 화합물의 농도 모니터링과 같은 분석에는 원격의 연속 측정용 침지 프로브(probe)가 사용되며, 이 프로브는 분광기의 시료 용기 배치 자리에 위치하고, 두 개의 광섬유로 구성되어 있다. 투명한 용액을 위한 투과 방식과 흡광성이 높은 시료를 위한 감쇠 전반사(ATR, 10.9.3절 참조)의 두 가지 유형이 있다.

9.9 정량 분석: 분자 흡수 법칙

9.9.1 Beer–Lambert 법칙

자외선/가시광선은 오랫동안 정량 분석에 널리 사용되어 왔으며, 특정 조건에서 빛의 흡수와 용액 중 화합물 농도의 관계는 Beer–Lambert 법칙을 기반으로 한다. 이 법칙의 기원은 18세기 광도법의 기초를 다진 프랑스 수학자 Lambert의 업적에서 찾을 수 있다. 이후 독일의 물리학자인 Beer가 이 법칙을 제안했고, 이것으로 비흡수(nonabsorbing) 매트릭스에 들어있는 화합물의 일정한 용액 두께를 통해 투과된 빛의 양을 계산하게 되었다. 이 결과가 **Beer–Lambert 법칙(Beer–Lambert law)**이다.

$$A_\lambda = \varepsilon_\lambda \ell c \qquad (9.4)$$

A는 흡광도로 분광광도계로 측정할 수 있는 단위가 없는 광학 인자이다. l은 입사빛이 통과하는 용액의 두께(cm 단위)이다. C는 몰농도이고, ε_λ는 측정하는 파장(wavelength) λ에서의 몰흡광 계수(molar absorption coefficient, $L \cdot mol^{-1} \cdot cm^{-1}$)이다. 흡광도 인자(absorbance factor)라고 불리기도 하는 이 매개변수는 분석 대상 화합물의 특성이며, 여러 요인 중에서 온도와 용매의 성질에 영향을 받는다. 일반적으로 이 값은 최대 흡수 파장에서 주어지며, 0에서 200,000 이상까지 넓은 범위의 값을 가질 수 있다.

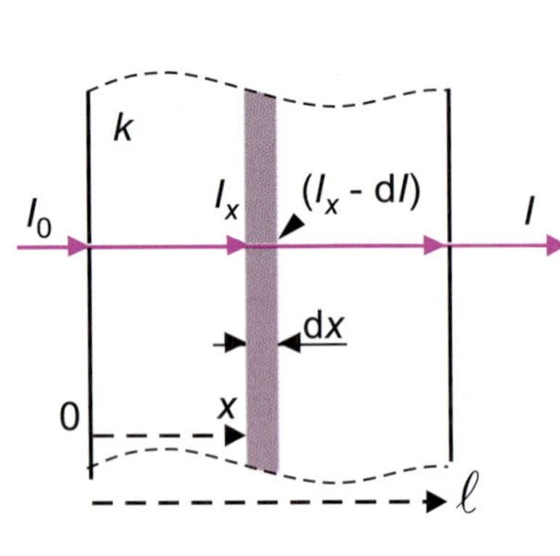

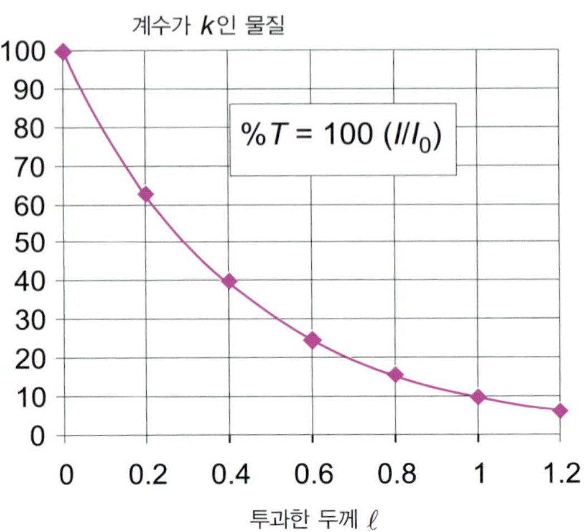

그림 9.17 균일한 물질에 의한 빛의 흡수와 물질의 두께의 함수로 나타낸 퍼센트 투광도 시료에 도달하는 빛은 반사, 확산, 투과 또는 흡수된다. 여기에서는 흡수만을 고려하였다.

이 공식은 우리가 선택한 파장에 대해 흡광 계수가 k인 재료의 두께 dx를 교차한 후 **단색 복사(monochromatic radiation)** 강도 I가 dI만큼 감소했다는 Lambert의 가설을 따른다(그림 9.17).

$$-\frac{\mathrm{d}I}{\mathrm{d}x} = k\,I_x \tag{9.5}$$

흡광 계수 k를 갖는 두께 l의 매질을 통과하기 전 입사 복사선의 빛의 세기를 I_0라고 하면, 식 9.5는 투과된 세기 I를 포함하는 식으로 다음과 같이 쓸 수 있다.

$$[\mathrm{Ln}\,I_x]_{I_0}^{I} = -k\,[x]_0^{\ell} \tag{9.6}$$

$$\mathrm{Ln}\,\frac{I}{I_0} = -k \cdot \ell \tag{9.7}$$

$$I = I_0\,\mathrm{e}^{-k\ell} \tag{9.8}$$

1850년에 Beer는 투명한 매질(비흡수)에 녹인 낮은 농도의 용액인 경우, k가 이 화합물의 몰농도 c에 비례하는 것을 보여주는 식 9.9를 제안하였다(그림 9.18).

$$k = k' \cdot c \tag{9.9}$$

식 9.8에서 k를 k'c로 바꾸면 식 9.4의 형태로 더 잘 알려진 새로운 관계식이 얻어지고, 여기에서 **흡광도(absorbance)** A는 다음의 식들로 표현된다.

$$A = \log\frac{I_0}{I} \quad \text{또는} \quad A = \log\frac{1}{T} \quad \text{또는} \quad A = \log\frac{100}{T\,\%} \quad \text{또는} \quad A = 2 - \log T\,\% \tag{9.10}$$

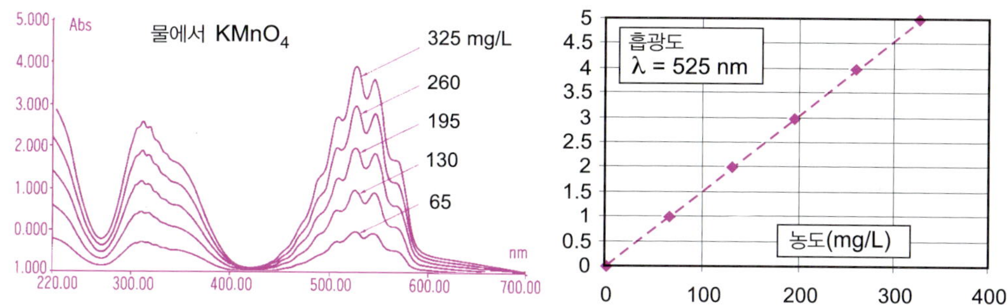

그림 9.18 **Beer−Lamber 법칙의 도식** 과망가니즈산 포타슘 농도 증가에 대한 수용액의 스펙트럼. 525 nm 에서 측정된 각 농도에 해당하는 흡광도가 선형적으로 증가하는 모습을 보여주는 그래프

> 가정으로써 이런 접근을 한 Beer-Lambert 법칙은 통계적 가설, 속도론 또는 단순 논리를 이용하여 여러 가지 방법으로 해석되고 입증되었다.

흡수된 빛의 분율에만 관련된 이 법칙은 다음 조건들을 만족할 때 유효하다.

- 사용된 빛은 단색화된 빛이어야 한다.
- 농도는 낮아야 한다.
- 용액은 형광이 있거나 불균일하지 않아야 한다.
- 용질은 광화학 변형을 일으키지 않아야 한다.
- 용질은 용매와 회합하지 말아야 한다.

> 일반적으로 흡광도를 단일 파장에서 측정할 때, 최대 흡수 파장을 선택한다. 흡광도가 농도를 반영하기 위해서는 기기 인자에 의해 선택되는 **띠너비(spectral bandwidth**, SBW)라 불리는 검출기에 도달하는 스펙트럼 띠 $\Delta\lambda$가, 흡수띠의 중간 높이에서 측정되는 너비보다 많이(10배) 좁아야 한다.

9.9.2 흡광도의 가산성

Beer−Lambert 법칙은 가산적이다(그림 9.19). 이것은 용매에 녹아 있는 두 화합물 1과 2의 혼합물을 두께 l의 시료 용기에 넣고, 흡광도 A를 측정하면 화합물 1(흡광도 A_1)과 화합물 2(흡광도 A_2)가 일렬로 놓인 두께가 l인 2개의 시료 용기를 순차적으로 통과할 때 얻은 값과 동일한 흡광도를 얻을 것을 의미한다(식 9.11). 물론 농도와 용매는 초기 혼합물과 같아야 한다(화합물 1은 1로, 화합물 2는 2로 표시하였다).

$$A = A_1 + A_2 = \ell(\varepsilon_1 c_1 + \varepsilon_2 c_2) \tag{9.11}$$

이 원리는 등흡광점(isosbestic point)을 이용하여 설명할 수 있다. 일차 반응에 의해 화합물 B로 변형되는 화합물 A를 생각해 보자. A와 B의 흡수 스펙트럼은 동일한 용매와 동일

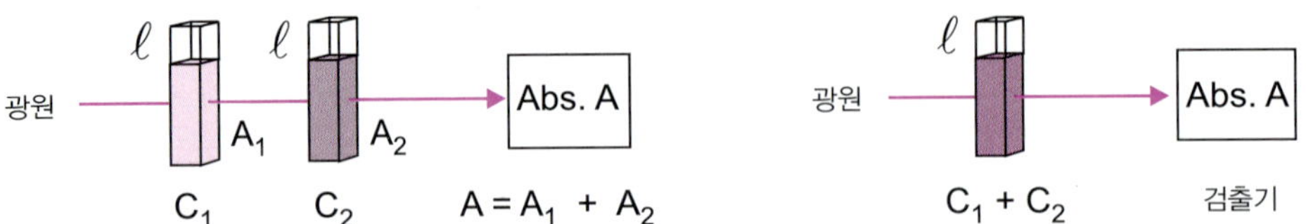

그림 9.19 흡광도의 가성적 성질 모든 파장에서 혼합물의 흡광도는 혼합물 속의 각 성분의 흡광도의 합과 같다(두 실험에서 몰농도가 같다고 할 때).

농도에서 각각 기록되었고, 하나를 다른 쪽에 포개놓으면 I 지점에서 교차하는 것이 보인다(그림 9.20). 따라서 I 지점의 파장에서 두 용액의 흡광도는 같고, 계수 ε_A와 ε_B도 같다($\varepsilon_A = \varepsilon_B = \varepsilon$). 이 과정에서 초기에는 화합물 A만 존재하다가 마지막에는 화합물 B만 존재한다. 모든 중간 과정의 용액에서 A와 B의 혼합물에 대한 전체 농도는 변하지 않고($c_A + c_B = c_{ste}$), 다음 식으로 쓸 수 있다.

$$A_I = \varepsilon_A \ell c_A + \varepsilon_B \ell c_B = \varepsilon \ell (c_A + c_B) \tag{9.12}$$

전체 반응 과정 동안 형성된 (A + B)의 여러 가지 혼합물의 스펙트럼은 등흡광점이라고 하는 I 지점을 지나가고, 이 점에서 흡광도 A는 항상 같은 값이 될 것이다. 이와 같은 모양의 스펙트럼 집단은 색을 띤 지시약을 pH 변화에 따라 연구할 때, 또는 특별한 반응 속도론적 연구를 할 때 관찰된다. 등흡광점은 이성질체의 반응처럼 평형 상태에서 두 화학종의 전체 농도를 측정할 때 유용하다.

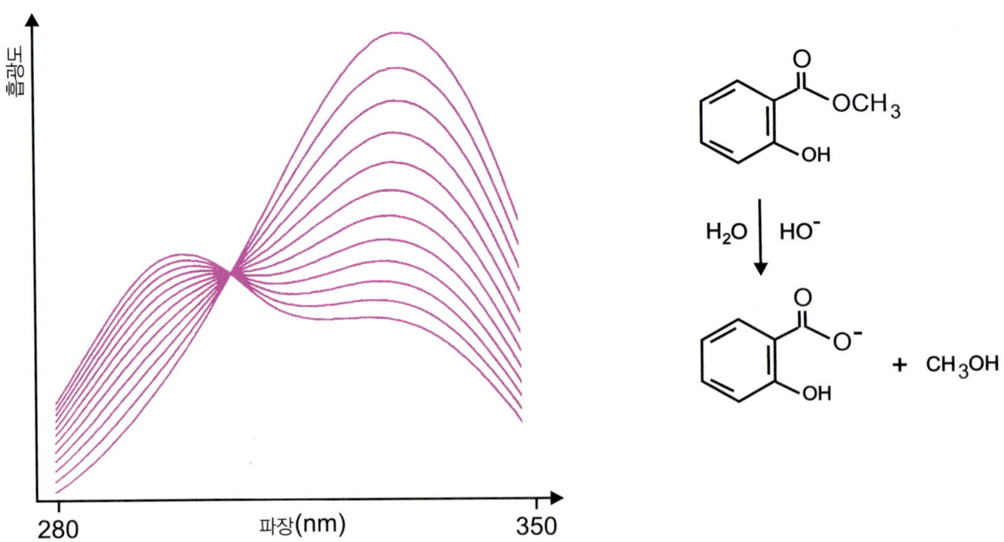

그림 9.20 등흡광점 25°C에서 메틸 살리실산염의 염기성 가수 분해. 280 nm와 350 nm 사이에서 10분 간격으로 기록된 연속 스펙트럼의 겹침. 등흡광 파장에서 흡광도는 변하지 않는다.

9.10 정량 분석 방법

9.10.1 비색법

어떤 화합물이 빛을 흡수하지 않을 때, 이 화합물과 반응할 수 있는 발색단을 가진 유도체로 미리 변형할 수 있다면 광도법을 통해 측정을 할 수 있다. 이 방법을 사용하면 흡광도가 매우 미약하거나 방해를 하는 다른 화학종이 분석 스펙트럼 영역에 함께 존재하더라도 여러 가지 종류의 화학종을 정량하는 것이 가능하다. 화학적 변형을 통해서 자외선/가시광선을 흡수하는 안정한 유도체를 만들 때의 반응은 선택적이고, 완전히 일어나야 하며, 빠르고 재현성이 있게 진행되어야 한다. 이것이 **비색법**(**colorimetric test**)의 원리이다.

> 비색법이라는 말은 분광광도계가 개발되기 전, 이 분야에서 초기 측정이 자연광(백색광)을 이용하고, 시료의 색과 농도를 알고 있는 물질의 색을 직접 비교한 데서 나왔다. 다른 특별한 기기를 사용하지 않고 눈으로 확인하였다.

매우 자주 접하는 두 가지 상황은 다음과 같다.

- 측정할 분석 물질이 들어있는 매트릭스에 동일한 스펙트럼 범위에서 빛을 흡수하는 다른 성분이 들어 있다면, 이 화합물에 의한 흡수를 직접 측정하는 것은 불가능하다(그림 9.21, 곡선 a). 이러한 경우, 문제를 해결하기 위해서는 이 화합물을 유도체화 하여 흡수 곡선이 매트릭스에 의한 간섭이 없는 영역에 위치하도록 수정해 주어야 한다(그림 9.21, 곡선 b).

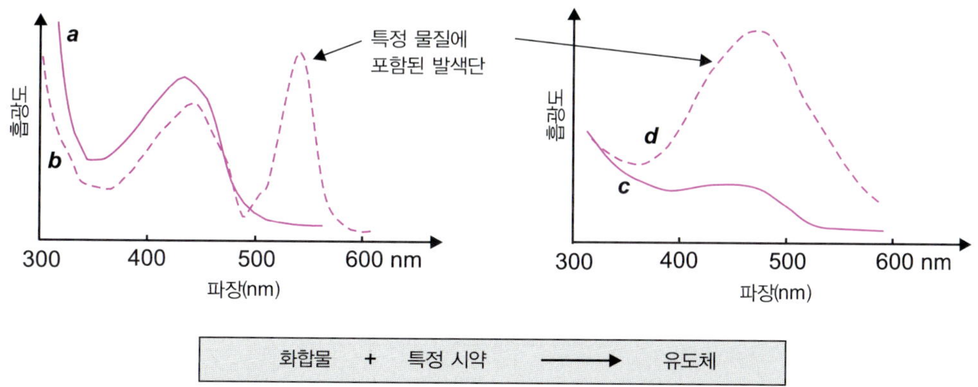

그림 9.21 자주 나타나는 두 가지 상황에 대한 그림 혼합물의 다른 성분에 의해 분석 대상 화합물 흡수가 가려질 때는 이 화합물을 방해를 받지 않는 유도체로 변형하여 비색법으로 측정할 수 있다.

- 측정할 분석 물질에 발색단이 없는 경우, 위와 같은 원리로 원래의 분석 물질을 빛을 흡수하는 유도체로 만들어서 이 문제를 해결한다(그림 9.21, 곡선 c와 d).

> 비색법에서는 긴 파장 쪽에서 흡수하는 발색단에 대한 측정이 선호되는데, 이것은 긴 파장에서는 일반적으로 다른 화합물들에 의한 흡수가 겹쳐지는 것을 줄여주기 때문이다. 또한 유도체를 만들어 측정할 때는 색을 띠는 유도체의 정확한 구조를 알 수 없다. 그럼에도 불구하고 이용된 반응이 화학량론적일 때는 유도체화된 화합물의 몰농도로 유도체의 몰흡광 계수를 구할 수 있다.

9.10.2 단일 물질 분석

실제 분석에서의 첫 번째 단계는 시료와 동일한 방법으로 처리한, 측정하려는 화합물의 농도를 알고 있는 표준 용액으로 검정 곡선 $A = f(c)$를 작성하는 것이다. 묽은 용액에서는 대부분 직선인 이 검정 곡선으로 미지 시료의 농도 C_X를 정량할 수 있다.

간혹 하나의 표준 용액을 제조할 때도 있다. 이 경우에는 표준 용액의 흡광도 A_R이 미지 용액 A_X에서 추정되는 흡광도보다 약간 크게 나타나도록 농도 C_R를 선택한다(그림 9.22).

다음 식으로 C_X를 계산할 수 있다.

$$C_X = C_R \frac{A_X}{A_R} \tag{9.13}$$

9.10.3 확증 분석

식 9.13에 의해 분석 물질의 농도를 계산하는 경우, 시료 용액 내에 측정하는 파장에서 빛을 흡수하는 불순물(기준 용액에는 없는)이 포함되어 있다면 잘못된 결과를 얻게 된다. 이런 경우에는 주로 **확증 분석(confirmatory analysis)**이라는 방법을 사용한다.

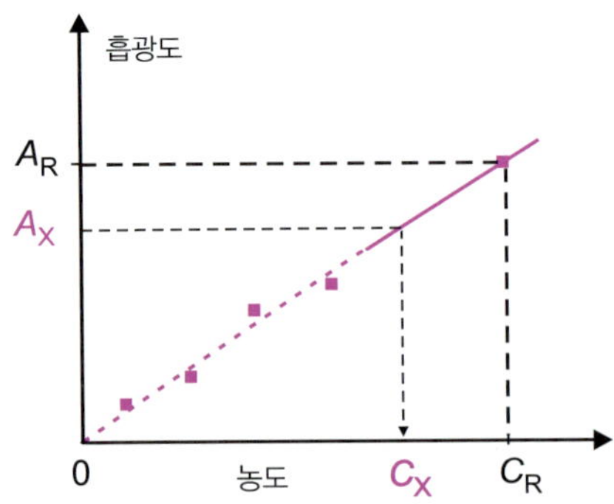

그림 9.22 검정 곡선 하나의 표준 용액을 사용한다면 그래프는 원점을 지나는 직선이 된다. 미지 농도가 기준 농도에 가까울 때 결과가 더 정확하다(결과는 외삽이 아니라 내삽으로 결정한다).

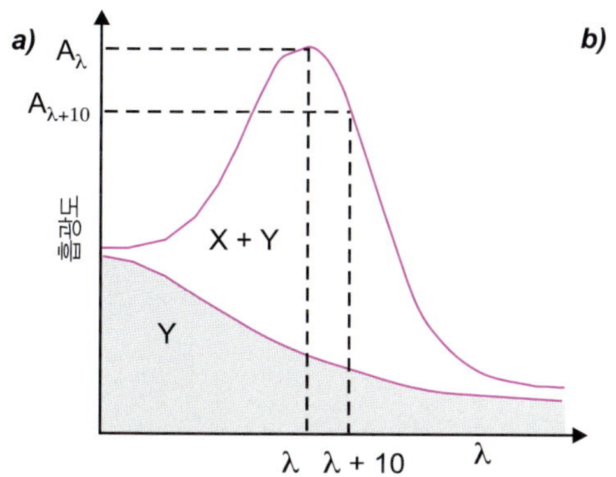

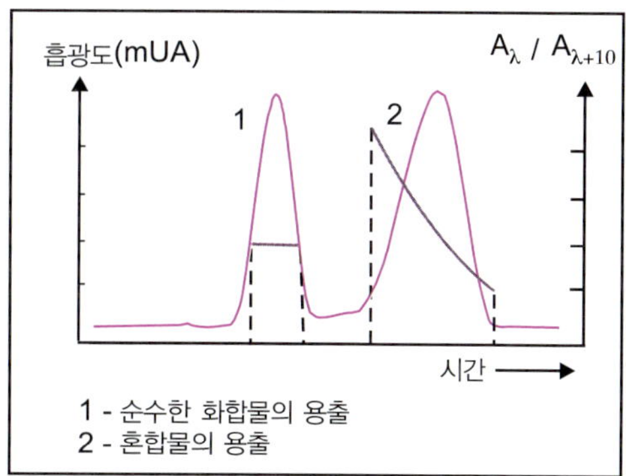

그림 9.23 **확증 분석** (**a**) 순수한 화합물의 자외선 스펙트럼, (**b**) 2개의 봉우리가 있는 크로마토그램을 보여주는 도표. 첫 번째 봉우리는 단일 화합물에 의한 것이고, 두 번째 봉우리는 약간 다른 시간에 용출되는 두 가지 화합물에 의한 것이다. 용출되는 동안 흡광도비를 비교하면 용출된 화합물의 순도 관리가 가능하다. 흡광도비는 봉우리의 면적을 구할 때와 같이 소프트웨어에 의해 표시된다.

어떤 순수한 화합물에 대해 두 파장에서의 흡광 계수비는 일정하고, 이것은 이 화합물의 고유한 특성이다. 따라서 초기 측정에서 사용한 파장에서 수 나노미터 떨어진 파장에서 한 번 또는 두 번 추가로 측정하여 시료 용액의 흡광도비를 다시 계산한다. 이 값들을 순수한 기준 용액을 사용하여 동일한 방법으로 얻은 값과 비교하여 만약 이 비가 서로 다르다면, 시료 중에 불순물이 존재한다고 가정할 수 있다. 이 경우 계산된 농도는 신뢰성이 없으며, 신뢰할 수 있는 다른 분석 파장을 선택해야 한다.

이런 가정을 바탕으로 몇 개의 파장에서 흡광도를 동시에 측정할 수 있는 자외선 검출기(다이오드 배열 검출기와 같은)를 사용하는 액체 크로마토그래피의 용출액 봉우리의 균일성을 관리할 수 있다. 두 파장에서 흡광도의 비가 어떤 성분이 칼럼에서 용출되는 과정 동안 변한다면 용출되는 성분이 순수한 화합물이 아닌 혼합물임을 추정할 수 있다(그림 9.23). 그러나 이 방법은 두 화합물이 완전히 동시에 용출하는 (머무름 시간이 동일한) 경우에는 쓸 수 없다.

9.10.4 다성분 분석

흡수 스펙트럼을 알고 있는 화합물을 혼합할 때, 혼합물의 조성을 결정할 수 있다. 이 방법은 순수한 개별 화합물들의 흡수 스펙트럼과 성분 분율을 알고 있는 혼합물을 사용하여 보정하는 것에 기초하고 있다. 가산성 법칙(식 9.11)에 의하면 측정되는 혼합물의 스펙트럼은 개별 성분 각각의 스펙트럼의 중량 합과 같다. 이 방법은 컴퓨터 소프트웨어에 포함되어 있어서 손으로 계산하는 것은 더 이상 효과적인 방법이 아니지만, 여기서는 복습 차원에서 고전적 방법으로 계산하는 방법을 살펴보기로 한다.

기본 대수법

혼합물 용액 중에 세 가지 성분 a, b, c가 있다고 하자(농도는 C_a, C_b, C_c). 세 파장 λ_1, λ_2 및 λ_3에서 측정된 이 혼합물의 흡광도는 A_1, A_2, A_3이다. 세 파장에서 분리된 각 성분에 대해 가산성 법칙을 적용해서 각 성분의 고유 흡광도 값을 알면(ε_a^1에서 ε_c^3까지 전체 9개), 3개의 연립 방정식을 다음과 같이 쓸 수 있다(사용한 시료 용기의 광학 통로는 1 cm로 생각한다).

$$\begin{aligned}
&\lambda_1\text{에서} \qquad A_1 = \varepsilon_a^1 C_a + \varepsilon_b^1 C_b + \varepsilon_c^1 C_c \\
&\lambda_2\text{에서} \qquad A_2 = \varepsilon_a^2 C_a + \varepsilon_b^2 C_b + \varepsilon_c^2 C_c \\
&\lambda_3\text{에서} \qquad A_3 = \varepsilon_a^3 C_a + \varepsilon_b^3 C_b + \varepsilon_c^3 C_c
\end{aligned} \tag{9.14}$$

[3×3] 행렬인 이 수학식의 답은 농도 C_a, C_b, C_c이다.

$$\begin{bmatrix} C_a \\ C_b \\ C_c \end{bmatrix} = \begin{bmatrix} A_1 \\ A_2 \\ A_3 \end{bmatrix} \cdot \begin{bmatrix} \varepsilon_a^1\ \varepsilon_b^1\ \varepsilon_c^1 \\ \varepsilon_a^2\ \varepsilon_b^2\ \varepsilon_c^2 \\ \varepsilon_a^3\ \varepsilon_b^3\ \varepsilon_c^3 \end{bmatrix}^{-1} \tag{9.15}$$

이 방법에서는 각 화합물의 스펙트럼이 서로 다를 때 좋은 결과를 얻을 수 있다. 스펙트럼이 서로 비슷할 때는 측정에서의 작은 오차도 결과에서 큰 오차를 만들기 때문에 정밀도가 떨어진다. 이런 위험을 피하기 위하여 다이오드 배열이 들어있는 기기에서 많은 데이터 점을 사용하며, 풀어야 하는 식(식 9.15)이 과도하게 많더라도, 이렇게 하면 더 좋은 결과를 얻는다.

다파장 선형회귀분석(MLRA)

혼합물 분석은 데이터를 기록할 수 있는 분광계에 의해 여러 가지 방법으로 발전하였으며, 분광계의 광학 플랫폼에 사용되는 컴퓨터는 표준 용액이나 분석할 시료의 스펙트럼에서 얻어지는 많은 수의 데이터들을 처리할 수 있는 정량 분석 소프트웨어를 포함하고 있다. 아래에 설명한 것은 바탕 잡음을 상쇄해서 결과를 개선시키는 선형 회귀법이다. 이 방법은 두 성분 시료의 분석에 적용된다(그림 9.24).

기기는 혼합물 시료(농도를 모르는 두 화합물을 포함하는)의 스펙트럼과 동일한 스펙트럼 영역에서 순수한 화합물(농도를 알고 있는 기준 용액)에 대한 각각의 스펙트럼 3가지 정보를 기록한다. 어떤 파장에서든지 분석하고자 하는 두 가지 화학종 a와 b의 혼합물(상호작용하지 않는)에 대한 흡광도는 다음 식으로 주어진다(가산성 흡광도).

$$A = \varepsilon_a \ell C_a + \varepsilon_b \ell C_b \tag{9.16}$$

두 기준 스펙트럼 각각에 대하여 측정하는 시료 용기의 두께가 1 cm라고 하면, 다음 식을 쓸 수 있다.

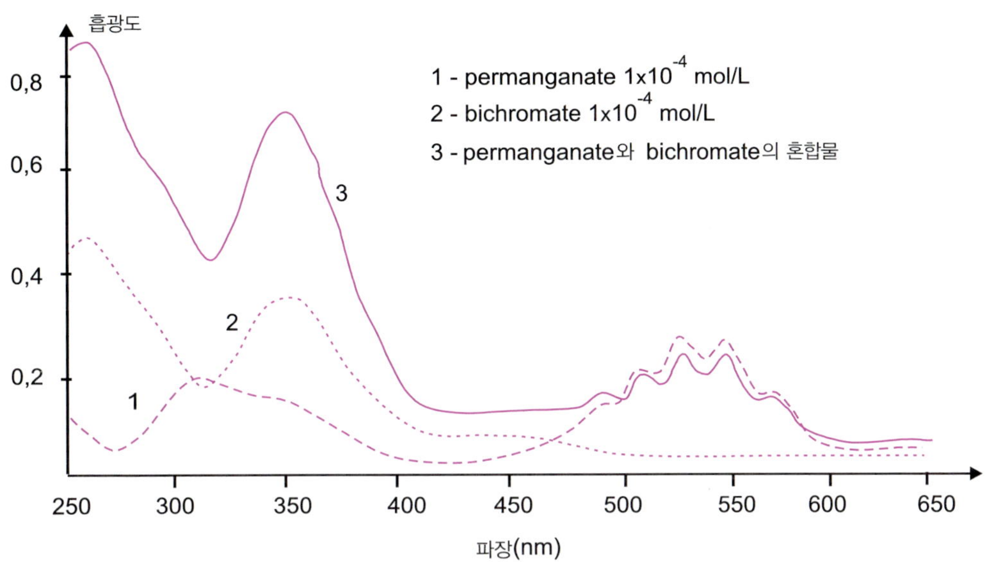

그림 9.24 다성분 분석 1×10^{-4} M 과망가니즈산 포타슘 용액, 1×10^{-4} M 다이크로뮴산 포타슘 용액 및 0.8×10^{-4} M 다이크로뮴산 이온과 0.8×10^{-4} M 과망가니즈산 이온을 포함하는 용액(Bianco M. et al. J Chem. Educ 1989, 66(2). 178).

$$\text{화합물 a} \qquad A_{\text{ref.a}} = \varepsilon_{\text{a}} \cdot C_{\text{ref.a}} \tag{9.17}$$

$$\text{화합물 b} \qquad A_{\text{ref.b}} = \varepsilon_{\text{b}} \cdot C_{\text{ref.b}} \tag{9.18}$$

이 두 식을 이용하여 선택한 각 파장에서 두 가지 화학종에 대한 몰흡광 계수 ε을 계산할 수 있다. 따라서 식 9.16을 다음과 같이 다시 쓸 수 있다.

$$A = \frac{A_{\text{ref.a}}}{C_{\text{ref.a}}} C_{\text{a}} + \frac{A_{\text{ref.b}}}{C_{\text{ref.b}}} C_{\text{b}} \tag{9.19}$$

이 식을 $A_{\text{ref.a}}$로 나누면 각 파장에 대하여 식 9.20과 같이 구할 수 있다.

$$\left(\frac{A}{A_{\text{ref.a}}}\right) = \frac{C_{\text{a}}}{C_{\text{ref.a}}} + \frac{C_{\text{b}}}{C_{\text{ref.b}}} \cdot \left(\frac{A_{\text{ref.b}}}{A_{\text{ref.a}}}\right) \tag{9.20}$$

그러므로 관계식 9.20의 첫 번째 항은 두 번째 항에서 나타나는 흡광도 비의 유사 함수이다. 계산된 값은 직선상에 있게 되고, 그 기울기와 절편으로부터 C_{a}와 C_{b}를 구할 수 있다. 결과의 정밀도는 사용한 데이터점들의 수가 많으면 증가한다.

9.10.5 풀어내기

많은 소프트웨어 데이터 처리 방법으로 스펙트럼으로부터 혼합물의 조성을 알아 볼 수 있다. 잘 알려진 방법 중의 하나는 Kalman의 최소 제곱 필터 알고리즘이다. 이것은 스펙트럼 자료집에 포함된 각 성분의 개별 스펙트럼의 가중 계수(흡광도의 가산성 법칙)를 이용한 계

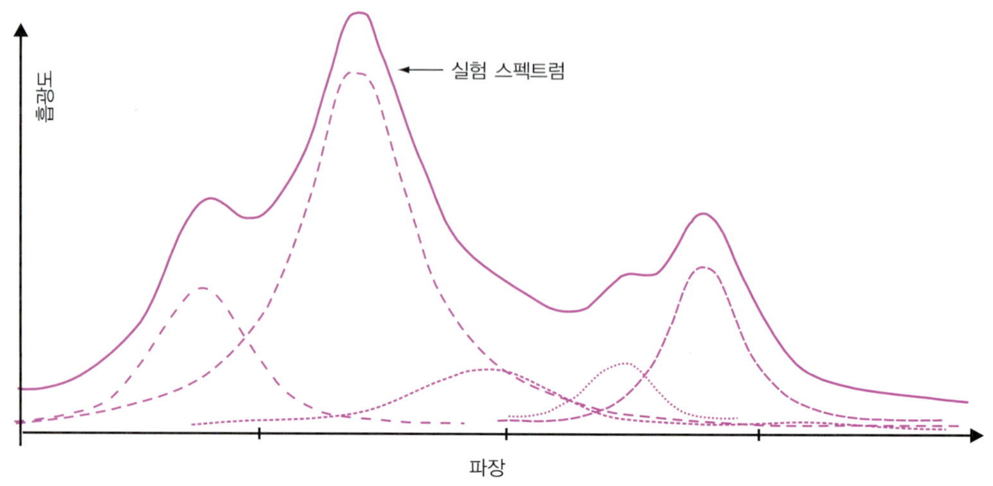

그림 9.25 **스펙트럼 곡선의 풀어내기** 5가지 성분의 혼합물에 대한 스펙트럼(그림의 바깥쪽 곡선)에서 소프트웨어는 각 성분에 해당하는 스펙트럼을 얻을 수 있다(각 성분에 대한 개별 스펙트럼은 알고 있다고 가정한다).

산에 근거하여, 연속 근사법(successive approximation)의 연산을 통해 시료 용액의 스펙트럼을 자동으로 찾는다. 이들 자동화된 방법은 **부분 최소제곱법(PLS, partial least square)**, **주성분 회귀법(PCR, principal component regression)**, 또는 **다중 최소제곱법(MLS, multiple least squares)**로 잘 알려져 있다(그림 9.25).

9.11 바탕선 보정법

생물학적 유체와 같은 시료는 현탁액 속에 마이셀(micelle) 또는 입자를 포함하고 있어서 이들이 빛을 산란시키며(Tyndall 효과) 추가적인 흡수를 일으킨다. 이 경우 파장에 따라 흡광도가 규칙적으로 변한다(그림 9.26). 측정된 흡광도에서 분석 물질에 기인하지 않은 흡광도

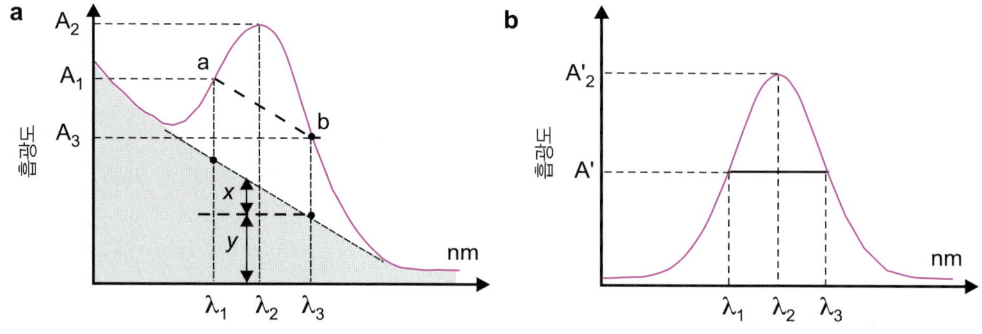

그림 9.26 **Morton과 Stubbs 계산을 위한 개념도** (**a**) 시료의 스펙트럼, (**b**) 순수 분석 물질의 스펙트럼

를 제외함으로써 이런 현상을 보정할 수 있으며, 실제 이 방법은 서로 다른 파장에서 측정한 바탕선을 이용한 보정법으로 사용된다.

9.11.1 다항식 함수 조정 모형

바탕선의 변화를 함수 $A=k\lambda^n$로 나타낼 수 있다고 가정하면, k와 n을 구하기 위하여 분석 물질이 흡수하지 않는 스펙트럼 영역을 사용하는데 그 이유는 소프트웨어가 최소제곱법($\log a = \log k + n\log\lambda$)으로 이 계수를 계산할 수 있도록 하기 위함이다. 결과적으로 어떤 파장에서든지 바탕선에 해당하는 흡광도를 보정하는 것이 가능하다.

9.11.2 Morton–Stubbs 삼점 보정

Morton–Stubbs 법(미분 곡선을 사용하는 방법, 9.13절 참조)은 측정하는 영역에서 아래쪽 흡수가 선형으로 변하는 조건에서 바탕선을 효율적으로 보정한다. 그림 9.26(a)에서 나타낸 것과 같이 화합물을 정량하기 위하여 최대 흡수 파장인 λ_2에서 얻은 흡광도 A_2는 x와 y로 표시된 값에 해당하는 흡광도를 제거하고 보정하여야 한다.

이 경우에는 흡광 계수가 동일한 2개의 파장 λ_1과 λ_3을 선택하기 위해 순수한 화합물의 기준 스펙트럼이 있어야 한다(그림 9.26b). 그림에서와 같이 λ_1과 λ_3에서 이 화합물은 동일한 흡광도 A'을 가지며, 파장 λ_2에서 최대 흡광도 A'_2을 갖는다면, 이 두 값 사이의 비 R은 ($R=A'_2/A'$)와 같이 계산된다. 그다음, 시료 스펙트럼으로부터 이들 두 파장의 흡광도비를 계산한다. 바탕선의 기울기가 선분 ab의 기울기와 같은 조건에서 x의 값은 다음과 같이 계산된다(그림 9.26a 참조).

$$x = (A_1 - A_3)\,\frac{(\lambda_3 - \lambda_2)}{(\lambda_3 - \lambda_1)} \tag{9.21}$$

x와 y를 보정한 후 흡광도 비 R값을 안다면 시료의 R값과 A_2/A_3 비로부터 y를 유도할 수 있다(그림 9.26).

$$R = \frac{A_2 - (x+y)}{A_3 - y}$$

따라서,

$$y = \frac{RA_3 - A_2 + x}{R - 1} \tag{9.22}$$

A_2에서 x와 y를 빼면 다음 식에 따라 보정된 흡광도를 구할 수 있다.

$$A = A_2 - x - y$$

이 방법은 단순히 순수한 화합물의 스펙트럼만 있으면 되며, 기준 용액의 농도와 무관하고, UV 스펙트럼 처리 소프트웨어에 활용된다.

9.12 기기에 의한 상대 오차 분포

현재 사용되고 있는 많은 분광광도계로 흡광도를 4 또는 5 단위까지 측정하는 것이 가능하다. 이런 큰 값은 투광된 세기가 매우 약하므로($I/I_0 = 10^{-5}$, $A = 5$) 신뢰도가 낮다고 생각해야 한다. 따라서, 장비의 기술적 한계를 고려하는 것이 중요하다.

투광도를 측정하기 위한 세 가지 종류의 오차는 기기에 의한 것으로 생각된다. 이들이 발생되는 원인은 독립적이지만 각 효과는 축적되어 나타날 수 있다(그림 9.27).

- **광원의 바탕 잡음** ΔT_1항으로 표시한 상수이고, T에 대해 독립적이다. $\Delta T_1 = k$(곡선 1).
- **광전증배관(또는 광다이오드)의 바탕 잡음** ΔT_2항으로 표시되고, 복잡한 관계에 따라 T의 함수로 변하며 다음 식으로 표현된다(곡선 2).

$$\Delta T_2 = k_2\sqrt{T^2 + T} \tag{9.23}$$

- **미광** 시료를 통과하지 않고 검출기에 도달하는 빛에 해당한다. 이것은 시료 용기에 있는 시료의 겉보기 농도를 감소시킨다. 이 항은 T에 비례한다. $\Delta T_3 = k_3T$(곡선 3).

오차의 원인이 가산성이기 때문에 위의 세 가지 식을 고려하면 농도에서의 전체 오차는, 각 점에서의 오차가 위에서 논의한 세 가지 개별 오차의 합인 곡선에 해당한다. 이 곡선은 일반적으로 $A = 0.7$ 주변에 위치한 최솟값을 통과한다. 그러므로 정량 분석을 위한 측정에서는 흡광도가 이 영역에 위치하도록 묽히는 것이 좋다. Beer–Lambert의 법칙에서 농도 C에 대한 상대 오차를 투과율 T(곡선 4)에 대한 상대 오차와 관계 지을 수 있다.

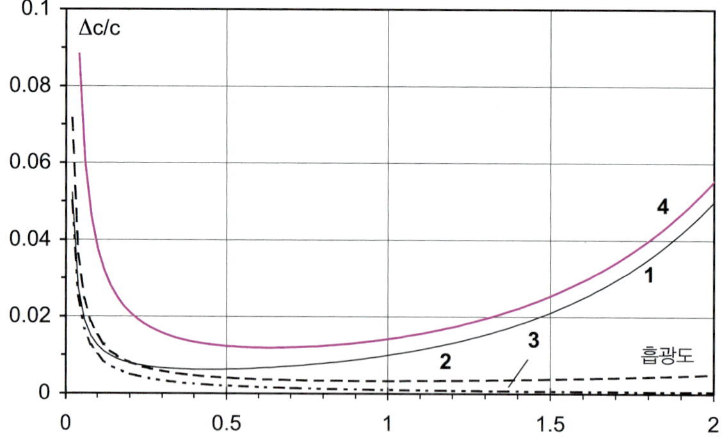

그림 9.27 흡광도 측정 오류의 각 원인에 대한 오차의 평균값 대표 곡선(1,2,3)과 그 합의 전체 곡선 (4)는 농도에서의 상대 표준편차(RSD)를 흡광도의 함수로 나타낸 것이다.

$$\frac{\Delta c}{c} = \frac{1}{\ln T} \cdot \frac{\Delta T}{T} \tag{9.24}$$

9.13 미분 분광법

미분 분광법은 원래 스펙트럼(**0차 스펙트럼(zero-order spectrum)**으로 알려짐)을 수학적 처리에 적용하여 n차($1 \leq n \leq 6$) 미분으로 대체하는 것으로 구성된다. 이 변환은 스펙트럼에 단순 숄더가 있는 피크 또는 특성 지점을 나타내는 기울기의 변화를 강조 표시하여 플롯의 시각적 측면을 완전히 바꾸어 놓는다(그림 9.28). 단순한 스펙트럼을 보다 안정적으로 식별

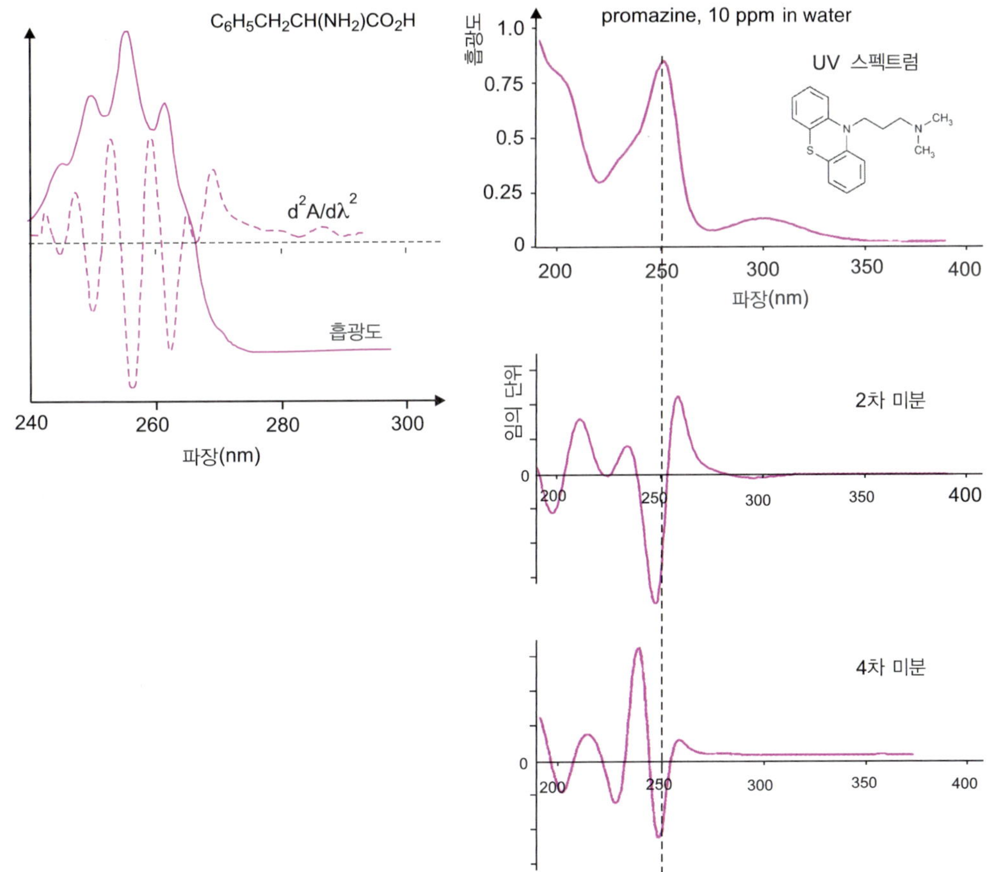

그림 9.28 두 화합물의 미분 곡선 0차 스펙트럼에 대한 최댓값의 위치에 대해 2차 미분의 최솟값이 존재함을 알 수 있고, 4차 미분에 대해서는 2차수의 플롯이 실질적으로 역전되었다. (그림은 Joanna Karpinska의 문헌(2012) Basic Principles and Analytical Application of Derivative Spectrophotometry, ISBN : 978-953-51-0664-7).

하기 위한 정성적 모드 또는 다른 화합물이 존재하거나 번거로운 매트릭스 내에 분석물이 존재하는 혼합물의 전체 스펙트럼에서 정량적 모드에서 사용하기 위한 소프트웨어로 활용되고 있다. 예를 들어 2차 미분은 원래 스펙트럼의 최댓값이 있는 곳에서 최솟값을 나타내고, 4차 미분에서는 최댓값을 나타낸다.

미분 분광법에서도 Beer–Lambert 법칙은 유효하며, 미분값은 농도에 의존적이고, 가산성은 보존된다. 이 식을 파장에 따라 미분하여 1차 미분하여 다음 식을 얻을 수 있다.

$$(dA/d\lambda) = (d\varepsilon/d\lambda) \cdot \ell \cdot c \tag{9.25}$$

일반적인 n차수 미분식은 다음과 같다.

$$d^nA/d\lambda^n = (d^n\varepsilon)/(d\lambda^n) \cdot l \cdot c = D_X^n \tag{9.26}$$

D_x^n은 파장 λ에서 화합물 x에 대한 차수 n의 미분값을 나타낸다. 따라서 두 화합물 A와 B의 혼합물의 경우 혼합물에서 파생된 값은 두 구성 요소 각각에서 파생된 값의 합이다.

$$D_{mixture}^n = D_A^n + D_B^n \tag{9.27}$$

최소 2개의 다른 파장으로부터 얻어진 혼합물의 미분값을 활용하여 혼합물의 조성을 수동으로 계산할 수 있지만(9.10.4절), 장치에 따라 다른 특별한 방법을 갖는 소프트웨어 처리를 통해 산출할 수도 있다.

n차 미분 곡선의 최댓값과 최솟값 사이의 진폭은 용액의 흡광도에 비례한다. 보정 곡선은 동일한 컴퓨터 처리가 적용된 다양한 농도의 표준 용액으로부터 산출되며, 이를 시료 용액에도 적용한다. 미분차수의 선택은 분석물을 방해하는 물질에 따라 달라진다. 0차 스펙트럼은 변경 없이 유지되지만, 어떤 장치를 사용하든 계산 모드가 다를 수 있기 때문에 다른 미분에서 동일하게 적용되지 않는다.

이 처리의 장점은 흡광도가 왜곡되는 두 상황에서 잘 드러난다.

- 시료 용액의 스펙트럼이 균일한 흡수 배경으로 인해 상향 이동을 하는 경우 0차 곡선의 기울기 변화에만 민감한 미분 곡선은 영향을 받지 않는다.
- 시료 용액 내에서 빛이 산란되는 현상이 있는 경우, 흡수 배경이 짧은 파장 쪽에서 완만히 증가할 때 미분 곡선은 거의 영향을 받지 않는다(그림 9.29).

> 가우스 곡선으로 나타낼 수 있는 단순 UV 스펙트럼의 근사 모델링은 연속 차수의 미분이 가능하겠지만, 사용된 소프트웨어에 따라 계산 방법이 달라질 수 있어 실제 스펙트럼에서 얻는 것과는 상당한 차이가 있다.

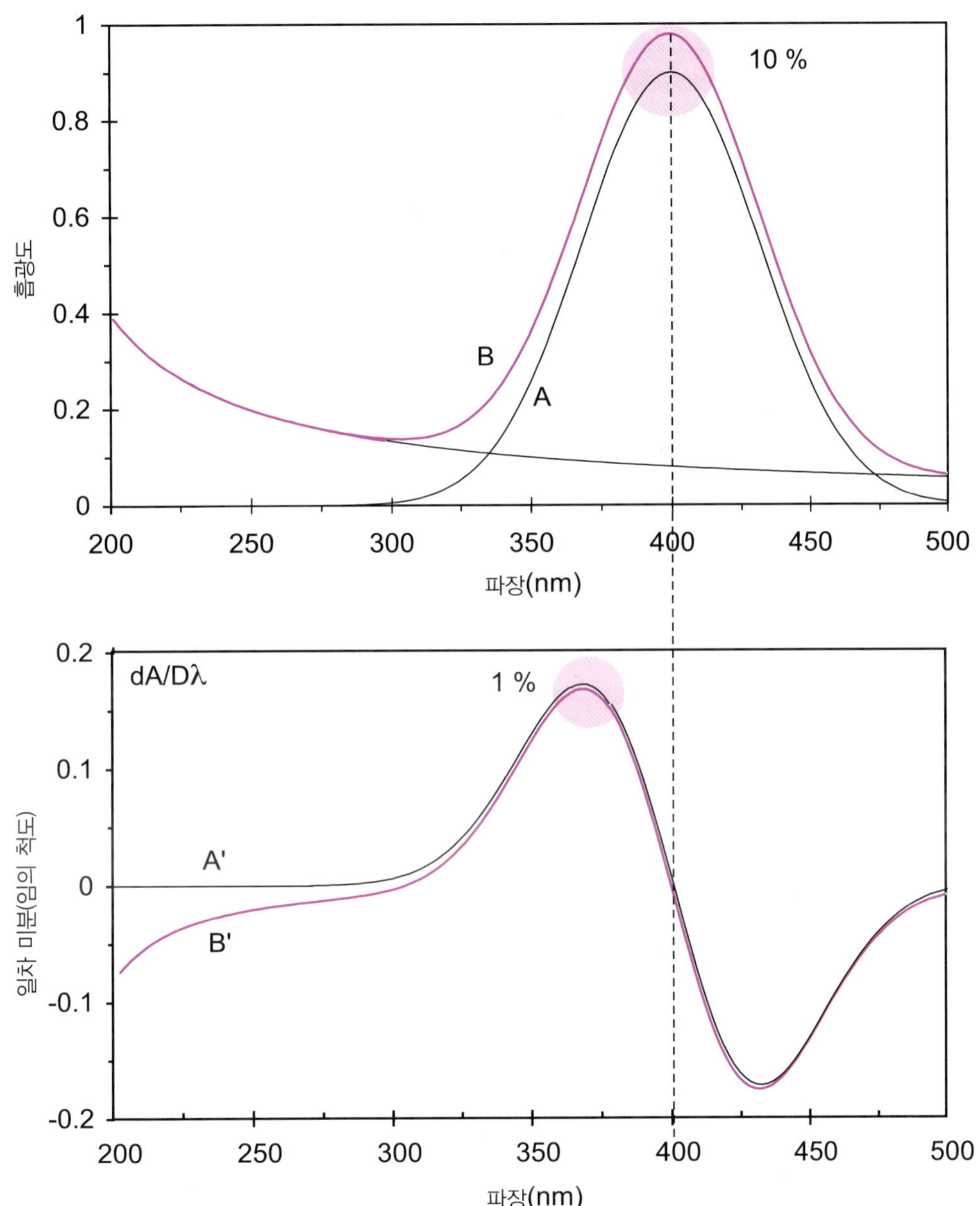

그림 9.29 **UV 스펙트럼과 이의 미분 곡선에 대한 광산란 영향** 확산 현상이 없는 용액 내 화합물의 스펙트럼 A에 해당하는 유도 곡선과 확산이 있는 경우 B에 해당하는 미분 곡선의 비교. 여기서 확산은 흡광도를 10%만큼 방해하지만 미분 곡선(가우시안 곡선에 해당하는 함수에서 모델링한 스펙트럼)의 진폭 값의 약 1%만을 방해하는 것으로 관찰된다.

9.14 투광 또는 반사에 의한 육안 비색법

오랜 기간 사용되고 있는 육안 비색법은 흡수 분광계의 단순화된 형태이며, 가격이 저렴하지만 때로는 높은 정밀도를 나타내기 때문에 많이 사용된다. 일반적인 측정에 사용되는 가장 간단한 비색계들은 고대 기원의 네슬러(Nessler) 관과 관련한 육안 비교기였다(그림 9.30). 바로 사용할 수 있고, 분석장치가 필요하지 않은 이런 선택적 시험은 속도가 빨라서 반정량 분석의 범위를 확장하는 데 도움을 준다.

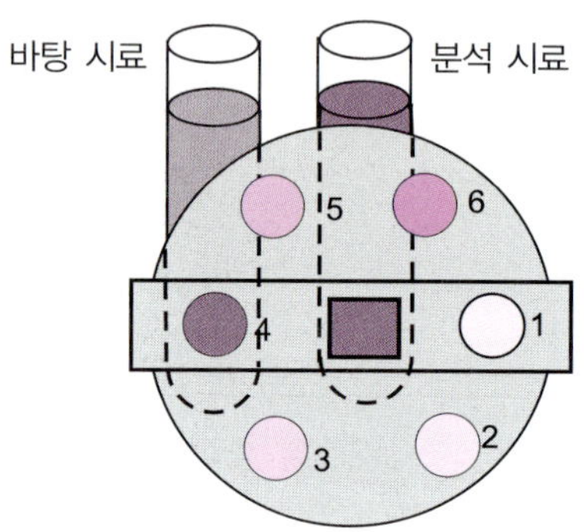

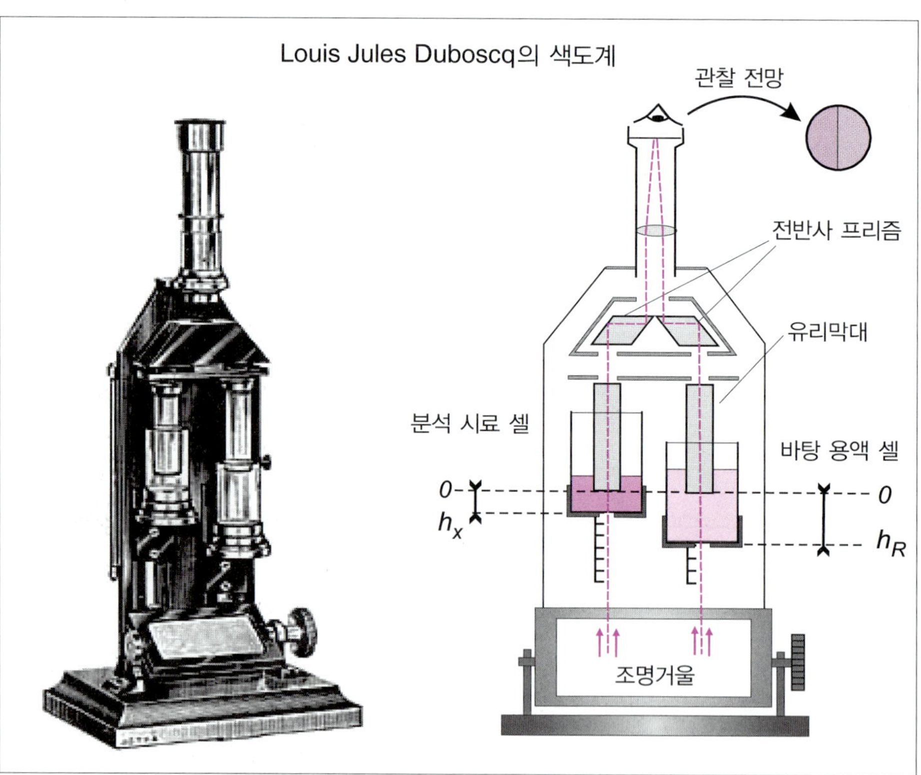

그림 9.30 육안 비색법 두 개의 관으로 구성된 시각적 비교기(Merck사). 하나는 시료용이고 다른 하나는 바탕 용액용이다. 필터 지지대를 돌려서 관의 색이 바탕 용액과 겹치는 필터를 선택한다. Duboscq 색도계는 지난 세기 중반까지 사용되었다. 프리즘 시스템으로 두 개의 관을 통과한 광을 눈으로 비교할 수 있다. 하나의 관에는 정량화할 수 있는 시료가 들어 있고, 다른 하나는 바탕 용액이 들어 있다. 이 독창적인 장치는 교차된 두께를 비교하여 Beer–Lambert 법칙을 통해 농도 산출에 활용할 수 있다.

> 네슬러 관은 눈금이 있는 바닥이 평평한 유리관으로 되어 있고, 발색 시약과 혼합된 농도가 서로 다른 표준 용액으로 채워져 있다. 분석할 시료 용액은 동일한 관에 같은 발색 시약을 넣은 후, 시료 용액의 색과 표준 용액의 색을 비교한다(동일 색깔, 동일 농도). 찾는 농도는 분석물을 포함하는 관의 색에 가장 가까운 두 대조군의 농도 사이 중간이다.

적절한 매체에 담근 후 다소 강하게 착색되는 스트립 형태의 수많은 측정은 모두 비색과 관련한 일반적인 방법들이다. 하지만, 반사광(반사율)을 육안으로 검사한 결과는 투과 비색법이 아닌 반사율 측정법을 적용한 것이다. 시료에 의한 빛의 반사(정반사 및 난반사)를 사용하는 연구는 근적외선 및 중적외선 연구에서 다룰 것이다.

이 장의 요점

1. 근자외선 또는 가시광선 스펙트럼 범위에서 광자의 에너지는 유기 혹은 무기 화합물의 결합과 관련한 전자를 교란한다. 보다 정확하게는 결합 전자가 광자를 흡수하면 오비탈 전이를 통해 들뜬 상태가 된다.
2. 화합물의 결합 유형이 제한되어 있기 때문에 자외선-가시선의 '전자' 스펙트럼은 농축된 액체 혹은 고체상 시료에서 넓으면서 많지 않은 흡수띠를 나타낸다. 최대 흡수는 구조적 특수성의 특징인 연속 스펙트럼으로 존재한다.
3. 자외선-가시선 스펙트럼은 화합물의 구조적 정보를 거의 제공하지 않는다. 반면, 단일 흡수띠는 정량 분석을 하기에 적합하며, 흡수의 세기는 단위 부피당 흡수하는 분자의 수와 고유 계수에 비례한다.
4. 이 영역의 스펙트럼은 접근하기가 쉽기 때문에, 흡광도와 농도를 설명하는 Beer-Lambert 법칙을 활용하여 낮은 농도를 포함한 정량 분석에 광범위하게 사용된다.
5. 흡광도의 가산 법칙은 혼합물에 적용할 수 있으며, 기본 스펙트럼 보정 혹은 미분 분광법을 기반으로 하는 다양한 방법을 통해 활용된다.
6. 발색단이 없는 물질의 분석은, 정량적인 화학 반응에 의해 발색단이 유도된다면 정량 분석이 가능하다. 이러한 유도체화 방법은 화학, 생물학, 환경 분야에서 다양하게 활용된다.
7. 자외선-가시광선 스펙트럼 범위의 광도 측정에 가장 많은 종류의 기기들이 개발되어 있다.
8. UV-미분 분광법은 스펙트럼 내 약간의 숄더, 변곡점 혹은 최댓값을 명확하게 강조 표시하여 화합물의 식별을 개선한다. 이를 통해 확보한 곡선에는 영점 교차 지점이 있으며, 정확한 값은 원래 스펙트럼의 특이점 추적을 용이하게 한다.

문제

1. 원통 모양의 컵에 커피를 컵 바닥이 계속 보일 정도로만 부은 다음, 바닥을 계속 보면서 물을 컵에

추가한다. 색조가 밝아지거나 그대로 유지되는 것을 볼 수 있는가?

2. 용액 내 화합물의 UV 스펙트럼은 두 파장에서 측정된 흡광 계수(λ_1에서 $\varepsilon = 8{,}500\ L \cdot mol^{-1} cm^{-1}$이고, λ_2에서 $\varepsilon = 4{,}900$)를 특징으로 한다. 이 화합물을 포함하는 용액의 흡광도는 λ_1에서 1.05, λ_2에서 0.65이다. 이 화합물만을 함유한 순수한 용액인가?

3. 건물 외부 페인트와 바니시는 열화(광분해 및 광화학 반응)를 늦추기 위해 태양 복사의 영향으로부터 보호되어야 한다. 0.3 mm 두께에서 방사선의 90%가 흡수되도록 한다면, UV 첨가제(M)의 농도($g \cdot L^{-1}$)는 얼마인가?
[$M = 500\ g \cdot mol^{-1}$; $\varepsilon_{max} = 15{,}000\ L \cdot mol^{-1} \cdot cm^{-1}$; $\lambda_{max} = 350$ nm]

4. 미지 시료 수용액 중 화합물 A[$Co(NO_3)_2$]와 화합물 B[$Cr(NO_3)_2$]의 농도($mol \cdot L^{-1}$)를 구하려 한다. 각 물질 수용액과 시료 용액의 가시광선 스펙트럼을 얻었다. 사용된 시료 용기(큐벳)의 광학 경로는 1 cm이다. 510 nm 및 575 nm에서 측정한 흡광도는 다음과 같다. 화합물 A(1.5×10^{-1} $mol \cdot L^{-1}$)는 510 nm에서 흡광도가 0.714이고, 575 nm에서 0.0097이다. 화합물 B(6×10^{-2} $mol \cdot L^{-1}$)는 510 nm에서 흡광도가 0.298이고, 575 nm에서 0.757이다. 분석할 용액의 흡광도는 510 nm에서 0.40이고, 575 nm에서 0.577이다.
   a. 4개의 몰흡광 계수를 구하시오: $\varepsilon_{A(510)}$, $\varepsilon_{A(575)}$, $\varepsilon_{B(510)}$, $\varepsilon_{B(575)}$.
   b. 미지 시료 중 A와 B의 몰농도를 구하시오.

5. MLRA 방법으로 미지의 수용액에서 $KMnO_4$와 $K_2Cr_2O_7$의 농도($mol \cdot L^{-1}$)를 구하고자 한다. $KMnO_4$(1×10^{-4} mol L^{-1})와 $K_2Cr_2O_7$(1×10^{-4} mol L^{-1})의 두 가지 기준 용액을 준비한다. 미지 용액과 기준 용액의 스펙트럼은 250~400 nm에서 측정하였다. 사용된 시료 용기의 광학 경로는 1 cm이다. 분석 결과는 아래의 표에 나타내었다.
   a. 회귀방정식을 구하시오.

$$A_{sample}/A_{permanganate} = f(A_{dichromate}/A_{permanganate}).$$

   b. 미지 용액에서 $KMnO_4$와 $K_2Cr_2O_7$의 몰농도를 구하시오.

λ(nm)	Abs.MnO_4^-(ref.)	Abs.$Cr_2O_7^{2-}$(ref.)	시료
266	0.042	0.410	0.766
288	0.082	0.283	0.571
320	0.168	0.158	0.422
350	0.125	0.318	0.672
360	0.056	0.181	0.366

6. 과당(fructose) F는 Mo(VI)을 Mo(V)로 환원시킨다.

$$F + Mo\ (VI) \rightarrow Mo\ (V)$$

과당에 대한 반응 부분 차수 'α'를 결정하기 위해 과량의 몰리브데넘산 암모늄을 과당 용액에 첨가하였다. 이 반응 속도를 관찰하고자 Mo(V)의 흡수 파장인 720 nm에서 시간을 달리하여 흡광도를 측정하여, 아래의 결과를 얻었다. 과당에 대한 반응이 1차식인지 확인하고, 겉보기 속도 상수 k'을 계산하시오.

t(분)	0	10	20	30	50	최종
A	0	0.175	0.302	0.384	0.494	0.600

10장 적외선 분광법과 Raman 분광법

서론

적외선 흡수 분광법은 1~50 μm 사이의 전자기 복사선에 관한 연구이다. 근적외선, 중적외선, 원적외선으로 구분되는 이 스펙트럼은 모든 종류의 시료에서 화합물을 규명하거나 정량하는 데 사용된다. Raman 분광법은 시료를 들뜨게 하는 데 사용되는 빛의 미약한 산란을 활용하는 방법이며, 중적외선 또는 원적외선 정보와 유사하고, 이의 보완적인 정보를 제공하지만, 관찰된 신호 강도가 매우 낮아 오랫동안 기술의 개발이 지연되었다. 이 두 가지 비파괴 분석법 모두 목표 화합물을 연구하도록 설계된 다목적 분광기를 통해 수행된다. 이 두 기술은 산업공정 분석에서부터 현장 분석 및 다양한 목적의 실험 연구에 이르는 많은 분야에서 사용되고 있다.

학습목표

연결 흡수띠와 분자 진동	**해석** 중적외선 분광 스펙트럼
서술 중적외선 스펙트럼	**증명** 근적외선에서의 흥미로운 조화띠
제시 적외선 광원과 검출기 개요	**설명** Raman 산란의 원리
표현 여러 종류의 분광기	**소개** 간이장치 활용 사례

10.1 적외선 흡수의 원리

근적외선 및 중적외선 영역에서 물질에 의한 빛의 흡수는 광원으로부터 나온 복사선과 시료의 화학 결합 간의 상호 작용에 기인한다. 좀 더 정확히 말하면 만약 한 화학 결합의 양 끝에 있는 원자가 서로 다르면, 그들은 특정 주파수로 진동하는 전기 쌍극자를 형성하게 된

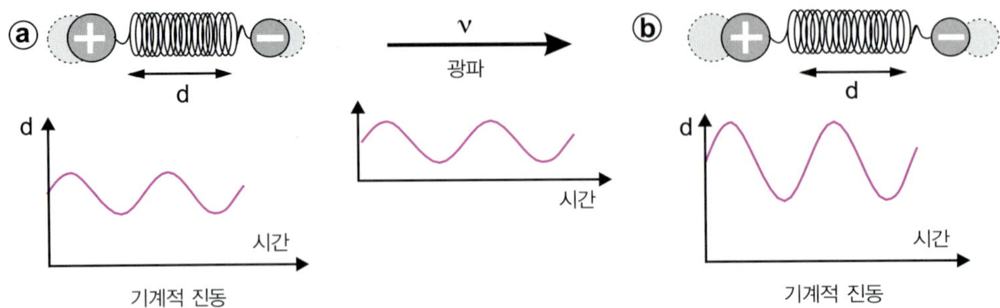

그림 10.1 광파와 극성 결합 간의 상호 작용에 대한 기계적 해석 광자 흡수에 의해 결합의 기계적 진동수는 변하지 않고 오직 그 진폭이 증가한다.

다. 이러한 비대칭 결합에 쌍극자와 같은 주파수의 단색광을 조사하면, 상호 작용이 일어난다. 즉, 화학 결합의 기계적 진동수와 복사선의 전자기 주파수가 일치하는 경우 복사선의 전기적 에너지가 화학 결합에 전이될 수 있다(그림 10.1). 이런 단순화된 접근 방식을 사용하면, 영구 쌍극자가 없는 O_2, N_2 및 Cl_2와 같은 비극성 결합들은 전자기파와 짝지음(상호 작용)이 없을 것이고, 이에 따른 에너지 흡수도 일어나지 않는다. 중적외선 영역에서 이런 결합들은 '투명하다'고 부른다.

10.2 적외선 영역의 흡수

선택된 복사선 파장에 따른 적외선 흡수 정보는 **스펙트럼(spectrum)** 형태로 제시되며, 이것은 일반적으로 분광기로부터 출력되는 자료이다. 그래프의 세로 좌표는 시료가 있을 때와 없을 때 투과된 빛 세기의 비로 기록되며, 가로 좌표에 표시된 각 파장에 대해 계산된다. 이 비를 **투광도(transmittance,** T)라 부른다. 그래프에서 이는 종종 퍼센트 투광도 (%T)나 **흡광도(absorbance,** A)로 대치되는데, 여기서 흡광도는 투광도의 역수에 대한 상용대수, 즉 $A = \log(1/T)$이다. 반사 또는 확산광으로 측정한 경우에는 **유사흡광도(pseudo-absorbance)** 단위가 사용될 것이다(10.9.3절 참조). 마지막으로 파장은 그와 동등한 표현인 **파수(wavenumbers,** $\bar{\nu}$)로 대치되는 것이 더 적당하며, 그 단위는 cm^{-1} 또는 카이저(kaysers)로 표현된다(식 10.1). 그림 10.2는 파장 2.5~25 μm의 중적외선 영역에서 기록한 스펙트럼이다.

$$\bar{\nu}_{cm^{-1}} = \frac{1}{\lambda_{cm}} \tag{10.1}$$

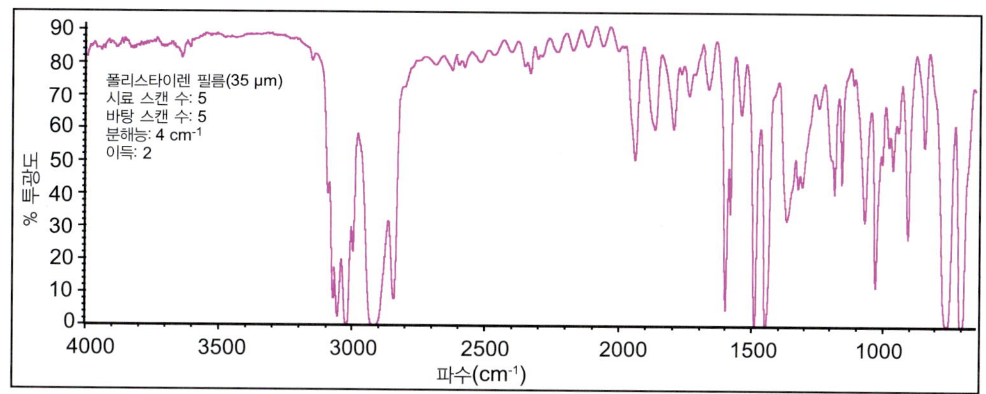

그림 10.2 **폴리스타이렌 필름의 중적외선 스펙트럼** 전형적인 적외선 스펙트럼으로 y축은 % 투광도로, x축은 cm^{-1} 단위의 균등 눈금으로 되어 있어(식 10.1) 우측 영역을 보기가 편하다. 투광도(T)는 종종 흡광도 A($A = -\log T$)로 대체된다. cm^{-1} 척도(또는 카이저)는 에너지($E = hc/\lambda$)에 비례하며 왼쪽에서 오른쪽으로 갈수록 에너지가 감소한다.

10.3 중적외선 영역에서 회전–진동띠

온도가 0 K일 때 외에는 모든 분자 내의 원자들은 끊임없이 움직이며, 고전적인 세 Cartesian 좌표를 기준으로 각 원자의 운동은 3의 **자유도(degrees of freedom)**를 가진다. 이런 모든 운동이 개개의 격리된 분자에 조합된 역학적 에너지를 부여한다. 분자의 총에너지는 회전 에너지 E_{Rot}, 진동 에너지 E_{Vib}, 그리고 분자의 전자 에너지 E_{Elec}라 불리는 한정된 독립된 각 에너지의 합으로부터 생긴다고 가정한다.

$$E_{Tot.} = E_{Elec.} + E_{Vib.} + E_{Rot.} \tag{10.2}$$

즉, 이들 각 에너지의 값은 매우 다르며, Born–Oppenheimer 원리에 따르면 그들은 각기 독립적으로 변할 수 있다.

중적외선에서 광원이 1000 cm^{-1}의 복사선을 방출한다면 이 광자의 에너지는 $E = hc\bar{\nu} = 0.125$ eV에 해당한다. 만약 한 분자가 이 광자를 흡수한다면 분자의 총에너지는 이 광자 에너지만큼 증가할 것이다. 이 에너지는 두 전자 에너지 준위 간 전이를 일으키기에는 너무 작은 에너지이기 때문에, 이론적으로 E_{Vib}는 변경될 것이나 E_{Elec}는 변하지 않을 것이다.

실제로는 시료가 액체상 또는 고체상이거나 용액 상태로 존재하며, 고립된 상태가 아니므로 존재하는 화학종 간의 수많은 쌍극자–쌍극자 상호 작용이 일어나며, 이것이 에너지 준위와 흡수 파장을 교란시킨다. 따라서 스펙트럼은 항상 넓어진 신호 형태인 수십 cm^{-1}에

달하는 띠(band) 형태가 되며, 일반적인 기기로는 각 전이별로 분리할 수 없다(그림 10.2). 이런 이유로 저압 기체 상태의 2원자 또는 3원자 분자에서 이론적으로 예측되는 다양한 에너지 상태를 보여주는 미세하고 규칙적인 흡수띠 스펙트럼을 확인할 수 있다(그림 10.5).

10.4 원자간 진동의 기계적 모형

두 원자 사이의 진동 운동을 간단한 방식으로 설명하기 위한 한 가지 방법은 조화 진동자이다. 이는 두 개의 질량 m_1과 m_2로 구성되며, 핵간 축을 따라 평형위치 주변에서 마찰 없이 진동할 수 있다. 질량 중심은 고정되어 있고, 두 질량은 이 지점에 대해 용수철로 연결된 것처럼 진동한다(그림 10.3). 두 질량이 평형 거리 R_e에 대해 X_0만큼 잡아당겼다 놓으면, 용수철의 **힘 상수(force constant)** k ($\mathrm{N \cdot m^{-1}}$)와 질량에 따라 서로 다른 주기로 진동한다. 그 주파수는 잡아당긴 거리에 무관하며, Hooke 법칙(식 10.3)으로부터 설명된다. 여기서 μ(kg)는 고정점에 대해 진동하는 환산 질량을 나타낸다.

$$\nu_{Vib.} = \frac{1}{2\pi}\sqrt{\frac{k}{\mu}} \tag{10.3}$$

여기서,

$$\mu = \frac{m_1 m_2}{m_1 + m_2} \tag{10.4}$$

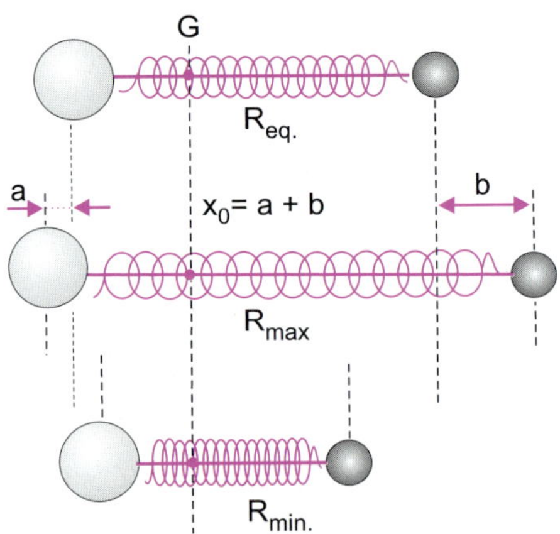

그림 10.3 조화 진동자의 형태로 묘사된 2원자 분자 늘어나는 길이는 가해진 힘에 비례하지만, 진동수 ν_{vib}는 이와 무관하다는 개념에서 조화 진동자라는 용어가 나왔다.

여기서 기계적 진동 에너지 E_{Vib}는 지속적으로 변할 수 있다. 평형 거리 R_e로부터 x만큼 늘어난 다음의 에너지 E_{Vib}는 다음과 같다.

$$dE_{Vib}/dx = -k \cdot x \quad \text{즉,} \quad E_{Vib.} = \frac{1}{2}kx^2 \tag{10.5}$$

진동자의 위치 에너지와 운동 에너지로 구성되며, 그 합은 시간이 지나더라도 일정하게 유지된다.

두 원자 사이의 결합에 대한 진동의 파수는 다음과 같이 표시된다.

$$\bar{\nu} = \frac{1}{2\pi c}\sqrt{\frac{k}{\mu}} \tag{10.6}$$

여기서,

$$\bar{\nu} = \frac{1}{\lambda} = \frac{\nu}{c} \tag{10.7}$$

원자 규모의 화학종을 다루는 양자 이론을 사용할 경우 위 모형은 두 원자가 연결된 화학 결합에 근사한다. 양자역학에 따르면 조화 진동자의 진동 에너지는 진동 양자수 V ($V = 0, 1, 2, \ldots$, 양의 정수)의 함수로 양자화된다.

$$E_{vib} = h\nu\,(V + 1/2) \tag{10.8}$$

광에너지를 흡수하기 전, 대부분의 분자는 바닥 진동 상태 $V = 0$(바닥 전자 상태 E_0), 즉 $E_{(Vib)0} = 1/2h\nu$(0 K에서 에너지)에 놓여있다. 따라서, 2개의 연속적인 진동 수준($\Delta V = +1$)의 차이는 결과적으로 부수적인 복사선의 빈도를 나타내는 ν_{inc}와 같다.

$$\Delta E = h\nu_{inc}$$

이 편차는 '단순 양자' 전환에 해당한다. 이는 허용 가능한 전환이며, 양자 분자의 진동에너지에 해당하는 빛 에너지($h\nu_{inc}$)의 광자를 흡수할 수 있음을 뜻한다(그림 10.4). 즉, 입사광 복사의 주파수(ν_{inc})가 결합의 진동 주파수와 동일하면 입사파와 분자가 서로 짝을 지어 전자기파로 공급된 에너지를 흡수하게 된다. 따라서, 500~4000 cm^{-1}(2.5~20 μm)의 적외선은 다양한 종류의 결합과 관련한 에너지에 해당한다.

표준 전이 $\Delta V = +1$ 이외에도 기본 진동 흡수띠가 특별히 강할 때(예를 들어, 알데하이드나 케톤과 같이 카보닐기 C=O를 가지는 유기 화합물의 신축 진동의 경우)는 $\Delta V = +2$에 해당하는 이론상 '금지된(forbidden)' 전이가 약하게 나타나기도 한다. 기본 진동이 3960 cm^{-1} (H−F)보다 높은 진동 양식은 없으며, 그래서 이 파수가 중적외선과 근적외선을 결정하는 경계이

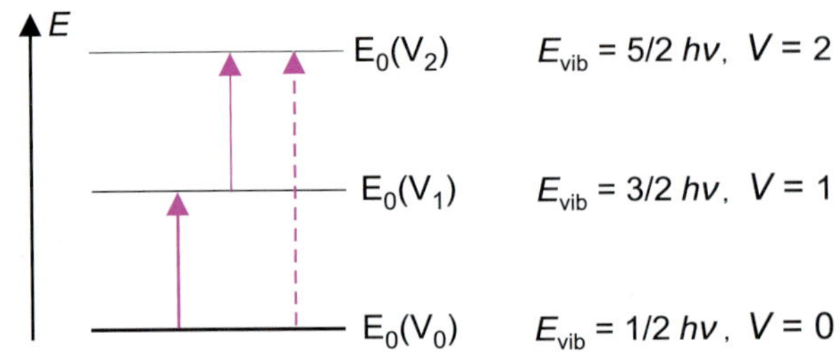

그림 10.4 **$V=0$에서 $V=2$로의 전이는 약한 조화띠에 해당한다.** 중적외선의 광자들의 에너지를 상기한다면 첫 번째 들뜬 상태($V=1$)는 바닥(기본 진동) 상태보다 10^6배 적게 점유된다는 것을 계산할 수 있다. 조화 전이는 근적외선에서 이용된다.

다. 하지만 실용성 때문에 현재의 많은 분광기는 중적외선과 근적외선을 모두 수용하는 400부터 8000 cm^{-1} 범위까지 적용할 수 있다.

10.5 실제 화합물

조화 진동자 모형은 완벽한 용수철과는 거리가 먼 실제 화합물의 특성을 고려하지 못한다. 힘 상수 k는 원자간 거리가 멀어지면 감소하고, 역으로 가깝게 접근하면 크게 증가한다. 따라서 좀 더 정교한 모형은 실험적으로 관찰된 진동의 비조화성과 관련된 보정항을 사용한다.

중적외선의 광자 에너지는 식 10.2에 있는 양자화된 E_{Vib}와 E_{Rot}를 변경시키기에 충분하다. 그로 인해 진동–회전 스펙트럼이 생기며 각 진동 전이에 수십 개의 회전 전이가 수반된다. 간단한 분자들의 경우는 각 흡수띠의 독특한 모양에 대한 해석이 가능하며, 이로 인해 경험과 이론에 의해 허용된(permitted) 전이에 대한 규칙을 정립하는 것이 가능해졌다. 이런 관점에서 일산화 탄소나 염화 수소(그림 10.5)와 같은 작은 분자들이 많이 연구되어 왔다.

식 10.9는 가능한 흡수의 정의를 나타낸다.

$$\Delta E_{VR} = (E_{VR})_2 - (E_{VR})_1 = \Delta E_{\mathrm{Vib}} + \Delta E_{\mathrm{Rot}} \tag{10.9}$$

각 원자들은 세 직교좌표(x, y, z) 중 어느 축을 따라서든 움직일 수 있으므로, 3의 자유도를 가진다. 따라서 N개의 상호 작용하는 원자를 가진 다원자 분자는 $3N$의 자유도를 가지는 것으로 정의될 수 있다(10.3절 참조). 분자의 무게 중심의 움직임(분자의 병진 운동)을 정의하기 위해 3개의 좌표가 요구되므로, 나머지 $3N$-3이 진동 및 회전에 해당하는 내부 자유도이다. 일반적으로 3개는 분자의 회전을 정의하는 데 요구되며, 나머지 모두, 즉 $3N$-6이 기본 진동에 해당한다(분자축을 중심으로 한 회전이 자유도를 구성하지 않는 선형 분자의 경우 진동 자유도는 $3N$-5로 감소한다). 따라서, 30개의 원자로 이루어진 분자는 84개의 정규 진동방식(normal modes of vibration)

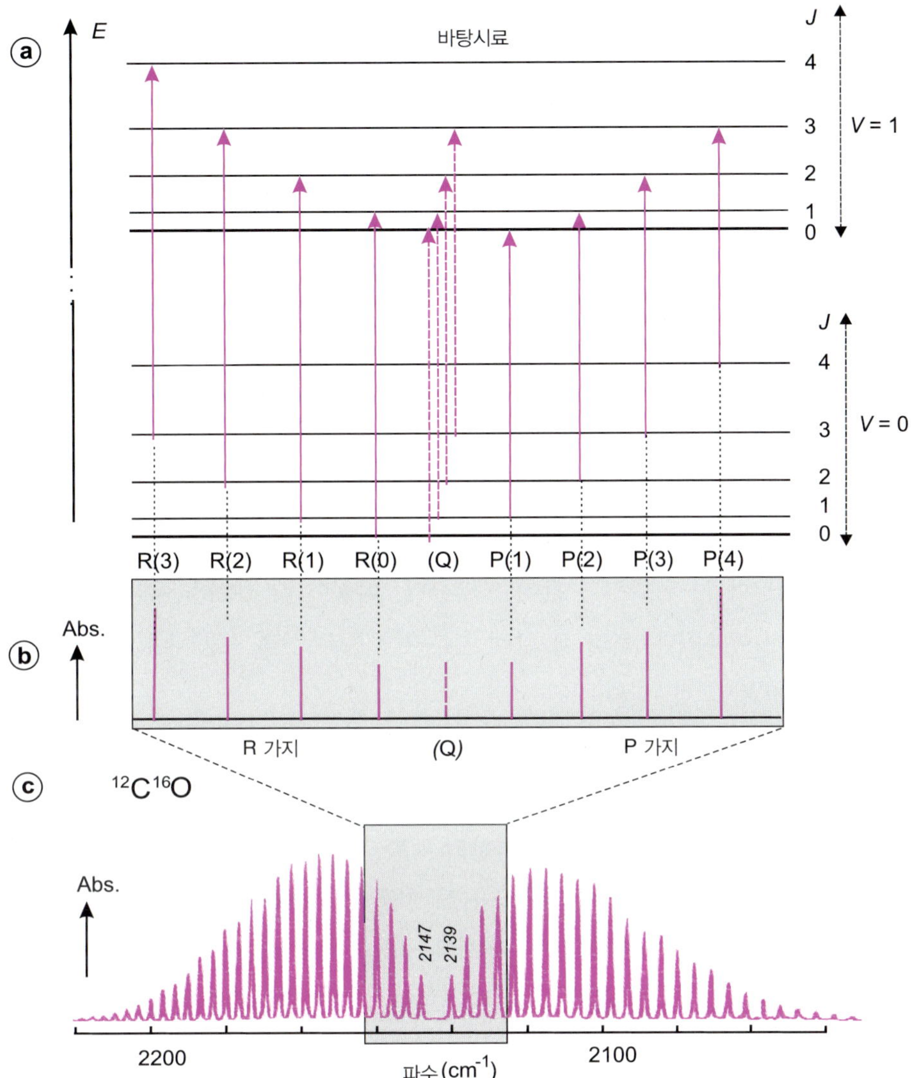

그림 10.5 일산화 탄소의 회전/진동 준위 V와 J는 각기 진동 및 회전 양자수이다. 기본 진동은 $\Delta V = +1$ 및 $\Delta J = +1$에 해당한다. (**a**) 한 회전–진동띠는 허용된 양자 전이 전체에 해당한다. 도표의 척도가 cm^{-1}인 경우 각 화살표들은 각 흡수 파수에 해당한다. (**b**) R–가지들은 $\Delta J = +1$이고, P–가지들은 $\Delta J = -1$이다. 그들은 스펙트럼에서 (금지된 전이에 해당하는 $\Delta J = 0$로 가정되는) Q의 양쪽에 위치한다. (**c**) 일산화 탄소(압력 1000 Pa)의 회전–진동 흡수띠. 많은 선들은 선택 규칙의 원리를 설명한다. 비조화성 때문에 인접한 회전 봉우리 간의 파수차가 일정하지 않다.

을 가지며, 적외선을 흡수하기 위해서는 쌍극자 모멘트의 변화가 있어야 하므로 모든 진동이 활성(active)을 갖는 것은 아니다. 이렇게 많은 수의 에너지 준위 때문에 (거기에 조합진동과 조화까지 더하여) 복잡하면서도 각 화합물에 대해 독특한 스펙트럼이 생긴다.

10.6 유기 화합물의 특징적인 흡광띠

구조 분석 방법으로서 적외선 분광법을 활용하기 위해 모든 종류의 화합물에 대해 위의 규칙들이 적용되어 왔다. 어떤 띠들의 최고점의 위치와 유기 분자 내 특정 작용기의 존재 또는 분자 골격의 구조적 특징 사이에 상관관계가 실험적으로 관찰되어 왔으며(표 10.1 참조), 이런 특성은 각 유기 작용기들이 여러 원자의 총체적인 결합 유형에 해당한다는 사실로부터 유래했다.

이러한 특성은 몇 개의 원자로 구성된 유기 작용기가 존재하는 모든 분자에서 공통적인 스펙트럼이 발견된 것에서부터 시작하였다. 주어진 결합에 대해 힘 상수 k(식 10.3)는 분자마다 거의 변하지 않는다(일반적으로 단일 결합 $k \approx 500\ \mathrm{N \cdot m^{-1}}$, 이중 결합 $k \approx 1000\ \mathrm{N \cdot m^{-1}}$, 삼중 결합 $k \approx 1500\ \mathrm{N \cdot m^{-1}}$). 더욱이 주어진 유기 작용기의 환산 질량(식 10.4 참조)은 분자량이 증가함에 따라 한정된 값에 도달한다. 이것이 각 유기 작용기의 흡수가 특성 파수에서 나타나는 이유이다. 가장 잘 알려진 분자 운동은 신축 진동(대칭 및 비대칭)과 각 변형의 굽힘 진동이다(그림 10.6).

유기 작용기를 포함한 모든 분자에서 공통적인 신축 진동과 관련한 흡수띠는 주로 1500~4000 $\mathrm{cm^{-1}}$ 영역에 위치한다. 초창기에는 이 영역의 연구를 통한 화학 물질의 분자 작용기 분석 연구가 많았다. 반면, 단일 결합의 신축 진동띠가 발견되는 1500 $\mathrm{cm^{-1}}$ 미만의 스펙트럼 부분은 서로 다른 결합과 구조의 굽힘 진동띠의 스펙트럼 범위에 해당하며, 각각의 화합물에 대해 나타나는 흡수띠를 모두 해석하는 것은 매우 어렵다.

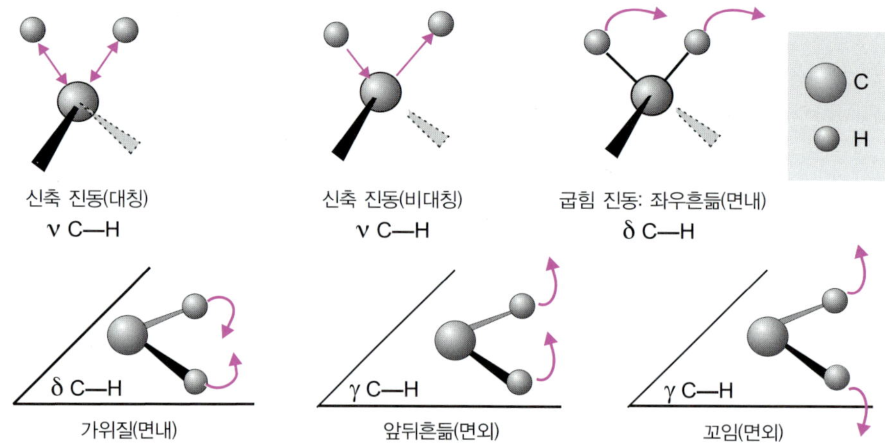

그림 10.6 비선형 작용기 CH_2의 주요 진동 방식 특징적인 신축 진동과 면내 및 면외 굽힘 진동. 적외선 분광법에서 각 띠들의 세기와 위치는 분자와 용매의 극성 등에 따라 변할 수 있다.

표 10.1 작용기와 흡수띠 사이의 중적외선에서의 상관관계 도표

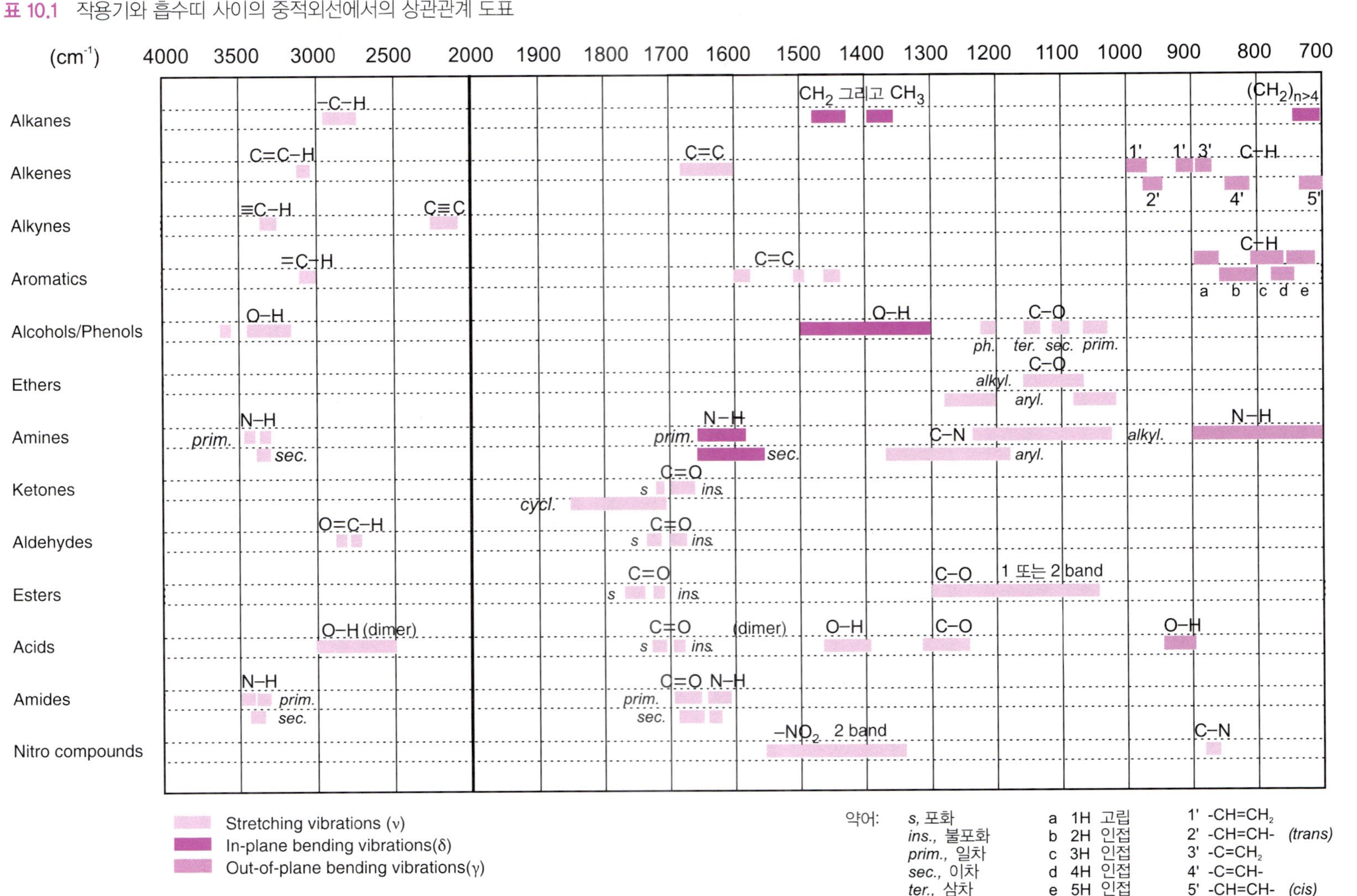

형식적 제한은 없으나 기기적인 이유로 1~2.5 μm(4000~10000 cm^{-1}) 영역은 오랫동안 무시되어 왔다. 그러나 최근 근적외선의 검출기 및 투명 광섬유의 발달과 화학적 측정 방법의 개발이 연계되어 근적외선 영역의 기술 발전이 가능하게 되었다. 근적외선 *NIR*(near infrared) 영역의 스펙트럼은 흔히 뾰족한 봉우리가 없는 곡선으로 나타나지만, 이것은 시료를 대표하는 지문과 같이 사용될 수 있다. 유기 화합물의 경우 근적외선 흡수 대역은 조화대역 또는 CH와 OH, NH 결합의 기본 진동 조합 대역(약 3000~3600 cm^{-1})에서 발생한다. 따라서, 카보닐 화합물의 경우 C=O의 기본 진동($\bar{\nu}_0 = 1700$ cm^{-1})의 처음 두 조화 진동은 3400 (2 $\bar{\nu}_0$)과 5100 cm^{-1}(3 $\bar{\nu}_0$)에서 각각 나타난다. 같은 작용기에서 둘 이상의 진동방식 간의 상호 작용으로 조합 진동띠들이 생기고, 이는 앞의 띠들과 겹쳐질 것이다. 그 해당 전이의 에너지는 대략 각각의 합이다.

3020 cm^{-1}와 1215 cm^{-1}에서 흡수하는 클로로폼은 4220 cm^{-1}에서 또한 흡수할 것이며, 이는 대략 앞의 두 값의 합에 해당한다.

10.7 적외선 분광기와 분석기

이들 기기는 간섭적인 측정으로 모든 스펙트럼 영역을 동시에 분석할 수 있는 **Fourier 변환 분광기(Fourier transform spectrometers)**와 특수한 분석기를 가진 다양한 **분산형 분광기(dispersive-type spectrometers)**가 있다. 첫 번째 종류는 스펙트럼 계산을 위해 특수화된 마이크로프로세서와 연결된 Michelson형 간섭계 또는 이와 유사한 장치를 사용하며, 두 번째 종류는 관심 주파수 영역을 주사할 수 있는 구동장치가 달린 단색화장치 또는 필터를 사용한다(그림 10.7).

오랫동안 중적외선 분광기들은 겹빛살형 설계를 원칙으로 제작되었다. 자외선/가시선 기기에 여전히 사용되고 있는 이런 복잡한 광학 장치들은 실시간으로 투광도를 측정하여 시료의 스펙트럼을 내는데, 투광도는 각 파장에서 다른 두 빛, 즉 시료와 기준 물질을 통과한 각각의 빛 세기를 비교하여 계산된다. 이 때문에 광원에서 나온 빛은 일련의 거울에 의해 두 빛살로 나누어져, 하나는 시료 칸막이를 다른 하나는 기준 칸막이를 통과하여 회절발로 향한다. 단색화 장치에 의해 한정된 작은 파장 간격으로, 각각의 두 경로를 따라온 빛은 교대로 검출기에 모인다. 이러한 배열은 1초에 열 번 정도 회전하는 부채꼴 거울과 같은 광학 토막기에 의해 만들어진다. 측정된 이 두 신호의 비가 관심 파장에서의 투광도이며, 한 번에 한 파장씩 측정된다. 이런 분산형 기기를 종종 회절발 분광기 또는 주사 분광기라고도 부른다.

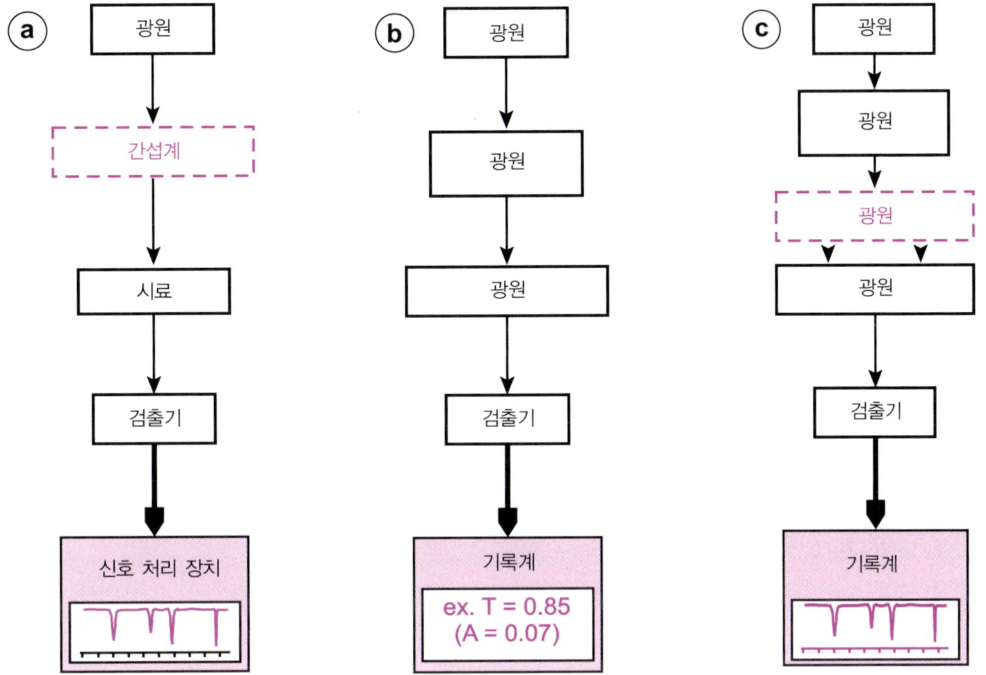

그림 10.7 적외선 분광기와 분석기의 개략도 (a) Fourier 변환 홑빛살 모형 (b) 단일 파장에서 측정하면 충분한 경우에 사용되는 고정된 단색기 또는 필터를 가진 홑빛살 분석기 (c) 겹빛살 분산형 분광기. 자외선/가시광선 분광광도계와는 달리, 시료가 단색기 앞에 놓여 있어 광원의 전체 복사선에 지속적으로 노출된다. 적외선의 광자 에너지는 화학 결합을 깰 만큼 높지 않아서 시료가 변질되지 않는다.

10.7.1 Fourier 변환 적외선 분광기(FTIR)

FTIR 분광기에는 광원과 시료 사이에 위치하는 핵심 부품인 간섭계(대개 Michelson형)라는 홑빛살형 광학 장치가 있다(그림 10.7a).

다색 광원으로부터 방출된 복사선은 입사 방향에서 45°로 기울어지고, 장치 중앙에 위치한 **빛살 분할기(beam-splitter**, KBr판에 저마늄 필름을 증착한 반반사 판)에 다다른다. 이 장치는 빛살을 반씩 둘로 나누고, 그중 하나는 고정 거울로 다른 하나는 빛살 분리기와의 거리가 변하는 이동 거울로 향한다. 이후 두 빛살은 다시 합쳐져서 동일한 광경로를 따라 시료를 통과한 후 검출기에 도달하며, 검출기는 받은 총 빛의 세기를 측정한다. 이것이 여기서 광학 신호의 영역에 적용되는 다중도 과정이다.

Michelson 간섭계의 핵심은 양쪽 끝의 사이를 왕복하는 유일한 이동 부품인 이동 거울이다. 두 빛살이 검출기까지 여행한 경로의 거리가 같은(광경로 차이가 0) 위치에 거울이 있을 때, 간섭계를 떠나는 빛살의 광성분은 들어갈 때와 동일하다. 반면에 이동 거울이 이 특정 위치에서 변할 때, 간섭계를 떠나는 빛은 두 빛살의 위상차에 따라 스펙트럼 성분을 갖게 된다. 일정 시간 동안 검출기에 의해 전송된 신호는 **간섭 그림(interferogram)**의 형태로 기록된다.

$$(\text{총 세기}) = f(\delta)$$

여기서는 두 빛살 간의 경로 차이를 나타낸다(그림 10.8).

광학대의 조종과 데이터의 취득은 특수한 전자적 연결 장치(electronic interface)에 의해 조절된다. 거울이 이동하는 동안 검출기에 연결된 ADC 변환기는 수천 개의 자료점 형태로 간섭 그림을 수집한다. 각각의 이 값들은 이동 거울의 각 위치에 해당하며 시료를 통과한 전체 세기를 나타낸다. 이것이 1차 방정식의 두 번째 항이며, 이 식에서 미지수는 n개의 다른 파장의 진폭에 해당하고, 거울의 각 위치에서 시료에 의해 흡수된 후의 값이다. 이 수천 개의 값들로부터 전문화된 마이크로프로세서가 Cooley 알고리즘을 이용하여 매우 짧은 시간에 거대한 행렬 계산을 수행하여 각 파장의 진폭을 산출한다.

계산 방법에 따라 부과되는 분해능 인자를 기억한다면, 스펙트럼의 고전적인 표현인 $I = f(\lambda)$ 또는 $I = f(\bar{\nu})$가 얻어진다. Nyquist 이론에 의하면 계산에 의해 주어진 파장의 스펙

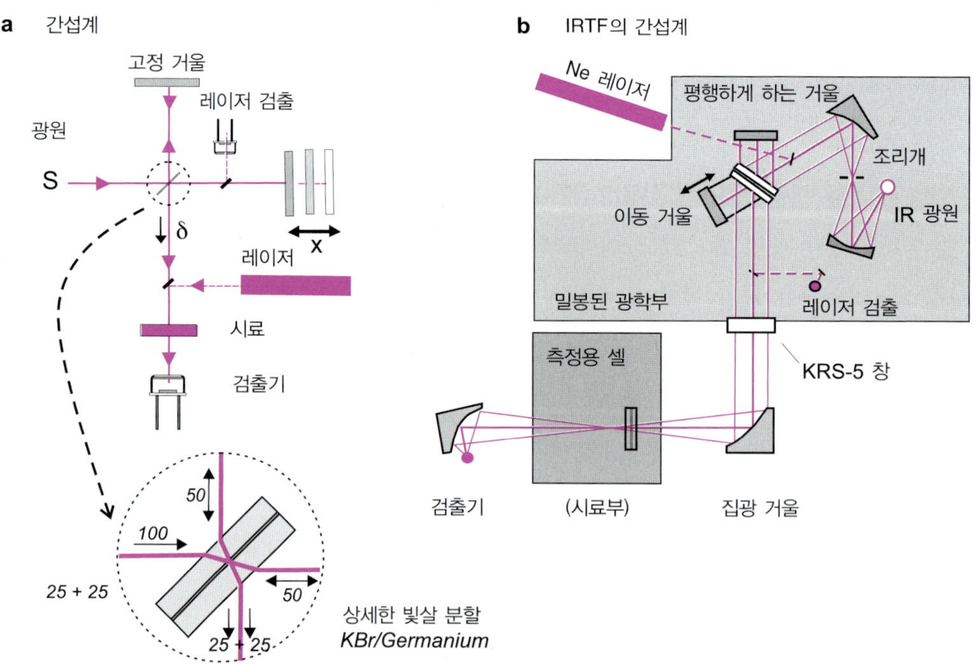

그림 10.8 **Fourier 변환 장치의 광학 부품** (a) 90° Michelson 간섭계. 아래는 빛살 분리기의 상세도 (b) 홑빛살 분광기(Shimadzu model 8300)의 개략도. 저출력 He/Ne 레이저가 간섭 방식으로 정확하게 이동 거울의 위치를 확인하기 위해 내부 표준(632.8 nm)으로 사용된다(소프트웨어에 의해 광경로 차이를 결정하기 위해 동일한 광경로를 따르는 이 두 번째 sinusoidal 간섭 그림이 사용된다).

트럼을 얻으려면 최소한 각 주기당 두 점이 필요하다. 겹빛살 분광기로 얻은 것과 같은 스펙트럼을 얻기 위해서 2개 스펙트럼의 투광도가 기록된다. 첫 번째는 시료가 없을 때(바탕흡수)이고, 두 번째는 시료가 있을 때의 것이다. 이 두 스펙트럼으로부터 %T로 표시되는 전통적인 스펙트럼이 얻어진다(그림 10.9).

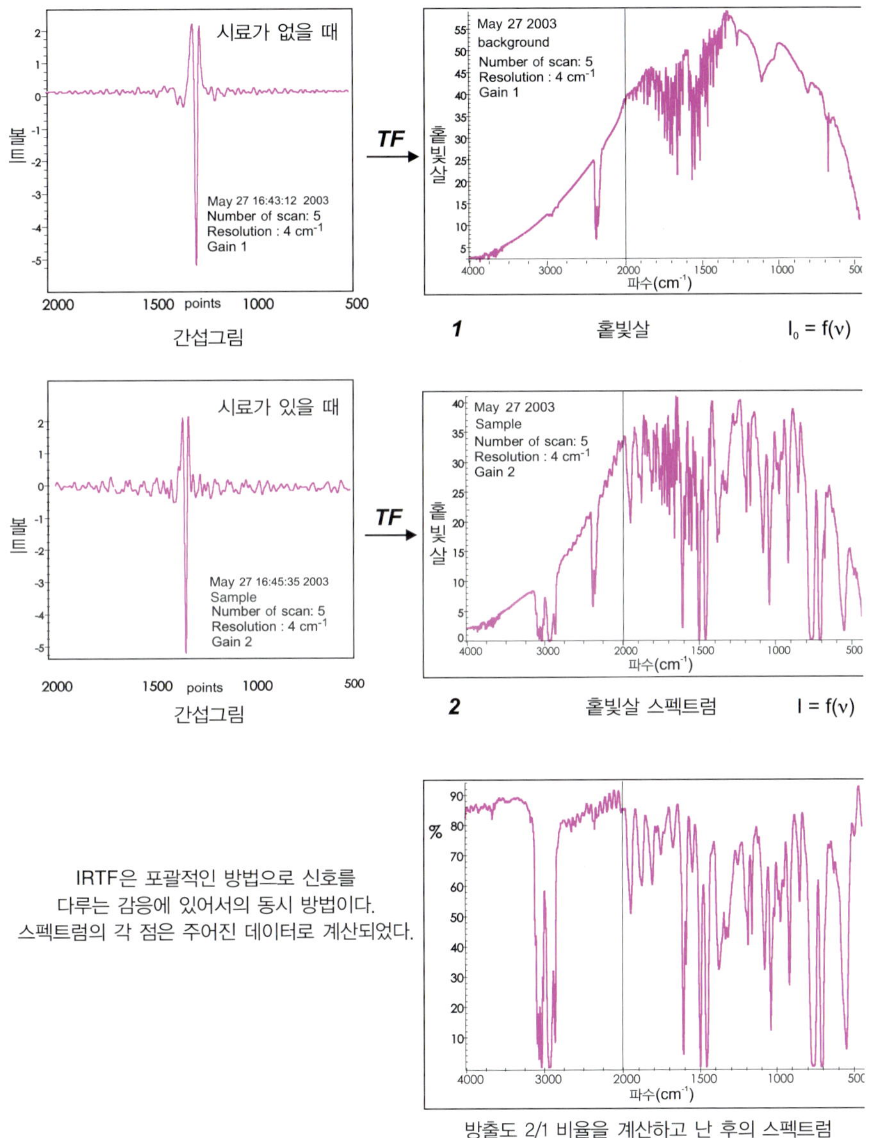

그림 10.9 Fourier 변환 적외선 분광기를 사용한 겹빛살유사 스펙트럼을 얻는 순서 기기는 두 스펙트럼을 기록하고 기억하는데 파수의 함수로서의 I_0(바탕)과 I(시료)의 변화를 나타낸다(스펙트럼 1과 2). 다음은 각 파수에 대해 $T = I/I_0 = f(\lambda)$를 계산함으로써 겹빛살형의 기기로 얻는 것과 똑같은 전통적인 스펙트럼이 계산된다. 광경로에 존재하는 대기 중 CO_2와 H_2O에 의한 강한 흡수는 이런 방법으로 제거된다. 폴리스타이렌 필름의 스펙트럼에 대한 예.

프랑스의 수학자 J. B. Fourier(1768−1830)는 자신이 그렇게 유명해지리라고 생각하지 못했으나 컴퓨터의 출현과 함께 유명해졌다. 1808년에 열의 전달에 관한 논문에 실린 그의 계산 원리는(음향진동, 광학 또는 질량 분광) 스펙트럼과 영상의 처리에 관한 수많은 과학적 소프트웨어 패키지에 응용된다. 전설에 의하면 Napoleon의 군대가 그에게 대포의 치수를 개선하라고 요청했을 때, 그가 이 계산에 몰두했다. 일반적으로 말하면, 변환은 자료를 한 형태의 측정으로부터 다른 형태로(예를 들어, 시간으로부터 파장으로) 바꾸는 것을 가능하게 하는 수학적 연산이다.

FT−중적외선(MIR) 분광법(근적외선 분광법에도 적합함)으로 설명된 다중 측정 분광법(광원, 검출기, 분해능 등)은 다음과 같은 장점이 있다.

- 신호 대 잡음 비의 개선(**Fellget 장점**): 간섭계 사용을 통한 다중화는 격자분광기보다 훨씬 높은 신호 대 잡음 비를 나타내며, 분산 시스템에 비해 데이터 확보 시간이 단축되어 많은 수의 스펙트럼을 축적하여 이 비율을 더 향상할 수 있다.
- 광량의 증가(**Jacquinot 장점**): 간섭계의 유입구에 더 큰 광학 조리개를 사용할 수 있어 분산 분광계보다 광량이 20~300배 더 많다. 이에 따라 더 많은 에너지를 검출기 신호로 제공한다.
- 더 높은 파장 정밀도(**Connes 장점**): He−Ne 제어 레이저를 사용하여 안정적인 632.8 nm(15802.7 cm^{-1})에서 자체 보정을 실시한다. 이를 통해 매우 우수한 스펙트럼 재현성을 확보할 수 있다.
- 검출기에 도달하는 예상치 못한 복사선과 관련한 매우 낮은 미광을 감소시킨다.
- 전 영역에서 보다 우수하고 안정적인 분해능을 제공한다.

10.7.2 중적외선 분석기

음주측정기를 포함하여 인명 보호 및 특수목적 분석에 사용되는 다양한 소형 장치는 중적외선 또는 원적외선의 흡광도 측정을 기반으로 한다. 필터 장치에서 휴대용 FTIR(그림 10.10)에 이르는 장치들이 매우 약한 흡광도(1×10^{-5})까지 측정할 수 있다. 특히 이들은 일산화 탄소, 이산화 탄소, 암모니아, 메탄올, 에탄올, 메테인 등 여러 화합물과 100여 가지 기체 성분에 대해 ppm 수준의 농도까지 안정적으로 측정할 수 있다. 자동차 배기가스의 일산화 탄소와 이산화 탄소 농도를 측정할 때, CO는 약 2170 cm^{-1}(그림 10.5), CO_2는 2350 cm^{-1}(그림 10.10과 10.11)의 흡광도를 측정한다. 에탄올은 1050 cm^{-1}에서 1차 알코올의 특징적인 흡광도를 측정한다.

광원은 정확한 파장을 방출하는 레이저 다이오드나 간섭 필터와 연결된 실리카 덮개의 단순한 필라멘트일 수 있다. 검출기는 초전기(pyroelectric) 유형이다. 이러한 **적외선 색도계**

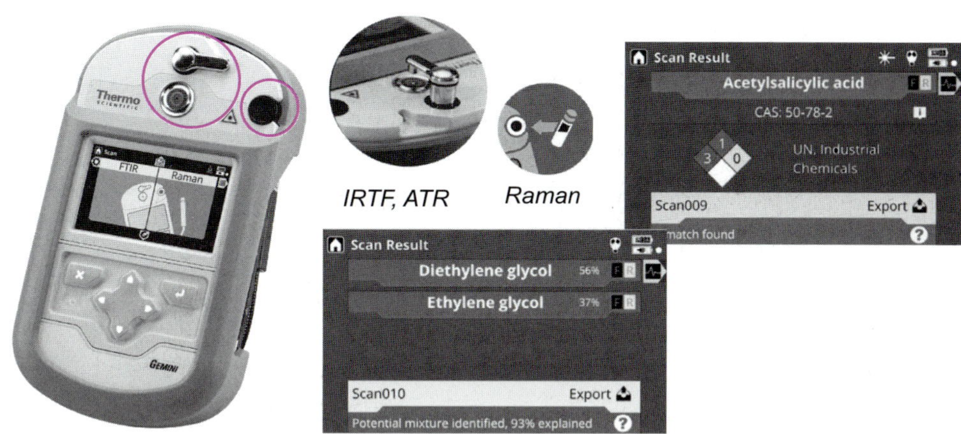

그림 10.10 휴대용 FTIR과 Raman(Raman) 분석기 이 휴대용 장치는 액체 및 분말 시료 분석을 위해 FTIR 및 Raman 분석 2가지 기술이 모두 포함되어 있다. 상단에는 IR 분석을 위한 단순 반사 ATR 장치(10.9.3절 참조)와 Raman 분광분석을 위한 시료 용기 자리가 있다. 기기에는 시료를 즉시 구분할 수 있는 통합 분광기가 있다. (Thermo-Scientific의 Gemini 모델)

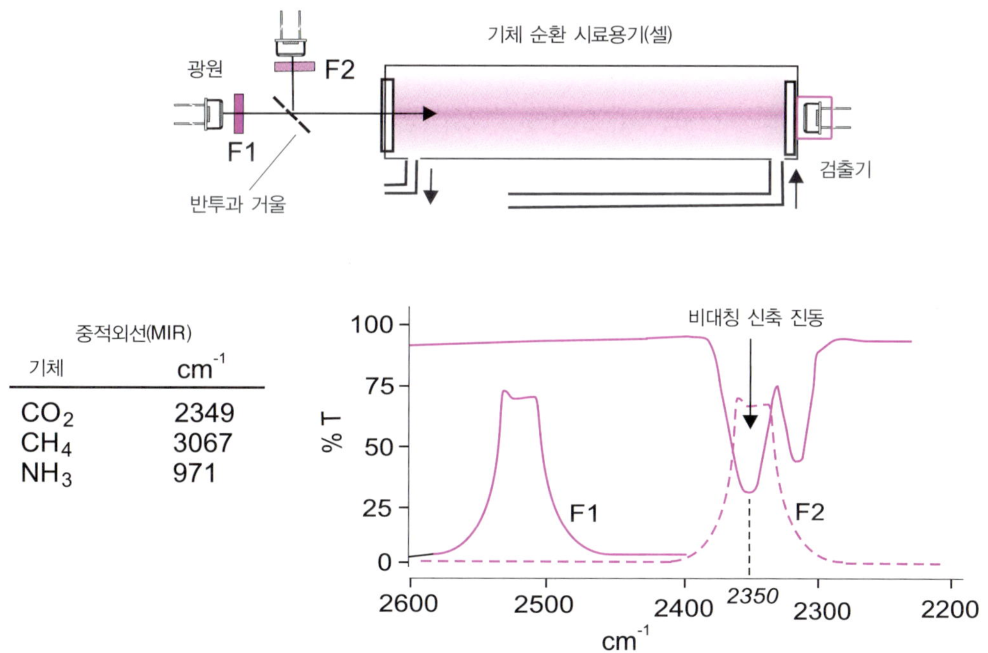

그림 10.11 비분산형 기체분석기 두 개의 서로 다른 필터를 사용하여 선택된 파장의 빛을 반투명 거울을 사용하여 교대로 정량 분석이 필요한 기체 시료가 담긴 시료 용기에 투과시킨다. 분리된 한 빛(F1)은 시료를 통과하지 않는 바탕 경로로 이동하고, 나머지 한 빛은 시료를 통과하며 특징적인 파장을 갖는다. 두 측정으로부터 얻은 흡광도는 농도를 구하는 데 사용된다. 그림은 두 필터 F1과 F2의 통과 대역이 중첩된 이산화 탄소의 스펙트럼이다.

(**infrared colorimeter**)는 다른 원리를 사용하는 전류 측정 검출(제20장 참조)과 서로 경쟁 관계에 있다.

10.8 중적외선(Mid-IR) 영역에서 사용되는 광원과 검출기

10.8.1 광원

근적외선과 중적외선 분광기에서 사용되는 연속 복사선은 근적외선 범위에서는 QTH 전구(할로젠이 충진된 석영 외피의 텅스텐 필라멘트로 구성, 약 3000K)가 사용되며, 중적외선 범위에서는 1000~2400 K 온도를 갖는 세라믹 또는 금속 산화물이 사용된다(그림 10.12).

이들 중 저항 역할을 하는 탄화 규소(SiC, carborundum) 막대로 구성된 Globar 광원은 Joule 효과에 의해 1500 K로 가열된다. 이와 함께, 산화 금속으로 구성되어 흑체 복사에 비해 방사율이 향상된 광원도 있으며, 이들은 보호 외피 없이(Nernst광원) 1300 K까지 가열되

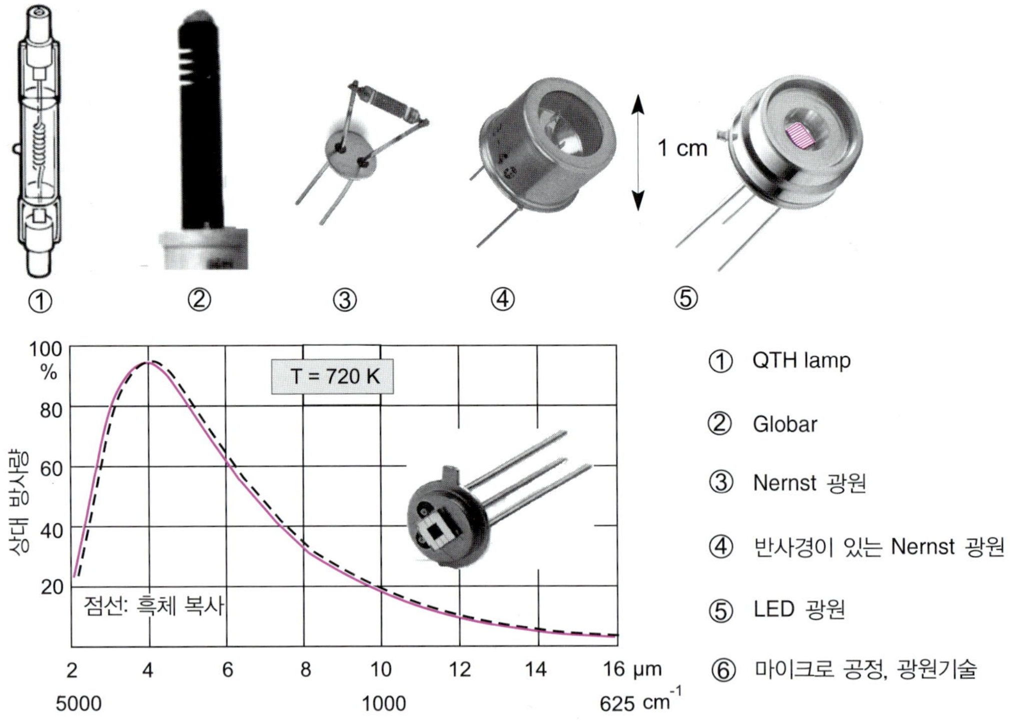

그림 10.12 근적외선 및 중적외선에 사용되는 일부 광원들 상단: 일반 장비와 특수 장비에 사용되는 일부 광원[Oriel 제품(1), Hawkeye 제품(3), Thorlab 제품(4), Axetris 제품(6)], 하단: 휴대용 적외선 분석기(Axetris의 EMIRS-50)용 저전력 광원으로 미세 가공 공정을 통해 제조. 1000°C 미만에서 동일 온도의 흑체와 매우 유사한 방출 곡선을 갖는다. 반사경 유무와 상관없이 IR에 투명한 재료창(예, BaF_2)으로 싸여 있다.

어 가시광선에서 약 25 μm까지 넓은 스펙트럼을 방출하고, 최대 강도 파장은 Wien 법칙에 따라 $\lambda = 3000/T$(λ = μm, T = 켈빈온도)를 갖는다.

이와 같은 광원 외에도 사용 장치나 다양한 분석기, 생산공정에서의 요구에 맞는 장치를 위한 다양한 광원이 있으며, 이들 중 대부분은 단일 파장을 측정하는 고정 파장의 발광 다이오드(LED) 혹은 IR 레이저로 구성되며, 이산화 탄소 레이저 혹은 양자 연쇄 반응 레이저(Quantum cascade lasers, QCL)와 같이 수 μm 범위를 제공하는 저전력 광원이다. 장치의 광학 부품을 단순화할 수 있는 이러한 광원은 산업설비에 점점 더 많이 사용되고 있다.

10.8.2 검출기

최초 분광광도기의 낮은 검출 감도로 인해 오랜 기간 적외선 범위의 광자 검출은 매우 어려웠다. 기기의 사용 방법이나 유형에 따라 광자 흡수에 의해 방출되는 열감지기(가장 단순한 것은 서미스터(thermistor), 열전쌍(thermocouple), 열전퇴(thermopile)) 혹은 광자에 민감한 양자 감지기가 사용되며, 양자 감지기는 열감지기보다 신호 응답이 빠르다. 이외에도 다양한 검출기들이 장비에 사용되고 있다. Fourier 변환 분광기의 경우 광도의 빠른 변조를 수용할 수 있어야 하는 검출기에는 **초전기성 결정(pyroelectric crystal)** 혹은 광다이오드 형태의 **반도체(Semiconductor)**가 사용된다(그림 10.13). 경량의 작은 크기를 가지며, 낮은 열관성과 즉각적인 선형 반응을 나타낸다.

열전기 검출기(Pyroelectric detector)는 중수소로 치환된 황산 트라이글리신(DTGS)의 단결정 또는 두 전극판에 삽입된 탄탈럼산 리튬($LiTaO_3$)을 포함하고 있는데, 두 전극 중 하나

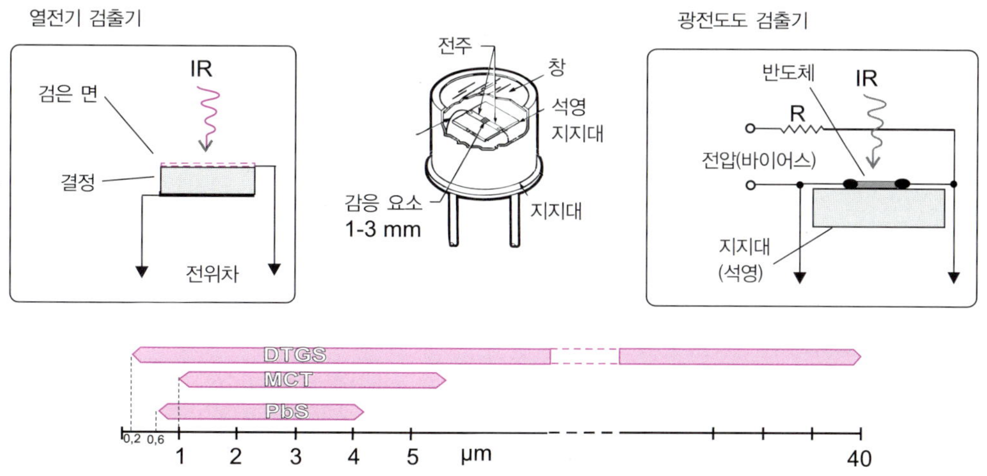

그림 10.13 적외선 검출기들 열전기 검출기와 반도체 검출기의 작동 원리. 가운데는 검출기와 용기의 일반적인 모양. 아래는 주요 검출기들의 가용 범위.

는 복사선에 반투명하여 빛살의 충돌을 흡수한다. 그것은 작은 온도 변화와 함께 전기 전하를 발생시킨다. 이 결정은 흡수된 복사선에 비례하여 분극화되어 축전기로 작용한다.

광다이오드 검출기(photodiode detector)는 반도체(semiconductor)로 되어 있고 광기전성 방식(무전압 경사)이거나 광전도체 방식(전압 경사가짐)이며, 이들은 P–N 접점이 있어 복사선의 영향으로 전자/홀 쌍을 생성하고, 발생된 PD(전위차)를 열린 회로에서 측정한다. 이런 형태의 검출기는 중적외선 영역에서는 비활성 지지체에 증착된 수은–카드뮴 텔루라이드(MCT)의 삼원 합금이나 인듐 안티모나이드(InSb)로 구성되어 있고, 근적외선에서는 황화납(PbS)이나 인듐/갈륨/비소(InGaAs)의 삼원 합금으로 구성된다. 이 검출기들은 액체 질소의 온도(77 K)로 냉각되면 감도가 향상된다.

10.9 시료 분석 기술

스펙트럼은 시료에 대한 투과나 반사에 의해 얻어진다. 반사법은 적외선에서는 일반적인 방법이며, 고체, 기체, 수용액 등 모든 종류의 시료에 대한 정성 및 정량 분석에 요구되는 것을 모두 만족시킬 수 있는 기본적인 방법이다.

10.9.1 광학 재료

가시광선이나 근적외선에 사용되는 전통적인 광학 재료들은 중적외선에서는 불투명해진다. 각각 독특한 스펙트럼 영역을 가지는 다른 결정이나 무정형 재료들이 검출기의 창이나 IR 셀에 사용되어야 한다. 이런 재료는 수십 개가 있는데, 가장 일반적인 것은 염화 소듐(NaCl)과 브로민화 포타슘(KBr)이다. 이런 깨지기 쉽고 물에 녹는 재료를 대신하여 아이오딘화 세슘(CsI는 200 cm^{-1}까지 투명하다), 염화 은(AgCl), KRS–5(브로모아이오딘화 탈륨(thalium bromoiodide))과 다이아몬드 등이 사용될 수 있다. 이런 재료들은 단단하고 불용성이며, 더 비싸다. 저마늄, 비소 및 셀레늄($Ge_{33}As_{12}Se_{35}$)으로 구성된 유리인 AMTIR(적외선을 투과하는 무정형 재료)은 최적의 소재이다.

10.9.2 투과 방법

이 방법은 시료가 충분히 투명할 때 사용되므로 얇은 시료에 사용된다.

- **기체(gas)**는 흡광도가 약하므로 적어도 수 cm의(그림 10.14) 매우 긴 광경로를 가지는 셀이 요구되며, 때로는 셀 내부에서 적외선을 다중 반사시키는 거울을 복잡하게 배열

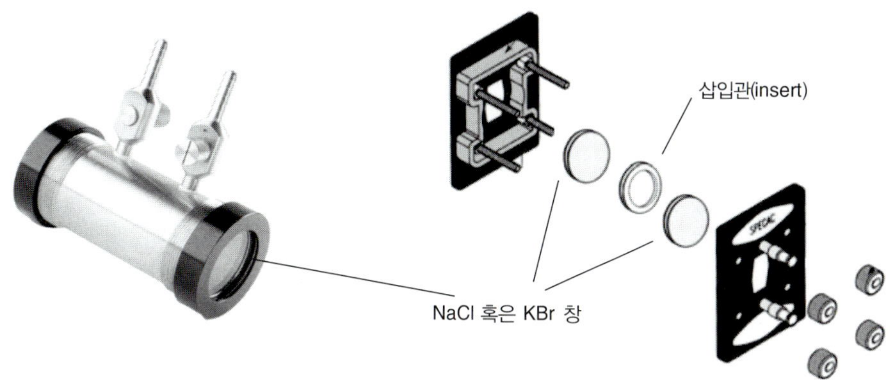

그림 10.14 중적외선에 사용되는 시료 용기(셀) 똑바른 광 경로의 기체 셀과 고정된 경로 길이의 단순한 액체 셀의 모양(Spectra Tech로부터 사용허가 받음). 창으로 사용되는 재료의 특성 때문에 교체가 필요하므로, 중적외선에서의 셀 설계는 분리될 수 있게 한다.

한 수백 미터에 이르는 셀도 있다. 이 경우 셀의 부피가 중요하며, 수 데시리터에 이르기도 한다.

- **액체(liquid)**는 정성적 또는 정량적 분석에 따라 다르게 분석된다. 스펙트럼을 얻기 위해 해체가능한 벽이 있는 두 개의 투명한 셀이 사용되며, 그 사이에 시료 한 방울이 놓인다(그림 10.14와 그림 10.15). 정량 분석에서는 측정 분석 대역에서 투명한 용매를 사용하여 정확한 광경로 길이를 제공하는 용기가 사용된다(그림 10.15).
- **고체(solid)**는 크기가 아주 크거나 분말 형태, 혹은 거칠거나 평평한 표면을 갖거나 다양한 두께 등 여러 형태로 나타날 수 있어 분석이 매우 까다롭다. 고체를 용매에 녹여 적당한 용액으로 만들 수 있다면, 액체 검사의 일반적인 방법을 사용할 수 있다. 고체를 1 μm 미만의 미세한 분말로 만들 수 있는 경우 광유(mineral oil) 혹은 무수 KBr과 같은 매트릭스에 분산시켜 측정가능하다. KBr을 사용하는 경우 고체 분석물과 KBr을 함께 막자사발에서 분쇄한 후 유압프레스(압력 5~8 ton/cm^2)를 사용하여 반투명 모양의 작은 원반 형태로 압축할 수 있다. 이것은 입자/공기 계면 사이에서 발생하는 강한 광분산을 줄이고, 장치의 광경로에 고체 상태로 측정이 가능하게 한다. 산란에 의한 빛 손실은 입자의 크기가 작을수록 감소한다.

10.9.3 반사 방법

반사를 통해 스펙트럼을 얻는 것은 앞에서 언급한 방법에 대한 대안으로 사용된다. 이에 해당하는 장치들은 **감쇠 전반사(attenuated total reflection)**, **거울 반사(specular reflection)** 또는 **확산 반사(diffused reflection)**에 기초하고, FTIR에만 사용되며, 반사광에 의해 얻어진 스펙

결정체	CaF_2	NaCl	KBr	CsI	AMTIR*	KRS-5**
한계(μm)	10	15	20	50	12	40

* $Ge_{33}As_{12}Se_{55}$ **TlBr + TlI 60:40%

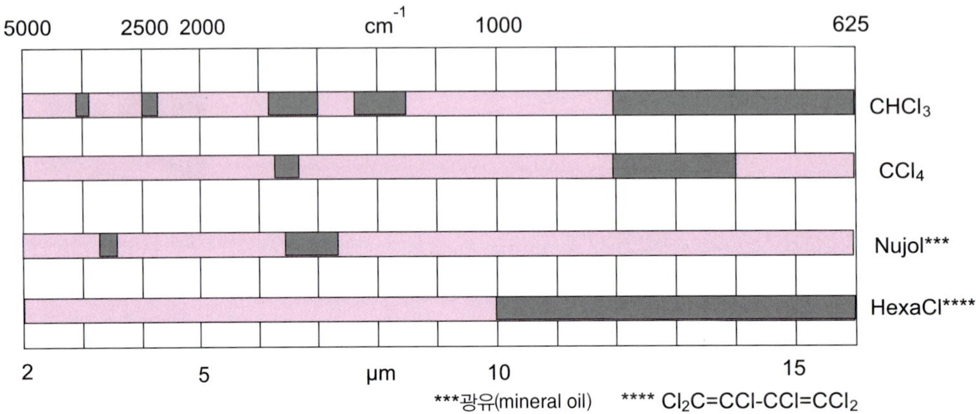

그림 10.15 중적외선에 사용되는 소재와 용매 소재별 시료 용기(셀)의 두께 한계는 표시 이하로 사용될 수 있다. 일부 화합물은 분홍색으로 표시된 영역에서 용매로 사용할 수 있다.

트럼은 컴퓨터 소프트웨어에 의해 보정되어야만 투광도 스펙트럼과 비교할 수 있다.

> 빛이 굴절률이 다른 매질의 표면에 닿을 때 입사각과 굴절률의 차이에 따라, 거울에서와 같이 전반사가 일어나거나 부분적으로 두 번째 매질에 약간 침투(중적외선에서는 겨우 수 μm)하였다가 감쇠 반사가 일어난다. 반사된 빛 스펙트럼의 구성은 연구 대상 화합물의 특성과 물질의 파장에 따른 굴절률 변화에 의존한다.

- **감쇠 전반사(ATR)**

저마늄($n=4$), AMTIR($n=2.5$), 다이아몬드($n=2.4$) 또는 KRS-5($n=2.4$)와 같은 고굴절률 n을 갖는 소재의 ATR은 시료와 시료 아래에 놓이는 재질의 계면에서 빛살이 한 번 또는 여러 번 반사되도록 구성되어 있다. 이 재질은 선택한 파장을 투과시키고 높은 굴절률을 가져야 한다(그림 10.16, 10.17b).

만일 입사각이 임계각보다 크다면, 빛이 시료를 반사할 때마다 수십 μm를 침투하며, 침투 깊이는 파장, 결정과 시료의 굴절률, 그리고 입사각에 의존한다. 이것을 종종 **소실파(evanescent wave)**라 부른다. 이런 방식으로 여러 번 연속되는 감쇠 전반사는 전통적인 투과법으로 얻어지는 것과 견줄만한 유효한 광경로를 확보한다. 하지만, 파장에 따라 달라지는 침투 깊이를 고려하여 스펙트럼은 보정되어야 한다. 이러한 방법은 고체, 분말, 액체(물을 포함하는 경우를 포함) 시료에 대해 여러 가지 목적으로 가장 많이

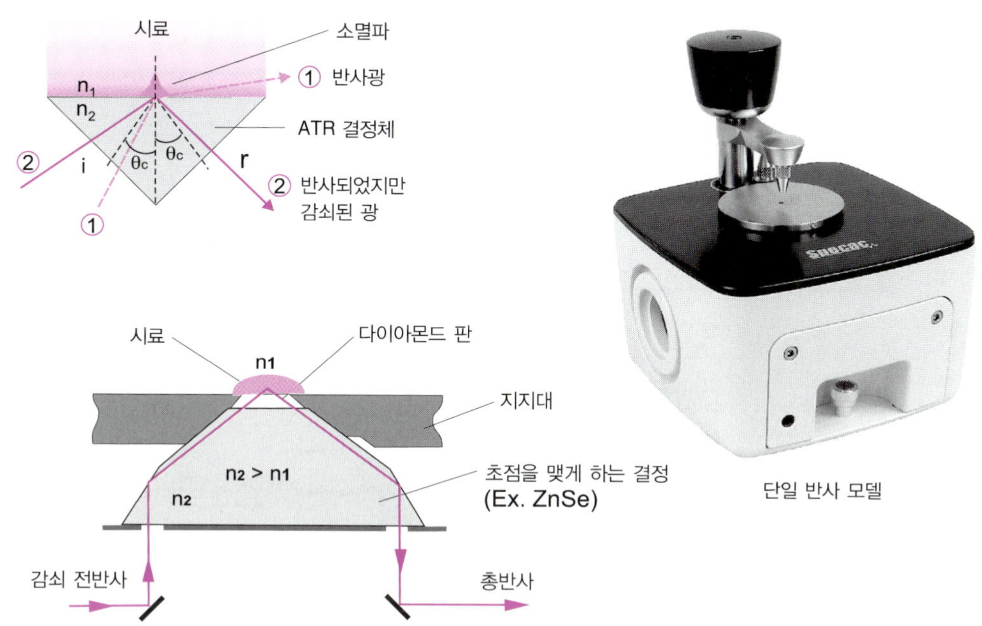

그림 10.16 임계각과 소멸각 입사각에 따른 두 광선의 반사 또는 굴절경로 비교. 단 한 번의 반사만 허용된 피라미드형 결정체가 있는 ATR 장치. 이 장치를 사용한 상용 기기 모델(Specac Ltd). 다이아몬드 날($n = 2.42$)로 보호된 결정과 시료 사이의 접촉은 분쇄에 의해 촉진된다.

사용되고 있다.

광섬유 탐침 ATR은 적절한 광섬유, 즉 수 미터의 거리에 걸쳐 적외선에 투명한 광섬유를 사용함으로써, 광학 장치로부터 떨어져 있는 시료를 연구하는 데 사용된다. 이들은 까다롭거나 가혹한 환경에서 빠른 조절이 가능하므로 분석될 제품에 찔러 넣는 침수 탐침으로 사용될 수 있다.

- **거울 반사**

최소의 빛이라도 반사하는 시료들(고분자 필름, 바니쉬, 코팅)을 보존하는 비파괴적인 방법이며, 입사광과 대응되는 방향으로 시료에 의해 반사되는 빛의 반사율을 측정한다(그림 10.17a). 반사광은 입사광의 매우 적은 부분에 해당하며, 파장에 따른 화합물의 굴절률 변화에 따라 달라진다. 시료에 의한 거울 반사 I와 시료 대신 알루미늄 거울로 대치해 얻어진 총 반사 I_0를 각 파장에 대해 비교함으로써, 기기는 반사 스펙트럼 $R = I/I_0 = f(\lambda)$를 계산할 수 있다. 마지막으로 Kramers-Kronig(K-K) 이론으로 알려진 수학적 변환에 의해 투과로 얻어진 것과 같은 유사 흡수 스펙트럼이 계산된다(그림 10.18a).

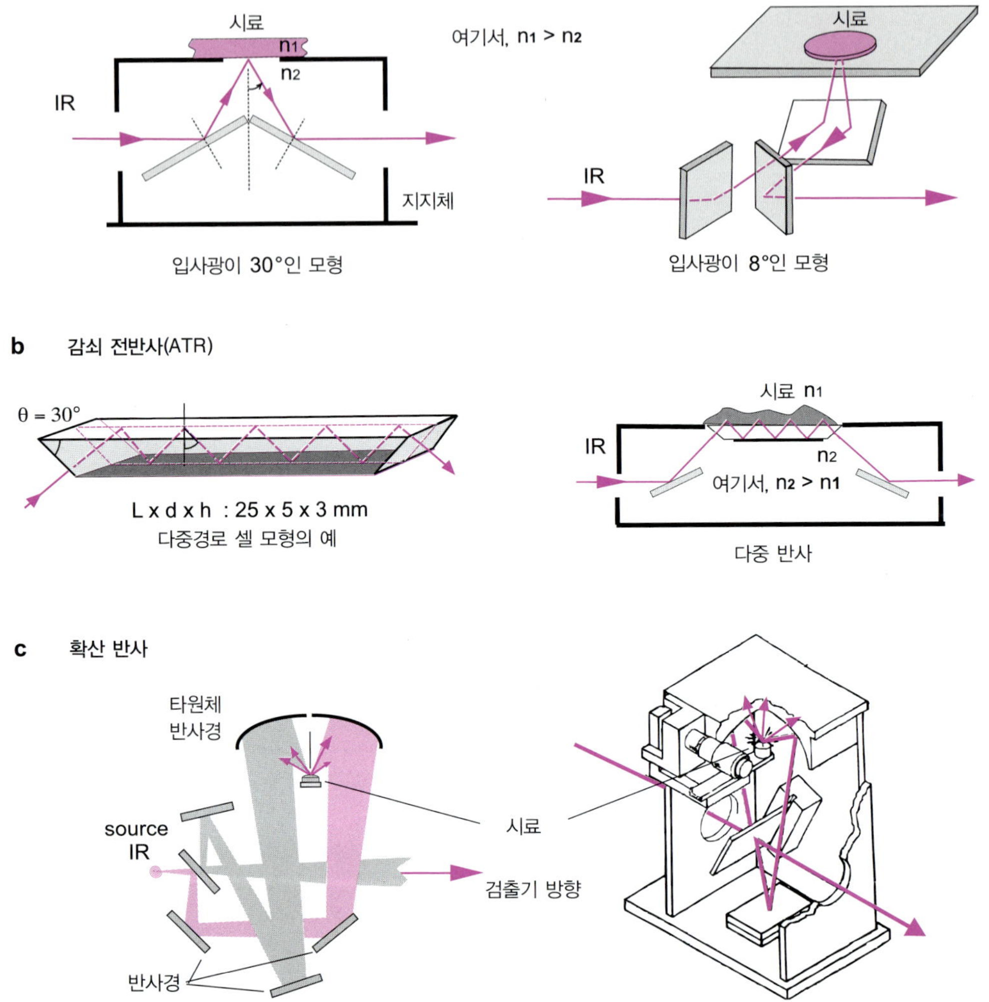

그림 10.17 MIR에 사용되는 3가지 유형의 반사 (a) 거울 반사 장치, 반사율이 높은 시료에 대해 고정각이 30°인 장치와 8°에서 다른 장치의 광경로, (b) 다중 반사용 피라미드 결정체를 사용하는 감쇠 전반사(ATR) 장치, (c) Spectra–Tech사의 확산 반사 장치와 조준경을 포함한 광경로 모식도

• **확산 반사**

이 장치는 정렬된 일련의 평면 거울과 타원형 거울을 가지고 있어, KBr에 분산된 고운 분말 시료에 의해 확산된 빛을 충분히 모을 수 있다(그림 10.18b). 이 확산 반사를 순수한 KBr에 의한 확산 반사와 비교함으로써 전통적인 투광도 스펙트럼과 유사한 스펙트럼을 얻을 수 있으며, 더 좋은 스펙트럼을 얻기 위해 마지막으로 Kubelka-Munk법에 의한 보정이 추가된다. 이 방법은 측정 소요 시간이 길어 더 이상 거의 쓰이지 않는다.

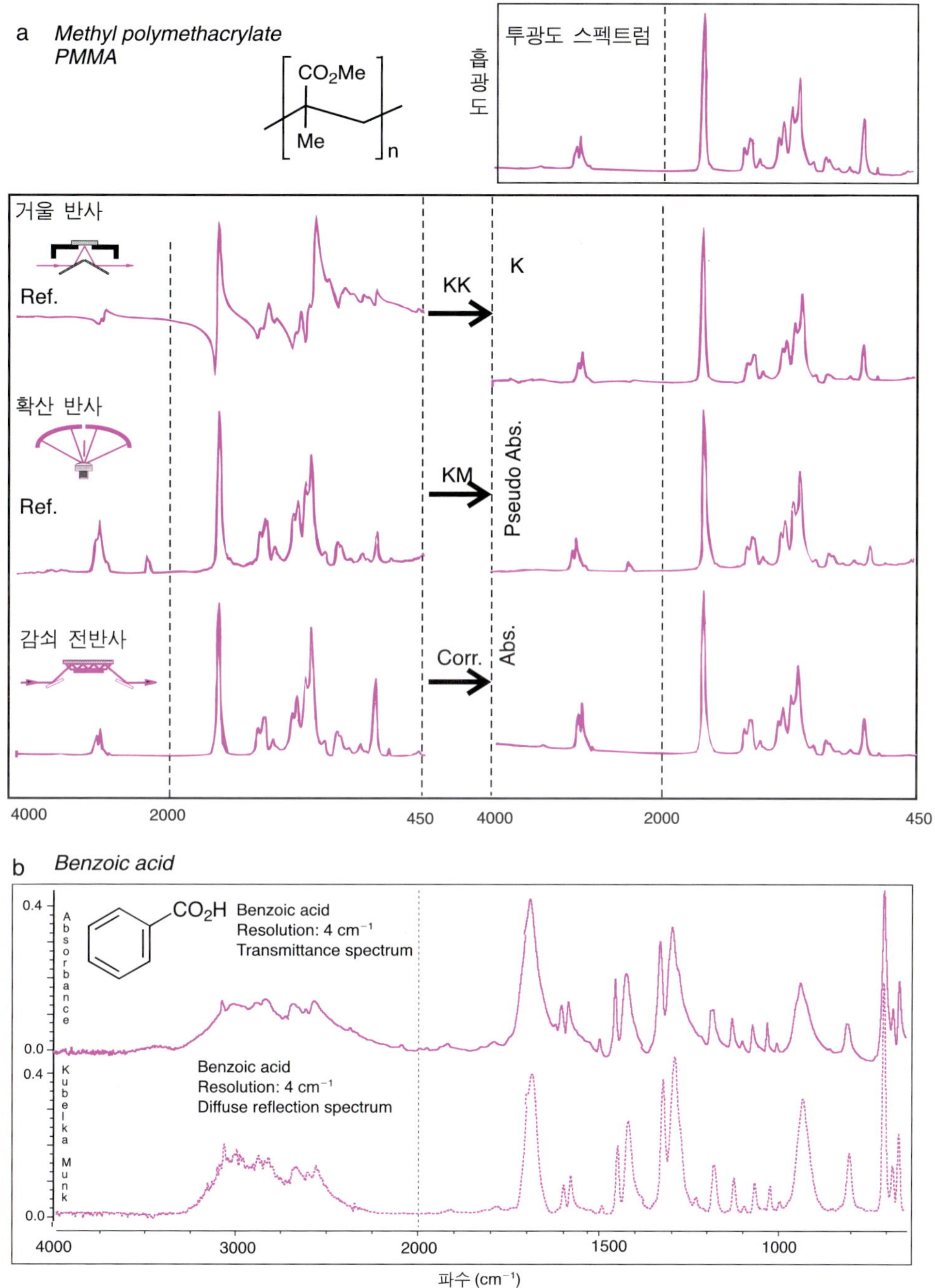

그림 10.18 반사에 의한 스펙트럼 (a) 유연 유리에 대한 세 가지 반사 형태가 나타나 있다. 왼쪽은 가공하지 않은 스펙트럼이고, 오른쪽은 보정 후의 스펙트럼이다. 위, 거울 반사의 본래 스펙트럼과 Kramers-Kronig 계산(반사의 변환)을 적용하여 얻어진 K 단위의 스펙트럼. 중간, 확산광에 의해 얻어진 스펙트럼. 본래의 스펙트럼과 Kubelka-Munk 보정 결과의 비교. 아래, ATR법으로 얻은 스펙트럼, 후자는 정교하게 보정하여 긴 파장에서 과장된 흡광도를 감소시켰다. (b) 벤조산의 두 스펙트럼의 비교: 하나는 투과법에 의한 것이고, 다른 하나는 확산 반사에 의한 것으로 K-M 보정한 것이다.

10.10 결합 기술

10.10.1 화학 영상 분광법

검출기의 높은 감도는 광학 현미경으로 조사할 수 있을 정도로 매우 작은 시료를 반사나 투과법으로 연구할 수 있게 한다. 따라서, 현미경과 FTIR을 결합하면, 10~30 μm의 시료를 검사할 수 있으며, 분석 한계는 회절 법칙과 신호/잡음 비에 의존한다. 공간 분해능은 분석 파장의 크기 차수에 따른다. 이 기술은 더 나아가 미세구조를 가지는 시료의 조성과 연결된 화학 지도를 얻을 수 있다. 이 장치는 관찰 현미경에 연결된 분광계로 구성되며(그림 10.19), 광학 전송 장치는 간섭계를 통해 현미경으로 적외선 복사를 편향시킨다.

> 많은 공업 제품이나 천연물들은 이종의 고체 혼합물이다. 화학 조성에 대한 평균값만 알려주는 전통적인 방법은 종종 불충분하다. 화학 영상 분광법은 새로운 분석적 진보의 일환으로 '어떤 화학종이 존재하며 어느 위치에 있는지'의 질문에 답을 제공한다. 예를 들어, 약품의 부형제 내에 유효 성분의 분산을 연구하거나, 가축 사료에 있는 불순물을 평가하는 것 등이 가능하다. PLS(부분적 최소 제곱법) 또는 PCA(주요 성분 분석) 같은 통계적 방법과 화학량론적 접근이 이런 상황에서 매우 유용하다.

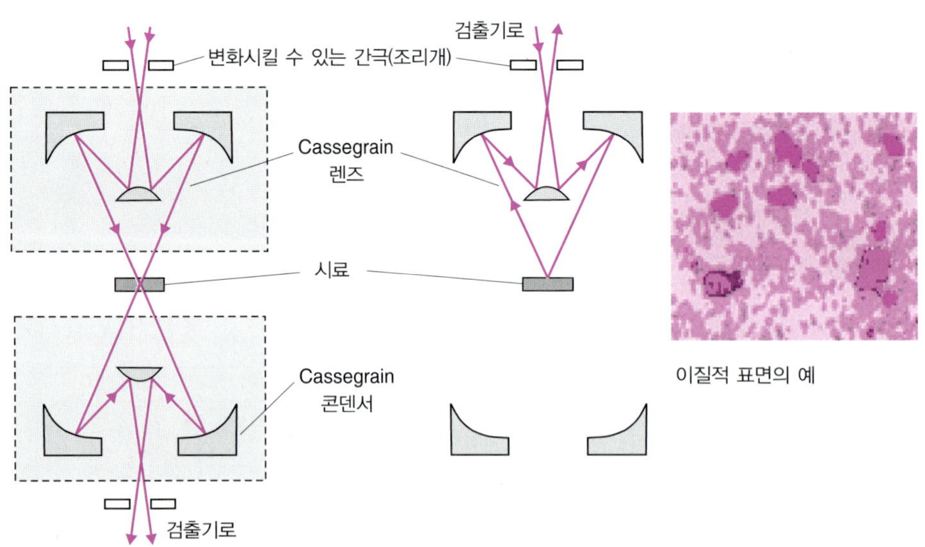

그림 10.19 IR 현미경의 광학 경로 시료는 투과(왼쪽 그림) 또는 거울 반사(오른쪽 그림)를 통해 관찰된다. 이 장치는 빛이 편향된 분광계에 설치된다. Cassegrain 광학 장치는 빛이 광학 렌즈를 통과하기보다는 거울 표면에서 반사되어 작은 물체의 연구에 더 적합하다는 장점이 있다.

10.10.2 GC/FTIR 결합

여러 문헌에 따르면, 이 조합은 감도가 낮고 복잡한 분석 배열로 인해 거의 사용되지 않는다. 칼럼에서 분리된 화합물은 가열된 이송 경로를 통과한 후 온도 조절 장치로 제어되는 분광기 모듈의 셀을 통과한다. 시료 용기는 광학 경로를 늘리고, 분해능 손실을 방지하고자 내부 벽을 금속화하여 다중 반사가 가능하도록 제조된 100×1 mm **광파이프(light pipe)**를 사용한다. 마지막으로 생성된 스펙트럼의 품질을 높이기 위해 간섭계의 데이터 축적 기술로 사용되는 홑빛살 FTIR을 사용하지만, 크로마토그래피 칼럼 출구에서 빠르게 지나가는 시료의 특성으로 인해 분석에서 어려움이 발생한다.

10.11 스펙트럼의 비교

유기 화합물을 확인하는 가장 명확한 방법 중 하나는 미지 화합물의 스펙트럼과 일치되는 기준 IR 스펙트럼을 찾는 것이다. 이 방법은 여러 학회나 편집자들(예를 들어, Aldrich, Sigma, Sadtler, Hummel)에 의해 일반화된 또는 특수한(폴리머, 용매, 접착제, 작용기별로 분류된 유기 분자들) **스펙트럼 자료집(spectral library)**을 사용하면 쉬워진다. 이러한 비교가 신뢰할 수 있으려면, 이들 데이터의 수집이 확인하려는 시료의 물리적 상태와 같은 상태에서 얻어져야 한다(예를 들어, 측정 방법이 GC/FTIR일 때는 EPA의 증기상 IR 자료). 수록된 스펙트럼들은 가장 센 흡수띠를 흡광도 1로 하여 표준화된다. 비교될 스펙트럼은 먼저 자료집의 모형 스펙트럼과의 확인을 위해 흡광도와 파장이 조절되어야 한다. 그다음 과정은 미지 화합물의 스펙트럼과 자료집의 모든 스펙트럼과의 수학적 비교를 통해, 미지 화합물과 가장 닮은 스펙트럼 목록을 신뢰도 순으로 구축한다. 비교를 위한 연산 방식이 바뀌면 최종 목록이 달라질 수 있기 때문에, 이러한 과정의 목적은 도움을 받는 것이지 대체하는 것이 아니란 사실을 기억하면서 분석자는 이 결과들을 주의 깊게 살펴봐야 한다. 가장 좋은 확인 방법은 상호 작용하는 프로그램들과 관련되는데, 분석자가 정보를 제공하여 검색하는 분야를 명시하여 조사하는 범위를 좁히는 것이다.

절대 차이를 이용하는 연산 방식이 가장 간단한데, 이는 자료집에 있는 j개의 각 스펙트럼에 대해 가로 좌표를 따라 명시된 n개의 점에서 미지 시료와 자료집의 j 스펙트럼 간의 절대 차이의 합 S_j가 계산된다(식 10.10). 이후 j의 합 S_j가 증가하는 순으로 분류되고, 그 결과는 상관관계 정도와 함께 제시된다. 다른 식을 선택할 수도 있는데, 위에서 차이 대신 그 곱이나 제곱의 차이로 대체하거나, 두 연속된 점 사이의 증분 차이를 취할 수 있다. 각 연산 방식은 특정 요소의 값(세기의 차이, 신호/잡음의 증대, 기울기의 차이 등)을 최소화하거나 최대화한다.

$$S_j = \sum_{i=1}^{n} \left| y_i^{\text{ref}(j)} - y_i^{inc.} \right| \tag{10.10}$$

10.12 정량 분석

흡광도 측정의 정밀도와 스펙트럼의 저장과 재처리 가능성 등이 적외선에서 정량 분석을 가능하게 했다. 이는 특정 화합물의 흡수띠 위치를 혼합물에서도 쉽게 정할 수 있고, 또한 효율적인 통계 처리가 가능하며, 근적외선에서 정량법이 널리 이용되어 왔다.

FTIR 초기에는 이중 빛살 분산형 기기가 시료와 기준 셀의 두 경로를 통과한 빛의 세기를 동시에 비교할 수 있는 유일한 방법이었기에, 일부 분석자들은 정량 분석에 더 적합한 것으로 생각했었다.

10.12.1 중적외선에서 정량 분석

실질적인 모든 분자종은 중적외선 범위를 흡수하며, 특히 유사한 화학 구조의 물질이 혼합되어 있을 때에도 이 스펙트럼은 높은 특이성을 가질 수 있다. 다만, 이 파장 범위는 자외선/가시선 분광에 비해 본질적으로 더 많은 수의 흡수띠가 존재하고, 투과율과 광학 경로상의 셀 혹은 참조 스펙트럼과 시료 스펙트럼 사이의 보정 범위의 복잡성으로 인한 반복 재현성 문제 발생으로 인해 정량 분석은 어렵다.

액체 시료의 경우 용매와 시료에 대한 동일한 쌍의 셀을 갖는 것은 거의 불가능하다. 실제로 연마된 염(NaCl, KCl)인 셀은 흡습성이 높고 대기 및 시료에 포함된 습도의 영향으로 분해된다. 또한 이 영역에서는 어떠한 용매도 완전히 투명하지 않기에, 용매의 고유 흡광도를 최소화하기 위해 광학 경로 l은 매우 짧다(< 1 mm). 따라서, 광학 경로 l 값에 대한 불확실성을 제한하기 위해 사용된 셀의 광학 경로를 주기적으로 보정해야 한다. 얇은 셀의 경우 정확한 광학 경로 측정은 두 파동수 $\bar{\nu}_1$과 $\bar{\nu}_2$ 사이의 빈 셀에서의 투과율을 측정하는 간섭계 방법을 사용한다.

그림 10.20은 빛살 S_2가 셀의 내벽에서 두 번 반사되는 것을 보여 준다. 그러므로 수직 입사 시에 $2l = k\lambda$인 경우 두 빛의 세기가 합쳐진다(두 빛살 S_1과 S_2가 동일 위상일 때). 파장의 함수로써 주 빛살 S_1의 수 %의 변조가 관측된다. 계산 후에 만일 N이 $\bar{\nu}_1$과 $\bar{\nu}_2$(cm^{-1} 단위) 사이의 간섭 무늬의 수라면 다음과 같이 나타낸다.

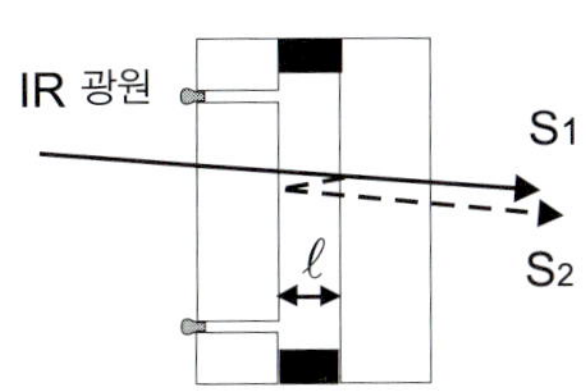

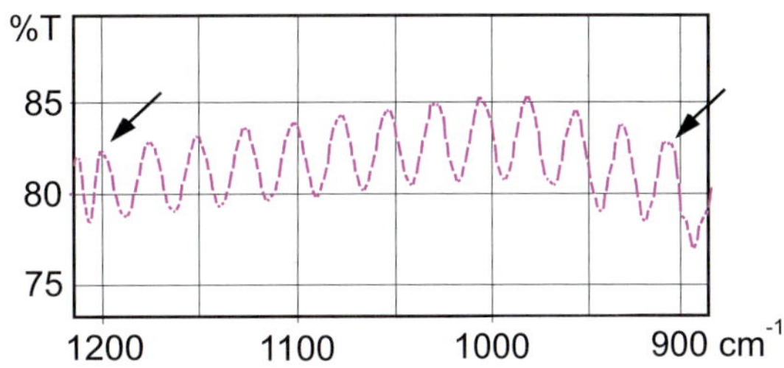

그림 10.20 간섭 무늬 방법에 의한 셀 두께 측정 왼쪽은 셀의 내벽에서의 반사(명확히 보여주기 위해 입사각이 수직 입사로부터 약간 비켜 있음). 오른쪽은 빈 셀로부터 얻은 부분 기록. 두 화살표 사이에 12개의 간섭 무늬가 있으며, 이 데이터를 이용해 계산된(식 10.11) 셀의 경로 길이 $l = 204\ \mu m$이다.

$$\ell_{(cm)} = \frac{N}{2(\overline{\nu}_1 - \overline{\nu}_2)} \tag{10.11}$$

두께를 정확하게 측정할 수 없는 KBr 디스크 내에 분산된 고체 시료의 경우 내부 참조 표준물(탄산 칼슘, 나프탈렌, 질소화 소듐)을 모든 표준품과 시료에 동일한 양으로 첨가한다. 이외에도 고려되어야 하는 것이 바탕 흡수이며, 이는 종종 스펙트럼에서 중요한 부분으로, 특히 시료 제조 방법에 따라 달라진다. 흡광도는 가감성이므로 화합물에 의한 것이 아닌 흡광도는 전체 흡광도에서 빼주어야 한다. 이는 접선법(tangent method)으로 측정된다(그림 10.21). 하지만, 이러한 매개변수들이 정밀하게 결정되고, 분석할 물질이 하나 이상의 분리된 특정한 흡수띠를 갖는 경우 자외선-가시선 분광분석에서와 같은 정량 분석(제9장 참조)이 가능하다.

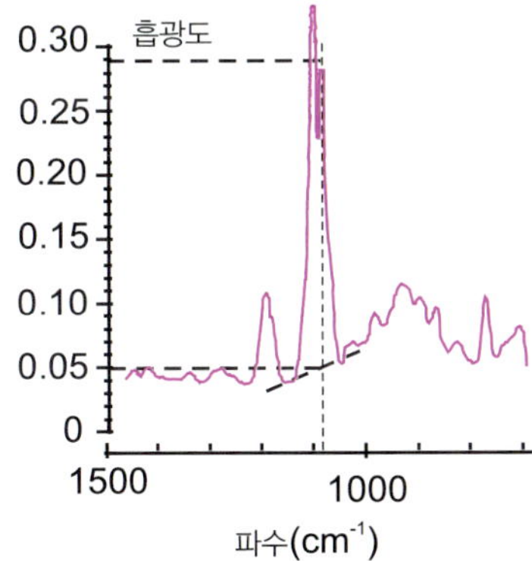

그림 10.21 흡광도 바탕선의 보정 주어진 예에서 농도 측정이 970 cm^{-1}에 있는 띠의 흡광도에 기초한다고 가정하면, 총 흡광도(0.29 AU)에서 바탕 흡수(0.05 AU)를 빼주어야 하며, 결국 0.24 AU가 된다.

근적외선

근적외선 영역은 1000~2500 nm(1~2.5 μm)의 파장을 갖는 전자기 복사선에 해당한다. 이 영역에서 시료에 대한 스펙트럼의 직접적인 관찰이 신뢰할 만한 정보를 제공하지 않았기에 오랜 기간 특별한 활용은 없었으나, 최근 화학 측정학의 등장으로 많은 응용 분야가 생겨났고, 이를 **근적외선 분광법(Near Infrared Spectroscopy)**이라 부른다.

10.13 근적외선 분석

가시광선과 중적외선 사이의 영역에서는 중적외선 영역에서 발생하는 흡수 대역의 조화와 조합으로 인해 넓은 대역에서 낮은 흡광도를 갖는다. 따라서, 유기 분자의 C−H, C−N, N−H, 혹은 O−H 결합의 특징적인 진동 운동이 발생하지만, 몇 가지 조화 흡수가 함께 발생하여 구별하기는 어렵다(그림 10.22).

각 탄소 골격의 특정한 C−C와 C−H의 흡수로 예상되는 흡수띠는 숨거나 대체되어 잘 드러나지 않는다. 따라서, 이러한 분석 스펙트럼을 활용하려면, 이의 발생원이 분석물과 매트릭스 중 무엇이든 간에 다양한 파장에서 측정된 모든 흡수를 모델링하는 화학 측정 방법이 필요하다. 원하는 정보를 추출하기 위해 단일 흡수 대역을 분석하는 것이 아니라, 지문으로 간주되는 시료의 전체 스펙트럼을 분석해야 한다. 이 방식은 시료와 예측값의 분석 영역 전체를 포함하는 표준품 간의 비교를 위한 소프트웨어를 활용하여 성분 분석을 수행한다. 따라서, 참조 분석(예, 단백질 측정에서 Kjeldahl 분석)을 통해 알려진 수십 개의 분석

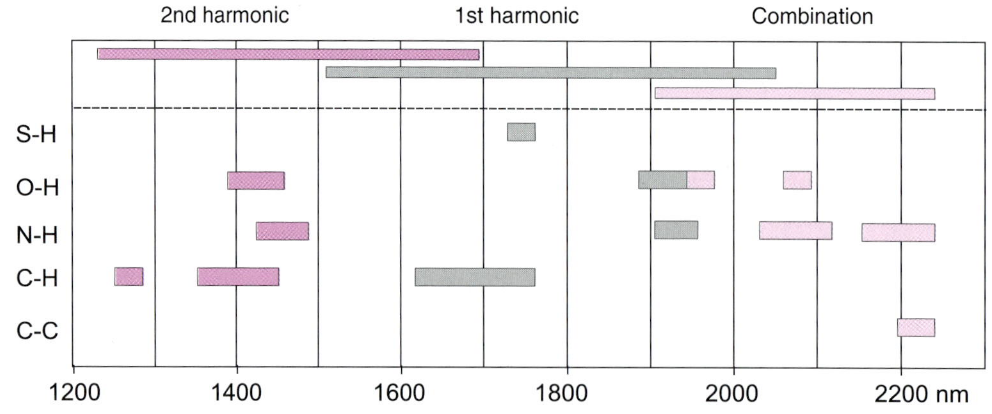

그림 10.22 유기 화합물의 일부 결합에 대한 조화띠 및 조합띠

결과와 상관관계를 설정하는 것은 드문 일이 아니다. 이것이 정량 분석을 위한 상관 분석(correlation analysis)에서의 핵심 영역이다.

몇몇 응용 프로그램들은 **MLR(multiple linear regression)** 또는 **PCR(principle component regression)**, **PLS(partial least squares)**로 알려진 다변량 분석 방법을 사용하여 많은 수의 측정 지점을 통계적으로 처리하고, 보정 방정식을 사용하여 파생된 곡선을 통해 정확도를 향상시킨다(그림 10.23).

> 물에 대해 약 1940 nm(5154 cm^{-1}, 그림 10.22와 그림 10.23 참조)에 나타나는 띠는 약 3500 cm^{-1}에 있는 비대칭 신축 진동과 1645 cm^{-1}에 있는 굽힘 진동(가위질, 10.6절 참조)의 조합 진동에서 초래되었다. 이런 단순 계산(3500 + 1645 = 5145)은 불완전한 접근이며, 적외선에 민감한 화합물의 물리적 상태에 대한 몇몇 요인을 숨긴다. C-H, N-H, 그리고 C-O 결합의 조합 진동띠들이 근적외선에서 유사한 근삿값을 만들 수 있다.

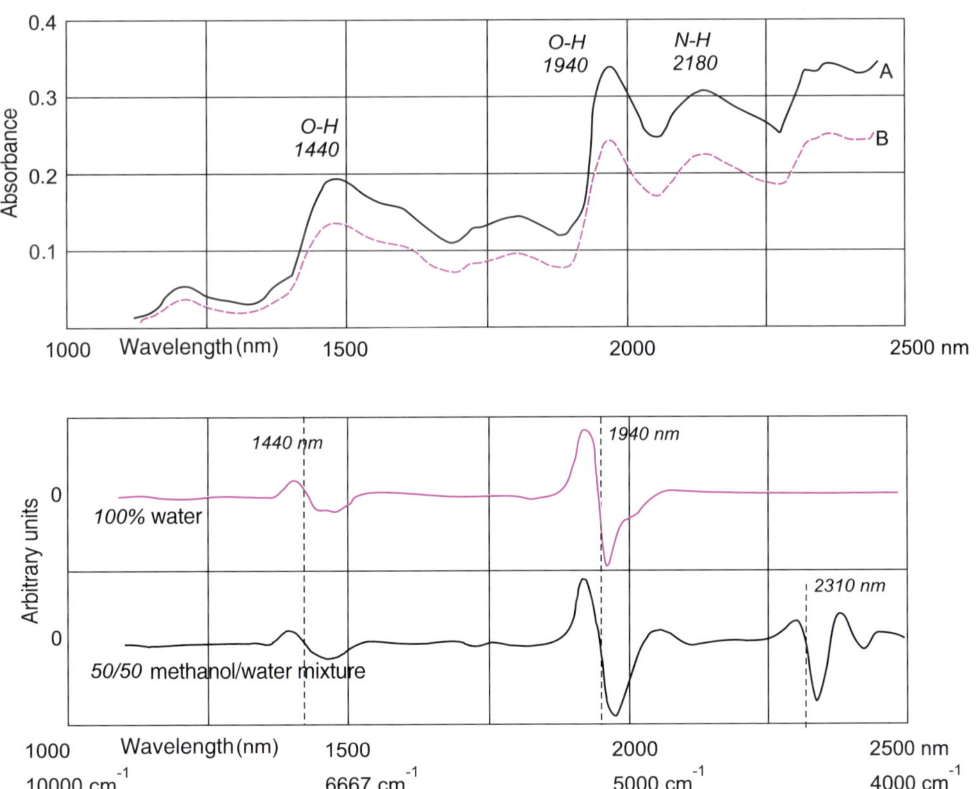

그림 10.23 **입자 크기 분산 영향에 의한 밀가루의 스펙트럼과 파생곡선** (위) 입자 크기에 따른 동일한 밀가루의 스펙트럼 비교(Osborne 등). 굵은 분쇄(A), 미세 분쇄(B). 단일 파장(1940 nm)에서 관찰하면 단백질 함량이 다른 것처럼 보이지만, 전체 스펙트럼을 참조하면 동일한 제품임을 확인할 수 있다. (아래) 물과 1/2 메탄올 혼합물의 근적외선에 2차 미분 스펙트럼의 비교. 1440 nm와 1940 nm 부근에서 관찰되는 물 신호의 간섭이 없는 2300 nm 부근에 위치한 S자 곡선에서 메탄올을 측정할 수 있다.

10.13.1 순차, 분광기 및 FT-NIR 장치 유형

이 영역에서 사용되는 여러 종류의 장비가 있다.

- 기본 모형이 되는 순차 비분산형 필터 분광광도계. 대다수의 NIR 분석은 분광광도계의 형태가 아닌 맞춤형 장치에서 수행된다. 광원은 방출 파장에 따라 선택된 레이저 다이오드로 대체되어 기기의 광학 구성을 단순화한다.
- 순차 UV−Vis. 단색화 분광광도계의 구성요소(광원, 회절발, 검출기)를 선택하여 전체 NIR 영역을 담당할 수 있다.
- NIR 영역에 맞춘 InGaAs 반도체 다이오드 배열 검출기를 갖춘 분광기
- MIR 영역에서 사용되는 FT−IR 모델은 거의 없다. 이는 더 짧은 파장에서 간섭계의 작은 진동이 매우 중요하여 이동상 반사경의 위치 보정이 더욱 정밀해야 하기 때문이다(Nyuquist 정리의 결과).

NIR 범위 전체에서 투명한 석영(SiO_2, 경험적 Mohs 경도 7) 또는 사파이어(Al_2O_3, Mohs 경도 9)가 광학 재료로 사용된다, 반사 측정(반사, 감쇠, 확산)에 비해 투과 측정은 거의 사용되지 않는다(그림 10.16). **적분구(integrating sphere)**는 무작위 방향의 굴절과 회절의 원점인 미세입자 분석 시 확산 반사에 가장 적합하도록 개발된 장치이다(그림 10.24). 여기서 분석 시료와 바탕 시료에서 동일한 광경로를 갖는 단일 통로 FT−IR과 분석 시료와 바탕 시료가 서로 다른 두 개의 광경로를 갖는 두 가지 형태가 있다. 두 경우 모두, 적분구에는 최대 산란광을 회수하기 위해 자체 검출기를 갖는다. 분광기는 이러한 유형의 측정 셀을 지원할 수 있어야 한다.

10.13.2 NIR 응용

NIR을 사용하면 구성 성분의 특정 화학 결합의 수(물은 O−H, 단백질은 N−H, 지방은 C−H)를 정량화할 수 있으며, 데이터베이스의 참고 자료와 비교하여 원하는 농도를 계산할 수 있다. 동종계열 화합물의 일상적 분석에서 NIR은 빠르고 저렴하며, 비파괴적으로 별도의 시료 준비 과정이 필요치 않다는 장점이 잘 드러난다. 다만, 시료의 수가 제한적이라면 이것은 장점이 될 수는 없다. 이 분석에서 투과 셀은 종종 사용되지 않으며, 낮은 흡광도로 인해 입사방사선이 더 깊게 침투할 수 있는 장점이 있어 표면 구성이 고체 중심 부와 구성이 동일한 분말이나 중합체 연구에 사용될 수 있다. 하지만 NIR의 흡수율이 너무 낮은 광물성 물질과 극미량 측정에는 사용할 수 없다.

산업공정에서 응용 분야를 찾을 수 있다.

- 농식품 부문: 단백질, 종자의 지방, 셀룰로스 또는 전분, 습도 수준을 지방에 대한

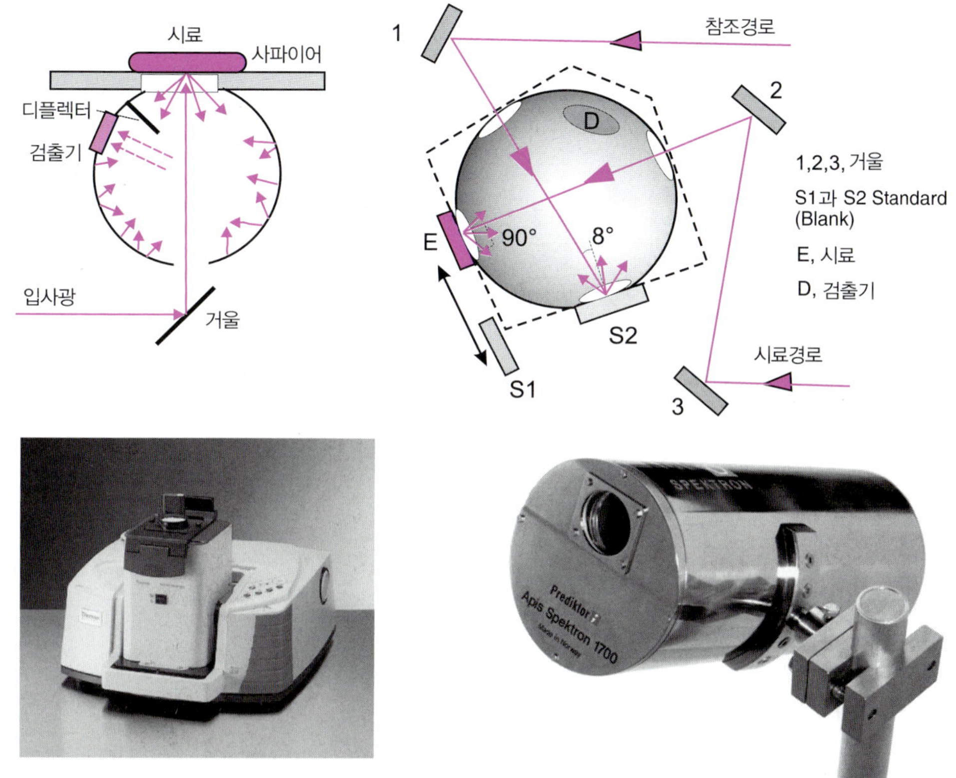

그림 10.24 **적분구와 상용 NIR 모델** 왼쪽은 FT-IR 분광기에서 사용가능한 단일 채널 적분구(지름: 수 cm)의 모식도. 금 또는 테플론으로 구성된 반사 내벽은 다중 반사가 관찰각에 관계없이 균일한 확산 밝기를 생성하도록 하며, 디플렉터는 시료에서 나오는 직접적인 빛이 검출기(예, InGaAs)로 들어가지 않도록 보호한다. 오른쪽은 순차 장치용 적분구(Shimadzu사, ISR-603모델)와 실시간 온라인 분광계 Prediktor(Spektron사), 960~1700 nm(광원은 외부에 있음)가 장착된 Nicolet iS-10 분광기(Thermo Scientific사)

O–H, N–H, 또는 C–H 결합을 통해 측정할 수 있다[일부 결합 강도는 시료의 물리적 특성에 따라 달라지는 2개 또는 3개의 조화파로 나타난다(그림 10.25)].

- 제약 산업: NIR은 생산 단계, 제조 단계에서 원료 혹은 제품의 품질관리에 사용된다.

Raman 분광법

발견자의 이름을 딴 Raman 산란은 거의 한 세기 동안 알려진 방법이다. 이것은 중적외선이나 원적외선과 유사하며 보완적 정보를 제공한다. 오랜 기간 접근하기 어려운 이 재료 연구방법은 계측기의 진보로 인해 산업 부문(생산관리)과 연구실에 등장하게 되었다. Raman 분광계는 그 특수성을 통해 다른 기기 분석 방법과 같은 완성된 장치로 구성되며, 응용 프로그램들도 점점 많아지고 있다.

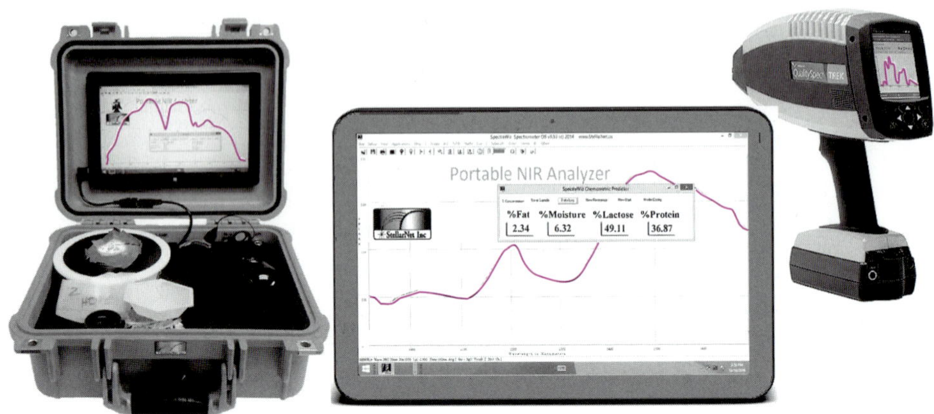

그림 10.25 **휴대용 근적외선 분광기** 왼쪽은 유제품 및 곡물 분석을 위한 근적외선 분광기(StellarNet 사의 StellarCase 모델). 오른쪽은 원자재 분석을 위해 확산 반사율로 작동하는 장치(Malvern Pananalytical 사의 QualitySpec Trex 모델).

10.14 Raman 효과의 원리

모두 동일한 분자로 구성된 시료에 분자의 전자 전이 혹은 진동 전이에 해당하는 에너지의 광자와 다른 에너지를 갖는 강한 단색 광원(레이저)를 조사할 때 이들은 서로 특별한 상호 작용이 발생하지 않는다(시료는 투명하다). 다만, 아주 작은 비율(약 10억분의 1)로 이들은 실제 두 가지 유형의 충돌에서 광자와 상호 작용한다.

- **에너지 교환이 없는 탄성 충돌.** 충돌 결과 어떤 방향으로든 주파수의 변화 없이 입사광은 단순하게 확산된다. 이 복사는 강한 Rayleigh 산란선을 구성하며 그 파장은 들뜸 광원의 파장과 동일하다.
- **광자와 분자 사이의 에너지 교환이 있는 비탄성 충돌**(그림 10.26). 이 경우 분자는 가상의 일시적인 에너지 상태로 이동한 다음 Rayleigh 산란선을 구성하는 Stokes와 anti-Stokes 선에 의해 생성된 약한 Raman 산란을 구성하는 새로운 광자를 방출한다.

Stokes 선. 분자가 바닥 상태 $S_0(V_0)$에서 처음 정지해 있으면, 입사 광자의 에너지 일부를 보유하게 된다. 예를 들면, 진동 양자라 불리는 **포논(phonon)**을 포착한다. 이 경우 Stokes 라인으로 이어지는 더 낮은 에너지의 광자를 다시 방출한다(그림 10.26).

anti-Stokes 선. Boltzmann 분포 평형에 의해 예측된 바와 같이(식 15.5 참조), 매우 작은 비율의 분자는 초기에 첫 번째 진동 상태 $S_0(V_1)$에 있다. 이들은 들뜸 단계 이후 바닥 상태 $S_0(V_0)$로 돌아갈 수 있다. 이때, 진동 양자의 에너지와 입사광의 에너지 값의 합에 해당하는

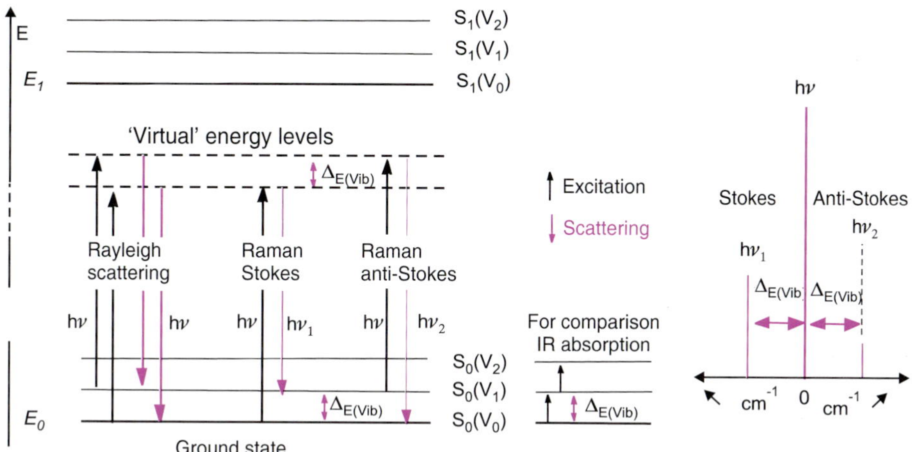

그림 10.26 에너지 단계 모식도와 Raman 산란 Jablonski 유형의 에너지 다이어그램을 사용하여 레이저에 의해 들뜬 결합 에너지의 변화는 Raman 산란 현상과 가상 에너지 준위 도입을 설명할 수 있다. 다원자 분자는 많은 자유도를 가지며, 그중 일부에서 쌍극자 모멘트가 변하는 경우 적외선에서 활성을 보이고, 편극도가 변하는 경우 Raman 활성을 보인다.

더 큰 에너지의 광자를 방출하며 바닥 상태(포논의 파괴)로 돌아간다. 그 결과 그렇게 강하지 않은 anti-Stokes 선을 초래한다.

요약하면, Raman 기법은 빛의 비탄성 산란으로부터 진동 전이를 활용하는 방법이다. 다이어그램에서 볼 수 있듯이 Rayleigh 선과 Stokes 혹은 anti-Stokes 선 사이의 에너지 차이는 관련된 진동 모드가 두 경우 모두에서 활성인 경우 IR 스펙트럼의 흡수 피크 에너지에 해당한다. Raman선을 관찰하기 위해서는 입사광의 전기장의 영향으로 결합의 분극성이 크게 달라질 때 가능하다. IR에서 비활성인 쌍극자 모멘트가 낮은 결합은 일반적으로 높은 분극성을 가지며, 이에 따라 Raman에서 활성화된다. 몇 가지 예외 규칙이 이론에 의해 정의되어 있다.

Raman 산란은 광조사된 화합물이 더 낮은 에너지 수준을 갖기 위한 광자의 방출에 해당한다. 형광과 달리 광자의 방출은 들뜸을 유발한 것과 다른 특정 파장을 갖는다. 일반적으로 분석물의 Raman 스펙트럼은 Stokes 선만 재현한다. 더 쉽게 사용하기 위해, 스펙트럼의 오른쪽으로 이동할 때 에너지가 감소하는 적외선 스펙트럼과 동일하게 표현한다(그림 10.27과 그림 10.28). 세로축(y축)에는 선의 강도를 표시하고, 가로축(x축)에는 Rayleigh선과 다양한 Stokes 선 사이를 cm^{-1} 단위로 나타낸다.

Stokes 선의 세기를 증가시키기 위해 첫 번째 전자 전이를 가능하게 하는 에너지를 가진 복사선으로 분석 시료를 조사한다. 이 조건에서 Raman 세기는 10,000을 곱한다. 공명

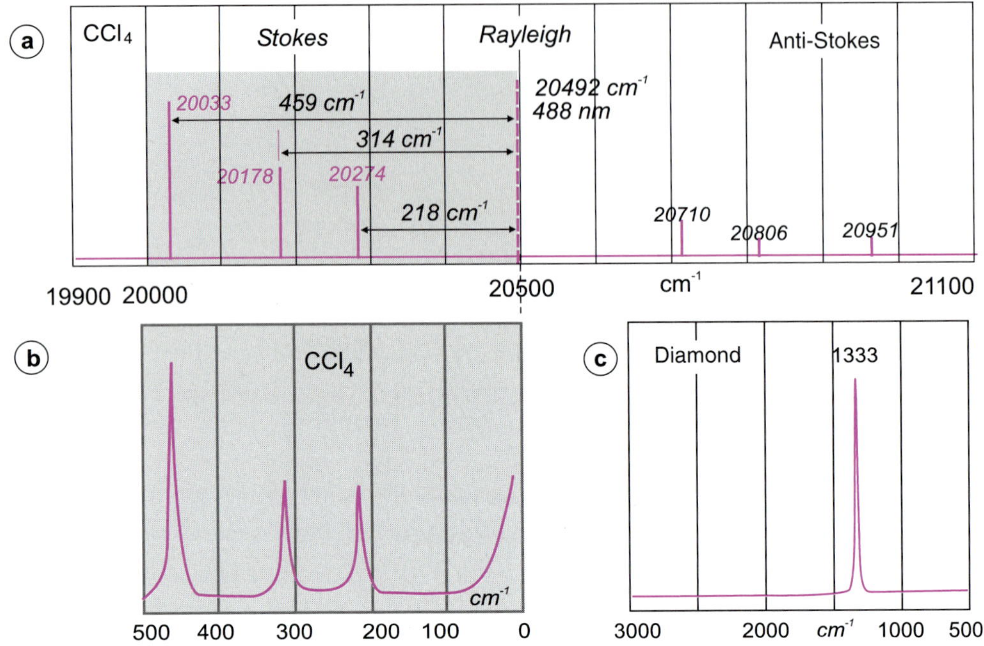

그림 10.27 **Raman 스펙트럼** (a) CCl_4 분자의 세 가지 주요 Stokes 및 anti-Stokes 선(들뜸: 이온화된 아르곤 레이저, 488 nm), (b) 동일한 화합물의 Raman 스펙트럼, (c) 다이아몬드의 1333 cm^{-1} '선' 실제 스펙트럼. 더 긴 파장을 사용하면 형광을 방해하지 않는 Raman 스펙트럼을 얻을 수 있다.

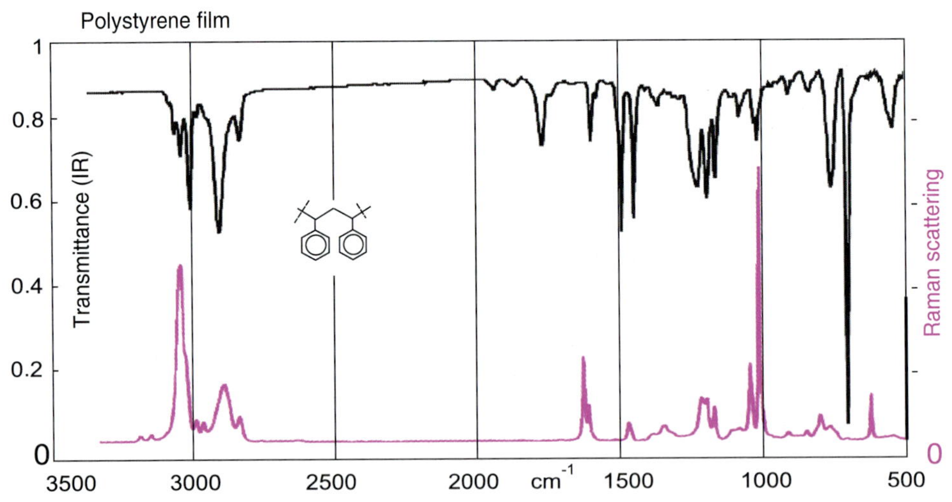

그림 10.28 가교된 폴리스티렌 필름의 **Raman 스펙트럼** 동일한 스펙트럼 영역에서 투광도 그림(검은색)으로 표시된 적외선 스펙트럼의 비교

Raman이라고 하는 이 기술을 사용하면, 매우 낮은 농도의 분석물을 연구할 수 있다. 또 다른 방법은 분석물에 복사선을 더 오랫동안 조사하는 방법으로 이는 형광을 감소시키는 효

과가 있다(화합물의 표백).

10.15 장치

종종 **IR–Raman**이라고 하는 Raman 분광계는 광원, 분석기 시스템, 검출기로 구성된다. 현재 들뜸 광원은 레이저가 사용된다. 중성 또는 이온화된 원자 가스 레이저는 헬륨/네온(632.8 nm), 아르곤(514.5 nm) 및 크립톤(647 nm) 레이저이고, 고체 상태는 가장 일반적인 네오디뮴(Nd) 레이저로 형광 물질로 네오디뮴이온(1064 nm)을 갖는 이트륨 알루미늄 가넷(YAG) 결정으로 구성된다.

이와 같은 광원은 대부분의 Rayleigh 산란을 포함하며, 광원으로부터 2차 방출을 제거하기 위한 광학 필터를 사용한다. 이 광원은 마이크로 Raman 분석 장치의 미량 시료 연구에 맞춰져 있다. 관측은 90° 각도에서 표준 방법으로 수행된다.

분석 시스템은 일반적인 분산 시스템이거나 FT–IR인 경우 Michelson 간섭계를 사용한다. 사용된 기술에 따라 검출기는 광전자 증배관 혹은 CCD 센서를 사용한다.

소형화된 Raman 분광계는 다양한 상용 제품으로 개발되었고 (그림 10.29), 휴대용 장치는 화학 물질의 식별이나 원자재 혹은 완제품의 품질관리 분야와 같은 응용분야에서 사용된다. 플라스틱이나 유리 포장을 포함하여 모든 종류의 시료에서 분석이 빠르다.

10.16 적용 분야

중적외선에 비해 적은 수의 피크는 피크 간 간섭이 적어 분석에 용이하다(표 10.2). 시료는 특별한 전처리 준비가 필요하지 않으며, 수용액은 유리 셀에서 분석할 수 있다.

> 헬륨/네온 들뜸 광원(633 nm)를 사용하면, 4000 cm^{-1} 범위에서 관찰된 Stokes 선은 물이나 유리가 투명한 범위인 633~847 nm 사이의 방출선에 해당한다고 계산된다.

특정 화합물의 형광은 Stokes 선의 관찰을 방해한다(그림 10.26). 그러나 이 유형의 간섭은 근적외선에서 방출되는 광원을 사용할 수 있는 다양한 들뜸선 중에서 간섭이 없는 선을 선택하여 회피할 수 있다. 일반적으로 가시선 영역에 위치한 형광띠와 달리 Raman 산란띠는 들뜸 광원의 파장과 함께 '이동'한다. 다만, Raman 선은 파장이 클수록 약해진다는 점을 유의해야 한다.

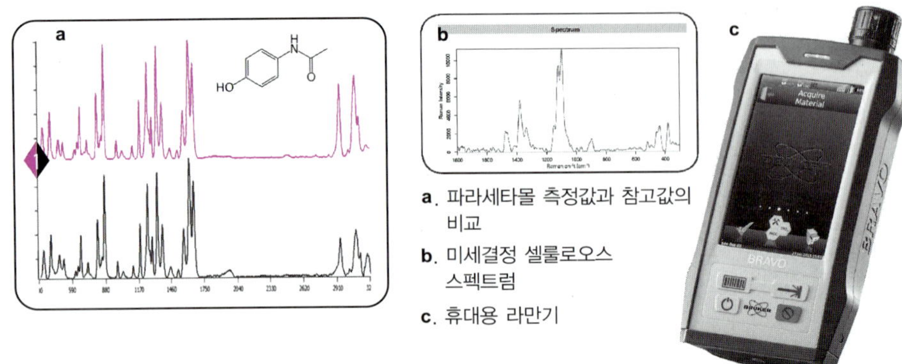

a. 파라세타몰 측정값과 참고값의 비교
b. 미세결정 셀룰로오스 스펙트럼
c. 휴대용 라만기

그림 10.29 소형화된 **Raman**분광기 **Bravo** 모델 이 장치로 얻은 스펙트럼의 예(300~3200 cm^{-1}) (출처: Bruker 사의 사용 허가를 받음).

Raman 분광법과 중적외선 분광법은 일반적으로 광물, 암석 및 재료의 특성화 또는 화합물의 식별과 관련된 동일한 응용분야를 갖는다. 현미경에 사용되는 Raman 산란은 불균일 표면을 갖는 물체를 나타내기도 한다.

표 10.2 일부 화학 결합에 대한 IR 흡수 및 Raman 산란 강도 비교

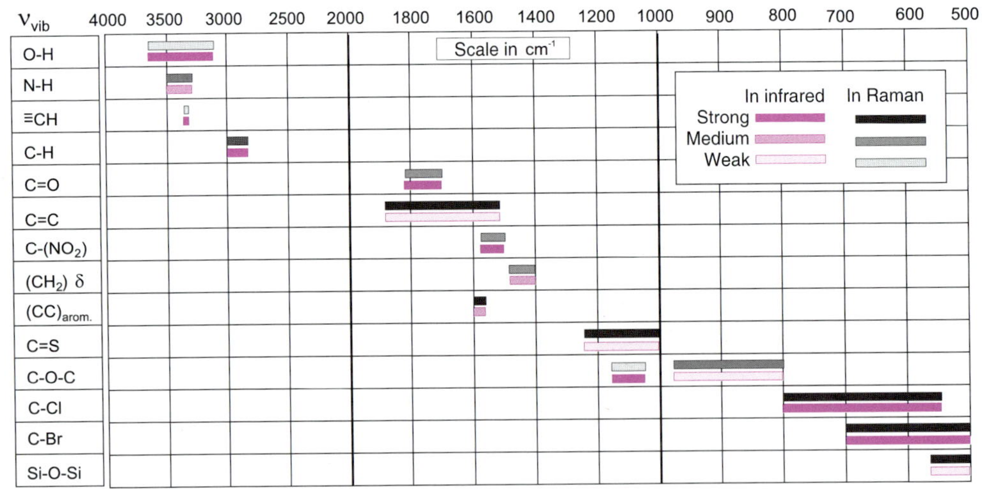

이 장의 요점

1. 중적외선 영역에서 각 분자는 고유한 스펙트럼을 가지고 있어, 알려진 물질과 비교하여 동일성을 구별할 수 있다. 알려지지 않은 물질의 경우 스펙트럼 연구를 통해 구조적 상관관계를 해석하여 추상적인 구조 분석으로 이어진다.

2. 2~25 μm의 IR 영역은 1.5×10^{14}~1.2×10^{15} Hz ($\nu = c/\lambda$)의 주파수 범위에 해당한다. d 주파수는 분자 내 원자의 주기적인 운동을 설명하는 주파수와 동일하며, 분자 진동을 이 적외선 범위와 관련지어 볼 수 있다.

3. 분자에 연속적인 근적외선 혹은 중적외선을 조사하면 에너지 짝지음이 발생하여 분자가 특정 주파수(또는 파장)를 흡수하고 에너지가 증가한다.

4. 고전 역학의 조화 진동자 모델은 가장 작은 진폭 진동에 대해 힘 상수와 원자 질량을 결합하여 원자 사이의 진동을 간단히 설명하기 위한 단순화된 접근 방법이다. 양자 접근법만이 근적외선의 주요 흡수를 담당하는 조화파의 존재 설명할 수 있다.

5. 중적외선 스펙트럼 범위(3~25 μm)에 대한 광원은 연속 열원을 사용한다. 광원 선택은 온도(Wien 법칙)와 방사율(Stefan 법칙)을 비교한 결과를 토대로 한다. 광원 온도는 약 1500 K이다.

6. FT-IR은 원래 분산 모델보다 훨씬 빠르게 스펙트럼을 얻는 것을 목표로 개발되었다. 이는 기존 분광계 장치의 광학 경로에 간섭계를 도입한 것이다.

7. 간섭계는 모든 주파수를 동시에 측정하는 방법이다. 이동 거울의 위치에 따라 기록된 신호의 각 지점(전체가 간섭계를 구성함)은 광원에서 오는 모든 주파수에서 간섭을 나타낸다. 이후 컴퓨팅을 통한 수학적 계산(Fourier 변환)을 통해 거울의 위치($l = f(d)$)에 따른 간섭계에서 일반적인 스펙트럼으로의 전환을 쉽게 한다.

8. 근적외선은 단순한 육안 검사에서 그다지 유익한 정보의 스펙트럼을 보여주지 않지만, 원하는 정보를 추출할 수 있는 다양한 회귀 분석법을 사용하여 알려진 혼합물의 묶음과 비교하면, 하나 이상의 구성 요소를 정량화하기 위한 정보를 추출할 수 있다.

9. 근적외선은 중적외선에 비해 기술적 장점을 갖는다. 사용 비용이 저렴하고, 고체 또는 액체 시료에 대해 신속한 연구가 가능하게 하며, 유리 셀을 사용하고 전처리가 필요하지 않다. 현장에서 정량 분석이나 공정분석에 널리 사용되지만, 잔류분석에는 적합하지 않다.

10. IR을 보완하는 Raman 분광법은 물질과 빛 사이의 상호 작용을 이용하며, 주파수가 약간 변경된다. 입사광과 재방출된 빛 사이의 주파수 이동은 들뜸 λ와 상관없이 IR에서와 같이 진동 에너지를 검출한다.

11. Raman선은 세기가 매우 약하여 현재의 다양한 응용분야에 활용되기 위해서는 광원과 검출기의 발전이 필요했으며, 그 전에는 오랫동안 연구실의 제한된 기술로 남아 있었다.

문제

1. (a) 1000 cm^{-1}의 복사 에너지는 얼마인가?
   (b) $\lambda = 15$ μm를 cm^{-1}로 변환 후 m^{-1}로 변환하고, 1700 cm^{-1}의 파장을 구하시오.

2. 클로로폼(트라이클로로메테인)의 C–H 결합의 흡수띠가 3,018.5 cm^{-1}이라면, 중수소 클로로폼의 C–D 결합의 흡수 파수를 계산하시오(실험값 $\nu_{exp} = 2{,}253$ cm^{-1}).

3. 이 원자 분자의 두 원자 사이 결합에서 힘 상수는 1000 $N \cdot m^{-1}$이다. 이 결합은 2000 cm^{-1}의 흡수를 담당한다. 입사광의 에너지가 진동 에너지로 변환된다고 가정하면, 이 결합의 최대 연신율

증가의 근삿값을 구하시오.

4. 일산화 탄소의 기본 주파수가 사염화 탄소를 용매로 사용하였을 경우 2135 cm^{-1}이다. 이 조건에서 이 분자의 결합에 대한 힘 상수를 구하시오.

5. 물질의 불완전한 화학식이 C_3H_9OX이다. IR 스펙트럼에서 얻어진 3320 cm^{-1}의 흡수띠에서 진동과 관련된 결합의 힘 상수가 607 $N \cdot m^{-1}$이었다면, 밝혀지지 않은 X의 원소를 구명할 수 있다. 결과를 활용하여,
   a. 이 흡수띠와 관련하여 결합의 감소된 환산질량 μ를 구하시오.
   b. 이 결합을 구성하는 두 원자 중 하나가 수소일 때, 미지의 원자 X를 추측하고, 이 화합물의 몰질량 $M=75.1\ g \cdot mol^{-1}$을 사용하여 추측을 검증하시오.
   c. 이 흡수 대역과 관련된 분자 진동의 종류는 무엇인가?

6. 수평 ATR 부품에 사용되는 평행 육면체 단면의 ZnSe결정($n=2.4$)은 24×8×3 mm($L \times d \times w$)이다. 입사각은 45°이다. 지수 1.4의 화합물이 결정의 전면 전체에 증착되어 있다.
   a. 화합물로 덮였을 때 이 결정의 임계각을 계산하시오.
   b. 윗 면의 반사 횟수를 계산하시오.
   c. 각각의 감쇠된 반사에 대해 빛이 파장과 동일한 거리를 통과한다면, 4000 cm^{-1}와 400 cm^{-1}에 해당하는 총 두께를 추정하시오.
   d. 이 스펙트럼을 투과 스펙트럼과 동일하게 만든다면, 어떤 보정을 실시해야 하는가?

7. 다음의 실험은 상업용 포장 필름에 사용되는 에틸렌/바이닐아세테이트(EVA) 중합체 중 바이닐아세테이트(VA)의 함량비를 구하고자 한다. 흡수띠는 1030 cm^{-1}가 사용되었다. 흡수는 접선법에 의해 결정되었다. 4개의 알려진 구성과 두께(d, μm)의 EVA 필름과 구성이 알려지지 않은 EVA 필름에 대한 결과는 아래에 요약되어 있다.

EVA	%VA	A_{1030}	A_{720}	d(μm)
1	0	0.01	1.18	56
2	2	0.16	1.55	80
3	7.5	0.61	1.49	82
4	15	0.36	0.45	27
Unknown	?	0.7	1.54	90

   a. 필름의 두께 d를 고려하여 선형 회귀식으로부터 두께 1 μm에 대한 직선 방정식 $A_{1030}=f(\%VA)$을 구하시오.
   b. 폴리에틸렌의 CH_2로 인해 발생한 720 cm^{-1} 흡수띠를 내부 표준으로 사용할 수 있는 이유를 설명하고, 알려진 4개의 필름에 대한 비율 A_{1030}/A_{720}을 계산하시오.
   c. 위에서 설명된 2가지 방법을 사용하여 미지의 EVA 필름 시료의 VA 함량 %를 구하시오.

8. 측정 셀의 내부 광학 경로를 보정하거나 반사성인 경우 지수 n을 사용하여 투명 필름 두께를 계산하기 위해서 두 개의 파수 사이($\bar{\nu}_1$과 $\bar{\nu}_2$)에 비어있는 셀(혹은 필름)의 투과율을 사용하는 간섭계 방법을 사용한다. 이렇게 얻은 그래프는 물결 모양의 선으로 나타난다(그림 10.30).
   a. 해당 경로(셀 또는 필름)의 두께를 계산하는 식을 제시하시오.
   b. 스펙트럼이 표시된 폴리스타이렌 필름의 두께를 계산하시오. 평균 굴절률은 $n=1.59$이다.

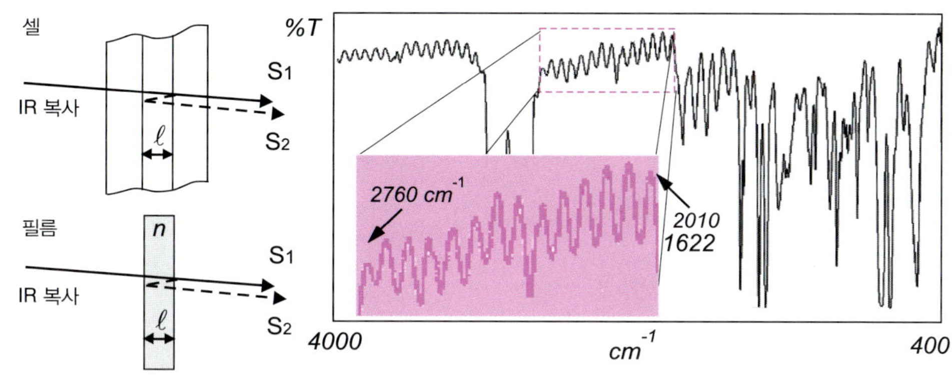

그림 10.30

11장 형광과 화학발광 분석법

서론

일부 유기 및 무기 화합물들은 액체이든지 고체(분자 또는 이온성 결정)이든지, 혹은 순수하든지 용액 상태이든지 상관없이 가시광선이나 근자외선 범위의 광자에 의해 들뜨게 되면 빛을 방출한다. **광발광(photoluminescence)**이라 알려진 이런 현상의 분석적 응용 중에 분자 형광측정법은, 선택적이고 매우 감도가 높은 방법으로 넓은 영역의 측정에 이용할 수 있다. 형광의 세기는 분석 물질의 농도에 비례하며 비율계량형 형광계나 분광형광계로 측정한다. 이 장에서는 화학 반응 중의 빛 방출로 정의되는 **화학발광(chemiluminescence)**뿐 아니라 생물학에서 형광 마커를 포함하는 일부 다른 응용에 대해서도 논의한다. 화학발광은 화학 분석의 여러 분야에 응용된다.

학습목표

- **서술** 형광의 원인
- **비교** 다양한 형광 화합물
- **이용** 형광으로 농도 제어
- **구분** Rayleigh 산란과 Raman 확산
- **비교** 형광계의 여러 가지 유형
- **제시** 몇몇 응용 분야에 대한 개요
- **구별** 화학형광과 화학인광

11.1 형광의 근원

많은 화합물은 가시광선이나 근자외선 영역의 광원에 의해 들뜨게 되면, 에너지를 흡수했다가 거의 즉각적으로 복사선 형태로 재방출한다. 일부 화합물은 원래의 들뜬 빛보다 더 장파장으로 이 에너지를 재방출할 수 있는데, 이들을 **형광성 화합물(fluorescent compound)**이

라 한다.

11.1.1 흡수 및 이완 과정

표준 상태(1 atm, 25℃)에서, 모든 분자는 이들의 다양한 분자 오비탈 내에 전자들이 쌍을 이룬 최소 에너지 상태로 존재한다. 이러한 상태를 S_0 또는 **전자 스핀의 단일항 상태(singlet state of electron spin)**라고 표현한다(그림 11.1).

흡수

광자가 흡수될 경우 분자의 에너지는 증가하며, 분자 내 전자는 첫 번째 들뜬 상태(혹은 훨씬 드물게 두 번째 들뜬 상태)로 이동한다. 이 과정은 분자 진동보다는 매우 짧은 시간(10^{-15}초)으로 순간적인 원자의 이동은 없다. 이런 전이 과정에서 전자는 이들의 스핀을 유지하며, 이를 S_1(또는 S_2) 단일항이라 한다.

내부 전환

광자 에너지를 흡수한 후, 분자 내 전자들은 S_1 준위와 연관된 V_1 진동 상태에서 관찰된다. 용액 내에서 분자는 고립계가 아니므로, 잉여 진동 에너지는 분자 간 충돌을 통해 즉각 인접한 용매 분자로 전이된다. 하지만 원자핵들의 위치는 바닥 상태에 있을 때와 동일하게 유지된다(이를 Franck-Condon 원리라 한다). 이런 비복사 **진동 이완(Vibrational relaxation)**은 S_1 준위의 V_0 상태로 전자를 매우 빨리(10^{-12}초) 되돌린다.

형광

형광을 포함해서 여러 가지 이완 과정이 가능한데 이를 Jablonski 도표(그림 11.2)에 나타내었다. S_1 준위의 V_0 상태의 전자는 **형광(fluorescense**, 10^{-11}에서 10^{-6}초)을 통해 잉여 에너지

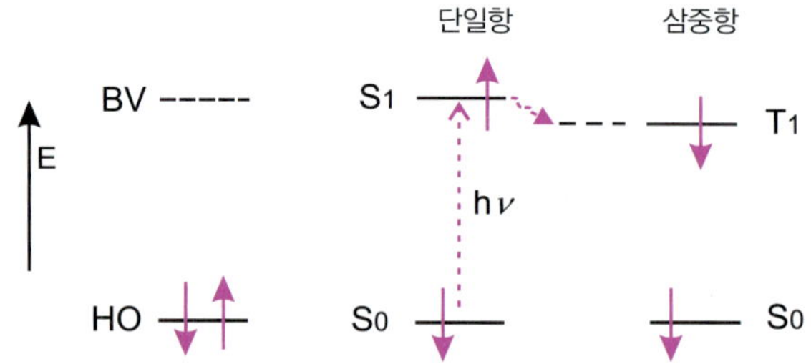

그림 11.1 분자에 흡수된 빛의 에너지 분포도 전자는 채워진 오비탈(HO)에서 비워진 오비탈(BV)로 전이되며, 이 중 일부는 단일항 상태에서 좀 더 안정한 삼중항 상태(예를 들면, $n \rightarrow \pi^*$ 전이)가 된다. 전자는 작은 화살표로 표시하였으며, 화살 방향으로 전자의 스핀 방향을 나타내었다.

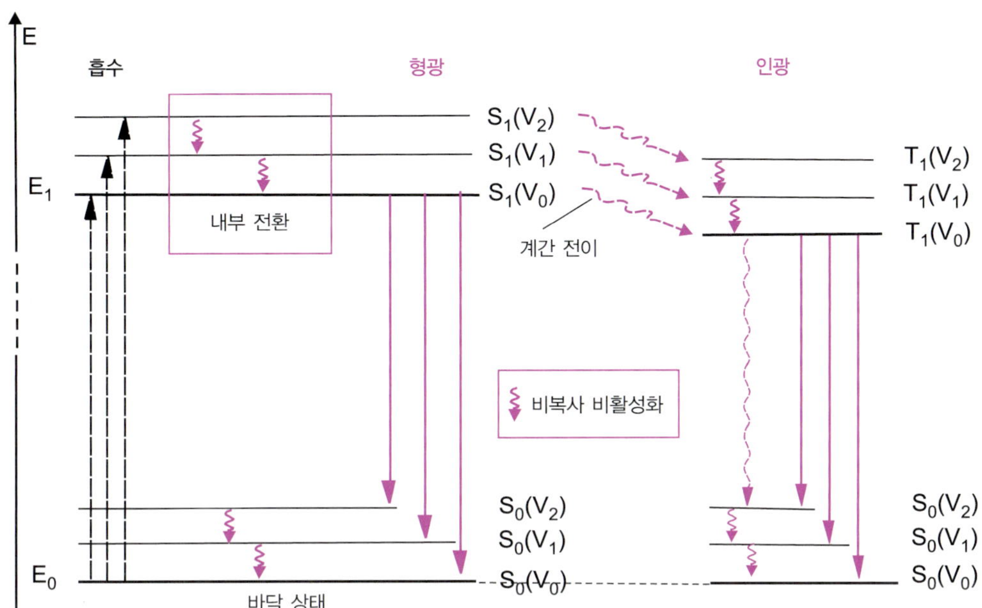

그림 11.2 **Jablonski 도표** 양자 이론에 따르면, 형광은 같은 다중항을 갖는 스핀 상태 사이의 전이에 의해 발생하며, 인광은 다른 다중항을 같는 스핀 상태 사이의 전이에 의해 발생한다. T_1 상태는 최대 수 시간까지 기본 상태로 돌아오는 것을 지연시킨다. Stokes 이동이란 들뜬 상태의 수명 동안 광자 방출보다 열(진동 이완) 형태로 에너지를 발산하는 것에 해당한다. 하지만 실제 상황은 이 단순화된 Jablonski에서 제안하는 것보다 훨씬 더 복잡하다. 어떤 화합물이 형광성이며 인광성일 수 있으나, 분자 규모에서 개개의 화학종이 모두 같은 행동을 보이지는 않는다. 물결 모양의 화살표는 광자 방출이 없는 진동 이완에 해당한다.

를 감소시킬 수 있다. 이를 통해 분자는 S_0 준위의 진동 상태로 되돌아가게 된다. 진동 이완에 의한 에너지 감소로 형광 스펙트럼은 흡수 스펙트럼보다 장파장에 위치한다.

> 전자 여기 과정에서 분자가 지속적으로 에너지를 받을 경우, 형광 과정 이후에도 다양한 진동 이완이 계속 발생할 수 있다. 이러한 잉여 진동 에너지는 충돌이나 비복사 전이 또는 낮은 에너지의 광자 방출로 소멸되며, 이는 중적외선 영역에서 형광의 원인이 될 수 있다.

인광

흡수 후 발생하는 세 번째 비복사 전이로는 **계간 전이**(intersystem crossing, ISC)라 하는 인광이 있다. 인광은 양자 원리에 의하면 금지된 전이로, 전자 스핀의 반전이 발생한다. 이는 $S_1 \rightarrow T_1$(삼중항 상태) 전이로 표시하며, Hund 규칙에 의하면 T_1 준위가 S_1 준위의 에너지보다는 약간 낮기 때문에 열역학적으로 선호된다(그림 11.1과 11.2). T_1 준위의 가장 낮은 진동 에너지 상태로 계간 전이가 우선 발생한다. 이후 $T_1 \rightarrow S_0$으로 비복사 전이가 발생하거나, **인광**(**phosphorescence**)이라는 지연된 방출(10^{-4}~1초)을 통해 되돌아가게 된다. 수명이 길수록 유효 충돌에 대한 가능성이 높아지므로, 일반적으로 삼중항 상태의 비활성화가 우선된다. 인광은 새로운 전자 스핀의 역전을 포함하고 있어 다른 전이들에 비해 속도 상수가 매우 느리다. 인광 빛의 방출은 최대 수 분까지 지속될 수 있다. 온도가 올라갈수록 열적 교란으로 인광 수명은 짧아진다.

11.1.2 형광의 수명

형광의 세기는 지수 법칙에 따라 급격히 감소한다. 식 11.1은 형광 세기 I_t와 들뜸 후의 경과 시간 t의 관계를 보여 준다.

$$I_t = I_0 \cdot \exp\,[-kt] \tag{11.1}$$

형광의 수명(lifespan of fluorescence) τ_0은 속도 상수 k를 이용하여 $\tau_0 = 1/k$로 정의된다. τ_0는 식 11.1에 따라 형광 세기 I_t가 초기 형광 세기 I_0의 36.8%가 될 때다. 미시적 척도에서 달리 말하면 들뜬 개별 화학종의 63.2%가 바닥 상태로 이완되는 시점에 해당한다. 형광 수명 τ_0은 대개 수 나노초(ns)에서 수백 밀리초 정도다. 형광 측정을 쉽게 하기 위해 요즘 기기들은 정지 상황, 즉 들뜸 광원이 계속 비추는 상태에서 작동하며, 이 경우 광원에서 나온 빛과 형광에 의한 빛을 구별하는 방법이 필요하다. 이런 법칙은 인광에도 동일하게 적용된다. **형광**의 속도 상수 k는 **인광**의 속도 상수보다 매우 크며 따라서 인광의 감소는 매우 느리다.

> 시간-분해 형광
>
> 매우 짧은 펄스 광원(피코초 레이저)을 사용하면 시간에 따른 형광 붕괴 그래프를 얻을 수 있다. 이러한 형광 붕괴 분석은 형광성 화합물과 주변 환경에 대한 정확한 정보를 얻는 데 사용된다. 하지만 기기의 복잡함과 가격 때문에 이런 연구를 연구자들이 사용하는 데에는 제한이 있다.

11.1.3 Stokes 이동

두 에너지 준위에서 형광이 발생하는 동안, 방출 선들은 흡수 선들과 모양이 동일하다. 전자 에너지 준위의 가장 낮은 진동 상태 간의 전이를 **공명 선(resonance line)**이라 한다. 그림 11.3에 흡수 스펙트럼과 형광 스펙트럼을 동시에 나타냈으며, 공명 선은 두 스펙트럼이 겹치는 부분에 해당한다. 형광 과정에 수반되는 많은 에너지 준위들은 띠 스펙트럼 형태의 형광 스펙트럼을 구성하는데, 상온에서 이들을 각각의 전이 라인으로 구별하는 것은 매우 어렵다. 띠 형태의 형광 스펙트럼은 이들의 들뜸에 흡수 선보다는 장파장으로 구성되어 있다. 이런 장파장으로의 이동을 **Stokes 이동(Stokes shife)**이라 하며, 많은 화합물의 형광 스펙트럼이 흡수 스펙트럼의 명백한 거울상 대칭임을 설명한다(그림 11.3).

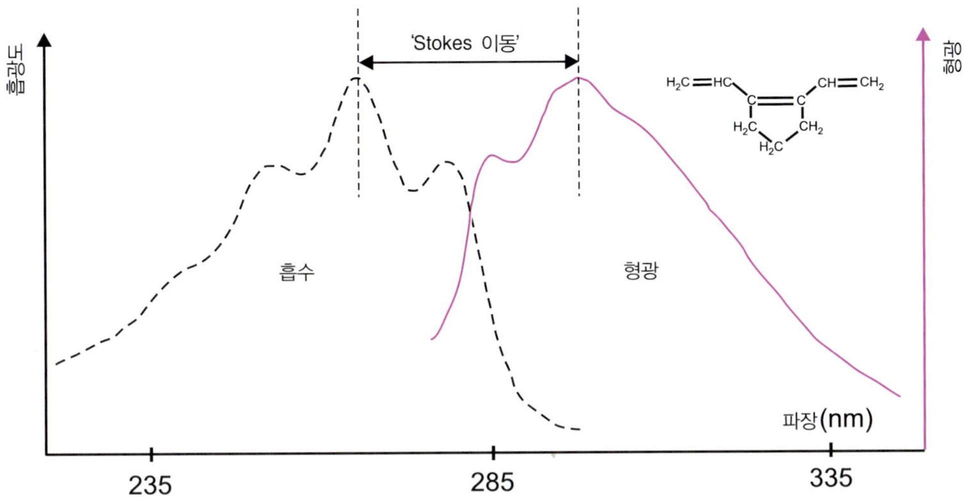

그림 11.3 **Divinylcyclopentene의 흡수 및 형광 스펙트럼 묘사** 형광 스펙트럼은 흡수 스펙트럼의 거울상이며, Stokes 이동은 그림 11.2의 에너지 도표를 고려하면 이해할 수 있다. (출처:Wolde, A. ten, Dekkers, H. P. J. M., & Jacobs, H. J. C. (1993). Synthesis and fluorescence of a configurationally locked Z-hexatriene: 1,2-divinylcyclopentene. Tetrahedron, 49(27), 6045–6052. doi:10.1016/s0040–4020(01)87189-1에서 발췌.)

11.2 형광성 화합물들

앞에서 보았듯이(11.1.1절), 분자가 복사 과정을 통해 들뜸 상태에서 바닥 상태로 되돌아가는 과정이 형광 현상의 원천이다. 모든 분자가 이러한 형광을 나타내지는 않는다. 일부 분자에서만 비복사 이완보다는 복사 이완을 하며 이들을 형광성 화합물이라 한다. 형광 양자 수득률 Φ_f(11.3절 참조)는 이러한 경쟁을 설명한다. 형광성 화합물은 1에 가까운 양자 수득률을 갖는 반면에 비형광성 화합물은 거의 0의 값을 갖는다.

유기 화합물 중에서, π-결합을 가지는 단단한 고리 분자에서 강한 형광이 나타난다(그림 11.4). 이러한 형광은 전자 주개 작용기에 의해 증강되고, 반면에 전자 받개 작용기에 의해 감소된다.

일반적으로 분자의 형광은 분자 구조의 단단함과 연관이 있다. 비복사 이완 속도는 분자의 단단함에 의해 감소되며, 복사 방출을 발생시킨다. 형광성 화합물이 단단한 지지체에 흡착되면 형광 세기는 증가한다. 금속 이온과 착물을 형성하여 형광 방출을 증가시키는 킬레이트 시약도 있다. 반면에 연성의 분자는 진동 이완을 통해 흡수된 에너지를 쉽게 잃어버린다. 또한 형광 세기는 농도(11.3절 참조), pH, 용매와 온도의 영향을 받는다. 그러므로 분자들의 충돌 빈도가 높아지는 고온에서는 형광 양자 수득률이 감소하며, 비복사 이완을 선호

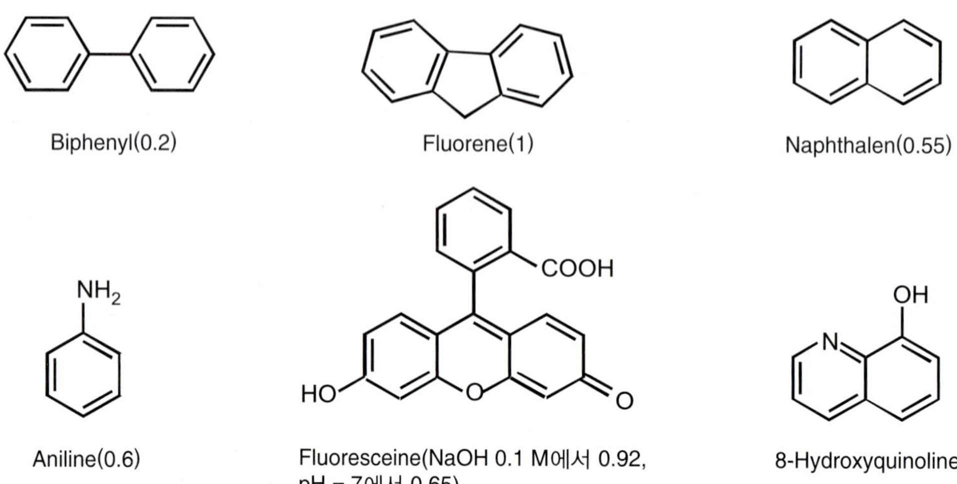

그림 11.4 형광을 내는 방향족 화합물들 화합물 이름 옆에는 이들의 형광 양자 수득률 Φ_f(11.3절 참조)가 표시되어 있으며, 이 값들은 77 K에서 알려진 화합물의 형광과 비교하여 얻어진 것이다. 8-하이드록시퀴놀린(8-Hydroxyquinoline)은 어떤 금속 이온들과 형광성 킬레이트를 형성하는 여러 분자 중 대표적인 것이다.

한다. 용매의 점도가 감소할수록 동일한 경향이 발생한다.

11.3 형광과 농도의 관계

용액의 각 지점에서 형광 세기는 다른데, 이는 들뜸 복사선의 일부는 고려되는 지점에 도달하기 전에 흡수되고, 방출 복사선의 일부는 셀을 빠져나오기 전에 자체에서 흡수되기 때문이다. 전체적으로 검출기에 입사되는 형광은, 입구와 출구 슬릿에 의해 한정된 공간을 구성하는 개개의 작은 부피에서 나오는 형광의 총합이다(그림 11.5). 이것이 시료의 절대

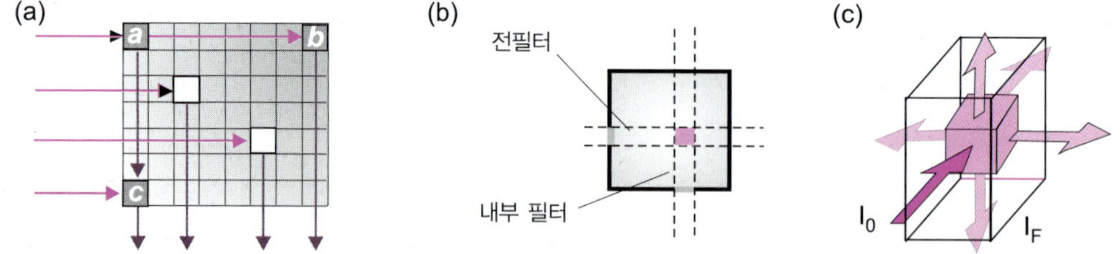

그림 11.5 형광 세기와 복사선 감쇠 용액에서 형광이 방출되는 각 지점에 따라 일정치 않은 빛의 세기가 검출기에 도달한다. 입구와 출구 슬릿을 특정 위치에 놓음으로써 형광 빛살의 재흡수(a와 c의 비교)와 입사 빛살의 흡수(a와 b의 비교)를 평가할 수 있다. 실제로는 조리개가 있어 셀의 중심 영역으로부터 도달하는 빛만 수집된다.

형광 세기(I_f)를 계산하기 어려운 이유이다. **내부 소광(internal quenching)**이라 불리는 복사선 감쇠 현상은 흡수와 방출 스펙트럼의 부분적인 겹침에 의해 발생하며(**색소광, color uenching**), 충돌이나 착물 형성을 통해 들뜬 화학종으로부터 다른 분자 또는 이온으로 에너지가 전이되면 증가한다(**화학 소광, chemical quenching**). 산소가 존재하면 왜 형광 감소가 일어나는지를 이를 통해 설명할 수 있다.

용액에서 형광 양자 수득률 Φ_f(0과 1 사이)는 흡수된 광자수에 대한 방출된 광자수의 비로 정의된다. 이 값은 흡수된 세기 I_a에 대한 형광 세기 I_f의 비와 동일하다.

$$\Phi_f = \frac{\text{방출된 광자수}}{\text{흡수된 광자수}} = \frac{I_f}{I_a} \tag{11.2}$$

만약 $I_a = I_0 - I_t$(I_t는 투과된 빛의 세기)라면, 식 11.5를 통해 우리는 I_f와 화합물의 농도 C를 연관지을 수 있다(식 11.3과 11.4를 통해).

$$I_f = \Phi_f(I_0 - I_t) \quad \text{즉,} \quad I_f = \Phi_f \cdot I_0 \cdot \left(1 - \frac{I_t}{I_0}\right) \tag{11.3}$$

흡광도 A는 $\log (I_0/I)$이므로, 식 11.3은 다음과 같이 된다.

$$I_f = \Phi_f \cdot I_0 \cdot (1 - 10^{-A}) \tag{11.4}$$

여기서,

$$10^{-A} = 1 - 2.303A + \frac{(2.303A)^2}{2\,!} - \cdots + \cdots$$

만일 용액이 묽다면, 항 A는 0에 가까워지므로 항 10^{-A}는 $1-2.3A$ 에 가까워진다. 그러므로 식 11.4는 아래와 같이 단순화될 수 있다.

$$I_f = 2.3 \cdot \Phi_f \cdot I_0 \cdot A \quad \text{그러므로} \quad I_f = 2.3 \cdot \Phi_f \cdot I_0 \cdot \varepsilon \cdot \ell \cdot C \tag{11.5}$$

여기서 I_0는 들뜸 복사선의 세기 C는 화합물의 몰농도, ε는 몰흡광 계수, l은 셀 두께, Φ_f는 형광 양자 수득률이다. 이 마지막 식은 형광 세기가 농도(C), 실험 조건(l, I_0), 그리고 화합물 특성(ε, Φ_f)에 의존한다는 것을 나타낸다. 만일 기기로 인한 것과 화합물에 의한 모든 변수를 단일 상수 K에 넣는다면, 묽은 농도($A < 0.01$)에 대해 다음 식이 사용될 수 있다.

$$I_f = K \cdot I_0 \cdot C \tag{11.6}$$

형광법에 의한 측정은 하나 이상의 표준 방법(단일점 교정, 검정 곡선, 또는 표준물 첨가)을 사용하는 여러 전통적인 방법들을 이용한다. 그러나 최적의 결과를 얻으려면 용액이 매우 묽어야 한다. 주어진 한계 이상에서 형광은 더 이상 농도에 직접 비례하지 않는다. 이것

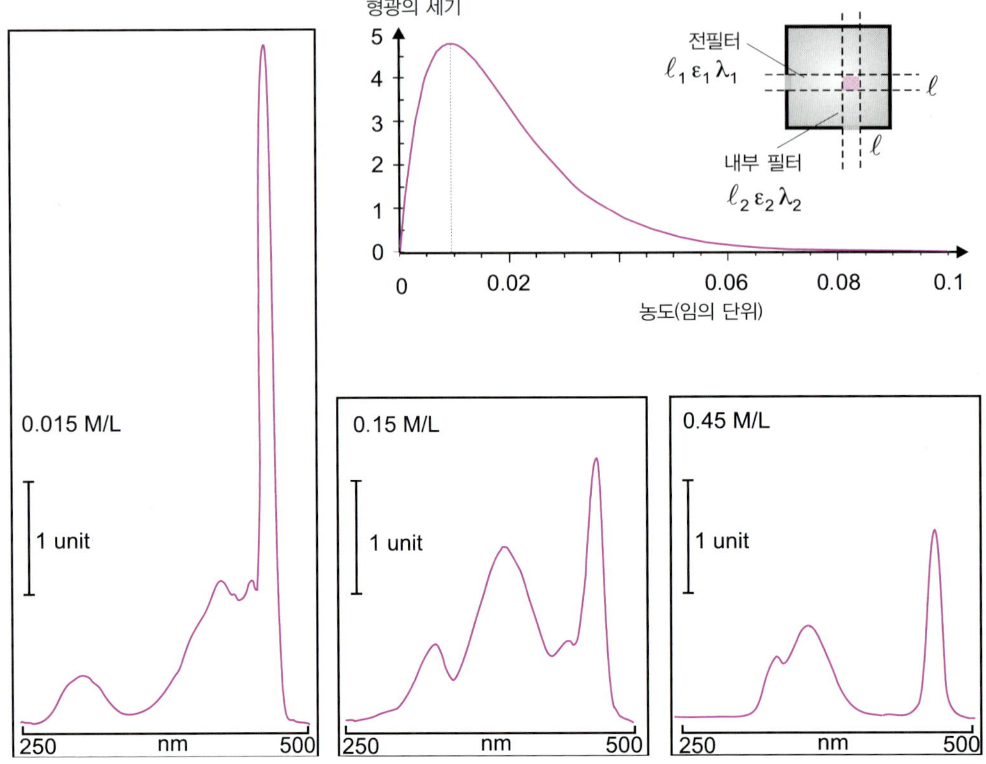

그림 11.6 형광의 세기와 농도 식 11.7의 모형화(modeling)는 형광 세기에 대한 농도의 영향을 보여 준다. 형광의 최댓값이 관측되며 그 이상에서는 농도가 증가함에 따라 형광이 계속 감소한다. 최댓값 이후에 용액이 진할수록 형광이 약해진다–일종의 자체 흡수 또는 자체소광. 삽화는 바이아세틸 테트라클로로메테인(biacetyl tetrachloromethane)의 세 농도에서의 형광을 같은 척도로 기록한 것이다. 이 곡선들은 그림 11.4에서 지적한 바와 같이 용액의 중심부에 있는 작은 부피로부터 수집된 빛을 기록한 것이다(매개변수 ε와 l은 임의의 값이다).

은 Beer–Lambert 법칙의 비선형성 때문에 발생한다. 들뜸은 비례적으로 더 약해지고 들뜬 분자와 바닥 상태의 분자 사이에 회합 착물이 생긴다. 이 때문에 분석 물질의 농도는 증가하는데 형광이 감소하는 명백하게 역설적인 결과를 낳는다. 그림 11.6에 있는 곡선은 이런 여러 변수의 합리적인 값을 도입한 식 11.7(식 11.4에서 유래한)을 나타내고 있다.

$$I_f = \Phi \cdot k \cdot I_0 \cdot 10^{-(\varepsilon_1\ell_1+\varepsilon_2\ell_2)c} \cdot (1 - 10^{-\varepsilon\ell C}) \qquad (11.7)$$

11.4 Rayleigh 산란과 Raman 확산

들뜸과 방출 파장이 근접하면 시료 매질이나 용매에 의한 산란 현상이 발생할 수 있다(그림 11.7).

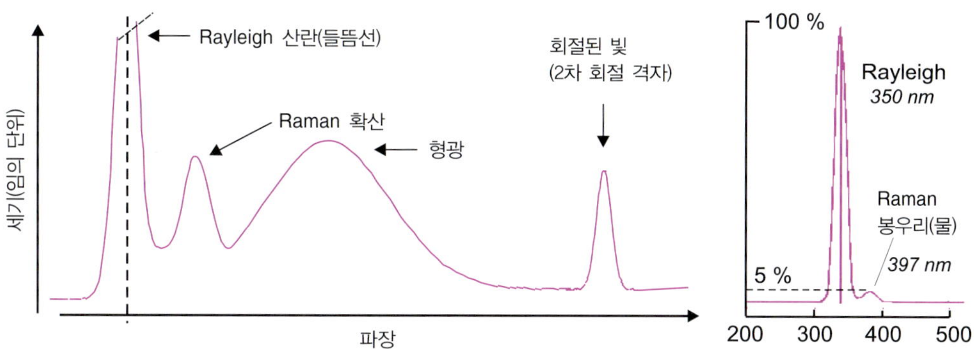

그림 11.7 **형광 스펙트럼의 다양한 성분들** Raman 봉우리의 위치는 들뜸 파장과 용매에 의존한다. 오른쪽은 형광계에 대한 감도 시험이다.

11.4.1 Rayleigh 산란

탄성(elastic) Rayleigh 산란은 화합물이 녹아있는 매질이나 용매에 의한 재방출이며, 흡수된 들뜸 빛의 일부는 **동일 파장(same wavelength)**에서 모든 방향으로 방출된다(10.14절 참조).

11.4.2 Raman 산란

Rayleigh 산란선 옆에는 **비탄성 산란(inelastic scattering)** 효과에 의한 위성선(satellite line)들이 존재한다. 이들은 복사선에 의한 용매 분자 간의 진동에 의해 발생한다. Rayleigh 선과 Raman 선의 차이가 분자의 진동 주파수에 해당한다(10.13절 참조).

Rayleigh 산란에 비해 장파장으로 이동한 띠를 **Stoke 띠(Stoke band)**라 하며, 단파장으로 이동한 띠들을 **anti-Stoke 띠(anti-Stoke band)**라 한다. 흡수된 광자와 재방출된 광자 간의 에너지 차는 일정하다. 따라서 사용하는 파장을 조절하여 Raman 띠의 위치 조절이 가능하다(표 11.1과 그림 11.7).

물의 Raman 산란은 형광계들의 감도 검사에 사용된다. 이는 물로 채워진 셀의 Raman 봉우리, 예를 들어 들뜸 파장이 350 nm(28,571 cm^{-1})로 고정되어 있다면 3380 cm^{-1}(VOH 신축 진동 파수에 해당)의 물의 Raman 이동 결과인 397 nm(25,191 cm^{-1})에 있는 봉우리의 신호/잡음 비를 측정하여 바탕 신호와 비교하는 것이다.

표 11.1 수은 램프에서 나오는 다섯 파장과 흔히 사용되는 4가지 용매에 의한 계산된 Raman 산란띠의 위치

들뜸(nm)	254	313	365	405	436	Shift(cm^{-1})
물	278	350	416	469	511	3,380
에탄올	274	344	405	459	500	2,920
사이클로헥세인	274	344	408	458	499	2,880
클로로폼	275	346	410	461	502	3,020

형광 현상은 화학 분석에 사용될 뿐만 아니라 분말 세제와 같은 물질에도 동일하게 응용된다. 분말 세제에는 직물 섬유에 들러붙는 형광제가 존재한다. 이런 종류의 화합물은 가시광선이 아닌 스펙트럼 영역의 태양 복사선을 흡수하여 긴 파장, 즉 눈에 보이는 푸른색 스펙트럼 영역에서 재방출하여 옷이 더 희게 보이게 한다.

11.5 기기 장치

형광 화합물은 빛을 모든 방향으로 방출하는 광원처럼 작용한다. 약하게 흡수하는 화합물은 시료를 투과하는 빛에서 자유로운 광원의 수직 방향에 위치시킨다. 강하게 흡수하는 용액에 대해서 형광은 들뜸 복사선이 닿는 시료의 면 쪽에서 관측되고, 불투명하거나 반투명한 시료에 대해서 정면 측정이 선호된다(그림 11.8). 간단한 형광 측정은 흔히 150~800 watt의 일률을 가진 제논 아크 램프를 광원으로 사용한다. 복잡한 분광기에는 연속 광원이나 펄스 레이저(동역학 형광 또는 시간 분해 형광)가 사용된다. 빛 세기의 측정에는 광전증배관이나 광다이오드가 사용된다. 용매, 온도, pH, 그리고 농도는 형광 세기에 영향을 주는 주요 변수들이다.

LiDAR(light detection and ranging)의 많은 응용 중에는 지구의 대기에 미량으로 존재하는 기체들을 측정하는 것도 있다. 기체들은 센 단색 레이저에서 나오는 매우 짧은 펄스(1 μs)에 의해 들뜬 다음 방출되는 역산란 형광에 의해 정량된다. 들뜸 파장은 연구 대상 화합물에 적합한 특정 파장으로 조정될 수 있다.

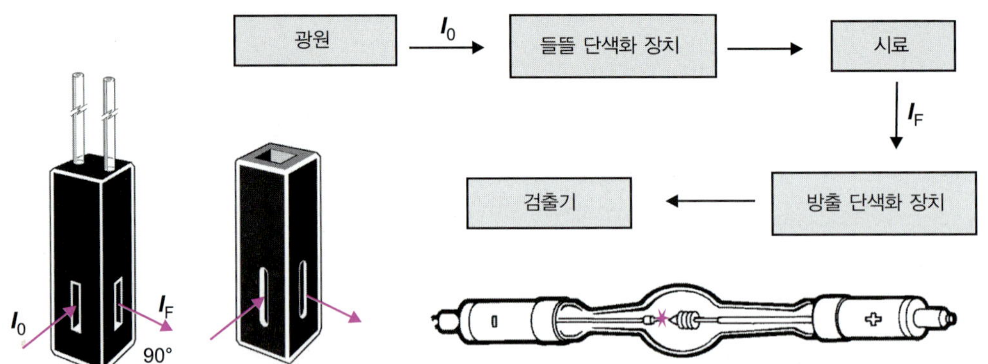

그림 11.8 제논 아크 램프가 장착된 형광분광계의 구역 도표 형광 동력학에 대한 연구와는 다르게, 형광은 1차 들뜸 광원을 켠 상태로 유지하는 '일정 상태'에서 측정된다. 하단은 형광 측정용 큐벳과 제논 아크 램프의 도해. 제논 램프의 압력은 약 1 MPa이다. 필라멘트 없이 석영 싸개로 만들어진 이 아크 램프는 '백색광' 광원이다. 두 전극 중 더 가는 것이 캐소드이다.

제조사들에 의해 판매되는 사용 기기들은 크게 두 범주로 분류할 수 있다. 형광비 형광계와 분광형광계.

11.5.1 형광비 형광계(비율계량적 방법)

1차 광원에서 나온 빛은 먼저 들뜸 단색화 장치를 통과하면서 좁은 띠(15 nm)의 파장이 선택되고, 시료 용액의 분석 물질 분자의 형광을 유발한다. 화합물에 의해 방출된 형광의 일부가 입사광의 방향에 수직 또는 수평 방향(모델에 의존)에서 수집된다. 그리고 선택된 빛이 검출기에 도달한다.

필터 장착형 기기가 상용화되었으나(그림 11.9), 현재는 단색화 장치(종종 2개 모두 장착)를 가진 기기로 대체되고 있다. 이들은 홑빛살 기기다. 이들은 기본적으로 표준 용액과 시료, 형광 표준물을 위한 교환용 칸막이 방을 가지고 있다. 같은 광 경로에서 표준 용액, 시료 용액, 그리고 형광 표준물을 번갈아 교환하면서 측정을 수행한다. 검정 곡선에 대한 형광비가 측정되어 기대하는 결과를 얻을 수 있다. 이런 방식으로 광원과 기기의 많은 조절 변수로부터 발생하는 변동을 제거할 수 있다. 일반적으로 비율계량적 측정에 사용되는 형광 표준물로는 황산 퀴닌, 로다민 B, 2-아미노피리딘이 사용된다.

> 제논 섬광 램프를 광원으로 사용하면 광원을 끈 후의 형광을 연구할 수 있다. 이 방법은 면역학에 사용되는데 약 1 ms의 형광 수명을 가지는 형광성 란타넘족 착물이 사용되며, 매우 감도 높은 측정이 가능하다(피코몰 농도 범위).

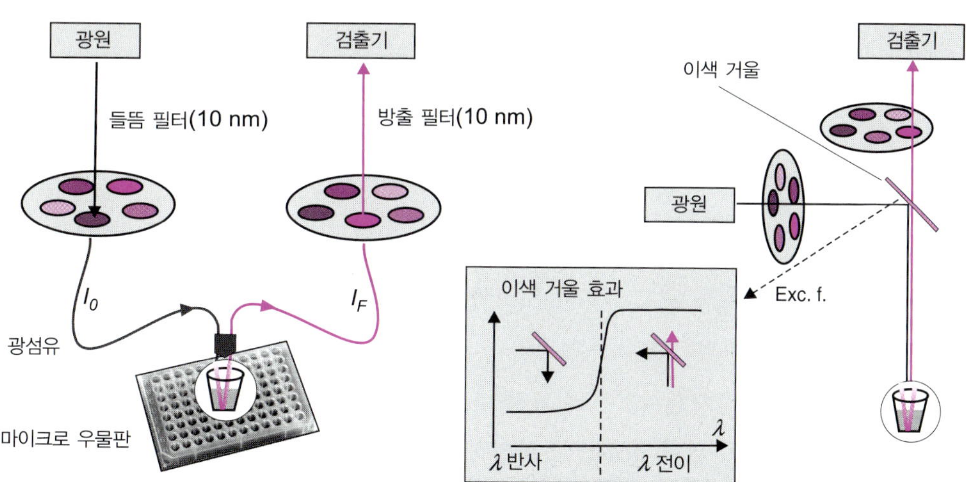

그림 11.9 형광계 마이크로우물–판 판독기의 광경로 개략도 왼쪽 그림: 한 광섬유는 들뜸 복사선을 선택된 우물로 운반하여 분석하고, 두 번째 광섬유는 전방 배열에 의해 형광을 수집한다. 오른쪽 그림: 민감도를 향상시키기 위해 이색(dichroic) 거울을 가진 기기(BioTek사의 Synergy-2).

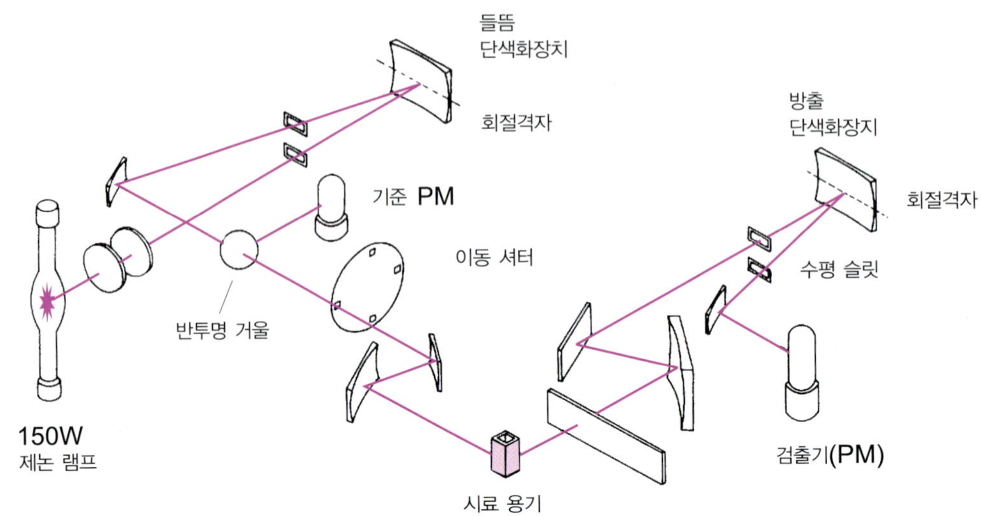

그림 11.10 **Shimadzu F-4500 분광형광계의 개략도** 입사 빛살의 일부는 반투명 거울에 의해 반사되어 기준 PMT(광전증배관)에 도달한다. 두 PMT로부터의 신호를 비교하여 광원의 표류를 제거한다. 홑살 기기에 대한 이 과정은 겹살 분광계와 거의 같은 안정성을 제공한다. 하지만 주어진 용액의 스펙트럼은 기기에 따라 작은 차이가 있을 수 있다.

11.5.2 분광형광계

분광형광계는 형광 화합물에 대해 특히 들뜸과 방출 스펙트럼을 둘 다 기록함으로써 좀 더 완전한 연구를 가능케 한다(그림 11.10). 분광계는 2개의 회절발 단색화 장치를 가지고 있고, 둘 다 스펙트럼 띠를 주사할 수 있다. 고정된 들뜸 파장을 유지하면서 전체 방출 스펙트럼을 얻거나 일정한 방출 파장을 유지하면서 전체 들뜸 스펙트럼을 기록하는 것이 가능하다.

분광형광계들은 최선의 결과를 얻기 위한 들뜸–방출 짝을 자동으로 결정할 수 있는 소프트웨어를 가지고 있다(그림 11.11). '한번에 한 요인' 방법을 이용하면, 실험 절차를 다음 단계로 나눌 수 있다.

1. 화합물의 UV 스펙트럼을 UV/Vis 분광계를 이용하여 측정한다.
2. 들뜸 단색화 장치를 UV 흡수 스펙트럼의 최댓값에 해당하는 파장으로 고정한다.
3. 방출 단색화 장치를 회전시키면서 특정 파장 영역에서 형광 스펙트럼을 측정한다.
4. 방출 단색 화장치를 형광 최댓값의 파장에 고정하고, 들뜸 파장을 변화시키며 측정한다. 들뜸 스펙트럼이 얻어지며, 최종적으로 최선의 들뜸 복사선 파장을 선택할 수 있다(이는 UV 흡수의 최댓값과 다를 수 있다).

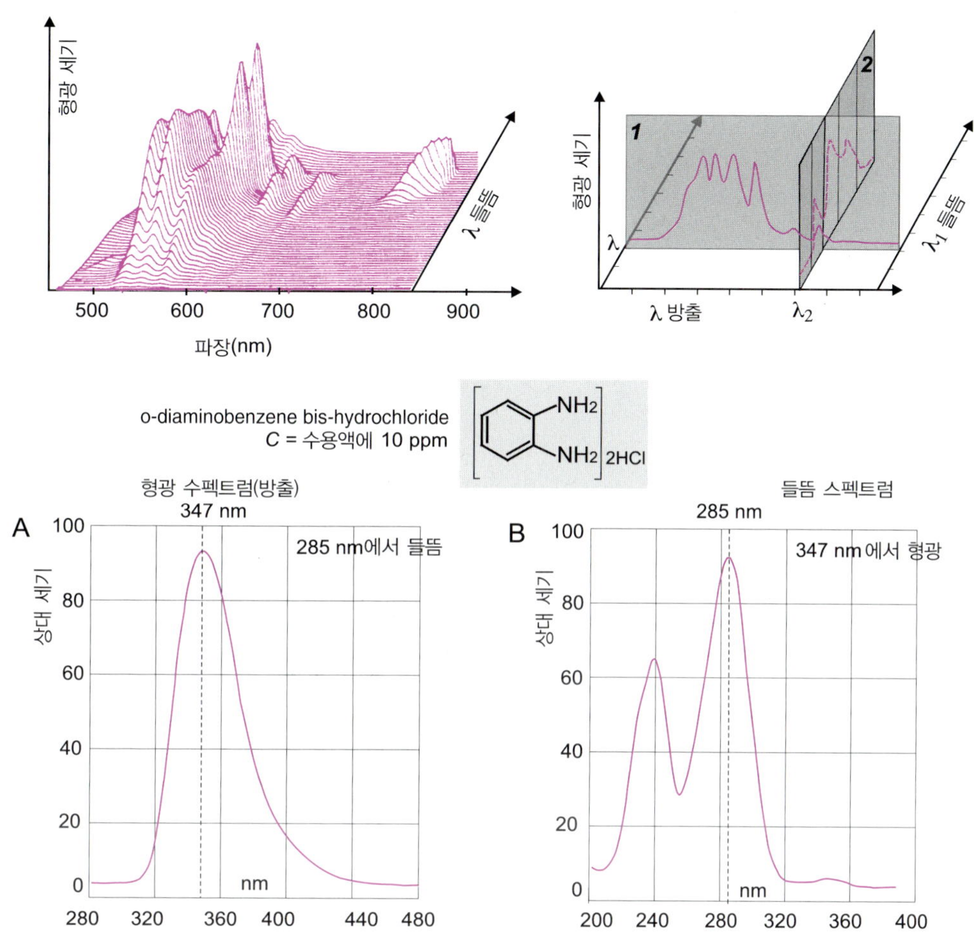

그림 11.11 형광 스펙트럼 위는 두 개의 형광 이온 혼합물의 방출–들뜸 매트릭스. 이러한 형태의 측정은 이런 혼합물 측정에 최적의 들뜸 파장을 이끌어낸다. 위 오른쪽, (1) 대응되는 형광 스펙트럼(들뜸 λ_1). (2) 들뜸 파장이 변화할 때, λ_2에서 측정된 형광 스펙트럼. 아래, 화합물 A와 B의 방출–들뜸 스펙트럼.

11.5.3 시간 분해 분광형광법

분광형광계의 기술 진보로 현재는 매우 짧은 형광 수명도 측정이 가능하다. 이러한 측정을 하기 위해, 들뜸이 멈췄을 때 방출되는 빛의 감쇄 곡선을 측정하거나, 들뜸을 빠르게 변조시키면서 형광의 변조를 비교하는 것에 기반을 둔 몇 가지 측정 방법이 있다.

빛의 세기의 감쇄는 매우 빨리 일어나기 때문에, 첫 번째 방법은 수백 MHz의 주파수를 가진 펄스 광원(예를 들면, 다이오드 레이저나 염료 레이저)이 요구된다. 펄스 주기는 기기 종류나 응용 분야에 수백 밀리초(10^{-3} s)에서 수백 나노초(10^{-9} s) 혹은 펨토초(10^{-15} s)까지 조절된다. 두 번째 방법은 빠르게 변조가 가능한 광원을 사용한다.

이 반복되는 주기 동안에 광원의 펄스가 꺼졌을 때 검출기는 하나의 형광 광자가 검출기

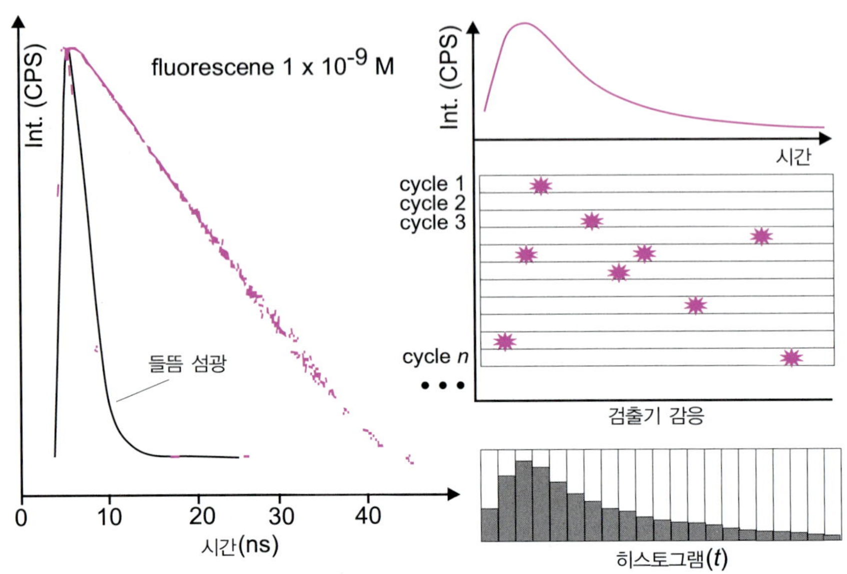

그림 11.12 **형광 붕괴와 측정의 원리에 대한 묘사** 그래프상의 각 점은 하나의 기억 채널의 내용물이다(시간/광자수 짝). 붕괴 지수 곡선이 여기서 직선 형태로 나타난다. 이것은 세로좌표를 로그 척도로 취했기 때문이다. 오른쪽은 이러한 지수 곡선이 어떻게 만들어지는지 나타내었다.

에 도달할 때까지 측정한다. 그다음 이 결과는 해당 시간 동안 예정된 기억 채널에 저장된다. 많은 수의 광자가 축적된 후에 모든 기억 채널의 내용물에 대한 막대 그래프를 생성하여 최종적으로 붕괴 그래프가 만들어진다(그림 11.12).

11.6 특이성과 응용

형광법은 빛의 방출이 양자화되어 있기 때문에 흡수된 빛의 세기와 비교할 수 있어 매우 민감한 방법이다. 형광법은 자외선/가시광선 흡수에 비해 민감도가 1,000배 이상 크다. 흡수법에서는 투과되는 빛의 세기가 민감도에 영향을 주지 않지만, 형광법의 민감도는 강력한 광원(제논 아크)을 사용할 때 더 향상될 수 있다.

존재하는 모든 분자 중 10% 이하만 자연 형광을 가진다는 것은 별개의 문제로 하고, 많은 화합물이 화학적 변형이나 형광 분자와의 회합을 통해 형광을 나타나게 할 수 있다. 예를 들어, **형광 발색단 시약(fluorophore reagent)**을 화학 반응에 의해 분석 물질에 결합시킬 수 있다(7-하이드록시쿠마린이 이런 효과에 사용될 수 있다). 이것은 **형광 유도체화(fluorescence derivatization)**라 부르며 비색법에 이용되는 절차를 상기시킨다.

금속 양이온의 측정을 위해서는 옥신(8-하이드록시퀴놀린), 알리자린 또는 벤조인 등과

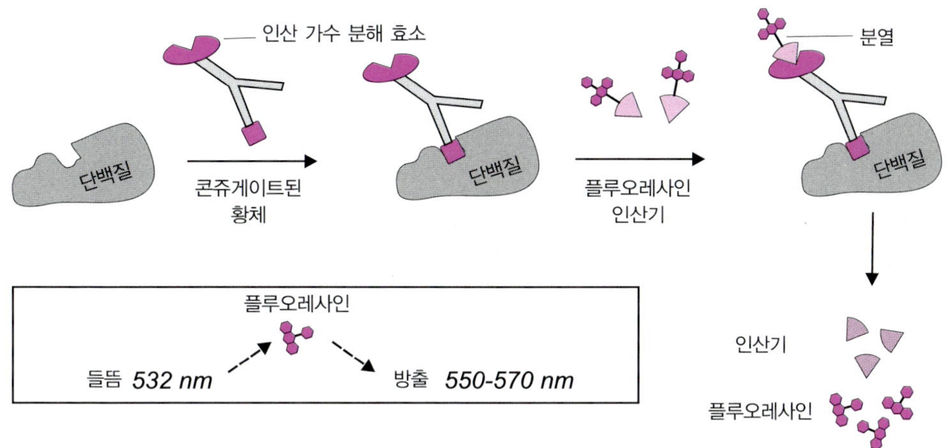

그림 11.13 생화학에서 화학형광에 의한 단백질 측정 절차 도표는 관련된 반응 순서를 함께 보여 준다. 이런 측정을 수행하기 위해서는 실험 계획안을 따라야 하며, 거기서 다른 반응들은 별개의 단계로 고려된다.

킬레이트가 형성되고, 유기 용매로 추출된다. 생화학에서 형광은 단백질이나 핵산을 정량하는 데 많이 응용되는데, 특이성 있게 이들 화합물에 붙는 시약을 사용한다.

형광법이 적용되는 여러 응용 분야가 있다. 생분석(형광을 이용한 in vitro 진단), 식품(식품 관리), 제약(활성 성분 분석) 및 환경(독성 검사) 산업 분야에서 집중적으로 이용되고 있으며, 재료, 포토닉스, 광전자 분야까지 점차 확장되고 있다.

> 화학형광(**chemifluorescence**, 화학발광과 혼동하지 말 것, 11.7절 참조)은 특정 단백질 검출에 특히 민감한 방법이다. 단백질의 특정 항체는 특정 기질이 필요한데, 기질은 인산 가수 분해 효소(phosphatase)와 같은 콘쥬게이션된 효소에 결합한다(그림 11.13). 만일 플루오레사인(fluorescein)의 인산 유도체와 같은 기질과 혼합되면, 플루오레사인이 떨어지고 적절한 들뜸 광원에 의해 야기된 형광이 나타난다.

HPLC에 의한 분석을 향상시키기 위해 아민류는 형광으로 표지(다른 방향성 화합물을 이용)되어 아토몰(10^{-18} M) 수준의 매우 낮은 검출 한계를 제공할 수 있다.

형광의 전형적인 응용 분야는 음료수에 있는 다중고리 방향족 탄화수소(PAH)를 측정하는 것이다. 이 경우 검출기는 칼럼의 출구에 설치된 형광 흐름 시료 용기와 함께 장착된다. 이 방식의 검출은 법률에 의해 부과되는 문턱 기준을 달성하는 데 특히 적합하다. 동일한 공정이 아드레날린, 퀴닌, 스테로이드, 그리고 비타민과 같은 여러 유기 화합물은 물론 아플라톡신(aflatoxin, 그림 11.14)을 측정하는 데 채택된다.

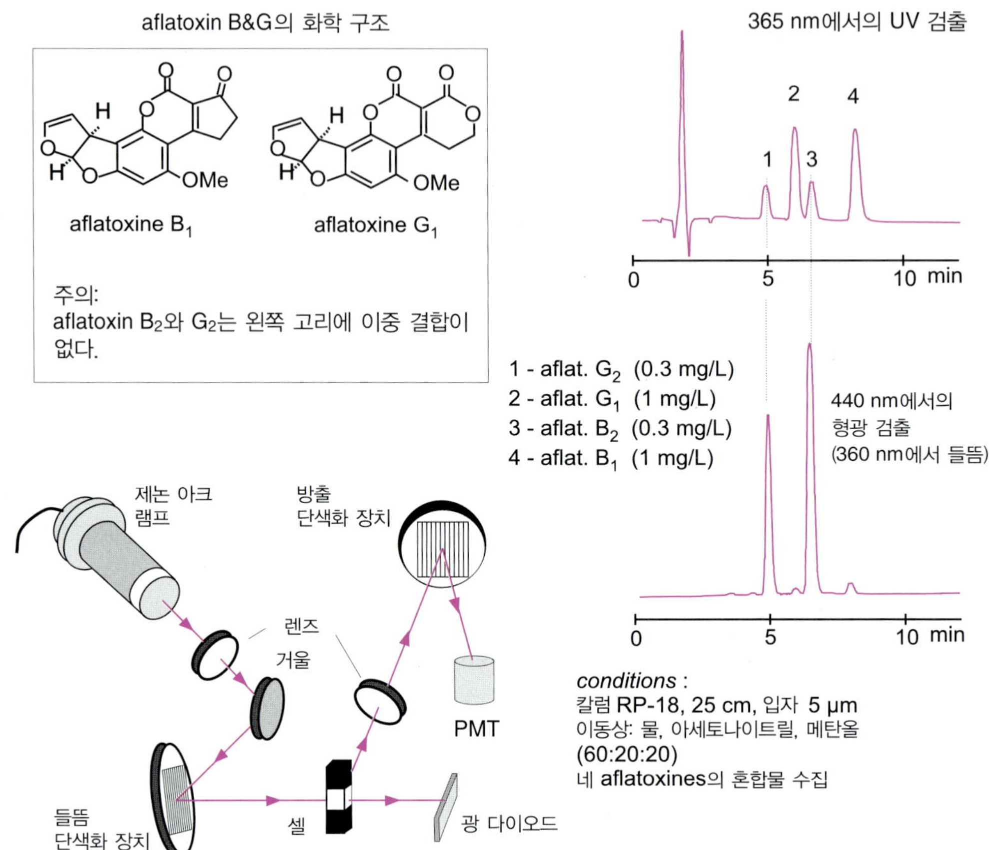

그림 11.14 크로마토그래피 분리에 따른 UV와 형광 검출의 비교 아플라톡신은 곡류 시리얼에 존재하는 발암성 오염물질이다. 이들은 HPLC로 분석이 가능하다. UV 검출 시, 4가지 화합물의 농도에 따라 띠의 세기는 변화한다. 하지만 형광에 의한 검출은 UV 검출에 비해 G_2와 B_2에 훨씬 더 민감하다. 왼쪽 아래는 형광에 기초한 검출기의 여러 부품의 개략도. 이 검출기는 크로마토그래피 진행을 중단하지 않고, 용리되는 각 화합물에 대해 최적의 들뜸/방출 연결을 빠르게 찾을 수 있다(Agilent Technologies의 허가를 받아 복제).

11.7 화학발광

화학발광(chemiluminescence)은 특정 화학 반응에서 생성된 불안정한 화학종의 탈들뜸(de-excitation) 과정에서 방출되는 광자다. 화학발광은 들뜬 상태가 광자 없이 생성되나, 탈들뜸 과정은 형광이나 인광과 동일하다. 이런 화학 반응의 동역학은 가변적이며 방출되는 빛은 점점 짧아진다. 따라서 화학발광을 정량 분석에 응용할 경우 화학 발광이 발생한 전체 시간 동안 방출되는 빛의 적산이 요구된다. 몇 가지 응용 예를 그림 11.15에 나타내었다.

루미놀과 옥살산 다이페닐은 비전기적 비상조명에서 박람회장 등에서 팔리는 굴렁쇠, 목걸이, 야광 막대에 이르기까지 다양한 전통적 응용에 자주 사용되는 두 화합물이다. 발광을 야기하는 반응은 모두 과산화 수소에 의한 산화 반응이다.

이런 반응들은 높은 감도로 여러 측정을 가능하게 하는 기반이 된다. 2가 철이나 과산화 수소를 측정하기 위해 루미놀을 사용하던 것은 일화(anecdotal)로 남았지만, 오존을 산화제로 사용하는 것과 같이, 화학 분석에서 화학발광의 중요한 응용이 다수 있다. 오존 발생기가 장착된 자동기기의 도움으로 이 강력한 산화제는 일산화 질소(이산화 질소로 산화됨)의 측정을 가능하게 한다(그림 11.16). 이런 측정의 응용 분야는 생각보다 넓은데, 오염된 대기의 연구로부터 유기 시료에 있는 **질소의 총량(total nitrogen)**을 측정하는 데까지 이른다. 여기서 질소는 미리 연소에 의해 이산화 질소로 전환되고 다시 이산화 질소는 정량적으로 일산화 질소로 전환되어 측정할 기반을 제공한다.

같은 원리가 황의 측정에 응용될 수 있는데, 황은 먼저 산소 존재하에 연소에 의해 이산화 황(SO_2)으로 전환되고(그림 11.17), 다시 황화 수소(H_2S)로 환원된 후 마지막으로 오존에 의해 다시 산화된다(화학발광 단계).

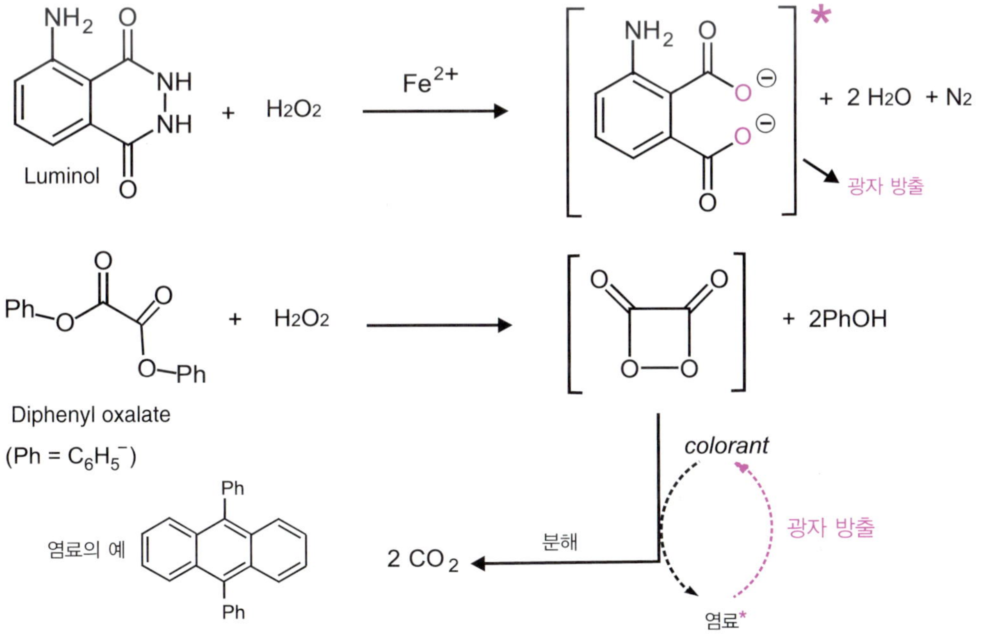

그림 11.15 화학발광 반응들에 대한 예 반응 생성물의 본질은 때때로 잘 알려져 있지 않다. 루미놀은 강한 강청색 빛을 방출하고, 다이페닐은 사용된 색소에 따라 다양한 색을 방출한다. 방향족 유도체들은 야광막대의 청색을 발생시키는 염료로 사용된다.

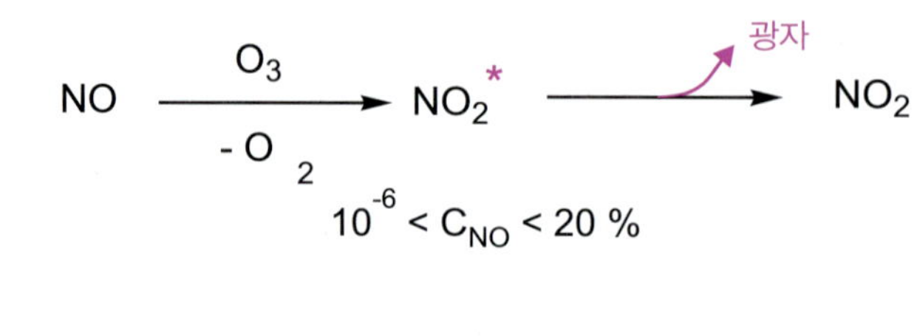

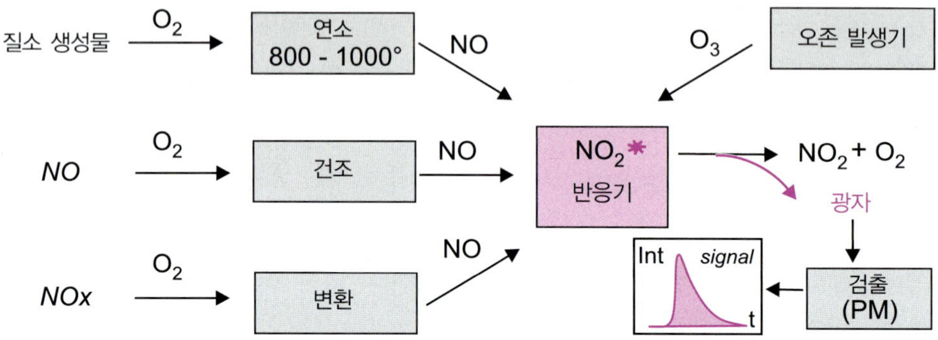

그림 11.16 화학발광을 이용한 질소 분석 오존과 일산화 질소 간의 화학량론적 반응. 질소 함유 시료의 연소 반응 이후나 NO*x*(예를 들면 NO_2)를 NO로 촉매 환원 반응 시 이들의 발광 반응은 거의 동시에 발광계를 이용하여 측정된다. 전체 질소 함량은 Kjeldahl 방법에 의해 측정할 수 있다(21.8절 참조).

기체 크로마토그래피에서 황과 질소에 선택적인 몇몇 검출기들은 이런 순차적인 반응을 이용한다.

역으로 오존은 에틸렌 존재하에 화학발광에 의해 측정될 수 있다(그림 11.16).

과산화 수소 존재하에서 화학발광을 하는 루미놀은 양고추냉이 과산화 효소(HRP)에 의

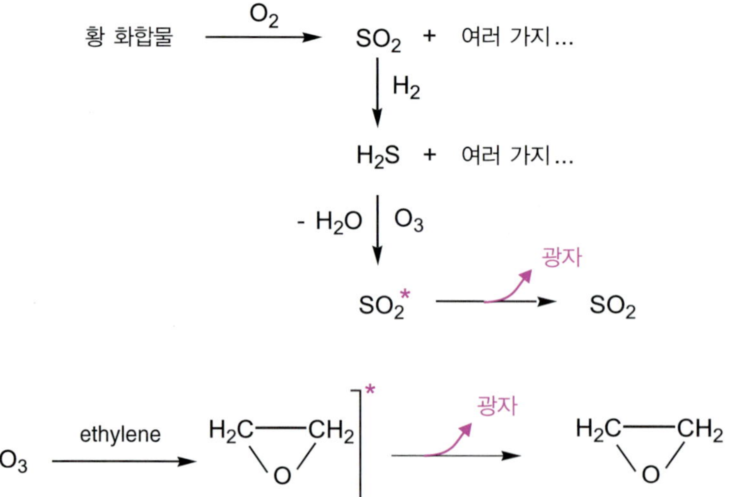

그림 11.17 오존을 이용한 화학 발광 반응 위의 개략도는 황 화합물이 오존에 의해 들뜬 상태의 이산화 황으로 산화되는 반응의 과정을 보여 준다. 아래는 에틸렌을 즉시 오존 측정에 응용할 수 있는 최종 반응이다.

해 즉시 반응이 촉진될 수 있어 효소 면역 측정법(enzyme-linked immunosorbent assay, ELISA, 17.5절 참조)의 검정 시험에 응용될 수 있다. 발광 세기가 수 분 동안 안정하여 이 방법은 넓은 농도 범위에서 매우 감도가 높은데, 이는 이런 종류의 검사에 유별난 것이다.

> **생물발광(Bioluminescence)**은 생명체에서 발생하는 화학발광으로 루시페린(luciferin)이 산소에 의해 옥시루시페린(oxyluciferin)으로 산화할 때 발생하는 빛에 의해 발생한다. 이 반응을 위해서는 2가지 화합물이 필요하다: 루시페레이스(luciferase)라는 반응을 촉진시키는 효소와 세포 내에 에너지를 제공하는 아데노신 삼인산(adenosine triphosphate, ATP)이다. 이 발광 반응이 끝나는 지점에서 루시페린은 다시 재생된다. 이 반응은 특히 식품 산업과 생명 과학 분야에서 사용되나 자세한 내용은 이 교재의 범위를 벗어난다.

이 장의 요점

1. 많은 화합물(10%)은 형광을 나타낸다. 광원에서 빛이 입사되면 거의 즉시 이들이 들뜨는 데 사용된 빛의 파장보다 더 장파장으로 빛을 재방출한다.
2. 광자는 결합 내의 전자를 즉시 비어 있는 오비탈로 이동하게 하는데, 이때 전자의 스핀은 유지된다. 들뜬 전자의 이완에는 몇 가지 방법이 있다. 비복사 충돌이나 형광 같은 이완 과정을 통해 광자로부터 얻은 에너지를 해소하게 된다.
3. Jablonski 도표에서 나타낸 것처럼 형광과 인광은 서로 구별되어야 한다. **형광**(fluorescence)은 거의 즉시 바닥 상태로 돌아가지만, **인광**(phosphorescence)은 전자 스핀이 반전되면서 삼중항 상태를 거치기 때문에 인광의 수명은 수 초까지 달한다. 인광은 삼중항/단일항 전이를 통해 바닥 상태에 도달하기 때문에 속도가 느리다.
4. 형광성(또는 인광성) 물질의 빛의 세기는 시간에 따라 지수 법칙에 따라 감소한다:
$$I_t = I_0 \cdot \exp[-kt]$$
5. 들뜬 형광물의 개체 분포의 63.2%가 바닥 상태로 이완되는 시점을 τ_0라 한다.
$$\tau_0 = 1/k$$
6. 형광은 단단한 분자 구조를 가진 물질에서 관찰된다. 형광 양자 수득률(Φ_f)로 형광 특성을 나타낸다.
$$\Phi_f = \frac{\text{방출된 광자수}}{\text{흡수된 광자수}} = \frac{I_f}{I_a}$$
7. 연성의 화합물의 진동 복사 이완을 통해 흡수한 에너지를 해소한다. 매질의 다양한 특성(pH, 용매, 온도 및 점도)에 의해 형광은 영향을 받는다(**소광**(**quenching**)).
8. Rayleigh 산란과 Raman 확산. **Rayleigh 산란**(**Rayleigh scattering**)은 용매가 입사된 빛을 재방출하는 탄성 산란으로 빛의 세기가 크다. **Raman 확산**(**Raman scattering**)은 용매와의 진동 상

호 작용으로 그 세기가 약하다.

9. 거시적 척도에서, 형광성 물질에 지속적으로 빛을 입사하면 지속적인 방출이 발생한다. 이러한 특성은 정량 측정을 가능하게 한다. 이를 이용한 방법을 형광법이라 하며, 묽은 용액에서는 형광 세기가 농도 사이에 다음의 관계가 성립한다: $I_F = K \cdot I_0 \cdot C$ 여기서 K는 검정을 통해 얻는다.

10. 형광 측정에 사용되는 기기는 크게 2종류로 구분된다. 비율계량적 방법을 이용하는 **필터 형광계(filter fluorometer)**(들뜸 및 방출)는 표준 물질의 형광에서 얻은 검정 곡선이 필요하다. **분광형광계(Spectrofluorometer)**는 흡수와 방출 스펙트럼을 비교(들뜸 및 방출 파장 최적화)한다.

11. 비형광성 화합물은 형광 발색단 시약을 부착시켜 반응을 정량한다.

12. **화학발광(chemiluminescence)**은 불안정한 상태를 거치는 화학 반응에서 방출되는 빛이다. 화학발광은 많은 산업 분야(오존, 에틸렌, 질소 산화물 측정 등)에서 활용되고 있다.

문제

1. Fe(II)는 과산화 수소에 의해 루미놀의 산화를 촉진 시킨다. 화학발광의 세기는 Fe(II)의 농도가 10^{-10} M에서 10^{-8} M로 증가함에 따라 직선적으로 증가한다. 미지 용액의 Fe(II) 함량을 계산하기 위해 이 용액 2 mL를 취하여 1 mL의 물을 가하고, 2 mL의 과산화 수소와 마지막으로 l mL의 알칼리 용액의 루미놀을 가하였다. 방출되는 발광 신호를 10초 동안 적분하여 16.1(임의 단위)의 값을 얻었다. 두 번째 실험에서는, 2 mL의 미지 Fe(II) 용액을 다시 취하여 1 mL의 5.15×10^{-5} M Fe(II) 용액을 가한 후, 전과 같은 양의 과산화 수소와 루미놀 용액을 가하여 측정하였더니 29.6이었다. 미지 용액에 있는 Fe(II)의 몰농도를 계산하시오.

2. 456 nm에서 측정된 미지 농도의 9-아미노아크리딘 수용액의 형광 세기는 외부 기준물 대비 60%였다. 0.1 ppm 농도를 가진 9-아미노아크리딘 수용액은 동일한 조건에서 40%의 형광을 나타내었다(물의 형광은 무시). 미지 시료의 농도를 ppb 단위로 나타내시오.

3. 3,4-벤조피렌은 종종 오염된 대기에 존재하는 위험한 방향족 탄화수소이며, 묽은 황산 용액에서 형광법에 의해 측정될 수 있다. 들뜸 파장이 520 nm이고, 548 nm를 이용하여 측정되었다. 10 L의 오염된 공기를 10 mL의 황산 용액에 주입해서 거품을 발생시켰다. 548 nm에서 측정된 이 용액 1 mL의 형광은 33.33(임의값)이다.
위와 동일한 희석한 황산 용액에 mL당 0.75 μg과 1.25 μg의 3,4-벤조피렌을 포함하는 표준 용액 두 개를 제조하였다. 두 표준 용액은 24.5와 38.6의 형광을 나타냈다. 동일한 조건에서 3,4-벤조피렌이 없는 시료는 3.5의 형광이 기록되었다. 공기 1 L당 3,4-벤조피렌의 질량을 계산하시오.

4. 형광법은 상용 음료수에 들어 있는 퀴놀린의 농도를 측정하는 데 선택되는 방법이다. 들뜸 파장은 350 nm이고 측정 파장은 450 nm이다. 0.1 mg/L의 퀴놀린 용액 A로부터 일련의 표준 용액이 제조한 후 검정 곡선을 작성하였다. 음료수로부터 0.1 mL를 취해 0.05 M 황산으로 100 mL로 묽혔다. 이 용액의 신호값은 113이었다.

   a. 최소 제곱법을 이용하여 검정 곡선 식을 구하시오

   b. 퀴놀린의 농도를 g/L와 ppm 단위로 나타내시오.

용액	A의 부피	H_2SO_4(0.05 M)	형광(임의 단위)
표준 1	20	0	182.0
표준 2	16	4	138.8
표준 3	12	8	109.2
표준 4	8	12	75.8
표준 5	4	16	39.5
바탕 시료	0	20	0

5. 형광계의 감도 시험은 1 cm 광경로 길이를 가지는 물로 채워진 셀의 Raman 확산 봉우리의 세기를 측정하는 것이다.

   들뜸 파장이 250 nm일 때, 어느 파장에서 측정이 진행되어야 하는가? (물의 Raman 이동은 3380 cm^{-1}이다.)

12장 X-선 형광 분광법

서론

X-선 형광 분광법은 다양한 시료의 원소 조성에 대한 정보를 얻는 화학 분석법이다. 측정 원리는 시료에 X-선을 조사하거나, 충분한 에너지를 가진 입자를 시료에 충돌시킨다. 시료 내 원자들은 단파장의 특정 X-선을 방출하는 등의 몇 가지 메커니즘을 통해 에너지를 감소시키는 데 이를 이용하여 원소 분석이 가능하다. 이 방법은 즉석 분석을 위한 소형 휴대용 분석기부터 주사 전자 현미경에 X-선 탐침을 부착시켜 특성 원소 분석이나 존재하는 원소의 분포도를 작성하는 용도의 고분해능 분광계까지 다양한 종류의 분석 기기에 적용되고 있다.

학습목표

- **서술** 기본 원리
- **분류** X-선 광원
- **복습** 검출기
- **비교** ED-XFR와 WD-XRF 분광계
- **측정** 선형 흡수 계수
- **준비** 측정을 위한 시료
- **서술** 다양한 응용 분야

12.1 기본 원리

시료에 높은 에너지(5~100 keV)를 가진 빛(여기서 빛이란 전자기 복사선이나 입자를 의미)을 조사하면 여러 가지 현상이 발생한다. 빛 중의 일부는 분산(탄성 Rayleigh 산란 또는 비탄성 Compton 산란)되거나 흡수되어 전자 전이를 발생시킨다. 만약 입사되는 빛 에너지가 매우 크다면, 시료의 원자들은 이온 상태로 변하기도 한다.

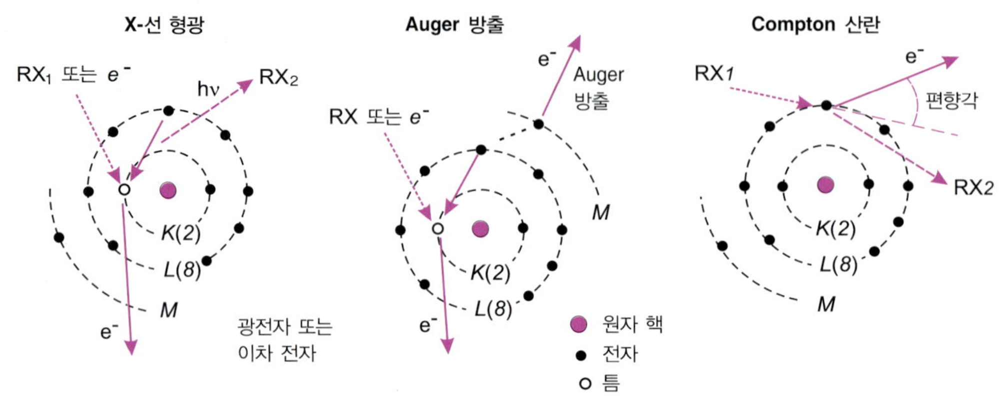

그림 12.1 X-선 형광, Auger 방출 및 Compton 산란 개략도 X-선 형광 및 Auger 방출: 입사되는 빛의 원자의 내부 껍질에 존재하는 전자를 방출시키며, 이 빈자리는 바깥쪽에 존재하는 전자에 의해 채워진다. 이때 잉여 에너지는 광자(X-선 형광) 형태로 방출되거나 전자로 방출된다(Auger 방출). Compton 산란: 입사되는 X-선 광자가 주변 전자(되튐 전자, recoil electron)를 방출시킨다. 입사되는 광자의 에너지가 약할수록 편차는 더 크다.

전자기 복사선이 입사되는 경우 방출되는 전자를 **광전자**(**photoelectron**, 광전 효과)라 한다. 전자 살이 입사될 때 방출되는 전자는 **이차 전자**(**secondary electron**) 전자라 부른다(그림 12.1).

방출되는 전자의 빈자리는 이보다 높은 에너지 준위의 전자가 채우게 된다.

입사되는 빛의 에너지가 큰 경우, 방출되는 광자 역시 X-선 영역의 큰 에너지를 갖는다. 이러한 현상이 X-선 형광법의 근원이 된다.

방출되는 X-선 광자는 방출하는 원자에 의해 다시 포획되어 주변 전자의 방출을 유발하기도 한다(**Auger 방출**, **Auger emission**).

X-선 형광을 얻을 수 있는 들뜸(excitation) 방법은 매우 다양하다. 광자나 입자(빠른 속도의 전자, 양성자, 또는 α-선 등)를 이용할 수 있으며, 어떤 들뜸 방법을 이용하든 동일한 X-선을 생성한다.

X-선 형광이 어떻게 화학 분석에 이용되는지는 명확하다. 미지의 시료에서 방출되는 X-선을 표준 물질과 비교하면 시료의 원소 조성이나 붕소($Z=5$)부터 우라늄($Z=92$)까지의 순수한 구성 원소를 알 수 있다.

X-선 형광에 수반되는 전자 전이는 화학 결합과 무관하기 때문에 X-선 형광 스펙트럼은 화학 결합의 영향을 받지 않는다. 시료 준비도 매우 간단하다.

X-선 형광을 통한 원소의 반정량(semi-quantitative) 분석에는 큰 어려움이 없으나, 시료의 표면에서 방출되는 복사 에너지 중 상당 부분이 시료로부터 빠져나오기 전에 재흡수되기 때문에 정확한 정량 분석은 그리 간단하지 않다. 그러나 매트릭스의 영향을 정확히 고려한다면, 시료가 불균일하더라도 측정된 결과가 원자 흡수 또는 방출에 의해 얻어진 결과만큼

정확하다.

12.2 X-선 형광 스펙트럼

분리된 원자의 X-선 형광은 두 단계 과정을 거친다(그림 12.2). 첫 번째 단계는 **원자의 광이온화**(**photo-ionization of the atom**)이다. 광자의 에너지가 충분하다고 가정할 때, 입사된 광자의 에너지는 K 전자 같은 내부 전자들을 원자 밖으로 방출시킨다. 내부 전자의 손실로 원자는 이온화된다.

> 각각의 광전자가 가지는 에너지는 입사되는 광자의 에너지와 방출되는 전자가 점유하고 있던 에너지 간의 차이와 일치한다. 이러한 방법을 바탕으로 한 광전자 에너지 스펙트럼을 ESCA(Electron Spectroscopy for Chemical Analysis)라 하며, 이 방법은 방출되는 광전자의 운동 에너지를 분석한다.

두 번째 단계는 이온화된 **원자의 안정화**(**stabilization of the ionized atom**)이다. 들뜬 상태에서 얻어진 에너지는 전체 또는 부분적인 재방출 에너지와 상응한다. 대부분 순간적으로 (10^{-16} s 내) 전자들은 원자 바깥 전자 궤도에서 비어있는 내부 궤도로 이동한다. 바깥 껍질의 전자는 안쪽 껍질의 전자보다 에너지가 높기 때문에, 재배열된 전자는 X-선 형광 광자로 잉여 에너지를 소모한다. 이러한 방법으로 원자는 바닥 상태로 빠르게 되돌아온다. 무거운 원자에서는 여러 개의 단계로 전자 재배열이 관찰되는 반면에, 원자 번호가 낮은 원자들의

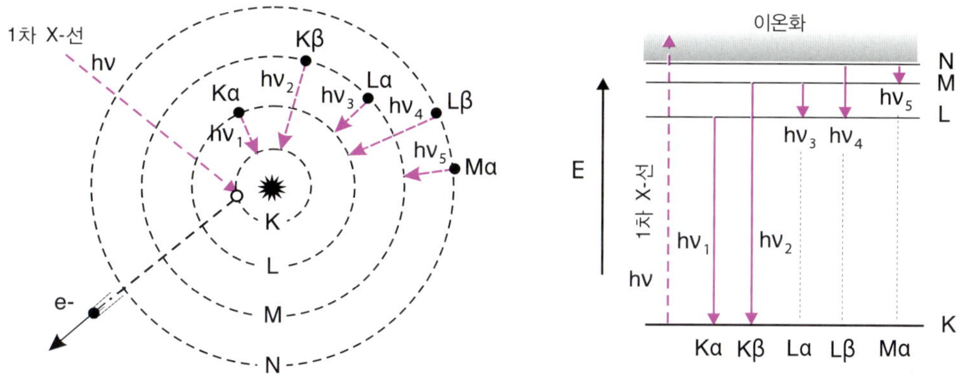

그림 12.2 **X-선 형광 과정의 개략도** 외부의 1차 X-선에 의해 K 껍질의 전자가 원자 밖으로 방출되어 구멍이 생길 때, 고전적인 중간 크기의 원자에서 가능한 전자 재배치를 나타내었다. K, L, M 전이는 화학적 결합에 의해 크게 영향을 받지 않는다. 이런 이유로 황의 $K\alpha_1$ 선은 S^{6+}일 때 0.5348 nm에서, S^0일 때 0.5350 nm로 변한다. X-선의 선폭과 비교해 볼 때 이러한 차이는 약 1 eV다.

전자들은 이보다 작은 단계를 거쳐 바닥 상태로 분포된다.

이러한 재배열은 형광 광자를 발생시킨다. 만약 E_1이 초기 내부 궤도에 존재하는 전자의 에너지이고, E_2가 생성된 구멍을 채우기 위해 들어온 전자의 에너지라면, **형광 광자(fluorescence photon)**는 0과 1 사이의 가능성으로 일어날 것이며, 이것은 주파수 ν로 다음과 같이 기술할 수 있다:

$$h\nu = |E_2 - E_1| \tag{12.1}$$

비록 형광만이 잉여 에너지를 해소하는 유일한 방법은 아니지만, 위에 주어진 식으로 간단히 이해할 수 있다. 주변 환경이 X-선을 지속적으로 방출하는 경우라면 형광 스펙트럼 측정이 어려울 수 있다.

$Z = 3$ 이상의 각 원자는 전자들의 양자 선택 규칙($\Delta n > 0$, $\Delta l = \pm 1$)을 준수하면서 특정한 복사 에너지를 이끌어낸다. 수소와 헬륨의 경우 L 궤도에 전자가 없기 때문에, X-선 형광 스펙트럼이 나타나지 않는다. 베릴륨부터 플루오린까지는 $K\alpha$ 형태의 단일 전이가 나타난다. 원자 번호가 점점 증가할수록 가능한 전이 방법은 증가한다(수은의 경우 75가지). 또한 운좋게도 원자들을 구별하는 데는 몇 개의 강한 전이만을 요구된다(대부분의 경우 5~6개).

모든 원소에 있어 형광은 40 eV에서부터 100 KeV(파장으로는 31~0.012 nm)의 넓은 에너지 범위에서 나타난다.

가능한 전자 전이의 정확한 명칭은 연구 대상이 되는 원자의 오비탈 에너지 준위에 의해 결정되는데, Siegbahn의 간단한 명명법이 주로 사용된다. 예를 들어, 철 원소의 경우 $FeK\beta_2$는 M 껍질의 전자가 K 껍질로 전이됨을 의미한다. β는 M – K 전이($\Delta n = 2$)를 의미하며, 2는 연속된 계열 중에서 가장 강한 전이에 대한 상대적인 세기(1이 2보다 더 강함)를 의미한다. $K\beta$ 전이는 $K\alpha$(α는 가장 짧은 거리를 표시) 전이보다 6배 정도 전이가 잘 일어나지 않는다(따라서 세기도 약함). L이나 M 같은 중첩된 준위의 경우, Siegbahn의 명명법으로 항상 명확히 설명되는 것은 아니다.

$E = hc/\lambda$라는 식을 이용하면 광자의 에너지는 파장 λ로 변환할 수 있다. 방출되는 복사선은 이들의 파장 λ(nm 또는 Å)이나 이들의 에너지 E(eV 또는 keV)에 의해 똑같이 구분할 수 있다. 두 단위의 변환에 사용되는 표현은 다음과 같다.

$$\lambda_{(\mathrm{nm})} = \frac{1240}{E_{(\mathrm{eV})}} \quad \text{또는} \quad \lambda_{(\mathrm{nm})} = \frac{1.24}{E_{(\mathrm{keV})}} \quad \text{또는} \quad \lambda_{\mathrm{\AA}} = \frac{12.4}{E_{(\mathrm{keV})}} \tag{12.2}$$

12.3 X–선 형광에서의 들뜸 방법들

시료 안에 있는 원소들의 X-선 형광을 유발시키기 위해서는, 충분한 에너지를 가진 광원이나 입자들이 필요하다. 일반적으로 이러한 광원으로 X-선 관이 사용되며, 휴대용 기기의 경우 방사능 동위 원소 광원이 사용된다. 만약 X-선 방출 감지라는 관점에서 X-선 형광을 광범위한 범위에서 고려할 경우, 입자(e^-, α)를 이용한 들뜸 방법이 사용된다.

12.3.1 X–선 발생기

진공 상태의 밀봉된 관에서 전압차(PD)를 통해 100 kV까지 가속된 전자 살이 원자 번호 25부터 75까지의 금속으로 만들어진 애노드(anode, 또는 반–캐쏘드(anticathode))로 사용되는 원자 번호 25부터 75까지의 금속으로 만들어진 타겟 물질에 충돌하면 X-선이 방출된다(그림 12.3). 방출되는 스펙트럼은 타겟 내의 전자들이 서서히 감속되는 과정에서 나타나는 연속 스펙트럼(백색 bremsstrahlung 복사선)과 애노드를 구성하는 금속에 따라 나타나는 매우 강한 형광선이 나타난다. 이 스펙트럼의 종말점 파장 λ_0는 PD에 따라 변화하며, 식 12.2에 의해 계산될 수 있다.

타겟 애노드 물질과 가속 전압을 선택하여 서로 다른 X-선 에너지를 방출하는 X-선 발생기를 생성할 수 있다. 로듐($K\alpha$선은 $\lambda = 0.061$ nm, $E = 20.3$ keV) 또는 텅스텐($K\alpha$선은 $\lambda = 0.021$ nm, $E = 59$ keV)

현대에는 X-선 검출기가 매우 민감하기 때문에, X-선 발생기에 요구되는 전력이 점차 감소하는 경향이다(그림 12.3). 휴대용 기기로 소형화된 X-선 발생기의 출력은 몇 와트 수준이다(그림 12.12).

그림 12.3에 나타내듯이 초전성 결정을 이용하여 X-선 발생기를 제작할 수도 있다. 초전성 결정(탄탈럼 혼입)이 일정한 방향으로 배향되어 있는 발생기에 열을 가하면 결정의 최상층부는 극성이 사라지며, 냉각이 되면 다시 극성을 가진다. 이러한 방식을 이용하면, 결정의 온도가 증가할 때 최상층부는 양전하를 띠게 되며, 주위에 있는 이온화된 기체에서 발생한 전자를 끌어당기게 된다. 그 결과 연속 스펙트럼 위로 탄탈럼의 형광선($L\alpha$)이 나타나게 된다. 결정이 냉각되면 결정의 최상층부는 음전하를 띠게 된다. 이때는 전자들이 접지 전압으로 연결된 구리 타겟 쪽으로 가속된다. 이러한 방식으로 변환하면, 제동 복사 X-선과 구리의 X-선($K\alpha$와 $K\beta$)이 포함된 복사선을 얻을 수 있다. 그러므로 X-선은 주기적으로 발생한다.

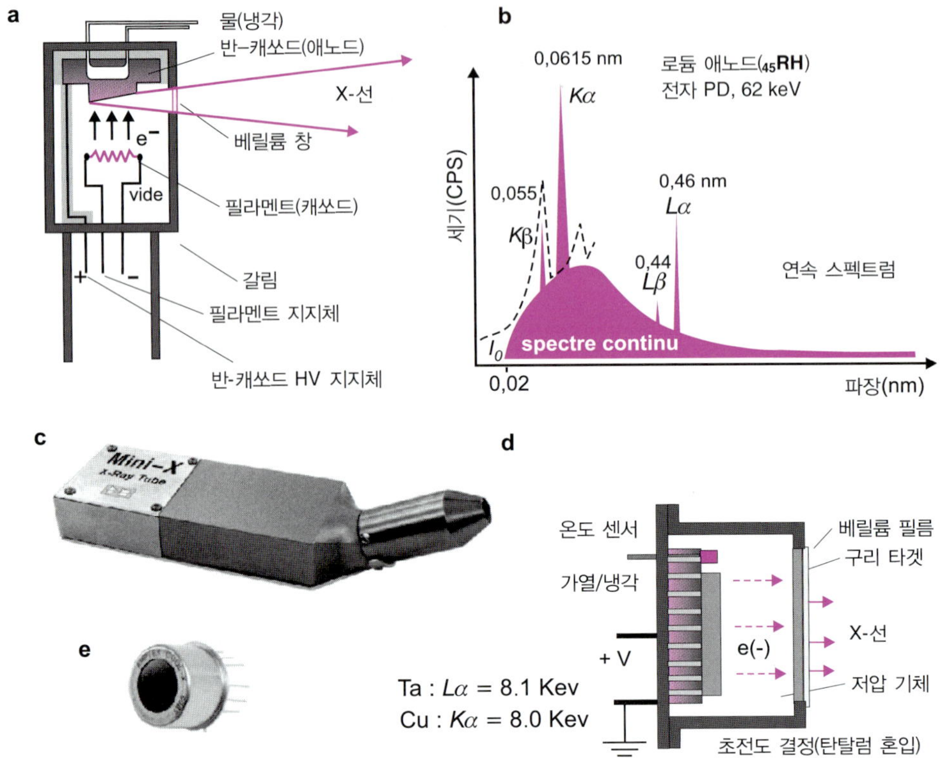

그림 12.3 **X-선 발생기** (a) 높은 전력(1~4 kW)을 가진 전통적인 수냉식 X-선 발생기. (b) X-선 관의 애노드 물질에서 방출되는 X-선 스펙트럼. 연속 스펙트럼, 이것은 가해주는 전위의 차이에 의존, 위로 애노드로부터 나오는 선스펙트럼이 관찰된다. 단색 광원을 제공하기 위해 필터를 이용하여 X-선을 흡수한다(점선). (c) 소형화된 X-선 발생기(Amptek). (d) 초전도(pyroelectric) 결정을 이용한 매우 작은 크기(지름 15 mm)의 X-선 발생기. 그림에 나타나는 Cu X-선은 냉각 주기에 나타난다. 가열/냉각이 3분 간격으로 주기적으로 일어난다. (e) 이 유형의 모델(Amptek의 Cool-X)

12.3.2 방사선 동위 원소 X-선 광원

내부 전자 포획(inner electron capture, IEC)을 이용하는 방사성 핵종도 X-선 광원으로 사용할 수 있다. 두 개의 *K* 껍질 전자 중 하나가 핵으로 전이가 되면 주기율표에서 그 앞에 있는 원소가 생성된다. 사라진 전자는 바깥 껍질에 존재하는 전자로 채워지면서 딸핵(daughter nucleus) Y(그림 12.4)로부터 형광 방출이 발생한다. 위와 같은 분해 과정을 요약하면 다음과 같다:

$$ {}^{A}_{Z}X \xrightarrow{\text{EC}} {}^{\ A}_{Z-1}Y^{*} \xrightarrow{h\nu} {}^{\ A}_{Z-1}Y $$

이러한 종류의 방사성 핵종으로 알려진 것들이 몇 가지 있으며, 이들은 충분한 방출 주기를 갖기 때문에 각기 다른 에너지 광원으로 사용할 수 있다(표 12.1). 이러한 방사성 동위원소는 수 mCi 정도의 활동도를 갖기 때문에 10^6~10^8 광자/초/스테라디안 정도의 X-선 세

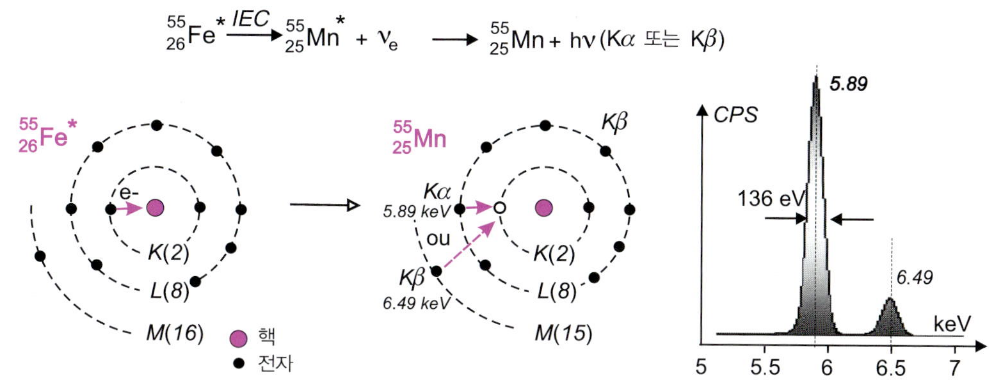

그림 12.4 방사성 동위 원소 ^{55}Fe 광원 에너지 분산형 분광계의 시료 주입부에 ^{55}Fe 광원을 놓고 측정한 방출 스펙트럼. 관찰되는 신호는 ^{55}Fe가 핵붕괴 되면서 생성된 55Mn의 X-선 형광에 해당된다. 이 스펙트럼의 분해능은 주요 띠(136 Ev)의 1/2 높이에서의 너비(full width at half-maximum, FWHM)를 측정한다.

표 12.1 몇 가지 방사성 동위 원소 X-선 광원들

전이	반감기(ans)	X-선	λ(nm)	E(keV)
$^{55}Fe \rightarrow {}^{55}Mn$	2.7	MnKα	0.21	5.9
$^{57}Co \rightarrow {}^{57}Fe$	0.7	FeKα	0.19	6.4
$^{109}Cd \rightarrow {}^{109}Ag$	1.3	AgKα	0.056	22.0

기를 발생시킬 수 있다. 이러한 광원은 크기가 매우 작지만, 기존의 X-선 발생기와는 달리 X-선이 끊임없이 방출되기 때문에 운반, 저장 또는 유지 보수에서 문제가 발생할 수 있다.

β 방사성 핵종도 X-선 발생기의 애노드 물질로 사용될 수 있다. 예를 들면 ^{147}Pm/Al쌍($\tau = 2.6$년)은 12~45 keV 영역의 X-선을 연속적으로 발생시킬 수 있다.

12.3.3 그 밖의 광원들

α 방출기

X-선을 얻기 위해 아메리슘 ^{244}Am($\tau = 430$년)이나 퀴륨 ^{244}Cm 같은 방사성 핵종들이 또한 사용되기도 한다. α 입자가 충돌하면 타겟 물질의 내부 전자들이 방출되면서 X-선 형광이 방출된다. 이 빛의 세기는 수십 mCi 정도다. 이러한 광원은 60 keV 정도의 γ선도 동시에 생성한다.

고속 전자들

X-선 형광 방출은 전자들에 의해서도 유도되기 때문에, 주사 전자 현미경(SEM)을 이용해

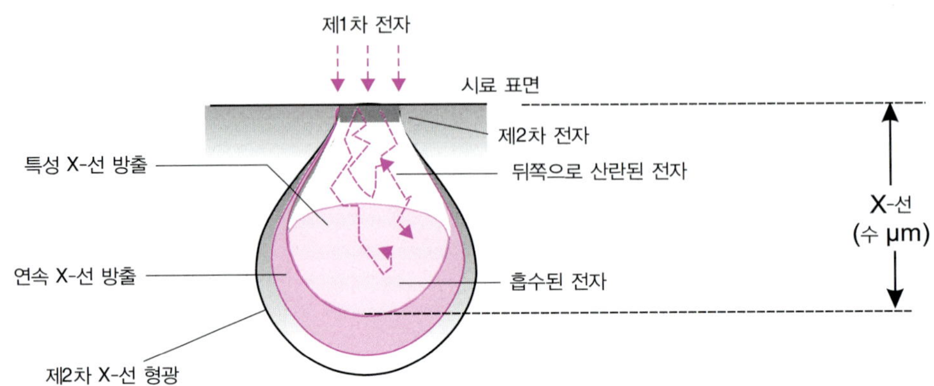

그림 12.5 **전자빔과 물질 간의 '배' 모양 상호 작용** 물질 표면 바로 아랫부분에서 서로 다른 현상이 발생한다. 복잡한 방출은 서로 다른 빛이 방출되는 원인이 된다. 에너지가 충분히 높은 경우에는 X-선이 물질 내부에서도 형성되지만 이것을 검출하기는 어렵다.

서도 화학 분석이 진행된다는 점은 놀라운 것이 아니다.

SEM 영상을 만드는 데 필요한 고에너지의 전자들에 의해 물질이 발광될 때, 전자 충돌 지점 부근의 작은 배 모양의 공간에서는 다양한 종류의 상호 작용이 발생한다(그림 12.5).

전자가 충돌한 영역에서는 구성하고 있는 원소들의 특징적인 X-선 방출이 관찰된다. 이런 경우에 시료는 X-선 관의 애노드와 같은 역할을 한다.

이런 이유로 많은 종류의 전자 현미경들이 이러한 X-선을 분석할 수 있는 부속품을 장착하고 있다. 입사되는 전자빔의 에너지는 대부분의 원소를 구별할 수 있는 K나 L 스펙트럼선이 관찰되는 20~30 keV 사이에서 조절된다. **X-선 미량분석(X-ray microanalysis)**이라 불리는 이러한 준-동시 분석에 관련된 시료의 부피는 대략 1 μm^3이다.

12.4 X-선 검출

X-선 형광법에서 검출기는 광자를 전기 신호로 변환하는 장치다. 빛의 세기는 **단위 시간당 광자의 수(cps: counts per second)**로 측정된다. 파장 분산식 형광계(WD-XRF)인지 에너지 분산식 형광계(ED-XRF)인지에 따라 기기 특성에 적합한 검출기(효율, 잡음, 측정 속도 등)가 선택된다. 적용하는 분야에 따라 크게 3가지 종류의 검출기가 사용된다: WD-XRF 기기에는 두 종류의 검출기가 사용되고, ED-XRF 기기에는 다른 한 종류의 검출기가 사용된다. ED-XRF용 검출기는 설계상 신호 강도가 입사되는 X-선 광자의 에너지에 비례하는 것이 필수적이다(그림 12.6). 현재 가장 널리 사용되는 두 가지 종류는 다음과 같다.

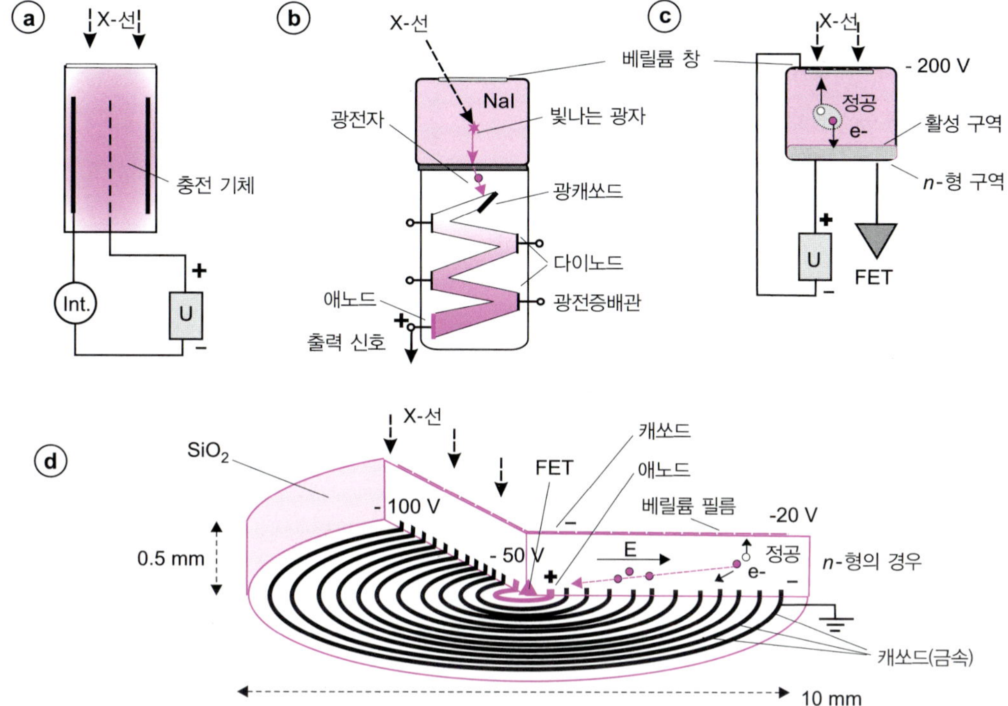

그림 12.6 **X-선 형광 분광계에 사용되는 다양한 검출기들** (a) 비례 계수기, (b) 섬광 검출기(결정과 광전증배관), (c) 반도체 변환기, (d) SDD-형태의 펄스 계수기. 일련의 고리형 전극들은 전자를 중앙 애노드로 수렴하게 만드는 가로 방향의 횡장을 만든다.

- **비례 기체 계수기(proportional gas counter)**. Geiger–Muller 계수기로 두 가지 종류가 있다. 하나는 기체 흐름형(gas-flow type, 8 keV 이하 에너지 측정에 적합)이며 다른 하나는 밀폐 기체형(sealed gas type)으로, 5~15 keV 에너지 범위에서 감도가 민감하다. 검출기로 들어온 각각의 X-선 광자는 비활성 기체(Xe, Kr, Ar, Ne or He)를 이온화시킨다. 예를 들어 아르곤 기체의 경우, 26 eV의 입사 에너지에서 전자/이온쌍이 형성된다. 이온화된 기체는 빠르게 중립 상태로 되돌리는 **소화기 가스(extinguisher gas)**라는 두 번째 기체에 의해 빠르게 중립 상태로 되돌아간다. 이때 발생하는 전류의 펄스는 각 광자에 해당하며 카운트로 인식된다.
- **섬광 계수기(scintillation counter)**는 단파장(0.04~0.15 nm; 8~30 keV)에서 우수한 성능을 나타낸다. 섬광 계수기는 NaI/Tl 결정과 광전증배관으로 구성된다. NaI/Tl 결정에 X-선이 충돌하면 섬광이 발생한다. 형성된 광자의 일부는 광전증배관의 광캐쏘드에 의해 수집되며, 이를 전자 펄스로 변환하며 **카운터(counter)**로 계산된다.
- **반도체 변환기(semiconductive trasducer)**. 기체를 이온화하는 대신에, X-선이 반전도성

결정과 충돌하면 입사하는 각 X-선 광자의 에너지에 비례하여 전자/정공 쌍이 생성된다. 이를 위해 흔히 사용되는 리튬 혼입된 실리콘 다이오드 반도체는 약 3.6 eV의 입사 에너지에 대해 하나의 전자의 발생하면서 전도도가 함께 증가하는 활성 영역을 갖는다. 검출기 출구의 펄스 강도는 들어오는 X-선 광자의 에너지에 비례한다. 검출기를 저온으로 유지하면 열전 효과(Peltier effect)로 인해 바탕 잡음이 감소한다. X-선이 들어오는 표면은 수 μm 두께의 투명한 베릴륨 필름으로 덮여 있다. 이 검출기는 ED-XRF 기기에 사용되며 0.2~40 keV의 에너지를 가진 광자에 좋은 분해능을 갖는다. 소형 및 경량 홀드형 검출기에 적합한 실리콘 드리프트 감지기(SDD)를 비롯한 보다 효율적인 몇 가지 모델도 등장하였다(그림 12.6과 12.12). 이런 기기들 내에는, 일련의 고리형 전극들이 실리콘 반도체에 방출된 전자를 작은 애노드 중심 방향으로 집어넣는 횡방향의 원형 장을 생성한다. 수집된 전하는 전압으로 변환된다. 다양한 신호 교정을 통해 신호/잡음 비가 매우 우수한 빠르고 민감한 검출기로 작동된다. 광자를 더 정밀하게 분류하기 위해, 필요한 경우 광원의 강도를 조절하여 광자의 수를 약 10,000 /s로 제한하기도 한다. 기기의 데이터 시스템은 광자의 에너지를 정확히 구별한다. 이러한 검출기의 분해능은 ^{55}Fe 방사성 광원에 의해 방출되는 망가니즈 $K\alpha$ 선의 반높이폭으로 주어진다(그림 12.4). 에너지 분산 계기의 분해능은 약 100 eV로, 스펙트럼선의 자연 너비보다 더 큰 값이다.

12.5 기기의 종류

X-선 형광 분광계는 스펙트럼을 얻는 방식에 따라 두 종류로 구별된다. 파장을 분석하는 고전적인 방법(파장 분산식 또는 WD-XRF)과 기존과는 달리 시료에서 방출되는 광자의 에너지를 분석하는 방법(에너지 분산식 또는 ED-XRF)이다(그림 12.7). 파장 분산식 기기에는 필터(단색화 장치 형태)가 부착되어 있거나 특별한 측정을 위해 고안된 기기들이 포함된다.

12.5.1 에너지 분산형 X-선 형광 기기(ED-XRF)

작은 크기의 에너지 분산형 기기는 정성 분석이나 정기적인 측정용으로 주로 사용된다(그림 12.8과 12.12). 스펙트럼은 시료와 매우 가깝게 설치된 검출기(포획한 각각의 형광 광자의 에너지를 구별)를 사용해서 얻어진다. 이러한 기기들은 현장 분석용으로 낮은 전력의 X-선 관(대략 10 W)이나 방사성 동위 원소 광원으로 구성되어 있다.

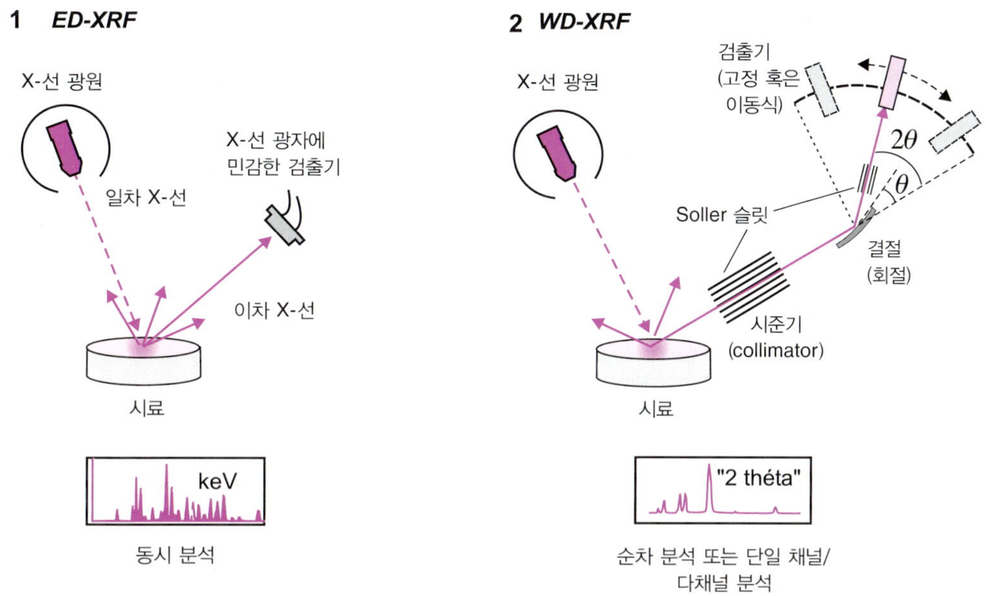

그림 12.7 X-선 스펙트럼을 얻는 두 가지 방식 에너지 검출 방법(ED–XRF)은 각각의 X-선 광자의 에너지를 구별할 수 있는 검출기를 포함한다. 순차적 방법은 결정과 검출기로 구성된 반구형 장치로 파장 스펙트럼(WD–XRF)을 산출한다.

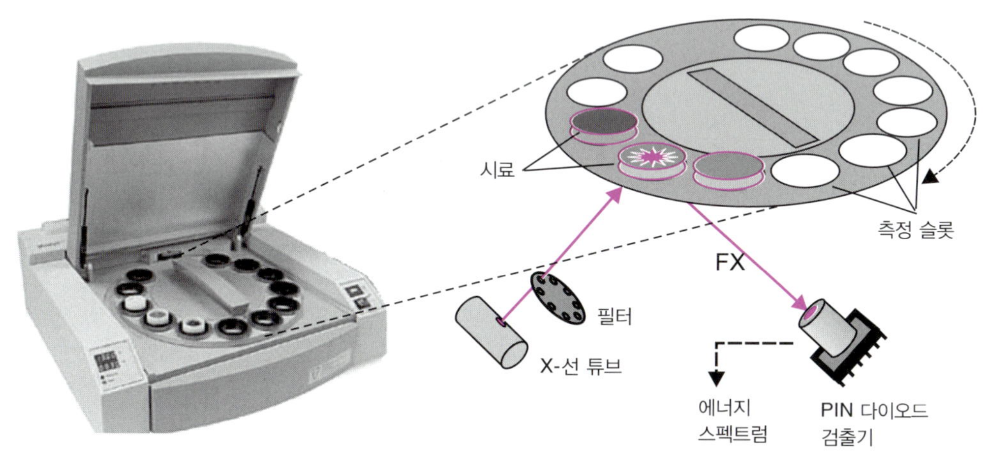

그림 12.8 에너지 분산 X-선 형광 분광계 Philips analytical의 Minipal 4 모델로 예를 들어 본 다양한 구성 배열.

10~20 eV 사이의 측정 범위를 설정한 후에, 다채널 분석기는(예를 들면, 2,000 채널) 수 분 동안 측정되어 들어오는 광자들에 의해 발생하는 펄스 신호를 측정한다. 각각의 광자들은 수 전자 볼트 간격으로 구성된 에너지 채널에서 분류된다. 얻어지는 스펙트럼은 히스토그램이다(그림 12.4). 이러한 검출기들은 넓은 에너지 범위에서 동시다발적으로 분석을 수

행하는데 신호 획득 시간 t가 길어질수록 분석 감도는 점점 더 좋아진다(감도는 $\sqrt{t}$만큼 증가한다). 에너지 검정은 코발트 $K\alpha$ 전이와 같이 외부 기준물을 이용하여 수행되기도 한다.

12.5.2 파장 분산형 X-선 형광(WD-XRF) 분광계

고분해능으로 알려져 있는 두 번째 분광계에서는 시료에서 방출된 X-선이 결정에 도달하기 전에 기다란 금속 웨이퍼들(Soller 슬릿들)로 만들어진 조리개를 통과한다. 이 조리개는 평행한 방향으로 판을 형성하고 있어서(그림 12.7과 12.10) 방출된 X-선은 평행한 방향으로 분리된다. 이러한 판들은 거리 d만큼 분리되어 있는데, 입사되는 빛의 각도 θ와 반사되는 빛의 각도가 동일할 때(그림 12.9), 이러한 판들은 평행하게 놓인 거울판과 같은 역할을 한다. 이러한 판들의 조합은 회절발과 동일한 효과를 가진다. 다음의 Bragg 식을 만족하는 파장을 가진 빛들만 관찰된다. 여기서 n은 회절 차수라 불리는 정수이다.

$$n\lambda = 2d\sin\theta \tag{12.3}$$

보강 간섭을 위해 θ는 5°에서 80°까지 조절된다. d 값이 증가할수록 파장이 증가되지만, 실질적인 기기의 분리능은 $d\theta/d\lambda$와 관련이 있다. 이것은 식 12.3의 다른 표현으로 d에 반비례한다.

$$\frac{d\theta}{d\lambda} = \frac{n}{2d\cos\theta} \tag{12.4}$$

파장 분산형 기기는 다음과 같이 분류할 수 있다.

- **순차 분석기(sequential analyser)**. 이 기기에서는 검출기와 결정이 θ에서 2θ까지 검출하기 위해 동시에 동기화되어 회전하는데, 1/1000 수준의 각도 정확도를 갖는다(그림

결정	평면(Miller 지수)	d(Å)
토파즈	303	1.356
플루오린화 리튬	200	2.01
규소	111	3.14
흑연	001	6.69
옥살산	001	5.85
Mica	002	9.96
스테아르산 납		51

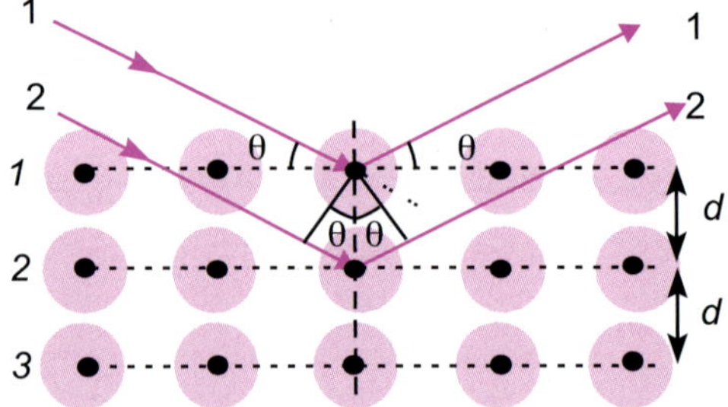

그림 12.9 파장 분산형 분광계의 각도계에 사용되는 반사 결정들과 Bragg 관계식 빔 1과 2가 동일 위상일 경우, 이들의 광경로차는 λ의 배수다. 이런 조건이 평면 1과 2에 적용이 된다면, 다른 모든 평면에서도 동시에 적용이 되며, 보강 간섭이 발생한다. 각 결정들은 적합한 파장 범위가 있다. 넓은 파장 영역을 선택하고 싶으면, 결정면 간격이 큰 결정을 선택하면 된다.

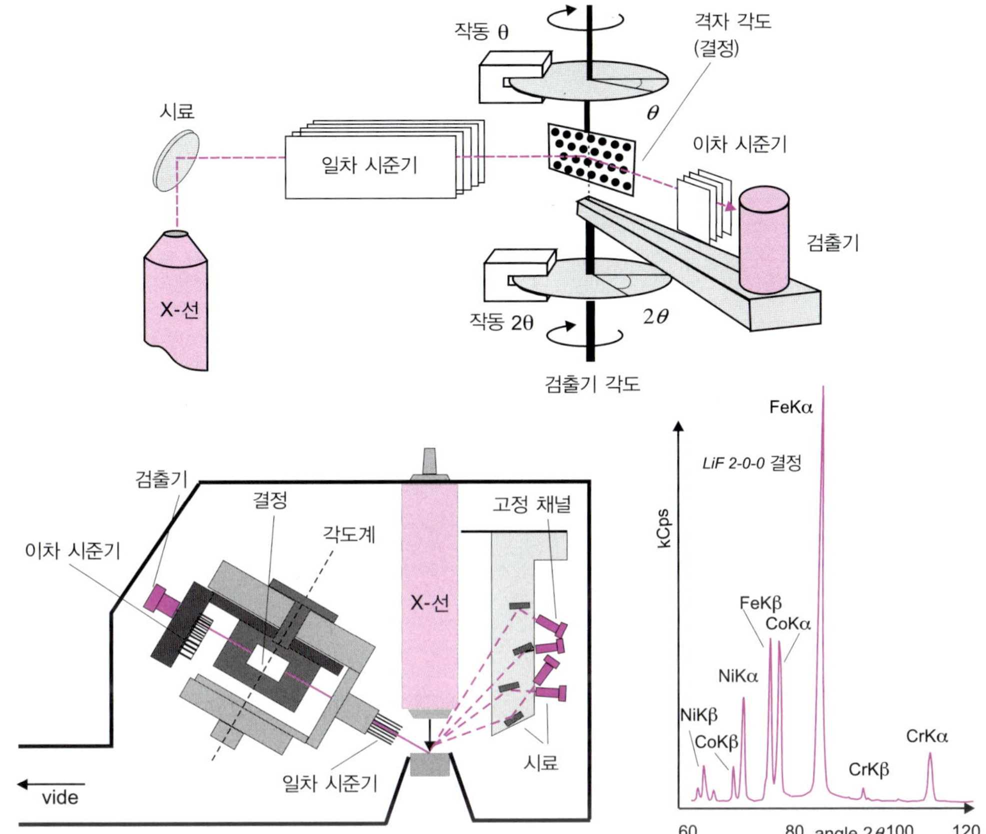

그림 12.10 결정 기반 연속 분석기의 개략도 빔 1과 2가 동일 위상일 경우, 맨 위 그림은 Siemens사의 SR300 기기 사진이다. 광원에서 방출된 X-선 광자들은 평행한 1차 금속판들에 의해 일정 방향으로 배향된다. 2차 금속판들은 검출기가 있는 2θ 방향으로 회절된 빛 중 평행하지 않은 빛들을 제거한다. 아래 그림은 특정 원소만을 검출하는 고정 통로 방식의 반구형 장치를 가진 ARL 9800 기기 그림이다. 오른쪽 그림은 2θ 변화에 따른 세기 변화 방식으로 기록한 전형적인 스펙트럼이다.

12.10). 이러한 기기들은 비정기적인 원소 측정에 사용된다.

- **고정 채널 기기(fixed channel apparatus)**. Bragg 식에 따르면 결정을 선택하고(d에 해당), 검출기의 각도(θ에 해당)를 고정하면 파장 λ를 가지는 입사선을 Bragg 조건하에서 분리할 수 있다. 이러한 원리를 바탕으로 동일한 시료 주변으로 수십 개의 결정-검출기 배열(최대 28개)을 하게 되면 각 배열(d, θ)은 특정한 원소의 고유한 파장을 매우 정확하게 감지할 수 있다. 이러한 기기들은 동시에 여러 개의 원소를 분석하는 데 사용된다.

낮은 에너지 전이를 갖는 인($Z = 15$)까지의 원소들은 진공 조건에서 측정된다. 이들의 분해능은 수 전자 볼트로 낮으며, 주사 전자 현미경에 같이 부착되어 있는 경우가 있다.

12.5.3 필터 기기(단일 채널 시스템)

연속적으로 제품을 생산하는 산업 현장에서는 지속적으로 공정을 모니터링하기 위해 범용 기기를 공정에 설치하는 경우가 있다. 조립 과정에서 단일 원소의 존재 유무를 파악할 수 있는 특정 선만을 전체 스펙트럼 중에서 측정하기 위해, 이 방법은 2번의 측정 간의 차이를 이용한다. 첫 번째 측정은 시료와 검출기 사이에 관심 있는 X-선을 감지하기 위해 **투과 필터(transmission filter)**를 설치한 후 이루어진다. 두 번째 측정은 관심 있는 X-선만을 선택적으로 흡수하는 **흡수 필터(absorption filter)**를 설치한 후 이루어진다. 예를 들면, 구리 원소는 니켈과 코발트로 만들어진 2개의 필터를 이용하여 구리의 $K\alpha$ 선을 이용해 간단히 정량할 수 있다. 그러나 이 방법은 필터 자체에서 X-선 형광이 발생할 수 있기 때문에 간단한 측정에만 적용된다.

12.6 시료 준비

정량 분석을 위해서는, 가능한 시료 표면이 평평하고 시료 조성은 균일한 것이 좋다. 이러한 변수들은 시료에서 조절할 수 없는 변수들이기 때문에 측정 전에 시료 처리가 필요하다. 반정량 또는 정량 분석에도 오류의 원인이 되는 매트릭스 효과를 고려해야 한다.

> 매트릭스에 의해 일어나는 흡수는 빛을 소멸시킴으로써 과소평가된 결과를 얻거나, 시료에 존재하는 다른 원소들의 2차 들뜸에서 발생한 형광 때문에 측정 결과를 과대평가 시키기도 한다. 예를 들어, 알루미늄 속에 철이 존재할 경우 알루미늄의 형광은 증가한다. 그 이유는 철에서 나온 빛이 알루미늄의 형광을 증가시키기 때문이다.

그러므로 시료의 물리적 상태와 물질 특성에 따른 시료 전처리가 필요하다.

- **액체 시료(liquid sample)**는 분석에 앞서 특별한 전처리를 필요로 하지 않는다. 적은 양의 시료는 바닥이 X-선에 투명한 폴리프로필렌 필름이나 마일라(폴리에스터)로 만들어진 바이알 형태의 용기에 담아둔다. 탄화수소에 대해 X-선 흡수 깊이는 약 1 cm다.
- **고체 시료(solid sample)**의 경우 특히 매트릭스의 조성이 특별히 알려지지 않은 경우라면, 분석에 앞서 전처리가 필요하다. 실제로 고체 물질에서 측정되는 형광은 표면 바로 밑의 수 마이크로미터 두께에서 기인된다. 이러한 깊이는 구성 성분이나 입사되는 X-선 각도에 좌우된다. 깊이는 수 Å에서 (입사된 각이 예각일 경우) 최대 1/2 밀리미터까지, 표면이 불균일할 경우 결과에 중요한 편차를 발생시킨다. 이것 때문에 분석에 앞서

표면 처리가 매우 중요하다.

고체 시료 준비에 사용되는 두 가지 방법은 융해(좀 더 복잡하지만 불균일 고체에는 좀 더 좋은 결과를 제공)와 펠릿(**pellet**) 형성이다. 융해 방법은 먼저 $Li_2B_4O_7$에 미량의 시료와 몇 가지 첨가제를 혼합한다. 이 혼합물을 전기 오븐에서 가열하면 pearl이라 불리는 X-선에 투명한 유리를 얻게 된다. 유압 압착기를 이용하는 펠릿 방법은 융해를 대체하는 방법이다. 시료 제작 시 펠릿의 결합력을 부과하기 위해 왁스(가벼운 원소로 구성된 유기 화합물)나 셀룰로스 마이크로 결정이 첨가된다.

12.7 X-선 흡수: X-선 밀도계

물질에 대한 X-선 침투는 X선 형광 분석에 간접적인 영향을 미친다. 그러므로 X-선 흡수에 대한 법칙을 살펴보는 것은 매우 유용하다.

초기 X-선의 세기 I_0로 시료에 90°로 투과한다고 할 때, 두께 x (cm)와 **선형 감쇠 계수**(**linear attention coefficient**) $\mu(cm^{-1})$를 갖는 물체를 투과하는 X-선의 세기 I는 다음과 같이 계산할 수 있다.

$$I = I_0 \cdot \exp[-\mu x] \tag{12.5}$$

이 식은 비색계(Beer–Lambert 법칙, 9장 참조)에서 언급한 것과 같이 $dI = -\mu I dx$를 적분한 식과 동일하다. 선형 감쇠 계수 μ는 매질의 밀도 $\rho(g/cm^3)$와 조성을 알고 있으면 모든 물질에 대해 계산할 수 있다. 각각의 감쇠 계수 $\mu_{Mi}(cm^2/g)$는 원소별 감쇠 계수표를 활용하면 된다. 다음으로, 물질 연구를 위해서는 물질의 원소 조성을 바탕으로 질량 감쇠 계수 $\mu_M(cm^2/g)$를 반드시 계산해야 한다.

$$\mu_M = \sum_i x_i \mu_{M_i} \tag{12.6}$$

여기서 x_i는 물질 내 각 원소의 질량 분율이다. 최종적으로 물질의 밀도 ρ를 이용하면 $\mu = \mu_M \rho$를 얻게 된다.

그림 12.11은 X-선 검출기의 창으로 사용되는 베릴륨 막이 가벼운 원소들($E < 1$ keV, 원자 번호 10번 이하)에서는 불투명하다는 것을 보여주고 있다. 파장이 감소함에 따라 선형 감쇠 계수도 감소한다. 가벼운 원소의 경우 측정은 헬륨 기체 분위기에서 진행되며, 시료가 고체인 경우 진공 상태에서 측정한다.

식 12.5을 이용하면 가정에서 사용되는 두께 12 μm ($\rho = 2.7$ g/cm^3)의 알루미늄 포일이 Ti $K\alpha$

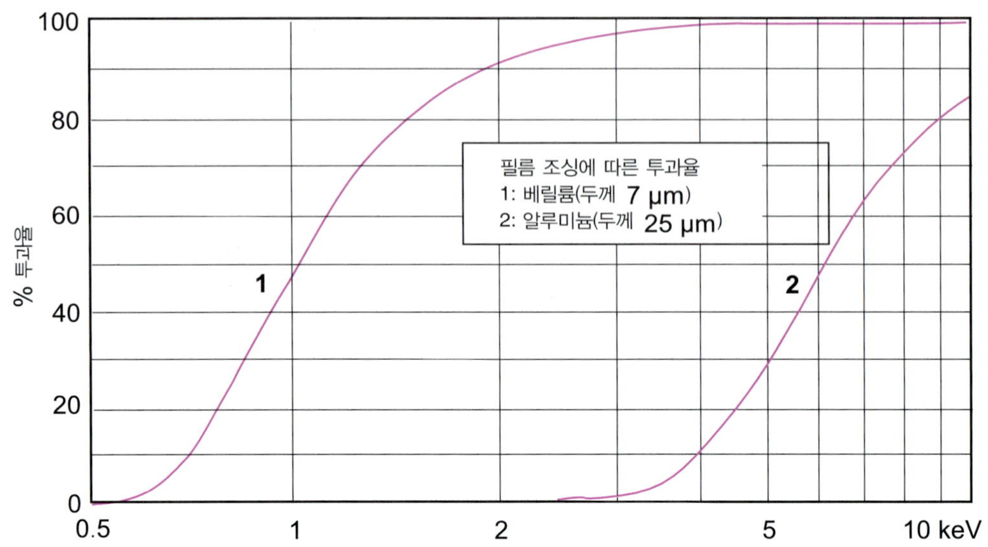

그림 12.11 **X-선 밀도계, 가벼운 금속으로 만들어진 두 종류의 막의 투과율** 7 μm의 베릴륨은 X-선 검출기의 창으로 많이 사용된다. 1 keV(예를 들면, Na $K\alpha$)의 빛에 대해 베릴륨은 50%의 감쇠만을 나타낸다.

($\mu_M = 264$ cm^2/g) 선을 57% 흡수하며, Ag $K\alpha$($\mu_M = 2.54$ cm^2/g)는 약 1%만을 흡수함을 짐작할 수 있다.

12.8 X–선 형광에 의한 정량 분석

분석되는 원소의 농도와 측정되는 X-선 세기와의 관계는 복잡하다. 미량 성분 분석을 위해 측정된 형광 결과를 농도로 보정하는 몇 가지 수학적인 방법들이 개발되어 왔다. 이러한 일련의 보정 방법들은 원소 간의 상호 작용, 선호하는 들뜸 상태, 자체흡수, 형광 수득률(무거운 원자들은 광자 방출이 없는 내부 전환으로 이완됨) 등을 고려하고 있다. 이러한 보정 인자들은 분석하고자 하는 시료와 동일한 구조와 조성을 가진 표준 물질을 통해 얻는다. 이런 이유 때문에 X-선 형광을 이용한 정량 분석은 어렵다. 고체 시료를 분석한다면 완벽하게 깨끗한 고체 표면이 매우 중요하며, 광택이 나는 것이 선호되는데 정량 분석에서는 고체의 표면 조성을 최대한 고려해야 한다.

매우 정교한 가상 디스플레이를 이용해 자동적으로 스펙트럼선을 구분하는 방법이 정량 분석에는 많이 적용되고 있다. 반-정량 분석에는 표준 물질 없이 소프트웨어가 시료와 유사한 조성을 제공하기도 한다. 하지만 검량법을 필요로 하는 정량 분석에서는 오차가 발생하며 많은 보정 인자(ZAF라 불리는)가 필요하다: 원자 번호(Z), 동위원소의 성질(A), 형광(F).

12.9 X-선 형광의 응용 분야

X-선 형광법은 비파괴적이며 시료 전처리를 거의 요구하지 않는다. 이 방법은 매우 가벼운 원소들($Z < 5$)이나 매우 무거운 원소들($Z > 92$)을 제외한 모든 원소에 대해 분석할 수 있다. 또한 농도에 대한 감응 범위가 넓다. 예를 들어, 동일 시료 안에 한 원소는 50% 농도로 존재하며, 다른 원소는 수 ppm 농도로 존재하여도 두 원소를 측정할 수 있다. 고에너지를 가진 광자를 검출하는 기술이 발전되면서 K 스펙트럼선을 이용한 무거운 원소의 분석 정확도도 향상되었다

초기의 X-선 형광법은 금속 처리, 합금 공장이나 중공업 산업 분야(철강 산업, 시멘트, 세라믹, 유리 제품)에서 사용되었다.

TXRF(전반사 형광, **total reflection fluorescence**)

이 방법은 입사되는 X-선의 각도가 거의 0에 가까운 측정법으로 시료의 표면(기질에 부착된 필름) 분석에 매우 유용하다. 입사되는 빛은 거의 흡수되지 않으며, Si/Li 검출기는 시료 충돌 지점보다 1~2 mm 위에 위치한다.

현대 기기의 높은 휴대성 덕분에(그림 12.12), 연구 개발 분야나 제품의 품질 관리 등에서 이 기술을 이용하는 이용 범위가 더더욱 넓어지고 있다. 또한 예전에는 높은 정확도를 가진 고전적인 방법에 의해 측정되던 정량 분석 분야까지 그 범위를 넓히고 있다. 효율적인 컴퓨터 소프트웨어를 이용하면 반정량적인 분석도 가능하다.

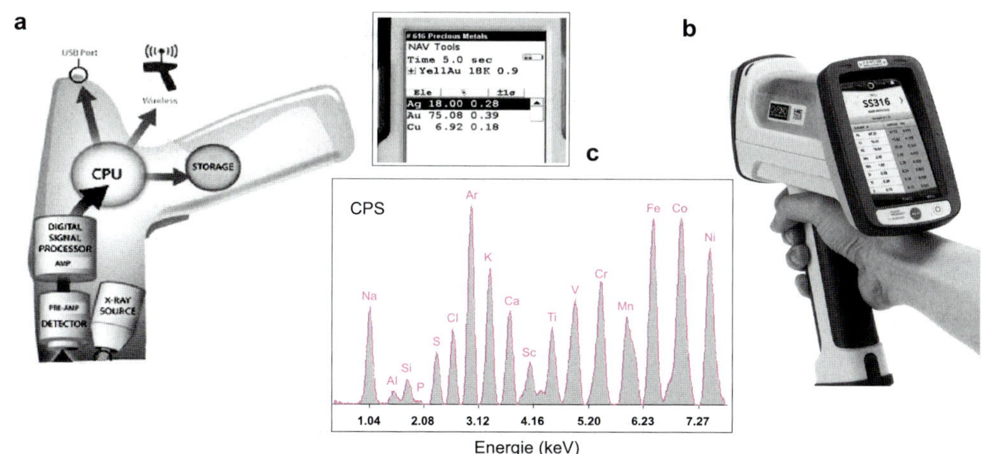

그림 12.12 휴대용 **ED-XRF** 현장 기기 (a) ThermoScientific사의 Niton 분광기. (b) Oxford 사의 Trace 분광기. (c) 이런 형태의 기기에서 스펙트럼이 얻어지는 개략도와 측정 예.

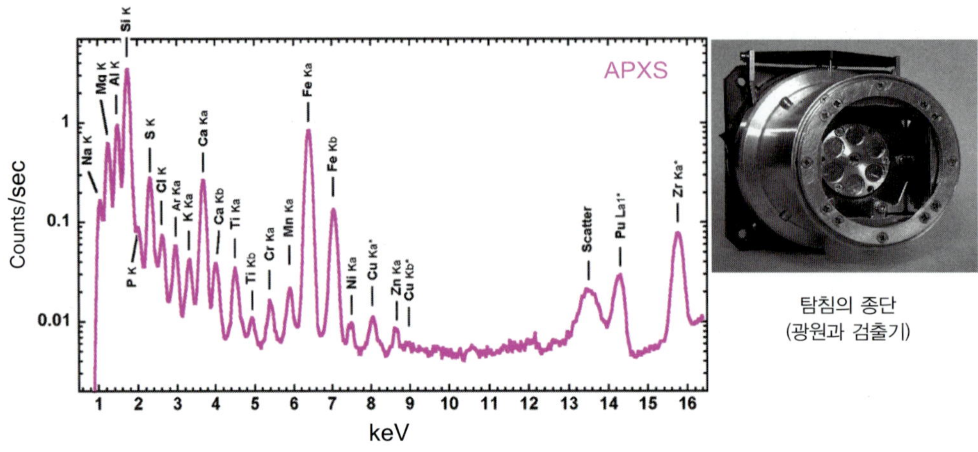

탐침의 종단
(광원과 검출기)

그림 12.13 **2004년에 화성에 착륙한 로봇에서 측정한 화성 토양의 스펙트럼**

시료가 좋은 도체라면 주사 전자 현미경과 X-선 미량 분석을 사용하여 불균일한 시료에서의 원소 분포도 분석할 수 있다.

만약 X-선 형광법을 응용하는 분야를 모두 기술하려면 그 항목은 매우 많다. 사진, 제지 산업, 반도체(Si 불순물), 석유화학(S, P, Cl) 등에서부터 의료 및 생물학(혈청 내 Ca, K, P, Cl, 및 S, 헤모글로빈 내 Fe 함량), 지질학, 독물학, 환경 분야(먼지, 연소 연기, 환경오염), 폐기물, 불량품(As, Cr, Cd, Pb 등 중금속들), 초경량 원소 분석(질소)에 이르기까지.

최근에는 X-선 형광법이 가정집의 페인트나 벽지의 농도 분석에도 사용될 정도로 대중화되고 있다. X-선 형광법의 보다 일반적이지 않은 응용을 소개하면서 이 목록을 매듭짓고자 한다. 화성 토양 분석을 위해 보내진 자동 탐사 장치, 즉 소저너호(1996), 스피릿호(2003), 오퍼튜니티호(2003), 큐리오시티호(2012)에는 ^{244}Cm 방사성 광원을 가진 알파 입자 X-선 분광계(APXS)가 부착되어 있다(그림 12.13).

이 장의 요점

1. 물질에 고에너지 X-선 또는 입자(전자, 이온 등)를 조사하면, 물질을 구성하는 원자는 이온 상태가 되며 흡수된 에너지의 전부 또는 일부를 다음의 형태로 재방출할 수 있다: Rayleigh 또는 Compton 산란, Auger 방출 또는 단파장의 형광(X-선)
2. **X-선 형광(X-ray Fluorescence)**. 광자 또는 다른 입자가 원자와 충돌하면, 원자는 원자핵에 가까운 내부 전자를 잃고 이온이 되지만, 원자 내 다른 에너지 준위의 전자들이 즉시 재배열하여 안정화된다. 에너지 준위 간의 에너지 이동으로 특별한 명명법에 의해 지정된 단파장의 광자 방출이 발생하며 다음 식을 따른다:

$$h\nu = |E_2 - E_1|$$

3. 복사선은 파장이나 에너지로 나타낸다. 다음 식으로 변환할 수 있다.

$$\lambda_{(nm)} = \frac{1240}{E_{(eV)}} \quad \text{또는} \quad \lambda_{(nm)} = \frac{1.24}{E_{(eV)}}$$

따라서, 만약 형광 광자의 방출 에너지를 알 수 있다면, 원소를 특정할 수 있다.

4. **X-선 광원(X-ray source)**. 기기의 사용 목적에 따라 몇 종류의 광원이 있다.
   - **X-선 관**(X-ray tube). 가열된 (예를 들어 100 kV의 PD로) 필라멘트에서 추출된 전자 살은 가속되어 애노드(anode, 또는 anticathode)이라 불리는 금속 표적에 충돌된다. 금속에 침투한 전자의 속도 저하(bremsstrahlung 또는 brahng 방사선)로 인해 발생하는 연속 배경 스펙트럼과 그 원소 특징 형광이 선이 중첩되어 나타난다. 단색화 광원을 위해 필터가 필요하다.
   - **방사성 동위 원소 광원**(radioisotope source). 특정 동위 원소(^{55}Fe 또는 ^{57}Co)의 붕괴 후 방출되는 X-선은 내부 전자 포획(IEC) 메커니즘에 의해 다음과 같이 사용된다:

$${}^{A}_{Z}X \xrightarrow{CEI} {}^{A}_{Z-1}Y \xrightarrow{h\nu} {}^{A}_{Z-1}Y$$

   - **방사성 광원**(radioactive source). α 방출기가 밀봉된 광원도 내부 물질의 X-선 형광을 발생시킨다. 이들은 빛의 세기가 점차 감소하는 영구 광원으로, 특정 안전 제약 조건이 필요하다.

5. **X-선 검출기(X-ray detector)**는 방출된 광자의 흐름(WD−XRF 계측기의 경우) 또는 에너지(ED−XRF의 경우)를 측정하는 데 사용된다.
   - **계수 비례기**(proportional counter). 분해능이 높은 WD−XRF 분광계에 사용. 최적화된 Geiger−Muller 형태; 펄스 강도는 입사 광자의 에너지에 비례하므로 잡음 펄스(배경 잡음 및 조화파)를 제거할 수 있다.
   - **섬광 검출기**(scintillation detector). NaI 결정과 결합된 광전증배관으로 구성되며, X-선 광자는 광캐쏘드에서 변환된 후 출력 신호를 생성한다.
   - **반도체 변환기**(semiconductive transducer). 보다 최근에 개발된 검출기로 입사되는 X-선 광자의 에너지에 비례하여 반응하는 Si(Li) 반도체로 구성되어 있다. 약 3.6 eV 이상의 에너지에서 전자가 생성된다. 이는 원자 번호 14번(Si) 이후의 원소들을 검출 가능하게 한다.

6. **두 종류의 기기 범주(two instrument categories)**
   - **에너지 분산식 기기(ED−XRF)**. 작은 포켓용, 휴대용, 이동용, 설치 공간이 작은 고정형으로 선택이 다양하며 일상적인 측정에 사용된다. 일반적으로 단일 채널 장치는 송신 필터와 흡수 필터를 모두 포함하고 있다.
   - **파장−분산식 기기(WD−XRF)**. 광학 분광기의 원리로 설계되었으며, 결정 표면에 홈이 파진 회절발이 거리 d로 분리된 거울들처럼 작용한다. 다음의 Bragg 식을 만족시키는 파장의 복사선만 관찰된다.

$$n\lambda = 2d\sin\theta$$

결정/검출기의 회전이 동기화된 반구형 구성이며 분해능은 분산 능력 $\frac{n\theta}{n\lambda} = \frac{n}{2d\cos\theta}$과 관련되어 있다. 일부 모델에는 특정 원소들을 검출하기 위해 여러 개의 고정 검출기를 가지고 있다.

7. **선형 흡수 계수(liner absorption coefficient)**. 어떤 매질이라도 두께 x를 투과하는 빛의 세기를

이용하여 선형 흡수 계수 μ(cm)를 계산할 수 있다:

$$I = I_0 \cdot \exp[-\mu x]$$

μ는 존재하는 다른 질량 계수 μ_M(표 이용)과 물질의 밀도 $\rho(\mu = \mu m \cdot \rho)$를 이용하여 계산할 수 있다.

$$\mu_M = \sum_i x_i \mu_{Mi}$$

8. **응용(application)**. 시료의 물리적 상태에 따라 전처리가 필요하지만, 원소의 화학 조성 결과는 변하지 않는다.

문제

1. a. X-선 형광 방출선이 주기율표의 세 번째 원소인 리튬부터 시작하는 이유는 무엇인가?
   b. 3 keV 이하의 방출 에너지를 가진 원소를 측정할 때 공기를 헬륨으로 치환해야 하는 이유는 무엇인가?
2. X-선 파장 분산 형광 분광계의 광원으로 사용되는 텅스텐 애노드를 가진 X-선관에 에틸렌다이아민 타타르산염 결정이 장착되어 있다. 반사면 내부의 거리는 $d = 4.404$ Å이다.
   a. 브로민화 소듐 시료에서 브로민($\lambda = 8.126$ Å)의 $L\beta$ 방출선이 입사선에 비해 얼마나 각도 차이가 나는지 계산하시오(관측된 빛은 1차 반사로 가정한다).
   b. 텅스텐 $K\alpha$선은 0.0209 nm의 파장을 가지는 것으로 알려져 있다. 이 선을 발생시키기 위한 X-선 관의 최소 전압을 계산하시오.
3. 두께 12 μm의 알루미늄 호일로 몸을 감싼다면 당신을 X-선으로부터 보호할 수 있는가? 투과율을 계산하시오(알루미늄의 밀도는 2.66 g/cm^{3}이다).
   - Ti $K\alpha$ 선 (4.51 keV, μ_MAl = 264 cm^2/g)일 때
   - Ag Kα 선 (22 keV, μ_MAl = 2.54 cm^2/g)일 때
4. 황은 2개의 K 선을 나타낸다. $K\alpha_1 = 0.537216$ nm와 $K\alpha_2 = 0.537496$ nm
   a. $K\alpha_1$과 $K\alpha_2$ 사이의 에너지 차는 얼마인지 eV로 나타내시오.
   b. 이 선의 1/2높이의 중간 너비가 5 eV라고 하면, 어떠한 결론을 이끌어낼 수 있는가?
   c. S^{6+}에서 S^0으로 변하면 $K\alpha_2$ 선은 2×10^{-4} nm만큼 증가하지만, 에너지 관점에서 $K\alpha_2$ 선의 위치에는 아무런 영향이 없음을 보이시오.
5. 암석에 존재하는 망가니즈(Mn)의 % 질량을 결정하기 위해 바륨(Ba) 원소를 내부 기준 물질로 사용하였다. 2개의 고체 검정 용액에서 다음과 같은 결과를 얻었다.

용액	**Mn % 질량**	**Mn/Ba 비**
1	0.250	0.811
2	0.350	0.963
unknown sol.	**?**	**0.886**

원래 용액에 존재하는 망가니즈의 % 질량을 계산하시오.

6. 주철에 2~4% 사이로 존재하는 탄소의 질량 %를 파장 분산식 X-선 형광계를 이용하여 측정하였다. 주철 용액의 매질이 표준 용액과 거의 유사할 때 탄소의 $K\alpha$ 선을 이용하여 직선의 검정 곡선을 얻었다. 검정에는 7개의 표준 용액을 사용하였다. 표준 용액 중의 탄소량은 전통적인 표준 방법을 이용하여 측정하였다. cps 단위의 탄소 $K\alpha$ 선의 세기와 탄소의 농도를 다음의 표에 나타내었다.

% m/m	2.32	2.93	3.45	3.89	2.87	3.80	3.46
cps	158	209	243	274	204	262	237

   a. 선형 회귀를 이용하여 cps 단위의 선의 세기와 표준 용액 내의 % 질량과의 상관관계를 나타내시오.
   b. 주철 시료 용액의 탄소 $K\alpha$ 선의 세기가 233 cps로 측정되었다. 탄소의 질량 %를 계산하시오.

7. **X-선 형광계를 이용한 알루미늄의 측정**
   분말 잉크는 인쇄, 팩스, 복사에 매우 중요한 요소다. 불순물이 없는 잉크는 인쇄 품질에 매우 중요하다. 이런 이유로 잉크의 알루미늄 함량은 X-선 형광계로 분석된다. 로듐 광원과 고분해능의 검출기로 구성된 장비를 이용하여 펠릿 형태의 시료를 분석하였다. 자세한 측정 조건은 다음 표와 같다.

원소	kV	μA	필터	매개체	시간(s)
Al	6	900	None	Helium	60

   분석 과정에서 시료 주입부의 공기는 헬륨으로 치환하였다 질소 80%와 산소 20%의 부피비로 구성된 공기의 밀도는 0.54 g/L이며, 6 keV에서 질소와 산소의 질량 감쇄 계수는 각각 17.7과 27.2 cm^2/g이다. 다음을 계산하시오.
   a. 질소와 산소의 질량 %
   b. 공기의 질량 감쇠 계수
   c. 공기 두께가 10 cm일 때 투과 에너지 %
   d. 300 K, 1 기압 조건에서 헬륨(M = g/mol, μ_m = 0.395 cm^2/g) 두께가 10 cm일 때 투과 에너지 %는? 어떠한 결론을 이끌어낼 수 있는가?
   알루미늄을 이용하여 검정 실험을 진행하였으며 다음 결과를 얻었다.

Al(% m/m)	0.10	0.30	0.46	0.60	0.90
cps	24	37	48	56	75

   e. cps 단위의 방출선의 세기와 표준 용액 내의 알루미늄 %와의 상관관계를 나타내시오.
   f. 미지의 잉크 시료에서 측정된 빛의 세기는 38 cps다. 알루미늄의 질량 %를 계산하시오.

8. 65%의 실리카(SiO_2)와 35%의 납 산화물(PbO)를 혼합하여 얻은 납유리의 밀도가 5.1 g/cm^3일 때 선형 계수를 계산하시오.

원소	$\mu_M(cm^2 \cdot g^{-1})$ for line α-RhKL	Masse molaire ($g \cdot mol^{-1}$)
Si	4.26	28.1
O	0.8	16
Pb	84.1	207.2

9. 납 성분 검출에 사용되는 ED-XRF 장비에 두 종류의 광원을 사용할 수 있다. Cadmium-109(460-day period, 22-26 keV의 X-선 방출, 88 keV의 γ-선 방출)와 Cobalt-57(272-day period, 122와 136 keV의 γ-선 방출). 납은 $K\alpha$ 전이(88 keV)와 $L\alpha$ 전이(15.9, 15.2, 13 keV)에 의한 방출선을 나타낸다.
   a. 두 광원의 세기가 12 mCi일 때 베크렐(Becquerel) 단위로 나타내시오.
   b. 기기 제조사는 Co-57 광원을 추천한다. 그 이유를 설명하시오.
   c. 1 mm 두께의 벽지가 납과 검출기 사이에 있을 때, 13 keV의 방출선이 흡수되는 분율을 계산하시오(선형 흡수 계수 $\mu = 2\ cm^{-1}$).
   d. 시간이 지날수록 이런 광원을 가진 기기의 감도는 감소한다. Co-57 광원을 사용할 때 3개월 주기로 동일한 세기를 얻기 위한 보정 인자 값을 계산하시오.

13장 원자 흡수 분광법

서론

원자 흡수 분광법(atomic absorption spectroscopy, AAS)은 시료를 자유 원자 상태로 만든 후 대부분의 원소(일반적으로 사전 정의된 금속과 비금속)를 정량 분석하는 방법이다. 이런 분석을 위해 분석물은 버너나 전기로를 이용하여 2,000℃까지 가열되며, 내화성 결합을 형성하는 일부 원소들은 수소화물 발생기를 사용한다. 원소에 따라 일정 농도 범위에서는 Beer–Lambert 법칙이 적용된다. 이러한 분석은 식품, 토양, 물과 식물 관련된 분야에서 주로 이용되고 있다.

학습목표

설명 온도가 원소 분석에 미치는 영향	**선택** 광원의 종류
이해 선의 반전 개념	**설명** 수소화물 발생기의 역할
적용 AAS 측정 원리	**교정** 물리적 및 화학적 방해
서술 적합한 측정 장비	**고려** 비특이적 흡수

13.1 원소에 대한 온도의 효과

원자 흡수와 불꽃 방출의 원리는 1860년에 Kirchhoff가 수행한 실험을 통하여 가장 잘 이해되고 있다. 그는 백열광을 내는 기체는 방출할 수 있는 것과 같은 파장에서 흡수한다는 것을 증명하였다.

전기 아크(백색 광원으로 사용)의 빛이 프리즘을 통하여 분산될 때, 연속 스펙트럼이 얻어진다(그림 13.1(1)). 이런 복사선 광원을 Bunsen 버너로 대치하고, 그 위에 몇 조각의 염

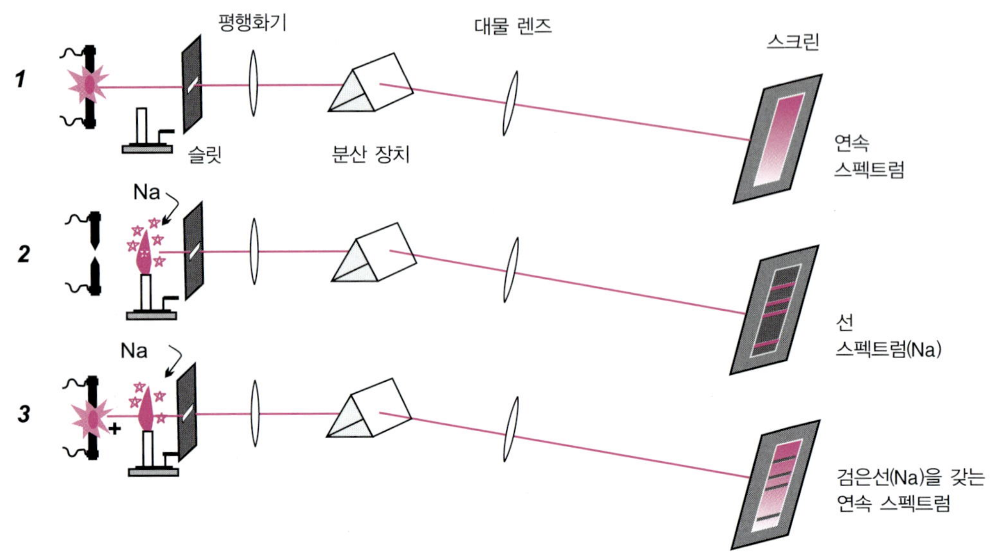

그림 13.1 **Kirchhoff의 '선의 반전' 실험** 광학 장치(평행화기, 대물 렌즈)의 개략도는 간단하게 나타내기 위해서 단순화하였다.

화 소듐 결정을 뿌려주면, 다른 선 중에서도 많이 알려진 노란색의 589 nm에서 이중선을 갖는 소듐의 방출 스펙트럼이 얻어진다(그림 13.1(2)와 그림 13.2). 실험에서 이 부분은 **불꽃 방출(flame emission)**로 설명하고 있다. 마지막으로 만약 2개의 광원인 전기 아크와 Bunsen 버너의 불꽃을 같은 광경로를 따라서 일렬로 놓는다면, 그림 13.1(1)과는 대조적으로 소듐의 방출선 대신에 검은 선(dark line)을 포함한 스펙트럼이 얻어질 것이다(그림 13.1(3)). 이것은 불꽃 속의 바닥 상태에 있는 수많은 소듐 원자들이 들뜬 소듐 원자가 방출하는 것과 같은 진동수를 흡수할 수 있기 때문이다. 이것은 **원자 흡수(atomic absorption)**를 나타낸 것이다.

이 실험은 모든 원자의 전자 구조에 의한 퍼텐셜 에너지 상태의 개념을 설명하고 있다. 자유 상태의 원자가 높은 온도에 놓이거나, near-UV/VIS 영역의 광원으로 쪼여 주면, 바깥 껍질 전자 중의 하나가 바닥 상태로부터 들뜬 상태 e로 이동한다. 이런 전자 이동은 에너지의 흡수에 해당한다.

반대로 원자가 자발적으로 바닥 상태로 돌아갈 때, 이런 과량의 에너지를 하나 또는 많은 광자의 형태로 재방출할 수 있다. 따라서 이전 실험에서 불꽃은 소듐 원자 내에서 확률이 높은 전이를 일으키게 한다(그림 13.2).

각각의 전자 전이에 대한 온도 효과를 Maxwell–Boltzmann 분포 함수로 계산할 수 있다. 바닥 상태에 있는 원자의 수를 N_0로 나타내고, 들뜬 상태에 있는 원자의 수를 N_e로 나타내면, 다음 관계를 얻을 수 있다.

$$\frac{N_e}{N_0} = g \cdot \exp\left[-\frac{\Delta E}{kT}\right] \tag{13.1}$$

여기서 T는 켈빈 절대 온도이며, g는 그 원소의 바닥 상태(0)와 들뜬 상태(e) 분포에서 통계적인 가중치(정수)의 비율이고, ΔE는 바닥 상태(0) 분포와 들뜬 상태(e) 분포 사이의 에너지 차이(J)이다. k는 Boltzmann 상수($k = R/N = 1.38 \times 10^{-23}$ J/K)이다.

만약 ΔE를 J 대신에 eV로 나타내면, 식 (13.1)은 다음과 같이 된다.

$$\frac{N_e}{N_0} = g \cdot \exp\left[-11\,600\frac{\Delta E}{T}\right] \tag{13.2}$$

각 원자 전이는 에너지의 방출이나 흡수를 나타내며, 이것이 매우 좁은 파장 간격에서의 스펙트럼에 해당한다. 계산값 주위의 불확정성은 **스펙트럼 선의 자연 띠너비(natural bandwidth of the spectral line)**로 나타난다. 너비는 온도에 의존하며, 이상적인 조건의 10^{-5} nm부터 3000 K에서는 약 0.002 nm까지 나타날 수 있다. 실제로는 기기의 단색화 장치를 통해 관측되기 때문에, 띠 너비는 분광기의 기술적 한계로 훨씬 더 크게 나타난다.

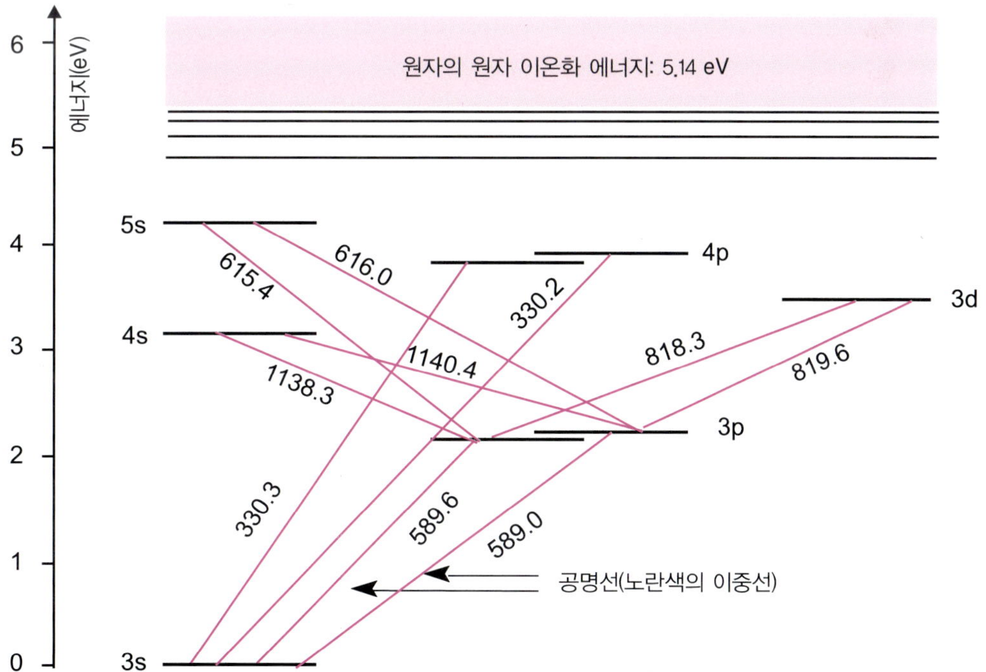

그림 13.2 **소듐 원자의 몇 가지 에너지 준위** 소듐 원자의 들뜬 상태를 간단하게 나타내었다. 선택 규칙에 따른 방출선들의 위치. 값들은 nm로 나타내었다.

13.2 현대적 기기의 응용

이들 두 가지 방법 중 하나로 원소를 측정하기 위해서는, 원소가 자유 원자 형태로 있어야 한다. 시료의 다른 성분뿐만 아니라 연구하는 원소의 모든 화학적인 결합을 분해시키기 위해, 시료는 적어도 2000°C로 가열되어야 한다. 이런 열분해는 원래 시료에서 원소가 결합되어 있는 다른 화학적인 상태를 구분하지 않고, 원소의 전체 농도로 나타나게 한다(그러므로 **화학종 규명 분석(speciation analysis)**은 할 수 없다).

두 가지의 열적인 장비가 공존한다. 한 가지는 연소성 기체 혼합물로 도입되는 버너로 이루어졌으며, 다른 하나는 작은 관 형태의 전기 오븐이다. 첫 번째 조립 형태는 대부분의 원소에 적용하며, 수용액 시료를 분무하여 일정한 속도로 불꽃 속으로 도입시킨다. 두 번째 형태는 시료를 양쪽이 열린 작은 흑연관 속에 놓으면 증발이 일어난다. 이것이 더 비싸지만 내화성 원소(V, Mo, Zr)의 경우에 감도가 더 크다. 두 가지 방법 모두 광경로는 광원에서 검출기로 자유 상태에 있는 작은 원자 구름을 포함하는 영역을 통과한다.

> 다양한 장치가 이런 현상의 원리를 활용하여 오염된 대기 중의 미량의 수은을 측정하는 데 사용된다. 비색계와 유사한 장치가 원자 흡수 측정에 사용된다. 수은 증기 램프가 광원이고, 측정 용기는 관찰할 대기로 채운 투명한 관이다. 만약 수은 증기가 광경로에 존재하면 램프로부터 방출되는 복사선을 흡수할 것이다. 그 결과, 수은 농도에 비례하여 빛의 세기는 감소할 것이다.

몇 가지 원소에 대한 식 (13.1)과 (13.2)의 다른 매개변수의 값을 표 13.1에 나타내었다. 에너지 차이 ΔE가 크고 온도가 낮을 때 실제적으로 모든 원자가 바닥 상태에 남아있음을 데이터를 통해 알 수 있다.

원자 흡수는 방출 스펙트럼보다 간단하기 때문에, 모든 환경에서 불꽃 방출 대신에 원자 흡수 측정에 기초하는 것이 더 바람직할 것으로 보인다. 그러나 그 원소가 발견되는 매트릭스는 방해, 화학 반응, 들뜬 상태의 불안정성, 그리고 높은 온도에서 일어나는 다른 현상들(그림 13.3) 때문에, 흡수의 측정을 어렵게 할 수도 있다. 광전증배관을 포함하는 대부분의 현대적 검출기는 N_e/N_0가 10^{-7}보다 클 경우에는 믿을만한 측정을 할 수가 있다. 실제로 대여섯 가지의 원소에 대해서는 불꽃 방출이 오히려 더 나은 것을 경험적으로 알 수 있다. 이것이 색을 띤 불꽃을 나타내는 알칼리 토금속이 방출에 의해 더 쉽게 측정할 수 있는 이유이다(표 13.1).

표 13.1 여러 온도에서 몇 가지 원소의 N_e/N_0 비율

원소	λ(nm)	E(eV)	g	2,000 K	3,000 K	4,000 K
Na	589	2.1	2	1.0×10^{-5}	6.0×10^{-4}	4.5×10^{-3}
Ca	423	2.93	3	1.2×10^{-7}	3.6×10^{-5}	6.1×10^{-4}
Cu	325	3.82	2	4.8×10^{-10}	7.3×10^{-7}	3.1×10^{-5}
Zn	214	5.79	3	7.3×10^{-15}	5.7×10^{-10}	1.5×10^{-7}

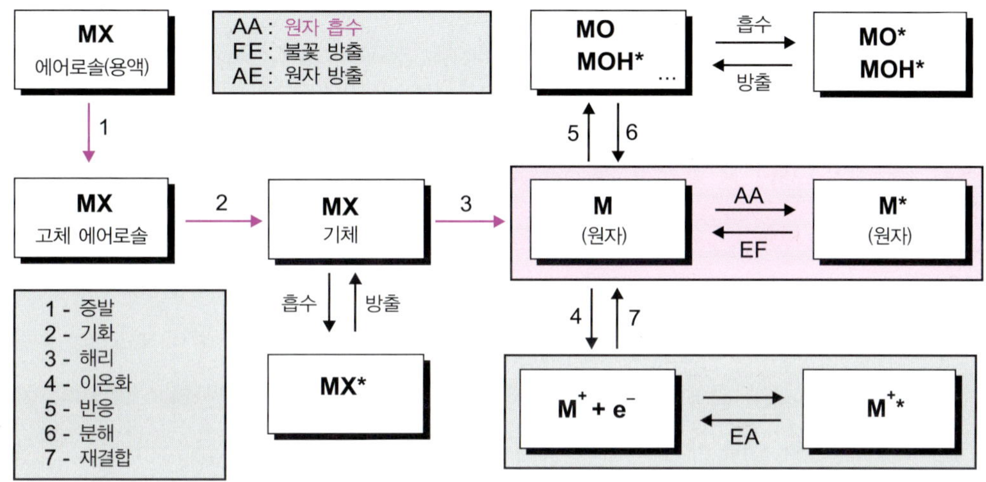

그림 13.3 불꽃에서 에어로솔의 가능한 전개 요약

모든 들뜬 원소인 N_e가 광자를 방출하여 초기 상태로 되돌아가는 것은 아니다. 이들은 다른 방법으로도 여분의 에너지를 감소시킨다. 온도가 증가할수록, 이온화된 원자로부터 나오는 선들 때문에 방출 스펙트럼이 더욱 복잡해진다(그림 13.3). 이런 복잡한 스펙트럼을 연구하기 위해서는 품질이 매우 우수한 광학기능을 가진 장치가 요구된다. 이러한 장비로는 원자 방출 분광계가 있다(14장 참조).

13.3 AAS의 측정

이 두 방법을 이용한 원소의 정량 분석을 통해, 농도와 빛의 세기 및 방출 간에 상관관계가 있음을 추론할 수 있다. 이 두 방법은 분석 물질의 농도가 증가하는 용액을 이용해 검정 곡선을 작성하는 고전적인 규약을 사용한다.

불꽃 중의 원소의 흡광도는 광경로에 남아있는 바닥 상태의 원자수 N_0에 의존한다. 측정은 미지 용액을 표준 용액과 비교하여 이루어진다.

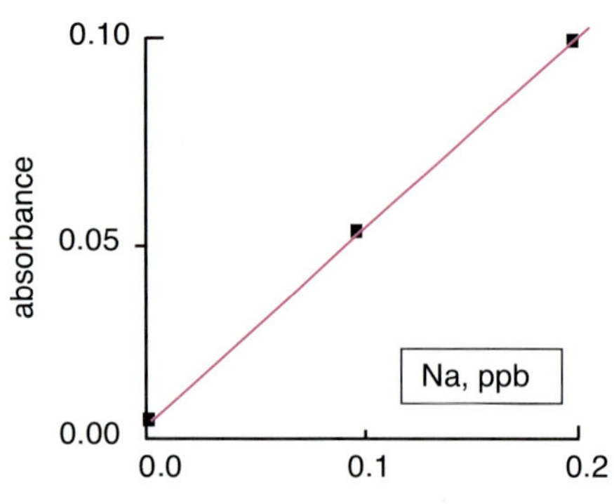

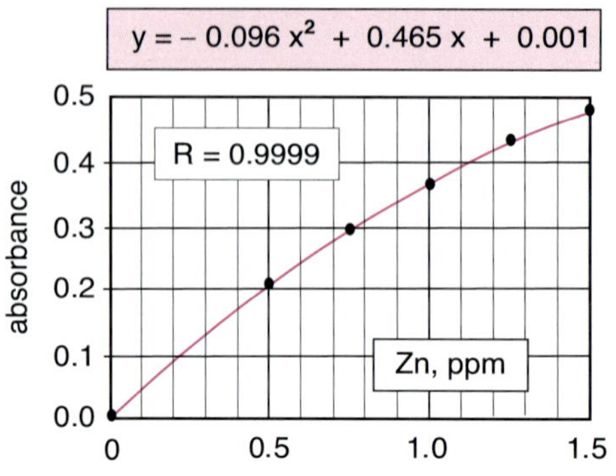

그림 13.4 AAS에서 검정 곡선의 예 왼쪽은 소듐의 정량에서 Zeeman 효과 장치를 가진 기기를 사용하여 ppb 농도 이하에서 얻은 직선의 검정선이다(13.8.2절 참조). 오른쪽은 버너 형태의 기기를 사용하여 ppm 범위의 농도에서 아연을 측정한 이차 함수 곡선이다. 두 번째의 그래프는 농도가 증가할 때 흡광도가 더 이상 직선이 아님을 나타낸다. AAS에 대한 정량 분석용 소프트웨어는 여러 가지 형태의 검정 곡선을 제공한다.

$$A = k \cdot C \tag{13.3}$$

여기서 A는 흡광도, C는 원소의 농도, k는 주어진 파장에서 각 원소의 특성 계수다.

분석은 Beer–Lambert 관계식을 따르며, 이 경우 몰흡광 계수 ε는 계산하지 않는다. 기기는 시료가 없을 때와 있을 때 통과하는 빛의 세기 비를 구하여 흡광도를 나타낸다. 직선성은 묽은 농도(보통 3 ppm 이하)이거나, 매트릭스 효과를 무시할 수 있는 용액에서만 관찰된다(그림 13.4). 방법은 분자 흡광 광도법에서 사용된 것과 유사하며, 검정 곡선을 사용하는 고전적인 규약을 포함한다. 만약 매트릭스가 복잡할 경우에는 검정 곡선을 개선하기 위해 매질을 검정 용약과 같은 용액으로 재구성하거나, 표준물 첨가법 같은 방법을 사용한다.

13.4 AAS의 기본 장치

가장 간단한 형태로, AAS는 홑빛살 분광광도계와 유사하다. 그림 13.5에 나타낸 광학적 개략도는 크게 네 가지의 주요 구성성분으로 이루어졌다. **광원(source)**(1)으로부터 나오는 빛살은 원소를 원자 상태로 도입시키는 버너로 표현된 **원자화 장치(atomizer)**(2)를 통과하여, 매우 좁은 파장 간격을 선택하는 **단색화 장치(monochromator)**(3)의 입구 슬릿에 초점을 맞춘다. 광경로는 **검출기(detector)**(4)의 입구 슬릿에서 끝난다.

만약 시료가 불꽃에 존재하지 않는다면 검출기는 광원에서 방출되는 모든 빛의 세기 I_0를 분산계의 입구 슬릿이 선택한 스펙트럼 간격 내에서 받게 될 것이다. 만약 원소가 존재하면 검출기는 감소된 빛의 세기 I를 받는다.

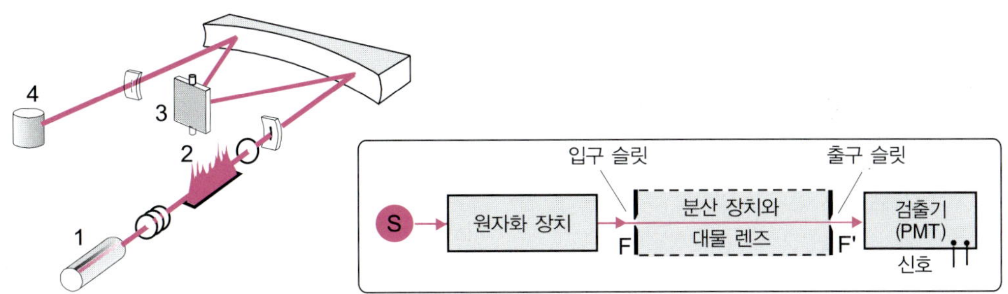

그림 13.5 **홑빛살 원자 흡수 장치의 다양한 부품** 모델 IL 157은 1980년대에 제조되었다. 1: 광원(스펙트럼 램프), 2: 불꽃 버너, 3: 단색화 장치 회절발, 4: 검출기(광전증배관). 광원은 분산계의 입구에 놓인 슬릿을 향하며 조사된다. 출구 슬릿은 검출기의 창에 가깝게 놓여있다. 출구 슬릿은 스펙트럼의 좁은 띠너비($\Delta\lambda = 0.2 \sim 1$ nm)를 결정하는데, 출구 슬릿의 너비 또는 입구 슬릿의 상과는 혼동하지 말아야 한다.

13.4.1 광원

원소의 흡수 띠들은 최고 성능의 단색화 장치의 띠너비(0.1 nm)보다 100배 이상 더 좁기 때문에, 원자 흡수 분광기의 상용화 초기부터 유지된 해결책은 스펙트럼 램프를 사용하는 것이었다. 램프는 분석 물질에 의해 흡수될 수 있는 방사선만 방출하도록 선택된다. 최근에는 전체 유효 스펙트럼 범위를 포괄하는 광 연속체를 방출할 수 있는 여러 가지 제논 아크 램프 모델들이 등장하였다. 하나, 두 개 또는 세 개의 원소 측정 전용 램프가 장착된 계측기와 달리 광원의 변경 없이 여러 원소를 분석하는 것이 관심이 되고 있다.

속빈 캐쏘드 램프(HCL)

속빈 캐쏘드 램프(hollow cathode lamp, HCL)은 방전 램프다. 애노드는 지르코늄이나 텅스텐으로 만들어지며, 캐쏘드는 우리가 방출 스펙트럼을 얻고자 하는 원소로 코팅되어 있다. 네온과 아르곤이 충진 기체로 사용된다(그림 13.6). 각 분석물을 정량하기 위해서는, 측정할 원소에 해당하는 램프가 필요한데 이는 가장 큰 단점으로 작용한다. 이런 이유로 순수한 원소, 합금, 다중 원소 램프용 소결 가루로 만들어진 약 100여 가지의 다른 램프가 존재한다.

약 300 V의 전위차를 전극 사이에 걸어주면 램프 안에 있는 기체의 이온화로 전자가 발생한다. 이들 이온(Ar^+ 또는 Ne^+)들은 충분한 운동 에너지를 얻어, 기체 같은 원자를 캐쏘드 표면에서 벗겨낸다. 만약 원소 M에 대해 캐쏘드 표면의 금속 상태를 M(캐쏘드), 그리고 원자 기체 상태를 M(기체)라고 하면, 방출은 다음의 순서를 따른다.

$$\text{M(캐쏘드)} \xrightarrow{\text{Ne}^+} \text{M(기체)}^* \rightarrow \text{M(기체)} + \text{광자}$$

각 HCL은 서로 다른 세기를 가진 몇 개의 방출선을 나타낸다. 램프에서 방출되는 스펙

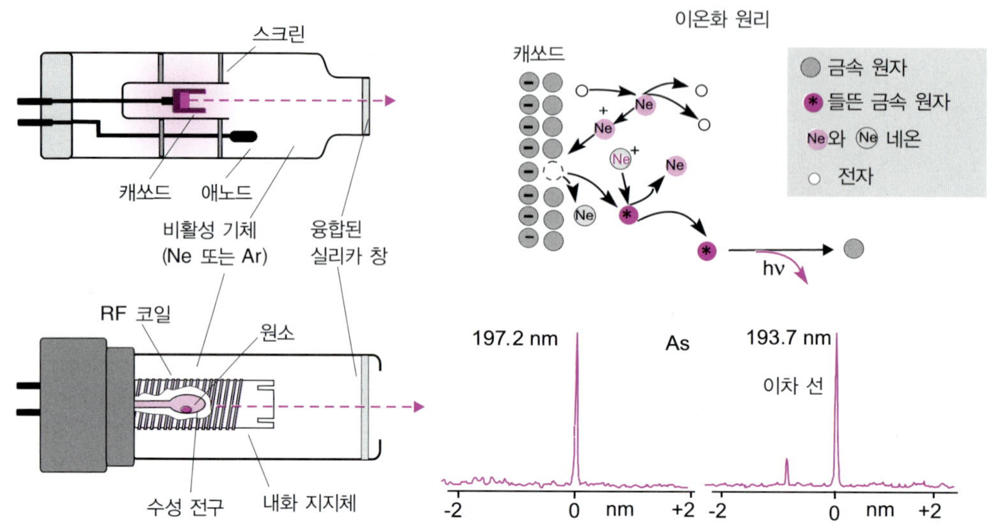

그림 13.6 **두 가지 유형의 AAS 광원** 캐쏘드는 램프의 광축에 해당하는 중심축을 갖는 속 빈 실린더다. 오른쪽, 네온 이온(Ne^+)의 충격에 의해 들뜬 캐쏘드 원자를 표현한 그림. EDL 램프. 비소의 주요 배출선. 소듐(용융점이 너무 낮음) 또는 수은(액체 상태)에는 적합하지 않으며, 이들은 금속 증기 램프를 사용해야 한다.

트럼은 캐쏘드에서 방출되는 복사선과 램프 속의 기체가 방출하는 복사선이 합쳐져 나타난다. 방출선의 너비는 여러 가지 요인(Doppler, Stark(이온화) 및 Lorentz(압력 효과))에 영향을 받으며, 대응되는 흡수띠의 너비보다는 좁다. 측정에 사용할 방출선의 선택은 무엇보다도 분석의 농도에 가장 의존하며, AAS의 측정 정밀도는 농도에 따라 빠르게 감소하는 것으로 알려져 있다(동적 범위 1~100).

무전극 방전 램프(EDL)

이들 램프는 강한 빛을 방출하며, As, Hg, Sb, Bi, P 같은 휘발성 원소들의 측정을 향상시킨다. 일반적으로 As, Hg, Sb, Bi, P 같은 원소에 사용된다. 충전 기체 이외에도 램프 안에 원하는 원소나 원소의 염을 포함하고 있다. 들뜨게 하기 위해 번갈아서 금속을 이온화시키는 라디오 주파수나 마이크로파의 전자기장을 사용한다(그림 13.6).

제논 램프

제논 아크 램프는 근자외선에서 근적외선(190~900 nm)까지 가변 강도의 연속 스펙트럼을 방출하여 광원을 변경하지 않고도 67개에 가까운 사전 정의된 원소 분석이 가능하다. 이 광원은 결합 편차와 변동을 지속적으로 보정하는 알고리즘을 이용하여 예열 시간을 단축 및 안정성 보장한다. 파장의 정밀도는 네온 다이오드를 사용할 때 피코미터 수준에 있으며, 잘 알려진 네온 다이오드의 기준선들은 스펙트럼 전체에 분포해 있다.

한 가지 유형의 광원을 사용할 때와 다른 유형의 광원을 사용하는지에 따라 검출기(I_0 및 I)로 전송되는 세기를 비교하는 것은 흥미롭다. 원소가 흡수할 수 있는 복사선만 방출하도록 선택된 선 스펙트럼 램프를 사용하면, I_0/I 비율이 1보다 훨씬 작지만, 광전증배관이 매우 민감하기 때문에 신뢰할 수 있는 측정으로 이어질 수 있다(그림 13.7). 만약 광원이 빛을 연속적으로 방출하면, 흡수선은 매우 얇기(1×10^{-3} nm) 때문에 I_0/I의 비율은 항상 1에 가까울 것이다. 기술적 진보가 이제 연속 스펙트럼 광원의 사용을 가능하게 하였다.

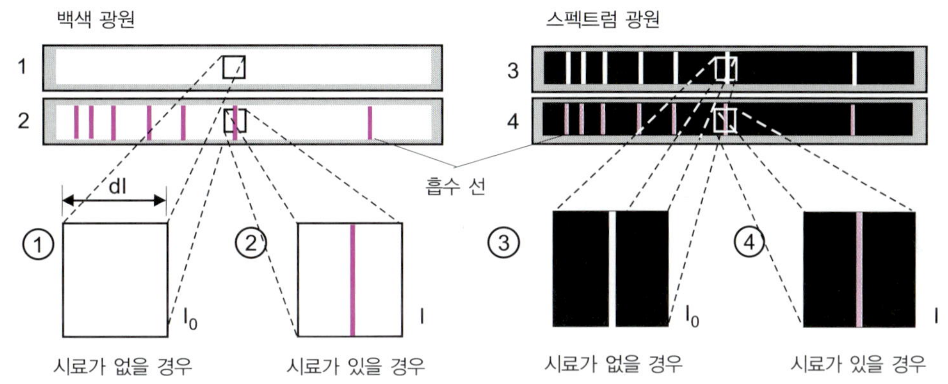

그림 13.7 **연속 광원(1과 2)과 스펙트럼 선 방출 광원(3과 4)으로 AAS에서 통과된 빛의 세기 비교** 각 영역은 PMT가 관찰하는 파장의 간격을 나타낸다. PMT 신호는 사각형에서 백색 부분에 비례한다. 이런 방식으로 원자 흡수법의 개척자 중의 한 명인 Walsh는"분해능은 광원에 의존한다"고 하였다.

13.4.2 원자 증기를 얻는 열적 장치

불꽃 원자화-버너와 분무기

버너라 불리는 튼튼한 기계 조립품은 연소 기체를 혼합시켜 층류 형태(laminar)의 불꽃을 생성한다. 불꽃은 길이가 약 100 mm이고, 폭이 1 mm인 직사각형 형태다. 기기의 광축은 불꽃의 가장 긴 방향을 따라 일렬로 맞춘다(그림 13.8). 수용액 상태의 시료는 분무되어 기체 혼합물 형태로 불꽃에 도입된다.

불꽃은 화학적인 반응성(산화제와 환원제의 비율에 따른 불꽃의 산화 또는 환원 특성), 불꽃 온도(표 13.2) 그리고 근자외선 영역에서 자유 라디칼에 의해 발생하는 방출 스펙트럼 등으로 특징되는 복잡한 매질이다. 이런 특성은 어떤 원소를 측정할 때 방해 요소로 작용할 수 있다. 따라서 모든 원소 분석이 불꽃을 꼭 사용하는 것은 아니다. 불꽃은 중간 영역과 바깥 영역의 두 영역으로 구분할 수 있으며, 바깥 영역이 불꽃에서 가장 뜨겁다(버너로부터 약 4 cm). 이런 이유로 불꽃 내 화학적 반응성은 균일하지 않다. 따라서 불꽃의 위치는 기기의 광축에서 조절된다. 검정이나 측정에서 불꽃 높이는 동일해야 한다.

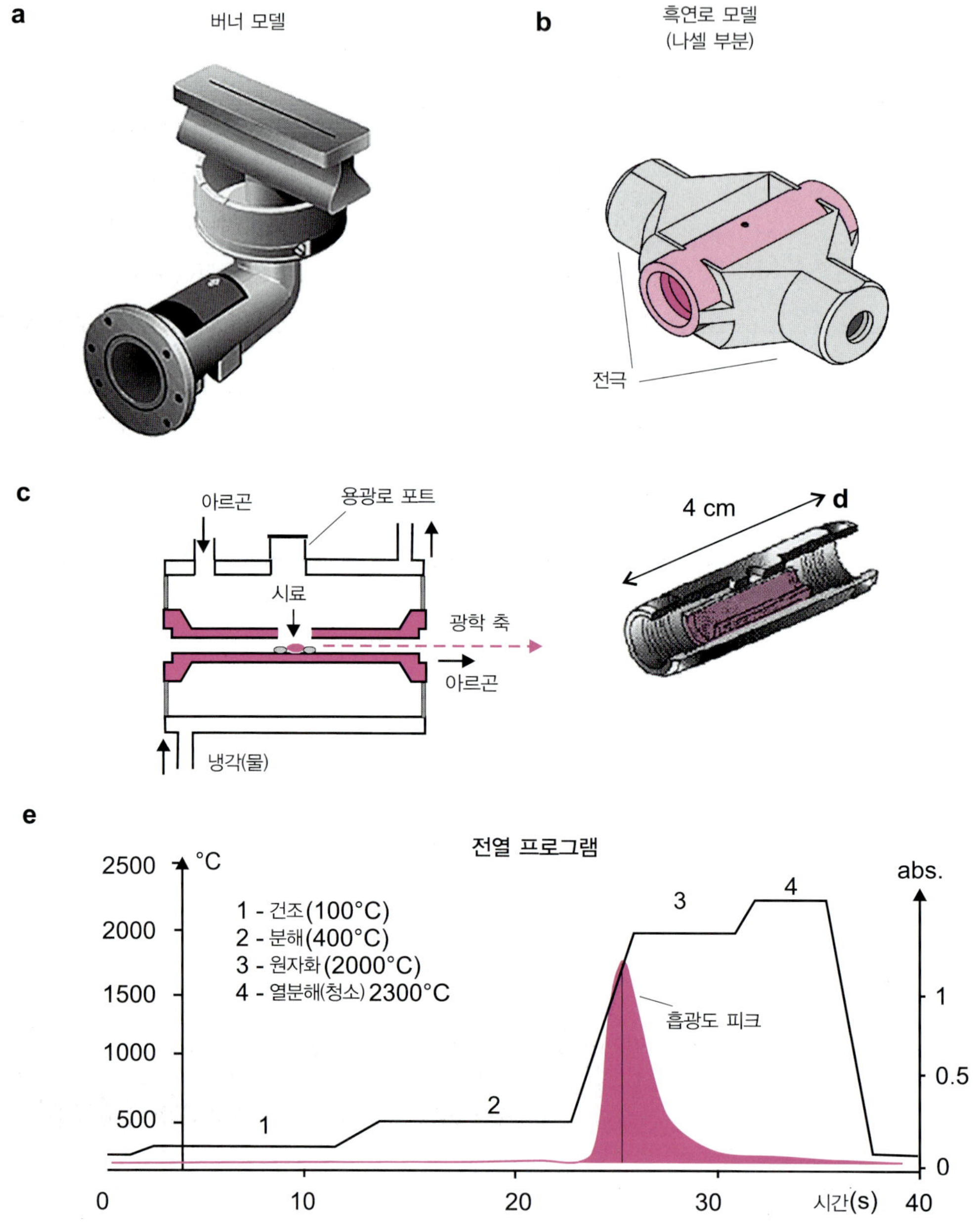

그림 13.8 버너와 전열 원자화 장치 (a) 버너(Perkin Elmer의 문헌에서 발췌) (b)~(d) 흑연로: 두 전극 사이에 배치되는 흑연봉, 가로 방향으로 전기 연결. (e) 시간의 함수로서 흡광도를 나타내는 온도 프로그래밍 그래프. 온도 프로그램의 처음 두 단계는 비활성 분위기(아르곤)에서 이루어진다.

일반적으로 공기/아세틸렌 불꽃을 사용한다. 더 높은 온도(굴절 원소 분석)를 얻기 위해서는 공기 대신 산화 이질소(N_2O)를 사용한다(표 13.2).

표 13.2 몇 가지 기체 혼합물들의 온도 제한 범위

연료/산화제 혼합물	최대 온도(K)
뷰테인/공기	2,200
아세틸렌/공기	2,600
아세틸렌/산화 이질소(N_2O)	3,000
아세틸렌/산소	3,400

열전기 원자화

불꽃과 분무기는 **흑연로(graphite furnace)**로 바꿀 수가 있는데, 흑연로는 정확한 시료의 양(수 mg 또는 μL)을 넣을 수 있는 작은 공동을 가진 흑연관으로 구성되어 있다(그림 13.8). 중앙축이 분광광도계의 광축과 일치하는 이 탄소 막대는 저항으로서 행동하여, Joule 효과(8 V, 400 A)에 의해 3000 K까지 도달할 수 있다. 흑연로의 주변은 이중 슬리브로 둘러싸여 있다. 아르곤 같은 비활성 기체로 충진되어 원소의 산화를 방지하며, 물을 이용하여 냉각시킨다(그림 13.8). 일반적으로 가열은 단계적으로 이루어진다. 증발로 인한 손실을 피하기 위해서 일반적으로 온도를 점차로 증가시키는데, 처음에는 건조시키고 다음에는 분해시키며 최종적으로 시료를 원자화시킨다. 최종 단계에서 온도 기울기는 2000℃/s로 시료는 3~4초 내에 기체 원자 상태가 된다. 각각의 측정을 위해서는 각 단계별로 최적의 온도 프로그래밍이 필수적이다.

버너와 비교해서 흑연로를 가진 기기는 관측 영역에 원자가 머무르는 시간이 짧아도 매우 감도가 민감하다. 흑연로는 전체 시료의 원자화를 유발하기 때문에, 광축 경로의 원자 밀도가 높으며 따라서 측정 신호가 강하다.

수소화물 발생기

비소(As), 비스무트(Bi), 주석(Sn), 셀레늄(Se) 같은 일부 원소들은 높은 산화 상태의 불꽃 속에서 원자로 환원시키기가 어렵다. 이런 원소들을 측정하기 위해서는 분석하기 직전에, 시료를 산성 매질에서 붕수소화 소듐($NaBH_4$)이나 염화 주석으로 이루어진 환원제와 반응시킨다(그림 13.9). 분석 원소로 된 휘발성 수소화물이 형성되어 보충 기체에 의해 전기로에 위치한 석영 셀 속이나 버너 불꽃으로 주입된다. 비소의 처리 과정은 다음과 같다.

$$As^{3+} \xrightarrow{NaBH_4} AsH_3 \xrightarrow{H^+ (800\,°c)} As + \frac{3}{2}H_2$$

금속 수소화물은 1000 K 근방에서 쉽게 열분해 되며, 대응되는 원자 상태의 원소를 생성시킨다. 광원으로는 무전극 램프가 선호된다.

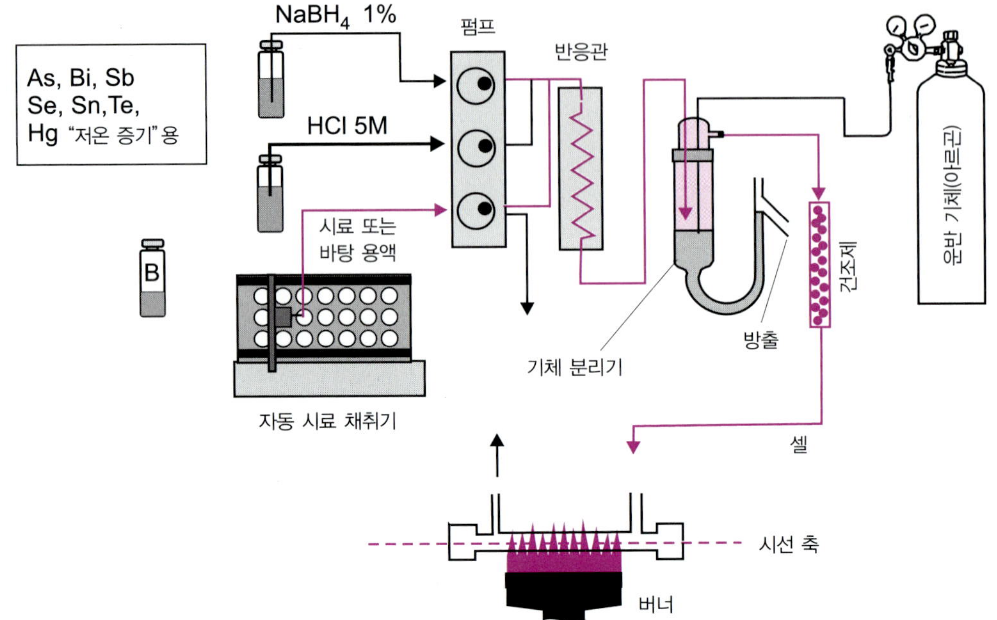

그림 13.9 수소화물 반응기 개략도 이 자동 시료 채취기에는 붕소화 소듐과 반응하는 동안에 금속(또는 비금속)의 수소화물이 형성되는 혼합관이 들어있다. 아르곤 흐름은 형성된 금속 수소화물을 추출하여, 불꽃 속에서 800~1000°C로 가열된 실리카 유리관으로 운반시킨다.

수은의 경우 수은이 수소화물로 전환되지 않고 금속 상태(Hg^0)로 남는다. 따라서 원자화 장치 속에 집어 넣지 않는 특별한 셀을 사용한다. 이것을 '저온 증기'법이라 하며, 특별한 장치($SnCl_2$에 의한 환원)가 필요하다.

13.4.3 단색화 장치

단색화 장치는 주변의 빛을 제거하여 분석물의 파장을 분리하는 역할을 한다. 이러한 분리는 단일 원소에 대해서는 회전 굴절발 장치를 이용하며, 다중 원소에 대해서는 회절발/프리즘(다색화 장치)를 이용하는 분산 시스템을 이용하여 수행된다. 후자의 경우, 빔은 다중 채널 검출기로 전송된다(13.4.4절 참조).

선의 세기는 매우 다르다(그림 13.8). 단일 원소 분석 시스템에서는 가능한 최고의 감도를 얻기 위해 일반적으로 가장 세기가 강한 선이 분석에 사용된다. 다중 원소 분석 시스템에서는 매우 낮은 농도로 존재하는 다른 원소가 있을 경우 취급 작업 및 연속적인 희석을 최소화하기 위해 분석 원소의 이차 선 중에서 선택된다.

단색화 장치의 두 번째 역할은 여러 복잡한 요인에 의해 발생하는 기생(parasitic) 빛을 제거하는 것이다. 캐쏘드선관에서 나오는 빛은 캐쏘드를 구성하는 원소의 방출선과 충전 기체로부터 나오는 다른 선들 및 불순물로부터 나오는 선들이 같이 방출된다. 원자화 장치도 역시 기생 빛의 원인이 될 수 있다: 자체 방출(불꽃, 로의 외벽) 및 분석 대상 이외의 시료 내 원소들이 들뜬 후 빛을 방출.

13.4.4 검출기

단일 원소 분석 시스템에서 빛의 세기 측정은 일반적으로 광전증배관에 의해 수행된다. 다중 원소 분석 시스템에서는 다이오드가 배열된 다중 채널 검출기로 대체되어 다양한 파장에서 분석하고자 하는 원소의 세기를 동시에 측정할 수 있다.

13.5 물리적 및 화학적 방해

시료 내 많은 상호작용은 실제 농도를 과대평가 또는 과소평가에 하여 잘못된 분석 결과를 초래할 수 있다. 이들은 세 가지 요인으로 분류될 수 있다.

13.5.1 스펙트럼 간섭

비특이적 흡수(**nonspecific absorption**)라고도 한다. 원자화 장치에 의해 발생하는 선과 겹칠 경우 발생한다. 또한 분자 흡수나 원자화 장치에 존재하는 입자에 의한 확산된 빛들과 겹칠 경우 발생한다.

선의 겹침

원자화 장치는 기생 방출(예: 흑연로 튜브 벽)을 초래할 수 있다. 매트릭스 내의 화합물은 또한 다른 흡수를 초래할 수 있다. 그러므로 두 가지 흡수선의 겹침을 완벽하게 피할 수는 없다. 예를 들어, 다른 원소에 속하는 이차 선을 분석을 위해 선택할 수도 있다. 이 경우 파장을 변경하여 2차 측정을 실시하는 것이 권장될 수 있다.

같은 원소의 흡수와 방출의 겹침

어떤 원소 원자 중 무시할 수 없는 분율이 열적으로 들뜬 상태로 이동한다. 들뜬 원자는 바닥 상태에 남아있는 원자가 흡수할 수 있는 것과 같은 에너지의 광자를 방출한다. 측정을 보정하기 위해, 램프에 펄스 전압을 가해 일정한 방출 신호와 펄스화된 흡수 신호를 구별한다.

분자 흡수

이러한 유형의 비특이적 흡수는 높은 불꽃 온도를 필요로 하지 않는 휘발성 원소의 분석에서 발생한다. 샘플 매트릭스에 존재하는 분자로부터 유래하며 크고 강한 흡수 대역으로 나타내어 분석을 상당히 방해할 수 있다.

입사광의 확산

시료의 분해 또는 원자와 분자의 재결합으로 인해 발생하는 고체 또는 액체 입자는 입사된 빛을 확산시켜 연속적인 흡수를 일으킬 수 있으며, 이는 분석되는 원소의 흡수에 중첩될 수 있다.

기체 혼합물로부터 이러한 간섭이 발생할 경우 불꽃으로 분무되는 바탕 용액을 이용하면 쉽게 교정할 수 있다. 기생 산란 또는 시료 매트릭스에 의한 흡수의 경우, 분석 조건(불꽃 온도, 연료/산화제 비율)을 변경하거나 간섭 물질을 과량으로 측정 용액에 주입(**분광화학적 완충(Spectrochemical buffer)**이라고 함)하기도 한다. 간섭을 무시하기 위해서는, 주입하는 초과량이 매트릭스의 농도보다 훨씬 커야 한다.

13.5.2 화학적 간섭

미량 원소를 찾기 위해서 원자 흡수법을 사용할 때 매트릭스의 영향을 고려하는 것이 중요하다. 이온화 간섭이나 화학적 간섭을 억제하려면, 잘 알려진 규약을 따라야 한다.

매트릭스 효과(matrix effect)라는 간섭은 원자 증기 밀도를 변화시키거나 원자 증기가 생성되는 시간을 변화시킨다. 이러한 변화는 시료 분해 단계에서 생성되는 원자의 수를 감소시키며, 간섭 물질과 결합하여 분해가 잘 안되는 화합물을 생성한다. 이런 화합물들은 낮은 휘발성으로 인해 분해가 어렵다. 이런 문제를 해결하기 위해, 유리제(releasing agent) R을 생성하는 무기물 염이나 유기 시약을 용액에 첨가하여 함께 분무한다. 이런 처리는 만약 화합물 RX가 MX보다 더 안정하다면, 원소 M를 결합 MX으로부터 효과적으로 생성시킬 것이다.

$$R + MX \longrightarrow M + RX$$

> 칼슘을 인산 이온이 풍부한 매트릭스나 알루미늄을 포함하고 있는 내화물에서 측정할 때, 염화 스트론튬이나 염화 란타늄을 첨가한다. 기대되는 효과는 칼슘을 해방시켜주며 매질의 휘발성을 증가시켜, 분해 단계에서 더 효과적인 제거를 확보해 준다. 이런 방식으로, 또한 소듐이나 포타슘을 측정에는 보통 소량의 Schinkel 용액($CsCl/LaCl_3$)을 첨가한다.

흑연로를 포함하는 장치에서 에틸렌다이아민테트라아세트산(EDTA)을 도입하여 2가 이온과 1:1 착물을 형성시키거나, 만약 매트릭스가 고농도의 소듐을 포함하고 있다면, 질산 암모늄을 넣어준다(그림 13.10).

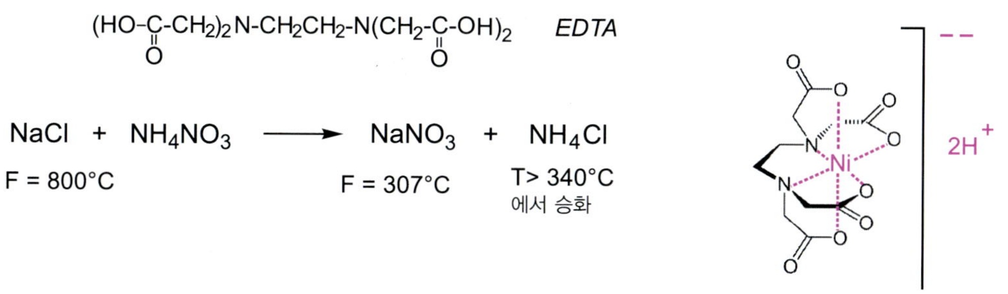

$(HO\text{-}C(=O)\text{-}CH_2)_2N\text{-}CH_2CH_2\text{-}N(CH_2\text{-}C(=O)\text{-}OH)_2$ *EDTA*

$$NaCl + NH_4NO_3 \longrightarrow NaNO_3 + NH_4Cl$$

F = 800°C　　F = 307°C　　T> 340°C 에서 승화

2H$^+$

그림 13.10 **매트릭스 변형제** 질산 암모늄이나 EDTA는 어떤 원소의 휘발성을 증가시킨다. EDTA와 Ni^{2+} 이온 사이에 1:1 형태의 휘발성 착물.

마지막으로 매우 뜨거운 불꽃을 사용하면 어떤 원소는 부분적인 이온화를 일으켜 불꽃 중의 자유 원자 농도를 감소시킨다. 이런 현상은 이온화 전위가 분석 물질보다 낮은 양이온의 이온화 억제제(또는 이온화 완충제)를 첨가하여 보정한다. 약 2 g/L의 포타슘염을 이런 목적으로 사용된다.

이온화의 변형은 매트릭스가 한 개 이상의 알칼리 원소를 포함할 때 다소 자발적으로 일어난다. 이런 무작위 오차를 피하기 위해서는 소듐이나 포타슘염에 기초한 이온화 완충 용액을 용액에 체계적으로 첨가한다. 다른 방법으로는 시료와 매우 유사한 매질을 갖는 일련의 표준 용액을 준비하는 방법이 있다.

13.5.3 물리적 방해

이것들은 주로 운송 간섭으로 표현되며, 표준 용액과 시료 간의 점도 차이와 더 일반적으로 연구되는 용액의 물리적 특성과 관련이 있다.

13.6 비특이적 흡수의 보정

가시선 또는 적외선 분광광도법처럼, 원자 흡수법도 램프와 특이적 흡수에 의한 요동을 제거하기 위해 바탕선 보정이 필요하다.

일반적으로 버너를 가진 기기는 희석된 용액이 분무되기 때문에 낮은 바탕 잡음을 갖는 신호를 나타낸다.

하지만 흑연로를 갖는 경우, 원형 상태(고체나 액체) 시료 매질의 불완전한 원자화로 인해 기생 흡수선이 생성될 수 있다. 이것은 단색화 장치에 의해 규정된 일정 간격 내에서 바탕선의 일정한 흡수를 나타낸다. 이러한 영향을 보정하기 위해, 기기 제조업자들은 다양한

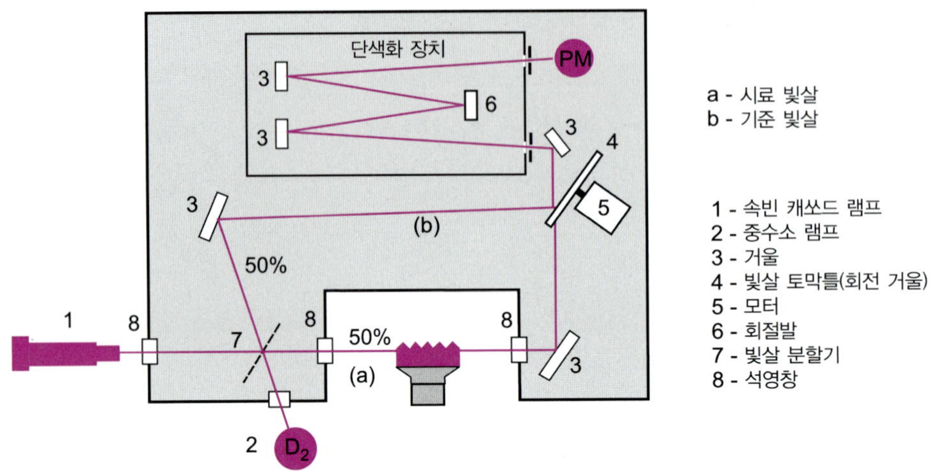

그림 13.11 중수소 램프를 이용한 바탕 보정을 보여주는 AA 분광기 이 '겹빛살형'기기는 램프가 아직 안정화되지 않았을 때 램프의 드리프트를 보정하기 위해 사용된다. 중수소 램프의 광경로는 반투명 거울 사용하여 HCL이 방출하는 선과 중첩된다. 검출기에 도달하는 빛은 기준 경로(b)와 시료 경로(a)에서 교대로 나온다. 이 기기는 두 빔에 의해 전달되는 세기의 비를 측정한다. 보정 영역은 중수소 램프의 스펙트럼 범위인 180~420 nm로 한정된다.

방법을 응용할 수 있는 개량된 장비를 내놓고 있다. 그러나 이런 형태의 시료에서 분석 물질이 들어있지 않은 매트릭스만을 제조하는 것은 불가능하다. 따라서 측정의 기준으로 사용될 두 번째 광축을 가진 특별한 겹빛살 기기가 고안되었다.

13.6.1 중수소 램프를 이용한 바탕 보정

원자 흡수 장비는 종종 시료가 불꽃에 분무될 때 기생 흡수를 평가하기 위한 중수소 램프로 구성된 두 번째 연속 광원을 가지고 있다(그림 13.11). 원자화 장치가 전기이든 불꽃이든 상관없이 2개의 광원이 반투명 거울에 의해 불꽃으로 보내진다. 회전 거울에 의해 빛은 불꽃을 통과하거나(a) 통과하지 못하게 된다(b). 광원의 띠너비 범위는 선택한 흡수선보다도 100배나 더 넓다. 먼저 단색화 장치가 원소 측정을 위해 선택된 선을 조정한다. 시료가 불꽃에 분무될 때, 검출기는 (a) 또는 (b) 경로로부터 빔을 교대로 수신하여 기생 흡수 및 원소에 의한 흡수를 측정한다. 원소가 없을 때는 바탕 흡수만 측정된다. 흡광도는 합한 값이며, 두 측정 간의 차이를 이용해 원소만의 흡광도를 산출한다.

13.6.2 Zeeman 효과 또는 펄스 램프를 이용한 바탕 보정

자기장은 원자의 들뜬 상태 축퇴를 증가시켜 전자 에너지 상태의 혼란을 초래한다. 이 현상을 **Zeeman 효과(Zeeman effect)**라고 부르며, 최소 1테슬라 이상의 값에서 대응하는 원소의 방출(또는 흡수) 스펙트럼을 변형시킨다. 그러나 모든 원소가 같은 경로를 따르지는 않는다. 가장 간단한 경우('normal' Zeeman effect)에서, 자기장 없이 관찰된 각각의 흡수선은 세 개의 새로운 편광선으로 분할된다. 이 분할선 중 하나인 π는 초기 위치를 유지하고, 다른 두 개의 σ로 명명된 선들은 π의 각 측면으로 대칭 이동(1테슬라 자기장에서 수 pm)한다. π와 σ선들의 편극 방향은 서로 수직이다. 만일 적당한 편광기를 광경로에 설치하면, 원소에 의해 흡수되는 π 선은 소거되거나 소거되지 않을 수 있다. 측정 원소의 원자와는 다르게, 부유하는 입자와 연기는 측정하는 동안 Zeeman 효과에 의한 영향을 받지 않는다(그림 13.12).

이 방법은 가장 효과적인 보정 방법으로 알려져 있으며, 시장에 다양한 구성으로 출시되고 있다. 이들 기기는 먼저 광원(**직접 어셈블리(direct assembly)**) 또는 원자화 장치(**역 어셈블리(reverse assembly)**) 주위에 위치할 수 있는 자석의 위치에 의해 구별된다. 그런 다음, 이

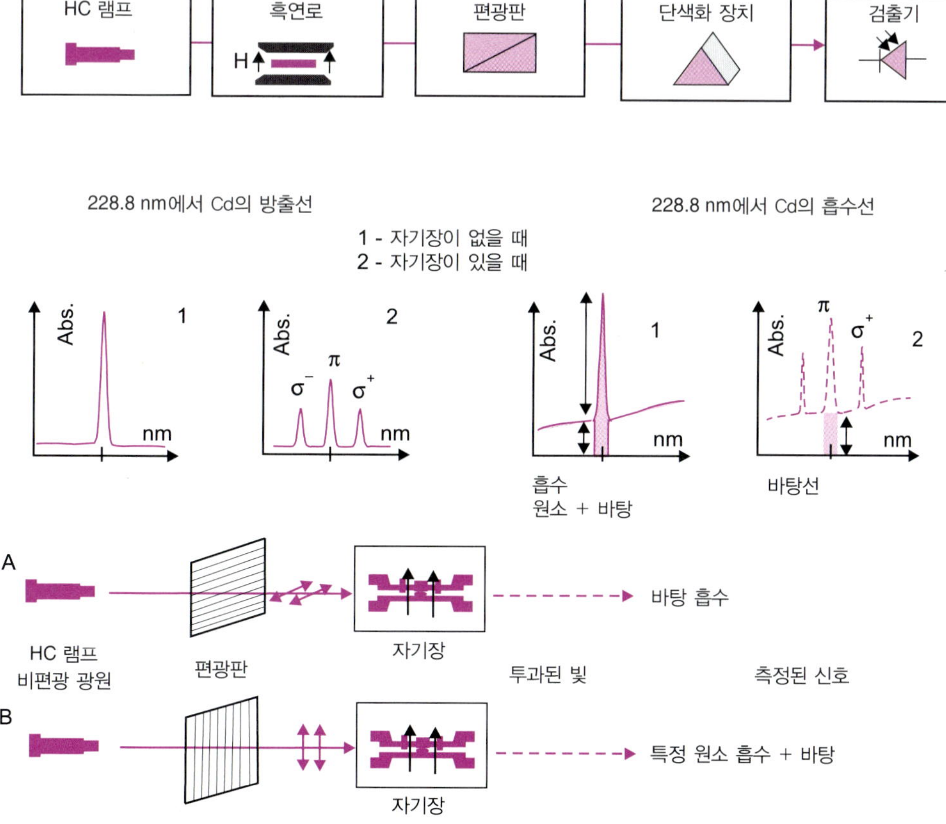

그림 13.12 **Normal Zeeman 효과** 228.8 nm에서 카드뮴의 흡수로 인한 지속적인 역/횡 배열을 나타낸 그림. 1에서 편광면은 자기장과 수직이고, 2에서 편광면은 자기장과 평행하다.

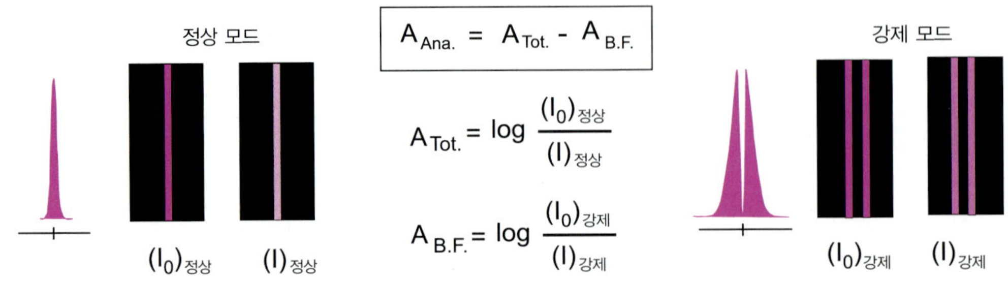

그림 13.13 펄스 램프를 사용한 보정 일반 모드와 강제 모드에서의 방출선의 프로파일. 검은색 직사각형은 단색화 장치에서 나오는 파장 간격을 나타내며, 이 두 가지 모드는 검출기에 영향을 미친다. I_0는 광 축에 시료가 없을 때의 세기다. 분석물의 흡광도(A_{ana})는 전체 흡광도(A_{tot})에서 바탕 잡음의 흡광도(A_{BN})의 값을 뺀 값이다.

러한 구성들 각각은 세로(longitudinal, 자기장에 평행한 관측 방향) 또는 가로(transverse, 자기장에 수직인 관측 방향)인 구성으로 구별할 수 있다. 가장 빈번한 장치 구성은 역-횡-상수(inverse-transverse-constant)이다. 이 방식은 램프와 원자화 장치 사이에 회전 편광자를 배치하여 일정 자기장에서 측정이 일어난다. 신호는 두 값 사이에 진동한다. 편광 빛과 자기장이 평행할 때는 바탕 흡수와 π 성분 흡수가 더해진 값이 측정되며(그림 13.12B), 편광 빛과 자기장이 수직 방향일 때는 바탕 흡수만이 측정된다(그림 13.12A).

Zeeman 효과 보정법이 바탕 잡음을 측정하는 기준이 되기 이전에도 다른 보정법이 사용되고 있었다. 이는 펄스화된 빛을 이용하여 선의 반전을 이용하는 방법으로, Smith-Hieftje 보정이라고 불렸다.

휘발성 원자의 경우, 속빈 캐쏘드관의 세기가 강해지면 캐쏘드의 높은 온도로 인해 램프의 중심부 애노드 표면의 원자의 증발로 방출선은 가운데 영역으로 넓어진다(그림 13.13). 증발된 원자들은 애노드의 특정 방출 파장에서 빛의 일부를 재흡수하여 자기 흡수를 유도한다. 또한 램프의 수명도 감소된다.

따라서 기기는 램프를 **정상 모드(normal mode)**(예: 10 mA)와 **강제 모드(forced mode)**(500 mA)로 번갈아 가면서 일련의 측정을 신속하게 수행한다. 정상 모드에서는 시료가 원자화 장치에 있을 때 총 흡광도(바탕 흡수 및 분석물 흡수)가 측정된다. 강제 모드에서는 램프가 분석물 분석을 위한 선택 파장의 빛을 방출하지 않을 때 바탕의 흡광도만 얻는다. 그리고 이 두 값 사이의 차이는 이용해 분석물의 흡광도가 계산된다.

13.7 AAS의 감도 및 검출 한계

시료 중에 정량할 수 있는 가장 낮은 농도는 여러 가지 인자에 좌우된다. 분광법에서 **감도**

원소 — M, 원자 번호 — xx: 공기/아세틸렌 불꽃

M, xx: N_2O/아세틸렌 불꽃

IA	IIA	IIIB	IVB	VB	VIB	VIIB	VIII			IB	IIB	IIIA	IVA	VA	VIA	VIIA	VIIIA
H																	He
Li 3	Be 4											B 5	C	N	O	F	Ne
Na 11	Mg 12											Al 13	Si 14	P	S	Cl	Ar
K 19	Ca 20	Sc 21	Ti 22	V 23	Cr 24	Mn 25	Fe 26	Co 27	Ni 28	Cu 29	Zn 30	Ga 31	Ge 32	As 33	Se 34	Br	Kr
Rb 37	Sr 38	Y 39	Zr 40	Nb 41	Mo 42	Tc 43	Ru 44	Rh 45	Pd 46	Ag 47	Cd 48	In 49	Sn 50	Sb 51	Te 52	I	Xe
Cs 55	Ba 56	La 57	Hf 72	Ta 73	W 74	Re 75	Os 76	Ir 77	Pt 78	Au 79	Hg 80	Tl 81	Pb 82	Bi 83	Po	At	Rn
Fr	Ra	Ac															

Ce 58	Pr 59	Nd 60	Pm	Sm 62	Eu 63	Gd 64	Tb 65	Dy 66	Ho 67	Er 68	Tm 69	Yb 70	Lu 71
Th 90	Pa	U 92	Np	Pu	Am	Cm	Bk	Cf	Es	Fm	Md	No	Lw

그림 13.14 **AAS로 측정하는 원소들**

(**sensitivity**)는 한 원소에 대해 수용액에서 투과한 빛의 세기에서 1%의 감소($A = 0.0044$)를 일으키는 농도로써 정의하며, μg/mL로 나타낸다. 가능한 한 이 값의 20~200 배의 농도로 검정 곡선을 얻어야 한다.

검출 한계(detection limit)는 세기가 일련의 측정에서 표준 편차의 세 배에 해당하는 신호를 나타내는 원소의 농도를 말한다(95% 신뢰도). 실제적으로 믿을만한 측정을 나타내려면 농도는 최소한 검출 한계보다 10배가 높아야 한다(그림 13.14).

이 장의 요점

1. 고온에서 원소의 원자 흡수 스펙트럼에 대한 연구는, 즉 시료에 있는 유기 또는 광물 구조에서 기체 원자를 방출할 때, 원소를 정량하는 방법의 근원이다. 따라서 각 원소의 전반적인 측정값, 즉 종분화 분석(speciation analysis)과는 반대되는 값을 구한다.
2. 원소들(금속 또는 비금속)을 자유 원자 상태로 만들기 위해서는 가열 장치를 이용해 고온(2,000~4,000℃)으로 가열해야 한다: 가연성 가스 버너(뷰테인, 아세틸렌) 또는 전기 저항을 이용하는 흑연로(액체나 고체의 원자화)
3. 자유 원자 상태로 만들기 어려운 원소는 수소화물 발생기를 이용한다. 따라서, 비소(As)의 경우 다음과 같다.

$$As^{3+} \xrightarrow{NaBH_4} AsH_3 \xrightarrow{H^+/800\,°C} As + \frac{3}{2}H_2$$

4. 동일한 원자의 거시적 집합(N_0)이 높은 온도로 가열될 때, 아주 작은 부분만 들뜬 상태(N_e)로 도달한 후 바닥 상태로 돌아갈 때 광자를 방출한다. Kirchhoff의 실험은 방출과 흡수 현상을 설명하는 데 도움이 된다.

5. 들뜬 상태(N_e)에 도달하는 분율은 원소에 따라 달라진다. Maxwell–Boltzmann 분포 방정식은 N_e/N_0 비율을 계산하는 데 사용된다.

$$\frac{N_e}{N_0} = g \cdot exp\left[-\frac{\Delta E}{kT}\right]$$

6. 거의 모든 원자가 2,000℃ 또는 3,000℃에서 바닥 상태에 있지만, 매우 좁은 흡수선에서 측정되기 때문에 흡수되는 빛의 분율을 결정하는 것은 어렵다.

7. 측정의 신뢰성을 높이기 위해, 우리는 주로 분석 물질에 의해 흡수될 수 있는 복사선만 방출하는 선택된 스펙트럼 램프를 사용한다. 이러한 램프로는 하나 이상의 원소에 특이한 속빈 캐쏘드 램프 또는 무전극 방전 램프가 있다.

8. 미리 선택된 하나 이상의 원소의 농도를 결정하기 위해 이들 각각에 대한 특정 흡수를 선택한다. Beer–Lambert 법칙($A = k \cdot C$)과 유사한 방정식에 따라, 흡광도는 원소의 농도에 비례한다. 그러나 반응의 선형성은 매우 낮은 농도의 경우에만 유효하다.

9. 매트릭스는 많은 간섭의 원인이 될 수 있다: 화학적 간섭(분자 흡수나 내화성 화합물; 보정은 유리제 R을 첨가하여 MX로부터 M을 치환)이나 스펙트럼 간섭(예를 들어 현탁액, 연기, 이온화 입자).

10. 바탕 잡음의 비특이적 흡수를 보정하기 위해, 기기에 다양한 변경이 가해졌다(중수소 램프(D_2)가 있는 겹빛살 구조나 Zeeman 효과 적용).

문제

1. AAS 방법은 같은 색의 산화 납을 사용하여 손상된 파프리카 시료 중의 납(Pb)의 농도를 측정하는 데 사용된다. Zeeman 효과에 기초한 바탕 보정을 하는 전열 원자 흡수 기기를 사용하였다.
손상된 파프리카 분말 0.01 g을 흑연로의 관에 넣고, 흡광도의 면적 봉우리를 측정하였는데, 자기장이 없을 때와 자기장이 있을 때 λ= 283.3 nm에 위치한 흡수선을 이용하였다. 바탕 보정을 한 후에 봉우리 흡수값은 1,220(임의 단위)이었다. 같은 조건에서 10 g/L Pb 용액 0.01 mL는 같은 단위로 1,000을 나타내었다. 연구 대상인 파프리카 시료 중의 납의 질량 %를 계산하시오.

2. 착물화 적정에 사용되는 수많은 상업용 에틸렌다이아민테트라아세트산(EDTA) 유도체 중에는, EDTA 분자 하나당 아연 1개를 포함하거나 소듐 2개를 포함하는 Zn/Na 혼합염들이 있다. 이 혼합염은 자체적으로 수화된 결정체로 존재한다. 이 수화물 중의 수화된 물 분자의 수를 알아내기 위해 아연의 존재하에 원자 흡수법으로 측정하였다.
시료 용액은 100 mL의 물에 35.7 mg의 수화물을 녹여 제조하였다. 이 용액 2 mL를 피펫으로 취한 후 물을 이용하여 최종 부피를 100 mL로 묽혔다. 5개의 알려진 아연 농도(mg/L) 용액으로 검정하였다.

용액	아연 농도(mg/L)	흡광도
바탕	0.00	0.0006
표준 용액 1	0.50	0.2094
표준 용액 2	0.75	0.2961
표준 용액 3	1.00	0.3674
표준 용액 4	1.25	0.4333
표준 용액 5	1.50	0.4817
시료	C?	0.3692

a. 측정을 위해 원자 흡수 분광계의 슬릿 너비를 1 nm로 하였다. 이 매개 변수는 무엇을 의미하는가?

b. 기기로 계산한 검정 곡선이 $A = 0.3692$, $C = 0.99$ mg/L를 나타내었다면, Zn/Na염에 수화된 물의 분자수를 계산하시오.

c. 선형 회귀를 이용하여 검정 곡선을 나타내는 식을 구하시오. 용액 중의 아연의 농도(mg/L)를 계산하시오.

참고: 원자량은 각각 H = 1.01, C = 12.01, N = 14.01, O = 16.0, Na = 22.99, Zn = 65.39 g/mol이다.

3. 미지 수용액 속의 크로뮴 C_1의 양을 결정하기 위해 표준물 첨가법을 사용하였다. 이를 위해 5가지 용액(1~5)을 다음과 같이 준비하였다: 5개의 50 mL 플라스크에 미지 용액 10 mL을 주입한 후 표준 용액 E(크로뮴 농도 $C_E = 15.7$ mg/L)의 부피를 증가시키면서 2~5번의 플라스크에 첨가하였다. 그런 다음 플라스크가 50 mL가 될 때까지 물을 첨가 하였다. $\lambda = 359.7$ nm를 이용하여 흡광도 측정을 수행하였으며 그 결과를 아래의 표에 나타내었다.

미지 용액의 부피 V_1(mL)	보정 용액의 부피 V_E(mL)	램프의 정상 전력 모드에서 흡광도	램프의 고출력 모드에서 흡광도
10.0	0.0	0.276	0.0075
10.0	10.0	0.367	
10.0	20.0	0.453	
10.0	30.0	0.542	
10.0	40.0	0.629	
q.s. 50 ml			

a. 램프의 고출력 모드에서 흡광도 측정은 어떤 정보를 제공하는가?

b. 분석 원리를 설명하시오.

c. 동등한 결과를 얻기 위해 일반적으로 사용되는 다른 측정법은 무엇인가?

d. 이 간섭 효과를 무엇이라고 하며, 발생 원인은 무엇인가?

e. 시료 속의 크로뮴의 함량(C_1)을 계산하시오.

14장 원자 방출 분광법

서론

원자(또는 광) 방출 분광법(atomic (or optical) emission spectroscopy, AES)은 플라스마와 같은 고온 상태에 노출된 원자에서 방출되는 복사선을 연구하는 것이다.

생성된 방출 스펙트럼은 복잡하므로 고성능의 분산 광학계가 필요하다. 원자 흡수 분광법과 상호보완적이며, 질량 분석법보다는 덜 복잡하므로 방출 분광법은 원소 분석에 널리 사용된다. 그러나 상대적으로 가벼운 원소의 분석에는 권장되지 않는다. 기기의 넓은 사용 범위는 다양한 농도와 여러 가지 원소 시료를 분석할 수 있게 한다. 최근에는 더 간단한 장비의 불꽃 분광법도 사용되고 있지만, 이는 단지 몇 가지 원소를 측정할 수 있을 뿐이다.

학습목표

- **표현** 분석법의 목적과 원리
- **비교** 분석 물질의 해리 과정
- **서술** 원자 들뜸 과정
- **복습** 분산 광학 시스템의 기능
- **구분** 사용하는 장비의 종류
- **제시** 분석 성능에 대한 개요
- **나열** 분석 방법의 몇 가지 응용
- **비교** 원자 방출법과 불꽃 분광법

14.1 광학 방출 분광법(OES)

원자 상태에서 화학 원소가 적당한 조건에서 들뜨면, 특성 복사선을 방출한다. 이런 관찰은 원소의 정량 분석과 정성 분석의 일반적인 형태에 기초하고 있다.

광학 방출 분광법(optical emission spectroscopy, OES)에서는 원자의 **광학 방출(optical emission)**이 매우 복잡하고 연속적인 바탕선을 동반한, 수천 개의 선을 가지는 스펙트럼으로 나타난다.

원자 흡수와 다르게 원자 방출은 시료 내 다양한 원소들을 분석하는 데에 사용된다. 검출기는 원자의 들뜸 상태(플라스마, 스파크, 또는 광방전)에 따라 다르지만 모두 고성능이 필요하다. 원자 흡수 분광계보다 가격이 비싸고 유지관리 비용 때문에 처리할 시료가 많은 실험실에서 사용하는 것이 좋다.

14.2 원자 방출 분석의 원리

원자 방출 분광 장치는 다음을 포함한다(그림 14.1).

- 시료를 주입하고 원자 또는 이온 상태로 분해하는 장치
- 다양한 광학 방출을 분리하는 분산 광학계
- 방출된 복사선의 검출 및 분석 장치
- 사용자가 장비를 다루기 위한 컴퓨터

FES에서와 마찬가지로 분광계의 광원은 원자를 들뜨게 만든다. 그러므로 미지 시료의 조성에 대한 정성 분석이 가능하다. 이는 원자 흡수(AAS)와의 중요한 차이점이다. 원자 흡수에서는 사용자가 선택한 원소(속빈 캐쏘드 램프의 선택으로)에 대해서만 측정이 이루어진다. AAS와는 대조적으로, AES는 한 번의 조작으로 다중 원소 분석을 정밀하게 해낼 수 있다. 그러나 실제로는 주의 깊게 검정한 원소만이 측정될 수 있다.

각 원자는 들뜬 상태에서 서로 다른 값과 특성을 가지는 하나 또는 여러 개의 광자를 방출하여 여분의 에너지를 잃을 수 있다(그림 14.2). 어떤 시료는 수많은 파장과 세기를 가지는 복사선을 보인다. 주어진 시료에 대하여, 매트릭스(용액 중에 존재하는 모든 성분)도 방출을 일으킬 것이므로, 극미량으로 존재하는 특정 원소의 확인 및 정량 분석은 다중 파장에서 측정하여 시료의 지문을 구성할 수 있는 조건에서 가능할 것이다.

원자 방출 분석에서는 강한 선 근처의 약한 선의 세기를 찾을 수 있는 고성능의 기기 장

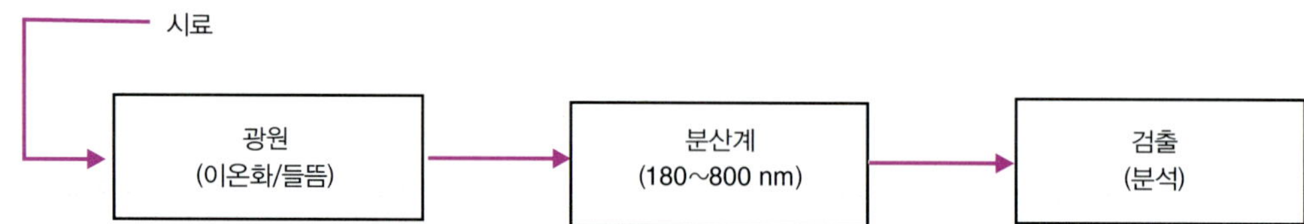

그림 14.1 원자 방출 분광법의 기본 구성

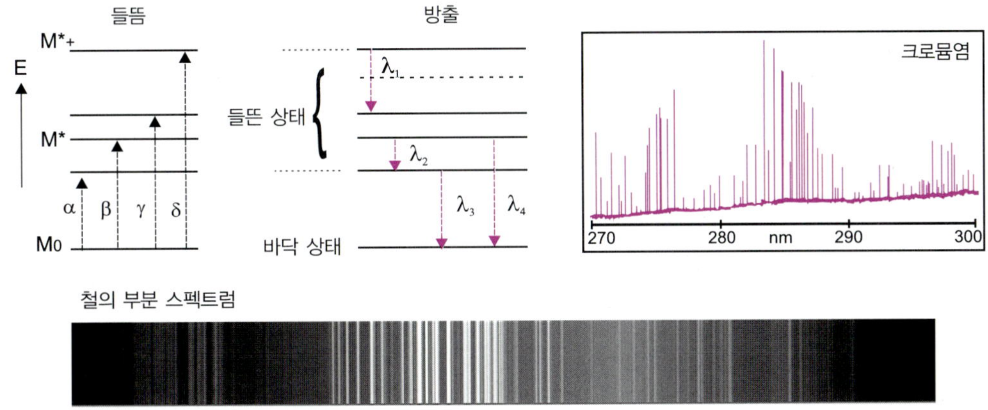

그림 14.2 **원자 방출의 에너지 전환** 모든 원자는 바닥 상태로 돌아갈 수 있는 수백 가지 가능성이 있으며, 각각 고유한 확률을 가지고 있다. 가장 단순한 시료조차도 엄청난 수의 원자를 포함하고 있으므로 방출 스펙트럼에는 수백 개의 전이가 있다. 오른쪽은 예시로 수 ppm의 크로뮴염이 포함된 수용액 시료의 부분 스펙트럼을 보여준다.

치를 필요로 한다. 이것이 더 폭넓은 사용 범위를 갖는 분광계를 선호하는 이유이다.

적은 수의 원소를 측정하는 데 사용하는 FES는 훨씬 더 간단한 장치로 구성되어 있다(14.8절 참조). 예를 들어 소듐을 불꽃 분광계로 분석할 때, 불꽃은 2000°C에 도달하여 실질적으로는 소듐 원자들이 복사선을 방출하는 유일한 원자가 된다. 방출선을 측정하기 위해서는 단색화 장치가 없고 간단한 광학 필터를 불꽃과 검출기 사이에 놓아, 원소가 방출하는 노란색 복사선을 포함하는 약간 넓은 스펙트럼 띠를 분리한다.

14.3 시료를 원자나 이온으로 분해

시료를 들뜬 자유 원자로 바꾸거나 이온화시키기 위해 기체 플라스마, 스파크, 레이저, 그리고 글로우 방전에 기초한 다양한 방법들이 사용된다.

14.3.1 기체 플라스마 들뜸

원자 방출에서 가장 일반적인 기기는 플라스마 토치(**유도 결합 플라스마, inductively coupled plasma**, ICP)를 포함하는데, 이를 위해서는 고주파 전압이나 드물게는 마이크로파 생성 마그네트론이 필요하다.

플라스마는 특별한 매체이다. 물질의 네 번째 상태로 일컬어지며, 중성 상태와 이온 상태의 평형

(1~2%)에 있는 고립 원자에 의해서 생성되고, 매질 전체를 중성으로 유지하기 위하여 전자를 ($10^{18}/cm^3$) 포함한다.

플라스마를 만들기 위해서는 스파크에 의해서 약하게 이온화된 아르곤 기체의 흐름을 물로 냉각되는 구리관으로 몇 번 감은 축에 놓인 열린 석영관에 통과시킨다(그림 14.3). 이 전도성 코일은 약 1 kW 세기의 라디오파 발생기(보통 27 또는 40 MHz)와 연결되어 있다. 생성된 가변성 자기장은 이온과 전자들을 고리 형태의 경로에 가두게 된다(와전류 모양). 매질은 점점 더 전도성이 되며, 단락-변압기의 2차 코일과 같이 작동한다. 온도는 Joule 효과에 의해 지속적으로 올라가고 특정 지점에서 8000 K를 초과하는 플라스마가 생성된다. 비이온화된 아르곤 기체는 이전 흐름과 같은 방향으로 흐르며 토치의 중앙 튜브를 냉각하고, 토치의 벽으로부터 격리하여 플라스마를 유지시킨다.

아르곤은 플라스마를 생성하는 데 필수적이다. 하지만 지난 몇 년 동안 질소로 공급되는 새로운 플라스마 시스템이 개발되었다. 이 경우에 플라스마는 소량의 아르곤에 의해 점화되고 마이크로파 유도 하에서 질소 공급(공기 추출로 얻어짐)으로 유지된다. 이와 같이 쉽게 구할 수 있는 기체

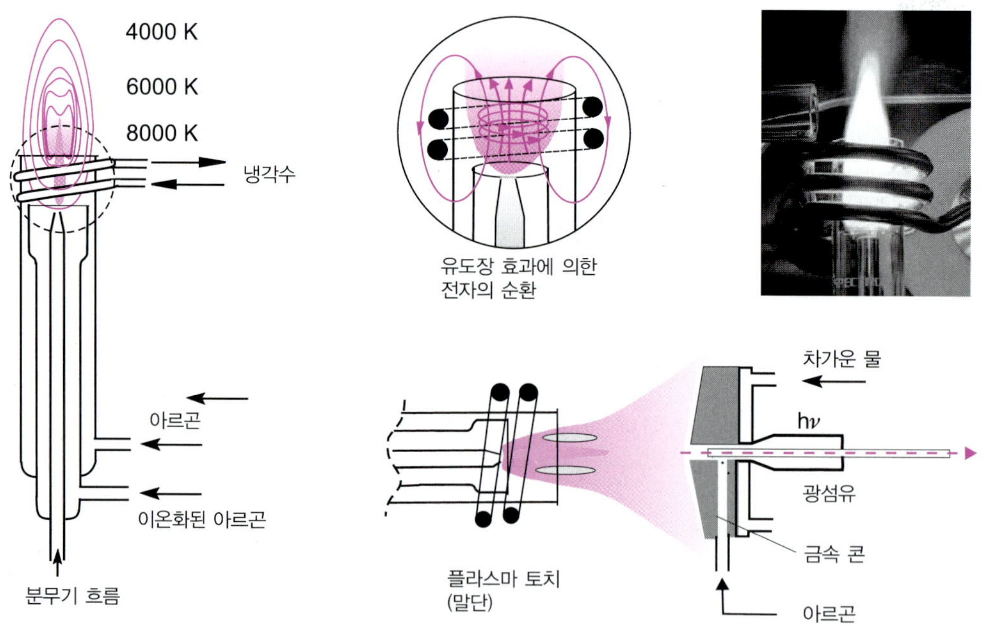

그림 14.3 유도 결합 플라스마 토치 토치를 수직 방향(방사 방향, 왼쪽)과 수평 방향(축 방향, 중앙)으로 보여준다. 비활성 기체에서 전자의 순환을 유도하는 라디오파 전류(27~50 MHz)가 토치를 작동시킨다. 토치는 10~15 L/분의 속도로 아르곤을 소모하며, 이는 이온화 기체, 분무 기체, 냉각 기체(토치가 녹는 것을 방지)로 사용된다. 온도는 2000~9000 K까지 변화한다.

를 이용하면 운용 비용을 절약할 수 있어 좋다. 하지만 질소-유지 플라스마는 아르곤에 비해 온도가 낮으므로 사용되는 연구 분야가 다르다. 여러 원소를 동시에 분석하거나 원자 흡수 분광법과 비교하는 연구에 활용될 수 있다.

토치에는 시료 주입에 사용되는 작은 지름의 관이 있다. 시료는 수 mg/min의 일정한 유량으로 운반 기체와 혼합된 에어로솔(aerosol)로 주입된다. 하나는 용액 내 시료를, 다른 하나는 액체를 미세한 방울로 분해하여 에어로솔을 생성하는데, 기체 공급에 사용되는 이중-주입 분무기가 사용된다. 이 두 주입구는 교차 방향, 중심 방향, 평행 방향일 수 있다(그림 14.4). 크기가 수 마이크로미터를 초과하지 않는 미세한 미스트 방울들이 **스프레이 챔버**(**spray chumber**)를 통과하여 토치에 도달한다.

플라스마에서 방출되는 빛을 측정하기 위한 위치 선택(**방사 방향**(**radial**) 또는 **축 방향**(**axial**))은 어떤 스펙트럼 선(이온 또는 원자)을 선택하느냐에 의해 결정된다.

토치의 매우 높은 온도로 인하여 원자는 대부분 이온 상태로 전환된다. 그러므로 질량 분석 기기에서는 원소 분석을 위해 수평 위치에 있는 토치를 사용한다.

14.3.2 스파크나 레이저에 의한 들뜸

플라스마가 원자화 및 열 들뜸 장치의 최전선을 차지하고는 있지만, 다른 방법도 사용할 수 있다. 이는 전도성 시료(그림 14.5) 또는 펄스 레이저에 대한 전기 아크 또는 스파크를 포함

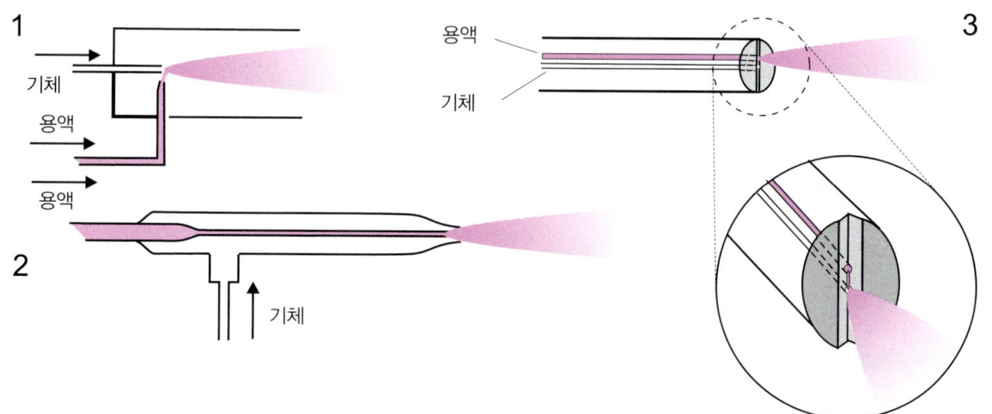

그림 14.4 **분무기 모델** (1) 교차 흐름형, (2) 중심관형, (3) 평행형. 모델 1과 2와는 달리, 모델 3은 용액 중 고체 불순물에 의한 입자성 물질의 방해를 받지 않는다. 용액의 불순물은 V자 홈을 따라 중력에 의하여 배출되는 큰 모세관을 통하여 에어로솔이 생성되는 바깥쪽으로 버려진다. 분무기 출구에 있는 챔버는 중력에 의하여 큰 액체 방울을 제거하는 배출구로 사용된다.

하는데, 재료의 표면에 스파크(또는 플라스마)를 유발한다(그림 14.6 그리고 14.12).

이들은 **연마법(abrasion methods)**이라 불리며, 이를 이용하여 많은 발전을 이루었다. 현재의 장치와는 다른 광학적 조립(그림 14.6)에 사용될 수 있으며, 산업(철강, 시멘트)용 분석에 사용된다.

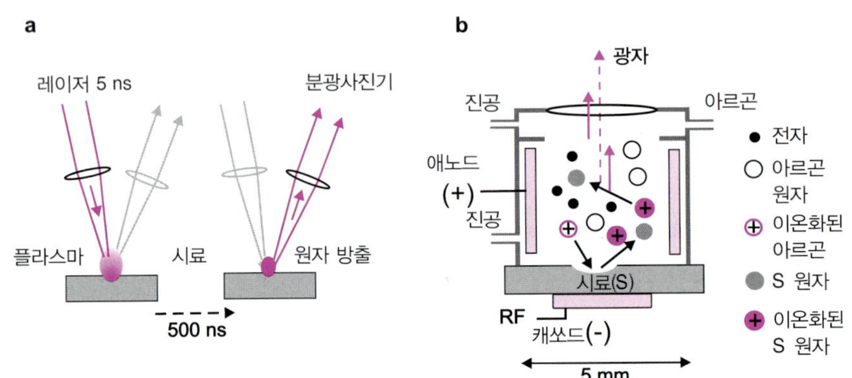

그림 14.5 레이저와 글로우 방전 들뜸 장치 (a) 레이저(레이저 유도 분해 분광법 또는 LIBS). 수 나노초의 레이저 빛은 시료 원자가 이온화되는 플라스마를 생성한다. 짧은 시간(약 500 ns) 후에 냉각된 플라스마에서 방출되는 빛은 기기의 분광사진기에 의해 분석된다. (b) 글로우 방전. 저압의 원통형 공간에 배치된 시료는 아르곤 이온과 충돌한다. 시료 표면에서 분리된 원자는 이온화되거나 중성 또는 하전된 물질과의 충격으로 들뜨게 되어 '차가운' 플라스마를 형성한다. 원자를 바닥 상태로 되돌리는 것은 시료의 특정 빛을 방출하는 것이다. 이 방식은 Horiba에서 많이 사용한다.

그림 14.6 스파크 또는 레이저에 의해 유도된 플라스마를 이용하는 원자 분광법 표면 절제로 플라스마를 형성하는 두 가지 모델. 왼쪽: 콘솔에 있는 분광광도계(Metorex의 모델 ARC Met-8000)에 광섬유로 연결된 총을 통해 생성된 스파크에 의한 산업 분석용 이동식 스테이션, 오른쪽: 시료의 미세한 표면에 초점(LIBS 기술)을 맞춘 펄스 레이저를 이용하는 필드 분광계(2.4 GHz). m-Pulse 모델은 Oxford Instruments의 허가를 받아 수록.

14.3.3 글로우 방전(GD)에 의한 들뜸

시료가 고체이고, 전기 전도성이 있는 경우에는 속빈 캐쏘드 램프에서 설명한 것과 같은 일종의 스펙트럼 램프의 캐쏘드로 사용할 수 있다(13.4.1절과 그림 14.5). 시료의 표면에서 튕겨 나온 원자는 플라스마에 의해서 들뜬다. 이 기술은 표면 분석에 널리 사용된다. 이는 이전 기술에 비하여 더 낮은 온도에서 일어나고, 방출선들이 좁은 스펙트럼을 나타내는 장점이 있다.

14.4 분산계 및 스펙트럼 선

광학적 구성의 유효한 부분은 시료에 의해서 생성된 빛(광원)을 모으는 **입구 슬릿(entrance slit)**으로부터 시작된다. 슬릿의 너비는 기계적 장치로 조절되며, 최소의 빛이 들어와야 하므로 수 마이크로미터보다 작을 수 없다. 하지만 길이는 수 센티미터가 될 수 있다.

광원에서 조사되는 많은 다른 파장들이 있는 것처럼, 많은 이미지의 선들을 나타낼 수 있는 선형적인 모양의 **조명체(luminous object)**로 광원을 바꾼다. 각 선은 분광계의 입구 슬릿의 거의 단색의 선에 해당한다. 하나의 원소가 2000개 이상의 선을 나타내게 할 수 있다.

> 선들은 평행한 좁고 빛나는 조각들로 초점면에 분포된다. 이들 선의 너비는 몇 가지 인자에 의존한다.
> 첫째로 기기의 특성적인 원인이 있는데, '기기 변수'라 알려진 입구 슬릿의 너비, 광학의 품질, 초점 거리, 좁은 구멍을 통과할 때 나타나는 회절 현상이 있다. 스펙트럼 전이가 자연 너비를 갖도록 하는 양자역학에 기인한 원인도 있다. 원자에서 방출되는 복사선은 충돌의 진동수가 높은 매질인 플라스마의 경우 단색성이 아니다.
> 선넓힘을 야기하는 3가지 효과: 들뜸 상태의 수명과 관련된 불확정성(Heisenberg의 원리), 검출기에 대한 원자 변위에 의한 Doppler 너비, 원자 사이의 충돌 속도를 증가시키는 압력에 의한

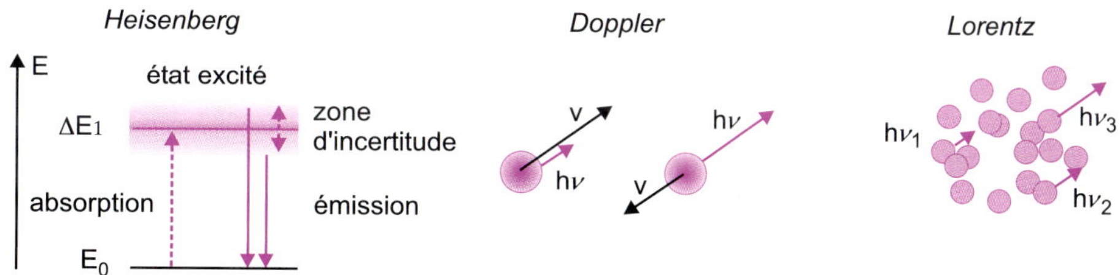

그림 14.7 원자 선넓힘의 세 가지 근본적인 원인 수명이 무한대인 안정된 바닥 상태와 매우 짧은 들뜸 상태 사이의 전환(Heisenberg), 속도의 영향(Doppler), 압력의 영향(Lorentz)

Lorentz 너비(그림 14.7). 이 세 가지 효과는 모두 6000K에서 선의 너비가 수 피코미터에 도달하는 이유를 설명한다.

정량할 어떤 원소의 특정 복사선(다른 분석선)을 관찰하려면, 고품질의 광학적 작업이 요구된다. 이들 장치는 **분광사진기**(spectrograph)와 **분광계**(spectrometer)로 나눌 수 있다(9.7절, 그림 9.11, 그림 14.8). 앞에서 언급했듯이, 광원은 조명체인 슬릿을 비추고, 그것은 **회절발**(echelle, 평면, 오목형)을 포함하는 분산계에 의해서 분석될 것이다.

- 검출기는 고정되어 있으므로 단색화 장치를 통하여 선택된 복사선만 수집된다. 따라서 이 장비는 한 개의 선의 강도를 측정할 때 사용된다. 정략적 측정에 사용되는 이런 장치는 스펙트럼을 제공하지 않는다.
- 단색화 장치는 입구 슬릿의 초점면에 여러 개의 출구 창이 있는 다색화 장치로 대체될 수 있으며, 그 위치는 분석하고자 하는 원소의 특성에 따라 선택된다. 각 출구 뒤에는 선택된 복사선을 수집하는 검출기(그림 14.8)가 있다. 광학 장치에는 움직이는 부분이 없다.

초기의 스펙트럼에 대한 정량적인 연구는 분광사진기를 사용하여 시각적으로 비교하는 것이었다. 오늘날에는 방해하는 선과 매트릭스 효과와 같은 문제를 해결할 수 있는 분광계

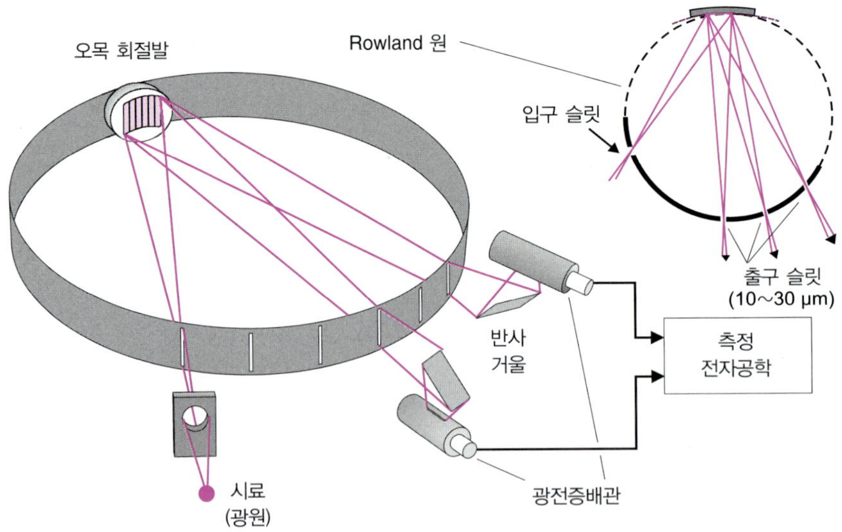

그림 14.8 긴 초점 거리를 가지며 오목형 회절발과 다색화 장치를 가지는 기기의 광학적 모식도 서로 가까운 선들이 밀집되어 검출될 경우에는 반사 거울이 사용될 수도 있다. 가끔 여러 개의 다색화 장치를 사용하기도 한다. 오른쪽에는 Rowland원의 원리를 나타내었다. 이들 기기 장치의 광학은 안정한 금속 지지체 위에 조립되어야 한다.

로 대체되었다. 중성 또는 이온화된 형태의 각 원소는 다양한 세기의 선에 대한 원인을 제공한다. 그러므로 기기는 측정할 시료 중에 있는 원소들을 확인하고 정량할 수 있도록 프로그램화되어 있다.

14.5 동시형 기기 및 순차형 기기

기기를 두 부류로 나누면, 하나는 몇 가지의 원소들을 동시에 측정하며, 다른 것은 원소들을 순차적으로 측정한다. 현재에는 미리 선택한 응용에 적용하기 위하여 고정된 광학을 가지는 첫 번째 범주에 드는 시스템을 선호한다. 고정된 방법의 단점은 미지 시료의 철저한 분석이 불가능하다는 점이다.

광전증배관을 이용한 빛의 세기 측정은 넓은 동적 범위에서 가능하다. 그러므로 한 용액에서 선에 대한 농도 또는 빛의 세기가 다른 원소들을 정량할 수 있다.

14.5.1 다색화 장치를 포함하는 고정 광학 장치

미리 정한 원소에 대하여 하나 또는 몇 가지 스펙트럼 선의 세기를 측정하는데, 이것이 **측정용 분석선(analytical line)** 또는 측정 채널을 구성한다. 각 채널에는 전용 광전증배관이 배치된다. 기기가 오목 회절발을 포함한다면, 입구와 출구 슬릿은 회절발에 대하여 직각이고, 회절발의 곡면 반지름과 같은 **Rowland 원(Rowland circle)**에 위치하여야 한다(그림 14.8). 기술적으로 공간이 부족하여 여러 개의 검출기를 설치하는 것이 쉽지 않으므로 선호하는 구성은 다음에서 설명한다.

> 단일 분석에서 20여 개의 원소를 빠르게 분석할 수 있다. 바탕 잡음의 보정도 같은 원소에 속하는 몇 개의 선들을 동시에 측정하여 가능하다. 측정의 직선성은 원자 흡수에서보다 더 넓은 범위까지 확장된다.

14.5.2 고정된 광학 echelle 회절발 장치

구성의 다른 형태는, 프리즘을 사용하여 초점을 맞추는 장치를 가진 **echelle 회절발(echelle grating)**이라 부르는 특수한 형태의 회절발 조합이다.

이것은 회절발에 의하여 빛을 수평으로 분산시키고, 프리즘에 의하여 빛을 수직으로 빛을 분산시켜 빛을 이중으로 분산시킨다. 높은 광학적 분해능을 가지는 이러한 배열은 초점거리가 수 미터에 달할 수 있어, 차수에 따른 분리가 가능하다. 예를 들어 200~800 nm의 경우처럼 확장된 스펙트럼의 범위를 동시에 관찰할 수 있게 해준다(그림 14.9).

echelle 회절발에서는 기존의 회절발보다 더 적은 수의 홈(예, 1 mm당 100개)의 짧은 면에 입사되는 빛이 회절면에 수직으로 도달한다(그림 14.9). 회절된 빛의 관찰은 거의 같은 각도에서 이루어지므로 빛의 투과가 최대화된다(휘광 격자). 계산해보면, 주어진 관찰 각도에서 2개의 연속적인 홈을 큰 간격으로 분리하여, 연속적인 단색 복사선 파장들이 겹쳐서 나타난다. 이러한 다중 현상을(회절발에 다른 n개 차수의 포개짐, 여기서 $-n$은 약 100개) 프리즘으로 분리하는데, 프리즘은

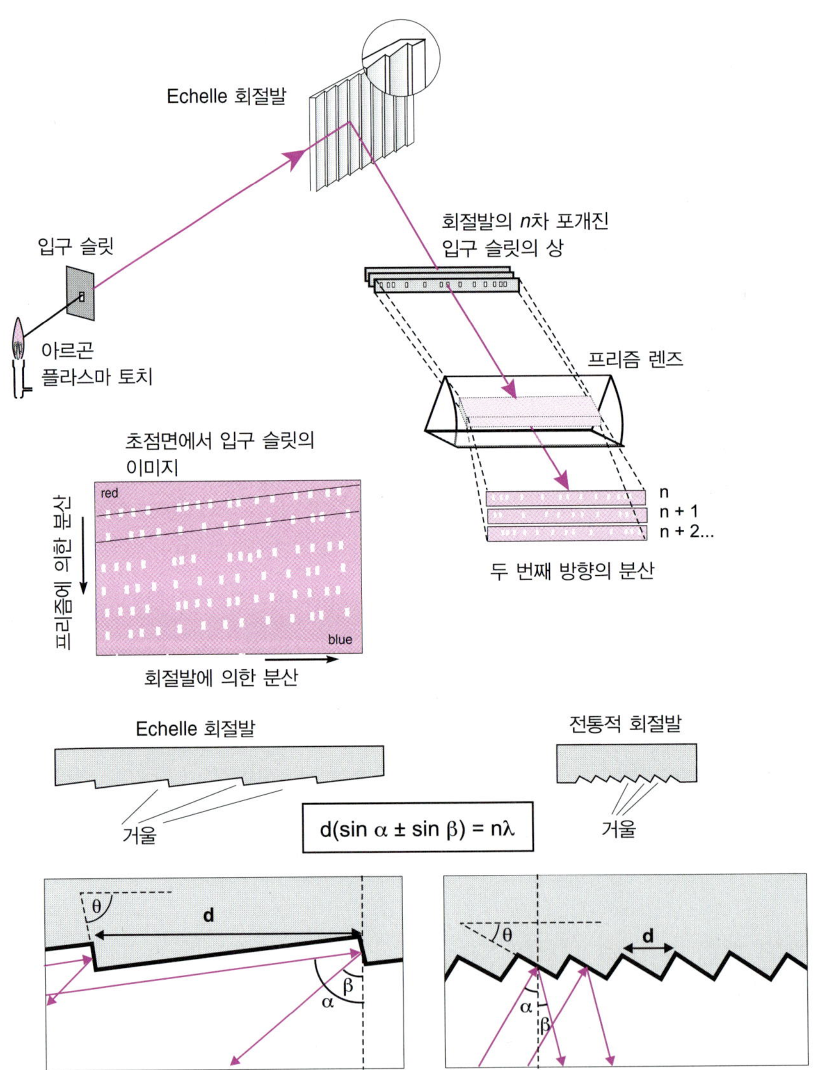

그림 14.9 echelle 회절발과 프리즘을 결합한 경우 초점면에서 분산의 원리 광학(평행화 렌즈와 초점 렌즈)은 나타내지 않았다. echelle 회절발과 전통적 회절발의 비교. 회절발에서, 대부분의 빛을 반사시키는 각도를 '휘광(blaze)' 각도 θ라고 부른다. 기본 식은 수직선을 기준으로 입사각 α와 측정각 β에서 회절발에 의해서 회절되는 파장을 나타낸다(수직선에 대하여 입사 빛살과 같은 방향이 부호가 +이고, 반대이면 −이다). 분리는 스펙트럼을 2 m 초점 거리 이상으로 연장시킨 장치로 얻을 수 있다.

2차원의 초점면을 사용하여 다른 단색 파장의 입구 슬릿의 상을 분리한다. 스펙트럼은 그 광학 조립에 대하여 그대로 남아있게 된다.

광경로의 끝 부분에 관심 대상인 수천 개의 스펙트럼에 대한 거의–동시 정보를 제공해 주는 매트릭스 센서가 감응하여 '선들'의 분산을 감지한다(그림 14.10). 따라서 분석은 훨씬 빠르게 이루어진다. 일련의 개선을 통하여 이들 센서의 작동 범위는 광전증배관과 유사하게 되었다.

14.5.3 파장 주사형 기기(단색화 장치 형태)

기존의 기기와 달리 고정된 출구 슬릿 위에 다른 파장의 빛들을 모으기 위해서 분산계를 움직일 수 있다. 원하는 파장과 스펙트럼 선의 순차적인 측정을 선택할 수 있도록, 모터가 프로그램되어 있다. 넓은 영역(160~850 nm)에 걸쳐 광원으로부터 나오는 빛을 분리(수 nm)

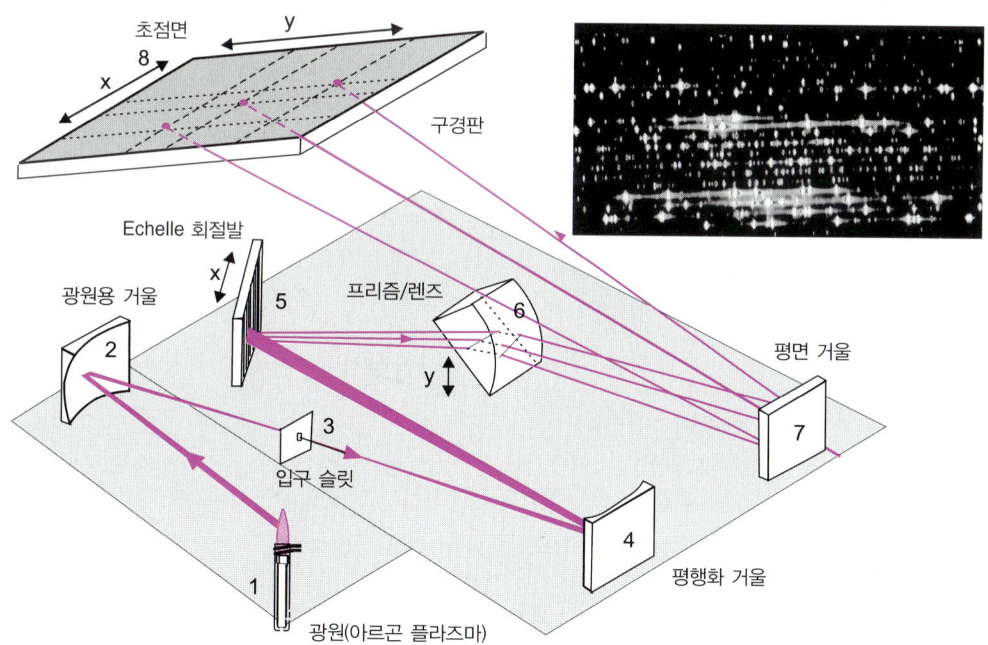

그림 14.10 echelle 회절발을 가진 분광광도계의 광학적인 모식도 광원 1로부터 나오는 빛살의 중심 부분만 나타내었다(이 빛살은 거울 2 전체를 덮을 수 있어야 한다). 회절발 5는 수평면(x 방향)으로 나오는 복사선을 분리한다. 프리즘은 수직면(y 방향)으로 나오는 복사선을 벗어나게 한다. 세 가지 다른 스펙트럼 선의 경로를 보여준다. 입구 구경 2의 상은 초점면 8에 있다. 복사선을 검출하기 위하여 작은 크기의 광전증배관(PMT)이 설치되거나, 10^5~10^6 광다이오드가 있는 매트릭스 센서(CID 또는 CCD)는 190~800 nm의 전체 스펙트럼 영역에서 사용할 수 있어 전체 시료에 대한 연구가 가능하다(Unicam 사의 7000 PU 모델의 다이어그램에 따라 그렸음). 오른쪽 상단은 매트릭스 센서로 수집된 시료의 광점 분포의 이미지.

하기 위하여, Ebert 조립(9.6절)이나 Czerny-Turner 이중 단색화 장치로 분석한다. 이런 형태의 조립은 크지 않으면서도, 고성능의 이중 혹은 삼중 단색화 장치를 연속으로 배치할 수 있다.

이 기기 장치는 유연성에서 주목받고 있다. 회절발의 위치를 정밀하고 빠르게 정하기 위하여 파장을 검정하는 수단으로 수은 증기 빛살 광원을 사용한다. 광경로는 진공으로 유지된다. 어떤 스펙트럼 선의 근처에서는 기계적으로 정밀하고 견고한 조립을 필요로 한다.

14.6 성능

분석 속도가 빠르고 검출 한계도 1 ppb 수준이므로 원자 방출은 많은 원소에 대하여 우수하고 좋은 방법 중 하나이다. 한 개의 CCD 타입 검출기가 포함된 장치로 전체 스펙트럼을 높은 분해능으로 수초 내에 기록하는 것이 가능하다(10000개 이상의 방출선).

일부 분광계는 Si, Fe, Al의 농도가 높은 진흙이나 토양처럼 특정 매트릭스를 쉽게 수용한다. 장치는 수행하고자 하는 분석의 성능을 고려하여 선택하여야 한다.

14.6.1 분광계의 감도 임계 및 검출 한계

감도 임계(threshold of sensitivity)는 기기와 관심 원소에 따라 변한다. 검출 한계(detection limit)를 보여주는 많은 비교표가 존재하는데, 이들은 지속적으로 개선되고 있다.

감도의 임계는 바탕값의 표준편차의 세 배의 분석 신호를 나타내는 용액에서 원소의 최소 농도이다. 이런 고전적인 정의는 원소에 따라 가변적이다. 검출 한계는 95% 신뢰도로 검출될 수 있는 원소의 농도를 나타낸다.

> 일반적으로 측정은 기기 검출 한계의 50배에 해당하는 농도 이상에서 이루어진다. 극미량을 측정할 때는 매우 고순도의 시약과 물로 시료를 준비하는 것이 필요하다.

14.6.2 분해능

스펙트럼 분리는 측정된 스펙트럼으로부터 직접 측정할 수 있다. 이는 스펙트럼의 단위를 사용하여 측정한 FWHM에서 측정한 방출 피크의 너비 $\Delta\lambda$에 해당한다. 그 값은 두 가지의 분산계 기기와 파장에 따라 다르다.

분광기의 **분해능(resolving power,** R)은 인접한 스펙트럼 선들을 분리하는 능력이다. 이론적으로는 다음 식과 같이 단위가 없는 매개변수 R로 주어진다.

$$R = \frac{\lambda}{\Delta\lambda} \quad (14.1)$$

원자 방출 장치는 30,000에서 1,000,000의 분해능을 가진다. 너무 넓은 슬릿(광전증배관에 도달하는 띠 너비)을 사용하면, 분광계의 분해능이 감소한다.

14.6.3 선형 분산 및 띠 너비

원자 방출 분광계의 광학 부분은 두 가지 매개변수가 특징이다; **선형 분산(linear dispersion,** 또는 반대인 경우인 **역선형 분산(reciprocal linear dispersion)**)과 **띠너비(bandwidth)**.

일반적으로 역선형 분산은 nm/mm로 표시한다(그림 14.11). 초점면에서 1 mm 간격에 해당하는 파장 이동을 나타낸다. 이런 파장 이동은 파장 선택기의 초점 거리와 같은 여러 매개변수에 따라서 달라진다. 일반적으로 분산이 좋을수록 주어진 두 파장 사이의 물리적 분리 거리가 증가한다.

단색화 장치의 출구 슬릿 폭과 혼동하지 말아야 하는 **띠너비(bandwidth)**는 검출기에 의해 보이는 작은 파장의 간격이다.

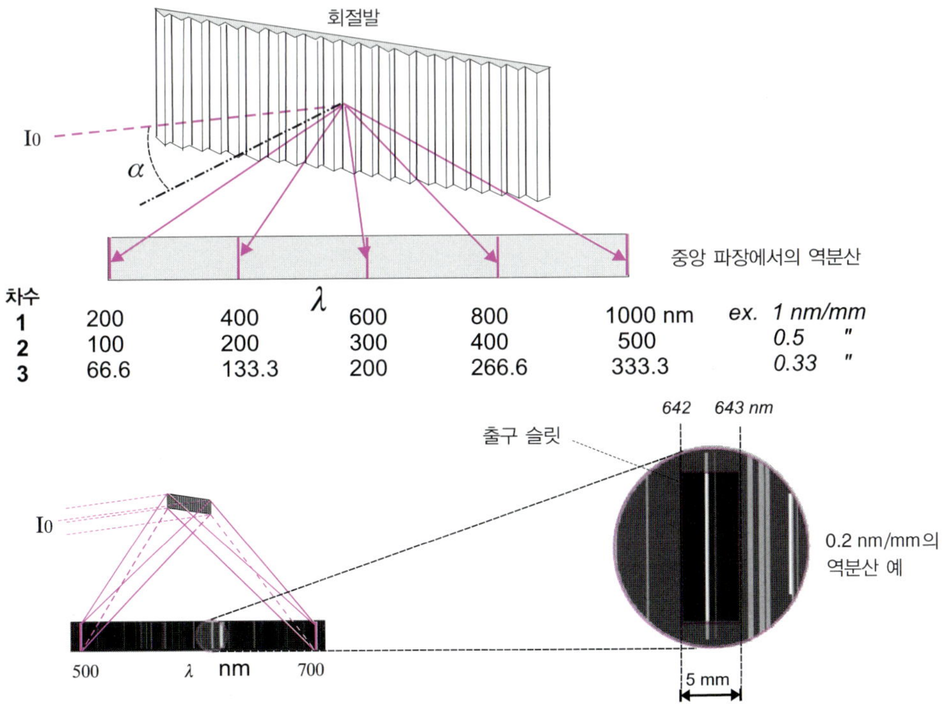

그림 14.11 선형 분산 및 역선형 분산(역분산) 원자 방출 분광계에는 하나 이상의 오목판이 새겨진 광학 격자가 있어서 다양한 복사선을 초점면에 분산시킨다. 역분산은 실험적으로 결정할 수 있다.

너무 좁은 띠 너비는 복사선의 일부를 흡수하지만 측정 선택성을 향상시킨다.

> 만약 출구 슬릿이 20 μm이고, 역선형 분산이 0.2 nm/mm이면, 띠 너비는 $0.2 \times 0.02 = 4 \times 10^{-3}$ nm, 즉, 4 pm가 된다.

14.7 원자 방출 분광법의 응용

원자 방출 분광법은 선택한 원소를 가장 먼저 측정할 수 있도록 해준다.

이 방법의 가장 큰 장점은 최소한의 준비로 복잡한 매트릭스의 분석을 가능하게 한다는 것이다. 또한, 넓은 농도 범위에서 직선적 감응을 보이며, 단일 용액에서 농도가 다른 경우에도, 한 원소의 측정에서 다른 원소의 측정으로도 전환할 수 있다.

AES가 일반산업에서의 분석(금속, 합금 및 광석, 용액에 넣지 않고 직접 분석 가능)을 넘어, 환경 분야로의 응용에도 필수적이라는 것은 의심할 바 없다. 응용에는 다양한 농도의 원소가 존재하는 작물 또는 동물의 생산물(고기, 우유), 물, 공기(소각로에서 방출되는 먼지와 재), 또는 토양 분석이 포함된다. 이 방법은 법의학 또는 임상의학에서도 다양하게 응용된다(조직 또는 생물학적 유체).

> **GC-AED.** 이 약어는 원자 방출이 기체 크로마토그래피의 검출기로 사용됨을 나타낸다. 가스 플라스마에 의해 생성된 고온은 칼럼에서 용출되는 화합물을 원소로 분해하는 데 사용된다. 원소의 특정 방출선을 선택하여 이 원소를 함유하는 모든 화합물의 선택적인 크로마토그램을 얻을 수 있다. 그렇지만 이 방법은 시료를 파괴하며 원소 구성에 관한 정보만 남는다. 즉 '화학적 파괴' 과정에서 구조적 정보를 잃게 된다.

14.8 불꽃 분광계

일부 원소(알칼리 금속, 알칼리 토금속)는 공명선(흡수/방출)이 3 eV 미만의 에너지 갭에 해당하는 스펙트럼으로 이어진다. 이는 원자 흡수 분광법에 사용되는 표준 불꽃 온도의 방출 스펙트럼에서 정량하는 데 도움이 된다.

이 현상에 기반한 기술을 **불꽃 광도계(flame photometry)** 또는 **불꽃 방출(flame emission)**이라 한다. 2500℃의 불꽃에서 최대 12개의 원소가 측정 가능한 복사선을 방출한다.

n개의 들뜬 원자 집단에 대한 방출광의 세기 I_e는 시간 변화 $dt(dn/dt = k \cdot n)$ 동안 바닥 상

태로 돌아가는 수 dn에 따라 달라진다. n은 불꽃에서의 원소의 농도에 비례하고, 방출광의 세기 I_e는 dn/dt에 따라 달라지므로, 농도는 빛의 세기에 비례한다.

$$I_e = K \cdot C \quad (14.2)$$

식 (14.2)는 낮은 농도와 자체 흡수가 없는 경우에만 유효하다. 각 분광계에는 각 원소에 대한 측정 범위가 표시되는데 이는 선형 감응 범위보다 더 큰 값인 경우가 있다.

소듐의 경우에는 약 2000 ± 10°C의 온도가 필요하므로, 측정하는 동안 온도가 안정적으로 유지되어야 한다. 이는 들뜬 원자 수의 3%에 해당되는 변화이고, 따라서 3%의 검출 신호에 해당된다(13.1절, 13.2절).

불꽃 분광계는 일반적인 광학 장치로 구성된 간단한 기기로, 원자 흡수 기기보다 저렴하다(광원이 꺼진 상태에서도 같은 용도로 사용할 수 있다). 이것은 5~6개의 원소를 정량 분석할 수 있도록 제작되었으며, 주요 원소는 소듐, 포타슘, 칼슘이다. 플라스마 분광계보다 더 오래되었으며, 식품산업, 생화학, 시멘트 공장 등에서의 일상적인 분석에 널리 사용되었다. 일부 고성능 모델의 경우, 높은 정밀도를 위하여 방출되는 빛의 세기를 표준 물질과 비교할 수 있도록 두 개의 측정 셀이 있다.

알칼리 금속 분석의 경우에는 불꽃이 더 뜨겁고, 이는 더 많은 원자의 이온화를 유발하므로 방출되는 비이온화된 원자의 수를 줄인다. 이 문제를 해결하기 위해 분석물보다 분석하기 쉬운 고농도의 **이온화 버퍼(ionic buffer)**를 추가한다. 불꽃 내 전자의 증가는 전자 압력을

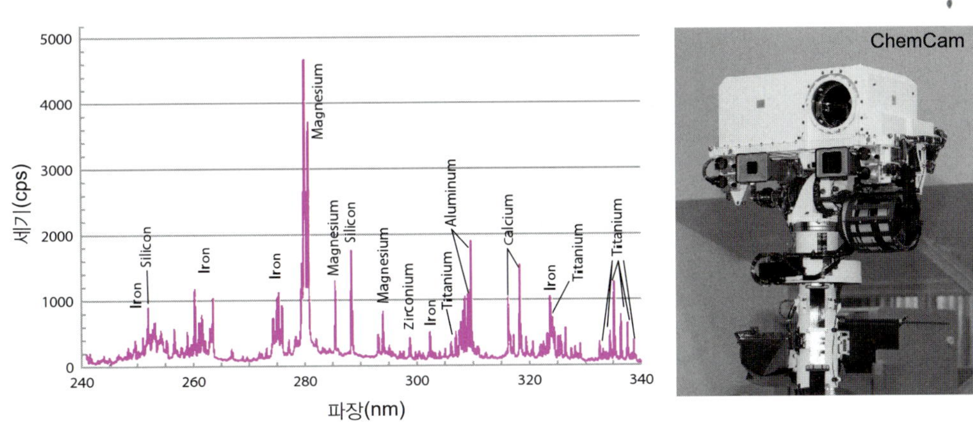

그림 14.12 레이저 들뜸 후 원자 방출에 의한 화성의 토양 분석(**LIBS** 기술) ChemCam 모듈이 탑재된 큐리오시티호(2012)가 전송한 화성 토양의 분석 결과 중 하나의 스펙트럼을 보여주고 있다. 240~340 nm에서 중요한 결과가 확인되었다. (제공: NASA, https://commons.wikimedia.org/wiki/File:20110406_PIA13809_D2011_0404_D036_cropped-full.jpg#/media/file:20110406_PIA13809_D2011_0404_D036_cropped-full.jpg)

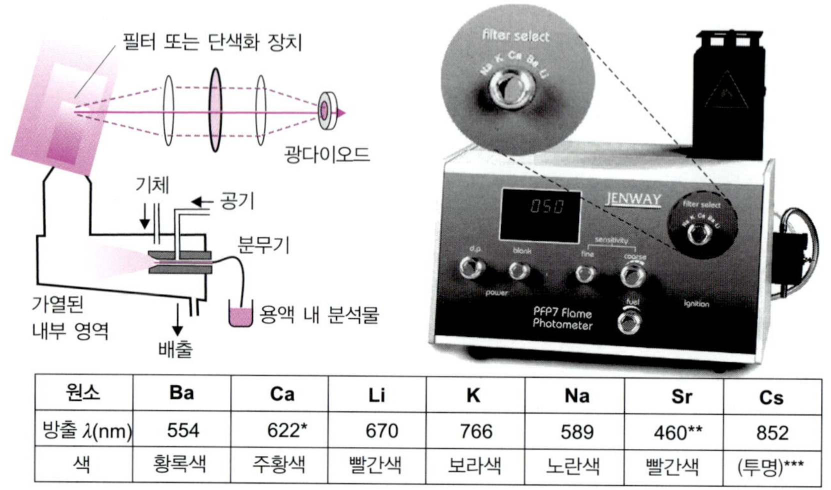

원소	Ba	Ca	Li	K	Na	Sr	Cs
방출 λ(nm)	554	622*	670	766	589	460**	852
색	황록색	주황색	빨간색	보라색	노란색	빨간색	(투명)***

*형성된 화학종: CaO **일반적으로 선택되는 필터에서
***눈에는 보이지 않지만 검출기로는 확인할 수 있음

그림 14.13 **불꽃 분광계** 불꽃 분광계의 기본 구조. 미리 정해진 5개의 원소를 투입할 수 있는, Janway company의 PFP7 모델. 정량 분석이 가능한 원소 목록(칼슘은 산화 칼슘으로 인해 622 nm에서 방출된다). 측정 가능한 범위가 다소 낮다.

생성하여 분석물의 이온화 속도를 감소시킨다. 예를 들어 소듐을 측정하기 위해 고농도의 리튬염 또는 세슘염을 추가한다.

GC에 사용하는 불꽃 분광계 계열의 검출기에는 황 원소에 민감한 반응을 하는 것이 있다. 유기황 화합물이 검출기 버너에서 열분해되면 원소 상태의 황이 환원성 공기/수소 불꽃과 접촉하여 394 nm에서 특정 빛을 방출하게 된다.

이 장의 요점

1. **원자 방출 분광법**(**AES**)은 충분히 높은 에너지원(플라스마, 레이저, 스파크)에 의하여 원자들이 증기 상태(원자 그리고 이온)가 될 때 방출하는 스펙트럼을 이용하여 대부분의 원소를 정량할 수 있다. 광양자에 의해 자극되는 기술은 **원자 형광 분광법**(**atomic fluorescence spectroscopy**)이다.
2. 원자 흡수와 다르게 원소 자체가 빛을 방출하므로 기기에 광원이 없다. 그 빛의 세기는 분광계로 측정할 수 있다(선 스펙트럼)
3. 사용되는 에너지원은 기체 플라스마, 스파크, 레이저, 글로우 방전이다. 원자가 바닥 상태로 이완되면서 방출되는 광자는 매우 높은 성능의 분산계로만 구별할 수 있는 많은 파장을 가진다.
4. 유도 결합 플라스마(ICP) 토치는 8000 K에서 기화될 수 있는 수용액 시료에 적합하다. 스파크 또는 레이저는 정량 분석이 정밀하지 않아도 되는 고체 시료에 적합하다.

5. ICP-AES에서는 수용액 상태로 플라스마에 주입한다. 이 방법은 10^7~10^8 범위의 뛰어난 감도와 넓은 선형 범위를 가지며, 단일 용액으로 주 원소와 부 원소의 정량 분석이 가능하다.
6. 레이저, 스파크 또는 글로우 방전을 사용하는 AES의 경우 전도성 고체 시료에만 사용할 수 있다. 이 방법은 조절이 까다로워 오랫동안 정성적으로 유지되었으며, 적당히 정확한 것으로 여겨진다. 작동법은 속빈 캐쏘드 램프와 유사하다. 특히 금속 산업에서 사용된다.
7. 수천 개의 방출 스펙트럼의 선을 연구하기 위해서 일반적으로 사용되는 기술은 두 가지 부류로 나눌 수 있다. 순차형: 파장 스캔으로 여러 원소를 분석하는 장치, 동시형: 다중 검출기 또는 매트릭스 센서와 결합된 다색화 장치 및 교차 분산 장치를 포함하는 광학 장치
8. 순차형 분광계는 원하는 특정 라인을 포함하는 매우 좁은 스펙트럼을 구분할 수 있어야 한다. 분해능, 선형 분산 및 띠너비는 기기의 광학 품질을 정의하는 매개변수이다.

$$R = \frac{\lambda}{\Delta\lambda}$$

9. 불꽃 방출은 더 간단하지만 몇 가지 원소(알칼리 금속, 알칼리 토금속)만 측정할 수 있다는 제한이 있으며, 더 중요한 부위의 원자가 들뜸 상태로 전달된다. 방출되는 빛의 세기는 측정하기 쉬우며, 원소의 농도에 따라 증가한다.

$$I_e = K \cdot C$$

문제

1. 원자가 복사선을 방출할 때 광자의 진동수는 전이가 일어나는 준위 사이의 에너지와 연관이 있다. Heisenberg 원리에 의하면, 들뜬 상태의 수명이 Δt일 때 에너지에 대한 최소의 불확정성 ΔE가 다음과 같은 결과를 나타낸다. $\Delta E \Delta t \geq h/2\pi$. 이 식으로부터 $\Delta t = 1$일 때, 소듐의 589 nm 방출선의 자연적인 너비를 계산하시오.
2. 소듐 원자의 공명 준위는 바닥 준위로부터 16960 cm^{-1}이라고 말한다. 이 값으로부터 해당하는 파장과 관련된 전이 에너지를 계산하시오.
3. mm당 100개의 홈이 있는 echelle 격자에 수직인 선을 기준으로 75° 각도로 빛이 입사된다. 이때 관찰 각도는 60~65°로 다양하다.
   a. 0.35 μm 파장의 복사선을 관찰하기 위한 n은?
   b. 앞서 결정된 n을 이용하여 $(n-1)$, n, $(n+1)$에 대한 스펙트럼의 범위를 계산하시오.
   c. 스펙트럼 범위가 세 가지 차수에 대해 겹치는지 답하시오.
4. MacLaren 방법을 이용하여 해저 퇴적물의 구리 함량을 플라스마 토치가 장착된 원자 방출기를 이용하여 결정하려고 한다. 측정 조건은 다음과 같다. 파장: 324.754 nm(구리 방출), 324.719 nm 그리고 324.789 nm(방출 없음: 바탕선 보정), 그리고 324.739 nm(철 방출). 시료에 철이 있다고 가정하였다. 그 결과 3개의 스펙트럼이 기록되었으며, 그 결과는 다음 표와 같다(단위는 μA).

	324.719 nm	324.739 nm	324.754 nm	324.789 nm
Cu 보정	23.1		63.71	8.1
Fe 보정		8.75×10^5	10.5	
시료	27.5	2.94×10^5	27.49	9.2

구리 50 ppm이 포함되어 있으나 철은 포함되지 않은 용액으로 구리 보정을 진행하였다.

a. 바탕 잡음 보정을 의한 보정 계수를 계산하시오.

b. 철과 구리 사이의 중첩 효과를 보정하기 위한 보정 계수를 계산하시오.

c. 시료의 구리의 함량을 계산하시오(ppm).

5. 두 가지 용액 A와 B의 농도를 측정하기 위하여 다섯 개의 표준 용액을 준비하였다. A와 B 두 가지 용액은 모두 내부 표준 물질로써 같은 농도의 마그네슘을 포함하고 있고, 다음의 결과를 얻었다.

농도(mg/L)	신호 방출선(임의 단위)	의 신호
0.10	13.86	11.88
0.20	23.49	11.76
0.30	33.81	12.24
0.40	44.50	12.00
0.50	53.63	12.12
용액 A	15.50	11.80
용액 B	42.60	12.40

위 결과를 이용하여 두 시료 A와 B에 들어있는 납의 농도를 mg/L로 계산하시오.

6. 혈청 내 포타슘은 표준물 첨가법을 이용하여 불꽃 방출법으로 분석한다. 분석을 위해 다음과 같은 두 개의 용액을 준비한다. 0.5 mL 혈청에 4.5 mL 증류수를 넣고 한쪽의 시료에 0.2 *M* KCl 10 μL를 넣어준다. 이때 측정된 결과가 32.1과 58.6이라면 혈청 내 포타슘의 농도는 얼마인가?

7. 불꽃 방출 분광법으로 나트륨을 분석할 때 KCl과 같은 포타슘염을 첨가하는 이유는 무엇인가? 소듐과 포타슘의 첫 번째 이온화 에너지는 각각 496 kJ/mol과 419 kJ/mol이다.

15장 핵자기 공명 분광법

핵자기 공명 분광법(NMR)은 원소 핵의 연구를 기반으로 하는 분광법이다. 핵자기 공명 분광법은 화학, 생물학, 식품 또는 의료용 영상(MRI) 등의 다양한 분야에서 대체할 수 없는 중요한 분광법이 되었다.

핵자기 공명 분광법은 무기 화합물 또는 유기 화합물의 구조 정보를 얻을 수 있는 가장 강력한 방법 중 하나이다. 계속되는 기술의 발전으로, 석유 탐사에서 식품 식별에 이르기까지 분석 산업 여부에 상관없이 다양한 방법으로 핵자기 공명 분광법을 응용하고 있다.

이 장에서는 유기 화합물 분야에서 용액의 NMR의 단순화된 연구만을 다룬다.

학습목표

- **설명** NMR의 기본 이론
- **해석** NMR 스펙트럼
- **측정** 화학적 이동
- **연구** 스핀 짝지음
- **분석** 신호의 다양성
- **활용** 화학적 이동도 표
- **설명** 몇 가지 응용의 예시

15.1 서론

핵자기 공명 분광법(nuclear magnetic resonance, NMR)은 유기 화합물과 무기 화합물의 구조를 결정하기 위해 사용하는, 강력한 성분 분석법의 이름이다. 일상적인 분석에 사용하기에 더 쉽고 편한 기기들도 있지만, NMR 분광법 역시 실험실에서 흔히 접할 수 있게 되었다(그림 15.31).

유기 화학자들의 NMR의 관심과 노력으로 기술적 개선과 개발이 가속화되었다. 이번 장에서는 유기화학을 위해 선택한 간단한 예를 통해 NMR을 설명할 것이다. 쉽게 말하여, 이

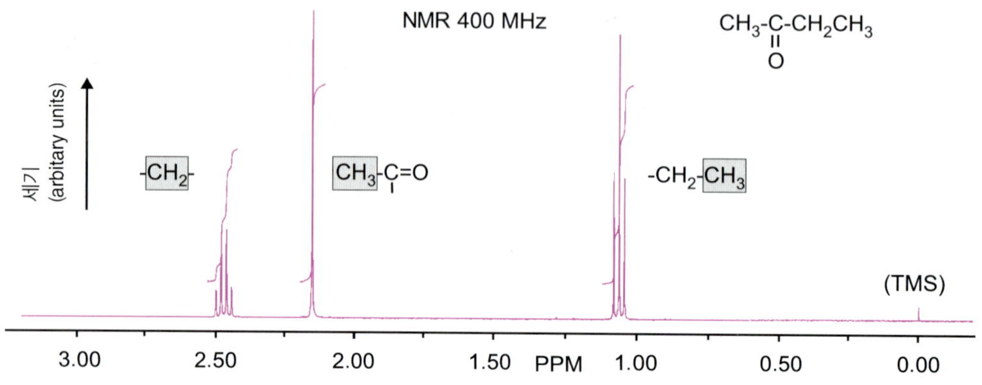

그림 15.1 뷰탄온[$CH_3(C{=}O)CH_2CH_3$]에 대한 전형적인 ^1H NMR 스펙트럼 봉우리 위에 표시된 적분 곡선으로 스펙트럼에서 식별된 주요 신호 그룹의 상대 영역을 보여주고 있다. *y*축 척도의 특성은 이 장의 뒷부분에서 설명한다.

방법은 강한 자기장에 노출되었을 때 시료에 존재하는 특정 원자의 핵 사이의 상호작용에 관한 정보를 수집한다.

이 기기에서 제공하는 기본 자료는 분석 시료의 공명 신호를 나타내는 그래프인 **NMR 스펙트럼(NMR spectrum)**이다. 이 공명 신호는 분석 시료의 위치, 모양, 세기에 대한 정보를 구성하며, 화합물의 순도가 높을 때 보다 쉽게 해석할 수 있다(그림 15.1).

이런 신호를 생성하기 위하여 첫 번째 일정한 자기장의 세기보다 10,000배가량 약한 두 번째 자기장이 주 자기장에 중첩된다. 이 자기장은 라디오파 영역의 전자기 복사원에 의해 생성되는 것이다.

기존의 광학 스펙트럼과 매우 다른 NMR 스펙트럼을 이해하기 위해서는 양자역학에서 정의하는 핵 스핀(nuclear spin)을 고려해야 한다.

> 그림 15.1의 스펙트럼은 1차원 NMR의 예이다(신호의 세기가 2차원으로 계수하지 않는다). 더욱 정교한 NMR 기법, 예를 들어 2차원, 3차원, 4차원 또는 그 이상의 차원에서의 NMR을 사용하면 분자 내 모든 원자의 위치를 더욱 정확하게 파악할 수 있다.

15.2 핵의 스핀/자기장의 상호작용

입자와 마찬가지로 모든 원자핵은 여러 가지의 고유한 매개변수 중 하나인 **스핀(spin)** $\vec{I}$로 특성화된다. 양자역학에서 도입된 이 벡터의 크기는 힘의 방향이 존재하는 매체 속에서 원자의 거동을 설명하는 데 사용된다. 자기장이 걸리면 모든 원자는 배향하게 된다. 핵의 스핀은 운동 모멘트 $\vec{L}$과 같은 차원(J·s)을 갖는다. 스핀의 거동 양식은 한 핵에서 핵의 종류에 따라 변한다. 왜냐하면 고려되는 각 핵의 특성인 스핀 양자수 I는 0 또는 1/2의 배수 값을 가질 수 있기 때문이다(자연 단위 $h/2\pi$).

영의 값이 아닌 스핀 양자수를 가지고 있는 독립된 원자핵은 자기 모멘트 $\vec{\mu}$(J/T)를 가진 작은 자석처럼 행동한다. 즉,

$$\vec{\mu} = \gamma \cdot \vec{I} \tag{15.1}$$

핵자기 모멘트(nuclear magnetic moment) $\vec{\mu}$는 **자기회전 비율(gyromagnetic ratio)** γ의 부호에 따라 $\vec{I}$와 같은 방향이 되거나 반대 방향이 된다.

만약 $\vec{I}$를 정량하면, $\vec{\mu}$도 정량화할 수 있다. 일반적으로 $2I+1$의 값만 가질 수 있고($h/2\pi$ 단위), $-I$와 $+I$ 사이의 값을 가질 수 있다.

$$m = -I, -I+1, \ldots 0, 1, \ldots I-1, I$$

스핀수가 0이 아닌 핵에 자기장 $\vec{B}_0$가 가해지면, $\vec{B}_0$와 $\vec{I}$ 사이의 상호작용으로 인해 위치에너지가 변경된다. 그렇더라도 $2I+1$의 값만 가진다는 것에는 변함이 없다.

$\vec{I}$와 $\vec{\mu}$가 정렬되고, 필드 $\vec{B}_0$에 들어가는 축을 정렬하는 미세한 자석에 핵이 놓이게 된다면, 핵의 스핀 벡터 $\vec{I}$는 각도 θ와 $\vec{B}_0$를 만들며 배향된다(그림 15.2). $\vec{\mu}_2$는 Oz축에 투영된 $\vec{\mu}$를 나타내고, 따라서 $\vec{B}_0$의 방향으로 향한다.

$$E = -\vec{\mu} \cdot \vec{B_0} \quad \text{또는} \quad E = -\mu \cdot \cos(\theta) \cdot B_0 \quad \text{또는, 최종} \quad E = -\mu_z \cdot B_0 \tag{15.2}$$

μ_z의 정량화는 Oz에 대한 스핀 벡터의 투영된 m에 대해 허용된 값의 결과이다(m은 자기 스핀 수).

식 (15.1)과 (15.2)를 결합하여 $2I+1$에 의한 에너지 값은 다음 일반식으로 나타낼 수 있다.

$$E = -\gamma \cdot m \cdot B_0 \tag{15.3}$$

따라서 $I = 1/2$일 때, 수소 원자의 핵(양성자)에 대하여, E는 $m = +1/2$ 또는 $m = -1/2$의 두 가지 값을 가진다. 용도에 따라서 다음과 같이 α와 β로 나타내면:

$$E_1\,(\text{또는 } E_\alpha) = -\gamma \frac{1}{2}\frac{h}{2\pi}B_0 \quad \text{그리고} \quad E_2\,(\text{또는 } E_\beta) = +\gamma \frac{1}{2}\frac{h}{2\pi}B_0$$

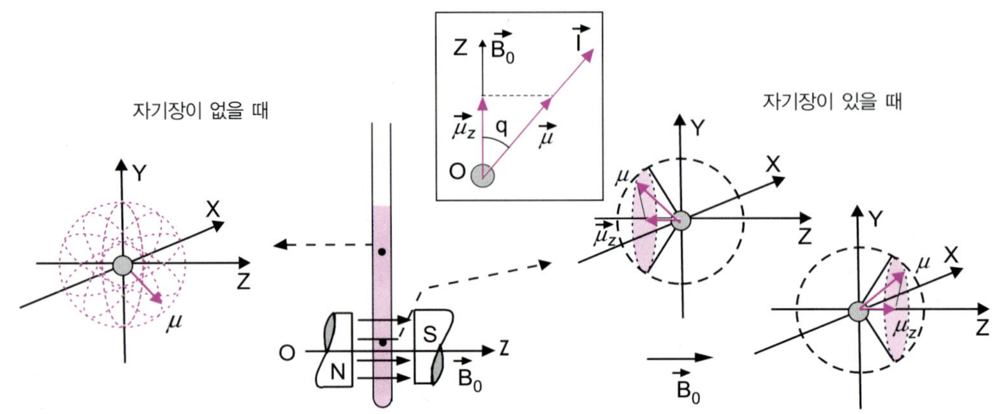

그림 15.2 용액 내 화합물의 원자에서, 스핀 양자수가 1/2인 핵에 미치는 자기장의 영향 시료관의 상부에 핵이 있는 경우, 외부 자기장의 영향을 받지 않는다면 $\vec{\mu}$는 우세한 배향을 갖지 않는다. 하지만, 자기장 중간에 자리 잡고 있다면, $\vec{\mu}$는 축이 $\vec{B}_0$와 일치하는 회전 원뿔의 표면처럼 회전한다. $\vec{\mu}$는 $\vec{B}_0$에 대해서 같은 방향 또는 반대 방향을 갖는다.

표 15.1 일부 핵에 대한 γ값

핵	스핀	γ (rad/s/T)	감도	동위 원소 존재비(%)
^{1}H	1/2	2.6752×10^{8}	1	99.985%
^{2}H	1	4.1066×10^{8}	9.65×10^{-3}	0.015%
^{13}C	1/2	6.283×10^{-7}	1.59×10^{-2}	1%
^{15}N	1	-2.7125×10^{-7}	1.04×10^{-3}	0.37%
^{19}F	1/2	2.5181×10^{8}	0.83	100%
^{29}Si	1/2	-5.319×10^{-7}	7.84×10^{-3}	4.7%
^{31}P	1/2	1.084×10^{8}	6.6×10^{-2}	100%

15.3 NMR로 연구할 수 있는 핵

$^{A}_{Z}X$로 나타내는 원자의 핵은 양성자수 Z, 중성자수 A가 모두 짝수인 경우가 아닐 때, 0이 아닌 스핀 양자수 I를 갖는다. $^{1}_{1}H$, $^{13}_{6}C$, $^{19}_{9}F$, $^{31}_{15}P$는 스핀 양자수 $I=1/2$값을 갖고, $^{2}_{1}H$(중수소 D) 또는 $^{14}_{7}N$는 $I=1$인 값을 갖는다. 이 모든 핵은 NMR 신호를 갖게 된다. 반대로 $^{12}_{6}C$, $^{4}_{2}He$, $^{16}_{8}O$, $^{28}_{14}Si$, $^{32}_{16}S$의 핵은 스핀 양자수가 0이기 때문에 실제적으로 NMR로 연구할 수 없다. 해당하는 핵 중에 반 이상이 NMR 신호를 가지고 있기 때문에 신호의 감도는 핵의 종류에 크게 영향을 받는다. 그러므로 양성자($^{1}_{1}H$에 대한 일반명), 또는 $^{19}_{9}F$는 총 탄소수의 1%만이 신호를 갖고 있는 $^{13}_{6}C$보다 검출이 쉽다.

15.4 *I*=1/2에 대한 Bloch 이론

거시적 세계에서는 화합물의 양이 매우 작아 보일 때라도, 각 개별 분자수로 보면 엄청난 수이다. 시료에 들어있는 분자에는 많은 원자가 존재하므로 광학 분광학처럼 NMR 신호는 통계적인 결과로 나타난다.

스핀 양자수가 $I=1/2$와 같은 원자로 구성된 집단을 생각해보자. 외부 자기장이 없다면 각각의 개별 스핀 벡터는 임의의 배향을 갖게 되고 시간에 따라 수시로 변하게 될 것이다. 에너지 상태로 보면 **축퇴(degenerated**, 그림 15.2)되어 있는 원자의 집단으로 구성된다.

이들 핵이 강한 외부 자기장 $\vec{B}_0$(Oz축)에 놓여질 때 개별 원자핵의 자기 벡터와 외부 자기장 사이에서 상호작용이 일어난다(15.2절). z축에 대한 핵스핀의 벡터 방향이 높은 에너지 상태 E_2와 낮은 에너지 상태 E_1으로 나뉜다(그림 15.3).

두 가지 상태 사이의 에너지 차이 ΔE는

$$\Delta E = E_2 - E_1 = \gamma \frac{h}{2\pi} B_0 \tag{15.4}$$

ΔE는 자기장 $\vec{B}_0$에 비례한다(그림 15.3). 그렇기 때문에 양성자에 대해서 $\vec{B}_0=1.4$ T라고 한다면 그 에너지 차이는 3.95×10^{-26} J 또는 2.47×10^{-7} eV로 매우 작다. 주어진 핵에 대한 $(E_2-E_1)/\vec{B}_0$의 비는 오직 분석 대상의 핵에 대한 γ값에 의존한다(표 15.1). E_2 에너지 상태에 위치한 핵의 분포는 안정된 에너지(E_1) 상태보다 약간 낮은 분포수를 가진다.

식 15.5를 사용하여 두 분포에 대한 계산을 할 수 있다(Boltzman 분포 평형).

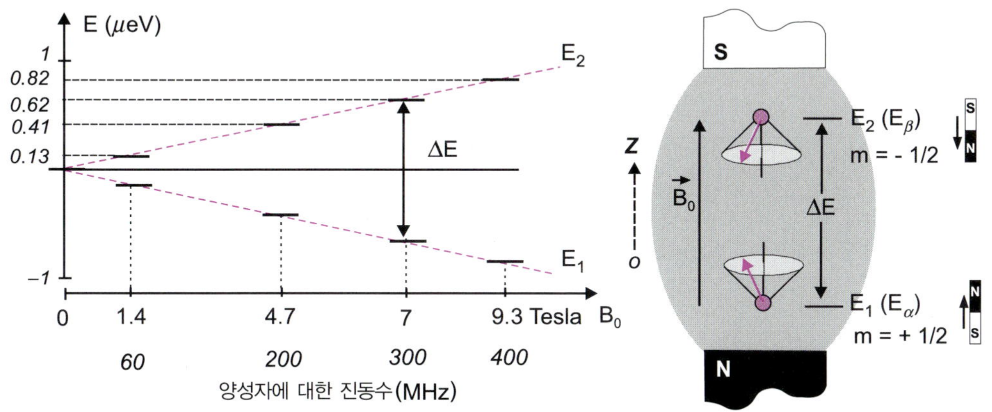

그림 15.3 **스핀 양자수 $I = 1/2$를 가진 핵이 자기장에 놓여 있는 경우의 에너지 분리** 양성자에 대한 4개의 자기장 B_0 값은 각각 60, 200, 300, 그리고 400 MHz이다(B_0는 Tesla 단위로 측정되는 자기장 세기를 나타낸다. 1 T는 10000 Gauss와 같은 값이다).

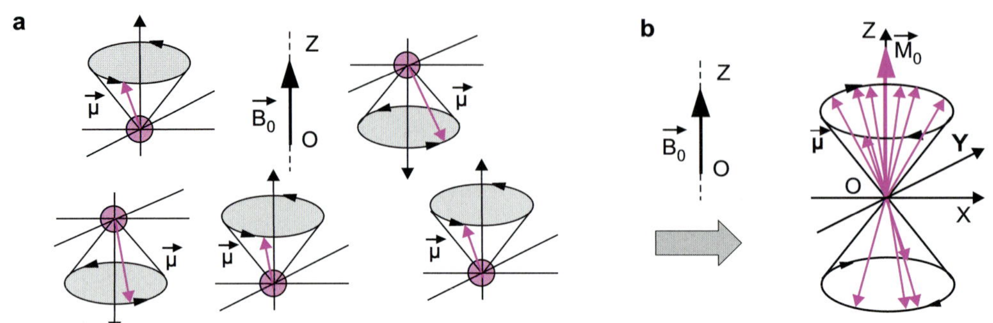

그림 15.4 세차 운동과 자기화 (a) 자기장에서 5개의 독립적인 핵의 스핀 벡터의 세차 운동을 표현한 그림. (b) 많은 핵의 개별 배향으로부터 생긴 거시적 자기화 벡터. 따라서 용액의 시료는 약하게 자기화된다. $\vec{M}_0$는 전자기 법칙이 적용될 수 있는 값이다.

$$R = \frac{N_2}{N_1} = \exp\left[-\frac{\Delta E}{kT}\right] \tag{15.5}$$

($k = 1.38 \times 10^{-23}$ J·K^{-1}·at^{-1}, $T = 300$ K, $= 5.3$ T에서 ^{1}H에 대한 $R = 0.999964$이다.)

그 결과 E_1의 분포수가 약간 많게 되어 NMR 신호가 발생한다. 자기장의 세기를 증가시킬수록 두 분포 사이의 차이도 벌어지기 때문에 감도가 증가한다. 그 이유는 NMR 신호가 분포수에 비례하기 때문이다. 그림에서 나타내듯이 시료 용액의 약한 자기화는 한 지점에서 시작하는 모든 개별 벡터 $\vec{\mu}$를 보여줌으로써 설명된다. 결과 벡터 $\vec{M}_0$는 **거시적 자기화(macroscopic magnetization)**라 불린다(그림 15.4b). $\vec{M}_0$로 펄스 NMR과 핵이 공명할 때의 신호 모양을 설명할 수 있다.

15.5 Larmor 진동수

정량적인 측면으로 생각해보면 자기회전 상수 γ를 알고 외부 자기장 하에서 ΔE를 측정할 수 있으면($I = 1/2$라고 가정) 핵을 확인할 수 있다. 광학 분광법에서, 화학종이 공명 신호에 의해 광자를 흡수하거나 방출하면서 한 상태에서 다른 상태로 전이될 때 에너지 차이를 결정할 수 있다.

외부 자기장의 수직 방향으로 여러 가지 진동수 ν의 전자기 복사를 쪼여주는 광원을 가진 자기장에 원자를 노출시키는 기본 실험을 진행한다면, 다음 조건에서 흡수가 일어날 것이다.

$$h\nu = E_2 - E_1 \tag{15.6}$$

표 15.2 $\vec{B}_0$=1 T에서, 몇 가지 공명 진동수 MHz 값

핵	^{1}H	^{19}F	^{31}P	^{13}C	^{15}N	^{197}Au
진동수 ν	42.58	40.06	17.24	9.71	4.32	0.729

식 (15.4)는 공명과 관련된 식으로 이어진다:

$$\nu = \frac{\gamma}{2\pi} B_0 \tag{15.7}$$

이 중요한 식으로부터 I 값과 상관이 없는 **Larmor 진동수(Larmor frequency)**를 얻을 수 있다. 이 진동수는, 연구하는 핵이 위치한 자기장과 공명을 일으키는 전자기 복사의 진동수를 관련시킨다(표 15.2). 낮은 에너지 상태의 핵이 뒤집히면 높은 에너지 상태로 전이되면서 신호가 생긴다.

두 에너지 준위 사이의 상호교환을 유도하는 라디오파는 Oz축의 방향으로 스핀 벡터가 회전하는 Larmor 진동수 또는 세차와 같다. 아일랜드의 물리학자인 Larmor는 독자적인 추론을 통하여 Oz축을 중심으로 회전하는 스핀 벡터의 각 회전 진동수 ω가 다음과 같다는 것을 밝혀냈다.

$$\omega = \gamma \cdot B_0$$

$\omega = 2\pi\nu$, 이 표현은 NMR에서 확인되는 것과 동일하지만 접근 방식은 다르다. 하나는 두 에너지 상태를 분리하는 양자의 진동수를 나타내고, 다른 하나는 기기적 세차 운동의 진동수를 나타내는 것이다. 이 두 진동수는 같은 값을 갖는다.

주어진 핵에 대한 Larmor 진동수는 B_0와 함께 증가한다. 그것은 마이크로파 영역에 위치하며, 필드가 1 T일 때 42.5774 MHz(수소 핵)에서 0.7292 MHz(금)까지 변하는 값을 갖는다(표 15.2). 다른 핵을 연구할 수 있는 기계도 고안되었지만, 양성자가 공명하는 진동수를 위해 특별히 설계되었다.

최초의 실험용 다핵 기기의 구성은 이런 원리에 의해 만들어졌다. 이러한 기기는 고정된 라디오파를 유지하면서 넓은 범위의 영역을 주사시킬 수 있다. 이런 특정 공명을 통하여 시료 내에서 검출하기 쉬운 원소에 대한 정성분석을 할 수 있다(표 15.2와 그림 15.5).

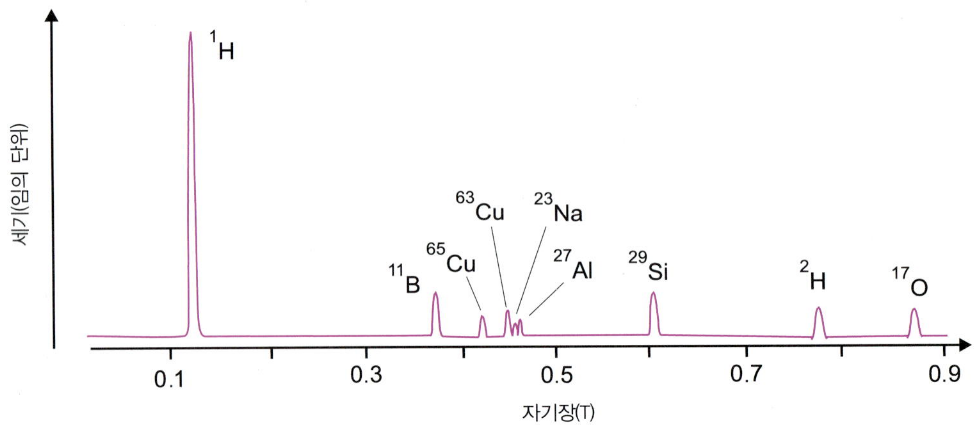

그림 15.5 붕소화 유리 용기에 담겨진 물에 대한 5 MHz에서 관찰된 NMR 스펙트럼(자기장은 Tesla로 표기되었다. varian 자료) 원소 분석에서 생기는 많은 문제를 해결하기에는 감도가 부족하기 때문에, 이와 같은 NMR 기기는 시판되지 않는다.

15.6 펄스 NMR의 스펙트럼

프로브(**probe**)로 알려진 시료가 도입되는 기기 부분에서 핵의 공명은 교류로 구동되는 솔레노이드(고주파 발생기)에서 발생하는 약한 진동장 $\vec{B}_1$을 $\vec{B}_0$에 중첩하여 핵자기 공명을 얻을 수 있다.

핵과 자기장 $\vec{B}_1$ 사이의 상호작용을 이해하기 위해서는 같은 각속도로 xOz 평면에 서로 반대 방향으로 회전하고 있는 벡터 $\vec{b}_1$과 $\vec{b}_2$를(시계방향과 반시계 방향) 비교해 보자(그

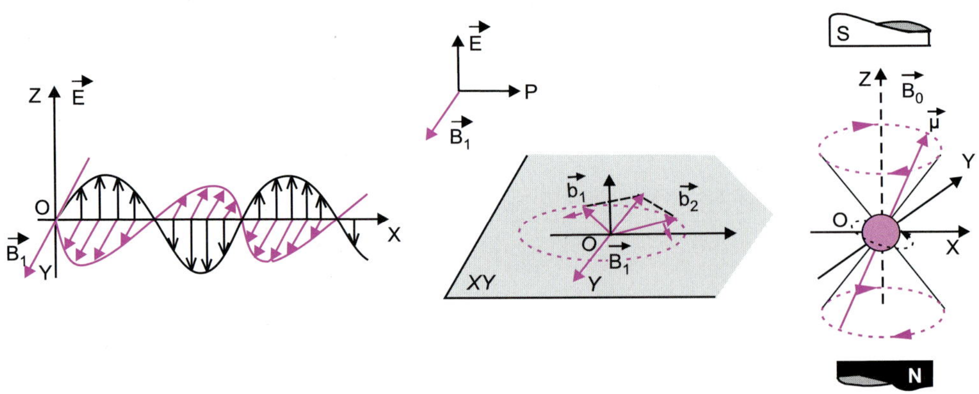

그림 15.6 전자파의 표현과 핵에 미치는 영향 xOy 평면에서 전자기파의 자기장을 반대 방향으로 돌고 있는 벡터 $\vec{b}_1$과 $\vec{b}_2$로 분해할 수 있다. 여기서 $\vec{b}_2$만이 E_2에 분포된 핵과 상호작용할 수 있다.

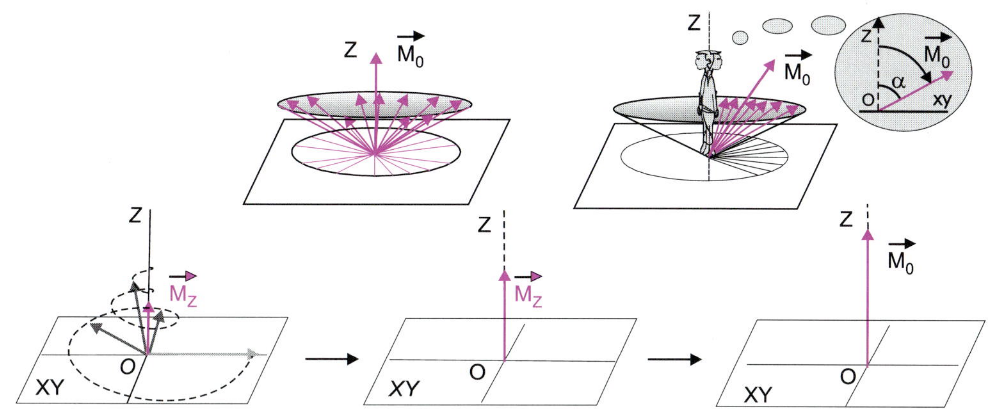

그림 15.7 자기화 벡터 $\vec{M}_0$의 편차 및 공명 후 평형으로의 복귀 모집단의 비평형으로 인하여 개별 벡터를 형성하는 도시적 표현. 세차 운동의 진동수로 회전하는 회전체에 위치한 관찰자는 각도 α로 기울어진 자기화 벡터를 볼 수 있을 것이다. $\vec{M}_0$에서 원래 위치로 점진적으로 복귀하는 $\vec{M}_z$.

림 15.6). 세차 운동과 같은 방향으로 회전하는 벡터만이 핵과 상호작용할 수 있을 것이다. Lorentz 법칙은 $\vec{M}_0$이 $\vec{B}_1$과 $\vec{B}_0$에 수직인 힘을 받는다는 것을 보여준다(그림 15.7).

$\vec{B}_1$이 적합하게 정렬되기 위해서 라디오파의 진행 축은 Oz에 수직이어야 한다(그림 15.7). 광원에서 핵으로의 에너지 전달은 광원의 라이오파 진동수와 세차 운동의 진동수가 동일할 때 일어난다. 에너지 상태 E_1의 핵은 에너지 상태 E_2로 전달되고, 이러한 방식으로 분포가 바뀌게 된다. 조사전의 개별 벡터 $\vec{\mu}$는 서로에 대한 위상이 다르며, 이는 Oz 방향으로 정렬된 벡터 $\vec{M}_0$로 표시된다. (그림 15.4)

공명 조건이 충족되면 모든 개별 벡터는 한데 묶여 $\vec{B}_1$과 위상 맞음으로 회전한다. 그런 다음 라디오파를 쪼여주는 시간과 강도를 조절함으로써 변하는 각도(α)만큼 $\vec{M}_0$의 방향으로 변한다. 그림 15.7에서 이와 같은 현상을 하는 몇 가지 벡터에 대하여 나타내었다. $\vec{M}_0$는 $\alpha = \pi/2$일 때 최대인 수평면에서 $\vec{M}_{xy}$를 획득하고, Oz 방향의 가변 성질의 $\vec{M}_z$를 보존($\alpha = \pi/2$ 제외)한다. 이는 자기화 벡터의 회전 진동수가 세차운동의 진동수와 같기 때문이다. 특정 핵의 스핀은 두 번째 허용된 방향을 취하게 된다($I = 1/2$일 때). 조사가 중단되면 시스템은 점차 초기 평형 상태로 돌아가게 될 것이다. 코일은 Oy 방향의 성분들을 검출한다(그림 15.7).

Oz축을 중심으로 회전하는 회전체와 연결된 외부 관찰자를 가정해보자. 이 회전체는 원자핵이 세차운동하는 속도로 회전하고 있다(그림 15.7). 만약 세차운동과 똑같은 진동수를 가진 라디오파를 쪼여준다면 관찰자에게는 원자핵이 자기장의 회전(Oz축에 수직인) 효과만 느낄 것으로 추측할 수 있다. 자기화 벡터가 벗어나기 시작하게 된다. 펄스를 걸어준 후에 개별 자기 모멘트는, 펄스를 걸

기 전의 원자 분포를 나타낼 수 있는 Boltzmann 분포식에 따라 정렬되는 속도보다 빠르게, 이웃한 원자핵의 스핀과 상호작용하여 간섭성을 잃게 된다. 따라서 시간이 더 걸리는 O*z* 방향의 값으로 복귀하는 과정 없이 $\vec{M}_0$는 *x*O*y* 평면의 성분을 잃는다.

기술적으로 표현한다면 시료는 몇 마이크로초 동안 지속적으로 강한 전자기 펄스를 보내주는 진동 발생기 *ν*로부터 조사된다. 이렇게 하면 (단색광과 다색광을 비교할 때 사용하는) 백색광과 같은 진동수 *ν*를 쪼여줄 때와 유사한 상태가 된다.

예를 들어, 300 MHz에서 모든 환경의 전체 양성자를 쪼여주기 위해서는 최소한 6000 Hz를 포함하는 진동수가 필요하다. 이와 같은 조건에서 여러 종류의 양성자 중 일부만이 공명 진동수를 흡수하게 된다.

수십 개의 진동수를 흡수하는 화합물에 대한 명확한 도시적 표현을 찾는 것은 불가능하다. 이 같은 경우, $\vec{M}_0$가 많은 벡터로 분해되어 주어진 자신의 진동수로 세차 운동을 하게 된다(그림 15.7, 단순화시킨 경우). 평형 상태로 돌아가는 수 초 동안 기기는 여러 다른 세차운동의 진동수 조합에 의해서 발생하는 복잡한 신호를 기록하고, 이 신호 세기는 시간에 따라 감소한다(그림 15.8).

이 파장 간섭을 **자유 유도 감쇠**(**free induction decay**, FID)라 한다. 이 신호는 특정 순간에 공명으로 얻은 핵의 모든 진동수를 고려한 전체 값에 해당한다. 신호를 **시간 영역**(**time domain**)에서 **진동수 영역**(**frequency domain**)의 고전적 스펙트럼으로 변환하기 위해 Fourier 변환을 사용한다.

이와 같은 **펄스파**(**pulsed wave**) 기술을 통해, ^{13}C와 같이 감도가 좋지 않은 원자핵을 연구하고 전산화할 수 있다.

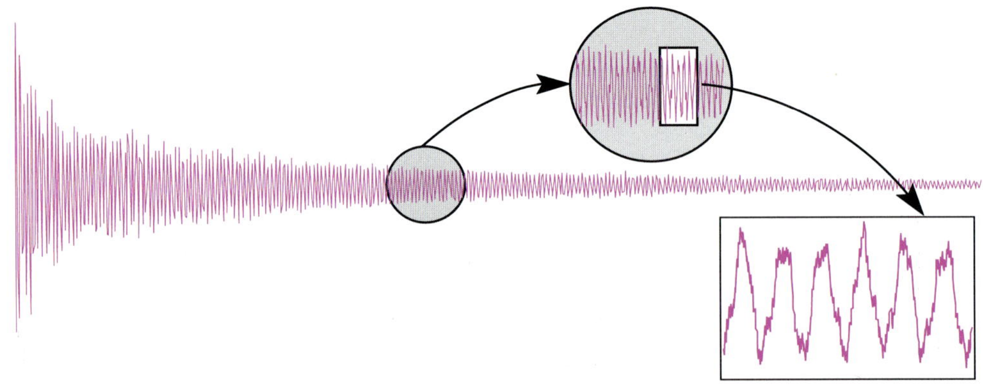

그림 15.8 펄스파로 얻어진 플루오로아세톤의 FID 신호 Fourier 변환으로 신호 $I=f(t)$에서 $I=f(\nu)$로 변환시킨 후 얻은 스펙트럼. 몇 초 동안 기록된 간섭 신호는 변형 전에 수십 번 누적될 수 있다. 이런 FID 신호의 누적은 신호/잡음 비를 개선할 수 있다.

계산에 의한 현재 스펙트럼 획득하는 방법(방출 NMR)은 원래 존재하지 않았고, 다른 방법이 사용되었다. 주 자석의 극성 부분 주위에 코일을 감아, B_0를 약하게 변화시키는 방법으로 공명을 확인하였다(그림 15.9). 자기장 탐색이 기반이므로 이러한 NMR 기기는 일반적으로 고정 진동수에서 사용되었다(그럼에도 불구하고 Larmor 진동수는 자기장과 진동수를 일치시킬 수 있음을 보여주기 때문에 스펙트럼은 Hz 단위로 모니터링된다). 이런 흡수 NMR은 연속파 장비에 해당되지만, 현재는 생산업체에서 제조하지 않고 있다. 신호를 찾는 과정은 광학 스펙트럼의 연속적인 기록 방법 또는 일상생활에서 라디오 FM 방송을 찾는 것과 같다. 스펙트럼의 품질은 총 기록 시간 중에서 매우 작은 부분에 의존한다. Fourier 변환 기기는 측정 시간을 더욱 유용하게 사용하도록 한다.

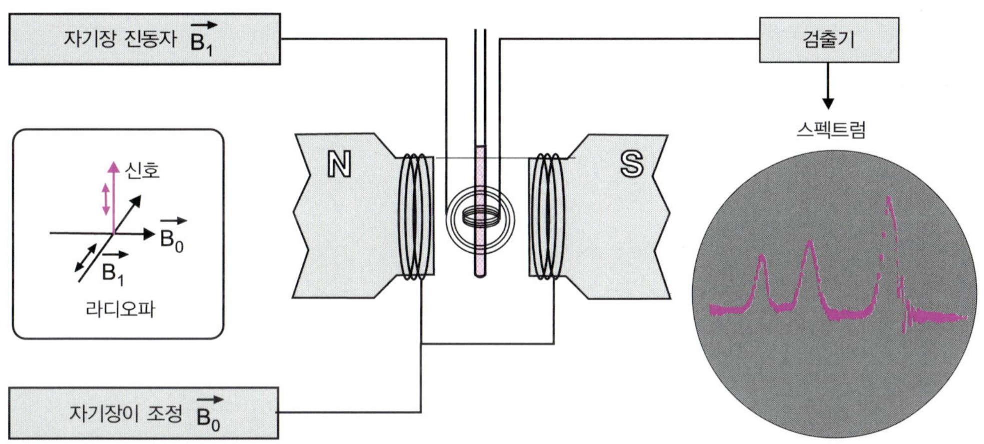

그림 15.9 CW-NMR 장치 두 자석의 중간에 위치하고 있는 프로브를 감고 있는 코일의 모양. 오른쪽, 역사적 의미가 있는 에탄올의 스펙트럼 기록(1951년). 3개의 신호는 CH_3, CH_2 그리고 OH의 수소 6개에 대한 신호이다. 자세한 내용은 15.8절에서 설명할 것이다.

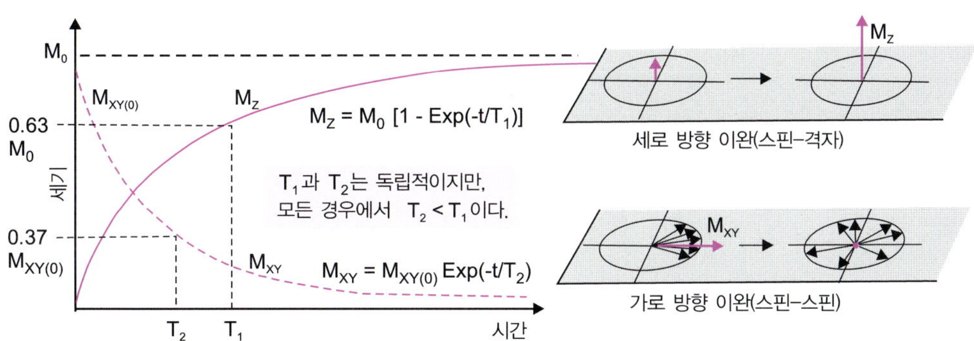

그림 15.10 핵 이완의 두 가지 과정 시간에 따른 스핀–스핀 이완과 스핀–격자 이완

15.7 핵의 이완 과정

라디오파 펄스를 쪼여 준 다음 원소나 매질에 따라 각각의 이완 시간이 지나면, $\vec{M}_0$는 다시 평형 상태의 값을 가지게 된다(그림 15.10). 이완 시간은 **세로 방향 이완(longitudinal relaxation**, 스핀-격자 이완)이라 불리는 초기 상태(시간 상수 T_1)로 분포수가 재배치되는 과정과 **가로 방향 이완(transverse relaxation**, 스핀-스핀 이완)이라 불리는 위상의 간섭성 손실에 따라 영향을 받는다. 스핀 다발은 서로 다른 자기장을 경험하게 되어 자신의 Larmor 진동수로 회전하게 된다. T_1는 고체 중에서 수 시간 길어질 수 있지만 용액 중에서는 몇 초보다 길지 않다. 이 두 $\vec{M}_0$ 성분은 분해가 될 수밖에 없다. T_1과 T_2의 수명을 알게 되면 분석하고자 하는 시료의 구조에 대한 매우 유용한 정보를 얻을 수 있다.

15.8 화학적 이동

일반적으로 분자 내에서 각 원자는 각기 고유한 환경을 가지고 있으며, 만약 분자에 특정 대칭 요소가 없는 경우 원자핵에 도달하는 외부 자기장의 값은 고유하다. 이런 국소적인 자기장의 변동은 외부 자기장에 반대되는 매우 약한 유도된 자기장을 생성하는 결합 전자에서 비롯된다. 이것이 전자의 반자성이다. 그 결과로 **가림(shielding)**이라는 자기 차폐 효과가 발생하여 진공 상태에서의 공명 진동수와 비교되는 변동이 발생할 것이다(그림 15.11).

이 현상의 관찰은 NMR를 활용하기 위한 기초이다. 존재하는 모든 원자를 넓은 영역의 진동수(수십 MHz)에 걸쳐 관찰하는 것이 아닌 한 종류의 원자핵에 초점을 둔다. 다시 말해 각 화합물에 대한 특징적인 신호를 기록하기 위해서 매우 좁은 진동수(예: 1000 Hz)를 확대한 것이다.

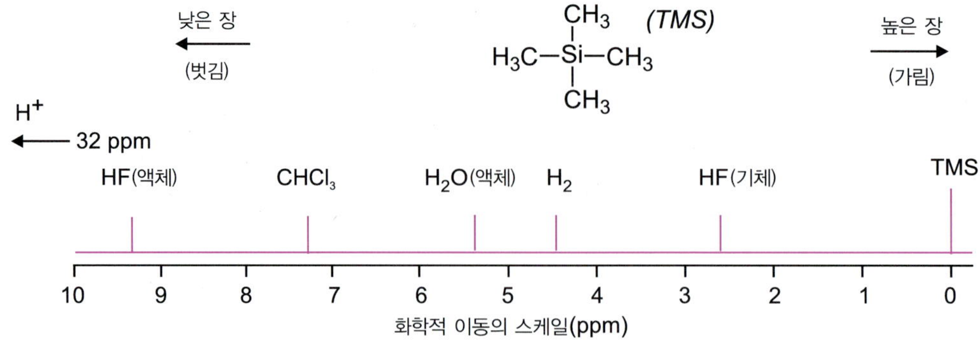

그림 15.11 양성자 NMR에서 몇 가지 화합물에 대한 화학적 이동 진동수 고정 기기로 수집된 가림 효과

이 가림 효과는 식 15.8에 나타낸 **가림 상수(shielding constant)** σ로 정량화되며, 핵에 도달하는 유효 자기장 $\vec{B}_{\text{eff}}$와 외부 자기장 $\vec{B}_0$를 결합시킨다.

$$B_{\text{eff}} = B_0(1-\sigma) \tag{15.8}$$

σ의 모든 변화는 해당되는 핵의 공명 진동수에 영향을 미친다. 이런 현상을 **화학적 이동(chemical shift)**이라고 한다. 분자가 포함하는 가림 상수 σ의 종류가 많을수록 더 큰 화학적 이동이 관찰된다. 결과적으로 큰 분자는 여러 개의 σ값을 갖게 되어 복잡한 스펙트럼을 나타내게 된다.

$\vec{B}_{\text{eff}}$에 도입된 $I=1/2$인 원자핵 i에 대한 Larmor 식은 다음과 같다.

$$\nu_{\text{i}} = \frac{\gamma}{2\pi} B_0(1-\sigma_{\text{i}}) \tag{15.9}$$

^{1}H 원자핵에 대해서 식 15.9을 계산하면, 외부 자기장이 10^{-4} T(1가우스)로 변할 때 4258 Hz의 화학적 이동이 생겨나지만, 2.3×10^{-8} T로 변할 때 공명 진동수는 1 Hz 정도 변한다. 이런 이유로 NMR에서 자기장 $\vec{B}_0$를 안정하게 유지하려면 자석을 완벽하게 제어해야 한다. 온도 역시 1/100도 이내로 정확하게 조절해야 한다. 더욱이 자기장의 불균형을 최소화하기 위해서 시료를 매우 얇은 튜브에 넣어 회전시켜 주어야 한다.

15.9 화학적 이동의 측정

Larmor 식에 의하면 외부 자기장의 아주 미세한 변화도 공명 진동수에 많은 영향을 미친다. 그래서 다른 기기로부터 얻은 NMR 신호의 절대 진동수를 사용하여, 스펙트럼을 비교하거나 화합물을 식별하는 것은 올바른 방법이 아니다. 이러한 이유로 화학적 이동은 NMR 분광기와 독립적인 상대 척도인 $\Delta\nu/\nu$을 사용하여 기록한다. 내부 표준 물질 역할을 하는 화합물을 사용하여 NMR 기기의 ν_{app}와 마찬가지로 고정된 기준으로 사용한다. 주어진 원자핵에 대하여 분석 물질의 신호와 표준 물질의 신호 사이에 발생하는 진동수 차이 ν를 분광법의 고유 진동수 ν_{app}으로 나누면 화학적 이동의 차이를 얻을 수 있다.

이와 같은 방법으로 얻어진 값은 백만분율(ppm)로 나타낸다. 내부 표준 물질의 진동수(ν_{ref})에 대한 시료의 진동수(ν_i)에 해당되는 신호의 화학적 이동 σ_i(ppm) 값을 계산하기 위해서는 절대 진동수를 알 필요가 없고 $\Delta\nu$ 값만 알면 된다.

$$\delta_{\text{i}} = \frac{\nu_{\text{i}} - \nu_{\text{ref.}}}{\nu_{\text{app}}} \cdot 10^6 = \frac{\Delta\nu}{\nu_{\text{app}}} \cdot 10^6 \tag{15.10}$$

^1H와 ^{13}C NMR에 사용되는 내부 표준 물질은 테트라메틸실레인(TMS)이다. 이 물질은 화학적으로 비활성적이고, 휘발성(끓는점 27 ℃)으로써 ^1H NMR(12개의 동등한 원자핵)과 ^{13}C NMR(4개의 동등한 원자핵)에서 하나의 신호를 나타낸다. TMS 신호는 δ 눈금에서 처음에 위치한다(그림 15.11).

거의 모든 유기 화합물은 ^1H에 대해서는 0~15 ppm의 δ값을 가지며, ^{13}C에 대해서는 250 ppm까지 이르는 δ값을 가진다.

유도 효과에 의한 가림으로 인해, TMS 신호는 스펙트럼의 오른쪽에 위치하게 된다. 즉, 스펙트럼의 x축 왼쪽에서 오른쪽으로 이동할 때, 위치한 에너지 매개변수가 감소한다는 분광학적 규칙을 따른다.

δ 눈금은 NMR 기기의 종류에 무관하게 사용할 수 있는 화학적 구조와 화학적 이동에 대한 상관도표를 만들 수 있다(이 장의 끝 부분에 있는 표 15.5와 표 15.6을 보라). 식 15.10으로부터 k비를 만드는 자기장 $\vec{B_0}$를 가진 두 NMR 기기로 기록한 두 화합물의 스펙트럼을 비교하면, 두 스펙트럼에서 나타난 동종 신호에 대한 진동수는 같은 k비와 같은 δ값을 가진다. 그러나 이들 표로부터 항상 정확한 신호에 대한 정보를 알 수는 없다. 이와 같은 문제점을 보완하기 위한 많은 컴퓨터 프로그램들이 개발되어 있다.

15.10 핵의 가림과 벗김

희석된 용액에서의 분자는 상호 작용 없이 독립된 분자로 존재한다. 하지만 분자 내 각 핵의 전기적 환경과 입체적인 환경이 외부 자기장 $\vec{B_0}$를 약하게 가로막아 국소적인 자기장이 형성된다. 이것이 화학적 이동의 원인이다. 가림 효과가 커질수록 핵이 더 많이 가려지고, 공명을 위해 고정 주파수에서 작동하는 연속파 장치를 사용할 때 자기장 $\vec{B_0}$의 값을 높여야 한다. 스펙트럼의 오른쪽에 위치한 신호는 높은 자기장에서 공명한다면, 반대로 스펙트럼의 왼쪽에 위치한 신호는 벗겨진(deshielded) 상태의 핵에 해당하며, 낮은 자기장에서 공명한다(그림 15.11).

15.11 화학적 이동에 영향을 미치는 요인들

많은 NMR 스펙트럼을 연구하면 화학적 이동에 영향을 미치는 요인들에 대하여 알 수 있다.

15.11.1 유도 효과

수소 원자 대신에 탄소를 포함하는 R기를 치환시키면, 남아 있는 양성자는 벗겨진다(deshielded). 따라서 RCH_3와 CHR_3를 비교하면, 치환체의 화학적 이동(^1H NMR)이 0.6 ppm 더 높게 나타난다. 이는 ^{13}C NMR에서는 40 ppm의 화학적 이동에 해당된다. 탄소 원자의 혼성화 상태도 신호 위치에 큰 영향을 미친다.

이러한 **비등방성(anisotropic)** 변화는 결합된 원자 주변의 불균일한 전자 분포로 인해 발생하며, 이는 앞서 언급한 것과 같이 원자핵이 '느끼는' 가림 상수에 영향을 미치기 때문에 화학적 이동에 영향을 준다.

따라서 유기 화합물의 화학적 이동은 결합 전자의 비편재화에 민감하게 영향을 받는다. 이를 통해 결합의 극성을 변화시키는 전자 효과(예: 전기 음성도)가 화학적 이동에 미치는 영향을 이해할 수 있다. 표 15.3은 할로젠화 메틸 CH_3X 분자에서 할로젠 원소 X의 전기 음성도가 탄소 원자의 화학적 이동에 미치는 영향을 보여준다.

표 15.3 전기 음성도 χ가 할로젠 원소의 δ에 미치는 영향(TMS 기준)

	CH_3F ($\chi=4$)	CH_3Cl ($\chi=3.2$)	CH_3Br ($\chi=3$)	CH_3I ($\chi=2.6$)
δ_H(ppm)	4.5	3	2.7	1.3
δ_C(ppm)	75	30	10	−30

15.11.2 공명 효과

유도 효과만 전자들의 비편재화에 영향을 미치는 것은 아니다. 그림 15.12에서 볼 수 있듯이 메소머 효과(mesomer effect, π 전자의 비편재화)가 화학적 이동에 상당한 영향을 미치는 것을 알 수 있다.

15.11.3 비등방성과 유도 국소 자기장 효과

앞서 언급한 유도 효과와 함께 π 결합 전자의 순환에 의해 유도된 국소 자기장의 효과도 있

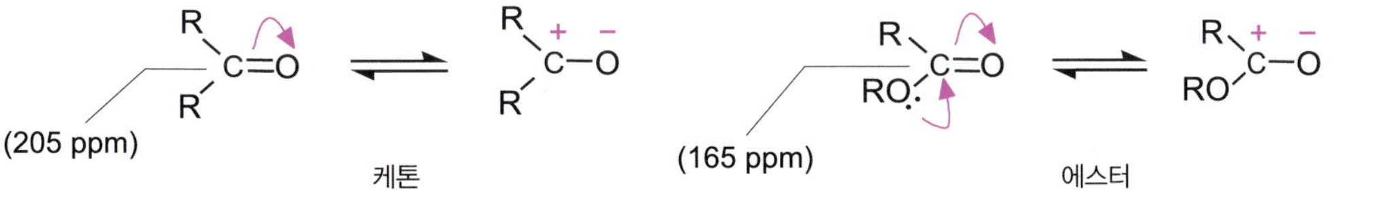

(205 ppm)
케톤
(165 ppm)
에스터

그림 15.12 **^{13}C NMR에서 카보닐기 화합물들의 공명 효과** 케톤의 카보닐기를 에스터의 카보닐기와 비교하면 케톤은 덜 전기 음성적이어서 에스터보다 적게 가려지는 것을 알 수 있다. ^{13}C NMR에서 에스터의 카보닐기의 신호는 165 ppm에서 나타나고, 케톤의 카보닐기의 신호는 205 ppm에서 나타난다.

다. 결국 순환을 통하여 벤젠 또는 [18]-아눌렌과 같은 방향족 고리의 전자는 외부 자기장과 반대되는 유도 자기장을 형성한다(반자성). 고리 내부의 양성자는 유도 자기장과 관련된 가림 효과($\delta = -4.22$ ppm)를 받지만, 고리 외부의 양성자는 유도 자기장에 의해 반대 효과($\delta = 10.75$ ppm)를 받게 된다. 고립된 이중 또는 삼중 결합의 경우에도 같은 현상이 작은 규모로 나타난다(그림 15.13). 이와 같은 반자성 현상의 방향은 작용기의 특성에 따라서 다르게 나타난다. 이중 또는 삼중 결합 주위의 자기장은 균일하게 분포되지 않는다(반자성 비등방성). 따라서 아세틸렌 양성자는 가림 효과를 받는 반면 에틸렌 양성자는 벗김 효과를 받는다.

15.11.3.1 기타 효과(용매, 수소 결합, 매트릭스의 영향)

^{1}H 또는 ^{13}C NMR에서 유기 화합물을 희석할 때 사용하는 용매(일반적으로 수소 원자를 포함하지 않음)는 신호의 위치에 영향을 줄 수 있다. 용질보다 더 많은 용매는 용질과 회합한다. 이러한 조합의 안정성은 각각의 극성에 따라 달라진다. 결과적으로 상관관계 표를 통해 농도와 사용된 용매에 대한 정보를 제공해야 한다.

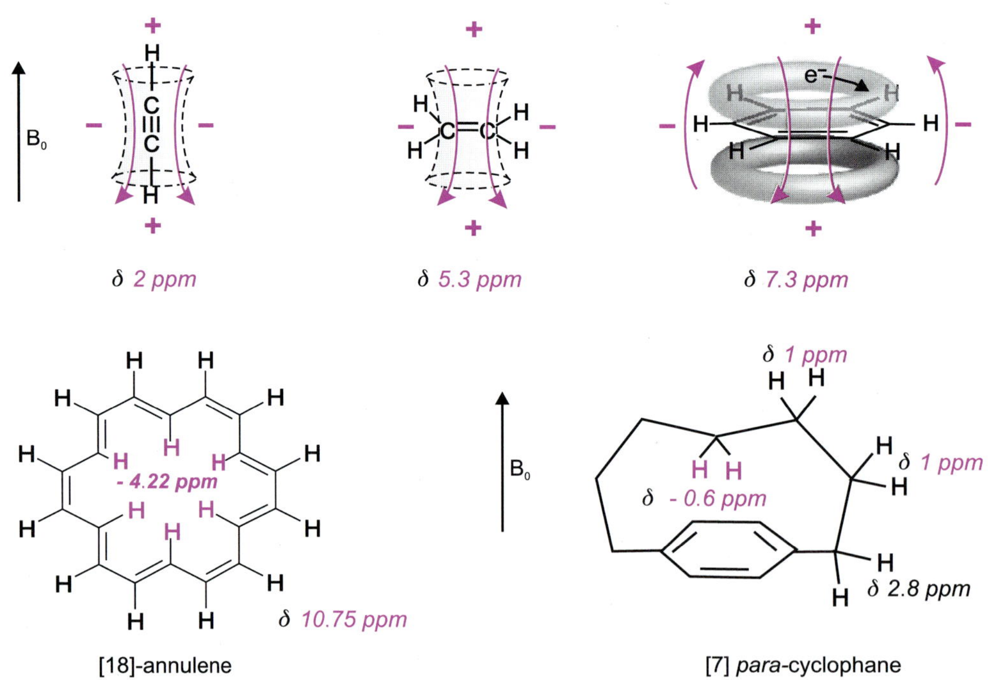

그림 15.13 자기 비등방성 효과와 유도 국소 자기장 π 결합의 존재는 (+) 가림 또는 (–) 벗김 효과의 영역으로 바뀔 수 있다. 에틸렌성 양성자는 일종의 보호 이중 원뿔 외부에 있는 반면에 방향족 양성자는 두 개의 평행한 원형 전자 구름에서 움직이는 전자의 영향을 받는다.

^1H NMR에서 클로로폼/톨루엔 혼합 용액 중 클로로폼의 신호 위치는 7.23 ppm(90% 클로로폼/10% 톨루엔 *v*/*v*)에서 5.86 ppm(10% 클로로폼/90% 톨루엔 *v*/*v*)까지 변한다. 톨루엔이 많은 용액 중에서 높은 자기장으로 이동하는 현상은 클로로폼의 양성자가 톨루엔의 방향성 양성자핵의 가림으로 들어가는 복잡한 현상 때문에 발생한다.

가장 널리 사용되는 용매는, 대부분의 유기 화합물을 용해시킬 수 있고 충분한 극성을 띠는 중수소 클로로폼($CDCl_3$)이다. 또한 아세톤-*d6*(C_3D_6O), 메탄올-*d4*(CD_3OD), 피리딘-*d5*(C_5D_5N), DMSO-*d6*(C_2D_6SO), 그리고 중수(D_2O)를 사용할 수 있다.

불안정안 수소 원자를 가지는 화합물의 경우, 특정 용매에서 D ↔ H 교환이 발생할 수 있다. 마찬가지로 수소 결합은 일부 양성자의 전자 환경을 변화시켜 화학적 이동을 예측하기 어렵게 한다. 마지막으로 인접한 분자 간의 상호작용과 점도 효과는 스핀–격자 이완 시간을 통하여 스펙트럼의 분해능에 영향을 준다.

15.12 초미세 구조: 스핀–스핀 짝지음

일반적으로 NMR 스펙트럼은 다른 화학적 이동을 나타내는 원자핵보다 더 많은 신호를 가진다. 이와 같은 현상은 외부 자기장이 시료 화합물의 모든 원자에 영향을 미치기 때문이다. 외부 자기장에 의해서 한 원자핵이 정렬되면, 이 원자핵은 이웃에 있는 원자핵에 영향을 준다.

서로 다른 원자 사이의 거리가 삼중 결합 거리보다 작거나 같은 경우 스핀–스핀 짝지음(또는 J 짝지음)이라 부르는 효과가 관찰된다. **동종핵 짝지음(homonuclear coupling)** 또는 **이핵 짝지음(heteronuclear coupling)**(^1H/^{13}C 핵 사이)으로 인해 신호 봉우리 내에서 작은 이동이 생겨난다. 스펙트럼의 이와 같은 초미세 구조는 화합물에 대한 또 다른 정보를 제공한다. 양성자 간 동종핵 원자 짝지음은 매우 흔하게 볼 수 있다. ^{13}C, ^{31}P와 ^{19}F 등이 존재할 경우 양성자와 이핵 짝지음이 일어난다.

15.12.1 전형적인 이핵 짝지음: 플루오린화 수소

플루오린화 수소(HF)는 공유 결합으로 연결된 두 원자 사이에서 이핵 스핀–스핀 짝지음이 관찰되는 가장 간단한 분자이다(그림 15.14). 이 화합물의 ^1H 스펙트럼을 연구하여 보자. HF 분자 자체는 한 개의 수소 원자(H)를 가지고 있지만, 2개의 똑같은 세기의 신호를 관찰할 수 있다. 선험적으로 단 하나의 신호만 나타나야 한다. 그 이유는 다음과 같다.

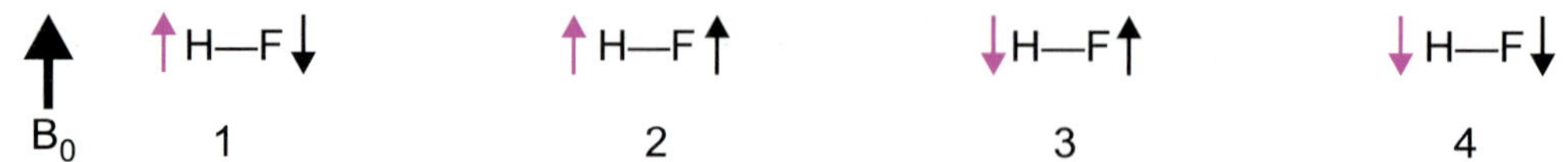

그림 15.14 플루오린화 수소의 이핵 스핀–스핀 짝지음

이 화합물로 된 시료가 분광기의 탐침 속에 놓이게 되면 매우 많은 수의 플루오린화 수소 분자가 외부 자기장 $\vec{B_0}$에 들어가게 된다. H와 F는 스핀 양자수 $I = 1/2$을 갖게 된다는 것을 알고 있으므로 분자는 열적 평형 상태에서 E_1부터 E_4까지 4가지 분포를 가질 수 있게 된다(그림 15.15).

만약 H와 F 사이에 상호작용이 없다면 한쪽의 E_1과 E_2, 다른 쪽의 E_3과 E_4는 같은 에너지를 갖고 한 개의 신호만 보여야 한다. 하지만 실제로는 H와 F 핵 사이의 상호작용이 있기 때문에 다르게 나타난다.

짝지음이 일어나지 않는 경우를 상정하여 이론적으로 전개를 하면 E_1과 E_2의 두 가지 분포는 2개의 다른 에너지 상태를 나타낸 것이다. 앞에서 생각했던 것과 같이 봉우리가 분리될 것이라는 것을 예측할 수 있다. E_2에서 E_3으로 가는 데 필요한 에너지는 E_1에서 E_4로 가는 데 필요한 에너지와 다르다. 따라서 이 화합물의 ^{1}H NMR 스펙트럼은 그림 15.15와 같이 전이 에너지에 해당되는 2개의 봉우리를 포함하게 된다.

Hz로 나타내는 **짝지음 상수(coupling constant)**는 화학적 이동과 달리 그 값이 기기의 진동수와 무관하기 때문에 NMR 스펙트럼에서 사용할 수 있다.

짝지음 상수는 두 핵을 나타내는 아래 첨자를 오른쪽에, 두 핵 사이의 결합의 수를 나타내는 위 첨자 n을 왼쪽에 써서 ^nJ로 표현한다. 만약 HF의 경우 짝지음 상수를 다음과 같이 나타낸다.

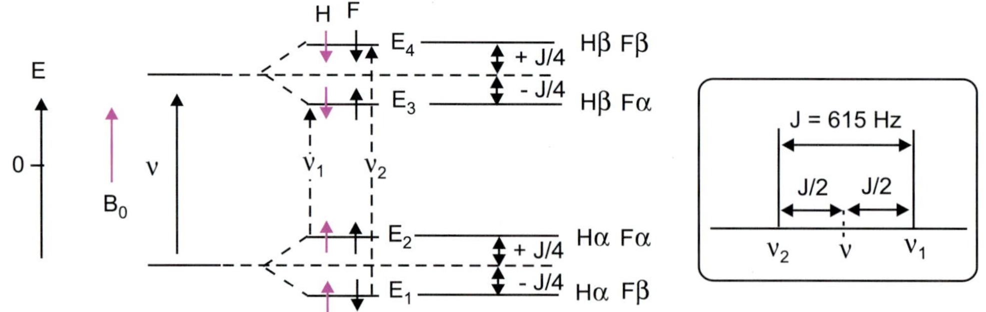

그림 15.15 ^{1}H NMR에서 HF 분자에 대한 짝지음 도표 플루오린 원자와의 짝지음이 없는 상황(가정)과 실제 상황의 비교. ν_1 값과 ν_2 값은 J(Hz)만큼 차이 난다.

$$^{1}J_{\mathrm{FH}} = 615\ \mathrm{Hz} \tag{15.11}$$

양성자의 공명 진동수와 매우 멀리 떨어진 공명 진동수를 갖는 플루오린 원자의 스핀 배향은 양성자에서 일어나는 공명에 분포되지 않는다. 2.35 T 자기장에서 ^{1}H는 100 MHz에서 공명하는데, ^{19}F는 94 MHz에서 공명한다. $\vec{B}_0$에 상관없이 ^{1}H 신호로 나타나는 2개의 봉우리는 615 Hz만큼 떨어져 관찰될 것이다. 이 분리에 대한 ^{19}F NMR 스펙트럼도 비슷하다. 이 두 봉우리도 615 Hz만큼 떨어져 관찰될 것이다.

원자를 분리하는 결합의 수가 증가하면, 즉 π 결합 전자를 통하여 스핀 효과를 전달할 수 있는 다중 결합이 존재하지 않는다면, 스핀–스핀 결합이 매우 빠르게 감소한다.

15.12.2 동종핵 짝지음–짝지음이 약한 시스템

화학적 이동이 다른 경우 주어지는 인접한 원자 사이에서 신호의 갈라짐은 자주 발생한다.

짝지음 상수가 어떤 핵에 대한 화학적 이동의 차이보다 매우 작을 때 약하게 짝지음되었다고 한다(Hz로 변환 후). 뷰탄올의 에틸기(그림 15.1)는 이런 상태를 보여준다. 이 5개의 양성자(약하게 짝지어진 3개와 2개)는 1.1 ppm 부분에서 3개의 신호(**삼중항**(**triplet**))를 나타내고, 2.5 ppm에서 4개의 신호(**사중항**(**quadruplet**))를 보인다. 이 신호는 화학적 이동에 의해서 스펙트럼에 나타난 것이다(표 15.4).

삼중항의 봉우리는 에틸기의 CH_3에 의한 것이며, 사중항의 봉우리는 이웃한 CH_2에 의해 생겨난다. 이와 같은 다중 분리의 상태적 세기는 통계 법칙으로 알아낼 수 있다(그림 15.16, 표 15.4).

일반적으로 n개의 원자핵(스핀 양자수가 I인)과 인접된 원자가 동일한 자기장에 놓이게 되면 n개 원자에 인접한 원자핵에 대한 신호는 $2nI+1$로 분리된다. $I=1/2$인 경우에는

표 15.4 파스칼의 삼각형을 $I = 1/2$인 NMR에 적용한 경우

이웃하는 수소	다중도	세기						
0	단일항	1						
1	이중항	1	1					
2	삼중항	1	2	1				
3	사중항	1	3	3	1			
4	오중항	1	4	6	4	1		
5	육중항	1	5	10	10	5	1	
6	칠중항	1	6	15	20	15	6	1

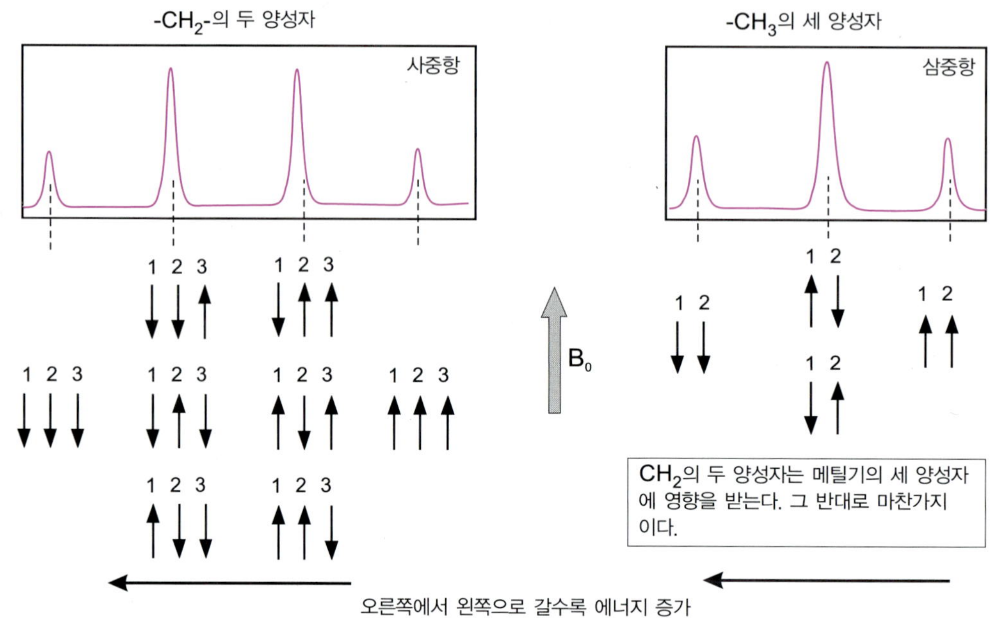

그림 15.16 에틸기에 있는 5개 양성자에 대한 서로 다른 스핀 상태 인접한 핵에 동일한 영향을 미치는 스핀 상태는 같은 줄에 나타냈다. 시료에는 많은 수의 동일한 분자가 포함되어 있다. 이들은 많은 모집단에 걸쳐 분포되어 있으며, 각 모집단은 그림에서 줄당 상태의 수와 같이 통계적으로 가중된 신호를 제공한다.

$(n+1)$이다. 모든 스핀의 T_1값과 T_2값은 동일해야만 한다. 다중항의 봉우리의 세기는 Pascal의 삼각형에 따른 값을 가진다(표 15.4). 하지만 원자핵이 화학적 이동과 짝지음 상수가 다른 이웃해 있는 원자핵의 영향권으로 들어가면 앞에서 언급한 근사법은 더 이상 맞지 않는다. 신호의 다중도와 봉우리의 세기를 쉽게 알아낼 수 없다.

짝지음 상수는 핵 사이의 각도, 이러한 핵 근처에 있는 치환기의 성질 및 양성자 함유 탄소의 혼성화 정도에 따라서 달라진다.

15.12.3 동종핵 짝지음–짝지음이 강한 시스템

$\Delta\nu/J$ 비가 작은 경우 양성자는 강하게 짝지음을 한다(여기서 $\Delta\nu$는 두 양성자의 공명 진동수 차이에 해당된다). 이럴 경우 매우 복잡한 다중항이 발생한다. 새로운 신호가 생겨나 스펙트럼을 해석하는 데 방해를 준다. 이러한 이유로 필요한 자기장을 얻을 수 있는 초전도체 자석을 사용하여 높은 진동수에서(300 → 800 MHz) 작동시킬 수 있는 기기를 개발하였다. J는 일정하고 $\Delta\nu$는 사용하는 진동수에 비례하므로, $\Delta\nu/J$ 비는 증가하여 원자핵은 다시 약하게 짝지음을 하게 된다(그림 15.17). 하지만 진동수가 600 MHz를 초과하게 되면 스펙트럼을 복잡하게 하는 다른 요인이 발생한다.

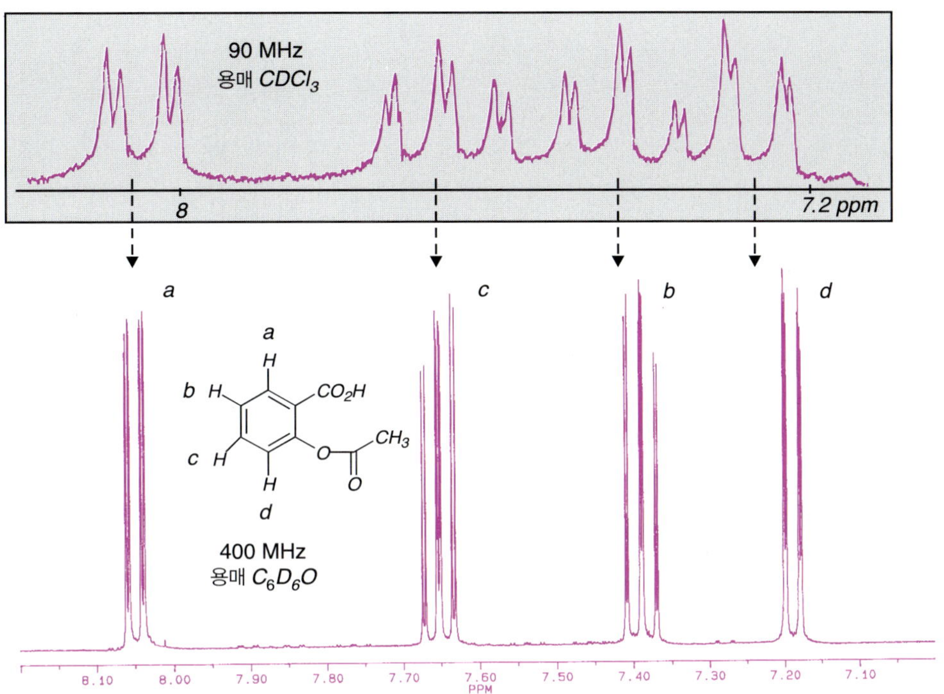

그림 15.17 아스피린의 방향족 양성자 4개의 스펙트럼 비슷한 눈금으로 2개의 다른 기기로 얻은 아스피린의 스펙트럼. 90 MHz에서(용매 $CDCl_3$)의 결과와 400 MHz에서(용매 C_3D_6O)의 결과. NMR의 감도는 $B_0^{3/2}$에 비례하여 커진다.

AB 계

두 양성자 사이의 공명 진동수 차이를 짝지음 상수 J와 비교할 때 이 계는 가장 단순한 강하게 짝지음 하는 상태가 된다. 2개의 봉우리를 갖는 각 원자의 신호는 J Hz에 의해서 분리된다. 그렇지만 세기는 더 이상 동일하지 않고, 스펙트럼에서 확인할 수 없는 화학적 이동은 그림 15.18에 표시된 식으로 계산해야 한다.

^{1}H NMR에서 짝지음 계의 명명법

많은 수소 원자를 가진 분자의 스펙트럼 해석은 신호의 하위 그룹을 인식할 수 있을 때 더욱 쉽다. 이런 특별한 경우는 화학적 이동과 관련하여 선택된 알파벳 문자를 사용하는 명명법에 의해 분류된다(그림 15.19). 화학적 이동이 동일하거나 매우 가깝다면, 양성자를 표기할 때 AB, ABC, A_2B_2, A_3와 같이 비슷한 순서의 알파벳을 사용한다. 화학적 이동이 매우 다르다면 A, M 그리고 X와 같이 더 멀리 떨어져 있는 알파벳으로 지정한다.

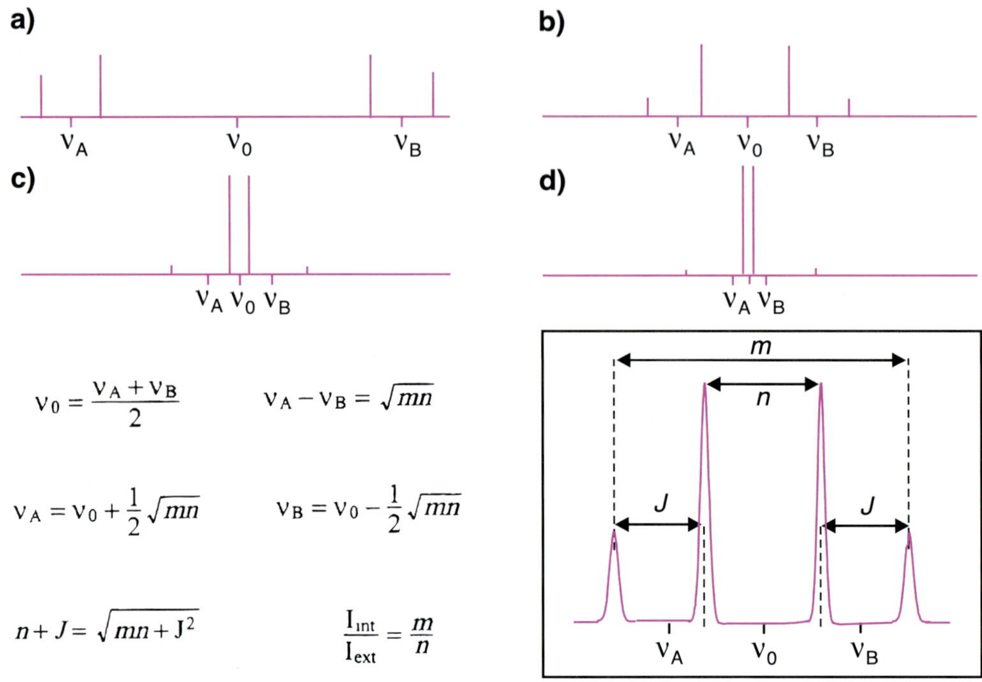

그림 15.18 **AB 계의 특징적인 설명** $\Delta\nu/J$ 비가 감소함에 따라 두 양성자의 짝지음은 서서히 변화한다(a~d). 전형적인 모양과 식으로 AB 계를 분석할 수 있다.

15.13 스핀 짝풀림과 특이 펄스 서열

NMR 기기는 스펙트럼을 쉽게 해석하기 위해 발전을 거듭해왔다. 그래서 서로 이웃한 핵 사이에서 발생하는 스핀 짝지음 효과를 제거할 수 있게 되었다. **스핀 짝풀림(spin decoupling)** 기술은 공명하는 원자핵이 시간이 지남에 따라서 계속 같은 스핀 상태를 유지

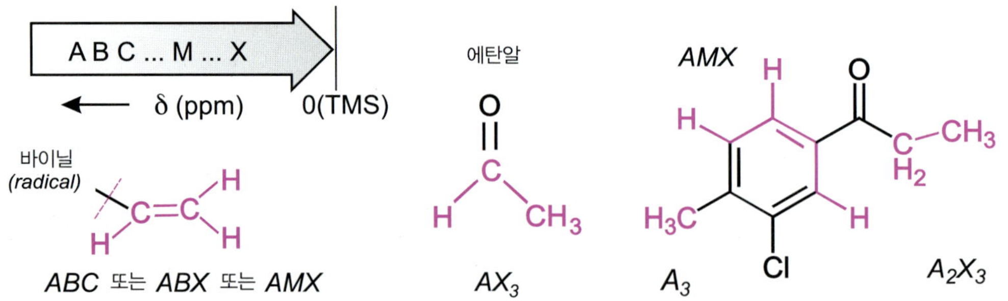

그림 15.19 **NMR 스펙트럼의 명명법** 3-chloro-4-methylpropiophenone의 ^{1}H 스펙트럼은 여러 독립적이지만 쉽게 인식되는 하위 그룹의 신호 중첩의 복잡한 결과이다. 따라서 에틸기는 A_2X_3 계를 구성하고, 에탄올 양성자는 AX_3 계를 형성하는 반면, 비닐기는 상황에 따라서 ABC, AMX 또는 ABX 계가 될 수 있다.

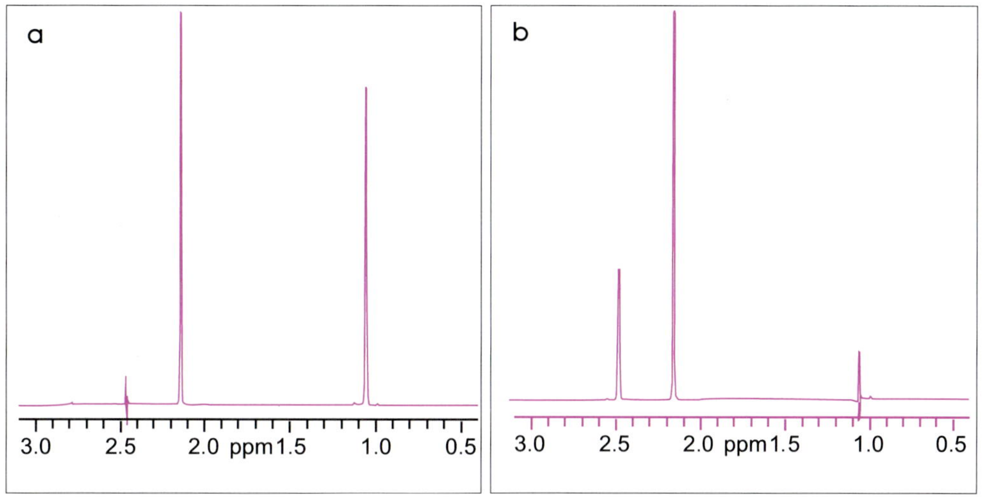

그림 15.20 뷰탄온의 스핀 분리 실험 (**a**) 2.47 ppm에서 CH_2에 대한 결과와 (**b**) 1.08 ppm에서 에틸기의 CH_3에 대한 ^1H 스펙트럼. 그림 15.1의 뷰탄온 결과와 비교해 보라. 이와 같은 간단한 화합물의 예는 설명을 위한 것뿐이다. 하지만 이중 공명 실험을 통해 아스피린의 서로 다른 결합을 정확하게 결정할 수 있다(그림 15.17).

하지 못하는 것에 기반한다. 이와 같이 독립적으로 서로 다른 상태 사이를 빠르게 전환함으로 이웃한 전체 핵에 영향을 미치게 된다. 이처럼 중단되지 않고 빠른 상태 간 이동은 이웃한 핵에 대한 평균적인 효과를 유도한다.

짝풀림 서열은 획득한 NMR 스펙트럼의 모양을 단순화하기 위하여 ^{13}C NMR에서 자주 사용된다(그림 15.20). 이 기술은 특히 중첩된 신호에 대한 일반 스펙트럼을 해석하기 어려울 때 결합된 핵을 식별하기 위해서 사용된다.

이 짝풀림 서열은 조사된 것과 공간적으로 가까운 양성자에 두 번째 영향을 미친다. 조사로 인한 에너지 상태의 빠른 전이는 인근 핵의 쌍극자 이완을 향상시킨다. 이 과정에서 쌍극자 결합이라는 두 번째 유형의 결합이 발생한다. 용액상 NMR의 경우, 이러한 유형의 결합을 관찰할 수 없다. 쌍극자 이완의 개선은 조사된 핵 또는 핵 근처에 위치한 핵의 신호 감도를 증가시킨다. 이것이 바로 **핵 Overhauser 효과(nuclear Overhauser effect, NOE)**이다. 연구 중인 분자에 대한 구조 정보를 얻는 데 널리 사용되고 있다.

15.14 ^{13}C NMR

^{13}C NMR에서 짝지음 상수 $^1J_{C-H}$가 125와 200 Hz 사이에 있기 때문에 스펙트럼을 읽기 어렵게 만드는 신호 중첩이 자주 발생한다. ^{13}C NMR에서 신호를 수집할 때는 양성자 짝풀림

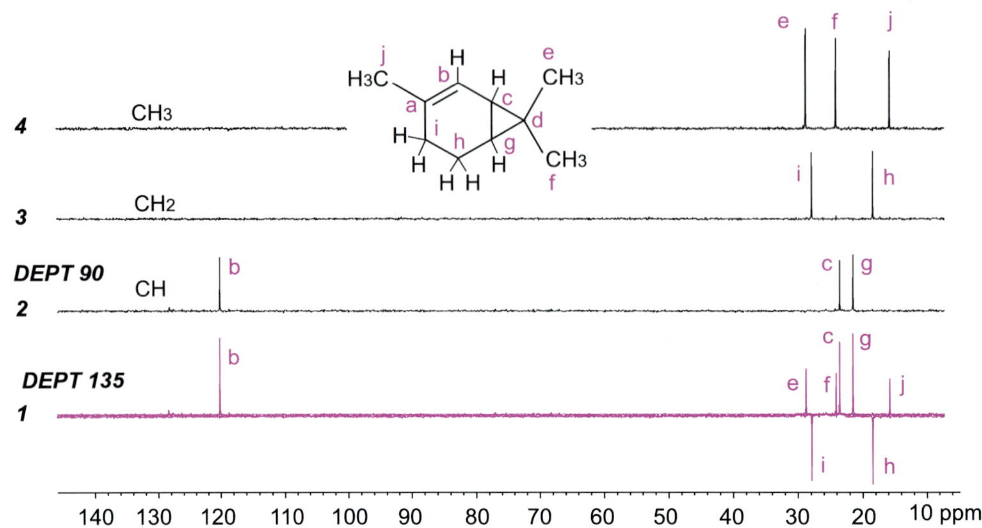

그림 15.21 **2-카렌에 대한 DEPT 서열** 이 예는 겉보기에 알려지지 않은 화합물 구조를 결정할 때 이러한 서열이 제공될 수 있음을 보여준다.

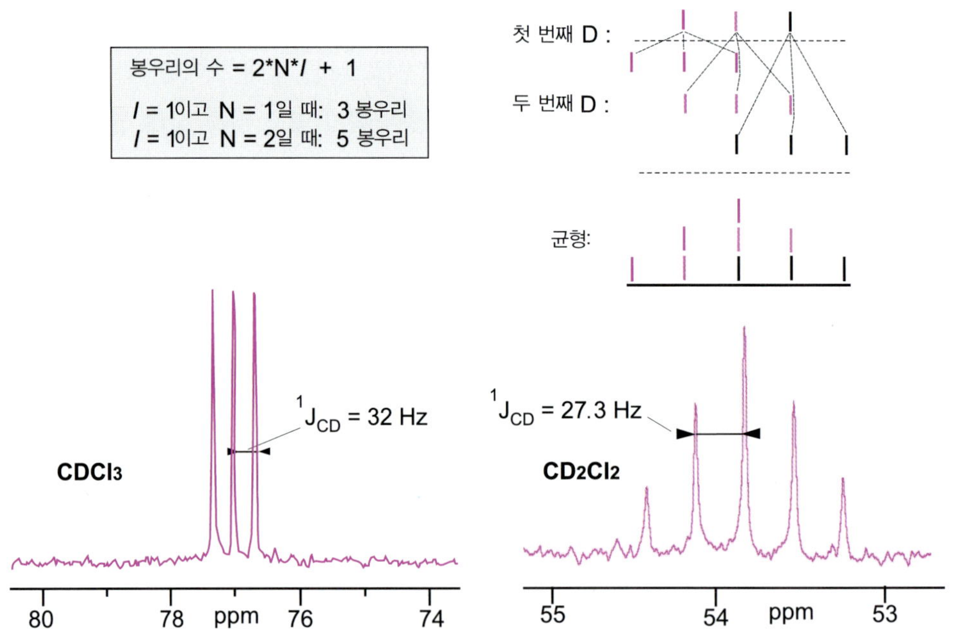

그림 15.22 **$CDCl_3$와 CD_2Cl_2의 ^{13}C 스펙트럼** $I=1$인 중수소는 3개의 m 값(−1, 0, 1)을 생성하고, 중수소 원자가 하나만 있기 때문에 동일한 강도의 봉우리 3개를 생성한다.

서열에 의해 스펙트럼은 얇은 단일선을 만든다(그림 15.25). ^{13}C의 낮은 존재비(약 1.1%)로 인해 신호/잡음 비를 개선해야 할 필요가 있기 때문에, ^{13}C NMR 스펙트럼의 이러한 단순화는 필수적이다. 양성자의 분리와 관련된 핵 Overhauser 효과로 인하여 양성자를 함유하는 탄소 신호가 4차 탄소 신호보다 더욱 강하다.

^{13}C 스펙트럼의 분석에는 DEPT(distortionless enhancement by polarization transfer)라는 특별한 서열이 동반될 수 있다. 이를 통해 CH, CH_2, CH_3 그리고 4차 탄소의 신호를 구별할 수 있다. 따라서 DEPT 135 스펙트럼은 바탕선에 의해 정의된 평면의 한쪽에 CH 및 CH_3 신호가 나타나고 다른 쪽에 CH_2 신호가 나타나게 된다(그림 15.21). 양성자와 결합을 사용하는 이 서열은 4차 탄소(짝지어지지 않은)의 신호를 사라지게 한다.

$CDCl_3$를 사용하여 분석된 화학물의 ^{13}C 스펙트럼에서 동일한 강도를 가진 세 개의 신호(77 ppm 근방)의 존재는 화합물의 신호와 중첩되는 것을 볼 수 있다. 이런 신호의 기원은 ^{13}C와 중소소 ^{2}H 사이의 이핵 결합에 의한 것이다(그림 15.22).

15.15 2차원 NMR(2D-NMR)

NMR은 복잡한 분자 구조에 관한 정보를 원하는 연구자들에게 필수적인 도구이다. 이런 복잡한 구조를 알기 위해서는 2차원 연구를 진행해야 한다. 예를 들어 결합된 핵의 신호를 상호 연관시키는 데 도움이 되는 몇 개의 연속적인 단계로 구성(준비, 방출, 혼합, 및 감지)되어 있는 펄스 서열이 있다. 가장 고전적인 세 가지 서열이 제공할 수 있는 정보를 다음 절에서 간략하게 설명할 것이다.

15.15.1 동핵 상관성: $^{1}H-^{1}H$ COSY

COSY 서열(correlation spectroscopy, 상관 분광학)은 두 개의 진동수 축이 있는 2D로 표시되는 스펙트럼으로 이어지며(그림 15.23) 세 번째 축은 세기이다. 그래프의 상단과 왼쪽에는 기존 스펙트럼을 작게 나타내고, 중앙 부분은 레벨 플롯의 형태로 표현되는 그래프로 나타낸다. 대각선으로 나타나는 결과는 기존의 스펙트럼이다.

이 서열의 중요한 점은 주어진 수직선(또는 수평선)에서 발견되는 추가적인 점이 있다는 것이다. 이것들은 특정 양성자 사이의 기존 결합이 존재함을 보여주므로 관련된 신호를 식별하는 데 도움이 된다. 3-헵탄온 스펙트럼은 이러한 유형의 서열의 목적을 이해하는 데 도움이 되는 예시이다.

15.15.2 동핵 상관성: $^{1}H-^{1}H$ NOESY

COSY 서열과 마찬가지로 핵 Overhauser 효과 분광법(nuclear Overhauser effect spectroscopy, NOESY) 서열은 $^{1}H-^{1}H$ 상관 서열이다. COSY와 다른 점은, 여러 결합에 의

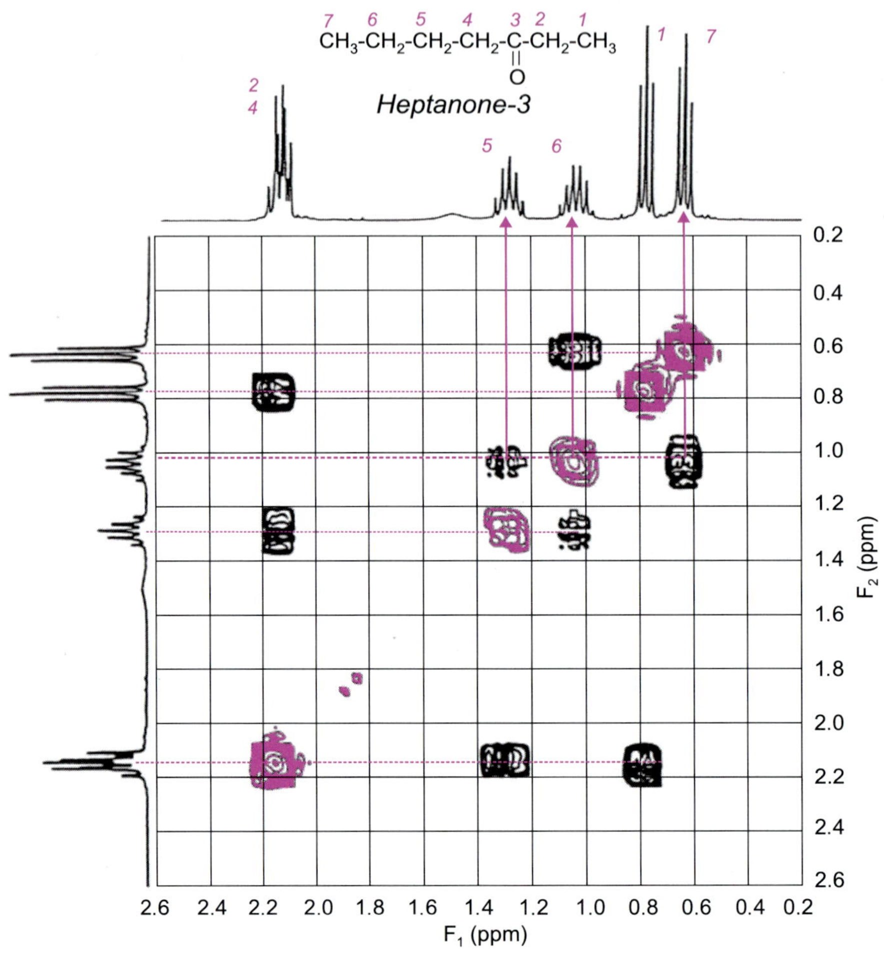

그림 15.23 **2-헵탄온의 COSY 스펙트럼** 수평선에 나타난 결과는 양성자 스스로 짝지음하여 발생한 것이다. 따라서 결합 ^3J는 탄소 6에 의해 영향을 받는 양성자와 탄소5 및 7에 의해 영향을 받는 양성자 사이에 나타난다. 다른 기존 짝지음은 다른 수평선에서 볼 수 있다.

해 분리되지만 공간적으로는 여전히 가까운 양성자 사이의 핵 Overhauser 효과(NOE)가 나타나도록 하는 것이 기반이라는 것이다. 얻은 정보는 COSY 서열의 결과를 보완한다. 하지만 스펙트럼은 약간 더 복잡해진다. 따라서 이 분석은 분자의 구성 및 모양에 대한 정보를 제공한다(그림 15.24).

15.15.3 이핵 상관성: $^1H-^{13}C$ HETCOR와 HSQC

다양한 서열이 존재한다. 이들은 일반적인 방법은 아니며, 숙련자를 위한 방법이다. 이핵 상관(heteronuclear correlation, HETCOR) 및 이핵 단일 양자 결맞음 서열(heteronuclear

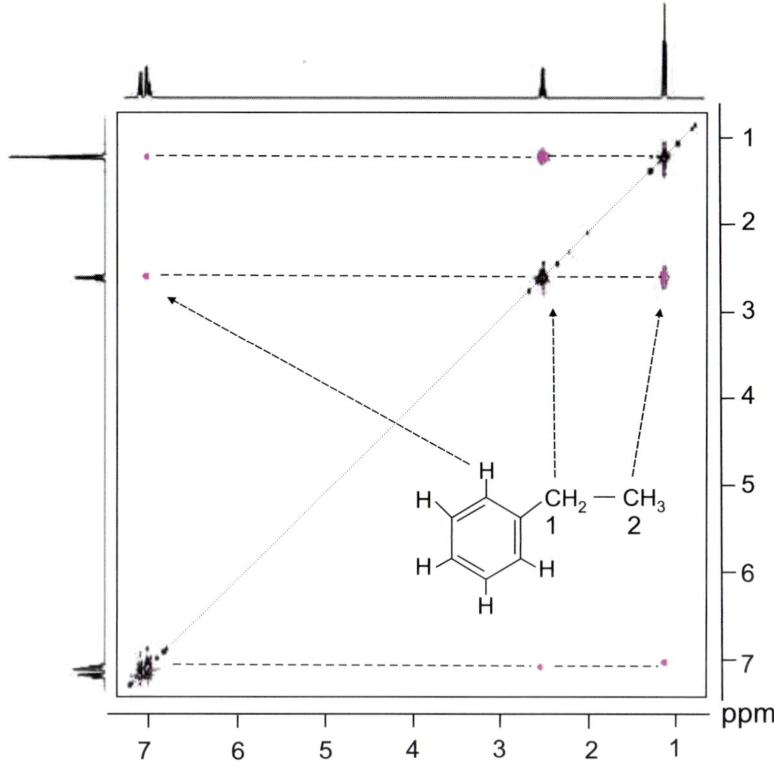

그림 15.24 **에틸벤젠의 NOESY 스펙트럼** 이 분자에 대한 NOESY 실험의 결과는 탄소 1과 2에 있는 수소 원자 사이의 COSY 상관관계 이외에도 방향족 고리에 있는 특정 수소 원자와 더 많은 상관관계 지점이 나타남을 보여주는 간단한 예시이다.

single quantum coherence, HSQC)은 ^{1}H NMR 신호와 ^{13}C 신호를 사용한다(그림 15.25).

이 분석은 ^{13}C 신호 또는 동일한 탄소에 의해 영향을 받는 두 개의 양성자에서 해당 양성자의 신호를 찾는 데 도움을 주기 때문에 ^{1}H 및 ^{13}C NMR 스펙트럼의 해석을 쉽게 한다. COSY와 NOESY 스펙트럼과 다르게 각 탄소 신호가 자기적으로 다른 양성자 두 개 이하와 관련될 수 있으므로 상관 지점의 수가 더 제한된다.

15.16 플루오린과 인 NMR

유기화학에서 플루오린과 인은 수소와 탄소 다음으로 NMR로 연구된 원자이다. 100% 플루오린 원소를 사용하면, ^{19}F($I = 1/2$)는 ^{1}H와 비교되는 감도를 가진다. 화학적 이동이 매우 넓은 영역에서 분포된다(그림 15.26과 15.27). 결과적으로 ^{19}F NMR에서는 화학적 이동이 매우 비슷한 화합물을 구별하는 데 사용된다. 특히 입체화학에서는 그 차이점이 특별

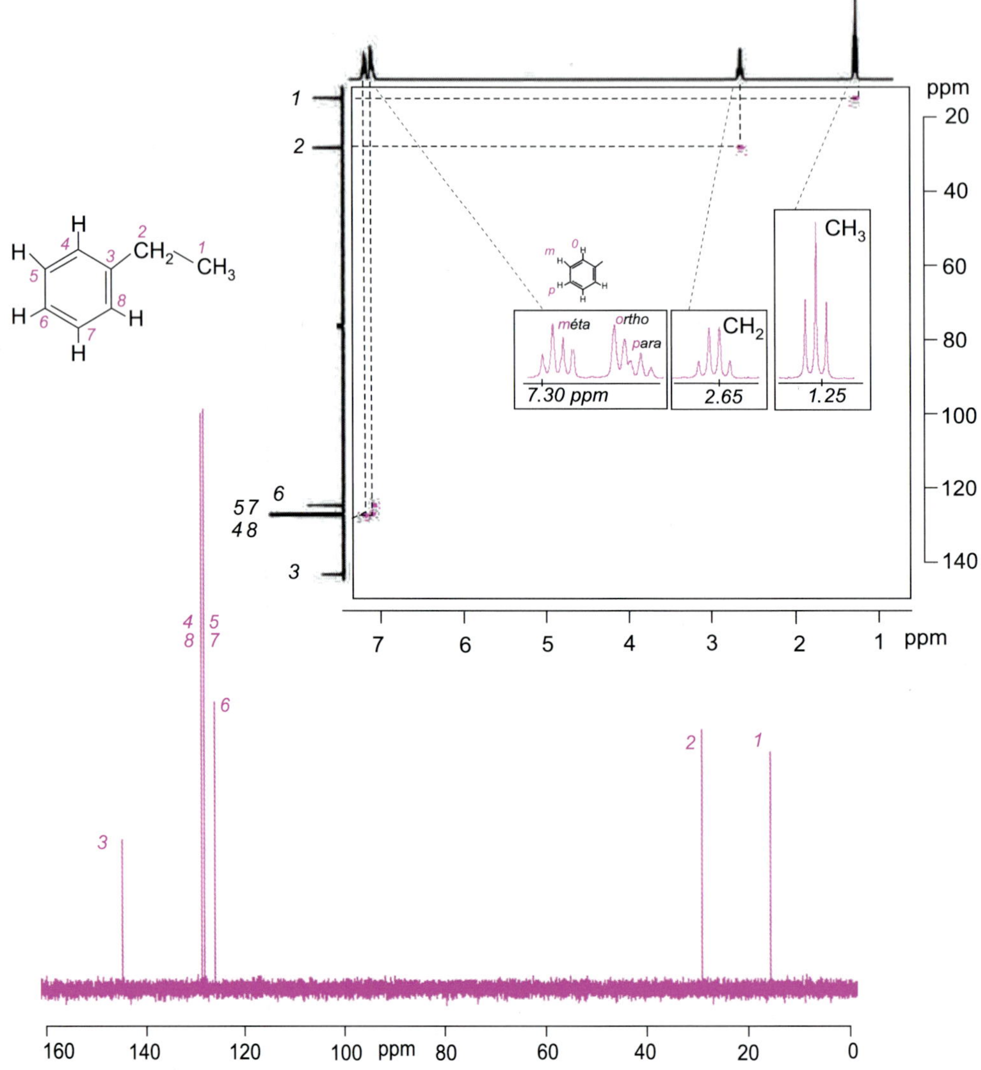

그림 15.25 **양성자와 HSQC 스펙트럼에서 분리된 에틸벤젠의 ^{13}C 스펙트럼** 각 탄소 원자는 단일 신호를 발생하므로 각 신호는 단일항으로 표시된다. 이런 단순하고 광대역으로 분리된 스펙트럼은 더 적은 정보를 제공한다. 이 분자의 HSQC 유형의 2D 실험 결과도 함께 보여주고 있다. 탄소 3에서 수소 원자가 없으므로 상관지점이 나타나지 않는다.

한데 그 이유는 짝지음 상수 J_{H-F}와 비교해서 J_{H-H}가 넓은 영역으로 확장되기 때문이다(그림 15.26). 한편으로는 플루오린 원자를 포함하고 있는 분자는 상대적으로 작다. 인(^{31}P, $I = 1/2$)은 또 하나의 단일 동위 원소인데 NMR 초기로부터 많은 연구가 되어 왔다. 감도가 매우 좋은 수많은 생체 화합물의 구성요소로 매우 중요한 원소이다.

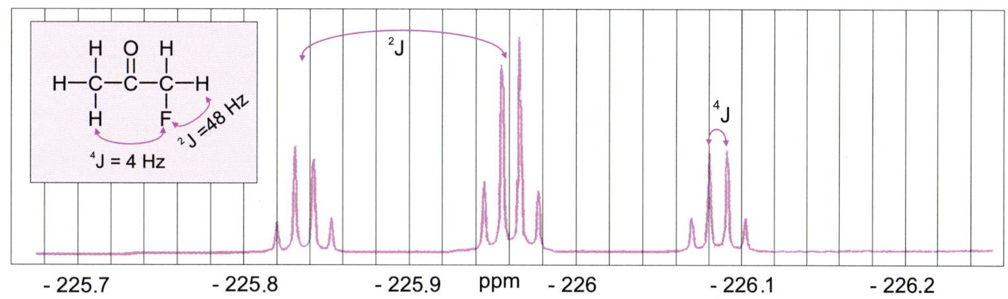

그림 15.26 모노플루오로아세톤의 NMR 스펙트럼 이것은 이핵 결합의 예시이다. 단일 플루오린 원자는 CH_2와 함께 삼중선을 보여주며, 메틸 그룹은 사중선을 나타낸다. 따라서 결과 신호는 사중항들의 삼중항이다(화학적 이동의 척도는 $FSiCl_3$를 기준으로 한 위치이다).

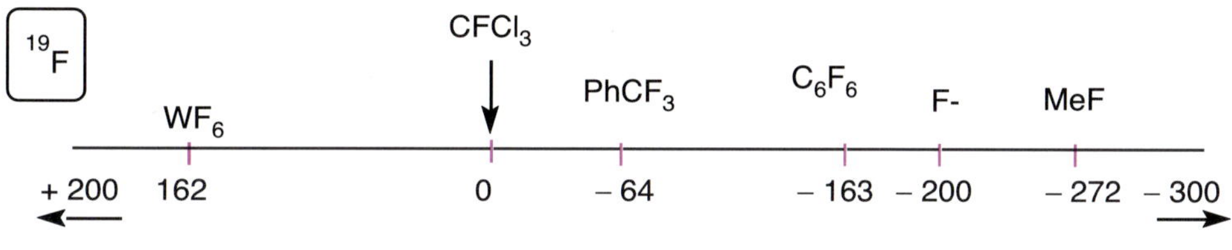

기준 화합물에 대한 상대적인 화학적 이동(ppm)

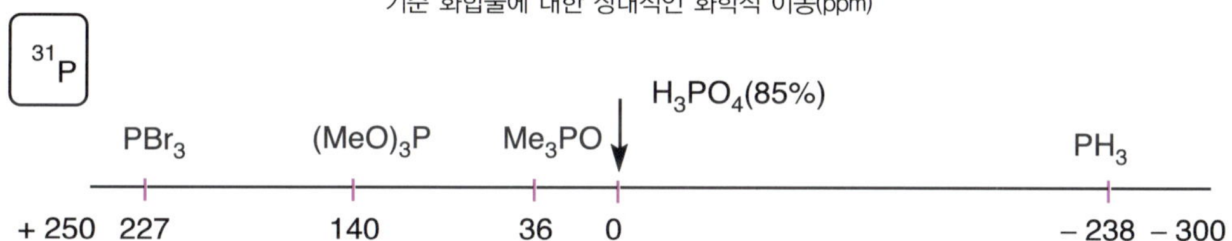

그림 15.27 플루오린 및 인으로 인한 일부 NMR 신호의 위치

15.17 NMR의 응용

15.17.1 구조 분석

많은 천연물질이 NMR을 이용하여 확인되고 있다. 구조 분석에는 순수한 화합물이 필요하므로 다양한 천연 추출물을 사전에 분리해야 한다. 분자는 다양하기 때문에 이 단계는 어렵다. HPLC와 같은 분리 방법과 NMR의 결합은 이러한 어려움을 극복하는 데 사용된다. 현재의 NMR 장비는 이러한 결합을 실현할 만큼 충분한 감도를 가지고 있다(그림 15.28).

원리는 크로마토그래피 검출기에서 나오는 이동상을 NMR 기기에 배치된 순환 마이크로셀로 보내는 것으로 구성된다. 유속의 흐름을 방해하지 않고(온라인 기술) 시간이 지남에 따라 많은 수의 NMR 스펙트럼이 기록되며, 용출된 화합물의 특성을 검출할 수 있다. 하지

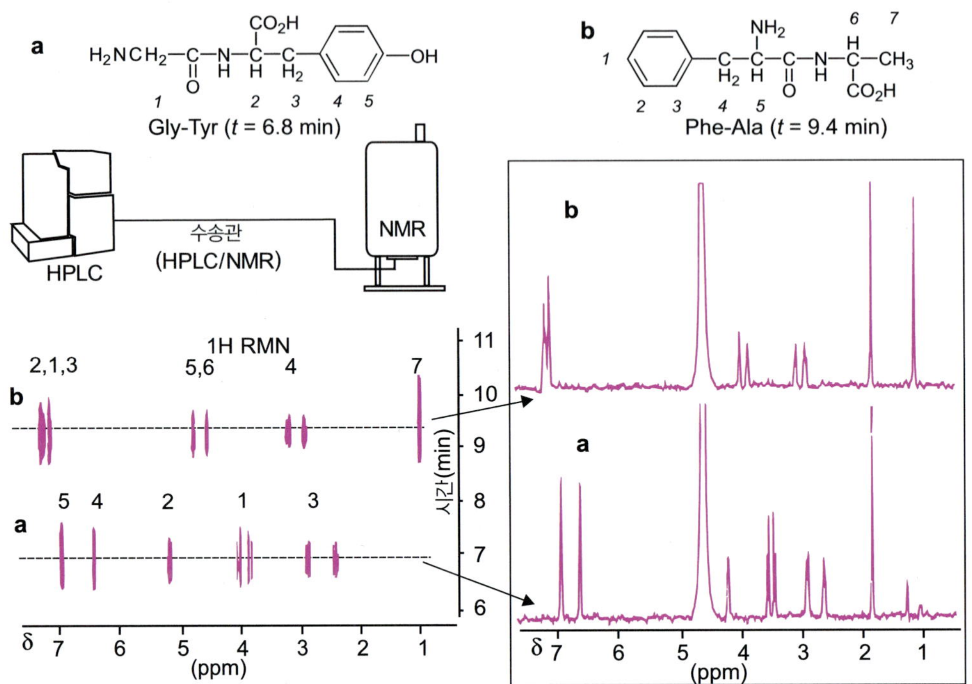

그림 15.28 **HPLC-^{1}H NMR** 짝지음을 결합한 실험 결과 두 다이펩타이드(각 5μg)를 분리 확인한 신호. 명확성을 높이기 위해 약 2 ppm과 5 ppm의 용매 봉우리(아세토나이트릴과 물)는 제거하였다(Sweeker R. D. et. al., Anal. Chem. 1999.71(23), 5335).

만 NMR과 호환되는 이동상(중수소화 용매)을 선택해야 한다는 제한이 있어, 이러한 유형의 기술이 널리 사용되고 있지는 않다.

15.17.2 정량 NMR

NMR은 주로 구조 분석에 이용되지만, 식품산업, 의약품, 고분자 산업, 및 제약산업에서 화합물의 성분을 정량 분석하는 수단으로도 사용된다. 최근에는 대부분의 제약에서 약 성분의 정량화, 혹은 불순물의 분석에 사용된다.

이 방법은 크로마토그래피와 같은 다른 분석 방법과 달리 사전 표준화 단계를 수행하지 않고, 복잡한 준비과정이나 시료의 파괴, 장비를 오염을 피하여 분석을 진행할 수 있기 때문에 큰 관심을 받고 있다. 경우에 따라서 시료 전처리가 빠르고 쉽다. 적절한 중수소화 용매에 간단히 용해 및 희석할 수 있다.

이 방법은 NMR 신호의 강도(일반적으로 면적 S에 비례하는 숫자로 표시)가 이 신호를 담당하는 핵 N의 수에 정비례함에 의존한다.

$$S_X = k_{\text{app.}} \cdot N_X \tag{15.12}$$

여기서 k_{app}는 다양한 매개변수에 따라 달라지는 분광 상수이다. 전체 스펙트럼의 모든 공명 신호에 대해 일정하게 유지되어야 한다.

각 구성 원소를 식별하기 위해 선택한 신호는 잘 분리되어야 한다. 감도와 정밀도는 핵의 유형에 따라 다르다. 양성자의 경우 영역에 대한 정밀도는 약 1%이다. 이완 시간 T_1이 특히 긴 ^{13}C, ^{29}Si, ^{31}P 원자핵을 연구할 때는 T_1을 단축하기 위해 크로뮴아세틸아세토네이트와 같은 상자성 이완제를 첨가한다.

따라서 양성자 NMR에서 각 신호의 면적 S는 이 신호에 해당되는 양성자의 수와 분자 농도에 정비례한다. 몇 가지 정량화 방법이 있다.

시료의 모든 분석 물질이 식별되고 모든 NMR 신호가 나타난 경우, NMR 스펙트럼 검사를 통해 다음 예에서 보여주듯이 몰비를 거의 즉각적으로 유추할 수 있다.

아세톤 A와 벤젠 B의 혼합물을 용매 $CDCl_3$에 희석시켜 만든 시료를 생각해 보자. 이 혼합물의 ^1H NMR 스펙트럼에서는 $\delta = 2.1$ ppm(아세톤)과 $\delta = 7.3$ ppm(벤젠)에서 두 개의 신호가 관찰된다(기준 물질: TMS). 이 스펙트럼은 개별 스펙트럼 2개이 가중 중첩되어 나타난 것이다(그림 15.29).

A 신호의 면적(S_A)은 양성자 수 a와 몰농도 n_A에 모두 비례하고 B의 면적(S_B) 역시 마찬가지로 양성자 수 b와 몰농도 n_B에 비례한다. 몰비 n_A/n_B는 쉽게 결정이 가능하다.

$$\frac{n_A}{n_B} = \frac{S_A/a}{S_B/b} \tag{15.13}$$

만약 C_A%와 C_B%가 A와 B의 농도이고($C_A\% + C_B\% = 100$), M_A와 M_B가 몰질량이라면 다음과 같다.

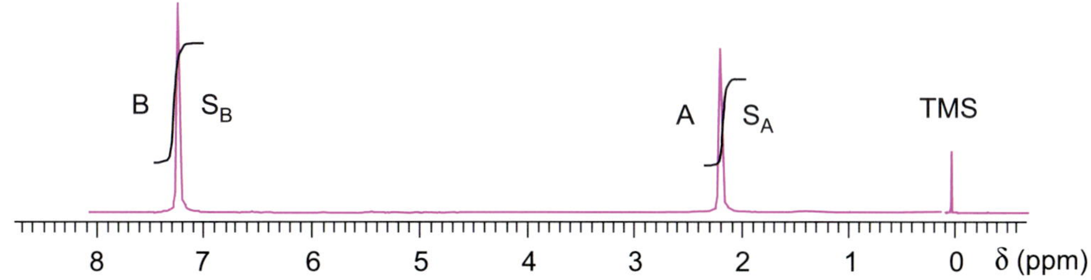

그림 15.29 아세톤(**A**)과 벤젠(**B**) 혼합물의 **NMR** 스펙트럼 $S_A = 111$, $S_A = 153$(임의 단위), $M_A = 58$ g/mol, $M_B = 78$ g/mol이므로 $C_A = 35\%$와 $C_B = 65\%$의 질량을 찾을 수 있다.

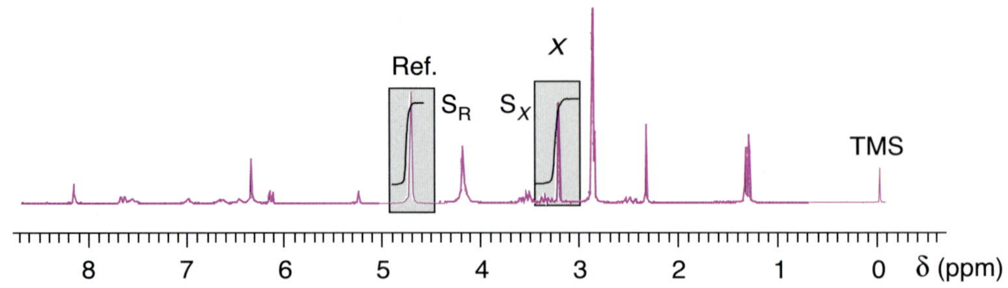

그림 15.30 기준 물질 **R**을 첨가시킨 시료의 스펙트럼 S_X 신호는 측정 대상 화합물에 속하고 신호 S_R 신호는 내부 표준물에 해당된다.

$$C_A\,\% = 100 \cdot \frac{\frac{S_A}{a} M_A}{\frac{S_A}{a} M_A + \frac{S_B}{b} M_B} \text{ 그리고 } C_B\,\% = 100 \cdot \frac{\frac{S_B}{b} M_B}{\frac{S_A}{a} M_A + \frac{S_B}{b} M_B} \tag{15.14}$$

각 성분이 사전에 확인된 다성분 혼합물(A, B, ,..., I, ..., Z)인 경우 식 15.15는 성분 i의 질량 농도를 나타낸다.

$$C_I\,\% = 100 \cdot \frac{(S_I/i) \cdot M_I}{(S_A/a) \cdot M_A + \cdots + (S_I/i) \cdot M_I + \cdots + (S_Z/z) \cdot M_Z} \tag{15.15}$$

선택한 예(그림 15.30)에서 아세톤과 벤젠이 동일한 수의 양성자를 갖는 경우($a = b$), 식 15.14에 의해 질량 백분율은 다음과 같다.

$$C_A\,\% = 100 \cdot \frac{S_A M_A}{S_A M_A + S_B M_B} \text{ 그리고 } C_B\,\% = 100 \cdot \frac{S_B M_B}{S_A M_A + S_B M_B} \tag{15.16}$$

이러한 유형의 계산에서 ^{1}H NMR은 반응 A → B의 수율을 찾는 방법으로 유기화학에서 자주 사용된다.

이는 반응 후 원료 생성물의 스펙트럼을 기록하고 형성된 생성물에 속하는 신호(B)와 나머지 반응 물질에 속하는 신호(A)를 식별함으로써 수행된다. A에 대한 B의 수율은 다음과 같이 나타낼 수 있다.

$$R = 100 \cdot \left(\frac{S_B}{b}\right) / \left(\frac{S_A}{a} + \frac{S_B}{b}\right) \tag{15.17}$$

하지만 대부분의 경우, 정확한 구성물을 알 수 없는 복잡한 스펙트럼의 신호에서 하나 또는 두 개의 물질만 정량화해야 한다. 즉, 해당 화합물에 속하는 하나의 신호만을 찾아내야 한다. 그런 다음 크로마토그래피에서와 같이 내부 표준물법과 유사한 방법이 사용된다.

혼합물 E에 들어 있는 화합물 X($M=M_X$)를 정량하기 위해서, 스펙트럼을 기록하기 전에 내부 표준 물질로 사용하는 질량 P_R(mg)의 기준 물질 R($M=M_R$)을 화합물 E가 포함된 시료 P_E(mg)에 첨가한다. 지시약의 신호는 화합물 X를 정량하기 위해 선택된 신호를 방해하지 않아야 한다(그림 15.30). 그다음 내부 표준 물질이 포함된 혼합물의 NMR 스펙트럼상에서 화합물 X의 신호(양성자의 면적 S_X)를 표준 물질 R의 신호(R 양성자의 면적 S_R)와 비교한다.

X와 R의 몰비 n_X/n_R로 표현하면

$$\frac{C_X}{C_R}=\frac{n_X}{n_R}\cdot\frac{M_X}{M_R} \tag{15.18}$$

이것을 다시 나타내면

$$\frac{n_X}{n_R}=\frac{S_X/x}{S_R/r} \tag{15.19}$$

S의 질량 백분율 농도 C_R은 다음과 같다.

$$C_R=100\cdot\frac{p_R}{P_E+p_R} \tag{15.20}$$

화합물 X의 질량 농도 C_X를 계산할 수 있다.

$$C_X=100\cdot\frac{p_R}{P_E+p_R}\cdot\frac{(S_X/x)\cdot M_X}{(S_R/r)\cdot M_R} \tag{15.21}$$

15.17.3 시간-분해 NMR을 통한 분석(TR-NMR)

저분해능 Fourier 변환 펄스형 NMR(0.3~1 Tesla의 자기장)은 물이나 지방의 함량뿐만 아니라 다양한 시료, 심지어 불균질한 시료의 고체 및 액체 비율을 평가하는 데 이용된다.

많은 응용 프로그램이 일상적인 분석에 사용된다. 사전 준비 없이 시료에 사용할 수 있는 이 비침습적 방법의 원리는 조사 펄스 직후 시간이 지남에 따라 감소(FID)하는 신호에서 발견된 정보를 활용하는 것이다(그림 15.31).

이 방법이 **시간-분해 NMR(time-resolved NMR**, TR-NMR)이다. 시료에 존재하는 모든 양성자로 인한 전체 FID는 속한 화합물이 무엇이든지 두 개의 시간 상수를 추출하기 위해 단일 화합물에 사용될 수 있다. 이 시간 상수는 앞서 언급한 T_1(스핀-격자 이완 또는 세로 방향)과 T_2(스핀-스핀 이완 또는 가로 방향)이다(15.7절). 이러한 값은 양성자가 발견되는 분자 환경(고체 또는 액체)에 대한 정보를 제공한다. 따라서 예를 들어 지방과 같이 다소

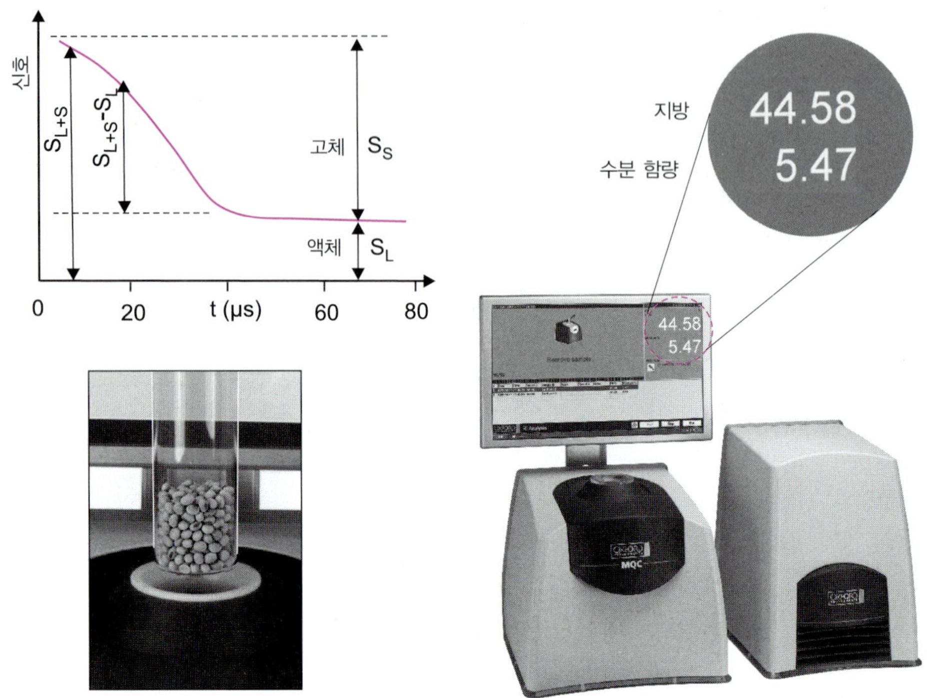

그림 15.31 **FID의 감소에 의한 고체형 지방 지수의 결정** 고주파 펄스 후 신호 감소는 준비 과정 없이 시료의 고체 지방 백분율을 결정하는 데 사용한다. 펄스 종료 직후 신호 값에 보정 계수가 적용된다. 오른쪽에는 시료의 물과 지방을 정량화하기 위한 1 T의 자석이 있는 작은 장비를 보여준다.

단단한 상에 대해서는 T_1의 값은 액체보다 더 클 것이고, T_2는 더 작을 것이다. 따라서 고체 화합물에 관여하는 양성자와 액체에 있는 양성자를 구별할 수 있게 된다. 이 방법은 재현성이 크다. 그렇다고 하더라도 각각의 시행에서 표준 시료에 대해 간단하게 보정할 필요는 있다. 정밀도는 가변적이며 계산 모드에 따라 달라진다.

복잡한 식품 시료에서 씨앗, 초콜릿, 감자튀김, 분유, 올리브 등의 물(결합하지 않은) 함량과 지방 또는 동물성 지방(그림 15.31)의 **고체 지방 지수**(solid fat index, SFI, 식 15.22) 같은 주요 구성 요소의 농도를 결정할 수 있다.

$$SFI = \frac{S_{L+S} - S_L}{S_{L+S}} \times 100 \qquad (15.22)$$

이는 화학 및 제약과 같은 다른 많은 산업 분야에서 제조 공정을 모니터링하는 데 사용된다.

토양 내 수자원을 결정(수원의 정량화 및 깊이 측정)하기 위해 지질학자들은 적절하게 조정된 장비를 사용할 수 있다. 지구의 매우 낮은 자기장에 노출된 양성자 NMR 신호를 기반으로 조사하는데(Larmor 진동수는 수백 Hz이다), 이와 같이 약한 신호를 감지할 수 있는 기기가 있는지는 확실치 않다.

15.17.4 핵자기 공명 영상

NMR의 다른 응용 방법은 이미지 획득이다. 이용 가능한 핵을 포함하는 모든 물질을 연구할 수 있지만 대부분 수소 원자의 핵으로 제한된다. 응용 분야는 살아있는 유기체에서 지질층에 이르기까지 다양하다. NMR의 이러한 획기적인 발전은 MRI(자기공명 영상)이라는 이름으로 의료분야에서 사용된다. 현재 널리 알려진 이 방법은 연조직에 잘 적용할 수 있고 비침습적 검사를 가능하게 한다. 검사된 체적은 자기장에 위치해야 하며 전신 기기용으로 매우 큰 초전도 자석이 필요하다. 생체 조직은 약 90%가 물로 구성되어 있으므로 물이 주는 신호를 관찰하기 쉽다. 다른 경우에는 지방 조직의 CH_2 그룹이 제공하는 신호가 관찰된다. 최종 이미지는 주어진 신호 유형의 강도 분포를 맵핑한 것이다. 대비(그림 15.32)는 선택한 평면에서 양성자의 이완 시간 변화와 관련된다. 3차원 NMR에 특정한 기술적 문제로는 물체 내부의 고립된 부피에서 신호를 얻기 때문에 초점을 맞추기가 어렵다는 것이다.

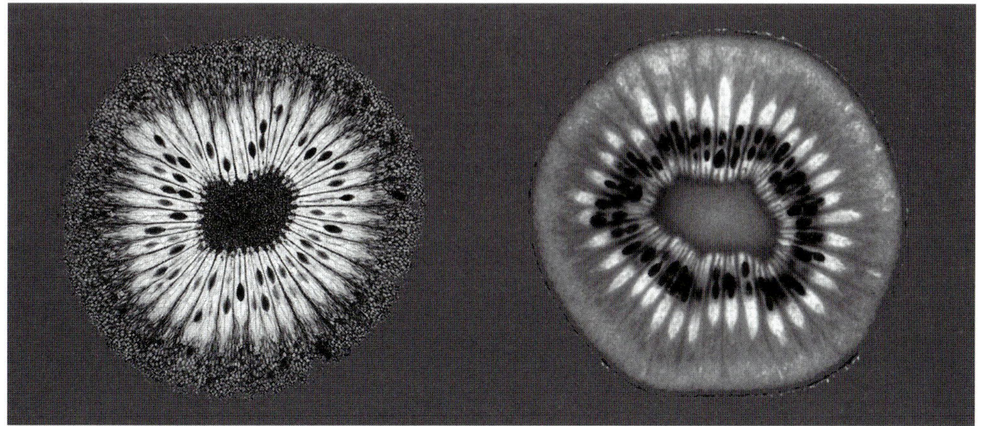

그림 15.32 **키위의 내부 이미지** 이미지 중 하나는 키위의 사진(반으로 자른)이고 다른 하나는 MRI로 얻어진 사진이다(자르지 않은 상태로). NMR 신호는 각 지점에서 T_1, T_2 및 양성자의 밀도 특성에 따라 달라진다(오른쪽이 사진이다).

표 15.5 유기 분자 중 주된 양성자 종류에 따른 화학적 이동(Spectrometry Spin and Technique의 허가를 받아 재구성)

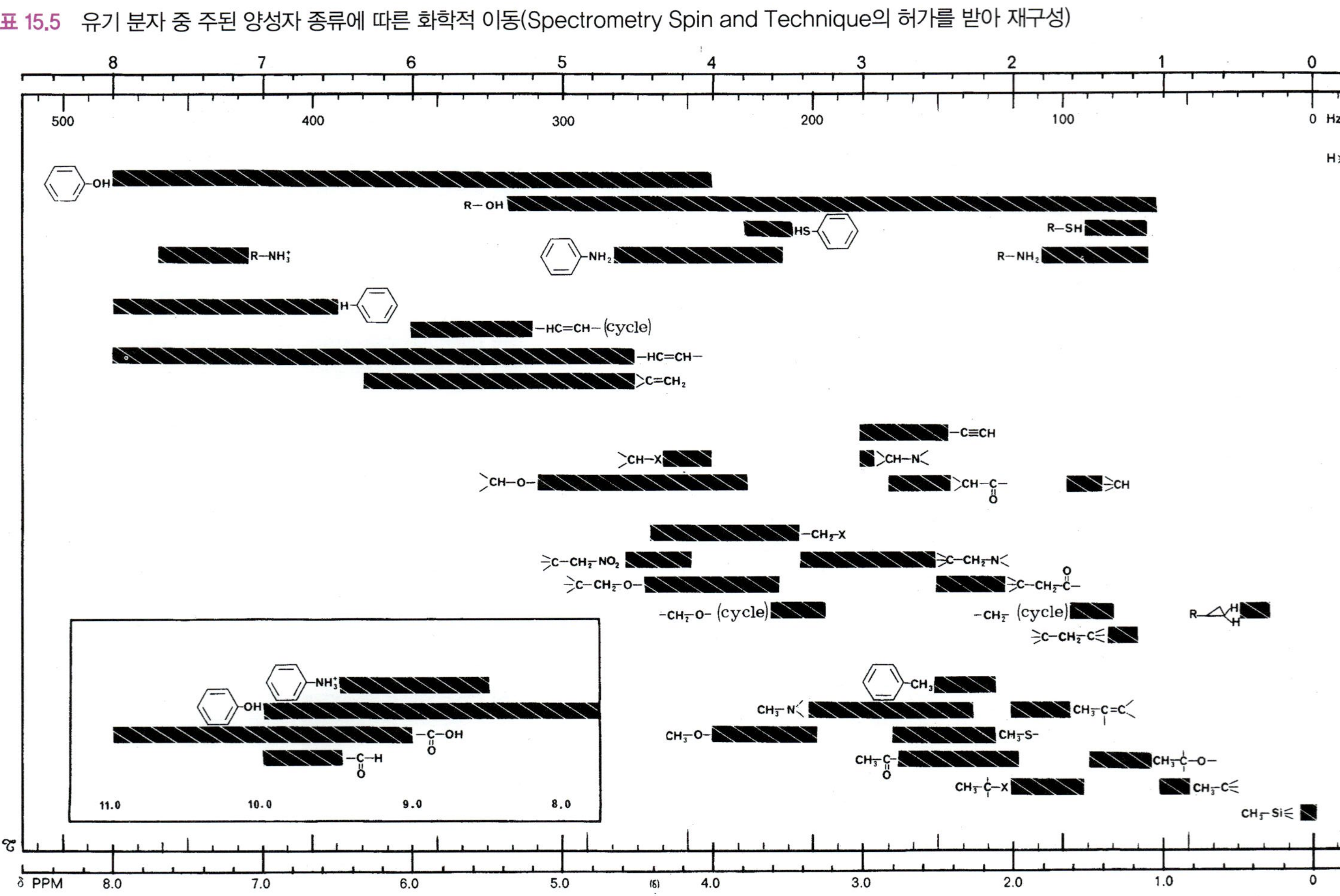

표 15.6 유기 작용기에 대한 ^{13}C NMR 상관표

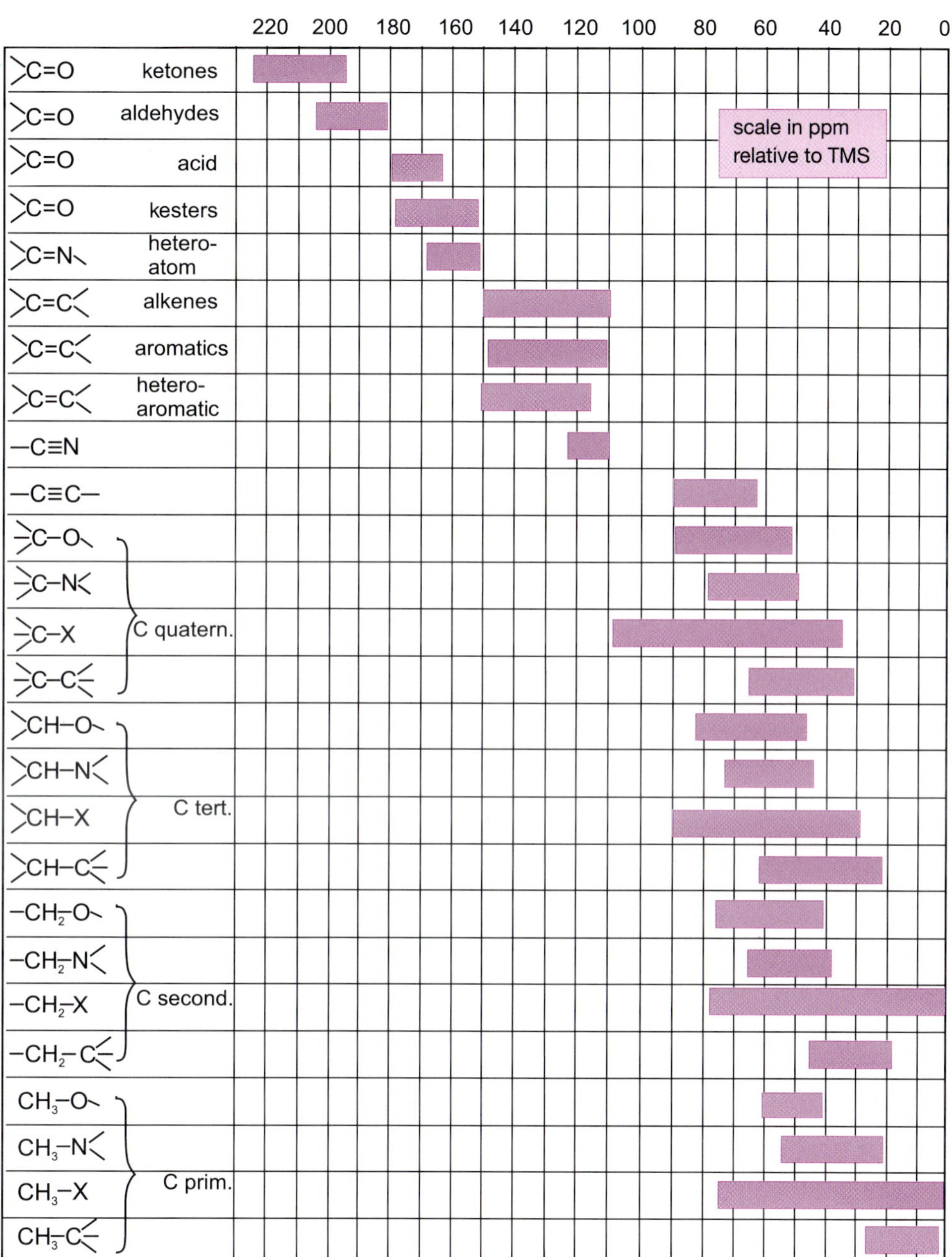

이 장의 요점

1. NMR은 강력한 고정 자기장 B_0(1~10 T)에 노출된 특정 원소종의 핵 거동에 의존한다. 특정 진동수의 전자기 복사와 함께 진동하고 B_0에 수직인 자기장 B_1을 생성한다.

2. NMR은 스핀수 I가 0이 아닌 모든 핵종을 특정하며, 따라서 양성자와 중성자 수가 모두 짝수인 경우에는 제외된다($I=0$인 예: ^{12}C 또는 ^{16}O).

3. NMR의 실험 조건에서 흡수 신호를 얻고 그래프(NMR 스펙트럼)로 표시되는 위치와 강도를 사용하여 분석 화합물의 특성과 구조에 대한 정보를 추론한다. 수소 원자는 가장 널리 사용되는 원소핵종이다. 가장 풍부한 동위 원소의 경우, 핵은 단일 ^{1}H(양성자)로 구성되기 때문에 이를 양성자 NMR이라고 한다.

4. B_0 자기장에서 스핀수가 I인 핵종은 $2I+1$ 수준의 에너지를 차지할 수 있다. 따라서 스핀수가 $I=1/2$인 균일한 양성자(^{1}H) 집합은 두 개의 개체군으로 나뉘며 에너지가 적은 개체는 훨씬 적게 채워진다. ^{13}C, ^{19}F, ^{31}P도 마찬가지다. 이와 같은 비편재 분포는 B_0 방향으로 정렬되고 M_0으로 지정된 약한 거시적 자기화에 의해 변화된다.

5. **자기회전 비율(gyromagnetic ratio)**. 두 에너지 레벨 상태 사이의 에너지 차이(E_2-E_1)는 B_0 자기장에 비례하여 $(E_2-E_1)/B_0$ 비율은 각 핵에 특정한 하나의 상수에만 의존한다. $B_0=1.4$ T의 예에서, 자기 회전 비율 γ는 ^{1}H에 대하여, 진동수는 60 MHz에 가깝다. NMR을 이용한 탄소의 연구는 오직 ^{13}C 동위 원소(존재 비율 1.1%)만이 $I=1/2$을 가지고 있기 때문에 어렵다. 더욱이 γ는 ^{1}H에 비해 4배나 낮다.

6. **Larmor 진동수(lamor frequency)**. 스핀이 1/2인 핵을 식별하려면 두 레벨 사이에서 공명 조건을 유발해야 한다. 이는 B_0에 수직인 B_1을 생성하는 전자기 복사의 진동수가 다음과 같은 경우에 나타난다.

$$h\nu = E_2 - E_1$$

이 식에서 나타내는 Larmor 진동수는, 대상 핵이 발견되는 자기장과 짧은 전자기 펄스의 작용 사이의 관계를 설명한다. 이것은 정해진 시간과 결정된 각도만큼 M_0를 부여하고, 초기 상태로 복귀(핵의 이완)하는 동안 해당 화합물의 구조에 대한 정보를 제공한다.

7. **이완(relaxation)**. 펄스 후 M_0는 T_1(스핀–격자 상호작용)에 의해 정해진 지수 법칙에 따라 초기 위치(Oz축)로 돌아간다. T_1은 매질에 따라 몇 초 정도 가변적이다. 이것은 Oz에 따르면 자기화 기본 값의 63%로 돌아가기 위한 **세로 방향(longitudinal) 이완**에 해당된다. O_{xy} 평면의 M_0 구성은 빠르게 사라진다(스핀–스핀 상호작용). 이는 초깃값의 63% 손실에 해당하는 이완 시간 T_2로 정의된다.

8. **화학적 이동(chemical shift)**. NMR의 개발은 주어진 핵종의 지역 환경에 따라 공명 진동수의 작은 변화를 정확하게 연구하는 것으로 시작된다. 모든 핵종은 구조(분자)의 일부이다. 그것의 가까운 환경(화학 결합, 다른 원소 등)은 그곳에 도달하는 자기장 B_0의 값을 변화시킨다. 이것을 **가림(shielding)**이라 부른다. 따라서 핵에 도달하는 유효 자기장 B_{eff}는 가림 상수 σ에 따라 달라지고 이것은 화학적 이동을 유발한다.

$$B_{eff} = B_0 \cdot (1-\sigma)$$

9. 화학적 이동은 기기와 독립적인 상대 척도로 나타내며, 내부 기준 물질은 TMS(척도 0)을 사용한다. 유기 화합물의 경우 해당 화합물의 국소 구조와 관련하여 핵의 유형(^{1}H 또는 ^{13}C)에 유효한 화학적 이동표($\delta=\Delta\nu/\nu_{app}$)가 있다. B_0를 방해할 수 있는 영향으로는 유도 효과, 비편재 효과, 공명 효과, 용매 효과, 매트릭스 효과가 있다.

10. **스핀-스핀 짝지음(spin-spin coupling)**. 스핀이 0이 아닌 시료의 모든 원자는 B_0 자기장의 효과에 반응한다. 용액에서 핵이 자리하는 방향은 결합을 통해 인접한 핵에 반향을 일으킨다. 이런 자기 상호작용은 동일한 유형의 핵을 포함하는지에 따라서 동핵 또는 이핵 짝지음이라고 표현한다. 약한 결합 시스템에 대한 간단한 통계 규칙(Pascal의 삼각형)으로 해석할 수 있는 미세구조의 신호(다중항 특성화)로 이어진다.

11. 약하게 또는 강하게 짝지어진 시스템의 스핀 사이의 상호작용은 짝지음 상수 J(Hz)의 값으로 정의된다. 이는 핵에 의존하며, 이들을 분리하는 거리와 화합물의 구조에 따라 다르지만 B_0와는 무관하다.

12. NMR은 B_1의 강도를 기반으로 하는 다양한 서열을 통해 스핀-스핀 이완 및 스핀-격자 이완 시간을 결정할 수 있다. 미지 화합물에 대한 추가 정보를 제공하는 임펄스의 시간적 서열을 결정할 수 있다.

13. **2차원 NMR(2D NMR)**는 결합(COSY 서열), 공간(NOESY 서열) 또는 이핵종(HSQC 서열) 사이의 상호작용 연구를 통하여 분자 구조에 대한 추가 정보를 제공한다.

14. **응용(application)**. 실험실이나 산업체, 유기화학, 생화학 등 다양한 분야에서 용액상 NMR(^{1}H와 ^{13}C)은 소형화된 저자기장 분석기(1~2 T)부터 고자기장(~20 T) 실험실용까지 다양하게 응용되고 있다.

문제

1. 핵자기 모멘트값은 외부 자기장 $\vec{B}_0$에 평행한 축에서 누워있는 것으로 나타낸다. 양성자가 $\mu_z = 1.41 \times 10^{-26}$ J/T의 값을 가질 때 양성자에 대한 γ 상수를 계산하시오.

2. $T = 300$ K에서, 외부 자기장 $B = 1.4$ T인 NMR 분광기에 대해 양성자의 분포비 N_{E1}/N_{E2}를 계산하시오. $B = 7$ T인 경우에도 계산하시오. 단, $\gamma = 2.6752 \times 10^{-8}$ rad/T-s이다.

3. 200 MHz NMR 분광기로 얻은 ^{1}H NMR 스펙트럼에서 가로축 눈금은 1 ppm = 4 cm로 표현한다.
   a. 7 Hz로 분리된 2개의 신호 사이의 거리는 몇인가?
   b. $\gamma_H/\gamma_C = 3.98$로 알려져 있다고 할 때, 위의 경우를 같은 기기로 ^{13}C 스펙트럼을 기록한다면 거리는 얼마인가?

4. a. TMS에 대해 220 Hz에 위치한 NMR 신호는 화학적 이동으로 몇 ppm인가? (단, 자기장은 1.879 T)
   b. 60 MHz NMR 분광기로 측정을 한 양성자의 공명 신호가 TMS에 대하여 90 MHz에 위치한다. 만약 200 MHz NMR 분광기를 사용하여 신호를 얻는다면 양성자의 공명 신호는 어디에 위치하는가?
   c. 60 MHz 분광기와 200 MHz분광기로 같은 양성자를 측정했을 때, 화학적 이동은 얼마인가?

5. 자기 회전 상수의 비(γ_F/γ_H)가 0.9413이라면, 플루오린 원자의 신호로부터 TMS 신호와의 거리를 계산하시오. 스펙트럼을 나타내는 눈금은 1 ppm = 2 cm이다(200 MHz의 ^{1}H 스펙트럼).

6. a. 두 이성질체 A, B의 분자식은 $C_2HCl_3F_2$이다. ^1H NMR(60 MHz) 스펙트럼에서 이성질체 A는 이중항 6.2 ppm(J= 70 Hz와 7 Hz), 이성질체 B는 삼중항 5.9 ppm(J= 70 Hz)을 포함한다면 두 이성질체의 구조는 어떻게 되는가?
   b. 만약 세 번째 이성질체가 존재한다면, 동일 조건에서 어떤 스펙트럼인가?

7. 바닐린($C_8H_8O_3$) 25 mg을 20 mg의 salicylic aldehyde에 혼합하였다. 새로운 혼합물의 스펙트럼에 표시한 ^1H 면적 곡선은 다음과 같다. 바닐린과 미지 화합물의 양성자의 봉우리 높이가 20 mm로 같았다면, 미지 화합물의 양은 얼마인가? 단, H = 1, C = 12, O = 16 g/mol이다.

8. 다음 NMR 스펙트럼을 참고하여 각 양성자가 해당하는 위치를 할당하시오.

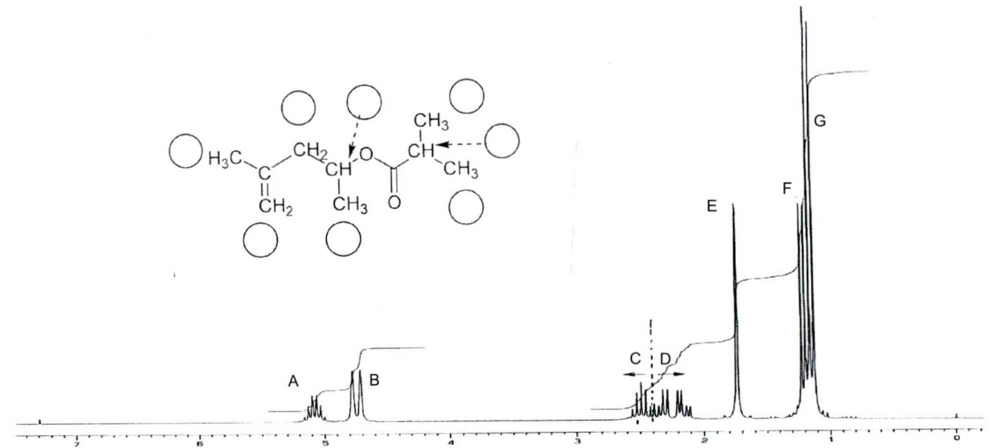

그림 P15.1

9. 화학 반응 후 분리된 생성물의 NMR 스펙트럼에서 두 개의 신호가 관찰되었다. 그중 하나는 남아 있는 반응물의 CH_3였으며(면적 = 3450 임의 단위), 다른 하나는 생성된 물질의 CH_2(면적 = 12500 임의 단위)에 해당된다. 이 반응에서 변환의 수율을 계산하시오.

질량 분석법

서론

질량 분석법(mass spectrometry, MS)은 원자 또는 분자 질량 측정을 기반으로 시료 안에 존재하는 각각의 성분의 조성식과 구조를 파악하고, 정량하는 과정을 통하여 물질의 특성을 밝히는 분석 방법이다. 이러한 까닭으로 이런 종류의 분광계는 분리 과정을 거친 다음에 배치된다. 시료는 먼저 이온화된 후, 진공 경로상에서 질량/전하 비에 따라 전기장 및(또는) 자기장의 영향에 의해 분리된다. 질량 분석법은 감도가 높고, 그 방법이 다양하여 광범위한 분야에 적용된다. 특히 질량 분석법은 유기 화학, 생화학(펩타이드, 단백질) 또는 무기 화학(ICP/MS 기술) 분야에서 구조화된 화합물을 분석할 때 필수적인 분석으로 자리 잡고 있다. 또한 원격으로 진행되는 GC/MS 또는 HPLC/MS 연계법은 극소량의 복잡한 시료의 분석을 위한 최고의 방법 중의 하나이다.

학습목표

- 복습 질량 분석법의 원리
- 서술 질량 분석기의 구조
- 설명 분자들의 이온화 방법들
- 비교 진공과 대기압하에서의 이온화 과정의 차이
- 복습 이온에 대한 전자기장의 역할에 대한 법칙
- 서술 다양한 종류의 MS에 관련된 각각의 성능
- 복습 질량 분석법과 관련된 몇 가지 응용
- 서술 이온화 과정에서의 토막내기 원리
- 결정 화합물의 분자식
- 식별 MS 분석 방법을 통한 화합물의 종류

16.1 기본 원리

16.1.1 질량 분석법의 작동 원리

질량 분석법은 관심 시료에 존재하는 원자 또는 분자의 질량을 결정하는 것에 기초를 두고 있다. 이러한 결과를 얻기 위해 분석 대상의 화합물을 일련의 과정들(전자, 원자, 광자에 의한 충격 등)을 통하여 질량 분석하기 적절한 형태인 극미량의 이온화 시료를 만듦으로부터 시작된다. 생성된 전하를 띤 화학종은 진공이 잘 유지되는 밀폐된 공간으로 이동하고, 기기 종류에 따라 전기장 및/또는 자기장의 영향을 받게 된다. 이온에 작용하는 전자기적인 힘은 각각의 이온들이 갖는 **질량-대-전하 비(mass-to-charge ratio)** 특성에 따라 다르게 작용하여 각각의 이온들을 특정하게 된다.

> 예를 들어, 기체 상태의 메탄올(CH_3OH) 시료가 전자 충격에 의한 이온화로 생성된 이온 중에는 소량의 양이온 라디칼 형태인 $CH_3OH^{+\bullet}$이 존재할 것이다. 이러한 들뜬 상태에서 만들어진 이온들은 큰 내부 에너지를 갖게 되고, 많은 경우에 아주 빠른 토막내기를 통해 작은 이온으로 분해된다. 하지만 이런 토막내기 분해 과정은 모두 동일한 경로를 따르지 않으므로 서로 다른 토막 이온들이 생기고, 메탄올의 경우 생성된 토막 이온들은 원래 메탄올 분자의 질량보다 작은 값을 갖는다. 단순하게 화학 결합이 끊어져서 생성되거나, 또는 순차적인 재결합 반응으로 형성된 토막들은 일반적으로 원래 분자의 구조적 정보를 갖고 있게 된다(그림 16.1).

질량 분석의 결과는 **질량 스펙트럼(mass spectrum)**이라고 하는 그래프를 통해 표시되며, 여기에는 생성된 이온들이 정량 형태로 표시되고, 질량-대-전하 비가 커지는 순서대로 나타난다(그림 16.1a). 동일한 실험조건에서 토막내기는 재현성이 있어 연구하는 화합물의 특성을 알아내는 하나의 분석 도구가 된다.

시료는 다음의 일련의 과정들을 거치게 된다(그림 16.2):

1. **이온화(ionization)**: 기체 또는 증기 형태의 시료는 기기의 이온화원에서 이온화된다. 질량 분석기에 따라 다양한 이온화원들을 사용할 수 있다. 이 단계에서 모든 분자는 통계적 분포를 갖는 토막 이온들이 된다.
2. **가속화(acceleration)**: 형성된 이온들의 운동 에너지를 증가시키기 위하여 일련의 전기적인 렌즈들에 의해 모이고 가속된다.
3. **분리(separation)**: 다음 단계로 이온은 질량-대-전하 비에 따라 **분석관(analyser)**에서 걸러지게 된다. 몇몇 질량 분석기들은 여러 개의 분석관을 차례로 결합하여 사용한다.
4. **검출(detection)**: 분리 후, 이온들은 **검출기(detector)**라 불리는 감응 장치에 도달하여, 이온의 전하의 크기를 비례하는 신호로 측정된다.
5. **질량 스펙트럼의 표시(display of the mass spectrum)**는 검출기로부터 보내진 신호를 처리하여 얻게 된다.

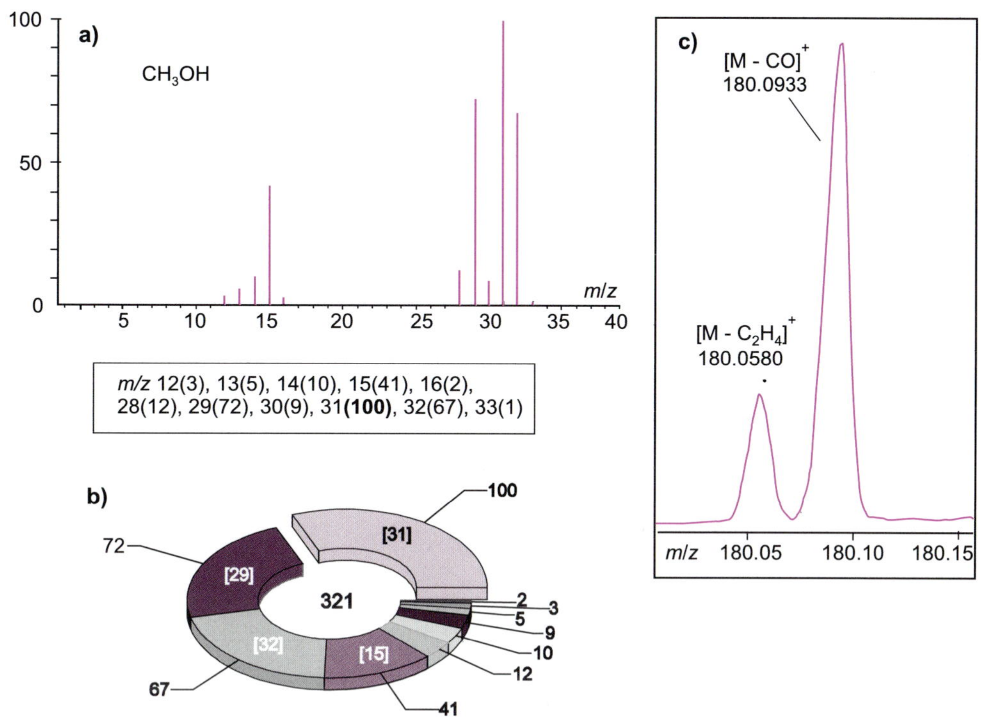

그림 16.1 그래프 형태와 표 형태로 나타낸 토막 스펙트럼과 질량 스펙트럼 (a) 메탄올의 토막내기 스펙트럼. (b) 동일한 스펙트럼을 원형 모형(속이 빈 파이 차트)으로 나타낸 새로운 표현방식. 통계적으로 만들어진 321개의 이온 중에서 100개는 31 u(Da)의 질량을 지니고, 72개는 29 u(Da)의 질량으로 나타난다. 여러 이온이 매우 다른 분포를 나타낸다. (c) m/z 비가 매우 유사한 두 양이온 라디칼(하나는 CO 손실에 의해 만들어지고, 다른 하나는 C_4H_4 손실에 의해 만들어짐)을 만들어내는 화합물 M의 고분해능 스펙트럼.

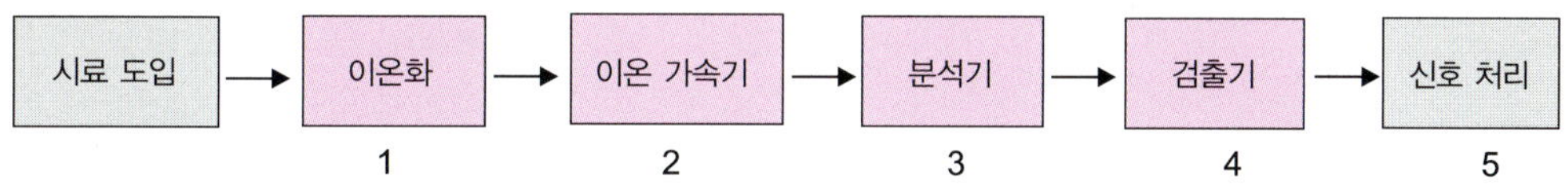

그림 16.2 질량 분석기의 구성도

이 방법은 단지 이온의 질량-대-전하 비(m/q)만을 제공한다. 논리적으로 질량(m)을 계산하기 위해서 전하값(z)을 알아야 한다. 이온은 $q = ze$ 형태의 알짜 전하를 지니게 되는데(여기서 e는 전자의 기본 전하량이고, z는 작은 정수값을 나타낸다), 질량(m)은 가장 가까운 정수값 z에 따라 결정되게 된다. 이러한 이유로 질량 스펙트럼의 눈금을 m/z로 표시하는 것이다(여기서 m은 원자 질량 단위이다). 작거나 중간 크기의 분자($M < 1000$)의 경우, 이온화되면 대부분 단일 전하($z = 1$)를 갖게 되어, 질량이 증가하는 순서가 m/z 비가 증가하는 순서와 같게 된다. 이런 이유 때문에 질량 스펙트럼이 원자 질량 단위(u 또는 amu로 표시)로 직접 측정하는 것을 허용하며, 1 u의 값은 정의에 따라 ^{12}C의 질량의 1/12인 1.660538×10^{27} kg이다. 일반적으로 생화학에서 접하게 되는 큰

질량의 경우, 질량은 u 대신 Da로 표기되기도 한다. 이 단위는 IUPAC에서 널리 채택한 단위는 아니다. *m*/*z*는 종종 Thomson(Th) 단위로도 사용된다.

'**질량 스펙트럼**(**mass spectrum**)'이라는 표현에서 혼동에 유의해야 할 점이 있다. 질량 분석기는 우리가 흔히 이해하고 있는 스펙트럼, 즉 시료와 복사선 사이의 상호 작용으로 나타나는 **스펙트럼**(**spectrum**)을 만들지는 않는다. 이러한 표현의 근원은 초기의 기기들이 이용한 사진판 기록들과 광학 분광사진기를 이용한 분해된 스펙트럼의 공간적 표기에 의한 기록들과 서로 유사하기 때문일 것이다. 질량 분석법은 광학 분광학(spectrophotometric)에 속하지 않는다.

질량 스펙트럼은 두 가지 아주 다른 방법으로 기록된다.

- 선택한 질량 구간의 **연속 스펙트럼**(**continuous spectrum**). 질량 스펙트럼의 그래프는 너비가 다른 봉우리 형태 신호의 모음에 해당하는데, 이때 너비는 기기의 성능 지표인 분해능에 따라 달리 결정된다(그림 16.1c). 이러한 봉우리에 의해 이온의 질량이 결정되고, 좋은 기기일 경우 십만분의 일(10^{-5} u)보다 작은 정밀도를 나타낼 수 있다. 측정 가능한 최대 한계 질량은 계속 향상되고 있으며 10^6 u을 넘는 질량도 가능하게 됐다.

표 16.1 유기 화합물에서 흔히 나타나는 동위 원소의 원자 질량

원소	명목 질량*	원자 질량(g/mol)	핵종(%)	질량(u)
수소	1	1.00794	^{1}H(99.985)	1.007825
			^{2}H(0.015)	2.014102
탄소	12	12.01112	^{12}C(98.90)	12.000000
			^{13}C(1.10)	13.003355
질소	14	14.00674	^{14}N(99.63)	14.003074
			^{15}N(0.37)	15.000108
산소	16	15.99940	^{16}O(99.76)	15.994915
			^{17}O(0.04)	16.999131
			^{18}O(0.20)	17.999160
플루오린	19	18.99840	^{19}F(100)	18.998403
황	32	32.066	^{32}S(95.02)	31.972071
			^{33}S(0.75)	32.971458
			^{34}S(4.21)	33.967867
염소	35	35.45274	^{35}Cl(75.77)	34.968853
			^{37}Cl(24.23)	36.965903

(*) 원소의 명목 질량(nominal mass of an element)은 자연계에 존재하는 안정한 동위 원소의 전체 질량이다.
이온의 명목 질량(nominal mass of an ion)은 실험식에 있는 원소의 명목 질량 합이다(예: HCl^+ = 36 u).

- **토막내기 스펙트럼(fragmentation spectrum**, 막대 스펙트럼 또는 막대 그림). 이것은 형성된 모든 질량을 정확한 질량값과 가장 유사한 명목 질량(nominal mass, 표 16.1 참조)에 따라 모아서 수직선 형태로 나타낸 분포에 해당한다. 가장 많이 존재하는 이온은 **기준 봉우리(base peak)**라고 불리는 가장 큰 봉우리로 나타내고, 이것이 100%의 세기를 갖는다. 다른 봉우리들의 세기는 기준 봉우리에 대한 상대적인 퍼센트(%) 크기로 나타낸다. 이런 방법으로 높이가 이온의 상대적 분포에 비례하는 질량 스펙트럼의 그래프 표기는 히스토그램이 대표적인 예이다(그림 16.1a). 이러한 막대 스펙트럼은 만들기가 쉽고, 상호 비교 및 확인하는 데 사용된다. 이러한 표준화된 표기 방법은 MS에서 가장 흔하게 쓰이는 방법이지만, 2개 또는 그 이상의 이온이 원자 조성은 다르면서 명목 질량이 같을 경우에 같은 값으로 읽힌다는 단점이 있다.

> 질량 분석법을 이용한 화합물의 확인은 다음의 두 가지 방법 중의 하나로 이루어질 수 있다.
> - 퍼즐을 맞추듯이 화학물의 구조를 복원하는 시도. 이 방법은 분자의 질량이 커질수록 더욱 어려워진다. 연속적인 이온의 토막내기(fragmentation)는 화합물의 확인을 매우 어렵게 한다. 하지만 서로 다른 실험조건에서 기록된 여러 개의 스펙트럼이 존재할 경우, 스펙트럼 해석을 위한 적절한 컴퓨터 프로그램이 있으면 이러한 확인 작업은 좀 더 쉽게 될 것이다.
> - 수많은 토막내기 스펙트럼을 포함한 분광 라이브러리(spectral library)와의 비교를 통하여, 적절한 경우에 미지 화합물의 질량 스펙트럼을 찾을 수 있다.

16.1.2 질량 분석기 성능

최대 질량 측정 한계

모든 질량 분석기는 어떤 특정 최댓값까지 m/z 비율을 결정할 수 있다. Dalton 단위로 가장 큰 질량은 이온이 갖은 전하수 z의 값에 의존한다. 예를 들어, 질량 분석기가 최대 2,000의 m/z을 측정할 수 있다면, 40의 기본 전하($q = 40e$)를 갖는 이온일 경우 80 kDa까지 측정할 수 있게 된다.

감도

질량 분석기의 감도는 표준 세기의 신호를 얻기 위해 필요한 단위 초당 시료의 무게(수 pg/s 또는 femtomole/s)로 규정된다. 도입된 분석 물질이 점차적으로 소모됨에 따라, 지속적으로 이온들이 새롭게 만들어지게 된다. 분석기의 최고의 감도는 질량에 의한 이온 식별을 기반으로 하는 검출 기능과 결합된 유기 화합물 분석(GC/MS, HPLC/ MS, 열중량/MS)이나 무기 화합물 분석(ICP/MS)에 특화된 다른 분석 방법에서 실현되고 있다.

분리 능력

Gauss 모양의 봉우리를 지닌 스펙트럼(뒤에서 학습할 비행 시간 질량 분석기 또는 사이클로트론 질량 분석기 등으로부터 얻어진)에서 이웃하는 봉우리의 너비가 좁을수록 관심 있는 봉우리의 질량은 쉽게 구분될 수 있다. 질량 봉우리의 너비는 기기의 성능을 나타내는 척도이다. 이런 중요한 성질은 **분리 능력(resolving power**, R)이라 하는 매개변수에 근원을 두는데, 이에 관해서는 여러 가지 정의가 있다.

R 값을 계산하기 위해서는 선택된 봉우리의 m/z 값의 너비인 $\Delta(m/z)$을 사용하며, 이때 독립된 봉우리에 대해서는 중간 높이에서의 너비(반높이 너비(full width at half maximum, FWHM))가 사용되거나, 2개의 이웃한 봉우리를 고려할 때는 5%의 높이에서의 너비가 사용된다(그림 16.3와 16.4).

$$R = (m/z)/\Delta(m/z) \tag{16.1}$$

또는

$$R = M/\Delta m \tag{16.2}$$

분리 능력은 질량 분석기의 사용 조건을 결정하는 중요한 매개변수이다. **저분해능(low-resolution**) 기기($R < 5{,}000$)를 사용하면 막대 형태의 질량 스펙트럼을 얻을 수 있다. 이런 형태의 스펙트럼의 경우 분해능(분리 능력이 아님)를 정확히 1 u라고 할 수 있다(예를 들어, 봉우리 28과 봉우리 29, 또는 봉우리 499와 봉우리 500 등등을 구별할 수 있다). 이런 부류의 기기로부터 얻어지는 초기 신호는 상단에 평평한 최댓값을 갖는 폭넓은 봉우리를 제공한다 (그림 16.4). 반면에 0.001 u보다 더 나은 정밀도의 이온 질량을 제공하는 소위 **고분해**

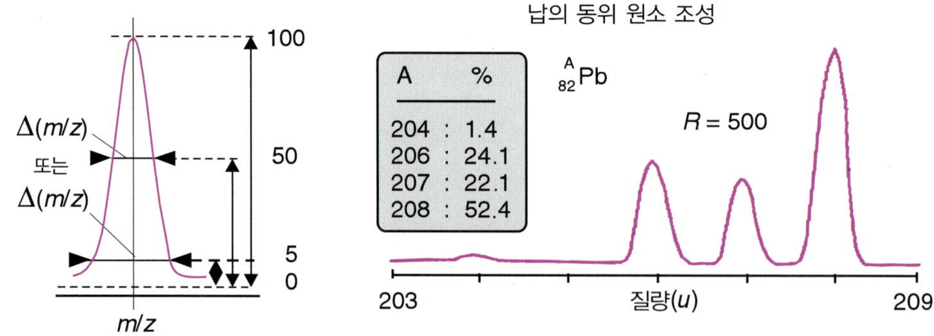

그림 16.3 **분해능** 왼쪽은 독립된 봉우리의 경우 매개변수를 이용한 정의. 제조회사에 따라서 봉우리의 너비는 높이의 50%이거나 5%로 측정된다. 오른쪽은 납 시료의 저분해능 스펙트럼의 한 예. R 값은 선택된 화합물과 질량에 따라 크게 바뀌게 된다.

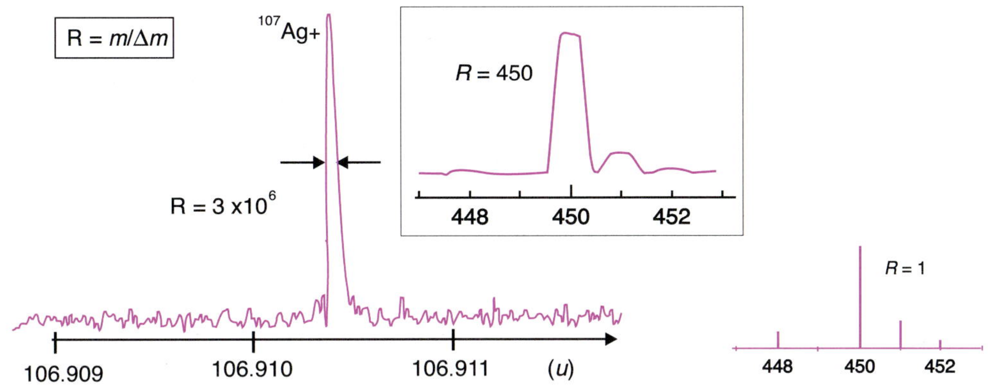

그림 16.4 실험에서 얻어진 스펙트럼으로부터 분리 능력 계산 왼쪽 그림: 매우 큰 분리 능력에 해당하는 경우(이온 사이클로트론 공명 기기). 중간 그림: 사중 극자 질량 여과기($R = 450$)를 이용한 원래 신호의 한 부분. 오른쪽 그림: 동일한 기록의 좀 더 보편적인 표현(분해능: 1 u).

능(**high-resolution**) 장치($R > 5{,}000$)를 사용하면 이웃하는 질량을 구별하는 것이 가능하다. 따라서 질량이 18에 아주 가까운 NH_4^+(18.034 u) 및 H_2O^+(18.011 u) 이온은 이러한 유형의 기기로 명확하게 식별할 수 있다.

16.2 시료 도입

시료가 다양한 형태를 취할 수 있으며, 각각의 이온화 과정마다 자체적인 요구 사항이 있기 때문에 질량 분석기에 시료를 도입하는 방법은 아주 다양하다.

16.2.1 직접 주입

소량의 기체 또는 액체는 마이크로주사기를 이용하여 매우 가는 채널을 통해 이온화 챔버(ionization chamber)에 연결된 저장소로 주입된다. 저장소는 고진공으로 유지되어 이로 인하여 화합물은 빨려 들어가서 기화된다. 이 과정을 **분자 누출**(**molecular leak**)이라고 알려져 있다. 계속적인 모니터링이 필요한 경우 기기의 입구를 통해 계속적으로 도입할 수 있다. 증기 상태의 기체와 휘발성 화합물(VOC) 또는 물과 같은 액체에 용해된 시료는 다공성막으로 통하여 확산되며 도입된다.

진공 상태에서 증기 상태로 쉽게 전환된 고체인 경우 금속 지지체(가열 혹은 안됨)의 한쪽 끝에 붙여, 진공 잠금 장치를 통하여 기기의 이온화원에 놓인다. 다른 특별한 이온화 방법으로는 고체 시료가 매트릭스(글리세롤 또는 벤조산과 같은)와 함께 혼합되는 것이다.

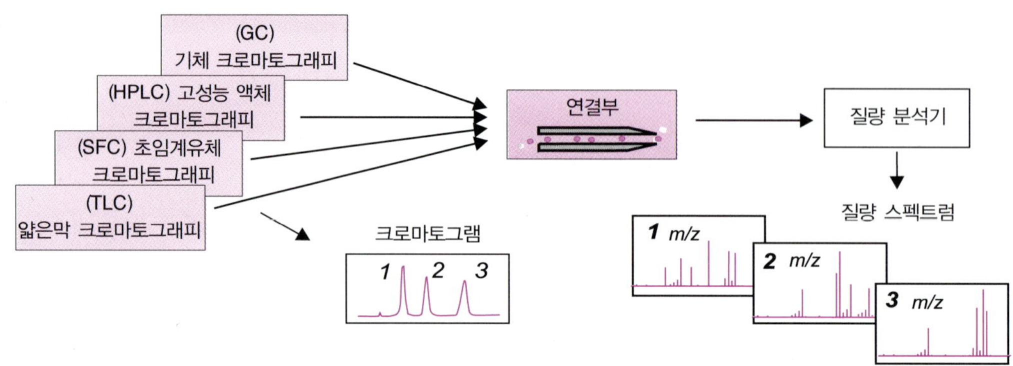

그림 16.5 분리법과 질량 분석기 간의 연결 방법

16.2.2 연결 기술을 이용한 시료 주입

혼합물의 분석 물질을 질량 분석법으로 정량해야 하는 경우, 분석 물질이 MS에 도달하기 전에 혼합물을 먼저 분리하는 방법(크로마토그래피 또는 전기 이동)을 적용할 수 있다(그림 16.5). 현재는 이 두 기술의 결합된 분석법이 널리 사용되고 있다. 앞쪽의 크로마토그래피 분석법에 따라 약간 복잡한 연결부가 사용된다. GC/MS의 연결법의 경우, GC 모세관 칼럼의 출구가 질량 분석기의 이온화원으로 직접 연결된다. 이런 방법으로 칼럼에서 나오는 화합물은 운반 기체(carrier gas)와 혼합된 상태로 이온화원으로 주입되며, GC에서 나오는 순서대로 분석된다. 흐름 속도(flow rate)가 1~2 mL/min을 넘지 않으므로 질량 분석계의 펌프 용량은 분석하는 데 필요한 고진공을 유지하기에 큰 어려움이 없다.

HPLC/MS의 연결법의 경우는 용리액으로 자주 물이 사용하기에 좀 더 복잡한 연결부가 요구된다. MS는 10^{-3}~10^{-4} Pa의 진공을 유지하면서, 많은 양의 기체에 해당하는 용매를 증발을 통하여 제거해야만 한다. 따라서 작은 지름을 갖는 칼럼이 사용된다. 마지막으로 고분자량 화합물의 경우 특별한 연결부가 있다(16.4절 참조).

아주 드물게 사용되는 얇은층 크로마토그래피(TLC/MS) 또는 모세관 전기 이동 질량 분석법(ECHP/MS)의 연결부는 이전 장에서 이미 소개되었다(5.1.4절 및 8.3.2절 참조).

16.2.3 펌프 시스템

펌프 시스템은 질량 분석법에서 필수적인 역할을 한다. 펌프 시스템의 역할은 다양하다. 주된 역할은 분석기 내부를 고진공을 유지함으로써 이온화된 분석 물질과 잔류 기체와의 충돌을 막는 것이다. 분석기의 진공은 이온이 이동하는 경로(또는 수명)가 길수록 훨씬 더 높아야 한다. 따라서 수 미터 이온의 이동 경로에서 10^{-4} Pa의 진공이 유지되어야 한다. 높은 진공은 또한 잔류 기체 분자가 검출기에 미치는 영향을 막음으로써 기기의 감도를 높인다.

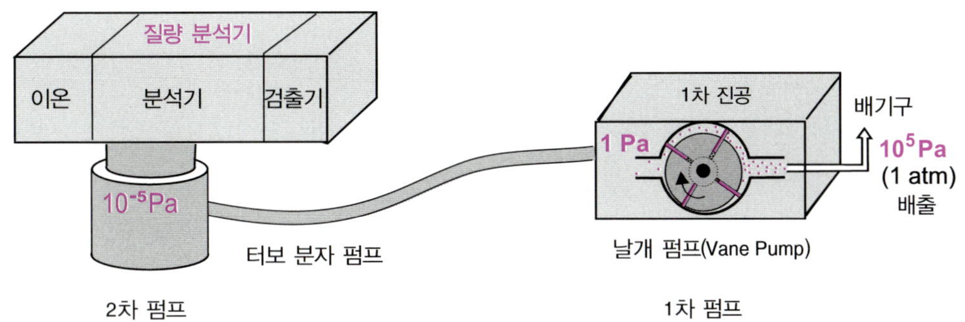

그림 16.6 질량 분석기의 펌프 시스템 구성도 터보 분자 펌프는 큰 관을 통해 직접 질량 분석기에 연결되어 있지만, 일차 펌프는 일반적으로 진동을 제거하기 위해 약간 떨어뜨려 위치시킨다.

분석기의 이온 경로는 고진공이므로 기기는 필요한 진공을 얻기 위해 두 개의 연속적인 진공 펌프를 직렬로 연결된 펌프 조합으로 구성된다(그림 16.6). 첫째 단계는 대기압에서 1~10 Pa 정도의 압력으로 낮추는 1차 진공을 위해 **날개 펌프(vane pump)**가 사용된다.

다음 진공 단계는 **터보 분자 펌프(turbo molecular pump)**를 앞의 펌프의 입구에 연결하여 두 번째 진공 단계를 얻는 것이다. 일반적인 펌프에는 로터 세트로 구성된다. 고속(1,000 회전/초)으로 회전하며 1차 펌프의 쪽으로 잔류 기체 분자를 배출하는 장치가 있다(그림 16.7). 그러나 이러한 종류의 펌프는 오일 증기로 인해 분석기를 점점 오염되기 때문에 **오일 확산 펌프(oil diffusion pumps)**로 대체 되고 있다.

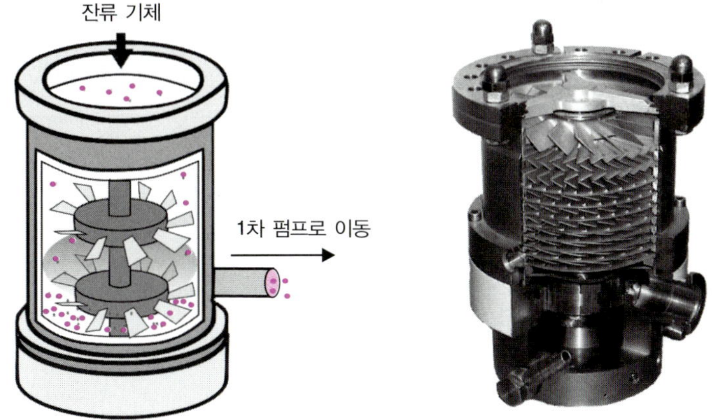

그림 16.7 터보 분자 펌프 개략도 펌핑 효과는 고속 회전자(rotor)와 고정자(stator)를 통하여 얻는다. 오른쪽 그림은 이러한 유형의 터보 펌프의 회전자/고정자 격층 구조를 보여준다(출처: Edwards Company).

16.3 진공에서 주요 이온화 기술들

질량 분석기를 이용한 분석은 화합물을 각각, 또는 전체, 아니면 토막 종으로 이온화하는 것으로 시작한다. 이온화 방법은 연구 계획 및 유기물의 크기, 금속, 생물 고분자 등의 화합물 성질에 의해 결정한다. 또한 상태(기체, 액체, 고체 등)에 의해 결정된다. 각각의 해당되는 분야의 장치는 복잡해서 분석기는 그 쓰임새의 특성에 맞추어 조립되어 설치된다.

16.3.1 전자 이온화(EI)

전자 이온화(electron ionization)는 휘발성 화합물 분석에 가장 흔히 쓰이는 방법이다. 대개의 경우는 유기 분자의 경우이다. 이온화원에서 기체상은 필라멘트의 열이온화 과정에서 방출되는 전자와 중성 시료 분자와의 충돌에 의해 이온화된다(그림 16.8). 가장 약하게 붙어 있는 전자의 배출은 양이온을 만들게 된다(양이온 라디칼 $M^{+\bullet}$ 생성).

이 재현성 있는 과정은 화합물의 스펙트럼과 이미 등록된 스펙트럼 라이브러리의 자료와

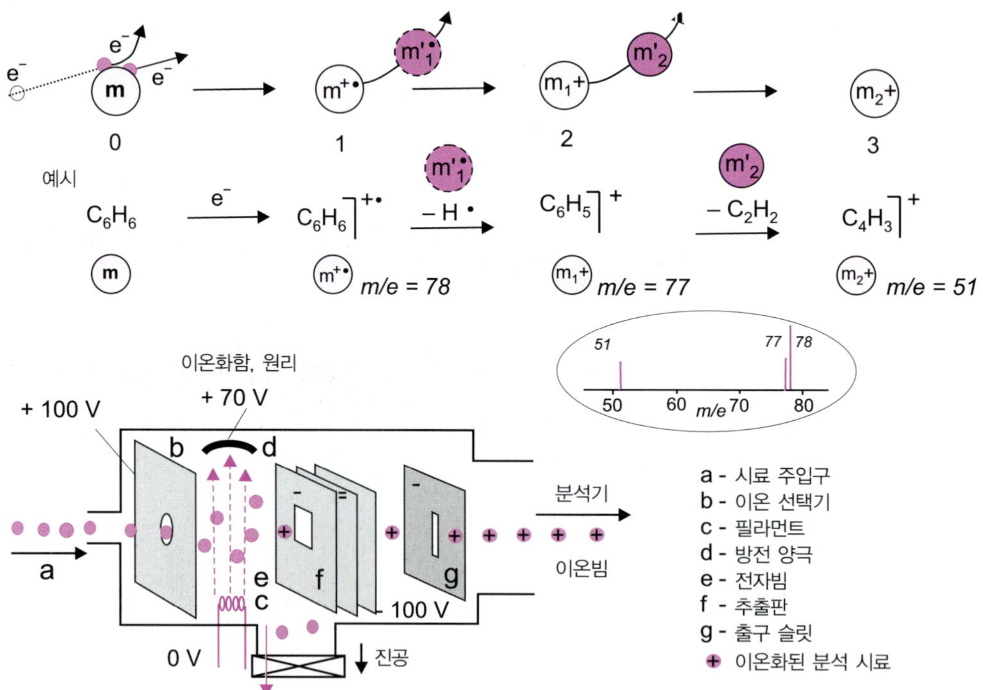

그림 16.8 전자 이온화 전자가 분자 m과 충돌하면 어미 이온과 m^+_1과 m^+_2 등의 토막 이온을 직접 연속적으로 만든다. 중성의 토막 m'_1과 m'_2는 검출되지 않고 지나간다. 예시에는 벤젠의 경우가 소개되고 있다. 아래 그림은 충돌함 또는 이온원이라고 알려진 이온화함이다. 전자 흐름에 평행한 자기장의 배치는 전자총의 전자를 나선 운동으로 이온원에 집중시켜 이온화 효율을 향상시킨다.

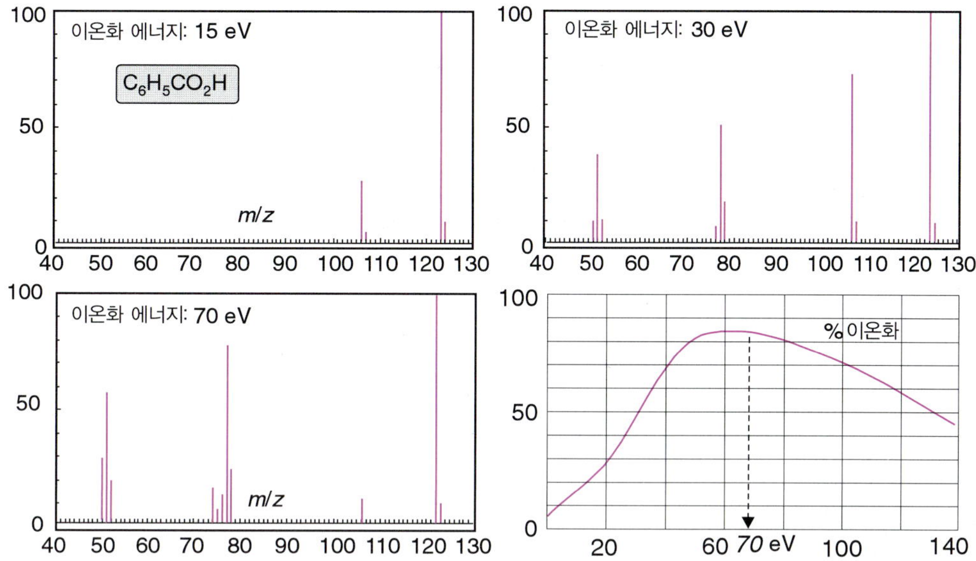

그림 16.9 전자 에너지가 토막내기에 미치는 효과 여기서는 벤조산을 예로 소개하였다. 전자 에너지가 바뀔 때 이온화 효율이 어떻게 변하는지를 그래프로 나타내었다. 스펙트럼은 표준화되어 가장 세기가 큰 봉우리를 100으로 나타내었다. 이것을 Procrustes 방법의 응용이라고 한다(그리스 신화에 의하면, 노상강도인 Procrustes는 잡은 나그네를 침대에 묶고, 침대보다 키가 크면 그 발을 자르고, 짧으면 몸을 잡아 늘였다고 한다).

의 비교를 통해 화합물을 확인(identification)할 수 있다. 다른 메커니즘에 의해 음이온도 소량 생성된다. 음이온의 연구를 위해서는 이온화원과 검출기 경로의 가속 전압과 자석의 극성을 바꾸어서 이온의 경로를 유지하는 작업이 필요하다.

표준 이온화 에너지는 보통 70 eV인데, 이는 필라멘트와 이온원 덮개 사이의 70 V 전위차로 얻어진다. 이러한 이온화 조건을 사용하면 재현성이 가장 큰 토막 스펙트럼을 얻을 수 있으며, 결과적으로 스펙트럼 라이브러리와 비교하여 화합물을 더 정확하게 식별할 수 있다.

이 방법의 이온화 효율은 10,000분자당 1개의 이온이 형성되는 정도이다. 이것은 분자의 토막내기로 이어지는 높은 에너지 과정이다. 어떤 경우에는 분자 봉우리 $M^{+\bullet}$의 상대적 세기를 증가시키기 위해 15 eV 정도를 선택하여 토막내기를 줄인다(그림 16.9).

> 상대적으로 명확한 명명법은 이온 생성의 근원을 나타낸다: 단독 홑전하(singly monocharged), 다전하(multicharged), 단일 원자(monoatomic), 다원자(polyatomic), 분자(molecular), 유사 분자(pseudo-molecular), 어미(parent), 딸(daughter), 토막(fragments), 이차(이온화 후의 토막내기로부터), 불안정(metastable) 이온 등등.

16.3.2 화학 이온화(CI)

메테인(methane), 암모니아(ammonia), 또는 아이소뷰텐(isobutene)과 같은 시약 기체

(reagent gas)에 전자 충격을 가해 생긴 이온 화학종과 기체상 분석 물질 M 분자를 충돌시킬 때 화학 이온화(chemical ionization)가 된다. 이온화원은 상대적으로 높은 압력(수백 Pa)을 유지하여 분자들의 평균 자유 행로(mean free path)를 감소시켜 분자 간의 충돌을 유도한다. 이를 가리켜 '부드러운(gentle)' 이온화 과정이라 한다.

시약 기체와 반응에 의한 이온화는 양이온과 음이온을 모두 생성시킨다. 특히 (라디칼 양이온이 아닌) 유사-분자 이온 $MH]^{+}$가 관찰되는데, 이것의 농도는 H^{+}에 대한 M의 친화도에 의해 결정된다. 화학 이온화법은 전자 충격에 의해 얻어지는 $M]^{+\bullet}$ 보다 토막으로 변하는 경향성이 낮다. 메테인을 사용한 경우 그림 16.10의 결과를 얻을 수 있다.

CI에서는 연구 대상 화합물의 분자 질량 값을 다소 신뢰할 수 없을 수도 있지만, RH 유형의 화합물의 경우에는 R^{+} 이온에서도 (M−1)을 관찰할 수 있다.

암모니아를 이용한 화학 이온화의 경우 $NH_4]^{+}$가 $CH_5]^{+}$처럼 행동한다. 아이소뷰테인의 경우는 안정한 이온 $(CH_3)_3CM]^{+}$을 형성하고, 이것은 다시 (M+1) 이온과 아이소뷰텐(isobutene) 이온을 생성한다.

음이온의 화학 이온화(negative chemical ionization). 다음의 이차적인 반응은 분석물의 전자 친화력에 의한 전자 포획 또는 중성 시약 기체의 음이온화 형태인 CH_3^{-}나 NH_2^{-} 사이의 반응에 의한 음이온 화학종들의 생성이다. 예를 들어 분자 M은 아래의 반응으로 **유사 분자 음이온**

1차 반응:	$CH_4 + e^{-}$	$\longrightarrow$	$CH_4]^{+\bullet} + 2\,e^{-}$	(이온화)
2차 반응:	$CH_4]^{+\bullet}$	$\longrightarrow$	$CH_3]^{+} + H^{\bullet}$	
	$CH_4]^{+\bullet} + CH_4$	$\longrightarrow$	$CH_5]^{+} + CH_3^{\bullet}$	(자동양성자화)
	$CH_3]^{+} + CH_4$	$\longrightarrow$	$C_2H_5]^{+} + H_2$	
M과의 충돌:	$CH_5]^{+} + M$	$\longrightarrow$	$MH]^{+} + CH_4$	(M + 1 이온)
	$C_2H_5]^{+} + M$	$\longrightarrow$	$MC_2H_5]^{+}$	(M + 29 이온)
M이 RH 형태일 경우:	$CH_5]^{+} + RH$	$\longrightarrow$	$R^{+} + CH_4 + H_2$	(M − 1 이온)
tert-뷰틸 양이온일 경우:	$(CH_3)_3C]^{+} + M$	$\longrightarrow$	$MH]^{+} + CH_2{=}C(CH_3)_2$	

그림 16.10 화학 이온화 메테인을 시약 기체로 작용하여 화합물 분자 M의 충돌에 의한 양이온들의 생성. 마지막 반응은 tert-butyl 양이온이 화합물 분자 M의 충돌에 의해 아이소뷰텐이 생성되면서 3차 양성자가 손실되는 것을 보여준다. 기호 $^{+\bullet}$는 라디칼(홀수 전자) 및 양이온을 동시에 의미한다.

(**pseudo-molecule anion**) $[M-H]^-$가 생성된다.
반응 예: $CH_3^- + M \rightarrow [M\text{-}H]^- + CH_4$

16.3.3 빠른 원자 충격(FAB)

빠른 원자 충격(fast atom bombardment, FAB) 이온화 방법과 후술할 이온화 방법들은 진공 상태에서 극성 또는 비휘발성인 화합물의 연구를 위한 것이다. 시료는 우선 비휘발성 액체 매트릭스(글리세롤 또는 다이에탄올아민)에서 분산되어 시료 탐침(sample probe) 부분의 이온원에 붙인 다음, 빠르고 비이온화성인 무거운 원자(Ar과 Xe)가 시료에 충돌에 이온화가 이루어진다.

빠른 원자 충격을 하기 위해 아르곤(Ar) 또는 제논(Xe) 기체가 초기에 전자에 의해서 이

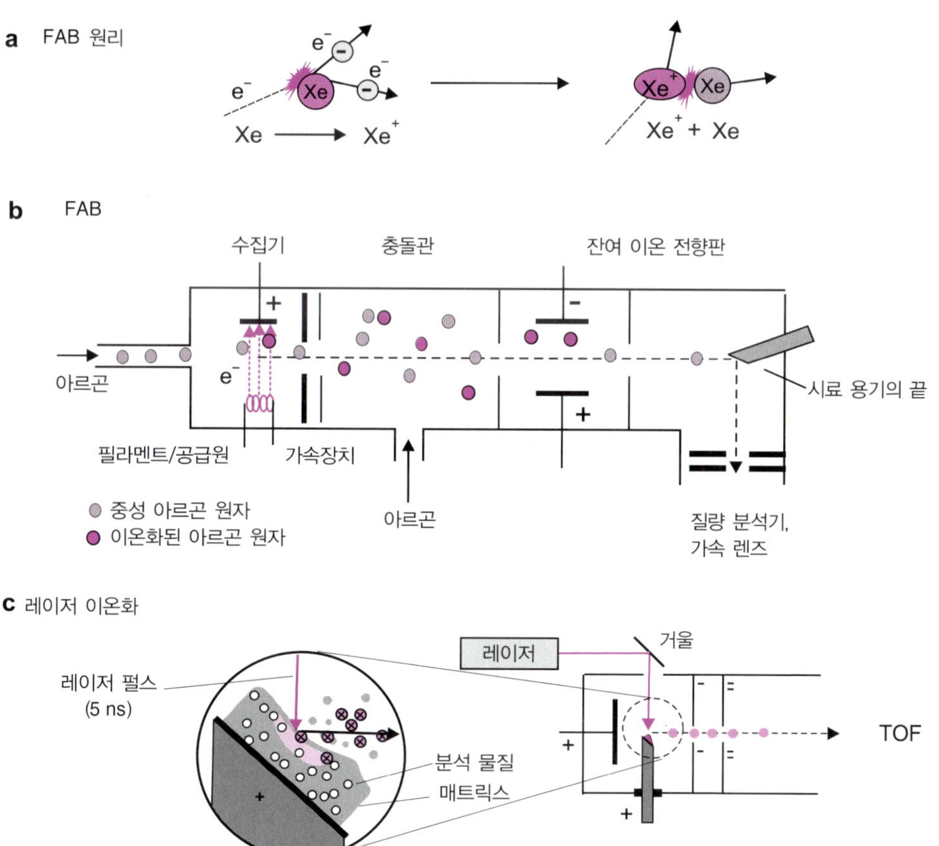

그림 16.11 **FAB 및 MALDI 기술의 비교** (a) 충돌에 의한 빠른 중성 제논의 생성 원리, (b) 충돌함에서 빠른 아르곤 원자 생성과 시료의 충돌(FAB gun), (c) **매트릭스 지원 레이저 탈착 이온화(Matrix-Assisted Laser Desorption Ionization**, MALDI). 광자의 충돌은 무거운 원자에 의한 충돌과 비슷하다. 아직 완전히 밝혀지지 않은 메커니즘에 의해 분자의 탈착과 광이온화가 일어나게 된다.

온화된다. 이 초기 이온은 충돌함(collision chamber)으로 가속되어 이동하는데, 이곳에서 이온들은 느리게 움직이는 동일 중성 기체 원자와 충돌하게 된다. 충돌로 인하여 빠르게 움직이는 이온의 운동 에너지가 느리게 움직이는 중성 화학종으로 옮겨져서 빠르게 움직이는 중성 원자가 형성되어 시료로 향하게 된다(그림 16.11a). 낮은 에너지를 갖는 잔여 이온들은 이온 초점 전기장에 의해 휘어져서 주요 흐름으로부터 쉽게 제거된다. 형성된 빠른 원자 흐름은 탐침의 시료와 충돌하여 시료를 이온화시킨다. 이 기술은 매트릭스도 이온화시켜서 상당히 큰 바탕 잡음을 일으켜 질량이 작은 이온의 연구를 불가능하게 한다.

FAB 기술과 유사한 방법으로, 빠르게 이동하는 중성 원자 대신에 Cs^+ 또는 Ar^+와 같은 빠르게 이동하는 이온을 사용하는 **2차 이온 질량 분석법(secondary ion mass spectrometry,** SIMS)이라 불리는 이온화 방법이 있다. 이러한 이온들은 가속될 수 있어 토막내기를 효과적으로 많이 만들어 낸다.

16.3.4 매트릭스 지원 레이저 탈착 이온화(MALDI)

이온화 탈착의 방식은 적은 토막내기를 만든다. 연구 대상인 분석 물질은 우선 고체 유기 매트릭스(예: 다이하이드록시벤조산)와 섞이게 되고, 시료 용기에 놓은 후 UV 레이저 펄스(예: N_2 레이저, $\lambda = 337$ nm, 5 ns 펄스 너비)로 조사하게 된다. 레이저의 열에너지가 먼저 매트릭스에 전달된 뒤, 분석 물질에 전달되어 기체 상태로 탈착과 부드러운 이온화가 일어나게 된다(그림 16.11c). 이 과정에 의해 응축상에서 기체상의 이온이 튀어나오게 된다.

펄스 이온화는 비행 시간(time-of-flight) 기기에 적합하여 생체 고분자 물질에 주로 사용되며, 다음 장의 대기압 이온화 방법과는 달리 단일 전하를 지닌 이온을 만든다.

작은 분자($M < 500$ Da)의 분석은 레이저를 흡수한 매트릭스가 분해되어 이온화되어 제한적이다. 그러나 다공성 실리카와 같은 다른 지지체를 이용하면 이러한 어려움을 극복할 수 있다.

16.4 대기압 이온화(API)

원소 분석이나 불안정한 극성 생체 분자($M > 2,000$ Da) 연구에 관해 새로운 질량 분석법이 많이 도입되고 있다. 이러한 문제들은 용액 상태의 화합물을 분무하는 **대기압 이온화(atmospheric pressure ionization,** API) 장치 및 방법의 개발로 분석이 가능해졌다.

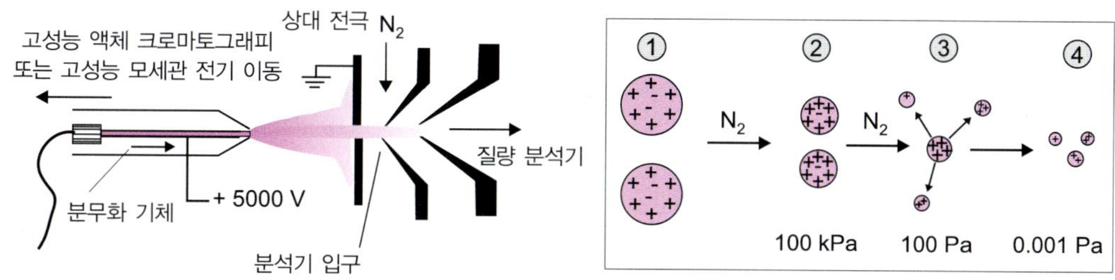

그림 16.12 전기 분무(이온 분무)를 이용한 대기압 이온화 메커니즘 높은 전위로 갖는 모세관 출구에 하전된 물방울이 맺힌다. 물방울(1)의 표면에서 용매의 증발을 통하여 점차 전하 밀도가 증가한다. 더 이상 전하를 지탱하지 못할 정도까지 감소하다가(2), 갈라져 몇 개의 전하를 지닌 분석 물질을 내어 놓게 된다(3). 건조한 질소 기체는 이러한 농축 과정을 향상시킨다(4).

16.4.1 분무 이온화

일반적으로 모세관 전기 이동 또는 마이크로칼럼 액체 크로마토그래피 장치의 출구에 배치되는 매우 민감한 이 장치는, 분리되어 나오는 액체 분석 시료를 아주 미세한 물방울 형태로 전환시키는 것으로 시작한다. 이동상의 pH를 조절하므로 H^+ 이온의 농도를 조절할 수 있고 또한 전해질의 경우 NH_4^+, Na^+, K^+와 같은 양이온도 포함할 수 있다.

몇 가지 기술이 사용된다.

전기 분무(ESI) 또는 이온 분무

매우 작은 방울이 금속처리된 미세한 실리카 모세관 끝에 생성되고, (양이온을 연구한다고 가정할 때) 높은 양전하가 걸린다. 강한 전기장은 높은 전하 밀도(z/m)를 물방울에 전달한다(그림 16.12). 건조한 기체의 영향으로 용매는 복잡한 탈용매화 및 증발 메커니즘을 통해 제거된다. 용매가 증발하면서 표면의 전하 밀도가 더욱 증가한다(Rayleigh 한계에서). 결국은 토막내지 않은 다중 전하를 갖는 분석 물질 이온을 방출하며 폭발한다(평균적으로 1000 u 질량마다 1 기본 전하를 갖는다).

광이온화

광이온화 방법은 10 eV 정도에서 일어나고 이온화는 광자와 관련이 있다. 코로나(corona) 기기 대신, 광이온화 검출기(photoionization detection)에 쓰이는 UV 램프가 사용된다(2.7.5절 참조). 이 과정은 토막을 거의 만들지 않으며, 적은 극성을 지닌 분자에만 사용된다.

대기압 화학 이온화(APCI)

미세 방울이 노즐을 떠나기 전에 약 350℃의 매우 짧은 가열로 농축되고, 코로나 방전에 의해 이온화된 질소 및 수증기와 같은 가스가 있는 영역(그림 16.13)에 도달한다. 시료 분자의

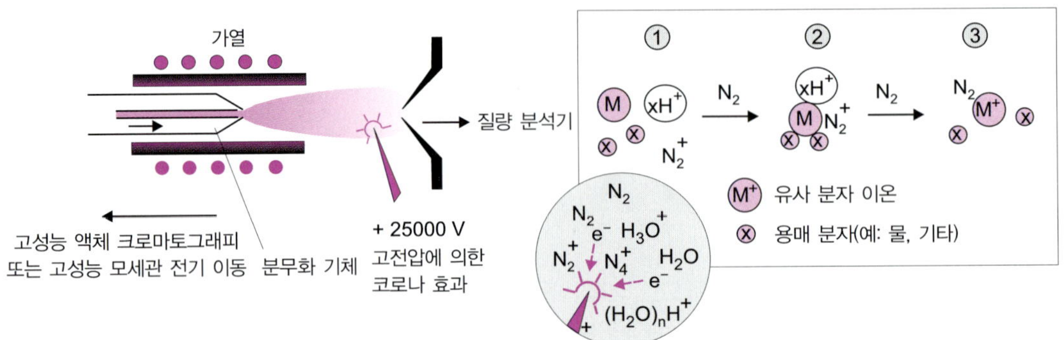

그림 16.13 **대기압 화학 이온화** (1) 시료 용액이 분무되고, 높은 전위를 갖는 극성이 있는 주삿바늘에서 이온화된(코로나 효과) 질소와 같은 시약으로 형성된 기체 이온 플라스마를 형성한다. (2) 이온화된 질소 혹은 용매는 분석 물질 분자와 결합하여 클러스터를 만든다. (3) 이들은 질소 흐름에 의해 파괴되고, 전하는 분석 물질로 전이된다.

화학 이온화 과정에서 많은 이온/분자 간의 충돌로 인하여 전자 및 양성자의 교환이 이루어진다. 이를 통하여 $(M+nH)^{n+}$ 형태의 다전하 이온을 만들어 낸다. 불행스럽게도 이 기술에서의 흐름 속도가 전기 분무 이온화 기술에서 요구되는 것보다 크기에, 소형으로 제작하기가 어려움이 있다. 따라서 휘발성이 있고, 고온에서 안정한 1,000 amu 이내의 작은 분자에 대한 분석에 용이하다.

이런 부드러운 이온화 방법들의 장점은 유사 분자(pseudo-molecular) 이온과 (전하가 30보다 큰) 다전하(multicharged) 이온 등을 질량 분석계에 들어가기 전(prior to entry in)에 얻을 수 있다는 점이다. APCI의 예외적인 방법으로 질량 범위를 10^5 Da(예: 단백질, 다당류, 그 외 고분자)까지 확장시킬 수 있다.

이러한 과정은 '이온 봉투(ionic envelope)' 현상을 나타내는 스펙트럼으로 이어지며, 분자 질량의 계산으로까지 이어진다(그림 16.14)

16.4.2 플라스마 이온화

기체 플라스마상의 분무에 의해 용액 상태의 시료는 원자화된다. 그것을 구성하는 원자는 전자 및 광자와 충돌하여 단일 전하(일반적으로 양이온)를 갖는 이온 상태로 전이된다. 이온화 효율은 플라스마 온도, 이온화 전위(4~15 eV 사이), 원소들의 영향들과 플라스마에 도입된 매트릭스에 따라 달라진다. 가벼운 원소에는 효율이 아주 낮다. 특정 이온화 모드를 갖는 질량 분석법을 사용하여 시료에 존재하는 원소들을 정량화하는 분석 기술에 사용된다 (16.10절 참조).

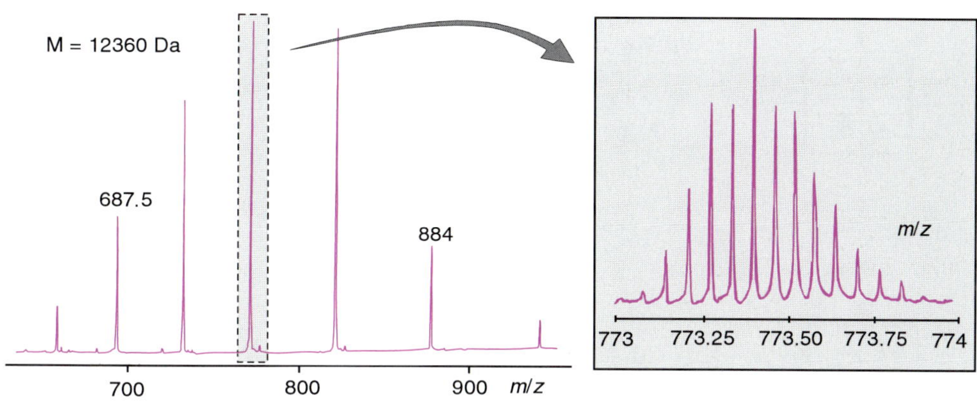

그림 16.14 **다중하전 분자 이온** 전기 분무 이온화 방법에 의해 얻어진, 분자량이 12,360 Da인 사이토크롬 C 단백질(말 심장으로부터 추출)의 스펙트럼. 2개의 연속적인 봉우리 사이의 이온 전하 차이는 1 단위이다. 오른쪽의 두 스펙트럼은 고분해능의 사이토크롬 동위 원소 클러스터이다. 이러한 스펙트럼은 두 개의 독립적인 방법에 의해, 이온이 갖는 전하수뿐만 아니라 분자량 값도 계산할 수 있다(16.8.3 절). (McLafferty F.W. et al. Anal. Chem. 1995, 67, 3802–3805 참조)

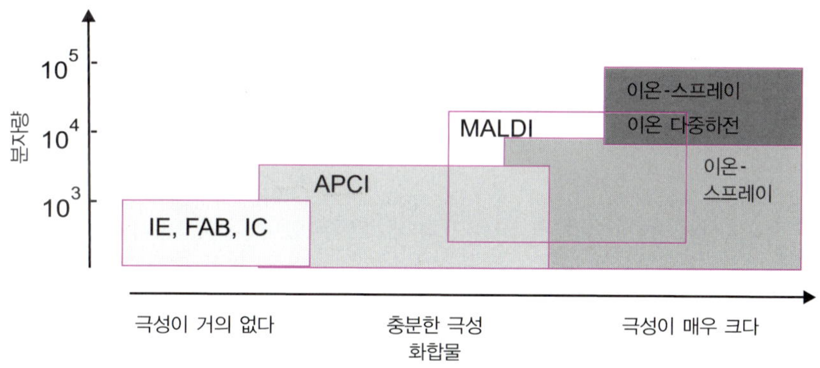

그림 16.15 주요 이온화 기술에 적합한 영역의 표

16.4.3 이온화 방법의 선택

질량 분석법에 대한 연구를 위해 다양한 분자 화합물 또는 원자를 이온화하는 주요 기술의 적용에 대해 그림 16.15에 정리하였다.

16.5 질량 분석기

16.5.1 자기 분광분석기

자기장을 이용하여 특정 동위 원소의 이온 질량을 결정하는 초기 질량 분석기에 대한 연구

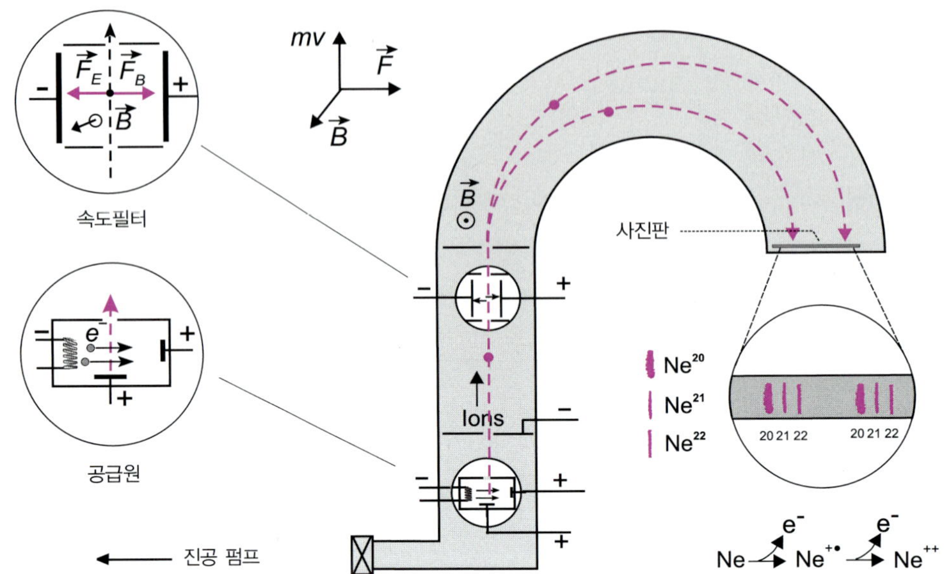

그림 16.16 속도 필터를 갖는 180° 자기편향 분광사진기 필터는 균일하며 단일 운동 에너지를 갖는 어려운 문제들을 제거한다. 도표는 네온 스펙트럼을 사진 검출한 것을 보여 준다. 2개의 선묶음은 네온 원소의 서로 다른 동위 원소에서 전자를 하나 또는 2개 제거하였을 때를 나타내고 있다(m/z: $^{20}Ne^{+}$, $^{21}Ne^{+}$, $^{22}Ne^{+}$, $^{20}Ne^{++}$, $^{21}Ne^{++}$, $^{22}Ne^{++}$). 1913년경 네온의 동위 원소가 존재함을 증명한 J.J. Thomson은 이런 종류 장치의 아버지로 여겨진다. 후에, F.W. Aston은 황과 염소의 동위 원소가 존재함을 증명하였다.

가 Dempster과 Bainbridge에 의하여 1930년경에 개발되었다(그림 16.16). 이러한 유형의 장치는 질량 분석기의 태동에는 이바지하였으나, 현재는 거의 사용되지 않는다. 그러나 그들의 고전적인 연구에서 흥미로운 점은 자기장 및/또는 전기장에서 이온의 움직임을 제어하고 이해할 수 있는 식을 제공한다는 것이다.

기기 안에서는 생성된 양이온은 전위차 U에 의해 초기에 가속된다. 이온들은 질량에 따라 v의 속도를 갖게 되고(16.3.1절 참조), 가로지르는 자기장 $\vec{B}$의 영향을 받는 원통형 통로로 들어가는데, 이때 자기장 세기는 자기 밀도(혹은 장 세기) B에 의해 결정된다. 자기장의 방향은 이온의 속도를 바꾸지 않고, 단지 반지름이 m/z 비의 함수로 변하는 원형 궤적를 갖는 배향을 갖게 한다(그림 16.16).

질량 m인 이온에 적용되는 역학의 기본적 관계식 $\vec{F} = m \cdot \vec{a}$($\vec{a}$는 가속도를 나타냄)을 Lorentz 힘 $F = q \cdot \vec{v} \wedge \vec{B}$에 적용하여 정리하면 다음과 같은 관계식이 나온다.

$$\vec{a} = \frac{q}{m} \cdot \vec{v} \wedge \vec{B} \tag{16.3}$$

Lorentz 힘(Lorentz force) 자기장 $\vec{B}$의 영향에서 전류 I가 이동한 길이가 $\vec{dl}$인 전도체에 의해 작용하는 힘을 기술하는 Laplace 힘 법칙으로 표현할 수 있다. 이 힘($\vec{dF} = I \cdot \vec{dl} \wedge \vec{B}$)의 방향은 오른손 법칙, 또는 3개의 직각축(direct trihedron) 방향을 이용하여 알아낼 수 있다.

$\vec{B}$의 방향은 단지 가속도 벡터 $\vec{a}$의 원심력 요소와만 관계있다. 이온의 궤도는 $\vec{B}$ 및 $\vec{v}$를 포함한 평면에 수직인 방향에 있다. $a = \vec{v}^2/R$이므로, 이 식을 식 16.3에 대입하면 다음과 같다. 여기서 $q = ze$는 coulomb, v는 m/s, B는 tesla, m은 kg 단위를 각각 갖는다.

$$R = \frac{m \cdot v}{z \cdot e \cdot B} \tag{16.4}$$

장치의 기하학적인 구조는 이온이 갖는 궤적의 곡률 반지름 R이 이온의 속도와 자기장의 함수임을 보여준다(예: 180도). 따라서 이온의 m/z 비율은 속도를 알 경우에만 얻을 수 있다.

$$\frac{m}{z} = \frac{R \cdot B \cdot e}{v} \tag{16.5}$$

그래서 오래된 기기들에서는 자기장에 들어가기 전에 **속도 필터(velocity filter or Wien filter)**라는 장치가 사용되었다. 이 장치는 전기장 E과 자기장 B의 상호작용에 의한, 즉 2개의 반대되는 힘을 이온에 가하여 중심 궤적에 존재하는 이온만이 필터를 통과할 수 있게 하였다. 알짜 작동 힘은 0이어야 하기 때문에, $qE = qvB$이므로 다음 식이 성립한다.

$$v = E/B \tag{16.6}$$

전자기 분리(electromagnetic separation)라고 알려진 기술 때문에, 질량 분석법의 응용은 미국의 1943년에 최초의 원자 폭탄 제조의 준비 단계(칼루트론, calutrons)에서 수 kg의 ^{235}U를 분리하는 데 사용되었다(Manhattan 계획). 고전적인 방법이지만 현재에도 10^{-3} Pa 미만의 낮은 흐름 속도를 갖는 이 방법은 다른 나라에서 종종 사용되고 있다.

16.5.2 다중 질량 분석기

최초의 질량 분석기의 원리는 현재도 매우 정확한 m/z 비율의 측정을 위해 지속적으로 개발되어 왔다. 큰 부피를 갖는 자기장 장치를 제조하는 어려움으로 인해 고분자량 연구에 어려움이 있다. 예를 들어 이런 어려움을 극복하기 위해서, 이온 가속기와 자기 부채꼴(B) 사이에 또는 자기 부채꼴 다음에 정전기 부채꼴(E)을 포함하는 EB-유형의 분석기를 갖는다. 정전기 부채꼴의 역할은 이온원에서 만들어진 이온을 한곳으로 집중하는 역할을 한다. BE-질량 분석기도 있으며 구성은 그림 16.17과 같다.

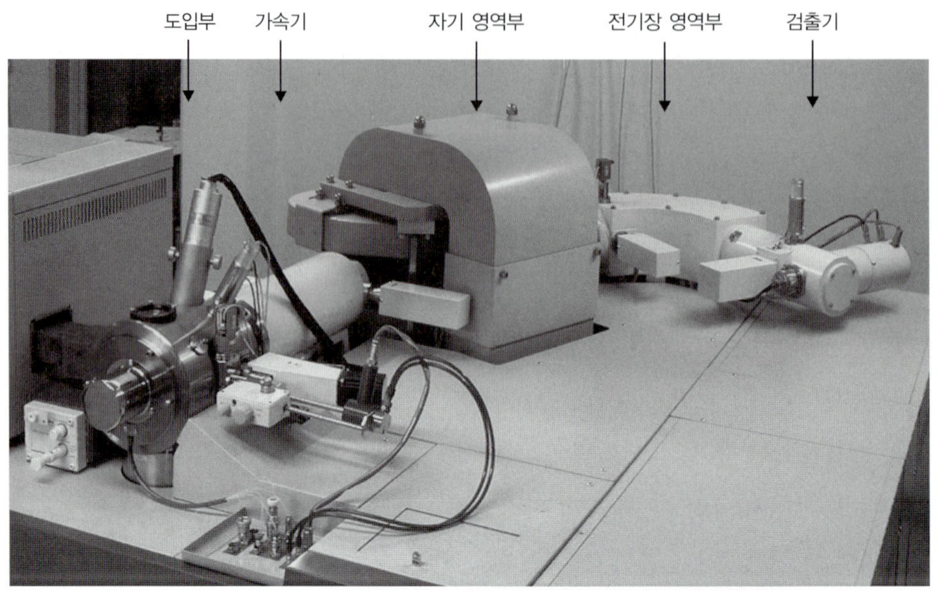

그림 16.17 **BE-형 전자기 질량 분석기** Jeol Company의 모델 JMS 700. 이 사진에서 전자석(자기 섹터)의 특징적인 모양을 알 수 있다. 탐지기는 맨 오른쪽에 있고 카메라 소스는 사진 왼쪽에 있다. 표시된 구성에서 장치가 GC 설비의 다운스트림이라는 점도 표시된다. (일본 Jeol의 허가를 받아 복제됨)

이온 가속기

질량 분석기의 이온화 방법에 따라서 이온화함(ion chamber) 안 또는 전단계에 생성된 양이온의 약 5%가 검출기에 도착하게 된다.

이온은 초기에 음전위가 순차적으로 증가하는 전극판에 의해 가속되고, 이때의 총 가속 전위차 U는 2~10 kV까지 높게 올라갈 수 있다(그림 16.18). 이러한 과정은 전기 아크(electric arcs) 형성을 피하고 이온 사이의 충돌을 최소화하기 위해서 고진공($P < 10^{-4}$ Pa)에서 수행되어야 한다. 이러한 조건에서 전하 $q = ze$를 갖는 모든 이온은 모두 동일한 운동 에너지 $E_1 = zeU$를 갖는다(식 16.7). 따라서 가속 후의 이온들의 속도는 질량 m_i의 제곱근에 반비례하게 된다(식 16.8).

$$E_1 = z \cdot e \cdot U = \frac{1}{2} m_i \cdot \upsilon_i^2 \tag{16.7}$$

$$\upsilon_i = \sqrt{\frac{2zeU}{m_i}} \tag{16.8}$$

하지만 가속되기 전 이온의 속도는 0이 아니므로, 총 운동 에너지에 가속 전의 매우 작고, 미지 값인 초기 운동 에너지 E_0를 고려해야 한다.

$$E_{(\text{total})} = E_1 + E_0 \tag{16.9}$$

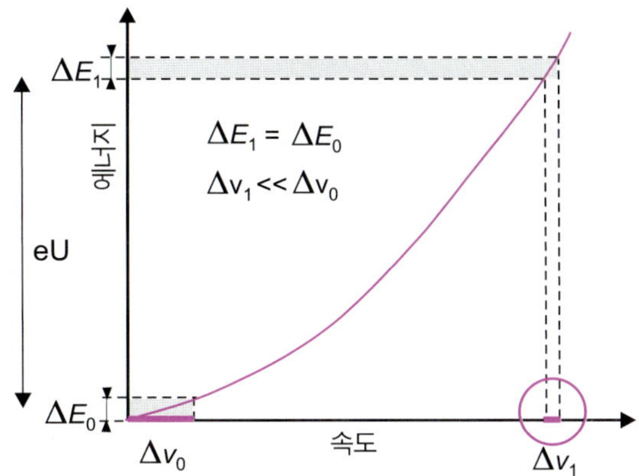

그림 16.18 가속 전압이 동일한 질량을 갖는 이온의 속도 범위에 미치는 효과 가속되기 전의 속도 범위가 v_0 라고 한다면 가속된 후의 동일한 질량을 갖는 이온들의 속도 분포 Δv_1는 더욱 작아짐을 알 수 있다($\Delta E_1 = \Delta E_0$ 일 때, $\Delta v_1 \ll \Delta v_0$이다).

동일 질량을 갖는 각각의 이온들이 동일한 속도를 가질 때 질량 측정의 정확도는 높아진다. 이러한 이유로 높은 가속 전위차 U는 동일한 질량을 갖는 이온들의 속도 차를 줄일 수 있다(그림 16.18).

부채꼴 전기장

2개의 동심원 원통 모양의 전극으로 이루어진 전기 부채꼴은 질량 측정의 정밀도를 높이기 위해 사용된다(그림 16.19). 이온에 작용하는 Coulomb 힘($\vec{F} = q\vec{E}$)은 이온을 전기 부채꼴에서 접선으로 움직이도록 하는데, 이때 힘이 곡률(curvature) 반지름 R'을 갖는 중심 궤적에 수직으로 작용한다. 이온의 운동 에너지는 유지하고(그림 16.19), 힘의 세기는 $F = mv^2/R'$과 같다. 식 16.7 항인 가속 전압($mv^2 = 2zeU$)으로 바꾸면 식 16.10을 얻을 수 있는데, 이 식에서 이온의 통과 조건은 반원형 필터의 반지름에 의해 정해진다. E와 U가 이 식을 만족시키면 전위차 V로부터 생긴 가속에 의한 에너지를 얻는 이온 중에서 반지름 R의 궤적을 통과하는 에너지를 갖는 이온만이 필터를 통과할 수 있다. 이러한 장치는 **에너지 필터(energy filter)**의 역할을 한다. 또한 부채꼴 전기장은 **방향-초점(direction-focusing)** 성질을 갖는다. 이는 흩어진 경로를 갖는 이온의 초점을 다시 모아서(F_2) 부채꼴 자기장 진입하기 전인 F_1 상태로 복원시킨다. 부채꼴의 판 사이의 전위차 강하 V와 떨어진 거리 d를 알면, U와 V 사이의 관계로부터 E를 구할 수 있다(식 16.10).

$$E = \frac{2U}{R'} = \frac{V}{d} \tag{16.10}$$

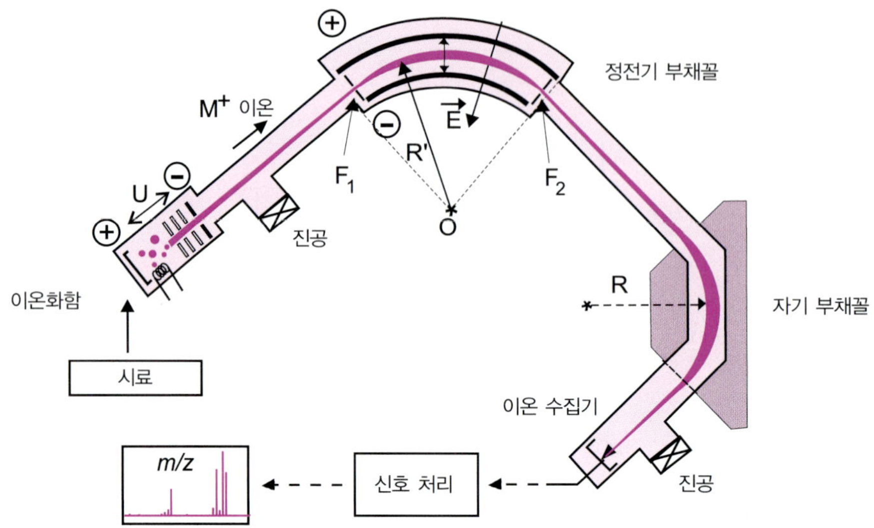

그림 16.19 이중 초점 EB 질량 분석기의 배열 R'과 R은 수십 cm의 값을 갖는다. 16장에서 다룬 물리 및 방정식의 법칙은 이러한 장치를 설계하는 데 유용하지만, 기기를 통해 찾을 수 있는 질량을 계산해 주지는 않는다. 모든 MS 장치의 측정 원리는 정확한 질량 결정을 위해 비교하는 방법을 사용한다. 각각의 장치는 질량을 알고 있는 과플루오로트라이뷰틸아민(perfluorotributylamine)이나 토막내기 이온 화합물과 같은 질량 표준 물질로 보정해야 한다.

자기장 분석기

EB 배치에서 자기장 분석기(**부채꼴**(**sector**) 혹은 **프리즘**(**prism**))는 부채꼴 전기장 뒤에 위치한다. 이런 종류의 기기는 여러 개의 기하학적인 배치에 따라 나뉜다. 하나는 그림 16.19에서 보듯이 이온에 작용하는 전기장과 자기장에서 곡률 반지름이 같은 방향인 장치이다. 식 16.4와 16.7를 결합하여 속도 v가 없어지면, 부채꼴 자기장에 관한 **굴절 식**(**deflection equation**) 혹은 **초점 식**(**focusing equation**)) 16.11이 얻어지게 된다.

$$\frac{m}{z} = \frac{R^2B^2e}{2U} \tag{16.11}$$

전자석 안의 반지름 R의 궤적을 따라 튜브를 통과하는 이온들만이 검출된다. 따라서 주어진 질량 범위에서 스펙트럼을 얻기 위해서 펄스 형태의 전위 U 혹은 자기장 B의 세기가 점진적으로 변경되어야 한다. m/z 값에 상관없이 모든 이온은 차례차례 단일 궤적을 따라 검출기에 도달하게 된다. 대략적으로 한 차례의 주사(scan)는 0.1초를 필요로 한다.

부채꼴 전기장과 같이 부채꼴 자기장도 초점으로 이온을 모으는 역할을 한다. 작은 각분산(angular dispersion)을 지닌 이온들이 동일한 질량과 운동 에너지를 가지고 힘 F_1에 의해 자기 부채꼴에 도달할 때, 이온들은 F_1의 상(image)인 F_2에 의해 다시 모인다. 짧은 시간에 주사되는 정해진 질량을 이온들만이 곡률 반지름 R을 따라가게 통과하게 된다(그림 16.19). 이온의 자기장과 정전기장을 조합하면, 각운동량과 운동 에너지에 근거해 이온을 수집할 수 있고, 이에 따라 (방향과 에너지 집중에 따른) 고분해능 질량 분석이 가능하게 된다. 그러나 부채꼴 자기장 기기에서 자석의 크기와 무게에 의해 높은 질량을 갖는 화합물의 연구에 한계가 있다.

m과 U의 상호의존성은 정확한 질량 결정을 위한 **봉우리 맞추기(peak matching)**라 불리는 비교 방법에 바탕을 두고 있다. 높은 분해능이 필요한 장치에는 필수적이다. 이를 위해서 질량을 정확히 측정하고자 하는 이온의 전구체(precursor)인 화합물 X와 함께, 질량 표준 물질이 첨가된다. 보통의 경우 과플루우오로트라이뷰틸아민(perfluorotributylamine 혹은 PFTBA($(C_5F_{11})_3N$, M = 821) 화합물이 이용되는데, 그 이유는 과플루우오린 화합물의 토막 이온이 정확하게 알려져 있기 때문이다. 측정하고자 하는 이온의 질량과 유사한 질량을 갖는 이온이 기준으로 선택된다. 예를 들어 미지 질량이 200 u 정도의 단위 질량 차수를 갖고 있다면, 질량이 199.9872 u인 C_4F_8 이온이 선택된다. 미지 질량이 12에 가까우면 탄소 12의 봉우리가 선택되는데, 이것의 질량은 정의에 의해 12 u이다. 이러한 작업은 현대식 기기의 경우 자동적으로 수행된다. 미지 봉우리와 기준 봉우리가 인위적으로 겹치는 경우에는 식 16.12 표현이 성립되고, m_x 값을 계산할 수 있다.

$$m_x/m_{\text{ref}} = U_{\text{ref}}/U_x \tag{16.12}$$

16.5.3 비행 시간 분석기

비행 시간(time of flight, TOF) 질량 분석의 원리는 동일한 운동 에너지를 갖는 이온들의 질량과 속도 사이의 관계에 기인한다. 펄스형 이온화(pulsed ionization)를 이용하는 기기의 경우, 질량이 있는 물체가 고진공 상태에서 아무런 장이 걸리지 않은 관 속의 거리 L을 이동할 때 필요한 시간이 측정된다(그림 16.20). 선형 TOF 분석기의 경우 $L = vt$를 이용하여 식 16.7에서 속도를 제거하여 아래와 같은 기본 식을 얻을 수 있다.

$$\frac{m}{z} = \left(\frac{2eU}{L^2}\right)t^2 \tag{16.13}$$

실제로 TOF 질량 분석기는 상당히 큰 질량(300 kDa)까지 분석할 수 있다. 고정 밀도의 질량을 얻기 위해서는 이온의 초기 에너지와 공간적 분포를 극복하는 것이 필요하다. 분해능은 이온화 펄스(pulse)의 지속 시간과 관계가 있다. 따라서 순간적인 이온화 방법(펄스 레이저를 이용한 몇 나노초)을 이용하여 초당 수백 번을 반복하여 이온을 같은 시간에 내보냄으로 분해능을 증가시킬 수 있다. 많은 질량 분석기들은 동일 질량을 지닌 이온들의 운동 에너지 분포를 상쇄시키기 위해 **반사판(reflectron)**을 설치하고 있다(그림 16.20). 이러한 종류의 정전기 거울을 이용하면 대부분의(고에너지를 지니는) 빠른 이온들은 저에너지를 지

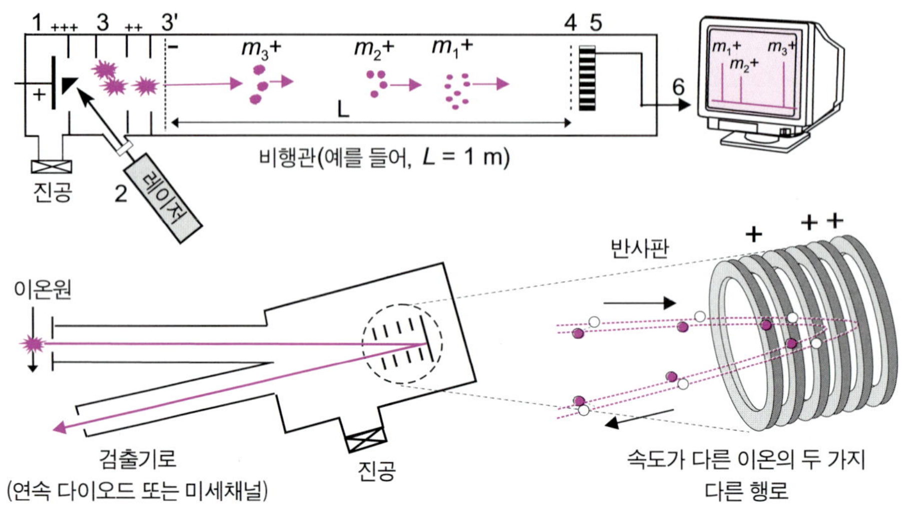

그림 16.20 단순화된 비행 시간 분석기의 도면과 이온 반사판의 원리 (1) 시료와 시료 용기. (2) MALDI 이온화 장치. (3)과 (3′) 형성된 이온은 반발판과 추출 격자(PD 5000 V) 사이에서 가속되고 다른 편 격자로 옮겨진다. (4) 제어 격자. (5) 미세채널 수집판. (6) 신호 출력. 그림의 아래 부분은 반사판에 관한 것인데, 이것의 본질은 정전기 거울로써 초기에 다른 에너지를 갖는 동일 질량의 이온들을 시간 초점(time-focus)을 맞추는 장치이다. 봉우리의 너비는 10^{-9} s 단위의 차수를 갖고, 15에서 20,000 사이의 분해능 범위를 갖는다.

니는 이온보다도 더 깊숙이 감속 영역에 침투하여 정전기적인 반발을 받을 것이다. 이러한 장치는 다른 에너지를 갖는 동일한 질량을 지닌 이온들을 동시에 검출기에 도달하여 분해능을 향상시킨다. 이러한 방법에 의해 이온이 다시 집중하게 된다.

16.5.4 선형 사중 극자 분석기

이전에 언급한 질량 분석기 이외에도 낮은 성능의 작고, 저렴한 다른 질량 분석기들이 개발되어서 고분해능 스펙트럼을 요구하지 않는 응용 분야에 사용되어 오고 있다. 이런 범주의 기기들에는 전기장만을 사용하는 사중 극자 질량 필터가 쓰인다. 이러한 범주의 질량 분석기는 주로 GC/MS, HPLC/MS, ICP/MS 연결법 장치의 질량 검출기로 많이 사용되고 있고, 또한 기체와 대기에 존재하는 잔류물에 대한 산업적 응용 분야에서 사용되고 있다.

고전적인 사중 극자는 4개의 평행한 금속 막대($L = 10 \sim 20$ cm 길이)로 이루어져 있는데, 이것의 내부는 쌍곡선 모양의 횡단면을 지닌다. 이 4개의 막대는 서로 짝을 이루는 전극이 있고, 서로 정반대편에 존재하는 막대 사이의 거리는 $2\,r_0$로 표시된다(그림 16.21). 두 쌍의 전극은 서로 반대 전위($+U$와 $-U$)를 갖는다.

전위 Φ_E가 xy 평면의 모든 지점에 대해 만들어지고 이것은 z와는 무관하며, 다음과 같은 수식으로 주어진다.

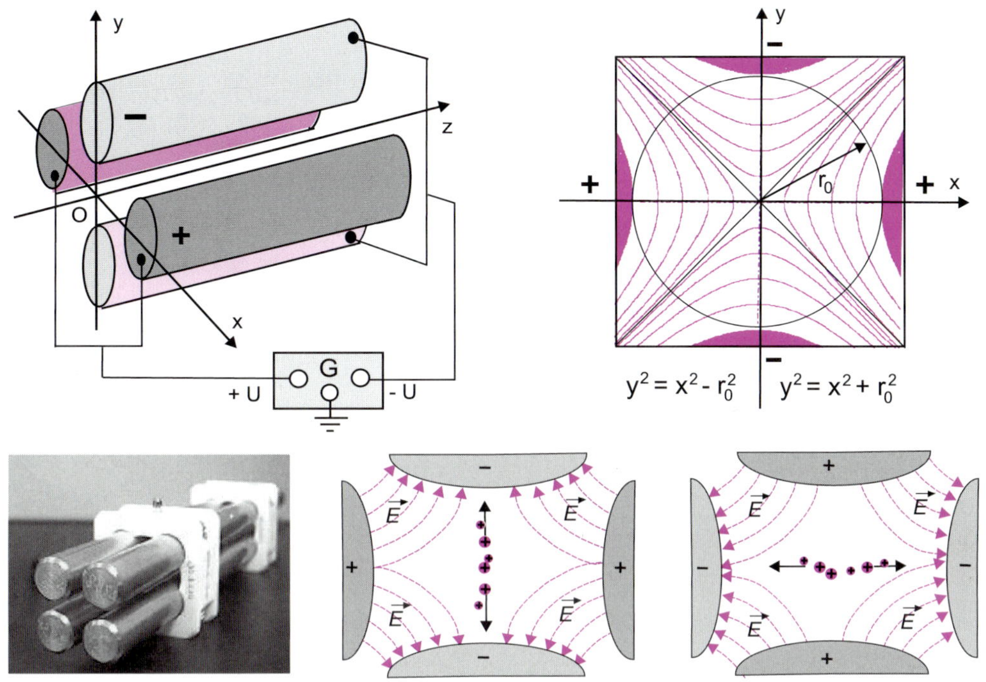

그림 16.21 선형 사중 극자의 도면 반대 전하를 띤 두 쌍의 전극을 주목하라. 기계적으론 간단한 필터 장치의 중심에 쌍곡선 모양의 막대(연필의 크기와 유사함)를 생산하기 위해 매우 정밀한 제작기술이 필요하다. 오른쪽 그림은 필터 중심 부근에 존재하는 일련의 등전위 쌍곡선을 나타낸다. 양과 음이 교대로 있는 전극은 이온들을 나선 운동을 하게 한다.

$$\Phi = U \cdot \frac{x^2 - y^2}{r_0^2} \tag{16.14}$$

Φ_E는 $+U$와 $-U$ 사이의 값이다. 따라서 균일한 매개체에서 전기 전위 Φ_E는 z축을 따라 모두 0의 값을 갖는다.

식 16.14은 모든 xy 평면에서 같은 점들의 점근선이 $y = \pm x$ 직선인 직각 쌍곡선을 따라 동일한 전위를 갖는다는 것을 암시한다. 사중 극자 안의 공간에서 각 점 M_{xyz}에 대해 전기장 선(fieldline)은 등전위 곡선과 수직이다. 이 전기장의 값은 다음과 같다.

$$E = -grad\ \Phi$$

사중 극자는 질량 분석기로 사용될 수 있다. 진공 상태에서 낮은 운동 에너지를 갖는 양이온이 시작점 O로부터 필터 내부로 들어갈 때, xyz 평면의 속도 벡터 구성성분은(x, y, z)로 표현되고 그 이온의 궤적을 결정한다(그림 16.21). 중심인 z축은 마치 터널과 같고, 그 벽은 이온의 위치에 따라 이온을 당기거나 또는 밀칠 수 있다. 2개의 양전하로 하전된 전극은 양이온을 z축에 따라 모으는데, 여기서 z축은 전위 계곡(potential valley)의 바닥(안정화 지역)

에 해당한다. 반면, 2개의 음전하로 하전된 전극은 끌어당겨서 흐트러 뜨리는 효과(yz 평면에 전위 언덕 모양)를 나타낸다.

기기장치를 질량 필터로 사용하기 위해 높은 진동수 ν와 최대 진폭 V_M의 라디오파(radiofrequency) 형태의 AC 전압 V_{RF}이 DC 전위 U와 중첩된다(ν는 2~6 MHz 차수 정도이고, V_M/U는 약 6 MHz이다)(그림 16.22). 두 쌍의 전극에 교차되는 전압이 π 위상차를 두고 가해진다.

$$V_{RF} = V_M \cos(2\pi \nu t) \quad (16.15)$$

사중 극자에 작용하는 전기장은 두 한곗값 사이에서 변조된다. 또한 사중 극자의 입구와 출구 사이에 전위차는 이온을 검출기 쪽으로 이동하게 된다. 이러한 조건하에서 사중 극자 O에 침투하는 이온은 다양한 크기와 방향이 바뀌는 힘에 의해 영향을 받게 된다. 이온 운동은 복잡한 3차원적이고 불안정한 나선형 형태의 궤적을 따라가다가 전극이나 검출기에 부딪혀 끝나게 됩니다. 시간이 지남에 따라 필터 내부의 각 지점에서 전위는 식 16.14과 16.15의 대수적 합(algebraic sum)에 해당된다.

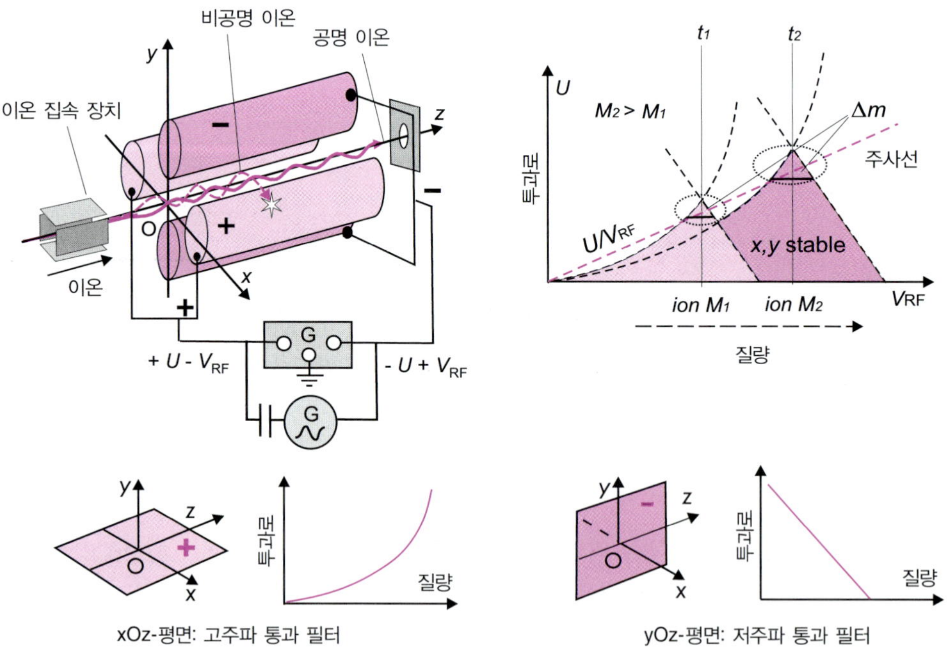

그림 16.22 사중 극자 필터 질량에 따라 이온은 가변 전기장의 변화에 어느 정도 반응하게 된다. xy의 진폭은 r_0 값을 초과해선 안 된다. 따라서 수십 eV의 약한 운동 에너지를 갖는 이온은 필터로 들어간다. 고정 U/V 비율에 대한 주사선의 예.

$$\Phi_{xy} = [U + V_{\mathrm{M}} \cos(2\pi \nu t)] \frac{x^2 - y^2}{r_0^2} \tag{16.16}$$

이온의 운동 방정식을 얻으려면 이온에 작용하는 힘 F_x, F_y 및 F_z를 계산해야 한다(**Mathieu 식**(Mathieu equation)). 계산 결과는 U, V 및 ν의 값이 필터에 있는 이온의 안정성 여부를 결정함을 보여 준다. 예를 들어, y를 따라가는, 즉 y축에 대한 속도 성분이 없는 이온의 경우 궤적은 xz 평면상에 유지된다. x축의 전극은 양전위와 음전위로 반복적으로 바뀌게 되는데($V_{\mathrm{RF}} \gg U$), 무거운 이온은 높은 관성(high inertia) 때문에 전기장 방향 변화에 크게 반응하지 않을 것이다. 무거운 이온은 단지 계속적인 양의 전압 U만을 느낄 것이기 때문에 많이 교란되지 않을 것이다. 무거운 이온들은 단지 중심축에 모여 있을 것이다. 하지만 가벼운 이온은 변주된 V_{RF}를 따라 진동 운동을 계속하다가 진폭이 r_0의 크기보다 커지면 전극에 부딪혀 소멸하게 될 것이다. 이런 2개의 양극 막대는 흔히 **고역 통과 필터**(**high-pass filter**)로 작동한다.

이제 x축에 대한 속도 성분이 없는 이온을 고려해 보자. 이 이온의 경로는 yz 평면에 존재할 것이다. 무거운 이온은 음극 막대로 끌려갈 것이다. 단지 가벼운 이온만이 라디오파의 진동 영향으로 통과될 수 있을 것이다. 이런 2개의 음극 막대는 **저역 통과 여과기**(**low-pass filter**)를 이룬다.

사중 극자 여과기는 저분해능 스펙트럼을 제공한다. 이런 기술과 연관된 두 가지 이용한 방법이 있다. 한 방법은 2개의 전압 U와 V_{RF}가 일정하게 유지되면서 진동수 ν가 주사(scan)되는 방법이고, 다른 방법은 진동수 ν가 특정 값으로 일정하게 유지되면서, 전압 U와 V_{RF}의 진폭의 비율을 특정하게 유지하면서 규칙적으로 증가시키는 것이다. 이러한 **작동 직선**(**operating line**)의 기울기가 분해능을 결정한다. 기울기가 가파를수록 분해능은 좋아지지만 감도는 감소된다. Δm이 일정하면(예: 1 u), 분해능은 m/z 비율(그림 16.23) 및 여러 가지 요인에 따라 달라진다. 최고 전압이 $V_{\max}$인 라디오파에 의해 길이가 L이고, 반지름이 r_0인 필터의 입구로, 단위 전하를 갖는 e인 이온이 전압 V_z 전압인 상태에서 가속될 때, 최대 분해능은 식 16.17로 표현된다.

$$R = Cste \cdot \frac{L^2 \cdot V_{\max}}{r_0 \cdot e \cdot V_z} \tag{16.17}$$

높은 진공이 필요한 원자력, 반도체, 플라스마 산업 분야에서는 잔류 기체 분석(RGA)이 중요하다. 이런 분석을 위해 몇몇 회사는 분석할 진공 공간에 직접 이온화함에 연결된 사중 극자 여과기 질량 분석기를 제공한다(그림 16.23).

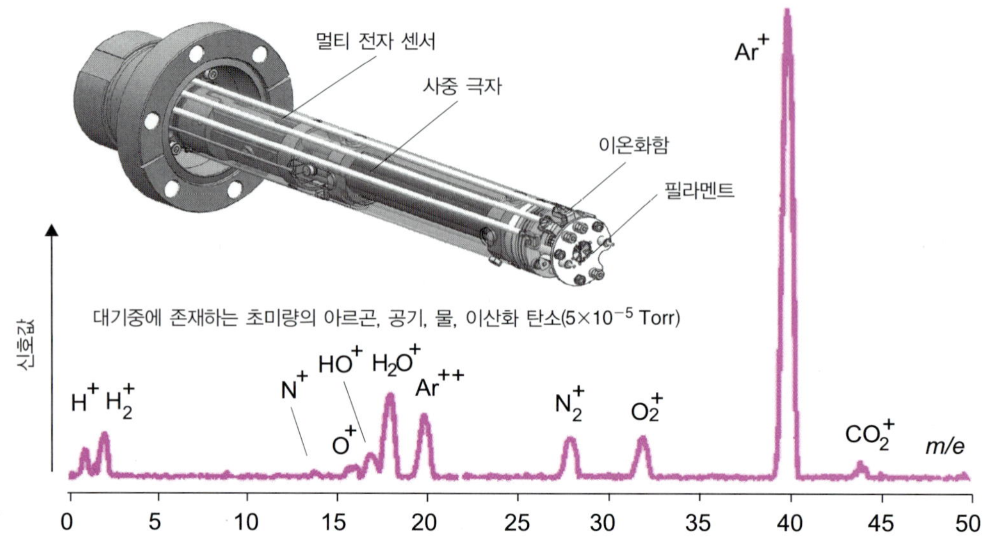

그림 16.23 고진공에서 잔류 기체의 분석 예 스펙트럼은 전체 질량 범위에 걸쳐 일정한 Δm 모드에서 얻은 결과이다. 사중 극자 탐침이 직접 진공 챔버에 들어가 장착되어 있다(미국 Inficon사의 문서 참조).

16.5.5 사중 극자 이온 트랩 분석기

저분해능 질량 분석기로 사용되는 이온 트랩 방식은 모양은 상당히 다르지만 선형 사중 극자와 공통점이 많다. 보기에는 단순하지만 근본적인 관점에서 보면 복잡한 이온 트랩 검출기는 매우 민감하며, 다양한 이온화 방법에 사용된다. 이름에서 알 수 있듯이 이온 트랩에서 이온은 3개의 전극(환상(toroidal) 하나와 말단 마개(end-cap) 2개) 사이에 갇혀 있게 되는데, 트랩의 특이한 모양은 4개 막대로 이루어진 고전적인 사중 극자의 변형으로부터 파생되었다고 생각된다(그림 16.24). 이전에 취급한 사중 극자와 같이 이온 트랩 또한 가변 전기장의 효과로 작동된다. 전극으로 구성된 이 부분은 이온화원, 분석 영역 및 검출로 이어지

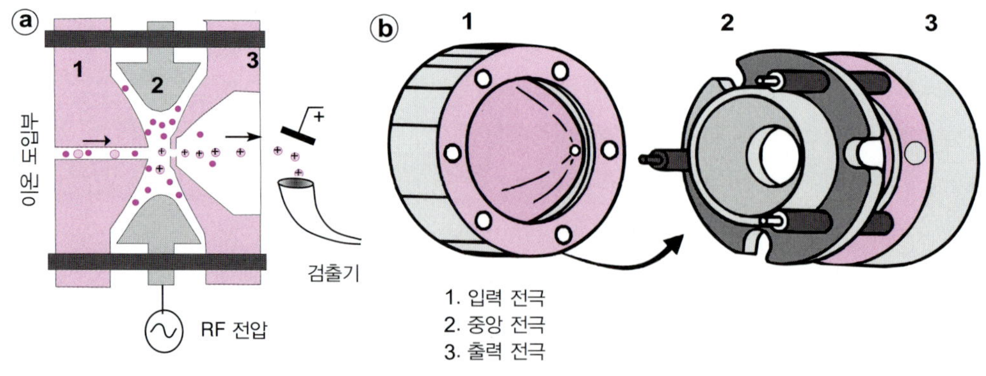

그림 16.24 이온-트랩 분석기 (a) 이온 트랩의 전극 설계. (b) 말단-마개 전극과 중앙 환형 전극의 투시도면.

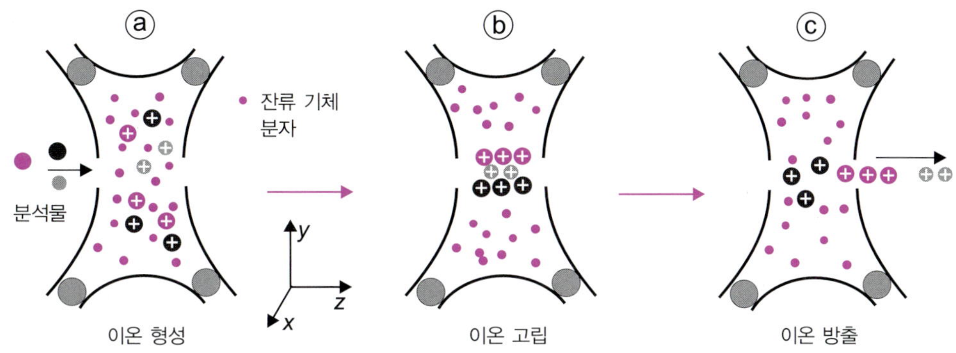

그림 16.25 쌍곡선 유형의 트랩에서 이온의 (a) 형성, (b) 고립, (c) 방출.

는 질량 필터 영역을 모두 포함된다. 이런 저렴한 분석기는 거의 대부분 전문적인 질량 검출기(GC/MS)로 사용된다.

작동 원리는 다음과 같이 요약할 수 있다. 매우 짧은 전자 충돌에 의해 화합물에서 이온이 생성되어 주입된 후, 필터의 중심으로 침투하게 된다. 고리와 마개 모양의 전극 사이에 가해지는 고정 전압 U와 고정된 라디오파 전압(식 16.15 참조)으로 중심부에 이온을 고립시키고, 충격 흡수제로써 트랩에 주입된 0.01 Pa 정도의 낮은 압력의 헬륨으로 이온은 복잡한 궤적을 따라 움직이게 된다.

존재하는 이온을 분석하기 위해 라디오파의 진폭을 점차 증가시켜 이온을 불안정하게 만든다. m/z 비율이 커지는 순서대로 이온의 진동폭은 z축 방향으로 점차로 커지다가, 결국 끝에 있는 마개 전극에 뚫린 작은 구멍으로 방출되고, 그 뒤에 있는 검출기에 도달한다(그림 16.25). 만약 반응 기체가 트랩 안으로 동시에 주입되어 시료와 반응한다면 화학 이온화가 일어날 것이다(16.4.2절 참조).

이러한 분석기는 작은 부피와 높은 감도를 갖고 있지만 작은 동적 범위(dynamic range)와 동일 시료로부터 얻은 스펙트럼의 재현성에 문제가 있어서, 정량 분석에 매우 심각한 단점이 있다.

16.5.6 이온 사이클로트론 공명 분석기(ICRMS)

이온 사이클로트론 공명 분석 질량 분석기(ion cyclotron resonance mass spectrometer, ICRMS)는 앞에서 언급한 질량 분석기에 비하면 흔히 사용되는 것은 아니다. 기본적으로 자기장 이온 트랩인 ICRMS는 매우 높은 정밀도를 가지고 이온의 질량을 측정할 수 있다.

작동 방식은 다음과 같이 설명될 수 있다. 다양한 이온화 방법으로 생성된 이온은 초전도 코일로부터 형성되는 아주 강한 자기장 $\vec{B}$(4~9 T)의 중심에 놓여 있는 작은 공간으로 주입된다. 이온은 (진공이 완벽하지 않은) 이 공간에서 잔여 분자들과 충돌하여 서서히 이동하게 되고, 양전하로 하전된 내벽과의 반발력 때문에 갇히게 된다.

그 궤적은 복잡하지만 자기장 $\vec{B}$의 수직 방향인 xy 평면에 투영될 경우 원운동을 하고 있음을 알 수 있다(그림 16.26). 이 원운동의 반지름은 이온의 운동 에너지에 따라 바뀌게 되는데, 식 16.4에 의해 주어진다. 만약에 속도 v가 작고 자기장 $\vec{B}$가 강하면, 원둘레는 매우 작을 것이다(1 mm 이하). 고전적인 표현인 $v = \omega R$과 $\omega = 2\pi\nu$로부터 식 16.18의 관계식을 얻을 수 있다. 이 식으로부터 각각의 이온은 이온의 속도에 관계 없이 고유의 진동수를 가짐을 알 수 있다. 따라서 어떤 특정 순간에서도 트랩 안에 존재하는 서로 다른 m/z 비의 이온수만큼의 서로 다른 진동수가 존재하게 된다.

$$\frac{m}{z} = \frac{e \cdot B}{2\pi\nu} \tag{16.18}$$

또는

$$\nu = 15\,350\frac{B \cdot z}{m} \tag{16.19}$$

식 16.19는 자기장 $\vec{B}$(tesla)에서 질량 m(Da)인 이온이 전하 z를 지닐 때의 진동수 ν(kHz 단위)를 나타내고 있다. 질량 분석은 이온의 서로 다른 진동수를 정확히 측정하면서 이루어진다.

진동수와 이에 따른 이온의 m/z 비율을 만들기 위해, 흔히 chirp이라 불리는 RF 순간 펄스(pulse)가 주어진다. chirp 진동수 범위가 곧 측정하고자 하는 m/z 값에 해당하게 된다. 이런 방식으로 모든 이온이 에너지를 흡수한다. 이온들의 진동수는 펄스의 시간 동안은 변하지 않지만, 펄스 중에는 이온의 속도가 증가한다. 또한 펄스 자극 후, 동일 m/z 비율의 이온은 동일 위상이 되어 동일 진동수의 (사이클로트론 공명) 신호를 검출판에 유도시킨다(그림 16.26). 종합적으로 여러 다른 m/z 종류의 이온에 의해 유도되는 진동수의 중첩 때문에 복잡한 신호가 이온들로부터 유도되게 된다. 펄스가 사라지면 이러한 간섭 그림(interferogram)의 세기[$I = f(t)$]는 줄어들게 되는데, 이러한 간섭 그림은 존재하는 모든 진동수의 정보를 포함하고 있게 된다. 이러한 조건들이 모여서 소프트웨어가 Fourier 분석을 수행할 수 있게 된다. 데이터에 관한 계산[$I = f(t)$]를 $I = f(\nu)$로, 최종적으로 질량스펙트럼 $I = f(m/z)$으로 바꾸는 Fourier 변환]을 통해서 신호를 구성하는 각 성분의 진폭과 진동수를 구할 수가 있다. 이온은 파괴되지 않으며, 다시 들뜬 상태가 되거나 다른 실험에 사용될 수도 있다.

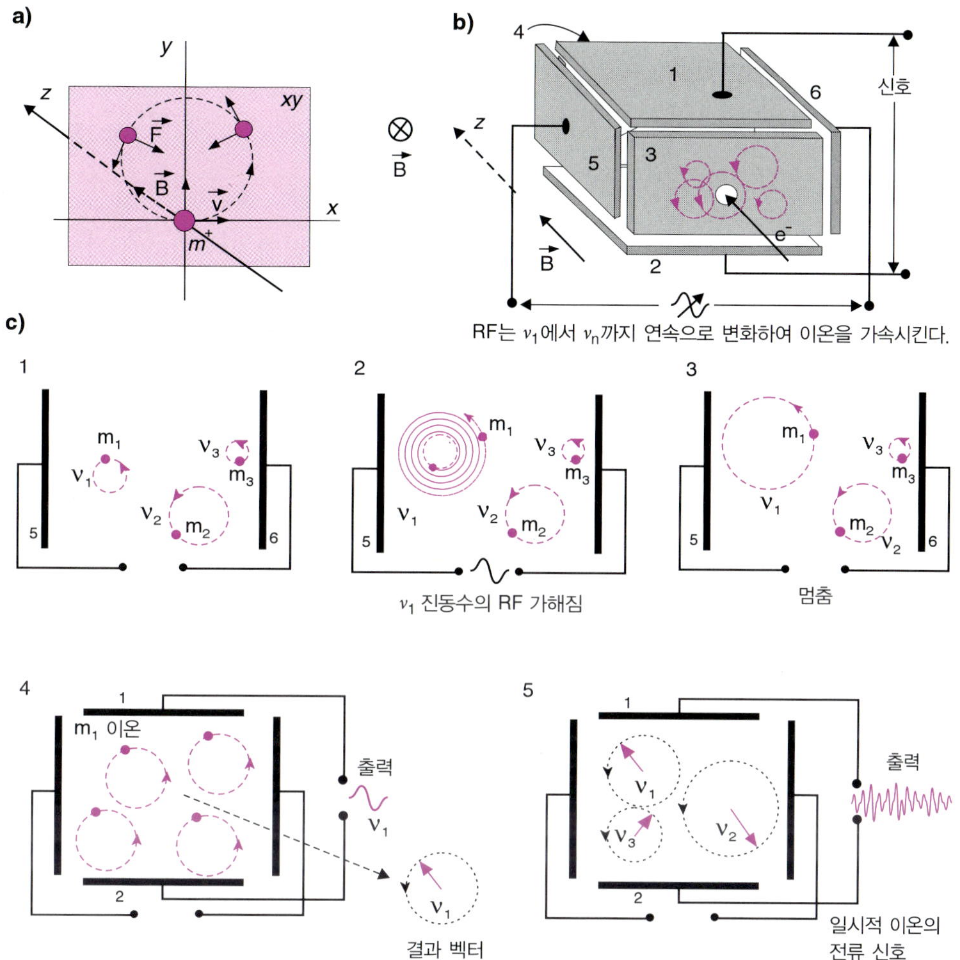

그림 16.26 **ICRMS의 원리** (a) 유도 자기장 $\vec{B}$로 인해 선택된 특정 방향을 갖는 기본적인 이온 궤적 그림. (b) 이온 트랩 용기의 간단한 보기(판 5나 6은 들뜸, 판 3과 4는 이온 트랩, 판 1과 2는 검출을 위한 것). 이온은 용기의 안쪽 또는 바깥쪽에서 생성된다. (c) 검출 원리: ① 이온 3개가 기다림. ② 진동수 펄스, ν_1 진동수는 오로지 m_1 이온만을 들게 한다. ③ 들뜸 후, m_1 이온은 좀 더 큰 궤적을 가짐. ④ 실제 시료 안의 m_1을 포함한 동일한 위상을 갖은 많은 이온이 같이 궤도를 회전함. 1과 2의 검출판에서 동일한 진동수 ν_1를 지니고 회전하는 이온들에 의해 전기장 벡터 효과를 만들어 내고, 이때 세기는 이온 농도와 함수 관계에 있다. ⑤ 3개의 m_1, m_2, m_3 이온들이 동시에 들뜨게 된다면, 출력부에서의 신호는 간섭 그림으로 나타낼 것이다. Fourier 계산을 통하면 기존의 질량 스펙트럼으로 전환된다.

16.5.7 텐덤 질량 분석기(MS/MS)

분자 화합물의 분해로 인해 생성된 토막 이온의 구조에 대한 보다 정확한 정보를 얻기 위해 다음과 같이 직렬로 연결된 두 개 이상의 질량 분석기를 포함한 기기가 사용될 수 있다. 각각의 장치를 끝에서 끝으로 배치하는 것이 아니라 하이브리드 형식으로 자기 부채꼴(magnetic sector)과 사중 극자(quadrupole)를 결합시킬 수도 있고, 또는 2개의 사중 극자를 결합시킬 수도 있으며, TOF 다음에 사중 극자가 결합된(또는 반대로) TOF가 결합된 장치를 사용할 수도 있다. 두 개의 질량 분석기 사이에 충돌함이 있어 이온들이 아르곤 또는 질소와 같은 표적 기체(target gas)와 충돌하게 되어 토막 이온들로 바뀌게 된다(그림 16.27). 이러한 장치를 사용하는 방법에는 여러 가지가 있다.

- 처음 방식(**내림차 방식, descending mode**)은 처음 질량 분석기에서 미리 선택된 m/z 비율을 갖는 이온을 선택하는 것으로 질량 분석기는 필터의 역할을 담당한다. 이온들은 충돌함에서 헬륨, 아르곤, 질소와 같은 표적 기체와 **충돌 유도 분해(collision-induced dissociation**, CID) 과정을 겪는다. 이를 통하여 더 많은 분해가 진행된다. 생성되는 딸 이온(daughter ions)은 정상 방식으로 전환된 두 번째 질량 분석기로 이동하게 된다. 토막 이온의 m/z 값은 두 번째 질량 분석기의 주사에 의해 결정된다. 이러한 결과로 질량 스펙트럼에는 이온원에서 형성된 초기에 선택된 m/z 비율을 갖는 이온에 관한 구조적인 정보만을 제공하고 다른 이온들은 제외시킨다(**딸 이온 주사(daughter ion scan)**).
- 다른 방식(**오름차 방식, ascending mode**)으로는 두 번째 질량 분석기가 특정 m/z 비율로 고정되어 이에 해당하는 이온들만을 통과시키고, 첫 번째 질량 분석기는 전체 질량 범위를 주사하는 것이다. 이러한 방법으로 동일한 토막 이온을 만들어내는 모든 어미 이온(parent ion)을 확인할 수 있게 된다(**전구체 이온 주사(precursors scan)**).
- 마지막으로 2개의 질량 분석기가 미리 입력된 값만큼의 차이를 두고, 이중으로 주사가 진행되는 방식인데, 이때 값 차이는 특정 중성 질량(예, CO 또는 C_2H_2의 중성 토막)

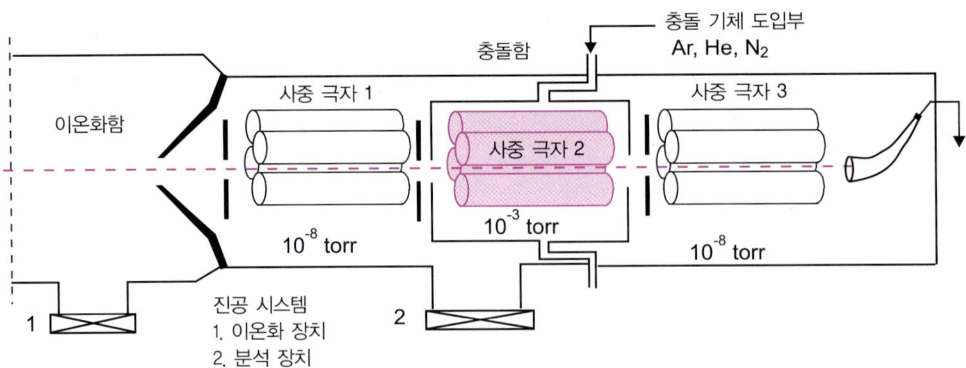

그림 16.27 삼중 사중 극자(QQQ-MS-MS)가 있는 MS/MS 분석기 QQQ라 불리는 이 장치에서 중간 사중 극자는 단순히 이온을 집중하는 역할을 한다. 충돌함 안에 위치하며 AC 전압 방식만으로 운영되어 모든 이온을 통과시킨다(DC 전압 없음). 이 지점의 압력은 다른 곳에 비해 더 높다. 이러한 기술을 이용하면 GC/MS 기술을 사용하여 혼합물에 대한 연구를 진행할 수 있다. 현재는 장비의 비용에 대한 부담도 크게 낮아졌고 관련된 많은 응용 프로그램이 있다.

에 해당한다. 이러한 방식으로 이온원에서 존재하는 모든 전구체 이온 중에서 동일한 중성 손실(neutral loss)을 일으키는 이온들을 찾아낼 수 있다(**중성 손실 주사(neutral loss scan)**).

16.6 이온 검출

질량 분석에서 검출은 이온에 의해 옮겨지는 전기 전하를 측정하는 것에 기초를 두고 있다. 보통 동일 화학종에서 온 각각 이온의 숫자는 매우 커서 아날로그 신호 출력을 나타내는데, 몇몇 장치에는 단일 이온에 의한 충돌도 검출할 수 있는 출력 증폭 장치가 달려 있기도 하다.

> 스펙트럼으로부터 정량적인 정보를 얻기 위해 검출되는 이온의 숫자가 질량에 상관없이 생성된 이온들의 수를 반영해야 한다. 만약 질량 스펙트럼이 자기장을 주사하여 얻어졌다면, 자기장의 증가 속도가 일정하지 않아야 한다. m/z 비가 자기장 세기의 제곱에 따라 변함을 굴절 공식(식 16.11)으로 알 수 있다.

주요한 검출 장치의 종류는 다음과 같다.

- **불연속 다이노드 전자 증배기(electron multipliers with discrete dynodes)**. 이 장치에서 양이온은 변환 캐쏘드를 때려서 전자가 방출되고, 전자는 20개 정도의 연속적인 다이노드(dynode)를 통하여 가속(accelerated)에 의한 증배(multiplied)가 이루어진다(그림 16.28). 이 형태의 검출기는 감도가 매우 좋아서, 108배까지 증폭시킬 수 있다. 새로운 알루미늄-기반 다이노드는 질량 분석기 안에 남아 있는 대기 성분 또는 작동하지 않은 상태(대기압 상태로 복귀) 동안 부식이 매우 심하게 일어나는 기존 재료(Cu/Be 합금)의 성능을 개선하였다.
- **연속 다이노드 전자 증배기(electron multipliers with continuous dynode**, Channeltron®). 이온은 납이 도핑된 유리로 된 변환 캐쏘드 역할의 뿔 모양의 수집기(collector) 입구로 향하게 된다. 분출된 전자는 양의 전극으로 끌려가게 되고(그림 16.28), 불연속 다이노드처럼 내벽과의 연속적인 충돌로 증폭이 된다. 기기 조합은 주로 축으로부터 어긋나게 만들어져서 중성 화학종 또는 필라멘트로부터 생긴 광자들 역시 전자를 떼어낼 수 있는 요인을 제거한다.
- **미세 채널판 검출기(microchannel plate detector**, MCP). 이것은 벌집과 같은 수많은 미세 채널의 조합으로 구성되며, 사진판의 전기적 형태와 비슷하다. 각각의 검출기는 미세 튜브의 한 부분으로부터 구성되는데, 미세 튜브(지름 25 μm)의 안쪽은 반도체 물질

로 칠해져 연속 다이노드와 같은 역할을 하게 된다(그림 16.28). 이 장치는 동시에 각기 다른 질량을 기록할 수 있다.

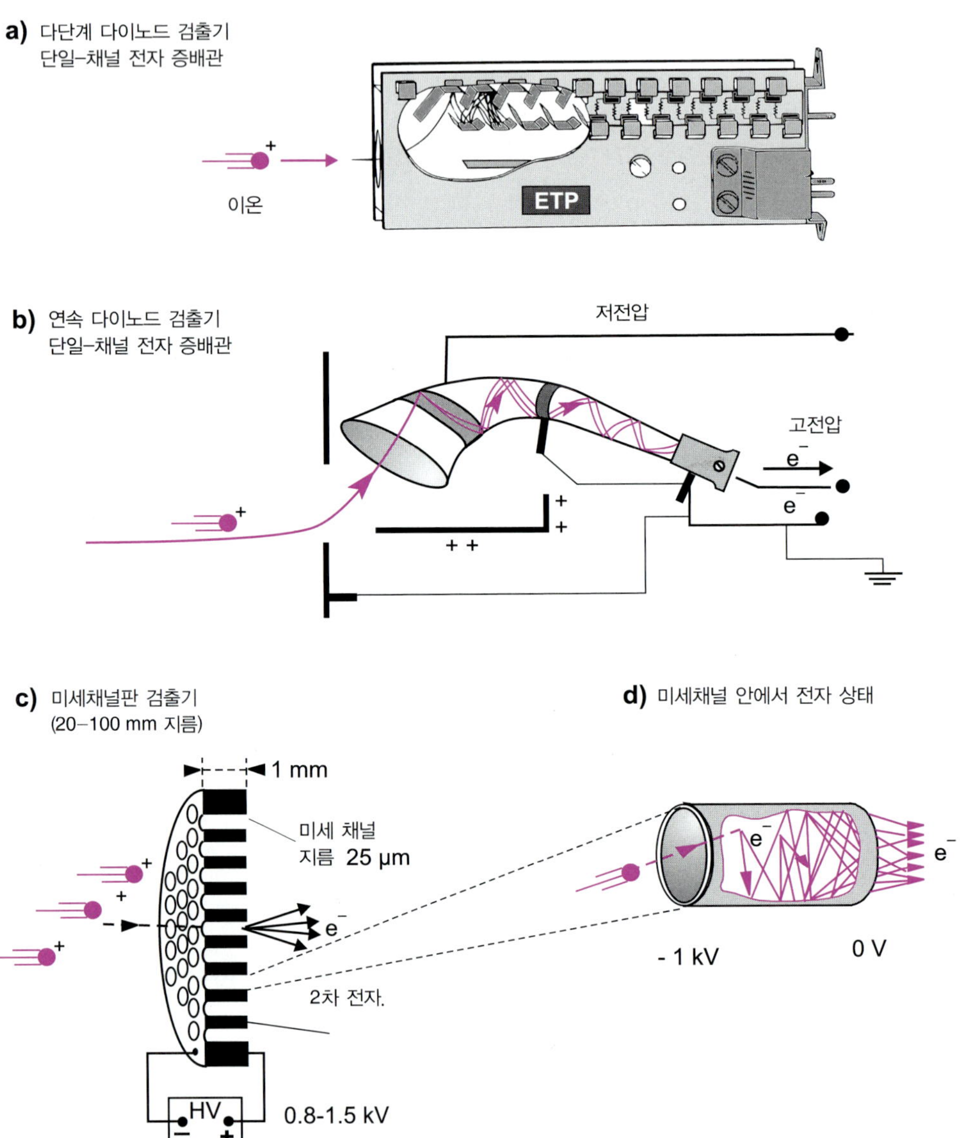

그림 16.28 질량 분석기(MS) 검출기 (a) 활성 필름이 있는 불연속 다이노드 모델(제공: ETP Scientific Inc.). (b) Channeltron®을 포함한 연속 다이노드 모델. 깔때기 모양의 캐쏘드는 약간 휜 경로로부터 이온을 포획할 수 있게 한다. 곡면 형태는 전자가 잔여 분자와 충돌하여 만들어지는 양이온의 가속으로 인한 다른 전자가 생성되는 것을 막는 효과가 있다(제공: Channeltron®). (c) 변환 캐쏘드의 상세 모양. 미세 채널 안에서의 전자의 증폭을 도시. (d) 미세 채널판 검출기. 다중 채널(미세 채널) 수집기 시스템은 이온의 충격을 분산한다(출처: Galileo USA).

질량 분석기의 다섯 가지 분야에 관한 간단한 정리를 하고 나서 의심스러운 점 중의 하나는, 동일 시료 화합물을 분석할 때 과연 같은 질량 스펙트럼을 얻을 수 있느냐 하는 것이다. 현실적으로 만능 분석기는 없다. 위에서 언급한 것들은 각각의 사용 영역이 있다. 몇몇 기기는 이온이 형성되자마자 분석을 하는 반면에, 어떤 것들은 이온들을 모아두었다가 충돌 후에 분석을 실시하여, M+1 봉우리가 비이상적으로 증가하도록 유발한 후에 분석한다. 예를 들어, 자기 부채꼴 질량 분석기와 TOF 분석기는 매우 빠른 분석 시간(나노에서 마이크로초)을 갖는 반면, 이온 트랩은 1초까지 시간이 걸리기도 한다. 이러한 이유로 질량 분석기는 수동적인 분석 과정의 광학 분광기기와 비교될 때 차별성을 갖게 된다. 그러므로 질량 스펙트럼을 비교하기 위해서는 분석 조건을 표준화하는 것이 무엇보다 중요하다.

중요한 질량 분석법 응용

질량 분석법은 분리 방법(크로마토그래피, 전기 이동)과 결합하여 원소 및 동위 원소 분석을 수행하고, 실험식을 찾거나 유기 화합물의 구조를 밝히는 간단한 검출기로 사용할 수 장치로 사용될 수 있기 때문에 수많은 응용 분야가 있다. 이 기술은 유전체학(genomics)과 단백질체학(proteomics) 연구에 필수 요소가 되어 가고 있다.

16.7 스펙트럼 라이브러리를 이용한 물질 확인

스펙트럼의 비교를 통한 화학종의 확인은 화학 분석 분야에서 많이 사용되고 있다. 특히 질량 분석을 이용한 모든 환경 분석(토양, 물, 농산물 등)에서는 필수적인 방법이 되었다. 이를 위해 많은 스펙트럼 라이브러리가 만들어지고 상용화되었다. Wiley의 스펙트럼 모음(거의 800,000개 스펙트럼) 또는 NIST의 MS-MS 라이브러리(거의 200,000개)가 JCAMP 코딩을 통해 mgf 또는 msp 포맷으로 일반적인 분광 라이브러리 자료를 제공하고 있다. 스펙트럼은 진공 또는 대기압에서 여러 이온화 방법을 통한 TOF, 사중 극자, 이온 트랩 등을 사용하여 얻은 스펙트럼을 제공하고 있다. 몇몇의 소프트웨어 패키지(software package)들은 알려진 화합물들의 주요 봉우리들이 포함되어 있는 스펙트럼 라이브러리를 검색하는 작업을 수행한다.

일반적으로 검색 작업은 여러 단계로 나뉜다. 분석물의 초기 스펙트럼(연속적인 도시)을 토막내기 스펙트럼으로 변환된 다음 소프트웨어가 분광 라이브러리에서 분석물의 스펙트럼에서 비록 세기가 다르더라도 동일한 위치의 봉우리를 갖는 스펙트럼을 찾는다. 마지막으로 봉우리 세기, 질량 및 봉우리의 희귀성을 포함하는 선택 기준을 기반으로, 각 스펙트럼을 완벽한 일치를 나타내는 1,000에서 일치하는 봉우리가 없는 0까지 지표 범위를 할당하여 보다 정교한 알고리즘으로 이전 선택을 반복하게 된다. 선택 기준을 수정하여, 다양한 분류 사이의 교차 검사를 진행하여 검색의 정확도를 높일 수 있다.

크로마토그래피와 질량 분석법(GC/MS 또는 HPLC/MS)을 연결하여 여러 분석물을 분석할 때는 두 가지 특정한 토막내기, 즉 **식별 토막내기(identification fragment,** 화합물의 특성으로 판단)와 **정량화 토막내기(quantification fragment)** 각각이 연관되어있다. 이 분석은 또한 이러한 화합물의 농도를 알기 위한 측정이 요구된다(1.15절 참조). 이를 위해 동일한 용액에 농도를 알고 있는 수십 가지 표준 물질로 구성된 혼합 용액이 사용된다. 이러한 과정은 환경 시료에서 존재하는 미량 화합물을 검색하는 데 일반적으로 사용된다.

16.8 이온의 원소 조성 분석

16.8.1 정확한 질량에 근거한 탐색

분리 능력(resolving power)이 적어도 10,000 이상의 값을 갖는 질량 분석기를 이용하면, 이온 또는 토막내기 이온의 원래 분자식을 찾는 것이 가능하다. MS 장치는 이미 주어진 오차 범위 내에서 실험 질량과 존재하는 것으로 추정되는 원소의 정확한 동위 원소 질량으로부터 모든 가능한 분자식을 제공하고, 또한 여기에 존재 가능한 원소들의 목록을 제공한다(표 16.1).

따라서 정확한 원자 질량은 분자의 원소 구성에 대한 정보를 제공한다. 예를 들어, 질소 분자와 일산화 탄소 분자는 둘 다 14개의 양성자와 14개의 중성자를 가지고 있지만 0.0112 u(각각 28.0061 u 및 27.9949 u의 질량)만큼 다르다.

분자식을 선택한 후 데이터 처리 프로그램은 **수소 결핍 지표(index of hydrogen deficiency,** *I*)에 해당하는 값을 제공한다. 이것은 해당 이온에서 다중 결합과 고리의 숫자를 나타낸다(식 16.20). 만약에 지표 *I*가 정수 값이면, 이것은 라디칼 양이온이다. 만약에 *I*가 정수 더하기 1/2이면, 이것은 양이온이다. 일반적으로 홀수 전자를 지닌 이온은 라디칼을 잃으면서 토막이 되어 짝수 전자를 지닌 양이온이 된다. 비교적 흔한 경우는 아니지만, 이러한 토막내기들은 재배치 과정을 통해서 라디칼 양이온이 만들어지기도 한다.

질소 규칙(nitrogen rule, 질소 원자 하나를 포함한 화학물의 분자량은 홀수이다)과 원소의 동위 원소 조성 등 몇 가지 다른 가능성을 종합적으로 고려해 보면, 스펙트럼에 존재하는 주요 이온의 속성을 확인할 수 있다.

$$I = 1 + \left[0.5 \times \sum_{1}^{i} N_i (V_i - 2) \right] \tag{16.20}$$

N_i는 원자가가 V_i인 원소 i의 원자수를 나타낸다.

16.8.2 동위 원소 존재비에 근거한 방법

이것은 분석 물질의 분자식을 찾아내는 또 다른 방법이다. 낮은 분해능을 갖는 질량 분석기에 적용할 수 있다. 아래 설명된 것처럼, 원리는 구성 원소의 동위 원소 조성에 근거한다. 분자가 무수히 많이 모여 생긴 분자 화합물은 몇 개의 분자 봉우리(M, $M+1$, $M+2$ 등과 같은 동위 원소 그룹)가 나타나는 질량 스펙트럼으로 나타나고, 각각의 봉우리의 세기는 화합물을 구성하는 원소 조성과 동위 원소 조성을 반영한다.

따라서 화합물에서 얻은 막대 형태로 표시된 스펙트럼의 모양을, 미리 여러 실험식 세트를 고려하여 불필요한 계산을 제거하여 얻은 만족스러운 정보를 갖는 자료와 비교하여 알아낼 수가 있다.

벤젠 C_6H_6($M = 78$ u)을 고려해 보자. 100개의 탄소 원자마다 1개의 ^{13}C가 존재하므로, 벤젠에서 약 6% 정도가 하나의 ^{13}C로 되어 있어서, 그 경우 분자량이 79 u가 된다고 예측할 수 있다(^{2}H 또는 D의 기여는 0.01%로 무시할 수 있음). 벤젠의 질량 스펙트럼에서 $m/z = 79$에 해당하는 작은 봉우리는 이렇게 설명된다. 비슷하게 $m/z = 80$을 갖는 봉우리는 2개의 ^{13}C, 2개의 D 또는 하나의 ^{13}C와 하나의 D로 설명된다.

식 16.21과 16.22는 원소 C, H, N, O, F, P를 포함하는 유기 분자의 $M+1$, $M+2$ 봉우리의 상대적 세기를 퍼센트로 나타낸다(nC, nN 등은 탄소와 질소 원자의 수를 나타냄.).

$$(M + 1)\% = 1.1\text{nC} + 0.36\text{nN} \tag{16.21}$$

$$(M + 2)\% = \text{nC}(\text{nC} - 1) \times 1.12/200 + 0.2\text{nO} \tag{16.22}$$

이 방법은 일반적으로 사용되지만, 측정의 정밀도를 고려하여 바탕 잡음에 묻히는 질량 $M+1$ 및 $M+2$에 대해 제한적으로 사용된다.

16.8.3 다전하 이온을 이용한 분자량 확인

다전하 이온은 거대분자 물질에 대해 분무 형태(ESI, APCI)의 이온화를 시행하는 과정에서 얻어진다. 그 분자량은 그림 16.14에 나타난 방법과 다른 방법으로 구해질 수 있다. 이 계산

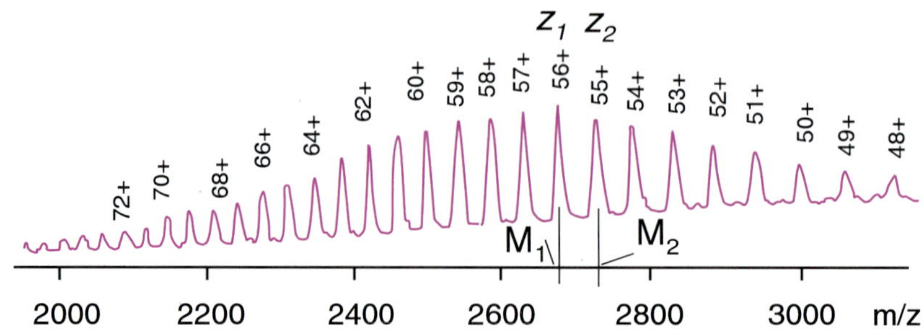

그림 16.29 큰 분자량을 갖는 항체에 대한 스펙트럼 모양 스펙트럼은 ESI–MS로부터 얻어졌다. 각 신호 위에 쓰인 전하값을 모르는 상태에서 교재의 계산식을 따르면 $M_1 = 2{,}680$이고, $M_2 = 2{,}729$이며, 분자량은 150,080 Da이다.

을 수행하기 위해서 기본 스펙트럼이 필요하며, 기본 스펙트럼은 다른 전하수에 따라 연속적인 분자 봉우리를 나타낸다.

분자량이 M으로 나타나는 화합물의 스펙트럼에서 2개의 연속적인 봉우리 M_1과 M_2는 각각 전하 z_1과 z_2 전하를 가지며, 각각의 전하의 차이는 1이다($z_2 = z_1 - 1$)(그림 16.29). 식 16.23과 16.24는 아래와 같다.

$$M_1 = \frac{M}{z_1} \tag{16.23}$$

$$M_2 = \frac{M}{z_2} \tag{16.24}$$

z_1에 대하여 대입하고 정리하면,

$$z_1 = \frac{M_2}{M_2 - M_1} \tag{16.25}$$

반올림하여 정수 z_1을 알면, 식 16.23에 의해 M(Da)을 계산할 수 있다.

16.9 유기 이온의 토막내기

토막내기 질량 스펙트럼의 해석은 어렵지만 흥미로운 일이기도 하다. 유기 화학자들에게는 응축상에서 반응 설명하기 위해 순간적으로 존재하는 이온의 다른 형태를 생각해 내기 때문에 이런 해석 방법에 매우 익숙하다. 다만 질량 분석계와의 차이점은 이러한 이온들이 진공 상태에서 이동하지만 충돌하지 않는다는 것이다. 보통 조건에서는 불안정한 화학종의 이온 생성과 이온 검출의 매우 짧은 시간(1 μs 이하) 동안 존재를 관찰해야 한다.

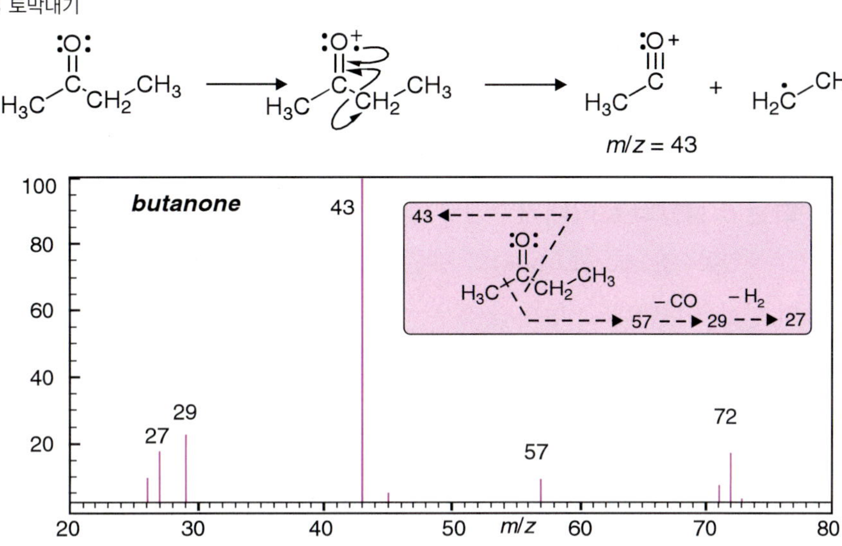

그림 16.30 **뷰탄온의 전자 이온화 질량 스펙트럼** 그림은 주요 토막내기 이온들의 생성을 설명한다. 뷰탄온 분자 이온은 아세틸 이온 $CH_3CO]^+$($m/z=43$)을 형성하는데 세기는 $m/z=57$의 $CH_3CH_2CO]^+$의 세기보다 10배 정도 크다. 반쪽 화살표는 전자 한 개의 이동을 표시한다.

16.9.1 기본 규칙

유기 분자 연구에 잘 적용되고 있는 전자 충돌에 의한 토막내기는 초기에 형성된 분자 이온의 불안정성 때문에 나타나게 된다. 분자량이 짝수인 분자 M이 이온화되면, (질소 원자가 홀수인 경우를 제외하면) **라디칼 양이온(radical cation)**이 형성되어 홀수의 전자를 지니게 되고 $M]^{+\bullet}$ 기호로 나타나게 된다. 헤테로원자(heteroatom)를 포함하는 화합물의 경우, 이온화는 헤테로원자의 고립 전자쌍에서 우선적으로 일어날 것이다(그림 16.30). 이 단계에서 분자 M은 아직 토막으로 바뀌지 않았다.

$$M + e^- \longrightarrow M]^{+\bullet} + 2e^-$$

만들어진 라디칼 양이온은 두 번째 단계에서 토막으로 바뀌게 된다. 막대한 수의 분자를 포함한 시료가 토막내기로 바뀌어서 질량 스펙트럼이 나타나므로, 스펙트럼은 모든 가능한 토막내기를 보여 줄 것이다. 토막내기의 상대적 확률이 모두 같지 않기 때문에, 토막내기 봉우리는 각기 다른 세기를 나타낸다.

$M]^{+\bullet}$ 의 토막내기 형성 과정은 몇몇 요인들을 따른다. 두 가지 기본적인 경우는 아래와 같다. 홀수 질량수의 양이온(전자는 짝수를 지님)이 형성되면서, 라디칼 형태의 중성 토막이 형성되는 경우, 중성 물질이 떨어져 나가면서 새로운 라디칼 양이온이 형성되는 경우이다.

- 안정된 토막(이온 또는 중성 물질)을 형성하려는 경향이 있다.
- 6개 원소에 의한 고리 전이 상태(6-membered ring transition state)가 가능하면 라디칼 양이온 부분에서 수소 전이 재배치를 동반한 토막내기가 잘 일어난다.

16.9.2 이온화된 σ 결합의 토막내기

프로페인과 같은 **탄화수소**(**hydrocarbon**)의 경우 C−C 사이 결합의 이온화는 에틸 양이온과 메틸 라디칼의 형성을 나타내고, 반대의 경우는 잘 나타내지 않는다.

$$CH_3CH_2CH_3]^{+\bullet} \longrightarrow CH_3CH_2^+ + CH_3^\bullet$$

아이소뷰텐의 경우에도 마찬가지로 메틸 라디칼이 제거되어, 열역학적으로 메틸 양이온보다 안정한 아이소프로필 양이온이 주로 형성된다.

16.9.3 α 토막내기

케톤(**ketone**, RCOR′)의 경우 산소 원자의 고립 전자쌍에서 전자 하나를 제거하여 케톤기가 이온화하게 되면(그림 16.30), 이온화 자리의 α 위치에 있는 C−C σ 결합의 균일 분해(homolytic cleavage)가 지배적으로 나타난다. 이때 큰 알킬기를 라디칼로 제거하는 것이 선호된다. 하지만 일반적인 케톤(RCOR′)의 경우, 4개의 토막 이온($RCO]^+$, $R'CO]^+$, $R']^+$, $R']^+$)이 관찰된다(그림 16.30).

에터(ether, ROR′)의 경우 산소 주위의 C−C 결합의 분해는 공명 안정화된 옥소늄 이온(oxonium) 이온을 형성하게 된다(그림 16.31). 1차 아민의 경우 비슷한 경향으로 질량 30의 이미늄(iminium)($CH_2=NH_2]^+$) 이온을 형성하게 된다. 또한, 에터 작용기의 C−O 결합이 끊어지는 경우에는 $R]^+$ 양이온과 $R']^+$ 양이온이 생성된다.

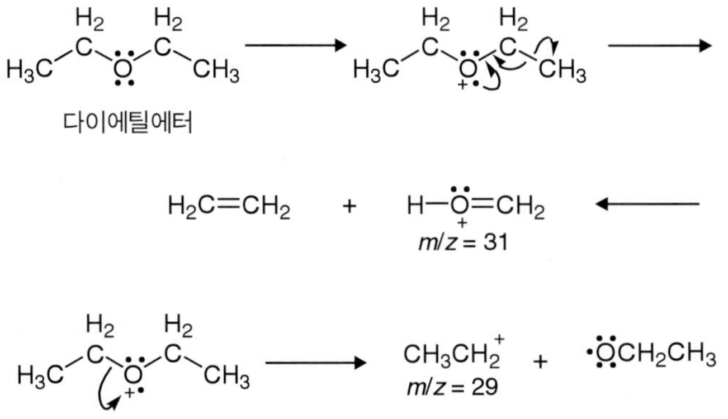

그림 16.31 에터 작용기를 갖는 다이에틸에터의 토막내기 방식

16.9.4 재배열에 의한 토막내기

위에서 언급한 단순히 결합이 끊어지며 나타나는 토막내기 외에, 이온들은 재배열에 의한 다소 복잡한 경로를 따르는 경우가 있다. McLafferty 재배열(McLafferty rearrangement)이라 불리는 카보닐기(C=O) 또는 이중 결합(C=C)을 포함한 분자 이온들의 토막내기는 매우 잘 알려진 재배열 변환을 통하여 일어난다(그림 16.32). 반응에서는 수소가 초기 이온화 부분(산소 원자)으로 이동하게 되는데, 이것은 6개 중심 원자 메커니즘(6-centered mechanism)으로 설명될 수 있다. 이 반응은 중성의 에틸렌기(neutral ethylenic residue)가 제거되고, (화합물에 질소가 포함하지 않을 경우) 짝수 질량의 새로운 라디칼 양이온이 생길 때까지 계속된다.

모든 이러한 변환은 반실험식 규칙(semi-empirical rule)으로 나타나고, 이런 규칙은 미지 화합물의 연구에 사용된다. 또한 스펙트럼 라이브러리를 통한 자동탐색에 의해 얻는 결과를 뒷받침하기 위해서도 사용된다.

16.9.5 준안정 이온 봉우리들

이온들의 확인을 돕기 위해 불안정한 상태의 이해가 필요하다. 안정한 이온은 시간이 지나도 충분히 검출기에 도달할 수 있다. 준안정한 이온은 수명이 몇 μs 미만인 경우는 이온화

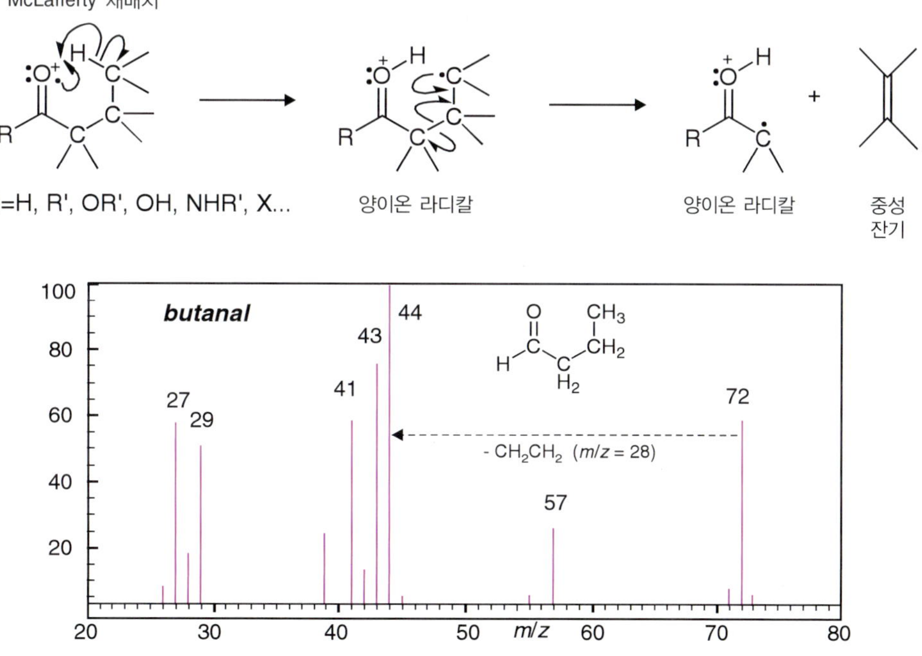

그림 16.32 **McLafferty** 재배열 뷰탄알(C_4H_8O)의 경우

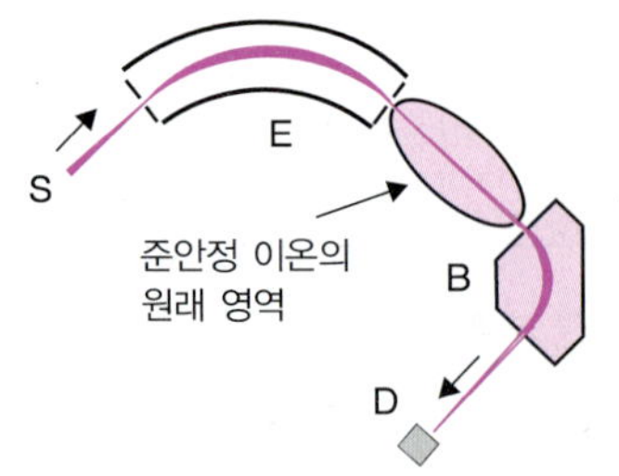

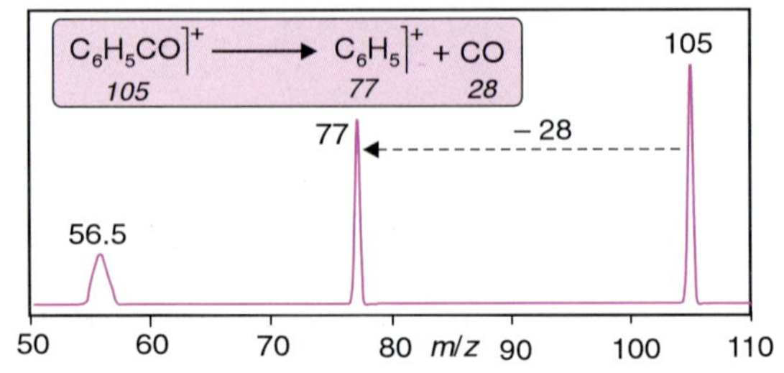

그림 16.33 **준안정 이온 봉우리** 이론적인 관점에서 준안정 전이를 구성하는 세 개의 봉우리들

원과 검출기 사이에서 분해가 이루어진다는 점을 이해해야 한다(그림 16.33).

$$M^{+\bullet} \quad \longrightarrow \quad m^+ + m'^{\bullet}$$

일반적으로 각각의 이온은 내부 에너지에 따라 불규칙적인 수명을 지닌다. 그러나 통계 법칙에 따라 다수의 동일한 이온군을 형성한다. 이는 1차 속도론으로 설명할 수 있다. 이중 초점 장치에서 전기장 분석기 출구 이전에 형성되는 딸 이온 m^+의 경우는 기기의 내벽에서 없어지게 되는데, 이것은 딸 이온의 운동 에너지가 충분하지 않기 때문이다. 반면, 부채꼴 전기장 출구와 자기장 굴절 장치의 입구 사이에선 분해가 일어나면 기기의 특정 설정으로 인해 실제 질량과 일치하지 않고 겉보기 질량 m^*를 갖는 m^+를 관찰할 수 있다. 식 16.26은 준안정 이온이 존재할 경우 스펙트럼에서 어미 세 가지 신호의 위치와 관련 있다.

$$m^* = \frac{m^2}{M} \tag{16.26}$$

준안정(metastable) 전이로 스펙트럼에서 m^*를 포함하여 불명확한 모양과 해당 위치가 일치하지 않아 **확산 봉우리(diffuse peak)**라 불리는 세 봉우리의 출현을 이끌며, 이 값들은 반드시 정수 값에 가까울 필요는 없다(그림 16.34).

따라서 **봉우리 맞추기(peak matching)**와 준안정 이온 분석을 통해서 이온의 구조를 좀 더 정확하게 결정할 수 있다. 그러나 준안정 이온 분석의 경우는 특정 논문에서 취급되는 새롭고 보다 효과적인 기술들(예, MIKE 또는 역 Nier-Johnson 기하학)과 비교할 때 약간은 시대에 뒤쳐진 방식이다.

16.10 단백질 분석

주제의 복잡성을 다루지 않고도 특정 시약을 사용한 '화학적 소화'로 단백질로부터 파생된 10~20개의 아미노산으로 구성된 폴리펩타이드를 분석하는 생화학자들에게 질량 분석법은 매우 유용한 방법이 되고 있다. 질량 분석을 통해 단백질의 분자 질량을 알아내고 구성하는

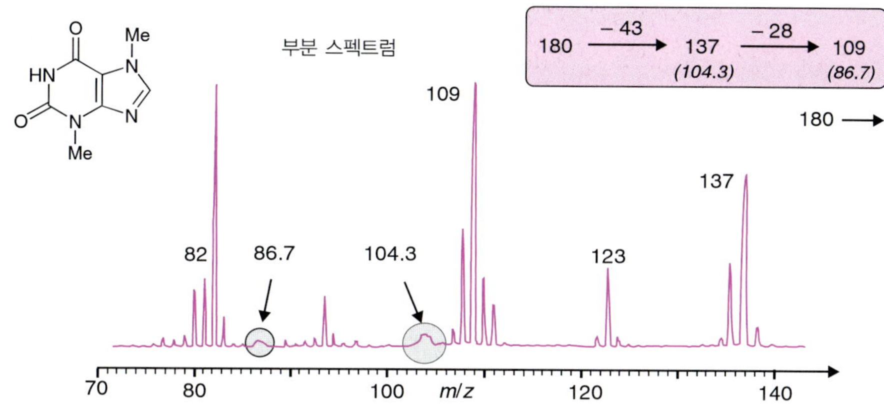

그림 16.34 **테오브로민(theobromine) 토막내기 과정에서 관찰되는 준안정 이온 봉우리들** 테오브로민(180 u) 분자 이온은 CONH* 라디칼(43 u)을 잃고, 질량이 137 u인 이온을 만들어 낸다. 이러한 토막내기는 104.3 u에 확산 봉우리를 동반한다. 더 나아가 $m/z = 137$의 딸 이온으로부터 CO(28 u)가 제거되면 두 번째 준안정 이온이 86.7 질량 위치에 생겨난다. (제공: Kratos 자료)

아미노산의 서열을 찾는 것이 가능해졌다. 분리가 선행되는 2차원 전기 이동(ECHP) 또는 HPLC과 결합된 질량 분석법은 프로테오믹스 연구에 대한 매우 강력한 도구를 제공하고 있다.

예를 들어, 대기압 이온화(ESI, 16.4.1절 참조)가 수반된 MALDI-TOF 또는 MS/MS 조합은 충돌이 약한 토막내기가 일어나 펩타이드에서 양성자의 고정화가 이루어진다. 알려진 메커니즘에 의한 펩타이드 결합의 절단은 충돌 에너지에 의존하는 확률에 따라 다음과 같은 세 가지의 가능한 방법으로 일어난다(그림 16.35). 주어진 분자에 있는 펩타이드 결합의 수에 따라 전체 사슬을 따라 동일한 유형의 토막내기가 발생할 수 있다. 이러한 토막내기는 여러 개가 연속으로 일어나 모인다. 주어진 연속에서 두 개의 연속 이온 사이의 질량 차이는 나머지 아미노산에 해당한다. 소프트웨어와 데이터베이스(예: Protein Data Base)는 *in silico* 연구에 핵심적인 사항이다. 또한 유사한 원리로 MS는 DNA/RNA의 질량 및 구조를 결정하는 데 사용된다.

16.11 ICP-MS 연결법

ICP-MS 연결법은 플라스마 토치와 질량 분석기를 결합한 것으로, 가벼운 원소인 C, H, O 또는 N을 제외하고 시료에 존재하는 거의 모든 화학 원소를 확인하고 정량화할 수 있다.

스펙트럼 선의 식별을 기반으로 하는 원자 방출 분광법과 달리 ICP-MS 기술은 일반적으로 고온에서 원자의 일부가 단일 양전하 운반체 역할을 한다. 최근에 개발된 기기(1980년대

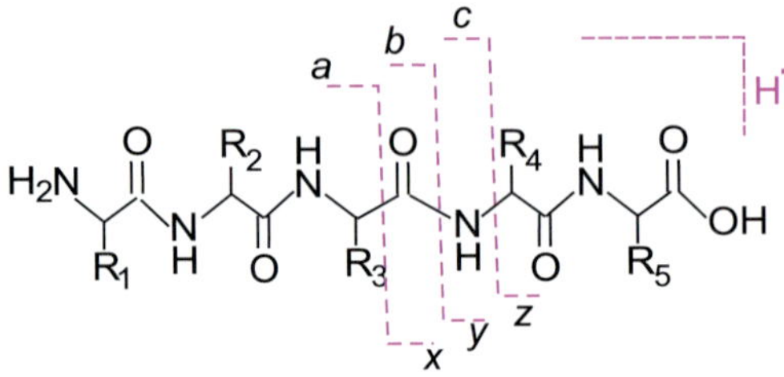

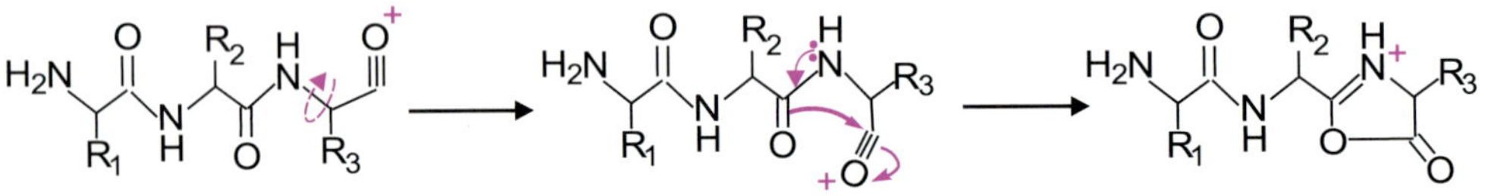

파편 b3, 옥사졸론의 변화

그림 16.35 펩타이드 결합 끊기 ESI 유형 이온화로 처리된 4개의 펩타이드를 갖는 예에서 양성자화는 산소 원자에 연관하여 많은 수의 토막내기를 생성할 수 있다. 문자 *a*, *b*, *c*, *x*, *y*, *z*는 폴리펩타이드 사슬을 따라 이동하여 동일한 메커니즘에서 생성되는 토막내기의 명명법을 나타낸다(그림에서는 *a*3, *b*3, *c*3, *x*2, *y*2, *z*2). *a*, *b*, *c*는 말단 N 이온이고 *x*, *y*, *z*는 말단 C 이온이다. 토막내기 수가 많을 경우 직접 확인이 어렵다. 소프트웨어를 활용한 분자 확인이 이런 경우 도움이 된다.

말부터 개발된 최초의 기기)는 대기압과 약 8,000℃에서 이온이 형성되는 아르곤 플라스마 토치와 고진공(10^{-4} Pa)이 유지되는 질량 분석기 사이의 인터페이스로 인해 부분적인 문제가 있다.

ICP–MS 인터페이스 용액 상태의 시료는 장치의 분무기로 도입되어 에어로졸로 변환된 다음 수평으로 배열된 토치로 운반되어 차례로 기화, 해리, 원자화 및 이온화 과정을 거치게 된다.

플라스마의 일부는 물 순환에 의해 냉각된 원뿔 모양의 시료 주입기 상단으로 흡입된다(그림 16.36). 1차 진공 펌프에 연결된 첫 번째 공간을 통과한 후 형성된 이온은 두 번째 원뿔 모양의 **스키머(skimmer)**라는 곳을 통과한다. 높은 진공이 필요한 질량 분석기에 들어가기 전에, 이온 렌즈라고도 하는 렌즈 세트를 통과한 후 가장 자주 사용되는 사중 극자 필터 사이에서 두 번째 챔버가 구분된다.

질량 스펙트럼은 시료에 존재하는 각각의 원자에 따라 얻어지기에 비교적 간단하다. 각 원소의 고유한 특성인 원자량에서 그 성질을 알 수 있다. 그러나 대부분의 원소에 존재하는 동위 원소로 인해 동일한 질량을 갖는 여러 원소에 해당할 수 있어 스펙트럼 해석을 어렵게 만든다. 따라서 각각의 원소들의 동위 원소 조성을 사용할 필요가 있다.

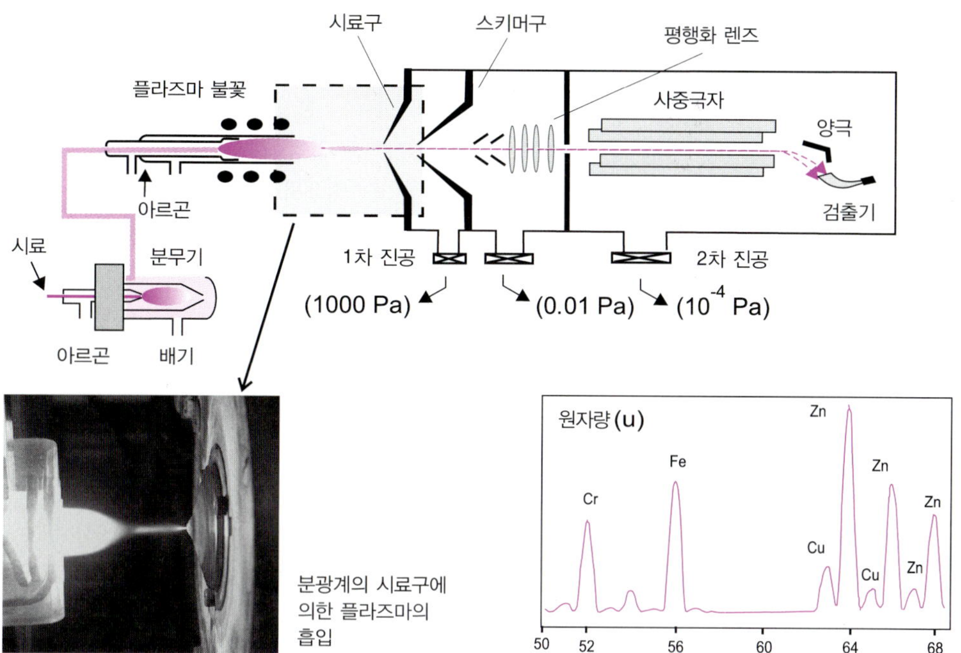

그림 16.36 **플라스마 토치에 의한 이온화 및 ICP/MS 방법으로 얻은 자료** 플라스마에서 생성된 이온의 약 10%가 질량 분석기를 통과한다. 질량 50 u와 68 u 사이 금속 원소의 혼합물 스펙트럼 자료이다. 관련된 원소의 다른 동위 원소의 존재에 주목하라. 여기서 분해능은 등압선을 구별하기에는 어려워서, 이온이 다른 원소에서 나오지만 질량은 거의 동일하므로 그래프에 겹쳐진다. **도입함(introduction chamber)**과 사중 극자 사이에 충돌함 형태의 공간을 삽입하여 다원자(ArO, Ar_2)를 분해하여 간섭을 제거할 수도 있다.

> 아르곤에서 플라스마는 공기, 아르곤 또는 시료 매트릭스에서 나오는 매우 작은 농도의 다원자 이온들이 존재한다. 이러한 종은 분석물에서 나오는 이온과 동일 질량일 수 있으며 저분해능 기기에서는 혼동의 원인이 된다. N_2^+, O_2^+, ArH^+, ClO^+, ArO^+, CaO^+, Ar_2^+ 등은 시료에 존재하는 Si, S, V, Fe, K와 같은 원소에 대해 동중 원소(동일한 m/z 비율)인 분자 이온이다 .
> 이러한 동중 원소의 간섭을 극복하려면 두 가지 방법이 필요하다. 하나는 측정되는 원소의 다른 동위 원소(^{56}Fe 대신 ^{54}Fe)를 선택하는 것이며, 다른 하나는 광원과 검출기 사이에 충돌함을 사용하여 다원자 이온을 해리하는 분석기를 사용하는 것이다.

ICP-MS는 동시 다원소 분석이 필요한 거의 모든 분야(금속, 토양, 물, 식품, 약학, 의약)에 적용할 수 있다. 측정 범위는 거의 10년에 걸쳐 넓어지고 있다. AA보다 빠르고 신뢰할 수 있으며 더 민감한 기술을 사용하면 크로마토그래피 칼럼(GC 또는 HPLC)의 출구를 ICP 토치로 연결하여 분자 화합물에 대한 **종 분석(speciation analyses)**을 수행할 수 있다.

이 장의 요점

1. 질량 분석기의 원리는 전기장 및/또는 자기장의 작용을 받는 전하를 운반하는 이온을 분석할 분자에서 생성하는 것이다. 질량 분석기에서 이온들의 궤적은 획득한 에너지와 상대적인 존재비로부터 질량/전하 비율을 찾는 것을 가능하게 한다. 가장 일반적으로 연구되는 것은 양이온이다.
2. 질량 분석기는 ① 시료가 화합물의 특성을 지닌 하전 입자로 변환되는 공간, ② 질량/전하 비율에 따라 이온을 분리하는 분석기, ③ 전류를 변환하기 위해 이온의 흐름을 수집하는 검출 시스템의 세 가지 주요 부분으로 구성된다. 검출 시스템에서서는, **이온에 따라서 비례 전류로 변환하는 디지털 정보 처리를 통해 결국 기존의 질량 스펙트럼으로 표현된다.**
3. 광학 분광법과 달리 질량 분석법은 시료를 점차적으로 소모하며 파괴한다. 이는 질량 분석의 핵심이 되며, 많은 매개변수가 토막내기에 영향을 미치기 때문에 다른 디자인의 장치에서 얻은 질량 스펙트럼과 반드시 비교해야 한다.
4. 질량 분석을 사용하면 시료의 물리적 상태(기체, 액체, 고체)와 관계없이 시료에 대한 신속한 정성 및 정량 분석을 수행할 수 있다. 순수한 화합물인 경우, 직접 도입이 가능한 경우와 사전 분리(GPC, HPLC, ECHP TLC 등) 후 도입으로 구분된다.
5. MS는 때때로 원하는 결과를 위해 관련 시료 연구에 가장 적합한 조건을 구성하기 위해 다양한 이온화 과정뿐만 아니라 시료를 도입하는 다양한 방법도 선택해야 한다.
6. MS에 의한 시료 측정은 여러 단계로 수행된다. 선행 분리 방법(추출, CPG 등)으로 분석물을 분리하고, 질량 스펙트럼을 얻어 분광기의 라이브러리(봉우리 확인 및 정량화 피크)를 사용하여 식별한 뒤, 알려진 농도의 동일한 분석 물질을 포함하는 시험 혼합물을 사용하여 정량화한다.
7. MS의 성능은 정확도, 감도, 질량 범위, 분해능과 같은 여러 매개변수로 평가된다. 이 매개변수들은 장치 유형에 따라 조금은 다르지만 m/z 비율이 증가하면 감소한다. 백만을 초과하는 질량의 분자에 대한 최상의 분해능은 사이클로트론 공명 분광기로 얻을 수 있다. 이 기기의 감도는 아토몰 범위(10^{-18} M)의 농도에서도 분석 물질을 검출할 수 있다
8. 여러 분석기로 구성된 탠덤 분광계는 3가지 주요 분석 유형에 적합하다. 예를 들어, 첫 번째 분석기는 형성된 딸 이온을 감지할 두 번째 분석기를 통과하기 전에 장치의 두 번째 부분(충돌함)에서 불활성 가스와의 충돌로 의해 단편화된 어미 이온을 확인하는 것을 가능하게 한다. 다른 두 가지 유형은 이 장에서 설명하였다.
9. 대기압에서 거대분자를 이온화하는 방법의 개발은 MS와 연관된 생물학, 특히 단백질체학의 새로운 연구 분야를 열었다.
10. 토막 스펙트럼에서 화합물의 구조를 찾는 것은 지진으로 무너진, 알려지지 않은 그리스 신전을 재건하는 것만큼 어려운 경우가 많다. 해법은 토막내기 규칙에 대한 지식에 의존한다.
11. 유도 플라스마와 결합된 질량 분석을 통해 미리 화학적 분리 없이 용액에 배치된 시료의 미량 또는 초미량 원소를 동시에 분석할 수 있다. 무기화학 분야에서도 질량 분석법을 적용하는 것은 불가피해졌다. 이 방법으로 측정할 수 없는 원소(H, C, O, N 및 할로젠)는 몇 개뿐이다.

문제

1. 바나듐은 존재 비가 $^{51}V = 99.75\%$ 및 $^{50}V = 0.25\ \%$인 2개의 동위 원소로 구성된다. 강철 시료에 존재하는 바나듐의 농도를 결정하기 위해서 강산에 완전히 녹이고, 1 μg의 ^{50}V을 첨가하였다.
   a. 혼합 후, ICP/MS 방법으로 분석을 수행하였더니, 질량 스펙트럼에서 질량 50과 51에 중심을 둔 2개의 봉우리가 동일한 면적 크기로 관찰되었다.
   b. 두 동위 원소 봉우리의 면적과 질량 비율이 같다면, 미지 강철에 존재하는 각 동위 원소의 함량(%)은 얼마인가?
   c. 정확한 원자량이 $^{50}V = 49.947$ g/mol, $^{51}V = 50.944$ g/mol일 때 더욱 상세한 답을 제시하시오.
   d. 강철이 타이타늄(Titanium) 또는 크로뮴(chromium)을 포함하면 문제가 더욱 복잡해지는 이유를 설명하시오.
2. 다이벤조수베론(dibenzosuberone)은 케톤(ketone)으로, 그 구조는 아래에 그림 P16.1 주어졌다.
   a. 가장 큰 분자 봉우리의 정확한 질량을 계산하고, $M+1$ 봉우리를 구성하는 다른 화학종의 동위 원소 조성을 쓰시오.
   b. 이 화합물의 질량 스펙트럼에서 명목 질량이 같은 2개의 봉우리가 발견되었는데 각각은 CO 또는 C_2H_4의 손실로부터 얻어진 것이다.
      - 어미 이온으로부터 CO의 손실만을 설명하고, C_2H_4 손실에 의해 양이온, 라디칼 혹은 양이온 라디칼이 생길지를 나타내시오.
      - 두 봉우리에 해당하는 분자식을 표시하시오.
   c. 이 질량 분석계의 분해능이 15,000이라면 $M+1$ 봉우리에 해당하는 다른 화학종을 구분할 수 있는가?

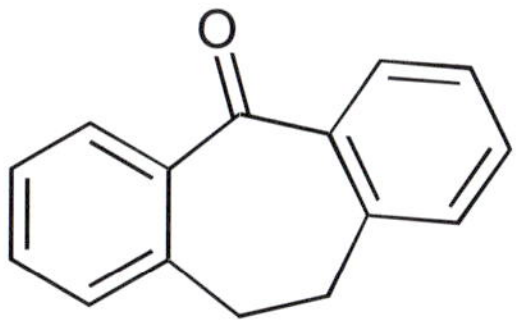

그림 P16.1

3. 풋볼렌(footballene, 또는 fullerene, 화학식: C_{60})에 대해서 M 봉우리에 대한 $M+1$ 봉우리의 세기 비율을 계산하시오. 단, 탄소는 2개의 동위 원소를 지니고 ^{12}C: 12 u(98.9%)이고, ^{13}C: 13 u(1.1%)이다.
4. 전자 이온화에 의한 에탄올의 토막 스펙트럼에서 관찰되는 다양한 질량의 출처를 설명하시오(그림 P16.2). 단, O = 16 ; C=12 ; H = 1 u.

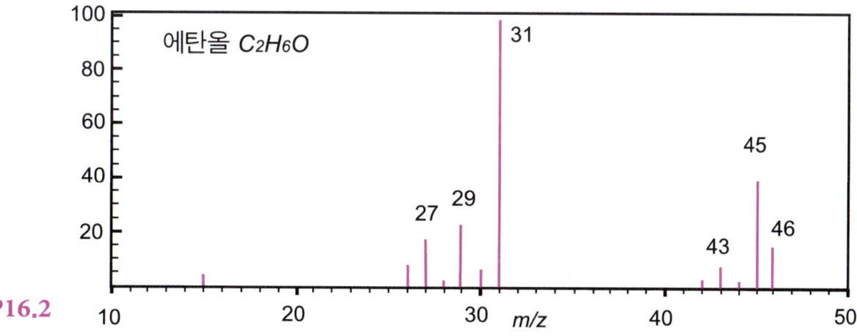

그림 P16.2

5. 다음 그림은 전기 분무 방법에 의한 말의 미오글로빈(horse myoglobin)의 질량 스펙트럼이다(그림 P16.3).
   a. 이러한 모양의 스펙트럼 유형으로 분자 질량을 계산이 가능함을 식을 포함하여 설명하시오.
   b. 위 식을 적용하여 이 분자의 분자량을 계산하시오.
   c. 얼마나 많은 전하가 m/z = 1,060.5 Da로 표시된 봉우리에 운반될까?

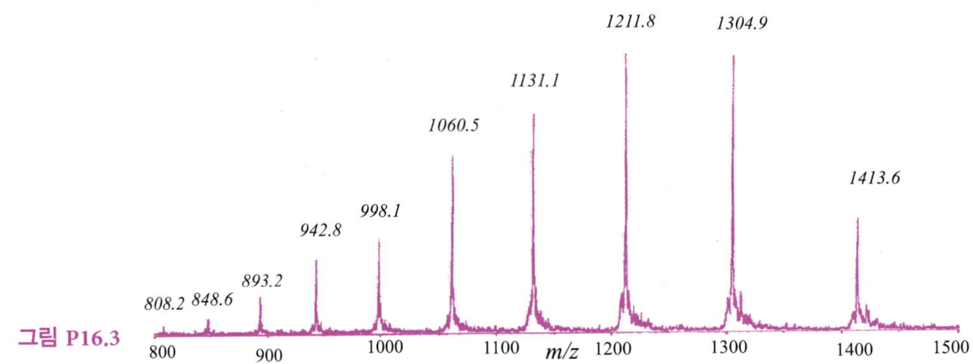

그림 P16.3

6. 인슐린(insuline)의 구조식은 $C_{257}H_{383}N_{65}O_{77}S_6$이다. 표 16.1을 이용하여 다음에 답하시오.
   a. 명목 단일 동위 원소(nominal monoisotopic) 질량(Da 단위)을 계산하시오.
   b. 인슐린 질량의 정확한 값(Da 단위)을 계산하시오.
   c. 인슐린의 몰 질량(g/mol)을 계산하시오.
7. 사이클로트론 공명 주파수(cyclotron resonance frequency)는 종종 다음 식과 같이 표현된다.

$$\nu \times 15{,}350 = \frac{B \cdot z}{m}$$ (주파수 단위는 kHz, 질량 단위는 Da이다.)

기본적인 관계식으로부터 위의 식을 유도하시오.

17장

동위 원소 분석 및 표지 방법

서론

농도를 알기 위한 여러 분석 방법들은 필수적으로, 표지된 물질을 분석 물질에 첨가하는 방법을 기반으로 한다. 그중에서 방사성 또는 비방사성 동위 원소로 표지된 동위 원소 희석법과 효소로 표지된 물질이 포함될 수 있으며, 이와 같은 방법은 불균일 또는 균일한 상태에서 많은 면역학적 또는 방사성 면역학적 분석의 기초가 될 수 있다. 시료에 입자를 조사하면 방사성 동위 원소가 출현하는 것을 기반으로 하는 다른 방법도 있다. 이 장의 부록에서는 방사성 동위 원소, 표지된 분자, 검출 및 방사화학에 사용되는 영역에 대한 몇 가지 개념을 복습한다.

학습목표

서술 동위 원소 희석의 원리	**서술** 효소 표지의 원리
이용 분석에서의 방사성 동위 원소	**비교** 여러 가지 효소 면역법
이용 분석에서의 안정한 동위 원소	**복습** 방사 화학의 기본 개념
접근 원소의 동위 원소 비율	

17.1 동위 원소 희석법의 원리

혼합물에 존재하는 각각의 화합물의 질량을 결정하기 위한 가장 명백하고 이상적인 방법은 모든 성분으로부터 완전히 분리하여 각각의 질량을 측정하는 것이다. 불행하게도 대부분의 경우에는 추출을 통한 완전히 선택적이고 정량적인 분리는 어렵다. 특히, 분석 시료가 낮은 농도일 때는 거의 불가능하다. 이러한 관점에서 크로마토그래피를 이용하여 시료를 분리하는 방법은 위에서 언급한 목적을 얻기 위한 매우 탁월한 간접적인 추출 방법이다. 다음에 설명할 표지 방법은 크로마토그래피 분석법과는 다른 원리를 갖고 있다.

시료에 특정 분석 물질을 측정하기 위하여, 농도를 알고 있는 표지(tagged) 화합물은 시료에 첨가된다. 표지된(labelling) 화합물은 초기 혼합물에서 표지되지 않은 다른 화합물과 구별된다. 일정 시간이 경과된 후, 혼합과 분배를 통해 시료의 일부를 취하고 분석하여 초기 시료의 농도를 얻는다. 표지된 화합물은 분석 과정에서 그 거동이 일정하게 유지되어야 한다. 이러한 표지 방법을 많은 문헌에서 설명되는 고전적인 분석 방법인 표준물 첨가와 혼동하지 말기 바란다. 또한 분석물의 표지로 인해 물성이 변하지 않아야 한다.

> 표지 방법은 화학 분석에만 사용되지 않는다. 예를 들어, 호수에 있는 연어들의 수를 예측하기 위하여 잡힌 연어의 정확한 수에 꼬리표를 부착 후에 연어를 다시 풀어 준다. 며칠 후에, 잡힌 연어(시료)의 꼬리표 부착 비율로부터 호수 안의 전체 연어 개체 수를 추정할 수 있다. 예를 들어, 표지된 500마리의 연어를 놓아주고 며칠 후에 연어 200마리를 잡았다고 하자. 이 중 10마리에 꼬리표가 부착되어 있으면, 전체 연어들의 개체수(x)는 $10/200 = 500/x$, $x = 10{,}000$으로 추정할 수 있다.

앞으로 설명할 **동위 원소 분석(isotopic analyses)**을 포함하여, 이 원리를 기반으로 하는 여러 분석 방법이 개발되었다. 화학 원소를 결정할 때는 안정 동위 원소나 방사성 동위 원소 중 하나가 지표로 추가된다. 분석 대상이 분자라면 분자를 구성하는 원자 중 하나가 동위 원소로 대체된다는 점을 제외하곤 동일한 분석 과정이 유지된다.

17.2 방사성 동위 원소 첨가 분석법

17.2.1 기본 원리

시료에 있는 분자 화합물 X를 측정하기 위해, m_S^*의 양으로 표지된 화합물 X(기준 표지물은 같은 화합물이지만 분자 중에 하나의 원소가 동위 원소로 치환됨)를 정확하게 시료에 첨가한다. 기준 표지물의 상대적인 활동도는 A_S(단위 질량당 베크렐로 표시하는 활동도)로 나타낸다. 표지 물질을 첨가 후에 매우 작은 양을 분취하여 얻은 상대적인 활동도를 A_X라고 한다.

A_X의 값은 일정한 양의 표지된 m_S^*와 표지되지 않은 화합물의 양 m_x가 혼합된 값이므로 A_S 값보다 작다. 한편으로 전반적인 활동도가 보존된다면, 다음과 같은 식으로 나타낼 수 있다.

$$A_S m_S^* = A_X(m_S^* + m_X) \tag{17.1}$$

시료에서 분석 물질의 양 m_x는 식 17.1을 재정리함으로써 얻어진다.

$$m_X = m_S^* \left(\frac{A_S}{A_X} - 1 \right) \tag{17.2}$$

A_X가 A_S보다 훨씬 더 작으므로 식 17.2는 다음과 같이 근사식으로 된다.

$$m_X \cong m_S^* \frac{A_S}{A_X} \tag{17.3}$$

위 식으로부터 소량 첨가된 시료의 질량을 알고 있으므로 계산을 통하여 m_x를 구하면 초기 시료의 농도 X를 쉽게 구할 수 있다.

재추출 단계에서 무게 측정에서 오차가 발생하지 않도록 충분한 양을 사용해야 한다. 분석하고자 하는 화합물의 농도가 너무 낮으면, 부분적으로라도 순수한 화합물을 회수하는 것이 어렵다.

측정 물질이 이미 방사성 동위 원소를 포함하고 있을 때는, 반대로 동위 원소가 없는 물질을 첨가하는 **역 동위 원소 희석법(reverse isotope dilution analysis)**을 사용한다. 근본적인 원리는 동일하다. 희석 전후의 시료 화합물(분리에 의한 측정)의 활성도를 바탕으로 같은 방법을 통하여 초기 화합물의 양을 얻을 수 있다. 계산은 동일한 방법으로 이루어진다.

17.2.2 아화학량론적 동위 원소 분석법

앞에 언급한 방법은 측정 대상 물질이 매우 소량이고 기존의 방법을 통하여 초기 상태로 얻기 어려울 때 이용되는 방법이다. 식 17.2와 식 17.3에서는 섞는 비율을 알고 있다면 굳이 A_X와 A_S는 구할 필요가 없고, m_X를 다른 방법으로 계산할 수 있는 것을 보여 준다.

방법은 합성된 물질의 유도체가 침전을 통하여 분석 시료로부터 분리하도록 하는 방법에 기초를 두고 있다. 이러한 목적을 이루기 위하여 표지된 표준 용액(분석적인 바탕 용액)은 재현성 있는 반응을 보여야 하고, 시료 용액과 반응 후에 동일한 방법으로 유도된 화합물을 분리할 수 있어야 한다. 이러한 방법은 표지물을 이용한 면역화학적 방법 이전의 방법으로, **아화학량론적(substoichiometric)** 분석법이라고 불렸다.

예를 들어, 수용액상에 수 %의 황산 이온이 녹아 있다고 가정하자. 양을 알고 있는 표지된 $^{35}SO_4^{2-}$를 시료에 첨가 후, 적은 양의 바륨염(난용성 염인 $BaSO_4(s)$를 형성하기 위하여) 용액을 가하여 적당량의 황산 이온을 침전물로 얻었다. 얻어진 침전물의 표지된 양을 비교하여, 동일 실험 조건에서 초기 황산 이온의 양을 구할 수 있다.

17.2.3 방사선 면역 분석법(RIA)

위에 언급한 황산염의 경우와 같은 이전 측정 방법은 1960년대 이후 혈장에서 인슐린의 측정에 사용되었다. 이 기술은 **방사선 면역학(radio-immunology)**이라 불렸고, 체외(*in vitro*) 면역화학 응용에 접목된다.

기본적인 원리는 높은 특이성을 갖는 시료(항체)를 이용하여 측정 대상 물질과 혼합한 후, 분리를 통하여 많은 물질 중에서 단일 형태 분자를 연구할 수 있게 한다. 이러한 면역분석법을 이용한 접근 방식은 유전공학과 생화학의 발달로 인하여 비약적인 혜택을 받고 있다.

이전 방법에서는 분석 물질을 포함하는 시료에 방사성 동위 원소(그림 17.1) 표지물을 섞는다. 다음 단계는 소량의 항체를 첨가하여 표지된 분석 물질과 표지되지 않은 분석물을 분리하는 아화학량론적인 방법을 이용한다. 그들은 용액 중에 존재하는 것과 같은 몰비를 갖는다. 복합체들의 혼합물은 침전으로 분리한 다음에 기준값과 비교하여 동일한 방법으로 활동도를 측정한다.

방사선 면역학은 몇몇 임상의학의 특정한 연구에 사용되고 있으며, 방사선 물질들의 사용 때문에 작은 질량을 갖는 분자의 측정에서만 적게 사용되고 있다. 그러나 최근에 작은 화합물에 효소를 표지하는 방법(17.5절)이 환경 분야에 많이 응용되고 있다.

17.3 안정한 동위 원소 첨가 분석법

안정한 동위 원소를 사용하여 동위 원소 희석법을 사용할 수도 있다. 동위 원소 농도는 고전적인 방법인 질량 분석법 또는 핵자기 공명법(NMR)으로 측정한다. 동위 원소 측정만을

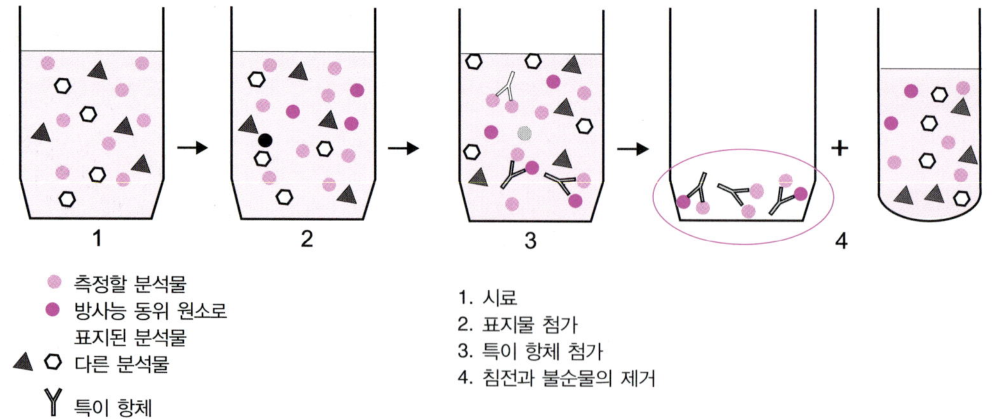

그림 17.1 여러 단계의 방사선 면역 분석법

위한 **전용 동위 원소 질량 분석기(isotope mass spectrometers)**도 있다. 이 측정 방법은 매우 민감하며, 분자와 원소(약 60개의 사용할 수 있는 안정적인 동위 원소가 존재)에 모두 사용된다. 분석 시간 동안 분해된 원자의 검출에 기초하는 방사성 표지와 달리, 이 방법에서는 모든 표지된 원자가 측정된다.

> HPLC/MS를 이용하여 시료에서 미량의 카페인을 측정한다. 합성을 통하여 카페인(m = 194 u)의 5원자 고리의 N-CH_3의 3개의 수소를 3개의 중수소(D)로 치환할 수 있다. 이 방법으로 질량-197 u의 표지된 카페인을 생성한다. 먼저 시료 용액에 양을 알고 있는 표지된 caffeine-d3 시료를 섞는다. HPLC에서 두 카페인은 같은 머무름 시간을 가지고 있다. 동시에 용리되는 동안에 질량 분석기 검출기는 m/z = 194와 m/z = 197의 세기를 번갈아서 측정한다. 그림 17.2와 같이 194 u와 197 u 위치에 2개의 유사 크로마토그램이 얻어진다. 검정을 통하여 초기 시료의 카페인 농도를 결정할 수 있다.

17.4 동위 원소 비율에 의한 원소 측정

다양한 시료에 존재하는 수많은 성분의 동위 원소 조성 분석은, 지리적 기원을 예측할 수 있기 때문에 천연 물질 분야에서 매우 일반적이다. 이 분야는 경제나 규제의 영향을 받고

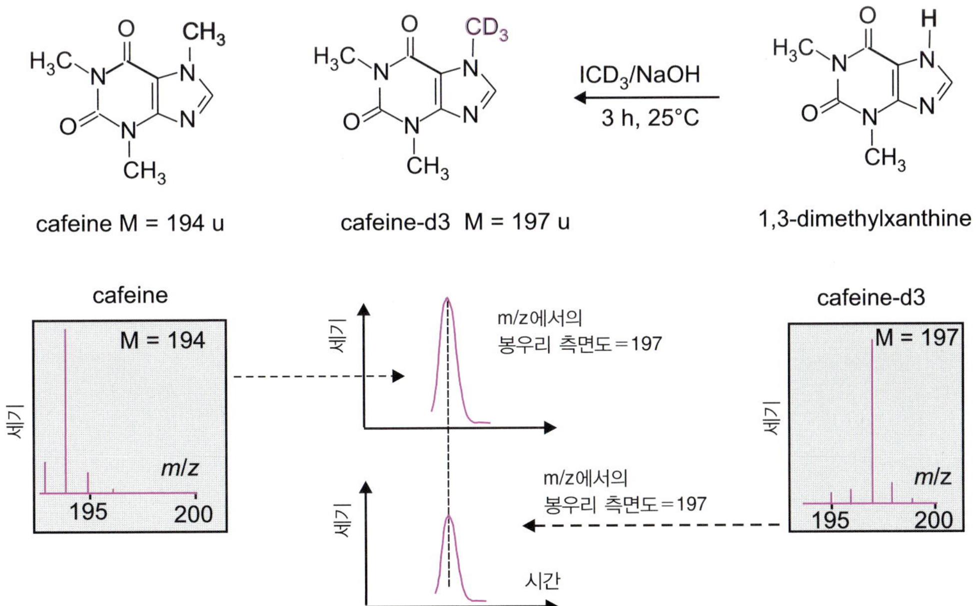

그림 17.2 동위 원소 희석법에 의한 카페인의 HPLC/MS 측정 카페인-d3는 1,3-dimethylxanthine에서 ICD_3로 메틸화된 생성물로써, 안정한 동위 원소인 중수소 D로 치환하여 분석에 사용한다.

있다. 유기 화합물의 경우, 탄소 또는 수소의 동위 원소를 기반으로 한다. 적절한 장치를 이용한 정확한 동위 원소 비율은 방사능 기반 연대 측정법의 정확도를 향상시키는 데 기여한다.

> 생태계에서는 같은 원소의 동위 원소라도 생물합성의 경로에 따라 구별될 수 있다. 또한, 그러한 원소의 세포벽 투과 속도는 분자의 동위 원소 분포에 따른다. 따라서 천연 바닐린(**vanillin**)의 $^{13}C/^{12}C$ 동위 원소 비율은 합성 바닐린보다 작으며, 포도당의 경우에도 마찬가지로 식물에 의한 생물학적 순환 과정에 따라 탄소와 산소의 동위 원소 비율이 다르다. 제조된 식용유, 방향제, 과일 주스, 식물 대사 연구 및 수많은 의학적 응용 분야에서 동위 원소의 분포가 지시약 역할을 담당한다.

천연 유래 유기 화합물의 '동위 원소 표식'은 $^{13}C/^{12}C$ 동위 원소 비율의 정확한 측정값과 통용되는 기준값과의 비교를 기반으로 한다. 기준이 되는 Pee Dee(미국) 탄산 칼슘의 ^{13}C의 존재비는 매우 높다(동위 원소 비율: 1.12372×10^{-2}). 실험적으로 질량 분석법은 시료의 연소에 의해 얻어진 $^{13}CO_2$(45 u) 및 $^{12}CO_2$(44 u) 봉우리의 강도를 비교하여 결정된다. 식 17.4에 따라 화합물의 1000분의 1 단위(ppt)의 상대 편차(δ)가 계산되며, 그 값은 일반적으로 음수값을 갖는다.

$$\delta_{0/00} = 1\,000\left[\frac{\left[\frac{^{13}CO_2}{^{12}CO_2}\right]_{\text{시료}}}{\left[\frac{^{13}CO_2}{^{13}CO_2}\right]_{\text{기준}}} - 1\right] \tag{17.4}$$

이 측정은 연소 과정을 거치므로 화합물의 다양한 위치에서의 동위 원소 분포 변화에는 적용할 수 없다. 이러한 이유로 중수소(^2H) NMR은 쉽게 D/H 비율을 비교 가능하기 때문에 위치에 따른 분석에서 선호된다.

두 종 A와 B의 혼합물이 있을 때 동위 원소 분포비가 각각 δ_A 및 δ_B이면, 혼합물 δ_M의 결과는 실험값 δ_A와 δ_B의 가중치 조합의 A와 B의 백분율로 얻어진다. x는 B의 분율을, $(1-x)$는 A의 분율을 나타낸 관계식은 다음과 같다.

$$\begin{aligned} \delta_M &= (1-x)\,\delta_A + x\,\delta_B \\ x &= \frac{\delta_M - \delta_A}{\delta_B - \delta_A} \end{aligned} \tag{17.5}$$

기체 크로마토그래피를 결합하여, 이산화 탄소 발생용 연소로 및 다중 이온 수집기를 포함하는 저분해능 자기장을 이용하여 각각의 질량을 알아내는 장치도 있다.

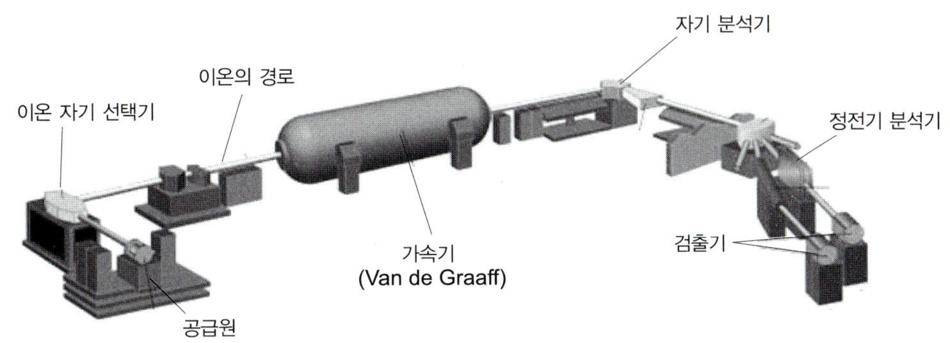

그림 17.3 가속 질량 분석기(AMS)의 구성

가속 질량 분석기(accelerator mass spectrometry, AMS)

기존의 질량 분석기를 사용한 매우 낮은 농도의 동위 원소에 대한 동위 원소 비율의 정확한 측정은 어려워서, 특별하게 조정된 장치를 이용하여 이를 수행한다. 극미량 존재하는 동위 원소의 경우, 전세계적으로 이러한 분석에 사용할 수 있는 Van de Graaff 유형 입자가속기에서 파생된 약 50개의 질량 분석기가 있다(그림 17.3).

이러한 분석에 사용할 수 있는 시료는 고체 형태이고, 시료는 세슘 이온에 의해 충격을 받는다. 첫 번째 질량 분석기는 선택한 질량에 해당하는 음이온을 추출한다. 그런 다음 간섭(등압선)을 제거하기 위해 이온은 몇 메가볼트의 전위차를 갖고 가속기 끝단의 양극을 향해 가속된다. 이온빔 경로를 따라, 이온은 목표물(고체 또는 기체)과 충돌하여 여러 개의 양전하를 띤 단일 원자만이 존재한다. 시료에서 나오는 서로 다른 동위 원소의 신호와 표준물 혹은 바탕 시료를 빠르게 번갈아 비교한다. 새로운 분석 방법으로 인해 ^{14}C 농도 측정에 의한 고대 유적의 연대 측정 방법이 방사능 측정을 사용하는 Libby의 고전적인 방법보다 훨씬 더 정확하고 민감해졌다.

17.5 효소 표지 방법 의한 측정

다른 표지 형태는 효소를 이용하는 것이다. 이 경우 표지물(효소)은 분석물 분자에 비해 매우 크다. 농도가 매우 낮기 때문에 항체를 사용하여 분리가 수행된다. 효소 면역분석법으로도 잘 알려진 이 방법은 효소 결합 면역흡착 분석법(enzyme–linked immuno–sorbent assay, ELISA)이라 불린다. 효소의 증폭 인자가 검사를 매우 민감하게 만든다. 아래에 설명된 ELISA 검사에는 관련한 몇 가지 개념의 복습이 필요하다.

17.5.1 항원 및 항체

충분한 분자량(M > 5000 Da)을 갖는 이물질(**항원(antigen)**)의 생물체 내 침입은 면역 글로불린(주로 IgGs)이라는 당단백질로 이루어진, 항체라 불리는 생체 분자들의 생성을 유발시킨다.

항원과 항체는 같이 있을 때 서로 결합한다. 그들이 결합하는 힘은 주로 수소 결합과 소수성 결합에 근거한다. 또한 응집력에는 인접한 물 분자에 의해서 생기는 **정전기적 수압(hydrostatic pressure)**도 관여한다.

항원들이 생물체에서 면역 반응을 유도할 뿐만 아니라 항체와도 반응하는 것은 당연한 일이다. 그러나 두 가지의 성질은 다르다. 살충제와 같은 작은 유기 분자들은 항체 생산을 유발할 수 없다. 반면에 만약 적응된 항체가 미리 존재하면 이러한 작은 항원들과 반응할 것이다. 이 작은 분자를 **합텐(hapten)**이라 부른다. 항체가 생성되기 위해서는 특이적인 결합을 만드는 합텐이 필요하고, 이러한 합텐은 단백질 운반체들(bovine 또는 human serum albumin; BSA 또는 HSA) 또는 다당류(polysacccharides)에 공유 결합을 통해 결합한다. 따라서 합텐은 반응할 수 있는 작용기를 갖추어야 하며, 구조상 변화가 있더라도 항체의 생산에 필요한 특이성에는 영향을 받지 않아야 한다.

다중클론 항체(polyclonal antibodies)

항체의 개발은 매우 어려운 작업이다. 하나의 합텐 분자가 운반 단백질인 BSA(M = 66 000 Da)에 연결되어 있을 경우, 항체가 생성되기 위해 항원 결정 인자(epitopes)라 불리는 단백질에 위치에서 정확하게 결합이 이루어져야 항체 생성이 시작된다. 따라서 가능한 많은 수십 개의 합텐을 고정하려고 한다. 이런 조건 아래에서 항체는 결합된 합텐에 따른 특이성을 갖게 된다.

적합한 첨가물과 합텐이 고정된 단백질(면역원)이 쥐 또는 토끼의 피하 혹은 피내에 주입된다. 2주 후에 같은 과정으로 면역원의 농도를 5분의 1로 희석하여 반복한다. 2주 후에 혈액 시료들에 항체가 나타났을지를 확인하기 위하여 혈액을 얻는다. 2~3번 주입하는 것은 고도면역성을 만들기 위함이다. 동물들의 혈장은 실험에 필요한 다중클론 항체의 공급원이 된다.

17.5.2 효소 면역분석법(EIA)

분석은 여러 단계로 진행된다. 먼저 분석 시료(또는 표준 용액) 용액을 검출이 용이한 투명한 바닥을 갖는 시험관(또는 마이크로플레이트 큐벳)에 주입한다. 셀의 표면은 흡착에 의해 고정된 적절한 항체로 코팅되어 있다(그림 17.4).

1. 겨자무 과산화 효소(**효소 접합체(enzymatic conjugate)**) 같은 효소와 공유 결합하고 있는 동일 화합물의 용액을 일정량을 가한다. 반응하는 동안에 2개의 화합물(효소로 표지되거나 표지되지 않은)은 표면에 고정된 항체와 결합을 하기 위하여 경쟁할 것이다. 최종적으로 혼합물의 비율로 고정된다.

2. 반응 시간(예로 30분) 이후에 용기(시험관 혹은 큐벳) 표면을 물로 여러 번 세척한다. 고정된 분자는 용기에 남을 것이다. 벽에 고정된 접합된 효소의 양이 많을수록 표지되지 않은 화합물의 농도는 낮다.
3. 효소에 반응하는 기질(S)에 의하여 반응 생성물(P)이 생기고 이 과정 중에 색소원 C(chromogen)는 효소에 의해 색 변화를 일으키는 반응을 하게 된다(예; 테트라메틸 벤지딘).
4. 고정된 효소는 많은 수의 반응 기질(S)을 생성물(P)로 전환하고 그 과정에서 생성물은 색소원과 반응하여 색을 띠는 생성물(그림 참조)을 생성한다. 증폭률은 효소의 양에 따라 결정된다. 보다 많은 고정된 효소가 있을 경우, 즉 시료에 분석물의 농도가 낮을 시에는 색의 세기가 더 크게 증가할 것이다.
5. 최종적으로 짧은 시간에 반응을 종결하기 위해 강산을 첨가하여 효소를 파괴하고, 분광기를 통하여 시료의 양의 반비례하는 색의 세기를 얻을 수 있다.

겨자무 과산화 효소(horseradish peroxidase, M = 44000 Da)는 안정하고 반응성이 매우 높다. 고정화를 위하여 사용한 4개의 라이신 아미노산은 결합에 관여하는 항체의 활동도에는 아무 영향을 미치지 않는다. 이름에서 보여 주는 것과 같이 효소의 기질 S는 과산화 수소(H_2O_2)이며, 분해되어 산소(O_2)가 발생하고 색소원 C(TMB, tetramethyl benzidine)와 반응한다. 루미놀(luminol) 존재 시에 몇 분 동안 안정된 화학발광을 보임으로 아주 민감한 측정이 가능하게 한다(11.7절 참조).

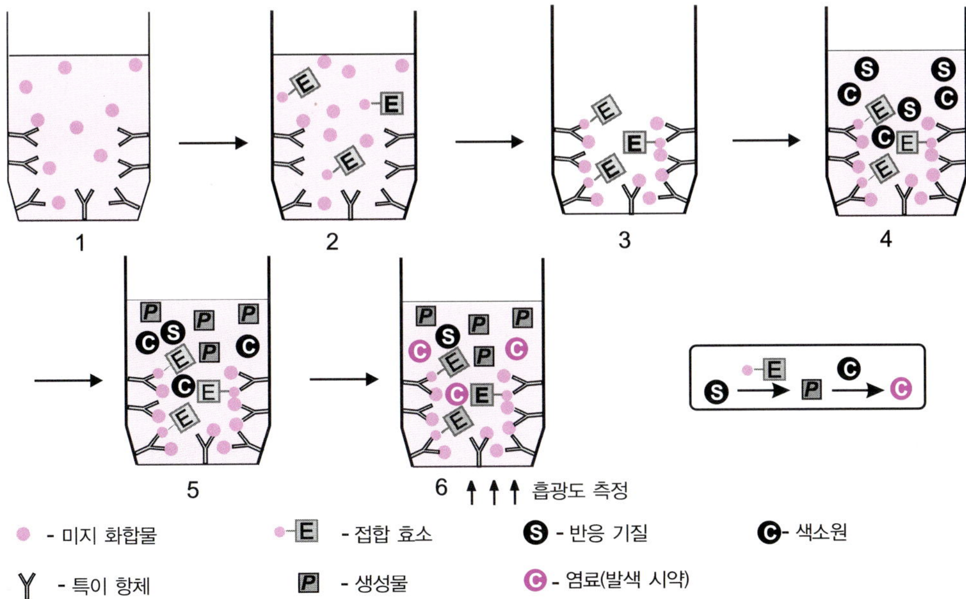

그림 17.4 **ELISA 형의 여러 단계의 효소 면역분석법** 이런 형태의 분석 방법은 임상 분석에서 많이 사용되고 있다.

이러한 고전적이고 생물학적인 측정 방법은 매우 적은 양들을 측정하는 데 사용할 수 있을 정도로 민감하기 때문에 환경과 농업의 살충제 또는 제초제(Gaucho, Gramoxone, atrazine, organchlorides 등)와 대사 스테로이드 및 다른 독성 화합물(aflatoxins, HPA) 분석에 널리 적용되어 왔다. 다만 적용 가능한 항체와 결합된 효소가 존재하는 화합물에서만 측정할 수 있다.

흡광도와 농도의 관계

N은 용기 내부에 고정될 수 있는 위치의 전체 수, n^*은 흡착된 표지 분자의 수, C^*는 용액 내의 표지된 물질의 농도, C는 표지되지 않은 물질의 농도(분석 시료)이다.

용기에 결합할 수 있는 위치 수는 용액의 전체 분자 수와 비교해서 매우 적다. 2개의 표지 혹은 표지되지 않은 화합물은 용액의 혼합물의 농도 비율에 따라 고정된 항체와 결합한다(그림 17.5).

$$R = \frac{C^*}{C} = \frac{n^*}{N - n^*} \tag{17.6}$$

흡광도(A)는 흡착된 표지 분자 수(n^*)에 비례하여 다음과 같이 $A = kn^*$을 유도할 수 있다.

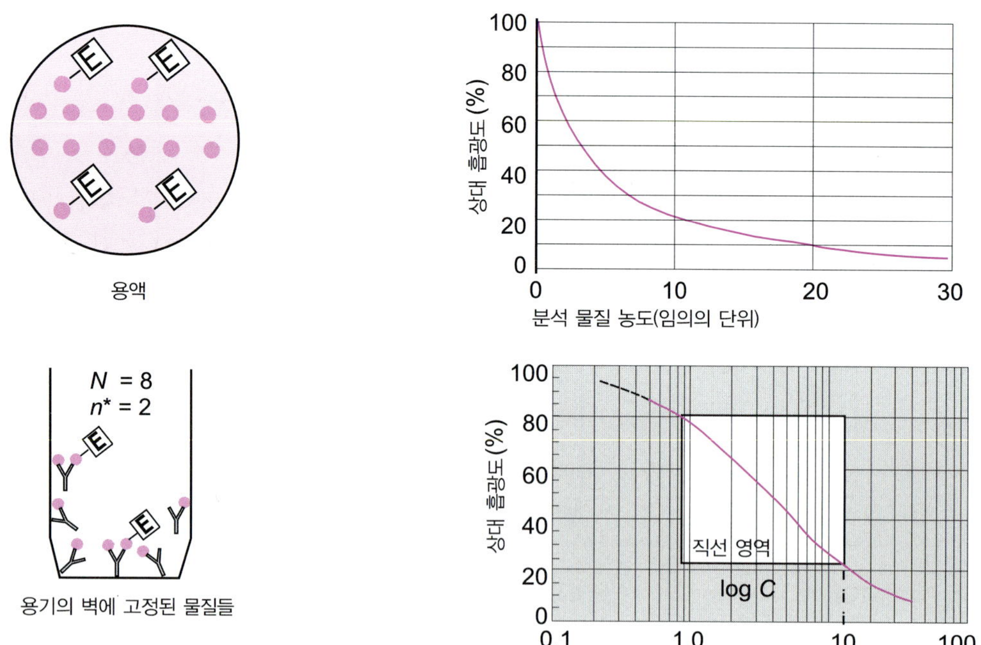

그림 17.5 ELISA 측정 방법에서 농도와 흡광도의 관계 용액과 용기의 벽에 고정된 비율은 동일하다(세 번째 그림). 지수 척도에서 직선인 구간은 작은 농도 구간에서만 얻어진다.

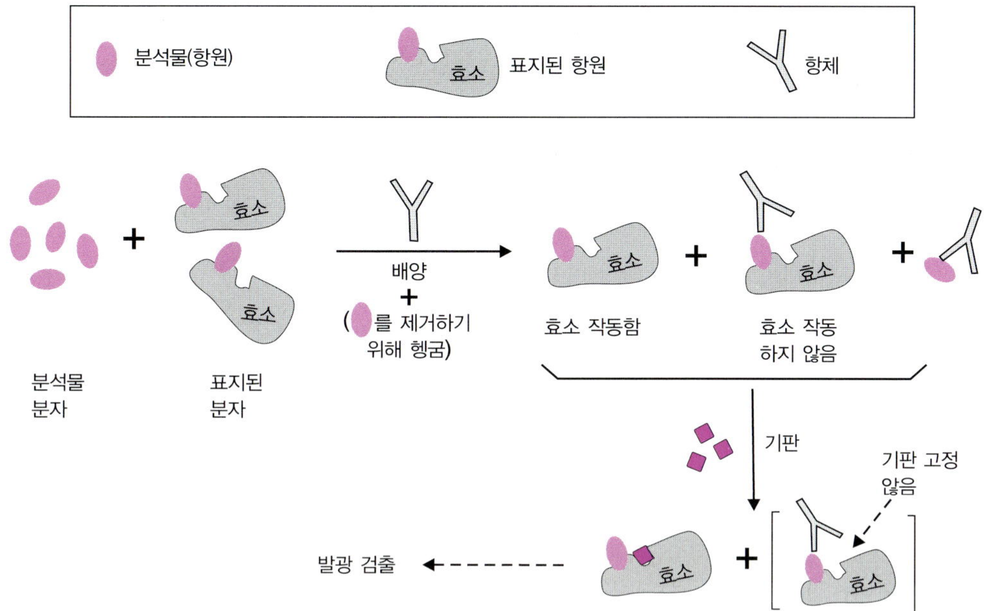

그림 17.6 **EMIT 분석법** 효소는 검출 가능한 화합물의 생산을 증폭시키는 촉매 역할을 하기에 표지 물질로 자주 사용된다.

$$A = k \cdot N \cdot \frac{C^*}{C + C^*} = k \cdot N \cdot \frac{R}{1 + R} \tag{17.7}$$

x축을 농도, y축을 바탕 시료(모든 항체 결합 위치가 결합 효소에 의해 채워짐)로 하여 용액의 흡광도 퍼센트를 그리면 농도와 흡광도의 전형적인 실험 곡선 결과는 비선형이다. 만약 로그 척도로 그렸을 때, 제일 먼저 사용된 근사치로 인하여 일부 구간에서 직선성을 보일 수 있다(그림 17.5).

최종 단계의 흡광도 측정의 경우에, 형광 검출 방법(형광 ELISA 검사법)을 대신하여 사용할 수 있다. 이 경우에는 흡광도 측정에서 특정한 기질을 형광 화합물로 변화시키는, 알칼리성 인산분해 효소(alkaline phosphatase)를 결합 효소로 사용할 수 있다.

17.5.3 다른 면역 효소분석 기술

ELISA 기술의 여러 변형은 비슷한 원리에 따라 개발되었다. 그중 하나인 EMIT(enzyme multiplied immunoassay test) 기술은 1 ng/mL에 달하는 검출 한계로 많은 유기 분자(호르몬, 약물, 제약 등)들을 정량하는 것으로 알려져 있다. ELISA 기술과 달리 EMIT 기술은 균일한 용액상에서 진행된다.

EMIT 기술에서, 농도를 알고 있는 효소가 표지된 동일한 분석물(표지된 항원)이 추가된 분석물(시료에 항원이 있다고 간주됨)이 제한되고 불충분한 항체 자리를 놓고 경쟁하게 된다(그림 17.6). 반응 시간이 지나면 두 가지 유형의 항원 · 항체 복합체가 존재하는데, 하나는 표지된 항원, 다른 하나는 유리 분석물(표지되지 않은 항원)이다. 결합되지 않은 항원을 제거한 후, 촉매적 특성이 남아 있는 결합하지 않은 유리 효소와 촉매 특성을 상실한 결합된 효소(감염된 효소)가 있다. 항체가 많을수록 표지되지 않은 분석물에 결합한다. 결과적으로, 분석물 분자가 많을수록 항체에 의해 결합되지 않은 더 많은 효소 표지된 분자가 남게 된다. 효소에 적응된 기질의 구현은 궁극적으로 정량화할 분석물이 많은 경우에 더욱 진한 색이 발현되며, 발색 메커니즘은 선택한 유리 효소/기질 쌍에 따라 나타난다.

EMIT 기술은 불법 약물의 신속한 탐지를 위한 시험 분석이 그 기원이다. 이러한 시험 분석은 다양한 성분이 결합된 흡수성 재료로 구성된 스트립 형태일 수 있다. 스트립에 한 방울의 시료를 놓으면 모세관 현상에 의해 이동하여 최종 착색까지 일련의 반응을 거친다. 정성적 결과(양성 또는 음성)는 사전 정의된 양성 임곗값으로부터 얻어진다.

17.5.4 화학에서의 ELISA 기술의 장점과 한계

다양한 ELISA 분석법은 크로마토그래피를 이용한 방법에 비교하여 보다 더 빠르게 신뢰성 있는 결과를 얻을 수 있다. 특히 불필요한 모든 시료를 제거하기 위해 추출이나 크로마토그래피 분석을 요구하지 않는다는 점이 장점이다. 그러나 ELISA에도 몇 가지 단점들이 있다.

- 다른 감도를 갖고 있는 여러 개의 다른 분자를 인식할 수 있어 결괏값이 흔들릴 수 있다. 이는 교차 반응(거짓 양성 신호)에 의한 위험성을 갖고 있다.
- 측정의 범위가 상대적으로 한정된다. 측정법에 있어 농도가 증가함에 따라 덜 정밀하게 된다. 이는 농도에 대한 로그 척도를 사용하는 영향이다. 시료의 정확한 희석 방법을 알고 있어야 된다.
- 미세 부피 용기에 있는 항체의 양과 반응성은 동일하여야 한다. 이런 목적을 달성하기란 사실상 기술적으로 어렵다. 실험실 동물의 면역성을 주는 단일 실험이지만, 결과가 ELISA 키트에 따라 다를 수도 있다.
- 키트들은 저온에 저장되어야 한다. 이는 특히 현장 분석 분야에서 유통기한이 제한된다는 뜻이다.
- 중복된 실험과 필요한 표준물의 분석 비용을 언제나 생각해야 된다. 많은 수의 분석 실행일 때만 경제적이다.

17.5.5 균일한 상에서의 면역 형광분석법

ELISA 기술은 빠르고 민감하게 변형되고 있으며, 경쟁에서 분석할 화합물과 형광 작용기로 표지된 동일 분자로 구성된다. 측정 원리는 형광의 특수성을 이용하는 것이다. 편광된 빛에 의해 용액 내에서 작은 형광 분자들이 들뜨면, 분자 자체의 빠른 회전을 포함한 많은 요인으로 인해 방출되는 빛은 편광을 잃는다. 반면, 표지된 화합물이 항체에 의해 고정화되면 분자의 움직임이 충분히 느려지고 방출되는 빛도 편광성을 갖는다.

따라서 면역 형광분석법의 마지막 단계는 편광된 형광을 측정하는 것으로 구성된다. 따라서 분석 시료의 농도가 낮을수록 측정되는 편광된 형광이 세기가 크며, 그 반대의 경우도 마찬가지이다.

이러한 유형의 측정에 적합한 형광계를 사용하면 데이터 처리 소프트웨어가 수평면과 수직면에서 측정된 형광 세기 합의 차이에 해당하는 **편광비(polarization rate)**를 결정한다.

이 방법은 살균제(fungicides), 균류 독성물질(mycotoxin) 또는 농약 분석 등의 광범위한 응용에 사용되고 있다.

17.6 중성자 활성 분석법(NAA)

17.6.1 측정 원리

대략 60개의 원소가 중성자의 충돌에 의해 방사성 동위 원소로의 변환되며 이를 이용하여 확인되고 측정할 수 있다고 알려져 있다. 다원소 핵활성 분석의 영역은 원소에 따라 감도 변화가 다양하다(1000 ppm부터 1 ppb까지). 하전 입자를 사용하는 방법보다 상대적으로 쉽기 때문에 중성자를 사용하여 활성 분석을 한다. 한 개 이상의 중성자가 비탄성 충돌을 통하여 표적 원자핵과 상호 작용할 때, 더 많은 질량수의 동위 원소(동일한 원소임)는 들뜬 상태가 되고, 일부 동위 원소가 불안정하여 일반적으로 β^- 선을 방출하며 분해된다(다음 식과 그림 17.7). 시료에 포함하는 몇몇 원소들(각각 동위 원소 족으로 구성되는 것)로부터의 전체적인 방사선 결과는 복잡한 방출 스펙트럼을 보여 줄 것이다.

$$ {}^{A}_{Z}\mathrm{X} + {}^{1}_{0}n \longrightarrow {}^{A+1}_{Z}\mathrm{X}^{*} \xrightarrow{\beta^-} {}^{A+1}_{Z+1}Y $$

시간이 경과함에 따라 각각의 시료에서 나오는 방사능은 서로 겹쳐지므로 나오는 전체 방사능은 감소할 것이다(각각의 방사성 원소의 활성은 지수함수 법칙을 따른다). β^--선 스펙트럼의 방출을 통하여서는 원소를 확인할 수 없다. β^--선 방출로 수반되는 γ-선 방출 스펙트럼이 각각의 방사성 핵을 확인하는 열쇠가 된다. 이 γ-선 방출 스펙트럼의 파장은 X선

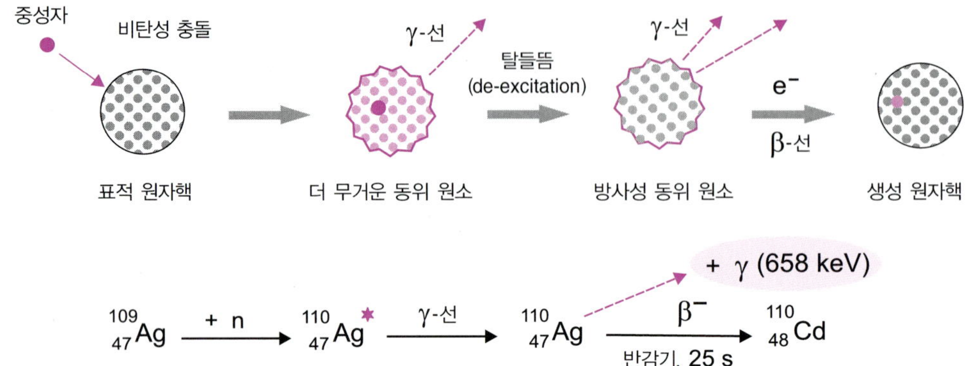

그림 17.7 중성자 활성 분석법의 개략도 중성자는 표적 원자핵과 상호 작용하여 불안정한 동위 원소 형태를 만든다. 불안정한 동위 원소의 γ-선 방출은 즉시 좀 더 안정한 상태를 만든다. 다음에 새로운 방사성 원자핵은 반감기에 따라 1개의 전자 방출(β^--선)과 좀 더 특징적인 γ-선을 방출한다. 은(^{109}Ag) 원자를 표적의 예로 설명하였다.

형광 스펙트럼과 같은 파장을 갖는다.

17.6.2 열중성자 광원

핵 변형을 일으킬 확률은 핵종과 중성자 에너지의 매개변수에 결합된 **중성자 단면(neutron cross-section)**으로 알려진 요소에 의존한다. 중성자 생성의 알려진 과정은 적어도 100 kW 급의 핵반응기에서 우라늄 핵분열에 따른 10^{14}에서 10^{16} neutronm$^{-2}\cdot$s^{-1}의 격렬한 흐름의 중성자로 시료를 조사하는 방법이다. 농도가 매우 낮은 분석 물질은 수 분 내에 충분한 활성화 수준에 도달하고 형성된 동위 원소의 수명 기간을 갖고 있다. 이 방법은 열적으로 안정해야 하며, 될 수 있으면 고체 형태여야 하는 등 시료에 몇 가지 제한 사항이 있다. 원자로의 반응기 조사 전에, 농도가 알려진 표준물과 비교 측정하기 위해 시료를 준비한다.

값비싼 물류적 제한을 피하기 위한 작은 중성자 광원이 개발되어 왔는데, 이는 α-입자를 방출하는 원소(수 마이크로그램의 ^{241}Am 또는 ^{124}Sb)를 캡슐형 베릴륨 용기를 통해서 들여오는 것이다. 다음은 중성자를 생기게 하는 핵반응이다.

$$^{9}_{4}\mathrm{Be} \quad \xrightarrow{\alpha} \quad ^{12}_{6}\mathrm{C} + ^{1}_{0}n$$

여러 가지 다른 유형의 중성자, 예를 들어 ^{252}Cf(반감기; $\tau = 2.6$년) 수 마이크로그램의 빠른 중성자(2 MeV)는 수소 원자와 충돌에 의해 느려진다. 낮은 세기의 방사성 동위 원소 중성자 방출체(봉인된 장치들)에서 방출되는 단위 시간당 수억 개의 중성자를 이용하여 대략 20개의 원소를 측정할 수 있다.

17.6.3 유도 활성도–조사 시간

중성자 충돌 동안에 시료에 쌓이는 방사성 원자 N^*(A+1, Z 원소) 수는 높은 에너지 수준으로 이동한다. 순간적으로 핵의 N^* 개수는 전환하는 속도와 붕괴 속도 사이 차이와 동일하고, 매우 많은 양의 분석 시료의 핵은 일정하다고 가정한다.

$$\frac{dN^*}{dt} = \varphi \cdot \sigma \cdot N - \lambda \cdot N^* \tag{17.8}$$

φ는 중성자의 흐름, λ는 방사능 붕괴 속도 상수, σ는 분석 원자(A, Z)의 효과적인 단면(effective cross-section)이며, N은 분석 시료의 핵의 개수를 나타낸다. 마지막 수(N)는 원자 질량 M의 동위 원소 비율(f)의 질량(m)과 관계가 있다. 만약 N_A가 Avogadro 수를 표현한다면, 다음과 같다.

$$N = \frac{m}{M} \cdot N_A \cdot f \tag{17.9}$$

고전적인 계산을 통하여 기본 관계식 17.8을 적분하여, 주어진 조사 시간 t 후에 존재하는 원자수 N^*으로 정리하면 식 17.10을 구할 수 있다.

$$N^* = \frac{\varphi \cdot \sigma \cdot N}{\lambda} (1 - \exp[-\lambda t]) \tag{17.10}$$

만약 임의의 시간 t에서 유도 활성도를 측정했을 때 $A = \lambda N^*$이라면, 다음과 같이 정리된다.

$$A = \varphi \cdot \sigma \cdot N (1 - \exp[-\lambda t]) \tag{17.11}$$

괄호 안을 전문 용어로 **포화 인자(satuation factor)**라고 불리며, 경과 시간(t)에 따라 1로 빠르게 접근한다. 이런 방법으로 $t = 6\tau$일 때 극한값의 98%에 도달한다. 실험적으로 중성자 조사 시간은 방사성 동위 원소의 반감기의 4배 또는 5배까지는 넘지 않는다. 이 방법은 수명이 짧은 방사성 동위 원소들의 사용을 선호한다.

17.6.4 중성자 활성 분석법의 측정 원리와 응용

검출 방법의 선택은 방출 방사선의 특성과 방출 스펙트럼의 복잡성에 따라 다르다. 대부분의 경우에 활성화 후 시료에 존재하는 방사성 핵종은 β^- 방출을 수반하는 γ 스펙트럼을 기록해야 한다(그림 17.8).

기존 센서는 γ-광자를 변환하여 작동하는 NaI(Tl) 결정으로 구성되고, 결정이 모든 γ-광자를 흡수한다면 광자 에너지에 비례하는 세기의 화학발광을 한다. 그 기능은 ^{14}C에 사용되는 액체 발광기(scintillator)와 같거나, Ge(Li)의 결정인 경우는 Geiger−Muller 관(Geiger−Muller tube)의 충전 기체처럼 거동한다.

시료와 지시약에 동시에 중성자가 조사되면 원소 X의 상대 활성도는 시료와 표준 물질에서 동일한 값을 갖는다. 총 활동도가 X의 질량에 비례한다면 다음과 같이 쓸 수 있다.

$$(X\text{의 질량})_{\text{시료}} = (X\text{의 질량})_{\text{표준}} \times \frac{(\text{총 활동도})_{\text{시료}}}{(\text{총 활동도})_{\text{표준}}} \tag{17.12}$$

위의 관계는 유도된 방사선이 단순하거나 필터가 제공된 계수 장치를 사용하여 단일 분석 물질에 대해 방사선을 분리할 수 있는 경우에만 유효하다. 그러나 매트릭스 자체가 활성화되기도 하며, 그로 인해 평가 대상이 되는 방사선이 중첩되어 너무 많이 방출될 수도 있다. 이러한 이유로, 짧은 수명의 방출로 인한 모든 간섭을 제거하기 위해 측정 시작과 조사 종료 사이에 어느 정도의 지연이 필요하다.

> 예를 들어 알루미늄 시료에서 미량의 철을 측정하려고 한다고 가정해 보자. ^{59}Fe($\tau = 46$일)는 1.29 MeV에서의 γ 방출이 특징이지만, 조사하는 동안 알루미늄은 ^{24}Na를 생성하며 ^{27}Al(n,α) ^{24}Na 반응($\tau = 15$시간)에 의하여 1.34 MeV에서 γ 방출을 일으킨다. 짧은 반감기를 갖는 알루미늄이 사라질 시간을 주기 위해 며칠 동안 측정을 연기할 필요가 있다.

시료가 허용하는 경우 분석할 방사성 원소는 이 원소의 안정한 동위 원소와 함께 **비말동**

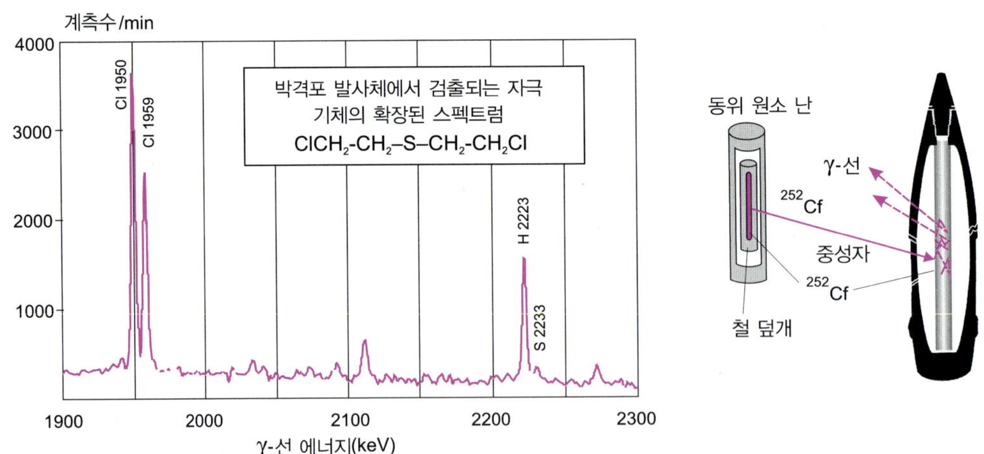

그림 17.8 **중성자 활성 분석의 특수한 응용** 화학 무기의 탄두를 파괴하는 대신, 비파괴 방법인 중성자 활성 분석법을 이용하여 내용물을 확인할 수 있다. EG & G Ortec의 승인을 받아 복제된 도면은 중성자 활성 방법의 일반적인 원리를 보여준다. 탄두의 화학 작용제에서 방출하는 작은 부분의 γ 스펙트럼을 몇 분 안에 얻을 수 있다.

반(**entrainment**) 기술로 분리할 수도 있다. 표준 물질에 대해 동일한 처리를 수행하여 추출 수율을 평가한다. 결괏값을 100 %로 정규화한다.

사실 중성자 활성화 분석 방법이 흔한 분석 방법은 아니다(그림 17.8). 응용의 예로는 다음과 같은 재료(고순도 금속, 반도체 등)의 특성, 즉 화석 물질의 화학적인 원소 분포에 대한 연구, 고고학 혹은 지질학 및 화산학 연구의 극미량 분석이 있다.

17.7 방사성 동위 원소의 복습

모든 화학 원소는 일반적으로 핵에 있는 중성자의 수만 다른 여러 동위 원소로 구성된다. 천연 동위 원소 중에서 일부는 불안정하며 방사성 동위 원소들이다. 핵들은 입자 방출(α 및 β^-)과 특별한 경우 전자기 복사(γ- 또는 X-광자)가 동반되어 자발적으로 분해되고 부모 핵과 다른 딸 핵을 제공한다. 형성된 딸 핵 또한 복사선을 방출한다.

β^- 붕괴는 원자 번호가 변하는 동안 질량수는 일정하게 유지하는 핵 변환에 해당한다. β^- 방출은 에너지가 지속적으로 변하는 전자를 생성한다.

$$ {}^{A}_{Z}\mathrm{X} \quad \longrightarrow \quad {}^{A}_{Z+1}Y + {}^{-1}_{0}e $$

17.8 반감기 τ, 방사능 상수 λ 및 활동도 A

모든 방사성 핵종은 발출하는 방사선의 종류에 관계없이, 초기 모집단(초기 시간 $t=0$)에서 시작하여 원자의 절반을 구성하는 시간인 반감기 τ를 갖는 특징이 있다. 방사성 붕괴의 법칙은 시간 t에 남아 있는 원자의 수 N을 초기 개수 N_0 대비 계산하는 것을 가능하게 한다. 감소는 1차 속도 법칙을 따르며 다음의 식으로 표현된다.

$$ N = N_0\, e^{-\lambda . t} \tag{17.13} $$

여기서 λ는 연구된 방사성 핵종의 방사성 상수를 나타낸다. 이것의 단위는 시간의 역수(시간$^{-1}$)이며, 식 (17.14)에 의해 반감기 τ와 관련된다.

$$ \tau = \frac{1}{\lambda} \ln 2 \tag{17.14} $$

사실 실험적으로 접근할 수 있는 것은 시간 t에 존재하는 핵의 수가 아니라 활동도 A라는, 초당 분해하는 수이며 단위는 베크렐 Bq(dps, disintegrations per second)이다. 혹은 일반적으로 많이 사용하는 큐리 Ci(1 Ci $= 3.7 \times 10^{10}$ Bq)로 표시된다. 활동도 A는 시간 t에서 방출하는 핵 N의 수에 비례하므로 방사성 핵종의 농도에 비례하며 비례 상수는 방사성 상수 λ이다. 따라서 활동도는 $A = \lambda \cdot N$ 및 $A_0 = \lambda \cdot N_0$로 설정하면 방사성 붕괴 법칙(식 17.13)을 다음 식 17.15로 다시 쓸 수 있다.

$$A = A_0 \cdot e^{-\lambda . t} \tag{17.15}$$

방사성 동위 원소 분석의 경우, 존재하는 동일한 원소(방사능 방출 여부)의 모든 핵과 비교하는 상대 활동도(A_s)를 고려한다. 단위는 $Ci \cdot mol^{-1}$(또는 $Bq \cdot mol^{-1}$), $Ci \cdot g^{-1}$(또는 $Bq \cdot g^{-1}$) 또는 액체 시료일 경우 $Ci \cdot L^{-1}$(또는 $Bq \cdot L^{-1}$)이다.

17.9 유기 분자에 방사성 동위 원소 표지 방법

방사성 표지를 사용한 동위 원소 희석 방법의 요구 조건은 다음과 같이 사용할 수 있어야 한다. 원자(C, H, S 등) 중 하나에 표지된 상대적으로 많은 유기 분자를 맞춤 기반으로 합성하여 제공하는 전문 회사들이 있다. 각각 개별 분자의 주어진 위치에서 ^{14}C 원자를 포함할 때 약 60 mCi/mmol의 활동도에 도달한다(그림 17.9). 가능한 ^{14}C가 ^{3}H(삼중수소)보다 선호되며, 이는 삼중수소 분자의 경우 쉽게 교환될 수 있고 자발적인 방사선 분해로 인해 보존하는 데 어려움이 있기 때문이다. ^{14}C 표지된 화합물들의 얻기 위한 동위 원소는, ^{235}U의 관련된 원자핵 분열의 생성물 중 열중성자로 알려진 낮은 에너지의 중성자를, 질소(알루미늄 또는 베릴륨 질화물) 원자를 포함하는 고체 분석 시료에 조사하여 얻을 수 있다. 형성된 방사성 탄소를 갖는 목표 시료는 산화 과정을 통하여 $Ba^{14}CO_3$ 형태로 분리되어 분석을 위해 화학자들에게 전달된다. $^{14}CO_2$을 과량 이용하여, 다른 화합물과 유기합성 반응을 통하여 특정한 위치에 방사성 동위 원소가 포함된 유기 화합물을 합성할 수 있다.

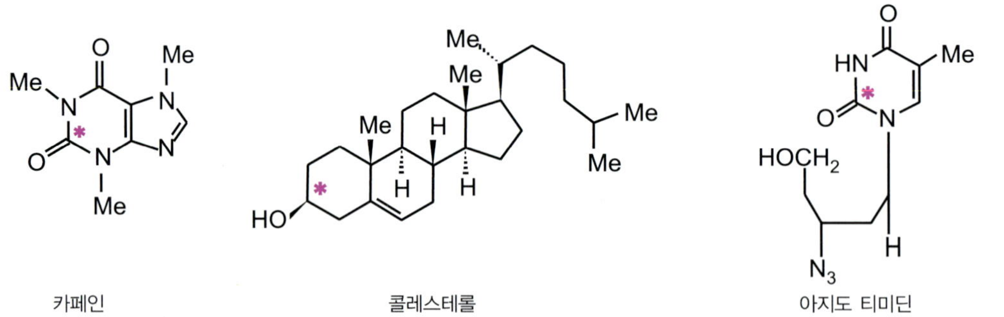

카페인 콜레스테롤 아지도 티미딘

그림 17.9 **한 곳에만 ^{14}C 표지된 3개의 분자들** 이들 방사성 동위 원소로 표지된 화합물들을 측정하는 동안 자연적으로 붕괴하는 보정을 피하기에 충분한 반감기를 갖고 있어 보관하기 쉽다.

17.10 검출 및 방사성 계수

방사성 동위 원소가 방출하는 방사선의 에너지는 매우 다양하다. 중성자 활성화 방법에서 검출은 *X*선에 사용되는 동일한 기술을 사용한다. 동위 원소 희석법에 저에너지 β^--방출선이 사용되는 경우가 있다(표 17.1). 이 경우의 계수 기술은 시료를 녹인 용매(톨루엔, 자일렌 또는 수용성 제품의 경우 다이옥세인)와 더불어 **형광체(flour)**라고 불리는 **발광기(scintillator)**를 포함한다. 이는 β^- 방사선을 입자 수에 비례하는 강도의 발광으로 변환한다.

용매는 에너지를 형광체로 전달하는 역할을 한다. 그림 17.10은 가장 일반적인 두 가지 전형적인 발광체를 보여준다. 형광 혼합물은 예를 들어 PPO(2,5-다이페닐옥사졸, 자외선을 방출) 또는 POPOP(가시광선을 방출)가 있다.

필터를 사용하여 대역폭을 제한하여 통과한 광자는 주어진 시간 동안 하나 또는 두 개의 광전 증배관에서 동시에 계수된다. 단일 β^- 입자는 수백 개의 광자를 생성한다. 계수는 반대편에 설치된 두 PMT에 신호를 제공하는 경우에만 발생되며, 발광 지연은 몇 나노초를 초

표 7.1 주요 방사성 동위 원소의 몇 가지 특성

동위원소	반감기	방출 형태	에너지(MeV)
^{3}H	12.26년	β^-	0.02
^{14}C	5,730년	β^-	0.156
^{32}P	14.3일	β^-	1.7
^{35}S	88일	β^-	0.167
^{125}I	60일	IEC*	0.149

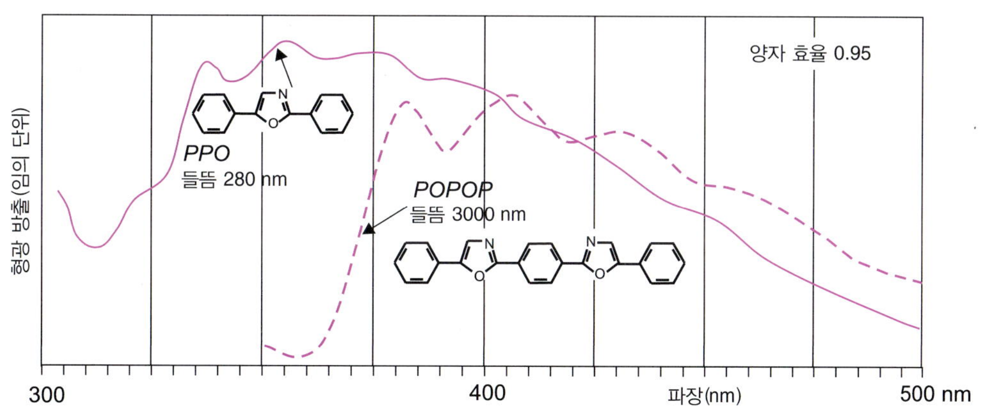

그림 17.10 ^{14}C로 단일 부위에 표지된 2개의 분자들의 들뜸에 의해 얻은 형광 방출 스펙트럼

과하지 않는다.

17.11 특별히 유의할 점들

앞에서 언급한 방법들은 가능한 오염원에 대한 방사능 측정이 필요하다. 따라서 방사성 물질을 저장하고 취급할 수 있는 자격을 갖추려면 승인을 받아야 하는 특별한 환경이 요구된다. 방사성 화합물을 보관할 수 있는 면허를 취득하려면 건물에 대한 조사가 필요하며, 이를 배출하는 측면에서도 특정 기준을 충족해야 한다. 또한 작업자가 규정에서 허용하는 값 이상의 방사선에 노출되지 않도록 예방 조치를 취해야 한다.

가장 널리 사용되는 방사성 동위 원소 중 ^{35}S만이 고에너지 γ-방사선을 방출한다. 그럼에도 불구하고 방사성 동위 원소는 에너지가 낮더라도 체내에 피폭되어 축적되면 매우 위험하다. 조사 강도(Bq)와 피폭량(Sievert 또는 Gray) 사이에는 단순하고 직접적인 관계가 없으며, 피폭량의 경우는 피폭된 물질에 대해 단위 질량당 방사선이 방출하는 에너지 양과 함수 관계가 있다.

이 장의 요점

1. 동위 원소 희석 방법을 이용한 정량 분석은 모든 종류의 화학종(원소 또는 분자)에 적용할 수 있는 표지 방법 중 하나이다.
2. 시료에 알려진 양의 다른 동위 원소 조성을 갖는 분석 물질을 추가하여 인식 가능하면서도 다른 동위 원소와 동일하게 행동해야 한다. 이러한 희석된 표지 분석 물질은 정량화해야 한다. 측정은 NMR 또는 질량 분석법에 의해 수행된다.
3. 동위 원소 희석법은 측정 대상이 될 분석물이 동위 원소가 많은 경우에 적용할 수 있다. 분석 결과는 희석 전과 후의 두 신호 비율 측정을 기반으로 한다. 이 방법은 매우 신뢰할 수 있는 특별 첨가법이다.
4. 많은 분야에서 분석물에 존재하는 안정한 동위 원소의 비율에 관심이 있다. 관계식 17.4에 의해 정의된 δ(무차원) 표기법은 자의적이지만 보편적으로 채택된 표준값에서 편차에 해당한다.
5. 두 종의 혼합물에 대해 δ 값을 안다면, 혼합물의 δ 값으로부터 각각의 화학종의 가중치 조합에 해당한다.
6. 면역효소적 또는 면역화학적 변형으로 표지는 얻을 수 있으며, ELISA 시험을 포함하여 여러 범주로 분류된다. 경쟁 방법에서 지표로 사용되는 항원 유사체는 방사성 원자, 효소, 화학형광 부위를 가지고 있기에 식별할 수 있다.

7. ELISA 기술에서 분석물의 농도가 높을수록 항체가 더 많이 고정됨으로써 표지된 분석물이 적게 결합하여 발색 단계에서 흡광도(또는 형광)가 감소한다.
8. ELISA 방법도 좁은 측정 범위, 표지된 항체와 표지되지 않은 항체의 다른 반응성과 같은 단점이 있다.
9. ELISA 방법과 상당히 유사한 EMIT 방법에서, 항원에 접합된 효소는 항체에 부착될 때 효소적 특성을 잃는다. 따라서 ELISA 방법과는 다르게 분석물이 많을수록 색상이 더 강렬해진다.
10. 중성자 활성화 분석은 어떤 원소에 중성자 조사를 통하여 방사성 물질로 만든 후에 확인하고 정량화한다.
11. 유도된 활동도는 반감기의 5주기 후에 실질적으로 도달한 한계 수치의 방사성 원소가 나타나는 경향이 있다(식 17.11).

문제

1. 상업용 페니실린의 양(% 질량)을 결정하기 위하여, 75 000 Bq/g의 방사능 세기를 갖는 동위 원소로 표지된 페니실린 표준물을 사용하였다. 표지된 10 mg의 페니실린을 500 mg의 시료에 가했다. 섞은 후에 평형 상태에서 1.5 mg의 페니실린을 취하여 방사능을 측정하였더니 10 Bq이었다. 상업용 페니실린의 농도(% 질량)를 계산하시오.
2. Patulin($C_7H_6O_4$, M = 154.0 g/mol)은 부패된 사과 또는 포도 음료에서 발견되는 사람에게 해로운 화합물이다. 현재 이 화합물의 측정 방법은 효소 면역 ELISA 시험을 사용한다. 시험 전에 순수한 patulin을 사용하여 1.54 g/L의 표준 용액을 준비한다.
   본문에서 설명된 검사와 같이 안쪽 벽에 항체로 고정된 4개의 아주 동일한 용기를 준비한다. 처음 단계만 다르고 이후 모든 실험 방법은 동일하다. 실험 내용는 다음과 같다.
   - 1번 시험관: 바탕 용액, 2 mL의 순수한 물.
   - 2번 시험관: 1 mL의 순수한 물과 희석하지 않은 1 mL 표준 용액의 혼합액.
   - 3번 시험관: 1 mL의 순수한 물과 50%로 희석된 1 mL 표준 용액의 혼합액.
   - 4번 시험관: 여과하여 두 번 순수한 물로 희석된 2 mL의 과일 주스 시료.

   각각의 용기에 필요한 시약들과 결합된 효소를 같은 양으로 가했다. 반응 후에 용기로부터 정확하게 얻은 흡광도(A)는 다음과 같다.
   - 1번 시험관: A = 1.03
   - 2번 시험관: A = 0.47
   - 3번 시험관: A = 0.58
   - 4번 시험관: A = 0.5

   a. patulin 표준 용액의 농도를 ppm 단위로 계산하시오.
   b. 1번 시험관에 대한 시험관 2번, 3번 및 4번에 용액의 상대 % 흡광도(% 억제도)를 계산하시오.
   c. 1번 시험관의 흡광도가 다른 용기의 흡광도보다 높은지 설명하시오.
   d. 2번과 3번 시험관의 patulin 농도를 μg/L 단위로 계산하시오.

e. 과일 주스 안의 patulin 농도를 mg/L와 ppb 단위로 계산하시오.

3. 1. 중성자 활성화 분석법(NAA)을 이용하여 강철 시료에서 매우 약한 농도(몇 ppm 정도로)로 존재하는 염소를 측정하였다. 반응기에서 얻은 열중성자 흐름은 $2\times10^{16}\ n\cdot m^{-2}\cdot s^{-1}$이다.

a. 그림 17.7을 참조하여 다음의 염소에 관한 중성자 활성화 과정을 원소 기호를 사용하여 정확히 쓰시오.

$^{35}Cl(n, \gamma)\,^{36}Cl$ (β-eitter $\tau=3.1\times10^5$ 년)과 $^{37}Cl(n, \gamma)\,^{38}Cl$ (β-eitter, $\tau=37.3$분)

b. ^{38}Cl의 동위 원소의 γ-선 방출이 ^{36}Cl의 γ-선 방출 실험에 비해 선호되는 이유를 설명하시오.

c. 강철 안의 염소를 측정하기 위하여 사용될 수 있는 두 가지 다른 방법을 보이시오. 선택한 이유, NAA와 비교했을 때의 장점과 단점을 포함하여 자세하게 설명하시오.

2. 강철에 존재하는 망가니즈(^{55}Mn)의 간섭을 제거하기 위하여 염소를 염화 은 형태의 침전으로 분리한다. 이 망가니즈는 방사선의 에너지가 강하고 반감기가 2.58시간인 ^{56}Mn으로 이어진다.

간단한 실험 과정: 원자로의 동일한 조건에서 두 테스트 시료에 중성자에 의해 5분 동안 방사선이 조사된다. 하나는 염소의 양을 측정하기 위한 강철 시료이며, 다른 하나는 농도가 0.1 g/L의 염소 용액에 100 μL가 이미 흡착되어 있는 거름종이(흡착 전에 Cl 없었음)이다. 그다음, 강철 시료에 건조된 KCl 2.00 g과 함께 40 mL의 2 M HNO_3를 가하고 열을 가하여 철을 녹인다. 녹인 용액에 농도 15%(w/v) 질산 은($AgNO_3$) 수용액 50 mL를 넣는다. AgCl 침전물은 분리하고, 씻은 후에 건조한다. 계산된 결과는 다음 표와 같다.

테스트 시료	질량	AgCl 질량	γ-계수 (1,64 MeV) ^{38}Cl
시료	강철 0.51 g	3.726	11,203
표준물질	Cl 10 μg		48,600

a. 질산은이 충분히 첨가되었음을 보이시오.

b. 강철 시료의 연소 원소의 농도를 ppm 단위로 계산하시오.

N=14,007, O=16, Cl=35.453, K=39.098, 그리고 Ag=107.863 g/mol임을 참조하시오.

4. 방사선 면역 분석법(RIA)으로 인슐린 농도를 결정하는 것이 제안되고 있다. 교정 곡선을 그리기 위해 다음과 같은 방식으로 표준 용액을 준비한다. 인슐린 용액에 일정한 부피를 갖는 표지된 인슐린을 가하여 최종 농도를 3, 5, 7, 9 ng/mL 인슐린 용액으로 만든다. 각 용액의 총 활동도를 측정하였더니 동일한 값인 20,000 counts/minute였다. 동일한 양의 항체를 가하여 인슐린-항체 복합체가 형성되도록 일정 시간 반응을 보낸 분리하여 활동도를 측정하였다. 미지 시료의 인슐린을 측정하기 위해 동일한 실험 과정을 걸쳐 다음의 결과를 얻었다.

인슐린 농도	3.0	5.0	7.0	9.0	Unknown
활동도	13.245	11.111	9.852	9.091	10.100

a. 각 용액에 대하여 비복합 (유리) 인슐린의 활동도를 계산하시오. 유리 인슐린/복합 인슐린 비 (R/R^*)로 예측하시오.

b. 표준 용액의 농도에 따라 R/R^* 그래프를 그리시오. 연구된 미지 시료의 인슐린 농도를 예측하시오.

5. 탄소의 동위 원소 인자 δ(%)는 천연 바닐린의 연소로부터 얻는 이산화 탄소에서 측정되고, 그 값

은 $\delta = -20$이다. 반면 합성 바닐린의 동위 원소 인자 δ는 -30이다.

이 두 값을 사용하여, 상업적인 바닐린 시료로부터 얻은 이 두 바닐린의 조성 백분율을 결정하시오(바닐린 시료의 $\delta = -23.5$로 측정되었다).

6. 복잡한 모양의 큰 탱크의 부피를 추정하기 위해 루테튬(lutetium) 염을 사용한 동위 원소 희석 방법이 주로 사용된다. 루테튬 원소는 $^{175}Lu = 97.4\%$ 및 $^{176}Lu = 2.6\%$의 두 가지 안정한 동위 원소로 구성되어 있고, 원자량은 M = 174.97 g/mol이다.
   1. 탱크에 물을 채운 후, 삼염화 루테튬 6수화물($LuCl_3 \cdot 6H_2O$) 2 g을 첨가한다. 첨가하는 물질의 몰질량은 389.42 g/mol이다. 탱크에 넣은 루테튬의 질량(g)은 얼마인가?
   2. 루테튬 염이 잘 섞이도록 흔든 후 탱크에서 물 1 L를 채취한다. 순수한 ^{176}Lu 동위 원소로 제조한 삼염화 루테튬 6수화물($^{176}LuCl_3 \cdot 6H_2O = 390.4$ g/mol; $^{176}Lu = 175.94$ g/mol) 20 μg을 시료에 첨가한다.
      a. 시료에 추가된 ^{176}Lu의 질량을 μg 단위로 계산하시오.
      b. 고전적인 방법을 이용하여, $^{175}Lu/^{176}Lu$의 비율이 9임을 알았다. 이러한 동위 원소 비율을 측정하는 데 가장 적합한 장치는 무엇인가?
      c. 루테튬 원소가 좋은 선택임을 보여 주는 주장을 찾으시오.
      d. 물 시료 1 L 안의 루테튬 원소의 질량을 μg 단위로 계산하시오.
      e. 마지막으로 탱크의 부피를 L 단위로 계산하시오.

7. 아화학량론적 방법으로 철을 측정하기 위해 수용액에서 ^{59}Fe(β^- 및 γ-방출, $\tau = 44.5$일) 동위 원소 희석법이 사용된다. 표지 역할을 하는 염화 철(III)($FeCl_3$) 수용액의 농도는 0.1 M 철(M = 56 g/mol)이며, ^{59}Fe로 구성된 비율은 매우 작다.

   원심분리기 튜브 **A**에 물 3 mL와 표지 용액 1 mL를 넣는다. 두 번째 튜브 **B**에 물 3 mL, 분석할 용액 1 mL 및 표지 역할을 하는 용액 0.5 mL를 넣는다. 그런 다음 6 N 암모니아(NH_4OH) 용액을 두 개의 튜브에 첨가하여 철을 수산화 철(III)($Fe(OH)_3(s)$) 형태로 침전시킨다. 2개의 침전물 각각의 일부가 회수된다. 세척 및 건조 후, 분취한 두 수산화 철(III)의 γ-활동도(여러 측정에 대한 평균값)를 측정한다. **A**: 25 mg의 경우 460 dps, **B**: 35 mg의 경우 86 dps. 분석 용액의 철 농도를 mg/mL 혹은 g/L 단위로 계산하시오.

18장 특정 분석

서론

다른 것들보다 더 자주 측정하게 되는 특정 시료나 원소, 이온이나 분자들이 있다. 이런 경우 처리량, 비용 및 분석 속도의 요구 사항을 고려하여 특별한 분석 전 과정 모니터링을 담당하는 자동 분석기, 측정 스테이션, 프로그래밍된 산업용 기기로 구성된 전체 분석기기 공간이 실험실 외부에 위치한다. 이러한 분석은 때때로 표적 분석물의 구체적이고 독특한 특성이나 기존 장비의 개념을 기반으로 한다. 예를 들면 석유 산업, 금속 산업, 농업, 환경(물, 토양, 식물 등), 군대, 테러와의 전쟁, 스포츠, 기타 여러 분야에서 특별한 기기 분석을 찾을 수 있다. 이 장에서는 몇 가지 분석 예가 설명된다.

학습목표

발견 특별한 분석 분야

지식 일부 특별한 분석 과정

결정 유기 화합물의 백분율 조성

수행 특정 원소(수은, 황, 탄소)의 분석

표현 IMS의 기본 원리

서술 Karl Fisher 부피 적정법

18.1 특정 분석

매일 수백 건의 시료들을 분석해야 한다면, 전통적인 실험실 분석 방법들이나 분석 기기의 사용이 비효율적일 수 있다(예를 들면, 데이터 생성이 느리거나, 처리해야 할 데이터가 너무 많을 수 있다). 수요가 증가하고 있는 분야 중의 하나는, 실시간으로 많은 제조 공정을 자동화하고 제어하기 위해 실험실 외부에서 운용하는 연속 분석 시스템 분야이다. 따라서 일반적인 분석 장치와 연계하여 특정 원소와 화합물의 농도에 대한 정보를 빠르게 얻기 위한, 통합 시스템에 해당하는 다른 유형의 장비가 필요하다. 이러한 기기의 검출 부분은 센서의 기술과 함께 크게 발전했으며, 그 다양성으로 인해 비전문가도 쉽게 사용할 수 있게 되었다. 이러한 분석은 특정 원자나 분자 종들에서 가장 많이 요구된다. 가벼운 원소, 황, 수은 분석을 위해 개발된 몇 가지 방법들을 후술할 것이다.

18.2 유기 원소 분석

많은 분자 화합물들이 포함하는 탄소(C)와 몇 가지 다른 가벼운 원소들인 수소(H), 질소(N), 산소(O)의 측정에 대해 특별한 요구가 제기되고 있다. 이러한 필요성은 다양한 산업들(석유화학, 의약품, 농약화학)과 유기화학의 기초적인 연구에서도 발견된다.

여러 단계를 거쳐서 물질을 합성하거나 혹은 천연물로부터 새로운 물질을 추출할 때 물질들의 구조와 순도를 반드시 확인하여야 한다. 이러한 목적을 위해 정량적 원소 분석이 반드시 행해져야 한다. 이러한 특정 분석(유기 원소 미세분석)들은 연구대상 분자가 순수한 상태에 있을 때 % 원소 조성을 알 수 있도록 한다. 단일 원소 또는 두 개의 원소(가장 많이 분석되는 원소들은 C와 H)에 대한 분석은, 분광 연구를 통해서 구조가 어느 정도 유추되었으나 확실하게 결정되지 않은 제안된 분자식을 정확하게 확인시켜 줄 수 있다. 조성이나 분자량이 알려진 화합물의 순도는 어떤 시료로부터 얻어진 실험 결과와 이론값을 비교함으로써 결정할 수 있다(그림 18.1).

가벼운 원소들에 대해서는 원자 흡수 분광(적당한 광원이 없음)이나 X-선 형광 분광(낮은 에너지를 갖는 복사선 때문에 감도가 부족함)의 적용은 적절하지 않다.

이러한 원소들을 분석하기 위해 기본적으로 적용하는 분석 방법은 수 mg의 적은 시료를 산소 존재하에서 고온 연소한 이후에 사용자 편의에 맞추어서 제작된 분석기로 측정하는 것이다. 수소, 탄소, 질소, 산소는 기체 산화물의 형태로 회수된다. 이 방법의 장점은 분석대상 원소들을 시료 매트릭스에서 물리적으로 분리할 수 있다는 것이다.

유기 원소 분석은 화합물의 구조에 대한 아주 중요한 정보를 제공하기는 하지만, 완전히 미지의 화합물에 대한 분자식을 유추하는 데에는 한계가 있다. 그런 이유로는 여러 가지를 들 수 있

$C_{27}H_{27}N_3O_6S$	요구되는 %	C 62.18	H 5.22	N 8.06
M = 521.5 g/mol	측정된 %	C 62.02	H 5.29	N 8.15

그림 18.1 백분위 원소 분석의 표현 예

다. 첫째, 장비는 분자를 구성하는 여러 원소 중에서 소수의 특정한 원소만을 측정하도록 설계되었기 때문이다. 설령 모든 원소를 확인하여도 분자식은 상대적인 정수비로만 표현된다. 그림 18.1에 제시된 원소 분석의 결과를 예로 설명하면 다음과 같다. 분자식 $C_{54}H_{54}N_6O_{12}S_2$와 분자식 $C_{27}H_{27}N_3O_6S$를 갖는 화합물들은 같은 % 비율의 원소들로 구성된다. 대부분의 경우 질량 분석법과 NMR 분석을 활용하여 이러한 모호성을 해결한다. 따라서 구성 원소의 백분율을 파악하는 원소 분석과 질량 분석과 함께 사용되면, 실험 오차를 고려한다고 할지라도 항상 정수비를 갖는 정확한 원래 분자식을 찾을 수 있다.

18.2.1 Pregl과 Simon의 전통적인 원소 분석 방법

현재 사용되는 원소 분석 방법은 연소 중에 형성된 기체에서 유기 화합물의 조성을 찾는 1830년도의 Pregl 원형 분석 원리를 동일하게 유지해오고 있다. 먼저, 유기 화합물을 고온 및 과량의 산소 상태에서 빠르게 연소시킨다. 만약 시료에 C, H, N이 존재한다면 연소 산화물로 CO_2, H_2O, 질소와 질소 산화물($N_2 + NO_x$)이 생성된다. 산소 원소에 대한 원소 분석은 탄소의 존재하에서 별도로 시행되는 연소에서 생성되는 일산화 탄소(CO)의 형태로 정량할 수 있다. 생성된 기체의 양을 정량하면 최초 시료에 존재하던 원소들의 무게 비율을 계산할 수 있다.

탄소와 수소의 분석을 위해 Pregl이 개발한 초기 미량 분석 기기에서는 약 1~3 mg의 시료를 750 °C의 흐르는 산소하에서 연소시켰다. 또한 연소 과정에서 생성된 CO는 CuO와 $PbCrO_4$의 혼합물을 통과시켜 CO_2로 완전 산화되도록 하였다(그림 18.2). 원소 C와 H의 질량은 2개의 관(사전에 질량이 결정된 것)의 질량의 증가로부터 계산된다. 1개의 관은 $Mg(ClO_4)_2$(H_2O 측정용)를 포함하며, 또 다른 관은 생석회(CO_2 측정용)가 사용된다. 무게는 mg 단위까지 측정할 수 있다고 할 때, 정밀도는 0.1%까지 가능하다.

후에(Simon, 1960) 2세대 분석기들이 개발되어(그림 18.2) 질소 산화물을 질소 기체로 환원시켰다. 이러한 CHN 분석기들은 이중으로 질량을 측정하는 대신에 기체 혼합물이 2개의 물과 이산화 탄소의 선택적 트랩을 통과하기 전과 통과한 후의 열전도도 차이를 측정함으로써 조작을 단순화하였다. 앞에서 설명한 기체 크로마토그래피 분리 장치보다 단순하고 견고하게 작동한다.

18.2.2 현대의 유기 원소 분석기 CHNS-O

다른 최신 분석기들에서는 시료의 연소 원리를 유지하면서, 생성된 기체들을 크로마토그래피 방법으로 측정한다(그림 18.3).

산소와 헬륨의 흐름에 의해 1 mg 정도의 물질이 열분해된다. 다음 연소 기체는 구리 분말

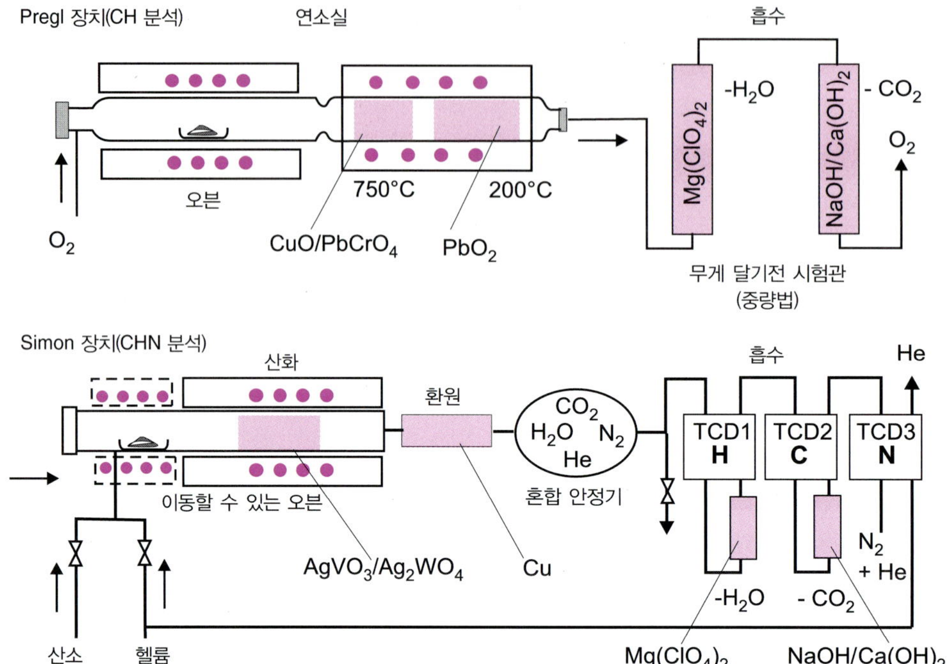

그림 18.2 Pregel과 Simon 미량분석법 여러 세대에 걸쳐 학생들은 흡착제에 잡힌 CO_2와 H_2O의 질량으로부터 화합물의 분자식을 계산했다는 것을 기억하라. 최신 Simon 장치에서는 질소 산화물 기체들이 구리 분말 위를 통과하면서 질소 분자로 환원된다. 세 가지 열전도도 검출기(TCD)는 H_2O, CO_2, N_2의 존재를 알려준다. 세 가지 원소를 측정하는 데 필요한 시간은 약 10분 정도이다.

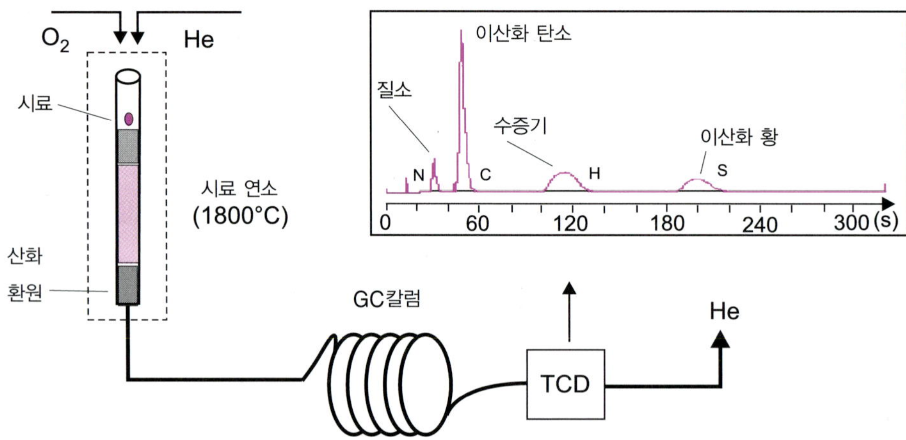

그림 18.3 크로마토그래피 검출기가 부착된 미량 분석 장치 충진된 칼럼은 He 운반 기체를 사용하여 4가지 기체 성분들을 분리한다. 표준 물질로 미리 교정하여 시료 중에 존재하는 4가지 원소 각각의 농도는 크로마토그램에서 일치하는 봉우리의 면적으로 정량할 수 있다.

을 통과하여 과잉 산소(CuO의 형성)를 제거하고 형성된 질소 산화물을 질소로 환원시킨다(질소가 존재하는 경우). 따라서 원소 N, C, H, S는 N_2, CO_2, H_2O, SO_2의 4가지 기체의 형태로 전환되며, 이는 열전도도 또는 SO_2 민감한 전자 포획 검출기가 설치된 충전형 GC 칼럼에 의해 분리될 수 있다.

몇 개의 모델은 오븐을 조절하여 두 번째 시료에서 별도로 투여되는 산소를 정량하는 것을 가능하게 한다. 실제로 산소가 없는 상태에서 열분해를 통하여 일산화 탄소(CO)를 얻기 위해서는 탄소 분말 위의 니켈(촉매 효과)을 사용한다.

18.3 총 질소 함량 분석기(TN)

총 질소 함량은 석유화학, 제지 산업, 석탄 산업에서 여러 가지 생산품과 시료의 특성을 분석하는 데 사용된다. 이러한 측정은 앞에서 설명한 바와 같이 CHN 분석기들을 이용하여 수행할 수 있지만, 각 원소들의 측정 과정을 단순화한 분석 기기들도 개발되어 왔다. 예를 들어 시간이 많이 소요되고 까다로운 기준이 되는 방법인 **총 Kjeldahl 질소 분석법(total Kjeldahl nitrogen, TKN)**은 많은 나라에서 단백질의 함량을 계산하기 위한 참고 자료 인용하는데, 단백질의 함량은 총 질소 함량의 6.5배에 해당하는 것으로 간주하고 있다. TKN 값은 유기 질소와 암모니아(NH_3)의 합에 해당하는 양이다.

Kjeldahl 방법에서는 질소를 포함한 화합물을 황산과 촉매하에서 먼저 분해시키고 수산화 소듐, 산화 칼슘, 수산화 칼슘 혼합물로 물질 내에 포함된 질소를 암모니아 용액으로 변환한다. 최종적으로 형성된 암모니아 기체(휘발성)를 증기의 형태로 이동시키고, 최종적으로 산도측정법으로 정량화한다. 이 방법은 반자동으로 구성할 수 있지만, 여전히 부식성이 강한 시약을 다루어야 하고, 용액을 적정하여야 하므로 많은 분석 시간이 요구된다.

최근의 장치는 일반 CHN 분석기에서 파생된 것으로, 이전의 Dumas 방법(1833)과 같이 원소 질소를 질소 분자로 변환시키기 위해 시료의 열분해를 수행한다. 다만 예전과의 차이는 기체 부피를 눈금 실린더로 더 이상 측정하지 않는다는 점(그림 18.5)과 산화 질소를 화학발광법(chimifluorescence) 또는 전류법(amperometry)에 의해 측정한다는 점이다.

주석 호일로 만든 작은 용기에 담긴 시료(질소 함량에 따라 100~500 mg을 사용)는 수직 형태의 오븐에 놓이고 산소 조건에서 연소되어 광물화된다. 이 단계에서 산화 구리와 접촉하여 질소 산화물이 형성된다. 그리고 이러한 산화물은 텅스텐에 의해서 질소 분자의 형태로 환원된다. 트랩을 통과하며 물과 연소 기체가 제거되고(그림 18.4), GC 칼럼에서 분리되

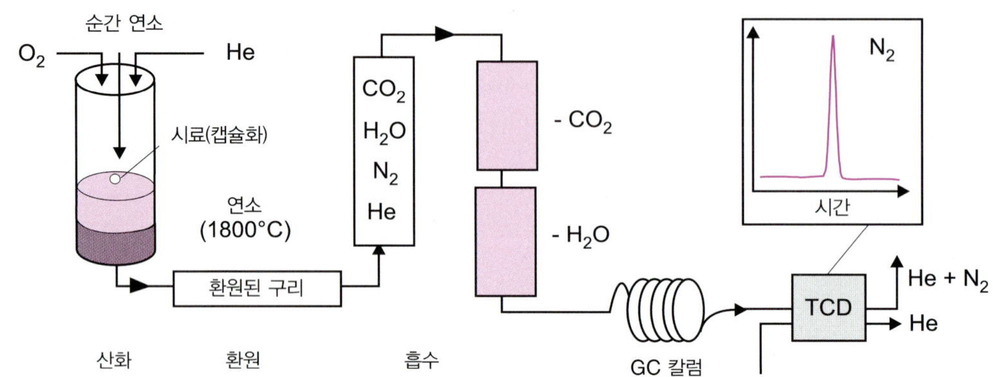

그림 18.4 **질소 분석 기기 장치** 수직형 오븐과 catharometer를 이용한 전통적인 검출 방법을 갖춘, Dumas법을 적용한 현대적인 방법의 측정 기기(운반 기체: He)

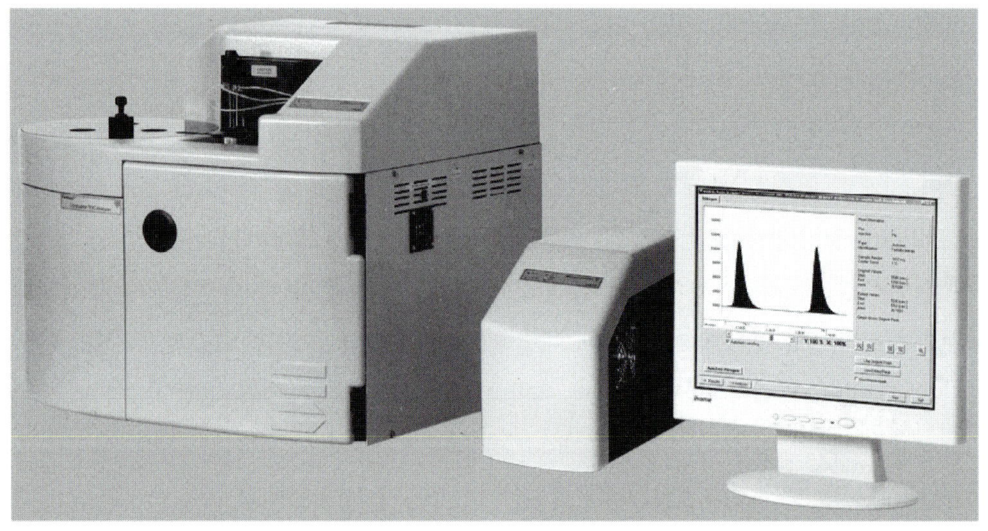

그림 18.5 **총 질소 함량 분석기** 모델 ND20(Skalar사의 허가를 받아 제공). 단백질 분석을 위한 여러 유형의 장치가 사용된다. 단백질 분석용. 화학형광에 의한 검출.

어 운반 기체(CO_2또는 He)와 혼합된 질소 분자는 검출기에 도달하여 농도가 결정된다.

일반적으로 검출은 기체의 열전도도(catharometer)를 기반으로 한다.

Dumas의 원래 방법(1840)에 따르면 이산화 탄소 분위기에서 물질은 산화 구리와 함께 가열되었다. 질소 원소는 부분적으로 산화되어 NO_X로 되고, 그 이후에 구리에 의해서 질소 분자로 환원된다. 방출된 질소의 % 함량은 눈금이 새겨진 실린더의 기체 부피 측정으로 계산되었다.

다른 특수한 형태의 질소 검출 과정은 오존(O_3)과의 반응을 통한 일산화 질소(NO)의 산화 질소 화학발광에 근거한다(11.7절 참조).

$$NO + O_3 \rightarrow O_2 + NO_2^* \rightarrow NO_2 + h\nu$$

혹은 전기화학 센서와 접촉에 의한 NO가 산화되는 전류법을 이용한다(20.12절 참조).

$$NO + 2\,H_2O \rightarrow HNO_3 + 3\,H^+ + 3e^-$$

18.4 총 황 함량 분석기(TS)

황 원소는 매우 유사한 표준 물질과 비교될 수 있는 일련의 시험 시료를 포함하기 때문에, 산업공정 제어 목적으로 X-선 형광법에 의해 종종 측정된다. 흐르는 산소 속에서 연소에 의해 분해될 수 있는 시료의 다른 형태는 생성된 이산화 황(SO_2)이며, 앞서 설명한 것과 유사한 기기로 그 부피를 측정한다.

연소 과정에서 공존하는 다른 연소 기체들은 중요한 세 가지 정량 과정을 방해하지 않는다.

- 형광법으로 R-S를 갖는 화합물에서 이산화 황의 검출. 검출 과정을 요약하면 다음과 같다.

$$\text{R-S} + O_2 \longrightarrow SO_2 + \text{다른 연소 생성물}$$
$$SO_2 + h\nu \longrightarrow SO_2 \rightarrow SO_2^* + h\nu'$$

- Karl Fischer 방법을 이용한 물의 수질 측정을 위해서 활용되었던 반응인 물 존재하에서 SO_2와 아이오딘(I_2)의 특수한 반응(20장). 이 기기는 SO_2를 산화시키기 위해 아이오딘화(I^-) 이온을 포함하는 전해질을 가진 전기량법 셀에서 I_2를 발생시키는 최소한의 전류량을 제공한다. 만일 SO_2 분자를 산화시키기 위해 2개의 전자가 필요하다면 1개의 황 분자는 $2 \times 1.6 \times 10^{-19}$ C에 해당하는 전기량과 일치한다.
- 전류법 셀의 작업 전극과의 접촉으로 일어나는 황산 용액 속 이산화 황의 산화 반응(20.8절 참조):

$$SO_2 + H_2O \longrightarrow H_2SO_4 + 2H^+ + 2e^-$$

18.5 총 탄소 함량 분석기(TC, TIC, TOC)

가정용 또는 산업용 수(水)처리 분야에서 특정 유형의 탄소 분석기를 사용한다. 수용성 침전물의 시료에 대해 무기 탄소로부터 유기 탄소를 구별하는 것이 필요하다. **총 유기 탄소(total organic carbon**; TOC), **총 무기 탄소(total inorganic carbon**; TIC) 및 최종적으로 앞에 언급한 두 탄소의 합인 **총 탄소(total carbon**; TC) 3가지 값으로 각각에 상응하여 표현한다.

매우 낮은 농도의 TOC의 경우, 탄소 측정 방법 중 하나는, 물에 용해된 산소로부터 수산화 이온(HO^-)을 형성하기 위해 물을 포함하는 측정 셀을 UV 복사(185 nm)에 노출시키는 것이다. 생성된 라디칼은 존재하는 유기 화합물을 이산화 탄소로 산화시켜 두 개의 타이타늄 전극 사이에서 측정되는 물의 전도도를 변화시킨다.

TC는 고온(1000℃)에서 시료의 촉매 산화에 의한 탄소 분석기를 사용하여 결정되고, TIC는 H_3PO_4(TIC는 본질적으로 탄산염(CO_3^{2-}) 형태임)와 같은 산의 작용에 의해 변형되는 이산화 탄소를 통하여 측정된다. 형성된 이산화 탄소의 양을 평가하기 위해 비분산 장치(10.7.2절 참조)를 사용하여 적외선 흡광도 측정을 하거나 전기량 측정을 수행한다. 후자의 경우, 운반 기체에 동반된 CO_2는 에탄올아민과 pH에 민감한 비색 지시약을 포함하는 전기량 측정 셀에 전개된다. 흡광도의 변화는 존재하는 CO_2의 양과 관련이 있다. 기체 시료의 경우 신호가 TOC 농도에 비례하는 불꽃 이온화 검출기가 있는 장치도 사용된다.

18.6 수은 분석기

중금속인 수은은 쉽게 다이메틸수은(dimethylmurcury)과 같은 아주 유해한 유기 유도체들을 생성할 수 있기 때문에 매우 위험한 오염물이다. 수은은 물, 폐수, 토양, 염소-알칼리 공장에서부터 폐기물 소각장에 이르는 많은 현장에서 공기 및 응축 단계 모두에 존재하기에 수은에 대한 정량화가 꼭 필요하다. 분석 방법은 감도가 매우 좋아야 한다(ppb 단위, 그림 18.6).

시료의 특성에 따라 시험 시료의 열분해는 다음과 같이 촉매 조건에서 수은이 Hg(0) 금속 형태(증기)로 나타나도록 하거나 산으로 만든 산화 혼합물을 가열하여 분해한다. 그런 다음 수은은 Hg(II) 이온으로 변환된 다음 주석 염(Sn(II))과 접촉하여 수은(Hg(0)) 상태로 환원된다. 수은의 증기압은 용액 위의 공기의 흐름을 통하여 측정을 위해 수은 방전등의 빛의 경로로 운반하기에 충분하다. 측정은 253.7 nm에서 이 원소의 원자 흡수선 또는 동일한 유형의 광원에 의한 들뜬 수은의 형광에 기반하여 진행된다.

공기 중의 수은을 측정할 때는 기체 혼합물을 금(Au)을 포함하는 트랩에 통과시켜, 아말감 형태로 수은을 농축하는 것부터 시작한다. 그런 다음 아말감된 금을 가열하여 수은을 탈착하여 이전과 같은 방법으로 측정한다.

위에서 설명한 방법 이외에도 상업적으로 많은 장치가 개발되었고, 그 중에는 수용액 상에서 수

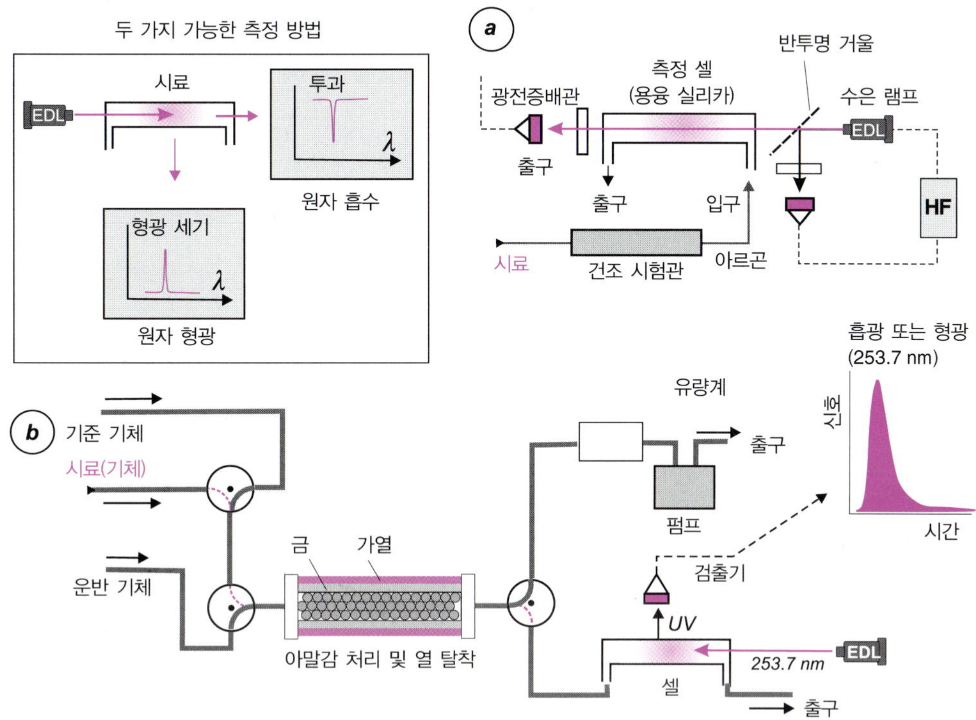

그림 18.6 **AAS 혹은 찬-증기 AFS에 의한 수은 분석기** (a) 원자 흡수 장치 (b) 원자 형광 장치

은(II) 염을 측정하기 위해 적용하는 전압 전류 측정법도 있다. 애노딕 벗김 전압 전류법(anodic stripping voltammetry; ASV)(20.7절 참조)을 통하여 분석을 진행할 수 있다. 작업 전극으로 사용하는 금 전극 위에서 수은이 아말감 형태를 갖는다.

18.7 이온 이동 분광법(IMS)

이온 이동법은 비행 시간 분광법(16.5.3절 참조)과는 다르게 휘발성 화합물에서 형성된 이온이 '기체상 전기 이동법'에 의해 분석되는 방법으로 규정된다. 그 원리는 매우 질량이 작은 휘발성 분자부터 단백질과 같은 생체 분자에 이르는 다양한 화합물에서 형성된 이온이, 대기압으로 유지되는 관 형태의 공간에서 검출기까지 이동하는 데 걸리는 시간을 기반으로 한다(그림 18.7). 각 이온에 대한 이동 시간은 이온의 모양, 전하, 유효한 단면적, 기체와의 상호 작용 등의 여러 요인에 따라 달라진다. 이온 환경은 ^{63}Ni 필름(β^- 방출원) 또는 UV 램프로 구성되며 공기는 이온 집합체($[(N_2)_x(H_2O)_yH]^+$ 및 $[(N_2)x(H_2O)_yO_2]^-$)의 전자 친화도에 따라 존재하는 화합물의 분자와 반응한다. 대기압에서 약한 화학적 이온화(16.4절의 APCI

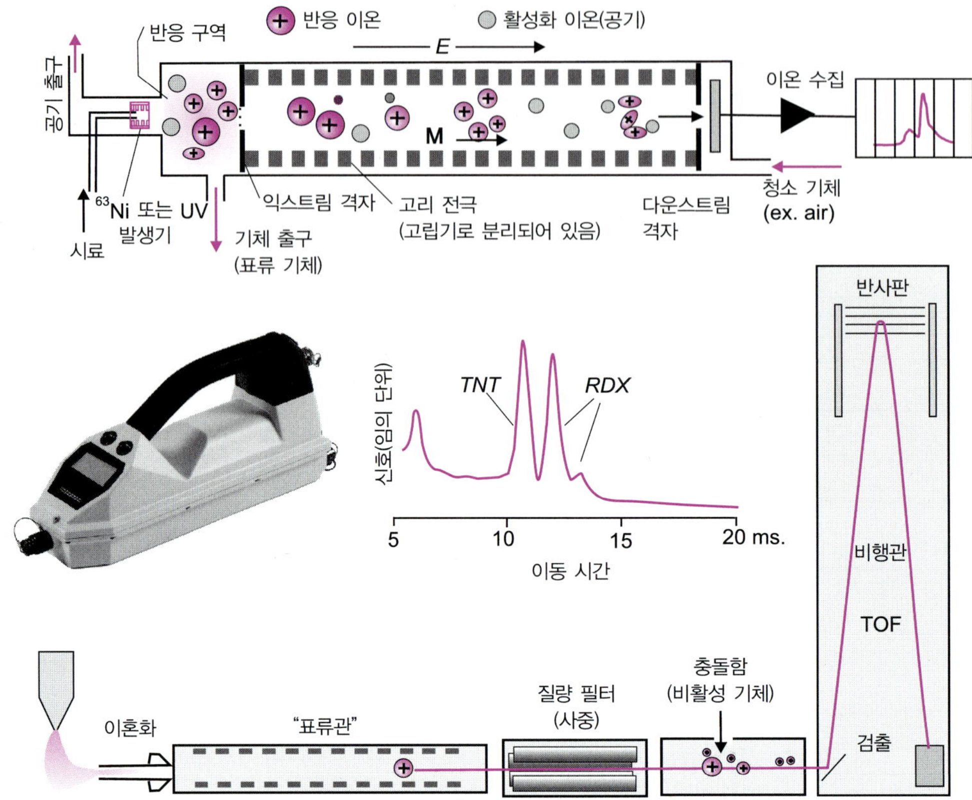

그림 18.7 이온 이동 분광법(**Ion Mobility Spectrometer**) 이온은 앞쪽 격자에서 극성을 제어하여 분석기관에 반복적으로 유입된다. 두 개의 폭발물에서 얻은 기록의 예를 보여 준다. Bruker RAID-100 현장 모델과 IMS와 TOF를 결합한 도면.

와는 다름)는 값이 조정된 전기장 기울기의 영향(200~400 V/cm) 및 극성의 영향으로 수 밀리 초 내에 이동하는 에어로솔을 생성한다.

질량, 전하, 크기뿐만 아니라 장치의 온도와 기압에 따라 달라지는 이온 이동성 계수 K_{ion}(전기 이동 이동도와 동일)가 각각의 분석물에 기여할 수 있다. 이것은 관계식 (18.1)로 얻어진다(이온의 전기 이동 이동도를 제공하는 식 8.4와 비교됨). 검출 한계는 수 ppb 값을 갖는다. V를 이온의 속도, L을 전기장 $E(E=V/L)$에서 머무르는 시간 t_M 동안 이동한 거리로 설정하면 다음의 식을 얻는다.

$$K_{ion.} = \frac{\upsilon}{E} = \frac{L}{t_M} \cdot \frac{L}{V} \tag{18.1}$$

상업용 기기는 이러한 원리에 따라 두 가지 부류로 나눌 수 있다. 작은 휴대용 현장 기기용 및 비행 시간 질량 분석기와 결합하여 생물학적 거대 분자 연구를 위한 실험실용이 있다.

현장 기기용

대기압에서 공기에 의해 이온이 이동하는 기술은, 일반 실험실의 틀을 벗어나 휴대용 장비를 이용한 분석을 위해 다양하게 응용되었다. 각 이온들이 생성하는 특정한 신호가 이온 스펙트럼을 구성하는 시료의 지문 역할을 하여, 장치와 통합된 분광 라이브러리의 도움으로 이온을 식별할 수 있다. 응용 분야는 석유 제품, 독성 화학 물질 및 화학 무기, 마약, 폭발물, 각종 오염물질, 세관 등 다양하다. 이러한 '전자 코'는 몇 초 만에 수십 가지 화합물을 인식할 수 있기에 현재 사용이 폭발적으로 증가하고 있다.

실험실 기기용

실험실 IMS는 일반적으로 TOF 유형의 질량 분석기와 결합되어, 먼저 이동도에 따라 이온을 분리한 다음 질량/전하 비율에 따라 이중으로 분리한다.

거의 바로 제공되는 이러한 2차원 분리 방법은 앞서 살펴본 크로마토그래피 분리가 필요치 않도록 한다. 또한 두 종류의 분광기 사이에 사중 극자(그림 18.7) 필터를 삽입하여 이온을 추가적으로 분리할 수도 있다. 이러한 장비 설비의 성능은 달성할 수 있는 분리 계수로 측정된다. 주로 단백질, 펩타이드, 지질 분석을 위한 단백질체학에 응용되고 있다.

18.8 Karl Fisher 부피 분석법

다양한 시료에 들어 있는 물의 함량을 정량하기 위하여 가장 많이 사용하는 측정 방법은 부피 분석법 혹은 전기량법이다. 부피 분석법은 이 절에서, 전기량법은 20.9절에서 다룰 것이다.

18.8.1 반응식에 대한 복습

물이 존재할 때, 아이오딘은 이산화 황과 다음과 같이 세 화합물로 특정되는 산화 환원 반응을 한다.

$$I_2 + SO_2 + 2\,H_2O \longrightarrow H_2SO_4 + 2\,HI$$

이러한 정량적 반응을 사용하여 물의 함량을 측정할 수 있다. 생성된 황산을 중화하기 위해 염기를 첨가하면 반응이 완결된다. 아이오딘은 고체이고 이산화 황은 기체이며, 극성 보조 용매가 희석제와 반응 매질로 사용된다. 일반적으로 메탄올을 사용한다. 이러한 조건에서 이산화 황은 메탄올 용매와 상호 작용하여 메틸 수소 아황산염이 형성되며, 물이 있을 때 아이오딘과 반응하게 된다.

$$CH_3OSO_2H + I_2 + H_2O \longrightarrow CH_3OSO_3H + 2\,HI$$

위에 언급한 첫 번째 반응과 달리 메탄올이 있을 때 단일 분자 물은 두 개의 아이오딘 원자와 반응한다. 메틸 수소 아황산염은 다음 반응에 의해 황산 수소로 산화되고, RN-형 염기의 존재하에 암모늄 염을 형성한다. 따라서 Karl Fischer 반응의 반응식을 다음과 같이 다시 쓸 수 있다.

$$H_2O + I_2 + [RNH]^+CH_3OSO_2^- + 2\,RN \longrightarrow 2\,[RNH]^+I^- + [RNH]^+CH_3OSO_3^-$$

예를 들어 피리딘(C_5H_5N)을 RN-형 염기로 사용하면 피리디늄 염 $C_5H_5NH^+(CH_3OSO_3)^-$이 형성된다. 이 유독하고 매우 불쾌한 냄새가 나는 염기는 이제 좀 더 안정적인 다른 시약으로 대체되었다. 대기 중 수증기가 결과에 영향을 줄 위험이 있으므로 반응 용기는 건조제 튜브에 의해 대기와 격리된다. 또한, 희석 용매는 거의 무수가 아니므로 흡습성으로 인해 반응 전에 수분 함량을 확인해야 한다. 따라서 KF 시약의 물 당량(농도 T)을 먼저 확인한 다음 시료에 포함된 물을 측정한다. 다른 작업들은 적절한 용기에서 차례로 수행된다.

많은 부피 분석에서와 같이 **직접 적정(direct titration)** 혹은 **역적정(back titration)** 과정을 따를 수 있다. 직접 적정에서 필요한 양의 Karl Fisher 시약(이하 KF로 표기)만 점차 추가하면서 당량점에 도달한다. 역적정에서는 KF 시약을 과량을 첨가한 후, 사전 적정으로 수분 함량을 결정한 비무수 용매를 뷰렛에 넣고 과량의 시약을 측정하기 위해 천천히 넣는다.

18.8.2 Karl Fisher 시약의 사전 준비 과정

직접 적정 과정

분석 용기에 용매(즉, 여기에서는 메탄올)의 부피 V_1이 도입된다. 당량점에 도달하는 데 필요한 시약의 부피를 V_2라고 하자('바탕 용매'라고 하는 작업을 수행함).

다음 크로마토그래피에 사용되는 유형의 마이크로 주사기(mL의 1/10)를 사용하여 질량 m(mg 단위)을 갖는 물을 측정 용기에 추가하거나 정확한 질량의 알려진 조성의 수화물, 예를 들어 $2\,H_2O$가 포함된 옥살산(물 함량 28.57 %)이나 $2\,H_2O$가 포함된 타르타르산 소듐(물 함량 15.66%)을 고체 형태로 추가한다. V_3를 당량점을 찾는 데 필요한 KF 시약의 새로운 부피(mL)라고 할 때 시약의 농도 T(물의 당량, 일반적으로 약 5 mg/mL 임)는 관계식 18.2에 의해 구해진다.

$$T = \frac{m}{V_3} \tag{18.2}$$

역적정 과정

용기의 감지 전극을 충분히 덮는 양의 KF 시약을 도입하는 것으로 시작한다(약 20 mL로, 부피는 용기에 따라 다름). 그런 다음 메탄올 용매를 당량점까지 첨가한다. 이 사전 적정이

물을 제거하는 첫 번째 단계로, 다음 단계들을 위해 용기를 완벽하게 물이 없는 환경에 놓이게 한다.

- KF 시약의 부피 V_2를 용기에 추가하고, 중화하는 데 쓰이는 용매급 메탄올의 부피를 V_1이라 한다.
- 직접 적정에서 사용한 것과 같이 정확한 질량 m(mg 단위)을 갖는 물을 측정 용기에 가하고 적정에 필요한 양을 2, 3 mL 초과하는 KF 시약의 부피를 V_3라 한다.
- 과량의 시약을 V_4 부피의 용매급 메탄올로 중화한다.

시약의 농도 T (mg/mL로 표시)는 다음과 같다.

$$T = \frac{m}{V_3 - \frac{V_2}{V_1}V_4} \tag{18.3}$$

KF 시약의 농도는 용액의 안정성 부족으로 인해 시간이 지남에 따라 변한다. 따라서 제조업체에서는 일반적으로 이 시약을 두 개의 병으로 판매한다. 하나는 이산화 황, 메탄올, 염기의 혼합물을 포함하고, 다른 하나는 순수 아이오딘 또는 아이오딘 용액이다. 사용하기 전에 두 병의 내용물을 혼합하면 된다.

18.8.3 시료에서 물의 함량의 결정

직접 적정 과정

시료 P mg을 그대로 무수 용액이 있는 용기에 첨가하거나 동일한 용매의 V_5 부피 용액에 첨가한다. 당량점에 도달하기 위해 필요한 KF 시약의 부피를 V_6라 하면 시험 시료에 포함된 물의 질량 p는 다음과 같다.

$$p = T \cdot \left(V_6 - \frac{V_2}{V_1}V_5\right) \tag{18.4}$$

그러나 시료가 용매 없이 도입된 경우($V_5 = 0$), 시료 내의 물의 양은 간단한 공식으로 주어진다.

$$p = T \cdot V_6 \tag{18.5}$$

역적정 과정

시료 P mg 을 적정 용기에 도입하고 과량에 해당하는 KF 시약의 부피 V_7(측정됨)이 추가된다. 마지막으로, 과량의 KF 시약은 메탄올의 부피 V_8을 사용하여 분석된다.

이런 값들로부터, 시험 시료에 포함된 물의 질량(mg) p는 다음과 같이 얻어진다.

$$p = T \cdot (V_7 - \frac{V_2}{V_1} V_8) \quad (18.6)$$

마지막으로 수분 함량(백분율로 표시)은 다음 관계식으로 표시된다.

$$H_2O\ \% = 100 \times \frac{p}{P} \quad (18.7)$$

이 장의 요점

1. 가벼운 원소의 정량화는 분광법으로 어렵기 때문에 시료를 연소시키는 기존의 기술을 지속적으로 향상시켜서 수행되고 있다.
2. 제조업체가 제안한 개조 또는 변형에 관계없이 이들 가벼운 원소의 농도를 계산하기 위한 공통적인 법칙은 산소 조건에서 시료의 연소를 통한 기체 및 증기(CO_2, N_2, H_2O, SO_2 등)를 정량화하는 것이다.
3. 물 속에서 탄소 원소의 존재는 오염의 지표이다. TIC + TOC = TC 방정식에 따르면 총 탄소(TC)는 모든 탄산 구조를 단일 질량으로 결합하는 합성물 매개변수를 나타낸다.
4. 여러 가지 방법이 사용된다. 일반적으로 열적 산화에 의한 생성된 CO_2를 적외선 측정하여 TIC(총 무기 탄소)를 얻는 동안, 물 시료의 화학적 또는 광화학적 산화를 통해 TOC(총 유기 탄소)를 얻을 수 있다.
5. 증기 상태의 수은(Hg(0)) 측정은 257.3 nm에 위치한 방출선의 형광 또는 흡광도 측정 결과를 통해 얻어진다. 후자의 경우 찬-증기 원자 흡수 분광법(CVAAS)을 적용한 경우이다. 측정의 원리는 시료인 유기 수은 화합물 혹은 수은 염을 변형시키기 위해 시료 유형(화학적 환원 또는 고온 건식 광물화 과정)에 따라 처리하여 증기 상태의 금속 수은(Hg(0))을 생성하는 것이다.
6. IMS(ion mobility spectrometry)는 전기 이동과 질량 분석이 혼합된 방법이다. 휘발성 또는 반휘발성 화합물이 이동 기체에 의해 움직여 먼저 이온화(방사성원)된 다음, 기체 분위기에서 전기장의 영향을 받는다. 각 화합물은 질량, 전하, 부피에 따른 적절한 속도에 이르게 된다. 다시 말해서, 예비 교정을 고려하면 가장 좋은 경우 이동도를 통해 확인할 수 있다.
7. IMS는 질량 분석과 결합될 수 있으며, 연구될 화합물의 m/q 비율을 확인하는 두 번째 방법을 얻는다. 훨씬 더 정교한 방법으로, IMS에 앞서 대기압 이온화(API) 장치를 따라서 MS 설치에 의한 측정 장치를 구축할 수 있다. 이는 다음의 API/IMS/TOF/MS 연계로 이어진다.
8. Karl Fischer의 화학적 방법에 따른 수분 함량 계산은 세계에서 가장 많이 시행되는 적정 중 하나이며, 자동 적정기로 부피 분석(물 $>$ 100 ppm인 경우) 또는 전기량(물 $<$ 100 ppm인 경우) 방법을 수행한다. 반응은 물이 존재하는 경우 유발되는, 아이오딘에 의한 SO_2의 산화 반응을 기반으로 한다.

$$I_2 + SO_2 + 2\,H_2O \longrightarrow H_2SO_4 + 2\,HI$$

9. 다음의 반응은 잠재적인 아이오딘화수소산의 공급원인 아이오딘화 수소를 염기로 제거함으로써

가속화된다. 메탄올과 같은 용매가 있을 때 1몰의 아이오딘은 1몰의 물과 반응하고 위의 반응식에서와 같이 2몰의 물과 반응하지 않는다. 산화되는 것은 아황산 염이며 더 이상 SO_2가 아니다. 종말점은 전위차법(직류 전압으로 관찰함)으로 감지된 약간의 아이오딘 과잉에 해당한다.

$$CH_3OSO_2H + I_2 + H_2O \longrightarrow CH_3OSO_3H + 2\,HI$$

문제

1. 한 유기 화합물을 분석하였더니 그 화합물이 탄소, 수소, 산소로만 구성된 것임을 알았다. Pregl 실험 장치를 이용하여 그 유기 화합물 5.28 mg을 연소시켜 10.56 mg의 이산화 탄소와 4.32 mg의 물을 얻었다. 만일 질량 분석법에서 $m/z = 89$ 이상에서는 봉우리가 검출되지 않았다면, 유기 화합물의 분자식을 구하시오. 여기서 C, O, H의 몰질량은 각각 12, 16, 1이다.

2. 염화 주석(II) 원소 환원 장치가 장착된 AAS를 사용하여 산업폐수에 존재하는 수은을 측정하였다. 찬-증기 모드를 사용하였다. 3개의 표준 용액과 시료 용액을 측정하여 다음과 같은 결과를 얻었다.

용액	농도(ppb)	신호(muA.s)*
표준 용액 1	0.02	16.66
표준 용액 2	0.05	42.52
표준 용액 3	0.2	171.2
시료	?	48.25

(*) 흡광도 신호를 시간의 함수로 적분함.

   a. 이 분석 방법의 주요 장점과 단점을 제시하시오.
   b. 시료 용액 중에 존재하는 수은의 농도를 ppb 단위로 계산하시오.

3. 많은 국가에서 일반 식품 제품의 단백질 함량을 계산할 때 총 질소 비율의 6.38로 갈음하고 있다. 이 값은 평균값이다. 이 값은 어떻게 정당화될 수 있는가?

4. Kjeldahl 방법은 총 질소의 양을 결정함으로써 곡물, 육류, 다른 바이오 관련 물질의 단백질 함량을 계산하는 표준 방법으로 사용된다.
   1. 측정 적절성 기능을 확인하기 위해 다음과 같은 실험을 진행한다. 이 분석 방법은 1.0 g의 루신($C_6H_{13}O_2N$) 및 1.0 g의 아스파라진($C_4H_8O_3N_2$) 혼합물을 사용하여 진행한다. 최종 중화 반응을 완결하기 위해 21.4 mL의 1.03 M HCl 용액이 필요하였다. 계산을 통하여 이론값을 확인하시오.
   2. 큰 용량의 요리에 쓰이는 리예트(rillettes) 배치(batch)를 균질화한 후 20.0 g을 취하여 동일한 분석 방법을 이용하였다. 중화 적정에 사용한 HCl 용액의 부피는 31.8 mL였다. 리예트 시료에 들어 있는 공식적인 단백질 함량을 계산하시오.(참고: C = 12.01, H = 1.0, O = 16.0, N = 14.01 g/mol이다.)

5. Karl Fischer 방법으로 분유 속 물의 함량을 측정할 수 있다. KF 시약을 분석 이전에 다음과 같이 보정하였다.

측정 용기에 메탄올 및 폼아마이드 혼합 용액을 15 mL 넣고, KF 시약을 당량점에 도달할 때까지 3 mL 가한다. 다음 205 mg의 옥살산 이수화물을 넣고, 다시 한번 당량점에 도달할 때까지 13 mL의 KF 시약을 추가하였다. 마지막으로 분유 1.05 g을 같은 용매 10 mL에 녹인다. 당량점으로 도달하기 위해서 12 mL의 KF 시약을 사용하였다.
분유의 물 함량을 질량 % 단위로 계산하시오.

6. '무수' 에터 배치(batch)에서 물의 질량 농도를 계산하기 위해서 Karl Fischer 분석(전기량) 방법을 사용하였다. 이 방법으로 1 mL의 '무수' 에터를 사용하여 실험을 진행하여 당량점에 도달하는 데 1 쿨롱(coulomb)의 전기량이 필요하였다. 여기서 물 분자당 2개의 아이오딘 원자가 필요하고 에터의 밀도는 0.78 g/mL이다. '무수' 에터 배치에서 물의 질량 농도를 ppm(mg/kg) 단위로 계산하시오.

19장 전위차법과 이온 검출법

서론

화학분석에서 전기화학은 많은 정량 측정의 기초가 된다. 전기화학적 측정방법은 전위측정에 근거한 방법(전위차법)과 전류측정에 근거한(전압전류법) 방법 두 가지로 나눌 수 있다.

이 장에서는 전위차법에 의한 분석에 대한 내용만 다루며, 측정 회로의 0전류에서 전기분해 없이 두 전극 사이에 존재하는 전위의 수동적 평가에 대한 원리를 다룬다.

이온 검출기는 **선택적 막(selective membrane)**을 포함하는 특정 전극을 사용하여 수용액에서 화학종(이온성 혹은 분자성)을 정량하는 데 도움이 된다. 두 가지 정량화 방법을 설명하고 이의 다양한 응용을 다룰 것이다.

학습목표

- 서술 측정 셀
- 구별 이온 활성도와 농도
- 서술 유리 전극(pH)
- 분류 이온 선택성 전극
- 설명 선택적 막의 역할
- 선택 정량화 방법
- 비교 직접적인 이온 검출법과 그 외의 방법들

19.1 측정 셀

전위차 분석은 이온 형태의 분석물을 포함하는 수용액에 담긴 두 개의 전극으로 구정된 측정 셀을 포함한다(그림 19.1). 각 전극들은 반쪽 전지로 구성된다.

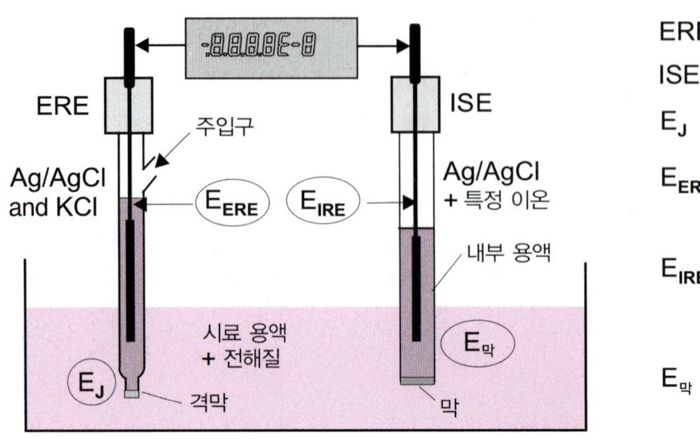

ERE	외부 기준 전극
ISE	이온 선택성 전극
E_J	접촉 전위
E_{ERE}	외부 기준 전극 전위
E_{IRE}	내부 완충 용액에 의한 내부 기준 전극 전위
$E_{막}$	막의 총 전위

그림 19.1 이온 선택성 전극의 측정 방법 이온의 선택에 따르는 막의 전위는 용액 내 이온의 농도에 따라 변한다. 다른 전위는 구조에 의해 부과된다. 지지 전해질(분석물과 반응하면 안 된다)의 이온 세기는 분석물을 포함하는 시료의 이온 세기보다 훨씬 커야 한다. 측정은 이온 검출법을 이용한다. 19.4절에서는 이러한 유형의 분석에서의 활용에 대한 정보를 제공한다.

- **외부 기준 전극(external reference electrode**, ERE)은 일정한 전위(E_{ERE})를 나타낸다. 일반적으로 염화 포타슘 용액에 담긴 Calomel 또는 Ag/AgCl 전극이다. 미세 다공성 유리벽을 통하여 시료 용액과의 전기적 접촉을 이룬다. 이 다공성 벽은 액간 접촉전위(EJ)의 원점에 있으며, 염화 포타슘 용액을 사용하여 최소화할 수 있다.
- 특정 이온의 용액을 함유하는 내부 기준 전극(IRE)으로 설계된 **측정 전극(measurement electrode**, 지시 전극)은 분석물을 투과할 수 있는 **선택적 막(Selective membrane)**에 의해 시료 용액과 분리된다. 이것이 **이온 선택성 전극(ion-selective electrode, ISE)**의 구성이다. IRE와 내부 막 표면 사이의 전위차(PD)는 일정하다(기준 전극의 조성과 기준 용액의 활성도($a_{i.기준}$)는 일정하다). 이와 대조적으로, 막의 외부 표면과 시료 용액($E_{막}$) 사이의 전위차는 표적 이온($a_{i.용액}$)의 활성도에 의존한다. 막을 통하는 전위차는 Nernst 식으로 설명할 수 있다.

$$E_{막} = 2.303\frac{RT}{zF}\log\frac{a_{i.용액}}{a_{i.기준}} \tag{19.1}$$

이 식에서 R은 이상 기체 상수, T는 절대 온도, z는 측정할 분석 이온 I에 의해 하전된 전하, 그리고 F는 Faraday 상수(96,485 C)이다.

따라서 측정 셀의 두 단자 사이에서 측정된 전위차 E_{cell}은 다음과 같이 나타낸다.

$$E_{cell} = E_{IRE} + E_{막} - E_{ERE} + E_J$$

E_{IRE}와 E_{ERE} 인자는 정량하기 위한 이온의 활동도와 무관하며, 접촉 전위는 낮고 거의 일정하므로 E_{cell}은 식 19.2와 같이 단순하게 표현할 수 있다. 여기서 E'는 측정 단위에만 관련

된 상수이며, 표준 산화–환원 전위와 관련이 없다.

$$E_{\text{cell}} = E' + 2.303\frac{RT}{zF}\log a_{i,\text{용액}} \tag{19.2}$$

따라서 ISE 전위는 농도가 아니라 분석 이온의 활동도에 반응한다.

이온 i의 활동도 a_i는 이온의 농도 C_i와 $a_i = \gamma_i C_i$ 식으로 연관되며, 여기서 γ_i는 0과 1 사이의 값으로 주어지는 활동도 계수이다. 이는 전체 이온의 세기 I에 의존하며, 측정된 값은 용액에 존재하는 모든 이온의 전하량이다.

$$I = 0.5\sum c_i z_i^2 \tag{19.3}$$

예를 들어, 이온 i의 전하값이 z일 때, 식 19.2를 정리하면,

$$E_{\text{cell}} = E' + 2,303\frac{RT}{zF}\log \gamma_i c_i \tag{19.4}$$

활동도 계수는 용액의 총 이온 세기에 의존하므로, 시료 용액의 이온 세기보다 더 높도록 전해질을 과량 첨가하여 용액의 이온 세기를 고정한다. 이온 세기 조절용 완충 용액(ISAB)을 사용하면 활동도 계수가 분석물의 양에 따라 크게 달라지지 않으므로 농도와 직접 관련된 반응을 얻을 수 있다.

$$E_{\text{cell}} = E'' + 2,303\frac{RT}{zF}\log c_i \tag{19.5}$$

분석(assay) 또는 적정(titration)?

전위차 분석은 하나 이상의 검정 용액과 시료에 대한 전위차 측정을 기반으로 한다. 전위차 적정에서는 가해진 적정 용액의 부피에 따라 두 전극 사이의 전위차를 연속적으로 측정하여 분석물의 농도를 결정한다.

19.2 pH 전극

유리 전극(glass electrode)이라고도 불리는 pH 전극은 H^+ 이온에 선택적으로 반응하며, 높은 선택성을 갖는다. 유리는 전극으로 사용되는 것이 아니라, 용액과 접촉하는 막으로 사용된다. 막은 높은 소듐 농도(25%)를 가지는 얇은 유리벽으로 구성되어 있다. 유리막의 표면은 물에 의해 수화되고, 젤 상태를 유지하며, 내부는 고체 전해질로 구성된다.

미세 구조 측면에서 유리는 orthosilicate 그물 구조를 가진다. Orthosilicic acid, $Si(OH)_4$의 염은 막의 한쪽 막에서 다른 막으로 소듐 이온과 같은 양전하가 이동할 수 있는 구조이다

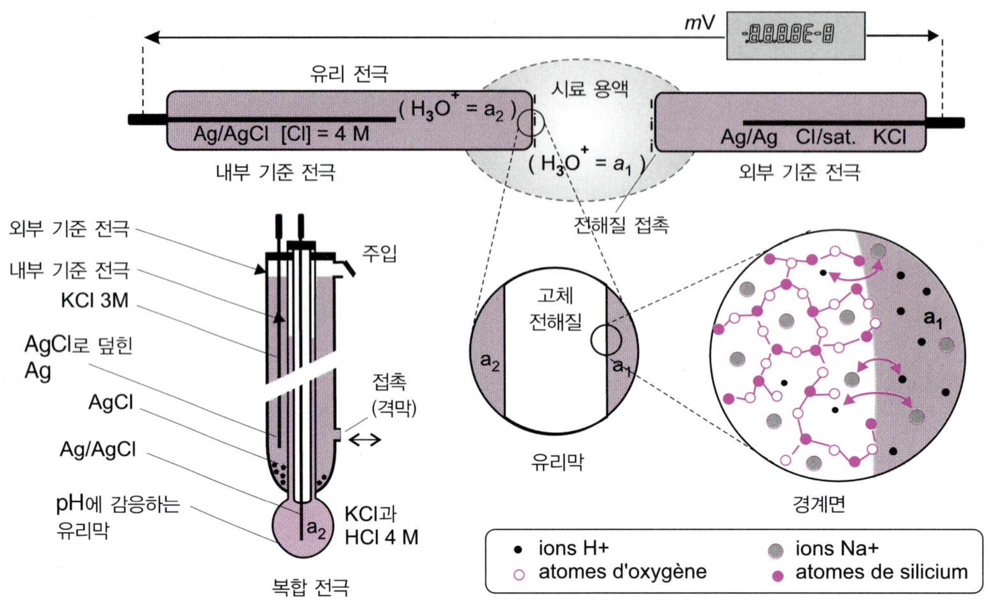

그림 19.2 **pH 측정을 위한 유리 전극** H^+ 이온의 농도는 유리 전극과 외부 기준 전극(Ag/AgCl 전극) 사이에서 나타나는 전위차로부터 얻을 수 있다. 그림은 H^+ 이온이 유리막을 투과하는 모습을 보여준다. H^+ 이온이 실란올(silanol, SiOH) 구조를 가질 때, 유리막은 전기적 중성을 유지하기 위해 소듐 이온이 용액 쪽으로 이동한다. 유리막은 이온의 투과는 가능하나 내부 용액과 시료 용액 사이의 교환은 이루어지지 않는다. pH 미터는 사용하기 전에 H^+ 이온의 농도를 아는 완충 용액으로 검정 후 사용한다.

(그림 19.2). 유리막의 외부는 시료 용액에 닿아 있는 반면, 안쪽은 일정한 pH를 가지는 내부 전해질(pH ≃ 7)과 닿아 있다. 두 벽은 양극화되어 있고 양이온 Na^+와 H^+ 사이에 이온 교환 반응이 일어난다.

$$H^+(\text{용액}) + Na^+(\text{유리}) \rightleftharpoons Na^+(\text{용액}) + H^+(\text{유리})$$

H^+ 이온의 활동도 a_{H^+}가 유리막의 양쪽에서 다르다면, 막 사이에 전위차가 나타나며, 전위차는 a_{H^+}, 즉 pH의 척도이다($pH = -\log a_{H^+}$). 유리 전극과 Ag/AgCl(환경보호를 위하여 calomel 전극보다 선호됨)로 만들어진 외부 기준 전극(ERE) 사이의 전위차는 전압 장치에 의해 감지된다(pH 미터). 검정 후, 기기는 용액의 pH를 바로 제공한다.

19.3 이온 선택성 전극(ISE)

개발 초기에 생산된, 전위차법을 이용한 pH 측정은, pH 전극 막으로 사용된 유리의 구성 성분에 따라 소듐 이온 외에 다른 알칼리 금속 이온에도 감응한다. 이러한 경우가 **소듐 또는**

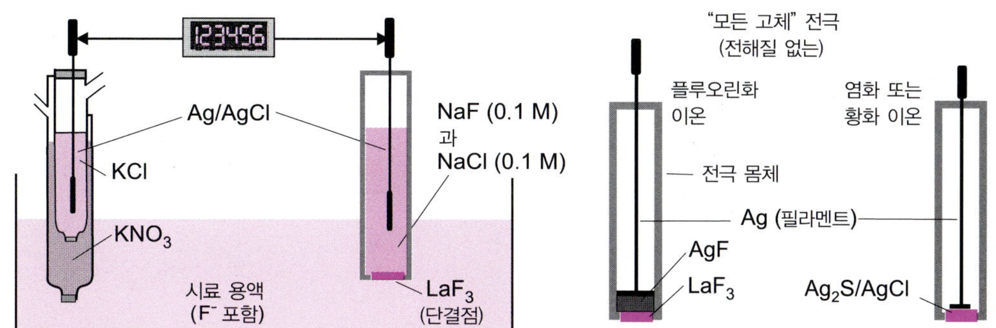

그림 19.3 이온 선택성 전극의 측정 2개의 기준 전극을 사용하여 플루오린화 음이온의 검출을 위한 이온 선택성 전극의 측정 장치. 전극의 LaF_3 단결정 양쪽 면에서 $LaF_3 \rightarrow LaF_2^+ + F^-$와 같은 평형이 형성된다. 분석 용액 안으로의 KCl의 삼투 현상을 피하기 위해 기준 전극은 비간섭 전해질을 함유하는 챔버를 둘러싸고 있다. 일반적으로 F^-, Cl^-, I^-, CN^-, S^-, Ag^+ 분석에 1 M KNO_3가 사용된다. 실제 단위를 시각화하기는 어렵다. 오른쪽은 염화 이온 검출을 위한 '전고체(all solid)' 이온 선택성 전극이다.

알칼리 오차(sodium 또는 alkaline error)이며, 이것은 대개 pH 13 이상에서 나타난다.

Na^+, K^+, Li^+, Ag^+와 같은 1가 양이온에 선택적으로 감응하는 유리가 개발되었으나, 실제로는 Na^+ 유리 전극만 여전히 사용되고 있다. 항상 특정 이온과의 농도 평형을 형성할 수 있는 이온성 물질이 필요하다.

선택성은 분석 용액과 내부 전극 사이를 분리하는 막의 종류에 의존한다. 막의 양쪽 계면에서의 활동도(또는 농도)가 다를 때 전위가 발생한다. 이런 전극은 기준 전극과 연결되어야 하며, 전해질(일반적으로 KCl 또는 KNO_3)이 막을 통해 천천히 이동하여 분석 용액과 교환이 일어난다(그림 19.3).

약 20개의 이온 선택성 전극이 사용되고 있으며, 막은 분석 대상 이온 종에 따라 교체된다. 자동화된 적정기의 도움으로 적정법과 착물화 적정법을 포함한 측정을 실행하기 위해 직접적인 이온 검출기 또는 지시 전극으로 사용되며, 세 가지 종류의 막이 있다.

19.3.1 단결정 막

전극의 전위는 막으로 사용되는 결정성 물질을 통하여 측정된다. 따라서 플루오린화 이온에 대한 선택성 전극은 전도성을 높이기 위하여 유로퓸 염이 포함된 트라이플루오린화 란타넘으로 구성된다. 오직 F^- 이온만 결정 구조를 통과할 수 있다(그림 19.3). 기준 전극은 때때로 이중 접합되어 있으며, 그중 한 개의 전극만 분석 용액과 직접 접촉한다.

결정성 분말을 응집하여 제조된 고체막은 Cl^-, Br^-, I^-, Pb^{2+}, Ag^+, CN^- 이온을 측정할 수 있다. 내부 전해질은 제거할 수 있다. 그러나 전자의 이동을 확실히 하기 위하여, 혼합형 전도성 고분자 층을 삽입한다(그림 19.3).

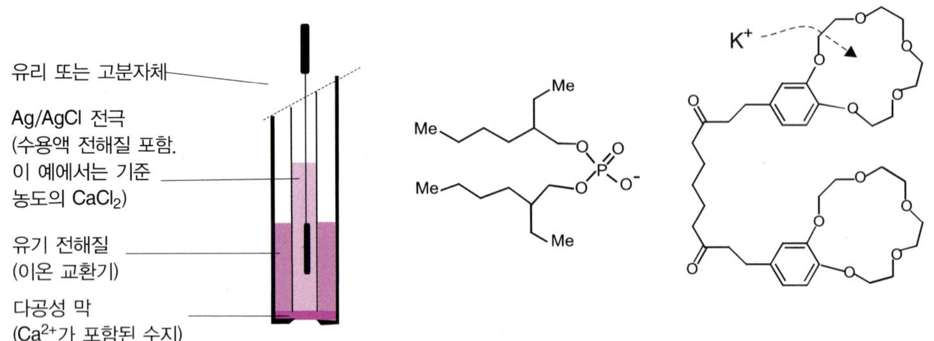

그림 19.4 **Ca^{2+} 이온을 검출하기 위한 액체 막 전극과 이온 전달체로 사용된 유기 화합물** 두 가지 킬레이트 이온 전달체의 예: Ca^{2+} 이온에 선택적으로 감응하는 다이옥실 인산염, K^+ 이온에 선택적으로 감응하는 K_2 이온 운반체. 후자는 이러한 목적에 사용되는 대표적인 분자로, 크라운 에터 구조를 가진다.

19.3.2 고분자 막

막의 두 번째 형태는 액체로 간주되는, 약 1%의 **이온 운반체(ionophore**, 이온 선택성 전달체)가 함유된 염화 폴리바이닐(polyvinylchloride) 디스크로 이루어져 있다. 예를 들어, 칼슘 이온의 검출을 위해 인산의 지방족 다이에스터 $[(RO)_2P(O)O^-]$(그림 19.4)를 사용할 수 있다.

> 이전에는 다공성인 소수성 디스크를 사용하여 내부 용액과 외부 용액을 분리하였다. 이것은 양쪽 용액에서 물과 섞이지 않고 **이온 전달 물질(ionophore)**을 포함하는 유기 용매로 포화되어 있다.

이러한 과정으로부터 얻는 막은 액체가 고정되어 있는 상태이다. 반대 이온은 유기상에 녹는 분자이다.

벽의 양 쪽에서 농도의 평형이 이루어진다. 칼슘 이온의 경우,

$$[(RO)_2P(O)O]_2Ca \rightleftharpoons 2(RO)_2P(O)O^- + Ca^{2+}$$

막의 양쪽에서 칼슘 이온의 농도 차이가 발생하면 전위가 발생한다. ClO_4^-, BF_4^-, NH_4^+, Cu^{2+}용 전극들이 이러한 형태이다. 여러 가지 킬레이트 분자가 이러한 분석에 사용되지만, 이들 전극들은 다른 이온의 간섭을 쉽게 받는다.

19.3.3 기체용 소수성 막

탐침(probe)과 분석 용액을 분리하는 막은 염화 폴리바이닐계와 폴리에틸렌계의 미세 다공성 고분자로 이루어져 있으며, 물과 이온은 통과할 수 없으나 기체 분자는 자유롭게 통과할 수 있다. 이 탐침은 pH 전극뿐만 아니라 분석 기체와 반응할 수 있는 내부 용액을 함유한

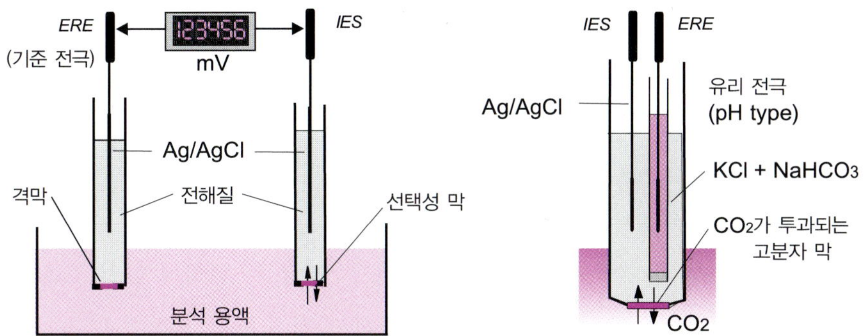

그림 19.5 **용존 기체 전위차계 센서** 두 개의 분리된 전극과 ISE와 ERE(여기서는 pH 전극)를 합친 하나의 결합 전극. 이 장치는 용존 이산화 탄소를 측정하는 전기화학 전지로 구성되어 있다. H^+를 측정하므로 모든 산 또는 염기는 잠재적 방해물이다. 선택성은 막의 선택에 의존한다.

다. 이들은 결합 전극이다(그림 19.5).

예를 들어, 이산화 탄소의 경우 내부 pH 전극은 저농도(0.1 M)의 중탄산염 용액과 접촉하고 있으며 자체적으로 막을 통해 분석 용액과 분리되어 있다. 분석 용액에 용해된 이산화 탄소는 막을 통과하여 중탄산염 용액과 반응한다. 결과적으로 내부 전극이 감지하는 pH가 변한다.

이산화 탄소 이외에도 암모니아, 이산화 황, 질소 산화물과 같은 다양한 기체가 같은 원리를 사용하여 분석된다. 다른 기체의 경우(사이안화 수소, 플루오린산, 황화 수소), 내부 막의 음이온 농도의 변화를 통하여 측정된다.

19.4 정량화 방법

측정 셀의 신호는 분석 물질의 농도와 직접적인 관련이 있다. 따라서 전통적인 정량화 방법을 적용할 수 있다. 하지만 정량할 음이온이 약산의 짝염기인 경우, 분석물에 이온 세기 조절용 완충 용액(ISAB) 또는 pH 완충 용액을 사용해야 한다. 분석 물질에 포함된 간섭 이온의 잠재적인 존재도 고려되어야 한다. 실제로 사용되는 전극의 종(전하와 크기가 분석물과 유사한 경우)에 따라서 특정 이온에 대한 반응을 보일 수 있다.

정량 분석을 위하여, 농도는 $\log C_i$의 선형 감응 범위에 있어야 한다. 모든 주의 사항을 확인한 후에는 외부 검정법이나 다중 첨가법과 같은 정량 방법을 사용할 수 있다.

상온(298 K)에서 1가 이온의 경우, **기울기 인자(slope factor**, S) 2.303 RT/F는 0.0591 V(표 19.1)와 같다. 이것은 유리 전극의 단위 pH당 기울기 값이다(0.059 V/pH).

표준 용액을 사용하여 검정 곡선 $E_{cell}=f(C_i)$을 그리면 실제 기울기를 알 수 있는데(기울기의 실험값), 이는 전극 시스템의 성능의 척도이다.

19.4.1 직접 전위차법(direct ionometry)-외부 검정법

이 방법은 모든 정량 분석에서 사용되는 방법과 동일하다.

원액을 계속적으로 희석하여 표준 용액을 준비하고, 각 표준 용액에 일정 부피의 이온 완충 용액(ISAB)을 첨가한다. 각 용액의 전위를 측정하고 검정 곡선(선형회귀)을 그린다. x축을 표준 용액의 농도(log 함수), y축을 측정된 신호값으로 하여 그래프를 그린다(그림 19.6).

분석 용액은 표준 용액과 동일한 방법으로 준비한다. 측정된 분석 용액의 신호 값으로부터 검정 곡선 방정식을 통하여 농도 C가 결정된다.

19.4.2 다중 첨가법(multiple addition method)

단일 첨가법보다 오래 걸리지만, 다중 첨가법은 더 높은 신뢰도의 결과를 얻을 수 있으며, 여러 번의 측정으로부터 선형식을 쉽게 결정할 수 있게 도와준다.

방법은 다음과 같다;

- 부피 플라스크에 미지 농도 C_i가 함유된 부피 V_i의 용액을 준비한다. 완충 용액을 부피 V만큼 넣어주고, 부피 플라스크를 채워 V_{tot}가 되도록 한다. 이때 측정되는 신호 E_0는 다음과 같다:

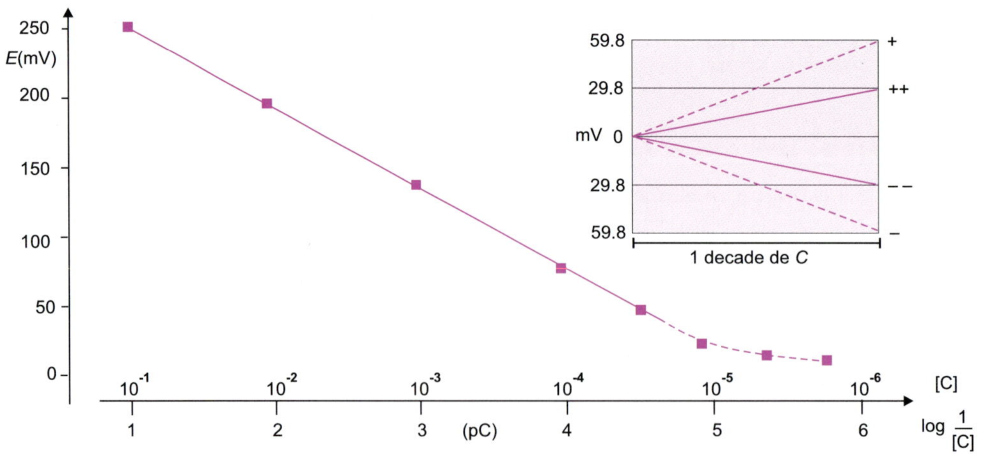

그림 19.6 직접 전위차법에 의한 분석 예 염화 이온 선택성 전극의 검정 곡선은 이상적인 기울기 값을 보여준다. 이온 선택성 전극의 선형 범위는 이온에 따라 4~6배 차이 난다. 삽입 그림은 이온 전하에 따르는 이론적 기울기 값을 보여준다.

$$E_0 = E'' + 2.303\,\frac{RT}{zF}\log\frac{C_iV_i}{V_{tot}} = E'' + S\log\frac{C_iV_i}{V_{tot}} \tag{19.6}$$

S는 기울기 함수이다. E''는 실험적으로 결정될 수 있으며, 일정하다.

- 그 다음, 부피 플라스크에 시료 용액(미지 농도 C_i) V_i와 완충 용액 V를 넣은 후, 농도(C_a)를 아는 용액을 부피 V_a를 달리하여 여러 개의 용액을 만든다. 마지막으로 V_{tot}이 되도록 부피 플라스크를 채운다.
- 각 용액에 대하여 측정한 전위차 E는 V_a의 함수이다:

$$E = E'' + S\log\frac{C_i V_i + C_a V_a}{V_{tot}} \tag{19.7}$$

식 19.6과 식 19.7를 정리하면

$$\frac{E - E_0}{S} = \frac{\Delta E}{S} = \log\frac{C_i V_i + C_a V_a}{C_i V_i} \tag{19.8}$$

$$10^{\frac{\Delta E}{S}} = 1 + \frac{C_a}{C_i V_i}V_a = Y \tag{19.9}$$

따라서, 직선 $Y = f(V_0)$를 결정하면 기울기로부터 C_i를 결정할 수 있다.

여기에서 미지 시료의 부피와 완충 용액의 부피의 합($V_i + V$)과 비교하여 알고 있는 농도의 부피 V_a는 무시할 수 있을 만큼 작다. 따라서, 부피 플라스크에 총 부피 V_{tot}까지 채우지 않아도 된다.

19.4.3 전위차법 적정

선택성 전극은 다양한 특이성을 가진다. 그러나 선택성 전극을 전위차법 측정에서 지시 전극으로 사용한다면 정밀도를 증가시킬 수 있다.

측정하는 동안, 용액 내에 존재하는 이온들의 농도와 이온 세기는 측정 대상 이온의 농도와 비교했을 때, 약간만 변한다. 이러한 특징은 두 가지 이온 종이 화학량론적으로 반응할 때 정량 분석에 사용될 수 있다. 종말점은 한 이온이 완전히 없어지거나, 한 이온이 과량으

표 19.1 298 K에서 몇 가지 이온의 이상적인 기울기 값

이온의 전하	이온	기울기 S(mV/decade)
−2	S^-	−29.58
−1	Cl^-, F^-	−59.16
+1	Na^+, K^+	+59.16
+2	Mg^{2+}, Ca^{2+}	+29.58

로 나타나거나, 혹은 새로운 화학종이 나타나거나 없어질 때이다.

> 선택성 전극이 존재하지 않는 알루미늄 이온의 농도를 측정하기 위해, 분석 용액에 플루오린화 소듐(sodium fluoride)을 가하여 용해되지 않는 플루오린화 알루미늄(AlF_3)을 만든다. 이 반응의 종말점은 용액에 과량의 플루오린화 소듐이 출현할 때로 결정되며, 이는 플루오린화 이온 선택성 전극의 전위의 급격한 변화에 의해 확인된다. 일반적으로 많은 자동 적정 장치들을 이용하여 이러한 분석을 수행할 수 있다.

19.5 전위차법의 응용

전위차법을 이용한 측정은 단순하므로 일상적인 분석에 사용된다.

특정 결합 전극 또는 측정 셀의 말단에서 실시간으로 전위차 값을 측정할 수 있다. 감도는 ppm 농도까지 가능하다. 하지만 모든 이온 선택성 전극이 높은 민감도를 가지는 것이 아니므로 가능한 방해 원소를 고려해야 한다.

> 전극의 선택성은 가변적이다. 전극의 선택성은 각 방해 이온에 대하여 $K_{분석}$ 이온/방해 이온으로 정의 된다. 예를 들어, $K_{Br/Cl} = 2.5 \times 10^{-3}$의 의미는 브로민 이온에 대한 전극의 선택성이 염소 이온에 비하여 $1/(2.5 \times 10^{-3})$배, 즉 400배 높음을 의미한다.

전위차법의 일반적인 응용은 다음과 같다.

- 농업에서 토양 시료에 함유된 질산염의 분석
- 식품에서 우유 또는 고기의 NO_3^-, F^-, Br^-, Ca^{2+} 등의 이온 분석과 다양한 음료(와인, 맥주, 과일주스 등)에 있는 탄산 기체 분석
- 임상의약에서 혈중 이산화 탄소의 분석
- 산업에서 종이 풀 내 염화물의 분석, 전기 분해 용액의 사이안화물 분석, 갈바니 전지 반응의 염화물과 플루오린화물 분석, 질소 산화물과 이산화 탄소 기체 분석 등
- 생의학에서 불꽃 분광법을 대신한 소듐과 포타슘의 분석, 혈청이나 타액, 위액 내 특정 이온 분석

> 모든 전동차들에 발견되는 **람다 센서(lambda sensor)**라 불리는 촉매 변환기는 이온 선택성 전극의 원리를 바탕으로 한 산소 탐침이 그 원리이다. 점화 플러그 같아 보이는 이 센서는 고체 전해질 역할을 하는 산화 지르코늄 막을 사용한다. 외부의 막은 배기 연기와 접촉하고 내부의 막은 공기와 접촉한다. 두 막 사이의 산소 농도 차이에 의해 전위차가 발생한다.

이 장의 요점

1. 이온 분석(금속 양이온 또는 질산염과 같은 음이온)을 위한 전위차법은 두 전극 사이에 나타나는 전위차를 기반으로 하며, 각 전극은 측정할 이온을 함유하는 용액에 담긴 반쪽 전지이다.
2. 기준 전극은 일정 전위를 유지하지만, 이온 선택성 전극의 전위는 대상 이온의 활성도에 따라 변한다. 이는 특정 이온만 투과할 수 있는 막에 의해 분석 용액과 분리되어 있기 때문이다.
3. 두 전해질을 분리하는 막은 선택성 계면을 가진다. 전위차는 해당 이온의 활동도와 관련되며 막의 두 계면 사이에서 형성된다(Nernst 식).
4. 두 전극(기준 전극과 지시 전극) 사이의 전위차는 용액 내 이온의 활동도를 반영한다. 많은 측정이 필요한 분석의 경우 모든 측정(분석 시료와 표준 시료)에 대하여 동일한 이온 세기를 유지하기 위하여 동일한 양의 이온 세기 완충 용액을 넣어준다. 각 이온에 따라서 적절한 완충 용액이 존재한다.
5. pH 전극은 H^+ 이온에 민감한 선택성 전극이며, 편의상 기준 전극을 포함하고 있다. 지시 전극은 특수한 유리막에 의해 외부 용액과 분리된 산을 함유하고 있으므로 양성자 교환이 가능하다.
6. 이온 선택성 전극의 구조는 생성되는 이온에 따라 달라진다. 이온 운반체와 전도성 고분자를 포함하는 고체 또는 액체로 간주되는 여러 가지 유형의 막이 있다.
7. 특별한 이온 선택성 전극을 이용하여 다양한 이온(양이온, 음이온), 기체(CO_2, HCN, H_2S, SO_2, 등) 또는 분자와 바이오 분자(예: 효소)를 측정할 수 있다.
8. 직접 전위차법과 다중 첨가법 두 가지의 정량화 방법이 있다.
9. 직접 전위차법의 기울기 값은 Nernst 식으로 추론된 이론적 기울기 값에 가까운 검정 곡선으로 수행된다(즉, 1가 이온에 대하여 59 mV).
10. 다중 첨가법은 분석 용액이 하전된 매질을 구성할 수 있는 한 더 정확한 결과를 제공한다. 다중 첨가법은 이온 선택성 전극을 장시간 사용하면서 발생할 수 있는 치우침을 보정할 수 있다.

문제

1. 0.85 M 아세트산 수용액의 해리도와 pH는? 온도는 20℃이고, 이 온도에서 아세트산의 K_a는 1.8×10^{-5}이다.
2. 전극 Cd/Cd^{2+}의 전위는 표준 수소 전위(SHE)에 대해서 0.403 V이다. 만약 전극을 0.01 M $CdSO_4$의 수용액에 담갔을 때, 전위를 계산하시오.
3. 10^{-3} M의 농도를 갖는 Fe^{3+} 염 수용액 30 mL와 10^{-3} M의 농도를 갖는 Ti^{3+} 염 20 mL를 섞었다. 반응 후의 용액에서 두 염의 몰농도(M)를 계산하시오. (SHE에 대해서 Ti^{3+}/Ti^{4+}의 전위$=0.2$ V, Fe^{2+}/Fe^{3+}의 전위$=0.77$ V, SCE/SHE의 전위$=+0.25$ V이다.)
4. 단일 첨가법에 사용되는 아래 식을 유도해 보시오. C_x는 분석 이온의 농도이다. (이온 농도가 C_R인 용액의 적은 부피 V_R을 분석 시료 V_x에 첨가했을 때). ΔE는 두 측정 사이의 전위차를 나타내

고 S는 전극의 실제 감응 기울기를 나타낸다(298 K에서 0.0591/z).

$$C_X = C_R \frac{V_R}{V_R + V_X} \cdot \frac{1}{10^{\Delta E/S} - \dfrac{V_X}{V_R + V_X}}$$

5. HA/A^- 산-염기 쌍의 산 해리 상수를 결정하기 위하여 10^{-4} mol/L의 몰농도를 갖는 세 용액 S_1, S_2, S_3의 흡광도를 360 nm 파장에서 측정하였다. 이때 각 용액의 pH는 $pH_1 = 2$, $pH_2 = 5.5$, $pH_3 = 8$이었고, 측정된 흡광도 $A_1 = 0.1$, $A_2 = 0.4$, $A_3 = 0.7$(광경로의 길이 = 1 cm)이었다. 만약 pH_1에서는 산의 형태로만 존재하고, pH_3에서는 염기의 형태로만 존재한다면, 다음을 계산하시오.
   a. 산과 염기 상태에서의 분자의 흡광 계수를 각각 계산하시오.
   b. 이 쌍의 pK_a는 적절한 근사치를 갖는가?

6. pH 4.007에서 전위차가 +0.2094 V, pH 7.000에서 전위차가 +0.0322 V인 [포화된 calomel 전극(SCE)//H^+($a = x$)/유리 전극]이 있다. 이 전극으로 측정된 전위차 −0.3011 V와 +0.1163 V은 각각 pH 몇에 해당하는지 계산하시오.

7. 다중 첨가법을 이용하여 차에 함유된 플루오린 이온의 몰농도를 결정하고자 한다. 50 mL의 부피 플라스크에 pH를 일정하게 유지하기 위한 20 mL의 완충 용액과 차 25 mL를 넣고 증류수로 채운다. 전위차는 $U_0 = 98$ mV로 측정되었다. 다른 50 mL 부피 플라스크에 이전과 동일한 양의 완충 용액과 차를 넣어 주고, 알고 있는 농도 $C_a = 100$ mg/L의 용액 1 mL를 넣은 뒤 증류수로 부피 플라스크를 채워준다. 이때 전위차는 $U_1 = -73.9$ mV로 측정되었다.
   똑같은 방법으로 알고 있는 농도 C_a의 용액 부피만 2, 3, 그리고 4 mL를 넣어 시료를 제조한 뒤 측정된 전위차는 $U_2 = -91.7$ mV, $U_3 = -102.1$ mV, $U_4 = -109.5$ mV 였으며, 기울기는 −59.2 mV였다. 차 안에 함유된 플루오린 이온의 농도는 얼마인가?

8. 그뤼예르 치즈에 함유되어 있는 칼슘($Ca^{2+} = 40.0$ g/mol)과 마그네슘($Mg^{2+} = 24$ g/mol)을 지시 전극을 이용한 착물화 적정으로 분석하려고 한다. 치즈 2 g와 요소 3 g을 0.01 M H_2SO_4 100 mL에 넣어주고 40°C에서 10분 동안 가열한다. 그 후 묽은 수산화 소듐으로 중화한다. 얻어진 시료에 NH_3/NH_4Cl 완충 용액으로 pH 10을 맞춰준다. 당량점은 0.05 M의 EDTA와 $Cu(NO_3)_2$ 용액을 혼합하여 만들어진 Cu-EDTA 착물 1 mL를 첨가한 후 Cu^{2+} 이온 선택성 전극으로 측정되었다. 그 후 EGTA로 Ca^{2+}를 측정한다(이 경우 1 mL의 Cu-EGTA는 이전 설명과 같이 준비되었다.). 적정 용액은 측정에 사용되는 것에 따라서 0.02 M의 EDTA 또는 EGTA가 사용된다.
   실험 결과 Ca + Ma의 당량점은 11.0 mL의 EDTA이었으며, Ca의 당량점은 10.0 mL의 EGTA 였다.
   a. 두 측정법의 원리를 설명하시오.
   b. Ca^{2+}와 Mg^{2+}의 농도를 계산하시오.

킬레이트의 $pK_{해리}$	Cu^{2+}	Ca^{2+}	Mg^{2+}
EDTA	18.8	11	8.7
EDTA	17.9	11	5.2

전압전류법

서론

영(0) 전류 조건하에서 작동하는 전위차법과는 대조적으로, 상당수의 전기분석법들은 자발적으로 일어나지 않는 전기화학적 반응을 일으키기 위해서 시료 용액 전체 혹은 부분적으로 외부 전원을 가한다. 그러면 전기화학적으로 환원되거나 산화될 수 있는 모든 종류의 이온들이나 유기 화합물들의 측정이 가능해진다.

전압전류법으로 가장 널리 알려져 있는 적하 수은 전극 폴라로그래피는 현재까지 미량 원소, 이온, 유기 화합물들을 정량하기 위한 방법 중 가장 발전된 형태이며 신중하게 다루어져야 한다.

전압전류법은 모든 종류의 측정 장치에 통합된 전류측정 센서 개발에 응용된다. 이 장에서는 전기량 측정법의 기술을 이용하는 예로 잘 알려진, Karl Fisher 적정법을 이용한 수분 함량 측정에도 중점을 두어 다룰 것이다.

학습목표

- **표현** 삼전극 전압전류 전지
- **서술** 적하 수은 전극
- **지식** 벗김 전압전류법의 원리
- **파악** 전류 측정법 중에서 전기량법의 위치
- **응용** 수분 측정에서 전기량법을 통한 정보
- **설명** 전류 측정 검출기
- **서술** 두 전극(CO_2와 O_2)을 사용한 두 개의 산화환원 센서
- **서술** 혈당 측정에 사용되는 생체 센서

20.1 전압전류법

전압전류법(voltammetric method)에서는 **기준 전극(reference electrode**, 즉, Ag/AgCl)과 **작업 전극(working electrode)**으로 알려진 지시 전극 사이의 전위차를 변화시킨다. 전극 표면에서 OX + ne: Red 반응(또는 역반응)이 일어난다. 작업 전극에서의 전위가 용액 속에 존재하는 화학종(감극제: depolarizer)들이 산화되거나 환원될 수 있는 전위값에 도달할 때, 전지의 외부 회로를 통해 전류는 급격하게 증가한다. 실제에서는 기준 전극을 통해 전류가 흐르지 않도록 하기 위해 지지 전해질과 함께 비활성 금속이나 탄소로 만들어진 **보조 전극(auxiliary electrode** 또는 상대 전극(counter electrode))이라고 불리는 제3의 전극이 전기적으로 전도성을 갖도록 하기 위해 사용된다(그림 20.1). 기준 전극 주변의 전해 반응을 방지하기 위해 기준 전극과 작업 전극 사이에 다양한 가변 전위차가 부과된다. 측정하는 짧은 시간 동안에 일어나는 미세 전기 분해는 시료 용액에 존재하는 분석 물질의 농도 측정에 영

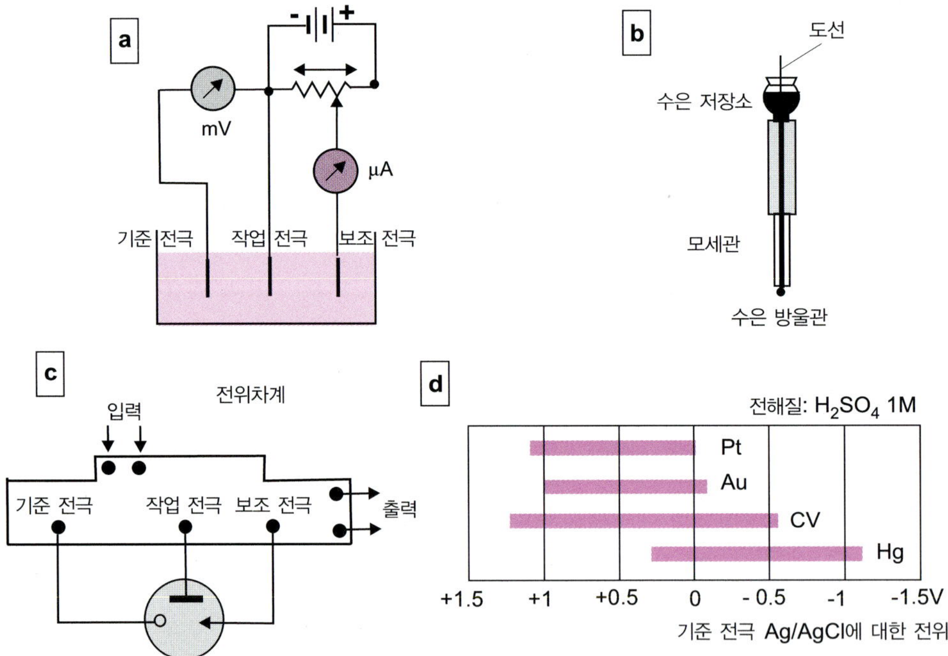

그림 20.1 전압전류 전지의 구성 (a) 기준 전극을 통해 전류가 흐르지 않도록 설계된 DC set-up(높은 임피던스의 결과). (b) 지시 전극의 한 모델(수은 적하방울 전극). H^+ 이온들이 환원(수소 기체 발생)되기 전에 많은 금속이 수은 표면에서 환원될 수 있다. (c) 정전위계에 의해 조절되는 측정 전지. (d) 1 M H_2SO_4 지지 전해질에서 사용할 수 있는 네 가지 주요한 작업 전극들의 전위 범위(CV는 유리질 탄소를 나타낸다). 수은 전극은 KCl 또는 NaOH(−2 V)와 같은 전해질에서 넓은 환원 전위에 걸쳐 사용할 수 있다. 다른 전극들과 겹치게 될지라도 그들의 감도는 주어진 화학종들에 따라 매우 다를 수 있다.

향을 줄 만큼 변화하지는 않는다. 그러나 전위차(PD)가 작업 전극과 기준 전극 사이에서 변화가 일어날 때 전기 분해 전류의 세기 변화를 모니터링하는 데는 도움이 된다. 작업 전극과 기준 전극 사이에 부과된 PD는 반응 혼합물의 pH, 사용된 작업 전극, 사용된 용매(대부분 물)에 따라 두 극단값으로 제한되며, 이는 산화되거나 환원될 수 있다. 백금 전극의 경우를 예로 든다면, 이 양극단의 한계는 표준 칼로멜 전극(SCE)에 대해 +0.65 V($H_2O \rightarrow \frac{1}{2}O_2 + 2H^+ + 2e^-$)와 −0.45 V($H_2O + 2e^- \rightarrow H_2 + 2OH^-$)이다.

20.2 적하 수은 전극

최초의 작업 전극이 반응성 있는 수은 미세 적하관이라는 사실은 의심의 여지가 없다. 이 전극을 사용하는 전압전류법을 **폴라로그래피(polarography)**라고 한다.

이 전극은 매우 작은 방울을 만드는 모세관 끝과 수은 저장소 사이로 수은이 이동하도록 수직으로 유지된 유리관(지름 10~70 μm)으로 구성되어 있다. 이 적하 수은 전극을 지지 전해질과 대상 분석 물질이 함께 혼합된, 저어지지 않는 용액 속에 담근다. 수은 방울의 표면은 수은 방울이 떨어질 때까지 증가한다(4~5초 정도). 대부분의 경우 전극에 작은 충격을 가하는 장치에 의해 수은 방울을 떨어지게 한다. 순간적으로 이전 방울과 동일하면서 오염되지 않은 새로운 표면을 갖는 방울을 맺게 한다. 수은은 산화되는 양전위(SCE에 대해 +0.25 V)에서 빠르게 한계에 도달한다. 반면에 음전위에서는 지지 전해질이 산성 또는 알칼리인지에 의존하여 −1.8 V 또는 −2.3 V까지 사용할 수 있다. 이러한 범위는 특히 중금속 분석에 많은 가능성을 제공한다. 수은은 매우 순수해야 한다(6번 증류되어야 하고, 질소 분위기 속에서 저장되어야 한다). 또한 수은 증기는 유독하기 때문에, 사용 후에는 회수되고 재활용되어야 한다.

적하 수은 전극은 3가지 다른 모드로 사용될 수 있다(그림 20.2).

- DME(dropping mercury electrode) 모드: 수은 방울(droplet)의 형태가 저장소에 의해 지속적으로 공급되는 베이스의 모세관. 수은 방울이 자라다가 약간의 충격으로 떨어지며 이 모드는 요즘 잘 사용되지 않는다.
- SMDE(static mercury drop electrode, 정적 수은 방울 전극) 모드: 수은 방울이 특정 크기에 도달하는 즉시 모세관의 수은 공급이 중단된다. 수은 방울의 크기는 모세관에 대한 충격으로 인해 제거되기 전에 일정 시간 동안 일정하게 유지된다.
- HMDE(hanging mercury drop electrode) 모드: 수은 방울은 측정 전반에 걸쳐 일정한

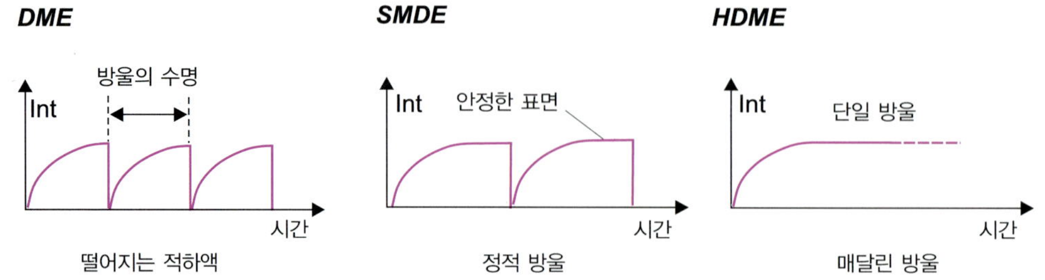

그림 20.2 적하 수은 전극 지름의 발전 과정 떨어지는 방울에 대한 DME 모드, 정적 방울에 대한 SDME 모드, 매달린 방울에 대한 HDME 모드

크기를 유지한다(벗김 모드(stripping mode)에서 사용).

20.3 직류 폴라로그래피(DCP)

지금은 거의 사용하지 않지만, 기본적인 실험에서 선택된 초기 전위 E_i로부터 $v = 1\sim2$ mV/s 속도로 선형으로 변하는 시간–의존 전위를 수은 방울에 가한다. 그러면 다음과 같이 쓸 수 있다.

$$E_{\text{작업 전극}} - E_{\text{기준 전극}} = E_{\text{i}} \ \pm \upsilon \cdot t \tag{20.1}$$

결과적으로 나타나는 S자 모양의 전류–전압 곡선 $I = f(E_{\text{작업 전극}} - E_{\text{기준 전극}})$을 **폴라로그램(polarogram)**이라고 하며, 하나 또는 여러 파동으로 나타낼 수 있다(그림 20.3). 약한 전류(잔류 전류)의 모양을 나타내는 곡선의 첫 번째 부분은 작업 전극 표면의 전하 축적에 해당한다(이것이 환원이면 음수, 전자의 부족으로 산화인 경우 양수이다). 이 축적은 작동 전극(분석물 이온 및 지지 전해질 이온)에서 약간(수 μm) 떨어진 용액 표면에도 위치한다. 이것은 전기 분해가 아니다. 작동 전극의 전위가 충분하면(충분한 전압의 발전기에서 제공하는 에너지) 전기 분해가 일어나고 전류의 증가가 관찰된다(작업 전극에 분석물 공급에 의해 제한되는 Faraday 전류). 곡선은 분석물의 확산 속도가 전극과 접촉하는 변환 속도와 같아진다는 사실로 인해 고원(plateau, 확산 한계)에 도달한다.

이 폴라로그램의 모양은 두 가지 이유로 정성 분석에 모두 사용될 수 있다. 첫째, 폴라로그래피파의 중간 높이에서 측정된 전위 $E_{1/2}$(반파 전위)이 분석물의 특성(표준 산화 환원 전위와 약간 다른 값)이기 때문이다. 둘째, 정량 분석의 경우 확산 전류 강도(파동 피크에서 측정된 한계 강도와 한계 강도 측정에서 외삽된 용량성 전류 강도의 차이)가 분석 물질 농도에 비례하기 때문이다.

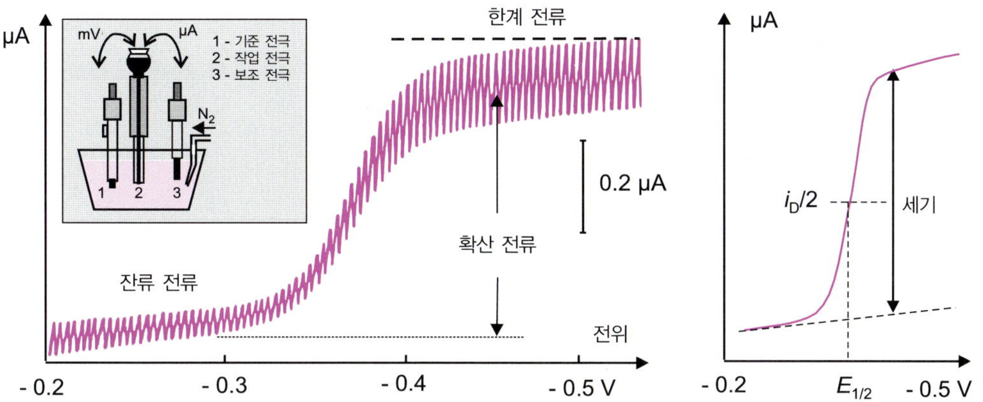

그림 20.3 **폴라로그래피파** 10 ppm Pb^{2+}를 포함하는 0.1 M KNO_3 용액에서 적하 수은 전극으로 얻은 폴라로그램. 스텝의 높이가 농도를 특성화하는 반면에 반파 전위(약 −0.35 V)는 납을 특성화한다. 더 좋은 그래프를 나타내기 위해서 진폭을 감소시킨다. 오른쪽 그래프는 i_D의 측정을 보여주고 있다. 진동 없는 단일 곡선의 폴라로그램만 표현된다. 폴라로그램은 미세한 톱날 모양으로 나타나는데, 이는 계속해서 새로운 수은 방울이 첨가되면서 측정되기 때문이다.

질소 거품을 일으켜 용액 속에 존재하는 미량의 용존 산소를 필수적으로 제거하여야 한다. 그렇지 않으면 그림 20.11에서 상세하게 설명한 것과 같이 물속에 존재하는 산소가 두 단계로 환원되므로 폴라로그램을 이용할 수 없도록 만든다.

20.4 확산 전류

용액에서 분석물의 움직임은 세 가지 현상의 결과이다.

- **이동(migration)**: 이동의 방향은 이온의 부호에 따라 달라진다. 작업 전극과 기준 전극 사이에는 전위차가 있기 때문에 전기장이 존재한다. 따라서 전하를 띤 화학종이 전기장에 놓이면, 힘의 영향을 받아 이에 따라 배치된다. 이러한 전극쪽으로의 이동 현상은 지지 전해질(예: 염화 포타슘)을 넣어줌으로써 일정하게 유지된다. 이때 지지 전해질은 분석물의 농도보다 훨씬 높은 농도(약 100배)로 첨가해 준다.
- **대류(convection)**: 대류는 용액 내에서 모든 화학종의 자연적인 움직임이다. 이 대류 운동은 강제 교반에 의해 최소화할 수 있다.
- **확산(diffusion)**: 확산은 화학종의 농도가 높은 곳에서 농도가 낮은 곳으로 화학종이 자연스럽게 이동하는 것이다. 용액 내 분석물의 농도와, 작업 전극 주위의 농도(전극에 의해 분석물이 소모되므로 농도가 더 낮음)를 고려해 보자. 작업 전극을 향한 분석물의

이동이 너무 낮으면, 전기 분해 전류의 세기를 제한하게 된다. 전류의 세기가 단위 시간당 수송되는 전기량에 해당하며, 이것이 단위 시간당 전극에서 변형된 분석물의 몰수와 같다는 점을 상기하기 바란다.

폴라로그래피파의 고원 부분(가장 높은 지점)에서 관찰되는 평균 확산 한계 전류는 Ilkovic 식에 의해 다음과 같이 모형화된다.

$$\bar{i}_D = 607 \cdot n \cdot D^{1/2} \cdot m^{2/3} \cdot t^{1/6} \cdot C \tag{20.2}$$

확산 전류 $\bar{i}_D$는 μA 단위로 표현되며, 여기서 n은 이온의 전기 분해가 진행되는 동안 이동된 전자의 수, D는 분석물 이온의 확산 계수(cm^2/s)이다. m은 수은의 질량 흐름률(mg/s), t는 방울이 떨어지는 간격(s), C는 분석물 농도(mol/L), 계수 607은 25 ℃에서의 값이다. 식 20.2는 분석물의 몰농도와 확산 한계 전류 사이의 비율을 보여준다.

고전적인 폴라로그램은 톱날 모양의 그래프로 그려진다. 단계적으로 DC 전압을 높여가면서 적하수은 방울의 수명이 끝날 때만 측정을 진행하면 이러한 톱날 모양을 제거할 수 있다(그림 20.4). 이를 샘플링된 직류 폴라로그래피라고 한다.

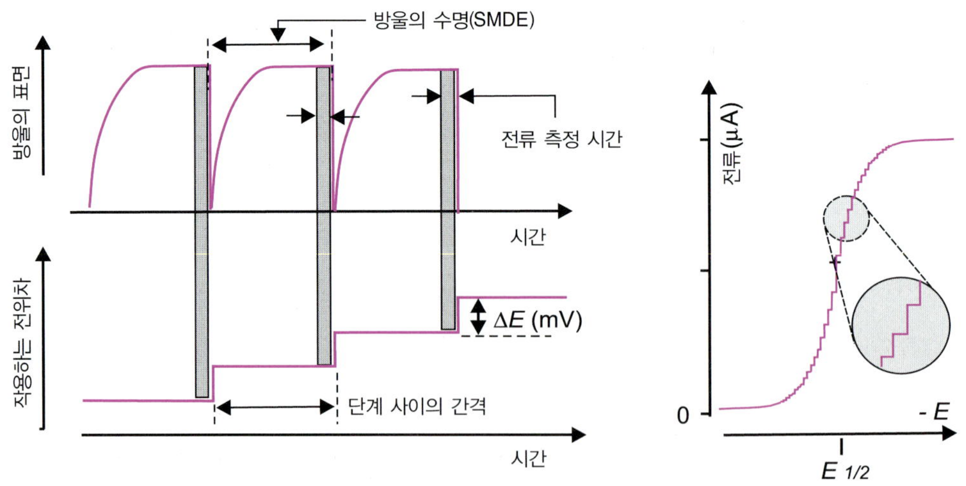

그림 20.4 폴라로그래피 샘플링 이 기술은 용량성 전류의 감쇠를 통해 전통적인 직류 폴라로그래피의 감도를 증가시킨다. 회색 영역은 전류 측정의 순간과 기간에 해당한다.

20.5 펄스 폴라로그래피

잔류(용량성) 전류를 감소시켜서 Faraday 전류를 증가시키고, 최종적으로 확산 한계 전류를 향상시키기 위해서 폴라로그래피는 발전해왔다. 감도를 향상시키고 반파 전위(half-wave potential)가 수 십 mV 차이만 나도 분석 물질을 구분할 수 있도록 하기 위하여, 수은 방울에 점진적으로 증가되는 전압을 가하는 대신에 펄스 전압을 가한다.

이러한 기법으로는 세 가지 주된 방법이 있다.

- 정상 펄스 폴라로그래피(normal pulse polarography, NPP)
- 미분 펄스 폴라로그래피(differential pulse polarography, DPP)
- 스퀘어파 폴라로그래피(square wave polarography, SWP)

20.5.1 정상 펄스 폴라로그래피(NPP)

대표적인 폴라로그램의 톱날 모양을 제거하기 위하여, 이미 앞에서 설명한 표준 경사 전압(standard voltage ramp)을 일련의 증가하는 펄스 전위(50 ms에서 100 ms 사이)로 대치한다. 각각의 펄스는 분석 물질의 환원 반응이 일어나지 않을 충분히 낮은 같은 전위에서 시작한다(그림 20.5). 수은 방울이 새롭게 시작하는 같은 주기(2~4초 사이)에 맞추어 펄스들이 가해진다. 전류는 방울이 떨어지기 직전에 측정한다. 이 순간에 용량 전류는 무시할 정도로 적어지므로 Faraday 확산 전류는 안정화된다. 감도는 100~1000배 정도 향상된다.

20.5.2 미분 펄스 폴라로그래피(DPP)

연속되는 각각의 수은 방울인 작업 전극에 50 ms 동안 50 mV의 펄스를 가해준다. 첫 번째 측정은 펄스가 가해지기 직전에, 두 번째 측정은 방울이 떨어지기 직전에 이루어진다(그림 20.5). 이러한 방법으로 같은 방울에서 50 mV 전위차를 가지고 두 번의 전류를 측정한다. 전압의 함수로 이들 전류의 차이에 대한 그래프는 각각의 분석 물질에 대하여 봉우리로 나타내고, 봉우리 높이는 그 분석 물질의 농도에 비례하게 된다.

20.5.3 스퀘어파 폴라로그래피(SWP)

이 기술은 샘플링된 직류 폴라로그래피의 형태(일반적으로 작업 전극에 적용된 전위계의 단계적 상승 단계가 증가)이다. 스퀘어파 펄스가 ΔE_A의 크기로 단계마다 중첩되는데, 일반적으로 50 mV까지 올라갈 수 있다. 주파수는 보통 125 Hz까지 중첩된다.

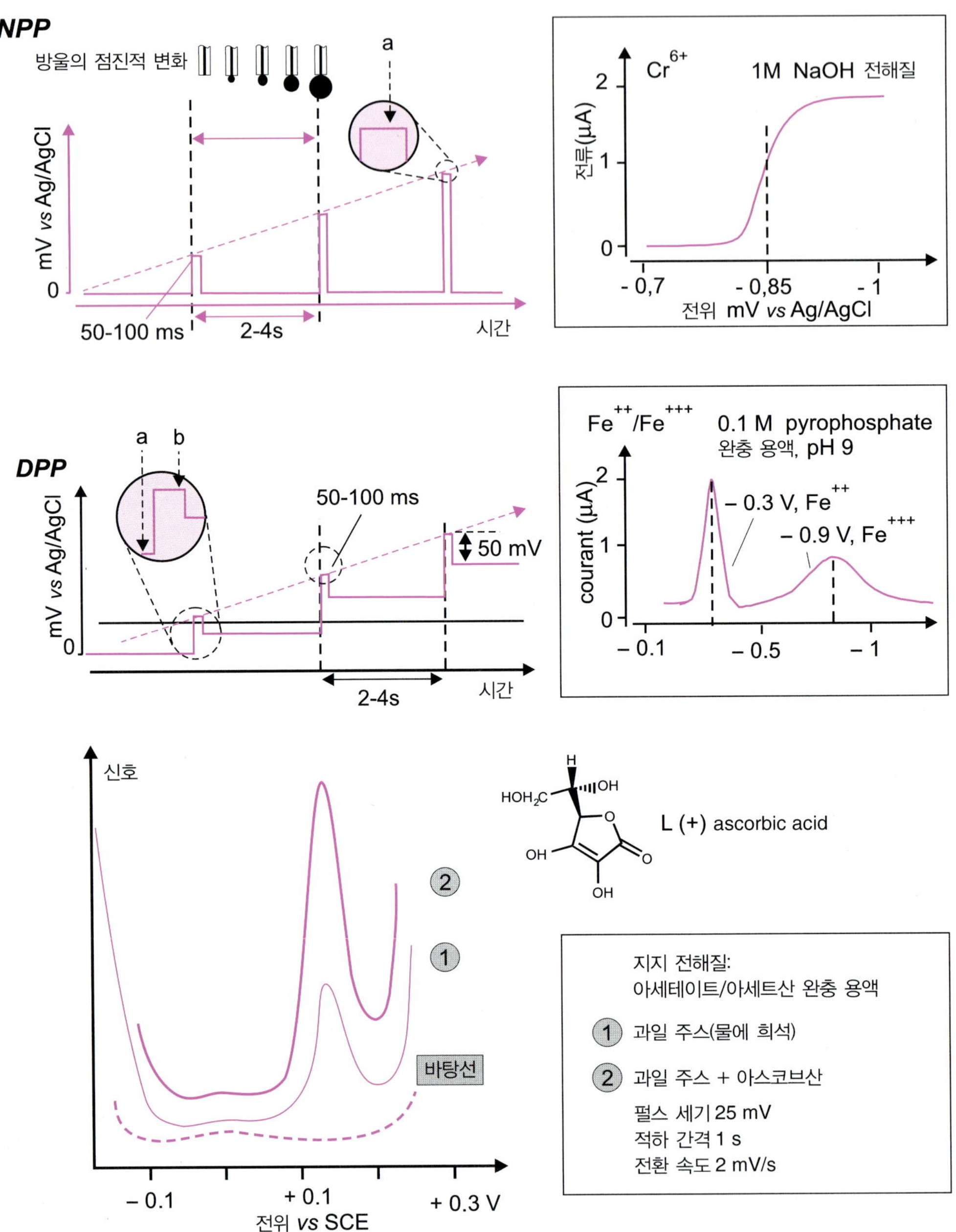

그림 20.5 **펄스 폴라로그래피. NPP와 DPP 방법** 그림은 측정이 순식간에 이루어짐을 나타낸다(화살표 a와 b 참조). 측정의 예. 과일 주스 속에 존재하는 아스코브산(바이타민 C)의 측정은 작업 전극에서의 산화에 해당한다.

전기 분해 전류는 수은 방울의 크기가 스퀘어파 펄스의 정상과 추종 펄스의 기저에서 일정할 때 측정된다. 이 두 전류 간의 차이를 함수로 계산함으로써 각 단계의 전위(스퀘어파 펄스 제외) 함수로부터 정상 지점에서의 전륫값이 얻어지고, 봉우리가 얻어지며, 정상 지점에서의 봉우리 지점으로부터 얻어진 전륫값이 분석물의 농도에 비례한다(그림 20.6).

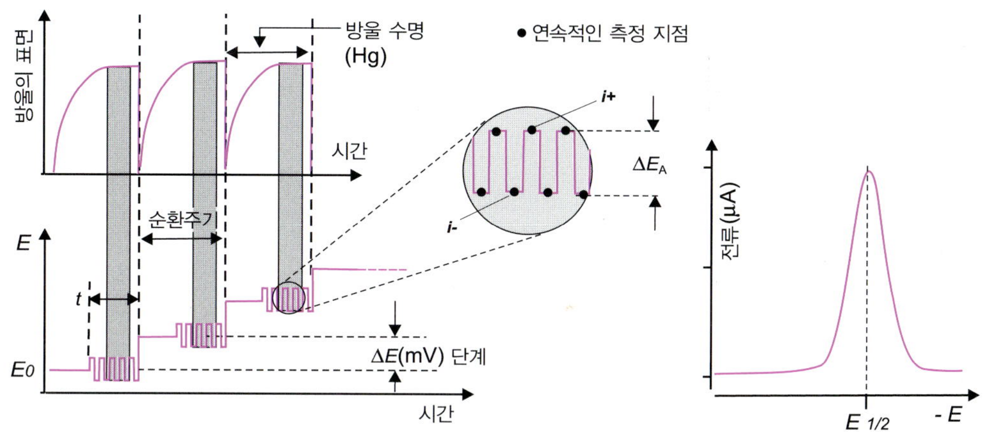

그림 20.6 스퀘어파 폴라로그래피(**SWP**) 각각의 전위 수준 E에 40 ms의 간격으로 $\Delta E_A = 2.5$ mV의 스퀘어파가 주기적으로 중첩된다. 차이 ΔE(각 수준 사이의 계단식 단계)는 주기 0.5∼10 s에서 약 12 nV이다. 전류는 주기적인 구형파 신호의 높은 지점($i+$)와 낮은 지점($i-$) 주변의 회색 영역에서 측정된다. 전류 $i+/i-$ 차이는 계단식 전위에 대한 함수로 그려진다. (출처: Metrohm)

20.6 교류 전류 폴라로크라피

이 기술은 이전 기술과 다소 유사하다. 차이점은 다음과 같다.

SWP를 보내는 대신 낮은 진폭(5∼20 mV)의 AC 전압이 DC 전압에 중첩된다. 그런 다음 전류 측정 회로에서 가변 진폭의 AC 전류가 관찰된다. 이 진폭에 대해 비례하는 최고 지점에서의 AC 전위로 구성되는 직선이 그려지면 분석 물질의 농도에 해당하는 피크가 얻어진다.

20.7 벗김 전압전류법

벗김 전압전류법(SV)이라 불리는 매우 감도가 좋은 방법이 미량 금속 이온 및 음이온을 측정하기 위해서 사용된다. 이 방법은 두 단계로 수행된다.

- **전기 분해(electrolysis)**. 팁이 수은 필름으로 덮인 흑연 탄소 전극에 분석물이 포함된 교반 용액에 몇 분 동안 침지된다. 이 단계는 캐쏘딕 공정(cathodic process)일 수 있으며, 이 경우 금속 양이온은 전극과 접촉하여 환원된다. 마찬가지로, 애노딕 공정(anodic process)에서는 음이온이 그 위에 침착된다. 수은 필름 전극(MFE)은 이 첫 번째 단계에서 미리 준비되거나 첫 번째 단계에서 바로 용액 중에서 만들어질 수 있다. M^{n+} 양이온 분석의 경우, 금속은 전극 표면에 증착되면서 아말감 M(Hg)을 형성한다. 음이온 분

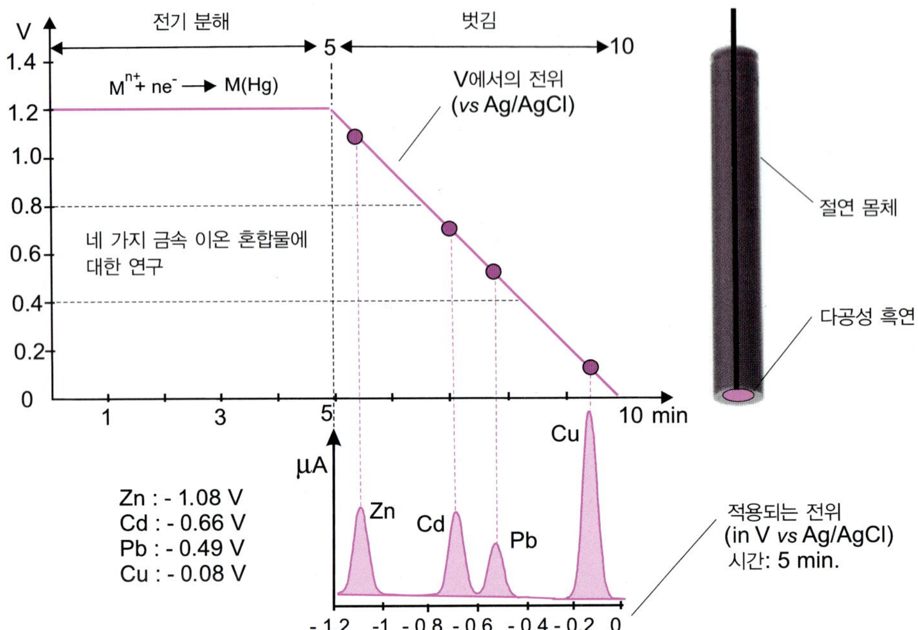

그림 20.7 **애노딕 벗김 전압전류법에 의한 수은 필름 전극을 이용한 양이온 검출** 해수 시료에 존재하는 금속 분석에서 작업 전극 전위의 2단계 선형 전압 램프(ramp). 전극은 시료 용액에 mercurynitrite(1 g/L) 0.2 ml를 가하여 분석하는 순간에 발생하는 수은막(10~50 μm) 위에 생성된 작은 유리질의 탄소 원판으로 구성된다.

석의 경우 수은염으로 검출된다.

- **벗김(stripping)**. 전극 침착 후 캐쏘딕 공정(cathodic process, 금속 증착)의 경우 작업 전극과 기준 전극 사이의 PD를 점진적으로 감소시켜 전위 전환(sweep)이 양의 방향으로 진행된다. 산화 환원 반응의 가역성은 분석물의 전기화학적 재산화로 이어진다(그림 20.7). 이런 특수한 경우를 **애노딕 벗김 전압전류법(anodic stripping voltammetry)**이라고 한다. 반응에 참가한 원소는 산화 환원 전위로 식별되며 이 원소의 농도는 표준 첨가 방법으로 얻는다.

DPP 기술과 결합하면 애노딕 혹은 캐쏘딕 스트리핑 전압전류법이 보편적으로 적용되므로 가장 널리 사용되는 전압전류법이 되었다. 소프트웨어에 의해 매개변수가 제어되는 오늘날의 기기는 재현이 가능하므로 원자 방출과 같은 분광 방법에 대한 저렴한 대안을 제공한다.

20.8 전기량법

이미 설명된 방법들은 작업 미세 전극과 접촉해 있는 분석 물질의 부분 전기 분해에 해당한다. 이와는 대조적으로 전기량법은 화학량론적 관계(분석 물질의 정량적 변환)에 기반을 두고 있다. 분석물질의 농도는 전기량으로부터 계산된다. 표준화나 검정 곡선은 요구되지 않는다. 그러므로 이것은 비교 분석법이 아니다.

이 방법의 선택성은 평균적이며, 느린 속도로 진행된다. 두 가지 형태의 전기량법이 공존한다.

- **정전압 전기량법(potentiostatic coulometry)**은 반응이 일어나는 동안에 작업 전극의 전압을 일정하게 유지시키는 방법이다. 이 방법은 기생 반응(parasitic reaction)을 피해야 한다. 분석물이 용액에서 사라지기 때문에 전류는 감소한다. 사용된 전류의 양을 측정하기 위해 전기 적분기(electronic integrator)가 사용된다.
- **정전류 전기량법(amperostatic coulometry)**은 분석 물질과의 반응이 완결되었다는 신호가 나타날 때까지 측정하는 동안에 일정 전류기에 의해 전류를 일정하게 유지시키는 방법이다. 이 방법은 전기량 측정법 중 가장 간단한 방법이다. 이런 유형의 상업적 장치는 매우 다양하다. 전기량 적정 장치는 넓은 표면적을 가진 작업 전극, 격막에 의해 반응이 일어나는 부분, 분리된 보조 전극으로 이루어져 있다. 두 번째 전극은 그것과의 접촉에 의해 생성된 화학종들과 작업 전극에서 생성된 화학종들 사이에 우발적으로 일어날 수 있는 반응을 피하기 위해서 이런 식으로 벽을 만들어 보호한다.
- 생성물이 전극과 접촉하여 농축되기 때문에 분석 물질의 직접, 그리고 전체적인 변환이 어려워 편극을 유발한다. 이러한 문제는 과량의 전구물질(precursor)을 첨가함으로써 해결할 수 있다. 이러한 전구물질은 분석 물질과 반응하는 중간 생성물을 유리시키기 위해 적용된다. 이러한 방법으로 분석되는 화합물들은 전자 이동 과정에 직접 참여하지 않는다.

예를 들어, Cl^- 이온의 측정은 전극의 표면으로부터 생성된 Ag^+ 이온으로부터 가능할 것이다. 쿨롱량(coulombs)으로 사용된 전기량은 Ag^+ 이온만이 생성되기 위한 조건에서 변환된 분석 물질의 양을 정밀하게 계산하도록 한다. 이들 측정에 표준 용액은 필요하지 않다. 생성된 이온들의 절대적인 양은 소모된 전류로부터 결정된다. 전류의 양 $Q(\mathrm{C}) = i(\mathrm{A}) \cdot t(\mathrm{s})$는 분석 물질의 양에 해당한다.

20.9 수분 함량 측정을 위한 전기량 적정

용매나 가공하지 않은 물질 같은 많은 제품에서 물의 함량(% 습도)을 분석하게 된다. 이용할 수 있는 방법 중에서 가장 폭넓게 사용되는 것은 Karl Fischer 적정법(18장)일 것이다. 이 방법은 전위차 유형 감지와 결합된 화학 반응을 포함한다. 아래에서는 수분 함량이 1% 미만이고 최대 몇 ppm에까지 적합한 매우 민감한 전기량법에 대해 설명한다(그림 20.8). 특히 사전에 시약의 농도 C를 결정하기 위해 여러 단계가 필요한 부피 측정 방법과 달리, 측정에 필요한 아이오딘은 전해조의 전극에 인가되는 전기 펄스를 사용하여 전기화학적 경로를 통해 전구체 아이오딘화물에서 생성된다. 전기화학 반응은 정량적인 것으로 간주된다.

수정된 KF 시약에는 애노드와 접촉하여 아이오딘으로 산화되는 아이오딘화물(전구체)이 포함되어 있다. 이 전기 분해 전지는, 애노드 구획과 캐쏘드 구획 사이에 다이어프램을 포함한다(그림 20.9). 애노드에서 아이오딘화 이온은 아이오딘으로 산화된다($2I^- \rightarrow I_2 + 2e^-$). 고전적인 방법에서 사용되는 KF 시약의 부피는, 1 mg의 물이 11.72쿨롱에 해당한다는 사실로 인해 보다 정밀한 측정으로 대체된다. 물 1몰은 192,974쿨롱(Faraday 상수의 두 배)이다. 이는 절대적인 양이며, 전류의 양과 생성된 아이오딘의 양 사이에 정량적인 관계에서 비롯된 것이다.

등가점은 인가 전류 전위차법(데드 스톱 끝점)을 적용하여 검출한다. 전압 발생기는 두 개의 작은 백금 전극 사이에 특정 전압에 해당하는 분극의 정전류(약 50 μA)를 출력한다(그림 20.9). 등가에

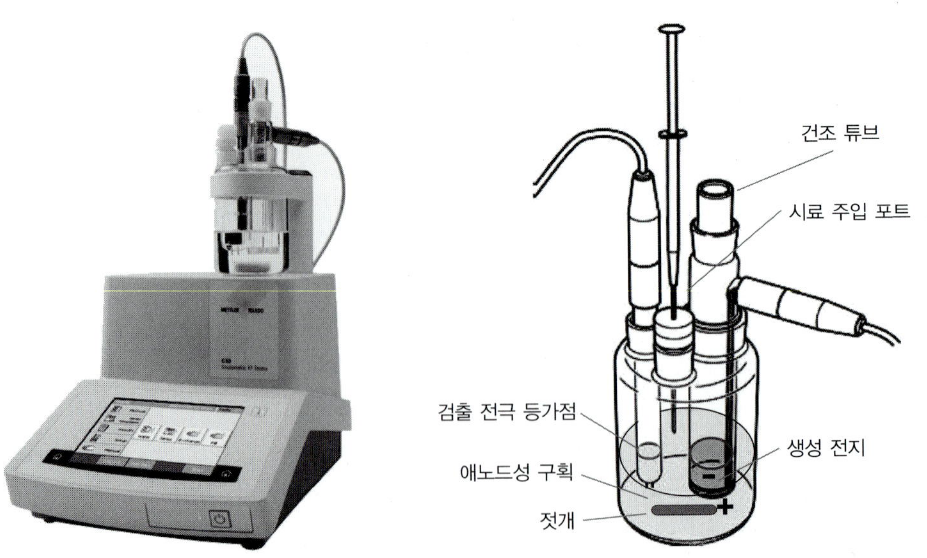

그림 20.8 **Karl Fischer** 방법에 따라 수분 함량을 측정하기 위한 전기량계 Mettler Toledo의 C30S 장치.

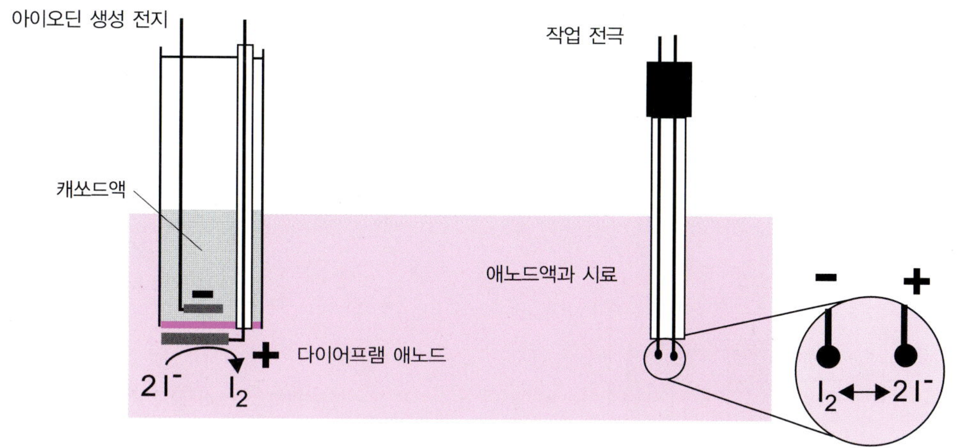

그림 20.9 **Karl Fisher 전기량계의 전극** 다이어프램의 목적은 캐쏘드(또는 H_2)에서 환원된 이온이 물을 생성할 수 있는 시료에 존재하는, 산소화된 화합물을 감소시키는 것을 방지하기 위한 것이다.

도달하면 아이오딘이 용액에 나타나고 두 전극 중 하나(캐쏘드)와 접촉하여 아이오딘화 이온으로 환원된 뒤, 인접한 전극(애노드)에서 재산화된다. 요컨대, 초기에 고정된 전륫값을 유지하려면 전압이 감소해야 한다. 이것이 분석의 종말을 시사한다.

20.10 HPLC와 HPCE에서 전류법 검출

전압전류법은 액체 크로마토그래피(이동상이 전도성을 갖는다면)와 모세관 전기 이동에서 전기적으로 활성을 갖는 화합물을 검출하기에 매우 좋은 감도를 갖는다. 전압전류법 전지는 분석 물질들이 분리된 후에 묽혀지지 않도록 하기 위하여 최소화되어야 한다. 금속 또는 탄소 작업 미세 전극은 기준 전극에 대한 정의된 전압을 가지며(검출될 분석 물질에 의존한다), 칼럼을 빠져나온 분석물들은 이동상에 의해 검출 전지로 들어가게 된다(그림 20.10).

20.11 전류법 센서

전압전류법 측정은 분석 실험실에 전혀 제약을 받지 않는다. 전류법 센서 방법의 적용 시 분명한 점은 매우 다양하게 적용이 가능하다는 점이다. 휴대용이든 아니든 기체 혼합물, 증기 또는 용액 속에 존재하는 기질의 정확한 측정을 하는 많은 수의 분석 기기는 전기화학적 센서를 갖추고 있다. 이러한 장치들은 센서 하우징 안에 밀봉된 2, 3개의 전류측정 전지의

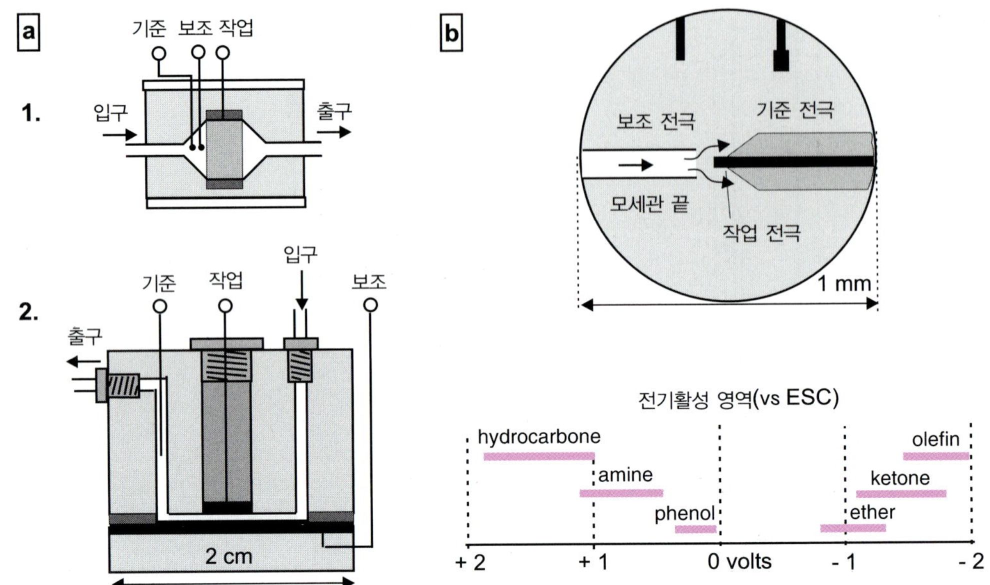

그림 20.10 **HPLC 및 ECHP에서 전압전류 검출** a) 전압전류 전지의 두 가지 모형. 표면적이 큰 다공성 흑연으로 만들어진 표시 전극은 전기량 조건에서 작동한다. 표시 전극 수준에서 이동상의 순환은 전기 활성 종의 재생을 보장한다. b) ECHP에서 모세관 끝의 세부 사항. 작동 전극은 모세관을 떠나는 이온을 받아 들인다. 전지를 구체적으로 나타낸 것은 아니다. 장치의 캐쏘드 격실과 결합된다. 페놀, 방향족 아민 및 싸이올을 제외하고 분석적으로 중요한 몇 가지 분자가 전기활성이다.

원리로 작동한다.

20.11.1 Clark 산소 탐침

전극에서 산소의 전기화학적 환원은 여러 가지 모델들에 대한 센서의 기초가 되며, 단지 사용되는 반응에 따라 달라진다. 이들 중 가장 잘 알려진 센서로는 의심할 바 없이 Clark 산소 센서이고, 은 애노드와 백금 캐쏘드(작업 전극)을 포함하며 두 전극 모두 KCl 용액에 접촉되어 있다(그림 20.11). 전해질은 테플론막에 의해 시료와 분리되며 테플론막은 산소를 통과시킬 수 있도록 다공성막으로 이루어져 있으나 전해질은 침투할 수 없도록 만들어져 있다. 이 막을 통과한 후 기체는 막과 약 20 μm 떨어져 있는 캐쏘드에 접촉하게 된다. 두 전극 사이의 전위차 PD는 약 1.5 V가 걸리며, 캐쏘드는 모든 산소를 환원시키기 위해 충분히 전위가 걸리게 된다(반응 1과 2). 회로를 통해 흐르는 전류는 막을 통해서 이동하는 기체의 양에 비례하며, 결과적으로 용액 중에 존재하는 기체의 농도에 비례하게 된다(Faraday 법칙).

20.11.2 기체나 증기를 위한 산화 환원 센서

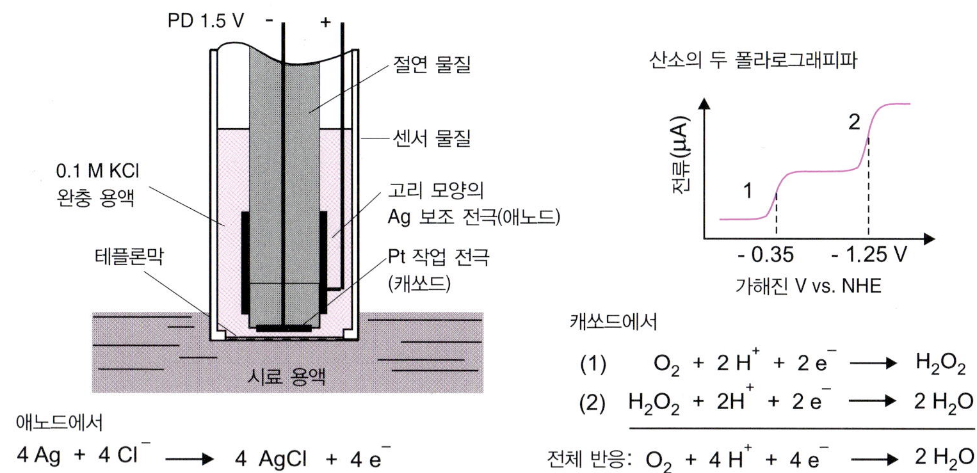

그림 20.11 산소 정량을 위한 Clark 센서 두 전극으로 이루어진 셀. 산소를 침투시킬 수 있는 테플론막은 막을 통해 이중 확산 과정을 갖도록 캐쏘드에 매우 가까워야 하며, 계속해서 액체 필름에서 10~15초 후에 안정적인 신호가 발생한다.

전류 측정 센서는 특히 보호 장비 및 제어 장비와 같은 기체 물질 분석 분야에서 보편화되고 있다(그림 20.12). AGS 센서(amperometric gas sensor)라고도 하는 이 센서는 대부분 고정 전해질에 담긴 세 개의 기존 전극(작업, 보조, 기준)으로 구성된다. 전체 구성은 전지처럼 보인다. 센서가 원하는 전기 활성종을 포함하는 대기에 노출되면, 이 활성종은 다공성 테플론 기반의 특정 확산 장벽을 통과한 후 산화(CO, H_2S, NO, H_2, HCN)되거나 환원(Cl_2, NO_2)된다. 이는 작동 전극과 함께 외부 회로에 의한 전자 이동을 일으킨다. 여러 특정 센서가 동일한 검출기에 있을 수 있으며, 각각에 대해 권장되는 전극 전위를 조정한다.

이 매우 민감한 센서는 넓은 작동 범위(10^4)에 걸쳐 빠른 응답 시간을 갖는다. 반면에 상

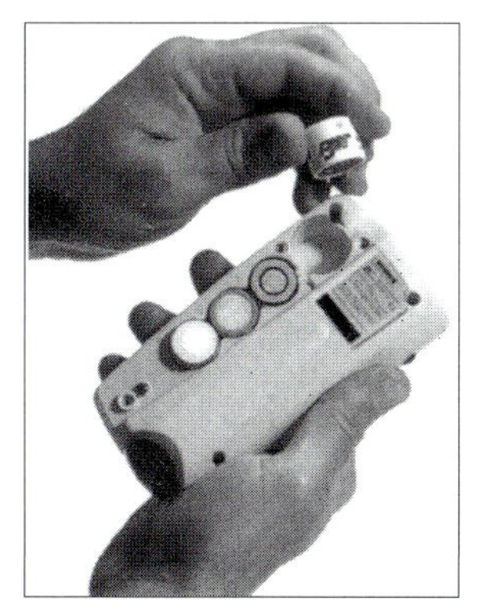

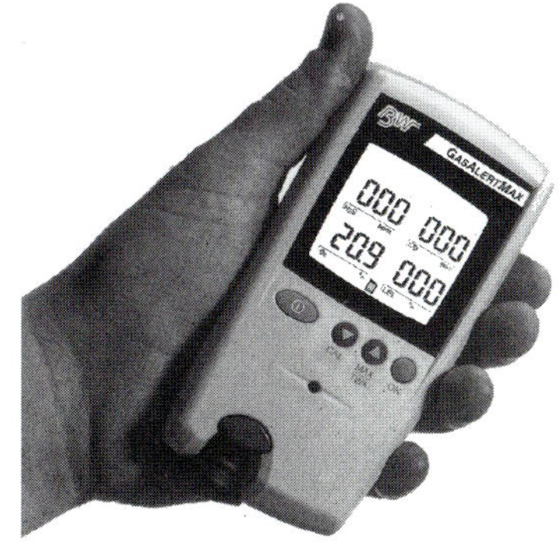

그림 20.12 전류법 기체 센서 ATMI Sensoric Div.(Ger.)의 다양한 센서들. BW Technologies(Can)의 Model GasAlertMax3-DL. 가운데 사진은 4개의 특수한 기체 센서를 포함한 모델을 보여주고 있다.

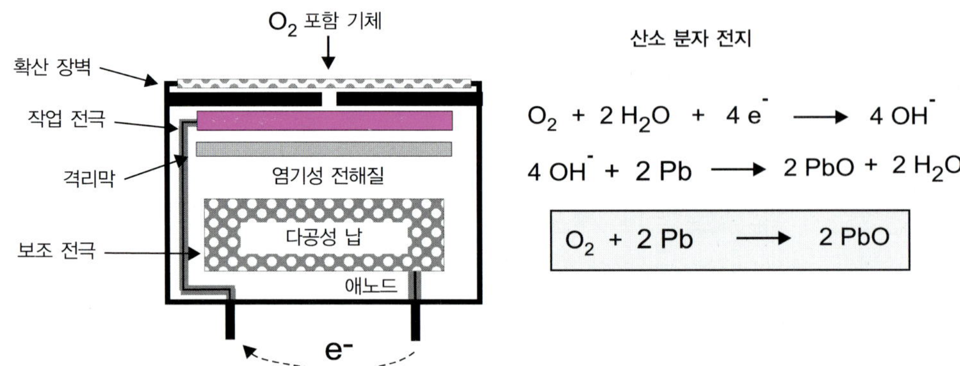

그림 20.13 **산소용 2전극 전지** 납 애노드는 점진적으로 납 산화물로 변환된다. OH^- 이온은 이온 전도체를 통해 작동 전극에서 보조 전극으로 이동하는 반면 전자는 외부 회로를 사용하여 반대 경로를 따른다. 이 센서는 일종의 납/공기 전지이며 다른 전지와 마찬가지로 시간이 지남에 따라 마모된다.

당히 제한된 온도 범위(−10/+40 ℃)에서 작동하므로 다시 교정해야 할 필요가 있다. 이 센서는 점진적으로 마모되고 오염되기 때문에 수명이 가변적이다. 마지막으로, 고농도의 다른 기체가 있으면 측정값이 왜곡될 수 있다.

특정 기체의 경우 2개의 전극으로 충분하며 센서는 정전위 조절기가 필요 없이 전기 배터리처럼 작동하지만, 선형 측정 범위는 더 좁다. 이 원리는 널리 사용되는 센서의 두 가지 예를 통해 설명된다. 하나는 산소(O_2) 감지용(그림 20.13), 다른 하나는 가정용 일산화 탄소

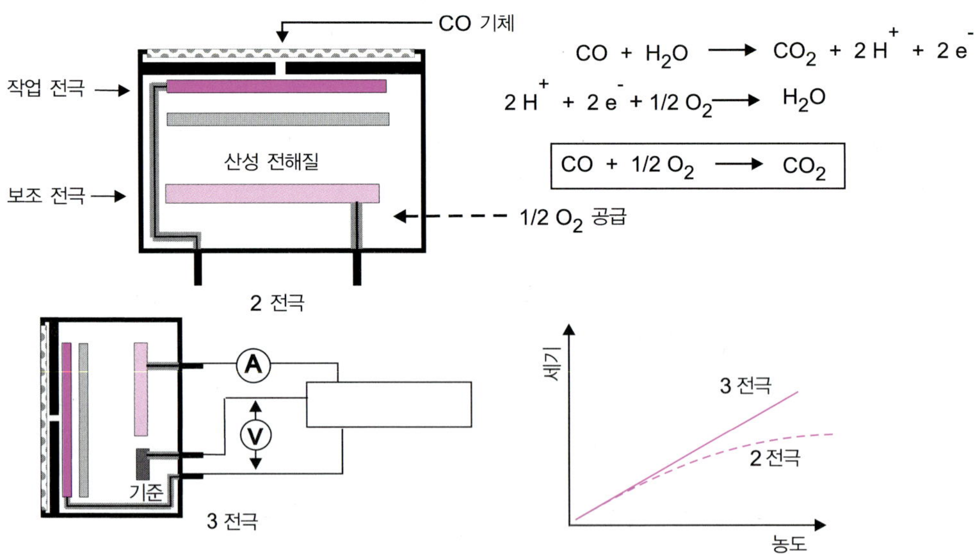

그림 20.14 **일산화 탄소를 위한 2전극과 3전극 전지** 전기화학적 변환으로 산소를 소모하기 때문에, 전지 안에 항상 산소가 있어야 한다. 기준 전극의 배열에서, 센서의 선형성 범위를 증가시키기 위해, 검출되는 전륫값을 일정 전위기를 통해 전기적으로 보상한다.

(CO) 감지용이다(그림 20.14). 센서 셀에는 흡수성 물질로 고정된 전해질이 포함되어 있다. CO를 위한 전해질은 황산과 같은 강한 무기산인 반면에 O_2를 위한 전해질은 아세트산 포타슘을 포함하는 약한 알칼리 용액이다.

20.11.3 전류법 검출을 이용한 바이오센서

전압전류 센서의 적용은 두 개의 투과성 필름 사이에 고정된 산화 환원 효소 유형의 효소와 같은 생물학적 구성 요소를 포함하는 선택적 막을 생성하여 많은 화학종(설탕, 알코올, 살충제, 콜레스테롤 등)으로 확장되었으며, 대상이 되는 분석물은 선택적으로 반응한다. 이 활성 부분은 필터와 같은 역할을 하므로 시료를 사전 처리하지 않고 분석물을 측정할 수 있는 유일한 방법이다.

> 일반적으로 **바이오센서(biosensor)**는 두 부분으로 구성된 장치이다.
>
> - 특정 효소 반응을 기반으로 선택적인 화학적 변환이 발생하는 시료 용액과 접촉하는 일반적으로 매우 작은 크기의 요소
> - **변환기(transducer)**, 즉 화학 반응에 의해 생성된 변화를 측정 가능한 신호로 변환하기 위한 물리적 측정(광학, 전위차, 전도도 또는 전류 측정)에 기반한 검출기
>
> 바이오센서는 전기화학 센서의 한 종류일 뿐이다.

예를 들어, 전류 측정 검출을 통해 과당 탈수소 효소를 이용하여 과당을 검출하거나, 알코올 탈수소 효소로 알코올을 검출하거나, 콜린에스터화 효소로 유기염소계 살충제를 검출할 수 있다. 가장 널리 사용되는 것은 휴대용 장치로도 간단하게 진행되는 혈당 측정이다.

본질적으로 헤미아세탈 형태인 용액 내의 D-글루코스(D-포도당)는 D-글루코노락톤으로 쉽게 탈수소화(산화)되며, 일반적으로 D-글루콘산으로 가수 분해되어 평형 상태로 존재하는 고리형 에스터이다. 첫 번째 반응만 산화 환원이며, 두 번째 반응은 전기적으로 중성인 가수 분해이다. 화학량론적 균형은 포도당 분자에서 산소 분자(이후 과산화 수소로 환원)로 2개의 전자와 2개의 양성자를 전달하는 것과 같다. 즉, D-글루코스의 각 분자는 2개의 전자를 잃는다(그림 20.15).

모든 상업적 응용은 글루코스 산화 효소(GO_x)를 사용한다. 이 효소는 보결 분자단(prosthetic group)으로 작용하는 보조 인자(cofactor)와 결합할 때 촉매와 시약으로 모두 작용하는 산화 환원 효소이다. 이 보조 인자는 FAD(flavin adenine dinucleotide)로, 2개의 양성자와 2개의 전자를 포획하여 산화된 형태(FAD)에서 산화된 형태(FADH2)로 전환된다. 이 과정을 통해 전자의 임시 트랩 역할을 한다(그림 20.16). FADH2에서 FAD로의 재산화는

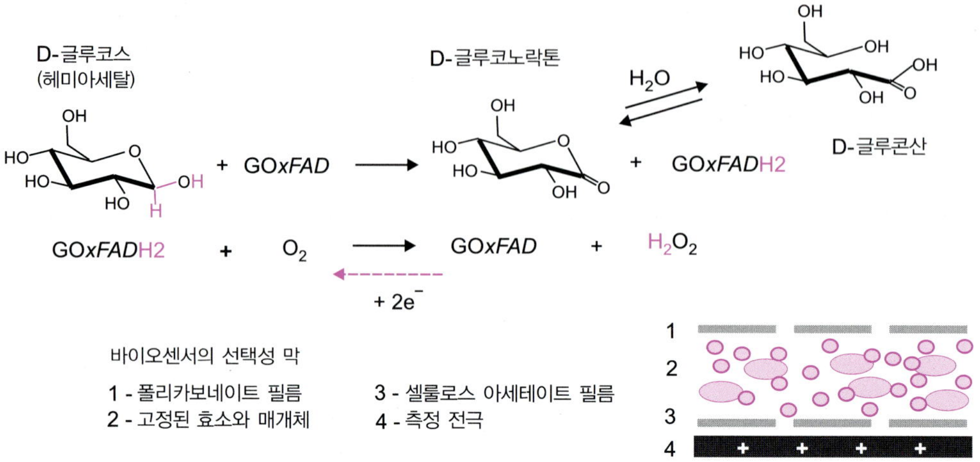

D-글루코스
(헤미아세탈)
D-글루코노락톤
H_2O
D-글루콘산
+ GO*x*FAD → + GO*x*FADH2
GO*x*FADH2 + O_2 → GO*x*FAD + H_2O_2
$+ 2e^-$

바이오센서의 선택성 막
1 - 폴리카보네이트 필름
2 - 고정된 효소와 매개체
3 - 셀룰로스 아세테이트 필름
4 - 측정 전극

그림 20.15 글루코스 산화 효소에 의한 글루코스의 산화 여기 나타낸 반응 다이어그램은 이 반응의 균형에 해당하며, 여기서 산소는 보조 인자(글루코스와 락톤에 대해 동일한 수의 산소 원자)를 재생하기 위해서만 개입한다. 화학적 인식 막 활성 부분의 세부도. 폴리카보네이트 필름은 시료에 잠재적으로 존재하는 거대 분자를 막는 장벽 역할이며, 셀룰로스 아세테이트 필름은 작은 H_2O_2 및 O_2 분자를 통과시킨다.

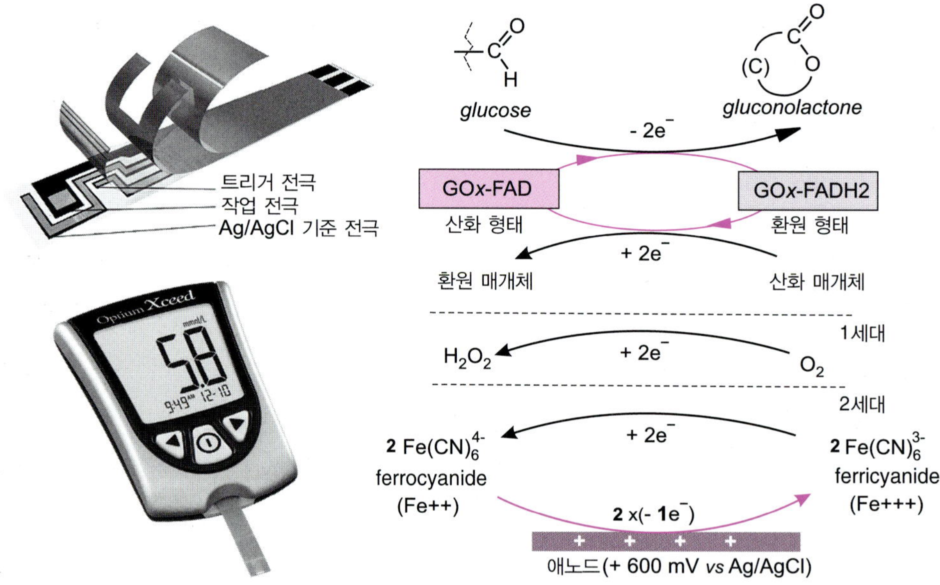

그림 20.16 전류 측정을 통한 글루코스 측정 산소 분자의 자연적 존재를 기반으로 하는 1세대와, 매개체로 페리사이안화 이온을 사용하는 2세대의 예. 혈당 수치를 결정하기 위한 혈당계. 전극와 막을 일체화한 스트립은 일회용이다. 약 0.5 μL의 혈액이 필요하며, 트리거 전극을 사용하는 스트립 자체에 의해 규정된다.

천연 전자 이동제인 산소에 의해 수행될 수 있지만, 페로신이나 페리시안화 이온 또는 유비퀴논과 같은 다양한 '인공' 산화 매개체에 의해서도 수행되므로 주변 공기의 산소 변동에 따라 반응의 민감도를 조절할 수 있다. 따라서 시험 소켓의 글루코스 양은 작동 전극(애노드)

과 접촉하여 선택된 매개체의 재산화에 의해 생성된 전류 양을 측정하여 접근할 수 있다. 더 낮은 전압에서 산화될 수 있는 매개체를 선택하면 간섭 이온의 영향을 최소화할 수 있다.

바이오센서를 사용한 이런 전류 측정 분석은 몇 가지 주요 요인에 따라 그 정밀도가 달라진다. 얇은 효소층으로 침투하는 분석 물질의 속도, 관련된 반응의 동력학, 변환 수율, 화학적 변환 속도, 시료의 부피 정밀도. 최종 결과는 g/L로 표시되기 때문에, 이 측정이 의미 있어지려면 반드시 교정해야 한다.

이 장의 요점

1. 전압전류법은 분석물(들)뿐만 아니라 보조적인 전해질이 들어있는 용기 내에 잠겨있는 두 전극(작업 전극 및 보조 전극) 사이의 전류 측정을 기반으로 한다. 세 번째 전극은 작업 전극의 전위를 제어하는 데 사용된다.
2. 기준 전극과 작업 전극 사이의 전위차(PD)를 점진적으로 증가시키면 전극 표면에서 분석 물질이 환원 또는 산화된다. 산화 환원 반응은 작업 전극과 보조 전극 사이의 전류 통과로 해석된다. 이런 전기 분해 시에는 용액 중에 존재하는 분석물의 극미량만이 변환된다.
3. 가장 일반적으로 사용되는 기준 전극(Ag/AgCl)은 제한적으로 선택된 작업 전극이다. 이러한 기술의 기반이 되는 것은 수은 전극의 적하이며, 즉 안정적으로 매달려있는 수은 방울이다. 이 전극은 캐쏘드로서 그 환원 전위의 사용 범위가 크다. 이것이 금속 양이온을 감소시킨다.
4. 폴라로그래피를 이용하는 방법은 매우 낮은 농도에서 편차가 상당히 크다. 하나의 활성 분석물만 있는 기본 실험에서 전류/전위 곡선은 S자형(sigmoid)이고 기울기에서의 전위 값이 변화되는 지점에서의 전위값은 각각 반응하는 이온들의 매우 특징적인 것이며 이때 전류는 반응하는 이온 농도에 비례한다.
5. 측정 매질에는 용존 산소가 없어야 한다(300 μmol/L까지 도달한다). 산소가 존재하면 2개의 폴라로그래피 파동을 유발하여 왜곡되어 잘못된 결과를 얻을 수 있다.
6. 확산 전류는 경험적 llkovic 방정식으로 표현되며 다양한 분석물의 농도를 포함하여 전류 세기에 영향을 미치는 여러 요소를 반영한다.
7. 벗김 전압전류법(stripping voltammetry)은 수은 필름(cathode)으로 덮인 전극을 사용하는 2단계적인 방법의 측정법이다. 수은 이온(예: M^{2+})이 먼저 환원되어 Hg/M 아말감으로 고정될 것이다. 두 번째 단계에서는 PD가 감소하면서 아말감(anodic stripping) 및 양이온은 연속적으로 용액으로 돌아간다. 전류/전위 곡선을 통하여 용액 중 존재하는 이온을 식별할 수 있으며, 농도를 결정하려면 다른 추가 방법이 필요하다.
8. 폴라로그래피 방법과 달리, 전기량 분석은 전기화학적 산화/환원에 필요한 전류량으로 분석 물질을 정량화하는 것이다. 공급된 전류는 분석 물질만 변환한다고 가정한다.
9. Karl Fischer 전기량법에 의한 시료의 수분 함량 계산은 아이오딘 이온이 애노드에서 산화되는 반

응에 필요한 아이오딘 생성으로 구성된다. 아이오딘 분자를 형성하는 데는 2개의 아이오딘 이온이 필요하며, 이는 다시 물 분자와 반응할 것이므로 물 1몰에 해당하는 전기량은 2 Faraday, 즉 $2\times 96{,}487 = 192{,}974$ C이다.

10. 전압전류 분석은 금속 이온에만 국한되지 않는다. 바이오센서는 효소 반응(산화 환원 효소)에 의해 환원되거나 산화될 수 있는 많은 분자 종을 정량화할 수 있게 한다.

문제

1. 폴라로그래피 실험에서 10^{-3} M $Zn(NO_3)_2$를 포함하는 수용액에 전해질로 0.1 M KCl을 사용하였다. 캐쏘드 부근에서의 Zn^{2+} 이온에 대한 이동과 확산의 세기의 비를 계산하시오. 이온 이동도는 각 이온에 대해서 $Zn^{2+} = 5.5\times 10^{-8}$, $NO_3^- = 7.4\times 10^{-8}$, $K^+ = 7.6\times 10^{-8}$, $Cl^- = 7.9\times 10^{-8}$($m^2V^{-1}s^{-1}$)이다.
2. 적하 수은 전극을 매 4초마다 떨어지도록 하였다($t = 4$ s). 수은 20방울에 해당하는 질량이 0.16 g이다. 수은의 평균 질량 흐름을 mg/s로 계산하시오.
   만일 흐름의 속도가 수은주의 높이에 비례한다면, 수은주의 높이가 3배로 증가할 때 방울의 수명에 어떤 일이 일어나겠는가?
3. 0 ℃인 0.1 M KCl 수용액 중에 10^{-3} M Pb^{2+}를 포함하는 용액에서 Pb^{2+} 이온에 대한 평균 확산 전류 i_D를 계산하시오(단, $m = 2\times 10^{-3}$ g/s, $t = 4$ s, $D = 8.67\times 10^{-6}$ $cm^2\ s^{-1}$).
4. a. 전기 분해 실험을 위해 제조된 25 mL의 시료는 아연의 농도가 대략 2×10^{-8} M이며, 1.5 nA의 전류를 흐르게 한다.
      1. 3%를 석출시키기 위해 필요한 시간을 계산하시오.
      2. 벗김 분석법이 더 감도가 좋음을 보이시오.
   b. 5분 동안의 폴라로그래피 측정 중 질산 아연 20 mL 용액의 농도는 1×10^{-3} M일 때의 고갈 백분율을 구하시오. 회로의 전류는 15 μA이다.
5. 정전류 전기측정법(amperostatic coulometry)으로 수용액에 존재하는 철(II)을 측정하기 위해 세륨염(Ce^{3+})을 소량 첨가하였다. Ce^{3+} 양이온은 물보다 더 낮은 전위에서 산화되며, Fe^{2+}보다 산화가 잘된다. 이 문제의 반응식을 써 보시오.

21장 시료 처리

서론

모든 화학 분석에서 분석하고자 하는 물질은 분석 기기에 대하여 충분한 양이 필요하며, 또한 적용하는 분석 기기에 적합한 상태의 시료여야 한다. 따라서 대부분의 시료는 특별한 전처리가 필요하다. 기기 보정과 시료 채취를 진행하는 사전 준비 단계는 전 분석 과정에서 시간이 가장 오래 걸리기 때문에 분석 과정의 정체를 일으키는 원인이 된다. 전처리 과정은 최종 결과에 영향을 줄 수 있는 결정적인 과정으로, 분석의 질을 결정한다. 현재 수행되는 모든 분석의 거의 절반 정도가 미량 분석 또는 극미량 분석이므로 더욱 강력한 추출 기법으로 농축하여 분석 물질의 양이 충분하도록 하는 것이 중요하다. 시료 전처리 과정은 가장 시간이 많이 필요한 과정이었는데, 최근에는 자동화 기술의 발달로 시료 처리 시간을 많이 단축하였다. 이 장에서는 특히 크로마토그래피 분석에 사용되는 시료들을 대량으로 처리하는 시료 전처리 법을 강조하여 기술할 것이다.

학습목표

- **제시** 분석 전 시료 전처리의 중요성
- **서술** 크로마토그래피 분석 전 유용한 몇 가지 단계
- **이용** 무기질화 과정의 전처리 법을 가속시키기 위한 마이크로파
- **추출** 초임계 용매를 이용한 분석물
- **설명** 상층부(head-space) 분석의 원리와 그 다양성

21.1 시료 전처리의 필요성

분석을 시작하기에 앞서, 실험실 시료에 대한 사전 지식이 필요하다. 연구 대상인 **분석 물**

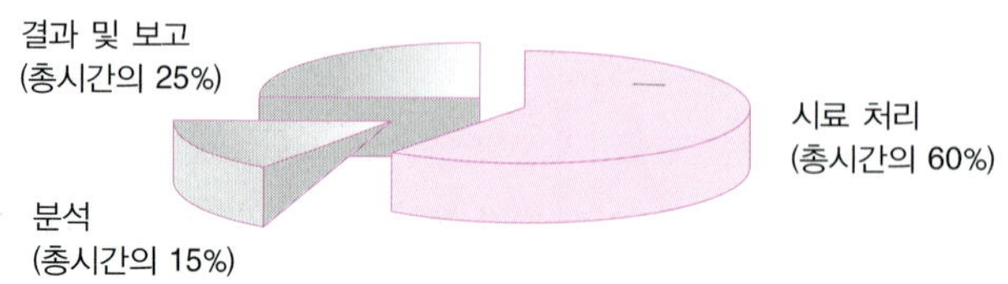

그림 21.1 크로마토그래피 분석 중 각 과정에 소요되는 시간 통계 총 분석 완료시까지 소요되는 시간 중 시료 전처리 시간이 보통 가장 많은 시간을 차지한다.

질(**analyte**)은 **매트릭스**(**matrix**)라고 부르는 다양한 다른 화합물과 함께 일반적으로 혼합되어 있는 혼합물이다. 수천 배 더 과량으로 존재하는 여러 다른 종류의 화합물 중에서 미량의 분석 물질을 측정하고자 할 때 다른 화합물에 의해 방해받을 수 있는 위험이 있다. 아무리 좋은 분석 기술이라도 시료를 잘못 처리하여 발생하는 문제를 해결할 수는 없다. 그렇기 때문에 아주 섬세한 시료 처리가 필요하다. 이러한 추가적인 일은 아주 힘들고 많은 시간이 소모되기 때문에(그림 21.1) 흡착, 추출 또는 침전법 등은 좀 더 쉽게 할 수 있는 방법으로, 그리고 가능하면 자동화하는 방법으로 발전되었다.

> 실험실에서 흔히 교육용으로 시행하는, 음용수에 있는 원소를 mg/L 단위로 측정하기 위해 원자 흡수 분광법을 사용하는 경우나 순수한 유기 화합물의 mid-IR 주사 스펙트럼을 얻는 경우 등은 시료의 전처리가 필요 없는 간단한 경우이다. 이러한 조건은 실제의 시료를 분석할 때는 만나기 어려운 경우이다. 전처리 과정은 필수 조건이다.

21.2 고체상 추출(SPE)

SPE는 분석 시료에서 하나 또는 여러 구성 성분을 측정하기 전에 초기 추출물을 농축 또는 정제하기 위해 흔히 사용된다. 분별 깔때기를 이용하는 비교적 느리고 상대적으로 많은 유기 용매를 사용하는 고전적인 액체/액체 추출법인 용매 추출법과 비교했을 때, SPE는 혁신적으로 바뀐 깔끔한 분석 과정이라 할 수 있다.

SPE는 적절한 고체 흡착제(예: 1개의 카트리지에 100~300 mg의 RP-18이 있음)를 포함하고 있는 주사기 몸체형의 열린 플라스틱 카트리지에, 알고 있는 부피의 액체 시료를 통과시키는 방법이다(그림 21.2).

두 가지 방법이 사용될 수 있다.

- 가장 많이 사용되는 방법으로 흡착제를 함유한 칼럼에 목적 성분을 흡착시켜 두는 초

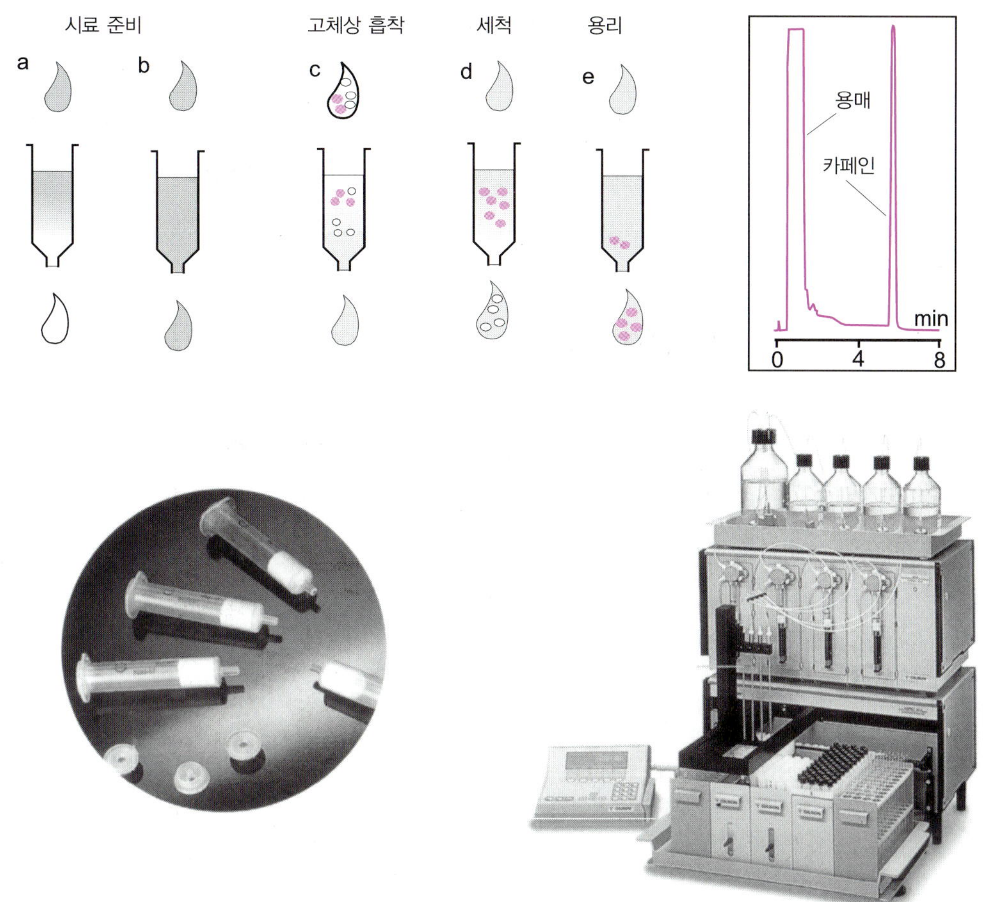

그림 21.2 고체상 추출 매트릭스에서 분석 물질의 분리. 이 예에서 분석 물질은 카트리지에 남아 있는 유일한 화합물이다. 다음 과정에 주목하라. (a),(b) 사용하기 전에 흡착제를 세척하고 활성화한다. (c) 알고 있는 양의 시료를 주입한다. (d) 세척으로 방해 물질을 제거한다. (e) 침투 추출에 의한 분석 물질의 탈착. 오른쪽 GC 크로마토그램은 1 mL의 커피를 이 방법으로 하여 얻은 것이다. 왼쪽 아래의 SPE 카트리지는 1에서 3 mL의 용량이다. 오른쪽은 자동화된 시료 전처리 장치이다(제공: Gilson의 Aspec model XL4).

기 단계가 있다. 그 뒤 세척 과정을 통하여 측정하고자 하는 목적 성분 외의 과량의 불필요한 성분을 매트릭스에서 제거한다. 목적 성분은 적은 양의 적당한 용매로 회수하면 진한 용액이 된다. 이 추출법은 분석 물질의 분리(isolation)뿐만 아니라 예비 농축(preconcentration)의 과정도 수행하므로 미량 성분 분석에 아주 유용한 방법이다.

- 두 번째 방법으로 자주 사용되지 않지만 매우 간단한 방법으로 시료를 칼럼에 통과시켜 불필요한 화합물은 칼럼에 남기고 분석 물질은 통과시키는 방법이다. 이 방법은 탈착 과정을 생략할 수 있으므로 매력적인 방법이다. 그러나 분석 물질이 정제는 되었으나 농축은 되지 않는다는 단점이 있다(농축 인자가 1이다).

고체 흡착제는 액체 크로마토그래피의 고체 정지상과 닮은 점이 많다. 입자 크기가 4에서 100 μm인 결합 실리카 젤(역상)을 사용하여 빠른 흐름 속도로 여과를 진행할 수 있다. 다른 흡착제로 흑연이나 큰 작용기가 표면에 결합되어 있는 스타이렌–다이바이닐 벤젠(styrene-divinyl–benzene) 같은 공중합체(co-polymer) 등은 산성 용액에서 사용하기에 더 안정하다.

추출용 디스크(두께 0.5 mm에 지름 25~90 mm)는 일반적인 화학 필터의 한 종류로 진공 플라스크에 맞추어 사용하는 여과지와 같은 방법으로 사용된다. 디스크는 결합상(bonded phase) 실리카가 다공성 테플론이나 유리 섬유 매트리스에 잡혀있는 형태이다. 이 디스크는 앞서 설명한 카트리지를 사용해서는 불가능한 많은 양의 수용액 시료에 들어 있는 미량의 유기 화합물을 흡착시킬 수 있다. 분석 물질은 용매를 필터에 통과시켜 여과할 수 있다. 농축 인자가 100이므로 쉽게 미량 성분 분석을 할 수 있다.

비극성 화합물은 극성 매트릭스로부터 카트리지나 C-18 유도 실리카 젤의 디스크로 분리할 수 있다. 극성 화합물은 비극성 매트릭스를 이용하여 정상의 흡착제를 포함한 카트리지로 분리할 수 있다. 이온성 물질은 이온 교환상에서 분리할 수 있다. 이 세 가지의 경우는 HPLC에 그대로 적용하여 응용할 수 있다.

이러한 종류의 화학 필터는 재활용할 수는 없다. 과정을 자동화할 수도 있으며, 일반적으로 이온성 화합물보다 비극성, 소수성 화합물에 더 적합하다.

SPE 과정에서는 특히 주의해야 할 점이 두 가지 있다. 추출하는 동안 어느 정도의 용량 이상에서는 카트리지가 화합물을 더 이상 붙잡을 수 없으므로 통과 부피를 초과하지 않아야 한다. 반면 침투 추출 과정에서는 흡착된 화합물을 완전히 얻기가 힘들다. 질량 분석법으로 분석 물질을 측정하는 경우에는 추출에 앞서 안정한 동위 원소로 표지한 분석 물질과 같은 화합물을 시료에 일정량 도입함으로써 이러한 정량적인 문제를 해결할 수 있다. 즉, 분석 과정을 진행하는 동안 두 형태의 화합물은 서로 같은 양상을 보일 것이므로, 그들의 성분 봉우리 비를 비교하여 미지 물질의 농도비를 알 수 있을 것이다. 이 방법은 내부 표준 물질을 사용하는 것과 같은 것으로 상대적인 감응계수는 1일 것이다(1.1.6 참조).

최근의 연구테마는 화합물의 물리화학적 특성에 최적인 흡착제를 개발하는 데 주안점을 두고 있다. 이를 위하여 타겟 화합물 잘 흡착시킬 수 있도록 표면을 변형한 고분자 물질이 합성되고 있다. 이 원리는 다음 절에서 설명하는 바와 같이 면역–추출법과 흡사하거나 이보다 훨씬 더 선택적이다.

일반적인 액체/액체 추출법은 분석 물질이 많은 양의 용매로 희석된다. 결과적으로 추출액을 농축할 때 너무 많은 양의 비휘발성 불순물이 용매에 남아 있게 된다. 그래서 초순수 용매를 사용하지 않으면 추출법으로 이 방법은 사용하지 못 할 수도 있다. 이는 만약에 1 mg의 분석 물질이 99.9%의 순수한 용매 1 mL와 혼합되어 있다고 하면, 추출 후에는 분석 물질과 들어간 불순물이 거의 같은 양이 되는 결과로 된다는 것을 의미한다.

21.3 면역 친화성 추출

고전적인 SPE 카트리지에 분석 물질의 머무름은 소수성 상호 작용을 기반으로 한다. 이 방법은 매트릭스에 높은 농도의 방해 화합물이 들어 있다면 더 방해를 많이 받을 수 있으므로 선택성이 결여될 수도 있다. 복합적인 환경 매트릭스들로부터 단 하나의 분석 물질을 인식하여 농축할 수 있는 면역 흡착제(immunoadsorbers)를 응용한 새로운 형태의 카트리지 개발이 많이 진척되었다. 이와 같은 분자 인지(recognition)는 항원/항체의 상호작용에 그 기초를 두고 있다(17.5절 참조).

적합한 고체 지지체에 공유 결합을 통해 항체를 고정시키면 특정 분자를 각인한 고분자처럼 해당되는 항원만 흡착되는 결과를 얻을 수 있을 것이다(그림 21.3).

현재 약학 분야와 생물기술 분야에서 널리 사용되고 있는 면역 친화성 추출 기술은 환경 시료에서 미량의 유기 분자를 추출하는 데 사용할 수 있다. 제초제나 여러 고리형 방향족 탄화수소(HPA)를 신속하게 침투 추출하기 위해 이들의 항체를 포함하는 카트리지들도 있다.

이미 언급한 것처럼 추출은 수득률 100%에 도달하기 쉽지 않다. 면역추출에서 활성 작용기는 충분한 수가 있지는 않으므로 양을 알고 있는 물질을 넣어서 추적하는 것이 필수적이다.

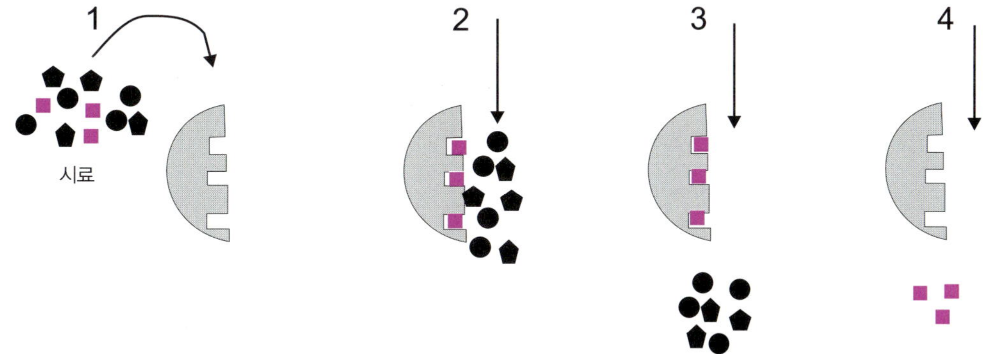

그림 21.3 면역친화성 추출의 원리 여기에서 사각형의 분자가 고정된 항체를 포함한 카트리지상에서 추출되는 과정을 순서대로 보여 준다. (2) 고정 단계 이후, (3) 세척 단계, (4) 유기 용매로 분석 물질을 용리하는 단계.

21.4 미량 추출법

21.4.1 고체상 미량 추출(SPME)

고체상 미량 추출(solid phase micro-extraction, SPME)을 위해 2개의 기구가 사용된다. SPME은 표본 추출, 추출, 농축, 그리고 용매가 없는 단일 과정에 시료의 주입 과정을 포함한다.

첫 번째 기구는 특수 주사기로, 이 주사기는 1~2 cm 길이의 다공성 용융 실리카 섬유에 적합한 흡착 물질을 입힌 것을 사용한다. 이 짧은 섬유(fiber)는 주사기 형태의 용기에 담겨 있으며, 쇠 주사바늘 안에 고정되어 보호되어 있다(그림21.4a). 두 번째 기구는 작은 자석 바로 구성되어 있다. 이 바는 흡착제로 코팅되어 있고 용액 중에서 바가 용액을 휘젓는다(**교반 막대 흡착 추출**(**stir bar sorption extraction**, SBSE)). 이 두 개의 시스템에서 추출된 화합물은 용매로 탈착되거나(HPLC 분석) 고열 속에서 탈착된다(SBSE−GC−MS). 섬유나 자석 바는 여러 번 사용 가능하다.

21.4.2 액체상 미량 추출(LPME)

액체/액체 미량 추출(liquid/liquid microextraction)이라고도 불리는 액체상 미량 추출(liquid-phase micro extraciton, LPME)은 두 가지 상으로 수행되며, 순수한 용매에 담겨져 있는 미량 주사기로 구성된다(그림 21.4b). 1~4 mL의 수용액에 있는 분석 물질을 25~50 L의 매우 순수한 헥세인과 같은 유기 용매로 추출한다. 이것은 위에서 언급한 가는 실리카 섬유를 사용하는 대신에 일반적인 미세 주사기 끝에 미세 용매 방울을 만들어 사용한다. 주사기 바늘 끝에 생기는 미세 방울을 추출할 분석 물질을 함유한 시료 수용액에 수 분간 담근다. LPME은 추출과 농축을 한 과정에 결합한 것으로 작은 방울이 주사기 내로 빨려 들어간다. 그 이

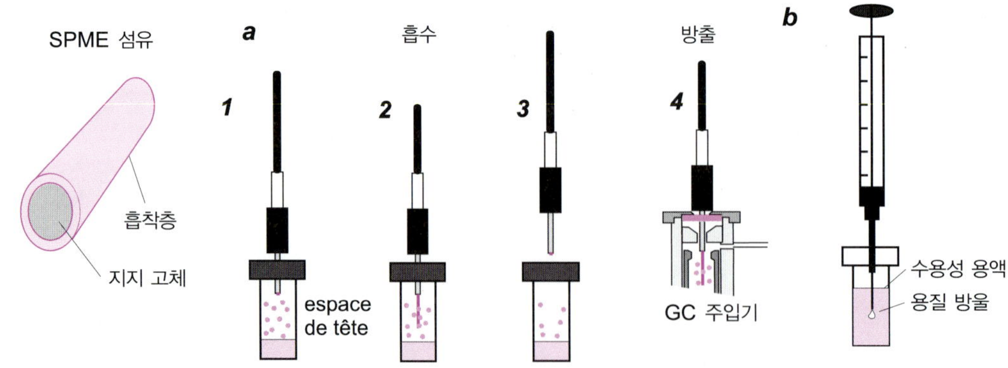

그림 21.4 미량 추출법의 과정 (a) 흡착 섬유를 이용한 미량 추출, (b) 유기 용매 한 방울을 이용한 미량 추출

후 분석은 GC로 수행된다.

> 분별 깔대기(액체-액체 추출)를 사용하여 적은 용량의 수용액을 정화하는 전통적인 방법 대신에 물을 강하게 흡착하는 다공성의 화학적으로 안정한 물질을 채운 작은 칼럼을 사용하는 것이 더 많은 이점이 있다. 수용액 시료는 먼저 칼럼(크기는 모든 용액을 흡수할 수 있을 만한 양이어야 한다)에 흡수된다. 이 과정에서 물은 재질에 확산되어 마치 고정의 물막을 형성한 것처럼 되어 중화 과정과 물에 섞이지 않는 용매로 물 층을 씻을 수 있도록 한다.

21.5 카트리지나 디스크에서의 기체 추출

오염된 대기 같은 기체 시료 중에 존재하는 낮은 농도의 분자 화합물을 측정하기 위해 가장 좋은 방법은, 짧은 관이나 일회용 SPE 카트리지 등을 통해 일정 부피의 시료를 통과시켜서 포집한 후(trapping) 분석하는 것이다(그림 21.5).

포집관의 구성은 분자체, 흑연 형 카본 블랙, 유기 고분자 등으로 다양하다. 여러 가지 흡착제를 연속적으로 포집관에 구성하여 사용할 수 있다. 펌프는 포집 용량에 따라 미리 프로

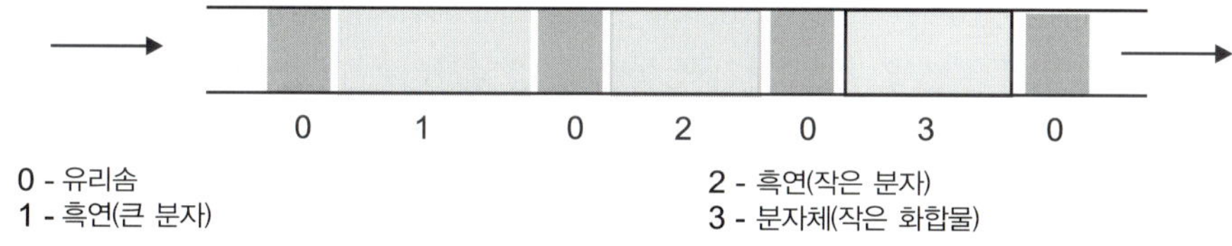

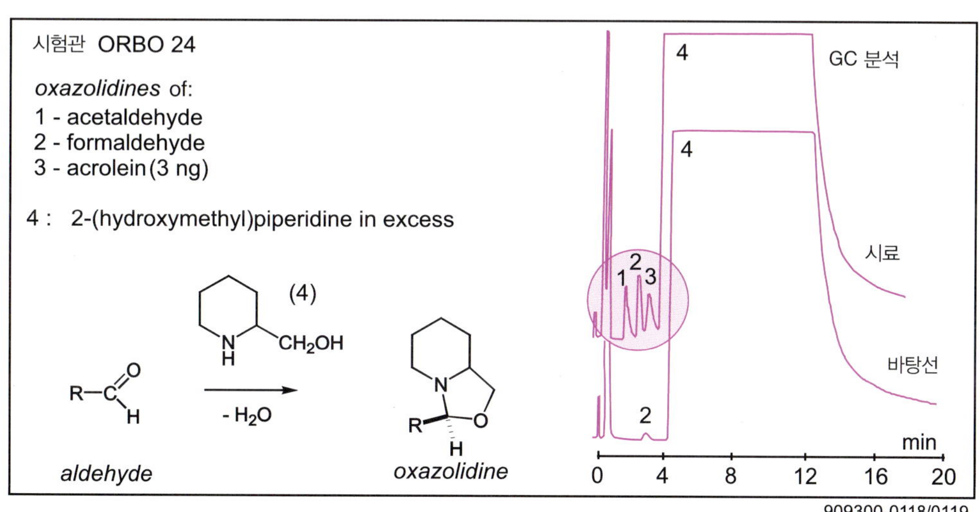

그림 21.5 기체 추출 기체/고체 추출 칼럼의 원리. 동적인 씻어내기 및 포착이라고도 한다. 알데하이드를 검출하기 위해 유도체화하여 화학적 변환을 하기도 한다(오염된 대기의 분석, Supelco Inc.).

그램된 부피의 기체를 0.1~1 L/min의 양으로 내보낸다.

흡수된 화합물은 용매(흔히 이황화 탄소)로 추출하거나 운반 기체를 이용한 열 탈착법을 이용하여 이물질이 첨가되거나 희석되는 것을 피한다.

이 기술은 기체 크로마토그래피에 응용할 수 있다. 포집된 것을 특수 오븐에 넣고 몇 초만에 350℃에 이르게 한다. 이렇게 탈착된 화합물을 바로 GC 주입구에 주입한다. 이러한 특수 오븐 대신에 변형된 GC 주입구에 바로 들어갈 수 있을 만큼 작은 크기의 추출관을 사용할 수도 있다. 화합물의 회수율이 60% 정도가 되면 만족스럽다고 할 수 있으며, 이 장치를 정량 분석에 사용할 수 있다.

씻어내기 및 포집(purge and trap). 여러 층의 흡착제를 채운 추출 튜브는 넓은 범위의 극성이 서로 다른 분자를 머무를 수 있도록 한다. 각 층은 활성이 더 강한 다음 층을 보호한다. 첫 번째 층은 무거운 화합물을 씻어낸다. 가벼운 화합물과 기체들은 순차적으로 다음 층에서 흡착된다. 포착의 재생 시에 기체 순환을 반대로 하여 주면 무거운 큰 분자는 튜브의 입구에 붙잡혀 있게 되어 제일 먼저 제거된다(21.6절 참조).

미량 성분 분석에서 취급하는 50% 이상의 시료에서 나타나는 문제점으로는, 용기의 벽면에 흡수되거나 공기 중의 산소의 활성에 의한 반응, 분석 물질의 증발 등과 같은 것이 있다. 결과적으로 이 방법들은 짧은 추출 시간에 농축을 향상시키는 방법으로 더 유용하다.

흡착제에 따라 분석 물질의 특수한 유도체화가 일어나게 하는 **감응 튜브(detector-tube)**의 개발에 같은 원리가 응용된다. 이것은 분석 물질을 추출하지 않고도 튜브 내용물의 색을 변하게 할 수 있다. 수동 호흡용 알코올 감지기가 여기에 해당한다. 개인의 안전을 위한 지시제로 펌프 없이 자연적으로 유통되는 공기와 접촉에 의해 감응하는 여러 종류의 계량 배지가 존재한다. 색상의 진하기는 접촉한 기체의 농도와 접촉 시간에 비례한다. 이것은 작업장의 오염을 조절하기 위해 사용한다. 이 방법은 추출의 선택성을 줄 수 있는 많은 종류의 흡착제를 사용하므로 유연하게 적용할 수 있다. 분자가 흡착제에서 불안정하여 안정화가 필요할 때는 흡착제에 특수한 시약을 첨가하여 유도체화 할 수 있다.

21.6 상층부 공간

상층부 공간(headspace)은 GC 장치와 직렬로 연결하여 사용하는 시료 추출 기법의 하나이다(그림 21.6). 크로마토그래피법으로 직접적으로 분석할 수 없는 매트릭스에 있는 휘발성 물질을 분석할 때 사용되는 방법이다. 상층부 공간의 기본적인 원리는 다음과 같은 두 가지

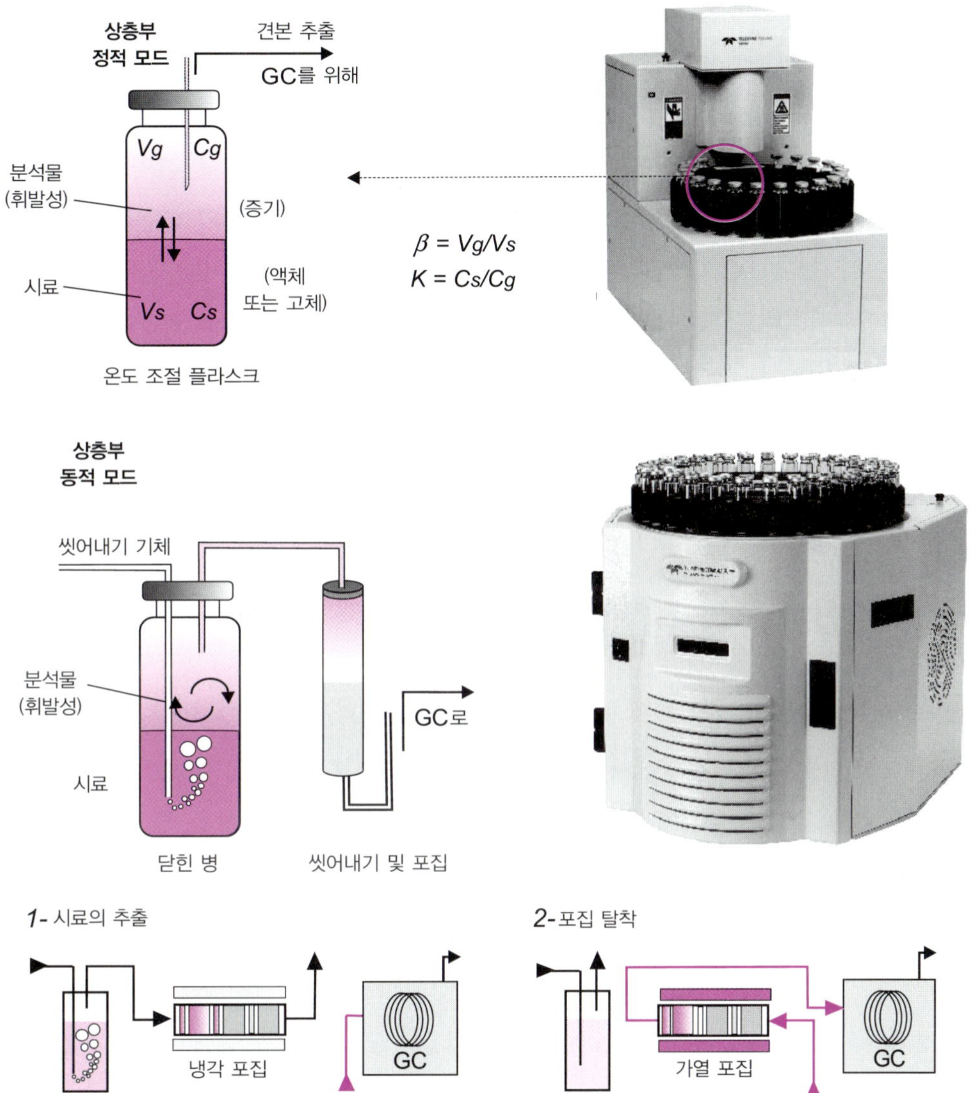

그림 21.6 상층부 분석, 정적 모드와 동적 모드 정적 모드에서 압력이 가해진 병속에 놓이며 열역학적 평형 상태가 되면 GC 분석이 가능하다. 동적 모드에서는 운반 기체가 먼저 휘발성 화합물을 이동시켜 포집하고 포집된 것은 높은 열적 상태에서 화합물을 탈착하게되어 GC 분석이 가능하도록 농축된다.

형태로 표현될 수 있다.

- **정적 모드(static mode)**: 격막으로 막혀 있는 바이알의 일부분에 시료(고체 또는 액체 매트릭스)를 넣는다. 동적인 상평형을 이루고 난 후(30분에서 1시간), 시료의 증기를 취한다. 이 조건하에서는 상층부 공간(액체 위의 부피)에 존재하는 휘발성 화합물의 양은 매트릭스에 들어 있는 화합물의 농도비와 같을 것이다. 내부 또는 외부 표준물을 사용

하는 방법으로 교정한 후에 기체 크로마토그래피법으로 이 증기들을 주입하여, 시료에 들어 있는 화합물의 실제 농도를 알 수 있다.

- **동적 모드(dynamic mode)**: 닫힌 공간 대신에 헬륨과 같은 운반 기체를 시료의 표면과 방울 형태로 시료에 통과시켜 휘발성 화합물을 트랩으로 유도하고, 흡착시켜 농축하는 방법이다(그림 21.6). 이 과정은 계속적으로 트랩에서 운반 기체의 흐름을 반대로 하는 방법으로 크로마토그래피에 주입할 수 있게 열 탈착한다. 이 '씻어내기 및 포착'의 원리는 준정량적이며 잔류 기체 없이 시료를 운반한다.

이 방법을 사용하면 안정된 매트릭스에서 반복적인 분석이 가능하다. 그러나 만약에 매트릭스의 조성이 불규칙적인 교정에 의하여 변한다면 평형 인자를 교란하여 결과의 정확성이 떨어진다. 이러한 경우에는 카트리지 기반 추출법이 더 효율적이다.

21.7 초임계 유체 추출(SPE)

초임계 상태의 유체(CO_2, N_2O 또는 $CHClF_2$ −프레온22)를 이용한 추출(supercritical phase extraction, SPE)은 식품 산업에서 잘 알려진 방법이다(6.1절 참조). 분석용 추출기에도 같은 원리가 적용된다. 추출기에는, 초임계 상태의 유체와 시료(고체 또는 반고체 형태)를 매우 단단한 관형 용기에 넣는다. 이들은 두 가지 형태로 운용된다.

- **오프라인 모드(offline mode)**: 추출한 뒤에 초임계 유체를 감압하는 장치가 있다. 기체 상태로 돌아가면 서 불필요한 불순물은 추출 용기의 내부 벽면에 머무르고 분석 물질은 농축된 형태로 남는다. 농축은 일반적인 용매로 녹여지고 고체상 카트리지로 선택

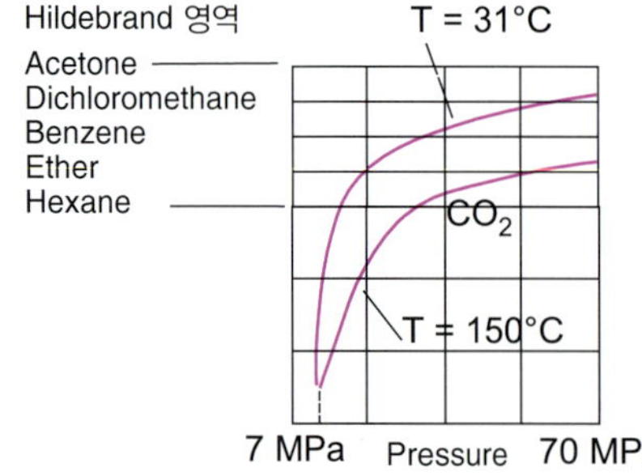

초임계 유체의 성질

유체	임계 온도(°C)	쌍극자 모멘트 (Debye)
CO_2	32	0
N_2O	37	0.2
$CHClF_2$	96	1.4

그림 21.7 초임계 유체 추출 CO_2와 일반적인 용매와 온도와 압력에 따른 용해도의 세기 비교(Hildebrand 단위). 초임계 상태에서의 이산화 탄소의 극성은 헥세인(100 atm, 35°C)과 비슷하다. SPE는 많은 양의 시료를 처리하기 위하여 자동화하는 것이 경제적이라는 것을 알려주는 방법이다.

적인 추출을 한다.

- **온라인 모드(online mode)**: 추출물을 압력하에서 초임계 유체를 크로마토그래피 기기(SFC 또는 HPLC)에 통하게 하여 바로 분석할 수 있도록 되어 있다. 이 과정은 매트릭스에 의하여 방해 물질이 없을 것 같은 화합물인 경우에만 적용될 수 있다.

요약하면 SPE에서 좋은 선택성을 얻기 위해서는 압력, 온도, 추출 시간 그리고 변환제의 선택이라는 네 가지의 매개변수가 작용한다. 유체의 용해성은 유기 변형제(예: 메탄올, 아세톤)를 첨가하여 변하게 할 수 있다. 그렇지만 매트릭스에서 분석 물질을 분리하기 위해서는 용해도에 대한 지식과 용질의 이전 속도, 그리고 용매와 매트릭스 사이의 물리적 화학적 상호작용을 알아야 한다(그림 21.7)

가압 상태의 용기에서 용매 추출과 더불어 마이크로파를 함께 사용하는 방법은 빠른 시료 처리를 위한 매우 효과적인 또 하나의 방법이다.

21.8 마이크로파 반응기

원자 흡수 분광법(AAS), 원자 방출 분광법 또는 플라스마 소스를 사용한 질량 분광법(ICP-AES 및 ICP-MS)은 용액에 시료를 넣어야 하는, 일반적으로 사용되는 기술이다. 무기 시료 또는 유기 물질을 포함하는 시료를 분해하기 위한 다양한 시료 처리 방식이 존재한다. 모든 무기 물질에 적용할 수 있는 통상적인 방법의 부재로 무기질화는 시료에 따라 적용할 수 있는 적당한 방법으로 해야 한다. **무기질화(mineralization)**로 알려진 처리는 건식 공정(예: 오븐 가열) 또는 습식 처리(산 처리)를 사용하여 수행된다. 고전적인 공정으로는 리튬 메타보레이트와의 융합 또는 산 $HF-HClO_4$의 혼합물로 삭히는 과정이 포함된다.

강산에 의한 무기질화는 한 세기 가까이 지속적으로 진행된 기초적인 방법으로 배연 흡입 장치 안에서 용기를 개방하여 사용하므로 교차 오염과 끓어 넘치는 위험이 있다. 이러한 실질적인 문제 외에도 이 조건에서 취급하기에 불가능한 시료 매질(휘발성 또는 반응성이 없는 물질, 특정 금속류, 중유나 목탄)도 있다.

이 분야에서 마이크로파 삭임기의 등장으로 실질적인 진전이 있었다(그림 21.8). 마이크로파 소화조에는 시료를 공격 용액(탄화 또는 산화에 필요)과 접촉시키기 위해 부피가 수 mL인 작은 테플론 용기의 오토클레이브 세트가 포함된 50-l 오븐이 있다. 마이크로파의 영향으로 산성 용액이 압력을 가하면 정상 끓는점에 매우 빨리 도달한다(압력솥에서와 같

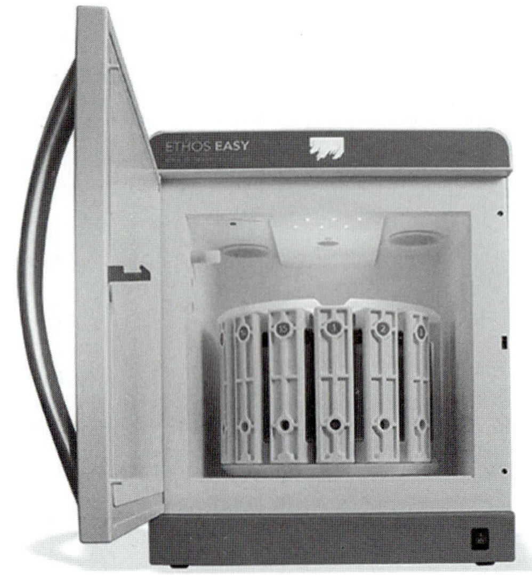

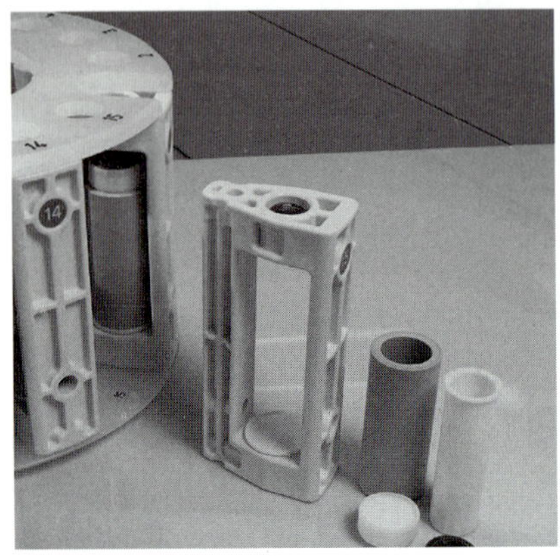

그림 21.8 마이크로파 소화조 15개입 회전 장치와 오토클레이브 장치의 모습. Milestone의 Ethos UP 모델.

은 효과). 어떤 경우에는 90% 이상의 시간을 절약할 수 있다. 이러한 조건에서 황산 또는 과염소산에 의한 소화, 산화 매질에서 가수분해 또는 Kjeldhal 가수 분해나 무기질화가 완성될 수 있다. 이 시스템은 매우 안전하게 자동화될 수 있다.

21.9 온라인 분석기

모든 실험실 기기 분석 방법은 실제로 pH 측정에서 NMR까지 한 장소에서 분석이 이루어져 왔었다. 일반적으로 분석 기기는 다른 연구실험실에서 사용하는 것들보다 다양하지는 않다. 특수 목적 측정에 전용으로 사용되며 열악하거나 유해한 환경에서도 작동할 수 있도록 견고해야 한다. 분석하고자 하는 생성물의 중심에 선택적인 센서를 넣어두는 것이 항상 가능한 것은 아니다. 분석을 위하여 분석 물질을 응용할 처리법에 적합한 만큼의 일정량을 미리 마련하여 두는 것이 좋다.

이 장의 요점

1. 많은 물리화학적 기법에서 시료 중 분석 물질을 측정할 때의 전처리 과정은 성공적인 화학분석을 위한 핵심 단계이다.
2. 다양한 목적을 고려해 볼 때 온라인 분석기 사용의 목적은 측정의 선택성을 개선하고 가능하면 소

량의 유기 용매를 사용하는 것('녹색' 접근 방식) 등에 있으며, 검출기의 감도 영역에 충분히 도달하기 위해 분석물을 농축하기 위한 것도 그 목적이 된다.

3. 총 분석 시간을 좌우하는 시료 전처리를 자동 온라인 접근 방식으로 구성할 수 있다.
4. 미량 분석 시 수백 종의 다른 간섭 화합물을 포함할 수 있는 샘플 매트릭스로부터 분석 대상 물질을 추출한 후에야 비로소 측정을 시작할 수 있다.
5. 크로마토그래피 분석을 성공적으로 수행하기 위해서는 액체/액체 추출(LPE 또는 LPME), 칼럼 또는 섬유(SPE, SPME, SPDE)에서 추출한 후 열 탈착을 포함하는 추출 방법 등 다양한 기법 중 최적의 분석 방법을 선택해야 한다.
6. 2차원 크로마토그래피에서 1차원 단계란 분석물의 준비 단계에 해당한다.
7. 휘발성 화합물(GC) 분석용으로 사용되는 상층부 기술은 정적 또는 동적 모드가 있다. 씻어내기 및 포집(purge and trap) 시스템은 열 탈착을 포함한다. 정적 모드는 휘발성 화합물용으로, 동적 모드는 더 무거운 화합물용으로 사용된다. 정량 분석은 인증된 기준 물질을 사용하는 다중 표준물 첨가 방법을 기반으로 하는 경우가 많다.
8. 고체 매트릭스에 포함된 타겟 원소의(ICP/MS 및 AA의 경우) 측정에서는 원소의 용해화 과정이 진행된다. 용해시키는 기법에는 마이크로파, 혹은 건식 또는 습식 무기질화 방법을 이용한 매트릭스의 분쇄 과정이 포함된다.

22장 기초적인 통계적 매개변수

서론

화학 분석도 다른 많은 과학 분야에서처럼 통계적 방법론이 꼭 필요하다. 마치 모든 가능한 오차를 측정할 수 있다는 것이 고려되는 경우에만 분석 결과를 신뢰할 수 있다고 여겨지는 것과 마찬가지로, 검정 곡선이 일상적으로 적용되고 있다. 일단 측정이 반복된 후에는 통계학적으로 자료를 이용할 수 있다. 그러나 가치가 없는 결과를 얻는 것을 피하고, 의미 있는 품질을 보증하려면 가설에 근거해 표본을 추출하고, 검정하는 과정이 필요하다. 계통 오차(사용자에 의한, 기계적인) 또는 합리적 한계를 벗어나는 결과를 만들어내는 우연 오차는 이 장에서 다루지 않는다. 이 장에서는 화학 실험에서 가장 많이 볼 수 있는 불가측 오차만을 다룬다.

22.1 측정 세트의 평균값, 정확도와 신뢰성

같은 시료에 대해 n개의 측정을 반복할 때, 특히 (화학적 용어의 의미로) 고도로 정밀하게 측정할 때, 각 측정 집단 내의 개별 측정값이 약간씩 다르다. 이 경우, 이러한 n개의 측정값의 산술 평균에 기초한 최종 결과의 추정에 대한 선호도는 **중심값(central value)** 또는 평균값(mean value) $\bar{x}$로 표현된다. 이 평균값은 임의적으로 구한 개별 측정값보다 더 정확한 것으로 받아들여진다.

$$\bar{x} = \frac{x_1 + x_2 + \cdots + x_n}{n} = \frac{\Sigma x_i}{n} \tag{22.1}$$

화학적 분석에서는 별로 쓰이지 않지만, 평균값에 대한 대안으로 중간값을 택하는 방법이 있다. 측정값을 크기순으로 배열한 후에, 이 값들의 중간에 위치하고 있는 결괏값이다. 예외적으로 측정값의 수가 짝수일 때는 중간에 위치한 두 값들의 평균을 취한다. 중간값은 비정상적인 값(이상한 값)은 포함시키지 않는다는 이점이 있다. 예를 들면, 측정값이 12.01, 12.03, 12.05, 12.68이라면 산술 평균은 12.19이고, 중간값은 12.04으로, 이 값은 주어진 예 중 마지막 값 12.68은 포함시키지 않았기 때문에 확실히 중간값이 평균값보다는 낮다(분산 0.67). 중간값은 비매개변수적인 통계적 방법이다(22.8절).

측정값이 임의로 변할 때 평균값을 미리 아는 것이 불가능하다. 그러나 중간값이 **정확한 값(exact value)**, 다시 말해 참값(true value) x_0(이 단계에서는 아직 알 수 없는)와 비슷해지도록 만드는 것은 같은 측정을 많이 반복하거나 비슷한 값들을 찾음으로써 되는 것은 아니다. 왜냐하면 계통 오차의 가능성이 존재하기 때문이다. 각각의 측정값 x는 실제값 x_0와 **절대 실험 오차(absolute experimental error)**의 합으로 생각해야 한다. 측정값 i에 대한 절대 오차 ϵ_i는 다음의 식으로 구할 수 있다.

$$\epsilon_i = x_i - x_0 \tag{22.2}$$

통계적 모집단의 경우로서 n이 아주 크다면 평균 $\bar{x}$는 **참평균(true mean)**이 되고, 계통 오차가 없는 경우의 **참값(true value)** x_0와 혼동될 수 있다. 이것은 측정값들이 정규 또는 Gauss 분포를 따른다고 가정한 것이다(그림 22.2 참조).

만약 참값 x_0를 알고 있다면(예를 들어, 구성원을 완전히 알고 있는 표준 집단의 분석), 결과의 **정확도(accuracy)**나 이용된 방법의 정확도는 참평균값으로부터 계산된 **전체 계통 오차(total systematic error)**로 규정될 수 있다(표 22.1과 그림 22.1을 비교).

$$\epsilon = \mu - x_0 \tag{22.3}$$

측정값의(혹은 평균값에 대한) **상대 오차(relative error)** E_R은 $|\epsilon_i|$(혹은 $|\epsilon|$)의 편차의 절댓값을 실제값으로 나눈 비율에 해당한다. E_R은 퍼센트나 ppm 단위로 나타낼 수 있다.

$$E_R = \frac{|x + x_0|}{x_0} \quad (x_i \text{ 또는 } \bar{x}\text{에 대한 } x) \tag{22.4}$$

만일 참값 x_0를 모르는 화학 분석에서는 대부분의 경우, 측정값 i에 대한 **실험 오차(experimental error)** e_i는 식 22.2에 x_0값 대신 평균값 $\bar{x}$를 넣어서 계산할 수 있다.

$$e_i = x_i - \bar{x} \tag{22.5}$$

e_i는 평균과 i번째 측정값 간의 수학적 편차를 나타낸다. 편차의 평균을 n으로 나누어 **평**

표 22.1 식 22.1, 22.2의 여러 가지 매개변수를 그룹지어 분석한 결과 예(참값 $x_0 = 20$)

화학자	1	2	3	4
측정 1	20.16	19.76	20.38	20.08
측정 2	20.22	20.28	19.58	19.96
측정 3	20.18	20.04	19.38	20.04
측정 4	20.2	19.6	20.1	19.94
측정 5	20.24	20.42	19.56	20.08
평균 $\bar{x}$	20.2	20.02	19.8	20.02
중간값	20.18	20.04	19.38	20.04
계통 오차 ϵ	0.2	0.02	0.2	0.02
상대 오차 E_R (식 22.4)	0.01 or 1% or 104 ppm	1×10^{-3} or 0.1% or 1000 ppm	0.01 or 1% or 10^4 ppm	1×10^{-3} ou 0.1% or 1000 ppm
분산 (s^2)	7.84×10^{-4}	0.1183	0.1772	3.6×10^{-5}
표준 편차(s)	**0.028**	**0.344**	**0.421**	**0.006**
결과의 검정	정밀하지 않음 정확함	정밀하지 않음 정밀함 정확함	정밀하지 않음 정밀하지않음 정확함	정밀함 정확함

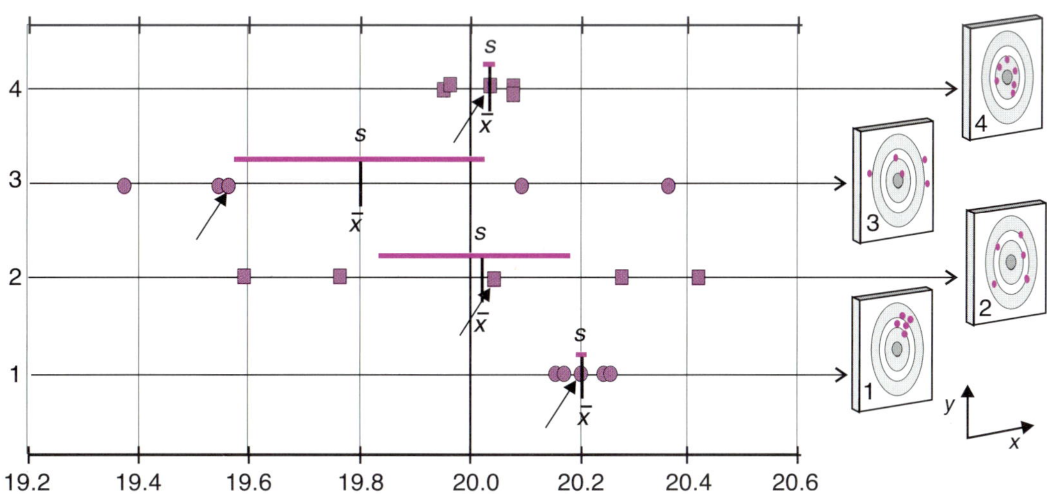

그림 22.1 표 22.1의 데이터를 그래프로 그린 예 정확도와 정밀도를 예시하기 위해 표준 편차는 식 22.8로부터 계산되었다. 화살표로 나타낸 평균값과 짧은 수직 막대로 표시되어 그래프에 나타낸 산술 평균과 차이가 있다는 점을 기억하라. 화학자 3과 화학자 4 사이의 차이는 꽤 크다. 화학자 1은 계통 오차를 범했을 가능성이 있다. 오른쪽에는 알기 쉽게 과녁으로 표시된 정확도와 정밀도의 고전적인 예시가 나타나 있다. 이 상은 x와 y 양쪽에 불확실성이 존재하기 때문에 표시되어져야 할 것보다는 간단하게 표시되지 않았다.

균 편차(**mean deviation**) $\bar{d}$를 구하면 정밀도를 평가할 수 있다.

$$\bar{d} = \frac{\Sigma|x_i - \bar{x}|}{n} \tag{22.6}$$

마지막 식에서 실험적 오차의 절댓값은 수학적 값에서 나왔기 때문에, $\bar{d}$라는 매개변수는 n이 증가함에 따라 빠르게 0으로 수렴하는 경향을 보인다.

22.2 분산과 표준편차

하지만 위의 정밀도(**평균 편차**(**mean deviation**))는 통계적으로 해석할 수 없기 때문에 불편하다. 왜냐하면 각각의 편차가 크거나 작은 두 경우 모두, 같은 확률은 아니라 하더라도 같은 가중치를 갖기 때문이다. 편차의 제곱의 합은 통계학에서 **정밀도**(**precision**)(재현성)의 정의에 주로 이용되는데, **분산**(**variance**) s^2이라고 하며, 다음과 같은 n 측정값의 식을 이용해 계산한다.

$$s^2 = \frac{\Sigma(x_i - \bar{x})^2}{n - 1} \tag{22.7}$$

분산의 제곱근은 **표준편차**(**standard deviation**)인데, 두 가지로 모두 표시 가능하다. n 측정값의 개수가 작을 때에는 s를 이용하고, 측정값의 개수가 많은 경우에는 σ를 이용한다. 표준편차는 같은 식에서 x로 나타나 있는 데이터들의 '분산 지표'이다.

계산기나 관계 프로그램 소프트웨어는 이에 상응하는 기능을 가지고 있다(측정값이 무한수일 경우 s는 σ로 대체하며, $n-1$은 n으로 대체한다).

$$s = \sqrt{s^2} = \sqrt{\frac{\Sigma(x_i - \bar{x})^2}{n - 1}} \tag{22.8}$$

결과를 비교하거나 방법의 불확정도를 나타내고 싶은 경우에 s는 종종 상대적인 식으로 쓰인다. 계산은 **상대 표준편차**(**relative standard deviation**)(혹은 RSD)로 나타내고, 이것은 **변동 계수**(**coefficient of variation**, CV)라고도 불리며 퍼센트로 나타내는 경우가 가장 많다.

$$CV = 100 \times \frac{s}{\bar{x}} \tag{22.9}$$

> 많은 실험값이 연관되어 있는 계산식에서 분석 결과가 얻어질 경우, 각각의 값은 고유의 표준편차를 가지며, 결과적으로 오차의 확대가 생긴다. 결과의 정밀도는 통계학과 관련된 가장 기초적인 교과서에 있는 간단한 식을 이용해서 구한다.

22.3 우연 오차 혹은 불가측 오차

계통 오차가 없을 경우 우연에 의한 우발적 오차가 존재하는데, 이것은 불가측적인 성향이 있으므로 제어할 수가 없다. 그 방향과 폭은 측정값마다 다양하고 재현성이 없다. **오차 곡선**(**error curve**)의 수학적 분석은 각 수치의 산술 평균 $\bar{x}$가 **참평균**(**true mean**) μ의 최상의 추정치라는 결론에 도달하게 된다(그림 22.2).

이 곡선의 좌우 대칭과 모양은 다음을 나타낸다.

- 참 평균값에 대해 같은 수의 오차를 가지며 같은 수의 음의 오차와 양의 오차가 존재한다.
- 작은 오차가 큰 오차보다 더 빈번하다.
- 가장 자주 보이는 값은 참평균 μ이다(오차 없이).

정규분포 법칙(종모양의 Gauss 곡선)은 임의 또는 우연에 의한 불가측 오차에 대한 분산을 가장 잘 나타내는 수학적 모델이다(식 22.10).

$$f(x) = \frac{1}{\sigma\sqrt{2\pi}} \exp\left[-\frac{(x-\mu)^2}{2\sigma^2}\right] \tag{22.10}$$

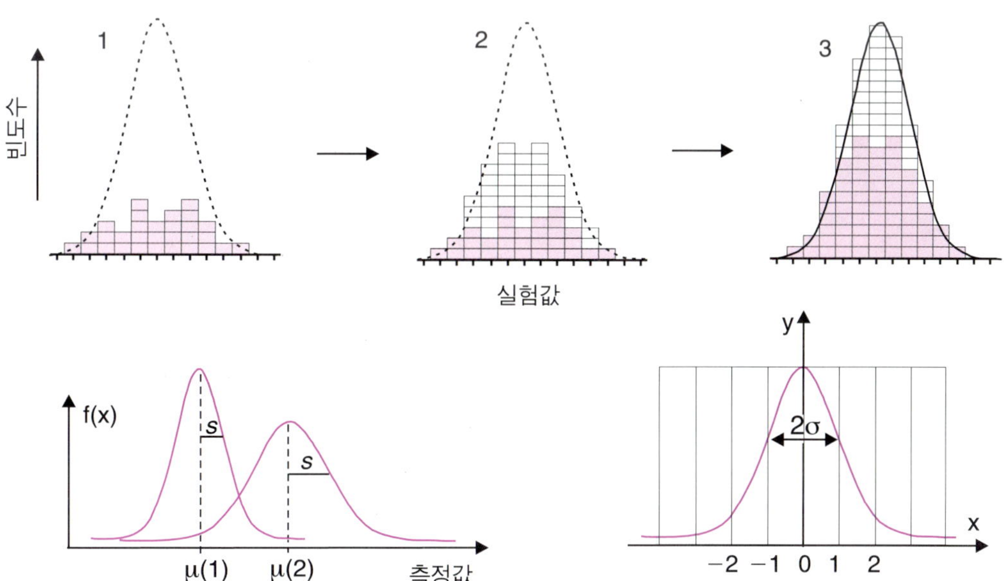

그림 22.2 **Gauss형 곡선** 측정값이 많고 그룹을 측정하는 간격을 좁힐 때 그래프 모양은 Gauss형 곡선의 형태(측정/빈도)를 나타날 것이다(정상 분포 법칙). 아래, 결과값의 두 계열 간의 간격. 두 개의 다른 참평균(μ)에 가까워져 있다. 만일 측정값이 매우 작을 때는 평균 분포를 나타내는 것이 불가능하다. 아래의 오른쪽에 Gauss 분포의 다른 변환된 형태가 보인다.

이 식을 보편적으로 만들기 위해서 x축은 모집단 실제 평균 μ로, 그 표준편차는 σ로 사용되었다(그림 22.2).

만약 $X = \frac{x - \mu}{\sigma}$라면 식 22.10은 다음과 같이 된다.

$$f(X) = \frac{1}{\sqrt{2\pi}} \exp\left[-\frac{X^2}{2}\right] \tag{22.11}$$

측정값의 수가 아주 크지 않다면 그 분포를 아는 것이 중요하다. 곡선은 결과의 신뢰도 Re에 대한 수득률 정보를 준다. 참값의 평가로써 평균의 신뢰도는 측정 횟수 n의 제곱근값에 따라 증가한다.

$$Re = K\sqrt{n} \tag{22.12}$$

따라서 측정 횟수 n_1의 수가 더 큰 수인 n_2로 늘어날 때, 신뢰도 Re는 인자 k에 의해 개선된다.

$$k = \sqrt{\frac{n_2}{n_1}} \tag{22.13}$$

분포 함수는 함수 $f(X)$의 적분값이다. 이 함수는 참평균값에서부터 $\pm 2\sigma$ 폭 사이 안에 95.4%가 있다. 그러므로 주어진 측정값과 관련된 오차가 $\pm 2\sigma$ 폭 사이 안에 있을 확률도 95.4%이다. 표준편차 σ의 값이 큰 것은 분포 곡선이 넓어진다는 것을 의미한다. 만약 측정값의 수가 작으면(몇 개 단위), σ를 추정하는 대신 s을 택해야 한다(그림 22.2). n값이 큰 것이 더 정확한 결과가 나온다.

그래서 s와 $\bar{x}$는 전체 모집단과 관계있는 σ와 참평균 μ의 추정치이다. 실제에서는 참평균 μ나 표준편차 σ를 아는 것은 불가능하다. 왜냐하면 n 수에 제한이 있을 것이기 때문이다. 그래서 s는 계산되어야만 한다. 그 밖의 다른 경우에 많은 수의 같은 시료에 대한 반복적 측정이 가능한 경우, 표준편차에 대한 카이제곱 검정(χ^2 검정)은 도수 분포가(값이 기록된 곳에 몇 개가 있는지) 정규분포 법칙을 따르는 집단의 크기에 따라 의미 있는 차이를 나타낸다는 것을 확인하기 위해 쓰인다. 적당한 소프트웨어를 사용하지 않으면 이 정규성 검정의 계산에는 많은 시간이 걸린다.

22.4 평균의 신뢰 구간

측정 횟수 n이 작고(예를 들어, n이 4~15 사이에 있는 경우), 계통 오차가 없다면, 참평균 μ는 산술 평균 $\bar{x}$와는 상당히 다를 수 있다. 참평균의 추정은 그래서 참값이 포함된 신뢰 구간 안에서 주어진 확률(예를 들어, 95%)에 따라 계산되어 만들어진다.

신뢰 구간(confidence interval)은, 평균 $\bar{x}$ 근처에서 참평균 μ가 포함되도록(혹은 계통 오차가 없는 x_0), 다음 식으로 구할 수 있다.

$$\bar{x} - \frac{t \cdot s}{\sqrt{n}} \leq \mu \leq \bar{x} + \frac{t \cdot s}{\sqrt{n}} \tag{22.14}$$

식 22.14에서 student 계수(student's coefficient)가 통계적 인자인데, 이것은 n과 선택된 신뢰수준에 의존한다. 이 측정값들은 표 22.2에 있다. n이 클수록 이 구간이 작아지고, s는 측정값 시리즈의 표준편차가 될 것이다.

스튜던트 변수 t 검정은 측정값의 수와 같게 조절되며, 이것은 먼저 선택된 신뢰수준의 결과를 얻기 위해서이다.

만약 평균 $\bar{x}$처럼, 참값 x_0(혹은 참평균 μ)를 알고 있다면, 식 22.14는 선택된 신뢰도에 따라서 t의 값을 계산할 수 있게 해준다($n < 20$이면 식 22.15, 그 외에는 22.16). t의 값은 n 수에 따라 표 22.2에 나온 것보다 더 커지게 되고 이것이 계통 오차가 된다.

$$t = \frac{|\bar{x} - \mu|}{s} \sqrt{n} \tag{22.15}$$

$$t = \frac{|\bar{x} - x_0|}{\sigma} \sqrt{N} \tag{22.16}$$

측정방법상 시료의 참값 x_0를 알고 있는 경우 신뢰구간이 계산된다. 그러나 후자가 계산

표 22.2 양측성 신뢰 계수 student's t 값(student 분포의 계산)

n	신뢰수준 90%	신뢰수준 95%	신뢰수준 99%
2	6.31	12.71	63.66
3	2.92	4.30	9.93
4	2.35	3.18	5.84
5	2.13	2.78	4.60
6	2.02	2.57	4.03
7	1.94	2.45	3.71
8	1.90	2.36	3.50
9	1.86	2.31	3.36
10	1.83	2.26	3.25
11	1.81	2.23	3.17
12	1.80	2.20	3.11
15	1.76	2.14	2.98
20	1.73	2.09	2.86
30	1.70	2.05	2.76
60	1.67	2.00	2.66
120	1.66	1.98	2.62
9,999	1.65	1.96	2.58

된 신뢰구간에 속하는지는 아직 확인된 것은 아니다.

아래 식에서 신뢰구간을 계산하기 위해서는 **평균의 표준편차(standard error of the mean)**를 구하는 다음의 식을 쓰면, 표준편차 또는 표준편차의 불확정도를 알 수 있을 것이다.

$$s_{\bar{x}} = \pm \frac{s}{\sqrt{n}} \tag{22.17}$$

22.5 결과의 비교-매개변수 검정

두 가지 방법으로 얻은 결과를 비교할 필요가 있을 때, 또는 한 가지 분석 방법에 두 가지 기기를 사용했을 경우, 또는 같은 시료에 대해 두 실험실에서 실험했을 경우, 통계학적 검정을 거쳐야만 한다. 여기에 큰 두 줄기가 있는데, **매개변수 검정(parametric test)**과 **비매개변수 검정(nonparametric test)**이다. 첫 번째는 데이터가 정규분포에 따라 분포되어 있다고 가정한다(student's t 표에 있는 값들을 근거로 하여). 이에 반해 비매개변수 검정은 일명 **Robust 통계학(robust statistics)**에 근거하는데, 이것은 비정규 수치에 대해 덜 민감하다. 분석화학에서 다루는 데이터의 경우, 데이터 개수가 대단히 많은 경우는 별로 없다. 그러므로 통계적 시험은 추정을 거쳐야 한다. 통계적 시험은 받아들일 수 있는 정밀도(예를 들어 10, 5, 1%)의 한계와 연관이 있다.

22.5.1 두 분산값 비교, Fisher-Snedecor 법칙

서로 다른 두 가지 세트의 결과로 얻은 표준편차 s_1과 s_2의 비교는 **분산 등가(equality of variance)**의 시험으로 알려져 있다. 이 시험에서 두 분산의 비인 F 인자는 $F > 1$이 되도록 분산의 비율로 계산된다.

$$F = \frac{s_1^2}{s_2^2} \tag{22.18}$$

분산들의 차이가 심하지 않다면, 이 **영가설(null hypothesis**, 통계학적 전문용어)의 비율은 1에 가까워야 함을 나타낸다. 그러므로 관측 개수로 만들어진 F의 Fisher-Snedecor 값으로 기준값이 얻어진다(표 22.3). 만일 계산된 F값이 표에서의 F값을 초과하면 평균들은 매우 큰 차이가 있다고 생각할 수 있다. 가변도 $s_1{}^2$이 $s_2{}^2$보다 훨씬 더 크기 때문에, 두 번째 측정값들은 더 정밀한 값이 된다.

이 시험을 Robust 통계학(비매개변수 시험)에 적용하는 데에는 단순하게 두 분포(두 최대 측정값 사이의 차이)를 이용해 $F = R_1/R_2$의 비율을 계산해서 두 시리즈를 비교한다.

표 22.3 95% 신뢰구간에서의 F 한계값의 요약

측정수 (분모)	측정수 (분율 F의 분자)						
	3	4	5	6	7	10	100
3	19.00	19.16	19.25	19.30	19.33	19.38	19.50
4	9.55	9.28	9.12	9.01	8.94	8.81	8.53
5	6.94	6.59	6.39	6.26	6.16	6.00	5.63
6	5.79	5.41	5.19	5.05	4.95	4.78	4.36
7	5.14	4.76	4.53	4.39	4.28	4.10	3.67
10	4.26	3.86	3.63	3.48	3.37	3.18	2.71
100	2.99	2.60	2.37	2.21	2.09	1.88	1.00

표 22.1의 예 중에서, 2번과 3번 실험자 사이의 결과는 95%의 신뢰도 범위에 있어서 유의미하게 다르다고 보이지 않는다. 이들에 대해서 $F=1.5$이며, 표 22.3은 두 자료 세트가 다섯 개의 측정에 대해서 $F \geq 6.39$일 때만 유의미하게 다르다는 것을 보여준다.

22.5.2 두 실험 평균, $\bar{x}_1$과 $\bar{x}_2$의 비교

가끔 실제값을 모를 때, 두 측정값 사이에 확실한 차이가 있는지를 알기 위해 그 둘에서 얻어진 평균을 비교해 보는 것이 바람직하다. 처음에는 두 평균이 정밀도의 측면에서 큰 차이가 있는지를 결정해야 한다(22.5.1절 참조). 다음으로 식 22.19를 써서 대역적 또는 합동 표준편차 s_p를 계산한다. 그후에 식 22.20을 이용해 t값에 상응하는 값을 계산한다. 이것은 $n=n_1+n_2-2$를 통해 표의 값과 비교하고 선택한 신뢰도와 비교한다. 만약 표의 t값이 계산한 값보다 크다면, 두 평균이 그다지 큰 차이를 보이지는 않는다는 결론을 내릴 수 있다.

$$s_p = \sqrt{\frac{(n_1-1)s_1^2+(n_2-1)s_2^2}{n_1+n_2-2}} \tag{22.19}$$

$$t = \frac{|\bar{x}_1-\bar{x}_2|}{s_p}\sqrt{\frac{n_1 n_2}{n_1+n_2}} \tag{22.20}$$

22.5.3 분석 물질의 검출 한계에 대한 추정

식 22.19와 22.20은 검출 가능한 분석 물질의 가장 작은 농도를 추정하는 데 유용하다. 그러나 미리 선택된 신뢰수준을 가지고 정량되지는 말아야 한다. 두 평균 중 하나는(예를 들면, $\bar{x}_2$) 분석의 대조군(blank)으로 만들어진 측정의 결과로 간주된다. 이것은 $\bar{x}_b$로, 표준편차는 s_b로 나타낼 수 있다. 만약 $n_1=1$이라면, 식 22.19는 식 22.21에 의해 $s_p=s_b$로 단순화된다(표 22.2에서 n_1+n_b-2의 값을 뽑아 t값으로 이용한다).

$$\Delta x = \bar{x}_1 - \bar{x}_b = \pm t \cdot s_b \sqrt{\frac{n_1+n_b}{n_1 \cdot n_b}} \tag{22.21}$$

만약 측정 대상의 표준편차가 0.3 μg이 되도록 6개의 측정값을 분석의 대조군으로 선택하면, 식 22.21은 99% 신뢰수준에서, 검출 한계는 1.31 μg으로 계산된다. 만일 단일 측정인 경우에는 0.59 μg의 값으로 5개의 측정값이 만들어진다($\bar{x}_b = 0$). 경험적으로 기계의 검출 한계는 농도에 상응한다고 할 수 있는데, 농도는 그 상대 농도(중앙값 $\bar{x}$)가 95% 신뢰도로 10개의 분석 대조군을 위해 계산된 표준편차의 2배가 된다. 정량값의 한계는 언제나 검출 한계보다 높다.

22.6 *Q* 검정(혹은 Dixon 검정)의 기각 기준

가끔은 세트 안의 값이 이상해 보인다. 이 지점의 데이터를 기각하고 싶어질 수도 있겠지만, 주어진 확률의 관점에서만 이상한 값이라는 점을 기억해야만 한다. 이상한 값을 보존하거나 기각하기 위한 간단한 통계적 표준이 존재한다. 이것이 Dixon 검정이며, 다음 비의 계산으로 구성된다(적어도 7개 이상의 측정값이 있다는 조건하에).

$$Q = \frac{\text{의심스러운 값} - \text{의심스러운 값에 가장 가까이에 있는 값}}{\text{가장 큰 값} - \text{가장 작은 값}} \tag{22.22}$$

이런 식으로 계산된 Q값은 데이터의 개수에 따른 함수로서의 Q 기준값 표와(표 22.4) 비교된다. 만약 $Q_{계산값}$이 $Q_{기준값}$보다 크면 문제의 값은 기각될 수 있다.

주의: ASTM 기준(American Society for Testing Materials)은 이상한 값에 대한 기각할 때 다른 검정을 사용하는데, 축소 중간값 $e_i = (x_i - \bar{x})$이라고 불리며, 독자적인 값의 표를 갖는다. 이 원리가 되는 Henry 곡선은 더 상급 통계책에서 다루어진다. 또한 시각적 접근을 이용해 이상값을 발견하는 좋은 방법도 있다.

표 22.4 양측성 student 신뢰 계수 *t* 값(student's 분포의 계산)

측정수, *n*	신뢰 수준 95%	신뢰 수준 99%
3	0.94	0.99
4	0.77	0.89
5	0.64	0.78
6	0.56	0.70
7	0.51	0.64
8	0.47	0.59
9	0.44	0.58
10	0.41	0.53

22.7 검정 곡선과 회귀 분석

기기를 이용한 정량 분석은 주로 상대적인 방법을 기초로 한다. 예를 들면, 분석 물질을 포함한 시료와 분석 물질과 동일한 농도를 가진 표준 물질은 같은 세팅을 한 기기를 이용할 때 동일한 신호를 만들 것이다. 그러면 검정 곡선 또는 사용하는 곡선은 분석 물질 농도의 함수에 따라 분석 물질의 신호의 값으로부터 그려진다. 이후에 이 검정 곡선(calibration curve)은 모르는 시료의 농도를 결정하기 위해 사용되거나, 사용한 기기의 반응을 측정하기 위해 사용된다. 전통적으로 그래프에서 가로좌표는 농도, 세로좌표는 신호값이다.

선택한 가설에 따라 각 점의 위치가 오류로 인해 달라진다는 것을 알면, 검정 곡선이 정의된다. 다른 말로 하면 기기에 의해 구해진 신호(y축)는 농도 함수(x축)에 의해 y값을 평가할 수 있게 해준다. 그러므로 결괏값의 불확정성은 측정값과 또한 함수를 위해 선택된 모델과 연관된 불확정성의 누적이다. 이러한 검정 곡선의 해석을 '통계학적 방법'이라고 부른다. 정량 분석 소프트웨어는 많은 계산 모델에 사용된다. 여기서는 단순 선형 회귀(simple linear regression)에 관해 원리적 결과만이 주어졌지만, 통계적 접근은 정량 분석에서 아주 자주 이용된다(그림 22.3).

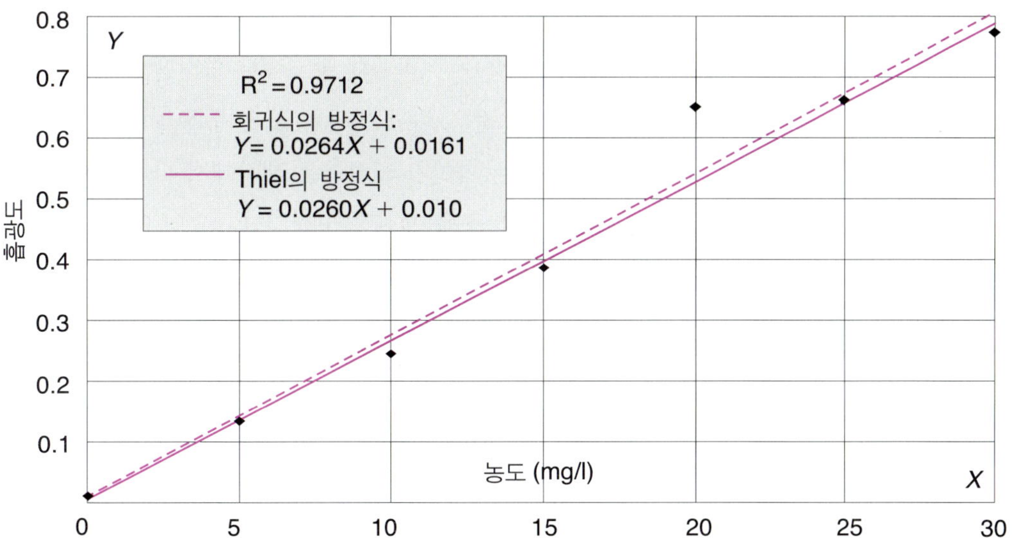

그림 22.3 선형회귀와 **Thiel**의 선 표 22.4의 데이터에 대응하는 것이다. 두 선이 매우 근접해 있다고 해도 다른 결과를 나타낸다. 예를 들어 $y = 0.5$이면 $x = 18.85$(Thiel)이고, $x = 18.33$(선형회귀)이므로 그 차이는 3%에 가깝다. 스프레드시트가 내재되어 있는 회귀 기능을 보여줄 것이고, 데이터 세트에 대한 최적 선을 찾을 것이다.

22.7.1 단순 선형 회귀

다수의 검출기에 대한 감응이 측정된 변수의 함수에 의해 선형으로 나타날 경우, 기기와 마찬가지로 실험적 환경으로 인한 차이를 고려했을 때, 가장 적합한 직선의 매개변수를 찾는 것이 목적이다.

오차가 생겼다면 어떤 오차인가? 모든 실험 포인트에 동일한 가중치로 개입해야 하는가? 최소제곱법(least squares method)에 의한 조정은 두 변수 중 한 변수에는 오차가 없으며 또 다른 변수에 무작위적인 결과값의 변동이 있을 수 있다. 이 방법은 가장 흔히 적용되는 방법이다. 회귀방적식 $y = a\chi + b$의 계수 a와 b뿐만 아니라 a에 대한 표준편차, y에 대한 추정치는 정량 분석 소프트웨어에서 도출될 수 있는 어떤 식의 수치에 의해 표시될 수 있다.

더욱이 차원이 없는 **Pearson 상관 계수(correlation coefficient)** R은 x와 y 변수 간의 선형 관계에 대한 신뢰도의 척도이다. +1 혹은 −1의 값은 두 변수 사이의 강한 상관관계에 의해 변환된다. 이 방법은 y의 오차가 정규분포를 따르고 R^2인 결정계수는 χ의 변동이 y 변동과 겹쳐져 발생하는 총체적인 변동에 대한 정보를 전달한다.

$$a = \frac{n\Sigma x_i y_i - \Sigma x_i \Sigma y_i}{n\Sigma x_i^2 - (\Sigma x_i)^2} \qquad (22.23)$$

$$b = \frac{\Sigma y_i - a\Sigma x_i}{n} \qquad (22.24)$$

$$R = \frac{n\Sigma x_i y_i - \Sigma x_i \Sigma y_i}{\sqrt{[n\Sigma x_i^2 - (\Sigma x_i)^2] \cdot [n\Sigma y_i^2 - (\Sigma y)^2]}} \qquad (22.25)$$

고전적인 계산에서 실험 오차는 y값에만 영향을 주고, x의 농도에는 영향을 주지 않는 것으로 알려졌다. 이런 경우가 아니라면 데이터 점은 회귀 직선과 같은 품질을 갖지 않는데, 이것은 직선에서 더 멀리 떨어져 있는 데이터는 가치가 덜하다는 생각에서 나온 것이다. 비선형 방정식을 통해 직선의 방정식은 각 점의 비중을 계산해서 생긴다.

두 분석 방법이 아주 깊이 연관되어 있는지를 비교할 때, 각기 다른 농도의 n개 표준 물질의 시리즈는 두 가지 경로로 분석된다. 각각의 표준 물질은 그래프상의 한 점으로 표현되고, x는 처음 방법의 결과로, y는 두 번째 방법의 결과로 나타난다. 연관의 상관 계수 R은 식 22.26을 적용해 결정된다. 만약 얻어진 t값이 $n-2$ 자유도를 가진 테이블의 값보다 크면, 두 분석 방법 간에는 큰 연관성이 있다.

$$t = R\sqrt{\frac{n-2}{1-R^2}} \qquad (22.26)$$

22.7.2 다중 선형 회귀

다중 선형 회귀에 의한 분석은 결과(**종속 변수**(**dependent variable**))가 몇 가지 요인(**독립 변수**(**independent variable**))에 의존하고 있을 때 결과를 예측하게 해준다. 소프트웨어는 표준물질을 이용해 각 요인의 기여도를 결정함으로써 이런 종류의 계산을 해준다. 결과의 예측은 식 22.27과 같은 일반식이나 x에 대한 3개의 요인의 혼합식으로 계산된다.

$$y = a + bx_1 + cx_2 + dx_3 \tag{22.27}$$

예를 들어, 치즈의 단백질 구성성분은 질소 %(함량)와 연관되어 있다. 질소 함량은 서로 다른 파장으로 IR 흡광도를 측정함으로써 얻을 수 있다. 이 방법은 실험 데이터에 상응하는 Van Deemter 방정식의 A, B와 C 매개변수를 계산하는 방법과 동등하게 유용하다.

22.8 Robust 방법 또는 비매개변수 시험

통계학적 시험은 데이터가 정규분포를 따른다는 가정 위에서 발전되었다. 그러나 다른 분포를 보이는 결과를 위한 분석적 방법도 있다. 만약 그렇지 않으면 그들은 비대칭이거나 또는 대칭이지만, 비정규분포이다. 어떤 접근법에서는 이런 분포들이 정규분포의 이상한 값의 합성 결과로 여겨진다. 대수적 평균보다 중앙값을 사용하는 것이 대안적 접근법 중 하나이다. 표준편차는 평균 편차 MD로 대체된다.

$$MD = \sqrt{\frac{\pi}{2}} \cdot \frac{\Sigma|x_i - \bar{x}|}{n} \tag{22.28}$$

이런 상황에서 검정 곡선은 재고려될 수 있는데, 다음 예에서 보이는 것처럼 Thiel의 방법을 나타낸다.

비색 적정법(colorimetric titration)으로 7개의 데이터 포인트(x, y)의 시리즈를 위해 최상의 직선을 예측하기 위해서는, 우선 x값을 크기순(그림 22.4)으로 배열하는 방법이 필요하다. Thiel의 방법은 짝수의 데이터 포인트가 필요하기 때문에 중간값은 이 예에서 제외된다.

계산은 다음과 같다. 처음에 세 직선의 기울기를 계산하는데 이것은 각각 처음값과 그 중간값 바로 다음 값으로 이루어지고 그것을 계속한다. 계산된 3개의 기울기 값의 중간값은 선형 방정식의 a항으로 택해진다. 그 후에 6개의 b값을 $b_i = y_i - ax_i$를 통해 계산하고 이 역시 크기순으로 배열한다. 중간값은 직선의 b항이 될 것이다(그림 22.3, 그림 22.4).

화학에서 이 방법은 측정값의 개수가 너무 적어서 분포의 정규성을 확신할 수 없을 때 더욱 광범위하게 사용되어야 한다.

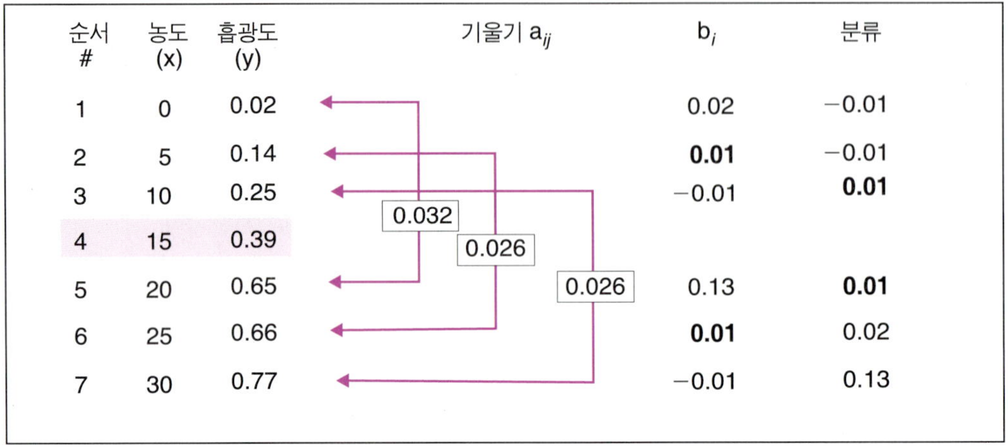

그림 22.4 7개의 데이타 세트에 대해서 **Thiel**의 방법을 이용한 직선의 방정식 계수를 찾기 위한 예

Thiel의 방법이 가진 세 가지 중요한 장점은 다음과 같다.

- y의 오차는 거의 없는것으로 가정한다.
- 오차가 정규분포 법칙을 따른다고 추정하지 않는다.
- 이상한 데이터가 선형 방정식의 최종 매개변수에 영향을 주지 않는다는 점에 주목한다.

22.9 OFAT(one-factor-at-a time) 방법을 이용한 최적화

측정값이 여러 요소에 영향을 받는 신호(흡광도나 형광 강도)에 의존할 때, 일반적으로 가장 강한 신호를 만드는 전체적인 조건을 찾는 것이 관습적이다.

만약 하나의 분석에 연관된 요소들이 독립적일 경우(이런 상황은 거의 발생하지 않지만), 일반적인 실험은 다른 요소는 모두 고정시키고 한 번에 한 요소(one factor at a time)만을 실험하고 나서, 각각의 영향을 단순 반복 방법을 이용해 연구하는 것이다.

감지기에 의해 측정된 값이 x와 y, 두 독립적 요소에 의존하고 있다고 가정해 보라. x 요소를 x_1값으로 고정시킨 후에야 신호에 대한 y 요소의 영향을 알 수 있다(신호는 3차원으로 측정된다). Y값일 때 신호는 최댓값이 되는 것이 관찰된다. 이 Y값이 선택되고 나서 x값은 이 값을 최적화시키기 위해 X값으로 달라진다(그림 22.5). 일반적으로 이 과정을 반복함으로써 좌표쌍 (X, Y)은 매번 약간씩 향상된 값을 준다.

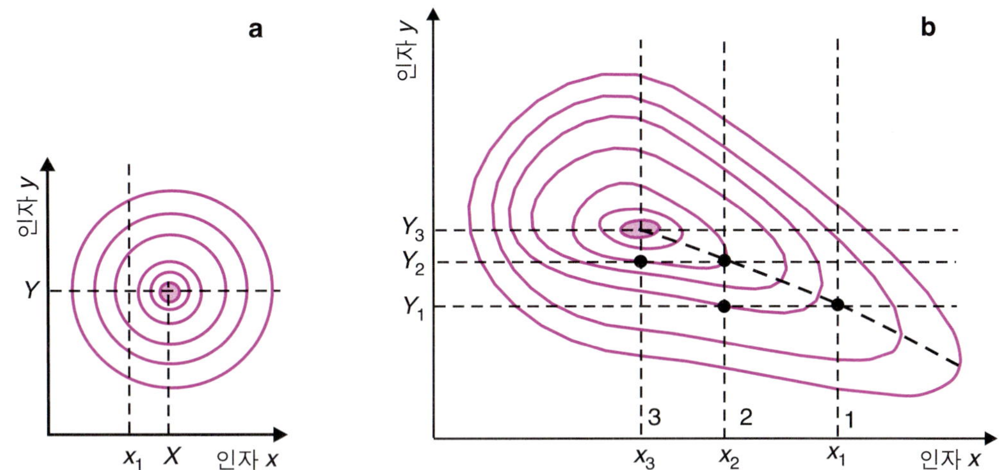

그림 22.5 '한 번에 한 가지 요소' 방법 만일 계속적으로 반응하는 표면이 있다면 iso-response 곡선이 다양한 최적의 환경을 만들 것이다.

이러한 반복적 방법은 간단하면서도 상식적으로 입증되기 때문에 좋지만, 늘 모든 문제에 있어 가장 좋은 접근법이 되는 것은 아니다. 만약 iso-response 곡선이 주목할 만한 산마루—두 요소 사이의 상호연관에 대한 수학적 도해—를 보이면서 복잡한 envelope를 구성한다면, 이전의 방법은 처음에 선택된 매개변수들에 의지하는 잘못된 최적값을 나타내게 된다. 이런 상황에 대한 좀 더 효과적인 방법은 DOE 통계적 기법을 설정함으로써 그 효과들을 동시에 연구하는 것이다. 이런 다른 접근법은 최소한의 시도를 통해 최적화된 조건을 찾는 데 목적이 있다. 이것은 연속적 간단 최적화 방법과 전문 서적에 쓰여져 있는 다른 종류의 설계들로 설명된다.

문제

1. 칼럼에 스쿠알렌(squalene)을 정지상으로 쓰고 각기 다른 조건을 사용할 경우, 벤젠(알려진 평균값=653)의 Kovats 요소에 대한 다음의 값이 결정되어 있다. 650, 652, 648, 651 그리고 649이다. 653이라고 주어진 값은 다른 계산된 값과 크게 다른가? (95% 신뢰도)

2. a. 개별 측정한 실제값은 131.9 μg/L이다. 네 명의 화학자(A, B, C, D)가 각기 다섯 번씩 같은 과정을 반복한다. 구해진 각각의 값은 표 P22.1에 있다. 정확도와 정밀도의 관점에서 결과에 대해 설명하시오(분산의 지표나 표준편차 s를 사용하시오).
   b. A와 B라는 두 명의 화학자가 2개의 서로 다른 장치를 사용했다고 가정하자. 이 장치들의 정밀

도가 분산의 테스트와 큰 차이가 있는지를 결정하기 위해서 분산 F를 적용하시오.

표 P22.1

화학자 A	130.7	131.6	133.5	132.3	132.6	129.1
화학자 B	125.0	132.3	136.9	137.9	125.9	131.6
화학자 C	136.7	134.5	134.1	135.4	136.0	137.6
화학자 D	130.7	109.9	131.9	115.6	131.3	132.6

3. 문제 22.2의 결과로 돌아가 특별히 화학자 A와 C를 보자. 만일 실제값이 131.9 μg/L라면 이 화학자들에 대해 매개변수 t의 상대적 값을 계산하고 비교하시오. A나 C의 데이터에 계통 오차가 있다고 결론내릴 수 있는가?

4. a. 4번 반복된 실험 측정값의 결과가 다음과 같다.

   24.24, 24.36, 24.87, 24.20, 24.10

   다른 값에 비해 커보이는 세 번째 값을 수용가능한 범위 밖에 있는 값(이상값)으로 생각해야 하는지 검증하시오.

   b. 이제 2개의 상보적인 측정값을 생각하라. 24.12와 24.25. 위에 놓인 식을 다시 한번 생각해 보고 표준편차의 계산값을 적용하여 결론을 내리시오.

5. 측정값이 기록되었고 두 가지의 다른 방법으로 6번씩 반복되었다. 각각 평균이 42($s=0.3$)이고, 평균 45($s=0.2$)이다. 이 두 방법이 확연히 다른 결과를 만드는가?

6. 한 화합물이 5번의 분석에 의해 99%의 순도와 $s=0.08$로 만들어졌다. 같은 화합물에 대해 4번의 통제 측정을 함으로써 다음과 같은 값을 얻었다.

   98.58, 98.62, 98.80, 98.91.

   원래의 값은 기각되어야 하는가?

7. 원자 흡수를 이용해 표준 물질의 시리즈가 다음과 같이 구해졌다.

농도 mg/L	1	2.5	5	10	20	30
흡수도	0.06	0.19	0.36	0.68	1.21	1.58

   a. 선형 회귀 방법으로 그린 그래프가 이 결과에 사용될 수 있겠는가?

   b. 만약 그렇다면 어떤 농도의 범위에서 사용할 수 있는가?

8. 측정값의 시리즈는 5번 반복되어야 한다. 분석에서 대조군으로 사용된 8개의 연속적인 값은 다음과 같다.

   0.3, 0.75, −0.3, 1.5, −0.9, 1.8, 0.6, 1.2

   99%의 신뢰수준을 적용해 검출 한계를 계산하시오.

해답

Chapter 1

1. We have $t_R = t_M(1+k)$. And $t_M = L/\bar{u}$ and $k = KV_S/V_M$, hence $t_R = (L/\bar{u})(1+KV_S/V_M)$.
2. Knowing that $V_R = t_R \cdot D$, we get: $\alpha = (V_{R(2)} - V_M)/(V_{R(1)} - V_M)$, i.e. $\alpha = 1.2$.
3. To transform Eq. (P1.1) into Eq. (P1.2), we add k, from $t_M = t_R/(1+k)$.
4. a. When peaks are neighbours, base widths are generally comparable. By posing $\omega_1 = \omega_2$ and by expressing ω_2 with its value as a function of *N2*, we obtain $R = ¼ \sqrt{N_2}\,(t_{R(2)} - t_{R(1)})/t_{R(2)}$. Then, we add k, by using $t_R = t_M(1 + k)$; finally, we introduce $\alpha = k_2/k_1$;
   b. The relationship given in the problem is obtained by rearranging the relationship for *R* (as a function of *k* and α) and substituting the relationship for N_{eff} from Eq. (P1.2) of problem 1.3.
5. 1. From the base relationship $R = 2(t_{R(2)} - t_{R(1)})/(\omega_1 + \omega_2)$, we can replace ω with its value depending on *N*, $\omega = 4t_R/\sqrt{N}$ and since $t_R = t_M(1 + k)$, we obtain Eq. (P1.5);
   2. We multiply the second member of (1), numerator and denominator by $(k_1 + k_2)$ and we obtain α ($\alpha = k_2/k_1$).
6. a. $\omega_{0.1} = a + b = 2A \bullet a$; $A = (a + b)/2a \Rightarrow b = a(2A - 1) \Rightarrow a/b = 1/(2A - 1) \Rightarrow$

$$N = 41.7\left(\frac{t_R}{2A \cdot a}\right)^2 \Big/ \left(\frac{1}{2A-1} + 1.25\right)$$

$$a = \left[41.7\left(\frac{t_R^2}{4A^2N}\right) \Big/ \left(\frac{1}{2A-1} + 1.25\right)\right]^{1/2}$$

   where $N = 53{,}000$ plates, $t_R = 1.58$ min and A = 1.07, and thus we get:
   a = 0.0142 min.
   b = 0.0162 min.
   $\omega_{0.1} = 0.0304$ min.

   b. $k = (t_R - t_M)/\,t_M$
   therefore, $k_4 = 4.43$ and $k_5 = 6.62$; $\alpha_{4\text{-}5} = k_5/k_4 = 1.47$;

$$R = 2\frac{t_{R5} - t_{R4}}{\omega_5 + \omega_4} = 2\frac{t_{R5} - t_{R4}}{\frac{4}{\sqrt{N}}(t_{R5} + t_{R4})} = 18.6$$

   (this assumes that the peak is Gaussian)

   c. $\beta = 136.6$;

   d. $K = k\beta$; $K_4 = 605$ and $K_5 = 884$; $K_5 > K_4$ means that solute 5 has more affinity for the stationary phase than solute 4; therefore, it is more retained and exits later.

7. %(ME) = 16.6; %(EE) = 16.6; %(PE) = 33.4; %(BE) = 33.4.

8. a. By adding *N*-methylserotonin before extraction, we do not have to take into consideration any potential loss of product due to the various manipulations. We suppose that the extraction yield is the same for these two compounds, which are very similar;
   b. $k_{S/NMS} = 1.002$;
   c. serotonin mass: 45 ng/ml.

Chapter 2

1. We consider that volume *V*, leaving the column every second, is equal to the internal volume of the column over length $\bar{u}$. The section of the column is $\pi ID^2/4$ and thus $V = \bar{u}\pi ID^2/4$. Flow rate $\mathfrak{D}$ expressed in ml/min (if $\bar{u}$ and *ID* are in cm) is then $\mathfrak{D} = 60V$. If we choose to express *ID* in mm, we write $\mathfrak{D} = 60\bar{u}\pi(0.1)^2 ID^2/4$, or $\mathfrak{D} = 0.47\bar{u}ID^2$.

2. a. The thermodynamic study of a chemical equilibrium leads to the formula:

$$\Delta G_T^0 = -RT\ln K_T = -RT\ln k\cdot\beta = \Delta H_T^0 - T\Delta S_T^0$$

$$\text{or}\quad \ln k\cdot\beta = -\frac{\Delta H_T^0}{RT} + \frac{\Delta S_T^0}{R}\quad \text{or}\quad \ln k = -\frac{\Delta H_T^0}{RT} + \frac{\Delta S_T^0}{R} - \ln\beta$$

   If we assume that enthalpy and entropy variations are constant in the temperature range in question and if we switch to log, we can write $\log k = -A + B/T$ if we assume the entropy variation < 0 (loss of disorder when the solute is fixed on the stationary phase) and the enthalpy variation < 0 (exothermic reaction).
   b. Coelution => $k_1 = k_2$, hence $\log k_1 = \log k_2$ and thus $T_1 = 421$ K or $t = 148$°C
   For $T < T_1$, $k_2 > k_1$, therefore **2** elutes after **1**.
   c. If $\alpha = 2$, this means that $k_2 / k_1 = 2$, or $\log k_2 - \log k_1 = \log 2$, and thus $T = 343$ K.
   d. $T = 423$ K thus $k_1 = 0.163$ and $k_2 = 0.161$; $K_1 = 40.73$ and $K_2 = 40.16$.

3. a. The cancelation of the first derivative of $H = f(u)$ enables us to find u corresponding to H_{min}, thus $u = 36.9$ mm/s; $H_{min} = 0.295$ mm.
   b. $N_{max} = L/H_{min} = 40{,}674$ plates.
   c. We are looking for the value of u that gives $N = 0.95N_{max}$ or $N = 38{,}641$ theoretical plates, thus $H = 0.310$ mm; $u = 50.2$ mm/s or $u = 27.3$ mm/s.

4. a. The order of elution follows that of the increasing boiling points. The alkenes, which are more polar than the corresponding alkanes, are less retained, which is expected from a nonpolar column.
   b. $\alpha = k_2/k$: $\alpha = 1.12$ (at −35°C), $\alpha = 1.11$ (at 25°C) and $\alpha = 1.09$ (at 40°C).
   c. Since the column is the same, the retention time decreases following the reduction in the partition factor $K = C_S/C_M$ with temperature.
   d. N = 138,493 theoretical plates.
   e. $H_{min\ theo} = 0.113$ mm.

5. a.

L (m)	a = √L	t_R (min)	t_R/L	R	R/a
15	3.87	3.7	0.25	2.05	0.53
30	5.48	7.5	0.25	2.91	0.53
60	7.75	15.3	0.25	4.15	0.53

b. t_R is proportional to length.
c. R is proportional to $\sqrt{L}$.
d. δ proportional to $\sqrt{L}$ and N is proportional to L.
e. δ = 0.0568 min, N_{60} = 148,166 plates.
f. N_{30} = 74,083 plates and N_{15} = 37,041 plates.

6. a. $t_M = L/u$ = 750 s = 12.5 min. For methane, k = 0, therefore K = 0 and $\Delta G_T^0 = -RT\ln K$ cannot be calculated.
b. The higher K is, the more solute is retained and the larger the absolute value of ΔG_T^0 is. Therefore, peak 10 → 2,4 dimethyl pentane, 11 → benzene, 12 → 2-methylhexane, 13 → 2,3 dimethyl pentane and 14 → 3-methyl hexane.
c. $N = 5.54\,(t_R/\delta)^2$ = 133,126 plates.
d. $\beta = ID/4d_f$ = 250.
e. $\Delta G_T^0 = -RT\ln K \Rightarrow K = \exp\left(-\Delta G_T^0 / RT\right) = 849$, $K = k \cdot \beta$ = 853. These are very close values.

7. a. N_{eff}, k, α; GC: methane.
b. The experiment described helps us write three equations for three unknowns, t_M, a, and b: (1) $\log(271 - t_M) = 6a + b$; (2) $\log(311 - t_M) = 7a + b$; (3) $\log(399 - t_M) = 8a + b$, thus t_M = 237.7 s.
c. Ik = 749. The McReynolds constant for pyridine on this stationary phase is 54.

8. The Kovats index of butanol is thus 645. Its McReynolds constant is: 645 – 590 = 55.

9. a. $t_M = L/u$ = 3,000/50 = 60 s, i.e. 1 minute. Peak No.1 probably corresponds to the solvent peak.
b. **D** = $V_M/t_M = \pi \cdot L \cdot (ID)^2/4\,t_M$ = 40.46 $mm^3 \cdot s^{-1}$, i.e. 2.4 ml/min.
c. $\beta = (ID)/4d_f$ = 321/(4 x 0.25) = 321.
d. HETP for peak No.2: $H = L/N$ with $N = 5.54 t_R{}^2/\delta^2$ = 27,555 plates => H = 1.09 mm.
e. $k = (t_R - t_M)/t_M k_2$ = 0.93 and k_3 = *0.99.*
f. $K = k \cdot \beta$, thus K_2 = 0.93 × 321 = 298.5; K_3 = 0.99 × 321 = 317.8.
g. $\alpha_{2\text{-}3} = k_3/k_2$ = 1.06.
h. $R_{2\text{-}3} = 1.18(t_{R3} - t_{R2})/(\delta_2 + \delta_3)$ = 1.2. The resolution between two peaks for a good separation must be at least 1.5. The two peaks are therefore not well separated. To improve this separation, retention times must be increased by reducing either the carrier gas flow rate or the oven temperature.
i. The higher the Kovats index is, the longer the retention time. Therefore, t_R values are in the following order: octane < toluene < methyl pentanoate.
ii. These retention times are in the order of growing polarity of the analytes; therefore, this is a polar column.

Chapter 3

1. a. For identical packing (same porosity ε_c), we get $\bar{u}_1/\bar{u}_2 = 1.06$.
   b. $V_R = 48 \times 4 = 192$ µl or 0.192 ml (*solvent savings*).
   c. i. Hold-up volumes are in the same ratio as the cross-sections of the two columns:

$$V_{M(0.3)} / V_{M(4.6)} = 0.0043.$$

The retention volume on the column (0.3 mm) is therefore equal to the retention volume of the column (4.6 mm) multiplied by 0.0043 (*i.e. 235 times less*).

   ii. As the quantity of product injected is the same, the product will be 235 times less diluted in the mobile phase, and the signal will thus be theoretically 235 times more intense (*increased sensitivity for detection*).

2. Compounds will be eluted in the order 1, 3 and 2.
3. (1,c) reversed phase; (2,a) gel permeation; (3,d) ion chromatography; (4,b) normal phase.
4. a. If α is equal to 1, the peaks overlap, and retention times are identical, which means that k, therefore $\log k_A = \log k_B$. The MeCN percentage must verify both expressions:

$$-0.0107\left[\%\text{MeCN}\right]+1.5235=-6.075\times10^{-3}\left[\%\text{MeCN}\right]+1.3283.$$ We find MeCN = 42.2%.

   b. Compound A: $k_{30} = 14$; $k_{70} = 8$; compound B: $k_{30} = 16$; $k_{70} = 6$. For 30% MeCN: $\alpha = 1.143$ and for 70% MeCN: $\alpha = 1.333$. By applying the formula giving the resolution according to k and α, we find that the term in α and k is 0.222 for 70% and 0.118 for 30%. Therefore, it is preferable to use the mobile phase at 70% of MeCN (much quicker separation).

5. a. For S1: $k_{at(1)} = 2.28 \times 10^{-6}$; $k_{at(2)} = 2.27 \times 10^{-6}$; $k_{sim(1)} = 2.19 \times 10^{-6}$; $k_{sim(2)} = 2.16 \times 10^{-6}$; for S2, $k_{at(1)} = 2.29 \times 10^{-6}$; $k_{at(2)} = 2.27 \times 10^{-6}$; $k_{sim(1)} = 2.20 \times 10^{-6}$; $k_{sim(2)} = 2.18 \times 10^{-6}$; for S3, $k_{at(1)} = 2.35 \times 10^{-6}$; $k_{at(2)} = 2.31 \times 10^{-6}$; $k_{sim(1)} = 2.23 \times 10^{-6}$; $k_{sim(2)} = 2.16 \times 10^{-6}$.
   b. $k_{at} = 2.29 \times 10^{-6}$ and $k_{sim} = 2.19 \times 10^{-6}$
   c. For the injected solution, $C_{at} = 340$ mg/l, $C_{sim} = 265$ mg/l; for river water, $C_{at} = 3.4$ mg/l, $C_{sim} = 2.65$ mg/l.

6. a. $V_R = 0.582$ mL, $t_R = 1.164$ min;
   b. $k = 0.455$;
   c. The retention time is multiplied by two, C_{max} is divided by $\sqrt{2}$;
   d. Maximum column length $L_{max} = 1.125 \times 10^7$ cm because the concentration at the peak summit is inversely proportional to the square root of the length: solution not possible, therefore we will not be under the detection limit.

7. During this treatment, silanol functions at the surface of the silica gel generate methane according to the reaction Gel-SiOH + $CH_3Li \rightarrow$ Gel-SiOLi + CH_4
12.5 mL of methane (resulting from 0.2 g of silica gel, therefore 370/5 = 74 m^2) corresponds for 1 m^2 to 12.5/(22,400 × 74) = 7.5×10^{-6} moles, and for 1 nm^2, i.e. a surface area that is 10^{18} times lower, to 7.5×10^{-24} mole. Considering Avogadro's number, the average silanol number is thus $7.5 \times 10^{-24} \times 6.02 \times 10^{23} = 4.5$ per nm^2.

Note. During silica gel grafting, one or two nontransformed silanol groups subsist. They are eliminated in an additional step called '*end capping*' using specific reagents.

8. a. HPLC in normal phase: nonpolar solvent and polar Lichrosorb CN stationary phase. Isocratic mode.

b. Concentration of the mother solution: C = m/V => C = 10 g/l; like for any other dilution, we use the expression $C_m V_m = C_d V_d$ (index m for mother solution, index d for the daughter solution).

Solution (g/l)	Vm in ml
0.1	1
0.2	2
0.3	3
0.4	4
0.5	5

Equation of the calibration curve: A = 61,220 C.

c. C_{S1} = 0.256 g/l. Anise-flavoured beverage C = 2.56 g/l.

Chapter 4

1. a. Such a phase corresponds to a polymer (250,000 < M < 900,000) that includes acid groups $-CH_2COOH$. It is weakly cationic. Since the separation pH is lower than classic pI values of proteins, these proteins are protonated on the basic functions ($-NH_3^+$);
   b. If we increase the pH, we decrease the ionic nature, and the proteins will be eluted faster. Here $pI_1 < pI_2 < pI_3$.
2. a. Potassium nitrate: m = 2.5857 g; calcium nitrate: m = 4.0938 g.
   b. Calibration line equation for K: $A = 0.2445C + 0.042$ (where C is in mg/l), Calibration line equation for Ca: A = 0.4325C − 0.079 (where C is in mg/l);
   c. S_2: 80.07 mg/l for potassium; S_1: 59.99 mg/l for calcium; $\%_{m/m}$ for potassium: 40%; $\%_{m/m}$ for calcium: 1.2%.
3. a. The iso-electric point defined by pHi = (½(pK1 + pK2)) is the pH for which the acid is in zwitterion form, which corresponds to the species $^+H_3N\text{-CHR-COO}^-$.
   b. For pH < pHi, the major form is $^+H_3N\text{-CHR-COOH}$.
   c. For pH > pHi, the major form is $H_2N\text{-CHR-COO}^-$.
   d. The table must be completed as follows:

Amino acid	pHi	Charge at pH = 2	Charge at pH = 7	Charge at pH = 11
Glutamic (Glu)	3.22	+	−	−
Leucine (Leu)	5.98	+	−	−
Lysine (Lys)	9.74	+	+	−

   e. For a column intended to separate cations, the three amino acids must also be in cation form. It must be placed at pH 2.
   f. The elution order will be the same as the pHi order, i.e. Glu, then Leu and then Lys.

Chapter 5

1. a. $R_{f(A)} = 0.45$; $R_{f(B)} = 0.55$; $N_A = 2{,}916$; $N_B = 2{,}788$; $H_A = 9.26 \times 10^{-4}$ cm; $H_B = 1.18 \times 10^{-3}$ cm.
   b. R = 2.67.
   c. $\alpha = 1.49$.
2. a. As this is a normal phase, the most polar compound will be the most retained. In order of increasing migration, first there will be C, then A and finally B.
   b. The elution order would be A, B, and C.
   c. The reverse order.
   d. $R_{f(A)} = 0.45$; $N = 635$; HETP = 0.1 mm.
3. First, weighted values of P are calculated, for the two phase MP1 and MP2.
   P_1: $5.8 \times 0.4 + 10.2 \times 0.5 + 5.1 \times 0.1 = 7.9$
   P_2: $5.8 \times 0.55 + 10.2 \times 0.4 + 5.1 \times 0.05 = 7.5$
   Then, we calculate new values of *k*:
   In normal phase (polar SP), $k_2 = 6 \times 10^{(7.9-7.5)/2} = 9.5$ (*k* increases because the MP is less polar, and the compound is therefore more retained on the SP).
   In reverse phase, $k_2 = 6 \times 10^{(7.5-7.9)/2} = 3.8$ (*k* decreases because the MP is more polar and the compound is thus more quickly entrained).
4. On the HPLC column, if we call its hold-up volume V_M and the retention volume of the analyte V_R, $V_R = V_M(1 + K)$. Knowing the relationship between *k* and R_f, i.e. $k = \frac{1}{R_f} - 1$, the result will be $V_R = V_M\left(1 + \frac{1}{R_f} - 1\right)$, which leads to $V_R/V_M = 1/R_f$.
   Practice shows that this is a simple indication rather than a specific calculation.
5. a. NO, by definition, α is always over 1.
   b. YES, if the retention time of the analyte is close to the hold-up time of the column.
   c. NO, these are two equivalent names.
   d. YES, see Van Deemter curves for example.
   e. NO, it decreases because in neutral or basic media, the acid is ionized, and therefore it has less affinity for a nonpolar column.
   f. NO, a temperature increase accelerates the migration of analytes and therefore reduces their retention time. For a given column (phase ratio β), *K* and *k* are related ($K = k \cdot \beta$).
   g. YES, in general this is the case. By reducing the proportion of water in the MP, we make the MP less polar and thus less polar analytes are more easily separated.
   h. NO, if the resolution is very high, such as in GC, the peaks are very thin and can be easily separated (*R* is over 1.5) even if the value of α is very close to 1.
   i. YES, this is the same SP/MP pair; therefore, the value of *K* will be the same for the tested compound. Since $k = K \times \beta$ and thus $K = \frac{k}{\beta}$, then *k* increases if β decreases for example.
   j. NO, 0.9 mg of solution is injected, i.e. a mass of **A** close to 9 µg. After the split, there will only remain 90 ng (and not 90 µg).
   k. YES, at least how we conceive of it in the plate model, in which each compound is subject to a succession of MP/SP equilibria.

l. YES. For example, if the flow rate is decreased during the elution of a compound, the area of its elution peak will increase, while its height depends only on the instantaneous concentration and the sensitivity of the detector. That is why for some assays, it is preferable to base concentration calculations on peak heights.

m. YES, on a normal, i.e. polar, phase, a nonpolar compound will tend to stay in the mobile phase and therefore migrate faster than a polar one.

Chapter 6

1. a. By direct application of the equation for optical purity:

$$Optical\ Purity(e.e.\%) = 100\frac{37-14}{37+14} = 100\times\frac{23}{51} = 45\%$$

Compound **A** has an optical purity of 45% (precision of a few %!) for the *R* enantiomer.

b. Metolachlor possesses one asymmetrical carbon (shown by (*) in Figure 6.8). If we examine a sample of racemic metolachlor with a chiral column, it should be possible to distinguish between the *R* and *S* isomers. However, for this molecule there is another type of isomer, called *atropisomers*, related to the existence of a steric barrier, which prevents rotation around the CN bond connecting the aromatic ring to the nitrogen atom. With a high-performance chiral column and under good analytical conditions, each enantiomer is doubled, which in the end gives four peaks on the chromatogram: Rα, Sα, Rβ and Sβ.

Chapter 7

1. a. The exclusion volume is about 4.5 ml. The pore volume is about 3.75 ml.

b. For the mass of 3,250 Da, $K = 0.29$.

c. In size-exclusion chromatography $K \leq 1$, except if there are interactions between the solute and stationary phase, creating a classic partition phenomenon which is superimposed on the diffusion into the pores.

2. By putting columns C and A end-to-end, the four polystyrene standards will be separated: four distinct peaks will be obtained.

3. a. $M = 30{,}475$ Da;

b. (2) $M_N = \dfrac{\sum_i A_i}{\sum_i \dfrac{A_i}{M_i}}$ and (3) $M_W = \dfrac{\sum_i A_i M_i}{\sum_i A_i}$;

c. Table

M_i	90,772	73,800	60,016	48,830	39,756	32,398	26,431	21,593	17,668	14,482	11,895	9,792

$M_N = 31{,}210$ Da, $M_W = 33{,}134$ Da

4. These industrial polymers result from a polyaddition mechanism of ethylene oxide.

Their general formula is H–[O–CH_2–CH_2]$_n$–OH, where *n* varies from one batch to another. Peak V_i comes from all macromolecules for which $K = 0$. Peak **3** corresponds to a pure compound ($n = 4$, M = 194 Da), its full width at half-maximum δ thus provides us with the efficiency N of this separation, unlike the other peaks. By measuring δ and t_R (both in mm), $N = 5.54\frac{t^2R}{\delta^2} = 5.54 \times \frac{110^2}{2^2} = 16{,}760$ plates. Based on the previous formulas, $K_1 = \frac{12.9-10}{23-10} = 0.22$ and $K_2 = \frac{17.8-10}{23-10} = 0.60$. The pore volume is equal to $V_p = 23 - 10 = 13$ ml.

5. If we assume that in an intermediate range, between the extremes, the column used presents a normal straight-line plot where log(Mass) = f(V(e)), we can deduce that P-gp has a molecular mass of 170 kDa. Beyond a certain mass (very large or very small), molecules cannot be separated on this column. Either they cannot penetrate into the pores, or the small molecules may penetrate totally. To establish the linear part of the graph, extreme values must thus be rejected.

Chapter 8

1. **a.** $\mu_{EP} = 2.88 \times 10^{-5}$ cm$^2 \cdot$ s$^{-1} \cdot$ V^{-1}.
   b. $D = l^2/(2N \cdot t_M) = 2.5 \times 10^{-5}$ cm^2/s.
2. **a.** No, because this is an untreated wall. An electroosmotic flow is therefore created. The compound migrates towards the cathode, even if it carries a negative charge.
   b. $\mu_{app} = 7.5 \times 10^{-4}$ cm$^2 \cdot$s$^{-1} \cdot$ V^{-1}.
   c. $\mu_{EOS} = 1.5 \times 10^{-3}$ cm$^2 \cdot$s$^{-1} \cdot$ V^{-1}.
   d. $\mu_{EP} = -7.5 \times 10^{-4}$ cm$^2 \cdot$ s$^{-1} \cdot$ V^{-1}. The (negative) sign of μ_{EP} symbolizes there is a species carrying a negative net charge. The compound does not move as fast as a neutral marker.
   e. If the capillary wall is made neutral, there will no longer be any electroosmotic flow and consequently, the compound will no longer migrate towards the cathode.
   f. If the pI is 4, for all pH values under 4, the compound will be in cation form In this case, the migration time will normally be shorter than for a neutral marker.
   g. $N = 337{,}500$ plates.
   h. A small molecule diffuses faster than a large molecule. Consequently, efficiency is better for heavier molecules.
3. $M = 29{,}854$ Da. The stationary phase does not behave quite like an SEC gel. It creates an obstacle to large molecules migrating slower than the smaller ones.
4. **a.** By applying the equation $P = E \times I$, the maximum admissible voltage will be: $E = (57 \times 0.04)/100 \times 10^{-6} = 22{,}800$ volts (i.e. 400 V/cm).
   b. In the normal configuration, the cathode (–) is located on the detector side. While it is possible to make anions (–) migrate towards the cathode, by electroosmotic flow, the supply poles are reversed in order for the detector to be on the anode side (+) and, therefore, the migration direction of the electroosmotic flow must be conserved. Nevertheless, the polarity of the

capillary surface must also be reversed, hence the addition of hexamethonium bromide, $[(CH_3)_3N^+(CH_2)_6N^+(CH_3)_3]$, $2Br^-$, to the electrolyte. One of the two ammonium groups in hexamethonium bromide is fixed on the silicate ions (pH 8), while the other remains free.

To track the passage of ions that are transparent in the UV domain with a UV detector, the inverse detection principle is used by adding potassium dichromate, which absorbs at λ_{max} = 254 nm, to the electrolyte. When a non-absorbent analyte reaches the detector, the dichromate concentration decreases, as does the absorbance of the solution, leading to a negative peak.

5. a. The inside of the capillary is a cylinder, $=\frac{V}{\pi \cdot r^2}$. Thus, $l=\frac{1\times10^{-12}}{314\times25^2\times10^{-12}}=5\times10^{-4}$ m or 0.5 mm.

b. $P=\frac{V\cdot128\cdot\eta\cdot L}{d^4\pi\cdot t}$ from the data: $P=\frac{1\times10^{-12}\times128\times0.001\times0.75}{50^4\times10^{-24}\times3.14\times2}=2{,}450$ Pa

Chapter 9

1. The hue remains the same (theoretically!) because, for a cylindrical form, the product $l\cdot C$ remains constant. For example, if we double the volume with water, the concentration will be cut in half, but the height will have doubled.
2. The ratio of the two ε values for the pure product is equal to 1.735 (8,500/4,900). As the ratio of the two absorbances is different (1.05/0.65 = 1.615), the solution therefore does not contain only the compound.
3. If 90% of the radiation is absorbed, T = 0.1.
   Therefore, A = 1 and C = 2.22 x 10^{-3} M.
   For M = 500 g/mol, C = 1.11 g/l.
4. a. Values of ε ($L\cdot mol^{-1}\cdot cm^{-1}$): $\varepsilon_{A(510)}$ = 4.76; $\varepsilon_{B(510)}$ = 4.967; $\varepsilon_{A(575)}$ = 0.647; $\varepsilon_{B(575)}$ = 12.617.
   b. $C_A = 1.2\times10^{-1}$ M and $C_B = 2\times10^{-2}$ M.
5. a. $y = 1.784x + 0.815$ where

$$y = A_{sample} / A_{permanganate} \text{ and } x = A_{dichromate} / A_{permanganate}.$$

   b. $C_{permanganate} = 8.15\times10^{-5}$ M and $C_{dichromate} = 1.78\times10^{-4}$ M.
6. As there is a great excess of molybdate, its concentration can be considered constant, the law of velocity becomes: $-\frac{d[F]}{dt}=k'[F]$ if we assume first-order kinetics with respect to fructose, i.e. $ln\frac{[F]}{[F]_a}=-k'\cdot t$, which can be expressed in absorbance as follows: $\ln\frac{A_\infty-A_t}{A_\infty}=-k'\cdot t$. The values of k' are practically equal, which confirms the first order, and the average value of k' is 0.0348 min^{-1}.

Chapter 10

1. a. $E = 1.99 \times 10^{-20}$ J. For one mole, this corresponds to 12,000 J (i.e. 2.87 kcal/mol).
   b. $\bar{\nu} = 666.67$ cm^{-1} (or 66,667 m^{-1}); $\lambda = 5.88$ μm.
2. If we assume that the force constant k remains the same for the two species (these are isotopes of the same element), $\bar{\nu}_D = 2{,}215$ cm^{-1} (deviation less than 2% from the experimental value).
3. A photon corresponding to 2,000 cm^{-1} carries an energy of

$$E = \frac{hc}{\lambda} = 3.972 \times 10^{-20}\ \text{J}.$$

   This energy is found in the form of mechanical energy: $E_{tot} = E_{kin} + E_{pot}$. At maximum stretching Δx, $E_{kin} = 0$ because the speed is null. Energy E of the photon is therefore entirely found in the form of potential energy: $\Delta E_{pot} = 1/2k.(\Delta x)^2$; ΔE_{pot} = E provided by the photon. $(\Delta x) = 8.91 \times 10^{-12}$ m, i.e. about 6% of a bond whose length is 0.15 nm.
4. The approximate reduced mass is 1.138×10^{-26} kg; $k = 1{,}845$ N/m.
5. a. By application of Eq. (10.6), $\mu = 1.55 \times 10^{-27}$ kg.
   b. Based on Eq. (10.4), $m_2 = (\mu.m_1)/(m_1 - \mu)$ or, by setting $m_1 = 1$ u, (1.66×10^{-27} kg) and after calculations, $m_2 = 2.34 \times 10^{-26}$ kg, which corresponds to 14 u. Consequently, this is a nitrogen atom (N = 14). Knowing masses H = 1, C = 12 and O = 16 g/mol, the calculation of the molar mass then leads to M = 75 g/mol, a value close to that given in the exercise.
   c. Stretching vibration of the N–H bond.
6. a. For a relative index of 2.4/1.4 = 1.714, the critical angle α is such that $\sin\alpha = 1/1.714$, i.e. $\alpha = 35.7°$.
   b. Number of reflections on the upper surface: 4 (if we assume that the incident beam is perpendicular to the inlet surface).
   c. For 4,000 cm^{-1}, i.e. $\lambda = 2.5$ μm, equivalent thickness 4 × 2.5 = 10 μm (for 400 cm^{-1}, 100 μm).
   d. The absorbance must be multiplied by a factor whose value increases with the wavelength.
7. a. $y_1 = 0.0009x + 0.0003$, with $y_1 = A_{1,030}$/μm of film and x = %VA.
   b. $y_2 = 0.0531x + 0.0047$, with $y_2 = A_{1,030}/A_{720}$ and x = %VA.
   c. %VA = 8.4 based on a) and %VA = 8.46 based on b).
8. a. For a cell of internal optical path length l, and under a normal incidence, the S_2 beam is subject to a double reflection on the internal walls, so much so that it goes an additional distance of $2l$ with respect to S_1. If $2l = k\lambda/n$, the two beams S_1 and S_2 are in phase, which will translate into the addition of the two light intensities. For example, $2l = n_1 \cdot \lambda_1/n$ and $2l = n_2 \cdot \lambda_2$. If $N = n_2 - n_1$:

$$N = 2l \cdot n/\lambda_1 - 2l \cdot n/\lambda_2$$

   If $\bar{\nu}_1 = 1/\lambda_1$ and $\bar{\nu}_2 = 1/\lambda_2$, we get the equation $l_{(cm)} = \dfrac{N}{2n(\bar{\nu}_1 - \bar{\nu}_2)}$

   b. By counting 12 fringes between wavenumbers 2,780 and 2,030 cm^{-1}, the calculation leads to:

$$l_{(cm)} = \frac{12}{2\times1.59\times(2{,}780-2{,}030)} = 0.0052\,cm$$

Chapter 11

1. This is an addition method. The concentration of the Fe(II) solution is 3.07×10^{-5} M.
2. The concentration of the sample solution is (60/40) × 0.1 = 0.15 ppm, i.e. 150 ppb.
3. Firstly, the values read for the three solutions are corrected by subtracting the value for the analytical blank. $x = 1.062$ μg/ml. This value corresponds to the mass of benzopyrene found in 1 l of air.
4. a. $I_f = 1.773 \times 10^6 C + 2.22$;
   b. $c = 6.25 \times 10^{-2}$ g/l, i.e. 62.5 ppm.
5. A wave number of 40,000 cm^{-1} corresponds to 250 nm. The Raman peak of water will thus be located at 40,000 – 3,380 = 36,620 cm^{-1}, which corresponds to a wavelength of 273.1 nm.

Chapter 12

1. a. There must at least be one electron in state $n = 2$ (L 'level').
   b. Because the components of air significantly absorb the low-energy radiation of X-ray fluorescence. Helium is practically transparent.
2. a. $2d\sin\theta = k\lambda$ (here $k = 1$); $\sin\theta = 0.9226$, i.e. $\theta = 67.31°$. Deviation $2\theta = 134.62°$.
   b. $E = hc/\lambda$, i.e. $E = 9.517 \times 10^{-15}$ J or 59,480 eV.
3. For the $K\alpha$ line of titanium, 57% of the radiation is absorbed by the aluminium film. For the $K\alpha$ line of silver, only 1% of this higher-energy radiation will be absorbed.
4. a. $\Delta E/E = \Delta\lambda/\lambda$, i.e. $\Delta E = E\Delta\lambda/\lambda = 1.9284 \times 10^{-19}$ J or 1.2 eV.
   b. These two transitions of the sulfur atom cannot be distinguished from each other.
   c. A variation of 2×10^{-4} nm corresponds to a difference in energy of less than 1 eV, which will remain invisible on the spectrum.
5. $x = 0.30\%$.
6. a. $I = 69.867\%$ m/m – 0.056 ($r = 0.995$).
   b. 3.336%
7. a. N_2: 77.78%; O_2: 22.22%.
   b. $\mu_M = 19.81$ cm^2/g.
   c. 89.85%.
   d. 99.93%. Conclusion: helium transmits much more energy than air, that is why the instrument was purged to replace air with helium.
   e. $I = 63.64x + 17.96$ where x is the mass percentage of Al ($r = 0.9997$).
   f. 0.315%.
8. Firstly, the percent composition of the three elements present is calculated:

$$Si\% = \frac{28.1}{28.1+32}\times65 = 30.4\%, Pb\% = \frac{207.2}{207.2+16}\times35 = 32.5\%, O\% = 100-30.4-32.5 = 37.1\%$$

   Then, the weighted coefficient μ_{glass} = (4.26 × 0.304) + (84.1 × 0.325) + (0.8 × 0.371) = 28.9 cm^2/g

I.e. for linear coefficient $\mu = 28.9 \times 5.1 = 47.5$ cm^{-1}

9. a. The curie, former measurement of radioactivity, corresponds to 3.7×10^{10} d.p.s. or Bq. The source corresponds to $0.012 \times 3.7 \times 10^{10} = 444 \times 10^{6} = 444$ MBq.
   b. Unlike the Co-57 source, the Cd-109 source can only excite the lines corresponding to the *L* or *M* transitions of lead but cannot validly provoke *K* transitions (minimum 88 keV). This is important because if an old white lead or minium (red lead) paint is present, for example, under a thick layer of wallpaper, the *L* lines will be partially reabsorbed, which will lead to an underestimation of the quantity of lead. Only the Co-57 source can provoke *K* transitions, which are higher in energy and may emerge on the surface.
   c. This calculation involves finding the residual activity *A* of an X-ray which crosses a thickness *x* of a material with a linear absorption coefficient μ for the line in question: $A = A_0 e^{-\mu x}$, i.e. $A/A_0 = e^{-2\times 0.1} = 0.82$. Therefore, 18% of the intensity of this transition is reabsorbed by the material.
   d. Since the period of this radioactive element is $\tau = 272$ days, its radioactive constant $\lambda = 1n2/\tau$, i.e. $\lambda = 0.693/272 = 0.0025$ day^{-1}. After three months (91 days), $A/A_0 = e^{-0.0025 \times 91} = 0.797$. The correction factor to apply is 1/0.797 = 1.25.

Chapter 13

1. The sample introduced in the graphite oven contains $m_x = 1.22 \times 10^{-4}$ g of lead, i.e. 1.22%.
2. a. This is the spectral band that is selected by the exit slit and which reaches the detector.
   b. The raw formula of EDTA is $C_{10}H_{16}N_2O_8$, that of the mixed salt of zinc and sodium $C_{10}H_{12}N_2O_8Na_2Zn$. In the anhydrous state, the mass of this salt is 399.6 g/mol and the hydrated salt weighs 471.6 g/mol. Therefore, this is a hydrate with four water molecules.
   c. $C = 1.14$ mg/l.
3. a. The absorbance measurement in high power mode is used to obtain the background noise value.
   b. c) d) See text.
   e. After removal of the background noise (0.075) for each of the measured absorbances (A), the linear regression calculation leads to the following expression:

$$A = 8.81 \times 10^{-3} V_E + 0.202$$

If A = 0, then $V_E = 22.93$ ml. In light of the concentration of the calibration solution:

$$C_I = 22.93 \times 15.7 \times 10^{-3} = 0.360 \text{ mg/ml or } 360 \text{ ppm}$$

Chapter 14

1. $\Delta\lambda > 1.84 \times 10^{-13}$ m (1.84×10^{-4} nm).
2. This formula means that the energy increase of 16,960 cm^{-1} corresponds to the resonance line. This unit is used to measure energy ($E = h\nu = hc/\lambda$); $\lambda = 589.62$ nm:

this is the doublet component called the resonance line ($E = 2.102$ eV). The second doublet component is not a resonance line.

3. a. By applying the formula $d(\sin\alpha + \sin\beta) = n\lambda$, we can calculate two values of n corresponding to two values of the observation angle β given in the problem, (where $\alpha = 65°$), i.e. $n_1 = 52.34$ and $n_2 = 53.49$. Therefore, $n = 53$.
   b. The same formula used to calculate the extreme wavelengths gives the following: for $n = 53$, λ is between 0.3457 and 0.3533 μm; for $n = 52$, λ is between 0.3523 and 0.3600 μm and for $n = 54$, λ is between 0.3393 and 0.3467 μm.
   c. There is an overlap of the ranges.
4. a. Correction of background noise = $\dfrac{A_{324.719} + A_{324.789}}{2} = 15.6$ for the standard and 18.35 for the sample.
   b. Correction due to iron = $\dfrac{10.5 \cdot 2.94 \cdot 10^4}{8.75 \cdot 10^5} = 0.353$.
   c. $C = 9.13$ ppm.
5. [Pb/Mg signal ratio] = 8.219[conc.] + 0.345, hence A = 0.118 mg/l and B = 0.376 mg/l.
6. Potassium concentration of the serum: 4.84×10^{-3} mol/l (or 4.84 mmol/l).
7. Potassium ionizes more easily than sodium, which decreases the ionization of sodium after its atomization.

Chapter 15

1. $\gamma = 4\pi\mu_z/h$; $\gamma = 2.674 \times 10^8$ rad · T^{-1} · s^{-1}.
2. $N_{E(1)}/N_{E(2)} = e^{\Delta E/kT}$; 1.0000095. If $B_0 = 7$ T, this ratio is equal to 1.0000477.
3. a. 7 Hz corresponds to 1.4 mm.
   b. If the instrument, for ^1H, operates at 200 MHz, for ^{13}C, the frequency is $v_C = v_H\gamma_C/\gamma_{H,}$ i.e. $\gamma_C = 200 \times 1/3.98 = 50$ MHz; 7 Hz will correspond to 5.6 mm.
4. a. $\delta = 2.75$ ppm.
   b. 300 Hz.
   c. Chemical shifts in ppm are invariable.
5. The resonance frequency of ^{19}F: 188.255 MHz. Therefore between the two nuclei, there is 11.745 MHz. The distance between signals will be 1,174.5 m.
6. a. A: $CHFClCFCl_2$ (dd, $J = 70$ and 7 Hz) B: CHF_2CCl_3 (t, $J = 70$ Hz);
   b. C: $CHCl_2CF_2Cl$ (t, $J = 7$ Hz).
7. On the spectrum of the mixture, the two signals are at the same height and each corresponds to one proton, which means that the number of molecules is also the same. Since the calculated molar mass of vanillin is 152 g, by calling x the molar mass of salicylic aldehyde, we get:

$$152/25 = x/20, \text{ thus } x = 121.6\,g$$

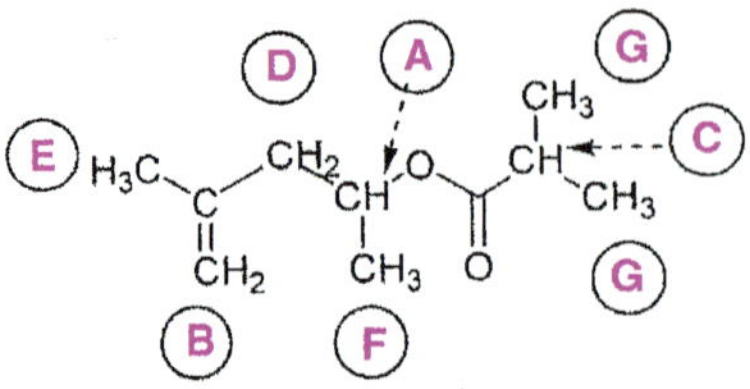

8. By comparing the areas to those of a single proton for the two compounds, we get: starting compound 3,450/3 = 1,150 and product formed 12,500/2 = 6,250. The ratio 6,250 / (1,150 + 6,250) = 0.84 represents the proportion of transformation, i.e. a yield of 84%.

Chapter 16

1. a. *Approximate solution:* 0.5 ppm.
   b. *More rigorous solution:* 0.513 ppm.
   c. If titanium or chromium were present in this steel, there would also be a peak at the nominal mass 51 due to chromium, and the intensity of the mass peak at 50 would be disturbed by the presence of titanium.
2. a. 208.088815 u.
   b. Both modes of decomposition correspond to an even mass loss (28 u). The ions formed (m/z = 180) therefore do so according to the general rule for CHO compounds, involving radical cations (Figure P16.4).
      - By CO loss: m/z = 180.0939. By C_2H_4 loss, m = 180.05732. On a high-resolution recording, it can be deduced that the peak on the far right corresponds to ions formed from the parent ion by CO loss.
      - The raw formula of this ion is therefore $C_{14}H_{12}$. The formula of the second peak is $C_{13}H_8O$.
   c. The exact masses of the three isotopomers making up peak M + 1 are calculated (raw formulae given in a), a = 209.09217, b = 209.095054, and c = 209.09321 u. Deviations between these values are much less than the value of ΔM calculated according to the value of R (0.012 u). Under the conditions of this experiment, these three types of molecules thus appear superimposed.

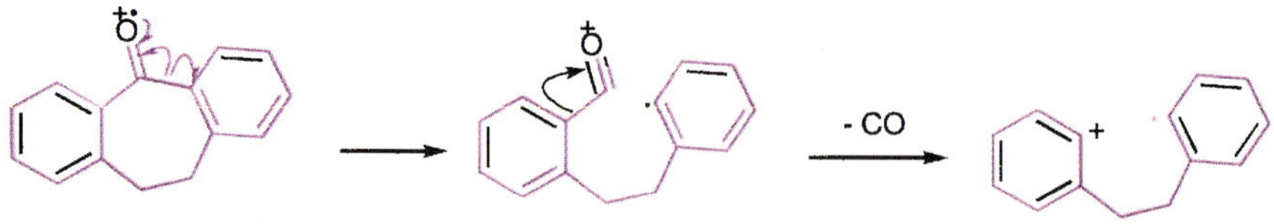

Figure P16.4

3. Peak 720: $I = 0.989^{60} = 0.515$; peak 721: $I = 0.989^{59} \times 0.011 \times 60 = 0.344$; (M + 1)/M = 66.7%.
4. The molecular ion of ethanol (C_2H_6O = 46 u) corresponds to the largest mass on the spectrum. Fragmentations result from the transfer of one or two electrons. They obey many rules. For this molecule, fragmentation diagrams are shown in Figure P16.5.

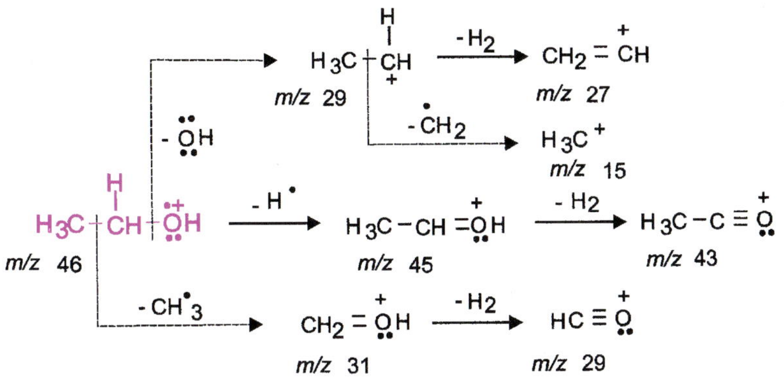

Figure P16.5

5. a. The signals observed all correspond to nonfragmented myoglobin, whose carried charge varies by 1 Da between two successive peaks. Values of m/z take into account the increase in mass due to n_i protons fixed on the molecule. Therefore, by designating as A and B two m/z values selected on the recording and as C the number of intervals between the selected peaks (n_1 and n_2 are whole numbers where $n_2 > n_1$):

$$\frac{(M+n_1)}{n_1}=A \quad \frac{(M+n_2)}{n_2}=B \text{ and } n_2-n_1=C$$

or:

$$\frac{M}{A-1}=n_1 \text{ and } \frac{M}{B-1}=n_2$$

$$C=M\cdot\frac{(A-1)-(B-1)}{(A-1)\cdot(B-1)}$$

hence

$$M=C\cdot\frac{(A-1)-(B-1)}{(A-B)}$$

a. By choosing A = 1,413.6, B = 1,060.5, or C = 4, we find M = 16,954 Da.

b. Molecules leading to peak m/z = 1,060.5 include z = 16 protons (this number must be a whole number!).

6. a. Nominal monoisotopic mass:

$$\text{M}=(257\times12)+(383\times1)+(65\times14)+(77\times16)+(6\times32)=5{,}801\text{ Da}$$

b. Precise mass of this ion:

$$(257\times12)+(383\times1.007825)+(65\times14.00307)+(77\times15.99492)+(6\times31.97207)$$
$$=5{,}803.638\text{Da}$$

c. Molar mass of this molecule ($g\cdot mol^{-1}$):

$$(257\times12.0107)+(383\times1.00794)+(65\times14.00674)+(77\times15.99940)+(6\times32.066)$$
$$=5{,}807.5788\,g\cdot mol^{-1}$$

7. Based on $\frac{m}{z}=\frac{e\cdot B}{2\pi\cdot v}$, it can be deduced that $v=\frac{e\cdot B\cdot z}{2\pi\cdot m}=\frac{e}{2\pi}\cdot\frac{B\cdot z}{m}$

$$A.\,num.\,v=\frac{1.602\times10^{-19}}{2\times\pi\times1.66\times10^{-27}\times1{,}000}\times\frac{B\cdot z}{m}=15{,}350\times\frac{B\cdot z}{m}$$

Chapter 17

1. A_S refers to the specific activity (per g) of the label, m_S is the mass of this label, A_X is the activity (per g) after recovery, and m_X is the unknown mass of penicillin in the sample. $M_S = 1\times10^{-2}$ g; A_S = 75,000 Bq/g; A_X = 6,667 Bq/g; m_X = 0.102 g. In 1 g of the sample there is thus twice as much penicillin, i.e. 0.204 g (20.4%).

2. **a.** Concentration of the patulin standard solution: 1.54 ppm or 1×10^{-5};

b. Absorbance (or inhibition) percentage with respect to tube 1: tube 2 = 45.63%; tube 3 = 56.63%; tube 4 (sample): 48.54%;

c. The absorbance of tube 1 is greater because if no analyte is added to the tube, all antibody sites are occupied by the enzymatic conjugate;

d. The quantity of patulin in tube 2 (2 ml) is $1\times10^{-5}/1{,}000 = 1\times10^{-8}$ mol, (1.54 μg) i.e. 770 μg /l (where log c = 2.8865). In tube 3, the molar quantity of patulin is two times less, i.e. 0.5×10^{-8} mol (0.77 μg) or 385 μg/l (where log c = 2.5854).

e. The initial solution contains 0.93 mg/l (i.e. 930 ppb) of patulin.

3. **1.** **a.** ${}^{35}_{17}Cl+{}^{1}_{0}n\rightarrow{}^{36}_{17}Cl^{*}+\gamma;\,{}^{36}_{17}Cl^{*}\rightarrow{}^{36}_{18}Ar^{*}+\beta^{-};\,{}^{36}_{18}Ar^{*}\rightarrow{}^{36}_{18}Ar^{*}+hv$

($\tau\beta\_ = 3.1\times10^{5}$ years)

$${}^{35}_{17}Cl+{}^{1}_{0}n\rightarrow{}^{38}_{17}Cl^{*}+\gamma;\,{}^{38}_{17}Cl^{*}\rightarrow{}^{38}_{18}Ar^{*}+\beta^{-};\,{}^{38}_{18}Ar^{*}\rightarrow{}^{38}_{18}Ar^{*}+hv$$

($\tau\beta\_ = 37.3$ min)

b. Since the half-life is short, we can make a count over a period of several hours and then with the help of software, the fraction of this isotope may be identified with respect to the constant radiation of emitters with long half-lives (less intense).

c. Atomic absorption, but possible loss of volatile elements during sample treatment. X-ray fluorescence, but that is essentially a surface analysis.

2. **a.** 2 g of KCl correspond to 0.0268 mol. If AgCl was completely recovered, there would be 3.845 g. However, we found 3.726 g. Therefore, the mass yield is 97%.

b. 50 ml of a 15% solution of $AgNO_3$ (M = 203.868 g/mol) corresponds to 7.5 g of this salt, i.e. 7.5/203.868 = 0.037 mol. It is observed that the silver ion quantity is equal to 0.037/0.268, i.e. 1.38 times the stoichiometric quantity. The γ-count value for total recovery of ${}^{35}Cl$ is equal to 11,203/0.97 = 11,549.

The quantity of chloride in the steel is 11,203/48,600 × 10 = 2.38 μg, i.e 4.66 μg/g (4.7 ppm).

4. **a.** The free insulin activity is obtained by subtracting the activity of complexed insulin from the total activity: 6,755, 8,889, 10,148, 10,909, and 9,900 for the unknown.

b. 0.510, 0.800, 1.030, 1.200, and 0.980 for the unknown; C = 6.6 ng/ml.

5. The composition is 65% natural vanillin and 35% synthetic vanillin.

6. 1. X = 0.899 g of lutetium;

   2. a. 9.013 μg of ^{176}Lu was added to the 1 l sample.

      b. ICP/MS coupled method;

      c. Lutetium, a rare-earth element, is of interest for two reasons. First of all, the quantification of the mass peaks 175 and 176 by the ICP / MS technique is located in a domain where it is very unlikely that the measurements will be disturbed by the presence of isotopes of the same mass but coming from other elements. Moreover, the choice of a hexahydrate, a crystalline solid that is stable, purifiable and water-soluble, facilitates the precise weighing of the small quantities of lutetium 175 and 176 (very rare) required.

      d. $x = 0.1088$;

      e. 8,262 l.

7. Specific activity (for 1 g) of hydroxide resulting from adding solution (**A**): $A_S^* = 460/0.25 = 18{,}400$ dps.

   Specific activity of hydroxide resulting from solution **B**: $A_x^* = 86/0.035 = 2{,}457$ dps. This activity comes from 0.5 ml of the addition solution. As the parent solution

   is 5.6 g/l, the quantity of iron is 2.8 mg. By applying Eq. (17.2): $m_x = 2.8\left(\frac{18{,}400}{2{,}457} - 1\right) =$ 18.2 mg/ml of solution or 18.2 g/l.

Chapter 18

1. %C = [10.56 × (12/44)/5.28] × 100 = 54.55;

   %H = [4.32 × (2/18)/5.28] × 100 = 9.09;

   %O = 36.36%

   If the compound has the formula $C_xH_yO_z$ and if M = 88 since there is no significant peak in MS over 89, then:

$$12x / \%C = y / \%H = 16z / \%O = M/100;\ x = 4;\ y = 8;\ z = 2.$$

2. a. Advantage: the cold vapour instrument is specific to mercury; drawback: only inorganic mercury is measured.

   b. Equation of the least-squares line: [signal] = 858.33[conc.] − 0.46; *C*(ppb) = 0.06.

3. For example, take a protein, which by nature corresponds to the condensation of a large number of varied amino acids, whose formula is known: insulin $C_{257}H_{383}N_{65}O_{77}S_6$ (M = 5,807.6 g).

   The mass of nitrogen is 65 × 14 = 910 g, which corresponds to 910/5,807 = 0.157% of the total mass. Inversely, 1 g of measured nitrogen will come from 1/0.157 = 6.4 g of protein. An identical calculation using bovine serum albumin (BSA) $C_{3072}H_{4828}N_{816}O_{928}S_{40}$ (M = 69,296 Da) leads to 6.1. Actually, this factor was obtained from a precise analysis of milk. This value of 6.38 is very approximate, as nitrogen does not come only from proteins (but also from urea, amines, phospholipids, etc.).

4. 1. Calculation of the quantity of theoretical nitrogen in the sample:

Quantity of nitrogen in 1 g of leucine (M = 131.17 g/mol): 14.01/131.17 = 0.11 g. Quantity of nitrogen in 1 g of asparagine (M = 132.12 g/mol): 28.02/132.12 = 0.21 g.

One mole of HCl is needed to neutralize one mole of ammonia (NH_3), which corresponds to 14.01 g of nitrogen. For a total of 0.32 g of nitrogen, theoretically 0.32/14.01 = 0.023 mole of HCl is needed, i.e. for a 1.03 N solution (0.023/1.03) x 1,000 ≈ 22.2 ml. Therefore, about 97% of the sample's nitrogen is found (21.4/22.2), which corresponds to the expected precision for this assay.

2. Calculation of the quantity of nitrogen corresponding to 31.8 ml of 1.03 N HCl: 14.01 × (31.8 × 1.03/1,000) = 0.46 g. 0.46 × 6.5 = 2.98 g of protein equivalent, or (2.98/20) × 100 = 14.9 ≈ 15% in the analysed rillettes.

5. *Reagent calibration:* 1 ml of this solvent has a water content of 3/15 ml of KF reagent. In oxalic acid dihydrate (M = 126 g/mol), the water concentration by mass is 28.57%. This data helps us to find the reagent concentration: T = 28.57 × 205 × 1/13 = 4.51 mg/ml.

Assay: 10 ml of the solvent 'neutralizes' 10 x 3/15 = 2 ml of reagent, therefore 1.05 g of powdered milk reacts with 12 – 2 = 10 ml of this reagent. Therefore, 4.51 × 10 = 45.1 mg of water in the sample, i.e. a concentration of (45.1/1,050) × 100 = 4.3%.

6. In the coulometric version of the KF assay, one water molecule requires two iodine atoms and two electrons. Therefore, 2 × 96,500 coulombs (C) are needed for one mole, i.e. 1.8×10^4 mg of water; 1 C thus corresponds to $1.8 \times 10^4/(2 \times 96{,}500)$ = 0.0933 mg of water. This corresponds to the quantity of water in 1 ml of ether. In each litre, therefore there is 93 mg of water. The concentration is 93/0.78 = 120 mg/kg (120 ppm).

Chapter 19

1. Where x is the concentration of H^+ ions;

$CH_3COOH \rightarrow CH_3COO^- + H^+$ ($K_a = 1.8 \times 10^{-5}$).

$K_a = x^2/(0.85 - x)$ i.e. x = 0.0039, therefore H^+ = 0.0039 M, i.e. pH = 2.4.

The degree of dissociation will be (0.0039/0.85) × 100 = 0.46%.

2. $[Cd^{2+}] = 0.01$;

$E = E_0 - RT/nF \mathrm{Ln}[\mathrm{Red}]/[\mathrm{Ox}]$;

$E = -0.403 - (0.059/2) \times \log(1/0.01) = -0.462$ V.

3. The reaction is as follows: $Ti^{3+} + Fe^{3+} \rightarrow Ti^{4+} + Fe^{2+}$; however, we added 1.5 times the stoichiometric quantity for Fe^{3+} and there will no longer be any Ti^{3+}; $[Ti^{3+}] = 0$; $[Ti^{4+}] = 4 \times 10^{-4}$ M

$[Fe^{2+}] = 4 \times 10^{-4}$ M; $[Fe^{3+}] = 2 \times 10^{-4}$ M (half of the previous value).

4. The first measurement conducted on the sample solution is of the following type: $E_1 = E'' + S\log C_X$. The second measurement is of the following type: $E_2 = E'' + S\log (C_X V_X + C_R V_R)/(V_X + V_R)$. The term $(C_X V_X + C_R V_R)/(V_X + V_R)$ represents the new compound concentration measured when volume V_R of concentration C_R is added to volume V_X of concentration C_X:

$$\Delta E = E_2 - E_1 = S\log\left(C_X V_X + C_R V_R\right) / \left[\left(V_X + V_R\right) C_X\right]$$

i.e. $10\Delta^{E/S} = (C_X V_X + C_R V_R)/[(V_X + V_R)C_X] = V_X/(V_X + V_R) + C_R V_R/[(V_X + V_R)C_X]$. By isolating C_X in the first member of this expression, the result is the proposed formula.

5. **a.** $\varepsilon_{ac} = 10^3$ mol · l^{-1} · cm^{-1}; $\varepsilon_{bas} = 7 \times 10^3$ mol · l^{-1} · cm^{-1};

b. We use material conservation equations [Acid] + [Base] = C and absorbance additivity equations at pH =5.5, i.e. 10^3[Acid] + 7·10^3[Base] = 0.4, which gives us [Acid] and [Base] at pH = 5.5 then pKa = 5.5. For pH = 2, we are at pKa – 3.5: therefore, it can be legitimately said that the pair is present in acidic form. For pH = 8, we are at pKa + 2.5: it can thus legitimately be said that the pair is in basic form. Therefore, the approximations are justified.

6. Knowing that the potential of a glass electrode may be expressed as $E = a - b$pH, we have to find a and b from the two buffers; b = 0.0592 V (traditional slope) and a = 0.4466 V.

For E = −0.3011 V, pH = 12.63 and for E = 0.1163 V, pH = 5.58.

7. The measured PD U is in the form $U = A - 59.2\log[F^-]$ where U is in mV. For the solution without addition $U_0 = A - 9.2\log(C_i V_i / V_{tot})$ where C_i is the fluoride concentration of tea, V_i = 25 ml of tea and V_{tot} = 50 ml, and for a solution with addition: $U_j = A - 59.2\log[(C_i V_i / C_a V_a)/V_{tot}]$; if we plot $10^{U0-Uj/59.2}$ on the y-axis as a function of V_a, a linear slope $C_a/C_i V_i$ is found. By linear regression, this slope is equal to 800. Thus, concentration $C_i = 5 \cdot 10^{-3}$ mg/l.

8. **a.** EDTA and EGTA are commercial tetra-acetic acids, whose titrated solutions are used in complexometric titration. The eight pK_a values (four for each of the two acids) are staggered from 2 to 10. They form *hexadentate* chelates (1:1) with various divalent ions, such as Ca^{2+}, Co^{2+}, Mg^{2+}, and Cu^{2+} whose stability increases in a basic medium. By designating the titrating species as H_2Y^{2-}, the following can be written:

$H_2Y^{2-} + M^{2+} \rightarrow MY^{2-} + 2H^+$ (Figure P19.1).

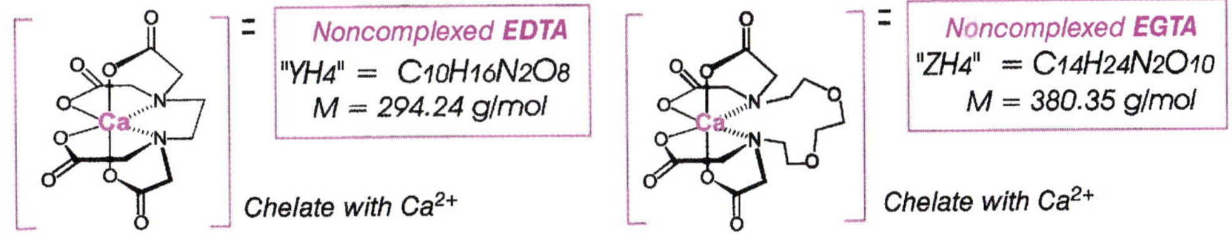

Figure P19.1

When, for the first assay (Ca + Mg), the Cu-EDTA complex is added to the solution being titrated, which contains Ca^{2+} and Mg^{2+} ions, and even though these complexes are not very soluble (see pK_d), the following equilibria appear:

$$Cu-EDTA + Ca^{2+} \rightarrow Ca-EDTA + Cu^{2+}$$

$$Cu-EDTA + Mg^{2+} \rightarrow Mg-EDTA + Cu^{2+}$$

The presence of Cu^{2+} ions in solution is found by the copper-selective electrode. As the titrating reagent (0.02 M EDTA) is added, the Ca^{2+} and Mg^{2+} ion concentration decreases and to finish the Cu^{2+} ions are chelated again, which causes a decrease in electrode potential and therefore marks the point of equivalence. The EDTA consumed is used to chelate the Ca and then the Mg (the two dissociation pK_d values for Ca^{2+} and Mg^{2+} differ by 2.3).

In the second assay, with EGTA, it is the same except for the magnesium chelate, which is less stable, since Ca^{2+} ions are once again chelated before Mg^{2+} ions. Therefore, only Ca^{2+} ions are measured (the two pK_d values differ by 5.8).

b. 1 ml of titrant corresponds to 0.02 × 40 = 0.8 mg of Ca^{2+} and to 0.02 × 24 = 0.48 mg of Mg^{2+}. Therefore, in 1 g of cheese: 10 × 0.8 = 8 mg of calcium, i.e. C_{Ca} = 0.8% (8 g/kg) and (11.0 – 10.0) × 0.48 = 0.48 mg of magnesium, i.e. C_{Mg} = 0.048% (or 480 mg/kg).

Chapter 20

1. The problem involves calculating the ratio of the zinc transport number with regards to the transport number of all other ions present in solution; the calculation leads to:

$t_{Zn^{2+}} = 6.98 \times 10^{-3}$. For 1 Coulomb exchanged, Zn^{2+} will transport 6.98×10^{-3} C and the rest by the solution: $(1 - 6.98 \times 10^{-3}) = 0.993$ C; $i_m/i_D = 7.03 \times 10^{-3}$ or 0.007. The transport of zinc to the electrode is controlled by diffusion.

2. 20 droplets, i.e. 0.16 g, fall in 80 s. The mercury flow rate is:

$$0.16/80 = 2 \times 10^{-3}\ g/s.$$

For a height three times greater, the flow rate will be three times higher, i.e. 6×10^{-3} g/s. Since the droplets still have the same weight, they will succeed each other at the rate of $(0.16/20)/(2 \times 10^{-3}) = 1.33$ s.

3. By applying the Ilkovic equation: $i_D = 7.15\ \mu A$.

4. **a.** **1.** $t = 1.93 \times 10^3$ s, i.e. 32.16 min.

2. *Note:* such a current of 1.5 nA is practically undetectable. However, if we use stripping voltammetry, this quantity of zinc, for example, will be stripped in 1 s, which will give an easy-to-detect signal of $i = 2.895\ \mu A$.

b. Two electrons are needed to reduce one zinc ion. The quantity of current used in the experiment is 4.5×10^{-3} C, which will reduce 2.33×10^{-8} mole of Zn: the depletion is 0.12%.

5. As Fe^{2+} is oxidized in contact with the anode, its concentration decreases. As we are operating at constant current, the potential of the electrode will increase. Water will then be oxidized, thus distorting the measurement's result. However, in the presence of a Ce^{3+} salt, this salt will be oxidized before the water into Ce^{4+}. The latter will also oxidize the remaining Fe^{2+}. The relationship between the quantity of current and the Fe^{2+} concentration will not be affected. Nevertheless, an indicator will be added to the medium to show when Fe^{2+} is no longer present.

Chapter 22

1. The average value is 650 with $s = 1.581$. For the confidence level indicated, the value is $t = 2.776$. We can then calculate:

$$t.s/(n)^{1/2} = 1.963$$

The results yield a range of 650 ±1.963 in which we have a 95% chance of finding the true average. There is probably a systematic error in these experiments. However, if we set a confidence level of 99% (t = 4.6), we would have $s/(n)^{½}$ = 3.25 and therefore a range of 650 ±3.25. The value of 653 would be included in this interval and would thus be considered as a viable result.

2. **a.**

Chemist	**Average value (x)**	**Standard deviation (s)**	$\in$	**RSD%**	**Conclusion**
Chemist A	131.6	1.56	0.3	1.18	Correct and precise
Chemist B	131.6	5.37	0.3	4.08	Correct yet imprecise
Chemist C	135.7	1.33	3.8	0.98	Incorrect yet precise
Chemist D	125.3	9.93	6.6	7.93	Incorrect and imprecise

b. $F = (s_1/s_2)^2$ = 11.88. For two series of measurements, the frontier value is 5.05. Therefore, the precision of the two apparatuses is significantly different.

3. The value of t calculated (with n = 6) for chemist A (s = 1.559) is 0.471. This value is smaller than those presented in the table of t values: 2.57 (for 95%), and 4.03 (for 99%). There is probably not a systematic error. However, for chemist C (s = 1.325), we still find t = 4.05, a value which indicates a high likelihood of a systematic error.

4. **a.** The value of Q = (24.8 – 24.36) / (24.8 – 24.10) = 0.63 is inferior to that found in the table for five measurements and a 95% confidence level (value 0.64). We should therefore not reject the value 24.8. However, if we recalculate following the addition of the two new values indicated, Q remains unchanged but in the table of seven values we have 0.51. The value 24.8 is now rejected.

b. The s and mean values are very different depending on whether these measurements are included (s = 0.239 and mean 24.29) or rejected (s = 0.095 and mean 24.21). If we take the median values, we have 24.24 (with) and 24.22 (without). In this case, the median seems preferable to the mean.

5. The pooled standard deviation s_p should be calculated, as follows:

$$s_p^2 = \frac{6\times0.3^2+6\times0.2^2}{14-2} = 0.2549^2 \quad t = \frac{3}{0.2549}\sqrt{\frac{7^2}{14}} = 22$$

In the table t = 2.2, therefore the two methods do not produce the same result.

6. The problem is centred around the comparison of two averages. That for the first percentage purity is 99%, while the average value for the four analyses reported is 98.73 with s_{n-1}=0.155. The 'pooled standard deviation' of the two series of values is:

$$s_p = \{(4 \times 0.08^2 + 3 \times 0.155^2)/7\}^{½} = 0.118$$

The value of t based upon (5 + 4 – 2) degrees of freedom leads, according to the table, to 2.365 for a confidence level of 95%.

We must next calculate 2.365 × 0.118 × {(4 + 5)/(4 × 5)}^{½} = 0.187 and compare this value with the difference in the averages of the two series, 99 – 98.73 = 0.23. The result of this comparison appears rather large and therefore leads to the conclusion that the two averages can be considered to be incompatible. Thus the original value will not be retained.

7. If we consider that the law of variation of absorbance with concentration is a straight line, then this line will have the equation: $A = 0.05$ [conc] + 0.08. The differences are relatively large. A quadratic adjustment would be preferred and across a narrower range of concentrations.

8. For the blank, $s_{n-1} = 0.82$. The value of t calculated for 5 + 8 measurements is 3.17. Therefore $\Delta x = 3.17 \times 0.82 \times [(5 + 8)/(5 \times 8)]^{1/2} = 1.48$. The limit of the detection is around 1.5 mg.

유용한 상수 표

유용한 물리화학적 상수		
물리량	기호	값(SI 단위)
Avogadro 수	N	$6{,}02252 \times 10^{23}$ mol^{-1}
이상 기체의 몰당 부피	V_0	$22{,}414 \times 10^{-3}$ m$^3 \cdot$ mol^{-1}
이상 기체 상수	R	$8{,}3143$ J$\cdot$K$^{-1}\cdot$mol^{-1}
Boltzmann 상수(R/N)	k	$1{,}3806 \times 10^{-23}$ J$\cdot$K^{-1}
Planck 상수	h	$6{,}6262 \times 10^{-34}$ J$\cdot$s
환산 Planck 상수	h/2π	$1{,}0546 \times 10^{-34}$ J$\cdot$s
Farady 상수	F	96 487 C$\cdot$mol^{-1}
진공에서 빛의 속도	c	$2{,}997925 \times 10^{8}$ m$\cdot$s^{-1}
전자 전하	e	$1{,}60210 \times 10^{-19}$ C
전자 질량	m_e	$9{,}10953 \times 10^{-31}$ kg
중성자 질량	m_n	$1{,}67496 \times 10^{-27}$ kg
양성자 질량	m_p	$1{,}67265 \times 10^{-27}$ kg
원자 질량 단위	u (ua)	$1{,}660566 \times 10^{-27}$ kg

참고문헌

TECHNIQUES DE L'INGÉNIEUR, ANALYSE ET CARACTÉRISATION Analyse CHimique et Caractérisation. Vol P1, P2, P3, P4, Istra

INTRODUCTION TO MODERN LIQUID CHROMATOGRAPHY L.R Snyder, J.J Kirkland, J.W Dolan, 2011 John Wiley & Sons

LC-GC EUROPE UBM LIFE SCIENCES, PHARMA/SCIENCE

CAPILLARY ELECTROPHORESIS AND MICROCHIP CAPILLARY ELECTROPHORESIS C.D Garcia, K.Y Chumbimuni-Torres, E. Carrilho 2013 John Wiley & Sons

CHIMIE ANALYTIQUE, ANALYSE CHIMIQUE ET CHIMIOMÉTRIE C. Ducauze, 2014, Lavoisier Paris

CHIMIE ANALYTIQUE D.A. Skoog, D.M. West (traduction C. Buess-Herman et J Dauchot) 2015, De Boeck Supérieur

DEAN'S ANALYTICAL CHEMISTRY HANDBOOCK (2nd ED) Mac Grawhill Handboocks, 2008

STATISTIC AND CHEMIOMETRICS FOR ANALYTICAL CHEMISTRY, 6th EDITION J.N Miller, J.C Miller 2010, Pearson Education Canada

UNDERGRADUATE INSTRUMENTAL ANALYSIS J.W Robinson, E.M. Shelly Frame, G.M Frame, 7th edition 2014, CRC Press

TECHNIQUES INSTRUMENTALES D'ANALYSE CHIMIQUE EN 23 FICHES A. Rouessac, F. Rouessac, Dunod 2011

MÉTHODES ÉLECTROCHIMIQUES D'ANALYSE J.L Burgot, 2012 Lavoisier

EXERCICES DE CHIMIE ANALYTIQUE AVEC RAPPELS DE COURS ($3^{ÈME}$ ED) C. Herrenknecht.Trottmann, M. Guernet 2011, Dunod

LA SPECTROSCOPIE IR ET SES APPLICATIONS 2ND EDITION D. Bertrand, E. Dufour 2006, Lavoisier

COMPRENDRE LA RMN J. Keller, 2015 Presses Polytechniques et Universitaires Romandes

SPECTROMÉTRIE DE MASSE ($3^{ÈME}$ ED) E. de Hoffmann, V. Stroobant, 2005, Dunod

HAND BOOK OF THIN-LAYER CHROMATOGRAPHY J. Sherma, B. Fried, 2003, Science

ANALYSE CHIMIQUE DE VOGEL J. Mendham 2005 de Boeck science

SPECTROSCOPY EUROPE J. WILEY AND SONS

찾아보기

ㅈ

역자 소개

김정권 충남대학교 화학과 교수
김진효 경상국립대학교 환경생명화학과 교수
김혁한 단국대학교 화학과 교수
윤혜란 덕성여자대학교 약학과 교수
이승호 한남대학교 화학과 교수
이인호 대전대학교 바이오응용화학과 교수
최현철 전남대학교 화학과 교수

감수

이승호 한남대학교 화학과 교수

현대기기분석 제9판

저 자 Francis Rouessac · Annic Rouessac
역 자 김정권 · 김진효 · 김혁한 · 윤혜란 · 이승호 · 이인호 · 최현철
발 행 인 김지영
발 행 처 자유아카데미
주 소 경기도 파주시 회동길 37-42
파주출판도시
전 화 031-955-1321
팩 스 031-955-1322
홈페이지 www.freeaca.com
전자우편 main@freeaca.com (대표)
editor@freeaca.com (편집)
crm@freeaca.com (영업)
등 록 제406-2003-017호, 1980. 7. 12
제 9 판 2023년 2월 10일 발행

Printed in Korea
ISBN 979-11-5808-417-2 93430